_____님께

아이가 건강하고 행복하게 자라길 바랍니다.

지은이 **세브란스 어린이병원**

세브란스 어린이병원은 소아청소년 질환을 전문으로 치료하는 우리나라 대표 어린이병원 중 하나이디. 1999년 세브란스 아동전문진료센터 개소를 시작으로 2006년에 사립대학 최초로 어린이병원을 개원했다. 환자 안전과 고객서비스 향상을 최우선 가치로 두어, 국내 최초로 국제의료기관 평가위원회(JCI)의 의료 기관 인증을 받았고, 2019년에 5회차 재인증 기록을 달성했다. 또한 2011년부터 2019년까지 병원 의료 서비스 분야 국가고객만

족도(NCSI) 조사에서 9년 연속 1위에 오름으로써 '환자 치료에 최선을 다하는 병원'으로 자리매김했다. 현재 소아청소년과(소아내분비과, 소아소화기 영양과, 소아감염 면역과, 소아신장과, 소아호흡기 알레르기과), 소아신경과, 신생아과, 소아비뇨의학과, 소아정신과, 소아정형외과, 임상유전과 등 총 16개의 진료과와 특수질환으로 고통받는 아이들을 위한 14개의 특수클리닉을 운영 중이다. 오늘도 어린이병원의 모든 의료진은 우리나라의 미래를 책임질 어린이와 청소년의 건강 및 행복을 위해 사명을 다하고 있다.

> **1885년** 제중원, 소아청소년 진료 시작
>
> **1913년** 연세대학교 의과대학 소아과학교실 창설
>
> **1999년** 세브란스 아동전문진료센터 개소
>
> **2006년** 세브란스 어린이병원 개원
>
> **2007년** 국내 최초 국제 의료기관 평가위원회(JCI) 인증 (2019년 현재, 5회차 재인증)
>
> **2010년~현재** 미국·중국·일본 등 각국 어린이병원과 MOU 체결
>
> **2011~현재** 병원 의료 서비스 분야 국가고객만족도(NCSI) 평가 9년 연속 1위 선정
>
> **2016년~현재** 보건복지부 어린이 공공전문진료센터 지정

일러두기

- 세브란스 어린이병원 전문의들이 이 책 내용을 전부 쓰고 감수했지만, 아이마다 질병마다 나타나는 증상이 다를 수 있어 이 책이 진료를 대신할 수는 없습니다. 이 책의 내용을 참고하여 질병에 대한 예방과 육아에 대한 기본 상식을 익힐 수 있기를 바랍니다.
- 본문에 쓰인 말 중에서 '아기'는 돌 이전의 아기를, '아이'는 돌 이후의 아이를 넓게 가리키는 말입니다.
- 책을 읽다 보면 질병이 중복되어 나올 때가 있는데, 한 가지 병이 다른 병과 연관된 경우가 많아 병에 대한 이해를 돕기 위해 반복되더라도 실었습니다.
- 2007년부터 '소아과'가 '소아청소년과'로 바뀌었기에 '소아청소년과'로 표기하였습니다.

0~6세 아이를 둔 초보 부모를 위해 새롭게 쓴 건강 육아 대백과

출동! 우리아기 홈닥터

세브란스 어린이병원 지음

비타북스

발간사 세브란스 어린이병원 원장 김호성

오랜 시간 세브란스 어린이병원 의사들을 비롯해 많은 분의
노력으로 『출동! 우리 아기 홈닥터』가 세상에 나왔습니다. 이
책의 발간을 진심으로 축하드립니다.

1885년 알렌 박사의 진료를 시작으로 우리나라 최초 소아 환
자 진료가 비롯되었고, 연세의료원은 그 역사와 함께해왔습니
다. 그리고 세브란스 어린이병원은 대표적인 어린이 공공 전문진료센터로서 자리매김했
으며, 수많은 교수님의 헌신과 노력으로 우리만의 차별화된 전문 진료 체계를 갖추었습
니다. '하나님의 사랑으로 자상한 치료의 손길을 어린이와 청소년에게'라는 사명 아래 각
종 소아 질환을 앓고 있는 수많은 환아를 치료하는 데 최선의 노력을 다하고 있습니다.

100년이 넘는 역사 속에 쌓인 노하우와 소아 질환, 육아, 자녀 건강에 대한 정보를 총망
라하여 이 책 한 권에 담았습니다. 국내 최대 의료건강 전문 미디어기업인 헬스조선과 이
책의 발간에 뜻을 같이하게 되어 대단히 기쁘게 생각합니다.

초보 엄마 아빠는 소아 질환이나 육아에 대한 정보를 알기 위해 인터넷이나 육아책을 참
조하고, 주변 사람들에게 물어보기도 합니다. 하지만 넘쳐나는 정보 홍수 속에서 정작 자
신이 원하는 정보를 찾기 힘든 데다가 출처 및 신뢰성이 있는 내용인지 확인하기가 어렵
습니다. 어린아이의 건강과 직결되는 만큼 정확한 정보를 얻는 것은 매우 중요합니다.

『출동! 우리 아기 홈닥터』는 영유아와 소아에서 흔히 걸리는 질병의 증상과 대처법, 치료
에 대한 최신 정보, 육아 상식 등 실용적인 내용을 수록하였습니다. 아이가 성장할 때까
지 옆에 두고두고 참고할 수 있는 책이 되도록 노력했습니다.

아이를 잘 키우기 위해 노심초사하느라 잠 못 이루는 부모님들께 이 책이 시름을 덜 수 있
는 도구가 되었으면 좋겠고, 미래의 주역인 우리 아이들이 건강한 성인으로 자라나 우리
사회 발전에 이바지하는 데 보탬이 되었으면 하는 바람입니다.

이 책의 발간에 참여해주신 집필진 교수님, 편집위원들, 헬스조선에 다시 한 번 깊은 감사
의 말씀을 드립니다.

머리말

연세대학교 소아과학교실 주임교수 이준수

연세대학교 의과대학 소아과학교실은 1913년에 창설되어 2019년 현재 106년의 역사와 전통을 자랑합니다. 명실상부 최고의 소아과학교실로서 선도적 역할을 하고 있습니다. 2006년 세브란스 어린이병원이 건립되면서 소아정신과, 소아외과, 소아신경외과, 소아정형외과, 소아비뇨기과, 소아영상의학과 등 통합 진료를 할 수 있는 시스템을 구축하여 어린이를 위한 최상의 진료를 제공하고 있습니다.

현재 세브란스 어린이병원에서 근무하는 교수진과 강사진은 진료, 연구 및 교육에서 국내 최고뿐 아니라 국제적으로도 위상을 높이고 있습니다. 이들 의료진이 밤낮으로 고민하여 아이를 둔 엄마 아빠가 좀 더 정확한 의료 정보를 바탕으로 대처할 수 있도록 이 책을 펴냈습니다.

이 책의 발간을 위해 힘써주신 아래 많은 분께 감사드리며, 이 책이 부모들에게 건강·육아 지침서로서 많은 도움이 되기를 진심으로 기원합니다.

집필진

총괄 책임	이철 김동수 김호성
편찬 위원회	이준수 신재일 권아름 이금화
저자	강윤구 강준원 강지만 강희정 구청모 김가은 김규연 김민정 김범식 김세희 김수연 김승 김예진 김용혁 김윤희 김정아 김정윤 김환수 김효정 나지훈 문인석 박소원 박수진 박영아 박청수 박현빈 서정환 설인숙 설재희 송경철 신정은 안정민 양동화 오지영 우샛별 유리타 윤서희 이금화 이윤영 이지현 이하늘 이한별 이혜영 이희선 임주연 정도영 정재화 정희정 정진우 최선하 최성열 최한샘 최한솜 한승민 한윤기 한정호
감수	강정민 강훈철 고흥 권아름 김경원 김동수 김문규 김아영 김윤희 김지홍 김호성 김흥동 남궁란 박건보 박국인 박민수 손명현 송동호 신재일 안종균 오승환 유철주 윤보현 은영민 은호선 이영목 이순민 이용승 이준수 임주희 정세용 정조원 정희정 채현욱 최재영 한정우
경영 지원팀	주수용 장윤섭

차례

아이의 건강

🐝 호흡기 질환

소화기 질환

🐴 감염성 질환

📍 피부 질환

🍚 내분비 질환

🐴 정형외과 질환

치과 질환

안과 질환

혈액 질환

최근 증가하는 질환

CHAPTER 1

아이의 발달

신생아기

신생아의 특징

신생아는 아직 신체 발달이 완벽하게 이루어지지 않았어요.

체크 포인트

☑ 신생아는 어른의 축소판이 아니에요. 신생아 시기에만 보이는 몇 가지 특징이 있으며, 독특한 신체 발달 과정을 거칩니다. 이런 특성을 잘 알아두어야 문제가 생겼을 경우 빨리 발견해 아이를 건강하게 키울 수 있습니다.

☑ 신생아는 먹고 배설하는 시간 외에는 밤낮 구별 없이 잠만 자는 것처럼 보입니다. 하지만 한 번 먹을 때 먹는 양이 적기 때문에 수시로 잠에서 깰 수밖에 없지요. 태변과 소변으로 배설이 늘어나는 시기인 만큼 체중이 일시적으로 줄더라도 너무 걱정할 필요는 없어요.

☑ 이 시기에는 아기가 젖 빠는 것에 익숙하지 않아 원하는 만큼 오랜 시간 젖을 물려도 많이 먹지 못합니다. 아기가 원할 때마다 틈틈이 먹이는 게 좋아요.

☑ 탯줄은 10일이 지나면 자연스럽게 떨어집니다. 잘못 관리하면 세균이 침투해 파상풍 등의 질병이 생길 수 있으므로 배꼽이 제대로 아물기 전까지 주의해야 합니다.

☑ 말을 하지 못하는 신생아는 울음으로 욕구를 표현합니다. 아기가 울면 배가 고픈지, 기저귀가 젖었는지부터 확인하세요. 별다른 문제 없이 많이 피곤하거나 안아달라고 투정을 부릴 때도 아기들은 울음으로 표현합니다. 아기가 울면 일단 안아주세요. 처음에는 잘 모르지만 안아주다 보면 아기의 울음이 무엇을 의미하는지 차츰 알게 됩니다.

아기가 태어났어요!

사연분만을 한 경우 아기는 쭈글쭈글 주름투성이에 머리 모양은 뾰족하고 팔다리를 잔뜩 웅크리고 있어요. 무척이나 낯선 모습에 놀랄 수도 있지만, 세상에 나오기 위해 애쓴 흔적이랍니다. 신생아 시기는 생후 0~4주를 말해요. 신생아는 엄마의 자궁에서 막 나와 하루 16~20시간 정도 잠을 잡니다. 잠시 깨어 있는 동안에는 새로운 세상에 적응하느라 힘든 시간을 보내지요. 엄마 아빠는 아이의 생김새 하나하나가 신기하고 경이롭지만 어떻게 다루어야 할지 몰라 쩔쩔매기도 합니다. 신생아 몸에 대해 제대로 이해하고 있으면 당황하지 않고 건강하고 안전하게 돌볼 수 있어요. 신생아는 어떤 특징이 있는지 차근차근 알아볼까요?

신생아의 몸을 살펴보아요

• **신장 및 체중**　신생아의 평균 키는 50cm 전후입니다. 평균 체중은 3.3kg 정도인데, 몸무게는 출생 후 며칠간은 5~10% 정도 줄어드는 게 보통이에요. 이는 몸 표면에서 수분이 증발하고 대변과 소변으로 배설되는 양보다 먹는 양이 적기 때문입니다. 줄어든 몸무게는 수유를 잘하면 7~10일 정도 지나 다시 태어날 때의 몸무게를 회복해요.

• **체온**　신생아의 평균 체온은 36.7~37.5℃로 어른보다 조금 높은 편이에요. 신생아는 체온 조절이 미숙해 주위 환경의 온도 변화에 영향을 받기 쉽습니다. 추위에 의한 체온 손실에 주의를 기울여야 하지만, 그렇다고 방 안 온도를 너무 높이고 꽁꽁 싸두면 체온이 오를 수 있으니 주의하세요.

• **피부**　전체적으로 피부는 울긋불긋 붉으며, 황백색의 크림 같은 끈적끈적한 막 같은 태지(胎脂)로 덮여 있어요. 태지는 피부가 겹쳐지는 부분에 많으며 자연적으로 건조되거나 옷에 묻어서 없어지는데, 3~5일이 지나면 저절로 벗겨집니다. 또 몸 전체가

솜털로 덮여 있던 것도 몇 주가 지나면 없어져요. 미숙아는 솜털이 더 많은 편이며, 피부가 쭈글쭈글하고 탄력이 없기도 해요.

• 호흡 신생아는 배가 오르락내리락하는 복식호흡을 하며 신생아의 호흡과 맥박은 성인에 비해 빠르고 불규칙합니다. 정상 신생아의 호흡수는 보통 분당 40~50회이며, 맥박수는 분당 120~160회입니다. 이러한 호흡수와 맥박수는 아이가 평온할 때의 수치이며, 울거나 보채면 이보다 훨씬 증가할 수도 있습니다.

• 배설 신생아는 생후 1~2일 내로 검은 녹색 또는 검은 황색의 태변을 보는데, 이것은 엄마 배 속에서 손가락을 빨 때 마신 양수 때문이에요. 생후 4~5일간 태변을 본 후 모유나 분유를 먹으면 점차 정상적인 변을 보게 됩니다. 모유냐 분유냐에 따라 변의 색깔이 조금 다르고 횟수도 달라집니다. 소변은 하루에 10~20회, 대변은 5~10회 보기 때문에 기저귀를 자주 갈아야 성기 주변이 짓무르지 않아요.

• 울음 신생아의 첫울음은 첫 호흡을 의미해요. 만일 울지 않은 상태로 놔두면 산소 부족으로 심각한 뇌 손상이 유발될 수 있으므로 꼭 신경 써서 확인해야 할 부분이에요.

• 머리 신생아의 머리 부분은 신장의 4분의 1이나 되며, 머리둘레(33cm)가 가슴둘레(32cm)보다 큽니다. 출산 시 좁은 산도를 빠져나오느라 머리 모양이 길쭉하거나 한쪽이 부풀어 있기도 하고 찌그러져 있기도 해요. 수일 내에 눈에 띄게 모양을 찾아가기 때문에 너무 걱정할 필요는 없지만, 드물게 머리에 건강을 위협할 수 있는 혹이 있을 수도 있으므로 모양이 제대로 돌아오지 않으면 의사의 확인이 필요해요.

• 가슴 신생아의 가슴은 불룩 나와 있으며 손을 대보면 심장 박동이 매우 빠르게 느껴져요. 가슴이 나온 이유는 엄마 배 속에 있을 때 호르몬의 영향으로 아이 유방에 영향을 주었기 때문입니다. 가끔 젖 같은 분비물이 나온다고 짜는 분도 있는데, 절대 해서는 안 되는 행동이에요. 1개월 정도 지나면 자연스럽게 사라집니다.

• 눈 신생아의 시력은 좋지 않아요. 잠자는 시간이 많아서 거의 감고 있거나 깨어 있을 때도 대개 실눈을 뜹니다. 눈동자를 서로 다른 방향으로 움직여 사시처럼 보이기도 하는데 6~8개월 후에는 정상으로 보여요. 약 30cm 거리의 사물은 볼 수 있고, 생후 2~4주가 되면 눈의 초점을 맞추기 시작합니다.

• 귀 귀 모양이 이상할 때가 있는데 이는 산도를 나오면서 눌렸기 때문입니다. 귀 모양도 곧바로 돌아와요. 접힌 부분을 자주 만지면 더 빨리 펴집니다.

• 입 무엇이든 빨려고 하는 반사 반응이 강해 입술 주위와 혀의 감각이 상대적으로 많이 발달해 있어요. 입 근처에 손가락을 갖다 대면 손가락 쪽으로 입을 돌리며 빨려고 합니다. 2,000~3,000명 중 1명꼴로 아주 가끔 태어날 때부터 이가 튀어나오거나 태어난 지 한 달 이내 이가 나는 경우가 있는데, 여러 문제가 생길 수 있어요. 날카로운 치아 표면 때문에 신생아의 혀에 궤양이 생기거나 뿌리가 발달하지 않아 치아가 빠져서 기도가 막힐 수 있으니 발치해야 합니다.

• 팔과 다리 신생아는 배 속에서 웅크린 자세로 있었기 때문에 팔과 다리가 가늘고 구부러진 채 태어납니다. 다리는 무릎을 구부린 모양으로 바깥쪽으로 벌려 있고, 발은 안쪽을 향해 있어 마치 개구리 뒷다리 모양이 떠올라요. 양팔은 힘을 준 채 구부러져 있고, 손은 엄지를 안으로 집어넣고 가볍게 주먹을 쥐고 있습니다.

• 배꼽 출생 당시 탯줄을 자르고 끝부분은 집게로 묶어두어요. 시간이 지나면 탯줄이 검고 딱딱하게 말라가면서 생후 7~10일 전후로 통증 없이 떨어져요. 탯줄이 떨어지기 전까지 물이 닿지 않도록 주의하고, 떨어진 이후에도 배꼽 주위의 물기를 잘 말려야 합니다. 기저귀는 배꼽 아래로 채워 닿지 않게 해요. 생후 3~4주가 지나도 배꼽이 안 떨어지거나 탯줄 주위의 피부가 붉게 변하고 냄새가 나는 분비물이 나올 때는 병원을 찾아야 합니다.

• 엉덩이 등이나 엉덩이에 푸르스름한 점이 있게 마련인데, 이것을 '몽고반점'이라 불러요. 동전만 한 크기부터 엉덩이 전체에 퍼져 있는 경우까지 모양과 크기가 제각 각이지요. 간혹 손등이나 발등, 팔에도 나타나며 대부분 생후 몇 개월 이내에 없어지 지만, 때에 따라 4~5년 이상 남아 있기도 합니다.

• 손톱과 발톱 아이의 손톱과 발톱은 엄마 배 속에서도 자라기 때문에 갓 태어났을 때 제법 긴 경우가 있어요. 종이처럼 얇고 약해서 잘 부러지고 찢기며 얼굴을 긁어 상 처를 낼 수 있으니 짧게 자르는 것이 좋습니다.

• 생식기 여자아이는 엄마 호르몬의 영향으로 유방 비대나 질 분비물이 나오기도 해 요. 흰색의 냉이나 피가 살짝 묻어 나올 수 있으나 일시적인 현상인 만큼 억지로 닦아 낼 필요는 없어요. 남자아이는 음낭에 물이 차 있는 경우가 있는데 1~4개월 사이에 정상으로 돌아오고, 고환이 잠복된 경우 역시 2주 정도면 정상 모습으로 돌아옵니다. 잠복 고환의 경우 복부 초음파를 통해서 확인할 수 있습니다.

• 대천문 신생아의 머리뼈는 하나가 아니라 여러 개의 뼛조각이 서로 맞물려 있어 요. 뼈와 뼈 사이에 막으로 구성된 물렁물렁한 부분이 존재하는데, 머리 앞부분에서 말랑하게 만져지는 부분을 '대천문', 뒤쪽에 있는 것을 '소천문'이라고 불러요. 소천문 은 생후 6~8주면 닫히고, 대천문은 생후 12~18개월이 되면 닫힙니다. 그러나 영양 상

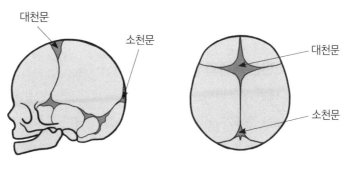

▲ 대천문과 소천문

태가 좋지 못하면 더 늦게 닫힐 수도 있어요. 대천문은 아이의 생명과도 관련된 중요한 부분이므로 심한 충격을 주지 않도록 평소 주의해야 합니다.

신생아 시기에만 나타나는 특징

신생아 때만 보이는 독특한 특징들이 있습니다. 간혹 이런 특징들 때문에 초보 엄마들이 당황하는 경우가 많아요. 이 시기만 지나면 저절로 사라지거나 어른의 모습과 유사한 형태가 되므로 독특한 특징을 미리 알아두면 아이 돌보기가 한결 수월해집니다.

엄마의 호르몬 영향을 많이 받아요

신생아 시기에는 엄마의 호르몬 영향으로 인한 특징이 나타납니다. 갓 태어난 아기가 젖이 볼록하게 솟아 있거나 손을 대보면 젖멍울이 만져지기도 하고 간혹 젖이 나오기도 합니다. 배 속에서 태반을 통해 받은 엄마의 호르몬이 아직 몸에 남아 있어서 나타나는 현상이에요. 이런 특징을 알지 못하면 "우리 아이가 왜 이러지?" 하고 불안해하고 걱정을 합니다. 하지만 아이 몸에서 엄마의 호르몬이 모두 빠져나가면 정상으로 돌아옵니다. 간혹 아기 젖꼭지를 짜는 엄마들이 있습니다. 신생아 때 젖꼭지를 짜지 않으면 커서 함몰유두가 된다는 말도 안 되는 속설 때문인데요. 이는 전혀 근거 없는 말이에요. 오히려 괜히 젖꼭지를 짜다가 상처가 나거나 세균에 감염될 수 있으니 신생아의 젖은 가만히 두는 것이 가장 좋습니다.

신생아의 대변과 소변은 어른과 달라요

신생아라면 누구나 태변을 봅니다. 생후 2~3일간 냄새가 없는 검은 녹색의 태변을 보는데, 그 자체만으로는 문제가 되지 않습니다. 간혹 장염이나 우유 알레르기가 있을 때 녹변을 보는데, 무조건 병이 있다고 의심하기보다는 변에 물기가 많은지, 변을 보는 횟수가 급격히 늘었는지를 먼저 확인합니다. 변의 상태가 어른과 다르다고 걱정할 필요가 없다는 말입니다. 만일 출생 후 24시간 안에 태변을 보지 않으면 장폐색이 의심되는 응급 상황일 수도 있으므로 주의 깊게 살펴봐야 합니다. 또한 모든 신생아는 하루에 20번 이상 소변을 봅니다. 어른이 하루 4~6번 소변을 보는 것에 비하면 매우 두드러진 특징이지요. 어떤 아이는 30번까지 소변을 보기도 해요. 대소변과 관련한 이런 특징은 신생아 때만 보이는 것으로 건강에 이상이 있는 건 아닙니다.

우는 데는 다 이유가 있어요

생후 4개월부터는 아기가 운다고 해서 무조건 안고 달래는 것이 능사는 아니지만, 신생아 때는 예외입니다. 아기가 울면 일단 달려가 안아주세요. 아기 울음에만 잘 반응해도 이 시기의 아기를 건강하게 키울 수 있습니다. 식욕은 기본 욕구여서 배가 고프면 아기는 울음으로 표현합니다. 다음으로 기저귀가 젖거나 더울 때 등 뭔가 불편해도 웁니다. "이렇게 불편한데 나 좀 도와주세요" 하는 신호이지요. 몸이 아파도 울고, 엄마가 놀아주지 않아 심심할 때도 관심을 끌려고 웁니다. 간혹 "아기가 울 때마다 안아주면 버릇 나빠진다면서요?" 하면서 우는 버릇을 가르쳐야 한다는 엄마들이 있는데 이는 잘못된 생각입니다. 아기의 울음은 뭔가 불만이 있고 원하는 것이 있다는 표시입니다.

닥터's advice

❓ "아기가 너무 오래 울어요!" 울음 대처법

① **업거나 안아주세요** 아기를 엄마의 가슴 쪽으로 안아줍니다. 아기의 머리, 몸, 다리, 팔을 감싸 안고 받치는 방식으로 안아서 안정감을 느끼게 해주세요.

② **규칙적으로 살살 흔들어줍니다** 직접 안거나 아기띠를 사용해 안은 후 이야기하고 노래를 부르며 앞뒤로 살살 흔들어주는 것도 방법이에요. 부드럽게 반복되는 리듬은 아기의 마음을 안정시키는 효과를 발휘합니다.

③ **환기를 시켜주세요** 아기가 있는 곳이 너무 덥거나 추워도 울음을 잘 그치지 않아요. 환기를 시키거나, 시원한 곳으로 데려가는 등 환경을 바꿔 쾌적함을 느끼게 하는 것도 효과적이에요.

④ **스킨십을 해주세요** 엄마의 손을 아기의 배 위에 대고 부드럽게 문질러주세요. 팔, 다리와 등을 살살 어루만지거나 마사지를 해주면 좋아요.

- **울음 신호 ① "배가 고파요!"** 아기는 배가 고프면 웁니다. 먹은 지 얼마나 됐는지, 원래 먹던 시간을 놓치지는 않았는지 확인해보세요.

- **울음 신호 ② "기저귀가 축축해요!"** 기저귀에 변이나 소변을 봐서 축축하면 아기는 보채듯 울음소리를 냅니다. 기저귀가 젖었는지 확인하고 바로 갈아주세요.

- **울음 신호 ③ "잠이 와요!"** 아기는 피곤하면 눈을 비비거나 하품하며 졸린 상태에서 울음을 터뜨립니다. 졸리는데 잘 수 없는 환경이면 마치 화가 난 듯 울음소리를 내지요. 아기가 잠들 수 있게 조용하고 어두운 환경에서 안거나 몸을 토닥토닥 두드려주세요.

- **울음 신호 ④ "영아산통이에요!"** 아무리 봐도 아기가 우는 이유를 찾을 수 없을 때는 '영아산통(Infantile Colic)'일 수 있습니다. 신생아 배앓이라고도 불리는 영아산통은 생후 2~3주경에 시작해 3~4개월경이 되면 자연스럽게 좋아지는데, 생후 6~8주경에 증상이 심합니다. 아직 정확한 이유가 밝혀지지 않았습니다. 아기가 영아산통 때문에 밤이나 새벽에, 혹은 낮에 숨이 넘어갈 정도로 울면 엄마는 속이 탑니다. 하지만 시간이 지나면 자연스럽게 사라지는 증상이므로 크게 걱정할 필요는 없어요. 영아산통으로 우는 아기는 안아서 가볍게 흔들어주면 곧 울음을 멈춥니다.

배꼽은 소독이 중요해요

배꼽은 엄마에게서 영양분을 공급받고 노폐물을 배출하는 곳으로, 신생아 제대(탯줄)는 태어난 후 일주일 이내에 말라서 저절로 떨어집니다. 하지만 떨어지기 전후 세심한 관리가 필요해요. 특히 병균 감염의 통로가 되기 때문에 목욕 후 하루 1~2회 소독용 알코올을 잘 바르고 말린 뒤 옷을 입히는 게 좋습니다. 제대가 떨어지기 전에 통목욕은 될 수 있으면 피하세요. 기저귀는 배꼽 밑으로 느슨하게 채우고 탯줄을 자른 부위에서 피나 고름이 보일 때는 병원에 가야 해요. 제대가 떨어져 완전히 아물 때까지 계속 말리고 필요하면 알코올로 소독하는 것도 잊지 마세요.

두개골 사이가 열려 있어요

갓난아기 정수리 앞쪽을 만져보면 물렁물렁한 부위가 있어요. 흔히 '숨구멍'이라 부르는 곳으로, 아기가 태어날 때 산도를 쉽게 빠져나오기 위해 머리뼈가 완전히 굳지 않고 열려 있는데, 이 공간을 '천문(Fontanel)'이라고 하지요. 정수리 뒤쪽 삼각형으로 열린 부분을 '소천문', 정수리 앞쪽 마름모꼴로 열린 부분을 '대천문'이라고 합니다. 또 천문 양쪽을 따라 두개골 사이가 벌어져 있는 경계가 만져져요. 신생아에게 이렇게 천문이 존재하는 건 뇌가 자랄 수 있는 공간을 남겨두기 위해서예요. 만약 대천문이 없다면 머리뼈가 닫혀 뇌가 더는 자라지 못하니까요. 두개골이 완전히 닫히지 않았기 때문에 힘주어 누르면 안 됩니다. 일상생활에서 특별히 주의할 것은 없지만 1년 내내 아기 머리 보호에 신경 쓰는 것이 좋습니다. 특히 2세 이하의 아기를 심하게 흔들면 대뇌출혈이나 망막출혈 등이 동반되는 '흔들린아이증후군(Shaken Baby Syndrome)'을 유발할 수 있으므로 주의하세요.

아직 정확히 보거나 듣지는 못해요

호흡, 순환, 배설, 체온 조절과 같은 생명 유지에 필요한 기본 기능은 발달했지만 감각을 느끼는 기능은 아직 미숙해요. 그래도 눈이 부시면 눈을 감고 주사를 맞으면 아파서 고개를 들 정도로 아픈 것을 느낄 수는 있어요. 갓 태어났을 때 시력은 0.01~0.02로 밝고 어두움을 인식하는 정도에 불과해요. 돌이 되면 0.4 정도의 시력을 갖습니다. 생후 수일이 지나면 눈앞에서 움직이는 물체를 응시하고, 눈과 머리를 90도로 돌려 보기도 해요. 2개월이 되면 누워서 눈과 머리를 180도 돌려서 볼 수 있게 됩니다.

청각은 이미 배 속에 있을 때부터 거의 완벽하게 갖춰져 있습니다. 그래서 태아 시절에도 엄마와 아빠의 소리에 민감하게 반응하지요. 태어나서는 소리가 나는 쪽으로 고개를 돌리고, 일주일쯤 지나면 큰 소리가 났을 때 깜짝깜짝 놀라기도 합니다. 또한 갓난아기는 시력이 발달하지 않아 엄마를 못 알아볼 것 같지만 그렇지 않습니다. 아기는 냄새로 사람을 구별해요. 아기에게 젖을 가까이 댈 때 자동으로 입을 벌리는 것은 젖 냄새 때문입니다. 그만큼 후각이 민감하다는 말이지요. 엄마 말고 다른 사람에게 안기면 고개를 돌릴 정도로 냄새를 잘 가려냅니다. 엄마의 양수와 젖 냄새를 구별할 정도입니다.

미각은 생후 2주부터 급격히 발달하는데 모유나 분유의 단맛을 좋아합니다. 단맛은 젖을 열심히 빨게 하는 촉매제 역할을 해요. 즉 단맛이 강할수록 젖을 더 오래 빱니다. 반면 신맛이나 매운맛은 싫어하는데, 시고 쓰고 매운 것을 아기 입에 대면 얼굴을 찡그리거나 고개를 돌립니다.

황달에 적절히 대처해주세요

신생아는 태어난 직후 혹은 며칠 후부터 피부가 노랗게 변하는 황달이 생기는 경우가 많아요. 아직 간 기능이 미숙해 빌리루빈(Bilirubin)이라는 담즙 색소가 배설되지 못하고 혈액 속에 남아 있어 생기는 현상이에요. 병이라기보다는 신생아가 보이는 자연스러운 생리적 현상으로 받아들일 수 있어요. 하지만 모든 신생아의 황달이 별일 없이 좋아지는 것은 아닙니다. 일단 황달이 있으면 얼마나 심한지 소아청소년과 의사의 진료를 받아보는 게 좋아요. 자칫 황달이 심할 경우 두뇌 손상이 생길 수도 있으므로 병적인 황달인지 아닌지 잘 관찰해 대처해야 합니다.

탄생부터 검진까지

소중한 아기가 탄생하는 순간 어떤 처치가 이루어지는지,
신생아실에서 아기 몸을 어떻게 확인해야 하는지 알아보아요.

체크 포인트

☑ 아기는 태어난 직후 스스로 숨을 쉬고, 첫울음을 터뜨린 후 기본적인 처치
를 받습니다. 이 모든 과정이 1분을 채 넘기지 않아요. 아기가 첫울음을 터
뜨리면 건강에 이상은 없는지 여러 확인 과정을 거치게 됩니다.

☑ 먼저 몸무게, 키, 머리둘레, 가슴둘레 등을 잽니다. 이후 엄마의 이름, 성별,
태어난 날짜와 시간, 분만 형태 등을 기록한 팔찌와 발찌를 채우고 아기는
신생아실로 옮겨집니다.

☑ 생후 4주 안에는 BCG 예방접종 1회, B형 간염 예방접종 2회를 맞혀야 합
니다. 그 외에도 출산 후 1년 동안 아기에게 맞힐 예방접종 리스트를 숙지해
적절한 시기에 소아청소년과를 방문해 접종하는 것이 중요해요.

☑ BCG는 생후 4주 이내에 맞히는 것이 원칙입니다. 보통은 태어날 때 산부인
과에서 준 예방접종 카드에 접종 시기가 적혀 있어요. 만약 4주가 지났더라
도 가능한 한 빨리 맞혀야 합니다.

태어난 직후 분만실에선 이런 과정을 거쳐요

신생아가 태어난 이후 가장 먼저 해야 하는 일은 건강 상태를 확인하는 것입니다. 보통 건강한 신생아는 우렁차게 울고(정상적인 호흡) 팔다리를 활발하게 움직인답니다(정상적인 근육). 이렇게 건강하게 출생한 아기는 바로 산모에게 안겨 정서적 교감을 나누고 젖을 물리는 일까지 가능합니다. 허나 조금이라도 문제가 있어 보이는 신생아는 초기 처치를 시행하게 됩니다. 이때 가장 중요하게 확인해야 할 점은 정상적인 호흡과 적정한 체온 유지입니다.

입안과 콧속의 이물질부터 제거하고 가벼운 자극을 줘요

정상적인 호흡을 확보하기 위해 가장 먼저 할 일은 입안과 콧속의 이물질을 제거하는 것이에요. 망울 주입기 혹은 가느다란 고무 카테터를 사용해 부드럽게 제거한 후 발바닥을 가볍게 치거나 등을 부드럽게 문지르면서 아기가 자발적으로 호흡할 수 있도록 자극을 줍니다. 아기들은 크게 우는 과정을 겪으면서 호흡이 안정되기 때문에 처진 상태로 가만히 두기보다 일부러 자극을 주어서 울리는 과정이 필요합니다.

몸에 묻은 피와 이물질을 닦아요

산도를 빠져나온 아이의 몸 곳곳에는 피와 태지가 묻어 있습니다. 감염을 줄이기 위해 출산 직후 깨끗한 천으로 닦고 체온 유지를 위해 싸개로 감쌉니다. 나중에 체온이 안정되면 신생아실에서 따뜻한 물이나 약한 비눗물로 다시 한 번 씻습니다.

탯줄을 잘라요

아기가 태어나는 순간에는 탯줄을 조금 길게 잘라둡니다. 이후 배꼽 근처에 플라스틱 집게로 집은 후 3~4cm 정도만 남기고 다시 잘라요. 대개 탯줄을 자르는 일은 분만실에 입실한 아빠가 합니다.

아기가 태어나면 제일 먼저 확인하는 '아프가 점수'

생후 1~5분에 신생아 아프가 검사를 실시해요

아프가 점수(Apgar Score)는 아이의 심장 박동수, 호흡 상태, 근육의 긴장도, 카테터 자극에 대한 코의 반응, 피부 색깔 등을 검사해 10점 만점으로 아이의 상태를 파악하는 것입니다. 이 점수는 아기가 태어난 지 1~5분이 되는 시점에 의사나 간호사가 점수를 내는 방식으로 진행해요. 합한 숫자가 높을수록 좋은데, 대부분의 신생아는 아프가 점수가 7~10점으로 양호하지만, 간혹 숫자가 너무 낮으면 그 정도에 따라 필요하면 호흡 보조를 하거나 신생아 집중 치료실로 가야 하는 경우도 있어요. 그러나 아프가 점수에 관한 이야기나 아기의 건강 상태가 좋지 않다는 이야기를 듣지 않았다면 정상이라는 뜻이니 걱정하지 않아도 됩니다. 아프가 검사는 아래의 표에 나오는 5가지 항목을 검사해 총점 0~10점으로 점수를 매겨 아기의 전반적 상태를 예측합니다.

점수	0	1	2
심장 박동수	없음	분당 100회 미만	분당 100회 이상
호흡	없음	느리고 울음소리가 약함	분당 30~60회, 울음소리가 강함
근력	늘어짐	팔다리가 약간 굽어 있음	힘차게 팔다리를 움직임
신경 반사	없음	코를 자극하면 찡그림	코를 자극하면 찡그리고 기침, 재채기 함
색	창백하거나 푸른빛	몸은 분홍빛, 손발만 푸른빛	온몸이 다 분홍빛

▲ 아프가 검사표

아프가 점수가 앞으로의 아기 건강을 나타내는 것은 아니에요

실제로 검사해보면, 태어난 직후의 아기는 신체의 열을 쉽게 뺏기므로 손과 발이 푸른빛을 띠게 됩니다. 그런 이유로 10점을 받는 아이는 드물고, 대부분 높은 점수가 8~9점 정도예요. 만일 신생아의 아프가 점수가 낮다면 분만실에서 초기 처치를 한 후 상태 변화에 따라 신생아 집중 치료실로 옮길지 여부를 결정합니다. 그러나 아프가 점수가 앞으로의 아기 건강을 정확히 나타내는 것은 아니에요. 적절한 초기 처치가 이루어진다면 아프가 점수가 낮았더라도 신생아실에서 일반 신생아들처럼 관리받고 정상적으로 퇴원이 가능해요. 반대로 초기 아프가 점수가 높았더라도 나중에 질병이 나타나는 경우도 있기 때문에 아프가 점수만으로 아기의 건강을 예측하면 안 돼요. 다만 아프가 검사는 점수가 낮은 아기에 대해서 의사가 더욱 주의를 기울이고 필요한 조치를 미리 준비할 수 있게 해주는 장점이 있습니다.

아기의 기본 정보를 확인한 후 신생아실로 옮겨요

일반적인 처치가 끝났다면 아기의 기본적인 정보 확인 과정을 거친 후 신생아실로 옮기게 됩니다. 가장 먼저 몸무게, 키, 머리둘레, 가슴둘레 등을 측정하고 이후 엄마의 이름, 성별, 태어난 날짜와 시간, 분만 형태 등을 기록한 팔찌와 발찌를 채우고 신생아실로 옮깁니다.

신생아실에서는 이런 것들을 체크해요

구석구석 아기의 몸 상태 살펴보기

먼저 눈으로 아기의 전반적인 상태를 체크합니다. 손가락과 발가락이 제대로 있는지, 손과 발의 굵기는 동일한지와 길이가 짧아 보이지는 않는지, 얼굴은 외관상으로 이상이 없는지, 머리 윗부분의 말랑말랑한 대천문이 제대로 있는지 등을 확인하고 귀의 모양도 살핍니다. 그리고 목에서 덩어리가 만져지거나 목이 기울어 있지는 않은지, 다리에 고관절 탈구가 있는지, 배가 너무 부르지는 않은지도 살펴봐요. 뿐만 아니라 성기의 모양은 정상인지, 고환은 둘 다 내려와 있으며 크기는 같은지, 항문은 제대로 뚫려 있는지, 딤플(엉덩이 꼬리뼈 쪽에 보조개처럼 움푹 파인 증상)이 있는지 등 구석구석 확인합니다.

눈 소독하고 안연고 넣기

출산 당시에는 눈에 양수나 여러 찌꺼기가 들어갈 수 있기 때문에 아기가 제대로 눈을 뜰 수 없어요. 아기의 눈에 식염수를 흘리거나 거즈에 식염수를 묻혀 눈에 들어 있는 양수와 이물질을 제거하고 감염 예방을 위한 안연고를 넣습니다.

폐와 심장 소리 듣기

심장 박동수와 호흡 양상을 관찰하고 심장에서 잡음이 들리는지도 체크합니다.

피부색 확인

갓 태어난 신생아의 몸은 전등으로 비춰 보았을 때 선홍색을 띠어야 정상입니다. 피부색이 너무 하얗거나 청색이면 이상이 있는 것은 아닌지 의심해봐야 해요.

머리 손상 여부 확인

출산 시 좁은 산도를 빠져나오면서 머리에 상처를 입지는 않았는지 확인합니다. 머리 꼭대기에서부터 천천히 쓰다듬으며 혹이나 이상 여부를 확인합니다. 특히 자연분만 시 산도 방향에 맞추어 머리 모양의 변형이나 혹이 많이 생기는데, 대부분의 변형과 혹들은 특별한 문제 없이 좋아지지만, 건강에 문제를 일으키는 경우도 있어서 확인이 필요합니다.

입속 검사

손가락을 아기 입속에 넣어 잇몸과 혀, 입천장 등이 제대로 모양을 갖췄는지 살펴봐요. 입천장이 갈라지는 구개열일 경우 서둘러 발견하면 빠른 치료가 가능합니다.

항문 검사

손가락으로 항문을 직접 만져보며 항문이 제 위치에 정상적으로 있는지 검사합니다. 가끔 항문이 있더라도 성기 부위와 항문 사이 거리가 가까운 경우 항문 막힘증의 한 변형일 수 있어서 정상적인 위치에 항문이 있는지 반드시 확인해야 합니다. 정상적인 항문 주름이 있는지도 같이 확인합니다.

귀 검사

손으로 귀 안쪽과 바깥쪽을 더듬어보고, 겉으로 봐서 제대로 귓구멍이 뚫렸는지, 귓바퀴 모양은 이상이 없는지 등을 꼼꼼히 살핍니다. 귀의 이상 역시 조기에 발견해야 치료하기 좋아요. 신생아 1,000명 중 1~3명 정도가 난청 증상을 갖고 태어납니다. 생후 1개월 이전에 청력 선별 검사를 실시해 난청이 의심될 때는 3개월이 되기 전에 정밀검사를 받아봐야 합니다.

성기 검사

여자아이는 외음순과 소음순이 잘 아물려 있는지, 남자아이는 양쪽 고환이 모두 내려와 있고 두 음낭의 크기가 같은지 검사합니다. 아울러 사타구니 부위를 만져보고 탈장이 있지는 않은지도 같이 확인해봅니다. 퇴원 전에 다시 한 번 확인하는 것이 좋습니다.

다리 검사

아기의 다리를 손으로 벌려 모양에 이상이 있는지, 양쪽 길이가 같은지, 발목이 안쪽 혹은 바깥쪽으로 휘어지지는 않았는지 등을 살펴봅니다. 고관절이 탈구되면 다리를 벌리는 것이 부자연스럽고 양쪽 길이가 서로 달라요. 6개월 이전에 발견하면 수술 없이 교정만으로 치료가 가능합니다.

선천성 대사 이상 검사, 생후 7일 안에 꼭 하세요

조기 발견이 중요해요

신생아 선천성 대사 이상 질환은 특정 유전자의 돌연변이로 인해 태어날 때부터 어떤 종류의 효소가 없어서 생기는 질환을 통틀어 말해요. 예를 들어 어느 효소에 이상이 있으면 그 효소에 의해 대사되어야 할 물질이 그대로 신체에 축적되고, 축적물에 독성이 있으면 몸에 기능 장애를 일으킵니다. 혹은 만들어져야 할 물질이 만들어지지 못한 결핍 때문에 증상이 나타나기도 합니다. 특히 뇌에 영향을 미치면 심한 지능 장애를 초래하며 심장, 간, 근육 등 모든 장기에 치명적인 장애를 일으킬 수 있어요. 신생아 시기에는 증상이 잘 나타나지 않아 발견하기가 어렵고, 증상이 나타난 후에는 치료를 하더라도 손상된 세포가 치유되지 않아 평생 장애를 안고 살거나 사망할 수도 있습니다. 그러나 빨리 발견해 특수 식이요법이나 약물 등의 치료를 받으면 심각한 상태를 최대한 줄일 수 있어 조기 발견이 무엇보다 중요합니다.

검사는 어떻게 하고, 결과는 언제 알 수 있나요?

선천성 대사 이상 검사는 아무것도 먹이지 않고 검사하면 오차가 생겨 태어나자마자 바로 검사하지는 않습니다. 모유나 분유를 충분히 섭취하고 2시간이 지난 후 실시해요. 모유나 분유를 며칠(보통 48시간 이후) 동안 먹인 후 생후 3~7일 사이 발꿈치에서 피를 뽑아 검사합니다. 검사 결과 이상이 발견되면 정밀검사를 받아야 해요. 정밀검사 결과 선천성 대사 이상으로 확인되면 질환의 종류에 따라 특수 조제분유나 호르몬제를 이용해 치료합니다. 검사 결과는 보통 검사 후 대략 2주 안에는 나오니 꼭 챙겨서 확인합니다.

선천성 대사 이상 검사는 무료로 받을 수 있어요

선천성 대사 이상 검사는 페닐케톤뇨증, 갑상선 기능 저하증, 갈락토스혈증, 단풍당뇨증, 호모시스틴뇨증, 선천성 부신 과형성증 등 발생 빈도가 높은 대사 이상 질환들을 포함하여 각종 유기산, 지방산, 아미노산 대사 이상 질환들과 초기에 발견하지 못하면 치명적인 장애를 남길 수 있는 질환인 부신백질이영양증, 중증복합면역결핍증까지 추가로 확인할 수 있습니다. 소득과 재산에 관계없이 모든 신생아를 대상으로 생후 일주일 이내에 산부인과나 소아청소년과를 방문하면 무료로 검사받을 수 있어요. 선천성 대사 이상으로 확인될 경우 만 18세 미만이면 의료비와 특수 조제분유, 저단백 식품 등을 지원받습니다. 그러나 현재까지 밝혀진 선천성 대사 이상 질환만 해

닥터's advice

❓ 출생 신고는 어떻게 하나요?

출생신고는 아기가 태어난 날로부터 1개월 안에 해야 한다고 법으로 정하고 있어요. 이 시기를 넘기면 과태료를 내야 하지요. 그렇다면 출생신고는 어떻게 해야 할까요? 일단 출생신고를 하려면 아기의 이름, 병원에서 발행한 출생증명서와 출생신고서, 엄마 아빠 신분증이 필요해요. 가정에서 분만했을 경우에는 아기의 출생을 증명해줄 수 있는 사람의 출생보증서가 있어야 합니다. 필요한 서류가 모두 준비되면 엄마나 아빠가 신분증을 지참하고 주민센터에 가서 신고하면 됩니다. 인터넷(전자)신고는 대법원 전자가족관계등록시스템(http://efamily.scourt.go.kr)에서 할 수 있습니다.

도 600여 종이 넘으며 새로운 질환이 계속 발견되고 있어요. 그렇다고 미리 걱정할 필요는 없어요. 선천성 대사 이상 질환이 그리 흔하지는 않습니다.

 ## 퇴원 후 예방접종 일정을 체크하세요

BCG 접종

결핵을 예방하기 위해 접종하는 BCG는 태어난 후 보통 4주 이내에 소아청소년과나 보건소에서 맞힙니다. BCG 접종에는 주사로 피부에 얇게 포를 뜨듯이 접종하는 피내용과 여러 개의 바늘이 달린 도장 같은 것으로 피부에 찍는 경피용이 있습니다. 피내용 BCG는 정확한 용량을 일정하게 투여할 수 있는 장점이 있고, 국가에서 지원해 무료로 접종할 수 있어요. 하지만 경험이 많지 않은 병원에서 접종하면 오히려 정확도가 떨어져 효과 역시 떨어질 수도 있습니다. 의학적으로 두 접종 간 효과나 이상 반응의 차이는 거의 없으니 어떠한 접종을 해도 무방하답니다. 집안에 결핵 환자가 있다면 가능한 한 빨리 접종하는 것이 좋습니다. 생후 4주 이내에 접종하는 것이 원칙이지만 4주가 지났더라도 서둘러 접종하길 권합니다. 3개월 이내에는 맞혀야 결핵반응

 ### 닥터's advice

❓ BCG는 왜 접종 요일이 정해져 있나요?
피내용 BCG는 10인분의 약을 개봉한 지 2시간 안에 써야 하기 때문에 접종을 몰아서 할 때가 많습니다. 주로 목요일 오전에 접종하는 병원이 많은데, 미리 소아청소년과에 전화를 걸어 접종 요일을 확인하는 것이 좋습니다. 그러나 경피용 BCG는 한 개씩 포장되어 있어 요일에 관계없이 접종합니다.

❓ BCG 흉터가 없어요. 예방접종 효과가 없는 것 아닌가요?
BCG 자국은 BCG를 접종했다는 증거는 될 수 있어도 효과가 있다는 증거는 될 수 없습니다. 흉터가 없어도 BCG 접종의 효과가 있기 때문입니다. 더군다나 요즘은 경피용 BCG를 맞히기도 하기 때문에 흉터로 효과를 따지는 것은 의미가 없어요. 흉터가 없더라도 걱정하지 마세요.

검사 없이 접종할 수 있습니다.

BCG는 주로 팔에 주사를 놓는데, 접종 후 3~4주가 지나면 그 부위가 빨갛게 되면서 곪을 수 있습니다. 약간 아프기도 하며 몇 달이 지나면 딱지가 앉으면서 아물어요. 물론 BCG를 맞힌 모든 아기의 접종 부위가 다 곪는 것은 아니지만, 대부분 접종한 지한 달이 지나면 농이 생깁니다. 심하지 않을 때는 그냥 놔둬도 괜찮습니다. 간혹 곪은 부위를 소독하고 거즈로 덮어두는데, 이건 좋은 방법이 아니에요. BCG 접종 후에 곪은 것은 일반 균이 들어가서 곪은 것과는 다르기 때문에 소독은 아무런 의미가 없습니다. 그리고 고름이 나온다고 거즈로 꼭 덮어두면 도리어 화농이 생기기 쉬우므로 차라리 그냥 두는 편이 좋아요. 곪으면 나중에 흉터로 남기도 하는데, 흉터 남는 것이 겁나서 BCG 접종을 기피해서는 안 됩니다. 예방접종 후 나타나는 부작용은 대부분 수일 내에 사라지며, 흔하지는 않지만 약 1% 내외로 궤양이나 농양, 임파선염, 골염과 같은 증상이 나타날 수 있습니다. 만약 그 증상이 심각하다고 생각될 때는 병원을 방문해 적절한 치료를 받습니다.

B형 간염

B형 간염 예방접종은 출생 직후 1차 접종을 한 상태로 퇴원시키는 경우가 대부분이에요. 이후 생후 4주경 소아청소년과를 방문할 때 B형 간염 추가 접종을 하면 됩니다. 예방접종 후에는 아기수첩에 꼭 기록해주세요.

예방접종은 이렇게 하세요

아기수첩을 잘 보관하세요

출산 후 병원에서 받는 아기수첩에는 예방접종 종류와 시기가 적혀 있습니다. 또한 예방접종을 마친 후 기록해야 하므로 반드시 아기수첩을 가지고 병원을 방문합니다. 예방접종을 한 뒤 보건소나 병원에서 다음번에 맞혀야 할 예방접종과 날짜를 알려주는데, 달력이나 다이어리에 표시해두면 잊어버리지 않고 제 날짜에 맞히는 데 도움이 됩니다. 외국에서는 학교에 갈 때 접종 기록을 요구하는 곳도 있으니 나중을 위해서도 버리지 마세요. 예방접종 기록은 질병관리본부의 예방접종도우미(nip.cdc.go.kr) 사이트와 애플리케이션에서 확인할 수 있습니다.

가까운 보건소나 소아청소년과에서 접종하세요

종합병원이나 산부인과에서 아기를 출산한 경우 예방접종을 맞히러 분만했던 병원까지 힘들게 가기도 합니다. 하지만 예방접종 때문에 굳이 어린아기를 데리고 먼 곳까지 찾아갈 필요는 없어요. 가까운 소아청소년과나 보건소를 방문해 접종하면 됩니다. 아기의 건강 상태나 육아에 대해서도 소아청소년과 한 곳을 선택해 지속적으로 점검받는 것이 중요합니다.

예방접종 후 30분간은 아기를 세심히 살피세요

예방접종을 한 후에는 아기가 많이 울기 때문에 안아서 달래주거나 모유를 먹여 진정시키는 시간이 필요합니다. 먼저 접종 부위를 잠시 눌러주고 아기를 안정시켜주세요. 이때 접종 부위를 과도하게 문지르거나 긁으면 이상 반응이 나타날 수 있으므로 주의해야 해요. 예방접종 후에는 만약의 반응에 대비해 진료실에서 10~30분 정도 대기하는 것이 좋습니다.

접종 당일 목욕은 되도록 피하세요

접종을 마치면 당일에 목욕을 시키지 말라고 의사가 당부합니다. 주사 부위에 물이 들어가 부작용이 생길 위험 때문이라기보다는 아기를 힘들게 하지 말라는 뜻이에요. 예방접종 후 목욕을 하면 체력이 떨어지므로 되도록 피하는 것이 좋습니다. 접종 당일과 다음 날은 지나치게 에너지를 쏟는 상황도 피해주세요. 만약 아기를 꼭 씻겨야 한다면 접종 후 최소 1시간이 지난 다음 간단한 샤워 정도로 마무리합니다.

예방접종 스케줄은 항상 소아청소년과 의사와 상의하세요

우리나라에서 맞히는 예방접종은 대개 같이 접종해도 별문제가 없습니다. 예방접종을 시행하기 전 아기의 몸 상태도 매우 중요한데, 심한 피부 질환이나 영양 장애, 발열, 발육 지연이나 면역 기능 저하와 같은 질환이 있을 때는 의사와 상의해 예방접종을 미루거나 접종하지 않는 것을 원칙으로 합니다. 따라서 예방접종 시기에 질병이 발생했을 때는 반드시 의사에게 알립니다. 자기 마음대로 예방접종을 진행하거나 미루어서는 안 됩니다.

접종 후 이상 반응을 보이면 접종한 병원을 찾으세요

예방접종 후 열이 나거나 경련 등 이상 반응을 보이면 예방접종을 실시한 병원을 찾으세요. 혹시 다른 병원을 방문했다면 예방접종 사실을 반드시 알려야 적절한 조치를 취할 수 있습니다.

*예방접종에 대한 자세한 내용은 1046쪽을 확인하세요.

모유 수유하기

출산보다 어렵다는 모유 수유! 제대로 알아두면 어렵지 않아요.

체크 포인트

☑ 모유의 양이 충분한지 부족한지 알아보기 위해 아기의 체중을 2주마다 체크해 성장곡선을 확인합니다.

☑ 모유는 아기에게 좋을 뿐 아니라 엄마에게도 장점이 많습니다. 세계보건기구(WHO)에서는 적어도 6개월 동안 모유를 수유하라고 권장하고 있어요.

☑ 모유 수유는 생각만큼 쉬운 일이 아니에요. 생각대로 잘되지 않더라도 섣불리 포기하지 마세요. 집에 가기 전, 병원이나 산후조리원에 있는 동안 아기가 모유 수유에 적응하게 하는 것만으로도 충분합니다.

☑ 모유 수유를 원한다면 엄마가 잘 챙겨 먹어야 해요. 만약 엄마가 산후우울증이 심각하다면 약물 복용을 위해 모유 수유를 중단해야 하기 때문에 주위의 도움이 필수적입니다.

☑ 모유 수유를 하고 싶어도 함몰유두, 유선염, 유두 통증 같은 트러블 때문에 중단하는 경우도 많아요. 대표적인 모유 수유 트러블과 해결법을 미리 공부해두세요.

모유 수유, 왜 좋을까요?

아기에게 가장 좋은 음식은 누가 뭐래도 '모유'입니다. 엄마 몸에서 나오는 모유는 아기에게 필요한 영양소를 골고루 갖추고 있어요. 중추신경계 발달에 중요한 콜레스테롤, 머리가 좋아지는 DHA뿐만 아니라, 각종 면역물질과 항체를 포함하고 있어 감기, 장염과 같은 감염성 질환을 예방합니다. 모유에는 아기에게 필요한 모든 영양 성분뿐만 아니라 각종 질병을 보호해주는 면역 성분이 담겨 있습니다. 또한 모유 수유를 하는 동안 엄마와 아기의 유대감이 자연스럽게 형성되지요. 생후 첫 6개월 동안은 모유만을 통해 성장에 필요한 모든 영양을 충분히 공급받기 때문에 다른 것은 전혀 먹일 필요가 없어요. 모유 수유가 아기와 산모 모두의 건강에 좋다는 사실은 여러 연구를 통해 과학적으로 증명되었습니다.

FOR BABY 이런 점이 아기에게 좋아요

• **면역력을 강화해요** 여러 연구에 따르면 모유를 수유한 아이들은 장염, 호흡기 질환, 중이염, 뇌막염, 요로감염 등의 발병률이 낮습니다. 적어도 6개월간 완전 모유 수유를 했다면 분유를 수유한 아이들에 비해 강한 면역력을 갖고 있다는 결과가 있습니다. 모유 수유를 오래 지속할수록 영아사망률 또한 줄어드는 양상을 보이고 있어요. 그 비결은 초유에 함유된 '면역글로불린A(IgA)'라는 물질에 있습니다. 엄마의 몸 안에서는 바이러스와 세균에 대항하는 면역글로불린A가 자연스럽게 생성되며, 이 강력한 면역물질은 모유를 통해 전달되어 아기를 보호해줍니다. 면역글로불린A는 출산 후 만들어지는 초유 안에 많이 들어 있어요. 이 물질은 아이의 장 속, 코, 그리고 목 점막 등에 보호막을 형성해 세균의 침입을 막아주는 역할을 합니다.

• **알레르기를 예방해요** 모유를 먹는 아기들은 분유를 먹는 아기들에 비해 알레르기 발생률이 적은 편이에요. 그 원인은 모유에만 존재하는 면역글로불린A와 같은 면역물질이 아기의 장에 보호막을 형성해 음식 알레르기 반응을 예방하기 때문입니다. 보호막이 생성되지 않으면 염증이 잘 발생하고, 그로 인해 소화되지 않은 이종 단백질

이 소화기를 통해 몸 안으로 침투하면서 알레르기를 유발할 수 있습니다. 분유 수유를 하는 아기들은 모유를 통해 생성되는 보호막을 얻지 못하기 때문에 비교적 염증, 알레르기 등에 취약할 수밖에 없어요. 모유는 엄마 몸에서 생성된, 아기를 위한 음식이므로 소나 염소 등의 젖과는 비교가 안 될 정도로 아기 몸에 잘 맞습니다.

• **지능 발달을 도와줘요** 모유는 중추신경계 발달과 연관된 DHA, 타우린, 유당이 풍부하죠. 영국 아동보건연구소의 연구 발표에 따르면 모유를 먹고 자란 아기는 7~8세가 되었을 때 분유를 먹고 자란 아기에 비해 IQ가 높았다고 합니다. 이는 모유 속에 뇌 발달을 촉진하는 물질인 유당, 콜레스테롤, 타우린 등이 충분하기 때문이에요. 이 외에 엄마 젖을 빨 때는 분유를 빨 때보다 60배의 힘이 더 들어 안면근육 운동이 활발해져 턱과 치아가 발달하고, 뇌 혈류량이 많아져 뇌 발달을 더욱 촉진하는 결과를 가져옵니다.

• **아기의 비만을 예방해요** 모유 수유는 아기의 과체중을 예방하는 좋은 방법이기도 해요. 모유를 먹은 아기가 청소년기나 성인기에 비만이 될 확률이 적다는 것은 각종 연구를 통해 밝혀진 바 있습니다. 이는 수유 기간과 관련이 있는데, 모유 수유를 오래 할수록 비만율이 낮은 것으로 나타났어요.

 닥터's advice

❓ 모유 수유는 어떻게 비만을 예방할까요?
• 모유 수유로 키운 아기는 포만감을 느끼면 그만 먹기 때문에 건강한 식습관을 형성합니다.
• 모유에는 분유보다 인슐린이 적게 포함되어 있습니다. 인슐린은 지방 생성을 촉진합니다.
• 모유 수유를 한 아기는 체내에 식욕 및 지방 조절 호르몬인 렙틴을 더 많이 가지고 있습니다.
• 모유 수유를 한 아기에 비해 분유 수유를 한 아기는 출산 첫 주에 몸무게가 빠르게 증가합니다. 커서 비만으로 이어질 수 있으니 주의가 필요합니다.

FOR MOM 이런 점이 엄마에게 좋아요

• 산후 회복에 도움이 돼요 엄마도 아기에게 모유를 먹이는 것이 건강에 더 좋습니다. 수유할 때 분비되는 호르몬인 옥시토신은 자궁을 수축시켜 분만 후 출혈을 줄여주며, 자궁을 출산 전 상태로 되돌려주기 때문이지요. 많은 연구 결과 장기간 모유 수유를 할수록 엄마의 몸에 유방암과 난소암의 발병 확률이 적은 것으로도 밝혀졌어요. 적어도 1년 이상 모유 수유를 할 경우 그 효과가 더욱 크게 나타납니다. 모유를 1년 먹인 여성은 유방암에 걸릴 확률이 평균 32% 낮아지고, 2년 이상 모유를 먹이면 50%까지 낮아지는 것으로 연구 결과가 나와 있습니다.

• 산후우울증을 예방해요 많은 산모들이 모유 수유를 하는 동안 정서적으로 편안함을 느끼는데, 그 이유는 수유를 하는 동안 분비되는 옥시토신이라는 호르몬 때문입니다. 옥시토신은 출산 시에는 분만을 원활하게 도와주고, 젖의 분비를 촉진하는 역할을 하며, 평소에는 사랑의 묘약으로 작용하여 친밀감을 느끼게 하는 호르몬입니다. 모유

 닥터's advice

❓ 초유가 정말 좋을까요?

초유는 사람을 비롯한 모든 포유류에서 출산 후 일주일 안에 분비되는 노르스름한 유즙이에요. 초유에는 아이의 생명 유지 및 성장 발달에 필수 조건인 각종 영양 성분이 풍부하게 들어 있다고 알려져 있습니다. 이후에 나오는 모유에 비해 지방은 적으나 단백질, 지용성 비타민, 무기질 함량이 높은 편이에요. 아기가 태어난 직후 48시간 동안은 소량의 초유만이 나오는데, 하루 종일 나오는 양을 다 합해도 10~40ml에 불과할 만큼 아주 소량이에요. 물론 아기는 태어날 때 탯줄을 통해 모체로부터 초유를 충분히 공급받습니다. 그래서 출생 후 별도의 초유를 먹이지 않는다고 해도 아이의 생존에는 아무런 지장이 없어요. 그렇다 해도 가급적 초유를 먹이는 것이 아기를 위해 좋습니다.

❓ 출산 과정과 모유 수유

출생 후 모유 수유를 하기 전까지 불필요한 자극은 피해야 합니다. 출생 후 가능한 한 빨리 엄마와 아기가 피부 접촉을 할 수 있게 하는 것이 좋아요. 분만 직후 엄마와 아기가 건강하다면, 아기를 엄마의 가슴에 올려놓아, 피부 접촉을 하고 젖을 물려주면 엄마와 아기의 유대감이 높아질 뿐만 아니라 모유 수유 성공률을 높일 수 있답니다.

수유를 할 때 아기와 엄마가 피부를 통해 계속 신체 접촉을 함으로써 자연스럽게 옥시토신이 분비되어 유대감을 형성하고 엄마의 스트레스 해소를 돕습니다.

• **몸매 회복에 도움을 줘요** 수유 중에는 500kcal 정도 음식을 더 섭취해야 해요. 1L의 모유를 만들기 위해서는 940kcal가 소비됩니다. 자연적으로 소모되는 칼로리가 많아져 그만큼 몸매 회복에도 효과적입니다.

• **편리하고 간편해요** 분유를 먹이려면 준비가 필요하지만 모유는 언제 어디서든 아기가 원할 때 바로 먹일 수 있어요. 떨어지거나 상할 염려도 없고, 항상 알맞은 온도로 맞춰져 있어 쉽게 수유할 수 있는 점이 장점이지요. 따로 수유용품을 구입하느라 돈을 쓸 필요가 없기 때문에 비용 측면에서도 경제적이에요.

🐦 모유 수유, 어렵지 않아요

갓 태어난 아기가 젖을 빠는 모습은 숭고하기까지 합니다. 그러나 엄마 입장에서는 한편으로 괴롭기도 하지요. 출산으로 피곤해진 몸을 일으켜 아기에게 2~3시간마다 수유하는 것은 무척이나 힘든 일입니다. 그렇기에 모유 수유를 지속하려면 '아기에게 좋으니까'라는 막연한 책임감과 희생정신보다 아기에게도 엄마에게도 모유 수유가 얼마나 좋은지 깨달아 '기꺼이' 수유를 즐기며 하는 것이 중요해요. 모유를 먹이겠다는 각오만으로 모유 수유를 성공할 수 있는 것도 아니에요. 그러므로 모유 수유 방법에 대해 미리 배워둘 필요가 있습니다. 예전에는 '엄마라면 당연히 하는 것으로' 모유를 수유했지만, 요즘은 모유를 먹이지 않아도 대체할 수 있는 수단이 많기 때문에 제대로 된 정보를 익혀두지 않으면 금세 모유 수유에 대한 의지가 사라질 수밖에 없어요. 모유 수유를 결심했다면 일단 임신·출산과 모유 수유에 관한 서적을 탐독하고, 커뮤니티를 통해 선배 엄마들의 모유 수유 경험담을 새겨두는 것부터 시작하세요. 여러 육아용품 업체나 기관에서 주최하는 임신부 교실에서도 모유 수유에 관한 강좌를 많이 하므로 부지런히 알아보는 것도 방법이 될 수 있어요.

성공 노트 ① 엄마랑 아기가 함께! 이왕이면 모자동실을 택하세요

병원이나 산후조리원에서 어떻게 수유했느냐에 따라 모유 수유의 성공 여부가 달라집니다. 모유 수유에 성공하려면 엄마와 아기가 같은 방을 사용하면서 먹고 싶어 할 때마다 먹이는 것이 가장 효과적이에요. 조금 힘들더라도 아기와 함께 방을 쓰는 모자동실을 택하는 것이 모유 수유에 큰 도움이 됩니다. 아기가 바로 옆에 있어야 젖을 물릴 수 있고 유대감 형성에도 도움이 된다는 사실, 꼭 기억해두세요.

성공 노트 ② 분만 후 1시간 안에 젖을 물리세요

아기는 출생 후 30분~1시간 이내에 빨고 싶은 욕구가 가장 강해요. 이때 젖을 물리면 모유 수유 성공률이 더 높습니다. 젖을 물리면 젖꼭지에 있는 신경이 자극되고, 그 메시지가 뇌하수체의 앞부분에 전달되어 프로락틴을 분비시키죠. 프로락틴은 모유 분비를 촉진하는 호르몬인 만큼 모유 분비량을 늘리기 위해서라도 분만 후 1시간 안에 젖을 물리도록 하세요.

성공 노트 ③ 무조건 자주! 자주!

신생아가 배고파할 때마다 자주자주 먹이는 게 중요해요. 적게는 하루 8회, 많게는 12회까지도 젖을 물릴 수 있어요. 초반에 모유가 잘 안 나와 고생하는 엄마들이 많은

닥터's advice

❓ 모유만 먹여도 되나요?
특별한 상황이 아닌 이상 첫 몇 주간 모유 수유가 완전히 익숙해질 때까지, 모유만 먹이는 것이 이상적입니다. 평균적으로 2~3시간마다 한 번씩 수유하는 것이 원칙이지만, 시간에 얽매이기보다는 아기가 원하는 대로 주세요. 그러나 아기의 소변량이 감소하거나 황달이 심해지는 등 모유가 적어서 발생하는 탈수 관련 증상이 생길 때는 분유 수유가 필요하기도 합니다.

데, 힘들더라도 자주 물려야 분비량도 늘고 아기도 빠는 연습을 제대로 할 수 있습니다. 꾸준히 젖만 물려도 분비량이 약 10배까지 순식간에 늘어나요. 일단 아기가 젖을 빨고 싶은 모습을 보이면 바로 물립니다. 또 젖을 물리면 유방이 비워질 때까지 충분히 먹이고 모유 분비를 늘리기 위해 양쪽을 15분씩 번갈아가며 먹이세요.

성공 노트 ④ 모유 외에는 아무것도 먹이면 안 돼요!

모유는 아기가 먹으면 먹을수록 많이 분비됩니다. 출산 직후 젖이 잘 나오지 않아서 혹은 엄마가 밤잠을 자기 위해 중간중간 분유를 먹이면, 아기는 빨 때 힘이 드는 엄마 젖보다는 상대적으로 힘이 덜 드는 젖병 빠는 동작에 익숙해져 모유를 먹으려 하지 않을 수 있어요.

성공 노트 ⑤ 한 번 수유할 때 양쪽 젖을 다 물리세요

수유할 때는 양쪽 젖을 다 물려야 해요. 한쪽 젖을 빨다가 15분쯤 지나 빠는 속도가 줄면 트림을 시키고 다른 쪽 젖을 물리세요. 양쪽 젖을 다 물려야 모유 분비량이 고르게 됩니다. 신생아 시기에는 젖을 먹다가 잠드는 일이 많은데 한쪽 젖만 물리고 잠이 들었다면 깨워서라도 반대편 젖까지 물리는 게 좋아요.

성공 노트 ⑥ 불가피한 상황이 아니라면 젖병 사용은 피하세요

젖병은 엄마 젖에 비해 쉽게 나오고 빠는 힘도 덜 듭니다. 그래서 태어난 후 엄마 젖꼭지를 빨았던 아기는 다음에도 쉽게 엄마 젖을 찾아 무는 데 반해, 젖병을 경험한 아기는 엄마 젖꼭지를 잘 물지 못할뿐더러 아예 입을 잘 벌리지 않거나 젖꼭지를 물었다가도 빨지 않고 울며 보챌 때가 많습니다. 이를 '유두 혼동'이라 부르는데 생후 3~4주 안에 젖병을 물린 아기의 95%가 유두 혼동을 일으켜요. 한두 번 젖병을 빨아도 이런 행동을 보일 수 있으므로 불가피한 상황이 아니라면 최대한 젖병을 사용하지 않는 것이 좋아요.

성공 노트 ⑦ 정확한 수유 자세가 중요해요

모유 수유를 실패하는 가장 큰 원인 중 하나는 잘못된 수유 자세입니다. 아기가 젖을 무는 각도에 따라 자극받는 유방 부위가 달라지기 때문이지요. 모유가 잘 안 나오는 것 같으면 안는 자세를 바꿔보세요. 자세를 바꿔 젖을 물리면 유방의 다른 부분이 자극받아 모유가 잘 나오기도 합니다. 젖을 물리는 자세나 유방 마사지, 모유 수유를 돕는 음식 등 모유 수유에 대해 미리 공부해두면 큰 도움이 됩니다.

성공 노트 ⑧ 수유 후 남은 모유를 다 짜내요

모유량이 부족하다면 수유 후 유축기 또는 손으로 남은 모유를 완전히 짜내는 게 좋아요. 모유가 유방에 남아 있으면 울혈이 생기고 모유량이 줄어드는 데 영향을 미치기도 합니다.

닥터's advice

❓ 제왕절개를 한 경우라면?

수술로 아기를 낳아도 모유 수유를 하는 데는 문제가 없어요. 수술 시 사용하는 마취약이나 항생제는 아기에게 영향을 주지 않습니다. 제왕절개를 해도 수술실에서 바로 젖을 물리는 게 중요해요. 단, 수술 전 담당의와 마취 방법을 의논합니다. 이때 제왕절개를 한 산모는 앉아서 모유를 먹이는 게 불편하므로 옆으로 누워서 먹입니다. 돌아눕기 편하게 침대의 난간을 올리고 옆구리에 아기를 끼워 젖 물리는 자세를 취하면 배가 덜 아파요.

❓ 모유라고 다 같은 것은 아닙니다!

모유는 한 번 수유할 때 앞쪽과 뒤쪽의 성분이 달라요. 수유 초반에는 상대적으로 수분과 탄수화물이 많은 전유가 나오고, 수유 후반으로 갈수록 지방 함량이 많은 후유가 나옵니다. 뒤에 나오는 후유는 지방이 많고 칼로리가 높아서 아기의 성장과 두뇌 발달에 매우 중요한 역할을 합니다. 젖을 짧게 빨리면 아기가 전유만 먹고 마는 셈이므로 쉽게 모유가 안 나온다고 단정 짓지 말고 한 번 먹일 때 충분히 오래 빨려 이 두 가지 모유를 모두 먹게 합니다.

❓ 젖 물릴 때마다 유두를 닦아내지 마세요!

젖을 물리기 전 물수건으로 유두를 매번 닦아내는 엄마들이 있어요. 유두를 보호하는 오일이 없어지므로 좋지 않습니다. 특히 처음 젖을 물리는 경우라면 유두에서 나는 냄새를 제거해 젖 물리기를 더 어렵게 만드는 부작용을 낳기도 해요. 꼭 씻어야 한다면 유두 주변만 물수건으로 가볍게 닦아줍니다.

성공 노트 ⑨ 몸에 꽉 끼는 속옷은 입지 마세요

모유 수유 중에는 꽉 끼는 속옷은 피합니다. 유방이 눌리면 모유의 흐름이 원활하지 못해 유방 울혈이나 유선염이 생길 위험성이 높아지기 때문이에요. 수유용 브래지어를 선택한다면 원터치 방식으로 쉽게 열리는 스타일에 와이어가 없고 유방 전체를 잘 감싸면서 약간 여유가 있는 크기로 선택하는 게 좋습니다.

차근차근 모유 수유 가이드

STEP ① 배가 고픈지 먼저 확인합니다

아기도 어른과 마찬가지로 먹고 싶을 때 충분한 양을 먹어야 만족감이 큽니다. 대부분의 아기는 얕은 수면 주기부터 울기 전 단계까지가 적당히 배가 고픈 때입니다. 얕

 닥터's advice

❓ 모유 수유, 이렇게 하면 실패해요!

• **젖 짜서 먹이기** 불가피한 상황이 아니라면 모유를 유축기로 짜서 젖병에 담아 먹여서는 안 돼요. 짜서 먹이면 모유량이 잘 늘지 않고 후유를 제대로 먹이기 힘듭니다.

• **황달 있다고 모유 끊기** 신생아 모유 황달이 생겨도 모유를 끊어서는 안 되며, 심한 황달일 경우라도 1~2일만 중단하면 됩니다. 이때도 모유를 계속 짜서 모유량이 줄지 않게 합니다.

• **설사한다고 모유 끊기** 설사를 해도 모유를 끊을 이유는 없습니다.

• **밤에 분유 먹이기** 산후 조리하는 동안 밤에 쉬기 위해 아기를 다른 사람에게 맡겨 따로 재우기도 합니다. 신생아 때 밤에 모유를 안 먹이면 모유가 제대로 늘지 않고 유방 울혈이 생길 위험성이 커집니다.

• **젖병 사용하기** 아기가 젖병에 익숙해지면 엄마 젖은 빨지 않으려 합니다. 아기가 처음에 엄마 젖꼭지를 거부하는 것 같아도 지속적으로 젖 물리기를 시도해야 하며, 특별한 문제가 없으면 유축기를 사용하는 것도 자제하세요.

• **시간 맞춰 먹이기** 모유는 아기가 배고파할 때 먹이는 것이 원칙이에요. 2시간 간격, 3시간 간격 등 시간에만 맞춰 먹이면 아기는 모유에 흥미를 잃어버리기 쉽습니다. 신생아는 모유를 몰아서 먹으므로 아기가 배고파 하면 시간을 정확히 맞추려 하지 말고 바로 먹여야 합니다.

은 수면 주기에 있는 아기는 눈을 감고 있어도 꼼지락거리며 팔다리를 움직이고 눈동자를 이리저리 굴리는 모습을 보여요. 또 혀로 입술을 핥거나 쩝쩝 소리를 내며 빨기도 합니다. 이때 손가락으로 아기의 입술을 건드려보세요. 여기에 맞춰 아기가 입을 벌린다면 배가 고프다는 신호입니다. 이 순간을 놓치지 말고 수유하면 딱 좋습니다.

STEP ② 손을 씻고 팔에 수건을 두른 다음 아기를 안으세요

면역력이 약한 신생아를 안기 전에는 수시로 손을 씻는 것은 기본이에요. 이런 원칙은 수유할 때도 마찬가지예요. 손 씻을 때는 충분히 비누 거품을 내 구석구석 깨끗이 비벼 닦고, 손톱 밑이나 손가락 사이사이도 깨끗이 씻어요. 손을 다 씻었다면 수유하고자 하는 방향의 팔에 면 소재 수건을 대고 아기의 머리를 팔로 받쳐 안습니다. 만약에 모유가 흐를 경우를 대비해 아기의 턱 밑에 가제 수건을 놓는 것도 좋아요. 수유 쿠션이나 베개 등으로 아기의 몸을 받치면 수유하기가 한결 편합니다.

STEP ③ 수유 직전 가슴을 살짝 마사지해요

수유 직전 가슴 마사지를 하면 유방의 혈액순환이 좋아지고, 유선이 확장되어 모유가 한층 잘 도는 효과를 발휘해요. 손바닥으로 유방 바깥쪽에서부터 원을 그리며 안으로 문지르면 됩니다. 그런 다음 유륜에서 유두 방향으로 살짝 잡아당기듯 젖을 짜서 아기 입술에 한 방울 떨어뜨려 입을 벌리게 하는 방법도 있습니다.

STEP ④ 유륜까지 깊숙이 젖을 물려요

아기의 코가 엄마 가슴에 살짝 닿도록 끌어당겨 안으면 아기는 젖을 향해 입을 벌려요. 이때 엄마의 손가락으로 아기의 턱을 살짝 잡아당겨 내려 유륜까지 깊숙이 젖을 물립니다. 아기의 몸 역시 엄마 쪽으로 끌어당겨 아기의 배와 엄마의 배가 맞닿도록 하면 아기의 자세가 좀 편안해져요. 이 상태에서 한쪽 젖을 10~15분간 수유합니다.

STEP ⑤ 아기의 고개를 옆으로 돌려 젖에서 뗍니다

젖을 빠는 아기의 입은 진공 상태에 가까워 그냥 빼면 잘 빠지지 않아요. 또한 아기는 본능적으로 더 세게 물려고 하기 때문에 자칫 유두에 상처가 나기도 하죠. 이런 경우엔 손가락을 아기의 입술 가장자리에 밀어 넣고 고개를 옆으로 돌려 살짝 빼내면 됩니다.

STEP ⑥ 반대편 젖을 물립니다

수유하는 동안 모유 삼키는 소리를 유심히 들어보세요. 아기마다 조금씩 다르지만 모유를 먹는 동안 혀 차는 소리가 들린다면 젖을 제대로 빨고 있지 않다는 신호입니다. 수유를 끝내는 가장 이상적인 타이밍은 아기가 스스로 유두를 놓을 때예요. 그러면 아기를 가볍게 안아 일으켜 등을 한두 번 쓸어준 다음, 반대쪽 젖을 마저 물립니다. 수유 때마다 양쪽 젖을 다 물려야 모유량이 꾸준히 늘고 젖몸살을 예방할 수 있어요.

STEP ⑦ 트림을 시켜요

수유할 때 아기는 모유와 공기를 함께 마시게 되는 만큼 트림을 시켜 공기를 빼내줘야 해요. 그래야 속이 편안해지고 소화가 잘됩니다. 엄마의 어깨에 수건을 올리고 아기의 머리가 엄마 어깨 위로 가게 똑바로 세워 안은 다음, 가볍게 쓸어내려 트림시켜요. 트림을 시키지 않고 바로 눕히면 자칫 토할 수 있어요. 하지만 수유 후 10분 이상 토닥거려도 트림을 하지 않는다면 굳이 트림을 시키지 않아도 괜찮습니다.

STEP ⑧ 먹고 남은 모유는 마저 짜내요

수유 후 가슴에 모유가 남아 있으면 그만큼 새롭게 만들어지는 모유의 양이 줄기 때문에 남은 모유는 짜내는 것이 좋습니다. 손으로 짜거나 혹은 유축기를 이용해 수유하고 남은 모유는 마저 짜내요.

STEP ⑨ 가슴을 그대로 내놓은 채 말리면서 마무리해요

수유 후에는 단 몇 분이라도 가슴을 그대로 내놓은 채 말리는 게 좋아요. 특히 유두에 상처가 났다면 유두에 묻은 모유를 닦아내지 말고 그대로 말리면 상처를 치유하는 효과가 있습니다.

올바른 모유 수유 자세

모유를 잘 먹이려면 올바른 수유 자세를 익혀야 합니다. 먼저 수유 자세를 잡기 전, 베개와 이불을 사용해 아기를 엄마 가슴 높이에 맞추세요. 엄마가 상체를 굽히지 않아도 아기의 얼굴이 엄마 가슴에 닿을 수 있도록 합니다. 엄마와 아기 모두 편안한 모유 수유를 하려면 어떤 자세가 좋을까요?

요람식 자세

초보 엄마라 할지라도 쉽게 취할 수 있는 기본적인 수유 자세예요. 쿠션을 등에 대고 무릎 위에는 수유 쿠션을 올  립니다. 아기의 머리를 오른팔 안에 오게 받치고 오른쪽 유방 옆에 아기 얼굴을 밀착시켜 안습니다. 안고 있는 팔의 손은 아기의 허리와 엉덩이를 안정감 있게 잡고, 왼손은 유방을 'C'자 모양이 되도록 받칩니다. 이때 엄지손가락을 유방 위에 올리고, 다른 네 손가락은 유방 아랫부분을 받쳐 아기가 유두와 유륜 부위를 편안하게 물게 합니다. 비로소 아기가 젖을 물면 엄마의 왼쪽 손은 자유로워져 아기의 손이나 발, 얼굴 등을 만져줄 수 있어요.

 닥터's advice

❓ 정확한 수유 자세 마스터하기

자세가 불편하면 아기도 제대로 젖을 빨지 못해요. 기본적인 수유 자세는 세 가지 정도이지만, 꼭 이런 자세가 아니더라도 아기와 엄마가 편안함을 느낀다면 제대로 된 자세예요. 대개 방바닥보다는 소파나 의자에 앉아서 먹이는 것이 편합니다. 이때 엄마의 무릎이 엉덩이보다 더 높이 오도록 발밑에 두꺼운 방석이나 발판을 받쳐주세요. 이때 아기 머리가 엄마의 유두 높이와 거의 같거나 약간 낮아야 젖을 쉽게 빨 수 있어요.

럭비공 안기 자세

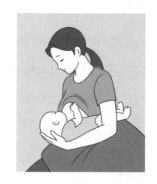

럭비공을 옆구리에 끼듯 아기를 옆구리에 끼고 먹이는 자세로, 모유 분비량이 많거나 제왕절개로 수술 자국이 아물지 않았거나 쌍둥이 엄마인 경우 유리해요. 등을 똑바로 세우고 앉은 후 수유 쿠션은 무릎과 옆구리에 걸쳐 놓습니다. 그런 다음 아기의 몸이 젖 물리는 팔과 평행이 되도록 안아요. 이때 아기의 다리는 엄마의 옆구리를 감 듯 살짝 끼워서 안는 것이 포인트예요. 쿠션의 높이는 엄마의 몸 쪽이 약간 올라가고, 바깥쪽이 15~30도 정도 기울어지게 합니다. 젖 물리는 쪽의 손은 아이 귀 밑 머리를 감싸 안는데, 손 밑에 타월을 말아 괴면 자세가 한결 편해집니다. 젖 물리는 반대편 손은 유방을 지지하는 자세가 됩니다. 엄지손가락을 유방 위에 올리고 다른 네 손가락은 유방 아랫부분을 받칩니다.

누워서 먹이는 자세

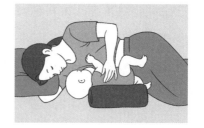

엄마가 휴식을 취하고 싶은 경우나 밤중 수유할 때 아기와 함께 누워서 젖을 물리는 방법이에요. 일단 엄마가 옆으로 눕습니다. 엄마의 머리 밑과 허리 뒤를 쿠션으로 받쳐요. 허벅지 사이에도 쿠

닥터's advice

❓ 깊숙이 물려요

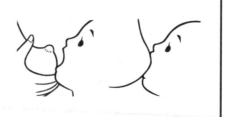

아기가 유륜을 깊숙이 물지 않고 유두만 빨면 유두가 갈라지고 상처 나기 쉬워요. 수유할 때마다 아기 입에 유륜을 깊숙이 물리는 것이 해결책입니다. 아기의 아랫입술이 유두 끝에서 2.5~3cm 밑으로 들어가도록 깊숙이 물려주세요.

선을 끼우면 수유하기가 편해요. 수유하고자 하는 쪽의 팔에 아기의 머리를 눕히고 등을 감싸 안아요. 아기의 몸 역시 엄마 쪽을 향하도록 아기의 등 뒤에 베개나 쿠션을 받치면 편해집니다. 이렇게 자세를 잡은 다음 아기의 입이 유두와 마주 보게 하고 반대편 손으로 가슴을 살짝 들어 아기가 잘 물 수 있게 해주세요. 아기가 젖을 물면 받치던 손을 빼 머리를 괴어도 좋아요.

그럼 이제 젖을 물려요

아기의 자세가 바르고 수유할 가슴을 잘 지지했다면 아기에게 젖을 물릴 준비가 되었습니다. 손으로 가슴을 지지할 때는 손이 가슴의 유륜 부분을 가리지 않게 가볍게 잡은 후 아기 입에 갖다 대세요. 그런 다음 유두로 아기의 입을 건드려 간지럽게 하거나 유두를 짜서 모유가 나오게 합니다. 그럼 아기가 입을 크게 벌리는데, 이때 유륜을 최대한 깊숙이 물립니다. 아기가 하품하는 것처럼 입을 크게 벌리면 아기를 좀 더 가까이 안습니다. 이렇게 하면 아기가 유두를 최대한 많이 물 수 있어요. 젖은 아래쪽부터 시작해 깊숙이 물려야 하는데, 아기의 잇몸이 유두를 지나 유륜 자체를 물어야 더 편안해합니다. 아기가 젖을 제대로 물었다면 젖을 뺄 때 유륜 부위가 보이지 않아요. 사람에 따라 유륜이 넓은 사람과 좁은 사람이 있는데 최대한 아기 입안에 많이 넣어야 효과적으로 젖을 빨 수 있습니다. 아기 몸이 엄마 배에 최대한 닿게 안고, 젖을 문 상태에서는 아기의 코끝과 턱이 엄마 가슴에 닿아야 합니다. 이때 가슴을 잘 지지해 아기의 입에서 젖꼭지가 빠지지 않도록 해주세요. 또한 반대쪽 가슴을 수유하기 전에 트림을 시키고, 다음 수유 시에는 마지막으로 수유했던 가슴부터 수유를 시작합니다.

모유를 충분히 먹고 있는지 확인하는 방법

모유 수유를 하면서 가장 어려운 일 중 하나는 아기가 충분한 모유를 먹고 있다는 확신이 서지 않을 때예요. 특히 아기가 계속 모유를 먹고 싶어 하거나 먹인 후에도 안정되어 보이지 않는다면 더욱 혼란스럽습니다. 대부분의 신생아는 생후 3~4일이 되면 하루 8~12회 모유를 먹고, 한 번 먹을 때마다 한쪽 모유를 10~15분 이상 먹습니다. 아기가 엄마의 유두를 제대로 물고 빨고 멈추는 리듬을 반복하면서 쉬지 않고 먹고, 스스로 젖꼭지를 놓는다면 충분히 먹고 있다는 증거예요. 생후 며칠 동안의 몸무게 변화로는 아기가 충분히 먹었는지 알 수 없습니다. 생후 3일 동안은 출생 시 몸무게보다 5~10% 정도 줄기 때문이에요. 그러나 이 시기가 지나면 다시 몸무게가 늘기 시작해 5~7일부터는 꾸준히 체중이 증가합니다. 아기가 충분히 먹었는지, 또는 충분히 먹지 못했는지 알고 싶다면 다음 신호를 확인하세요. 만약 충분히 먹지 않는 신호가 보인다면 소아청소년과 의사와 상담해볼 필요가 있어요.

 모유를 충분히 먹고 있는지 확인하는 법

아기가 충분히 먹고 있다는 신호
- 생후 2~3주 동안 하루 최소 6~8번 모유를 먹을 때
- 수유를 한 후 유방이 비워지면서 부드러워진 느낌을 받을 때
- 아기의 혈색이 좋고 피부가 단단할 때
- 생후 5일째부터 대소변 횟수가 늘어나 하루에 최소 6~8개의 기저귀를 적실 때
- 수유하는 동안 아기가 꿀꺽꿀꺽 모유를 목으로 넘기는 것이 보일 때
- 노란색이나 짙은 색의 변을 볼 때(생후 5일 후부터는 변 색깔이 연해집니다)

아기가 충분히 먹고 있지 않다는 신호
- 출생 시 아기의 몸무게를 회복하지 못하거나 생후 며칠이 지나도 몸무게가 늘지 않을 때
- 수유하고 난 후에도 유방이 부드러워지지 않을 때
- 아기가 불안정하거나 무기력할 때
- 수유 시 아기의 볼이 움푹 파이거나 젖 빠는 소리가 들릴 때
- 생후 5일이 지난 아기가 24시간 동안 적시는 기저귀의 수가 6~8개 미만일 때
- 생후 5일이 지난 아기가 하루에 한 번 묽은 변을 보지 않거나, 어두운 색으로 적은 양의 변을 볼 때
- 생후 일주일 후 얼굴이 더 노랗게 될 때
- 생후 3주가 되도록 얼굴이 동그래지지 않을 때
- 생후 일주일이 지나도 피부에 주름이 남아 있을 때

예상치 못한 문제, 모유 수유 트러블

모유를 먹이고 싶은 마음은 굴뚝같지만 막상 실전에서 순조롭게 진행되지만은 않아요. 생각지도 못한 함몰유두, 유선염, 유두 통증 같은 모유 수유 트러블로 인해 중간에 포기하는 경우도 많아요. 대표적인 모유 수유 트러블과 해결법에 대해 알아두세요.

SOS ① 모유량이 부족할 때

• 모유는 빨릴수록 많이 나와요 올바른 방법으로 모유 수유를 해왔다면 모유의 양이 부족하지 않을까 걱정하지 않아도 괜찮습니다. 하지만 수유 초기에 분유와 섞어 먹였다면 그만큼 젖양이 줄어들고, 수유 때마다 충분히 젖을 비워내지 않았다면 양이 줄어들어요. 오래 빤다고 젖이 잘 나오는 것이 아니라 적당히 자주 빨리는 것이 모유 촉진에 유리합니다. 모유가 적게 나올 때는 하루에 적어도 8~12회 정도 젖을 빨리고, 밤중에도 젖을 먹여 자주 비워내야 모유가 생성됩니다.

• 모유를 늘리는 음식을 먹어요 미역국과 사골 국물은 모유 수유에 도움이 되는 음식으로 잘 알려져 있어요. 모유의 맛과 질을 높이기 위해서는 비타민, 미네랄, 칼슘 등이 많이 든 녹황색채소와 뿌리채소를 먹는 게 도움이 돼요. 특히 시금치는 철분이 많고 흡수율도 좋아 꼭 챙겨 먹도록 해요. 흰살생선 역시 모유를 잘 나오게 하는 식품이지요. 그중에서도 단백질이 풍부한 조기와 대구가 좋아요. 참치나 꽁치 같은 등푸른 생선, 닭고기나 육류 등 고단백 저지방 식품을 자주 섭취하는 것도 도움이 됩니다. 달걀, 콩은 물론 새우나 홍합 같은 어패류도 좋아요. 미역과 같은 해조류에는 칼슘이 풍부해 모유를 늘리고 산후 회복에도 효과적입니다.

SOS ② 모유량이 넘칠 때

• 모유량이 너무 많으면 토할 수 있어요 한꺼번에 많은 양의 모유가 아기의 입으로 들어가면 사레가 들리기 쉬워요. 모유를 먹다 자꾸 토하거나 소화불량이 일어날 수도 있어요. 아기가 젖을 빨 때 유난스럽게 소리를 내며 꿀꺽꿀꺽 넘기고 숨이 차 결국 젖

에서 입을 떼는 경우, 혹은 먹을 때마다 사레가 들리는 경우, 아기가 충분히 빨았는데도 모유가 많이 남아 있는 경우라면 모유량이 너무 많은 것입니다.

• 수유하기 전 모유를 미리 조금 짜내세요 모유가 한꺼번에 나오는 것을 방지하려면 수유하기 전 모유를 미리 조금 짜낸 뒤 물리세요. 그러면 아기가 좀 더 편안하게 젖을 빨 수 있습니다. 모유량이 지나치게 많을 때는 한쪽 젖만 집중적으로 물리면 차츰 양이 줄어들어요. 이렇게 모유가 줄어 먹이기 적당한 수준이 되면, 그땐 양쪽 젖을 번갈아 물리는 원래 방식으로 돌아오면 됩니다.

SOS ③ 함몰유두나 편평유두일 때

'함몰유두'는 수유할 때 유두가 튀어나오지 않은 경우로, 유륜을 짰을 때 유두가 들어가 있어요. 반면 평소에는 유두가 편평하지만 건드리면 유두가 튀어나오는 것을 '편평유두'라고 합니다. 모유를 수유할 때 함몰유두나 편평유두가 문제되는 것은 아니에요. 아기가 젖을 빨 때 무는 곳은 유두가 아닌 유륜이기 때문입니다. 분만 후 아기에게 젖을 자주 물려 젖 빠는 연습을 충분히 하면 유두 모양도 교정되고, 아기도 엄마 젖에 익숙해집니다. 젖 물릴 때 유방을 약간 뒤로 잡아당기면 유두가 튀어나와 아기가 물기 편해져요. 심한 함몰유두라서 아기가 젖을 물기 힘들어하면 수유 자세를 잘 잡고 젖을 깊숙이 물리는 습관을 들여야 해요. 한편 함몰유두나 편평유두는 젖이 불어 가슴이 단단해지면 아기의 입이 미끄러져 수유하기 힘들기 때문에 모유를 미리 짜서 가슴을 부드럽게 만든 다음 물리는 게 좋습니다.

SOS ④ 유두가 너무 커서 아기가 힘들어할 때

아기는 배고파 하는데 엄마의 유두가 아기의 입보다 커서 잘 물지 못하는 경우도 있습니다. 흔하지 않지만 아기의 혀가 짧은 것이 원인일 수도 있습니다. 그래도 자꾸 젖을 물리면 아기가 엄마의 가슴에 적응하고, 자라면서 빠는 힘이 세지고 입도 커지므로 금방 무리 없이 젖을 빨 수 있게 됩니다. 아기가 입을 크게 벌릴 때까지 유두로 아기 얼굴을 건드린 다음, 불은 유방에서 젖을 짜내어 유두가 나오도록 한 후에 물립니다. 만약 아기의 혀가 짧아서 수유를 못 할 때는 소아청소년과를 방문해 간단한 시술을 하면 수유할 수 있습니다.

SOS ⑤ 감염으로 유선염이 생겼을 때

유선염은 아기에게 젖을 제대로 빨리지 않아 모유가 유방에 고이고, 그 상태로 세균이 자랐을 때 발생합니다. 유두의 압통, 발진, 열 등의 증세가 나타나요. 갑자기 수유 횟수를 줄이거나 수유를 빠뜨린 경우, 그리고 젖을 제대로 비우지 않은 경우에 생깁니다. 스트레스나 과로로 엄마의 면역력이 떨어졌다면 더 잘 생기지요. 유선염에 걸리면 열이 나고 피곤함을 느끼며 두통이 생길 수 있어요. 유선염에 걸렸더라도 모유 수유를 중단하지 말고 모유가 계속 나오도록 유지하는 게 중요합니다. 모유 수유를

닥터's advice

❓ 젖 물리기가 힘들다면 유두 교정기를 사용해요!
젖꼭지는 물면 물수록 아기 입에 편한 상태로 바뀌므로 유두 모양이 독특해도 모유를 먹일 수 있습니다. 하지만 아기가 잘 물지 못한다면 크기에 맞는 유두 교정기를 사용해보세요. 조금 더 편하게 수유할 수 있습니다.

❓ 모유가 새는 경우라면?
아기가 한쪽 젖을 먹을 때 반대쪽 젖이 새거나, 모유 먹을 시간이 되었을 때 모유가 새는 것은 흔한 일이에요. 대개 초기 몇 주 동안 모유가 새지만 간혹 몇 달 동안 지속되는 경우가 있어요. 어떤 경우든 모유가 새는 것은 시간이 지나면 점차 나아집니다. 모유가 새는 것은 아기에게 모유를 먹일 시간이 지났음을 의미하기도 해요. 조금 일찍 아기에게 젖을 물리고, 아기와 떨어져 있는 경우라면 젖을 자주 짜는 것이 좋습니다. 외출 시에는 모유가 새서 옷을 적시지 않게 모유를 흡수할 수 있는 수유패드나 손수건을 사용하면 도움이 됩니다.

❓ 유두에 통증이 느껴진다면?
모유 수유를 할 때 산모의 유방이 아픈 경우가 있어요. 통증 그 자체가 모유 수유를 방해하기도 하지만 한편으론 모유 수유에 문제가 있다는 것을 뜻하기도 합니다. 모유 수유 초기 2주 동안은 특별한 문제가 없어도 아기가 모유를 먹기 시작하면 길게는 수 분간 심하게 아플 수 있어요. 대개 큰 문제 없이 시간이 지나면 저절로 좋아지지만 심하게 아플 경우 의사와 상의합니다. 유두 통증의 가장 흔한 원인은 수유 자세가 잘못되었을 때가 많은 만큼 일단 수유 자세부터 점검하고 바꿔보세요.

중단하면 모유가 고여 증상이 더 악화되기 때문이에요. 매번 먹이고 난 후 아픈 쪽 젖을 손으로 짜냅니다. 필요하면 항생제와 약한 진통제를 사용해야 하는데, 약을 먹더라도 모유를 먹일 수 있습니다.

무엇보다 엄마는 휴식과 안정을 취하고, 특히 식사에 신경을 씁니다. 채소와 흰살생선 위주로 식사하고, 되도록 고기와 기름진 음식은 피하며, 열이 날 때는 수분을 충분히 보충하세요. 수유 간격이 불규칙하다면 반드시 3시간 이내에 젖을 물리고, 밤중에도 아기를 깨워서 먹입니다. 열이 있거나 유방이 붉게 부었을 때도 아기에게 모유를 자주 먹이는 것이 가장 좋은 치료법이에요.

SOS ⑥ 유방이 막혔을 때

유방의 일부에서 모유 흐름이 좋지 않을 때 모유의 뭉친 덩어리가 유관을 막을 때가 있어요. 갑자기 유관 일부가 막혀 부어오르고 유두에 흰 여드름 같은 것이 생기면서

 닥터's advice

❓ 뜨거운 찜질은 절대 금물!

젖이 잘 뭉치는 이유는 체질적으로 유관이 잘 막히는 탓도 있지만, 수유 간격이 너무 길어 일시적으로 생기는 현상일 수도 있어요. 혹은 모유의 양이 너무 많아서도 생깁니다. 모유가 고이지 않도록 2~3시간 간격으로 수유하고, 유질이 나빠지지 않게 지나친 고칼로리 식사는 삼가는 것이 좋아요. 이럴 때 뜨거운 찜질을 하면 안 됩니다. 일시적으로 뭉침이 풀리는 것처럼 느껴지기도 하지만, 모유가 활발하게 돌 뿐 빠져나오지 못하므로 상태는 더 나빠집니다. 뿐만 아니라 뜨거운 찜질은 조직에 이상을 가져올 수 있으므로 전문가의 손길이 아니라면 오히려 해로울 수 있습니다. 젖이 뭉치거나 울혈이 있을 때는 반드시 냉찜질이나 건마사지를 하고, 샤워할 때도 젖이 뭉친 부위에는 온수를 피해야 해요.

❓ 가슴에 열이 나고 통증이 있을 때

이때는 찬물을 적신 수건이나 차가운 양배추 잎을 가슴에 붙이면 열이 내려가고 통증을 줄여주는 효과가 있어요. 양배추는 굵은 심 부분을 제거하고 유두 부위에 구멍을 낸 후 통째로 가슴에 붙입니다. 감자로 팩을 하는 방법도 있어요. 껍질을 벗긴 감자를 강판에 곱게 간 후 식초 한두 방울과 밀가루를 넣어 골고루 섞습니다. 얇은 천을 준비해 감자 팩을 바르고 거즈로 덮은 다음 아픈 부위에 대주세요. 수유할 때는 거즈를 떼어내고 닦아낸 후 아기의 입에 물립니다.

아프기도 합니다. 이런 증상이 나타나면 먼저 수유 자세를 바꿔 유방의 모든 부위에서 모유가 나올 수 있게 해주세요. 아기가 막힌 쪽을 빨 수 있도록 아기의 턱을 덩어리 부위로 향하게 한 후 막힌 유관이 있는 유방을 먼저 빨립니다. 엄마의 옷, 특히 브래지어가 너무 꽉 끼는지도 확인하세요. 또한 젖 물리기 전이나 먹이는 도중에 유두 쪽으로 부드럽게 훑어 내리며 마사지합니다.

SOS ⑦ 젖몸살이 났을 때

아기가 태어나고 30~40시간이 지나면 모유의 양이 갑자기 늘어납니다. 이때 모유를 제대로 먹이지 않으면 생후 3~6일경에는 유방에 모유가 고여 꽉 찬 느낌이 들어요. 더 심해지면 유방이 땡땡해지면서 엄청난 통증이 생기는데, 이런 증상을 유방 울혈 혹은 '젖몸살'이라고 합니다. 젖몸살이 났을 때는 아기가 직접 젖을 빠는 것이 가장 좋

 젖몸살, 마사지로 시원하게 풀어주세요

젖몸살에서 벗어나려면 유관이 막히지 않도록 부지런히 유방 마사지를 해야 합니다. 유방 마사지는 물수건을 이용해서 하는데, 만일 통증을 참기 어렵다면 찬 물수건을 가슴에 올려 통증부터 가라앉힙니다. 그 후 따뜻한 물수건을 가슴에 올려 10분 정도 마사지해요. 아프지 않은 선에서 부드럽게 누르는 것만으로 젖몸살이 한결 나아집니다.

① 왼손으로 유방을 받치듯이 잡고, 반대쪽 손 엄지와 집게손가락으로 유두를 잡는다.
② 손가락에 약간 힘을 주어 누르면서 상하좌우로 당긴다. 당겼다 놓기를 몇 번 반복한다. 엄지와 집게, 중지로 유두를 잡고 밖으로 빼듯이 당겨 좌우로 돌린다.
③ 오른손을 펴서 유방 밑에 대고 손바닥 전체로 밀어 올렸다 풀었다를 세 번 반복한다.

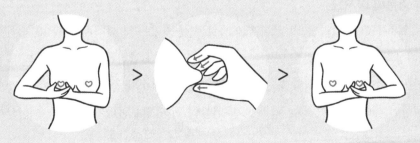

은 해결책입니다. 아기가 유방에 제대로 접촉하고 있는지 자세히 관찰해보세요. 젖몸살을 예방하는 최선의 방법은 젖을 자주, 충분히 빨리는 것이에요. 모유는 아기가 원할 때 언제든지 먹이고, 수유 후 남은 모유는 유축기로 남김없이 짜야 합니다.

모유 수유 중 먹어도 되는 것과 안 되는 것

배가 고플 때는 일단 먹으세요

모유 수유를 하면 허기를 자주 느껴요. 수유하는 것만으로도 하루 500kcal가 소비되기 때문이에요. 정상적인 성인 여성의 하루 칼로리 권장량은 2000kcal, 수유부의 경우엔 이보다 400~500kcal를 추가로 섭취할 것을 권장합니다. 그렇다고 수유한다는 생각에 억지로 많이 먹지는 마세요. 과하게 먹으면 산후 비만의 원인이 됩니다.

영양소가 풍부한 음식 위주로 섭취하세요

몸의 회복을 위해서는 단백질과 적당한 탄수화물 섭취가 필수이기 때문에 단백질과 비타민 C가 풍부한 음식 위주로 먹어야 해요. 임신과 출산으로 빈혈이 생길 수 있으므로 철분 보충은 꾸준히 합니다. 살코기, 달걀노른자, 생선, 푸른잎채소, 과일, 굴, 완두콩 등에 철분 함량이 높아요. 또한 신선한 채소와 과일, 미역국 등 철분과 칼슘이 풍부한 음식을 중심으로 균형 잡힌 식사를 규칙적으로 하세요. 돼지다리를 고아 먹으면 모유 생성에 좋다고 알려져 있는데, 과학적으로 입증된 바는 없어요.

물을 충분히 마셔요

모유 수유를 하면 갈증을 더 많이 느끼므로 수분을 충분히 섭취해야 합니다. 하루에 8컵 이상의 물은 억지로라도 마셔야 해요. 가끔 엄마가 섭취한 음식이 모유의 색깔이나 아이의 소변 색깔에 영향을 주기도 하는데, 식용색소가 든 음료를 많이 먹으면 이런 현상이 나타날 수 있어요. 평소 소변 색깔이 진하거나 변비가 있다면 수분 섭취량을 더욱 늘리세요.

모유 수유하는 엄마가 주의해야 할 음식

•**술** 수유 중 알코올 섭취량에 관한 명확한 기준은 세워진 바 없어요. 하지만 모유를 먹이는 엄마가 술을 마시면 1시간 이내에 알코올의 90% 이상이 모체의 혈액을 통해 모유로 분비되는 것은 분명한 사실입니다. 알코올이 모유에 농축되어 다량 분비되고, 모유의 양을 감소시킬 수 있으므로 되도록 술을 마시지 않도록 해요. 몸무게 54kg의 산모가 마신 맥주나 와인 한 잔이 체외로 배출되기까지 약 2~3시간이 걸려요. 맥주나 와인 등 알코올 도수가 낮은 술을 한두 잔 가볍게 마셨다면 적어도 모유 수유는 3시간 이후에 해야 합니다. 과음을 했다면 12시간 수유를 피하고 유축한 후 먹이는 게 좋습니다. 이때 유축한 모유는 모두 버려야 해요. 그렇다고 하더라도 과한 음주는 절대 금물입니다.

•**담배** 담배를 피운 직후에는 수유를 하지 않도록 해요. 아기 옆에서 담배를 피우거나 아기가 없는 곳에서 담배를 피운다 해도 모유를 먹이는 이상 아기도 담배를 피우는 것과 다름이 없어요.

•**인스턴트 혹은 짜거나 매운 음식** 모유 수유 중 먹는 인스턴트식품이나 짜거나 매운 음식이 아기에게 큰 영향을 주지는 않아요. 다만 엄마가 인스턴트식품으로 식사를 대신하면 영양 불균형이 올 수 있으니 가능하면 삼가세요. 짜거나 매운 음식은 자극이 강해 엄마의 소화기 계통에 질환을 일으켜요. 마늘, 양파, 파 등 향이 강한 식품 역시 모유 생성과는 전혀 관계가 없지만 모유의 향을 변화시킵니다. 아기가 모유를 거부할 수 있으므로 지나치게 많이 먹지 않는 것이 좋습니다.

•**한약** 모유 분비를 촉진하고 영양을 보강하는 것은 기본적으로 양질의 균형 잡힌 엄마의 식사로 충분합니다. 또한 한약은 모유를 통해 아기에게 전달될 수 있습니다. 수유 중 한약의 도움을 받아야 하는 상황이 생긴다면, 아기가 수유를 거부하거나 설사를 하지는 않는지 관찰하고 필요할 때는 의사의 도움을 받습니다.

• **커피** 의학적으로 하루 1~2잔은 크게 문제되지 않지만, 카페인이 든 음료를 많이 마시면 모유를 통해 아기의 몸에 카페인이 축적될 수 있어요. 과하게 마실 경우 아기의 발육을 방해하고, 엄마 역시 카페인으로 인한 수면 장애나 이뇨작용으로 체중이 감소할 수 있습니다. 사람마다 카페인의 체내 흡수 정도가 다르듯 같은 양의 카페인을 섭취하더라도 각각 모유로 전달되는 수치가 달라요. 같은 양의 커피를 같은 시간 동안 마셔도 아기에게 전달되는 카페인이 거의 없는 사람이 있는 반면, 커피를 마신 후 가슴이 두근거리거나 목이 마르는 등 커피에 민감해 아기에게 고스란히 영향을 끼치는 사람도 있습니다. 인스턴트커피가 원두커피보다 카페인 함량이 많으므로 커피를 마시고 싶다면 카페인이 적은 커피를 마셔요.

• **탄산음료** 탄산음료에는 인공색소, 카페인 등 몸에 해로운 식품첨가물이 들어 있어요. 따라서 엄마가 탄산음료를 자주 마시면 그 성분이 아기에게 전해질 확률이 높습니다. 탄산음료 속 이산화탄소는 청량감을 주지만 동시에 소화 계통에 자극을 주어 영양분 흡수를 방해해요. 또한 카페인 성분은 칼슘을 체외로 배출시키는 부작용이 있는 만큼 마시더라도 하루 1~2잔 미만으로 가능한 한 섭취를 제한합니다.

모유 수유 중 약을 먹어도 될까

• **약 없이 증상을 해소할 방법부터 찾아봅니다** 약 복용이 절대적으로 필요한 경우가 아니라면 약 없이 증상을 해소해봅니다. 근육통이 있을 때는 마사지를 받거나 변비로 고생할 때는 채소와 수분 섭취를 늘리고 집 근처를 가볍게 산책하면 좋습니다.

• **감기약과 타이레놀은 먹어도 됩니다** 모유 수유를 하는 엄마는 아파도 약을 먹지 않고 참는 경우가 대부분이죠. 혹시 아기에게 안 좋은 영향을 줄까 봐 약을 먹지 않고 버티기 마련입니다. 하지만 아픈 것을 무작정 참다가는 오히려 아기를 돌보거나 수유할 때 더욱 힘들어질 수 있어요. 이럴 땐 차라리 아플 때 먹어도 되는 약을 복용하세요. 일반적으로 타이레놀, 부루펜, 항생제, 항히스타민제와 같이 아기가 아플 때 먹는 약은 수유 중인 엄마가 복용해도 안전한 편이에요. 수유하기 어려울 정도로 아픈 것

이 아니라 가벼운 감기라면 약을 복용하면서 모유 수유를 지속하는 것이 아기에게는 더 좋을 수 있습니다.

• **약물 복용 후에는 최대한 시간을 두고 수유하세요**   약은 필요에 따라 먹어도 되지만 복용 시 주의할 점이 있습니다. 큰 문제를 일으키지 않는 약이라고 해도 아기에게 노출되는 것을 최소화합니다. 안전한 약이라도 잠자기 전에 약을 복용하거나 모유 수유 직후 약을 복용해 다음 수유까지 3~4시간 정도의 시간 간격을 두는 것이 좋습니다. 그동안 대부분의 약제가 엄마의 혈중에서 제거되고, 모유 속에 있는 약물 농도도 비교적 낮아져 아기에게 영향을 주는 약물의 양이 최소화됩니다.

• **모유 수유 중 복용하면 안 되는 약은?**   엄마가 복용하는 약의 성분 중 모유를 통해 아기에게 전달되는 양은 1~2%에 불과해요. 그럼에도 주의하거나 복용하면 안 되는 약이 있습니다. 일반적인 감기약은 대개 안전하지만, 코가 막힐 때 먹는 코점막충혈제(슈도에페드린)나 위장약(시메티딘과 같은 위염약), 편두통약(에르고타민 성분) 등은 모유의 양을 줄이거나 비정상적으로 늘릴 수 있어서 주의해야 해요. 또한 항우울제는 대부분 모유를 통해 전달되므로 아기의 중추신경계 발달에 영향을 줍니다. 경구용 피임약도 모유의 성분을 변화시키고 모유의 양을 줄어들게 하는 것으로 알려져 있어요. 만약 항암제와 방사선 관련 약물을 복용해야 한다면 모유 수유를 중단해야 합니다.

닥터's advice

❓ 모유 수유 중 예방접종이 가능할까요?
모유 수유를 하는 중이라도 생백신과 사백신 모두 접종이 가능해요. B형 간염, 풍진, 수두 예방접종 역시 수유 중에도 할 수 있습니다.

❓ 모유 수유와 약물
질환별로 자세한 정보를 얻고 싶다면 보건복지가족부에서 운영하는 '마더세이프 프로그램(www.mothersafe.or.kr)'을 이용하면 간편해요. 홈페이지나 전화(1588-7309)를 통해 무료로 상담받을 수 있습니다.

🐴 직장 다니며 모유 수유 성공하기

3개월간의 출산 휴가가 끝나 회사로 복직해야 하는 워킹맘은 모유 수유를 계속하기가 쉽지 않아요. 직장을 다니면서 모유 수유를 하려면 많은 준비가 필요합니다. 옆에서 직접 수유할 수 없는 만큼 출근을 시작하기 한 달 전부터 모유 수유 성공을 위한 프로젝트를 시작합니다.

직상 상사에게 모유 수유를 상의합니다

복직 후에도 모유 수유를 하려면 직장 상사나 동료들이 이 사실을 알고 있는 게 좋습니다. 그래야 사무실에서 마음 편하게 유축할 수 있기 때문이죠. 임신 중 직장 상사에게 복직 후에도 모유 수유를 하겠다는 뜻을 밝히고 유축 장소와 시간에 대해 상의해보세요. 직장에 아기를 낳은 후 모유 수유를 한 직원이 있다면 미리 조언을 들어보는 것도 도움이 됩니다.

직장 내 수유 여건을 확인하세요

3~4시간마다 20분 이상 유축을 해야 해요. 이 시간 동안은 누구에게도 방해받지 않고 마음 편하게 있을 장소가 필요합니다. 또한 근무 시간 중 시간을 어떻게 할애할 것인지에 대한 계획도 세웁니다. 유축한 모유는 냉장 보관합니다. 회사에 냉장고가 없다면 소형 아이스박스와 아이스팩을 구입해 안전하게 보관할 수 있도록 준비합니다.

아기와 있을 때는 가능한 한 직접 수유를 합니다

출산 후 3개월 동안 완전히 모유만 먹일 수 있어야 직장에서 유축하며 모유 수유를 1년 이상 지속할 수 있습니다. 되도록 아기와 함께 있을 때는 젖만 물립니다. 아침에 일어나자마자 아기에게 젖을 물리고, 출근 직전 한 번 더 먹이는 방식으로 진행합니다. 퇴근 후에도 역시 바로 젖을 물리고, 아기가 잠들기 전에 한 번 더 직접 수유를 합니다. 주말에도 자주 젖을 물려 모유의 양이 줄지 않게 노력합니다.

유축하는 방법과 보관법을 익혀요

복직 2주 전부터는 집에서 직접 유축한 후 보관해보세요. 컵, 스푼, 젖병 등 유축한 모유를 먹이는 방법도 정해야 해요. 또한 주 양육자를 정해 모유를 보관하고 데워 먹이는 법을 미리 알려줍니다. 유축기, 수유 깔때기, 모유저장팩, 아이스박스, 수유패드 등 유축하는 데 필요한 물품도 미리 구입해두세요. 직장에 복귀하기 4주 전부터는 틈틈이 유축해서 냉동 보관을 해둬야 모유의 양이 갑자기 줄거나 야근·출장 등으로 변수가 생겨도 아기에게 모유를 먹일 수 있어요. 유축한 모유는 멸균된 모유저장팩에 넣어 겉면에 날짜와 시간, 양을 적어둡니다. 냉장 보관된 모유와 방금 유축한 모유를 섞을 때는 유축한 모유도 냉장 보관했다가 둘의 온도가 같아졌을 때 섞는 게 좋습니다.

 닥터's advice

❓ 유축기, 제대로 사용해요

유축기는 모유 수유를 위한 보조 수단입니다. 언제든지 모유 수유가 가능하고, 모유도 충분히 나온다면 굳이 유축기를 살 필요가 없어요. 반면 직장생활 등으로 직접 젖을 물릴 수 없거나, 함몰유두 또는 편평유두라서 젖 물리는 데 힘이 든다면 유축기가 필요합니다. 하지만 유축기를 사용할수록 모유의 양이 줄어들기 때문에 꼭 필요한 때만 사용하세요. 유축기를 사용할 때는 먼저 손을 씻고 유축기의 가슴이 닿는 모든 부분을 깨끗이 씻은 뒤 사용하세요.

유축기의 종류는 매우 다양한데 전자동 제품은 자동으로 작동하기 때문에 사용이 편한 장점이 있어요. 이때 더블펌프를 사용하면 한 개를 쓰는 것보다 유축하는 시간을 단축할 수 있습니다. 유축기의 압력이 너무 세면 유두에 상처가 날 수 있으므로 조심해서 사용하세요.

❓ 모유, 얼마나 자주 유축을 해야 할까요?

하루 8시간 근무한다면 3시간마다 유축을 합니다. 아침에 아기에게 모유 수유를 한 뒤 1~2시간 내에 유축하는 것이 좋은데, 아기가 먹는 동안 반대편 젖을 유축하는 것도 방법이에요.

❓ 우유를 먹으면 모유가 더 잘 나오나요?

간혹 모유 수유 중 칼슘을 보충하거나 모유의 양을 늘리기 위해 우유를 많이 마시는 엄마들이 있어요. 하지만 우유는 모유의 양을 늘리는 음식이 아닙니다. 오히려 알레르기를 일으킬 수도 있기 때문에 주의해야 해요. 특히 우유 알레르기 가족력이 있다면 더욱더 조심하세요. 칼슘을 보충하고 싶다면 두부, 시금치, 브로콜리, 멸치, 생선 등을 섭취하고 우유는 하루에 200ml 정도만 마십니다.

전유와 후유가 골고루 담기도록 한쪽씩 충분히 유축해요

전유는 아기가 젖을 빨기 시작해 5~10분 사이에 나오는 묽은 모유예요. 예전에는 영양가 없다며 짜서 버리고 후유부터 물리는 엄마도 꽤 있었지만, 전유에는 아기가 반드시 섭취해야 할 탄수화물이 다량 함유되어 있습니다. 진유 디 음에 나오는 후유는 진한 모유로 지방이 많고 칼로리가 높아 아기의 살을 찌우고 두뇌 성장을 촉진하지요. 따라서 전유와 후유는 골고루 먹이는 게 중요해요. 유축을 할 때도 마찬가지입니다. 전유와 후유를 골고루 담기 위해서는 15분 이상, 한쪽 젖이 비워질 때까지 충분히 유축하는 것이 원칙이에요. 다른 쪽 젖을 짤 때는 새 용기로 바꿔야 전유와 후유를 골고루 담을 수 있습니다.

보관할 때는 유축한 날짜와 시간을 꼭 적어두세요

유축한 모유를 용기에 담은 후에는 눈에 잘 띄게 날짜와 시간, 용량을 적어두세요. 그래야 유축한 순서대로 먹일 수 있어요. 유축한 모유를 4시간 안에 먹일 계획이라면 실온에 보관해도 괜찮습니다. 분유와 달리 모유에는 세균을 억제하는 효소가 들어 있어 25℃ 이하에서 4시간까지 보관할 수 있어요. 하지만 2~3일 안에 먹인다면 냉장 보관하고, 3일 이후에 먹일 모유는 냉동 보관하세요. 영하 15℃ 기준으로 6개월까지 보관할 수 있지만, 되도록 3개월 안에 먹이는 게 좋아요. 한 번 해동시킨 모유는 다시 얼려선 안 되므로 저장 용기에 1회 먹일 분량씩 담아 얼리는 것이 좋아요. 만일 72시간이 지났다면 아까워하지 말고 버리세요.

보관법	보관 기간
실온	25℃에서 4시간
냉장실	4℃에서 72시간
냉동실	3~6개월(3개월까지가 이상적)
해동 후 냉장실	4℃에서 24시간

데울 때는 미지근한 물에서 중탕해요

냉동해둔 모유는 수유 전날 밤 냉장실로 옮겨 해동한 후 55℃ 이하의 따뜻한 물에서 중탕하세요. 55℃가 넘으면 모유 속의 면역 성분이 파괴되므로 너무 뜨거운 물은 사용하지 마세요. 전자레인지로 데울 경우 모유가 균일하게 데워지지 않을뿐더러 전자파로 인해 단백질과 비타민이 파괴되므로 사용하지 않습니다. 분유와 달리 모유는 가만히 두면 지방층이 위로 떠오르거나 용기에 지방층이 그대로 붙어버리는 경우가 종종 있으므로 흔들어 잘 섞어 먹여야 해요. 이때 공기 방울이 생기지 않도록 상하가 아닌 좌우로 흔드는 게 좋습니다. 데운 모유는 2시간 안에 다 먹이세요.

똑똑한 모유 수유 끊기

모유 끊기, 언제가 좋을까요?

모유 수유를 하는 아기는 생후 6개월까지 모유만 먹고, 이후부터는 모유와 함께 이유식을 먹입니다. 아기가 이유식에 익숙해지면 돌 이후부터는 모유가 주식이 아닌 간식이 됩니다. 돌 이후 모유 수유를 끊는 경우가 많지만, 특별한 이유가 없다면 모유는 두 돌까지 조금씩이라도 계속 먹이는 편이 좋습니다. 아이 스스로 엄마 젖을 찾지 않을 때까지 계속하는 것이 바람직해요.

닥터's advice

❓ 모유, 언제까지 먹여야 할까요?
엄마에게 확고한 의지가 있다면 두 돌까지도 먹이면 좋아요. 세계보건기구와 유니세프에서도 적어도 두 돌까지는 모유 먹이기를 권장하고 있어요. 그 이후에도 아기와 엄마가 원하는 만큼 더 먹여도 좋습니다. 영양학적, 면역학적으로 모유의 장점은 두 돌이 지나서도 지속되기 때문이죠.

❓ 먹고 남은 모유, 다시 먹여도 될까요?
한 번 데운 모유는 다시 보관할 수 없으며 특히 아기가 먹고 남긴 모유는 오염이 되었으므로 반드시 버려야 합니다.

끊어야 한다면 최대한 시간을 두고 끊어요

현실적인 이유로 모유 수유를 중단해야 하는 경우가 발생하기도 합니다. 이때 아기를 굶기디리도 단번에 '독하게' 끊으려는 경우가 있는데, 아기에게 상당한 스트레스를 줄 수 있어요. 수유를 중단해야 한다면 충분히 시간을 갖고 서서히 줄여야 아기와 엄마 모두 스트레스가 없습니다. 가장 먼저 밤중 수유를 끊고 낮에는 모유를 먹이는 대신 간식이나 식사로 배고픔을 채웁니다. 아침에 일어나자마자 한 번, 잠들기 전에 한 번 모유를 먹이다가 나중엔 그마저도 줄입니다. 이렇게 수유 간격을 넓히다 보면 마지막에는 모유를 완전히 떼고 밥만 잘 먹일 수 있게 돼요.

아기의 컨디션을 고려하세요

아기의 몸이 아프거나 집안에 큰일이 있어 어수선할 때는 모유 끊기를 시도하지 않는 게 좋아요. 모유를 끊는 것 자체가 아기에겐 너무 큰 스트레스이기 때문이죠. 아기의 컨디션이나 주변 상황이 좋지 않으면 좀 더 기다려줄 필요가 있습니다.

 모유 수유 중단 시 주의할 점

① 모유 수유 중단 한 달 전부터 엄마와 아기가 마음의 준비를 합니다. 예를 들면 달력을 보며 "이날이 엄마 찌찌하고 안녕 하는 날이야" 하며 수시로 이야기해주세요.
② 젖 떼기 일주일 전에는 전문가에게 유방 상태를 검진받으세요.
③ 당일 아기에게 젖 물리기를 중단하고 점점 횟수를 줄여가며 적당히 착유합니다. 이때 냉찜질, 식사량 조절 등을 병행하면 도움이 됩니다.
④ 젖 떼는 기간 중 아기 몸에 열이 37.5℃ 이상 오르면 전문가의 도움을 받아야 해요.
⑤ 아기가 탈수되지 않도록 수분을 충분히 보충해주세요.
⑥ 아기에게 스킨십을 더 많이 합니다. 엄마 젖을 빨지 못해 생기는 욕구 불만과 분리불안을 엄마가 스킨십으로 채워줍니다.
⑦ 모유 수유를 중단한 후부터는 유방 상태에 따라 철저히 유방 관리를 해야 합니다. 젖 떼기를 시작한 지 1~4주가 지나고 유방 상태에 따라 꾸준히 유방을 관리하면 모유 수유가 끝이 납니다.

알쏭달쏭! 모유 수유 궁금증

Q 임신 때 먹은 음식도 모유 수유에 영향을 줄까요?

모유 수유를 할 생각이라면 임신 때부터 음식을 균형 있게 잘 먹는 게 좋아요. 양질의 육류, 칼슘이 풍부한 우유, 비타민 공급을 위해 채소와 과일을 먹는 것이 좋아요. 별다른 문제가 없는 정상적인 임신부라도 임신 기간 내내 엽산은 꾸준히 보충하는 것이 좋으며, 특히 채식주의자 엄마는 종합비타민제를 복용하는 것이 좋습니다. 모유 1000ml를 생산하기 위해서는 800kcal의 열량이 필요한데, 이 중 엄마 몸에 미리 비축해둔 지방에서 300kcal를 충당하고 나머지 500kcal는 엄마가 평소보다 음식을 많이 먹어 보충해야 합니다.

Q 출산 전부터 가슴 마사지를 하면 도움이 될까요?

많은 엄마가 모유가 나오기 시작한 다음부터 마사지하면 된다고 생각하지만, 출산 전부터 가슴 마사지를 하면 수유 시 생기는 젖몸살을 예방할 수 있습니다.

Q 모유가 묽으면 '물젖'이라고 영양가가 없다고 하던데 사실인가요?

일반적으로 영양분이 없는 묽은 젖을 '물젖'이라고 부르는데, 이는 잘못된 표현이에요. 모유에서 나오는 전유와 후유의 개념을 몰라서 나온 말입니다. 모유는 수유 초반에 탄수화물이 많은 '전유'가 나오고, 수유 후반으로 갈수록 지방이 많이 함유된 '후유'가 나옵니다. 전유와 후유를 고르게 먹이는 것이 좋습니다. 그런데 조금씩 자주 먹는 습관이 있는 아기들은 한쪽 젖을 완전히 비우지 않아 탄수화물이 많은 전유만 먹게 되므로 묽은 변을 자주 보고, 녹변을 보게 되죠. 지방과 칼로리가 많은 후유는 아기의 성장과 두뇌 발달에 중요한 역할을 하므로 반드시 전유와 후유를 함께 먹이세요. 한쪽 젖을 완전히 비우면 자연스럽게 전유와 후유를 고르게 섭취하게 됩니다.

Q 분유를 먹는 아기가 모유를 먹는 아기보다 성장이 빠른가요?

성장은 가족력이나 먹는 양과 관련이 있어요. 모유 수유를 하는 아기가 성장이 더디다면 모유에 문제가 있는 것이 아니라 수유 방법에 문제가 있거나 태어날 때부터 미숙아였을 가능성이 있습니다.

Q 모유를 먹는 아기의 몸무게가 잘 늘지 않으면 분유를 먹여야 할까요?

생후 3개월까지는 분유를 먹는 아기와 모유를 먹는 아기의 몸무게가 크게 차이 나지 않아요. 3개월 이후부터 모유를 먹는 아기의 몸무게가 적게 나갈 수는 있지만 걱정하지 않아도 됩니다.

Q 아기가 황달일 때는 모유 수유를 끊어야 하나요?

수유 초기에 보이는 황달은 많은 경우 수유량이 부족한 것이 원인입니다. 적극적으로 자주 수유해 극복할 수 있습니다. 단, 황달의 원인은 감염, 대사 이상, 간 담도계(간과 쓸개) 이상 등 기타 원인이 있을 수 있으므로, 아기가 빠는 힘이 약할 때 혹은 몸이 축 처지는 느낌이 들 때, 변 색깔이 평소보다 흰 빛을 많이 띨 때는 꼭 의사와 상담하세요.

Q 유축기로 짜낸 모유의 양이 평소 아기가 먹는 양이라고 볼 수 있나요?

유축기의 힘은 아기가 젖을 빠는 힘에 비하면 아주 약합니다. 유축기로 짜낸 양이 실제 양인 줄 알고 좌절하는 엄마들이 있지만, 그보다 2~3배 정도가 아기가 먹는 모유의 양이라고 보면 됩니다.

Q 모유 수유 중 임신하면 수유를 끊어야 할까요?

모유 수유를 하는 기간에 둘째를 임신하면 유산 가능성이 높아져 모유 수유를 중단해야 한다는 말이 있어요. 모유 수유를 하면 자궁 수축이 일어날 수 있지만, 이것이 곧바로 유산으로 이어지지는 않습니다. 산모가 유산 경력이 있거나 수유하는 도중에 조산기를 느끼는 경우가 아니라면 모유 수유를 중단할 필요는 없습니다. 특별히 유산 위험성이 높은 산모가 아니라면 임신 중에도 모유 수유를 계속 해도 됩니다.

◯ 밤중 수유는 언제 끊으면 좋을까요?

밤중 수유는 대개 생후 3~4개월부터 중지하는 것이 가능합니다. 아기는 밤에 깨서 계속 먹으려 하기 때문에 밤중 수유를 끊기가 쉽지 않아요. 아기가 밤에 깨면 모유를 먹여 재우기보다 토닥거려서 재우려고 노력합니다. 4개월이 지나서도 계속 밤에 모유를 먹이면 습관이 될 수 있으므로 주의합니다.

분유 수유하기

분유 수유도 제대로 하면 건강하게 아기를 키울 수 있어요.

체크 포인트

☑ 모유가 좋다는 것은 알지만 여러 이유로 분유를 먹여야 하는 경우도 있습니다. 모유 대신 분유를 먹인다고 해서 아기에게 죄책감을 가질 필요는 없습니다. 당당하게 수유하세요.

☑ 총 수유량을 살피면서 아기의 수유 패턴을 잘 파악해주세요.

☑ 증상에 따라 먹일 수 있는 다양한 분유가 나와 있습니다. 아기의 컨디션에 맞춰 잘 선별해서 먹이세요.

분유 수유의 모든 것

분유는 모유를 모방해서 만든 유아식으로, 아기 성장에 필요한 영양소를 균형 있게 골고루 잘 갖추고 있습니다. 모유의 우수성이 널리 알려져 있지만, 분유도 절대 부족한 유아식이 아닙니다. 분유만 먹고 자란 아기들의 대부분은 모유만 먹고 자란 아기와 큰 차이 없이 잘 성장합니다. 그러므로 아무리 노력해도 모유가 잘 나오지 않거나 모유를 수유하기 어려운 상황이라면 분유로 수유하면 됩니다.

최대한 모유에 가깝게 만든 것이 바로 분유!

분유 수유를 할 때 엄마들이 가장 걱정하는 부분 중 하나가 바로 영양에 관한 문제에요. 그러나 분유와 모유는 영양 면에서 거의 비슷해요. 소젖을 아기가 쉽게 소화할 수 있게 가공하고, 철분과 비타민 등 성장에 꼭 필요한 영양소를 첨가해 최대한 모유에 가깝게 만들어졌어요. 최근에는 모유 성분에 대한 분석과 각 성분의 기능이 확인되면서 조제분유에 첨가하는 성분도 다양해졌습니다.

오래전부터 '분유로 키운 아기는 모유로 키운 아기에 비해 질병에 대한 저항력이 약하고, 알레르기 질환의 발병률도 높다'는 말이 있는데, 그 이유는 모유 속에 농축된 '핵산' 때문입니다. 그래서 분유에 핵산 성분을 추가하고 있습니다. 모유의 면역물질인 락토페린과 면역글로불린 등을 배합해 질병에 대한 면역력을 높인 분유도 등장했으며 DHA가 뇌와 망막 기능에 중요한 역할을 한다는 사실이 밝혀져 DHA를 첨가한 조제분유도 있어요. 이렇듯 조제분유의 성분이 점점 모유와 가까워지고 있습니다. 다만 분유는 대량 생산하기 때문에 생산 과정 중 유해물질이 들어갈 가능성이 있다는 점이 신경 쓰일 뿐이에요. 분유마다 성분이 조금씩 다르긴 하지만 아기 성장에 필요한 주요 영양소는 비슷하게 들어가 있으므로 어느 회사 제품을 먹이든 크게 상관없어요.

 닥터's advice

❓ **분유 vs. 생우유, 뭐가 다를까요?**

우유는 소젖을 가공하지 않고 살균 소독 과정만 거친 데 반해, 분유는 우유의 영양소를 각각 분리한 다음 모유의 영양 조성을 기준으로 재조합한 것이에요. 분유는 아기의 소화 능력에 맞춰 철분, 칼슘, 인 등 필요한 성분을 보충해 모유와 최대한 유사하게 만들었어요. 분유와 우유의 가장 큰 차이는 바로 함유된 단백질의 비율이에요. 분유는 카제인과 유청 단백질(카제인을 제거한 유단백질)의 비율이 모유와 동일한 40:60인 반면 우유는 80:20으로 구성되어 있지요. 유단백질(Milk Protein)은 체내에서 효율적으로 쓰이며, 고급 단백질로 두뇌 성장이 왕성한 유아기에 가장 중요한 에너지 공급원입니다.

하루 총 수유량을 신경 쓰세요

신생아의 수유 간격은 보통 3~4시간이지만 일정치 않을 수도 있습니다. 수유량과 횟수, 시간 간격은 정해진 원칙이 있는 것이 아니라 아기의 식욕과 생활리듬에 맞추는 것이 바람직해요. 먹성이 좋아 한 번에 140ml 이상씩 하루에 8~9회 먹는 아기도 있지만, 대개 2~3개월 무렵이면 양이 줄어들기 시작합니다. 중요한 것은 수유 간격이나 횟수가 아닌 아기가 하루 동안 먹는 총 수유량이에요. 한 번에 50ml 이하의 적은 양을 먹는 아기도 있는데, 건강하고 체중이 하루에 평균 15g씩 늘어난다면 초조해할 필요는 없어요. 평균적으로는 6개월까지 가장 왕성하게 먹을 때 하루에 800~1000ml 남짓인 경우가 일반적인데, 아기마다 개인차가 있으니 체중이 잘 늘고 대소변을 잘 보고 있다면, 수유량에 다소 변동이 있어도 괜찮습니다.

분유는 돌 전 아기의 성장과 발달에 알맞게 만들어졌어요

분유는 첫돌을 기점으로 끊는 것이 원칙입니다. 분유는 모든 성분이 돌 전 아기의 성장과 발달에 알맞게 만들어졌어요. 돌이 지난 아이는 생우유를 소화 및 흡수시킬 능력이 충분해요. 그러므로 돌 이후부터는 분유를 고집하기보다는 신선한 우유를 먹이는 편이 낫습니다. 간혹 영양학적으로 분유가 생우유보다 나으니 좀 더 오래 먹이겠다는 엄마들도 있지만, 분유를 오래 먹일 경우 과도한 칼로리 섭취로 비만이 될 수 있지요. 또한 젖병을 늦게까지 떼지 못해 치아에 문제가 생기는 등의 부작용도 생겨요. 아이가 돌이 되었다면 이 시기를 기점으로 컵에 우유를 담아 먹는 습관을 들이세요.

닥터's advice

❓ 분유, 이렇게 보관해요!

서늘한 곳에 밀봉해 보관하면 한 달가량 갑니다. 하지만 분유 가루가 보슬보슬하지 않거나 향이 사라지고 물에 잘 녹지 않는다면 즉시 버려야 합니다. 냉장고에 넣어둔 경우라면 꺼낼 때 이슬이 맺히면서 분유가 눅눅해지기 쉬우므로 주의가 필요합니다. 분유통에 들어 있는 계량스푼은 사용한 후 그대로 분유통 안에 넣어두면 분유가 상할 위험이 큽니다. 계량스푼 역시 다른 수유 용품과 마찬가지로 잘 씻은 후 말려서 사용합니다.

🐤 내 아기에게 맞는 분유 선택하기

시중에는 다양한 분유 제품이 나와 있어 어떤 분유를 먹여야 할지 고민이 됩니다. 어떤 분유를 선택하는 게 좋을까요? 제품마다 성분의 차이가 조금씩 있지만, 아기가 성장하는 데 필요한 기본 성분은 거의 비슷합니다. 다만 원유의 질, 단백질 종류, 사용하는 지방 종류, 첨가하는 무기질, 설탕의 양 등에 따라 분유 맛이 다소 차이 나지요. 아기가 특정 분유만을 선호한다면 그 분유의 고유한 맛과 냄새 때문이에요. 아기가 잘 먹는다면 계속 그 분유를 먹이도록 하고, 싫어하는 것 같으면 다른 종류로 바꿔주세요. 대두단백질이나 단백가수분해물 등이 포함된 몇 가지 특별한 분유도 있습니다. 이런 분유는 소화 능력이 떨어지는 아이를 위해 만들어진 것으로 의사의 지시가 있을 때만 먹여야 합니다. 아기에게 빈혈 증상이 있거나 철분 부족으로 성장이 늦어지는 경우를 예방하려면 철분 강화 분유를 선택합니다.

일반 조제분유

조제분유는 젖소의 우유를 아기가 소화하기 쉽게 가공하고, 철분이나 칼슘 등 부족한 영양소를 첨가해 모유에 가깝게 만든 제품이에요. 시판되는 분유는 월령별로 단계를 나눠 3~4개월마다 바꿔 먹이도록 되어 있습니다. 월령별로 필요한 영양소를 더욱 강화한 것인 만큼 단계별로 먹이는 게 좋아요. 단계를 바꿀 때는 현재 먹이는 단계의 분유와 조금씩 섞어 먹이면서 양을 늘려주세요.

액상 조제분유

액상 조제분유는 말 그대로 분유를 타는 과정이 필요 없는 액체 상태로 만들어진 것입니다. 농도가 일정하게 유지되므로 분유를 탈 때 농도를 잘못 조절해서 생기는 실수를 막을 수 있어요.

설사 방지 특수 분유

장염으로 인해 설사를 오래하면 흡수 장애와 수분과 전해질이 손실되면서 영양 결핍이 생길 수 있어요. 특히 장 점막의 유당을 분해하는 능력이 일시적으로 떨어져 일반 분유를 먹이면 흡수가 잘 되지 않고 설사가 심해집니다. 설사 분유는 유당을 줄이고 분유 성분 중 소화에 부담이 되는 성분을 일부 조정한 제품입니다. 열량은 일반 분유에 비해 약간 낮지만, 장 점막이 회복하는 기간 동안 설사를 줄이고 보나 효과적인 영양 흡수를 위해 만들어졌어요. 다만, 영양학적으로 이상적인 유아식은 아니므로 설사가 호전되는 대로 일반 분유로 점차 바꿔가는 것이 좋습니다.

분유 알레르기 특수 분유

분유에 함유된 우유단백질에 알레르기 반응(소화 흡수 장애, 피부 습진 등)을 보이는 아기에게 먹이는 특수 분유예요. 단백질 성분을 부분 또는 완전 가수분해 해서 알레르기 반응이 일어나지 않게 합니다. 우유단백질 알레르기에 대한 진단과 분유 변경은 꼭 의사의 진료를 받은 뒤에 결정합니다.

대두분유

우유단백질을 콩 단백질로 대체하고 유당을 제거한 제품이에요. 유당불내증, 우유 알레르기나 갈락토스혈증(유전성 탄수화물 대사 질환)을 가진 아이가 먹도록 조제되었으며 비타민과 무기질이 상대적으로 적으므로 꼭 필요한 경우에만 의사와 상담한 후에 사용합니다.

대사 이상 질환 특수 분유

페닐케톤뇨증, 단풍당뇨증, 유기산혈증, 요소회로대사이상증, 호모시스틴뇨증 등 선천성 대사 질환을 앓고 있는 아이를 위해 만들어진 분유예요. 선천성 대사 질환은 태어날 때부터 특정 효소가 없어 우유나 음식의 대사물이 뇌나 신체에 독성 작용을 일으키는 병이에요. 의사의 처방에 따라 특수 분유와 일반 분유를 일정 비율로 섞어 먹여야 합니다.

분유 수유, 이것만은 지키세요

분유는 반드시 맹물로 타야 해요

분유는 맹물에 타는 것을 전제로 만든 식품이에요. 간혹 보리차 등에 분유를 타는 경우가 있는데 맹물이 아닌 다른 물을 사용해서는 안 됩니다. 혹시라도 다른 것이 섞인 물은 아기에게 알레르기를 일으킬 수도 있어요. 분유를 타는 물은 반드시 한 번 끓였다가 식힌 것을 사용하는 게 더욱 좋아요. 식히는 데 시간이 걸리더라도 그냥 사용하는 것은 절대 금물이에요. 깨끗한 정수기 물이라도 1분, 수돗물은 5분가량 끓여야 안전합니다.

분유 온도는 체온과 비슷하게 맞춰요

엄마의 팔목 안쪽에 분유 한두 방울을 떨어뜨렸을 때 약간 따끈하다고 느껴지면 아기가 먹기에 적당한 온도입니다. 이는 대략 38℃ 전후로, 체온과 같거나 약간 높다고 생각하면 됩니다. 분유가 뜨거우면 아기가 입을 델 수 있고, 찬 분유를 먹이면 탈이 나기 쉬워요. 분유를 데울 때는 따뜻한 물이 담긴 용기에 젖병을 몇 분간 담가두는 식으로 중탕합니다. 또한 한 번 데운 분유는 다시 냉장고에 보관하지 않으며, 먹다 남은 분유는 반드시 버립니다.

젖병은 품에 안고 먹여요

젖병으로 분유를 먹이기 위해서는 우선 엄마와 아기 모두 편안한 자세여야 합니다. 넓고 낮은 팔걸이가 있는 편안한 의자에 한쪽 팔로는 아기를 안고 다른 손에는 젖병을 든 채 앉거나, 무릎에 베개나 쿠션을 올려 아기를 받쳐주세요. 그런 다음 아기를 부드럽고 포근하게 끌어안는데, 이때 아기의 머리를 지탱하는 팔꿈치를 약간 들어 올려야 먹기 편한 자세가 됩니다. 분유 수유 역시 젖을 물리는 것과 같은 마음으로 품에 안고 먹여야 해요. 이는 단지 정서적 이유에서가 아니라 바닥에 누인 채 분유를 먹이면 소화가 잘 안 되고, 공기를 삼키기 쉬워 자칫 분유를 다 토해버릴 수 있기 때문이에요. 더구나 신생아는 아직 귀와 코를 연결하는 이관(耳管)이 발달하지 않았기 때문에 중이에 분유가 들어가 중이염에 걸릴 수도 있으므로 더욱 주의해야 합니다.

디 먹인 다음엔 반드시 트림을 시켜요

분유를 먹이고 나서 반드시 트림을 시킵니다. 트림을 안 하면 토할 뿐만 아니라 아기가 몹시 불편해해요. 아기 몸을 세워 안고 등을 아래위로 쓰다듬으면서 살살 토닥여 주세요. "끅" 하는 소리와 함께 공기가 빠져나오면 트림을 한 것입니다. 간혹 아기가 트림을 오랫동안 하지 않더라도 그냥 눕히기보다는 잠깐은 더 안고 있는 것이 좋아요. 트림은 여러 번에 걸쳐 하기도 하는 만큼 한 번 트림을 했다고 해서 바로 눕히지 말고 조금 더 다독여줍니다.

알쏭달쏭! 분유 수유 궁금증

Q 잠깐 외출할 때 분유를 타서 가져가도 되나요?

분유는 지방과 단백질이 풍부해 상하기 쉽습니다. 한 번 탄 분유는 상온에서 1시간 이상 보관해서는 안 되며, 그때그때 타서 먹이는 게 가장 좋아요. 외출할 때는 끓인 물과 분유를 따로 준비해 갑니다.

Q 액상 분유는 차게 먹여도 되나요?

액상 분유는 냉장고에 보관하는 경우가 많습니다. 액상 분유를 차게 먹이기도 하는데, 장 기능이 약한 아기라면 탈이 날 수 있으니 주의해야 합니다. 액상 분유가 미지근하다면 그냥 먹여도 좋지만, 그렇지 않다면 뜨거운 물에 담갔다가 먹이는 것이 좋아요. 전자레인지에 데우는 것은 영양소가 파괴될 위험이 있으므로 중탕으로 데워서 먹입니다.

Q 아기가 먹다 남긴 분유, 다시 먹여도 되나요?

먹다 남긴 분유는 반드시 버려야 합니다. 아기가 젖병을 빨면서 침이 섞이기 때문에 금세 상하기 때문이죠. 냉장고에 넣어두어도 마찬가지입니다. 상하는 시점을 조금 늦출 수는 있겠지만, 일정 시간이 지나면 미생물이 번진다는 것을 명심하세요. 타놓은 분유는 20분 안에 먹이는 것이 안전합니다.

⊙ 분유를 탈 때 거품이 많이 나는데 괜찮은가요?

분유를 탈 때 생기는 거품은 나쁜 성분이 아닙니다. 하지만 거품이 신경 쓰인다면 분유를 한 번에 타지 말고 두 번에 나눠서 타보세요. 처음에 물을 반 정도만 부은 뒤 탈 분량의 절반을 넣어서 고루 흔들어줍니다. 그리고 난 뒤 나머지 분량을 섞습니다.

⊙ 분유에 약을 타서 먹여도 되나요?

문제가 되지는 않지만, 분유와 약이 섞일 경우 약 효과가 떨어질 수 있습니다. 또 약을 분유에 타서 먹이면 아기가 분유 먹는 것을 거부할 수 있으므로 주의하세요.

신생아 돌보기

신생아 몸은 유리처럼 조심히 다뤄야 하지만
기초 지식만 있으면 어렵지 않아요.

체크 포인트

☑ 쾌적한 수면 공간을 만들어주세요. 햇빛이 잘 들고 환기가 잘 되는 조용한 곳으로 온도는 20~24℃, 습도는 40~60%가 적당합니다.

☑ 신생아는 감염에 약하므로 불필요한 사람의 출입을 삼가도록 하세요. 저항력이 약해 감기에 걸린 사람은 가까이하지 않도록 합니다.

☑ 배꼽이 떨어지기 전까진 얼굴, 머리 감기기, 몸통으로 나누어 부분 목욕을 하고, 소독용 알코올로 배꼽을 소독합니다. 배꼽이 떨어진 후에는 전신 목욕을 할 수 있어요. 아직은 목욕할 때 가제수건 등으로 입안을 닦는 것은 피하세요.

☑ 배냇저고리는 토하거나 땀을 흘렸을 때마다 갈아입혀야 하므로 하루 3벌 정도 필요해요. 생후 1개월이 지나면 앞트임 내의나 올인원 보디슈트를 입히는 것이 좋습니다.

신생아 돌보기, 두려워하지 마세요!

태어나서 1개월 동안은 부모와 아기 모두 새로운 환경에 적응하기 위해 노력하는 시기입니다. 아기는 생존에 필요한 몇 가지 능력을 갖추고 태어나지만, 아직은 병에 대한 저항력이 약하고 미숙한 존재이므로 부모의 세심한 보살핌이 무엇보다 중요합니다. 신생아를 돌보는 일은 결코 쉬운 일은 아니에요. 아기가 너무 작고 가늘어 만지기조차 겁나고, 울음이라도 터뜨리면 어떻게 해야 할지 몰라 난감하기 그지없습니다. 하지만 무슨 일이든지 처음 시작할 때는 낯설고 두렵게 느껴지는 법입니다. 아기를 돌보는 일도 마찬가지예요. 신생아 돌보는 데 필요한 기초 지식을 차근차근 쌓아두면 신생아 돌보기도 어렵지 않아요.

 # 올바르게 아기 안는 법

반드시 한 손으로 아기의 목을 지탱한 채 안아요

신생아는 아직 목을 가누지 못해요. 따라서 반드시 한 손으로는 아기의 목을 지탱해야 합니다. 아직 목을 가누지 못하므로 신생아를 안을 때 무엇보다 아기가 편안해하는 상태로 안는 것이 중요해요. 아기를 안는 방법에는 여러 가지가 있지만, 기본적으로 누운 아기를 일으켜 안을 때는 부드럽고 조심스럽게 한 손을 이용해 머리와 목, 그리고 어깨까지 감싸 일으켜요. 다른 손으로는 등을 받치고, 팔로 엉덩이와 다리를 감

▲ 누운 아기를 일으켜 안을 때

쌉니다. 그리고 두 손과 팔을 이용해 전체적으로 감싸 안은 후 아기의 머리를 팔 안쪽으로 지지하면서 가슴 쪽으로 비스듬히 안으면 됩니다. 이때 아기의 머리가 너무 뒤로 젓혀지지 않도록 주의하세요.

엎어져 있는 신생아를 안을 때는 아기의 배 아래와 볼 아래쪽에 손을 넣어 머리와 몸을 확실히 받친 후, 몸이 균형을 잃지 않게 주의하며 천천히 들어 올려 몸을 돌립니다. 머리가 몸보다 약간 올라간 자세로 팔꿈치 안쪽으로 머리를 받치고 돌려 안고, 다리 사이로 아기의 하체를 받치고 팔 전체로 아기를 받쳐 들면 됩니다.

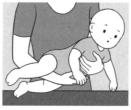

▲ 엎드린 아기를 안을 때

신생아는 세워 안지 마세요

안을 때 아기가 힘들어하거나 짓눌린 상태가 되진 않았는지 항상 확인합니다. 아기를 내려놓을 때는 몸을 앞으로 구부려 두 팔로 감싼 아기의 엉덩이를 바닥에 닿게 한 후 등과 허리, 그리고 머리 순으로 안전하게 내려놓습니다. 신생아는 세워 안을 수 없으므로 아기띠나 포대기는 아직 사용할 수 없어요. 특히 포대기는 확실히 목을 가눌 수 있는 생후 3개월부터 사용하고, 아기띠는 생후 1개월 무렵부터 잠깐씩 사용합니다.

기저귀 가는 법

기저귀는 2시간 간격으로 확인해요

신생아의 기저귀를 제때 갈아주는 것은 매우 중요한 일입니다. 소변이나 대변 속에 있는 세균이 연약한 아기 피부를 짓무르게 하거나 기저귀 발진을 일으키기 때문이죠.

신생아는 하루에도 여러 번 대변을 보며 1~3시간 간격으로 소변을 봅니다. 대부분의 신생아들은 기저귀가 젖어 있어도 불편하다고 느끼지 않기 때문에 매번 울지는 않아요. 또한 일회용 기저귀는 흡수력이 좋아 엄마도 기저귀가 아주 푹 젖을 때까지 눈치 채지 못하기도 합니다. 그러니 수유하기 전이나 수유한 후 또는 2시간 정도 간격으로 확인해 기저귀가 젖어 있는지 확인하세요. 아기가 변을 보았을 때는 바로 기저귀를 갈아줍니다.

기저귀 갈기 전 준비

기저귀는 위생적이고 안전한 장소에서 갈아줍니다. 기저귀를 갈기 전에 미리 필요한 물건을 손이 닿는 곳에 두면 편합니다. 깨끗한 새 기저귀와 물티슈를 준비하고 발진을 대비해 발진 크림, 소변이 샜을 때 갈아입힐 여벌의 옷도 가까이에 둡니다. 기저귀를 가는 동안 아기의 주의를 끌 수 있는 모빌 같은 장난감을 천장에 매달아두는 것도 좋은 방법입니다. 기저귀를 가는 도중 소변이나 대변을 보기도 해요. 그러므로 방수 천이나 매트리스를 깔아두면 매번 이불 빨래를 하는 수고로움을 덜 수 있어요. 사용한 기저귀는 냄새가 날 수 있으니 뚜껑이 있는 휴지통에 바로바로 버립니다.

 닥터's advice

❓ **성기는 이렇게 관리해주세요**

• **남자아이** 남자아이는 기저귀를 풀 때 피부에 자극을 받아 갑자기 소변을 보는 경우가 많아요. 기저귀를 풀 때 앞쪽에 다른 기저귀나 천 등을 대면서 천천히 풉니다. 아기의 성기 끝은 '포피'라는 주름이 많고 부드러운 피부로 덮여 있어요. 신생아 초기 포피 안쪽에 태지가 남아 있는 경우가 있는데, 시간이 지나면 자연스럽게 제거되므로 억지로 포피를 젖혀서 자극하지 않습니다.

• **여자아이** 여자아이는 변을 보았을 때 깨끗한 가제수건이나 물티슈로 성기 쪽이 닿지 않도록 하며 앞에서 뒤로 닦아야 합니다. 벌려서 안쪽까지 닦는 것보다 표면만 몇 번 닦고, 엉덩이와 다리 뒷부분까지 깔끔히 닦아요. 여자아이는 성기와 항문이 가깝게 붙어 있어서 변을 본 후 깨끗이 닦아야 감염의 위험이 없습니다. 특히 여자아이의 경우 소변이 엉덩이에 많이 닿아, 남자아이보다 짓무르기 쉬우므로 기저귀 발진이 생기지 않게 더욱 세심히 관리하세요.

기저귀는 이렇게 갈아요

아기가 대변을 보았다면 엉덩이를 앞에서 뒤쪽으로(특히 여자아이) 닦아요. 반대로 뒤에서 앞으로 닦으면 요도에 변이 들어가 염증을 일으키기 쉽습니다. 기저귀를 갈 때는 아기의 발목만 잡아 올리지 말고, 엉덩이 밑으로 손을 넣어 허리까지 들어 올리는 버릇을 들이세요. 뒤처리를 한 다음에는 반드시 따뜻한 물에 적신 천으로 깨끗이 닦습니다. 이때 파우더를 뿌리기도 하는데, 피부에 발진이 생긴 경우 파우더를 사용하면 발진을 더욱 악화할 수 있기에 함부로 사용해서는 곤란해요. 가장 좋은 방법은 따뜻한 물로 씻고 잘 말리는 것입니다.

 기저귀 가는 순서

① 먼저 엉덩이를 들고 사용한 기저귀를 빼냅니다. 이때 변이나 소변 상태를 주의 깊게 살핍니다.
② 따뜻한 물에 적신 수건으로 아기의 엉덩이를 두세 번 깨끗이 닦습니다.
③ 아기의 엉덩이를 들고 새 기저귀를 엉덩이 밑에 깝니다.
④ 몸 상태를 관찰하거나, 잠시 기저귀를 채우지 않은 채 발을 자유롭게 움직이도록 한 다음 새 기저귀를 채웁니다.

눈곱·손톱·귀지·코딱지 관리하기

신생아는 눈곱이 자주 끼어요

신생아는 눈물길이 제대로 발달하지 않아 눈물이 잘 흐르지 못해 눈곱이 자주 낍니다. 아기의 눈 주위 피부는 특히 민감하고 세균 감염의 위험이 있으니 절대 엄마 손으로 떼면 안 됩니다. 억지로 떼려다가는 속눈썹이 빠지기도 합니다. 단순히 눈곱만 끼는 것이 아니라 눈곱을 떼어내도 계속 생깁니다. 눈이 빨갛게 충혈되고 부어오르면 결막염일 수 있으므로 병원을 찾아 진료를 받아보는 것이 좋습니다.

• **가제수건으로 닦아내기** 미지근한 물을 묻힌 가제수건을 꼭 짜서 아기 눈 위에 잠시 올려두어 눈곱을 떼기 좋게 불립니다. 그다음 가제수건을 엄마 검지에 감고 식염수를 묻힌 후 눈물 구멍이 있는 아기의 눈머리 쪽에서 바깥쪽으로 닦아요. 이때 눈에 자극을 주지 않도록 비비지 말고 한 번에 닦아냅니다.

• **눈 마사지** 눈물길이 막혔을 때는 마사지를 해주면 효과적이에요. 아기의 양미간을 엄지와 검지로 잡으면 통통한 주머니 같은 것이 만져지는데, 이 부위를 하루에 2~3회 살살 문지르면 눈곱을 줄이는 데 좋습니다.

배꼽은 잘 말리고 소독해요
신생아의 배꼽은 탯줄을 자르고 바로 닫히지 않고 10~20일쯤 지나야 닫힙니다. 이때 잘라내고 남은 배꼽에 붙은 탯줄은 잘 말리고 소독해야 염증이 생기지 않아요. 배꼽 부위에 고름이 있거나, 주변의 피부가 붉게 된 경우, 배꼽이나 주변의 피부를 건드렸을 때 아기가 운다면 빨리 병원을 찾아 진료를 받습니다.

• **떨어지지 않은 배꼽은 그대로 두기** 면봉에 소독용 알코올을 묻힌 다음 탯줄을 들어 올려 아랫부분을 살살 닦아요. 하루 두 번, 오전과 오후에 소독하면 됩니다. 소독할 때는 70% 농도의 알코올을 사용하고, 다 마를 때까지 배를 덮지 않은 상태에서 잘 말립니다.

• **탯줄이 떨어진 뒤에도 소독하기** 탯줄이 떨어진 후 1~2일 정도는 하루에 1회씩 소독하는 것이 좋아요. 배꼽 주위는 물론 안쪽까지 손으로 벌려 소독하고 알코올이 완전히 마른 다음에 기저귀를 채웁니다.

신생아는 콧구멍이 작아 쉽게 막혀요
아기들은 콧구멍이 작고 점막이 약해 분비물이 많이 생기는데, 콧속이 건조하면 분비물이 말라붙어 코딱지가 됩니다. 코딱지가 생기지 않도록 가습기를 틀어 실내 습도를 조절하고, 코 점막에 자극을 주지 않으면서 코딱지를 제거하는 요령을 알아두세요.

• **식염수로 코딱지를 녹인 다음 떼기** 딱딱한 코딱지가 코를 막았을 때는 휴지나 가제 수건으로 닦아내면 코끝이 헐 수 있으므로 면봉을 사용하는 것이 좋습니다. 면봉에 식염수를 충분히 묻혀 콧구멍 입구를 살살 닦으면 코딱지가 녹아서 떨어져요. 면봉에 오일을 묻혀 부드럽게 닦아내는 것도 좋은 방법이에요. 하지만 막힌 코를 한 번에 뚫 겠다고 면봉을 콧구멍 깊숙이 넣는 건 절대 해서는 안 됩니다.

신생아의 작은 귀에도 귀지가 생겨요

귀지는 외이도 피부에서 나오는 땀과 지방이 뭉쳐 생기는 것으로 시간이 지나면 자연 스럽게 빠지는 게 보통이에요. 귀지에는 해로운 세균을 없애는 화학물질이 들어 있어 외이도의 피부를 보호하는 역할을 합니다. 그런 만큼 귀지는 굳이 파낼 필요가 없어 요. 귀지를 함부로 파면 외이도에 상처가 생길 수 있으므로 귓바퀴를 닦거나 눈에 보 이는 귀지 정도만 면봉으로 제거하는 게 적당합니다. 신생아의 경우 소아청소년과를 방문할 때 한 번씩 귀를 봐달라고 하는 것도 좋은 방법이에요.

• **거즈로 닦기** 거즈에 미지근한 물을 적신 뒤 검지에 감아 귓바퀴부터 원을 그리며 외이도까지 살살 닦아요. 마른 수건으로 한 번 더 닦아 물기를 완전히 없애 마무리합 니다.

닥터's advice

❓ 아기 손톱, 탁구공 쥐여주고 자르세요!

손톱 깎아주기는 초보 엄마가 가장 어려워하는 일 중 하나지요. 아기가 잘 때 손톱가위로 자르는데, 한 번에 열 손가락을 전부 깎으려 하지 말고 틈나는 대로 2~3차례 나눠 깎습니다. 혹은 손에 탁구 공 같은 걸 쥐여주면 손 모양이 잡혀 손톱 자르기가 훨씬 수월해요. 손톱과 발톱을 깎은 직후에는 끝이 날카로워져 있기 때문에 로션을 발라 마무리하면 한결 부드럽고 촉촉해집니다.

손·발톱은 자주 잘라요

생후 10일쯤 되면 손톱을 깎아주기 시작합니다. 신생아는 손을 움직이다가 자기 얼굴을 할퀴기도 해요. 이를 방지하기 위해 손싸개를 해두거나 아기를 꽁꽁 싸두기도 하지만, 아기의 발달을 도와주려면 수고스럽더라도 손톱을 자주 깎아주는 편이 낫습니다. 손톱의 하얀 부분이 3mm 정도가 되면 자를 때가 되었다는 신호예요. 특히 생후 3개월 이전에는 손톱이 빨리 자라고, 얇아서 조금만 길어도 날카롭기 때문에 일주일에 2회씩은 깎아줘야 합니다. 3개월 이후부터는 일주일에 1회만 손질해도 충분하며, 발톱은 손톱보다 자라는 속도가 느리므로 한 달에 1~2회 깎아주세요.

• 아기용 손톱가위로 자르는 게 안전　이 시기에는 손톱깎이보다 손톱가위로 잘라주는 것이 손톱에 무리가 덜하며 손질하기도 쉬워요. 손톱깎이나 손톱가위의 날은 세척 전용 세제나 알코올로 닦은 뒤 마른 수건으로 물기를 제거하고 사용해주세요.

• 손톱 깎기 좋은 시간　아기의 손가락 끝을 엄지와 검지로 잡은 상태에서 양쪽 모서리를 살짝 자르고 가운데는 평평하게 일자로 깎아주세요. 이때 손톱은 1mm 정도 남기고 자릅니다. 발톱은 모서리 부분을 다듬지 말고 일자로 깎는 게 좋습니다. 양쪽 모서리를 잘라내면 발톱이 살을 파고들 염려가 있습니다. 목욕 후 손발톱이 물에 불어 부드러워졌을 때나 잠들었을 때 깎아주면 한결 수월해요.

 # 목욕하는 법

목욕을 매우 좋아해요

아기들은 따뜻한 물에서 안정감을 느낍니다. 목욕을 좋아한다면 물에서 충분히 놀 수 있는 시간을 주는 것도 좋습니다. 그뿐만 아니라 분비물이 많아 피부가 쉽게 더러워지는 신생아는 청결을 위해서도 목욕을 시켜야 합니다. 혈액순환을 원활히 하고 식욕을 증진시키며 기분 좋게 잠들게 하는 효과도 있지요. 하지만 많은 엄마들이 처음 신생아를 목욕시킬 때 겁을 냅니다. 물에 젖어 버둥거리는 아기를 자신 있게 목욕시키기까지는 얼마간의 연습이 필요해요.

목욕은 얼마나 자주 시켜야 할까요?

생후 첫 일주일간 배꼽이 떨어지기 전에는 미지근한 물에 적신 부드러운 수건으로 닦는 것으로도 충분합니다. 얼굴과 손도 닦고, 엉덩이는 기저귀를 갈아줄 때마다 닦으세요. 배꼽이 떨어진 후에는 통목욕을 시켜도 좋습니다. 하루 한 번 꼭 목욕을 시켜야 하는 것은 아닙니다. 아기가 목욕 시간을 매우 즐거워한다면 매일 시키는 것도 좋지만 목욕을 싫어하는 아기를 울려가면서 매일 씻길 필요는 없어요. 목욕 횟수는 아기의 상태에 따라 부모가 결정하기 나름이에요. 대략 아기가 기어 다니기 시작하고 움직임이 많아질 때까지는 일주일에 1~2회면 충분합니다.

배꼽이 떨어지기 전까지 전신 목욕은 피해요

탯줄이 말라붙어서 완전히 떨어질 때까지 통목욕을 시켜서는 안 돼요. 스펀지에 물을 적셔 몸을 닦는 정도로 부분 목욕을 해야 합니다. 배꼽이 떨어지고 난 후부터는 전신 목욕을 해도 좋아요. 첫 통목욕은 가능한 한 짧은 시간 안에 합니다. 경우에 따라 아

닥터's advice

❓ 아기 목욕 시, 이것만은 꼭 지켜주세요!

• 한순간도 아기를 혼자 욕조에 방치하지 마세요. 꼭 자리를 벗어나야 한다면 아기를 꺼내 수건으로 감싼 후 함께 데리고 나갑니다.

• 물을 틀어놓은 채 아기를 욕조에 넣지 마세요. 물의 온도가 갑자기 바뀌거나 물이 너무 깊어질 수 있습니다.

• 물 온도는 38~40℃ 정도로 맞춰요. 아기는 60℃의 물에 단 1분만 있어도 3도 화상을 입을 수 있다는 것을 꼭 명심하세요.

• 아기가 앉은 상태에서 허리 높이 이상으로 물을 채우지 마세요.

• 앉을 수 있으면 아기용 목욕의자를 사용할 수 있습니다. 아기를 앉혀두면 엄마가 양손을 다 쓸 수 있어 편하지만, 그런 경우에도 아기에게서 한순간도 눈을 떼지 마세요.

기가 통목욕을 안 하려고 저항할 수도 있어요. 그럴 때는 통목욕을 중단하고 이전에 해주던 부분 목욕을 1~2주가량 더 한 다음 다시 통목욕을 시도해보세요.

욕실 온도를 따뜻하게 유지해요

목욕시키기 전에는 목욕용품을 미리 챙겨두어야 합니다. 무엇보다 먼저 체크해야 할 것은 목욕물의 '온도'예요. 온도 측정은 온도계로 하는 것이 무난하지만, 없을 때는 팔꿈치를 물에 담가 보아 따뜻한 정도면 적당합니다. 목욕시킬 때의 실내온도는 20℃

 목욕, 이렇게 시켜요!

① 아기를 목욕시키려면, 우선 열이 있는지 혹은 몸 상태가 건강한지부터 확인합니다. 확인 후 욕조와 가제수건, 세정제, 큰 타월, 작은 타월, 로션, 크림 등 목욕용품을 준비합니다.

② 욕실에서 목욕을 시킨다면 뜨거운 물을 미리 틀어 목욕탕 공기를 따뜻하게 하거나 히터를 틀어요. 욕실이 춥다면 아기 욕조에 물을 받아놓고 방 안에서 씻겨도 돼요. 물의 온도는 체온과 비슷하게 맞춥니다. 손목 안쪽이나 팔꿈치로 대봐서 따뜻하게 느껴지면 적당한 온도입니다. 또한 몸을 헹굴 때 사용할 물을 따로 준비해놓는 것도 잊지 마세요.

③ 신생아나 6개월 이하의 경우에는 13cm, 혹은 아기가 몸을 담갔을 때 어깨 정도 높이까지 물을 채우는 것이 적당합니다. 6개월 이상의 아기라면 앉은 자세에서 허리 높이 정도로만 물을 채우세요.

④ 욕조에 들어가기 전 아기의 얼굴과 머리를 가제수건에 물을 적셔 살살 닦아요. 머리카락이 많은 아기라도 샴푸는 따로 사용하지 않고 물수건으로만 닦으면 됩니다.

⑤ 아기를 욕조에 넣을 때는 앉은 자세로 다리, 엉덩이 순서로 천천히 넣습니다. 아기를 누인 자세로 물에 넣으면 불안해할 수 있으니 꼭 앉은 자세로 물에 넣어주세요. 그런 다음 한 손으로 아기의 뒤통수와 목을 받치고, 적응할 시간을 두면서 천천히 물속에 담급니다. 물수건을 아기 가슴에 얹어 보온을 유지해줍니다. 세정제를 묻힌 가제수건과 엄마의 손바닥과 손가락으로 아기의 몸을 살살 닦습니다.

⑥ 아기 몸통은 누인 상태에서 살살 문지르고, 허벅지나 가랑이같이 살이 접힌 부분은 신경 써서 닦습니다. 등과 엉덩이는 엄마의 팔에 걸친 자세로 뒤집은 후 씻습니다. 여자아이의 경우 질 안쪽까지는 닦지 않고, 항문을 씻고 성기에 닿지 않게 조심하세요. 또한 귀에 물이 들어가지 않게 조심하고, 등에 받친 손을 물속에 깊이 내리지 않도록 합니다.

⑦ 씻기기가 끝났다면 앉은 자세로 아기를 들어 준비한 헹굼물로 옮겨 말끔히 헹궈냅니다. 목욕이 끝나면 큰 타월로 감싸 안은 후 작은 타월로 꼼꼼히 닦아요. 몸 전체에 로션 또는 크림을 발라 마무리합니다.

정도가 좋습니다. 목욕 시간이 너무 길어지면 아기가 지치므로 5~10분에 끝냅니다. 너무 자주 씻기면 비누와 수돗물로 인해 연약한 신생아의 피부가 손상될 수도 있으니 주의하세요.

목욕은 하루 중 언제 시키는 것이 좋은가요?

목욕을 시키기 좋은 때라는 것은 따로 없어요. 다만 엄마와 아기가 모두 편안하고 느긋한 시간에 하면 됩니다. 되도록 수유 직후는 피하고, 수유 전 따뜻한 낮에 시키는 것이 좋습니다. 밤에 잘 자지 않는 아기는 잠자기 전 목욕을 시키면 숙면을 도와줘요.

이렇게 입혀요

0~1개월에는 배냇저고리로 충분해요

아기가 태어나면 산부인과 신생아실에서 배냇저고리를 입히고 속싸개로 싸서 생활합니다. 엄마 배 속에서만 있던 아기는 팔다리가 떨어지면 불안해하기 때문에 꽁꽁 싸매둡니다. 그러나 생후 2주가 지난 후에도 아기를 너무 꼭 싸서 키우면 좋지 않아요. 팔을 움직이는 운동도 점차 필요하기 때문입니다. 물론 마음대로 움직이는 팔에 놀라서 자주 깨는 아기라면 팔을 싸두는 게 낫습니다. 배냇저고리를 입힐 때는 옷을

닥터's advice

❓ '꽁꽁 싸매기'는 언제 졸업할까요?

엄마 배 속에서 웅크린 자세로 있던 신생아는 태어나 한동안은 포근히 감싸 있을 때 온기와 안정감을 느낍니다. 이런 이유로 어느 정도 압력감이 느껴지도록 강보나 속싸개로 몸을 감싸는 게 일반적이에요. 하지만 지나치게 세게 오랫동안 싸매두면 숙면을 방해하고, 신체 온도가 올라가 트러블이 생길 수 있습니다. 그렇다면 언제까지 아기를 감싸야 할까요? 정확한 시기가 정해져 있는 건 아니므로 엄마 재량껏 아기의 상태를 봐가며 속싸개를 싸거나 풀면 됩니다. 하지만 갑자기 속싸개를 풀면 아기가 놀랄 수 있으므로 처음에는 팔만 빼내고 몸통 위주로 싸주는 식으로 서서히 진행합니다.

펼치고 아기의 목과 엉덩이를 받쳐 조심스럽게 눕힌 후 소매를 바깥쪽부터 안쪽으로 말아 올려 엄마 손과 아기 팔을 함께 집어넣습니다. 그 후 겹치는 부분을 여미고 끈을 묶은 다음 손싸개를 뒤집으면 됩니다.

아기의 고운 피부를 지켜주세요

피부가 연약하므로 새 옷을 입을 때 쉽게 긁히고 부풀어 오를 수 있어요. 옷 안에 있는 상표와 라벨을 모두 제거하여 피부에 자극이 가지 않도록 합니다. 너무 두꺼운 옷은 고르지 마세요. 아기의 움직임이 많아지면 마음껏 몸을 움직이기 힘들어지는 데다 옷이 두꺼우면 몸을 과열 상태로 만들기 때문입니다. 아기는 땀과 피부 분비물이 많고 체온 조절이 어려우므로 흡수성이 좋고 촉감이 부드러운 것, 통기성과 보온성이 큰 것, 세탁에 잘 견디는 옷감을 선택합니다. 새 옷이라도 처음 입기 전에는 물로 한 번 깨끗이 세탁한 후 입혀주세요. 아기들 옷 중에 우주복이라고 불리는 상하 한 벌로 된 옷이 많은데, 갓난아기라면 우주복보다는 상하가 분리된 옷을 입히는 것이 기저귀를 갈 때나 옷을 갈아입힐 때 훨씬 수월합니다.

이렇게 재워요

아기의 수면 주기를 파악합니다

신생아는 밤낮 구별 없이 하루에 18~20시간 잠만 잡니다. 그러나 배가 고프거나 기저귀가 축축할 때 2~3시간 간격으로 깨기 때문에 엄마도 그 시간에 깰 수밖에 없지요. 태어난 직후 1개월 동안 엄마가 가장 힘들어하는 부분이 바로 밤낮이 바뀐 아기의 수면 리듬입니다. 먹고 나서도 잠을 자지 않고 한동안 놀 때가 있는데, 이 시간이 밤이라면 엄마는 매우 힘들어집니다. 따라서 산후조리 기간이라도 아기와 함께 있는 시간을 늘려 자는 시간이 언제인지 잘 체크합니다. 낮 시간에는 공간을 밝게 해놓고 놀아주거나 스킨십을 해주어 깨어 있게 하여 수면 주기를 조정합니다. 생후 2~3개월에 들어서면 어렴풋이 낮과 밤을 구별하는데, 이때부터 수면 습관을 조금씩 잡아주는 것이 중요해요. 급한 마음으로 잠을 재우려고 하면 칭얼대고 잘 자지 않습니다. 무엇보다 아기에게 편안한 모습을 보여줍니다.

살살 몸을 흔들어 재워요

아기를 안고 재울 때도 요령이 있습니다. 먼저 아기의 목을 받쳐 안고 왼쪽으로 한 번, 오른쪽으로 한 번 요람처럼 몸을 살살 움직입니다. 이때 약 1초 왼쪽으로 한 번, 또다시 1초에 오른쪽으로 한 번씩 너무 빠르지 않게 움직입니다. 자장가를 불러주거나 조용한 음악을 틀어 함께 들으며 몸을 흔들흔들 해주세요. 분명 재웠는데 잠든 아기를 자리에 눕히려고만 하면 화들짝 놀라서 잠을 깨우는 경우가 있습니다. 이럴 땐 평소에 아기가 어떻게 자는지 기억해둘 필요가 있어요. 그 자세와 유사하게 자세를 잡고 바닥이나 침대에 눕힐 때까지 가능한 한 몸을 아기와 가까이 대어 눕히고 나서 천천히 손을 뺍니다. 이때 아기가 변화를 크게 느끼지 않도록 가슴 혹은 등을 약간 눌러주면서 눕히는 것이 좋아요.

닥터's advice

❓ 신생아도 이불과 베개가 필요할까요?

출산용품으로 신생아용 이부자리를 준비하지만 사실 3개월 미만 아기에게는 그다지 실용성이 없어요. 대부분의 아기 베개도 100일 이전 아기가 사용하기엔 부담스러운 높이입니다. 게다가 생후 3개월 동안은 먹은 젖을 수시로 게워내고 땀도 많이 흘리기 때문에 이불이나 베개를 매번 세탁하기도 번거롭습니다. 차라리 이 시기에는 커다란 타월을 깔아주거나 흡수력이 좋은 면 타월 또는 헝겊 기저귀를 적당한 높이로 접어 베개 대용으로 사용하는 편이 낫습니다. 날씨가 쌀쌀할 때는 슬리핑백, 입는 이불을 활용하는 것도 방법입니다.

❓ 백색 소음을 활용해보세요!

100일 전 아기가 진공청소기 소리를 듣고 울음을 뚝 그치는 경우가 있습니다. 진공청소기 소리와 같은 백색소음이 태아 때 경험한 양수 소리와 비슷하기 때문입니다. 비닐봉지의 바스락거리는 소리도 백색소음과 주파수가 비슷한데, 진공청소기보다 소리 자극이 적어 심리적으로 더 안정감을 주지요. 100일 전 아기가 울거나 밤에 잠을 자지 않는다면 아기 귀 옆에서 비닐봉지를 바스락거려 보세요. 울음도 뚝! 금세 잠들 수 있습니다.

조용하게 재울까, 시끄럽게 재울까

아침에는 커튼을 활짝 열어 방 안 가득 아침 햇빛을 들여 낮의 기운을 느끼게 합니다. 활동이 주로 이루어지는 낮 시간에는 너무 조용히 재우기보다 물소리, 말소리 같은 약간의 생활소음이 나는 편이 좋습니다. 간신히 재운 아기가 깰까 봐 노심초사하며 지나치게 조용한 환경을 만들면 오히려 소리에 예민해질 수 있어요. 하지만 밤에는 조명을 완전히 끄고 커튼도 쳐서 집 밖에서 들려오는 소음이나 불빛까지 차단해 조용한 환경에서 숙면할 수 있게 합니다. 아직 어리긴 해도 100일 이전부터 수면 습관을 잡아줘야 이후에도 밤잠을 푹 잘 수 있습니다.

 이런 일도 생길 수 있어요! 영아돌연사

돌 전의 건강한 아기가 예고 없이 갑자기 사망하는 일이 있는데, '영아돌연사증후군'이라고 합니다. 영아돌연사증후군은 수면 중 가장 많이 일어나요. 가끔 유모차를 타고 있을 때 또는 엄마 품에서 낮잠을 자는 동안에도 발생할 수 있습니다. 미국에서는 영아돌연사증후군을 예방하기 위한 방법으로 1994년부터 '똑바로 눕혀 재우기(Back-to-Sleep)' 캠페인을 실시하고 있어요. 이후 영아돌연사증후군 발생이 약 50% 감소하는 등 눈에 띄는 효과를 보이자 똑바로 눕혀 재우는 방법이 가장 중요한 예방법 중 하나가 되었어요. 최근 우리나라에서는 자녀의 두상을 예쁘게 만들려고 엎드려 재우는 일이 많아 더욱 주의가 필요합니다.

※ 미국 소아과협회의 영아돌연사증후군 예방법
- 아기가 천장을 바라보게 똑바로 눕혀 재운다.
- 딱딱한 침구를 사용한다.
- 부모와 아기가 한 방에서 잘 때는 침구를 따로 사용한다.
- 푹신한 침구는 아기 옆에 두지 않는다.
- 모유 수유를 한다.
- 실내 온도는 22~23℃를 유지한다.
- 성장 주기별 예방접종을 한다.
- 임신 중이나 출산 후 흡연·음주·불법약물 복용을 삼간다.
- 잠잘 때 공갈 젖꼭지를 물린다.

엎어 재울까, 바로 재울까

머리 모양도 예뻐지고 고개도 빨리 가눈다는 이유로 엎어 재우기를 선호하는 엄마들이 있습니다. 아직 두개골이 말랑말랑한 신생아를 엎어 재우면 예쁜 두상을 만드는 데 어느 정도 효과가 있을 수 있어요. 하지만 신체 기능이 미숙하고 아직 스스로 고개를 가누지도 못하는 100일도 안 된 아기를 엎어 재우면 자칫 신장과 호흡기에 부담을 줍니다. 또한 자칫 잘못하면 푹신한 이불에 얼굴이 파묻혀 영아돌연사의 원인이 되기도 합니다. 그래도 엎어 재우고 싶다면 아기가 스스로 고개를 가눌 수 있는 생후 3개월 정도로 미루고, 엄마가 아기 곁에서 자는 모습을 지켜볼 수 있는 상황일 때만 시도하는 것이 좋습니다.

좌충우돌 신생아 돌보기! 상식을 바로잡아요

엄마도 아기도 처음이라 힘든 신생아 시기. 아기가 어릴수록 잘못된 육아법은 자칫 큰 화를 부를 수 있어요. 육아를 제대로 하려면 정확한 정보가 필수입니다. '카더라' 식의 인터넷 육아 말고 의사에게 직접 확인해 올바른 육아를 해요.

아기는 꽁꽁 싸서 키워야 한다? (◬)

우리의 전통 육아법을 보면 아기를 따뜻하게 키웠어요. 그러나 신생아는 체온 조절이 잘 안 되므로 따뜻한 곳에 싸두면 금방 열이 나고 탈수 증상이 생깁니다. 적당히 싸주는 것은 괜찮지만 두껍게 싸는 것은 피해야 해요. 또한 팔을 속싸개로 감싸주지 않으면 놀라서 경기를 한다고 생각하는데, 꼭 그런 것만은 아니에요. 다만 신생아는 신경 계통이 덜 발달해 자신의 의지로 팔의 움직임을 조절할 수 없어 마음대로 움직이는 팔에 놀라 자주 깰 수 있는데, 이때는 조금 싸두는 것이 좋습니다.

모유 수유 후에는 트림시킬 필요가 없다? (⊗)

트림은 분유 수유 후에만 시키는 걸로 알고 있는 엄마들이 꽤 많아요. 물론 모유를 먹는 아기는 젖을 빨 때 공기를 거의 마시지 않지만, 가끔 모유가 너무 많이 나와 꿀꺽꿀꺽 소리를 내고 먹을 경우 공기도 함께 마시게 됩니다. 아기는 위의 크기가 작기 때문에, 공기를 마시면 먹은 것을 게워낼 때가 있어요. 그래서 위에 들어간 공기를 빼내기 위해 트림을 시켜야 합니다. 하지만 아기가 트림을 안 한다고 해서 걱정할 필요는 없어요. 단지 트림을 시켜도 살하지 않고 자주 게운다면, 수유 후 한동안 아기를 안아줘 토하지 않도록 도와주세요.

트림은 분유를 다 먹인 후 한 번만 시키면 된다? (▲)
트림은 아기가 분유를 다 먹으면 시키는 것이라고 생각하기 쉬워요. 그래서 분유를 먹는 중에 꼴깍꼴깍 몇 번을 토해도 수건으로 닦아주고 그냥 먹입니다. 그러나 다 먹고 난 후 트림을 하다 토하는 경우가 많다면 먹는 중간중간 트림을 시키는 편이 낫습니다. 트림은 아기의 먹는 리듬만 깨지 않는다면 수유 중 몇 번을 시켜도 괜찮습니다.

배냇머리는 밀어줘야 머리숱이 많아진다? (⊗)
머리숱이 적다고 머리를 빡빡 밀어주는 엄마들이 많습니다. 하지만 머리숱은 유전과 관련된 것으로 민다고 많아지지 않아요. 머리를 깎았을 때 머리숱이 일시적으로 많아 보이는 것은 상대적으로 머리카락 윗부분보다 굵기가 굵은 아랫부분의 머리카락이 많아 보이기 때문입니다. 또한 출생 후 몇 개월 동안 아기의 머리카락이 빠지는 경우가 많은데, 6개월 이내에 정상적으로 자라므로 너무 염려하지 않아도 돼요. 아기는 시간이 지나면 머리를 깎든 안 깎든 머리카락 색깔이 까매지고 두께도 두꺼워집니다.

여자아이는 젖꼭지를 짜주어야 한다? (⊗)
성인이 되어 젖이 잘 나온다는 이유로 여자아이의 젖을 짜주는 경우가 있습니다. 그러나 출생 직후의 신생아들은 엄마 호르몬의 영향으로 성별에 관계없이 젖이 약간 부풀어 오르며, 성장하면서 몇 주 후면 자연스럽게 좋아져요. 그런데 젖을 짜주면 염증이나 신생아 유방염이나 농양으로 입원 치료해야 하는 경우가 생깁니다. 치료가 되었다 할지라도 흉터나 유두의 뒤틀림 등으로 유방 조직에 손상이 생겨 성인이 되었을 때 오히려 수유 장애를 초래하기도 해요. 신생아의 젖은 짜내는 건 물론 만지지도 말아야 하며, 염증이 생겼다면 치료를 받아야 한다는 것만 명심하세요.

신생아 배꼽에 젖을 짜 넣어야 잘 아문다? (⊗)

이는 잘못된 상식이에요. 배꼽은 잘 씻은 후 자연 그대로 말려야 균이 자라지 못하고 위생적입니다. 오히려 배꼽에 젖을 짜 넣는 것은 젖의 영양분 때문에 균이 쉽게 자라고 곪아 감염의 우려가 있으므로 하지 말아야 할 행동입니다. 배꼽은 떨어지기 전까지 알코올 솜으로 매일 소독하고, 떨어진 후에는 자연적으로 말려 아물도록 해주세요. 또는 신생아의 눈에 눈곱이 끼거나 코가 막혔을 때도 젖을 짜 넣는 경우가 있는데, 이 역시 염증을 일으킬 수 있으므로 반드시 피해야 합니다.

분유를 차갑게 먹여야 장이 튼튼해진다? (⊗)

이런 내용은 의학적으로 전혀 근거 없는 이야기입니다. 오히려 찬 분유를 먹이면 체온 조절력이 약한 아기에게 부담만 줍니다. 특히 설사할 때 찬 분유를 먹이면 장의 운동이 항진되어 설사가 더욱 심해질 수 있습니다. 모유의 온도를 기준으로 분유를 손목에 떨어트렸을 때 따뜻한 느낌이 드는 온도로 데워서 먹이는 것이 가장 좋습니다.

엎어 재우면 심장이 튼튼해진다? (⊗)

아기를 엎어 재운다고 심장이 튼튼해지지는 않아요. 오히려 생후 12개월까지는 엎어 재우지 말고 바로 눕혀 재우는 것이 안전합니다. 특히 신체의 모든 기능이 미숙한 6개월 이전 아기를 엎어 재우면 영아돌연사증후군 위험이 높으며 심장과 호흡기에 부담을 줍니다. 아기가 숨을 내쉴 때 숨에 섞여 있던 이산화탄소가 푹신한 이불에 남아 있다가 아기가 숨을 들이쉴 때 폐로 들어가 영아돌연사증후군을 일으킬 위험을 높일 수 있다는 것, 꼭 기억해두세요.

신생아는 매일 목욕시켜야 한다? (⊗)

많은 엄마들이 신생아는 매일 씻겨야 잘 자고 잘 큰다고 생각합니다. 목욕은 신진대사를 촉진해 기분 좋게 잠들게 하고 성장을 돕는 측면이 있지만 너무 자주 씻기면 피부가 건조해져요. 첫돌까지는 일주일에 2~3회 하는 것이 적당합니다. 목욕 시간은 5분가량으로 짧게 하고, 생후 2개월까지는 아기 전용 세정제를 사용합니다.

아기가 통통해도 크면 다 빠진다? (▲)

아기가 지금은 통통해도 크면 다 빠진다거나 살이 나중에는 키로 간다는 말이 있지요. 물론 아기가 어려서 통통했다고 해서 반드시 커서도 뚱뚱해지는 것은 아닙니다. 다만 아이 때 살이 찌면 지방세포의 수가 늘어나기 때문에 어른이 되어도 늘어난 지방세포 수 그대로 지방세포의 크기가 커져 비만이 되기 쉬워요. 보통 성인 비만의 10~30%는 소아 비만에서 온다는 수치를 무시할 수 없습니다. 개월 수에 비해 몸무게가 지나치게 많이 나간다면 소아청소년과 의사와 상담을 받아보는 것이 좋습니다.

아기가 놀랐을 때는 기응환을 먹인다? (✕)

신생아는 잠을 자다 깜짝깜짝 놀라거나 주위의 작은 소리에도 놀라서 자주 웁니다. 그때마다 할머니들은 기응환이나 청심환 등을 먹이라고 성화를 부리곤 하지요. 그러나 어린아이는 아직 신경이 완전히 발달하지 않아 주변 소리나 자극에 더 예민하게 반응하는 것이므로 걱정하지 않아도 됩니다. 자극이나 소리에 놀라는 것 자체가 아기의 신경 계통이 정상이라는 신호이며, 오히려 외부 자극에 반응이 없는 아기는 신경 계통에 문제가 있을 수 있습니다.

설사를 하면 분유부터 바꿔야 한다? (✕)

아기가 설사하는 이유는 세균이나 바이러스에 의한 감염성 설사와 영양 불량, 알레르기 등 다양한 원인이 있을 수 있어요. 설사를 한다고 해서 단순히 '분유 문제'로만 볼 수는 없으므로 병원을 찾아 검진을 받고 원인을 찾아 해결하는 것이 중요해요. 특수 분유를 먹이면 도움이 되기도 하지만 근본적인 치료는 아니므로 먼저 의사와 상의하는 것이 바람직합니다.

신생아 건강을 위해 이렇게 해주세요

1 적절한 실내 온도와 습도를 유지해주세요

신생아는 체온 조절 능력이 미숙해 주변 온도에 따라 금방 체온이 오르락내리락해요. 그래서 아기가 생활할 공간이라면 적절한 실내 온도와 습도를 유지하는 것이 중요합니다. 방의 실내 온도는 겨울에는 20℃ 전후, 여름에는 25~27℃가 적당해요. 습도는 40~60%면 알맞습니다. 온습도계를 준비해 수시로 체크하고 점검해주세요.

2 2~3시간마다 환기를 시켜요

습도 유지만큼 중요한 것이 환기입니다. 너무 습하면 곰팡이가 생기고, 덥고 건조하면 진드기가 극성을 부릴 수 있으니 2~3시간마다 한 번씩 창문을 활짝 열어 환기를 시켜야 해요.

3 만 3세까지는 가급적 엄마와 아기가 같은 방을 사용하는 것이 좋아요

침대 생활을 하는 엄마 아빠라면, 같은 높이의 아기 침대를 구입해 옆에서 아기를 돌봅니다. 바닥 생활을 하는 엄마 아빠라면 아기도 함께 바닥의 이불에서 생활하는 것이 좋습니다. 아기 잠자리 옆에는 기저귀, 배냇저고리, 가제수건, 베이비로션 등 육아용품을 쉽게 꺼내 쓸 수 있는 수납바구니나 수납장을 두면 편리해요. 태아 때부터 자주 들려주던 음악을 들을 수 있는 음향기기를 두는 것도 아기를 돌보는 데 효과적이에요. 음악을 들려주면서 스킨십을 하면 정서를 안정시키는 데 도움이 됩니다.

신생아 트러블

신생아에게 나타나는 자연스러운 증상과
치료가 즉시 필요한 증상을 알아봐요.

체크 포인트

☑ 신생아여서 걸리는 질병이 있어요. 세상에 적응하는 힘이 미약한 신생아 시기에는 작은 병 하나도 조심해야 합니다.

☑ 신생아는 식도와 위를 연결하는 곳의 근육이 미성숙해 자주 젖을 토합니다. 수유 직후 똑바로 세워 안아 트림을 반드시 시키고, 아기를 심하게 흔들지 마세요.

☑ 신생아 시기에는 일찍 치료하지 않으면 후유증이 큰 질병들이 간혹 나타납니다. 아주 사소한 차이나 증상이라도 반드시 확인하고 넘어가야 해요. '원래 그러려니' 하고 대수롭게 여기지 말고 유심히 살펴봅니다.

 ## 걸핏하면 나타나는 일상 트러블

말을 할 수 없는 신생아는 몸에 이상이 생기면 어떤 방법으로든 자신의 증상을 알리려고 합니다. 이때 엄마 아빠는 당황하지 말고 침착하게 행동해야 해요. 응급상황과 질병 등에 대해 꼼꼼히 알아두면 적절히 대처할 수 있어요.

구토를 해요

신생아 구토는 다양한 원인으로 배 속에 있는 음식물을 입 밖으로 배출하는 현상이에요. 돌 이전의 아기는 아직 위가 덜 발달해 구토하는 경우가 많지만 크게 걱정할 필요는 없습니다. 반면, 돌 이후에도 특별한 증상 없이 반복적으로 구토를 한다면 성장 발달에 영향을 미치므로 원인을 찾아 적절한 치료를 받아야 해요. 신생아의 잦은 구토는 식도와 위 사이의 근육 발달이 아직 미성숙하기 때문이에요. 음식물을 섭취한 후에도 식도가 잘 닫히지 않아 음식물이 다시 역류해 구토하는 것이죠. 특히 월령이 낮을수록 식도가 짧고, 수유 시 함께 삼키는 공기로 인해 자주 구토를 해요. 생후 6개월 이후에는 이유식을 섭취하며 소화 기관의 기능이 발달하므로 자연스럽게 그 증상이 줄어들다가 사라집니다.

구토를 예방하려면 수유 후 반드시 2~3회 정도 트림을 시키고, 음식물이 역류하지 않도록 기저귀를 느슨하게 채워요. 과식하면 역류 증상이 심해지므로 자주 구토하는 아기는 조금씩 나눠 먹이는 것이 좋습니다. 또 아기가 누워 있다가 구토했을 경우에는 고개를 옆으로 돌려 기도를 잘 확보하고 입안의 토사물을 제거합니다. 토사물이 기도를 막아 숨쉬기가 어렵거나 폐로 들어가 위험할 수 있기 때문이에요. 돌 즈음부터는 구토 증상이 좋아지기 마련이지만, 역류가 심하거나 체중이 잘 늘지 않고, 구토 이외에 설사, 열, 경련 같은 다른 증상이 있을 때, 기운이 없고 축 처져 있을 때, 수유할 때마다 뿜듯이 토할 때, 갑자기 심하게 울고 토하며 안색이 나쁘거나 변에 피가 섞여 있을 때는 재빨리 병원에 가야 합니다.

딸꾹질이 심해요

신생아는 작은 자극에도 딸꾹질을 쉽게 합니다. 자연스러운 신체 반응이기 때문에 가만히 놔두면 사라져요. 딸꾹질은 가슴과 배를 나누는 횡격막이 갑자기 수축하면서 나타나는 일종의 신체 반사 작용입니다. 횡격막이나 횡격막 운동을 조절하는 신경이 자극받아 나타나는 반응이지요. 신생아가 딸꾹질을 하는 이유도 이와 같은데, 다만 어른에 비해 외부 자극에 민감하여 작은 반응에도 몸이 놀라는 것입니다. 신생아 딸꾹질은 급격한 온도 변화가 원인일 때가 많아요. 찬바람을 쐬면 갑작스러운 온도 변화로 인해 몸이 놀라 딸꾹질을 합니다. 목욕 후 또는 기저귀를 갈기 위해 속싸개를 열었을 때 딸꾹질을 하는 것도 같은 이유입니다. 수유하는 도중 혹은 수유를 마쳤을 때 딸꾹질을 하기도 해요. 특히 허겁지겁 먹었을 때 혹은 많이 먹었을 때 모유 또는 분유로 인해 확장된 위가 횡격막을 자극해 딸꾹질해요. 젖병으로 분유를 먹일 때 젖꼭지의 크기가 입에 맞지 않아 공기를 많이 들이마셔서 딸꾹질하기도 합니다. 딸꾹질은 크게 걱정하지 않아도 되지만 구토나 의식 장애, 경련 같은 심각한 증상을 동반한다면 바로 병원으로 가야 합니다.

대변이 달라졌어요

아기는 건강 상태에 따라 대변의 모양과 색이 달라져요. 신생아의 장은 기능이 완전히 발달하지 않아 변이 묽어지기 쉽습니다. 그리고 분유보다 모유를 먹는 아기의 변이 더 묽은 편이에요. 그렇지만 변이 묽다고 해서 모두 설사는 아니에요. 변이 어느 정도 묽은지, 혈액이나 점액이 섞여 있는지, 하루에 몇 번 변을 보는지 등을 확인해야 합니다.

신생아기에는 하루 7~8회에서 3일에 1회까지 배변습관이 다양하고, 드물지만 일주일 만에 몰아서 변을 볼 때도 있습니다. 며칠 동안 아기가 대변을 보지 않는다고 해서 불안해하지 않아도 돼요. 배변 횟수보다는 아기의 상태를 보고 판단해야 합니다. 변이 딱딱하고, 변을 볼 때마다 아기가 얼굴이 빨개지도록 힘을 주고, 평소 얼굴이 붉고 입

 닥터's advice

❓ **딸꾹질을 멈추는 방법**

신생아는 체온이 일시적으로 떨어지면 딸꾹질을 할 수 있어요. 이때는 모자를 씌우세요. 엄마의 체온으로 따뜻하게 안아주는 것도 좋아요. 심리적으로 안정되어 기분이 좋아지고, 아기의 가슴을 엄마 품으로 압박해 횡격막의 떨림이 줄어들면서 딸꾹질을 멈추게 됩니다. 찬바람을 맞았을 때는 아기를 따뜻하게 해주고 따뜻한 물을 먹이면 딸꾹질을 빨리 멎게 할 수 있어요. 아기를 편안한 자세로 눕힌 뒤 이불을 덮어주는 것도 좋은 방법입니다. 수유로 인한 딸꾹질은 모유나 분유를 조금 더 먹이면 금방 멎습니다.

냄새가 심하게 날 때는 변비일 수 있어요. 모유를 먹는 아기가 설사하면 모유 수유를 끊기도 하는데, 그럴 필요는 없습니다. 설사를 하더라도 아기가 잘 먹으면 모유를 계속 먹여도 괜찮이요. 변의 횟수가 평소보다 눈에 띄게 적어지거나 변 모양이 딱딱해진다면 섭취량이 적은 것이 원인일 수 있으니, 수유량을 조금 더 늘리면서 경과를 지켜봅니다.

갑자기 자지러지게 울어요

순하고 잠도 잘 잤는데 언제부터인지 갑자기 이유도 없이 1~2시간씩 울어댈 때가 있어요. 아무리 달래도 멈추지 않아 어디가 아픈 건 아닌지 걱정스러워 응급실로 달려가면 바로 문 앞에서 울음을 멈춰버리기도 합니다. 이처럼 생후 2~3주경부터 아기가 갑자기 자지러지게 울기 시작해서 몇 시간씩 울음을 그치지 않는 것을 '영아산통'이라고 해요. 대부분 증상은 새빨개진 얼굴로 다리를 구부리고 주먹을 움켜쥔 채 아주 심하게 울어대는 것이에요. 영아산통의 의학적인 원인은 아직 밝혀지지 않았으나, 배앓이 등 복합적인 요인의 영향으로 보고 있어요. 아기가 영아산통으로 심하게 울면 우선 부드럽게 안아주고 달래주세요. 또는 세워 안거나 무릎 위에 엎드린 자세로 등을 토닥이면서 트림을 시켜보는 것도 도움이 됩니다. 때로는 항문에 자극을 주면 방귀를 뀌거나 대변을 보면서 울음을 그치기도 해요. 모유를 먹는 아기라면 엄마가 먹은 음식을 확인하고, 집 안의 환경을 살펴봅니다. 아기에게 자주 먹여 과식해도 보채므로 수유의 양도 확인해봅니다. 영아산통을 해결하는 특별한 방법은 없습니다. 심하게 울더라도 당황하지 말고 일단 아기를 안정시키는 것이 우선입니다. 영아산통은 대개 생후 3개월경이면 증세가 사라집니다.

열이 나요

신생아의 정상 체온은 36.5~37.5℃로 성인에 비해 약간 높습니다. 재는 부위에 따라 약간의 차이는 있어요. 대개 고막체온계 또는 액와체온계(겨드랑이 체온)로 측정하는데, 37.5℃ 이상이 나오면 발열을 의심합니다. 체온이 오르면서 아기가 끙끙거리며 앓는 소리를 낸다거나 잘 먹지 못한다면, 아프다는 신호이니 병원에 가야 합니다.

• **환경에 의해 열이 날 수 있어요** 신생아는 병 때문이 아니라 주변 환경에 의해 열이 자주 납니다. 실내 온도가 높거나 옷을 많이 입혔을 때도 열이 나지요. 아기가 특별한 증상 없이 열이 나면 옷을 많이 입히지는 않았는지, 이불을 너무 두껍게 덮은 것은 아닌지, 방 안이 덥지는 않은지 점검해보세요. 주변 환경 때문에 열이 나는 것이라면 그 원인만 제거해줘도 열이 떨어집니다. 주변 온도를 시원하게 해준 후 금방 정상 체온을 회복하고, 아기가 잘 먹고 잘 잔다면 환경에 의한 열로 생각하고 안심해도 좋습니다. 그러나 시원하게 해주었는데도 1시간 이상 체온에 변화가 없다면 지체하지 말고 병원에 가야 합니다.

• **해열제는 의사 진단하에!** 신생아를 포함해 3개월 미만의 아기가 38℃ 이상의 발열을 보일 때는 세균에 감염됐을 가능성이 큽니다. 집에서 무딕내고 해열제를 먹이고 기다리기보다는 병원에 가서 적극적인 검사와 치료를 받습니다. 또한 해열제 성분인 아세트아미노펜, 이부프로펜은 신생아 시기에는 독성 효과가 더 강하게 나타날 수 있으므로 꼭 필요한 경우에만 소아청소년과 의사의 지시하에 복용해야 합니다. 열이 나는 것은 아기가 아프다는 증상의 하나이며, 아픈 원인이 사라지면 함께 해소됩니다.

🚨 이럴 땐 병원으로!

☐ 3개월 미만 아기가 열이 날 때
☐ 많이 아파 보일 때
☐ 의식이 없거나 몽롱할 때
☐ 머리를 심하게 아파하거나 목이 뻣뻣할 때 혹은 경련을 일으킬 때
☐ 기침하면서 숨쉬기 힘들어할 때
☐ 다리를 절거나 움직이지 못할 때
☐ 6개월 이전 아기가 겨드랑이에 잰 체온이 38.1℃ 이상일 때
☐ 6개월 이후 아기가 겨드랑이에 잰 체온이 39.7℃ 이상일 때

신생아에게 자주 나타나는 피부 트러블

침독: 입 주위가 빨개졌어요

신생아 10명 중 9명이 침을 흘릴 만큼 침독은 신생아의 가장 흔한 피부 질환이에요. 입 주변의 턱이나 뺨이 침 때문에 각질이 일어나거나 빨갛게 부어오릅니다. 흔히 '침독'이라고 부르는 것은 구순주위염(입 주위에 모낭염이 발생하는 피부 질환)의 하나입니다. 많은 신생아가 침을 흘리지만, 정상적인 피부 장벽을 가지고 있다면 어느 정도 침이 묻어 있더라도 문제가 생기지 않아요. 다만 아토피피부염처럼 피부 장벽의 성분 또는 기능에 문제가 있다면 구순주위염이 잘 발생하고, 침을 닦는 과정에서 피부 손상이 생겨 악화하기도 합니다. 구순주위염을 예방하기 위해서는 침과 피부의 접촉을 최소화하는 게 최선이에요. 또한 아기가 침을 흘렸을 때는 자극이 없는 부드러운 면으로 잘 닦아줍니다. 2차 감염을 막기 위해 아기가 피부를 긁지 못하도록 손톱을 깎아주고 입 주위에 보습 제품을 꼼꼼하게 발라줍니다.

기저귀 발진: 엉덩이가 빨개지고 짓물렀어요

기저귀 발진은 매우 알아보기 쉬워요. 기저귀 발진이 생기면 피부가 붉게 변하고 염증이 생기는데, 특히 기저귀를 차고 있는 부위나 허벅지와 엉덩이가 접히는 부위에 잘 발생합니다. 피부가 갈라지거나 진물이 나고, 여드름이 난 것처럼 피부가 오톨도톨해지기도 해요. 기저귀 발진은 피부가 축축하게 젖어 있어 생깁니다. 신생아는 소변과 묽은 변을 자주 보기 때문에 기저귀 안이 쉽게 축축해져요. 게다가 설사할 경우 기저귀 발진이 더욱 쉽게 생겨요. 흡수력이 아무리 뛰어난 기저귀라도 아기 피부는 연약해 쉽게 수분에 젖게 됩니다. 기저귀를 자주 갈아주는 것이 가장 중요해요. 하지만 피부가 유난히 예민한 아기라면 기저귀를 자주 갈아도 발진이 생겨요. 제때 치료하지 않으면 진균과 세균 감염 등으로 상태가 나빠질 수 있으니 자주 깨끗하게 닦으면서 소아청소년과나 피부과 의사가 처방한 연고를 발라줍니다. 단, 성인에게 사용하는 연고는 아기에게는 매우 강하기 때문에 반드시 의사의 진찰을 받은 후 사용합니다. 2차로 곰팡이 감염이 생겼을 경우 항진균제도 같이 사용해야 합니다.

태열: 피부에 뭔가 오돌토돌 돋아났어요

태열은 한의학 용어인데, 많은 부모가 다양한 피부 습진, 지루피부염, 신생아 여드름, 땀띠 등을 모두 '태열'이라는 단어로 지칭하고는 합니다. 특히 태열이라고 생각하는 양쪽 볼, 귀 뒤에 나타나는 발진과 습진은 대부분 지루피부염 또는 아토피피부염입니다. 신생아 시기에는 지루피부염과 아토피피부염을 뚜렷하게 구분하기 어렵지만, 출

닥터's advice

❓ 기저귀 발진을 예방하려면…

기저귀 발진은 제때 기저귀를 갈아주는 것이 가장 좋은 예방법입니다. 기저귀를 오래 차고 있으면 대소변에 오래 접촉하는 만큼 기저귀 발진이 생길 가능성이 커져요. 기저귀를 하고 있을 때는 통풍이 잘되게 채우고, 대소변을 본 후에는 물로 엉덩이를 깨끗이 씻어주는 것이 좋습니다. 기저귀 발진이 알레르기로 인한 것이라면 탈지면에 물을 묻혀 기저귀 차는 부위를 닦아주는 것도 도움이 됩니다. 아기 피부가 수분에 노출되는 것을 최소화할 수 있도록 흡수력이 강력한 기저귀로 바꿔보는 것도 좋아요. 일회용 기저귀나 천 기저귀 중 어느 쪽이 기저귀 발진 예방에 좋다는 과학적 근거는 없으므로 원하는 것을 사용하세요. 중요한 것은 대소변을 본 직후에 바로 갈아주는 일입니다. 일반적인 기저귀 발진의 경우 집에서 3~4일 신경 써서 관리해주면 없어지지만, 만약 발진이 사라지지 않고 오히려 번지거나 심해지면 의사와 상의하세요.

❓ 태열이라 불리는 다양한 피부 질환

• **지루피부염** 두피, 눈썹 주위, 귀 부위에 끈끈한 분비물 딱지가 생깁니다. 대부분 생후 3~4개월이 지나면 저절로 없어져요.

• **땀띠** 아기를 덥게 키우면 몸에 오돌토돌하고 붉은 발진이 생기는데 이것이 바로 땀띠예요. 주로 귀 뒤, 목, 등, 이마, 기저귀를 차는 부위 등 땀이 차기 쉬운 곳에 잘 생깁니다. 시원하게 해주면 저절로 없어져요.

• **신생아 여드름** 신생아도 일시적으로 피지선 활동이 증가하여 얼굴에 여드름이 생겨요. 저절로 없어지므로 억지로 짜지 않습니다.

• **독성 홍반** 아기가 태어난 지 며칠 후 얼굴, 몸통, 엉덩이에 벌레 물린 것 같은 반점이 생기는데 이를 '독성 홍반'이라고 합니다. 생후 일주일 정도 지나면 저절로 사라져요.

• **농가진** 코나 입 주위, 두피에 잘 생기는 농가진은 피부에 묻어 있는 포도상구균이나 연쇄상구균에 감염되어 생깁니다. 전염성이 높고 2차 감염도 될 수 있어 반드시 의사의 처방을 받아 연고를 발라야 합니다.

• **비립종** 신생아의 코나 볼 주위에 잘 생기며 특별한 치료 없이도 저절로 없어지므로 그냥 놔둡니다.

생 직후부터 생후 한 달 이내에 얼굴이 붉고 오톨도톨한 구진(피부에 나타나는 작은 발진)을 보인다면 주로 지루피부염입니다. 너무 덥거나 춥지 않게 일정한 온도를 잘 유지해주고 하루에 한 번 정도 개운하게 얼굴을 씻어준 후 보습제를 얇게 바르다 보면 6개월 안에 자연스럽게 좋아집니다. 아토피피부염은 신생아기 초반보다는 생후 2~3개월에 많이 발생하며, 거칠어지면서 붉은 기를 보이다가 진물이 나기도 하는데 아토피피부염이 있는 아기들은 얼굴뿐 아니라 몸 전체가 거칠고 건조하며 귀밑이 쉽게 갈라지는 것이 특징입니다. 아토피피부염이 생겼다면 평소보다 더 적극적으로 수시로 보습제를 바르고 필요하다면 의사의 도움을 받아 약한 스테로이드 연고를 며칠간 발라야 합니다. 영아기의 아토피피부염이 반드시 성인 아토피피부염으로 이어지는 것은 아니며, 대개 2~3세 전에 호전되는 경우가 많습니다. 피부에 물리적인 자극이 많이 생길수록 나빠질 수 있으니 의류나 침구류를 부드러운 면으로 구성하고 비비거나 긁지 않게 신경을 써주세요.

신생아 여드름: 좁쌀 같은 여드름이 올라와요

생후 2~4주 신생아에게 흔히 나타나는 대표적 피부 질환으로, 엄마에게서 전달받은 호르몬의 영향이 가장 큰 원인이에요. 신생아는 엄마의 성호르몬 영향을 받아 생후 한 달 정도는 피지 분비가 활발합니다. 그 영향으로 피지샘이 자극되고 일시적으로 피부가 번들거리며, 과잉 분비된 피지로 모공이 막히기 쉬운 상태가 되지요. 그로 인해 아직 연약한 피부가 대응하지 못하고 여드름과 같은 발진이 생깁니다. 신생

닥터's advice

❓ 신생아 여드름, 지루피부염과 어떻게 다르죠?

신생아 여드름과 지루피부염은 증상이 비슷해 헷갈리기 쉽습니다. 두 질환 모두 얼굴에 나타나는데, 특히 신생아 여드름은 볼과 이마, 머리에 집중적으로 생깁니다. 신생아 여드름은 모공을 중심으로 고름집이 생기는 것이 특징이며, 생후 2주부터 나타나기 시작해 생후 3개월쯤 자연스레 사라집니다.

아 여드름은 질병이라기보다 생리 현상 중 하나로 받아들이면 됩니다. 신진대사가 활발하기에 빠르게 발생했다가 가라앉기를 반복하는데, 점차 시간이 지나고 체내에 남아 있던 엄마의 호르몬이 줄어들면 자연스럽게 가라앉습니다. 어떤 질환이든 아기 피부에 생기는 증상은 예방이 중요합니다. 피부 질환은 평소 생활 관리만 잘해도 예방되므로 피부가 건조하지 않게 꾸준히 관리하는 것이 최선입니다.

주의 깊게 지켜봐야 하는 증상들

신생아는 신체 구조와 장기 기능이 미숙해 여러 이상 증세가 나타날 수 있어요. 신생아이기 때문에 나타나는 자연스러운 증상도 있지만 당장 치료가 필요한 증상도 있으므로 반드시 확인하고 넘어가야 합니다. 조기에 치료하거나 외과수술을 받으면 충분히 완치할 수 있는 질병이지만, 모르고 내버려두면 영구적인 후유증이나 장애를 초래할 수도 있어요. 아기의 이상 증세에 대해서는 이번 기회에 반드시 알아두세요.

황달: 피부가 노랗게 보여요

신생아에게 흔히 나타나는 질병 중 대표적인 것이 '황달'입니다. 황달의 원인은 빌리루빈이란 물질 때문이에요. 신생아의 적혈구가 파괴되면서 생겨난 빌리루빈은 원래 간에서 처리되어 몸 밖으로 보내져야 합니다. 하지만 장기가 약한 신생아는 빌리루빈을 몸 밖으로 제대로 내보내지 못해 피부에 쌓이면서 노란색을 띠게 되고, 이게 바로 황달 증상으로 나타납니다. 특히 신생아는 태어나서 처음 며칠 동안 간 기능이 미숙해 빌리루빈을 제대로 처리하지 못하므로 황달이 쉽게 생겨요. 황달이 생기면 눈동자와 얼굴빛이 노란색을 띠는데, 간 기능이 성숙해질 때까지 증상이 계속되며 생리적 황달은 대개 생후 일주일이 지나면서 좋아집니다. 그러나 황달이 얼마나 심한지를 엄마가 파악하기는 쉽지 않아요. 일주일 이상 황달기가 지속하면 일단 병원을 방문하세요. 여러 이유로 적혈구가 파괴되는 이상이 있거나 패혈증 같은 심각한 병 때문에 황달이 심해질 수도 있고, 간염이나 담도폐쇄 같은 질환이 원인일 수도 있으므로 가볍게 넘겨선 안 됩니다. 눈으로 보기에도 노란빛이 심하거나 생후 일주일이 지나도 황달이 계속되고, 대변 색이 콩비지 같은 옅은 색을 보이면 소아청소년과 의사에게 상담을 받는 것이 바람직합니다.

아구창: 입안에 하얗게 백태가 껴요

곰팡이의 한 종류인 칸디다균이 입안에 생겨 하얗게 백태가 끼는 것을 '아구창'이라고 합니다. 신생아는 면역력이 약해 칸디다균이 입안에 쉽게 자리 잡아 아구창을 일으킵니다. 생후 6개월 미만 아기에게 흔하게 발생해요. 특히 미숙아나 몸이 약한 아기에게 쉽게 생기며, 정상 분만으로 출산한 건강한 아기라도 입안이 청결하지 못하면 잘 생깁니다. 아구창이 생기면 입안이 헐고 우유 찌꺼기처럼 하얗게 얼룩덜룩한 것이 묻어 있어요. 일반적인 우유 찌꺼기는 시간이 지나거나 거즈로 살짝만 닦아도 잘 없어지는 데 반해 아구창으로 인한 백태는 점막에 붙어 있어 잘 닦이지 않습니다. 주로 혀나 입천장, 뺨의 안쪽 점막에 생기고 심할 경우 점막이 떨어져 피가 나기도 하며 입안의 곰팡이가 장으로 넘어가 설사를 일으키기도 해요. 입안이 헐고 백태가 꼈다고 모두 아구창은 아닙니다. 단순한 우유 찌꺼기일 수도 있으므로 백태가 생기면 일단 소아청소년과 의사에게 확인한 후 처방에 따라 항진균제 등으로 치료하는 것이 바람직합니다. 대부분 자연적으로 치유되지만 아구창으로 인해 분유나 모유를 잘 먹지 못하고 입에서 피가 나거나 고통스러워하면 병원에 가서 치료를 받아야 해요. 모유 수유를 하는 아기에게 아구창이 생겼다면 엄마의 유두에 칸디다 감염이 생기지 않았는지도 꼭 확인해야 합니다.

유문협착증: 왈칵 분수처럼 토를 반복해요

유문협착이란 위에서 장으로 연결되는 관을 조절하는 근육이 음식물이 통과할 수 없을 정도로 두꺼워진 상태를 말해요. 생후 2개월이 안 된 아기가 모유나 분유를 먹고 난 뒤 자주 '왈칵' 하고 먹은 양의 대부분을 토하면 유문협착증을 의심해볼 수 있어요. 처음에는 하루에 몇 번만 토하다가 나중에는 먹을 때마다 토하기도 해요. 아기는 계속 먹으려고 하지만 오히려 체중은 줄며 소변보는 양도 급격하게 줄어듭니다. 생후 몇 주 사이의 신생아부터 4개월 이전에 나타나지만 흔한 증상은 아니에요. 유문협착증이 의심되면 바로 병원에 데려가야 하며 간단한 수술로 치료할 수 있습니다.

서혜부 탈장: 사타구니에 덩어리가 만져져요

아기를 바로 세우거나 힘을 주며 울 때 사타구니에서 말랑말랑한 덩어리가 만져지면, 이는 '서혜부 탈장'입니다. 배 속에서 태아의 고환은 출생 몇 개월 전 서혜관을 통해 음낭으로 이동하는데요. 이때 고환이 음낭으로 내려온 후 닫혀야 할 서혜관이 제대로 막히지 않아 장이 음낭이나 사타구니 쪽으로 빠져나온 것이에요. 서혜부 탈장은 누르면 다시 들어가기도 하며 통증도 없지만, 자연적으로 없어지지는 않아요. 시간이 지나면 자연스럽게 치료되는 배꼽 탈장과 달리 반드시 수술로 교정해야 합니다. 자칫 내려온 장이 다시 올라가지 않고 그 자리에 고정되어 꼬여서 부어오르면 장에 피가 통하지 않아 위험해질 수 있어요. 탈장이 있으면 소아청소년과 의사와 상담하며, 탈장이 있는 아기가 심하게 보챈다면 즉시 응급실로 데려가야 합니다.

제대육아종: 배꼽에 진물이 나고 분비물이 생겨요

탯줄은 아기가 자궁에 있을 때 엄마의 태반과 연결되어 각종 영양과 산소를 공급받는

 닥터's advice

❓ 아구창, 어떻게 치료할까요?
아구창은 평소 위생관리에 신경 쓰면 충분히 예방할 수 있어요. 무엇보다 아기가 모유를 먹고 난 뒤 유두 부위가 계속 젖어 있지 않게 잘 말립니다. 아기에게 아구창이 생겼다면 유두 부분의 감염 여부를 미리 확인한 후 치료합니다. 수유 후에는 따뜻한 물을 마시게 해 입안에 남아 있는 우유 찌꺼기를 없애주세요. 분유를 먹일 때는 젖병이나 젖꼭지를 철저히 소독합니다. 젖병을 깨끗이 씻고 살균 소독은 필수예요. 아기의 입안에 백태가 끼었다고 무조건 거즈로 입안을 닦아주는 것은 입안 점막을 상하게 하므로 삼갑니다.

❓ 배꼽 탈장은 무엇인가요?
배꼽 탈장이 있으면 아기가 힘을 주고 울 때 배꼽이 볼록 올라와요. 서혜부 탈장과는 달리 응급을 다투는 경우는 거의 없고, 대부분 자연적으로 좋아지므로 크게 걱정할 필요는 없습니다.

매우 중요한 끈이에요. 그러나 출생한 다음에는 외부로부터 영양을 공급받고 자신의 폐로 직접 숨을 쉬기 때문에 잘라냅니다. 잘라낸 탯줄의 남은 부분은 생후 10일경이면 떨어지고 배꼽만 남게 돼요. 이때 말라버린 탯줄이 너무 오래 붙어 있거나 탯줄이 떨어진 후 배꼽 부위에 군살(육아종)이 돋은 경우를 '제대(배꼽, 탯줄)육아종'이라 합니다. 심한 경우 피가 나거나 2차 세균 감염으로 염증이 생기고, 드물게는 패혈증으로 발전하기도 해요. 이를 예방하기 위해 배꼽을 잘 관리해야 합니다. 하루 한 번 목욕 후 배꼽 안까지 꼼꼼히 소독해요. 소독 후 배꼽을 싸는 것은 염증을 악화시키므로 그대로 말리는 것이 좋고, 기저귀는 항상 배꼽 아래로 채웁니다. 그러나 진물이 계속 나오고 배꼽 안쪽에 빨갛고 동그랗게 살이 차오른 경우라면 병원 진료를 받아야 해요. 병원에서는 질산은 용액으로 처치하며, 크기가 큰 경우 잘라내기도 합니다. 큰 병원에 가지 않고 동네 소아청소년과에서도 치료할 수 있어요.

요로감염: 원인 모를 고열과 배뇨 장애가 있어요

요로감염은 콩팥, 요관, 방광, 요도에 세균이 침투해 감염되는 질환이에요. 세균이 요도를 통해 침투하기도 하고, 혈액 내에 돌고 있던 균이 콩팥에 자리 잡으며 감염되기도 합니다. 요로감염 중 요도염이나 방광염은 열이 나지는 않고 소변볼 때 통증이 있거나 혈뇨, 고름이 나와요. 또한 소변을 참기 힘들고 소변을 자주 보는 등의 빈뇨, 급방뇨 증상도 동반됩니다. 이런 이유로 말을 못 하는 돌 이전 아기가 이유 없이 자주 울고 보챈다면 요로감염을 의심할 수 있어요. 반면 열을 동반한다면 신우신염일 가능성이 큽니다. 신우신염은 허리 뒤쪽 콩팥이 있는 부분을 두드리면 통증이 나타나는데, 신생아는 의사 표현이 어려워 대부분 열이 나는 증상을 보고 판단합니다. 요로감염은 소아에게 비교적 쉽게 생기는 질환으로 항생제로 치료할 수 있어요. 하지만 역류로 인해 배뇨가 원만하지 않고 콩팥으로 소변이 거꾸로 올라가거나 신우에 차 있는 소변이 요로의 이상으로 아래로 내려가지 않는 등의 현상이 나타나면 문제가 됩니다. 물론 요로감염에 걸린 모든 아기에게 역류 현상이 나타나는 것은 아니지만 약 20%가 역류 현상을 보이는 것으로 알려져 있어요. 만약 아기에게 2~3일간 지속해서 열이 있는데 호흡기 증상은 따로 나타나지 않는다면 병원을 찾아 소변검사를 받아보세요.

고관절 탈구: 조기 발견이 중요해요

아기의 양쪽 허벅지 주름이 비대칭이고, 발바닥을 바닥에 붙이고 세워보았을 때 무릎 높이가 다르다면 고관절 탈구일 수 있어요. 고관절 탈구는 엉덩이뼈와 다리뼈를 연결해주는 고관절이 제대로 자리 잡지 못해 생기는 현상입니다. 생후 6개월 이전에 조기 발견하면 입히는 보정기만으로도 치료할 수 있어요. 하지만 늦게 발견하면 수술이 필요할 수도 있어 빨리 발견할수록 치료가 수월해요.

장중첩증: 복통을 호소하며 울었다 멈췄다 반복해요

흔히 '장이 꼬였다'고 말하는 장중첩증은 아랫부분의 장이 윗부분의 장 속으로 말려들어가는 질환이에요. 아기가 심하게 울거나 보채다가 저절로 울음을 그치는 것을 반복한다면 '장중첩증'을 의심해보세요. 또 먹은 것도 없고 이미 몇 번이나 토했는데도 계속 토하려고 하는 증상을 보입니다. 구토도 심한 편이지만 초기에는 주기적으로 보채기만 하고 토하지 않기도 해요. 장중첩증은 아이 대변에 건포도 젤리와 비슷한 피가 약간 묻어나는 특징이 있으므로, 이유 없이 5~10분 간격으로 주기적으로 운다면 대변을 확인해보세요. 흔히 케첩이나 짜장 같은 변을 보았다고 이야기해요. 장중첩증 치료에는 중첩된 장을 될 수 있으면 빨리 풀어주는 것이 중요합니다. 서둘러 조치하지 않으면 장이 썩을 수 있어 생명까지 위험할 수 있어요. 증상이 가볍다면 24시간 안에 저절로 회복되기도 합니다. 장이 중첩된 지 하루 안에 대처해야 간단한 처치로 치료할 수 있어요. 그러나 관장으로도 풀리지 않거나 장이 중첩된 지 하루가 지났다면 개복 수술을 통해 꼬인 장을 풀어주거나 장을 잘라내는 수술을 해야 합니다. 늦어도 발생 후 48시간 이내에 조치해야 수술하지 않고 치료할 수 있으니 주기적으로 심하게 보채거나 토하는 증상을 보이면 주저하지 말고 큰 병원을 방문하세요.

눈물길 막힘: 눈곱이 심하게 껴요

신생아의 약 95%는 태어나면서 코눈물관이 열려 있지만, 5~6%는 코눈물관이 끝나는 부위가 얇은 막으로 막혀 있습니다. 그중에서도 80~90%는 2~4개월 후 자연적으로 열려요. 그러나 이 관이 열리지 않고 계속 막혀 있으면 눈물이 고이고 염증으로 눈곱이 낍니다. 신생아가 눈물을 흘리는 것은 코눈물관이 얇은 막으로 막혀 있거나, 눈썹이 눈을 찔러서 혹은 결막염과 각막염 등이 생겼기 때문이에요. 따라서 안과 의사의 진료를 받아 정확한 원인에 따라 치료해야 합니다. 깨끗이 닦은 손으로 눈과 코 사이 움푹 파인 곳을 꼭꼭 눌러주면 도움이 됩니다. 증상이 6개월 이상 지속한다면 인위적으로 코눈물관을 뚫는 시술이 필요할 수도 있으므로 정기적으로 안과 검진을 받습니다.

경련: 팔다리를 부들부들 떨어요

경련이란 아기가 의식을 잃은 채 눈을 깜빡거리거나 입을 실룩거리고 팔다리를 떠는 등 몸의 일부분에 발작이 일어나는 증상입니다. 이때 당황하지 말고 침착하게 아기의 상태를 파악하는 것이 가장 중요해요. 잠깐 부르르 떨거나 깜짝깜짝 놀라는 것은 소리, 빛, 꿈 같은 자극 때문에 나타나는 정상적인 반응이에요. 이때 아기의 다리를 손으로 잡으면 쉽게 멈춥니다. 경련이 일어나면 우선 열이 나는지부터 확인해보세요. 열성 경기라면 길어야 15분 정도로 별다른 문제 없이 증상이 완화돼요. 이때는 아기를 바닥에 눕힌 다음 옷을 느슨하게 풀고 미지근한 물로 몸을 닦아주면 효과적입니다. 그렇다고 무작정 안심할 순 없어요. 신생아 경련은 대개 심각한 질병의 증상으로 나타나고 뇌 손상을 일으킬 수도 있어서 경련과 함께 무호흡 증세까지 보인다면 최대

 정상 반응과 신생아 경련, 어떻게 구분할까요?

아기가 다음과 같은 증상을 보이면 병원에서 정확한 검사를 받아봐야 합니다.
- ☐ 떨면서 눈이나 입이 돌아간다.
- ☐ 손발을 굽히거나 잡아도 계속 떤다.
- ☐ 특별한 자극이 없는데, 몸을 떤다.
- ☐ 상당 시간 경련을 지속한다.
- ☐ 눈을 깜빡거리거나 한 곳만 응시한다.
- ☐ 젖을 빠는 것처럼 입을 씰룩거린다.
- ☐ 청색증이나 무호흡 증상을 보인다.

한 빨리 병원으로 가야 합니다. 경련이 여러 차례 일어난 경우, 예전에 한 번 겪은 적이 있다고 가볍게 여겨서는 안 되며 신속하게 대응해야 합니다.

혈관종: 얼굴과 팔다리에 빨간 점이 생겼어요

붉은 점 모양인 혈관종은 영아의 약 5~10%에서 발견되는 흔한 피부 종양이에요. 혈관이 비정상적으로 증식해 분홍색, 빨간색, 암적색 등을 띱니다. 쌀알 크기부터 얼굴을 덮을 만큼 큰 것까지 형태가 다양해요. 색깔도 그렇지만 모양이 혹처럼 도톰하게 튀어나와 통상 '딸기 혈관종'이라고도 불러요. 혈관종은 태어날 때부터 있는 예도 있지만, 대부분 출생 직후 빨간 반점으로 생겼다가 급속히 커집니다. 생후 2~3주일 뒤에는 피부 표면보다 높아지는 선홍색의 종양이 되었다가 점차 자연스럽게 크기가 줄어들어요. 7세까지 없어질 확률은 70%이며, 10세가 되어야 서서히 없어지기도 합니다. 이처럼 혈관종은 자라면서 없어진다고 해서 치료하지 않는 경우가 대부분이에요. 하지만 자라면서 점점 없어지더라도 희고 쭈글쭈글한 흉터가 남아 최근에는 조기 치료를 권장하는 추세예요. 일부 혈관종은 표면에 궤양이 생겨 출혈이 생기거나 혈소판 감소증이 나타나기도 해 적극적인 치료가 필요합니다. 특히 눈 주위의 혈관종은 약시나 녹내장 같은 문제를 일으키고, 턱과 목 주위의 혈관종은 호흡 장애를 유발하지요. 따라서 혈관종은 크기의 증가 속도, 위치에 따라 치료 여부가 결정되며 베타차단제나 스테로이드와 같은 약물 복용이 필요할 수도 있습니다. 1세 이후에는 레이저 치료를 고려하기도 합니다.

두개혈종과 산류: 머리에서 말랑한 게 만져져요

분만 시 좁은 산도를 통과할 때 신생아의 머리가 손상되는 것을 '두부 손상'이라고 해요. 두부 손상에는 두개혈종과 산류(産瘤)가 있습니다. '두개혈종'은 머릿속 두개골 '골막하'에 출혈이 생기는 것으로, 측두골에 국한되어 나타나고 크기가 작은 편이에요. 골막하의 출혈이기 때문에 뇌와는 관계없으며, 아주 크지만 않다면 100일경에 없어집니다. 반면 '산류'는 머리의 두피 아래에 출혈이 생기는 것으로, 두개혈종보다는 크지만 역시 그냥 두면 사라집니다. 출생 직후 머리에 부종이 있고 출혈이 있어 만져

보면 말랑말랑하고 아기가 아파합니다. 그러면 두개혈종이나 산류를 의심해봐야 합니다. 또 피가 난 부위가 흡수되면서 황달이 심하게 올 수 있어 주의 깊게 관찰해야 해요. 산류나 두개혈종으로 황달이 심해져서 팔다리 혹은 발바닥까지 노랗게 된 경우라면 병원에서 검진을 받아야 합니다. 또한 감염으로 열이 나거나 서칠입, 기면, 청색증 같은 증상을 동반하는 경우에도 의사의 진료를 받습니다.

신생아 패혈증: 고열과 미열이 반복되고 경련을 해요

신생아는 면역력이 약해서 세균 감염의 위험성이 높아요. 신생아에게 감염이 일어나 혈액에서 세균이나 진균이 발견되는 것을 신생아 '패혈증'이라고 합니다. 38~40℃ 이상의 고열과 미열이 되풀이되고 축 늘어져 계속 잠을 자며 정수리의 숨구멍이 부풀기도 해요. 하지만 이런 증세가 모두 나타난 후 치료를 시작하면 이미 늦은 경우가 대부분이에요. 혹시라도 패혈증이 의심되면 즉시 검사를 받아야 합니다. 다행히 적절한 항생제를 투여해 세균 감염을 초기에 막으면 별문제가 없지만, 독성이 강하거나 내성이 있는 세균에 감염되면 항생제 치료에도 불구하고 위험한 상황에 이를 수 있어요. 패혈증 치료는 아기의 상태와 균의 종류에 따라 다른데, 최소 10~14일간 혈관을 통해 항생제를 주사합니다. 항생제 치료가 잘되면 재발 우려는 거의 없으므로, 치료를 제대로 받은 후 후유증에 대한 정기검사를 받는 것으로 충분해요.

신생아 비립종: 좁쌀만 한 붉은 반점이 생겨요

신생아 비립종은 코나 양 볼, 이마 등에 생기는 끝이 뾰족하게 솟은 백색 또는 황색의 돌기입니다. 신생아 비립종은 각질이 피지샘을 막아 생기는데, 여드름으로 오인해 짜게 되면 2차 감염의 위험이 있으므로 절대 짜면 안 됩니다. 이는 아토피피부염과는 다른 증상으로 간지럽거나 따가운 증상이 없으니 안심해도 됩니다. 대개 몇 개월 후면 사라지지만 심한 경우 물집이 생기기도 합니다. 이 경우 병원을 찾아 물집을 터트리고 연고를 바릅니다.

숨 쉴 때마다 그르렁 소리가 나요

아기가 숨 쉴 때마다 '그르렁 그르렁' 하는 소리 날 때가 있어요. 이는 어른에 비해 몸이 작아 숨을 쉬는 기도가 좁기 때문이에요. 신생아는 기관지가 아직 말랑해서 가래가 없는데도 숨 쉴 때마다 소리가 납니다. 간혹 식도로 분유가 들어가면 바로 옆에 있는 기도가 조금씩 눌려 소리가 커지기도 해요. 돌 무렵이면 기관지가 탄탄해지면서 이런 증상도 저절로 좋아집니다. 물론 아기 중에는 진짜 가래가 끓는 때도 있으므로 증세가 오랫동안 계속되면 상태가 괜찮은지 의사에게 확인할 필요가 있어요. 한편 딱딱한 코딱지로 코가 막혀도 '그르렁' 소리가 날 수 있어요. 이럴 땐 딱딱한 코딱지를 면봉으로 빼거나 너무 딱딱하면 식염수를 1~2방울 넣어 녹인 후 빼주세요.

신생아 특수 케이스

미숙아, 저체중아, 과숙아, 쌍둥이에 대해 알아보아요.

체크 포인트

☑ 최근에는 의료 기술이 발달해 미숙아의 생존율이 높아졌어요. 사회적 지원만 충분하다면 얼마든지 건강하게 자랄 수 있습니다.

☑ 미숙아를 돌볼 때는 36~37℃로 체온 유지에 신경을 씁니다. 주위 온도가 내려가면 체온이 떨어지고 체내의 생리적 변화를 일으켜 생명까지 위험하기 때문이에요. 적정 온·습도를 유지해 입이나 목 등의 기관이 건조해지거나 자극을 받지 않도록 합니다.

☑ 미숙아는 생후 1년까지 '캥거루 케어'를 해주는 것이 좋습니다. 캥거루 케어를 받은 아기는 덜 울고, 스트레스도 적어 면역력을 키우는 데도 도움이 돼요.

☑ 미숙아는 신생아 때 여러 질병에 노출되기 쉬운 만큼 정기적으로 검진을 받습니다. 이상 신호를 보일 때는 전문의에게 조기 진단을 받는 것이 좋아요.

저체중아, 과숙아, 미숙아?

세계보건기구에 의하면 임신 기간 37주 미만 또는 최종 월경일로부터 37주 미만에 태어난 아기를 '미숙아' 또는 '조산아'라고 합니다. 반면 임신 기간과 상관없이 출생 당시의 체중이 2.5kg 미만인 경우를 '저체중아'라고 해요. 저체중아의 약 3분의 2는 미숙아이고, 나머지 3분의 1은 임신 기간은 채웠지만 여러 원인으로 평균 체중보다 적게 출생해요. 조산아, 저체중아를 통틀어 미숙아라고 부르지만, 엄밀히 말하면 임신 기간이 37주 미만인 아기는 조산아, 출생 몸무게가 2.5kg 이하인 아기는 저체중아, 1.5kg 이하인 아기는 극소체중아로 구분합니다. 그리고 임신 42주 이후에 태어난 아기를 '과숙아'라고 합니다.

저체중아도 정상아에 비해 약해요

저체중아는 선천적인 원인을 비롯해 태아가 태반을 통해 충분한 영양을 공급받지 못한 것이 원인입니다. 태령보다 작은 아기는 산전검사를 통해 조기에 발견할 수 있어요. 출생 주수가 만삭이라면, 체중은 적게 나가더라도 미숙아에 비해서는 비교적 예후가 좋은 편입니다. 보통 임신 후반에 체중이 안 늘고 작게 태어난 아기들은 출생 이후 따라잡아 정상아에 가깝게 성장하는 사례가 많습니다. 하지만 정상 체중아에 비해서는 저혈당, 저칼슘혈증의 내분비 대사 문제, 지속적인 성장 및 발달 지연 등 다양한 문제에 직면할 가능성이 크기 때문에 지속적인 관심과 관찰이 필요합니다.

 닥터's advice

❓ 기형아란?
선천성 기형은 태아의 발달 과정에서 단일 또는 여러 구조의 결손을 나타내는 질환입니다. 내외과적 또는 미관상 문제를 나타내는 주기형과 그렇지 않은 소기형으로 나뉘며 4% 정도의 발생 빈도를 보입니다(유전적 요인이 50%, 환경적 요인 10%, 염색체 기형은 0.1~0.4%).

과숙아는 자연분만할 때 위험해요

과숙아는 태내에서 산소결핍증이나 호흡곤란증후군 같은 합병증이 있을 때가 많아 자연분만될 때 위험할 수 있어요. 태내에서 질식사하기도 해 유도분만이나 제왕절개를 주로 권합니다. 머리둘레와 키는 크지만 몸은 여위었고, 손바닥과 발바닥의 주름이 정상보다 깊고 뚜렷해요. 태내에서 산소결핍증으로 태변을 보기 때문에 양수가 태변으로 착색되고 피부와 손톱, 탯줄도 노랗게 착색돼요. 요즘은 보통 42주 이전에 분만을 진행합니다.

미숙아 출산이 늘고 있어요

엄마의 배 속에서 열 달을 미처 채우지 못하고 일찍 세상에 나온 신생아들을 '미숙아', '이른둥이', '조산아' 등으로 부릅니다. 최근 고령, 고위험 산모가 늘면서 이런 미숙아 출산도 함께 증가하고 있어요. 미숙아는 엄마 배 속에서 충분히 성장하지 못한 채 세상에 나왔기 때문에 체중뿐만 아니라 각종 신체 장기의 발달이 불완전한 상태예요. 그래서 신생아 집중 치료실에 입원하게 됩니다. 이런 이유로 미숙아를 출산한 엄마들은 과연 아기가 정상적으로 잘 자랄 수 있을지 걱정이 앞섭니다. 실제로 미숙아는 의료진의 도움을 오랫동안 받기도 하고, 수차례 생사의 고비를 넘나드는 위험한 상황에 직면하기도 해요. 하지만 엄마 아빠가 더욱 세심히 살피고 보호하면 정상적으로 건강히 성장합니다.

미숙아는 임신 기간이 짧을수록, 체중이 적을수록 위험해요

모든 미숙아에게 심각한 문제가 나타나는 것은 아니지만, 임신 기간이 짧을수록 체중이 적을수록 위험이 따릅니다. 임신 34주 이후에 태어나면 대부분 정상적인 만삭아와 비슷하게 자라지만, 23~26주에 태어나면 합병증 없이 정상적으로 생존하기가 쉽지 않아요. 미숙아는 피하지방층이 만들어지는 임신 말기를 거치지 않아서 체온을 조절하는 지방층이 얇아 주위 온도에 민감하게 반응합니다. 그로 인해 온도가 내려가면 체온이 떨어져 체내 생리적 변화를 일으켜 생명을 위협하기도 해요. 그런 만큼 미숙아는 보육기와 특수 감시 장치를 비롯한 특수 설비, 숙련된 의사와 간호사가 있는 집중 치료실을 갖춘 병원에서 키우는 것이 이상적입니다. 생후 1~2년 동안은 저항력이 약해 감기 등에 잘 걸리지만 나이가 들수록 점점 건강해집니다.

미숙아는 왜 생기나요?

원인은 확실히 밝혀지지 않았지만, 임신 중 요로감염이나 바이러스감염, 임신중독증, 담배나 알코올 등의 약물 중독이 미숙아 출산율을 높이는 것으로 조사됩니다. 특히 산모의 나이가 많을수록 상대적으로 자궁이 약해 태아가 잘 자라기 힘든 환경이 됩니다.

닥터's advice

❓ 미숙아는 이런 모습이에요!

미숙아는 출생 시 주수에 비례해서 매우 작게 태어나요. 머리는 정상아에 비해 크며, 팔다리와 몸통은 작고 연약하며 상대적으로 길어 보입니다. 피부는 얇고 부드러우며 피하지방이 거의 없어 주름이 많고 피부 아래 혈관이나 늑골이 보이기도 해요. 또한 눈썹이나 머리카락이 가늘거나 없는 미숙아도 많습니다. 등이나 팔다리 그리고 이마에 솜털이 많으나 생후 2~3주 안에 사라집니다. 또한 손발톱은 짧고 약하며 귀의 연골이 약해서 접히거나 찌그러지기 쉽습니다. 남자아이는 음낭에 고환이 내려와 있지 않은 예도 있어요.

❓ 미숙아는 이런 행동 양상을 보여요

• **수면** 만삭아에 비해 하루 15~22시간 정도 잠을 더 많이 잡니다.

• **울음** 자주 울지 않으며 울음소리도 약합니다. 자라면서 울음소리도 커지고 좀 더 자주 웁니다.

• **움직임** 조절 기능이 미약해 얼마 동안은 몸 전체를 움직이는 경향이 있습니다. 그리고 어떤 소리나 밝은 불빛, 약간의 접촉에도 팔다리를 빠르고 격렬하게 움직입니다.

• **쥐는 능력** 손으로 물건을 쥐는 힘이 약합니다.

• **수유 능력** 빨고 삼키며 동시에 숨을 쉬는 능력이 약하며 이를 조정하는 능력도 떨어져서 수유할 때 어려움이 많습니다.

❓ 미숙아는 왜 폐가 약할까요?

자궁 속에서 폐는 양수로 채워져 있다가 첫 호흡을 하면서 팽창됩니다. 이 상태를 유지하려면 폐에 표면활성제라는 물질이 충분히 있어야 합니다. 이 표면활성제는 임신 24주경 생겨나 34~36주가 되어야 충분한 양이 만들어지는데, 임신 34주 이전에 태어난 아기는 표면활성제가 부족해 폐의 기능이 떨어지지요. 이로 인해 호흡곤란증후군을 겪기도 합니다.

미리 알아두면 좋은 미숙아에게 나타나는 문제

체온 조절 기능이 약해요

체온을 조절하는 기능이 미숙해 저체온 상태로 빠지기 쉽습니다. 또 체중과 비교해 체표 면적이 넓고 피하지방이 충분히 형성되지 않은 상태라 열 손실이 커요. 추위에 대처할 수 없고, 신체 활동 감소로 체온을 적절히 유지하기가 더욱 어렵습니다. 미숙아를 돌볼 때는 체온을 36~37℃로 일정하게 유지하는 일이 중요해요.

폐 기능이 충분히 발달하지 못했어요

폐가 충분히 발달하지 못해 폐의 확장이 어려워요. 늑골이 연약하고 늑간 근육과 횡격막(가로막)의 힘도 약해 폐의 확장을 방해합니다. 그래서 저산소혈증에 쉽게 빠져 심장에 문제가 생기거나 산혈증 혹은 사망에 이르기도 합니다. 또한 호흡곤란으로 장기간 인공호흡기를 사용함으로써 폐의 만성적인 이상 형성을 초래하기도 해요. 적절한 호흡 기능을 유지하기 위해 집중 치료실에서의 관찰과 치료가 필요합니다.

황달이 더 많이 발생할 수 있어요

보통 아기들보다 간 기능이 미성숙해 황달이 더 많이 발생합니다. 황달은 신경학적인 후유증을 남길 수 있으므로 증상이 나타나기 전에 광선 치료 등을 적절히 해야 해요.

수유할 때도 조심해야 합니다

미숙아는 위의 용적이 적고 장운동이 느려요. 임신 34주 이하의 미숙아는 튜브로 영양을 공급받는데, 특히 32주 이하의 미숙아는 괴사성 장염 등의 합병증이 잘 생겨 수유와 관련해선 세심한 주의가 필요합니다. 젖을 빨고 삼키는 힘도 약해 충분한 영양 공급이 어려운 만큼 회복이 늦고 체중이 감소하며 몸에 부종이 생기기도 해요.

빈혈이 올 수도 있어요

미숙아는 기본적으로 산모로부터 충분한 철분 공급을 받지 못하고 태어났습니다. 게

다가 간 기능이 미숙할 뿐 아니라 잦은 시술과 처치로 출혈성 경향이 높아집니다. 비타민과 무기질 등 적절한 영양 공급이 어렵고, 치료를 위해서 혈액 검사를 자주 하다 보니 빈혈이 생길 수 있습니다.

망막증이 생기기도 해요

미숙아는 호흡곤란 증상으로 불가피하게 고농도의 산소나 인공호흡기 치료를 받게 됩니다. 고농도의 산소는 발육 중인 망막의 혈관을 변화시켜 시력 손상에 영향을 미치는 미숙아 망막증을 일으킬 수 있어요. 그러므로 산소 치료를 받았던 미숙아는 주수에 따라 다르지만 보통 생후 4주 내외로 안과 검사를 받아 이상 유무를 확인하고, 망막증의 정도에 따라 추후 관찰 및 치료가 필요합니다.

미숙아로 태어난 아기가 병원에 있어요

부모가 먼저 치료에 자신감을 가져야 해요

미숙아의 부모는 최적의 시설을 갖춘 병원과 최대한 공조해 아기가 건강히 자랄 수 있도록 노력해야 합니다. 이를 위해 무엇보다 중요한 것은 부모가 아기의 치료에 자신감을 가져야 해요. 미숙아를 낳은 엄마는 배 속에서 열 달이란 시간을 채우지 못하고 아기가 세상에 태어난 것을 자신의 탓으로 여기고 자책하는 경우가 많아요. 또 태어나자마자 인큐베이터에서 지내는 아기에게 엄마로서 아무것도 해줄 게 없다고 생각하기도 하지요. 하지만 이런 생각은 아기나 엄마 모두에게 해롭습니다. 그보다는 엄마가 됐다는 자부심과 긍지를 갖고 어려운 고비를 현명하게 극복하는 자세가 필요해요. 돌까지만 잘 지켜보면 금세 놀라운 속도로 '따라잡기 성장'을 합니다.

'캥거루 케어'를 해주세요

아기가 인큐베이터에서 나오면, 일명 '캥거루 케어'를 하는 게 큰 도움이 됩니다. 캥거루 케어는 엄마가 완전히 눕지 않고 몸을 약간 뒤로 젖힌 다음, 가슴 위에 아기를 올려두는 것을 말해요. 이때 엄마와 아기의 피부가 서로 닿도록 맨몸으로 안고, 배꼽에서 가슴까지 서로의 피부를 완전히 밀착시킵니다. 실제로 캥거루 케어를 받은 미숙아는 체중이 하루 평균 40%나 증가한다는 연구 결과가 있어요. 캥거루 케어 실험에 참가했던 아기는 태어날 때 1.8kg으로 저체중아였지만, 캥거루 케어를 받은 지 한 달도 되지 않아 1kg 가까이 늘어났습니다. 덜 울고, 스트레스도 적어 면역력 향상에도 도움이 됩니다. 미숙아는 생후 1년까지 캥거루 케어를 하는 것이 좋습니다.

모유 수유가 중요해요

병원에 입원한 미숙아를 위해 엄마가 할 수 있는 일은 '모유 수유'입니다. 태어나기 전 마지막 3개월 동안은 태아 몸속에 영양분이 저장되는데, 미숙아는 이런 영양분의 축적이 모자란 상태예요. 모유에는 아기에게 꼭 필요한 단백질과 광물질, 면역 성분이 많으므로 힘들어도 모유를 먹이는 것이 좋습니다. 하지만 모유 수유 여부는 반드시 의사와 상의하고 그 결정에 따라야 해요. 산모의 투약력, 감염 등 여러 가지 이유로 모유를 먹일 수 없을 때도 있습니다. 신생아 집중 치료실에서 보호받는 미숙아는 직접 수유하기 어려워 유축기로 젖을 짜내 튜브를 이용해 먹입니다. 아기 체중이 늘기 시작하고 컨디션이 좋아지면 직접 수유가 가능해져요. 아기가 엄마 젖을 직접 빨지 못하더라도 모

닥터's advice

❓ 신생아 집중 치료실은 어떤 곳인가요?

신생아 집중 치료실은 고위험 신생아인 조산아와 의학적인 관리가 필요한 만삭아의 치료 및 간호를 위해 특별히 만들어진 병동입니다. 이곳에서 근무하는 의료진들은 소아청소년과 내 신생아학을 전문으로 하는 교수, 전공의, 담당의 및 간호사들로 이루어져 있으며 기타 각 과(소아외과, 안과, 흉부외과, 이비인후과, 신경외과, 정형외과, 비뇨기과, 마취과, 방사선과, 임상병리과 등)의 의료진과 아기의 문제에 대해 서로 긴밀하게 협조합니다. 또 이곳은 아주 복잡하고 많은 기계로 가득 차 있으며 때로는 기계로부터 다양한 경보음이 들리기도 합니다. 적절한 보온과 보습이 유지되며 필요에 따라 산소 공급과 영양 공급을 할 수 있는 장치가 있습니다. 아기를 감염으로부터 보호하기 위해 모든 기구나 물품을 철저하게 소독하며 외부로부터 세균 유입을 막기 위해 방문객을 제한합니다.

유를 열심히 짜야 합니다. 아기가 엄마 젖꼭지를 직접 빨지 않으면 모유 생성 호르몬이 증가하지 않아 모유의 양이 충분히 늘지 않기 때문이에요. 아기는 시간이 지나면서 모유를 더 많이 요구하므로 자주 모유를 짜내는 것이 그만큼 중요합니다.

아기와 접촉 시 감염 예방에 힘써주세요

미숙아는 균에 대한 저항력과 면역 기능이 약합니다. 그러므로 아기와 접촉할 땐 감염 예방에 적극 협조해야 합니다. 신생아 집중 치료실 안으로 들어갈 때는 소독된 가운과 실내화로 갈아 신고 마스크를 쓰며 손을 깨끗이 닦습니다. 아이와 접촉할 때, 접촉한 후, 분유 준비 전, 모유 수유 전, 기저귀를 간 후 등 수시로 손을 씻습니다.

미숙아를 건강하게 돌보는 육아 원칙 5

원칙 ① 골고루 영양을 섭취해요

미숙아를 키우는 엄마들의 공통된 고민 중 하나는 아이가 입이 짧아 잘 먹지 않는다는 점이에요. 이유식을 시작할 무렵이 되면 다양한 식품을 맛볼 수 있게 하고, 밥을 먹게 되면 채소와 고기 등 여러 식재료로 아이가 좋아하는 메뉴를 준비하세요. 단백질과 칼슘이 풍부한 음식을 섭취하는 것도 중요합니다.

원칙 ② 꾸준한 운동으로 체력을 길러요

아이가 허약해서 환절기 때마다 감기에 걸리는 등 잔병치레를 많이 하기도 합니다. 평소 기초 체력을 키워두면 감기에 걸리더라도 쉽게 이겨낼 수 있어요. 평소 운동을 꾸준히 하여 아이의 체력을 길러주세요.

원칙 ③ 규칙적인 습관으로 면역력을 키워요

외출 후에는 손발을 깨끗하게 씻고 이를 닦는 습관을 들입니다. 미숙아는 특히 신생아 때 감염 위험이 크므로 가족들의 청결 습관이 무엇보다 중요합니다.

원칙 ④ 수영 등 키 성장에 좋은 운동을 시켜요

미숙아 중 아이의 키 때문에 걱정된다는 엄마들이 많습니다. 아이의 성장 발달을 돕는 수영, 줄넘기, 농구 같은 운동을 꾸준히 하거나 평상시 스트레칭, 체조 등을 하게 하는 것이 좋습니다.

원칙 ⑤ 신생아 때는 정기적으로 검진을 받아요

미숙아는 신생아 때 여러 질병에 노출되기 쉬워요. 불안한 마음만 갖고 있기보다는 정기적으로 검진을 받는 것이 현명합니다. 또 아이가 이상 신호를 보일 때는 즉시 의사에게 조기 진단을 받으세요.

출산율은 줄어도 쌍둥이 출산율은 상승 중!

대한민국은 지금 쌍둥이 출산 시대

최근 고령 여성의 초혼이 늘면서 상대적으로 난임이 많아지고, 그 결과 '인공수정'이나 '시험관 아기 시술'을 하면서 비례적으로 쌍둥이 출산율이 증가하고 있습니다. 난임 치료는 보통 한 번에 여러 개의 난자가 배란되도록 유도하는 방법이 기본이고, 시험관 시술도 착상률을 높이기 위해 2개 이상의 수정란을 이식하기 때문에 쌍둥이 임신율이 높아집니다.

쌍둥이 임신, 이렇게 이뤄져요

쌍둥이 임신은 '일란성'과 '이란성'으로 나뉩니다. 일란성은 하나의 수정란이 생긴 후 수일 안에 2개로 분리되면서 생겨 성별과 유전자가 같아요. 이란성은 2개의 난자와 2개의 정자가 각각 수정된 것으로 유전자가 다르며 성별 또한 달라질 수 있습니다. 일란성 쌍둥이의 빈도는 약 250분의 1로 일정하지만 이란성 쌍둥이의 빈도는 인종, 유전성, 임신부의 나이, 불임 치료의 영향을 받습니다.

자궁 속이 붐비면 조기 출산 위험성이 높아져요

쌍둥이를 임신하면 자궁 속 공간이 비좁아져 태아의 머리가 거꾸로 될 수 있어요. 여기에 조기 출산이 필요한 다른 요인이 발생하면 제왕절개술을 할 가능성이 커집니다. 그러나 임신 32주 이상인 임신부의 경우 자궁경부에 가깝게 자리한 태아가 다른 태아보다 크고 머리가 아래쪽을 향해 있으며 특히 두 번째 태아에게 위험 신호가 없으면 자연분만을 할 수 있어요.

쌍둥이 육아, 이런 점에 유의해요

쌍둥이일수록 모유 수유해요

쌍둥이는 대부분 제왕절개로 태어나요. 단태아보다 체중이 훨씬 덜 나가며, 쌍둥이 임신으로 산모 또한 허약해졌을 가능성이 커서 모유 수유하기가 쉽지 않지요. 그렇다 하더라도 초유는 꼭 먹이는 것이 좋습니다. 모유 수유를 처음 시작할 때는 익숙해지기 전까지 한 번에 한 아이씩 따로 수유합니다. 그러다 각자 한 명씩 편안히 먹일 때가 되면 함께 먹이는 것을 시도해보세요.

목욕은 따로 해요

아이가 혼자서 꼿꼿이 앉아 물장난을 칠 수 있을 때까지는 목욕을 따로 시키면서 다른 사람의 도움을 받으세요. 부득이 혼자서 씻겨야 하는 상황이라면 한 아이가 자고 있을 때 번갈아 가며 목욕을 시킵니다.

친구를 통해 언어 발달을 시켜주세요

쌍둥이는 서로를 모방하며 자기들끼리 이해하는 말만 사용할 때가 많아요. 그래서 언어 발달이 늦어질 수 있지요. 만약 쌍둥이 중 한 아이가 언어 발달이 느리다면 다른 아이 역시 언어 발달이 늦어질 수 있습니다. 이왕이면 쌍둥이에게 일찍부터 각기 다른 친구를 소개해주고 사귀게 하는 것이 언어 발달에 좋습니다.

02

영아기

생후 1개월

아이가 엄마 배 속에서 나와 새로운 환경에 적응해요.

체크 포인트

☑ 먹고 자는 것이 중요한 시기입니다. 아기의 특성에 대해 공부하고 관찰하세요. 엄마가 해야 할 일 중 그 무엇보다도 중요합니다.

☑ 생후 4주 이내에 BCG 예방접종을 해야 합니다. 출생 직후 B형 간염 1차 접종을 한 아기는 만 1개월 안에 2차 접종을 해야 합니다.

☑ 수유량과 시간, 수면 상태, 배변 상태 등을 꼼꼼히 육아 일지에 기록하세요. 전문가의 도움을 받아야 할 때 중요한 정보가 될 수 있어요.

 ## 이렇게 자라고 있어요

몸무게는 평균 3~3.3kg, 키는 평균 50cm, 머리둘레가 가슴둘레보다 큰 4등신인 것이 특징이에요. 심장 박동수는 1분에 120~180회, 호흡 횟수는 1분에 30~40회로 어른과 비교해 매우 빠릅니다. 이 시기에는 외부 온도에 민감한 편이며, 하루 평균 20시간 정도 잠을 잡니다.

성장 발달에 대해 알려주세요

체중이 줄다가 다시 늘어나요

태어난 지 3~4일간은 태어날 때 가지고 있던 몸속의 수분과 태변이 빠지면서 체중이 약 200~300g 줄어듭니다. 하지만 이후 매일 30g씩 체중이 증가하면서 생후 일주일 무렵부터는 출생 시 몸무게로 회복하지요. 생후 1개월이 지나면 1~1.5kg 이상 증가합니다. 중요한 것은 몸무게가 아니라 일정한 속도로 자라고 있는가예요. 첫 한 달 동안은 매일 체중이 잘 늘고 있는지 체크하세요.

먹고 배설하는 시간 이외엔 잠만 자요

생후 한 달 이내의 아기는 먹고 배설하는 시간 외에는 밤낮 구별 없이 잠만 잡니다. 기저귀를 갈고 수유하는 시간을 제외하고는 거의 잠을 잔다고 생각하면 됩니다. 하지만 한 번에 먹는 양이 적기 때문에 먹기 위해 수시로 잠을 깨지요. 2~3시간에 한 번씩 약 30분가량 깨어 있습니다. 자라면서 점점 수면 시간이 줄어들어요.

반사행동이 나타나요

반사행동이란 외부에서 어떤 자극이 주어졌을 때 본능적으로 보이는 반응을 말해요. 몸을 자주 움직이는 듯해도 아기의 행동은 반사적인 동작이 대부분이지요. 젖꼭지나 손가락을 입에 갖다 대면 그 방향으로 머리를 돌리며 빨려고 한다거나 손가락을 갖다 대면 꽉 쥐거나 오므리고, 갑자기 큰 소리를 내면 깜짝 놀라 팔다리를 쫙 폈다가 오므

 닥터's advice

❓ 산후우울증에 주의하세요!

출산 후 찾아오는 우울함은 호르몬 변화, 환경 변화, 새로운 기대, 육아의 어려움 등 복합적인 이유에서 발생합니다. 보통 1~2주 내로 좋아지는데, 그렇지 않다면 산후우울증의 가능성이 있으므로, 의사에게 진료를 받아보는 것이 중요합니다.

리는 모습을 보입니다. 이러한 행동 모두 정상적인 반사 동작으로 생후 3~4개월이 지나면 차츰 사라집니다.

태변을 봐요

신생아의 첫 변은 끈적끈적한 검푸른 색을 띱니다. 엄마의 배 속에 있을 때 양수나 담즙 등이 누적되어 있던 것이 이제야 밖으로 나오기 때문입니다. 점차 변의 색은 황색으로 변해갑니다. 분유를 먹은 아기의 변은 잿빛이 도는 노란색이거나 초록색을 띠기도 하는데, 모두 정상적인 변의 색깔입니다.

몸을 완전히 펴지 못해요

엄마 배 속에 있던 자세 그대로 주먹을 꼭 쥔 채 팔다리를 구부리고 있어요. 손을 만지면 더욱 세게 움켜쥐고 다리를 곧게 펴서 당겨도 금세 구부린 자세로 돌아갑니다. 이는 자연스러운 반응입니다.

울음으로 의사 표현을 해요

신생아에게 울음은 유일한 의사소통 수단이에요. 배가 고파도 기저귀가 축축해도, 너무 덥거나 추울 때도 혹은 졸릴 때도 아기는 울음으로 도움을 요청합니다. 아기가 울면 무엇 때문에 우는지 빨리 이유를 찾아 문제를 해결해주세요.

이렇게 돌봐요

수유 후 트림을 꼭 시켜요

식도와 위를 연결하는 곳의 근육이 아직 덜 발달해 자주 젖을 토해내요. 분유나 모유를 먹이고 나서 반드시 트림을 시켜주어야 합니다. 트림을 시킬 때는 아기의 머리가 엄마의 어깨 위에 오도록 세워 안은 다음 등을 가볍게 쓸어내립니다. 트림을 잘 하지 않는다면 등을 가볍게 통통 쳐줍니다.

너무 덥지 않게 키워요

아직 체온 조절 능력이 떨어져 외부의 온도 변화에 민감한 편이에요. 몸을 뒤척이거나 깨어 움직인에도 체온이 쉽게 올라가기 때문에 아기를 두꺼운 이불로 꽁꽁 싸매는 것은 좋지 않아요. 너무 따뜻한 곳에서 폭 싸두면 금방 열이 나고, 반대로 너무 얇게 입혀두면 체온 소실로 건강에 안 좋을 수 있습니다. 어른에게 약간 '서늘하다' 하는 느낌이 드는 온도, 즉 22~24℃가 아기에게는 쾌적합니다.

대천문을 세게 누르면 안 돼요

아기의 정수리 부분을 눌러보면 말랑말랑한 곳이 느껴집니다. 숨을 쉴 때 함께 움직이는 이곳은 아기의 뇌가 성장할 수 있도록 뼈 사이가 벌어진 '대천문'이에요. 머리 뒤쪽에 있는 소천문은 생후 6~8주에 닫히고, 대천문은 12개월이 지나야 완전히 닫히는 만큼 1년 내내 머리 보호에 신경 써주세요.

 올바른 카시트 사용 가이드

① 만 2세까지 뒷자석에 뒤쪽을 보게 장착해서 사용한다.
② 13세 미만의 아이는 반드시 뒷좌석에 앉힌다.
③ 나이에 맞추는 것도 중요하지만, 키와 몸무게를 기준으로 카시트를 바꿔준다.
④ 에어백이 장착된 좌석에 카시트를 설치하지 않는다.
⑤ 벨트를 올바른 경로로 가져왔는지, 클립은 잘 고정됐는지, 바짝 매어졌는지 확인한다.
⑥ 아이의 목이 떨구어지지 않도록 각도 조절 장치를 확인한다.
⑦ 아이가 옆으로 기댄다 하여 사용 중인 카시트와 다른 회사의 패드 및 장치를 별도로 부착하는 등 응용해서는 안 된다.
⑧ 신생아용 컨버터블 카시트의 대부분은 비행기에서 사용할 수 있지만, 부스터시트는 사용이 불가능하다.
⑨ 부스터시트 사용 시, 반드시 허리와 어깨를 고정하는 벨트가 필요하다.
⑩ 안전벨트 사용 시, 어깨 벨트가 목이 아닌 가슴과 어깨 사이로 크로스되었는지 잘 살펴본다.
⑪ 절대 누구와도 카시트를 '공유'하지 않는다.

카시트는 꼭 사용해요

카시트는 아기를 낳고 산부인과를 나서는 순간부터 사용해야 합니다. 특히 신생아 때 아기를 카시트에 혼자 두는 것이 안쓰럽다고 안고 타는 부모가 많은데, 교통사고나 급정거 등 1%의 사고 가능성을 생각한다면 카시트는 선택이 아니라 필수입니다. 카시트를 사용하지 않았다가 교통사고가 나면, 유아의 치사율은 카시트에 앉혔을 때보다 8배나 높다는 연구 결과가 있습니다. 신생아 때부터 사용할 수 있는 바구니형과 컨버터블 카시트가 시중에 나와 있습니다. 왼쪽 미국 소아과협회에서 발표한 2011년 카시트 사용 가이드를 반드시 숙지하세요.

이렇게 먹여요

모유는 처음에는 2~3시간 간격으로 먹입니다. 분유는 생후 3~4일까지는 40ml씩, 그후 15일까지는 80ml씩 7~8회로 나누어 먹이세요. 신생아에 따라 먹는 양과 횟수에 차이가 있지만 생후 1개월 이전에는 하루에 6~10회 정도 수유를 한다고 생각하면 됩니다. 모유가 부족하거나 혹은 낮에 모유를 먹일 수 없을 때는 모유와 분유를 함께 먹입니다. 너무 자주 먹으려 할 때는 한 번에 먹는 양을 조금씩 늘려서 간격을 벌리세요. 이 시기에 밤중 수유는 필수입니다. 몸무게가 잘 늘지 않는 아기가 오래도록 잠을 잔다면 깨워서라도 먹이는 것이 좋습니다.

닥터's advice

❓ 이 시기에 필요한 건강 체크!

• **B형 간염 2차와 BCG 예방접종을 잊지 마세요** 병원에서 태어난 후 B형 간염 예방주사를 맞은 아기는 생후 한 달경에 2차 접종을 추가로 해야 합니다. 또한 BCG(결핵예방주사)를 맞혀야 해요. 결핵을 예방하는 BCG 백신은 생후 4주 이내에 반드시 접종해야 하며, 만약 시기를 놓쳤더라도 가능한 한 빨리 맞혀야 합니다.

생후 2개월

살이 통통하게 오르며 하루가 다르게 커요.

체크 포인트

☑ 이 시기가 되면 수면 시간이 조금씩 줄어들면서 밤낮을 가리게 됩니다. 이때 환경을 어떻게 조성해주느냐에 따라 밤에 잘 자느냐 아니냐가 결정됩니다.

☑ 이 시기에는 시력과 청력이 발달합니다. 아직 색상을 구별하지 못하기 때문에 색의 대비와 형태가 확실한 흑백 모빌을 달아주세요. 움직일 때 소리가 나는 모빌은 시각과 청각을 함께 발달시키기에 효과적입니다.

☑ 발달이 빠른 신생아는 목을 가누기 시작합니다. 엎드려 있는 동안 위를 쳐다보게 하면 등과 배, 가슴, 팔 등의 근육을 발달시키는 데 도움이 돼요.

☑ 엄마와 옹알이로 대화할 수 있어요. 안아주고 눈을 맞추는 등 많이 사랑해주세요.

이렇게 자라고 있어요

남자아이는 체중 4.56kg, 신장 55.2cm, 머리둘레 37.3cm 정도이며, 여자아이는 체중 4.36kg, 신장 54.2cm, 머리둘레 36.3cm가량 됩니다. 발달이 빠른 아기는 목을 가누기 시작하고, 이 시기가 되면 수면 시간이 조금씩 줄어들면서 밤낮을 가리게 됩니다. 특히 시력과 청력이 발달하는 시기입니다.

성장 발달에 대해 알려주세요

포동포동 살이 올라요

깨어 있는 시간이 많아지고, 그 시간을 대부분 먹는 데 보내는 만큼 먹는 양이 많아져 살이 포동포동하게 오릅니다. 생후 한 달이 지나면 몸무게는 1kg 이상 늘고 키도 평균 3~4cm 자랍니다. 이 시기 몸무게 증가량은 하루 30~40g입니다. 하루 20g 이하로 늘어난다면 영양 부족을 의심해볼 수 있어요.

팔다리를 힘차게 움직여요

엄마 배 속에서의 자세를 유지하다가 웅크리고 있던 팔다리가 펴지고 꽉 쥐고 있던 주먹도 펴게 됩니다. 더는 꽁꽁 싸매는 것을 싫어하고 누워 있어도 팔다리를 활발하게 움직여요. 눈앞에 물건이 보이면 손을 뻗으려고도 합니다. 스스로 주먹을 쥐었다 폈다 할 수 있고 발을 힘껏 차기도 합니다. 양손과 발을 고르게 움직이는 등 몸의 움직임이 많아지는 것이 특징이에요.

 닥터's advice

❓ 자꾸 안아주면 손탄다고요?
아이가 우는데도 손탈까 봐 안아주지 않고 울리는 부모들이 많아요. 하지만 이 시기의 아기는 많이 안아주는 것이 정서 안정에 도움이 됩니다. 간혹 아기의 울음을 그치는 데 백색소음이 효과가 있다고 해서 청소기나 헤어드라이어의 소음을 들려주기도 하는데, 아기에게 필요한 것은 엄마의 따뜻한 품과 사랑이라는 것, 잊지 마세요.

빠른 아기는 목을 가누기도 해요

신생아 시기에는 엎어놓으면 코를 바닥에 박고 잠깐씩만 뗄 수 있었으나 이제는 엎어 두면 머리를 잠깐 들어 좌우를 살펴보기도 하고 얼굴을 옆으로 돌려 바닥에 뺨을 대기도 합니다. 이때 고개를 드는 각도는 45도 정도예요. 빠른 아기는 자기 마음대로 고래를 돌려 엎드리기도 합니다. 목을 제대로 가누지는 못하지만, 누운 자세에서 팔을 잡고 끌어올리면 목이 따라올 정도로 힘이 생깁니다.

시력과 청력이 발달해요

생후 1개월이 지나면 아기는 주변의 다양한 자극에 반응을 보이기 시작해요. 작은 소리에 자다가 깨기도 하고, 평소보다 큰 소리가 들리면 잠에서 깨거나 울음을 터뜨리기도 합니다. 눈앞에서 손가락을 움직이면 손을 따라 시선이 움직이기도 해요. 이 시기 아기의 시력은 희미하게 사물을 볼 수 있는 정도로 15cm 앞에 떨어진 곳의 사물이나 사람의 얼굴을 볼 수 있습니다. 엄마의 목소리를 기억하고 엄마가 안아주면 눈을 맞추고 웃기도 합니다. 세상을 탐구하기 시작하고 엄마와 옹알이로 대화할 수 있습니다.

엄마가 웃으면 따라 웃어요

생후 6주 정도가 되면 아기는 배냇짓을 해요. 배냇짓이란 신경 조직과 근육 조직이 발달하면서 얼굴 근육이 저절로 움직여 마치 웃는 것처럼 보이는 것을 말해요. 하지만 이때 엄마가 환한 웃음으로 반응해주면 아기는 마치 엄마를 향해 웃는 것처럼 따라 웃습니다.

이렇게 돌봐요

밤낮을 구별할 수 있는 환경을 만들어요

점차 낮에 오래 깨어 있고 밤에 잠을 많이 잡니다. 아기가 확실히 밤낮을 구별할 수 있도록 낮에 깨어 있을 때 활발하게 활동하도록 놀아주고, 밤에는 조명을 어둡게 하거나 수유 횟수를 줄이되 한 번에 충분히 먹여 밤에 푹 잘 수 있게 합니다. 밤에 재울 때는 똑바로 바닥에 등을 대고 눕혀 재우세요. 잠들 때까지 옆에서 이야기를 들려주거나 노래를 불러주면 좋아해요.

옷을 시원하게 입혀요

생후 한 달이 지나면 굳이 속싸개로 싸둘 필요가 없습니다. 아기가 답답해하거나 더운 계절이라면 자유롭게 움직일 수 있게 하세요. 기저귀를 갈거나 수유 후 기분이 매우 좋으면 아기는 팔다리를 열심히 휘저어가며 움직일 겁니다. 너무 춥지 않다면 내복 상의나 헐렁한 옷을 입히는 게 좋아요. 수시로 아기의 등에 손을 넣어 옷이 땀에 젖지 않았는지 확인하고 젖었을 때는 바로 갈아입히세요. 또한 기저귀를 갈 때는 잠깐씩 기저귀를 벗겨놓는 것도 좋습니다.

창문을 열어 바깥공기를 쐬게 해요

가끔 창문을 열어 외부의 신선한 공기를 쐬게 해주세요. 바깥공기를 쐬는 외기욕은 피부나 호흡기의 면역력을 길러주는 효과가 있습니다. 단, 이때에도 5분을 넘지 않도록 하고 직접 햇볕을 쐬지 않도록 주의합니다.

고개를 잘 받쳐서 안아요

아기를 안을 때 중요한 몇 가지가 있습니다. 특히 신생아와 고개를 잘 가누지 못하는

닥터's advice

❓ 수면 패턴 완성하기

2~3개월이 되면, 밤낮의 수면 패턴이 구별되기 시작합니다. 이때 수면 환경을 잘 만들어주면, 밤에 좀 더 긴 수면 시간을 확보할 수 있습니다. 매일 같은 시간에 목욕을 시키고, 자장가를 불러주고, 책을 읽어주는 등 수면 루틴(routine)을 만들어주세요. 이런 행동을 반복하면 아기는 '이제 잠잘 시간이 되었구나'라고 인지합니다. 이렇게 수면 패턴이 완성되면 손쉽게 아기를 재울 수 있습니다.

생후 1~2개월 된 아기는 더 신중하게 안아야 합니다. 주로 아기를 어깨에 대고 안거나 비스듬한 각도로 위와 아래를 보게 안아주는데, 누워 있는 아기를 엄마 품으로 들어 올릴 때부터 손과 팔을 이용해 고개를 잘 받치는 것이 핵심입니다. 엄마는 작고 연약한 아기를 안전하게 안아야 한다는 부담감으로 긴장을 해 봄에 힘이 들이기기 쉬운데, 그런 자세를 유지하면 근육통과 피로감이 쌓입니다. 능숙해지기 전까지는 실수하지 않도록 조심하되 몸의 긴장을 최대한 풀고 안으세요.

이렇게 먹여요

신생아 때는 정해진 시간 없이 아이가 배고플 때마다 수유했다면 생후 50일 전후에는 수유 리듬을 만들어주는 것이 무엇보다 중요합니다. 그리고 대부분 아기는 스스로 수유 리듬을 찾기 시작합니다. 잘 크고 있다면 수유하는 양도 늘어나고 먹는 간격도 일정해지기 때문이에요. 빠는 힘이 강해져 한 번에 먹는 양도 늘어납니다. 하루에 3~4시간 간격으로 6~7회, 밤에는 5~6시간 간격으로 수유를 합니다. 수유 시간은 30분 내외인데, 30분을 넘지 않는 것이 좋습니다.

닥터's advice

❓ 이 시기에 필요한 건강 체크!

- **생후 1개월 검진과 2차 B형 간염 접종을 합니다** 생후 1개월이 지나면 소아청소년과를 방문해 검진을 꼭 받아야 합니다. 아기 몸무게와 키를 재며 발육은 순조로운지, 선천적인 병은 없는지 미리 확인해봅니다.
- **머리가 한쪽으로 기울면 사경을 의심해보세요** 아기를 눕혔을 때 머리가 한쪽으로만 기울거나 머리 방향을 바꿔도 다시 한 방향으로만 머리를 돌리는 경우, 목에 단단한 덩어리가 만져지는 경우는 사경(wryneck, 斜頸)을 의심해봐야 합니다. 조기에 발견하면 꾸준한 스트레칭만으로도 정상 회복이 가능하지만, 생후 6개월이 지난 후에는 수술해야 할 수도 있습니다.

생후 3~4개월

목을 가누기 시작해 안기, 업기가 수월해져요.

체크 포인트

☑ 영양 공급이 많이 필요한 시기이므로 모유가 부족하지 않은지, 발육 상태가 평균에 이르는지 등을 확인해보세요. 수유는 하루 5~6회, 총 수유량은 960ml를 넘지 않아야 합니다.

☑ 대뇌와 신경이 급속도로 발달해 감정 표현이 확실해집니다. 소리 내어 웃기도 하고 화를 내며 울 때도 있습니다. 손에 대한 관심이 많아져 뚫어져라 관찰하며, 팔을 뻗어 물건을 잡으려 하고 손에 잡히는 모든 물건은 일단 빨고 보는 것이 이 시기에 나타나는 현상입니다.

☑ 침을 많이 흘리므로 턱받이가 필요합니다.

☑ 한 번에 수유하는 양이 증가하므로 밤중 수유를 끊을 수 있습니다.

🧦 이렇게 자라고 있어요

몸무게는 출생 시의 2배, 키는 약 10cm가량 자랍니다. 그동안 빠르게 증가하던 몸무게가 완만하게 느는 형태로 바뀌어갑니다. 목 근육이 발달해 안아 올릴 때 머리를 받치지 않아도 고개가 떨어지지 않습니다. 안고 있거나 몸을 기울여도 머리를 떨구지 않을 정도로 목을 완전히 가눌 수도 있습니다. 누워 있는 아기의 양손을 잡아 일으키면 머리가 뒤로 처지지 않고 따라와요.

성장 발달에 대해 알려주세요

목을 가누고 뒤집기를 시도해요

반듯하게 눕혀 놓으면 몸을 돌리려고 끙끙대기 시작해요. 목과 팔 근육, 허리, 복부근육에 힘이 생겼다는 증거이지요. 배를 댄 상태에서 어깨까지 들어 올릴 수 있으며 목을 완전히 가누는 아기들도 많습니다. 목을 가눈다는 것은 세워서 안았을 때 고개가 흔들리지 않고, 누워 있는 아기의 두 팔을 잡고 들어 올렸을 때 고개가 뒤로 처지지 않는 상태를 말합니다. 빠른 경우 백일 전에 뒤집기를 하지만, 생후 5개월이 되도록 전혀 뒤집을 기미가 보이지 않는 아기도 있어요. 뒤집기를 시작하면 두껍고 푹신한 이불에서 재우면 안 됩니다. 되도록 바닥에 눕혀 생활하게 해주세요.

 닥터's advice

❓ 아기 머리가 휑하니 빠지기 시작해요

아기가 목을 이리저리 돌리기 시작하면서 베개와 마찰이 생기는 뒤통수 부위의 머리카락이 빠지기 쉬워요. 이 시기부터 빠지기 시작해 생후 6개월 정도가 되면 모두 빠지고 새 머리카락이 나오는 것이 보통이지요. 배냇머리가 빠지기 시작하면 엄마들은 아예 머리를 빡빡 밀어주기도 합니다. 머리를 밀어야 머리숱이 많아진다는 속설도 있고, 아기 머리카락이 입에 들어가는 게 신경 쓰이기 때문입니다. 하지만 머리를 밀면 머리숱이 많아진다는 이야기는 과학적 근거가 없습니다. 머리카락의 굵기와 양은 아기가 가지고 태어난 유전적 특성으로 엄마가 어떻게 해줄 수 있는 부분이 아니랍니다.

소리 내어 웃어요

이 시기가 되면 아기는 사람 목소리에 반응을 보이기 시작합니다. 소리가 들리는 방향으로 고개를 돌리지요. 기분이 좋으면 환한 표정으로 소리 내어 웃고 불편한 것이 있으면 화가 난 듯 우는 표정을 짓는 등 좋고 싫고의 감정 표현이 확실해져요. 기분이 좋을 때는 혼자서도 곧잘 놀지만, 하고 싶지 않은 일이 생기면 짜증을 내기도 하고 못마땅한 일이 생기면 울기도 합니다.

색을 구별하기 시작해요

검정색과 흰색만 인식하던 아기는 백일을 전후해 색깔을 구별할 수 있을 정도로 시력이 발달합니다. 특히 빨간색, 노란색, 파란색 등 원색 위주의 알록달록한 색깔에 흥미를 보입니다. 흑백 모빌을 달았다면 이제 컬러 모빌로 바꿔주세요.

무엇이든 입으로 가져가요

모든 사물을 입으로 탐색하는 시기인 만큼 눈에 보이는 것은 무조건 손으로 잡아 입으로 가져가요. 손으로 장난감을 쥘 수 있을 정도로 손의 움직임이 발달해 눈앞에 물체가 보이면 팔을 쭉 뻗어 잡기도 하고, 장난감을 손에 쥐어주면 입에 집어넣기도 합니다. 자신의 손에 흥미를 갖고 신기하게 바라보며 갖고 놀기도 합니다. 이때 하루에 두세 번씩 아기 손바닥을 엄마 손으로 천천히 쓸어주면 점차 손을 쫙 펼 수도 있습니다. 손을 펴는 것은 손가락 움직임이 하나하나 분화된다는 뜻인 만큼 할 수 있는 한 아기의 손을 잡고 손가락을 주물럭주물럭 만져주세요.

이렇게 돌봐요

젖병과 젖꼭지를 바꿔요

분유를 먹는 아기라면 이쯤 됐을 때 젖병과 젖꼭지를 바꿔주어야 합니다. 이 시기의 아기는 대개 한 번에 120ml 이상 먹으므로 240ml 이상 담을 수 있는 큰 젖병으로 교체해주세요. 또 개월 수에 맞는 젖꼭지를 사용해야 아기가 편안하게 분유를 먹을 수 있습니다. 하지만 같은 개월 수라도 빠는 힘과 수유량은 다를 수 있습니다. 수유 중에 사레기 들거나 기침을 하면 한 단계 낮은 젖꼭지, 수유 시간이 오래 걸리거나 답답해하면 다음 단계 젖꼭지를 사용하세요.

손을 자주 닦아요

손의 움직임이 활발해져 무엇이든 입으로 가져가 빨기 때문에 손을 자주 닦아주어야 합니다. 손이 더러우면 입안에 염증이 생기거나 배탈이 날 수 있으므로 손을 항상 청결하게 관리해주세요. 또한 아기가 물고 빠는 장난감이나 엄마 손도 위생관리에 신경을 써야 합니다. 손을 빠는 동안에는 침도 많이 흘리므로 입 주위를 자주 닦아주고 보습에 신경을 써주세요.

되도록 웃는 얼굴을 자주 보여주세요

한창 좋고 싫고 등의 감정 분화가 시작되는 시기이므로 엄마 아빠가 우울한 얼굴보다는 웃는 얼굴을 보여주는 것이 정서발달에 좋은 영향을 끼칩니다. 우울한 엄마가 키우는 아기는 사회성의 기초인 애착 형성에 문제가 생길 수 있어요. 밝은 아이로 키우고 싶다면 엄마부터 우울한 기분에 빠지지 않도록 노력해야 합니다.

서서히 밤중 수유를 줄여요

이 시기의 아기는 6시간 이상 깨지 않고 푹 잘 수 있어요. 그러므로 밤중 수유를 서서히 줄이세요. 밤에 자는 아기를 억지로 깨워서 먹이지 않고, 밤에 깨서 칭얼거리더라도 바로 수유하지 말고 조금 지켜보세요. 하지만 너무 무리해서 밤중 수유를 끊어야 하는 것은 아니므로 아기가 따라오지 못한다면 낮에 많이 먹이고 밤에 덜 먹이는 쪽으로 수유 리듬을 잡아주는 것이 좋습니다. 한 번 먹일 때 충분한 양을 먹여야 수유 간격을 지킬 수 있습니다.

컬러 모빌을 달아요

생후 2~3개월은 눈의 움직임이 발달하는 시기입니다. 눈앞에 물체를 갖다 대면 눈을 깜빡거리며 물체를 좇을 수 있습니다. 이제는 알록달록한 컬러 모빌을 달아주세요. 모빌의 위치는 누워 있는 아기의 배꼽에서 30cm 정도 떨어진 높이가 적당합니다. 정면이나 아기의 눈 바로 위보다는 45도 각도로 볼 수 있는 곳에 달아주면 좋아요. 움직일 때 소리가 나는 모빌은 시각과 청각을 함께 발달시킬 수 있습니다.

업고 외출도 가능해요

아기가 고개를 잘 가눈다면 그때부터 업을 수 있어요. 특히 포대기는 반드시 목을 가누기 시작한 아기에게 사용해야 합니다. 포대기는 목을 받쳐주지 못하기 때문에 목을 가눌 수 없는 아기를 업으면 고개가 옆이나 뒤로 젖혀져 매우 위험합니다. 포대기는 아기의 피부에 직접 닿으므로 부드러운 면 소재가 좋으며, 너무 길거나 짧은 것보다

닥터's advice

❓ 이 시기에 필요한 건강 체크!

• **선천성 고관절 탈구인지 체크해보세요** 대퇴골과 골반을 잇는 고관절이 태어날 때부터 어긋나 있는 것을 '선천성 고관절 탈구'라고 합니다. 신생아 때부터 발견할 수 있는데, 생후 6개월 이전에 조기 발견하면 수술 없이 교정만으로 치료할 수 있어요. 하지만 생후 6개월이 지나면 수술을 해야 하므로 주의 깊게 관찰합니다. 기저귀를 갈 때 엉덩이와 허벅지의 주름이 양쪽 대칭을 이루는지 살펴보세요. 두 다리를 쭉 잡아당겼을 때 다리에 잡히는 주름이 대칭을 이루지 않고 양쪽이 다르거나, 아이를 눕혀놓고 무릎을 세웠을 때 높이가 다르다면 선천성 고관절 탈구를 의심할 수 있습니다. 이럴 경우 의사에게 진단을 받아봅니다.

• **접촉성 피부염을 예방해요** 무엇이든 입으로 가져가 빨고, 침을 많이 흘리기 때문에 입 주변이 항상 까칠까칠하고 붉게 변하기 쉬워요. 침을 흘릴 때는 깨끗한 가제수건으로 닦아주세요. 얼굴이 지저분할 때는 물로 씻긴 후 로션이나 크림을 충분히 발라 항상 보습에 신경을 씁니다.

• **소아마비와 DPT 등 2차 예방접종을 해요** 생후 4개월에는 DPT와 경구용 소아마비 2차 예방접종을 맞혀야 합니다. 뇌수막염과 폐구균 2차 접종도 시행하는 시기인 만큼 잊지 말고 예방접종 스케줄을 확인하세요.

는 7부 정도의 길이가 편리합니다. 업을 때는 너무 죄지 않게 하며 아기의 다리가 굽지 않도록 다리를 펴서 업어야 합니다.

이렇게 먹여요

이 시기부터 수유는 규칙적으로 하루 5~6회 먹입니다. 먹는 양은 아기마다 편차가 있을 수 있지만, 평균적으로 160~180ml 정도를 먹입니다. 보통 3개월까지가 급성장기이기 때문에 특히 모유를 먹는 아기는 갑자기 엄마 젖을 더 많이 찾기도 하지요. 엄마들은 모유가 모자란 게 아닌가 하고 걱정하는 시기입니다. 모유를 계속 먹이고 싶다면, 조금 힘들더라도 분유를 먹이지 말고 아기에게 계속 젖을 물리는 게 좋습니다. 모유는 아기에게 자꾸 물리는 만큼 양이 늘어나기 때문입니다.

생후 5~6개월

뒤집기가 능숙해지고 배밀이를 하면서 움직이기 시작해요.

체크 포인트

☑ 배밀이를 시작하고, 잡아주면 앉아 있을 수 있습니다.

☑ 손가락을 많이 움직이면 두뇌 발달이 촉진되므로 아기용 과자 등을 직접 집어 먹게 해주세요. 손가락을 이용하는 장난감을 갖고 놀게 하는 것도 좋아요.

☑ 다리의 힘을 기르는 연습을 시켜주세요. 아기의 겨드랑이에 손을 넣고 일으켜 세운 뒤 바닥에서 높이뛰기 연습을 자주 하면 효과적입니다.

☑ 슬슬 이유식을 시작할 때입니다. 모유나 분유만 먹다가 덩어리 있는 음식을 주는 것입니다. 미숫가루나 깡통에 든 이유식은 권장하지 않습니다. 이유식을 먹을 때도 식습관을 잘 길러줘야 합니다. 한곳에 앉아서 먹게 하고 아기가 6개월이 되면 하루에 두세 번 먹입니다.

☑ 치아가 나면 칫솔과 불소치약으로 양치질을 해주세요.

이렇게 자라고 있어요

대부분의 아기가 한쪽으로 뒤집기를 시작해요. 다리에 힘이 생겨 손을 잡고 세워주면 발을 떼는 동작까지도 할 수 있습니다. 남자아이는 체중 7.93kg, 신장 66.8cm, 여자아이는 체중 7.51kg, 신장 65.7cm까지 자랍니다.

성장 발달에 대해 알려주세요

배밀이를 시작해요

뒤집기가 능숙해지고 엎드려서 노는 시간이 많아진 아기는 이제 배밀이를 하려고 애씁니다. 처음에는 엎드린 상태에서 손과 발을 번쩍 들고 흔들다가 서서히 발을 밀면서 앞으로 나아가려고 시도하지요. 그러다가 어느 정도 익숙해지면 팔에 힘을 주고 팔꿈치를 바닥에 대면서 배에 힘을 주고 앞으로 조금씩 나아갑니다. 처음엔 뜻대로 되지 않아 뒤로 가기도 해요. 이 시기에는 마음껏 기어 다닐 수 있도록 양말을 벗기고 옷도 가볍게 입혀주세요. 배밀이는 기기 전단계이지만, 배밀이 과정 없이 바로 기기 시작하는 아기도 많기 때문에 배밀이를 하지 않는다고 걱정할 필요는 없어요.

잠깐 혼자 앉을 수 있어요

엄마가 도와주면 잠깐이지만 혼자 앉을 수 있습니다. 등과 허리 근육의 운동신경이 발달하기 때문이죠. 하지만 금세 앞으로 쏠리거나 등이 둥글게 구부러지면서 손을 짚은 자세가 됩니다.

여러 가지 소리를 내요

옹알이가 활발해져 "우우~" 하는 소리를 내기도 하고 가끔은 자음이 섞인 복합적인 음을 내기도 합니다. 아기가 이런 소리를 낼 때면 엄마가 의성어, 의태어를 많이 사용해 이야기해주는 게 좋아요. 언어 발달이 중요한데 어른들의 대화를 많이 들려주면 자극이 됩니다. 손뼉을 치면서 "짝짝짝 소리가 나네", 안아 올리면서 "높이높이 올라가볼까" 등 다양한 표현을 섞어 아기의 소리에 대꾸해주면 아기가 소리 듣는 것을 한층 즐거워합니다.

자신의 이름을 듣고 반응해요

엄마가 이름을 부르면 자기를 부르는 것임을 알고 엄마를 쳐다보거나 옹알이로 반응합니다. 엄마가 바라보는 쪽을 향해 시선을 돌리기도 하지요. 아직 "엄마, 아빠" 등 정확한 소리를 낼 수는 없지만, 엄마가 어디에 있는지 물어보면 엄마가 있는 쪽을 바라보기도 합니다. 엄마와 둘이서 같은 사물이나 움직임을 볼 수 있는 협동주시 능력은 언어 발달과 학습 능력을 키우는 데 중요한 이정표로 작용합니다.

낯가림을 시작해요

5개월 무렵 아기의 정서는 몰라보게 발달되어 있어요. 좋은 것과 싫은 것에 대한 감정을 확실히 표현할 수 있어서 좋아하는 장난감, 좋아하는 노래, 좋아하는 음식이 생겨납니다. 기분이 좋으면 소리를 지르는 등 나름대로 기쁜 감정을 표현하고, 싫어하는 것에는 짜증을 내거나 불편해하는 소리를 냅니다. 특히 좋아하는 것과 싫어하는

🩺 닥터's advice

❓ 물건을 집을 때 한쪽 손만 주로 쓴다면?

아기의 손놀림은 운동 지체나 장애를 알아보는 데 중요한 지표로 작용해요. 만 1세 이전의 아기가 한쪽 손만 주로 쓴다면 뇌성마비나 운동장애를 의심해볼 수 있어요.

보통 1세 이전의 아기가 한쪽 손만 주로 쓰는 일은 거의 없습니다. 양쪽 손을 동일하게 사용하기 때문이지요. 15개월이 지나면서 어느 한쪽 손을 많이 쓰게 되며, 18개월 이후부터는 한쪽 손만 사용하는 것이 뚜렷하게 나타납니다. 아기가 한쪽 손만 쓴다는 것은 다른 쪽 손의 기능을 관장하는 중추신경계에 이상이 있음을 뜻할 수 있습니다. 4세 정도 연령의 아이가 주로 쓰던 손이 갑자기 바뀌거나 어느 한 손을 사용하는 것을 꺼리는 경우에도 역시 신경계에 이상이 있을 수 있으므로 소아청소년과를 방문해 의사와 상담할 필요가 있습니다.

것이 확연히 생기면서 낯가림이 심해집니다. 심한 경우 엄마 외의 다른 사람이 만지거나 아는 척만 해도 울지요. 이때는 엄마와 안정된 애착 관계를 형성하는 것이 무엇보다 중요합니다. 스킨십을 충분히 하고 사랑을 듬뿍 주면서 긍정적인 상호작용을 하면 애착 관계가 형성됩니다. 아기의 기질과 양육 환경에 따라 낯가림의 강도에는 차이가 있지만, 발달 과정에서 아주 자연스러운 현상이므로 크게 걱정하지 않아도 됩니다.

손가락을 심하게 빨아요

• **생후 6개월 이전 아기라면** 손가락을 입에 넣고 '쪽쪽' 소리를 내며 빠는 아기들을 흔히 볼 수 있어요. 특히 나이가 어릴수록 손가락을 빠는 아기가 많은데, 문제는 돌 이후에도 계속해서 심하게 빠는 경우예요. 12개월 이후에도 손가락을 빨면 손가락이 짓무르고 굳은살이 생길 수 있어요. 손가락을 빠는 것은 대개 생후 6개월 전후를 기준으로 문제가 되는지 아닌지 구별할 수 있어요. 생후 6개월 미만의 아기가 손가락을 빠는 것은 빠는 욕구를 충족하기 위한 행동으로, 어떻게 보면 당연한 일입니다. 이는 아기에게 '빠는' 입의 감각을 만족시키는 동시에 '빨리는' 손의 감각을 충족시키기 때문이에요. 이 시기의 아기가 손가락을 빠는 것은 혼자 노는 행동으로 이해할 수 있어요. 그러므로 이 시기까지는 손가락을 빨더라도 그냥 내버려두는 것이 좋습니다.

• **생후 6개월이 지난 아기라면** 문제는 생후 6개월이 지나서도 여전히 손가락을 빠는 경우예요. 아기가 손가락을 빠는 원인은 여러 가지가 있지만, 지루함을 해소하거나 마음의 안정을 찾기 위해서가 가장 큽니다. 돌이 지난 뒤에도 여전히 심하게 손가락을 빤다면 요인을 먼저 찾아보세요. 이가 나거나, 더 먹고 싶거나, 더 자고 싶거나, 불안하거나, 심심하거나 등 외부 요인으로 손가락을 빨 수도 있어요. 그러므로 아기가 손가락을 언제 빨고, 빤 뒤 어떻게 행동하는지 잘 관찰한 후 그 요인을 해결해주세요. 손가락 빠는 버릇이 심해질 경우 손가락 관절이 휘는 외형적 이상이 생기거나 피부 습진, 손톱 주위의 감염, 손톱 무좀이 생길 수도 있어요. 외형적인 문제 외에도 심리적인 문제도 생길 수 있어요. 아이는 커가면서 다양한 활동을 통해 감각을 발달시키

고 경험을 쌓아야 하는데, 손가락 빠는 데 열중하면 무료함을 손가락 빨기로 대신해 주변에 호기심을 갖지 않을 수도 있어요. 주변에 관심이 없고 다양한 경험을 하지 못하면 지능 발달에도 문제가 생길 수 있지요.

이가 나서 간지러운 경우라면 차가운 치아발육기를 주고, 배가 고파서 손가락을 빤다면 먹는 양이 적은 것은 아닌지 확인해보세요. 심심하거나 부모와의 애착 관계 형성에 문제가 있어서 손가락을 빤다면 손가락을 빨 때마다 함께 놀아주는 것이 가장 좋은 방법이에요.

이렇게 돌봐요

소근육을 자극해요

생후 5~6개월에 접어들면 태어날 때 꼭 쥐고 있던 주먹을 서서히 펴고, 손바닥 전체로 무언가를 잡을 수 있어요. 눈에 보이는 것을 스스로 잡으려고 하는데, 처음에는 두 손을 동시에 움직여 물건을 잡고 시간이 지나면 한 손으로도 물건을 잡을 수 있지요. 아직 손가락을 움직여 물건을 잡지는 못해요. 이때 여러 가지 자극을 통해 손가락을 많이 움직일 수 있게 도와주세요. 손가락 운동은 두뇌 발달과 직결됩니다.

많이 길 수 있게 도와요

아기가 무엇인가를 잡으려고 할 때는 혼자 움직일 수 있도록 조금 기다려주세요. 아기를 엎어놓고 엉덩이를 들게 한 후 한쪽 무릎을 굽힌 상태에서 발을 교대로 밀어주며 혼자 움직여서 기어갈 수 있게 도와주세요.

하루 두 번 낮잠을 재워요

생후 6개월 무렵에는 밤중에 먹지 않고도 내리 잠을 잘 수 있어요. 밤에는 최소한 9시간 이상 재워요. 낮잠은 오전에 한 번, 오후에 한 번씩 각각 1~3시간 정도로 하루에 두 번 재우는 것이 좋습니다.

삼키기 쉬운 물건은 모두 치워요

아기가 기기 시작하면 안전사고의 위험도 그만큼 커집니다. 무조건 손으로 주워 입으로 가져가기 바쁜 시기인 만큼 아기 손이 닿는 곳에 있는 위험한 물건은 모두 치우고, 수시로 바닥을 닦아 먼지를 먹지 않게 해주세요. 모기약, 신문, 잡지, 녹슨 철제 장난감 등 특히 몸에 해로운 물질이 들어 있는 것들은 절대 아이 입에 닿지 않게 신경 써야 합니다.

안전사고를 예방해요

이 시기 가장 많이 일어나는 안전사고는 높은 곳에서 떨어지는 것이에요. 아주 잠깐이라도 아기 혼자 침대에 눕혀놓고 자리를 비워서는 안 됩니다. 소파에 잠깐 눕히는 것도 안 돼요. 스스로 몸을 움직일 수 있기 때문에 잠시 한눈파는 사이에 침대나 소파에서 떨어질 수 있어요.

이렇게 먹여요

이유식을 시작해요

일반적으로 생후 4~6개월이 되면 이유식을 시작합니다. 생후 6개월이 지나면 엄마 몸으로부터 받은 영양분을 모두 소진해 이유식을 통해 영양분을 공급해줘야 하지요. 분유를 먹는 아기는 생후 4개월, 모유를 먹는 아기는 생후 6개월 즈음에 이유식을 시작해요. 아토피피부염이나 알레르기 같은 증상이 없고, 아기가 가족들이 식사하는 모습에 관심을 보이기 시작하면 서서히 이유식을 먹일 준비를 합니다. 이 시기의 이유식은 영양을 보충한다기보다 음식 먹는 연습을 한다는 의미예요.

모유나 분유를 끊으면 안 돼요

이유식을 시작했다고 해서 모유나 분유를 끊으면 안 돼요. 모유나 분유는 하루에 적어도 500~600ml를 먹입니다. 아직은 이유식보다 모유나 분유가 주식임을 잊지 마세요. 단 아기마다 개인차가 있을 수 있어요. 잘 먹는다고 해도 분유나 모유를 하루 1000ml 이상 먹일 필요는 없습니다.

첫 이유식은 쌀미음으로 시작해요

처음 이유식을 할 때는 알레르기의 위험이 거의 없는 쌀미음으로 시작하세요. 간혹 첫 이유식을 과즙으로 시작하는 경우가 있는데, 자칫 과일 알레르기가 나타날 수도 있어요. 또한 단맛을 먼저 접하면 그 맛에 익숙해져 밥을 잘 먹지 않을 수도 있어요. 쌀은 알레르기 반응이 가장 적게 나타나는 곡물이므로 처음 음식을 먹는 아기에게 비교적 안전하게 먹일 수 있어요.

이유식에 새로운 재료를 한 가지씩 넣으며 관찰해요

쌀미음으로 시작한 후 녹황색 채소를 한 가지씩 넣고, 그다음으로 소고기를 첨가해서 먹여보세요. 이때 아기에게 알레르기 반응이 나타나면 새로운 식재료는 당분간 먹이

 닥터's advice

❓ 이 시기에 필요한 건강 체크!

• **예방접종을 맞혀요** DPT와 소아마비 3차 접종을 실시하고, 만 2개월과 4개월에 뇌수막염 접종을 한 경우에는 3차 접종을 실시합니다. 홍역이 유행할 때는 홍역 예방 주사를 접종할 수 있습니다. 독감 예방주사를 접종할 수 있으므로 의사와 상의한 뒤 실시해요.

• **변 상태를 수시로 체크해요** 이유식을 시작했다면 변 상태를 수시로 체크해야 합니다. 이유식을 시작한 후 변비나 설사 증상이 나타났다면 아기의 위장이 모유나 분유 이외의 음식에 익숙하지 않기 때문에 생기는 현상입니다. 위장이 이유식에 적응하면 증상이 사라질 겁니다. 가볍게 설사를 하거나 2~3일 변을 보지 않아도 아기의 식욕이 좋고 잘 논다면 크게 걱정할 필요는 없어요.

• **1차 영유아 건강검진 받기** 국민건강보험에서는 영유아를 대상으로 건강검진을 무료로 실시하고 있어요. 생후 4~6개월에는 1차 영유아 건강검진이 이뤄집니다. 우편으로 안내문이 도착하면 집에서 가까운 영유아 검진기관에 예약한 후 방문해 검진을 받으면 됩니다. 키와 몸무게, 머리둘레 등 기본적인 신체검사가 이뤄지고 인지, 행동, 발달, 건강, 생활 등 전반적인 성장 발달 사항을 문진으로 점검합니다.

지 않습니다. 새로운 재료는 한 가지씩 섞어서 먹여야 알레르기 반응을 확인할 수 있어요. 알레르기 반응이 나타났다고 해서 평생 그 재료를 먹지 못하는 것은 아니에요. 아기가 다양한 재료에 익숙해진 후 다시 시도해볼 수 있어요. 이때 알레르기 반응이 사라지기도 합니다.

생후 6개월 이후에는 이유식에 소고기를 첨가해요

생후 6개월이 지나면 엄마에게서 물려받은 철분이 모두 소진됩니다. 이때 이유식을 통해 철분을 충분히 공급받지 못하면 철 결핍성 빈혈이 생기기 쉽습니다. 그렇기 때문에 부족한 철분은 소고기로 보충해줍니다. 생후 6개월 이후부터 먹는 이유식에는 한 끼 정도 소고기를 첨가한 이유식을 먹이세요.

생후 7~9개월

혼자서 능숙하게 앉고 자유롭게 기어 다녀요.

체크 포인트

☑ 이 시기의 아기는 앉은 상태에서 소리 나는 방향으로 상체를 돌릴 수 있습니다. 또한 잘 기어 다니고, 붙잡고 서는 아기도 있습니다. 여러 번 넘어지고 엉덩방아를 찧어도 자꾸 일어서려고 하지요. 이때 격려해주고 크게 칭찬해주면 아기는 더욱 자신감을 가집니다.

☑ 젖병을 오래 물고 있는 아기는 치아우식증에 걸리기 쉽습니다. 유치가 상하면 밑에 있는 간니에까지 영향을 미치며, 치아가 상하면 섭식이 나빠질 수 있으므로 밤중 수유를 끊고 가제수건으로 이를 잘 닦아줍니다.

☑ 수유를 먼저 하면 이유식을 먹지 않을 수 있으므로 이유식부터 먹이고 모자라는 양을 수유합니다. 지저분해지고 주변에 질질 흘려도 밥을 스스로 먹는 습관을 들입니다.

이렇게 자라고 있어요

누구의 도움 없이 앉거나 돌아누울 수 있으며, 무릎으로 기기 시작해서 앞뒤로 기어다닐 수 있습니다. 붙잡고 선 자세에서 힘 있게 체중을 버티고 서 있을 수도 있어요. 손을 뻗어 앞에 있는 물건을 잡으려고 하고 조심스럽게 무릎을 굽혀 바닥에 앉을 수도 있습니다. 아기의 움직임이 활발해지면서 급격하게 늘던 몸무게의 증가 속도가 떨어지는 것도 특징이에요. 남자아이는 체중 9.03kg, 신장 71.9cm 정도, 여자아이는 8.48kg, 신장 70.5cm까지 자랍니다.

성장 발달에 대해 알려주세요

물건을 양손에 번갈아 가며 옮길 수 있어요

손에 들고 있던 물건을 다른 손으로 옮겨 빨기도 하고, 양손에 물건을 들고 이쪽저쪽 바꿔가며 빨기도 합니다. 쥐고 있던 장난감을 자연스럽게 다른 손으로 옮겨 쥐기도 하고 흔들기도 하죠. 손가락을 자유롭게 펴거나 구부릴 수도 있어 과일이나 과자를 주면 입으로 잘 가져갑니다.

낯가림이 심해져요

낯선 사람을 보면 경계해서 울음을 터뜨리는 경우가 늘어나요. 엄마와의 애착이 발달하는 시기이므로 엄마가 없을 때 아기는 불안감에 휩싸이고, 엄마가 시야에서 사라지면 울기 시작합니다. 엄마 품에 안겨 있어도 다른 사람이 옆에 있다는 이유만으로 큰 소리로 울기도 합니다.

투레질 소리를 내기 시작해요

입술 사이에서 혀를 진동시켜 '다다다다' 또는 두 입술을 부딪쳐 '부부부부' 같은 소리를 내기 시작해요. 이런 행동은 아이가 소리를 탐구하기 위해서 내는 소리예요. 아직 의미 없는 말을 되풀이하는 옹알이가 대부분이지만, '엄마', '아빠', '맘마' 등 자주 듣는 간단한 단어는 비슷하게 소리내기도 합니다. 아기의 발음이 아직 서툴고 분명하진 않지만, 적극적으로 반응해주면 아기는 더 자극을 받아 말을 빨리 배우게 됩니다.

"안 돼", "하지 마"라는 소리를 알아들어요

아기가 위험한 행동을 하거나 피해야 할 상황에 닥쳤을 때 "안 돼!"라고 말하면 멈칫합니다. "기다려"라고 말하면 기다리는 게 뭔지 이해하고 거기에 맞춰 행동하기도 하지요.

아랫니가 나기 시작해요

성장이 빠른 아기는 아래쪽 앞니 2개가 돋아나요. 이가 나기 시작하면 잇몸이 간지러워 자꾸 보채고 잠을 잘 안 잡니다. 침도 많이 흘리고 손을 자꾸 입에 넣는 행동을 하지요. 이가 나는 것은 아기마다 상당한 차이가 있습니다. 어떤 아기는 생후 15개월이 지나서 이가 나는 경우도 있으므로 늦게 난다고 무조건 걱정할 필요는 없습니다.

안전사고를 예방해요

이 시기의 아기는 호기심이 왕성해요. 혼자서 자유롭게 움직이면서 주변 환경을 탐색합니다. 날카로운 물건, 잘 깨지는 물건, 뜨거운 물건 등은 위험할 수 있으니 아기의 손이 닿지 않는 곳으로 치워주세요.

닥터's advice

❓ 유치가 빨리 나오면 영구치에 나쁜가요?

유치가 빨리 나온다고 반드시 영구치에 해가 되는 것은 아니에요. 다만 유치가 빨리 나온 아기들은 대부분 영구치도 빨리 올라와요. 월령이 어릴수록 아기가 스스로 양치질을 한다든가 치아를 위해 단것을 절제하기가 어려워 구강 관리가 잘 안 되기 때문에 생겨나는 문제점은 있습니다. 아기의 이가 빨리 나오면 치아 관리에 특별히 더 신경 써야 해요.

이렇게 돌봐요

스스로 먹을 수 있게 기회를 주세요

아직은 숟가락 잡는 것이 서툴러서 음식을 떠서 입으로 가져가다가 절반 이상은 흘리죠. 하지만 아기 스스로 먹을 수 있게 기회를 주는 것이 중요해요. 아기의 소근육도 발달시킬 수 있고, 음식에 대한 흥미도 높일 수 있기 때문이에요. 음식을 흘리는 것을 겁내지 마세요. 처음에는 손에 움켜쥐고 먹을 수 있는 과일이나 길쭉한 과자 등을 주고 다음에는 잘게 썬 과일이나 자잘한 크기의 과자를 그릇에 담아 손으로 집어 먹을 수 있게 해주세요. 손으로 먹는 것이 익숙해지면 숟가락을 쥐여주어 숟가락을 사용하는 습관을 들여주세요.

컵으로 물 먹는 연습이 필요해요

분유나 물, 아기용 과일주스를 줄 때 젖병 대신 컵으로 마시게 하는 것이 좋아요. 아

닥터's advice

❓ 이 시기에 필요한 건강 체크!

• **첫 안과 검진을 받아요** 아기의 눈은 생후 6개월부터 본격적으로 발달합니다. 따라서 안과 검진은 생후 6개월부터 시작하는 것이 좋아요. 특히 눈의 초점이 맞지 않고 두 눈이 다른 방향을 향하는 등 이상 증세가 느껴진다면 반드시 안과 검진을 받아야 합니다.

• **알레르기에 주의해요** 이유식은 너무 늦어도 문제지만 너무 빨라도 문제가 될 수 있어요. 빨리 시작한 이유식은 아토피피부염 등 알레르기 증상의 원인이 될 수 있습니다. 아기에게 알레르기를 잘 일으키는 식품은 달걀, 우유, 땅콩, 콩, 밀가루, 견과류, 어패류, 갑각류 등이에요. 달걀, 우유, 콩에 의한 알레르기는 성장하면서 대부분 사라지지만, 땅콩 알레르기는 다른 음식 알레르기에 비해 증상이 심각하게 나타납니다. 생선, 갑각류 등도 성인이 되어서까지 이어질 수 있으므로 이런 재료로 이유식을 만들 때는 알레르기 반응이 나타나는지 유심히 살펴봐야 해요.

• **빈혈 검사를 받는 시기예요** 이유식을 통해 제대로 철분을 공급받지 못하면 빈혈 증상이 나타날 수 있어요. 빈혈이 있으면 얼굴이나 손바닥이 창백한 빛을 띠고, 기운이 없으며 쉽게 지치는 모습을 보여요. 아기에게 이런 증상이 느껴진다면 보건소나 소아청소년과를 방문해 빈혈 검사를 받는 것이 좋습니다.

직 스스로 컵을 잡고 먹기에는 서툴기 때문에 엄마가 컵을 잡고 아기의 입에 조금씩 흘러 넣어주는 게 효과적이에요. 컵 사용이 늦어지면 젖병을 떼기가 어려워질 수 있어요. 양손으로 쉽게 잡을 수 있는 연습용 컵으로 시작하고, 아기가 컵으로 먹지 않으려 하면 빨대를 이용해도 좋습니다.

될 수 있는 한 말을 많이 들려줘요

사람들이 하는 소리에 귀를 기울이고 민감하게 반응하는 시기예요. 말귀를 알아듣기 때문에 "밥 먹자", "목욕할까?", "산책하러 가자" 등 어떤 일을 할지 아기 스스로 예측할 수 있도록 말로 설명해주는 것이 좋아요. 엄마가 수다쟁이가 될수록 아기는 말을 빨리 배우게 됩니다. 눈을 맞추고 이야기를 많이 들려주세요. 아기 옆에서 어른들이 대화를 많이 하는 것도 좋습니다.

치아 관리에 유의해요

유치는 무척 잘 썩어요. 유치가 심하게 썩으면 뺄 수밖에 없고 그렇게 되면 영구치의 치열이 비뚤어지기 쉽습니다. 치아가 난 후에는 작고 부드러운 유아용 칫솔에 물을 묻혀 닦아줍니다. 아기용 칫솔을 마련해 손에 직접 쥐여주는 것도 좋아요. 아직 치약을 뱉을 수 없으므로 불소가 포함된 치약은 사용하지 마세요. 돌 이전에는 물로만 닦아도 충분합니다.

이렇게 먹여요

중기 이유식을 시작할 시기입니다. 하루에 세 번, 한 번에 50ml 이상씩 이유식을 먹여야 해요. 혀로 으깨어 먹을 수 있는 정도로 고기나 채소를 부드럽게 삶아 한입 크기로 잘라서 사용해요. 매일 같은 시간에 이유식을 먹여 규칙적인 식습관을 길러줍니다. 수유를 먼저 하면 이유식을 먹지 않을 수 있으므로 이유식부터 먹이고 수유를 합니다. 짠 음식이나 간이 된 음식은 돌까지는 되도록 먹이지 마세요. 이 시기에는 다양한 음식을 골고루 접하는 것이 중요합니다. 채소, 과일, 곡류, 고기 등 다양한 재료로 이유식을 만들어주세요. 이유식만으로도 성장곡선에 따라 잘 성장하고 있다면, 수유를 줄여도 괜찮아요. 모유는 필요할 때마다, 분유는 하루에 3~5회 주세요.

생후 10~12개월

혼자 힘으로 일어서고, 빠른 아기는 돌 이전에 걸을 수 있어요.

체크 포인트

☑ 능숙하게 걷는 아기가 있는가 하면 이제 붙잡고 일어나는 아기가 있을 정도로 발달 상태가 다르게 나타납니다. 몸무게가 꾸준히 늘고 활발하게 잘 논다면 발달 속도는 크게 걱정하지 않아도 됩니다.

☑ 이 시기부터 만 2세까지는 안전사고의 위험이 가장 큽니다. 자유롭게 놀게 하되 난방 기구, 계단 등 위험한 요소는 미리 제거해야 합니다.

☑ 이유식은 하루에 세 번 실시하며, 편식하는 습관이 생기지 않도록 다양한 식품을 재료로 사용해요. 싫어하는 재료는 조리법을 바꾸어 먹여보세요. 밥 먹기에 열중하지 않고 장난이 심할 때는 30분 이내로 먹이고 치우도록 합니다.

이렇게 자라고 있어요

체중은 태어났을 때의 약 3배인 8~9kg 전후, 키는 약 1.5배인 75cm 전후가 됩니다. 체중의 증가 폭은 태어났을 때에 비해 훨씬 줄어들지만 살이 단단해지고 행동이 민첩해집니다. 다리도 길어져 다리와 허리의 비율이 영아 체형에서 벗어나 유아 체형에 가까워집니다. 발달이 빠른 아기는 혼자서도 걸음마를 시작하지만, 성큼성큼 걷는 것이 아니라 두 다리를 넓게 벌리고 발끝은 바깥쪽으로 향하며 움직일 때마다 비틀거리는 경우가 더 많습니다.

성장 발달에 대해 알려주세요

대천문이 닫히기 시작해요

소천문은 생후 6~8주 정도에 닫히는 반면 대천문은 돌 지나서까지 남아 있는 게 보통이에요. 대천문은 생후 4~6개월 무렵까지 점점 커지다가 돌 무렵 조금씩 닫히기 시작해 생후 12~18개월에 이르면 완전히 뼈로 덮여 없어집니다.

탐구심이 많아져요

눈에 보이는 주변의 모든 것들이 궁금해지는 시기예요. 이 시기에는 아기의 호기심과 탐구심이 충족될 수 있도록 여러 가지 물건을 접하게 해주세요. 한 가지 물건을 손에 쥐여주면 이리저리 돌려보고 열심히 들여다보기도 해요. 그러다 굴려도 보고 흔들어도 보고 거꾸로 뒤집어도 보면서 다양하게 탐색합니다. 베란다, 식탁 밑, 의자 밑, 장롱 구석 등 집 안에서 자신의 몸이 들어갈 수 있는 공간을 이리저리 찾아다니며 무조건 들어가서 놀기도 합니다.

말할 줄 아는 단어가 생겨요

알아들을 수 없는 소리로 계속 옹알이를 해요. 혼자 있을 때도 누군가 앞에 있는 것처럼 열심히 말을 합니다. 아기가 내는 자음과 모음의 종류가 크게 늘면서 마치 제대로 말하는 것처럼 느껴지기도 해요. 이 시기의 아기가 말할 수 있는 단어는 3개 정도입니다. 특히 '엄마', '아빠', '맘마', '빠빠'처럼 '아' 발음으로 끝나는 단어에 민감하게 반응합니다. 말하는 능력이 발달하면서 간단한 지시어를 이해해 "안 돼"라고 말하면 행동을 멈추고, "주세요"라고 말하면 손에 쥔 것을 건네기도 합니다.

장난감에게 말을 걸기 시작해요

애완동물을 보고 웃기도 하고 인형에 볼을 비비면서 친근함을 표시하기도 해요. 또는 다른 아이들이 노는 모습에 관심을 보이기도 합니다. 또래와 함께 있으면 서로 쳐다보고 만져보는 행동을 하고, 친숙해지면 미소를 짓고 껴안기도 하지요. 이런 행동은 사회성이 발달하기 시작했다는 것을 뜻합니다. 사회성이 점차 발달하면 낯가림이 눈에 띄게 줄어들어요.

분리불안이 시작돼요

아기는 엄마가 보이지 않으면 긴장하면서 두리번거리고 불안해하죠. 결국 표정이 바뀌고 울기 시작해요. 이런 분리불안은 지극히 정상적인 발달 과정으로 엄마와 애착 형성이 잘된 아기도 분리불안이 생길 수 있습니다. 이때 엄마가 언제나 옆에 있다는 안정감을 주는 게 중요해요. 아기의 버릇을 고친다고 우는 아기를 내버려두거나 일부러 강하게 야단치면 엄마에 대한 신뢰를 잃을 수도 있어요.

닥터's advice

❓ 첫걸음마 신발, 어떻게 고를까요?

신발은 발 모양뿐 아니라 골반, 척추에도 큰 영향을 주기 때문에 잘 선택해야 해요. 특히 첫걸음마 신발은 예쁜 것보다 편안하고 안전한 것을 선택하세요.

- 가볍고 딱딱하지 않은 소재가 좋아요. 발목 부분이 폭신폭신한 소재로 된 것을 골라야 신발이 잘 벗겨지지 않고 발목을 보호할 수 있습니다.
- 신발을 구부렸을 때 유연하게 구부러지는 것을 고릅니다.
- 미끄럼을 방지할 수 있도록 밑창에 홈이 많이 파진 것을 선택해요.
- 끈을 묶는 신발보다는 벨크로 테이프로 된 신발이 신고 벗기에 편리해요.
- 신발을 신겨 뒤꿈치를 바짝 붙인 다음 앞쪽을 눌렀을 때 5mm 정도 여유 있는 사이즈로 선택해요. 아기가 금세 자란다는 생각에 실제 발 크기보다 많이 큰 신발을 사기도 하는데, 아기의 걸음마 의욕을 떨어뜨리고 발 모양을 망가트릴 수 있습니다.

걸음마를 시작해요

의자나 테이블 등을 잡고 일어나 한두 발자국씩 걷기 시작합니다. 엄마의 도움 없이 혼자 균형을 잡고 잠깐 서 있을 수도 있지요. 걸음마 시기는 아기마다 다르므로 다른 아기보다 늦다고 조바심 낼 필요는 없습니다.

잠자는 시간이 규칙적으로 변해요

어느 정도 생활리듬이 생깁니다. 일정한 시간에 낮잠과 밤잠을 자고, 일어나는 시간도 규칙적으로 바뀝니다. 밤잠은 11시간, 낮잠은 하루 두 번씩 2시간 30분 정도 잡니다. 이 무렵 아기는 하루 13~14시간만 자도 충분히 활동할 수 있어요. 만약 잠자는 시간이 여전히 불규칙하고, 늦게 자고 늦게 일어난다면 깨어 있는 동안 적당한 활동과 놀이를 하고, 밤에는 푹 잘 수 있는 분위기를 만들어야 합니다. 더 많이 자는 아기가 있는가 하면 잘 자지 않는 아기도 있습니다. 낮 시간에 충분히 잘 놀고 잘 먹고 잘 지낸다면 너무 걱정할 필요는 없어요.

이렇게 돌봐요

자유롭게 움직일 수 있는 환경을 만들어요

안전사고의 위험이 매우 커집니다. 자유롭게 놀게 하되 뜨거운 김이 나오는 밥솥, 난방 기구, 계단 등 위험한 요소는 미리 제거해야 합니다. 특히 바닥에 물기가 있어 미끄러운 화장실 문은 반드시 닫아놓으세요. 이 무렵 아기의 목표는 서서 걷는 거예요. 아기가 혼자 잡고 설 수 있는 장난감이나 가구를 배치해두고 기어 올라가기, 혼자 서기 등을 시도할 수 있게 도와주세요. 단, 위험한 행동을 할 때는 곧바로 제지해야 합니다. 뜨거운 그릇이나 날카로운 물건을 만지려고 할 때, 높은 곳에 있는 물건을 만지려 할 때는 "안 돼", "뜨거워"처럼 상황에 맞는 지시어로 행동을 제지해주세요.

목욕탕에서는 특별한 주의가 필요합니다. 아기는 아주 얇은 물에도 익사할 수 있습니다. 전화가 오거나, 초인종이 울려도 절대로 아기를 목욕탕에 혼자 두고 나가지 마세요. 목욕탕 바닥에는 미끄럼 방지 매트를 깔아서 자칫 아이가 넘어져 다치는 일이 없게 합니다.

바른 식사 습관을 들여요

식사 때마다 밥그릇을 들고 아기를 따라다니며 먹이는 것은 좋지 않아요. 나쁜 버릇은 쉽게 습관으로 자리 잡아요. 억지로 먹이기보다 배가 고프면 스스로 먹을 수 있게 도와 주세요. 한 번의 식사시간은 30분을 넘지 않도록 해요. 중간에 배가 고프다고 해도 간식을 미리 주는 것보다 다음 식사시간에 충분히 먹을 수 있도록 하는 것이 좋아요. 식기 쓰는 것이 익숙하지 않아 음식을 흘려도 혼자 먹는 것을 꾸준히 연습시킵니다.

 닥터's advice

❓ 이 시기에 필요한 건강 체크!

• **예방접종을 해요** DPT, 폴리오, 폐구균, 홍역, 볼거리, 풍진, A형 간염, 뇌수막염 등의 예방접종을 해야 해요.

• **치아우식증이 생기지 않도록 관리해요** 처음에는 치아가 하얗게 변하는 것 같다가 순식간에 치아의 껍질이 벗겨지는 것처럼 떨어져 나가 결국 치아 뿌리만 남는 것이 바로 '치아우식증'이에요. 보통 만 2세 이하 아이의 앞니에 잘 생기며, 우유병을 입에 물고 자는 습관이 있을 때 잘 나타납니다. 우유병을 물고 자는 습관이 있다면 하루 빨리 고치는 것이 좋아요.

• **팔꿈치 탈골에 주의해요** 아기의 팔을 갑자기 잡아당기거나 넘어질 때 팔이 비틀리면서 팔꿈치가 탈골되는 경우가 많이 발생해요. 이런 팔꿈치 탈골을 예방하려면 평소 아기의 팔에 무리한 힘이 가해지지 않도록 주의합니다. 아기를 들어 올려 안을 때는 팔을 잡아당기지 말고 겨드랑이에 손을 끼운 후 들어 올리세요. 아기가 떼를 쓰며 버둥댈 때라도 팔을 억지로 잡아당기면 안 됩니다.

• **걷는 자세를 유심히 관찰해요** 엄마 눈으로 보기에 아기의 다리가 마치 OX다리처럼 휘어져 보여도 아직 걱정하기에는 이릅니다. 어린아이들은 만 2세까지는 어느 정도 다리가 휘어 보이기 때문이에요. 대신 한쪽 다리를 절룩거리지는 않는지, 걸을 때 어디가 불편하지는 않는지를 체크해볼 필요가 있습니다. 이때 조금이라도 걷는 자세가 이상하다고 여겨지면 병원에 가서 정밀검사를 받는 것이 좋습니다.

그림책을 읽어주세요

이 시기의 아기는 손가락으로 가리키는 책 속의 내용을 따라갈 수 있습니다. 손가락이 무언가를 가리킨다는 사실을 이해할 수 있으며, 그림이나 상징이 특정 사물과 대응한다는 사실도 깨닫지요. 바로 이럴 때 엄마 아빠의 목소리로 그림책을 최대한 많이 읽어주세요. 두뇌 발달과 언어 발달을 촉진하는 데 도움이 됩니다.

우유병 떼는 연습을 합니다

우유병을 오래 물면 치아우식증이 생길 가능성이 높아지고 치아 모양도 변형될 수 있어요. 이 시기부터는 우유병을 떼야 합니다. 분유 수유를 그만두라는 말이 아닙니다. 분유나 물, 음료 같은 액체를 컵에 부어 마시는 연습을 해야 한다는 뜻이지요. 돌 이후에는 생우유를 컵으로 먹이면서 차츰 분유를 줄여나가는 것도 좋습니다.

월령에 맞는 장난감을 사용해요

작은 부속품이 있거나, 쉽게 깨지는 재질의 장난감은 위험할 수 있습니다. 월령에 맞는 장난감을 구매하세요. 구매 전 장난감 모서리는 안전한지, 독성 물질로 만들어지지는 않았는지 확인하세요. 특히, 풍선이나 비닐봉지 등은 질식 사고를 유발할 수 있습니다. 만 1세 이전에 발생하는 가장 흔한 사망 원인 중 하나가 질식 사고임을 기억하세요.

닥터's advice

❓ 보행기는 위험해요!
많은 아기가 보행기를 타다가 미끄러지고 다치고 부딪히는 사고를 당합니다. 사고의 위험이 높아 많은 나라에서 금지하고 있어요. 보행기 사용은 권장하지 않습니다.

이렇게 먹여요

돌이 되면 이유식을 끝내고 어른과 비슷한 형태의 식사를 시작하는 시기입니다. 지금껏 별 문제 없이 이유식을 진행해왔다면 하루 세 끼 식사를 하고, 오전과 오후에 한 번씩 간식을 먹는 스케줄로 바꿔보세요. 1회 식사는 진밥 2분의 1공기(100g), 삶은 채소 40g, 생선이나 육류 30g 정도가 적당합니다. 여러 음식을 골고루 먹는 습관을 기르도록 신경 써야 하지만 날것이나 향이 강한 것, 오징어, 조개, 질긴 고기 등 소화가 잘되지 않는 식품은 피하는 게 좋습니다. 저녁에 밥을 배불리 먹었다면 취침 전에 주던 우유는 주지 마세요. 수유를 줄이고 식사량을 늘려야 점차 젖을 떼기 쉬워집니다. 이제는 식사를 통해 골고루 영양을 섭취해야 합니다.

유아기

생후 12~18개월

넘어지지 않고 걸을 수 있으며 혼자 계단도 오르내릴 수 있어요.

체크 포인트

☑ 넘어지지 않고 잘 걸으며, 계단을 올라갈 수 있지만 내려오는 것은 아직 도움이 필요합니다. 높은 곳에 올라가는 것을 좋아하기 때문에 다칠 위험성도 증가한다는 사실, 꼭 명심하세요.

☑ 미숙하지만, 숟가락을 잡고 스스로 먹는 것이 가능합니다. 하루 식사는 3회, 간식은 2회가 적절합니다. 억지로 먹이는 것은 바른 식습관을 들이는 데 좋지 않아요.

☑ 밤에 깨도 놀아주지 않고 다시 잠들 수 있게 토닥여주세요.

☑ 모유는 돌이 지나도 엄마와 아이가 원하면 얼마든지 더 먹여도 좋습니다. 단, 이때부터는 밥과 반찬이 주식이 됩니다.

 ## 이렇게 자라고 있어요

12개월 이후부터는 가슴둘레가 머리둘레보다 조금씩 커져요. 대천문은 1cm 이하만 남고 거의 닫힙니다. 첫돌을 맞이할 무렵 아이의 신장은 평균 25cm나 자라고, 출생 당시 3~4kg에 불과하던 체중도 10kg에 육박하지요. 하지만 돌을 기점으로 성장 증가 속도는 완만한 곡선을 그리기 시작합니다. 대신 골격과 근육이 튼튼해져요. 그동안 성장의 초점이 몸무게 증가에 맞춰졌다면 이제부터는 근육이나 소화 기관의 성장에 에너지가 집중됩니다. 아직 영아기의 모습이 남아 있어 코는 납작하고 입은 작은데, 유치가 자라면서 얼굴 아랫부분이 조금씩 앞으로 나오고 토실토실하던 살도 빠집니다.

성장 발달에 대해 알려주세요

힘껏 걸음마를 시작해요

아이가 처음 걸을 때는 왼쪽, 오른쪽 다리로 체중을 이동시키면서 상반신으로 균형을 잡습니다. 처음에는 양손을 올리고 뒤뚱뒤뚱 걷는데, 이는 팔로 균형을 잡기 때문이에요. 아직 어른처럼 발뒤꿈치에서 발끝으로의 중심 이동은 하지 못하며 발바닥 전체로 땅을 쾅 누르며 걷습니다. 걸음마가 서툴다면 뒤에서 아이의 양팔을 잡고 걷게 하는 것도 좋아요. 혼자서 걷고 싶어 하는 시기이니 아이가 좋아하는 만큼 충분히 걷게 해주세요.

손을 잡아주면 계단을 오를 수 있어요

18개월에 접어들면 아이는 몸의 균형을 잡는 능력이 더욱 발달해요. 손을 잡아주면 계단을 오르내릴 수 있습니다. 혼자서 계단을 오르내릴 때는 손으로 계단을 짚어 기어오르고, 발로 아래 계단을 짚은 다음 뒤로 내려오는 방식이에요. 돌 전에 걷기 시작한 아이라면 뛰어다니기도 하고 뒷걸음질 치듯이 뒤로 걸을 수도 있습니다.

어금니가 나요

일반적으로 돌이 된 아이는 아랫니 4개, 윗니 4개를 가지고 있어요. 18개월이 되면 어금니 2개가 나고 빠르면, 20개월에 송곳니가 나기 시작해요. 어금니가 나면 다양한 음식물을 자유자재로 씹을 수 있어 치아 관리에 더욱 신경을 써야 합니다. 이가 날 때 아이들은 짜증을 내거나 보채기 마련이에요. 보통 생후 12~15개월에 나는 첫 어금니가 가장 아프다고 해요. 볼이 뜨끈해지고 침을 많이 흘리기도 하며 이것저것 물려고 합니다. 이가 날 때 아파하는 아이를 위해 몇 가지 관리 노하우를 알아두세요.

손가락을 사용하기 시작해요

소근육이 발달하면서 손가락을 사용할 수 있습니다. 손가락으로 음식을 집어 먹을 수 있고, 그릇이나 입구가 큰 유리병에 작은 조각들을 넣을 수도 있지요. 무언가를 가리킬 때 손가락을 사용하기도 합니다. 크레파스를 손에 쥐고 이리저리 낙서도 하고, 블록을 2~3개 정도 쌓을 수 있습니다.

문장을 만들어 이야기해요

많은 단어를 배우는 동시에 스스로 문장을 만들 수 있어요. 말할 수 있는 단어의 수가 늘어나 "물 줘", "배고파" 등 필요한 말을 짧은 문장으로 말할 수 있어요. 말을 잘하는 아이가 되는 것은 이 시기에 부모가 어떻게 하느냐에 달려 있어요. 그때그때 상황 속에서 생생한 표현들을 많이 들려주고 아이가 내는 소리에 무조건 반응해주세요. 또 이해 언어가 표현 언어보다 먼저 발달하여 "바이 바이", "주세요" 같은 간단한 지시어를 이해하고 단순한 심부름을 하기 시작합니다.

 닥터's advice

❓ 이가 날 때는 이렇게 관리해요!
• **차가운 것을 물고 있기** 속에 젤이 든 치아발육기가 있으면 얼려두었다가 아이에게 주세요. 얼음 조각을 쥐여주는 것도 좋아요. 차가운 것을 물고 있으면 잠시나마 통증이 줄어듭니다.
• **손가락으로 잇몸 마사지하기** 손을 깨끗이 씻은 후 아이 어금니 쪽 잇몸을 약간 세게 마사지합니다.
• **찬바람 피하기** 찬바람을 맞으면 통증이 더 심해지는 법이에요. 겨울이라면 이가 나는 동안 되도록 외출을 삼가세요. 외출을 해야 한다면 이를 가릴 수 있는 마스크를 사용합니다.

애착을 보이는 대상이 생겨요

인형이나 담요 등 자기가 좋아하는 장남감이나 물건이 한두 가지 생깁니다. 그 물건에 애착을 갖기 시작하죠. 특정 물건에 애착을 보이는 행동은 정서적으로 문제가 있어서가 아니라 정상적인 발달 과정의 하나이므로 너무 예민하게 받아들일 필요는 없어요. 잠잘 때 애착을 보이는 물건이 있다면 그 물건을 엄마 아빠도 함께 아껴주는 방식으로 아이의 감정을 읽어주세요.

놀이에 집중해요

돌 이전에는 엄마와 잘 떨어지지 않으려 하지만, 이 시기부터는 엄마를 중심으로 일정한 행동반경 내에서 접근과 이탈을 반복하면서 주변을 탐색해요. 엄마와 안정된 애착 관계가 형성된 경우 낯선 환경에서도 엄마가 있는 것만 확인되면 놀이에 열중하는데, 이것은 나중에 사회성과 정서 발달에 매우 중요합니다.

어른의 행동을 그대로 따라 해요

아이의 두뇌는 모방을 통해 발달합니다. 전화기를 들고 전화하는 흉내를 내기도 하고 엄마가 걸레질을 하고 있으면 같이 엎드려 바닥을 닦는 등 엄마 아빠의 행동을 따라 해요. 이런 모방 놀이를 통해 아이의 두뇌가 발달합니다.

이렇게 돌봐요

스스로 할 수 있는 기회를 줍니다

무엇이든 자기가 하겠다고 고집 부리는 시기예요. 이럴 땐 아이 스스로 할 수 있는 기회를 줘보세요. 옷을 입고 벗을 때도 스스로 하게 해주세요. 입는 것보다는 벗는 것이 쉬우므로 양말이나 바지를 벗는 연습부터 하게 합니다. 스스로 할 수 있도록 지켜보다가 힘들어하면 그때 옆에서 도와주세요.

몸을 활용해 활동적인 놀이를 해요

제법 넘어지지 않고 걷게 되면 아이의 활동 범위가 그만큼 넓어집니다. 이럴 땐 활동적인 놀이를 할 수 있는 장난감을 마련해줄 필요가 있어요. 장난감은 아이의 지능 발달과 사회성 발달에 매우 큰 도움이 되므로 아이의 수준에 알맞은 장난감을 제공해주어야 합니다. 색깔은 밝은 것이 좋으며 가지고 놀기에 위험하지 않은 것으로 준비해주세요. 플라스틱 자동차, 끌고 다니는 차, 인형, 블록, 다양한 형태의 깨지지 않는 용기, 공, 크레파스 등이 적당해요. 그 밖에 집 안에 있는 물건 중 아이가 갖고 놀기에 위험하지 않다면 좋은 장난감이 될 수 있습니다.

아이의 기분을 헤아려주세요

18개월 무렵부터 자의식이 생겨나면서 자기주장이 강해지고, 좋고 싫음에 대한 의사 표현도 분명해집니다. 종종 엄마의 손길을 거부할 때도 있어요. 고집과 억지를 부리는 것처럼 보일지 모르지만, 내면의 자아의식이 싹트고 있는 것이므로 기뻐해야 할 일입니다. 반항적인 태도를 너무 억압해도, 그렇다고 너무 방임해도 안 됩니다. "싫어", "아니"라는 말을 자주 한다면 말만 그렇게 하는 것인지, 아니면 정말 싫은지를 먼저 구분해야 합니다. 정말 싫어하는 것이라면 대신 무엇을 원하는지 물어보는 등 아이의 기분을 헤아리기 위해 노력합니다.

밤에 깨도 놀아주지 마세요

밤에 잠드는 시각은 오후 6~8시, 일어나는 시각은 오전 6~8시 사이가 적당해요. 밤에 자다가 깨서 눈이 반짝반짝 빛나도 같이 일어나 놀아줘서는 안 돼요. 계속 놀아주다 보면 습관이 될 수도 있어요. 아이에게 아직 깜깜한 밤이고 잠을 더 자야 한다고 이야기한 다음 다시 눕혀 재워주세요. 손을 잡고 자장가를 불러주면서 다시 잠들 수 있게 다독여줍니다.

낮잠은 하루 2시간 정도 재워요

낮잠을 잘 잔 아이가 밤에도 길게 잘 수 있어요. 돌 전에 하루 5~6번 낮잠을 잤지만, 이 시기에는 오전과 오후에 한 번씩, 2시간을 넘기지 않는 게 평균적입니다.

이렇게 먹여요

서서히 일반 식사로 바꿔요

이유식에서 일반 식사로 옮겨가는 과도기입니다. 음식의 종류, 양, 조리법은 이유식과 같게 하되 차츰 일반 식사로 바꿔주세요. 갑자기 양을 많이 늘려 위에 부담을 주어서는 안 됩니다. 식사는 하루에 세 끼를 주는 것이 좋습니다. 모유는 돌이 지나도 엄마와 아이가 원하면 더 먹여도 되지만, 밥과 반찬이 주식이라는 사실을 잊지 마세요.

하루 두세 번 간식을 먹여요

이 시기에는 아이의 활동량이 많아 하루 세 번의 식사만으로는 필요한 칼로리를 충분히 섭취할 수 없어요. 이를 보충하기 위해 2~3회씩 간식을 챙겨주세요. 과자나 요구

 닥터's advice

> ❓ **이 시기에 필요한 건강 체크!**
>
> • **MMR 예방접종을 맞혀요** 12~15개월에 홍역, 볼거리, 풍진을 예방하는 혼합 백신인 MMR 예방접종을 해요.
>
> • **감염성 질병에 주의해요** 밖에서 노는 시간이 많아지는 시기입니다. 외출한 뒤 집에 돌아오면 반드시 손을 깨끗이 씻고, 입고 나간 옷도 갈아입혀요. 밖에서 음식을 먹을 때도 손부터 닦는 등 위생에 신경 써야 합니다.
>
> • **유아비디오증후군에 관심을 가져요** 텔레비전에서 방영하는 프로그램이나 애니메이션에 흥미를 갖는 시기입니다. 하지만 텔레비전은 일방적으로 자극을 받아들이게 해 아이의 사고력을 떨어뜨리고 유아비디오증후군을 일으킬 수 있어요. 유아비디오증후군은 과도한 동영상 시청으로 유사 발달장애, 유사 자폐, 사회성 결핍 등을 겪는 정신 질환이에요. 텔레비전이나 유튜브 시청은 한 번 볼 때 30분 미만으로 제한하고, 하루 2시간을 넘기지 마세요. 또한 텔레비전을 시청할 때는 엄마가 함께 시청하며 중간마다 아이에게 이야기를 건네 지나치게 집중하는 것을 막아야 합니다.

르트와 같이 단맛이 강한 간식 대신 과일, 우유, 치즈, 고구마, 빵 등을 번갈아가며 주는 것이 좋습니다. 돌이 되기 전에 생우유를 먹으면 철분을 비롯한 영양분이 부족할 수 있으니 돌 이후로 미루세요. 돌 이후에는 생우유를 먹여도 됩니다. 하지만 생우유를 하루 두 컵 이상 마시는 것은 다른 영양소 섭취를 방해하므로 영양학적으로 권장하지 않습니다.

알레르기 발생률이 높은 음식은 돌 이후에 먹여요

달걀흰자, 갑각류, 견과류 등 알레르기를 잘 일으키는 음식은 돌 이후에 먹이는 것이 좋습니다. 엄마 아빠가 알레르기가 있다면 더욱더 늦게 시작하는 것이 안전합니다. 기름기가 많은 돼지고기도 일찍 먹는 것은 좋지 않아요. 특히 꿀은 주의해서 섭취해야 해요. 보툴리누스균이 분비하는 물질인 보툴리눔 독소가 꿀에 들어 있어 면역력이 약한 아이가 먹으면 병을 일으킬 수 있기 때문이에요. 그러므로 꿀은 반드시 돌이 지난 후에 먹여야 합니다.

생후 12개월부터 시작하는 우리 아이 밥 먹이기 프로젝트

돌 지난 아이, 이제부터 본격적으로 밥을 먹이세요

돌이 되면 이유식을 서서히 끝내고 본격적으로 밥을 먹일 준비를 해요. 이 시기에 분유나 모유를 지나치게 많이 먹으면 밥을 잘 먹지 않으므로 서서히 수유를 줄여나가요. 만일 아직도 아이가 고형식을 씹는 데 익숙하지 않다면 이유식을 제대로 하지 않았기 때문이에요. 돌이 지난 아이는 너무 짜거나 매운 음식 등 맛이 강한 음식을 제외하면 어른들이 먹는 음식을 거의 다 먹을 수 있어요. 이제부터는 밥과 반찬을 꼭꼭 씹어 먹는 훈련을 하면서 영양분을 골고루 섭취하게 합니다. 그렇다고 모든 음식을 먹을 수 있는 것은 아니에요. 씹는 것이 익숙해지기는 했어도 딱딱한 것을 잘게 부수어 먹는 것은 아직 힘들어요. 그렇기 때문에 모든 음식을 부드럽게 만들어서 주세요. 어른과 함께 밥상에 앉더라도 아이가 먹는 음식은 간을 덜하여 다른 그릇에 담아주는 것이 좋아요. 적어도 두 돌까지는 간을 약하게 해서 먹이세요.

6세 정도가 돼야 어른과 똑같이 먹을 수 있어요

요즘 아이들은 아주 어릴 때부터 햄버거, 피자, 과자 등을 먹습니다. 이런 음식을 먹으면 소화 기능이 떨어지고 영양이 부족하여 성장에도 좋지 않아요. 지나치게 기름지거나 자극적인 음식은 주지 않도록 해요. 너무 당도가 높은 음식을 간식으로 주는 것은 아닌지 살펴보세요. 초콜릿, 과자 등의 단맛과 과일의 당분을 많이 섭취하면 밥이 싱겁게 느껴져 잘 안 먹을 수도 있어요. 또한 단것을 많이 먹으면 쉽게 흥분해 머리만 과열되고 위장은 약해지기 쉬워요. 특히 저녁 이후에 단 음식을 많이 먹으면 잠을 충분히 자지 못하게 되고 이는 다음 날 식욕 부진으로 이어질 수 있습니다. 주식에 영향을 미칠 정도로 많은 양의 간식은 주지 마세요. 달콤한 간식을 먹을 수 있다는 생각에 밥을 먹지 않을 수도 있으니까요.

아이의 식욕은 변화무쌍합니다

아이의 식욕은 어른과 마찬가지예요. 기분에 따라 식욕이 달라지며 음식에 따른 취향도 있어요. 게다가 아이의 입맛은 참 잘도 바뀝니다. 어제까지는 고기를 맛있게 먹더

 닥터's advice

❓ 아기 전용 우유 vs. 일반 우유

우유를 선택할 때 아기 전용 우유를 먹여야 할지 일반 우유를 먹여야 할지 고민하는 엄마들이 많습니다. 아기 전용 우유는 성장에 필요한 성분이 더 추가된 것이 특징이에요. 따라서 돌이 지나고 아이가 하루 세 끼 식사를 잘하고 간식도 잘 먹는다면 굳이 아기 전용 분유를 먹이지 않아도 됩니다. 일반 우유를 먹여도 되지요. 아기 우유와 어른 우유를 구분해서 먹이는 것보다 보통 우유와 저지방 우유를 기준으로 선택하는 편이 낫습니다. 두 돌 이전의 아이는 두뇌 발달에 필수 영양소인 지방 섭취를 제한해서는 안 되기 때문에 저지방 우유를 먹여서는 안 됩니다. 두 돌이 지나면서 서서히 지방 섭취를 줄이기 위해 저지방 우유로 바꾸는 것을 권장합니다.

니 오늘은 또 먹기 싫다고 거부하지요. 전혀 먹지 않다가 그다음 번에는 많이 먹기도 합니다.

밥 안 먹는 아이, 왜 그럴까요

- CASE 1 **감기에 걸리면 입맛을 잃어요!** 누구나 감기에 걸리면 위장 기능이 떨어져 입맛을 잃어요. 아이도 마찬가지예요. 특히 열을 동반한 목감기는 물을 삼키는 것조차 힘들어 먹는 것 자체를 거부하게 만들어요. 또 코감기에 걸리면 냄새를 맡지 못해 음식의 맛을 느끼지 못하며, 기침과 가래가 입안을 씁쓸하게 만들어 무언가 먹고 싶다는 생각을 하지 못하게 합니다. 이럴 때는 수분을 충분히 섭취하게 하고 가래나 콧물 등을 몸 밖으로 배출시켜야 해요. 가습기나 물에 적신 수건을 방 안에 두어 습도를 조절해주는 것도 중요합니다.

- CASE 2 **변비가 있는 건 아닌가요?** 평소보다 아이가 먹는 밥의 양이 줄었다면 변비 증상이 있지는 않은지 살펴보세요. 몸속에 들어오는 음식의 양이 적으면 내보내는 양도 적어져요. 그러다 보면 섭취한 음식물이 장 안에 머무는 시간이 길어져 배고픔을 느끼지 못하게 됩니다. 점점 배 속이 더부룩해져 밥을 안 먹게 되는 악순환이 만들어져요.

- CASE 3 **입안이 헐거나 입병이 생겼을 수도 있어요!** 배변도 잘하고, 감기에 걸리지도 않았는데 밥을 잘 안 먹는다면 아이의 입안을 확인해보세요. 세균, 바이러스 등에 감염되어 입병이 나면 작은 자극에도 크게 통증을 느끼기 때문에 입맛이 사라질 수 있어요. 그렇다고 마냥 굶기면 면역력이 약해져 세균이나 바이러스에 대한 저항력이 더 떨어질 수 있습니다. 입병 때문에 밥을 못 먹는다면 씹지 않고도 삼킬 수 있는 유동식을 먹이는 것이 좋아요. 매운 음식, 찬 음식, 뜨거운 음식, 거친 음식 등을 멀리하세요.

- CASE 4 **스트레스를 받는 건 아닌가요?** 아이도 스트레스를 받으면 입맛이 없어집니다. 스트레스로 인해 밥을 먹지 않는 경우는 두 가지예요. 첫 번째는 엄마의 과도한

훈육, 어린이집 적응, 친구들과의 관계 등으로 인한 심리적 스트레스입니다. 두 번째는 위에 부담을 주는 음식으로 인한 육체적 스트레스입니다. 전자의 경우 아이가 밥을 안 먹기보다 과식으로 이어져 비만이 될 가능성이 더 크지만, 후자의 경우에는 밥을 먹지 않는 결정적 이유가 될 수 있어요. 간혹 식후가 아닌데도 복통을 자주 호소하거나 좋아하는 놀이도 싫어할 만큼 불편해한다면 반드시 진찰을 받도록 합니다.

• (CASE 5) 먹는 것에도 단계가 필요해요! 15개월 안팎의 아이는 '성장'보다는 '발달'의 시기에 있어요. 즉 급격히 진행하는 발달 시기에 성장까지 진행되지 않도록 아이 몸이 스스로 먹는 양과 몸의 페이스를 조절하고 있다고 생각하면 됩니다. 잘 먹던 아이가 돌이 지나면서 먹고자 하는 욕구가 확 줄어든 것처럼 보인다 해도 생리적으로는 '완전히 정상'이라고 볼 수 있어요. 또 제1의 반항기를 겪는 시기이기 때문에 엄마가 먹으라고 하면 기를 쓰고 안 먹으려고 할 수도 있습니다. 요컨대 15개월 전후의 아이가 밥을 먹지 않는 경우는 정상적인 행동이므로 느긋하게 기다려주세요.

아이 스스로, 밥 먹을 수 있어요

• 스스로 먹지 않는 아이, 어떻게 해야 할까요? "우리 아이는 스스로 먹으려고 하지 않아요. 먹여주면 잘 받아먹어요. 일일이 떠먹여줘야 하니 큰일이에요!" 이런 고민을 하는 엄마들이 많습니다. 밥 먹는 습관을 잘못 들이진 않았나 생각해보세요. 아이가 처음부터 받아먹는 것을 더 좋아한 것은 아닐 거예요. 이유식 시기에 분명 혼자서 숟가락질을 하려는 시도를 했을 거예요. 이 시기의 아이는 어른 흉내를 내는 것을 좋아하고 뭐든 자기 손으로 하겠다고 고집을 부리기 때문이에요. 이것은 아주 자연스러운 발달 단계이며, 바람직한 독립 과정이에요. 이때 아이 혼자서 숟가락질하며 먹게 놔두면 입으로 들어가는 것은 반도 안 되고 나머지는 얼굴이며 옷, 식탁에 다 흘립니다. 심지어 숟가락을 휘두르는 바람에 벽과 천장까지 음식이 들러붙기도 하죠. 이때 엄마는 어떻게 했을까요? 아마 아이에게 제대로 먹이려는 생각에 아이의 손에서 숟가락을 빼앗아 음식을 떠서 먹여주었을 겁니다. 따지고 보면 아이 혼자 먹는 것보다 먹여주는 것이 엄마 입장에서는 훨씬 편한 일이에요. 먹여주면 아이 혼자 먹는 것에 비해

시간도 단축하고 뒤치다꺼리할 일도 없어지니까요. 이렇게 엄마가 아이에게 자꾸 먹여주다 보면 어느새 '습관'으로 자리 잡을 수 있습니다. 그러면서 엄마들은 말합니다. "우리 애는 왜 먹여줘야만 먹나요?"

• 엄마가 편하다고 계속 떠먹이면 안 됩니다! 아이에게 먹는 일은 성장과 발달을 돕는 과정이며, 학습이고 사회화의 기회라고 할 수 있어요. 하지만 먹여주는 것에 익숙해진 아이는 스스로 먹으라고 하면 먹는 양이 확 줄 수도 있고, 먹여달라고 떼를 쓸 수도 있습니다. 당장은 힘이 들더라도 미래를 내다본다면 지금 바로 아이에게 숟가락을 쥐어줘야 해요. 그리고 스스로 먹지 않으면 먹을 것이 저절로 입안으로 들어오는 일은 없다는 것을 가르쳐야 합니다. 아이가 설령 한 입만 먹고 일어서더라도 절대 먹여주지 마세요. 아이 스스로 할 수 있도록 기회를 준다면 점차 아이가 변하는 모습을 볼 수 있을 거예요.

생후 16개월이 지나면 아이는 소근육이 발달하면서 숟가락질과 포크질에 더욱 능숙해집니다. 음식을 흘리는 일도 줄어들고 식사하는 속도도 제법 빨라져요. 한입 크기라면 아이 혼자서 포크로 찍어 먹을 수도 있습니다. 또 컵을 사용하는 것도 어느 정도 익숙해져요. 빨대 없이도 컵에 담긴 물이나 우유를 마실 수 있어요. 아이가 음식을 쏟거나 흘리더라도 엄마가 도와주거나 먹여주기보다는 아이 혼자 먹을 기회를 많이 만들어주세요. 아이 스스로 먹을 기회를 제공해야 자립심이 강하고 바른 식습관을 가진 아이로 자랄 수 있습니다. 식사 습관은 짧은 시간에 형성되지 않습니다. 한번 습관이 들면 고치기 어려우므로 곁에서 엄마가 지속적으로 관심과 사랑과 인내를 갖고 도와주어야 합니다.

• 엄마도 아이와 함께 앉아서 밥을 먹어요 엄마와 아이가 단둘이 밥을 먹을 때 엄마는 대개 분주합니다. 아이에게 밥을 먹일 때도 밥 한 숟가락 먹이고 일하고, 또 한 숟가락 떠먹이고 일하는 모습을 자주 보일 수밖에 없어요. 물론 엄마는 시간을 아껴 쓰기 위해 부지런히 움직이는 것이지만, 아이는 엄마의 모습을 보면서 '밥을 먹을 때 이리 저리 움직이면서 먹어도 되는 거구나'라는 메시지로 받아들일 수 있습니다. 아이에게

가만히 앉아서 밥 먹는 것을 가르치고 싶다면 엄마도 아이 옆에 앉아서 식사하는 모습을 보여주어야 합니다. 아이에게 바르게 먹는 법을 알려주세요. 또 얌전하게 앉아서 밥을 먹는 것도 중요하지만 식사는 즐거운 시간이라는 경험을 하게 하는 것이 무엇보다 중요합니다.

아이의 식생활, 이렇게 도와주세요

• 벌을 주겠다고 위협하거나, 다 먹으면 선물을 주겠다고 약속하지 마세요 먹이기 위해 억지로 애쓸 필요 없어요. 한 숟갈만 먹으면 엄마 아빠가 무엇이든 해준다는 사실을 알게 되면 식사는 말 그대로 아이와 벌이는 흥정이 되어버립니다.

• 식사시간을 30분 이상 끌지 마세요 아이가 거부한 것을 30분 뒤에 다시 먹으라고 하는 식으로 식사시간을 쪼개는 것도 좋지 않습니다. 식사를 제대로 못 했다면 간식을 거르고 식사만 하루에 세 번 주는 것으로 변화를 주세요. 어떤 부모들은 아이가 밥을 먹지 않는 것을 부모 스스로가 못 견뎌합니다. 한두 끼 먹지 않아도 괜찮습니다. "너, 밥 안 먹으면!" 이런 식으로 음식으로 협박하지 않는 게 더 중요해요. 올바른 식습관을 기르는 것은 힘든 과정이지만 아이 스스로 먹을 때까지 기다려주는 것이 훨씬 효과적입니다.

• 돌아다니는 행동은 무시하는 게 좋아요 아이가 밥상 앞에서 돌아다닐 때 밥을 먹이려고 절대 쫓아다녀서는 안 됩니다. 온 가족이 아이가 돌아다니든 말든 신경을 끄고, 재미있게 이야기하며 식사하는 모습을 보여주세요. 이런 무관심이 지속되면 아이는 곧 소외감을 느껴 스스로 식탁 앞으로 돌아옵니다. 아이가 식탁으로 돌아와 바르게 식사하려고 하면, 칭찬을 해주고 즐겁게 먹을 수 있도록 도와주세요. 이때 식사량에는 절대 신경 쓰지 마세요. 시도하는 것만으로 칭찬해서 동기를 심어주는 것이 더욱 중요합니다.

• **텔레비전을 보며 식사하는 습관부터 고쳐야 해요** 대부분의 아이들이 텔레비전을 보면서 식사할 경우 먹는 것에 주의를 기울이지 않습니다. 뿐만 아니라 텔레비전은 자기 직전의 아이들을 흥분시킬 위험이 있죠. 식사시간만큼은 먹는 데 집중할 수 있게 텔레비전을 꺼주세요. 그러면 식사시간의 즐거움을 발견하게 될 겁니다.

생후 18~24개월

골격과 근육이 튼튼해지고 소근육이 발달하며
궁금증이 폭발하는 시기예요.

체크 포인트

☑ 골격과 근육이 튼튼해지면서 몸의 균형이 잡히고, 깡충깡충 뛸 수 있을 만큼 신체발달이 눈이 띄게 좋아집니다. 24개월쯤 되면 가까운 곳은 걸어서 외출할 수 있는 수준까지 발전해요.

☑ 귀찮을 정도로 질문이 늘어나고 종알종알 말이 많아지는 시기입니다. 이때 엄마가 힘들어도 성실하게 대꾸해주어야 언어 능력이 발달합니다.

☑ 자기 물건에 대한 애착이 강해져서 장난감이나 인형, 담요 같은 것에 애착을 보입니다. 다른 아이가 자기 장난감을 만지면 화를 내고 다른 아이의 장난감을 탐내기도 합니다.

 ## 이렇게 자라고 있어요

생후 20개월쯤 되면 평균 체중은 12kg, 신장은 85cm 정도가 됩니다. 20개의 유치가 다 올라오기 때문에 본격적으로 치아 관리에 신경 써야 하는 시기이지요. 이젠 아이 혼자서도 잘 걸으며, 계단을 자유롭게 올라가거나 내려올 수도 있어요. 다리 골격과 근육이 튼튼해지고 운동 능력이 발달하면서 큰 공을 발로 찰 수 있어 공놀이도 가능합니다. 미세한 소근육이 발달해 블록을 높이 쌓을 수 있고, 크레파스를 쥐고 선을 그리는 것도 할 수 있어요.

성장 발달에 대해 알려주세요

손가락 움직임이 자연스러워요

미세한 소근육이 발달하고 손의 움직임도 매우 활발해져 블록을 6~7개 쌓으며, 책을 한 장씩 넘길 수 있어요. 밥 먹을 때도 숟가락질이 늘어 음식을 흘리지 않으며, 혼자 컵을 들고 물을 마실 수도 있습니다. 손잡이를 돌려 문을 열기도 하고 연필을 쥘 때 손가락 끝을 이용해 세 손가락으로 잡기도 해요. 이 시기에 손을 많이 사용하는 점토 놀이나 블록 놀이 등을 자주 하면 소근육 발달에 도움이 됩니다.

깡충깡충 뛸 수 있어요

쪼그리고 앉은 자세에서 혼자 일어설 수 있어요. 걷는 자세도 안정되어 넘어지지 않고 잘 걸으며 제자리에서 두 발로 깡충깡충 뛸 수도 있어요. 무릎을 꿇고 앉을 수 있으며 뛰다가 서는 것도 조절할 수 있어요. 공놀이할 때에도 멀리 굴러간 공을 잘 쫓아

 닥터's advice

❓ 대근육과 소근육은 어떻게 발달시켜야 하나요?

자전거 타기, 공 던지기, 걷기, 달리기와 같은 신체 활동은 대표적인 대근육 운동입니다. 연필 잡기나 젓가락질, 종이접기처럼 주로 손을 이용한 작은 활동은 소근육 운동에 해당해요. 일반적으로 자라면서 대근육 활동이 활발한 아이는 주로 운동 발달 능력이 뛰어난 반면, 소근육 활동이 활발한 아이는 두뇌 회전이 뛰어나고 성적이 좋은 경우가 많아요. 그러니 대근육 및 소근육 활동을 함께 시켜 어느 한쪽이 지나치게 발달하는 것보다 두 근육이 고르게 발달할 수 있도록 도와주세요. 그래야 두뇌와 신체 활동이 원활하게 이루어질 수 있어요.

가고 던지고 발로 차는 것도 제법 잘할 수 있어요. 몸의 균형을 잘 잡아 한쪽 발로 1초 동안 서 있을 수 있으며 계단도 쉽게 오르내릴 수 있습니다.

"뭐야?"라는 질문을 많이 해요

궁금증이 폭발하는 시기입니다. 특히 사물의 이름에 관심이 많아 "이게 뭐야?" 하는 소리를 달고 살 정도예요. 귀찮을 정도로 이것저것 물어보는데 이때 짜증을 내거나 너무 간단히 단어만 말해주는 대화법은 아이의 언어 발달에 좋지 않아요. 마주 보면서 제대로 된 문장을 또렷한 발음으로 말해야 아이의 어휘력이 풍부해지고 호기심도 충족될 수 있어요.

닥터's advice

❓ 이 시기에 필요한 건강 체크!

• **3차 영유아 건강검진과 1차 구강검진을 해요** 3차 영유아 건강검진을 할 시기입니다. 대근육과 소근육의 발달을 포함하여 다양한 항목을 검사해요. 이 시기에는 1차 구강검진도 이루어집니다. 구강검진은 소아청소년과가 아닌 치과에서 실시하므로 집 주변의 치과 중 영유아 검진을 하는 곳을 미리 알아두면 도움이 됩니다.

• **갑자기 자다가 깨서 운다면 야경증을 의심해보세요** 아이가 자다가 갑자기 깨어나서 큰 소리로 울고 발버둥을 친다면 '야경증'을 의심해보세요. 잠든 지 1~2시간 만에 크게 소리를 지르면서 깨어나 마치 공포에 질린 듯 주변을 두리번거리며 울어댑니다. 안아서 달래도 울음을 그치지 않아요. 약 10분 정도 지속하지만 30분 정도 계속될 때도 있습니다. 잠이 깬 후에는 그 일에 대해 기억하지 못하는 것도 특징이에요. 정확한 원인은 밝혀지지 않았지만, 피로와 심한 스트레스 등이 원인으로 생각됩니다. 평소 정서적으로 안정감을 주며 쉬게 하면 저절로 없어지므로 크게 걱정할 필요는 없습니다.

• **소아 비만은 초기에 잡아야 해요** 24개월에 접어드는 아이가 표준체중보다 훨씬 많이 나가더라도 그건 아이의 성장 리듬일 수 있어요. 이 시기의 과체중이 성인 비만으로 이어지는 경우는 10%에 불과합니다. 하지만 식습관을 잘못 들이면 비만으로 이어지기 쉽다는 사실을 꼭 기억해야 합니다. 식사를 규칙적으로 하고, 한 번에 지나치게 많이 먹지 않도록 지도하세요. 또 자기 전 혹은 자다가 깨서 먹는 버릇이 있다면 반드시 고쳐야 합니다.

2개 이상의 낱말로 된 문장을 만들 수 있어요

지능이 발달함에 따라 언어가 급격히 발달합니다. 사물에 이름이 있다는 것을 알게 되며 말도 이해할 수 있어요. 사물과 단어 간의 연관성도 알게 되지요. 어휘 수가 급격히 증가하여 생후 18개월에는 10~15개, 생후 24개월에는 100개 이상으로 사용하는 단어가 늘어납니다. 또 두 단어를 연결하여 간단한 문장을 만들 수도 있습니다. 이 시기는 수용 언어가 최고조에 발달하는 때이므로 일상에서 벌어지는 일들에 대해 이야기하며, 아이와 끊임없이 대화하세요. 아이의 말을 다시 반복하는 것도 좋고, 단어를 반복해서 말해주는 것도 언어 발달에 도움이 됩니다.

애착을 보이고 소유욕이 강해져요

특정 물건에 집착하는 경향을 보여요. 안정감과 편안함을 주는 담요나 상난감, 인형 등에 애착을 보입니다. 물건에 대한 소유욕도 강해져서 자기 물건을 꼭꼭 숨기거나 한곳에 모아두고 남이 손대지 못하게 하는 행동을 보이기도 해요. 심지어 다른 친구의 물건도 "내 것"이라고 우기고 친구의 물건을 거침없이 빼앗는 모습을 보이기도 합니다. 가끔은 다른 아이의 장난감을 슬쩍 집어 올 때도 있는데, 아직 소유 개념이 덜 발달했기 때문이에요. 이럴 때는 심하게 야단치기보다는 알기 쉽게 친구의 물건임을 알려주어 돌려주게 합니다.

이렇게 돌봐요

또래와 만날 수 있는 시간을 만들어요

아직은 또래와 자연스럽게 어울려 놀 수는 없지만 다른 아이와 똑같은 놀이를 하고 싶어 하거나 다른 아이가 가진 장난감을 갖고 싶어 합니다. 싸움을 걸거나 흉내 내는 것은 다른 아이에게 관심을 보인다는 증거예요. 사회성이 싹트는 시기이므로 또래 친구들과 만나 놀이를 같이하는 것이 좋아요. 또래와 함께 놀면서 규칙과 질서, 양보와 타협을 배웁니다. 친구를 집으로 초대하기도 하고, 친구 집에 놀러 가기도 하면서 내 물건과 남의 물건을 구별하고 어떻게 놀이해야 하는지 알려주세요.

배변 훈련을 시도해요

생후 18~24개월이면 대소변을 가릴 수 있는 준비가 됩니다. 괄약근을 조절할 만큼 생리적 성숙이 이루어지는 시기이지요. 소변이나 대변이 나오려는 느낌을 알게 되고 엄마가 변기를 가져다주는 동안은 참을 수 있어요. 하지만 준비가 갖춰진다고 해서 대소변 가리기를 성공할 수 있다는 뜻은 아니에요. 더 일찍 시도할 수도 있지만, 너무 서두르는 것은 바람직하지 않습니다. 아이가 대소변 가릴 준비가 되기도 전에 너무 엄격하게 훈련시키면 커서 강박관념에 사로잡히는 등 역효과가 생길 수 있어요. 말을 이해할 수 있으며, 아이의 표정이나 행동으로 배설 의사를 표현할 수 있을 정도가 되어야 훈련에 무리가 없습니다.

 단계별 아기 대소변 훈련

① 변기와 친해지기
아이가 변기와 친숙해지게 해주세요. 다른 가족이 변기에 앉은 모습을 보여주거나 아이 변기 위에 앉아 놀게 하는 등 자연스럽게 유도하는 것이 좋아요.

② 변기 사용해보기
아이가 대소변이 마려운 표정이나 행동을 보이면 "쉬하러 갈까?", "응가하러 갈까?" 같은 말을 건넨 후 변기로 데려가세요. 몇 번 반복하다 보면 아이도 대소변은 변기에서 봐야 한다는 사실을 자연스럽게 받아들입니다.

③ 기저귀와 이별하기
대소변을 변기에서 본다고 완벽히 성공한 건 아니에요. 몇 번 실패하기도 하고, 퇴행 현상을 보이기도 하지요. 대소변 훈련을 시작하고 3개월 정도는 지켜보며 천천히 기다려줄 필요가 있습니다. 대소변 훈련이 잘되지 않는다고 과민해지지 마세요. 보통 18개월부터 배변 훈련이 가능하다고 하지만 아이마다 편차가 있으니 길게 보고 여유를 가지고 진행합니다.

④ 대소변 훈련 완성하기
각 단계를 무난히 해냈다면 이제 대소변을 혼자서도 볼 수 있을 겁니다. 단, 이때에도 아직 위험하므로 아이 혼자 화장실에 두지 마세요.

되는 일과 안 되는 일을 알려 주세요

고집이 세고, 무엇이든 자기 마음대로 하려고 해요. 반항과 변덕도 심해져 아이를 다루는 데 애를 많이 먹어요. 평상시 옳고 그름을 확실히 가르치고, 되는 일과 안 되는 일을 명확히 구별해서 행동을 통제할 필요가 있습니다. 그러나 무조건 안 된다는 식으로 말하면 아이는 화를 내면서 공격적인 성격이 돼요. 반대로 엄마의 통제 속에 수동적으로 행동할 수도 있으므로 적절한 기준을 갖고 아이를 돌봅니다.

장난감은 스스로 정리하도록 이끌어주세요

호기심이 많은 시기인 만큼 장난감을 죄다 늘어놓거나 통째로 쏟아버리는 경우가 많아요. 물론 장난감을 꺼내 어지럽히는 것도 일종의 재미있는 놀이입니다. 이때 장난감을 정리하는 것 또한 놀이로 인식하게 하세요. 함께 정리하며 노래를 부르거나 누가 빨리 정리를 하는지 시합을 하는 등 흥미를 끌 만한 행동을 하면서 정리해보세요. 그럼 자연스럽게 정리하는 습관을 기를 수 있습니다.

 ## 이렇게 먹여요

활동량이 많은 시기이므로 하루 세 끼 식사만으로는 필요한 영양이 부족합니다. 정상적인 발육을 하는 아이라면 1일 1,200kcal 정도가 필요하며 단백질은 35g, 칼슘은 600mg, 철분은 10~15mg 정도를 섭취해야 해요. 지방은 두뇌 발달과 성장을 위한 필수 영양소예요. 양질의 지방이 들어 있는 우유, 육류, 생선 등을 많이 먹을 수 있게 해주세요. 버터를 많이 사용한 음식이나 기름기가 많은 튀김 종류를 많이 먹으면 비만이 될 수 있으므로 삶거나 찌는 조리법을 이용한 음식이 좋습니다. 이 시기에는 간식도 큰 비중을 차지합니다. 따라서 소화가 잘되고 위에 부담이 없으며 식욕을 돋울 수 있는 간식을 준비해주세요. 우유는 180ml, 아이스크림은 1컵, 달걀은 1/5개, 식빵은 1/2쪽, 비스킷은 큰 것 1개 정도가 적당합니다.

생후 24~36개월

끊임없이 움직이며 폭발적인 언어 발달을 보여요.

체크 포인트

☑ 발음이 정확해집니다. 말을 잘하는 아이로 키우기 위해 아이가 하는 말에 귀를 기울여주세요.

☑ 배변 훈련이 잘된 아이는 변기에서 변을 볼 수 있습니다. 하지만 밤에 잠을 잘 때 실수할 가능성이 있으므로 잘 때는 기저귀를 채우는 것이 좋습니다.

☑ 노는 데 열중하는 아이일수록 억지로라도 정해진 시간에 낮잠을 재우는 것이 좋습니다.

☑ 식습관을 형성하는 데 중요한 시기이므로 억지로 먹이려고 하지 마세요. 이 시기부터 젓가락을 사용하도록 훈련을 시켜보세요. 잘못 배우면 나중에 고치기가 더 어려우므로 어렸을 때부터 정확하게 가르쳐야 합니다.

 ## 이렇게 자라고 있어요

두 돌이 넘어가면 아이가 잘 크지 않는 것처럼 보입니다. 몸무게가 잘 늘지 않고 키도 제자리걸음인 것처럼 느껴지지요. 이 시기는 실제로 성장이 더딘 것이 사실이에요.

체중은 12~13kg, 신장은 87~88cm, 어금니 4개를 포함해 유치 20개가 전부 나오는 시기입니다. 하지만 30개월에 접어들면 걷는 것이 자연스러워지고 골격이 더 튼튼해지면서 어른과 비슷한 형태가 됩니다. 이전과 비교해 머리 크기의 비율이 훨씬 줄어들어 전체적으로 몸의 균형감이 형성됩니다. 볼록하던 배도 조금 들어가고 볼살도 빠져 점차 성인에 가까워지는 몸매를 갖춥니다. 발달이 빠른 아이는 균형 있게 한쪽 발로 서 있을 수 있고 세발자전거를 탈 수도 있습니다.

성장 발달에 대해 알려 주세요

언어 발달이 폭발적으로 일어나요

3세가 되면 아이는 자신의 성별과 이름, 나이를 말할 수 있게 됩니다. 3까지 세는 것이 가능하고, 30개월이 되면 자신을 대명사 '나'로 말하기 시작해요. 세 단어가 연결된 문장을 만들 수 있으며 진행형, 의문형, 부정형 등 다양한 문장을 말할 수 있습니다.

손놀림이 자유로워요

손힘의 조절이 가능해지면서 삐뚤삐뚤하지만 팔 전체를 움직여 색칠할 수 있습니다. 힘들지만 단추도 잠그고 가위질도 제법 하지요. 주먹을 쥐고 엄지손가락을 움직일 수 있으며, 병뚜껑을 돌려서 열 수도 있어요. 종이를 대각선으로 접을 수 있어서 종이접기도 가능해져요. 원이나 수직선, 수평선을 그릴 수 있을 정도로 연필을 잡고 쓰는 것이 능숙해집니다. 이 시기에 아이가 오른손잡이인지 왼손잡이인지도 결정이 나요.

잘 뛰어요

몸을 다루는 능력이 발달해 스스로 할 수 있는 일이 많아집니다. 움직임이 커지고 균형 감각이 발달하는 시기로, 제법 잘 뛸 수 있어요. 팔을 리듬감 있게 움직이면서 걸어, 걷는 모습이 한결 자연스러워지고 발을 바꿔가며 혼자서 계단을 오르내릴 수 있습니다. 한 발을 들고 2초 동안 서 있을 수 있으며, 공을 '뻥' 찰 수도 있지요. 이 시기에는 대근육을 많이 쓰는 놀이를 하는 게 좋아요. 넓고 안전한 공간에서 달리기, 뛰기, 자전거 타기, 공차기 같은 기술을 연습할 수 있도록 도와주세요.

어른을 모방해 노는 것을 즐겨요

이 시기가 되면 아이는 어른의 흉내를 내는 것을 즐깁니다. 특히 엄마를 흉내 내어 장난감 곰이나 인형에게 먹을 것을 주고 보살피기도 해요. 장난감 자동차를 타고 소꿉놀이를 하며 장을 보고 집 안 청소를 하는 등 어른의 모습을 그대로 모방합니다. 남자아이는 모형 자동차와 비행기, 캐릭터 장난감 등을 좋아하고, 여자아이는 소꿉놀이 장난감, 아기 인형 등을 유독 좋아합니다. 시간이 지나면 남자아이와 여자아이의 차이가 두드러지게 나타나며 선호하는 장난감 종류가 더욱 뚜렷해지지만, 생후 30개월 무렵까지는 구분 없이 장난감을 접하게 해줄 필요가 있어요. 특히 주방놀이는 남녀 구분 없이 모든 아이가 좋아합니다. 이런 장난감을 가지고 놀면서 또래 친구와 어울리는 방법을 배우며 사회성을 키워갑니다.

유치가 다 올라와요

생후 24~36개월이 되면 먼저 올라와 있던 작은 어금니 양옆으로 큰 어금니가 위아래 2개씩 생깁니다. 이로써 20개의 유치가 다 올라와요. 씹거나 으깨는 힘이 좋아지고 턱 근육도 발달해 어른이 먹는 음식을 거의 먹을 수 있습니다. 하지만 유아의 치아는 이를 보호하는 에나멜질이 얇기 때문에 충치가 생기기 쉬워요. 치아가 한 개만 썩어도 금세 옆의 치아로 균이 옮겨갈 정도로 진행 속도가 무척 빨라요. 게다가 어금니는 씹는 면에 홈이 많아 깨끗이 닦기 어렵고 음식물이 잘 끼어 충치가 생기기 더욱 쉽습니다. 따라서 식사 후 바로 양치질하는 습관을 들여야 하며, 치아 관리에 특히 신경써야 합니다.

이렇게 돌봐요

치아 관리, 지금부터가 중요해요

유치는 어차피 빠질 거라는 생각에 치아 관리를 소홀히 하는 엄마들이 있어요. 하지만 유치가 부실하면 영구치도 부실해질 가능성이 매우 커요. 충치가 발생했는데도 제때 치료하지 않으면 치아 착색은 물론 잇몸 트러블까지 발생할 수 있어요. 아이가 칫솔질을 혼자 하겠다고 우기면 일단 스스로 하게 해주세요. 그런 다음 엄마가 한 번 더 닦아 마무리해줍니다. 치아는 자주 닦는 것보다 얼마나 제대로 닦느냐가 중요하다는 사실을 잊지 마세요. 칫솔질할 때는 위에서 아래로 닦아요. 특히 어금니에서 음식을 씹어 먹는 울퉁불퉁한 골짜기 부위를 더욱 신경 써서 닦아주세요.

손을 이용한 놀이를 많이 하게 해요

손동작은 단순한 소근육뿐 아니라 눈의 움직임과 손의 협응력이 함께 발달해야 가능해요. 그러므로 손을 이용한 놀이를 충분히 즐기게 해 손의 협응력을 길러주어야 합니다. 혼자 양말이나 신발을 신게 하고 간단한 뚜껑은 스스로 열고 닫게 해주세요. 그

닥터's advice

❓ 반드시 영유아용 칫솔을 사용하세요

만 12개월이 지난 후 첫 번째 어금니가 나면 영유아용 칫솔을 사용하는 것이 좋습니다. 만 24개월 이전의 아이는 치약을 사용하지 않거나 무불소 치약으로 닦고, 24개월 이후 치약을 잘 뱉어낼 수 있다면 저불소 치약을 사용하세요. 이때 치약은 완두콩 크기의 분량이 적당해요. 만 24개월 이전이라도 충치가 생겼다면 저불소 치약을 사용하는 것이 좋습니다. 삼키더라도 건강에 문제가 되지 않는 것으로 알려져 있어요. 불소는 충치를 예방하는 역할을 하니까 적은 양을 사용하면 아이의 치아 건강에 도움이 돼요.

▲ 치약은 완두콩 크기만큼

래야 손끝의 미세한 근육까지 섬세해집니다. 또 단추 끼우기, 고리 끼우기 등 손을 이용한 다양한 놀이를 제공해 두뇌 발달을 자극해주세요.

낙서판을 만들어요

벽이나 바닥에 그림을 그리면서 주변의 색과 형태를 인지하고, 자연스럽게 자기만의 색 경험을 만들어요. 생후 25~36개월의 아이는 아직 세밀한 부분까지 묘사할 수 있는 단계가 아니므로 이 시기의 아이에게 가장 좋은 미술 활동은 손과 발을 이용해 벽과 바닥에 물감으로 마음껏 찍고 그려보는 활동이에요. 무언가 표현하려는 욕구가 생겨나는 시기인 만큼 낙서도 늘어납니다. 아이가 마음껏 그릴 수 있도록 벽에 낙서판을 만들어주세요. 스스로 생각하고 표현할 수 있게 최대한 자유로운 공간을 만들어주는 게 가장 좋습니다.

바른 수면 습관을 들여요

생후 24개월이 되면 의사 표현 능력이 뚜렷해지고 주변의 모든 사물에 호기심이 생기면서 많은 아이가 일찍 잠자는 것을 거부해요. 올바른 수면 습관은 성장과 연결되기 때문에 일정한 시간에 규칙적으로 잠드는 습관을 들이는 것은 무엇보다 중요합니다. 생활 패턴이 다르고 성장호르몬 분비 시간이 달라 꼭 몇 시에 자야 한다는 원칙은 없지만, 반드시 숙면할 수 있도록 신경 써주세요. 숙면을 취할 때 성장호르몬이 다량 분비되므로 질 좋은 수면은 꼭 필요합니다.

 닥터's advice

❓ **아이 성장과 발달을 위한 숙면 가이드**
① 일정한 시간에 잠자리에 들고 일어나게 합니다.
② 잠들기 3시간 전 가벼운 운동을 하게 해요. 숙면을 도와줍니다.
③ 쾌적한 공기, 18~20℃의 적절한 온도, 55~60%의 습도가 숙면을 부릅니다.
④ 잠자리에 들 때는 작은 조명등까지 모두 끄는 게 좋아요. 환하면 멜라토닌 분비가 줄어들어 깊은 잠을 자기 어렵습니다.

집중력이 높은 시간에 놀게 해요

호기심이 많은 이 시기의 아이들이 모두 같은 것을 좋아하지는 않아요. 좋아하는 놀이가 무엇인지 파악해서 그 놀이를 지속해서 할 수 있게 하면 아이의 집중력은 몰라보게 좋아질 겁니다. 이때 기억해야 할 것은 아이마다 집중이 잘되는 시간이 다 다르다는 거예요. 아이의 생활 패턴을 고려해 가장 집중력이 높고 기분 좋은 시간에 놀이할 수 있게 신경 써주세요.

이렇게 먹여요

몸은 작지만 영양소가 많이 필요해요. 반찬을 고루 먹어 발육에 필요한 영양소를 충분히 섭취해야 해요. 3회 식사와 1회 간식 또는 2회 간식을 챙겨줍니다. 1회 먹는 밥의 양은 어른 밥공기의 3분의 2 정도가 적당해요. 어른이 먹을 수 있는 음식은 거의 먹을 수 있지만 짠 음식, 매운 음식 등 자극적인 음식은 삼가요. 최대한 재료 자체의 맛을 살려 조리하고, 간식은 제철 음식을 택합니다. 과일뿐 아니라 옥수수, 고구마, 감자 등도 아이에게 좋은 간식이 될 수 있어요.

 닥터's advice

❓ 이 시기에 필요한 건강 체크!

• **시력 관리에 신경 써요** 생후 36개월이 되면 시력이 0.6, 만 4~5세는 0.8 정도로 발달합니다. 그러다가 만 6세에 이르면 1.0 정도로 어른과 비슷한 시력이 완성돼요. 이때는 가까운 곳만 잘 보이는 근시가 발생하는 시기이므로 아이가 TV를 볼 때 가까이 다가가지는 않는지, 어딘가를 응시할 때 눈을 가늘게 뜨진 않는지 주의 깊게 살펴봐야 합니다.

• **소아 치과를 방문해요** 치과 검진은 어금니가 나기 시작하는 생후 16개월부터 6개월마다 한 번씩 정기적으로 받는 것이 바람직합니다. 건강한 유치라도 만 3세가 되면 불소 도포로 충치를 예방하세요. 보통 6개월에 한 번씩 하는 것이 좋으며, 충치가 심하면 1~3개월에 한 번 정도 하는 것을 권장합니다.

만 3~4세

엄마와 잠시 떨어져 지낼 수 있고
주도성이 강해지며 인지와 사회성이 발달해요.

체크 포인트

☑ 소근육이 세밀하게 발달해 단추를 잘 끼우고 숟가락, 포크, 젓가락 등을 구분해 사용합니다. 손가락을 이용한 놀이에도 적극적입니다.

☑ 말하는 것을 좋아하고 혼자 중얼거리면서 노는 것을 자주 볼 수 있어요. 호기심과 상상력 때문에 거짓말을 하기도 하지만 결코 의도된 거짓말은 아니에요. 야단을 치기보다 그런 거짓말은 부모가 믿지 않는다는 것을 이해시키는 것이 좋습니다.

☑ 입고 싶은 옷이 어떤 것인지, 먹고 싶은 것은 무엇인지 등 생활과 관련된 아주 사소한 행동도 아이에게 물어보고 스스로 결정할 수 있는 기회를 줍니다.

☑ 만 3세가 되면 자기 방에서 따로 재우는 것을 시도해보세요. 아이가 잠들 때까지 옆에서 동화책을 읽어주거나 희미한 조명을 밝혀주는 것도 안심하고 자는 데 도움이 됩니다.

☑ 사회성이 발달하는 시기입니다. 또래의 아이들과 자주 만날 수 있는 기회를 마련해주세요.

이렇게 자라고 있어요

만 3세가 지나면 아이는 어른 키의 75% 정도로 자라 아기다운 모습이 확연히 사라집니다. 수치로 보면 키는 여자아이가 94~102cm, 남자아이는 95~103cm, 몸무게는 여자아이가 16.43~18.43kg, 남자아이는 16.99~18.98kg입니다. 몸은 더 유연해지고 균형감이 생기며, 신체 조절 능력이 발달해요. 스스로 신체를 통제할 수 있고, 능동적인 활동을 주로 합니다. 성장 폭은 적지만 신체 움직임은 안정기로 들어서는 시기예요. 이때는 신체 발달보다 인지와 사회성이 크게 발달합니다.

성장 발달에 대해 알려주세요

운동 능력이 눈에 띄게 발달해요

앞구르기를 할 수 있고, 한 발 뛰기가 가능해요. 탈 것에 흥미를 보이며 즐거워하지요. 세발자전거를 잘 타며, 놀이터의 놀이기구 활용도도 높아져 사다리나 정글짐을 잘 타고 오릅니다. 미끄럼틀도 거꾸로 올라갈 수 있어요. 만 4세에는 하체의 근력이 발달하면서 O자 모양이던 다리 모양도 11자로 변해 양쪽 무릎과 양쪽 발을 붙이고 설 수 있게 됩니다. 배와 등의 근육도 강화되어 몸이 탄탄해 보이고, 제법 먼 거리도 걸

> **닥터's advice**
>
> **❓ 호기심과 산만함의 차이는요?**
> 호기심이 많은 아이가 창의성이 높을 때가 많아요. 하지만 호기심이 지나쳐 산만하다면 어느 정도 조절이 필요한데요. 하지만 호기심과 산만함을 구분하기 어려울 때가 있어요. 새로운 사람과 물건에 호기심을 보이는 것은 당연해요. 그래서 작은 변화에도 금세 주의를 빼앗기고 집중력을 잃기 쉽죠. 반면 산만한 것은 호기심과 다릅니다. 평소와 똑같고 새로운 것도 없는데 정신없이 행동한다면 산만하다고 볼 수 있어요. 또한 호기심이 지나쳐 다른 문제 행동을 일으킬 때도 산만하다고 생각할 수 있습니다.

을 정도로 체력이 좋아져요. 몸을 활용한 놀이를 충분히 즐길 수 있도록 안전한 환경을 제공하는 것이 중요합니다.

눈과 손의 협응력이 향상돼요

소근육과 대근육이 활발하게 발달하는 시기예요. 특히 눈과 손의 협응력이 발달해 종이접기나 그림 그리기 같은 활동을 좋아해요. 곡선을 따라 가위질하는 것이 가능해지고, 5세 이후에는 십자가, 네모, 세모, 별 모양을 세밀하게 그릴 수 있을 뿐 아니라 사람의 몸도 표현할 수 있습니다. 이 무렵에는 세밀한 소근육 운동이 가능해지므로 찰흙 놀이, 가위질, 젓가락질, 실뜨기 놀이, 종이접기 같은 놀이를 더욱 활발하게 즐길 수 있도록 도와주세요.

상황을 언어로 표현할 수 있어요

언어 발달이 가장 빠르게 진행되는 시기예요. 만 4세에는 숫자 4까지 셀 수 있고, 만 5세가 되면 2,000개 정도의 표현 어휘를 사용할 수 있습니다. 과거 상황을 기억해서 이야기할 수도 있어요. 단순히 기억만 이야기할 뿐 아니라 자신의 생각도 덧붙여 말할 수 있을 정도가 돼요. 책을 읽어준 뒤 질문하면 답할 수 있으며 "왜 그럴까?"라는 질문에 이유를 설명할 수도 있습니다. 처음 듣는 단어가 생기면 무슨 뜻인지 궁금해하면서 낯선 단어의 의미를 물어보기도 합니다.

좌뇌보다 우뇌가 먼저 발달해요

우리의 뇌는 만 3세까지 가장 빠른 속도로 발달하므로 많은 것을 보고 듣고 느끼게 하는 것이 좋아요. 이 시기 아이들은 좌뇌보다 우뇌가 먼저 발달해요. 우뇌는 주로 감정과 정서적인 부분을 담당하기 때문에 논리적으로 정확한 표현보다 상상 속의 표현을 곧잘 이야기합니다. 그러다 보니 '세상에! 어떻게 저런 말을 다 할까' 싶을 정도로 사랑스러운 표현을 해서 어른들을 깜짝깜짝 놀라게 하는 일이 많아집니다.

 **이렇게 돌봐요**

포크 대신 젓가락을 주세요

젓가락질은 소근육을 활발히 움직여 두뇌 발달에 도움을 주는 최상의 활동이에요. 식사시간마다 규칙적으로 소근육을 움직일 수 있도록 포크 대신 젓가락을 쥐여주세요. 젓가락질을 힘들어한다면 젓가락과 친해질 수 있도록 젓가락을 놀이로 활용해보세요. 젓가락을 사용해 스펀지처럼 잡기 쉬운 것에서 지우개, 주사위, 콩 등 점차 작은 크기로 바꿔가며 젓가락질을 할 수 있게 하면 도움이 됩니다.

혼자 재우기에 도전해요

일반적으로 만 4세가 되면 밤에 깨지 않고 잠을 푹 잘 수 있습니다. 수면 시간은 10~12시간이 적당해요. 이 시기쯤 되면 분리불안이 없어지기 때문에 아이 혼자 재우기를 시도해보는 것도 좋습니다. 너무 일찍 혼자 재우거나, 너무 늦게 혼자 재우는 것 모두 바람직하지 않아요. 두 경우 모두 분리불안이 될 수 있기 때문이지요. 아이가 독립적인 성격이 강하다면 따로 재우기에 도전해보세요. 혼자 자는 것에 거부감을 보인다면 처음에는 엄마 바로 옆이 아닌 좀 떨어진 곳에 이불을 깔고 재우다가 점차 거리를 넓혀가세요. 잠은 자신의 방에서 자야 한다는 인식을 심어주면 혼자 잠드는 것에 점차 익숙해집니다.

스스로 체험할 기회를 많이 제공해요

무엇이든 직접 보고, 만져보는 체험이 매우 중요합니다. 오감을 이용해 세상을 탐색하고, 무언가를 만지면서 깨닫는 것이 무궁무진하기 때문이에요. 아이는 스스로 해본 것은 90%, 소리 내어 읽은 것은 70%, 보고 들은 것은 50%, 본 것은 30%, 들은 것은 20%, 읽은 것은 10%를 기억한다고 해요. 직접 자기 몸으로 체험해 익힌 것을 가장 오래 기억한다는 사실을 잊지 마세요.

유머로 자신감을 키워요

이 시기의 아이는 농담을 좋아해요. 별로 우습지 않은 이야기에도 무척 재미있어 하며 웃음을 터트려요. 말하고 싶은 것도 듣고 싶은 것도 많아지는 시기에 유머 감각을 키워주는 것은 긍정적인 성격 형성과 언어 인지 발달에 큰 도움이 됩니다. 방법은 아주 간단해요. 아이의 기발한 발상과 상상력에 맞장구를 쳐주세요. 그것만으로도 유머 감각은 높아집니다. 아이에게 지나치게 예의를 강조하고 엄격한 교육방식을 강요하면 유머 감각을 가진 아이로 성장하기 어려워요.

닥터's advice

❓ 이 시기에 꼭 필요한 건강 체크!

• **팔다리에 상처가 없는지 확인해요** 실외에서 활동량이 많아지므로 외상이 생기거나 관절에 이상이 생길 수 있어요. 또 성장통이 나타날 수 있는 시기이므로 겉보기에 문제가 없어도 아이가 통증을 호소하면 진찰을 받아야 합니다.

• **성장판 검사를 받아보는 것도 좋아요** 만 5세 아이는 키와 몸무게가 잘 늘고 있는지 주의 깊게 살펴보아야 합니다. 이때 짚어봐야 할 것은 현재의 키가 정상 범주에 드느냐보다 성장 속도입니다. 지금 아이의 키가 몇 cm인가보다는 1년에 몇 cm씩 크느냐가 중요하다는 말이지요. 이 시기의 아이가 1년에 4cm 이상 자라지 않는다면 또래보다 크다고 하더라도 한 번쯤 체크해볼 필요가 있습니다. 또래보다 10cm 이상 작다면 병원에서 검사를 받아보세요. 성장이 평균 이하로 저조할 때는 성장호르몬 치료를 하기도 하는데, 이 치료는 성장판이 열려 있는 유아기에 받는 것이 좋기 때문입니다. 하지만 너무 어릴 때 치료를 받으면 과정 자체가 스트레스가 될 수 있으므로 반드시 의사와 상담이 필요합니다.

• **손톱을 물어뜯는 습관은 방치하지 마세요** 아이가 자라면서 손톱을 물어뜯는 건 정상적인 발달 과정으로 볼 수 있어요. 만 3세 이전 아이가 손톱을 물어뜯는다면 심심하다는 뜻으로, 물어뜯는 것을 놀이로 생각하는 경우가 많아요. 반면 만 3세 이후에 갑자기 손톱을 물어뜯는다면 심리적인 스트레스 때문일 가능성이 큽니다. 보통 초조하거나 불안할 때, 마음의 상처를 받았을 때 손톱을 물어뜯거나 입술을 물어뜯는 행동을 보여요. 이런 습관은 어렸을 때 바로잡지 않으면 어른이 되어서도 긴장하면 나타나므로 놔두지 말고 교정해야 합니다.

친구와 잘 지낼 수 있어요

친구와 함께하는 놀이에 온전히 빠져드는 시기입니다. 또래 친구와의 놀이를 통해 갈등을 겪기도 하고 서로 돕기도 하면서 사회성이 발달해요. 친구를 만들려면 어떻게 해야 하는지 스스로 자연스럽게 터득하게 되지요. 부모는 아이가 또래 친구를 만드는 과정을 지켜보고, 어려워한다면 친구 관계 맺기에 도움을 줍니다. 또래 친구들과 잘 노는 아이는 부모로부터 배울 수 없는 많은 것들을 스스로 익힐 수 있어요.

이렇게 먹여요

중요한 성장기이므로 단백질을 충분히 섭취하고, 탄수화물이나 지방을 자제하는 쪽으로 식단을 짜주세요. 하루에 섭취하는 양을 3회 식사, 2회 간식으로 고르게 배분하여 한 번 먹을 때 너무 많은 양을 한꺼번에 먹지 않도록 주의합니다. 식사시간은 최소 15분 이상, 음식을 천천히 먹게 합니다. 아이가 오래 씹을 수 있게 섬유소가 풍부한 음식을 제공해주세요. 꼭꼭 씹어 먹는 습관을 들이세요. 꼭꼭 씹어 먹는 습관은 뇌를 자극할 뿐만 아니라 구강 건강을 지키는 데도 도움이 됩니다. 꼭꼭 씹으면 침이 많이 분비되는데, 침이 유해물질의 독성을 제거하고 충치를 예방하며 면역력을 높이는 역할을 하기 때문이에요.

먹고 싶은 것만 보면 달라고 조르는 아이라면 왜 먹으면 안 되는지, 우리 몸에는 어떤 음식이 좋은지 설명해주세요. 아이와 함께 식사 계획을 짜보는 것도 식사량 조절과 체중 관리에 도움이 돼요.

만 4~5세

밖에서 친구들과 열심히 뛰어다니며 놀아요.

체크 포인트

☑ 세발자전거를 혼자 잘 탈 수 있을 만큼 근육과 균형 감각이 발달합니다. 가위질을 능숙하게 하는 등 손을 사용하는 능력이 완성됩니다.

☑ 유치원에 다니거나 유치원에 갈 준비를 하는 시기이므로 일찍 자고 일찍 일어나기, 칫솔질, 용변 보고 처리하기, 얌전히 식사하기 등 예절과 공중도덕을 잘 지키도록 지도하며 이때 부모의 시범이 필요합니다.

☑ 외부 활동이 많아지므로 교통안전에 대해 교육하여 사고를 예방합니다.

☑ 숫자 10까지 셀 수 있으며 수에 대한 개념이 발달합니다. 특히 인지 능력이 급격히 발달합니다.

☑ 성 역할을 인식하면서 사회에서 요구하는 성 역할 놀이를 시작합니다. 성기에 대한 호기심이 커져 성기를 가지고 놀기도 해요. 이는 자연스러운 현상이므로 혼내지 말고 성교육과 관련된 동화책을 읽어주면서 호기심을 해소하도록 도와주세요.

이렇게 자라고 있어요

남자아이의 평균 키는 113cm, 몸무게는 20kg이고, 여자아이의 평균 키는 112cm, 몸무게는 19kg입니다. 하지만 키는 100~121cm까지 몸무게는 17~25kg까지는 정상적인 성장 범위로 봅니다. 자신의 신체를 자유롭게 조절해 능숙하게 걷거나 뛸 수 있고, 줄넘기도 할 수 있어요. 서서히 집 밖으로 나가서 노는 시간이 길어집니다. 인지 능력이 급격히 발달하는 시기이며, 혼자서 대소변을 처리할 수 있습니다. 양치질과 세수도 스스로 할 수 있지요. 또래 친구들을 자주 만나면서 새로운 세계로 눈을 돌리려는 욕구가 강해집니다. 일상생활에서 작은 단위의 숫자를 활용할 수 있으며, 흥미 있는 활동에는 45분 넘게 집중력을 발휘할 수 있어요.

 ## 성장 발달에 대해 알려주세요

친구들과 어울려 노는 것을 더 좋아해요

보호자 없이 친구들과 어울려 밖에서 몇 시간씩 놀 수 있습니다. 항상 친구들과 같이 놀고 싶어 해요. 친구들과 노는 것에 푹 빠진 아이는 부모가 곁에서 간섭하는 것을 오히려 귀찮아하는 모습을 보이기도 합니다. 안전사고의 위험만 없다면 자유롭게 놀 수 있게 해주세요.

시간의 흐름에 대해 알게 돼요

아직 시계는 볼 줄 모르지만 시간의 흐름이나 때에 대한 개념이 어느 정도 생깁니다. 아침, 낮, 저녁, 밤 등으로 하루를 대략 구분할 수 있고 어제, 오늘, 내일 등의 단어를 구체적으로 사용합니다. 이전에는 "조금만 기다려"라고 말해도 바로 해달라고 칭얼거렸지만, 이제는 '조금 뒤'라는 개념을 이해해 참고 기다릴 줄 압니다.

10까지 셀 수 있어요

수에 대한 개념이 발달해요. 이때 숫자 자체를 설명하기보다는 의성어나 사물을 의인화해서 수학적 개념을 설명해주는 것이 좋습니다. 하지만 아직 비교나 분류 같은 개념을 모르는 아이에게 앵무새처럼 숫자를 외우게 하는 것은 절대 피해야 해요. 수를 세더라도 아이가 좋아하는 사물로 놀이하듯 접근합니다.

인지 능력이 급격히 발달해요

만 4세에는 사각형을 보고 그릴 수 있고, 만 5세에는 삼각형을 보고 그릴 수 있어요. 두 개의 선 중에서 더 긴 것을 가려낼 수 있고, 두 개의 물건 중 더 무거운 것도 가려낼 수 있습니다. 4세부터 반대말을 알고 '위아래, 옆, 사이' 같은 전치사를 사용해요. 색깔도 네 가지 정도 알게 됩니다.

남자와 여자의 성 차이를 구분해요

남자아이는 자라면 아빠처럼 되고, 여자아이는 자라면 엄마처럼 된다는 사실을 알게 됩니다. 성 역할을 인식하면서 사회에서 요구하는 성 역할 놀이도 시작해요. 동성의

 닥터's advice

❓ 혀 짧은 소리, 치료가 필요한가요?

'혀 짧은 소리'를 낸다고 해서 무조건 조음장애 또는 발음장애로 볼 수는 없어요. 예를 들어 만 3세 아이가 '사과'를 '따과'라고 발음하거나 '우유 다 먹었어요'를 '우유 다 머거떠요'라고 발음하는 경우가 많은데, 이는 아직 'ㅅ' 발음을 하기 어렵기 때문입니다. 하지만 만 4세가 되어도 '가방'을 '다방'이라고 하는 등 'ㅂ' 계열과 'ㄱ, ㄲ, ㅋ' 발음에 오류가 계속된다면 전문기관에서 치료를 받아야 합니다. 또한 만 4세가 넘었는데도 부정확한 발음으로 인해 주변 사람들과 소통하는 데 어려움을 느끼면 치료가 필요합니다. 혀의 구조상 문제가 있다면 설소대(혀의 아랫면과 입의 바닥을 연결하는 막)를 자르는 수술을 하기도 해요. 혀가 조금 짧아 보이더라도 혀끝으로 윗입술과 아랫입술에 묻은 요구르트를 다 훑어 먹을 수 있고, 좌우 움직임이 가능하면 언어치료만으로도 발음 교정이 가능합니다.

친구를 더 선호하는 경향을 보이고, 동성의 부모를 모방하기 시작하면서 남자의 일과 여자의 일을 구분 짓고 싶어 합니다. 특히 상대 성별의 부모에게 애착을 느껴 남자아이는 엄마에게 특별히 관심을 보이고 아빠에게는 경쟁심을 갖기도 합니다. 성기에 대한 호기심이 커져 성기를 가지고 놀기도 해요. 목욕 후 팬티를 입지 않은 채 실내에서 놀거나, 팬티만 입고 돌아다니는 등 벗은 몸을 즐기는 것도 이 시기의 공통된 특징입니다. 이것은 자연스러운 현상이므로 아이를 민망하게 하거나 혼내지 말고 성교육과 관련된 동화책을 읽어주면서 호기심을 해결하도록 도와주세요.

말을 더듬는 증상을 보이기도 해요

언어 습득이 활발해지면서 말수가 많아지는 한편, 가끔 말을 주저하거나 매끄럽게 말을 이어나가지 못하는 경우가 발생합니다. 머릿속에 생각이 많아 입밖으로 내보내고 싶지만 아직 말소리나 낱말, 문장 등을 표현하는 데 익숙하지 않아서 나타나는 현상이지요. 특별히 이상이 있는 것은 아니므로 걱정하지 마세요. 오히려 말 더듬는 것에 대해 부모가 걱정하거나 아이 스스로 부끄러워하면 증상이 더 심해질 수 있으므로 말을 더듬을 때는 주의를 주는 대신 자연스럽게 놀이나 대화를 통해 말하기 연습을 할 수 있도록 도와주세요.

이렇게 돌봐요

제대로 손 씻는 법을 알려주세요

집 밖에서 또래 친구들과 어울려 노는 시간이 길어집니다. 이럴 때일수록 위생을 위해 혼자서 제대로 손을 씻는 습관을 들이는 게 중요해요. 외출 후 또는 식사 전 등 최소한 하루에 네 번 이상 손을 깨끗이 씻을 수 있도록 지도해주세요. 중요한 것은 횟수보다 깨끗이 씻는 것입니다. 아이에게 손 씻는 요령을 알려주고, 아이가 익숙해질 때까지 지켜봐주세요.

혼자 용변을 처리할 수 있게 도와주세요

만 4세가 되면 아이는 혼자 화장실에 가서 옷을 내리고 용변을 본 후 물을 내리는 과정까지 할 수 있습니다. 하지만 대변을 본 후 휴지로 처리하는 것은 아직은 어려운 일이지요. 적당한 크기로 휴지를 잘라 사용하도록 알려주고 엄마가 지켜보면서 아이가 스스로 할 수 있게 이끌어주세요. 화장실에서 볼일을 보고 나올 때는 스스로 물을 내리게 하고, 손은 반드시 씻어야 한다는 것도 꼭 일러주세요. 여자아이들은 남자아이와 달리 성기 주변이 짓무르기 쉬우므로 소변을 본 후에도 휴지를 사용하는 습관을 들일 수 있게 해주세요.

수학은 놀이로 접근해요

글자, 수 등을 자연스럽게 익힐 수 있는 놀잇감을 제공해주세요. 계산과 관련한 계산대 장난감이나 시계로 활동하는 장난감, 알파벳 또는 자음과 모음에 관련된 장난감이 좋습니다. 또 손의 움직임을 더욱 정교하게 만드는 조립 완구나 집중력과 관찰력을

닥터's advice

❓ 이 시기에 필요한 건강 체크!

- **조금만 피곤해도 코피를 쏟아요** 환절기나 겨울철이 되면 코를 자주 후비고 간지럽다며 세게 문지르는 아이들이 있어요. 이때 코피가 터집니다. 감기 기운이 있을 때는 조금만 피곤해도 코피가 나는데, 코피가 30분 이상 계속 나거나 코피의 양이 갑자기 늘 때, 혹은 코피로 인해 아이가 어지럼증을 느낄 때, 코피가 앞으로 나오지 않고 목 뒤로 넘어가는 느낌이 들 때는 즉시 이비인후과나 응급실을 찾아야 합니다.

- **성장통이 있을 땐 며칠간 휴식을 취해요** 성장통이란 뼈는 쑥쑥 자라는 데 비해 무릎 근처의 뼈에 부착된 힘줄이나 근육이 뼈의 성장 속도를 따라가지 못해 생기는 통증을 말해요. 한창 성장기에 있는 아이들에게서 일시적으로 나타나는데, 성장이 빠른 아이의 경우 5세부터 나타나기도 해요. 밤만 되면 무릎, 허벅지, 장딴지 등이 저리고 아프다가 아침이 되면 언제 그랬냐는 듯 말끔하게 낫는 것이 특징이에요. 그런데 성장통은 특별한 치료법이 없어요. 며칠간 휴식을 취하면 자연스럽게 낫습니다. 하지만 휴식을 취했음에도 불구하고 통증이 가라앉지 않으면 단순한 성장통이 아닐 수 있으므로 정밀검사를 받아봅니다.

키울 수 있는 퍼즐 등도 좋아요. 수학 교육을 시킬 때 수학 능력을 키워주겠다는 생각이 아니라 구체적인 물건을 가지고 놀이를 통해 자연스럽게 수학에 접근하게 하는 것이 중요해요.

글자에 관심을 갖도록 유도해요

글자를 가르치기에 가장 좋은 시기는 아이가 글자에 관심을 보일 때입니다. 간판, 광고, 과자봉지 등에 있는 글자를 부모가 먼저 읽어주고 내용을 알려주며 글자에 관심을 보이게 이끌어주세요. 또 그림책과 말놀이를 좋아하기 때문에 그림 위주로 동화책을 읽어준 후 아이와 함께 글자를 짚어가며 다시 동화책을 읽는 것도 좋은 방법입니다.

예절을 가르칠 때는 부모가 먼저 모범을 보여요

예절은 부모를 모방하면서 습득하는 것이 가장 좋습니다. 부모가 예절 바르게 행동하면 굳이 잔소리하지 않아도 아이는 부모의 행동을 옆에서 보면서 따라 해요. 특히 가장 기본이 되는 인사 예절은 부모가 모범을 보이는 것이 가장 좋아요. 아이와 함께 웃어른을 만나면 "안녕하세요" 하며 인사하세요. 어른이 무언가를 주시면 두 손으로 "고맙습니다"라고 답변하고, 가게를 나올 때도 "안녕히 계세요" 하고 인사하는 모습을 부모가 먼저 보여주세요.

 ## 이렇게 먹여요

젓가락을 사용하기 시작하며, 어른과 같은 식사를 즐길 수 있게 됩니다. 하지만 편식이 심해지기도 합니다. 미각과 후각이 발달하여 신맛이 나는 요리를 거부하거나 요리의 생김새에 따라 식욕이 좌우돼요. 또 나름대로 좋아하는 음식과 싫어하는 음식이 생기기도 합니다. 이때 싫다고 거부만 해서는 안 된다는 것을 알려줄 필요가 있어요. "이건 몸이 튼튼해지는 음식이야", "한번 먹어보면 맛있어" 같은 말로 격려해주어 싫어하는 음식에 도전할 수 있게 해주세요. 미각의 폭을 넓혀주는 것이 좋습니다.

만 5~6세

자기의 생각이나 감정을 정확하게 표현할 수 있어요.

체크 포인트

☑ 만 6세에는 시력이 완성됩니다. 유치가 빠지는 시기이기도 해요. 활동은 늘어나고 그림 그리기를 즐기며 손동작 기술도 발달합니다.

☑ 숫자 개념이 생기기 시작해요. 동전을 셀 수 있고, 숫자 놀이에 흥미를 느낍니다.

☑ 또래 친구들과 협동을 잘할 수 있게 돼요. 조금씩 자신만의 방법으로 사회성을 터득합니다.

☑ 어른이 하는 행동을 그대로 따라 하고 동생이 있다면 동생을 질투하는 모습을 보일 수도 있습니다.

이렇게 자라고 있어요

평균 키와 몸무게는 114~122cm, 21~24kg입니다. 일반적으로 야윈 몸, 긴 팔과 다리, 커다란 손과 발을 가지고 있어요. 만 5세가 된 아이는 움직임이 빠르고, 쉬지 않고 끊임없이 활동해요. 남자아이는 동작이 큰 활동에 흥미가 있고 여자아이는 더 아기자기하게 움직입니다. 만 6세가 되면 장애물 뛰어넘기나 눈을 감은 채 한 발로 균형 잡기와 같은 복잡한 동작을 할 수 있을 정도로 운동 능력이 발달해요. 만 6세는 시력이 완성 단계에 이르며, 유치가 빠지면서 이가 조금씩 나오기도 합니다. 그림 그리기를 즐기며 세밀한 손동작도 가능합니다.

성장 발달에 대해 알려주세요

유치가 빠지고 영구치가 나요

만 6세 때 영구치가 나기 시작합니다. 영구치는 유치가 있던 자리에 나오는 20개의 이와 그 뒤쪽으로 큰 어금니 2개씩, 상하좌우 8개가 더 나서 모두 28개가 됩니다. 보통은 안쪽 어금니가 먼저 나고 아래쪽 앞니가 빠집니다. 따라서 아래쪽 앞니가 빠지기 전, 어금니가 나고 있는지 확인해야 해요. 지금 나는 어금니는 영구치라는 사실을, 꼭 기억하세요. 입 안쪽에 있어 충치가 생기기 쉬우므로 구석구석 양치질과 함께 치아 관리에 신경을 써야 합니다.

 닥터's advice

❓ 이불에 오줌 싸는 아이, 자라면서 저절로 좋아질까요?

'야뇨증'은 만 5세 이상의 아이가 비뇨기계에 뚜렷한 이상이 없는데도 낮 동안에는 소변을 잘 가리다가 밤에만 오줌을 싸는 증상을 말해요. 일주일에 2회 이상 3개월 이상 이불에 오줌을 눈다면 야뇨증 치료를 고려해야 해요. 신경계통의 성숙이 늦거나 방광의 크기가 작은 것이 원인으로 추정되지만 정확히 밝혀진 바는 없어요. 아이를 다그치기보다 아이의 잘못이 아니라는 점을 알려주는 게 필요해요. 무안을 준다거나 체벌하는 것은 좋지 않아요. 저녁 식사 때 국이나 물을 많이 먹지 말고, 저녁 식사 후에는 되도록 과일을 먹지 않는다거나 잠자리에 들기 전에 꼭 소변을 보게 해주세요. 자라면서 좋아지지만, 개인차가 있어서 정확히 언제쯤 되면 야뇨증이 나아지는지 확신할 수는 없어요. 겉보기에는 단순한 야뇨증 같아도 검사 후 심각한 병이 숨어 있는 경우가 간혹 있으므로 의사에게 정확한 진단을 받아보는 것이 필요합니다.

생각이나 감정을 말로 정확하게 표현할 수 있어요

자유롭게 자기 생각을 표현할 수 있어요. 다양한 문법을 사용하고, 스스로 문법상의 오류를 고치기도 해요. 복잡한 발음도 안정적으로 발음합니다. 이 시기에는 아이의 생각을 자유롭게 말하게 하고 대화를 이끌어가게 합니다. 일방적으로 부모의 이야기나 생각을 강요하지 마세요. 이 시기의 아이들은 자신이 느끼는 감정을 인식하고 언어로 표현하는 습관을 들이는 것이 필요합니다. 또 인지 능력이 눈에 띄게 발달해 집 주소와 전화번호를 외울 수 있으며, 간단한 농담이나 비유적 표현도 이해하고, 속담을 적절하게 사용해요. 유치원에서 있었던 일을 이야기할 수 있습니다. 끝말잇기가 가능하고 쉬운 단어 2~3개를 읽거나 쓸 수 있어요.

운동 능력이 크게 향상돼요

줄넘기, 굴러오는 공차기 같은 활동을 잘할 수 있습니다. 축구와 야구 같은 규칙이 있는 게임에 흥미를 느끼며 잘할 수 있게 돼요. 닭싸움 자세로 세 번 이상 점프도 할 만큼 균형 감각이 좋아집니다.

협동하는 방법을 알아가요

협동 놀이를 즐기며 다른 사람을 존중하는 것을 배웁니다. 다른 사람의 지시를 따르거나 이끌면서 서로의 생각과 장난감을 나누고 싶어 하지요. 사회성이 발달하고 독립심이 높아져서 또래와 어울리기를 좋아하고, 어린이집과 유치원에서 습득하는 기술에 영향을 많이 받습니다. 한편 어른이 하는 행동을 그대로 따라 하고 어린 동생이 있는 경우에는 동생을 질투하기도 해요.

이렇게 돌봐요

안전교육을 시켜요

바깥 활동이 많아지면서 안전사고가 많이 발생합니다. 길을 건널 때 파란 불이 들어오면 손을 들고 건넌다는 것은 다 아는 사실이지만, 이때 파란 불이 들어와도 왼쪽, 오른쪽을 다시 한 번 살핀 후 건너야 한다는 것을 가르쳐야 합니다. 신호가 바뀌어도 멈추지 않는 차가 있을 수 있기 때문이에요. 건널목에 서 있을 때는 차도에 내려 서 있지 않고, 정차해 있는 차의 뒤에서 놀지 않도록 주의를 시킵니다. 외출 시에는 되도록 밝은색 옷을 입혀주세요.

한글은 생활 속에서 배우게 해요

언어는 생활 속에서 이루어지기 때문에 아이가 글자에 관심을 가질 수 있는 환경을 조성해주는 게 중요해요. 특히 한글은 억지로 익히게 하기보다는 한글을 읽고 쓰는 것이 즐거운 일이라는 생각을 갖게 해주세요. 책을 좋아하는 아이는 책으로, 놀이를 좋아하는 아이는 놀이로 한글을 접하도록 도와주세요. 아이가 좋아하는 책을 자기 전

닥터's advice

❓ 이 시기에 필요한 건강 체크!

· **안과 검진으로 시력을 체크해요** 아이의 시력은 계속 발달해 만 5~6세 때 성인 시력에 도달합니다. 따라서 이 시기에 안과 검진을 해서 시력을 체크하고 사시, 약시, 근시 등이 있는지 알아보는 것이 좋습니다. 먼 곳을 바라볼 때 눈을 찡그리거나 먼 곳에 있는 사람을 잘 몰라볼 때, 텔레비전을 볼 때 자꾸 앞으로 간다면 반드시 안과 검진을 받아야 합니다. 더 늦으면 시력 회복이 불가능할 수 있으므로 조기에 교정하는 것이 좋아요.

· **청력 검사도 빼놓지 마세요** 아이의 청력이 정상인지 확인하는 것도 필요합니다. 중이염의 경우 별다른 증상이 없어 그대로 방치하면 만성 중이염으로 악화해 청력장애를 부를 수 있기 때문이지요. 특히 이 시기의 아이는 소리가 잘 들리지 않아도 스스로 그 사실을 판단하기 어려워 정기적인 검사가 필요합니다. 이비인후과 관련 질환은 대부분 만성으로 진행되므로 초기에 발견해 적절한 치료를 해주세요.

· **예방접종, 추가 접종을 잊지 마세요** 어릴 때는 열심히 예방접종을 하다가 한동안 뜸해지면서 예방접종을 놓칠 때가 있어요. 의외로 만 4~6세 때 맞는 DPT와 소아마비 추가 예방접종을 빼먹는 경우가 꽤 많습니다. 간혹 18개월 때 접종한 DPT 추가 접종과 혼동하는 부모도 있는데, 반드시 만 4~6세 사이에 추가 예방접종을 한 적이 있는지 확인해야 합니다. 늦어도 만 7세가 되기 전까지 꼭 예방접종을 합니다.

에 읽어주거나 방 안에 신문이나 잡지를 펼쳐놓고 큰 글자만 읽어보는 방법도 괜찮아요. 음식점에서 메뉴를 고를 때 아이와 함께 또박또박 읽는 것도 좋은 방법입니다. 다양한 방법으로 글자에 노출시켜 아이의 호기심을 자극해주세요.

만 6세는 초등학교 입학을 위한 준비 기간입니다

한글을 가르치지 않더라도 최소한 자신의 이름은 쓸 수 있도록 알려주어야 합니다. 부모의 이름, 집 주소와 전화번호는 외우게 합니다. 학교를 통학하다 길을 잃게 될지도 모르기 때문이에요. 또한 여러 사람 앞에서 자기 생각을 말로 표현할 수 있도록 가르쳐야 합니다. 학교에서 배가 아프거나 화장실에 가고 싶을 때 스스로 선생님에게 그 사실을 알려야 하기 때문이지요. 친구와 같이 지낼 때 적당히 타협할 줄 알아야 하고, 친구가 마음에 들지 않는 행동을 해도 참아낼 줄 알아야 합니다. 교사가 원치 않는 지시를 하더라도 잘 따를 수 있도록 감정을 조절하는 법도 알려주세요.

시계 보는 법을 알려주세요

이제 시계 보는 법을 가르쳐야 합니다. 만 6세가 되면 아이에게 시간 개념을 알려주고, 그 시간을 어떻게 사용하는 것이 좋을지 의견을 나누는 것이 좋습니다. 먼저 아이와 함께 시곗바늘을 돌려가며 시계의 원리를 알려주세요. 그다음 유치원 가는 시간, 밥 먹는 시간 등 시간에 맞춰 시계를 처다보게 하여 시간 개념을 자연스럽게 몸에 익히게 합니다.

집안일을 돕게 해요

부모로부터 서서히 독립해가는 시기로, 이때 독립심을 제대로 키우지 못하면 의존적이고 자신감 없는 아이가 될 수 있습니다. 작은 일이라도 아이에게 도움을 청해 스스로 해낼 수 있게 해주세요. 간단한 빨랫감을 같이 개거나 밥상을 차릴 때 반찬을 옮기게 하는 정도의 일부터 시켜보세요. 서툴더라도 옷 입기, 밥 먹기, 세수하기 같은 기본적인 생활습관은 스스로 하게 하는 것이 좋습니다. 초등학교 입학의 기본이 되는 자기 물건 챙기기 습관도 이런 기본적인 생활습관에서 비롯됩니다. 초등학교는 어린이집, 유치원과 달리 개별 돌봄을 받기가 현실적으로 어렵기 때문에 교과서나 필통, 알림장, 신발주머니와 같은 자기 물건을 스스로 챙기는 연습이 필요합니다.

이렇게 먹여요

정해진 시간과 장소에서 식사하는 것이 중요합니다. 3대 영양소를 비롯한 몸에 필요한 영양소를 골고루 섭취하도록 해주세요. 몸에 좋은 과일과 채소는 어릴 때부터 먹는 습관을 들여야 합니다. 과일과 채소의 향과 맛은 미각을 발달시켜요. 게다가 거친 질감은 음식을 먹는 연습에 큰 도움이 됩니다. 하지만 이때 향이 짙은 과일과 채소는 피해주세요. 셀러리, 오렌지, 유자, 레몬은 아이들이 먹기엔 향이 강합니다. 과일 주스는 칼로리는 많지만 단백질이나 지방같이 성장에 필수적인 영양소가 부족하기 때문에 성장기의 아이들은 섭취를 자제하는 편이 좋습니다.

CHAPTER 2

아이의 건강

01

호흡기 질환

가래

목에서 끈적끈적한 액이 나와요.

체크 포인트

☑ 가래는 질환이 아니에요. 하지만 가래가 나오면 병이 생기기 시작했다는 경보로 받아들여야 합니다.

☑ 가래는 스스로 뱉을 수만 있다면 삼키는 것보다는 뱉는 것이 좋습니다. 하지만 가래를 삼켜도 크게 문제가 되지는 않습니다.

☑ 가래를 잘 뱉지 못하고 힘들어한다면 손바닥을 오목하게 구부려서 등을 가볍게 '통통' 울리듯 쳐주는 방법이 효과적입니다.

☑ 끈끈한 가래가 목에 걸려 잘 나오지 않을 때는 물을 충분히 마시게 하는 것이 가장 좋습니다.

가래에 대한 오해 바로잡기

오해 ① 가래는 몸에 나쁘다?

가래는 호흡기에 들어온 나쁜 물질을 몸 밖으로 내보내요. 지저분하다고 생각하기 쉽지만, 알고 보면 우리 몸에 꼭 필요한 것이지요. 우리는 숨을 쉴 때 산소뿐 아니라 공기 중에 섞여 있는 먼지나 세균 등도 함께 들이마셔요. 일부는 콧속에서 걸러지지만, 대개 기도를 통해 호흡기로 들어갑니다. 이런 먼지들을 끈적끈적한 물기에 묻혀 몸밖으로 내보내는 역할을 하는 것이 바로 가래입니다. 몸속의 청소부라 할 수 있지요. 가래는 호흡기를 보호하기 위한 일차방어막입니다. 점액으로 구성되어 끈적끈적한 성질이 있으며, 성분은 대부분 물로 이루어져 있어요. 일부 면역글로불린이라고 불리는 항체와 단백질분해효소(프로테아제) 등이 포함되어 있는데, 이 성분들이 각종 세균이나 먼지가 기관지에 침입하는 것을 막아주는 역할을 합니다.

오해 ② 가래는 무조건 뱉어야 한다?

가래는 스스로 뱉을 수 있다면 삼키는 것보다는 뱉는 것이 좋습니다. 그렇다고 호흡기 안에 고여 있는 가래를 억지로 끄집어내어 뱉을 필요는 없습니다. 삼켜도 크게 문제가 되지 않습니다. 가래에 세균이나 바이러스가 있다 해도 대부분 강한 산성을 띠는 위액으로 인해 제거되고, 소화기관을 거치면서 소화효소에 의해 분해되기 때문이지요. 아이들의 경우 가래를 많이 삼키면 소화불량처럼 불편해하고 토하기도 하는데, 이건 심할 경우입니다. 하지만 최근에는 대기오염이 심해지고, 황사나 흡연으로 인해 가래에 공해 물질이 있을 수 있으므로 가능하면 뱉는 것이 좋습니다.

오해 ③ 콧물이 뒤로 넘어가서 가래가 된다?

콧물과 가래가 비슷해서 생긴 오해입니다. 콧물이 가래가 되는 일은 없으며, 콧물과 가래는 엄연히 다릅니다. 콧물은 비강에서 분비되고, 가래는 폐와 기관지 같은 하기도에서 분비되기 때문이에요. 설령 콧물이 목 뒤로 넘어가서 입으로 나오지 않더라도 식도와 위를 통해 변으로 배출되기 때문에 콧물이 하기도로 들어갈 확률은 매우 적습니다.

오해 ④ 아픈 사람만 가래가 나온다?

아프지 않아도 가래는 분비됩니다. 걸러야 할 이물질이 많아지면 가래의 양도 늘어나요. 건강한 사람이 하루에 분비하는 가래의 양은 10~20ml가량입니다. 자신도 모르게 삼키거나 호흡할 때 증발하기 때문에 가래의 존재를 거의 느끼지 못하지요. 가래는 하기도에서 만들어져 목구멍으로 나오지만, 무의식적으로 삼킨 경우 위로 넘어가 변으로 나오는 것이 정상적인 경로입니다. 그러나 감기나 호흡기 질환으로 인해 염증이 생기면 분비물의 양이 평소보다 늘어나 가래도 늘어날 수밖에 없어요. 즉 가래가 인식할 정도로 나온다면 질환에 대한 증상이므로 병이 생겼다는 신호로 받아들여야 합니다.

가래 색깔로 알아보는 의심 질환

정상적인 가래는 하얗고 묽은 편입니다. 그러나 건강 상태가 좋지 않거나 특정 질병에 걸리면 가래의 양이 많아지거나 점도와 색에 변화가 생깁니다. 가래의 색을 통해 몸 상태를 알아보아요.

• **누런색 가래**   세균에 감염되었을 가능성이 크며, 기관지 질환을 의심해야 합니다. 만성 기관지염이나 모세기관지염 등에 걸리면 염증이 생겨 누런색의 가래가 많이 나와요. 평소 비염이나, 축농증, 알레르기와 같은 호흡기 질환이 있는 경우, 특히 환절기에 누런색 가래가 나온다면 의사의 진찰을 받아야 합니다.

• **녹색 가래**   누런색 가래의 상태나 세균 감염 증상을 방치하면 녹색 가래가 나옵니다. 이는 심각하게 감염된 상태로 기관지염이 심해져 폐렴 단계까지 간 위급한 상황일 수 있어요. 인플루엔자균이나 녹농균에 감염됐을 수도 있습니다.

• **검은색 가래**   질환보다는 외부 오염물질이 원인인 경우가 많습니다. 미세먼지나 황사, 대기오염, 담배 연기 등이 기관지로 들어와서 기관지 점액에 달라붙어 색깔이 검게 변하는 것이에요. 영유아에게서는 쉽게 보이지 않습니다.

• **붉은색이 섞인 가래** 가래에 피가 섞여 나오는 것을 '객혈'이라고 합니다. 기관지 점막에 염증이 생기거나 점막에 약간의 상처가 생겨 심하게 기침한 후 가래에 실핏줄 모양의 혈액이 약간 묻어나오는 것이에요. 급성 혹은 만성 기관지염이나 기관지확장증 등이 원인일 수 있습니다. 피가 섞인 가래가 나온다면 일단 병원을 찾아 의사의 진찰을 받는 것이 좋습니다.

그렁그렁한 가래, 어떻게 뱉게 하죠?

기침을 하게 해주세요

기침을 하면 기관지가 안 좋아지고, 폐에 염증이 생긴다고 생각해 무조건 참게 하는 엄마들이 많습니다. 하지만 기침은 참아서는 안 됩니다. 기침은 몸에 들어온 나쁜 것을 빠르게 배출시키는 자연스러운 생체 방어 작용이기 때문이죠. 기관지에 붙어 있던 가래도 기침을 하다 보면 끌려 나와 입 밖으로 뱉을 수 있어, 가래로 고생할 때는 적당한 기침이 오히려 몸에 도움이 됩니다.

가슴과 등을 두드려요

가래를 잘 뱉지 못하고 힘들어할 때는 손바닥으로 등을 두드리는 '두들기기 방법'이 도움이 될 수 있습니다. 가슴과 등 부위를 두드려서 기관지벽에 붙어 있는 가래가 떨어져 나오게 하는 방법입니다. 이때 포인트는 기관지를 진동시켜 울리게 하는 것입니다. 그렇게 하려면 찰싹찰싹 손바닥으로 때리는 게 아니라 손바닥을 오목하게 구부려서 가볍게 '통통' 울리듯 두드려야 합니다. 손목만 사용해서 가볍게 쳐야 합니다. 가벼운 내의만 입힌 상태에서 가슴과 등 부위를 2시간에 1번씩, 분당 120번 정도를 두드린다는 생각으로 빠르게 치는 게 좋습니다. 한 번 할 때마다 1분가량 가볍게 두드리세요.

숨을 깊이 들이마셨다가 한 번에 힘껏 내뱉어요

초등학생 이상의 큰 아이라면 '허프 기침'이라고 부르는 호흡법을 사용해보는 것도 좋습니다. 숨을 깊이 들이마셨다가 1~3초간 숨을 잠시 멈춘 다음 짧고 빠르게 "헉" 소리가 나도록 숨을 내뱉는 호흡법이에요. 세기관지의 가래까지 배출할 수 있을 정도로 매우 효과적입니다.

가래가 많을 땐 이렇게 해요

물을 자주 충분히 먹여요

끈끈한 가래가 목에 걸려 잘 나오지 않을 때는 물을 충분히 마시게 하는 것이 가장 좋습니다. 수분을 보충하면 가래도 묽어져 쉽게 배출되기 때문입니다. 수분이 가장 값싸고 효과 좋은 거담제인 셈이지요. 굳이 물이 아니더라도 주스, 차 혹은 미역국이나 콩나물국 등 아이가 원하는 음식으로 수분을 충분히 공급해줍니다. 2~3시간에 한 번씩 소변을 볼 정도면 수분이 충분히 공급되고 있다고 볼 수 있습니다.

가습기를 틀어요

차고 건조한 공기는 호흡기 질환의 최대 적입니다. 공기가 건조할수록 가래가 호흡기에 더 잘 달라붙어 숨쉬기 힘들 정도로 상태가 나빠지기 때문이지요. 공기 중의 습도를 높여야 기도에 있는 가래를 묽게 만들 수 있습니다. 되도록 따뜻한 증기가 나오는 가습기를 사용하며, 증기를 직접 쏘이지 않도록 합니다. 물이 고여 있지 않도록 매일 가습기의 물을 갈고, 방 안의 창틀이 축축해지지 않도록 자주 환기하는 것도 잊지 마세요.

집에서 이렇게 예방 및 관리해요!

호흡기 질환의 증상을 완화하는 데 빠지지 않고 등장하는 것이 가습기입니다. 하지만 제대로 알고 사용하지 않으면 오히려 감염이 심해지는 부작용이 생기기도 해요. 가습기는 어떻게 사용해야 안전할까요?

초음파 가습기 vs. 온습기

초음파 가습기는 차가운 김이 나오는 것이 특징입니다. 초음파로 물을 뿜어내기 때문에 온습기에 비해 뿜어내는 김의 양이 더 많은 편이지요. 찬바람이 나오는 방식이라 열이 나는 아이에게 효과적입니다. 하지만 청소를 자주 하지 않아 오염된 물을 사용할 경우 곰팡이나 세균 등이 물과 함께 나오면서 자칫 다른 감염의 우려가 있습니다. 반면 온습기는 물을 가열해서 증기로 내보내기 때문에 살균 효과가 뛰어납니다. 따뜻한 증기 형태라 호흡기에 찬 자극을 주지 않아 기침을 심하게 할 때 꽤 효과적이에요. 다만 온습기를 이용할 때는 뜨거운 김에 화상을 입는 일이 없도록 주의해야 합니다.

이렇게 사용해요!

1. 물은 매일 갈아야 합니다. 남아 있는 물이 있다면 물통을 완전히 비우고 말린 뒤에 사용하세요.
2. 가습기에 사용하는 물은 끓여서 식힌 물이 가장 좋습니다.
3. 가습기는 놓는 위치도 중요합니다. 머리맡에 놓는 것은 좋지 않습니다. 기관지가 예민할수록 간접 가습의 방식을 취해주세요. 너무 구석에 놓으면 가습 효과가 떨어집니다. 방 가운데나 벽 중앙에 위치할 수 있게 해주세요.
4. 방 안 공기를 자주 환기하는 것도 잊지 마세요. 방 안이 축축해지지 않도록 하루에도 몇 번씩 환기를 시켜야 합니다.
5. 살균세정제 대신 베이킹소다, 식초 같은 천연 세정제를 사용하여 주기적으로 물통을 세척해주세요.

알쏭달쏭! 가래 궁금증

Q 가래 끓는 소리는 왜 나나요?

기도의 분비물 양에 비해 기관지가 좁아졌을 때 나는 소리입니다. 기관지가 좁아지는 원인은 기관지가 수축하거나 기관지 점막이 붓는 경우, 가래가 많아져 공기가 드나드는 길이 좁아지는 경우 등입니다. 호흡기 질환이 생기면 기도 점막에 염증이 생겨 위와 같은 현상이 모두 나타나요. 즉 가래가 많아서 소리가 나는 경우는 드물어요. 따라서 호흡기 질환이 있을 때는 가래를 빼내는 노력과 동시에 기도의 염증을 가라앉히는 치료를 해야 합니다.

Q 킁킁대는 소리를 내는데 가래가 있는 건가요?

아이들의 경우 목에 무언가가 걸린 것처럼 킁킁대는 소리를 낼 때가 많아요. 목에 무엇인가 걸린 것 같은 느낌은 반드시 가래 때문만은 아닙니다. 대부분 비염이나 부비동염(축농증)에 걸렸을 때입니다. 코가 뒤로 넘어가거나 부비동에 쌓여 있는 분비물이 뒤로 넘어가면서 목에 걸린 듯한 느낌을 유발하는 것이지요.

 Dr. B의 우선순위 처치법

1. 가래의 농도가 묽어질 수 있도록 물을 충분히 자주 먹여요.
2. 가습기를 틀어요.
3. 가래를 배출할 수 있도록 등을 두드리거나 '허프 기침'을 하게 해요.
4. 누런색이나 녹색, 붉은색 가래가 보인다면 바로 병원으로 달려가요.

기침

콜록콜록 쉬지 않고 기침을 해요.

체크 포인트

☑ 기침은 병이 아니라 증상이에요. 그러므로 기침을 낫게 하는 약은 없습니다. 다만 기침 증상을 줄이는 치료를 하는 것입니다.

☑ 기침은 우리 몸을 지키는 보디가드 같은 역할을 해요. 호흡기에 들어온 나쁜 것을 내보내기 위해 기침을 하는 것이지요. 기침을 무조건 멈추게 하면 우리 몸의 나쁜 것을 밖으로 내보내지 못한다는 사실을 잊지 마세요.

☑ 기침을 한다고 해서 꼭 감기라는 법은 없습니다. 기침을 하는 질환은 생각보다 많습니다.

☑ 기침을 할 때는 가습기를 사용하거나 수분 섭취를 충분히 하는 것이 최선입니다. 대개 저절로 좋아지지만, 기침을 2~3일 이상 지속한다면 반드시 의사의 진료를 받아야 합니다.

콜록콜록, 계속 기침이 나요

호흡기가 자극을 받았다는 신호!

부모들 대부분은 아이가 기침을 하면 가슴부터 철렁 내려앉습니다. 또 감기가 오는 게 아닌가 싶어서 말이죠. 얼른 기침을 멎게 하려고 온갖 노력을 합니다. 하지만 기침은 병이 아니라 증상입니다. 즉 기침 자체를 질환으로 생각해서는 안 된다는 뜻입니다. 물론 기침을 한다는 것은 평소와 다른 상태라는 사실을 알려주는 신호입니다. 기침이 나오는 이유는 아이의 기도에 어떤 자극이 주어졌기 때문이에요. 공기가 지나는 길이 자극을 받으면 목구멍, 기도, 또는 폐에 있는 말초 신경이 이를 느끼게 되고 이것이 바로 기침으로 이어집니다.

기침은 몸에 들어온 나쁜 것을 내보내요

기침은 나쁜 것으로부터 우리 몸을 지켜내는 가장 뛰어난 신체 방어기전 중 하나입니다. 기침을 하면 강력한 공기의 배출이 강제적으로 이루어져요. 그러면서 기도에 있던 분비물이나 이물질이 몸 밖으로 나오지요. 즉 몸 안으로 들어온 이물질, 기도 안에서 생성된 가래 같은 분비물, 기도나 폐 안에 있는 나쁜 물질 등이 기침을 할 때 제거됩니다. 기침을 억지로 못 하게 하면 신체의 자연스러운 방어기전을 억제해 더 심각한 호흡기 질환을 초래할 수 있답니다.

기침을 일으키는 원인

'기침' 하면 '감기'부터 떠올리지만 사실 기침은 감기 외에 여러 원인으로 발생합니다. 물론 원인에 따라 기침의 강도가 다르고 치료 방법도 달라져요. 집에서 휴식만 취해도 좋아지는 경우가 있지만, 어떤 경우에는 급하게 응급실로 가서 치료를 받아야 할 때도 있습니다. 그러므로 아이가 기침을 한다면 기침의 양상이 어떤지, 동반되는 증상은 어떤지 살펴서 적절한 조처를 해야 합니다.

대부분 기침은 호흡기가 감염되는 것을 막아요

기침은 기도나 폐의 기관지를 깨끗하게 청소해 호흡기가 감염되는 것을 막는 역할을 해요. 외부에서 들어온 바이러스나 세균이 기침을 해도 제거되지 않으면 호흡기 질환으로 발전할 수 있어요.

기도가 자극을 받았어요!

먼지, 연기 등 어떤 이유로든 기도가 자극을 받으면 기침이 나와요. 스모그나 에어로졸, 페인트, 살충제 같은 물질을 접했을 때도 기침이 나옵니다. 이런 상황에 나오는 기침도 기도에 있는 분비물이나 이물질을 제거하기 위한 신체의 방어기제입니다. 특별한 치료 없이 신선한 공기를 마신다면 금방 멈춥니다.

알레르기가 있지는 않나요?

봄과 가을에는 미세먼지나 꽃가루 등에 대한 알레르기로 기침을 하는 경우가 많습니다. 겨울에는 찬바람, 진눈깨비 등으로 기침을 하기도 해요. 기침을 한다면 여러 가지 알레르기 상황 등을 먼저 따져보고 원인을 찾아보세요.

이물질을 삼키지는 않았나요?

코 막힘 증상도 없고 열도 없는 아이가 갑자기 심하게 기침을 한다면 목에 이물질이 끼어 있는지 확인해보세요. 어린 아이는 무엇이든 입에 가져가 물고 빨려는 경향이 있어서 레고같이 작은 장난감이나 땅콩, 팝콘 등을 입에 넣어 기도가 막혔을 수도 있어요. 삼킨 이물질을 발견하더라도 직접 이물질을 빼내는 것은 위험합니다. 자칫 이물질이 더 깊은 곳으로 들어갈 수 있고, 잘못 건드려 기도로 들어가면 더 위험한 상황이 발생할 수도 있기 때문입니다. 아이가 무엇인가를 삼켜 기침이 난다고 의심될 때는 한시라도 빨리 병원을 찾습니다.

심리적인 이유도 있어요

특별한 외부 요인 없이 마른기침을 주기적으로 한다면 심리적인 원인이 있을 수 있습니다. 이런 상황에서는 친구 관계가 어떤지, 선생님과의 사이에 문제가 있는지, 형제자매 간에 다툼은 없는지 등을 확인해보세요. 또 과도한 학업으로 인해 습관적으로 기침을 할 수도 있으니 이 부분도 염두에 두어야 합니다. 일단 아이가 심리적으로 안정감을 찾을 수 있도록 도와줘야 합니다. 심리적 안정감을 찾으면 쉽게 잦아드는 것이 심리로 인한 기침의 특징이니까요.

기침 소리에 주목! 기침할 때 의심되는 질환

기침은 감기뿐 아니라 모세기관지염이나 후두염, 폐렴, 독감 같은 호흡기 질환에 걸려도 흔히 발생해요. 기침이 나오면 일단 소리와 빈도, 지속 시간 등을 유심히 살펴야 합니다. 기침 소리나 동반되는 증상을 살피면 어떤 부위가 바이러스에 감염되었는지를 알 수 있어요. 기침의 양상에 따라 어떤 병인지 추측할 수 있어 그에 따른 치료를 받을 수 있고 빨리 질환에서 벗어날 수 있습니다.

"컹컹" 개 짖는 듯한 소리가 날 때
쉰 목소리와 함께 기침할 때 개가 짖는 듯 컹컹거리는 기침을 한다면 후두염을 의심

 신생아 기침, 그냥 두지 마세요!

생후 2~3개월 미만의 영아나 신생아가 기침을 한다면 주의 깊게 살펴봐야 합니다. 이 시기의 아기가 기침하는 것은 흔하지 않은 일이며, 심각한 폐 질환을 알려주는 신호일 수도 있기 때문이에요. 신생아나 영아는 면역력이 약하고 질병에 저항할 수 있는 방어체계가 미숙해요. 그래서 가벼운 감기라도 심각한 질병으로 발전할 수 있는 위험이 있어요. 증상을 표현하는 방법 또한 미숙하여 폐렴같이 심각한 병이어도 별로 아파 보이지 않아 병을 더 키울 수 있습니다. 따라서 신생아에게 지속적인 기침 증세가 나타난다면 가벼워 보인다고 무시하지 말고 반드시 소아청소년과 의사에게 진찰을 받아야 합니다.

해볼 수 있습니다. 후두염은 후두에 생긴 염증으로 목이 쉬고, 숨을 들이쉴 때 그르렁 소리가 나요. 심할 경우 숨을 쉴 때 기도가 막힐 수도 있어 세심히 지켜봐야 하는 질환입니다. 낮에는 잘 놀다가 밤이 되면 기침 때문에 자지러질 정도로 증세가 심해지기도 합니다. 컹컹거리는 기침을 시작한다면 환기를 시켜 시원한 바람을 맞게 하고, 가습기로 방 안 공기가 건조해지지 않도록 신경 써주세요. 하지만 기침을 자지러지게 하고 숨이 차 많이 힘들어한다면 바로 응급실로 데려가야 합니다.

"쌕쌕" 소리가 날 때

아이가 쌕쌕거리는 기침을 한다면 모세기관지염이나 기관지천식일 확률이 높습니다. 숨을 내쉴 때 기관지는 길고 좁아져요. 이때 기관지를 막는 요인이 있거나 기관지가 평소보다 몹시 좁아져 있으면 숨을 내쉴 때 쌕쌕거리는 소리가 납니다. 기관지에 가래가 많이 껴 있거나 염증으로 부어 있으면 쌕쌕거리는 소리가 많이 들려요. 숨을 가쁘게 쉬어요. 심한 경우 호흡곤란으로 숨을 쉴 때 갈비뼈 사이가 쑥쑥 들어가는 증상도 나타납니다. 이럴 때는 가습기를 사용하는 것이 도움이 돼요. 미지근한 물을 먹이거나 호흡을 길게 내쉬도록 옆에서 도와주는 것도 좋습니다. 기침 소리를 잘 관찰하다 아이가 갑자기 숨차 하거나 탈진한다면 바로 병원을 찾습니다.

"콜록콜록" 가래 없이 마른기침을 할 때

가래 없이 하루에 서너 차례 가벼운 기침을 할 때가 있어요. 보통 알레르기비염이나 감기에 걸렸을 때 그런 기침을 해요. 이런 기침은 자극적인 물질이 호흡기로 들어왔을 때 반사적으로 보이는 반응입니다. 감기나 다른 질환에 걸리지 않아도 공기가 나쁘거나 건조한 등 외부 환경이 좋지 않을 때 주로 나타나요. 마른기침의 경우 다른 호흡기 질환의 증상은 찾아볼 수 없는 것이 특징입니다. 가벼운 기침인 만큼 민감하게 반응할 필요는 없습니다. 건조하지 않게 환경을 조성하고 기관지에 자극이 되는 요소를 제거하는 것만으로도 효과를 볼 수 있습니다. 사람이 많고 먼지가 많은 곳은 최대한 멀리하세요. 다만 기침을 하는 횟수가 눈에 띄게 증가하거나 2~3주 이상 지속한다면 병원에서 진찰을 받아보는 것이 좋습니다.

밤에 유독 기침이 심할 때

비염이나 축농증, 혹은 알레르기가 있는 경우 밤에 기침을 많이 합니다. 천식에 걸렸다면 밤에 기관지가 더 예민해져서 기침이 심해지기도 해요. 괜찮아질 거라는 생각으로 그냥 지켜보기보다 밤에 기침을 하는 원인이 무엇인지를 밝혀내는 게 우선입니다. 낮에는 기침을 거의 안 하다가 밤에 기침을 많이 하는 데는 반드시 이유가 있습니다. 병원에 가서 진찰을 먼저 받아본 다음 적절한 치료를 하는 것이 좋습니다.

기침할 때 어떻게 하나요?

푹 쉬게 해요

심하게 기침할 때는 푹 쉬는 것이 좋습니다. 아프면 일단 쉬어야 합니다. 편안하게 휴식을 취하면서 병을 이겨낼 수 있도록 도와주세요.

수시로 물을 먹여요

기도가 건조해져 가래가 호흡기 점막에 달라붙으면 기침이 더 심해져요. 수시로 물을 마셔 가래를 묽게 만들어야 합니다. 몸에 수분이 많아지면 끈적끈적한 가래가 묽어져 기침을 했을 때 잘 뱉어지기 때문이지요. 평소보다 물을 많이, 자주 마실 수 있게 신

🚑 이럴 땐 병원으로!

- ☐ 기침이 갑자기 심해져 호흡곤란을 일으키거나 기침을 하면서 얼굴색이 파랗게 질리는 경우
- ☐ 기침할 때 가슴을 심하게 아파하거나 가래에 피가 섞여 나오는 경우
- ☐ 하루 종일 기침을 하며 먹지도 마시지도 못하는 경우
- ☐ 기침이 열과 함께 갑자기 시작되는 경우
- ☐ 생후 3개월 미만의 아기가 기침하는 경우
- ☐ 일주일 이상 기침을 지속할 때
- ☐ 음식이나 다른 물질에 의해 사레가 들린 후 기침이 시작될 때

경 써주세요. 한꺼번에 많은 양을 먹이기보다는 조금씩 자주 먹이는 게 좋습니다. 기침으로 목이 아프다고 하면 물 대신 과일주스를 먹이기도 합니다. 이때 신맛이 아주 강한 감귤류의 음료는 기침을 더 유발할 수 있어요. 신맛이 강한 음료는 가능한 한 피해주세요.

기침을 많이 한다면 상체를 세워요

기침을 심하게 할 때는 눕히지 말고 윗몸을 일으켜 세워요. 베개 등으로 등을 받쳐 앉아 있게 합니다. 베개로 머리에서 가슴까지 적당히 받쳐 상체를 높인 상태에서 잠들게 하는 것도 좋습니다. 숨쉬기가 편해지고 목에 자극이 덜해요.

실내 습도를 높여요

공기가 건조해지면 기침이 더 심해지고, 가래도 더 끈적끈적해져 호흡기를 자극합니다. 이럴 땐 가습기를 사용해 방 안의 습도를 높여요. 기침 완화에 큰 도움이 됩니다. 하지만 가습기를 오랫동안 틀어놓은 채 환기를 하지 않으면 실내에 곰팡이가 생길 수 있으므로 1시간마다 10분 정도 환기하는 것이 좋습니다. 가습기가 없다면 방 안에 젖은 수건을 널어놓거나 그릇에 물을 담아두는 방법도 도움이 됩니다.

실내 환경을 쾌적하게 유지해요

집 안의 공기가 나쁘면 기침이 잘 낫지 않습니다. 실내 구석구석에 쌓인 먼지나 곰팡이, 집먼지진드기 등은 알레르기를 유발하는 원인으로 작용할 수 있어요. 또 직접적인 감염을 일으켜 기침을 유발할 수 있어 자주 환기하고 실내를 청결히 유지합니다.

혼자서 가래 뱉기가 힘들다면 옆에서 도와주세요

어린아이는 혼자서 가래를 뱉기가 힘들어요. 가래를 내뱉을 수 있도록 부모가 옆에서 도와주어야 합니다. 아이의 가슴을 한 손으로 조심스럽게 받치고 다른 한 손은 오목하게 만들어 아이의 등을 두드립니다. 숨을 크게 들이마셨다가 한꺼번에 힘껏 내뱉게 하는 방법이 효과적이에요. 혼자 양치질을 할 수 있는 아이라면 가글을 자주 시키는 것도 가래 배출에 도움이 됩니다. 입에 물을 머금고 보글보글 숨을 내쉬다 보면 가래가 자연스럽게 빠져나오기도 합니다.

기침한다고 무조건 약을 먹이면 안 돼요

기침이 나올 때 빨리 낫게 하려고 애쓰기보다는 어떻게 제대로 낫게 할지를 고민하는 게 더 중요합니다. 특히 기침이 심하다고 함부로 약을 먹여서는 안 됩니다. 기침을 줄이면 지금 당장은 편할지 몰라도 심각한 합병증의 위험이 뒤따를 수 있습니다. 기침을 유발하는 질병이 무엇인지 제대로 알고 그 원인을 치료하는 것이 무엇보다 중요해요. 그리고 의사의 처방에 따라야 합니다.

닥터's advice

❓ 기침 치료에 사용하는 약품

기침약은 처방전 없이 약국에서 구입할 수 있는 것이 많습니다. 그러나 기침약의 경우 성분이 다양하므로 어떤 약을 얼마큼 먹여야 할지는 반드시 의사와 상의해야 합니다. 특히 만 2세 미만의 아이는 의사의 진료를 받은 후 약을 먹는 게 안전해요. 일반의약품으로 판매되는 감기약의 허가 연령이 만 2세 이상으로 표기된 것도 이 때문입니다. 또 성분의 이름은 달라도 효능은 비슷할 수 있으므로 다른 기침약과 섞어서 먹는 일은 피해야 해요. 기침 치료를 위해 병원에서 주로 처방되는 약품은 거담제, 기침억제제, 충혈완화제, 항히스타민제 등입니다.

• **거담제** 기도에 붙어 있는 분비물을 얇게 만들어 몸 밖으로 쉽게 배출할 수 있도록 돕는 역할을 합니다.

• **기침억제제** 기침을 줄여주는 약이에요. 기침이 아주 심해 힘들어하는 경우 휴식을 주기 위해 사용됩니다.

• **충혈완화제** 기도의 혈관을 수축시켜 생성되는 분비물의 양을 줄여줍니다.

• **항히스타민제** 알레르기로 인한 점막의 분비물과 부종을 줄여주며, 특히 밤에 콧물이 목으로 넘어가면서 기침이 나오는 증상에 도움이 됩니다. 그러나 어린아이의 경우 졸음, 보챔, 환각, 고혈압 같은 부작용이 나타날 수 있으므로 반드시 의사의 처방을 받은 후에 사용하는 것이 좋습니다.

알쏭달쏭! 기침 궁금증

Q 기침이 너무 심해 아이 목소리가 쉬었는데, 약을 먹여야 할까요?

기침이 너무 심해 힘들어한다면 휴식을 주기 위해 약물을 사용할 수 있어요. 그러나 중요한 것은 기침을 유발하는 질병이 무엇인지 제대로 알고 그 원인을 치료해야 한다는 점입니다. 기침이 심해 힘들어한다면 약을 임의로 먹이지 말고 바로 소아청소년과를 방문해 진료를 본 후 처방받은 약을 먹이세요.

Q 기침을 심하게 하다가 구역질까지 하는데, 이럴 땐 어떻게 해야 하나요?

아이들은 기침을 하면서 구역반사가 일어나 구역질할 때가 종종 있어요. 구역반사는 혀 중앙의 3분의 1을 자극하면 구역질 반응이 나타나는 것입니다. 이럴 때는 미지근한 보리차나 물을 조금씩 먹여 진정시킨 후 소아청소년과를 방문합니다.

Q 마스크를 쓰고 기침하면 마스크에 세균이나 바이러스가 묻어 아이에게 더 나쁘지 않나요?

공공장소에서는 마스크를 착용하고 기침해야 다른 사람들에게 피해를 주지 않습니다. 또한 외부의 미세먼지나 찬 공기로부터 호흡기를 보호하고 습도를 유지시켜주는 효과도 기대할 수 있어요. 하지만 너무 오랜 시간 착용하면 오히려 세균이 번식할 수 있으므로 한 번 사용한 마스크는 세척해서 사용하고 일회용 마스크는 재사용하지 않도록 합니다.

 Dr. B의 우선순위 처치법

1. 충분히 휴식을 취하게 도와주세요. 아이가 피곤해하지 않도록 잠을 충분히 재워요.
2. 미지근한 물을 자주 먹여요.
3. 공기가 건조해지지 않도록 실내 습도를 높여요.
4. 기침이 나아지지 않거나 호흡곤란 또는 가슴이 아프다고 하면 즉시 병원에 데려갑니다.

콧물과 코 막힘

콧물이 줄줄 흐르고, 심하게 코가 막혀요.

체크 포인트

☑ 콧물은 자연스러운 신체 방어기전(방어기제)이므로 콧물이 나온다고 해서 무조건 약을 먹이고 병원에 갈 필요는 없습니다. 코를 함부로 뽑는 것도 좋지 않습니다.

☑ 콧물을 흘리면 감기라고 생각하지만 나오는 콧물의 색이나 냄새, 끈적이는 정도에 따라 병의 종류도 달라질 수 있습니다.

☑ 대부분 콧물은 3~5일 이내에 저절로 좋아집니다. 그러나 발열 같은 다른 증상과 같이 나타나거나, 2주 이내로 좋아지지 않거나, 점액이 녹색 또는 다른 색으로 바뀌면서 피가 섞여 나온다면 병원을 찾아 적절한 치료를 받아야 합니다.

콧물은 자연스러운 신체 방어기전이에요

코는 외부에서 어떤 자극을 받았을 때 스스로 방어하기 위해 끊임없이 점액을 만들어 냅니다. 그래서 평소에도 정상적인 양의 점액이 콧속에 항상 존재해요. 콧속의 점액은 비강 내 통로의 윤활제 역할을 하거나 이물질을 바깥으로 내보내는 역할을 해요. 그 점액이 너무 많이 만들어지면 바깥으로 흘러나오는데, 그것이 바로 '콧물'입니다. 즉, 콧물은 자연스러운 신체 방어기전이므로 콧물이 나온다고 해서 꼭 병원에 갈 필요는 없습니다. 하지만 콧물이 지나치게 나온다면 적절한 치료가 필요합니다. 중이염이나 부비동염 등과 같은 합병증이 생길 수 있기 때문이죠. 특히 열, 기침 같은 다른 증상이 함께 나타날 때는 반드시 병원을 찾아야 합니다.

콧물이 자꾸 흘러요!

콧물이 나오는 이유는 여러 가지예요

주변에서 콧물을 흘리는 아이를 쉽게 볼 수 있습니다. 그만큼 콧물은 아주 흔한 증상입니다. 그렇다면 언제 콧물이 많이 날까요? 독감이나 감기에 걸렸을 때, 먼지나 반려동물에 의한 알레르기 반응이 있을 때, 부비동염이나 상기도감염이 나타날 때도 콧물을 흘려요. 매운 음식이나 담배 연기로 인해 코점막이 자극을 받았을 때, 눈물을 흘릴 때, 운동할 때, 비강스프레이를 장기간 사용했을 때도 콧물이 생길 수 있습니다. 간혹 아무 이유 없이 만성적으로 콧물이 나는 경우도 있어요.

 닥터's advice

❓ 비강스프레이는 안전한가요?

코 막힘, 콧물, 가려움 등을 줄이는 데 효과적인 방법이 비강스프레이입니다. 그러나 스테로이드제를 사용해 과연 안전한지 궁금해하는 분이 많지요. 스테로이드 하면 면역력 저하, 소화기궤양 등 부작용이 있다고 알고 있기 때문입니다. 그러나 이것은 경구용 스테로이드, 즉 스테로이드를 복용할 때의 부작용입니다. 스테로이드 스프레이처럼 뿌려서 사용하는 경우의 부작용이 아닙니다. 물론 스테로이드 스프레이도 부작용이 있습니다. 코안의 건조함이나 작열감을 들 수 있습니다. 이는 스테로이드 자체의 부작용이 아니라 스프레이에 포함된 알코올 같은 첨부제가 일으키는 현상인데, 시간이 지나면 좋아집니다.

가장 대표적인 원인은 감기

콧물이 나오는 가장 흔한 원인은 감기입니다. 비강에서 만들어지는 점액에는 바이러스에 대항하여 반응하는 항체들이 포함되어 있습니다. 그래서 감기에 걸리면 콧물을 흘려 내보냄으로써 감기 바이러스를 몸 밖으로 운반하게 되지요. 감기에 걸렸을 때 콧물이 나오는 것은 이처럼 우리 신체가 바이러스 감염에 대항하는 형태라고 볼 수 있습니다. 그러나 콧속이 콧물로 가득 차면 숨쉬기 곤란할 뿐 아니라 답답함이 느껴져 아이는 계속 칭얼거립니다. 이럴 때는 일정한 간격으로 부드럽게 코를 풀 수 있도록 옆에서 도와주세요. 아이가 혼자 코를 풀 수 있다면 한쪽 코를 막고, 차례대로 번갈아 풀게 합니다. 혼자 코를 풀 수 없는 어린아이라면 가제수건에 따뜻한 물을 적셔 코를 살짝 덮어주는 방법이 효과적입니다.

알레르기비염이 있어요

아이가 코를 흘리면서 코가 가려워 후비거나 심하게 비빈다면 알레르기비염을 의심할 수 있어요. 일주일 이상 맑은 콧물이 줄줄 흐르면서 눈 주변이 붓고 충혈되는 증상도 함께 나타날 수 있어요. 콧물의 원인이 알레르기비염 때문이라면 병원에서는 증상 조절을 위해 항히스타민제나 충혈완화제를 처방하기도 합니다. 단, 항히스타민제는 졸림, 구강 건조, 변비, 식욕 감퇴, 안절부절못하는 등의 부작용을 초래할 수 있어요. 또 코안에 뿌려 사용하는 스프레이 약을 처방하기도 합니다. 그러나 이런 약들을 필요 이상으로 장기간 사용하는 것은 좋지 않습니다. 처음에는 콧물을 단숨에 없애주지만, 지속해서 사용하면 코의 충혈이 더욱 심해질 수 있기 때문이지요. 코의 충혈이 심해진다면 원래의 알레르기비염보다 증상이 더 심할 뿐 아니라 치료도 더 어렵다는 사실을 꼭 기억해두세요.

이물질이 코에 들어간 경우

간혹 아이들이 코안으로 이물질을 밀어 넣어 콧물이 나올 때도 있어요. 이때는 한쪽 콧구멍에서만 콧물이 생기는데, 누렇고 냄새가 심한 편입니다. 코에 작은 장난감, 콩 등 이물질이 들어갔다면 즉시 병원을 찾아 제거합니다.

콧물의 색과 끈적임에 따라 치료가 달라요

맑은 곳물이 줄줄 흐른다면

맑은 콧물이 나오는 것은 섬모운동이 원활하게 이루어져 세균들이 콧물과 함께 배출되고 있다는 신호예요. 적당히 닦아주기만 하면 됩니다. 갑자기 감기나 알레르기비염에 걸렸을 때 이런 콧물이 많이 나타나는 편입니다. 감기라면 잘 쉬고, 잘 마시고 먹는 것만으로도 금세 나을 수 있습니다. 다만 2주일 이상 지속해서 콧물이 나고 기침, 가래, 눈 가려움 등의 여러 증상이 동반되면 알레르기비염을 의심해봐야 합니다. 알레르기비염인 경우 개인별 증상에 따라 치료법이 달라지기 때문에 소아청소년과에서 진찰을 받아야 합니다.

콧물이 누런색을 띠며 끈적끈적하다면

초기에는 맑은 콧물이다가 감기나 알레르기비염이 심해지면 콧물 색이 누렇게 진해지면서 끈끈해집니다. 흔히 '축농증'이라고 부르는 부비동염의 경우에도 이런 끈적끈적한 형태의 콧물이 주로 나와요. 콧물이 끈적끈적하기 때문에 밖으로 배출이 잘되지 않아 콧속에서 굳은 상태를 유지해 코 막힘이 쉽게 일어납니다. 이때는 그냥 놔둔다

 닥터's advice

❓ 콧물은 질병을 알리는 전조 증상

콧물은 생활하는 데 매우 불편함을 주지만, 대개 시간이 지나면 저절로 좋아집니다. 간혹 약물 치료가 필요할 때도 있지만 치료 과정이 복잡하다거나 치료 기간이 길지 않은 편이에요. 그러나 간혹 콧물과 함께 심각한 증상이 동반된다면 다른 질환을 알리는 전조 증상일 수 있어요. 그러므로 콧물이 난다고 해서 무조건 감기나 알레르기비염이라고 생각하는 것은 곤란합니다. 콧물이 흐르면서 의식의 변화 또는 환각이나 기면 같은 갑작스러운 행동의 변화가 나타난다면 두부 손상이 의심되니 신속하게 병원을 찾아야 합니다. 감기에 걸리지도 않았는데 코에서 맑은 분비물이 흐를 때, 두부의 변형이 관찰될 때, 지속해서 구토할 때, 심한 두통이나 출혈이 있을 때도 마찬가지예요. 아이의 상태를 잘 지켜보고 심각한 질환으로 이어지지 않도록 신경 씁니다.

고 저절로 좋아지지 않습니다. 코 막힘이 심해 아이가 답답해하면 소아청소년과를 찾아 처방을 받는 게 좋습니다.

피가 섞인 콧물이라면

손가락으로 코를 후비거나 혹은 면봉으로 아이의 콧속을 닦아내다가 코점막에 상처가 생긴 경우가 대부분입니다. 콧속이 너무 건조해 충혈되었을 때도 피가 섞인 갈색 콧물이 납니다. 이럴 때는 코점막에 난 상처를 치료할 수 있는 연고를 처방받거나 혹은 코안이 건조해지지 않도록 가습기를 사용하는 것이 좋습니다. 간혹 피가 섞인 콧물이 결핵이나 디프테리아 등 다른 질환을 알려주는 증상일 수 있어요. 이런 콧물이 지속해서 나온다면 반드시 병원을 찾아 코 내시경을 통해 정확한 진단을 받아봐야 합니다.

콧물 때문에 코가 막혔어요!

아이들은 코가 쉽게 막혀요

아이들은 콧속 점막이 약해 분비물이 많이 나오며, 숨을 쉬는 공기의 양에 비해 콧구멍이 작은 편이라 쉽게 코가 막히는 편입니다. 코에서 나오는 분비물이 코안에서 말라 그대로 코딱지가 되면 코로 숨쉬기가 더욱 힘들어지지요. 이처럼 코의 호흡기 기능에 이상이 생길 때 아이들은 코 막힘 증상을 호소합니다.

코가 막히면 증상부터 꼼꼼히 살펴요

코가 막혀 힘들어하면 코 막힘이 얼마나 되었는지 체크해봐야 합니다. 양쪽이 막히는지 아니면 한쪽이 막히는지, 혹은 번갈아 가면서 막히는지, 또 하루 중에 특별히 막히는 시간이 있는지 등 꼼꼼히 확인합니다. 아이들의 경우 양쪽 코에 코 막힘이 나타나면 알레르기비염이나 만성 비염을 의심할 수 있어요. 한쪽 코에만 코 막힘이 나타나면 비강 내 이물질이 들어갔거나 코 뒤쪽 구멍이 막혔을 수도 있습니다. 이런 증상들을 잘 살펴본 후 병원에 방문해 의사의 질문에 자세히 대답해야 신속하게 치료할 수 있습니다.

코가 막혀 힘들어하면 우선 코를 풀어야 합니다

콧물이 계속 나와 아이가 힘들어한다면 코를 풀어주는 게 우선입니다. 코를 풀 때는 반드시 한쪽씩, 힘을 너무 세게 주지 않은 채 살살 조심스럽게 풀어야 합니다. 코를 지나치게 세게 풀다 보면 콧물이 오히려 귀로 역류해 중이염을 유발할 수 있습니다. 혼자서 코를 풀지 못하는 아기라면 콧물흡입기를 사용해 한두 번 살짝 코를 빼내는 것도 좋습니다. 다만 너무 자주 사용하거나 지나치게 강한 힘으로 콧물을 빨아내면 안 된다는 것을 명심하세요.

물을 자주 먹이고, 가습기를 틀어요

콧속에 물기가 많아지면 콧물 자체가 묽어져서 코를 풀기가 훨씬 수월해집니다. 코딱지가 뭉쳐 코가 막혀 있을 때는 억지로 꺼내려 하지 말고 평소보다 물을 자주 먹이는 것이 좋습니다. 건조한 공기 역시 콧물을 말라붙게 만드는 주요 원인입니다. 가습기를 틀어 50~60%로 습도를 맞추거나 코의 건조 상태에 따라 좀 더 높은 습도로 유지합니다.

 닥터's advice

❓ 식염수 세척, 해도 될까요?
코로 식염수를 넣고 입으로 뱉어내는 형태의 식염수 세척을 추천하기도 하지만, 아직 어린아이에게는 오히려 독이 될 수 있습니다. 아이는 스스로 코로 들어간 식염수를 입으로 뱉어내기가 어렵기 때문이에요. 또 한 번 개봉한 식염수에는 균이 쉽게 들어갈 수 있어 자칫 세균 감염으로 이어질 수 있습니다. 이럴 땐 식염수를 사용하기보다는 개봉 후에도 멸균 상태를 유지하는 '멸균해수 제품'을 약국에서 구입해 사용하는 것이 좋습니다. 코에 분사한 후 입으로 뱉는 대신 다른 쪽 코로 분사액이 나오는 구조여서 어린아이에게도 사용할 수 있습니다.

어떻게든 코로 숨을 쉴 수 있게 하세요

신생아의 경우 코가 심하게 막히면 젖을 잘 빨지 못해 먹는 양이 줄어들 수 있습니다. 코가 막혀 입으로 호흡을 주로 하다 보면 입으로 들어온 차고 건조한 공기가 기도 점막을 자극해 자칫 감기와 기관지염으로 발전할 위험성도 생기지요. 그뿐만 아니라 입으로 호흡하는 것이 습관이 되면 입이 항상 벌어져 있어 위턱과 아래턱뼈의 균형이 맞지 않게 됩니다. 이는 자칫 부정교합으로 이어질 우려도 큽니다. 이처럼 코가 막혀 코로 숨 쉬지 않고 입으로 숨을 쉬는 것 자체가 아이의 몸을 아주 피곤하게 만듭니다. 코가 막혔더라도 계속해서 코로 숨을 쉴 수 있게 어떻게든 방법을 찾아야 합니다. 코로 숨을 쉬겠다고 노력하는 것만으로도 스스로 치유하는 힘이 한층 더 생깁니다.

 Dr. B의 우선순위 처치법

1. 수분을 충분히 먹이고, 휴식을 취할 수 있게 해주세요.
2. 공기가 건조하지 않도록 가습기를 틀거나 환기를 자주 해요.
3. 콧물이 누런색을 띠거나 코가 심하게 막히면 병원에 데려가 진료를 받아요.

아이의 코가 꽉 막혔다면, 이렇게 해보세요!

1 코를 따뜻하게 해주세요. 코 막힘이 너무 심해 코로 숨쉬기 힘든 상황이라면 손수건에 따뜻한 물을 적셔 코를 살짝 덮어주세요. 또는 얇은 물수건을 전자레인지로 살짝 데워 스팀 수건을 만든 후 코에 대어 따스한 증기를 쐬어 주면 막힌 코가 뚫립니다.

2 외출할 때도 항상 마스크나 손수건을 사용해 코가 차가운 공기에 노출되지 않게 해주세요.

3 욕실 문을 닫고 욕조에 더운물을 채워 김이 모락모락 날 때 아이를 욕조에 앉아 있게 하면 코 막힘이 좋아질 수 있습니다. 혼자 앉아 있기 힘든 아기라면 엄마가 아기를 안고 앉습니다.

감기

콧물이 흐르고 열이 나며 기침이 심해요.

체크 포인트

☑ 중이염, 기관지염, 폐렴 등 합병증으로 발전할 수 있으므로 감기를 절대 가볍게 여겨서는 안 됩니다.

☑ 아이가 감기에 걸렸을 때 가장 중요하게 보아야 할 것은 '잘 놀고 잘 먹고 잘 자는가'입니다. 콧물과 기침을 달고 있더라도 잘 지낼 경우 기다리면 낫기도 합니다. 반대로 증상이 심하지 않더라도 평소보다 잘 못 먹고, 처지는 경우 단순 감기가 아닐 수 있으므로 의사에게 진찰을 받는 것이 좋습니다.

☑ 감기에 걸리면 푹 쉬면서 안정을 취하고 수분과 영양을 충분히 공급해야 합니다.

☑ 처방받은 약을 오래 먹인다고 크게 걱정할 필요는 없습니다. 소아청소년과 의사가 쓰는 약은 독하지 않습니다. 아이 상태가 좋아진 것 같다고 임의로 약을 중단해서는 안 됩니다. 처방받은 약은 다 먹이는 것이 좋습니다.

☑ 기본적인 예방수칙만 제대로 지켜도 어느 정도는 감기를 예방할 수 있습니다. 외출 후에는 반드시 30초 이상 손을 깨끗이 씻는 습관을 들이고, 녹황색 채소를 골고루 먹여 평소에 면역력을 높입니다.

호흡기 대표 질환, 감기

'국민 질병'이라 불러도 서운하지 않을 정도로 아이들이 가장 잘 걸리는 질환 1위가 바로 '감기'입니다. 흔해서 무서운 병이에요. 건강할 때는 며칠 앓다 뚝뚝 털고 일어날 수 있지만 면역력이 떨어진 상태에서는 기관지염, 폐렴, 중이염 등 합병증으로 무섭게 발전하는 경우가 많기 때문입니다. 게다가 민간요법을 포함해 잘못 알려진 정보가 많고, 부모 스스로 다 안다고 생각하지만 제대로 모르는 경우가 많아 감기가 더 오래 갈 때도 허다합니다. '감기쯤이야' 하는 생각이 가장 위험하다는 사실을 기억하세요. 지긋지긋한 감기에서 벗어나려면 미리 감기에 대한 기본 지식을 알아둡니다.

 # 감기, 제대로 알아야 이길 수 있어요

감기의 원인은 바이러스

대부분 찬바람을 쐬면 감기에 걸린다고 생각하는데, 이는 잘못된 상식입니다. 찬 공기 때문에 걸리는 것이 아니라 바이러스에 의해 코나 인두에 염증이 생기는 병입니다. 즉 감기의 원인은 대부분 바이러스입니다. 간혹 세균이 원인이 되기도 해요. 정확한 병명은 '급성 비인두염' 또는 '감염성 비염'으로, 더 넓은 범위의 상기도(비강, 후두, 인두를 포함하는 부분) 감염 전체를 감기라고 표현하기도 해요. 감기를 일으키는 바이러스의 50%는 리노 바이러스인데, 그 종류만도 200여 가지가 됩니다. 그 외에도 아데노 바이러스, 장 바이러스 등 다양한 종류의 바이러스가 감기 증상을 일으킵니다. 감기는 호흡기로 감염될 뿐 아니라 손이나 입을 통한 직접 접촉에 의해서도 잘 전염돼요. 한 번에 한 감기 바이러스에 감염되기도 하지만, 한꺼번에 두 가지 이상의 바이러스에 감염되는 경우도 흔합니다. 특정 감기 바이러스는 한 사람에게 단 한 번만 감염되기도 해요. 앓고 나면 그 바이러스에 대한 항체가 생기기 때문입니다. 하지만 감기 바이러스의 종류가 매우 많고 끊임없이 변이를 일으켜 매년, 여러 차례 감기에 걸리는 것이지요. 감기는 주로 계절이 바뀌는 시점인 환절기에 걸립니다. 일교차가 심해지고 공기의 질과 습도가 변해 아이들 몸이 잘 적응하지 못하기 때문입니다. 날씨가 적당히 따뜻하고, 건조해도 바이러스는 쉽게 번식합니다. 그러나 한겨울이나 여름에 특히 잘 번식하는 바이러스도 있어 항상 감기 예방에 신경을 써야 해요.

아이들은 면역력이 약해서 감기를 달고 살아요

아이들은 어른에 비해 면역력이 약하고 온도 변화에 쉽게 영향을 받는 한편 경험한 바이러스 종류가 적어 감기에 걸릴 위험성이 높습니다. 감기를 사시사철 달고 사는 이유가 바로 이 때문이지요. 아이들은 대개 1년에 평균 6~8회 정도 감기에 걸리는데, 아이 중 10~15%는 1년에 12번 이상 감기를 달고 삽니다. 특히 유치원이나 어린이집 같은 보육시설에 처음 다니기 시작한 1년 동안은 감기에 매우 취약하지요. 가정 보육을 하는 아이들에 비해 50% 이상 감기에 더 잘 걸립니다. 여러 친구와 함께 단체생활을 하다 보니 바이러스나 세균에 쉽게 노출되기 때문입니다. 하지만 감기 바이러스가 몸에 들어왔다고 해서 모두 감기에 걸리는 것은 아닙니다. 감기 바이러스를 물리쳐 이겨내면 특별한 증상 없이 지나갈 수 있지요. 이를 좌우하는 것이 바로 면역력입니다. 똑같은 바이러스에 노출되더라도 면역력의 차이에 따라 감기를 앓는 아이가 있고, 아무렇지 않은 아이가 있어요. 감기 바이러스는 딱 정해진 치료약이 없기 때문에 스스로 잘 이겨낼 수 있느냐, 없느냐가 관건입니다. 감기와의 싸움에서 이기기 위해서는 아이가 언제든 바이러스에 저항할 수 있도록 평소에 면역력을 키워주는 것이 무엇보다 필요합니다.

적당히 뛰어놀게 해 면역력을 키워요

집 안에만 틀어박혀 있다고 감기에 걸리지 않는 것은 아닙니다. 실내 공기가 나쁘면 얼마든지 집 안에만 있어도 감기에 걸릴 수 있습니다. 차라리 밖에서 적당히 뛰어놀게 하는 것이 감기 예방에 도움이 될 수 있어요. 상쾌한 공기는 피부와 호흡기를 통해 체내에 신선한 산소를 공급하고, 햇볕은 백혈구와 적혈구의 생성을 촉진해 체내 면역력을 높이는 비타민 D의 생성을 촉진하기 때문입니다. 바깥에서 햇볕을 쬐고 신선한 바람을 맞는 일에도 소홀하지 않게 신경 써주세요.

감기 이렇게 예방하세요!

1 실내 온·습도 적절하게 유지하기

실내 온도는 24~26℃로 일정하게 유지하는 게 좋습니다. 겨울에는 실내 온도를 20~24℃로 유지하세요. 날씨가 춥다고 집 안을 지나치게 따뜻하게 하면 외부와 온도차가 많이 나서 피부가 적응하지 못해요. 그러면 혈관이 비정상적으로 수축 또는 확장되어 알레르기 반응을 일으킬 수 있으며, 면역력이 약해져 오히려 감기에 걸리기 쉬워집니다. 바깥 날씨에 상관없이 2~3시간에 한 번씩 창문을 열어 환기시켜주세요. 실내 습도는 50~60%가 적당합니다.

2 충분한 수면과 휴식, 풍부한 영양 섭취로 면역력 키우기

면역력을 키우는 데는 충분한 수면과 올바른 영양 섭취가 기본이에요. 특히 비타민 C와 카로틴 성분이 풍부한 녹황색 채소는 기관지와 목의 점막을 튼튼하게 합니다.

3 아무리 강조해도 지나치지 않은 위생관리

독감이나 감기가 유행할 때는 사람이 많은 곳을 피해야 합니다. 또 외출 후에는 반드시 손과 발을 비누로 깨끗이 씻어야 해요. 손을 씻을 때는 비누로 거품을 충분히 낸 상태에서 최소 30초 이상 손가락과 손가락 사이, 손톱 밑, 손목 등을 고루 문질러야 합니다. 손만 잘 씻어도 바이러스 감염의 60%는 예방할 수 있습니다. 공공장소에서 기침이나 재채기를 할 때는 티슈로 입과 코를 막은 채 해야 한다는 것도 일러주세요.

4 초기 감기 잡는 손발 마사지

감기 초기에 아이의 몸을 만지면 이마는 뜨겁고 손발은 차가울 때가 있어요. 이는 체내에 들어온 감기 바이러스에 대항하기 위해 아이의 몸에서 변화가 일어나고 있다는 신호입니다. 이때는 따뜻한 손으로 아이의 손발을 비비며 부드럽게 마사지해주세요. 혈액순환이 촉진되어 한 곳에 몰려 있던 열이 온몸에 고루 퍼지는 효과를 발휘합니다.

어떤 증상이 생기나요?

바이러스마다 증상이 다 달라요

감기의 일반적인 증상은 재채기, 콧물, 코 막힘, 기침, 목의 통증 등이에요. 하지만 때로는 발열, 구토, 설사, 복통, 관절통 같은 생각하지도 못한 증상들이 나타납니다. 감기에 걸릴 때마다 증상이 다양하게 나타나는 이유는 바이러스마다 특징이 있기 때문이에요. 기침, 코 막힘 등 주로 호흡기에 증상을 나타내는 바이러스가 있는가 하면 구토나 설사 등 소화기 증상을 동반하는 바이러스가 있습니다. 또 같은 바이러스에 의한 감기라도 열이 펄펄 나는 아이가 있는가 하면 기침 때문에 힘들어하는 아이도 있지요. 감기 바이러스의 종류뿐 아니라 몸 상태나 감염된 계절 등에 따라 나타나는 증상이나 정도는 달라질 수 있습니다.

콧물이 줄줄 흐르고 코가 꽉 막혀요

맑은 콧물과 코 막힘으로 시작하여 콧물 색이 누렇게 바뀌고 콧물이 뒤로 넘어가는 증상이 나타납니다. 재채기나 기침이 동반돼요. 두통이나 근육통, 미열 등이 나타나기도 합니다. 코가 심하게 막히면 제대로 숨을 쉴 수 없어 무척 답답해합니다. 대부분 일주일 이내에 자연스레 호전되지만, 그보다 오래가면 중이염이나 부비동염과 같은 합병증으로 이어질 수 있으므로 가볍게 넘겨서는 안 됩니다.

 닥터's advice

> ❓ **종합감기약 사용 가이드**
>
> 대부분의 종합감기약은 2세 미만 아이에 관한 연구가 되어 있지 않기 때문에 먹이지 않아야 합니다. 하지만 꼭 종합감기약을 먹여야겠다면 권고된 적정 용량을 약사에게 정확히 확인한 후 사용하세요. 2~3일 이상 먹여야 한다면 정확한 진단과 처방을 위해 소아청소년과 의사에게 상담을 받아야 합니다.

쉴 새 없이 기침해요

기침은 몸속의 세균이나 나쁜 물질을 몸 밖으로 배출하기 위한 일종의 방어기제예요. 몸에 이로운 반응이죠. 따라서 아이가 기침할 때 무조건 멈추게 하려고 하지 마세요. 아이가 감기에 걸리면 콧물이 목 뒤로 넘어가면서 기관지, 후두, 인두, 비강이 자리 잡은 상기도를 자극하여 기침이 동반될 수 있습니다. 이런 경우 콧물과 코 막힘이 가장 심할 때 기침도 동시에 심해지는 경향을 보여요.

열이 나기 시작해요

감기에 걸렸다고 해서 무조건 열이 나는 건 아니에요. 반면 열이 난다고 크게 걱정할 필요도 없습니다. 몸 안으로 들어온 감염 요인과 열심히 싸울 면역세포를 더 많이 만들어내고 있다는 증거니까요. 대부분 감염된 후 1~3일쯤에 열이 오를 때가 많은데, 일주일 이상 계속되는 경우는 드물고, 적절한 처치를 하면 3~5일 안에 완화됩니다. 물론 열이 심할 때는 타이레놀이나 부루펜 등의 해열제를 먹이고, 그래도 떨어지지 않으면 병원으로 가는 것이 좋습니다. 특히 아이가 힘들어하거나 38℃ 이상의 고열이 날 때, 생후 6개월 미만일 때는 바로 의사에게 진료를 받아야 해요. 하지만 38℃ 미만의 미열일 때는 해열제를 먹이지 않아도 괜찮아요.

 닥터's advice

❓ 부루펜 사용 가이드

부루펜은 한 번 먹일 때 아이 체중의 3분의 1 용량(10kg 유아는 약 3ml, 15kg 유아는 5ml)으로, 6~8시간 간격을 두고 먹여야 합니다. 복용한 지 2시간이 지나도 열이 떨어지지 않는다면 타이레놀 계열로 해열제 종류를 바꾸어 먹여도 돼요. 체온이 37.8℃ 이상이면 30분 간격으로 체온을 재면서 열이 계속 오르는지 확인한 후 부루펜을 먹입니다. 병원에서 처방받은 약에 해열제가 있더라도 투약 전 체온이 38℃ 아래라면 열이 다시 오르기 전에는 투약을 보류하세요. 부루펜은 신장 독성 부작용이 있으므로 6개월 미만의 아이에게는 가급적 투약하지 않아야 하며, 반드시 의사의 처방을 받아 투약해야 합니다.

감기보다 무서운 감기 합병증

감기는 대개 7~10일 이내에 자연 치유됩니다. 그러나 감기를 앓으면서 면역력이 약해진 탓에 각종 합병증으로 이어질 가능성이 크지요. 사실 감기 자체보다는 감기로 인해 발생하는 합병증이 더 큰 문제예요. 일주일만 앓고 털어버릴 감기를 합병증 때문에 두세 달씩 고생하기도 해요. 따라서 중이염, 기관지염 등 합병증이 생기지 않도록 예방하고 조기에 치료하는 것이 중요합니다. 감기를 치료한다고 해서 합병증이 다 예방되는 것은 아니에요. 합병증은 말 그대로 열심히 치료했지만 어쩔 수 없이 생기는 병이에요. 하지만 감기를 제때 제대로 치료하면 합병증이 발생할 확률을 훨씬 낮출 수 있습니다.

중이염

감기와 함께 오는 가장 대표적인 합병증입니다. 중이에 물이 고이고 염증이 생기는 증상으로, 코에서 귀를 연결하여 압력을 조절하는 이관(耳管)에 바이러스와 세균이 들어가 생깁니다. 생후 3개월~3세 아이들이 특히 잘 걸려요.

증상 감기에 걸린 아이들의 5~30% 정도가 중이염에 걸립니다. 발열, 콧물, 기침 등 감기와 비슷한 증상으로 시작해 고열이 지속해요. 감기가 시작되고 3~4일이 지날 때쯤 갑자기 귀를 자주 만지고 잡아당기거나 아파할 경우, 열이 지속하거나 없던 열이 발생할 때는 중이염을 의심해야 합니다. 중이염이 오래가면 내이염으로 이어져 귀가 멀거나 난청이 생길 수 있어요. 또한 심한 어지럼증이 생기거나 안면신경을 마비시키는 합병증으로 이어질 수도 있습니다.

치료법 항생제 치료가 필요할 수 있습니다. 약물 치료를 하면 1~2일 만에 좋아지는데, 아픈 증상이 사라졌다고 약 복용을 중단해서는 안 돼요. 처방된 약을 꾸준히 다 먹여야 제대로 치료가 됩니다. 특히 열이 40℃ 이상 오르거나 귀에서 피나 고름이 나올 때, 아이가 귀에 통증을 호소할 때는 반드시 소아청소년과를 찾아 진찰을 받아야 합니다.

부비동염

부비동은 코 주위의 뼛속에 있는 빈 곳을 말해요. 부비동염은 이 부위에 염증이 생기는 질환입니다. 감기나 비염이 오래되면 콧속의 점막이 부어올라 부비동의 입구가 막히면서 염증이 생기고, 고름이 고이게 돼요. 주로 4~5세 아이에게 잘 나타납니다.

증상 누런 코가 계속 나오거나 가래가 끓는 기침을 하는 것이 특징이에요. 감기에 걸렸을 때 콧물이나 기침 등의 증상이 호전되지 않고, 최소 10~14일 이상 갈 경우 부비동염을 의심할 수 있어요. 염증이 심하면 고열이 나고 얼굴에 통증이 있거나 얼굴이 부을 수도 있습니다.

치료법 급성 부비동염을 방치하면 만성 부비동염으로 이어질 수 있으므로 의사의 진찰과 처방이 필요합니다. 집 안을 건조하지 않게 관리하고, 수시로 물을 먹입니다.

인후염

열감기에 걸리면 열이 나면서 인후(목의 뒷부분)에 염증이 생기기 쉬워요. 염증이 생기면 목에 통증이 심해지고 기침이 나오지요. 그래서 인후염에 걸리면 음식을 잘 먹지 않고 보채는 경우가 많습니다.

증상 건강한 사람이 단순 바이러스에 감염되어 인후염에 걸리면 며칠 내로 저절로 회복되지만, 아이의 경우 목의 통증을 견디기 힘들어하고 기침과 설사 같은 증상이 동반됩니다.

치료법 대부분 열을 동반하기 때문에 열이 나거나 목이 몹시 아플 경우 소염진통제를 먹여 염증을 가라앉히는 것이 좋습니다. 맛이 순하고 부드러운 음식을 먹고, 목에 수건을 둘러 따뜻하게 해주는 것도 효과적이지요. 단, 열이 3일 이상 지속하거나 물조차 삼키지 못할 때는 바로 병원에 데려가는 것이 좋습니다.

기관지염

기관지에 바이러스가 들어와 염증이 생기는 질환으로, 감기 치료가 제대로 되지 않았을 때 발생합니다. 콧물과 코 막힘이 좋아졌는데도 기침을 오래 하고, 가래 섞인 깊은 기침이 심한 경우 기관지염을 의심해야 합니다.

증상 처음에는 콧물이나 재채기 같은 감기 증상을 보이지만, 빠르게 진행되면서 기침이 심해지고 가래가 많이 나와요. 심하게 보채면서 호흡을 힘들어하기도 합니다.

치료법 실내가 건조하면 가래가 말라 밖으로 잘 배출되지 않기 때문에 따뜻한 물을 자주 먹여 목구멍의 긴장을 완화해주어야 합니다. 실내 습도를 50~60%로 유지하는 것이 좋습니다.

폐렴

기관지와 폐의 기능이 떨어지면서 폐렴을 유발하는 바이러스나 세균이 폐에 침범해 걸리는 질환입니다. 호흡기 질환 중에서도 비교적 심각한 질환에 속하고, 병의 진행 속도가 빨라 주의가 필요해요. 감기 증상처럼 기침하고 열이 나며 가래가 끓는 편이

 감기와 이런 증상이 겹쳐서 왔어요!

감기에 걸리면 꼭 설사가 나와요

감기에 걸리면 꼭 설사하는 아이가 있어요. 감기 자체로 인해 설사를 하기도 하고, 감기에 장염이 더해져서 설사 증세가 나타나기도 합니다. 감기에 걸리면 전체적으로 몸의 균형이 깨지면서 장 기능이 떨어져 음식을 잘 소화하지 못해 설사할 때가 있어요. 감기와 장염이 동반될 때는 무엇보다 설사로 인한 탈수를 막기 위해 수분을 충분히 보충해주는 것이 중요합니다. 위에 부담을 주지 않는 음식을 조금씩 먹이고, 미지근한 물은 조금씩 자주 먹이세요. 컨디션이 회복될 때까지 자극적인 음식이나 식감이 질긴 음식 등은 삼가야 합니다. 감기로 오는 설사 증세는 감기만 치료하면 금방 멈춰요. 꾸준히 감기 치료를 받으면서 상태를 지켜봐주세요.

감기에 걸리면 눈에 눈곱이 끼어요

감기에 걸리면 결막이 자극을 받아 눈곱이 생길 수 있습니다. 혹은 알레르기가 있는 아이가 감기에 걸리면 결막에도 염증이 생겨 눈곱이 끼는 일이 발생해요. 물론 감기와 상관없이 결막에 염증이 생긴 경우에도 눈곱이 생길 수 있습니다. 이럴 땐 눈의 이물질이 감기로 인한 것인지, 다른 원인에 의한 것인지 진찰을 받아봐야 합니다. 사용하던 안약을 부모 임의로 넣는 일은 절대 안 돼요. 지난번에 걸렸던 증상과 같아 보여도 치료법과 주의사항은 다 다르므로 정확한 진료 후 처방받은 안약을 넣어야 합니다. 눈곱이 눈에 심하게 달라붙어 힘들어하면 깨끗한 거즈에 식염수를 묻힌 후 조금씩 녹여내듯 살살 닦아 떼어주는 것이 좋습니다.

라 감기라 여기고 방치하다간 어느 순간 폐렴으로 발전할 수 있어요.

증상 감기 증상과 거의 유사하지만 감기에 비해 고열이 찾아오고 호흡곤란이 동반되는 점이 다릅니다. 열이 39~40℃까지 오르며, 잘 때 호흡곤란을 호소하거나 기침이 멎지 않아 많이 힘들어합니다.

치료법 항생제 처방이 기본입니다. 폐렴은 반드시 의사를 찾아 적절한 치료를 받아야 해요. 상태에 따라 통원 치료도 가능하지만, 심한 경우 입원해야 합니다. 무엇보다 충분한 수분 섭취와 휴식이 우선이에요. 가래 끓는 소리가 심하면서 호흡곤란 증세를 보일 때, 기침이 심해 누워 있기조차 힘들어할 때, 열이 40℃ 이상 오를 때는 즉시 병원에 가야 합니다.

 ## 감기 치료, 어떻게 하나요?

휴식이 가장 중요해요

콧물만 조금 나는데도 병원에 데려가서 항생제부터 처방해달라는 부모가 있는가 하면 증상이 심각해져 합병증이 생겼는데도 약은 절대 안 된다며 병원 진료를 한사코 미루는 부모가 있습니다. 사실 감기 치료에 정답은 없어요. 병원에 간다고 금세 낫는 것도 아니고, 감기를 뚝 떨어뜨리는 특효약이 있는 것도 아닙니다. 감기에 걸렸을 때 가장 중요한 점은 휴식을 충분히 취하는 것입니다. 푹 쉬어 안정을 취하고 수분과 영양을 충분히 공급해 스스로 질병을 이겨낼 수 있게 도와주는 것이 우선이지요. 하지

 닥터's advice

❓ 감기에 걸렸을 때 목욕을 해도 되나요?
목욕을 하면 체력 손실이 큽니다. 감기에 걸린 아이를 목욕시키면 체력 손실로 감기가 더 심해질 수 있어요. 반드시 씻겨야 한다면 샤워 정도의 가벼운 목욕이 적당합니다. 전신 목욕이 부담스럽다면 엉덩이나 머리 등 부분적으로 씻겨주는 방법도 있습니다.

만 많이 힘들어하며 식욕부진, 보챔, 처짐 등의 증세를 보이거나 고열이 계속된다면 즉시 병원에 데려가는 것이 좋습니다.

감기약은 증상을 완화할 뿐이에요

안타깝지만 감기 바이러스를 완벽히 제거하는 약은 없습니다. 감기약은 그저 증상을 완화해주는 역할에 불과해요. 감기에 걸려 병원을 찾으면 증상에 맞춰 해열진통제, 콧물억제제, 진해거담제 등을 처방해줍니다. 항생제는 2차 세균 감염으로 인한 기관지염이나 중이염 등의 합병증이 의심되는 경우 복용합니다. 그러나 감기가 더 심해지기 전에 약을 미리 먹는 건 추천하지 않습니다. 약을 먹기 전에 콧물이나 기침을 잘 이겨낼 수 있는 여러 가지 생활지침을 실천하는 것이 더 좋습니다. 바이러스 감염으로 인한 감기는 전염력이 강한 편이지만, 일정 시간이 지나면 저절로 좋아질 수 있기 때문입니다. 물론 아이가 가진 면역력에 따라 증상의 정도가 덜하고 심한 차이는 있지만, 결국에는 좋아집니다. 심한 후유증이 남는 경우는 그리 많지 않습니다. 감기약은 절대 감기를 완치하기 위한 약이 아니라는 사실을 꼭 기억해두세요.

훌쩍훌쩍 콧물이 나거나 코가 막혀요

• **수분을 섭취하고 코를 촉촉하게 해요**　코가 막히면 숨쉬기 힘들어합니다. 이럴 때는 가제수건에 따뜻한 물을 적셔 코를 살짝 덮어주면 코 막힘이 어느 정도 해소돼요. 콧속에 콧물이 가득 차 코가 막히더라도 콧물을 제거하기보다 물을 자주 먹이는 편이 좋습니다. 실내에 젖은 수건과 빨래를 널거나 가습기로 습도를 조절하는 것도 좋은 방법이에요.

• **한쪽씩 코 푸는 법을 알려주세요**　맑은 콧물로 시작해 점점 누런 콧물로 진행되면 코가 꽉 막힙니다. 어른들은 시원하게 코를 풀어버리면 그만이지만, 아이들 대부분은 코 푸는 방법을 제대로 알지 못해요. 특히 수유하는 돌 이전의 아이라면 젖 먹을 때 숨을 쉴 수가 없어 더욱 힘든 상태가 됩니다. 말귀를 알아듣는 만 4~5세의 아이라면 코 푸는 방법을 알려주어 양쪽 코를 번갈아 가며 풀 수 있도록 도와주세요. 감기에 걸

려 양쪽 코를 막고 풀면 귀와 코의 압력 차이로 균이 귀로 빨려 들어가 중이염에 걸리기 쉽습니다. 코를 풀 때는 반드시 코를 한쪽씩 풀어 귀에 압력이 덜 가게 합니다.

• 콧물을 뽑는 것은 신중하게! 콧물을 뽑는다고 감기가 빨리 낫는 건 아닙니다. 오히려 콧물을 자주 뽑다 보면 코점막이 더 쉽게 건조해지고 자칫 손상을 입을 수도 있지요. 게다가 콧물을 계속 뽑아내다 보면 콧물 속에 들어 있는 병균을 죽이는 좋은 성분까지 함께 제거되어 증상이 더 심해질 수도 있습니다. 다만 꽉 막힌 코 때문에 아이가 숨쉬기 괴로워한다면 콧물흡입기를 이용해 콧물을 뽑아주는 것이 도움이 됩니다. 생리식염수를 한두 방울 코에 넣고 잠깐 기다려 콧물을 불린 다음 흡입기로 살짝 뽑아냅니다. 두어 번 빨아주면 콧물이 제거되어 숨쉬기가 한결 나아져요. 그렇다고 너무 자주 빨아내면 콧속 점막이 자극을 받으므로 주의해야 합니다.

뜨끈뜨끈 열이 많이 나요

• 물에 적신 수건으로 몸을 닦아요 감기에 걸려 열이 나면 자칫 열성 경련이 올 수 있고, 다른 합병증을 초래할 위험도 있는 만큼 열을 떨어뜨리는 게 우선입니다. 열이 많이 나서 아기가 힘들어한다면 타이레놀이나 부루펜 같은 해열제를 먹이세요. 그래도 열이 잘 떨어지지 않으면 물에 적신 수건으로 온몸을 닦아 열을 내립니다. 아이의 옷을 전부 벗기고 30℃ 정도의 미지근한 물에 적신 가제수건으로 가슴, 배, 겨드랑이 부

닥터's advice

❓ 코감기와 항히스타민제
콧물과 코 막힘은 서로 번갈아 가며 나타나는데 심한 경우 잠을 자기도 힘들어요. 이때 항히스타민제 복용이 증상 조절에 도움이 될 수 있어요. 항히스타민제는 1세대 항히스타민제와 2세대 항히스타민제로 나뉘어요. 중추신경계를 억제해 졸음 등의 부작용을 낳는 1세대 항히스타민제의 단점을 보완하여 만들어진 것이 바로 2세대 항히스타민제입니다. 그러나 콧물이 매우 많아 이로 인한 기침이나 재채기가 심할 때는 2세대 항히스타민제보다 1세대 항히스타민제가 더 증상 완화에 좋다는 연구 결과가 있습니다.

분을 가볍게 문지르면서 온몸을 닦아주세요. 찬물에 적신 수건으로 닦으면 오히려 피부혈관이 수축해 근육에서 열을 더 발생시킵니다. 또한 머리 위에 물수건을 올려두는 것은 오히려 열을 더 올라가게 하는 방법이므로 주의합니다. 욕조에 미지근한 물을 받아놓고 아이를 잠시 넣었다 빼는 것은 도움이 됩니다.

• **수시로 미지근한 물을 먹여 수분을 보충해주세요** 열이 나면 몸에서 급속도로 수분이 빠져나가 탈수가 일어날 수도 있어요. 이를 방지하기 위해서는 수시로 미지근한 물을 먹이는 것이 좋습니다. 찬물보다는 미지근한 보리차를 조금씩 자주 먹이세요. 보리차가 차가운 성질이라 열을 내리는 데 큰 도움이 됩니다. 수분을 충분히 공급해주면 땀과 소변을 통해 열이 빠져나가 체온이 떨어지는 효과가 있습니다. 특히 열이 나는 감기를 앓고 난 후에는 식욕이 떨어져 잘 먹으려 하지 않아요. 걱정된다고 이것저것 억지로 먹이려 하지 마세요. 수분만 충분히 섭취하면 별문제 없습니다.

• **고열이 나면 바로 병원을 찾아야 해요** 열이 난다고 마냥 해열제만 먹이고 있다간 큰일 나는 경우가 있습니다. 39℃ 이상 고열이 날 때, 생후 6개월 미만일 때, 열이 떨어지지 않고 경련을 할 때, 예전에도 경련을 일으킨 적이 있을 때는 바로 병원에 데려가야 합니다. 열이 나는 원인을 찾는 게 무엇보다 중요해요. 이때 열은 언제부터 났는지, 기침 소리는 어떤지 등 아이의 상태를 정확하게 전달해야 진료에 도움이 됩니다.

닥터's advice

❓ 아이가 열이 날 때 이불로 꽁꽁 싸두는 것은 금물!

열이 빠르게 오르는 중에는 말초혈관이 수축하며 손발이 차가워지고, 오들오들 떠는 등 오한 증세가 나타납니다. 이때는 열이 있더라도 얇은 이불을 한 겹 덮어서 피부에 느껴지는 한기를 줄이는 것이 좋습니다. 그렇다고 이불로 꽁꽁 싸매면 열이 몸 밖으로 방출되는 길을 막으므로 금물입니다. 생후 3개월 미만, 특히 생후 한 달 미만의 아이들은 외부 온도가 올라가는 것만으로도 체온이 급격히 오를 수 있으므로 이불로 싸는 것을 포함하여 주변 온도를 과하게 올리는 일은 피해야 합니다.

알쏭달쏭! 감기 궁금증

Q 감기는 왜 환절기에 더 잘 걸리나요?

감기는 추운 겨울보다 봄과 가을에 더 많이 발생하는 편입니다. 매우 추운 날씨보다 어느 정도 날씨가 따뜻할 때 바이러스가 번식하기 쉽기 때문이에요. 아이들 몸 역시 환절기의 기후나 변화가 심한 일교차에 잘 적응하지 못해 면역력이 많이 떨어지는 것도 원인이 될 수 있습니다.

Q 찬 음식을 많이 먹으면 감기에 더 잘 걸리나요?

찬 음식과 감기는 직접적인 관련이 없습니다. 다만 식도와 기도는 붙어 있는 기관인 만큼 찬 것을 먹어 입안이 얼얼해졌다면 기도의 온도 역시 떨어질 수밖에 없지요. 그렇게 되면 기도 내에 있는 섬모의 운동 기능이 떨어져 바이러스나 세균 등을 몸 밖으로 걸러내는 역할을 잘하지 못하게 됩니다. 직접적인 관련은 없지만, 전혀 상관이 없다고도 말할 수 없습니다. 하지만 감기에 걸렸을 때 찬 것을 먹인다고 꼭 잘못된 것은 아닙니다. 인후통이 심할 때는 시원한 음식을 찾게 됩니다. 목이 많이 부었을 때는 찬 음식이 일시적으로 통증을 줄여주기도 해요. 그러나 찬 음식을 계속 먹으면 소화 기능이 나빠지고 체온도 같이 떨어져 몸의 기

🚑 이럴 땐 병원으로!

- ☐ 3개월 미만의 아이가 감기 증상을 보일 때
- ☐ 39℃ 이상의 고열이 나거나 열이 떨어지지 않고 경련을 할 때
- ☐ 해열제를 먹였는데도 30분이 지나도록 체온이 38.5℃를 웃돌고 2시간 이내에 열이 전혀 떨어지지 않을 때
- ☐ 열이 3일 이상 계속될 때
- ☐ 먹는 양이 현저히 줄고 입술이 마르거나 소변량이 줄어드는 등 탈수가 의심될 때
- ☐ 귀를 자주 잡아당기거나 귀의 통증을 호소할 때
- ☐ 콧물이 열흘 이상 계속될 때

능이 제대로 작동하지 않을 수 있습니다. 꼭 필요한 경우가 아니라면 감기 치료 중에는 되도록 찬 음식을 피하는 것이 좋습니다.

Q 감기가 유행 중일 때 어린이집이나 유치원에 보내도 될까요?

단체생활을 하면 감기 바이러스에 노출될 확률이 높아지는 것은 사실입니다. 감기가 유행한다고 무조건 집에서 쉬게 할 필요는 없지만, 미열 증상이 나타나는 등 감기가 시작되는 단계라면 하루 정도 보내지 말고 집에서 푹 쉬게 하는 것이 좋습니다. 감기의 가장 기본적인 치료는 휴식과 안정이니까요.

Q 가글을 하면 감기 예방에 좋다는데, 20개월 된 아이에게 해줘도 괜찮을까요?

일반적으로 외출 후 가글로 입안을 씻어주면 기관지를 깨끗하게 할 수 있어 감기 예방에 도움이 돼요. 하지만 생후 20개월이라면 사실상 가글은 어렵습니다. 목젖을 떨면서 물 양치를 할 수 있어야 가글도 가능하기 때문입니다. 지금의 월령에서는 외출 후 손발을 깨끗이 씻고 양치를 빼놓지 않고 하는 것으로 충분합니다.

Q 감기에 걸려 밥을 먹지 않는데, 어떻게 해야 할까요?

감기에 걸린 아이들은 당연히 식욕이 떨어질 수밖에 없습니다. 특히 열이 나는 감기에 걸리면 먹는 걸 더욱 힘들어하지요. 아이가 아플 때는 굳이 이것저것 많이 먹이려고 하지 마세요. 수분을 충분히 보충해주어 탈수 증상이 일어나지 않게 신경 쓰는 것만으로도 충분합니다.

Q 약효가 센 약을 먹이면 감기가 빨리 떨어지나요?

약효가 세거나 센 항생제를 먹이면 감기가 빨리 나을 거라고 생각하는 사람들이 꽤 있는데요. 초기 감기의 대부분은 바이러스가 원인이기 때문에 항생제는 전혀 도움이 되지 않습니다. 항생제는 바이러스가 아니라 세균성 감염일 때만 효과를 발휘하기 때문이에요. 예전에 처방받아 먹인 후 남은 항생제나 종합감기약을 임의로 먹이는 것도 절대 금물입니다. 의사의 진찰 없이 함부로 약을 먹였다간 더 힘든 상황을 초래할지도 모릅니다.

Q 감기 초기 증상이 나타날 때 바로 약을 먹여도 될까요?

아이에게 조금이라도 감기 기운이 비치면 얼른 약부터 먹이는 부모들이 많아요. 하지만 감기약은 감기에 걸리지 않게 하는 예방약이 아닙니다. 콧물이 나거나 기침을 하는 등의 증상을 완화해주는 역할을 합니다. 증상이 나타나지도 않았는데 미리 약을 먹여봤자 아무 소용이 없어요. 감기 초기 증상을 보이면 약을 먹이기보다는 푹 쉬게 하는 것이 더 효과적입니다.

Q 감기 치료를 하지 않고 그냥 놔둬도 되나요?

원래 감기에 걸리면 약을 처방하는 대신 휴식과 적당한 운동으로 치료하는 게 가장 이상적인 방법입니다. 충분히 휴식하면 감기가 차차 좋아집니다. 하지만 합병증이 생길 위험성을 무시할 수 없습니다. 무작정 좋아질 거라 믿고 기다리다가 오히려 병을 키울 수도 있어요. 병원에 데려가야 할 정도로 심각한지 아닌지 확신이 서지 않는다면 우선 소아청소년과를 찾아 진찰을 받아보세요.

Q 감기약을 너무 오래 먹여도 괜찮을까요?

처방받은 감기약을 계속 먹이다 보면 걱정스러운 마음이 들기 마련입니다. 아이가 다 나은 것 같은데 약을 계속 먹여야 하는지 불안해지지요. 그게 항생제의 경우라면 더합니다. 하지만 소아청소년과 의사가 처방하는 약은 생각보다 그리 독하지 않습니다. 증상의 기간을 고려하여 처방하는 것이므로 한 번 처방받은 약은 중간에 끊지 않고 먹이는 것이 좋습니다. 특히 세균성 감염에서 항생제를 처방받은 경우에는 열이 떨어지고 증상이 호전되어도 균을 완전히 제거하기 위해서는 약을 복용해야 하는 최소 기간이 필요하므로 반드시 복용 기간을 지킵니다.

◯ 감기에 걸렸는데 예방접종을 할 수 있나요?

감기에 걸렸어도 소아청소년과 의사가 괜찮다는 진단을 내리면 예정대로 예방접종을 해도 됩니다. 그러나 예방접종 날짜를 지키려고 무리해서 접종할 필요는 없습니다. 평소와 같은 컨디션을 찾을 때까지 예방접종을 며칠 미뤄도 괜찮습니다. 다만 돌 이전에는 예방접종 간격이 짧기 때문에 자칫하다 접종 시기를 놓치고 날짜가 너무 늦어지면 낭패를 볼 수 있습니다. 일주일 이상 접종이 뒤로 미뤄지면 소아청소년과 의사와 상의하여 접종 일정을 조정하는 것이 좋습니다.

◯ 독감 예방 주사는 감기도 예방할 수 있는 거 아닌가요?

독감은 인플루엔자 바이러스라는 특정 바이러스가 일으키는 병입니다. 보통 감기보다 고열과 심한 전신 증상이 나타나요. 독감 예방접종은 이 바이러스에 대한 예방은 할 수 있지만, 다른 감기 바이러스들을 막을 수는 없어요. 또한 독감을 일으킬 수 있는 여러 종류의 인플루엔자 바이러스 중에서 그해 가장 유행될 거라 예상되는 몇몇 혈청형에 대한 백신을 접종하는 것이어서 모든 독감을 완벽하게 예방하지 못합니다. 그래서 독감 예방접종을 하고도 독감에 걸릴 수 있습니다.

 Dr. B의 우선순위 처치법

1. 편안한 환경에서 푹 쉬게 해주고, 수분과 영양을 충분히 공급해주세요. 가벼운 외출은 괜찮지만, 무리해서 놀지 않도록 해주세요.
2. 38℃ 이상의 발열이 없고 기침과 콧물 증상이 가벼울 때는 2~3일 정도 경과를 지켜봐주세요.
3. 회복기에 접어들어도, 기도 점막이 민감해져 기침을 오래 하거나 목이 칼칼한 느낌이 오래갈 수 있습니다. 감기에 걸렸을 때는 항상 실내 습도를 올리고 따뜻한 물을 자주 섭취하도록 격려해주세요.
4. 38℃ 이상의 고열, 일상생활을 방해하는 증상, 보챔, 처짐을 보일 때, 감기 합병증이 의심되는 때에는 즉시 병원에 데려가 정확한 진단을 받으세요.

기관지염

쉿소리 같은 기침 소리를 내요.

체크 포인트

☑ 기관지염은 감기 증상과 거의 비슷해 감기라고 착각할 수 있습니다. 하지만 쉿소리가 나는 기침을 한다면 기관지염을 의심해봅니다.

☑ 기관지에 염증이 생기면 끈적끈적한 점액이 분비되는데, 이런 점액을 내보내기 위해 기침을 합니다. 기침을 억지로 못 하게 막지 마세요.

☑ 기관지염은 수분을 자주 섭취하고, 휴식을 충분히 취하면 별다른 치료 없이 회복됩니다.

☑ 급성으로 생긴 기관지염을 계속 놔두면 만성 기관지염으로 발전할 수 있습니다. 별다른 증상 없이 가래 섞인 기침을 계속 한다면 만성 기관지염일 가능성이 큽니다.

감기라고 오해하기 쉬운 기관지염

감기만큼 자주 걸리는 질환이 바로 기관지염입니다. 대표적인 증상은 기침과 가래에요. 특히 '쌕쌕'거리며 쉿소리가 나는 기침을 하는 것이 특징이에요. 아이들은 어른보다 기관지 발달이 미숙하고 면역력이 약해 기관지염에 자주 걸릴 수밖에 없습니다. 가래를 밀어내는 힘도 부족해 가래가 기관지로 넘어가 염증을 유발하기도 해요. 특히 감기가 끝나간다고 생각하고 있는데, 계속 쇳소리가 섞인 기침을 하거나 미열이 나면 기관지염을 의심해봐야 합니다. 오래 놔뒀다가는 폐렴으로도 번질 수 있으므로 휴식을 취해도 나아지는 기미가 없으면 조처를 해야 합니다.

주로 감기 합병증으로 생겨요

기관지염은 바이러스 감염으로 발병합니다. 바이러스 종류에는 여러 가지가 있지만, 리노 바이러스와 코로나 바이러스 등이 주원인이지요. 하지만 기관지염은 독립된 원인에 의해 발병하기보다는 감기 합병증으로 나타나는 경우가 더 많습니다. 쉽게 말하면 몸 안으로 바이러스나 세균이 침투해 감기에 걸린 후 그 증상이 오래되어 기관지까지 바이러스나 세균이 침투하면 기관지염이 되는 것이지요. 기관지가 약한 만 2세 이하의 어린아이나 노인이 자주 걸리고, 유행성 감기나 독감이 극성일 때 더 자주 발생하는 편입니다. 아이들의 기관지염은 50~75%가 바이러스 감염이 원인이며, 기관지가 약한 아이들은 반복적으로 기관지염을 앓기도 합니다.

기관지염이란 무엇일까요?

기관지부터 알아봅시다

기관지란 어디를 말하는 걸까요? 코에서 기관 그리고 폐로 이어지는 숨을 쉬기 위한 통로를 '호흡기'라고 합니다. 자세히 보면 후두와 기관, 기관지, 모세기관지로 이루어져 있는데, 그중 기관에서 양쪽 폐로 갈라져 폐의 입구까지 이어진 관을 '기관지'라고 해요. 호흡한 공기를 폐로 보내는 통로 역할을 해요. 기관지가 폐 속에서 잘게 갈라진 것을 '모세기관지'라고 부르며, 그 끝에는 '폐포'라고 하는 미세한 공기주머니가 촘촘히 달려 있습니다. 나무줄기를 떠올려보세요. 나무줄기인 기관이 있고, 그 나무줄기에서 뻗어 나가는 중간 정도 크기의 가지가 기관지입니다.

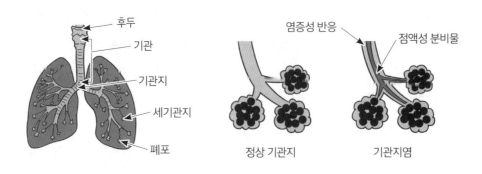

후두
기관
기관지
세기관지
폐포

염증성 반응
점액성 분비물

정상 기관지
기관지염

▲ 기관지와 기관지염

기관지에 염증이 생기면 이를 치료하기 위해 우리 몸에서 점액을 분비합니다. 이 끈적끈적한 점액을 내보내기 위해 기침이라는 또 다른 방어군이 나서게 되지요. 흔히 '쇳소리'가 난다고 표현하는 기관지염의 기침 소리는 바로 이러한 작용의 결과입니다.

쇳소리가 나는 심한 기침을 해요

기관지염에 걸리면 처음에는 감기처럼 재채기나 기침 증상을 보이기 때문에 감기라고 생각하기 쉽습니다. 그러다 열이 나고 가래가 점점 짙어집니다. 마른기침을 시작하다가 어느 정도 진행되면 가슴이 아플 정도로 쇳소리가 나는 심한 기침을 해요. 열이 심한 편은 아니지만, 원인 바이러스에 따라 결막염이나 인두염 혹은 피부 발진이 동반될 수도 있습니다. 면역력이 떨어진 경우라면 중이염, 부비동염, 폐렴과 같은 합병증이 올 가능성도 큰 편입니다.

기관지염에는 이런 종류가 있어요

기관지염은 크게 급성과 만성으로 분류됩니다. 급성 기관지염은 바이러스나 세균에 의해 감염되며, 겨울에 흔히 발병해요. 어린아이의 경우 대부분이 급성 기관지염입니다. 만성 기관지염은 급성 기관지염의 증상이 만성화된 것을 말해요. 1년에 3개월 이상 가래가 있고 기침을 지속적으로 합니다. 대개 어른에게서 나타나고 어린아이에게는 그리 흔하지 않지만, 기침을 오래 한다면 만성 기관지염을 의심해볼 수 있습니다.

- **급성 기관지염** 기침, 가래, 콧물, 오한 등 감기 초기 증상과 비슷합니다. 처음에는 마른기침이 나오다가 끈적끈적한 가래 섞인 기침이 나오지요. 처음엔 무색의 가래지만, 증상이 심해지면 노란색이나 녹색의 가래가 나옵니다. 기관지가 부어 숨쉬기가 힘들어지며, 천명(씨익씨익, 그러렁그러렁 하는 호흡음)이 들릴 수도 있습니다.

- **만성 기관지염** 만성 기침을 하고 운동 시 호흡곤란 증상이 나타납니다. 가래는 대개 하얀색이나 약간의 노란색을 띠는 점액성으로, 아침에 많이 나오는 경향이 있어요. 만성적으로 기침을 하다 보니 수면 부족을 겪기도 합니다.

기관지염 치료, 어떻게 하나요?

대부분 별다른 치료 없이 회복돼요

기관지염을 빨리 낫게 하려면 휴식과 수분 섭취, 습도 조절이 가장 중요합니다. 습도는 50~60%로 유지하고, 수분을 충분히 자주 공급하면 가래가 묽어지면서 기침 횟수가 확연히 줄어듭니다. 특수한 치료나 약 없이도 회복이 가능해요. 또한 환기를 자주 시켜 집 안의 공기를 쾌적하게 만들어주세요. 오전과 오후 최소 두 번, 10분 이상 창문과 방문을 열어 집 안 공기를 순환시켜 깨끗한 환경에서 아이가 편안하게 쉴 수 있도록 해주세요. 될 수 있는 한 사람 많은 곳에 가지 않고, 외출 후에는 반드시 손발을

 닥터's advice

❓ '네블라이저'란?

기관지확장제를 흡입하는 기계입니다. 기관지확장제는 기관지염에 걸려 좁아진 기관지를 일시적으로 넓혀주는 역할을 해요. 아이가 기침하면 무조건 네블라이저를 해달라고 요구하는 부모들이 많습니다. 하지만 기관지확장제는 기침 자체를 치료하는 만병통치약이 아닙니다. 단지 좁아진 기관지로 인한 기침과 호흡곤란을 잠시 덜어주는 치료에 불과합니다.

깨끗이 씻고 양치질을 하는 등 개인위생에 무엇보다 신경을 써야 합니다.

기침을 억지로 줄이지 마세요

기침이나 가래를 멎게 할 생각으로 의사의 처방 없이 시중에서 약을 구입해 먹이기도 하는데, 이는 절대 금물입니다. 기침은 나쁜 균을 내보내기 위한 몸의 자연 방어 시스템입니다. 그런데 억지로 약을 써서 막다 보면 오히려 부작용이 생길 수 있어요. 기침이 심해 아이가 힘들어하면 바로 병원을 찾아 진료를 받으세요.

병원에서는 아이의 증상에 따라 치료해요

아이가 급성 기관지염에 걸려 병원에 오면, 빠르게 회복될 수 있도록 증상에 따라 치료합니다. 열이 나면 해열제를 먹이고, 잘 먹지 못할 때는 수액 치료를 합니다. 영양 불균형 상태가 되면 면역력이 더욱 저하되고 탈수 같은 증상이 나타날 수 있기 때문이에요. 기관지확장제를 숨으로 들이마시는 네블라이저 치료가 증상 완화에 도움을 주기도 합니다. 네블라이저 치료는 마스크를 통해 약 성분을 코와 입으로 흡입하는 방식이에요. 미세한 약 성분이 모세기관지까지 직접 도달하기 때문에 효과를 볼 수 있습니다. 치료 도중 가래가 나오기도 하는데, 이때는 등을 두드려 가래를 배출시킨 후 수분을 충분히 먹이는 것이 좋습니다. 증상이 심할 때는 콧물약, 기관지확장제, 기침약 등을 사용할 수는 있지만, 반드시 의사에게 진료를 받고 정확한 진단에 따라 처방받는 것이 필수입니다.

 Dr. B의 우선순위 처치법

1. 쾌적한 환경에서 휴식할 수 있게 해주세요. 환기는 필수예요!
2. 수분과 영양을 충분히 공급해주세요.
3. 쇳소리 기침을 심하게 하면서 숨쉬기 불편해 보이면 바로 병원으로 가요.

독감

감기라고 생각했는데 갑자기 고열이 나고 팔다리가 쑤셔요.

체크 포인트

☑ 고열과 오한, 두통, 근육통, 인후통 등의 증상이 갑작스럽게 나타나면서 그 증상의 정도가 아주 심하면 독감을 의심해봐야 합니다.

☑ 독감을 예방하는 특별한 방법은 없습니다. 다른 전염성 질환과 마찬가지로 독감 역시 개인위생을 청결히 하는 것만이 예방의 지름길입니다.

☑ 독감 예방접종은 접종하고 2주 후부터 효과가 나타나기 때문에 독감이 유행하기 전에 접종합니다. 아이들만 맞히는 것이 아니라 아이들과 한집에 사는 어른들도 독감 접종을 꼭 하는 것이 좋습니다.

독감은 인플루엔자 바이러스 때문!

많은 사람이 독감을 '독한 감기'의 줄임말이라고 생각합니다. 독감은 '인플루엔자'라는 바이러스가 코, 인두, 기관지, 폐 등 호흡기를 감염시켜 생기는 전염성 질환입니다. 그래서 독감의 또 다른 이름은 '인플루엔자'입니다. 쉽게 구별하자면 독감은 인플루엔자 바이러스가, 감기는 수십여 종의 감기 바이러스가 일으키는 서로 다른 질환이에요. 증상이 비슷하여 구별이 쉽지 않지만, 독감이 감기보다 훨씬 위중한 증상을 보입니다. 감기가 기침, 콧물, 코 막힘 증상이 주를 이룬다면, 독감은 비슷한 증상을 보이다가 고열, 오한, 두통, 근육통, 인후통 등이 갑작스럽게 심하게 나타납니다.

인플루엔자 바이러스는 A, B, C 세 가지 형으로 나뉘는데요. A형과 B형인 사람 사이에서 유행하며, 특히 A형 바이러스에 감염되면 증상이 심하게 나타나는 편입니다. 우리나라에서 인플루엔자 바이러스가 크게 유행하는 시기는 날씨가 춥고 건조한 10월부터 4월까지입니다. 겨울에만 유행한다는 점이 감기와 큰 차이점이기도 합니다. 감기는 독감과는 달리 겨울철뿐만 아니라 어느 계절이든 발생할 수 있고, 특히 환절기에 자주 나타나는 경향이 있습니다.

	독감(인플루엔자)	감기
원인	인플루엔자 바이러스(A, B, C형)	리노 바이러스, 아데노 바이러스 등
증상	고열, 기침, 두통, 근육통, 인후통, 피로감이 심함	기침, 콧물, 코 막힘, 인후통이 자주 발생
치료약	항바이러스제(타미플루 등)	대증요법 또는 아스피린 등

▲ 독감과 감기의 차이점

독감은 증상이 심하게 나타나요

독감은 전염성이 아주 강해요

인플루엔자 바이러스는 전염성이 아주 강합니다. 그래서 직접 접촉하지 않아도 전염이 돼요. 특히 추운 날씨로 실내 활동이 많아지면서 유치원, 놀이방 등에서 감염되는 경우가 많습니다. 전염은 나이에 따라 조금 차이가 있어요. 성인의 경우 증상이 생기기 하루 전부터 증상이 생긴 후 3~7일 동안 전염되며, 영유아는 증상이 나타나는 날부터 10일 후까지 전염되기도 합니다.

고열과 오한, 심한 근육통이 함께 와요

인플루엔자 바이러스에 감염된 후 증상이 나타나기까지는 보통 1~4일이 걸립니다. 독감 증상이 감기와 비슷해서 초기에는 감기로 오해하기도 합니다. 감기에 걸리면 기침, 콧물, 코 막힘, 재채기, 열, 그리고 목이 간지러운 증상을 경험합니다. 독감도 심하지 않으면 전형적인 감기 증상과 다를 바 없어요. 하지만 대개 독감은 그 정도가 아주 심하게 나타나는 편이고, 대규모로 유행을 일으켜요. 인플루엔자 바이러스에 감염되면 보통 하루 이틀 사이에 39.4~40.6℃의 높은 열이 나는 경우가 많습니다. 기침, 콧물과 같은 감기 증상이 동반되면서 팔다리가 쑤시거나 머리가 아프고, 소화가 잘 안되거나 배가 아픈 증상이 나타납니다. 고열이 며칠씩 계속되면서 오싹오싹 몸이 떨리는 오한 증상까지 겹쳐서 나타나기도 합니다. 이처럼 고열과 오한, 두통, 근육통, 인후통 같은 증상이 갑작스럽게 나타나면서 그 증상의 정도가 아주 심하면 독감을 의심해봐야 합니다.

폐렴, 중이염 등 합병증을 조심하세요

일단 독감에 걸리면 합병증을 조심해야 합니다. 인플루엔자의 가장 흔한 합병증은 세균성 폐렴입니다. 신생아나 만 5세 이하의 영유아는 중이염, 세기관지염, 부비동염, 후두염 등이 같이 나타나기도 합니다. 천식이나 만성 폐 질환이 있는 경우 독감에 걸리면 더 악화될 수 있으므로 예방에 힘쓰는 것이 중요합니다.

 독감 합병증이 의심되는 순간

- 독감에 걸린 후 증상이 3주가 지나도록 호전되지 않고 열이 내리지 않을 때
- 코 주변을 특히 아파하고, 코에서 냄새나는 누런 이물질이 나올 때
- 숨쉬기가 힘들 정도로 기침이 심할 때
- 귀가 아프고 평소보다 귀지가 많이 나올 때
- 목이 한 달 이상 쉬어 있을 때

독감의 예방과 관리

무조건 입원하는 것은 아니에요

매년 어린아이의 10~40%가 인플루엔자 바이러스에 감염되어 독감에 걸리며, 그중 1% 정도가 입원 치료를 받습니다. 증상이 심하고 열이 계속된다면 48시간 이내에 병원을 찾아가 항바이러스제와 해열제 등을 처방받아야 합니다. 독감 예방과 치료에 사용되는 항바이러스제는 보통 5~10일간 사용하는데, 증상과 사용 목적에 따라 용법이 달라질 수 있으므로 반드시 의사에게 진료받은 후 투약해야 합니다. 특히 독감에 걸렸을 때 임의로 아스피린을 복용하는 것은 절대 안 됩니다. 라이증후군(어린이에게 생기는 급성 뇌염증)이라는 심각한 부작용이 나타날 수 있다는 보고가 있습니다.

독감은 예방이 중요해요

독감 바이러스를 치료하는 명약은 없습니다. 따라서 예방이 중요해요. 다른 전염성 질환과 마찬가지로 독감 역시 개인위생을 청결히 하는 것만이 예방의 지름길입니다. 항상 손발을 깨끗이 씻고 구강을 청결한 상태로 유지해야 합니다. 특히 외출 후에는 흐르는 물에 비누로 30초 이상 손을 씻어야 해요. 기침이나 재채기를 한 후에는 손으로 눈, 코, 입을 만지지 않아야 합니다. 잠을 충분히 자게 하고 무리하게 운동을 시키지 않으며 수분과 영양 보충에 신경 쓰세요. 또한 영유아는 면역력이 약하므로 독감

닥터's advice

❓ 라이(Reye)증후군이란?

감기나 수두 등의 바이러스에 감염된 영유아나 청소년이 치료 말기에 뇌압 상승과 간 기능 장애 때문에 갑자기 심한 구토를 하고 혼수상태에 빠져 생명이 위험해지는 질환을 말합니다. 라이증후군에 감염된 환자 중 83%가 아스피린을 복용했다는 결과가 있습니다. 아스피린은 쉽게 구입할 수 있으며, 감기나 열이 있을 때 효과적이라는 생각에 아이에게 먹이는 경우가 많은데, 반드시 주의가 필요합니다. 라이증후군을 예방하기 위해 영유아나 청소년은 타이레놀이나 이부프로펜 성분의 해열진통제를 복용하는 것이 좋습니다.

이 유행하는 시기에는 사람이 많이 모이는 장소에 가지 않는 것이 좋습니다. 발열과 호흡기 증상이 있는 경우 반드시 마스크를 착용합니다.

예방접종은 필수예요

또 하나 빼놓을 수 없는 것이 바로 예방접종입니다. 예방접종은 독감을 예방하는 가장 효과적인 방법으로 매년 맞아야 합니다. 인플루엔자 바이러스는 한 가지만 있는 것이 아니라 여러 가지의 면역형이 번갈아 가면서 유행하기 때문에 백신이 매년 조금씩 바뀝니다. 게다가 한 번 맞은 예방접종의 효과는 1년 이내에 불과해요. 예방주사를 맞으면 약 2주 후부터 항체가 생기고, 한 달이 지나면 최고치에 도달해요. 그래서 9월 말에서 10월 말 사이에 예방접종을 하면 독감 유행 시기인 1~2월에는 독감에 대한 면역력이 강해집니다. 하지만 이 기간에 예방접종을 하지 못했더라도 3월까지는 독감이 유행하기 때문에 가능한 한 빨리 예방접종을 하는 것이 좋습니다. 독감 예방접종을 한 경우 건강한 사람의 70~80%는 독감에 걸리지 않거나 독감에 걸리더라도 비교적 가볍게 넘어가기 때문에 심각한 합병증을 예방할 수 있습니다. 그러나 면역결핍이 있거나 영양 상태가 나쁘거나 다른 병이 있는 경우 예방접종의 효과는 건강한 사람에 비해 현저히 떨어질 수 있어요.

독감 예방접종 바로 알기

독감 예방접종은 생후 6개월부터

생후 6개월 미만의 아기는 엄마 뱃속에서 받은 면역 성분이 아직 남아 있어서 예방접종을 하지 않아도 무방합니다. 하지만 다른 식구들의 예방접종은 필수입니다. 특히 아기가 있는 가정에서는 아빠의 접종이 무엇보다 중요합니다. 보통 아이와 엄마의 접종은 함께 진행하며 독감 위험군인 노인 접종은 원활하게 이루어지지만, 아빠들의 예방접종 수치는 매우 낮은 편입니다. 독감을 예방한다는 목적과 함께 가족, 특히 어린 아이에게 독감을 전염시키지 않기 위해서도 아빠들의 예방접종은 필요합니다.

집 안 곳곳에 존재하는 인플루엔자 바이러스, 이렇게 제거해요!

미국 질병통제예방센터(CDCP)가 공개한 자료에 따르면, 인플루엔자 바이러스의 생존 기간은 장소나 상황에 따라 다르다고 합니다. 그럼 집 안 곳곳에 숨어 있는 인플루엔자, 어떻게 박멸할 수 있을까요?

1 바이러스는 씻지 않은 손에서 5분 정도 생존할 수 있습니다. 물과 비누로 20~30초 동안 손을 꼼꼼히 씻으면 90% 제거할 수 있으며 알코올 성분이 함유된 손 세정제를 사용하면 100%에 가깝게 박멸할 수 있습니다.

2 옷, 이불, 손수건, 책자 등 부드러운 물체의 표면에서 바이러스는 12시간까지 생존할 수 있습니다. 그러나 감염을 일으킬 정도로 많은 양의 생존 시간은 12분에 불과해요. 이불은 일주일에 2번 정도 햇볕에 잘 말려주고, 사용한 옷이나 손수건은 바로바로 세탁해서 사용합니다.

3 한 번 사용한 마스크에는 바이러스가 수 시간 동안 생존할 수 있습니다. 햇볕에 10시간 이상 말려야 멸균 효과를 볼 수 있어요. 마스크는 될 수 있는 한 오래 사용하지 말고, 사용할 때마다 새것으로 바꿔 사용하는 것이 좋습니다.

4 사람의 손이 자주 닿는 문고리나 손잡이 등에도 바이러스가 존재합니다. 보통 2~8시간 생존하기 때문에 대중교통을 통한 감염 사례가 많아요. 평소 물 없이도 사용할 수 있는 휴대용 세정제로 손을 깨끗이 씻는 습관을 들이면 바이러스 예방에 효과적입니다.

매년 1회 접종해요

만 9세 미만의 아이가 처음 접종할 때는 4주 간격으로 2회 접종하고 그다음 해부터는 매년 1회씩 접종합니다. 독감 예방접종을 한 적이 없는 아이는 바이러스에 노출된 경험이 적어 첫 번째 자극 후 보강이 필요하기 때문에 접종을 두 번 해요. 2차 접종 시기를 놓쳤다면 다시 처음부터 하는 게 아니라 8주 이내에 2차 접종을 하면 됩니다. 2년 전에 2회 접종한 후 작년에 안 맞은 아이라도 올해는 1회만 접종하면 됩니다. 또 아이가 작년에 처음 접종했는데 2회가 아니라 1회만 접종한 경우라도 올해는 1회만 접종해도 충분합니다. 아이가 예방접종을 몇 번 해야 하는지 부모가 꼼꼼히 챙겨가며 빠짐없이 접종받을 수 있도록 도와주세요.

건강한 아이도 독감 예방접종은 필수

예방접종을 하면 독감의 수많은 요인 중 유력한 몇 가지에 대해 면역성을 갖게 됩니다. 다른 종류의 바이러스에 감염될 수 있는 만큼 예방접종보다는 규칙적인 생활과 영양 섭취로 기초 면역력을 키워주는 것이 더 낫다는 주장이 있지만, 대부분 소아청소년과 의사들은 건강한 아이도 독감 예방접종 하는 것을 추천합니다. 물론 독감 예방백신을 맞았더라도 100% 예방되는 것은 아닙니다. 예상하지 못한 변종 바이러스의 유행 등 예측이 빗나갈 수 있기 때문이에요. 하지만 100% 예방할 수 없더라도 위험 노출을 최소화할 수 있어요. 다만, 달걀에 중증 알레르기 반응이 있었던 경우라면, 이러한 알레르기 반응에 대처가 가능한 의사의 감독하에 예방접종을 해야 합니다.

 Dr. B의 우선순위 처치법

1. 아이가 휴식할 수 있도록 하고, 영양과 수분을 충분히 공급해요.
2. 개인위생을 철저히 관리해요.
3. 고열과 심한 근육통이 나타나면 바로 병원을 찾아요.

두드러기

여기저기 붉은 반점이 올라오면서 가려워요.

체크 포인트

☑ 두드러기는 대부분 그 원인을 잘 모르지만 불과 몇십 분 사이에 몸에 들어가 이곳저곳을 옮겨가며 나타나기도 합니다. 금방 나타났다 저절로 사라지는 것이 특징입니다.

☑ 두드러기의 정확한 원인은 몰라도 치료하는 방법은 있으니 크게 걱정하지 않아도 됩니다.

☑ 두드러기의 원인이라고 의심되는 음식이 있으면 일단 그 음식은 먹지 말아야 합니다.

☑ 아이가 가려워할 땐 찬물을 적신 수건으로 10분 정도 부드럽게 마사지합니다.

☑ 두드러기가 생겼을 때 임의로 피부 연고를 바르거나 약을 먹이지 마세요. 소아청소년과 의사의 진료를 받은 후 처방받은 약을 먹여야 해요.

흔하지만 그냥 지나치면 안 돼요

두드러기는 아이 5명 중 1명이 경험할 정도로 흔한 피부 이상 증상입니다. 몸 이곳저곳의 피부가 불규칙한 모양으로 부풀어 오르면서 가려움증이 동반돼요. 몸 어느 곳에나 나타날 수 있으며 크기가 다양하고 짧게는 몇 분 사이에 나왔다가 들어가고 길게는 며칠간 지속되기도 합니다. 몸의 한 부위에서 시작된 것이 금방 다른 곳으로 옮겨가 나타나는데, 낮에는 괜찮다가 밤이 되면 심해지기도 합니다. 겉보기와 달리 특별한 치료 없이도 48시간 이내에 사라지는 것이 대부분이라 치료에 소홀해지기 쉬운 것도 사실입니다. 하지만 두드러기는 심각한 피부 질환을 알리는 경보일 수 있어요.

 ## 두드러기의 원인과 치료

음식이 주원인인데, 달걀, 우유, 치즈, 콩, 땅콩, 게, 새우 등 다양한 식품이 원인이 됩니다. 이외에 식품 첨가물이나 방부제 등도 두드러기를 유발할 수 있습니다. 또 다른 원인은 항생제나 아스피린 등의 약물이에요. 평소 잘 먹던 약이나 예방접종에 의해서도 발생할 수 있습니다. 세균성 감염, 바이러스성 감염, 기생충 감염이 있어도 발생하며 꽃가루, 곰팡이, 고양이 비듬도 두드러기를 일으킵니다. 그리고 벌레에 물렸을 때나 정신적 스트레스에 의해서도 두드러기가 발생할 수 있어요. 그런 만큼 정확한 원인을 밝힐 수 없을 때가 많습니다.

이럴 땐 병원으로!

- ☐ 숨쉬기와 침 삼키기를 힘들어할 때
- ☐ 약을 먹고 24시간 이후에도 가려움증이 사라지지 않을 때
- ☐ 두드러기가 일주일 이상 계속될 때
- ☐ 처음 먹어본 음식물에 의한 반응이 의심될 때

두드러기 치료는 원인 찾기에서 시작해요

두드러기가 발생하면 일단 가려움을 줄이는 것이 우선이지만, 단지 가려움만 진정시키는 것이 치료의 전부는 아닙니다. 우선 음식이 원인으로 의심될 때는 3주 정도 해당 음식물의 섭취를 금하고 두드러기가 생기는지 아닌지를 테스트해봅니다. 발진이 몸의 일부에만 생긴다면 식물이나 비누 등 아이가 만진 물건 때문에 생긴 경우이고, 발진이 온몸에 퍼져 있다면 음식물 등 무엇인가 흡입한 물질을 의심해볼 수 있습니다.

항히스타민제를 처방받아요

두드러기는 저절로 없어지기 마련이지만, 유난히 가려워하거나 두드러기 부위가 심하게 부어오르면 의사의 진찰을 받는 것이 좋습니다. 두드러기가 퍼지는 데 관여하는 것이 바로 히스타민이기 때문에, 항히스타민제가 두드러기를 감소시키고 가려움증을 줄여줄 수 있습니다. 반드시 병원에서 처방받은 약을 먹여야 하며 임의로 약을 끊어서도 안 됩니다. 당장 소아청소년과에 갈 상황이 아니라면 감기 치료에 사용하던 항히스타민 성분이 든 감기약을 임시방편으로 먹일 수는 있습니다. 그러나 이런 경우라도 될 수 있는 한 빨리 소아청소년과를 찾아 진단을 받습니다.

닥터's advice

❓ 두드러기가 생기면 모두 식중독?

두드러기가 생기면 식중독이 아닐까, 의심부터 합니다. 실제로도 두드러기를 일으키는 대부분이 음식으로 인한 게 사실입니다. 하지만 식중독과 음식으로 인한 두드러기는 상당히 차이가 있습니다. 식중독에 걸리면 두드러기와 같은 피부 증상이 일어나는 것은 같지만, 배가 아프고 토하고 설사가 뒤따릅니다. 또 식중독은 전염성이 강한 편이지만 두드러기 자체는 전염성이 없어요.

❓ 두드러기가 얼굴에 생겼다면 주의하세요!

얼굴에 두드러기가 났다면 간혹 호흡기관에도 부종 등과 같은 알레르기 반응이 나타날 가능성이 있습니다. 이런 경우 자칫 숨이 막혀 호흡곤란이 일어날 위험성이 높아집니다. 두드러기가 일어난 아이가 쌕쌕거리며 숨쉬기 힘들어하거나 음식물을 삼키는 것조차 힘들어한다면 바로 응급실을 찾아가는 것이 좋습니다.

두드러기, 이렇게 예방해요

두드러기를 자세히 관찰한 후 기록해두세요

반복적으로 일어나는 두드러기는 그 원인이 무엇인지 자세히 관찰한 후 발생 패턴을 파악하는 것이 중요합니다. 언제 어디에 두드러기가 났고, 무엇을 먹었는지 기록하면 도움이 돼요. 발생 시기, 계절, 장소 등을 알아두면 두드러기의 원인을 파악하는 것이 수월해집니다. 특히 음식과 관련된 알레르기 반응을 잘 기록하고, 이를 바탕으로 알레르기 검사를 해보는 것도 좋습니다.

음식을 조심해요

아이가 어릴수록 처음 먹어본 음식에 의한 반응이 음식물 알레르기로 나타나는 경우가 많기 때문에 세세한 관찰이 필요합니다.

스트레스를 없애주세요

최근 과도한 스트레스로 인한 두드러기 발생이 점점 늘고 있습니다. 스트레스 또한 면역력 저하와 과민 반응의 주요 원인이므로 평소 스트레스에 대응할 수 있도록 몸과 마음을 단련하고 항상 긍정적 마음으로 생활하게 도와주세요.

 Dr. B의 우선순위 처치법

1. 두드러기 원인을 유추해봅니다.
2. 아이가 너무 가려워하면 차가운 찜질을 해주세요.
3. 원인과 치료는 반드시 의사와 상의합니다.

두드러기가 심할 때는 이렇게 해요!

1 두드러기가 심하면 옷을 헐렁하게 입히고 안정을 취하도록 해주세요.

2 아이가 유난히 간지러워한다면 찬물로 찜질을 해줍니다. 가려워하는 부위를 얼음덩어리로 10분 정도 문질러주세요. 찬물로 목욕을 시켜주는 것도 좋은 방법입니다.

3 두드러기는 가려움증을 동반하기 때문에 자칫 긁어서 생긴 상처로 인해 2차 감염이 발생할 수도 있어요. 가렵더라도 최대한 긁지 않도록 주의시킵니다. 평소 아이의 손톱은 짧게 깎아 긁다가 상처가 나지 않게 합니다.

4 피부가 너무 습하거나 자극을 주면 두드러기가 심해질 수 있으므로 될수록 뜨거운 물로 하는 목욕은 삼가는 것이 좋습니다.

모세기관지염

쌕쌕거리는 기침 소리가 나요.

체크 포인트

☑ 모세기관지염을 일으키는 여러 바이러스 중에서 가장 치명적인 것은 RSV (Respiratory syncytial virus, 호흡기세포융합바이러스)입니다. 그러므로 RSV가 유행하는 겨울과 이른 봄에는 예방에 더욱 신경을 써야 합니다.

☑ 단순한 감기인 줄 알았는데 힘들게 숨을 내쉬거나, 1분에 40회 이상 빠르게 숨을 쉴 때 혹은 기침과 함께 아주 끈끈한 점액을 뱉어낼 때는 모세기관지염을 의심해봅니다.

☑ 모세기관지염에 걸렸을 때 가장 괴로운 것이 가래입니다. 미지근한 물을 자주 먹이거나 등을 두드려 가래를 뱉을 수 있게 도와주세요.

 ## 영유아 주의보! 특히 만 2세 이전에 잘 걸려요

'급성 세기관지염'이라고도 부르는 모세기관지염은 기관지 말단의 아주 가는 부분인 모세기관지에 염증이 생기는 질병입니다. 전염성이 매우 강합니다. 바이러스에 의해 감염되며 찬 바람이 불기 시작하는 늦가을부터 아직 싸늘한 기운이 남아 있는 이른 봄에 유행해요. 주로 만 2세 이하의 아이, 특히 만 1세 전후로 가장 빈번하게 발생합니다. 그 이유는 아이들이 어른에 비해 기관지가 매우 좁고 약해서 분비물이 들어오면 쉽게 막히기 때문입니다. 기관지 점막이 얇아 먼지나 이물질을 걸러내는 기능이 떨어지는 데다 기관지가 좁고 작아 염증이 조금만 생겨도 문제가 심각해져요. 가래를 밖으로 밀어내는 힘도 부족해 기관지로 가래가 넘어가 염증이 더욱 쉽게 발생합니다. 생후 6개월 미만의 아기는 감기에 걸리면 모세기관지염으로 진행될 확률이 높은 만큼 더욱 주의를 기울여야 합니다.

모세기관지염의 원인과 증상

바이러스에 의해 감염돼요

모세기관지염은 주로 바이러스 감염으로 발생합니다. 바이러스가 몸 안으로 들어와 호흡기 점막의 상피세포에 염증 반응을 일으켜 기관지 점막이 붓고 많은 양의 가래가 발생하면서 모세기관지가 좁아져요. 호흡기를 침범하는 바이러스 중 모세기관지염을 일으키는 대표적인 바이러스는 RSV입니다. 폐렴, 기관지염 등 하기도감염을 일으

 닥터's advice

❓ RSV 예방접종이란?

모세기관지염의 원인균인 RSV에 대한 효과적인 백신은 아직 완전히 개발되지 않았습니다. 다만 감염된 경우 면역글로불린을 투여하면 증상의 강도를 완화할 수 있습니다. 주로 만 2세 미만의 아이들이 대상이며, 모세기관지염이 유행하는 10월에서 3월까지 한 달에 한 번씩, 총 5회 접종합니다. 특히 미숙아 또는 만성 폐 질환, 선천성 심장 질환을 앓았던 아이는 반드시 예방접종이 필요해요. 하지만 비용이 많이 드는 편이고, 맞는 횟수도 많아서 현재 우리나라에서는 예방 치료가 필요한 경우로만 한정해서 접종을 권유하고 있습니다. 최근에는 다행히 점차 급여 요건이 확대되는 추세입니다.

키는 가장 흔한 바이러스지만 영유아와 조산아처럼 면역체계가 약하거나 폐 질환이 있는 아이 등 고위험군은 특히 예방에 힘써야 합니다. 전염성이 매우 강한 것이 특징이라 어린이집이나 유치원같이 아이들이 많이 모여 있는 곳은 특히 신경 써야 해요.

감기 증상으로 시작해요

초기에는 일반적인 감기와 구별이 어려울 정도로 증상이 비슷해요. 콧물, 코 막힘, 가벼운 기침과 같은 증상이 하루에서 3일 정도 계속됩니다. 그러다 기침이 심해지면서 천명 현상이나 호흡곤란으로 이어져요. 단순한 감기인 줄 알았는데 점점 힘들게 숨을 내쉰다거나, 1분에 40회 이상 빠르게 숨을 쉴 때 혹은 기침과 함께 아주 끈끈한 점액을 뱉어낼 때는 모세기관지염을 의심해야 합니다.

기침을 심하게 하고, 쌕쌕거리는 소리를 내요

모세기관지염의 가장 큰 특징은 쌕쌕거림, 즉 '천명'이 나타난다는 점입니다. 숨을 내쉴 때 "쌕~쌕~" 하는 소리가 나요. 가래가 끓고 숨을 가쁘게 쉽니다. 보통 기관지천식에 걸렸을 때 쌕쌕거리는 소리가 들리는데, 모세기관지염은 그 정도가 더 심하고 쉬지 않고 계속 쌕쌕거리는 소리가 나는 것이 특징입니다. 그로 인해 피부색이 청색이나 회색을 띠기도 하고, 먹고 마시는 것조차 힘들어하기도 해요.

소아 천식으로 이어질 수 있어요

감기와 비슷하게 모세기관지염도 7~10일이 지나면 증상이 자연스럽게 좋아지는 편

이럴 땐 병원으로!

- ☐ 호흡이 얕고 분당 40회를 넘을 경우
- ☐ 입술 주위와 손가락이 파래졌을 경우
- ☐ 편히 눕지 못하고 끙끙 앓는 소리를 낼 경우
- ☐ 잘 먹지 못하고 수유를 거부할 경우

입니다. 하지만 열이 가라앉은 이후에도 기침이 계속되면 그로 인해 기도가 민감하게 자극되어 소아 천식으로 이어질 수도 있습니다. 지금까지의 연구 결과들에 따르면, 어릴 때 모세기관지염을 앓은 경험이 있는 아이에게서 천식이 발병할 위험이 크다는 의견이 많습니다. 가족력과 같은 유전적 요인, 아이의 체질, 기관지 상태 등 고려해야 할 개인차가 있는 건 사실이지만, 어느 정도 모세기관지염과 천식의 발생이 관련이 있어요. 따라서 모세기관지염을 앓고 있다면 기침이 천식으로 이어지지 않도록 각별한 주의를 기울입니다.

증상이 나빠지면 호흡곤란이 나타나기도 해요

모세기관지염에서 특히 주의해야 할 것은 바로 '호흡'입니다. 호흡을 급하게 하면서 쌕쌕거리는 천명이 더욱 심해지면 호흡곤란이 올 수 있기 때문이에요. 호흡수가 빨라지고 심장 박동수가 증가하며, 숨을 쉴 때마다 코를 심하게 벌렁거리고 갈비뼈 아래 부위가 쑥쑥 들어가는 현상이 관찰되면 호흡곤란이 온 상태입니다. 이런 증상은 나이가 어릴수록 더 빠르게 진행돼요. 오전에 병원에 다녀왔다 하더라도 오후에 바로 증상이 나빠질 수도 있어요. 수시로 아이의 상태를 세심하게 관찰해야 합니다.

모세기관지염 치료, 어떻게 하나요?

가래 제거는 필수예요

건강한 아이라면 모세기관지염에 걸리더라도 자연 치유가 됩니다. 입원 치료가 시급한 상태가 아니라면 그때그때 증상에 따라 소아청소년과 진료에 맞춰 집에서 적절하게 치료해주세요. 우선 미지근하거나 따뜻한 물을 자주 먹입니다. 염증으로 인해 생긴 끈끈한 분비물을 묽게 만들어주는 것이 가장 효과적인 방법이에요. 따뜻하고 습기가 풍부한 공기를 호흡하는 것도 점액을 묽게 하는 데 도움이 됩니다. 아이가 어려 가래를 뱉지 못할 때는 상체를 비스듬히 세운 상태에서 등을 두드려주는 것도 좋습니다. 콧물이 가득 차 아이가 코로 숨을 쉬지 못할 경우 콧물흡입기를 구입해 집에서 콧

276

물을 제거하는 방법도 있습니다. 방 안에 가습기를 틀거나 젖은 수건을 걸어 적절한 습도를 유지하는 것도 필요합니다.

증상이 심해지면 바로 병원으로!

상태가 심각해져 입원할 경우 병원에서는 다양한 치료가 진행됩니다. 일단 수액을 보충하고 콧물흡입기를 통해 콧물을 제거해요. 약물 치료도 병행하는데, 필요에 따라 기관지확장제, 스테로이드, 항생제를 사용합니다. 산소 포화도를 모니터링하거나 가래 제거를 위한 흉부 물리치료를 실시하기도 합니다.

예방이 최선이에요

예방백신이나 항바이러스가 없으므로 무엇보다 예방이 중요해요. 바이러스에 의한 감염을 막기 위한 가장 좋은 방법이자 쉬운 방법은 손을 깨끗이 씻는 것입니다. 외출

닥터's advice

❓ 올바른 콧물흡입기 사용법

약을 먹일 때처럼 무릎에 편안하게 눕힌 후 아이의 입을 벌리게 합니다. 콧물흡입기의 입구를 코에 넣고 살짝 한두 번 빨아들입니다. 반드시 생리식염수를 코에 두세 방울 넣어 아이 코가 촉촉해진 상태에서 사용합니다.

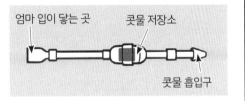

▲ 콧물흡입기

주의할 점!

• 자주 사용하면 공기 압력이나 기구가 닿아 점막을 상하게 할 수 있으며, 점막이 말라 코가 더 막힐 수 있어요. 따라서 하루 3회 이하로 사용 횟수를 제한합니다.

• 반드시 아이가 입을 벌린 상태에서 사용해야 합니다. 너무 세게 빨아들이면 고막이 상할 수 있습니다.

• 콧물이 흡입기 안에 들어 있을 때 숨을 뱉거나 흡입기를 세로로 세우면 콧물이 밖으로 떨어질 수 있습니다.

전후, 배변 후, 식사 전후, 코를 풀거나 기침, 재채기를 한 후에는 반드시 흐르는 물에 비누로 30초 이상 손을 씻어야 합니다. 기침을 할 때는 휴지나 옷소매로 입과 코를 가리고, 호흡기 증상이 있을 때는 잊지 말고 마스크를 착용하세요. 바이러스에 오염된 손으로 눈과 코, 입을 만지지 않도록 합니다. 담배 연기는 기관지를 자극해 기침과 천명을 악화시키는 주범입니다. 아이가 있는 집에서는 반드시 금연해야 한다는 사실을 명심하세요. 또 호흡기 질환이 있는 사람과의 접촉을 피하는 것도 중요한 예방법입니다. 아플 때는 어린이집이나 유치원에 보내지 않는 것도 감염이 확산되는 것을 막는 방법입니다.

 Dr. B의 우선순위 처치법

1. 미지근한 물을 자주 먹여요.
2. 기침이 계속되고 가래 때문에 힘들어하면 등을 가볍게 두드려요.
3. 축 처진다거나, 호흡곤란 또는 청색증이 나타날 때는 바로 병원을 찾아요.

백일해

강하고 발작적인 기침을 해요.

체크 포인트

☑ 생후 2개월에 접종하는 DPT 예방접종으로 백일해에 걸릴 위험을 낮출 수 있어요.

☑ 초기 전염력이 매우 강한 질병이에요. 제대로 치료하지 않으면 발병 후 약 4주 이상 기침과 재채기를 통해 백일해균이 전염될 수 있으므로 주의해야 합니다.

☑ 전염력이 가장 큰 초기에 항생제를 투여하면 증상이 가벼워질 수 있습니다. 일단 백일해에 대한 항생제 처방을 받으면 소아청소년과 의사의 지시에 따라 약을 꾸준히 복용하세요.

백일 동안 기침을 한다고 해서 백일해예요

100일 동안 기침을 한다고 해서 '백일해'라고 이름 붙여진 질병입니다. 백일해균이라는 박테리아가 호흡기에 침입해서 생겨나요. 보통 기침과는 확연히 다르게 발작적으로 기침을 하는 것이 특징입니다. 심한 기침 탓에 잠도 못 자고, 먹는 것도 제대로 먹지 못할 정도로 견디기 무척 힘겨운 질병입니다. 하지만 최근엔 백일해에 걸렸다는 아이를 거의 못 봤을 거예요. 바로 백일해를 예방하는 백신, 생후 2개월 무렵 접종하는 DPT 예방접종에서 P(pertussis)가 바로 백일해를 뜻합니다. 백일해 예방접종을 했다 하더라도 만 1세 미만의 면역력이 약한 아이들은 감염될 수 있으니 마냥 안심할 수는 없습니다.

	감기	백일해
기본 증상	콧물, 기침, 미열, 인후통이 1~2주 지속.	다른 증상을 보이지만, 기침이 가장 심하다.
호흡	호흡곤란은 거의 없다.	기침하다가 숨 쉴 틈 없이 "후읍" 하는 소리를 내며 숨을 한꺼번에 몰아쉰다.
기침	마른기침과 가래 섞인 기침을 간간이 한다.	일상생활과 수면을 방해할 정도로 심한 기침을 계속한다. 기침을 시작하면 몇 분간 지속하며, 간혹 구토를 동반한다.
그 외 증상	고열, 근육통, 오한을 동반할 수 있다.	고열, 근육통, 오한은 거의 없다.
호전	저절로 좋아지는 경우가 많다.	2주 이상 지나도 낫지 않는다.

▲ 백일해와 감기의 증상별 차이점

어떤 증상이 생기나요?

가벼운 감기 증상이 발작적인 기침으로 이어져요

감염 초기에는 콧물, 코 막힘, 미열 등과 함께 가벼운 기침이 약 1~2주 계속됩니다. 이 시기에 항생제를 투여하면 한결 수월하게 질병을 치료할 수 있어요. 하지만 감기 증상과 비슷해 많은 부모가 감기에 걸린 것으로 오해해 조기 치료가 어렵습니다. 가벼운 기침을 시작한 지 약 2주가 지나면 발작적으로 기침이 나옵니다. 간신히 기침이 잦아들 때쯤엔 숨 쉴 틈 없이 "흡" 하는 소리를 내며 숨을 한꺼번에 몰아쉬기도 해요. 이것이 백일해를 특징짓는 기침의 양상입니다. 숨이 넘어갈 듯한 기침을 계속하고 기침을 하는 동안 얼굴이 빨개지면서 눈이 충혈되기도 합니다. 기침 끝에 구토가 동반될 때도 있어요. 이런 기침은 2~6주간 계속되며, 심할 경우 아이가 숨을 쉬지 않거나 청색증이 생길 수 있습니다. 모세혈관이 터지면서 코피가 나거나 눈 주변에 출혈이 발생할 수도 있어 더욱 주의를 기울여야 해요. 대개 합병증이 없는 한 6~10주가 지나면 기침과 발작이 잦아들면서 안정을 찾습니다.

전염될 위험이 커요

백일해를 조심해야 하는 이유 중 하나가 바로 강한 전염성입니다. 발병 후 약 4주 동안 기침과 재채기를 통해 백일해균이 전염될 수 있는 만큼 주의를 기울여야 하고, 백일해로 진단을 받았다면 빨리 치료를 시작해야 합니다. 일반적으로 다른 합병증이 뒤따르지 않으면 입원 치료를 꼭 해야 하는 것은 아닙니다. 상태에 맞게 적절한 치료 방법을 선택하면 돼요. 단, 돌 전 아기가 기침이 심한 상태에서 무호흡이나 청색증과 같은 증상을 보인다면 반드시 입원해서 치료를 받아야 합니다.

백일해 치료, 어떻게 하나요?

조기에 치료하는 게 최선입니다

백일해를 치료하는 처방약은 사실상 없습니다. 하지만 많은 의사가 전염성을 줄이고, 2차 합병증을 예방하기 위해 항생제를 처방해요. 전염력이 가장 큰 초기에 항생제를 투여하면 증상이 가벼워질 수 있습니다. 일단 백일해에 대한 항생제 처방을 받으면

🚑 이럴 땐 병원으로!

- ☐ 심하게 기침을 하다 무호흡 증상을 보일 때
- ☐ 발작적인 기침을 계속하며 기침 끝에 구토가 동반될 때
- ☐ 끈적끈적한 가래가 나오는 기침을 계속할 때
- ☐ 기침 발작 중에 얼굴이 파랗게 변하면서 눈물이나 콧물을 흘릴 때

소아청소년과 의사의 지시에 따라 약을 꾸준히 먹습니다.

예방이 최고의 치료약

백일해를 치료하는 최고의 방법은 예방접종을 하는 것입니다. 1세 미만의 영아에서 사망률이 높은 질환이었지만, DPT 예방접종을 실시하면서 발병률이 크게 줄었습니다. 그 결과 지금은 거의 찾아보기 힘든 질병이 되었지요. 생후 2, 4, 6개월과 15~18개월, 4~6세 등 총 다섯 번에 걸쳐 접종해야 합니다. 잊지 말고 시기에 맞춰 예방접종을 해주세요.

 Dr. B의 우선순위 처치법

1. 백일해의 증상을 보이면 초기에 바로 병원을 찾아 진단 및 필요한 처방을 받아 복용합니다.
2. 공기가 건조하지 않도록 가습기를 틀거나 환기를 자주 해요.
3. 미지근한 물을 충분히 섭취하게 해주세요.

엄마표 처방전

백일해를 이겨내는 생활 속 처방!

백일해는 합병증이 없는 한 6~10주 정도 지나면 자연히 회복될 수 있습니다. 하지만 더 빠른 회복을 위해 집에서 할 수 있는 치료법을 알아두세요.

1 충분히 휴식을 취할 수 있게 하고, 환기를 자주 해 아이가 신선한 공기를 마실 수 있도록 신경 쓰세요. 너무 덥거나 실내 공기가 건조하면 기침이 심해진다는 사실을 꼭 기억하세요.

2 너무 차거나 뜨거운 음식, 지나치게 달거나 신 음식도 기침을 유발할 수 있어요. 되도록 자극이 덜한 음식으로 준비해주세요.

3 기침을 할 때 구토한다면 구토물이 입안을 막지 않도록 바로 처리한 후 미지근한 물을 먹여요.

부비동염

심하게 기침을 하고 누런 콧물이 나와요.

체크 포인트

☑ 상기도감염(감기)에서 부비동염으로 이어지는 경우가 많습니다. 감기가 다 나을 때쯤 심한 기침을 하고 누런 콧물이 나온다면 부비동염(축농증)을 의심해봅니다.

☑ 부비동염은 약물 치료가 원칙이에요. 성인의 만성 부비동염은 약물 치료로 안 될 때 수술을 권하기도 하지만 영유아는 거의 수술하지 않습니다.

☑ 부비동염은 완벽히 나을 때까지 치료해야 합니다. 콧물과 기침이 줄어 부비동염이 다 나았다고 생각해 임의로 치료를 중단하면 얼마 안 있어 재발합니다.

☑ 생리식염수로 콧속을 씻는 것은 증상 완화에 효과적입니다. 염증에 의해 과다 분비된 고름이나 염증 물질로 오염된 콧물을 말끔히 제거합니다.

'축농증'으로 알려졌어요

부비동염은 '축농증'이라는 이름으로 더 많이 알려진 질병입니다. 코뼈 양옆에 있는 '부비동'에 염증이 생긴 걸 말해요. 코 주위에 빈 곳이 있는데, 호리병같이 생긴 이 공간을 '부비동'이라고 부릅니다. 이상이 없을 때는 공기가 들어 있는 공간이지만, 염증이 생기면 콧물이 고이고 시간이 지나면서 세균이 자라 고름이 쌓이게 됩니다. 이렇게 부비동에 염증이 생긴 것을 '부비동염'이라고 합니다.

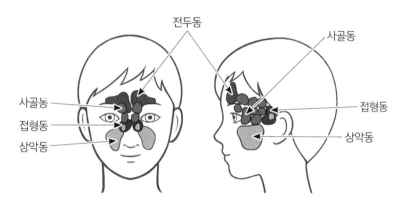

▲ 부비동의 구조

 ## 부비동염에 걸리는 원인

감기가 오래되면 생길 수 있어요

대개 감기에 먼저 걸렸다가 부비동염으로 이어지는 경우가 많아요. 보통 아이들이 1년에 3~8회 정도 감기에 걸리므로 부비동염에 걸릴 가능성도 그만큼 크지요. 하지만 감기에 걸렸다고 해서 무조건 부비동염으로 이어지는 것은 아닙니다.

부비동염을 일으키는 주요 원인은 비염

알레르기비염 때문에 부비동염이 발병할 수도 있어요. 알레르기비염은 코점막에 부종을 일으키기 쉬워요. 코점막이 부으면서 부비동의 정상적인 배출 기능이 떨어져 분비액이 부비동에 차게 되고 그로 인해 세균이 증식해 감염을 일으키는 것이지요. 이는 다른 말로, 알레르기비염을 효과적으로 치료하면 부비동염의 발생 빈도를 현저하게 줄일 수 있다는 거예요. 알레르기 질환의 원인이 되는 특별한 항원이 없는데도 비염 증상이 나타나는 비알레르기비염도 부비동염을 일으키는 원인 중 하나입니다. 특히 비알레르기비염은 만성 부비동염 환자에게 잘 동반되는 질환입니다.

급성과 만성에 따라 증상이 달라요

누런 콧물과 기침을 심하게 해요

부비동염은 감기에 걸렸을 때 나타나는 증상과 비슷해요. 심한 기침과 함께 누런 콧물(화농성 콧물)이 10일 이상 지속되고, 진찰 시 목 안 뒤쪽 벽에 끈적끈적한 콧물이 붙

 닥터's advice

❓ 부비동염 vs. 비염

부비동염의 대표 증상으로 심한 기침도 있지만, 콧물과 코 막힘이 주로 나타나다 보니 일반 사람들은 비염과 부비동염을 혼동하기도 합니다. 그러나 부비동염에 걸리면 비염과는 달리 누런 콧물이 줄줄 나옵니다. 또한 비염은 환경이나 기후, 체질적인 이유로 발병하지만 부비동염은 세균에 의한 감염이 발병 원인이에요. 심하면 열과 몸살, 안면 통증을 동반하는 것도 비염과 크게 다른 점입니다. 치료 방법에서도 부비동염과 비염은 큰 차이가 있습니다. 비염은 주로 항히스타민제와 혈관수축제, 스테로이드제, 면역조절제와 같은 약품을 이용해 증상을 줄여나가요. 그러나 부비동염은 부비동 입구를 넓혀서 누런 콧물이 빠져나오게 한 다음 염증 치료에 집중합니다. 염증 치료에는 항생제가 이용되지요. 그러나 한편으로 부비동염과 비염은 떼려야 뗄 수 없는 관계예요. 부비동에 염증이 생기는 질환이라 일반적으로 '부비동염'이라고 부르지만, 실은 '비부비동염'이 좀 더 정확한 용어입니다. 왜냐하면 비염이 없는 부비동염은 극히 드물기 때문이에요. 또 비염이 나타나는 비점막과 부비동염이 나타나는 부비동점막은 가까이 있어서 비염이 있다면 대부분 부비동염으로 진행되기 일쑤입니다. 따라서 이 질환을 표현하는 데는 '비부비동염'이라는 용어가 더 적절하지요.

어 있을 때 부비동염으로 진단합니다. 일반적으로 감기는 증상이 시작된 뒤 5~7일이 지나면 거의 좋아지는 게 보통입니다. 그런데 감기가 나을 때쯤 되어서 다시 누런 콧물이 나오고, 코 막힘이 심해지며, 열이 오르기 시작한다면 감기 합병증으로 인해 급성 부비동염이 생겼을 가능성이 큽니다.

부비동염은 증상이 나타나는 기간에 따라 급성과 만성으로 나뉩니다. 급성 부비동염은 질병 기간이 3주 이내일 때를 말해요. 만성 부비동염은 급성 부비동염일 때 보였던 증상이 3개월에서 길게는 수년 동안 지속될 때를 말해요.

급성 부비동염일 때

진단 급성 부비동염은 감기나 비염이 계속되다가 끝날 무렵 생겨나는 것이 대부분입니다. 기침과 콧물 같은 감기 증상이 5~7일이 지난 후에 점차 악화하거나 혹은 10일 이상 이어지는 경우 급성 부비동염을 의심해볼 수 있습니다.

증상 낮이나 밤이나 기침을 심하게 하면서 39℃ 이상의 열이 나고 누렇고 끈적끈적한 코가 10일 이상 계속됩니다. 이때 나오는 콧물은 맑은 콧물이 아니고 찐득찐득한 편이라 콧구멍을 통해 잘 나오지 않고, 콧속에 가득 차서 코 막힘 증상을 일으키기도 하지요. 누런 코가 목 뒤로 넘어가는 경우도 많아 잠을 자려고 누워 있을 때 특히 기침을 많이 합니다. 부비동 안에서 공기나 분비물의 순환이 잘 안 돼 얼굴 주변에 통증이 발생합니다. 얼굴이나 턱이 아프다고 하는 아이도 있고, 이를 아파하기도 합니다. 또 눈 뒤나 눈 위쪽으로 심한 두통을 호소할 수도 있습니다. 눈 주위에 부종이 나타나서 매우 아파 보이기도 하지요. 아이가 아파서 심하게 보채거나 축 늘어지는 모습을 보인다면 지체 말고 바로 소아청소년과 의사의 진료를 받습니다.

만성 부비동염일 때

진단 만성 부비동염은 급성 부비동염이 오랫동안 치유되지 않을 때 주로 생깁니다. 급성 부비동염의 증상이 12주 이상 계속될 때 만성 부비동염으로 진단합니다. 염증이 오랫동안 지속되다 보면 만성화의 단계로 접어들어 약물 치료로는 어려워지는 순간이 옵니다.

증상 증상은 급성 부비동염과 비슷한 편입니다. 단, 정도가 미약하게 나타나요. 코가 자주 막히고, 누런 콧물이 계속 나오면서 코 뒤로 넘어가며 가끔은 코피도 납니다. 기침 같은 한 가지 증상만 나타나기도 하고, 코 막힘과 콧물 증상만 오래가기도 합니다. 낫지 않고 병이 더욱더 진행되다 보면 냄새를 잘 맡지 못할 수도 있으므로 만성 부비동염이 되기 전에 반드시 치료해야 합니다.

부비동염 치료, 어떻게 하나요?

약물 치료가 기본이에요

부비동염은 수술이 아닌 약물로 치료하는 것이 기본입니다. 축농증이라 생각하면 바로 수술부터 걱정하는 부모들이 많은데, 요즘에는 거의 수술하지 않습니다. 아직 성장하는 아이들을 성급하게 수술시킬 경우 얼굴뼈 주위의 발육에 이상이 생길 수 있기 때문이에요. 특히 만성 부비동염에 걸리면 쉽게 치료가 되지 않고 재발할 우려가 커 수술을 고민하는 경우가 많은데, 이때에도 수술보다는 약물 치료를 우선적으로 고려합니다.

 닥터's advice

❓ 항생제 외에 사용하는 치료제
- **항히스타민제** 현재 급성 부비동염을 치료할 때는 사용하지 않습니다. 단, 알레르기비염처럼 같은 기저 질환이 동반된 만성 부비동염일 때만 사용합니다.
- **비점막수축제** 코 막힘을 줄여주는 약물로, 국소용과 경구용이 있습니다. 부비동염 치료에만 특별히 쓰이는 약물은 아니나, 급성은 물론 만성 부비동염 치료에도 자주 사용됩니다.
- **스테로이드** 현재 흔하게 쓰이지는 않으나 항생제로 치료할 때 보조 요법으로 사용하고 있습니다. 부비동염 자체의 치료법은 아니지만, 만성 부비동염과 재발성 부비동염은 알레르기비염을 동반할 때가 많아서 이때 사용하면 증상 완화에 효과적입니다.

2주 정도 항생제로 치료합니다

50~60%의 급성 세균성 부비동염 환자들은 항생제 없이도 완치가 된다고 알려져 있어요. 하지만 증상이 심하면 항생제 처방을 합니다. 뇌막염이나 뇌종양 같은 심각한 합병증을 예방하기 위한 용도로 많이 사용합니다. 항생제 치료는 보통 2주 정도 진행합니다. 단, 세균에 감염되었을 때만 항생제 치료를 합니다. 항생제는 세균에 감염된 경우에만 힘을 발휘하고, 바이러스에 감염되었을 때는 별다른 효과가 없어요. 게다가 너무 자주 항생제를 사용하면 항생제 내성만 기르고, 정작 필요할 때 항생제 치료가 제대로 들지 않을 수 있기 때문이죠. 바이러스에 의한 상기도감염 초기 단계라 할지라도 호흡기 증상 악화나 39℃ 이상의 고열, 눈 주위 부종, 안와통 등이 있으면 세균성 부비동염을 의심해볼 수 있습니다.

증상이 좋아져도 약을 임의로 끊지 마세요!

부비동염은 한 번 항생제 치료를 시작하면 완전히 나을 때까지 치료해야 합니다. 콧물과 기침이 줄어 다 나았다고 생각해서 임의로 치료를 중단하면 얼마 안 있어 재발하기 때문이죠. 이때 다시 치료하려면 더 많은 시간과 노력을 들여야 하므로 꾸준히 치료해야 합니다. 적절한 항생제를 투여한다면 대개 급성인 경우에는 2주, 만성일 때는 3~4주 이상 항생제 치료를 하고, 필요에 따라 보조적인 항염증 약물 등을 1~2개월 복용합니다.

생리식염수로 씻는 방법도 도움이 돼요

부비동염, 알레르기비염 등 코와 관련된 질환의 경우 코를 씻는 것은 증상 완화에 효과적입니다. 방법은 간단합니다. 생리식염수로 코안을 깨끗이 씻어냅니다. 생리식염수로 코를 씻으면 염증에 의해 과다 분비된 고름이나 염증 물질로 오염된 콧물이 말끔히 제거됩니다. 그렇다고 부비동염 자체를 치료해주는 것은 아닙니다. 증상을 완화하고 항생제 등의 약물 투여를 줄여줄 수 있는 보조 역할을 해요. 요즘은 생리식염수를 넣는 방법도 다양해졌습니다. 주사기, 분무기, 관장기 등을 이용할 수 있어요. 아이가 거부감을 느끼지 않는 방법을 선택하면 됩니다. 이때 사용할 생리식염수의 온도가 차가워서는 안 됩니다. 찬 생리식염수는 찬 공기와 마찬가지로 코점막을 붓게 해 상처를 내거나 심하면 코피가 날 수도 있어요. 특히 신생아의 경우 기도 경련 등이 일어나 호흡 곤란 같은 증상이 생길 수도 있으므로 주의해야 합니다. 사용하기 전에는 반드시 중탕하거나 전자레인지를 이용해 체온 또는 체온보다 약간 높은 40℃ 정도로 맞춘 뒤 사용합니다.

 Dr. B의 우선순위 처치법

1. 감기가 오래되어 누런 콧물이 계속된다면 부비동염이 의심되므로 바로 소아청소년과 의사의 처방을 받아 항생제를 먹여요.
2. 콧물, 코 막힘 등을 완화하고 싶다면 생리식염수로 콧속을 씻어주세요.
3. 콧물, 코 막힘, 재채기 등을 동반한 축농증이 반복되거나 오래될 경우 알레르기비염이 있을 수 있으므로 소아청소년과 의사와 상의해주세요.

생리식염수로 코안 씻는 방법

1 먼저 생리식염수를 준비합니다. 주사용 생리식염수가 가장 좋지만, 구하기가 어렵습니다. 손쉽게 구할 수 있는 콘택트렌즈 세정용 제품을 사용해도 괜찮습니다.

2 깨끗이 씻은 그릇에 생리식염수를 적당량 부은 다음 적당한 온도로 데웁니다. 전자레인지를 사용한다면 30초 정도 돌려서 사용합니다. 체온과 비슷한 온도로 지나치게 차갑지도 뜨겁지도 않게 준비해요.

3 주사기나 주전자 등 따르기 쉬운 그릇에 생리식염수를 넣습니다.

4 세면대 앞에 서서 머리를 앞으로 숙이고 어깨를 고정한 채 얼굴만 옆으로 돌립니다. 한쪽 코는 아래로, 다른 한쪽 코는 위를 향하는 자세가 됩니다.

5 "아" 소리를 길게 내면서 생리식염수를 천천히 위쪽 콧속에 붓습니다. 콧속의 노란 콧물이 씻겨 나오는 게 보일 겁니다. 식염수는 삼키지 말고 반드시 코로 나오게 합니다. 또 식염수를 넣는 동안 "아" 소리를 계속 내지 않으면 귀로 물이 들어갈 수 있으므로 주의하세요.

6 만 5~7세 아이의 경우 한쪽 코에 100ml씩 양쪽 200ml까지 세척합니다. 하루 1~2회 정도 하면 좋습니다.

아토피피부염

피부가 건조하고 가려우며 습진이 오랫동안 생겨요.

체크 포인트

☑ 아토피피부염을 제때 제대로 치료하지 않으면 알레르기비염이나 천식 같은 알레르기 질환에 더 잘 걸릴 수 있습니다. 아토피피부염이 의심된다면 적극적으로 치료해주세요.

☑ 아토피피부염 치료에 빠질 수 없는 것이 바로 스테로이드 연고입니다. 오래 사용하면 부작용이 생길 수 있으므로 반드시 소아청소년과 의사의 처방에 따라 사용해야 합니다.

☑ 피부 보습이 가장 중요합니다. 하루 한 번, 15~20분 이내로 미지근한 물에 몸을 담그는 통목욕이 좋습니다. 목욕 후 수분을 유지하기 위해 3분 이내에 보습제를 발라주세요.

☑ 실내 온도는 18~23℃, 습도는 40~50%를 유지하고, 피부에 닿는 옷이나 이불, 수건 등은 면제품을 사용합니다. 애완동물은 키우지 마세요.

부모가 가장 두려워하는 대표 질환

아토피(Atopy)는 '부적절한', '기묘한'이라는 뜻의 그리스어에서 유래했어요. 일반 사람들에게는 볼 수 없는 예외적인 알레르기 반응을 보이는 것을 말해요. 아토피피부염은 아이를 키우는 부모라면 누구나 들어보거나 혹은 경험해본 적이 있는 대표적인 질환입니다. 갑자기 생겼다가 없어지고 다시 생기는 등 완치가 쉽지 않고 재발하는 경우가 많은 만성 알레르기 염증성 질환이지요. 심한 가려움증과 피부 건조증, 특징적인 습진 증상을 동반해 몹시 가려운 피부염입니다. 아토피피부염이 시작되는 시기는 생후 6개월 이내가 45%, 1세 이전이 60%, 5세 이전이 85%인데, 영유아 때 나타났다가 걷기 시작할 때쯤 없어지는 게 대부분이에요. 하지만 성인까지 이어지는 경우도 많습니다. 아토피피부염은 나이에 따라, 증상의 정도에 따라 총 3기로 나눕니다. 1기는 생후 2개월부터 만 2세까지의 영아기 습진을 말하고, 2기는 만 2세부터 10세까지의 소아기 습진, 3기는 청소년 이후부터 성인에 이르는 습진 증상을 말합니다.

아토피피부염의 증상

피부가 거칠거칠하거나 붉고 오톨도톨한 뾰루지가 났다면 아토피피부염을 의심해야 합니다. 피부염의 정도에 따라 다르지만 대부분 피부가 건조해지면서 까칠까칠해지고 매우 가려우며, 피부가 짓물러서 진물이 나고 딱지가 앉기도 합니다. 좁쌀만 한 발진으로 시작해 몸통과 팔다리 등 전신으로 퍼지는데, 특히 팔꿈치나 무릎, 손목이나 발목과 같이 접히는 부위에 습진 형태로 나타납니다. 아토피피부염의 가장 큰 특징은 엄청나게 가렵다는 거예요. 가려워서 심하게 긁어 상처가 생기고 피가 나기도 하며 염증이 생겨 아프기도 합니다. 좀 괜찮아졌다가 다시 진물이 날 정도로 긁다 보면 피부는 점점 건조해지고 두꺼워져 마치 코끼리 피부처럼 쭈글쭈글하거나 검게 착색돼요. 또한 아토피피부염 증상은 나이에 따라 발생 부위가 조금씩 달라지는 것이 특징입니다. 생후 2~6개월에는 얼굴, 특히 뺨에 잘 나타나고 생후 12개월에는 팔, 다리,

손목 등에 주로 나타납니다. 만 3~4세에는 팔다리가 접히는 팔꿈치 안쪽이나 무릎 뒤쪽, 목이 접히는 부위, 그리고 12세 이후에는 몸통과 목, 손, 눈, 생식기 부위에 주로 나타납니다.

아토피피부염의 원인

정확한 원인이 밝혀지지 않았어요

안타깝게도 아토피피부염은 원인이 아직 밝혀지지 않았습니다. 다만 여러 증상을 종합해봤을 때 유전 요인과 환경 요인, 면역 이상 반응과 피부 보호 장벽 이상 등을 원인으로 보고 있지요. 그중에서도 최근엔 면역 이상 반응에 가장 큰 비중을 두고 있습니다. 면역 시스템이 다른 사람들보다 훨씬 예민해 작은 자극에도 민감하게 반응하고 그 결과 피부에 트러블이 생겨납니다. 이런 면역 기능에 자극을 줄 만한 요소들로는 식품 알레르기나 인스턴트식품, 집먼지진드기, 건조한 환경 등을 꼽을 수 있습니다. 급격한 실내 온도와 습도 변화, 땀이나 침, 꼭 끼거나 거친 재질의 옷, 피부를 문지르거나 긁는 것, 스트레스 등도 아토피피부염을 발생시켜요. 이런 원인으로 인해 몸의 면역력이 떨어지면서 세균이나 바이러스가 침투하면 피부 감염이 쉽게 일어나고, 이렇게 생긴 2차 감염은 아토피피부염을 더욱 악화시킵니다. 유전과 체질적 요인 역시 무시할 수 없어요. 아토피피부염이나 알레르기 증상으로 고생한 부모는 자신의 고통이 아이에게 대물림되지 않기를 바라지만, 통계적으로 알레르기 가족력이 있는 경우 아토피피부염의 발생률이 높다는 결과가 있습니다. 부모 모두 알레르기 증상이 있으면 아이에게 유전될 확률이 80%, 한쪽 부모만 있다면 55%로 알레르기 증상이 나타나요. 하지만 부모 모두 알레르기 질환을 앓고 있더라도 반드시 아이에게 발생하는 것은 아니므로 유전적 요인만으로 아토피피부염의 발병을 설명할 수는 없습니다.

적절한 치료 시기를 놓치지 마세요

영아기에 아토피피부염을 앓은 아이는 성장하면서 같은 알레르기 질환인 천식과 알레르기비염을 동반하는 경우가 많습니다. 이를 '알레르기 행진(Allergic march)'이라고 합니다. 알레르기가 다른 알레르기 반응을 낳고, 그 반응이 다시 또 다른 알레르기 반응을 일으킨다는 의미입니다. 아토피피부염 역시 알레르기 행진 선상에 있지요. 알레르기가 호흡기 증상으로 나타나는 것이 천식과 알레르기비염이고, 피부 증상으로 나타나면 아토피피부염이 되는 것입니다. 알레르기 행진의 첫 증상은 생후 1개월을 전후하여 우유 등의 식품에 의해 나타납니다. 생후 2개월에 접어들면서 점차 아토피피부염의 증상이 나타나고, 돌 이후에 반복적으로 기관지염이 나타나다가 만 4세경 천식 증상을 보여요. 이후 알레르기비염까지 동반합니다. 알레르기 행진은 주위 환경이나 체질에 따라 시기에 차이를 보이는데, 일반적으로 70% 정도는 사춘기를 지나면서 좋아지고 20~30%만 성인까지 계속돼요. 이처럼 아토피피부염을 겪는 아이들이 알레르기 행진을 하는 이유는 적절한 치료 시기를 놓쳤기 때문입니다. 하나의 알레르기 원인이 나타났다면 그 원인을 파악해 최대한 빨리 치료를 시작해야 다른 알레르기로 진행되는 것을 막을 수 있습니다. 즉, 아토피피부염은 천식이나 알레르기비염과 같은 알레르기 질환으로 진행되는 첫 관문이라 생각하면 됩니다. 조기에 적절히 치료하고 관리하여 알레르기 행진을 차단해야 합니다.

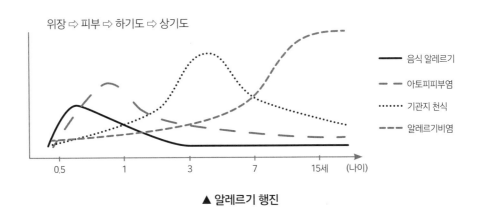

▲ 알레르기 행진

아토피피부염 치료, 어떻게 하나요?

아토피피부염은 수년간에 걸쳐 좋아졌다 나빠졌다를 반복하는 까다로운 질환입니다. 더 큰 문제는 아토피피부염을 확실하게 근본적으로 치료하는 만병통치약이 없다는 사실이지요. 아이가 고통스러워하는 모습을 지켜봐야 하는 부모로서는 지푸라기라도 잡고 싶은 마음에 이 병원 저 병원에 다니거나 검증되지 않은 민간요법으로 치료하는 경우가 많습니다. 이는 오히려 치료를 어렵게 만들어요. 병원 치료나 약도 중요하지만, 생활 수칙을 잘 지키고 주변 환경을 쾌적하게 하는 것이 가장 근본적이고 장기적인 치료 방법입니다. 아토피피부염을 일으키는 알레르겐(Allergen, 알레르기를 일으키는 물질)이 무엇인지 정확히 알고 없애는 것이 중요해요. 식습관에서 오는 것인지 환경에서 오는 것인지 상세히 관찰한 후 그 요인을 피할 수 있도록 노력해야 합니다. 건조한 피부를 보습하기 위해 수시로 보습제를 바르는 것 또한 치료에 매우 중요합니다. 하지만 상태가 심하다면 반드시 의사의 진료 후 처방받은 스테로이드 연고를 발라요.

효과적인 약물 치료

• 항염증 치료의 기본, 스테로이드 연고 아토피피부염의 급성 악화를 막기 위해 스테로이드 연고를 사용해요. 항염증 치료의 기본입니다. 병원에서 처방받은 대로 적절히 잘 사용하면 큰 효과를 볼 수 있어요. 스테로이드를 사용하면 내성이 생기고, 부작용이 많다며 무조건 꺼리는 경우가 있는데 이는 바람직하지 않습니다. 물론 스테로이드 연고를 많이 쓰면 피부로 흡수되어 몸에서 호르몬 만드는 것을 방해할 수도 있고 피부를 얇게 만드는 부작용이 생길 수 있습니다. 하지만 실제로 병원에서 처방하는 스테로이드 연고는 강도가 그리 센 편이 아닙니다. 대개 제일 약한 7등급이나 6등급의 스테로이드 연고를 사용하는데, 이렇게 순한 스테로이드 연고는 몇 가지 주의사항만 제대로 지키면 부작용이 없어서 치료에 매우 도움이 됩니다. 오히려 무작정 사용하지 않다가 만성 병변으로 바뀌면 그때는 스테로이드 연고를 아무리 발라도 소용없게 됩니다.

•스테로이드 연고 사용법 스테로이드 연고는 비정상적으로 항진된 세포를 억제시켜 가려움증을 덜어주고 피부를 빠르게 회복시켜줍니다. 의사의 처방에 따라 적절한 강도의 약을 선택해 사용해야 합니다. 스테로이드 부작용이 두려워 증상에 비해 너무 약한 스테로이드를 장기간 사용하면 오히려 치료 효과가 떨어져요. 그렇다면 스테로이드 연고는 어떻게 사용하는 것이 가장 효과적일까요?

① 강도가 3~5군에 속하는 경우 최소 3~10일간 하루 1~2회 바릅니다. 연고를 하루에 두 번을 초과해서 바르는 경우는 흔치 않으므로 주의하세요.

② 스테로이드 연고는 목욕이나 세정 직후 물기가 남아 있을 때 바르는 것이 가장 좋습니다. 가능하면 얇게 바르고 바른 후 보습제도 잊지 말고 함께 발라요.

③ 염증이 심한 부위는 너무 약한 스테로이드 연고를 사용하면 효과를 보기 어렵습니다. 의사와 상의하여 피부 상태에 알맞은 강도의 연고를 선택해야 해요. 얼굴이나 목, 겨드랑이, 사타구니같이 피부가 얇은 부위는 일반적으로 강도가 약한 연고를 사용하는 것이 좋습니다.

④ 습진이 여러 곳일 때는 상태에 따라 강도가 다른 약을 바르는 것이 효과적입니다.

⑤ 아토피피부염이 재발한 경우 임의대로 전에 바르던 스테로이드 연고를 발라서는 안 됩니다. 반드시 다시 의사의 처방을 받은 후 스테로이드 연고를 사용하세요.

•스테로이드 연고 바르는 양 적당한 양을 얇게 펴서 바르라고 하는데 그 양은 어느 정도일까요? 스테로이드 연고를 사용할 때의 양은 FTU(Finger Tip Unit)라는 단위를 사

닥터's advice

❓ 강도가 센 스테로이드가 더 효과 있을까요?
그렇지 않습니다. 연고의 강도가 세고 잘 듣는다고 반드시 좋은 것은 아니에요. 오히려 센 스테로이드 연고는 조심하지 않으면 많은 문제를 불러일으켜요. 스테로이드제는 강도가 강한 것을 class1, 강도가 가장 약한 것을 class7로 나눠 구분합니다. 숫자가 낮을수록 강도가 센 편인데, 강도가 강한 스테로이드를 오래 사용하면 혈관 확장으로 얼굴이 붉어지는 등 부작용이 심해질 수 있습니다.

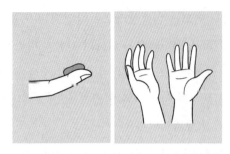

1FTU(Finger Tip Unit)=성인 두 손바닥에 바를 수 있는 용량.

소아 기준
얼굴 1FTU / 몸 2FTU

▲ 국소 스테로이드제 바르는 양

용합니다. 보통 검지손가락의 마지막 마디 길이에 해당하는 양인데, 연고를 실제로 짜보면 약 0.5g 정도예요. 성인의 양 손바닥에 바를 수 있는 양이에요. 아이의 얼굴이나 양손에 바를 때는 1FTU, 몸은 2FTU 정도의 양이 적당합니다. 이 기준을 바탕으로 습진의 부위와 범위에 따라 적당한 양을 발라요.

• 심하면 항히스타민제나 항생제 사용 　아토피피부염의 가장 큰 고통은 가려움증입니다. 특히 밤에 심해지는데 무척 고통스러워요. 아토피피부염 치료에는 주로 스테로이드 연고가 사용되지만, 가려움증이 심할 때는 항히스타민제를 사용합니다. 가려움을 억제하여 증상을 감소시키는 데 효과적이에요. 잠이 오게 하는 성분이 들어 있어 항히스타민제를 먹으면 졸리는 부작용이 있는데, 최근에는 부작용을 줄인 약제들도 개발됐습니다. 증상이 심할 때는 의사의 처방에 따라 1~2주가량 항생제를 복용하기도 합니다. 자꾸 긁다 보면 세균에 감염되어 증상이 나빠질 수 있어서 항생제를 처방하는 것이에요. 증상이 나아지더라도 임의로 중단하지 말고, 처방받은 항생제는 횟수와 용량에 맞춰 끝까지 먹이는 게 중요합니다. 또 증상이 매우 심할 때는 알레르기 전문 의사의 진찰하에 일시적으로 전신 스테로이드제를 사용하기도 하며, 면역조절제를 전신에 투여하기도 합니다.

피부 보습이 중요해요

• **목욕은 필수**　아토피피부염을 앓는 아이의 피부는 항상 건조한 상태입니다. 피부가 건조해지면 가려워서 긁게 되고 그럼 또다시 피부가 손상되어 아토피피부염은 더 나빠져요. 그런 만큼 피부 보습에 신경을 써야 합니다. 그러기 위해 목욕은 필수입니다. 목욕을 하면 피부에 묻은 자극성 물질과 알레르겐, 세균 등을 제거할 뿐 아니라 피부에 수분을 공급해 스테로이드 연고의 피부 침투 능력을 높여주는 효과를 얻을 수 있어요. 미지근한 물을 담은 욕조에 하루 한 번 15분 정도 몸을 담그는 통목욕을 추천합니다. 너무 오랫동안 탕에 몸을 담그면 오히려 피부의 보습 효과가 떨어져 가려움증

 보습제 선택 노하우

보습력과 흡수력을 꼼꼼하게 확인
아이의 피부 두께는 얇아 성인의 3배 이상 수분을 빼앗깁니다. 그래서 오랜 시간 촉촉함을 유지하는 보습제가 필요해요. 피부에 빠르게 흡수되고 보습력이 높은 제품을 선택하세요.

수분 속에 기름이 포함된 제품
각질층 내에 수분을 함유하게 만드는 친수성의 습윤제와 피부로부터 수분을 증발하지 못하게 막는 지성 물질의 밀폐제가 들어 있는 성분을 고르세요. 저자극의 수분 공급 성분이나 식물성 오일이 포함돼 있어 피부에 유분을 공급해주는 제품도 좋습니다.

저자극, 무첨가 제품
아토피피부염은 아주 작은 자극에도 트러블을 쉽게 일으킵니다. 따라서 안전한 성분인지, 첨가물은 무엇이 들어갔는지 확인하는 것은 필수예요. 파라벤, 색소, 인공 향, 에탄올, 방부제, 계면활성제 등이 들어가지 않은 보습제를 선택합니다.

아토피피부염 전용 제품
피부가 예민하므로 이상한 것이 많이 섞인 것보다는 성분이 단순한 제품이 더 효과적입니다. 항염이나 항균 효과가 있는 제품도 좋고, 보습력이 뛰어난 세라마이드 성분이 다량 함유된 아토피피부염 전용 제품도 좋습니다.

인증마크 확인
유기농, 친환경 등의 수식어에 속지 말고 제대로 된 인증마크가 붙어 있는 제품을 선택하세요. ECOCERT(프랑스 에코서트), COSMEBIO(프랑스 코스메바이오), USDA(미국 농무부 유기농 인증), GMP(식약처 인증마크) 등이 대표적인 인증마크입니다.

이 더 심해질 수 있어요. 물은 너무 뜨겁지 않아야 하며, 비누는 약산성 또는 중성 보습 비누를 사용하고, 때는 절대 밀지 않습니다. 때를 밀면 피부가 자극을 받아 더욱 가려워지고 증상이 나빠집니다. 목욕 후에는 부드러운 수건으로 두드리듯이 물기를 닦고, 연고를 처방받았다면 연고를 먼저 바르고 그 위에 보습제를 바릅니다. 물기가 마르기 전, 목욕 후 3분 이내에 바르는 것을 잊지 마세요.

• **수시로 보습제 바르기** 목욕 후 보습제만 잘 발라도 아토피피부염 치료의 절반은 한 셈입니다. 그만큼 보습제가 중요해요. 피부에 장벽을 만들어 수분이 빠져나가지 못하게 하고 외부의 미생물, 오염물질, 먼지 등으로부터 피부를 보호합니다. 열심히 바르면 엄마들이 걱정하는 스테로이드 연고의 사용도 줄일 수 있어요. 보습제는 세안 또는 목욕 후 3분 이내에 피부가 촉촉할 때 부드럽게 바릅니다. 하루에 적어도 세 번 이상 수시로 바르고, 전신에 바르는 것이 좋습니다. 목욕 후에 바르는 것이 가장 좋지만, 목욕하지 않았을 때도 수시로 발라야 해요. 피부 상태가 좋아졌다고 사용을 중단하지 말고, 지속해서 사용합니다. 보습제는 수분 함량에 따라 로션(에멀전), 크림, 연고, 젤 같은 형태로 구분되는데 피부에 순응력이 우수하고 발랐을 때 보습력이 가장 오래가는 형태는 크림 타입입니다. 로션 타입은 쉽게 발리고 피부 순응도는 좋은 편이지만, 보습 상태가 유지되는 능력이 다소 떨어지는 단점이 있어요. 어떤 것을 선택하든 아이에게 맞는 보습제를 찾는 것이 무엇보다 중요합니다. 의사에게 추천을 받는 것도 좋은 방법이에요.

주변 생활 환경을 잘 관리해요

• **집 안 환경을 쾌적하게** 아토피피부염을 치료하기 위해서는 병증을 악화시키는 요인을 제거하는 노력이 동시에 필요합니다. 요인이 되는 원인을 피하고 환경을 쾌적하게 유지합니다. 약보다 집 안 청소를 한 번 더 하는 것이 아토피피부염 치료에 도움이 됩니다.

① 최소 하루에 두 번 정도 창문을 열고 집 안 공기를 환기해요.

② 집 안 습도는 50% 미만, 실내 온도는 18~23℃로 서늘하게 유지합니다. 너무 덥거

나 추운 것은 아토피피부염에 좋지 않습니다. 땀이 나면 더 가려워하므로 더운 날에는 선풍기나 에어컨을 틀어주세요.

③ 아토피피부염의 가장 큰 원인은 집먼지진드기, 꽃가루, 동물의 털, 진균(곰팡이균) 등입니다. 흡입성 알레르겐을 제거해주세요. 집먼지진드기의 서식처인 카펫과 천 소재의 소파나 가구는 사용하지 마세요. 이불, 베개, 매트리스 등 각종 침구류의 속을 비닐 또는 알레르겐 방지용 커버로 싸서 먼지가 밖으로 나오지 못하게 합니다. 세탁이 가능한 침구류와 의복은 주 1회 55℃ 이상의 뜨거운 물로 세탁하고 한 번 말릴 때 3시간 이상 햇빛에 말립니다. 특히 천으로 된 장난감은 피해야 해요.

④ 청소기나 공기청정기를 사용하고자 할 때는 특수필터인 HEPA(High efficiency particulate air) 필터가 장착된 제품을 선택하는 것이 좋습니다. HEPA 필터란 입자의 직경이 0.3μm(마이크론) 크기의 초극 미세먼지를 99.9%까지 제거할 수 있는 성능을 갖춘 필터입니다.

⑤ 청소할 때는 먼지를 방 안에 퍼뜨릴 수 있는 빗자루나 마른걸레보다는 물걸레로 구석구석 먼지를 닦습니다. 한 달에 한 번은 대청소해서 천장, 벽, 장롱의 뒷면, 벽장 속, 창문틀, 전등갓 등을 깨끗이 합니다. 청소기의 먼지 봉투는 70~80% 정도 찼을 때 교

닥터's advice

❓ 아토피 아이를 위한 식생활 대처법

• **아이 반응을 살피며 이유식 재료 추가하기** 아토피피부염을 악화하는 음식은 아이마다 제각각 달라요. 아토피피부염을 앓는 아이라면 이유식을 시작할 때 한 번에 한 가지 재료만 첨가해 반응을 지켜봐야 합니다. 또 새로운 재료를 첨가할 때는 일주일 정도 간격을 두어 각각의 식품에 어떤 반응을 보이는지 꼼꼼하게 확인한 후 하나씩 늘려가세요.

• **식사 일지 쓰기** 이유식이건 밥상이건 새로운 식품을 첨가했을 때 아이가 처음 보이는 반응을 잘 관찰하는 것이 방법입니다. 피부에 발진이 생기거나 아토피피부염이 심해지지는 않았는지 아이의 반응을 잘 관찰하는 것이 포인트예요. 그래야 아이에게 어떤 음식 재료가 맞지 않는지 알 수 있습니다.

• **식품 알레르기 여부 확인 및 식이 제한** 아이는 성장과 발달하는 과정에 있으므로 식이 제한이 필요한지는 반드시 소아청소년과 의사와 상의합니다.

아토피피부염을 이기는 목욕법

1 목욕물은 미지근하게

수분 증발을 최소화하기 위해서는 체온 정도의 미지근한 물이 좋습니다. 집에 온도계가 있다면 37~37.5℃ 정도로 물의 온도를 맞추세요. 목욕탕의 더운 열기만으로도 가려움증이 생길 수 있으므로 목욕 전 목욕탕 문을 열어놓는 것이 좋습니다. 목욕 시간은 약 10~15분간이 적당하며, 목욕은 하루에 한두 번 혹은 네 번까지도 상관없습니다.

2 비누는 자극이 없는 순한 제품으로

비누는 약산성 또는 중성 보습 비누를 사용하는데, 너무 자주 사용하지는 마세요. 염증이 심하거나 의사가 세정제의 사용을 금할 때는 손으로 부드럽게 마사지하듯이 살살 물로만 씻기는 것이 바람직합니다. 저자극성의 비누 제품은 향이 없고, 색이 없는 것을 선택하세요. 비누나 오일, 세정제를 사용할 때는 미리 아이 피부에 시험 삼아 조금 사용해보고 이상 반응이 없다면 온몸에 사용해도 좋습니다.

3 물기를 닦을 때는 수건으로 '톡톡' 두드리기

세탁을 자주해 뻣뻣하고 거칠어진 오래된 수건은 피부를 더욱 자극할 수 있어요. 부드럽고 뽀송뽀송한 수건을 사용합니다. 흡수력이 뛰어나고 부드러운 천 기저귀를 사용하는 것도 좋은 방법이에요. 수건으로 부드럽게 톡톡 두드리듯이 몸을 닦아요. 세게 문질러 닦으면 안 됩니다. 누르면서 몸을 닦아요.

4 마무리는 보습제로

목욕 후 반드시 보습제를 발라야 해요. 가능하면 목욕을 끝낸 후 따뜻한 온기가 남아 있는 목욕탕 안에서 보습제를 바르는 것이 좋아요. 수분이 날아가지 않도록 3분 이내에 로션과 함께 오일을 발라야 보습 효과가 좋습니다. 일반 제품보다 보습력이 강한 아토피 전용 제품을 사용하는 것이 좋으며, 수시로 바르는 것이 무엇보다 중요해요.

환해주세요.

⑥ 새나 개, 고양이 등 애완동물을 키우면 안 됩니다. 애완동물의 털 속에는 다양한 기생충이 서식하며, 털이 날리면서 아이의 호흡기와 피부에 자극을 주기 때문입니다.

•피부 자극을 최소화 아토피피부염을 앓는 아이에겐 통풍이 잘되고 땀 흡수가 뛰어난 100% 순면 소재 옷이 적합합니다. 아이 피부에 닿는 이불, 수건, 베개, 이불 커버 등도 면으로 된 제품을 사용해요. 자극성 있는 옷, 나일론이나 털로 만든 옷 등은 피부를 더 가렵게 할 수 있으므로 입히지 않는 것이 좋습니다. 몸에 꽉 끼는 옷은 피하고, 약간 헐렁하게 입혀서 통풍이 잘되게 해요. 화학 세제보다는 베이킹소다, 식초, 구연산 등 천연 세제를 사용해 세탁하고, 세제가 완벽하게 제거되도록 여러 번 헹궈야 합니다. 온몸을 자주 긁으면 피부에 염증이 생기므로 손톱을 짧게 깎고, 손을 자주 씻겨요.

•음식이 가장 큰 영향 아토피피부염을 유발하는 원인은 다양하지만, 생후 1년 이내의 영유아에게는 식품이 가장 큰 영향을 미칩니다. 그렇다고 모든 음식을 무조건 제한하는 것은 좋지 않습니다. 오히려 영양의 불균형을 가져오기 때문이죠. 우유, 달걀, 닭고기, 돼지고기, 생선 등을 무조건 먹지 못하게 하는 것은 옳지 않으며, 의사가 지시한 식품만 먹이지 않으면 됩니다. 부모들이 가장 궁금해하는 것 중 하나가 이유식 시기입니다. 아이가 아토피피부염이 있다고 해서 이유식 시작 시기를 늦출 필요는 없습니다. 다른 아이들과 똑같이 4~6개월에 시작하세요. 새로운 재료를 추가할 때는 일주일간 알레르기 증상이 나타나는지 유의해서 관찰하세요. 시작하면서 알레르기 반응이 의심되는 음식이 있다면 2회 정도 시도해보고 같은 증상이 반복된다면 알레르기 전문 의사에게 진료를 받습니다. 선식은 여러 곡물이 섞여 있어 알레르기 증상이 나타나는 경우 어떤 재료가 원인인지 알기 어려우므로 권장하지 않습니다.

알쏭달쏭! 아토피피부염 궁금증

Q 가족력이 없어도 아토피피부염이 생기나요?

엄마와 아빠 모두 알레르기 질환이 없는데 아이에게 생겼을 때 종종 이런 질문을 받아요. 아토피피부염이 유전적인 요소가 강한 것은 사실이지만, 가족력이 없어도 발생할 수 있습니다. 최근엔 서구화된 식생활과 환경오염, 대기오염 등 환경적 요인이 크게 작용하기 때문입니다.

Q 알레르기를 잘 일으킨다고 알려진 음식들을 먹이지 말아야 하나요?

의사에게 식품 알레르기를 진단받고 특정 음식을 피하도록 권유받았다면 음식을 제한해야 합니다. 아토피피부염이 있다고 해서 알레르기를 잘 유발하는 것으로 알려진 식품들(달걀, 우유, 밀가루 등)을 무조건 제한하는 것은 잘못된 방법이며 영양학적, 심리적으로 문제가 될 수 있어요. 알레르기의 원인으로 진단받은 식품 이외에는 특별히 제한할 필요가 없습니다. 다만, 부모나 형제자매 중에 알레르기 질환이 있는 경우에는 알레르기성이 강한 음식은 천천히 시작하는 것이 좋습니다. 예를 들어 우유나 유제품은 1세 이후, 땅콩이나 견과류 등은 3세 이후에 시작합니다. 하지만 모든 아이에게 절대적인 것은 아니니 의사와 상의하는 것이 바람직합니다.

Q 아기 때는 괜찮았는데, 커가면서 아토피피부염이 나타날 수도 있나요?

아토피피부염이 처음 드러나는 시기는 딱 정해져 있지 않습니다. 어느 시기, 어느 나이라도 습진이 생길 만한 조건이 되면 나타날 수 있어요. 보통 아토피피부염은 생후 2~3개월부터 증상이 발생하고, 환자의 반 이상이 1세 이전에 발병합니다.

Q 아토피피부염인데 수영을 해도 괜찮을까요?

바닷물이 아토피피부염에 도움이 되는지는 아직 불확실합니다. 하지만 해수욕을 하는 경우 모래가 피부에 자극이 될 수 있고, 바닷물 속의 염소 성분이나 실내 수영장에서 소독할 때 쓰는 소독제에 들어 있는 염소 성분이 호흡기나 피부를 자극하기 때문에 위험하다는 연구 결과가 있어요. 의학적으로는 해수욕이나 수영을 하지 않도록 제한하지는 않습니다. 다만 수영을 하기 전에 미리 바셀린 같은 보습제를 몸에 얇게 펴 바르면 어느 정도 예방이 가능합니다.

Q 아토피피부염은 만성 질환이라는데, 평생 가나요?

대부분은 사춘기 이전에 증상이 없어지기 때문에 성인까지 계속되는 경우는 드뭅니다. 일반적으로 5세경에 40~60%, 사춘기에 80~90%가 자연적으로 좋아져요. 아토피피부염의 정도가 매우 심하거나, 가족력이 있고 천식이나 알레르기비염을 동반한 경우에는 성인까지 지속될 확률이 비교적 높습니다. 하지만 대부분 적절한 치료와 관리를 한다면 증상은 없어집니다.

Q 아토피 있는 아이는 이유식을 늦게 시작하는 게 좋을까요?

과거에는 이유식을 늦게 시작하라고 권유한 적도 있었지만, 오히려 이유식을 늦게 시작한 경우 알레르기가 더 잘 생기거나 반응이 심하게 나타날 수 있습니다. 아토피피부염이 있더라도 다른 아이들처럼 4~6개월에 이유식을 시작하세요. 이유식 재료는 한 가지씩 늘리는데 3~7일 먹여본 후 이상이 없다면 다른 재료를 첨가해 반응을 살펴보세요. 특히 알레르기의 대표 원인 식품으로 꼽히는 달걀, 우유, 밀가루 등을 시도할 때는 아이의 피부 반응을 좀 더 주의 깊게 살피는 것이 좋습니다.

Q 진물이 난 부위에 보습제를 발라도 되나요?

아이가 긁어서 상처가 나고 진물이 났다면 보습제를 바르지 않는 편이 좋아요. 2차 감염이 될 수 있기 때문이에요. 진물을 완화하는 약물로 상처를 치유하는 게 먼저입니다. 아이가 손을 대거나 긁지 않도록 세심히 돌봐주세요.

Q 태열이 있는 아이는 반드시 아토피피부염에 걸리나요?

태열 증상을 보인 아이 중 일부는 돌 이후까지 피부 증상이 점점 나빠지는 경우가 있는데, 이러한 증상을 '영유아성 아토피'라고 합니다. 즉 태열이 있다고 하면 대부분 아토피 증상을 포함하는 경우가 많으나 아토피가 있다고 해서 꼭 태열이라고 말할 수는 없어요. 하지만 지속해서 관리해도 증상이 심해지거나 돌 이후까지 계속된다면 아토피피부염일 확률이 높습니다.

Q 치료를 받으면서 아이의 피부가 검게 변했는데 괜찮아질까요?

계속해서 긁다 보면 피부가 검게 변하기도 합니다. 하지만 걱정하지 마세요. 치료 후 손을 대지 않으면 6개월에서 1년 정도 뒤에는 원상태로 회복됩니다. 피부를 원래대로 되돌리겠다며 임의로 연고를 바르면 오히려 더 나빠질 수 있어요. 너무 걱정된다면 의사와 상담하고, 아이가 긁지 않도록 세심히 돌보는 것이 좋습니다.

Q 유산균이 도움이 되나요?

최근 유산균이 장내 면역 세포를 활성화해 아토피피부염과 같은 알레르기 질환에 영향을 준다는 연구 결과가 있으나, 정확한 효과는 아직 밝혀지지 않았습니다. 다만 아토피피부염 치료를 하는 상태에서 추가로 유산균을 복용하면 치료 효과가 높아지는 것은 확인되고 있어요. 유산균의 종류는 매우 다양하고, 복용했을 때 몸에서 흡수되는 정도와 체내의 면역에 도움이 되는 정도가 다 다릅니다. 따라서 아토피피부염에 도움 되는 유산균을 선택하고 적정량을 적정 기간 복용하는 것이 중요해요. 의사와 상의하여 아이에게 맞는 유산균을 섭취하도록 해주세요.

Q 비타민 D를 복용하는 것이 아토피피부염 치료에 도움이 될까요?

네, 맞습니다. 비타민 D는 뼈 건강뿐 아니라 여러 면역 기능에도 영향을 주기 때문에 아토피피부염 치료에 도움이 되지요. 햇볕을 쬐었을 때 피부에서 비타민 D

가 합성되기도 하고 연어, 고등어와 같은 식품으로도 비타민 D 섭취가 가능합니다. 하지만 우리나라의 경우 자외선 양이 적고, 최근에는 선크림을 바르고 실내에서 생활하는 시간이 많아지면서 혈액 내 비타민 D가 부족해지고 있습니다. 따라서 비타민 D가 부족하다면 영양제로 먹는 것이 좋습니다.

Q 아토피피부염 치료에서 가장 중요한 것은 무엇인가요?

아토피피부염은 좋아졌다 나빠졌다를 반복하는 만성 피부 질환입니다. 매우 가려운 것이 특징이에요. 가려워서 긁으면 피부가 나빠지고, 그러면 더 가려워져더 세게 긁게 되고, 피부는 더더욱 나빠지는 악순환을 밟게 됩니다. 따라서 긁지 않게 하는 것이 치료의 첫 단계이며 가장 중요한 치료 방법입니다. 가려움을 유발하는 공통된 원인인 더운 환경, 땀, 건조한 환경, 울 제품의 사용, 스트레스, 감기 등을 피하는 것이 중요합니다. 환자에 따라 특정 식품이나 집먼지진드기 같은 알레르겐에 의해서도 유발될 수 있으니 필요한 경우 적절한 관리가 필요합니다.

 Dr. B의 우선순위 처치법

1. 주변 환경을 쾌적하게 하고 매일 목욕, 그리고 수시로 보습제를 발라주세요.
2. 의사의 진료를 통해 필요한 경우 적절히 스테로이드 연고를 사용해야 합니다.
3. 아이의 상태에 따라 가려움증이 심하면 항히스타민제나 항생제를 처방받아 사용하세요.

알레르기

특정 대상에 대해 과민 반응을 일으켜요.

체크 포인트

☑ 알레르기 질환은 원인 물질과 접촉할 때마다 증상이 나타나요. 그런 만큼 알레르기는 원인이 되는 알레르겐에서 멀어지는 것이 가장 중요합니다.

☑ 공기 접촉을 통한 알레르기는 완전히 피하기 어려워요. 증상을 완화하는 방법을 찾는 것으로 치료 방향을 바꾸는 게 좋습니다.

☑ 알레르기는 신속하게 치료를 시작할수록 효과도 좋아집니다.

알레르기란 신체 일부가 과민해서 나타나는 반응

예전에는 알레르기 하면 몇 명 특이 체질인 사람에게만 나타나는 질환이라고 생각했어요. 하지만 최근엔 감기 다음으로 쉽게 찾아볼 수 있는 병이 되었습니다. 조사에 따르면 알레르기 질환은 전 인구의 10~20%를 차지할 정도로 증가 추세를 보입니다. 쉽게 말하면 아토피피부염, 알레르기비염, 천식, 음식 알레르기 등 아이가 먹고 자고 생활하는 모든 것에 알레르기가 꿈틀대고 있다고 해도 과언이 아니에요. 많은 사람이 환경오염을 걱정하고, 아이들이 알게 모르게 받는 스트레스에 우려를 표하는 일도 다 이런 알레르기 증상과 관련이 있습니다. 어느 날 갑자기 아이에게 알레르기가 있다는 것을 알게 되는 일도 허다하지요. 지금 당장 아이에게 알레르기 반응이 없다고 해서 무조건 안심할 수도 없는 일이에요.

우리 몸에는 '면역계'가 있어 감염과 싸워 이겨내는 힘이 있습니다. 몸에 어떤 자극이 가해지면 그로부터 몸을 지키기 위해 적절한 대응을 하지요. 그런데 이런 면역계가 기대와 다른 반응을 할 때가 있어요. 방어체계가 적과 아군을 구분하지 못해 자신을 공격하게 되는데, 이것이 바로 알레르기 반응입니다. 예를 들어 먼지가 호흡기를 통해 들어왔다고 할 때 우리 몸은 기침을 해서 먼지를 밖으로 내보내려 합니다. 어떤 사람은 몇 번 기침하고 말 것을 알레르기가 있는 사람은 발작을 일으킬 정도로 기침을 멈추지 않고 계속해요. 먼지를 몰아내기 위한 우리 몸속 면역계의 작용인 기침이 천식이란 과민한 반응으로 돌아오는 것이지요. 이처럼 알레르기란 신체 일부가 과민해서 발생하는 질환이에요. 우유, 달걀, 집먼지진드기, 곰팡이, 개·고양이 털 등 보통 사람들에게는 아무 문제가 되지 않는 주변의 일상적인 물질에 노출될 때 비정상적인 과민 반응을 일으킵니다. 또한 홍역과 같은 바이러스나 미생물에 의한 전염성 질환은 한번 앓고 나면 면역이 생겨 다시는 걸리지 않아요. 하지만 알레르기 질환은 원인 물질에 대한 신체의 일부가 과민 반응을 형성하기 때문에 원인 물질과 접촉할 때마다 증상이 또다시 나타납니다.

알레르기를 일으키는 알레르겐

알레르기 질환을 일으키는 모든 물질을 '알레르겐'이라 합니다. 우리가 숨 쉬고 있는 공기, 물, 음식, 식물 등 주위의 대부분이 알레르겐이 될 수 있어요.

• 공기 접촉을 통한 알레르기 공기를 통해 이동하는 알레르겐은 주변에서 쉽게 볼 수 있는 것들이에요. 집먼지진드기나 꽃가루, 곰팡이, 혹은 애완동물에서 떨어지는 비듬

도 그 대상이 됩니다. 눈물, 콧물, 가래 등도 전형적인 알레르기 증상을 일으켜요.

• **식품 섭취를 통한 알레르기** 식품에 의한 알레르기는 나이가 어릴수록 영향이 막대합니다. 전체 아이의 10%가 식품 알레르기가 있어요. 알레르기 반응을 일으키는 가장 흔한 식품으로는 달걀, 생선, 우유, 땅콩, 조개류, 콩 등이에요. 공기 접촉성 알레르기는 원인 물질을 통제하기 어렵지만, 식품 알레르기는 해당 식품을 안 먹이면 그만이라고 쉽게 생각할 수 있어요. 하지만 달걀, 우유가 들어간 식품이 한두 개가 아닐뿐더러 가공식품의 경우엔 일일이 적어놓지 않은 항원의 수까지 고려해야 한다는 게 문제입니다. 식품을 섭취한 후 피부 발진이 생기거나 이상 반응을 보이면 정확한 식품 알레르기 진단을 받아보는 게 좋습니다. 간혹 식품 알레르기는 자라면서 저절로 사라지기도 해요. 그런 경우 의사와 상의해 차츰 해당 음식의 양을 늘려갑니다.

성장하면서 증상이 바뀌는 소아 알레르기

알레르기는 영유아기에 흔히 발생해요

알레르기 환자 중 6세 이하의 아이가 많은 비율을 차지합니다. 최근 국민건강보험공단의 조사 결과에 따르면 6세 이하의 아동이 31~36%로 가장 높고, 그 뒤를 이어

 닥터's advice

> **❓ 알레르기란 말은 어디서 왔을까요?**
> 알레르기(Allergy)는 그리스어인 'Allos'에서 유래되었는데, 이 말은 '변형된 것'이라는 뜻이 있습니다. '알레르기'라는 단어는 20세기 초에 피르케라는 소아과 의사가 처음으로 사용하기 시작했어요. 그런데 피르케는 알레르기에 따르는 반응이 유익한 반응, 과민한 반응 두 가지로 나뉜다는 사실을 알아냈습니다. 여기에서 유익한 반응은 외부 물질에 대한 정상적인 반응이며 과민한 반응은 외부 물질에 대한 과민한 반응을 말합니다. 특정한 물질에 의해 두드러기, 비염, 천식, 간지럼 등이 나타나는 것은 과민한 반응에 속합니다.

7~12세가 12~13%를 차지합니다. 어린이 환자가 전체 알레르기 환자의 절반을 차지하는 셈이죠. 알레르기는 그 자체로도 문제이지만 진짜 위험한 문제는 따로 있습니다. 아이 몸의 면역계가 고양이 털이나 꽃가루같이 별것 아닌 자극과 싸워버리면 인체에 치명적인 막대한 세균이나 바이러스가 들어왔을 때 제대로 싸우지 못한다는 점이에요. 그래서 어린 나이, 특히 영유아 시기에 발생하는 알레르기는 더욱 주의를 기울여야 합니다.

성장함에 따라 증상이 달라집니다

영유아기에 발생하는 알레르기는 성장하면서 증상이 변화해요. 성장과 동시에 알레르기의 증상도 달리 나타나기도 하고 사라지기도 하는데, 이를 '알레르기 행진'이라고 합니다. 알레르기의 첫 증상은 1개월을 전후해 우유와 같은 식품에 의해 나타나고 대부분 설사와 구토, 복통을 호소합니다. 생후 2개월에 접어들면 점차 아토피피부염 증상이 나타나며 생후 3~4개월부터는 모세기관지염이, 돌 이후에는 반복적인 기관지염이 나타나다가 4세경에는 전형적인 천식 증상을 보입니다. 이후 알레르기비염 증상까지 동반하지요. 이런 증상은 주위 환경이나 체질에 따라 시기의 차이를 보이지만, 일반적으로 70% 정도는 사춘기를 지나면서 좋아지고 그중 20~30%는 성인이 되어서도 증상이 계속됩니다.

 ## 알레르기 증상은 다양해요

알레르기는 원인과 증상이 다양합니다. 만약 과민 반응 부위가 코라면 알레르기비염, 기관지라면 천식, 피부라면 두드러기 또는 아토피피부염, 전신 반응이라면 아나필락시스(항원항체반응으로 일어나는 생체 과민 반응) 같은 것이 있어요.

과민 반응 부위가 '코'라면, 알레르기비염

원인과 증상 부모 중 알레르기비염이 있다면 아이 역시 알레르기비염일 확률이 높습니다. 유전적인 요인을 타고난 아이들은 꽃가루나 먼지 등 알레르기를 유발하는 알레르겐에 노출되면 바로 재채기하고 콧물을 흘려요. 유전적 요인이 없더라도 꽃가루가 날리는 봄철이나 일교차가 심한 환절기에 면역력이 약해지면 누구나 알레르기비염에 걸릴 수 있습니다. 알레르기비염은 연속적이거나 발작적인 재채기를 하고 맑은 콧물이 계속 흘러내리며 코가 막히는 등의 증상이 나타나요. 눈물, 두통, 후각 감소, 코피 등도 알레르기비염의 증상이며 눈이나 코 주위가 가렵기도 합니다.

치료법 알레르기비염은 약물 요법, 면역 요법, 수술 요법 등으로 치료합니다. 약물은 항히스타민제, 비강분무제 스테로이드, 비충혈제거제로 증상을 완화해요. 면역 요법은 알레르겐을 낮은 농도부터 시작해 소량씩 증가시키면서 원인이 되는 알레르겐에 대한 감수성을 떨어뜨려 증상을 호전시키는 치료 방법입니다. 치료 기간은 대개 3~5년 걸리고 매달 병원을 방문해 주사를 맞아야 하는 번거로움이 있어요. 알레르기비염에 가장 좋은 치료법은 환경 관리입니다. 가장 흔한 원인 물질인 집먼지진드기를 없애는 것이 중요해요. 침구류를 일주일에 한 번씩 55℃ 이상의 뜨거운 물로 세탁하고, 집먼지진드기 투과 방지 커버를 씌우는 것도 좋은 방법입니다. 또한 카펫이나 천으로 된 소파는 사용하지 않는 것이 좋습니다.

과민 반응 부위가 '기관지'라면, 천식

원인과 증상 천식은 기관지에 나타나는 만성 알레르기 염증성 질환이에요 천식 환자의 기관지는 예민한 상태여서 가벼운 자극에도 쉽게 기도가 좁아져요. 그래서 숨이 차고 기침이 나며 가슴이 답답해지면서 색색거리는 소리를 냅니다. 이런 증상은 밤이나 새벽에 심해지며 계절에 따라 변해요. 천식의 원인은 유전적인 요인과 환경적인 요인이 복합적으로 작용해 발생합니다. 천식을 일으키는 환경적 요인으로는 집먼지진드기, 꽃가루, 대기오염, 흡연, 약물, 상기도감염 등이 있는데 찬 공기, 스트레스도 원인이 됩니다.

치료법 천식은 꾸준한 치료가 중요합니다. 천식 역시 약물 요법과 면역 요법으로 치료해요. 약물로는 천식 조절제와 증상 완화제가 있는데, 천식 조절제는 매일 규칙적으로 복용하며 증상 완화제는 증상이 심해질 때만 먹습니다. 이때 천식 조절제 없이 증상 완화제만 먹으면 천식이 심해질 가능성이 커 주의해야 해요. 천식의 면역 요법은 알레르기비염과 같은 원리입니다. 하지만 천식에 걸린 모든 환자에게 면역 요법이 가능한 것은 아니에요. 원인이 되는 흡입 알레르겐이 있으며, 장기적으로 해당 알레르겐에 노출되는데 원인 알레르겐을 피하기 어려울 때 면역 요법을 시행합니다. 약물 요법이 별다른 효과를 거두지 못할 때도 면역 요법을 사용해요. 이와 같은 치료를 통해 천식이 좋아지기도 하지만 일부는 알레르기비염으로 이어지기도 합니다. 또한 학령기를 거쳐 좋아졌다 나빠지기를 거듭해요. 그러므로 천식은 꾸준히 치료해야 합니다.

과민 반응 부위가 '피부'라면, 아토피피부염

원인과 증상 아토피피부염은 피부를 건조하게 만드는 유전인자, 피부 장벽의 기능을 떨어뜨리는 유전인자 등 유전적 요인이 크게 작용합니다. 더불어 건조한 실내 공기나 식품 알레르겐 등의 환경적 요인을 만나면 아토피피부염이 더 쉽게 발생해요. 아토피피부염은 가려움이 심해 자꾸 긁어 습관성 발진이 생기기 쉽고 증상이 좋아졌다 나빠지기를 반복해 아이가 힘들어합니다. 또 피부가 손상되면 세균 감염도 발생해 피부가 갈라져 진물이 나고 고름이 생깁니다. 아토피피부염의 가장 큰 문제는 정확한 알레르기 원인을 찾아내기 어렵고 잘 낫지도 않는다는 점이에요. 자칫 만성 질환으로 이어지기도 해 더욱 신경 써서 치료해야 합니다.

치료법 아토피피부염 치료는 증상을 악화시키는 환경 요인과 식품을 동시에 제거해야 해요. 먼저 실내 온도와 습도를 적당히 조절하고 피부에 닿는 옷이나 이불, 수건 등은 면으로 된 제품을 사용해 피부 자극을 줄여주세요. 더불어 알레르기 유발 식품은 가능한 한 섭취를 미루거나 제한합니다. 이미 나타난 증상은 의사의 처방하에 스테로이드 제제를 적절히 사용하면 도움이 돼요. 샤워 후 3분 이내로 보습제를 바르고 스테로이드제는 염증 부위에 적당히 바른 후 경과를 지켜보며 최소한의 기간만 사용합니다.

과민 반응 부위가 '눈'이라면, 알레르기결막염

원인과 증상 알레르기결막염은 꽃가루에 의해 생기는 계절형과 집먼지진드기나 애완동물에 의해 생기는 연중형이 있습니다. 알레르기결막염에 걸리면 눈이 가렵고 빨갛게 충혈되는데, 다행히 시력 상실에 이르는 심각한 합병증을 초래하는 경우는 드물어요. 알레르기결막염은 보통의 결막염과 몇 가지 다른 점이 있습니다. 안구 통증보다는 가려움증이 심하고, 결막이 충혈되는 것은 똑같지만 세균이나 바이러스에 의한 결막염에 비해 그 정도가 심하진 않지요. 눈곱의 색깔 역시 흔히 관찰되는 노란색이 아닌 흰색이며 끈적끈적한 점액성이라 눈곱을 닦아내면 실처럼 연결되어 나옵니다.

치료법 알레르기결막염은 흔히 10세 이전에 발병해 사춘기가 지나면 저절로 치유됩니다. 그러므로 별다른 치료 없이 원인을 제거하면 알레르기결막염을 이겨낼 수 있어요. 특히 환절기엔 가급적 바깥 활동을 자제하고 외출할 때는 안경이나 고글을 착용하며 애완동물의 털이나 분비물 등의 접촉을 피해야 해요. 또한 손을 자주 씻고 되도록 눈을 만지지 않는 습관을 들여야 합니다. 적절한 식이요법도 도움이 돼요. 비타민, 미네랄이 많은 해조류나 섬유질이 풍부한 채소는 알레르기 원인이 되는 금속이나 독성 물질을 없애주는 역할을 해요. 알레르기결막염에 걸렸다면 냉동고에 깨끗한 물수건을 얼려두었다가 눈에 올려 냉찜질을 하는 것만으로도 증상이 좋아집니다. 차가운 식염수나 인공 눈물을 눈에 넣어도 증상이 좋아져요. 그러나 알레르기결막염이 심할 때는 안과에서 안약 처방을 받아야 해요.

'식품'을 섭취한 후 생겨났다면, 식품 알레르기

원인과 증상 출생 직후부터 2세 이전까지 우유나 달걀 등 특정 음식만 먹으면 토하거나 설사하고 피부 발진이 생긴다면 식품 알레르기일 수 있습니다. 식품 알레르기는 천식, 두드러기, 발진, 구토, 설사와 같은 다양한 알레르기 증상을 일으켜요. 특히 아토피피부염의 경우 3분의 1 이상이 식품과 관련이 있으며, 나이가 어릴수록 식품과의 연관성이 더욱 높습니다. 그러므로 식품 알레르기가 의심된다면 의사에게 정확한 진단을 받는 것이 좋아요.

치료법 식품 알레르기는 특정 식품 섭취 후 증상이 나타나는지 등의 병력과 의사의 진찰과 함께 피부반응검사, 특이항체 혈액검사, 식품 제거 및 유발 시험 등의 검사를 종합한 후 진단합니다. 검사를 통해 어떤 식품에 알레르기 반응을 보이는지 확인되면 원인이 되는 식품을 제한하는 것으로 치료를 시작해요. 식품 알레르기를 치료할 때는 원인 식품이 아주 소량 들어 있거나 가공 처리되어 있더라도 모두 제한하는 것이 원칙이에요. 만약 우유에 알레르기 반응을 보인다면 요구르트, 치즈, 빵, 수프 등 우유가 들어간 가공품은 피해야 합니다. 특히 난류, 우유, 메밀, 땅콩, 대두, 밀, 고등어, 게, 새우, 돼지고기, 복숭아, 토마토의 경우 식품 알레르기를 일으킬 가능성이 다른 식품에 비해 높은 편이어서 식품 표시를 법적으로 의무화하고 있습니다. 알레르기 반응을 보이는 식품을 제한하더라도 같은 식품군에서 대체 식품으로 영양을 섭취할 수 있게 합니다.

 Dr. B의 우선순위 처치법

1. 알레르기 증상을 보이면 원인이 되는 알레르겐이 무엇인지 먼저 찾아내야 합니다.
2. 알레르기를 일으키는 알레르겐 노출을 최소화해요.
3. 알레르기 증상이 심하면 해당 관련 질환의 병원을 찾아요.

엄마표 처방전

알레르기, 어떻게 예방할까요?

1 아이 방에 카펫을 깔지 않아요

카펫은 알레르기를 유발하는 인자들이 달라붙어 있기 딱 좋은 환경입니다. 가능하면 아이 방뿐 아니라 집 안에 카펫을 깔지 않고 생활하는 것이 좋아요.

2 바깥 활동 후에는 바로 목욕시키고 옷을 갈아입혀요

밖에서 놀고 온 후에는 꽃가루나 기타 알레르기 요인들이 묻어 있는 만큼 바로 목욕시키는 것이 좋습니다. 만약 목욕하기 힘든 상황이라면 옷이라도 갈아입힙니다.

3 밖에서 놀게 해요

하루에 2시간 이상 텔레비전 앞에 앉아 있는 아이는 천식 위험이 2배로 증가합니다. 그만큼 신체 활동과 천식 사이엔 밀접한 관련이 있지요. 신체 활동이 부족하면 천식 등의 알레르기 질환이 생기기 쉬우므로 아이를 밖에서 뛰어놀게 해주세요. 외부 활동 후에는 항상 손 씻는 습관을 들여요.

알레르기비염

코가 막히고 콧물이 줄줄 흘러요.

체크 포인트

☑ 아이의 비염 증상을 절대로 가볍게 생각해서는 안 됩니다. 알레르기비염에 자주 노출되면 코점막의 면역성이 점차 떨어지고, 외부 환경에 대한 적응력도 약화해 부비동염, 중이염, 유스타키오관 폐쇄 등의 합병증이 발생할 수 있습니다.

☑ 만성적인 알레르기비염은 성장과 성격에도 악영향을 줄 수 있습니다. 반드시 제때 제대로 증상을 치료해주세요.

☑ 알레르기비염을 예방하기 위해서는 실내 환경을 쾌적하게 유지하는 것이 최선입니다. 먼지가 많이 유발되지 않는 환경으로 바꾸고, 특히 집먼지진드기를 제거해야 합니다.

☑ 알레르기비염을 유발하는 알레르겐에 노출되는 정도와 빈도를 줄이고, 외출할 때는 되도록 마스크를 쓰세요.

코로 숨쉬기 힘든 알레르기비염

알레르기비염은 콧속 점막에 염증이 생기는 질환이에요. 코의 안을 자세히 살펴보면, 코를 지탱하며 콧속을 양쪽으로 나누는 중심 뼈인 비중격이 있고, 그것을 기준으로 윗부분을 중비갑개, 아랫부분을 하비갑개라고 합니다. 콧속 점막에 염증이 반복적으로 생기면 하비갑개가 부풀고 두꺼워져 공기가 통하는 길이 막혀버리고, 코로 숨쉬기가 불편해집니다. 동시에 점막에 생긴 염증 때문에 눈 가려움, 재채기, 가려움, 콧물, 코 막힘 같은 증상이 나타나요. 이것이 바로 알레르기비염입니다. 쉴 새 없이 맑은 콧물을 줄줄 흘리고, 재채기를 하거나 코가 막혀 숨쉬기 힘들어한다면 알레르기비염일 가능성이 아주 커요. 감기 증상과 비슷하지만, 증상이 2주일 이상 계속되면 알레르기비염을 의심해야 해요. 감기와 알레르기비염의 가장 큰 차이가 바로 지속되는 기간이에요. 일반적으로 감기는 길어도 2주 정도 지나면 회복되지만, 알레르기비염은 몇 달혹은 몇 년씩 증상이 이어져요. 집먼지진드기가 가득한 실내 환경, 먼지가 많은 대기

이럴 땐 병원으로!

혹시 우리 아이도 알레르기비염? 아래 항목 중 5개 이상에 해당하면 알레르기비염이 의심되므로 소아청소년과에서 진찰을 받아보세요.

- ☐ 계절과 관계없이 감기에 자주 걸린다.
- ☐ 늘 콧물을 달고 산다. 또는 콧물이 넘어가는지 자주 훌쩍이고 킁킁거린다.
- ☐ 코를 자주 만지고 손등으로 비빈다.
- ☐ 입과 코 주변 근육을 자주 움직이거나 실룩인다.
- ☐ 재채기나 기침을 연달아 자주 한다.
- ☐ 아침에 일어났을 때 코가 막히는 경우가 많다.
- ☐ 밤중에 코 막힘, 코골이가 심한 편이다.
- ☐ 아이의 눈 밑이 검푸르게 그늘져 있는 편이다.
- ☐ 매사에 신경이 예민하고 짜증을 많이 낸다.
- ☐ 주의가 산만하고 집중력이 떨어지는 편이다.
- ☐ 밤에 숙면하지 못해 피곤해한다.

환경 등 비염을 유발하는 요인이 많아지고 다양해짐에 따라 알레르기비염에 걸리는 아이들도 점점 늘고 있어요.

알레르기비염은 꼭 치료해야 해요

아이의 성장을 방해해요

코에 알레르기 증상이 나타나거나 염증이 생기면 코로 숨을 쉬기 힘들어집니다. 당연히 깊게 잠들지 못해 얕은 잠을 잘 수밖에 없지요. 아이의 성장에는 숙면이 가장 중요한데, 이런 숙면을 방해해 성장에도 좋지 않아요. 또한 폐쇄성 수면무호흡을 유발할 수 있는 아데노이드와 편도 비대가 발생할 수 있습니다. 코가 막혀 있으면 냄새를 잘 맡지 못해 자연스레 입맛이 떨어지고 밥을 잘 먹지 않다 보니 영양 상태도 나빠져요. 그뿐만 아니라 막힌 코로 힘들게 숨을 쉬다 보면 머리가 무겁고 두통이 잦아지며, 집중력과 기억력이 저하되기도 합니다. 성격도 예민해지지요. 알레르기비염을 가볍게 생각했다가는 큰코다칩니다. 코의 이상이 아이의 성장은 물론 학습 능력이나 성격 형성에까지 막대한 영향을 미칩니다.

제때 치료하지 않으면 증상이 심해져요

어렸을 때 생긴 알레르기비염을 그대로 놔둘 경우 자연스럽게 낫는 일은 그리 많지 않습니다. 오히려 청소년기에 증상이 더욱 심해지고, 성인이 되어서도 완전히 치유하기 힘든 경우가 많아요. 무엇보다 가장 큰 문제는 알레르기비염이 반복되면 다양한 합병증이 올 수 있다는 사실입니다. 따라서 알레르기비염은 시간을 갖고 꾸준히, 재발하지 않도록 확실히 치료해야 해요. 철저한 관리로 증상이 나빠지지 않도록 돌보는 것이 중요합니다.

아이를 괴롭히는 알레르기비염 제대로 알기

증상이 감기와 헷갈려요!

콜록거리고 콧물을 흘리는 등 나타나는 증상이 감기와 비슷해 혼동하는 경우가 많아요. 감기인 줄 알고 있다가 치료 시기를 놓치는 예가 허다합니다. 알레르기비염과 감기의 큰 차이는 발병 원인에 있습니다. 알레르기비염은 면역 과민 반응에 의해 발생하고, 감기는 바이러스 감염에 의해 발생해요. 증상으로 구별하자면 알레르기비염은 맑은 콧물이 수시로 흐르고 코 막힘 증상이 나타납니다. 코가 가렵고 재채기를 연속해서 해요. 반면 감기는 맑은 콧물보다는 누런 콧물과 찐득한 콧물이 나옵니다. 콧물과 기침 증상만 나타나는 비염과 달리 감기는 발열과 오한, 두통 같은 전신 증상이 함께 나타납니다.

 ### 닥터's advice

❓ 알레르기비염, 감기와 어떻게 다른가요?

사실 전문의가 아니고서는 일반 감기와 알레르기비염을 구분하기가 어렵습니다. 두 질환 사이에는 공통점이 많기 때문이에요. 그러나 알레르기비염은 원인이 되는 알레르기원이 제거되지 않으면 쉽사리 치료되지 않습니다. 따라서 감기로 인한 증상과 구분해서 치료해야 효과적입니다. 다음과 같은 증상들이 있다면 감기보다는 알레르기비염을 의심해보는 것이 좋습니다.

① 코가 가렵고 투명한 분비물이 흐른다.

② 열이 없는데 머리가 아프다.

③ 눈 아래 검은 고리 모양이 있다.

④ 후비루(코나 부비동에서 다량으로 생산된 점액이 목 뒤로 넘어가는 현상)로 인해 기침이 나와 밤에 잠을 잘 자지 못해 늘 피곤하다.

⑤ 인후부가 지속적으로 붉은 편이다.

⑥ 밤에 코골이를 하고 코가 막혀 입으로 숨을 쉰다.

⑦ 헛기침을 자주 한다.

⑧ 코가 간지러워 코를 자주 문지르기 때문에 코 주위에 주름이 생기기도 하고 상처가 잘 생긴다.

주요 증상 3가지는 콧물, 코 막힘, 재채기

알레르기비염의 3대 증상인 콧물, 코 막힘, 재채기가 시시때때로 이어집니다. 맑은 콧물이 쉴 새 없이 흐르고 코가 막혀 숨쉬기가 힘들며 재채기가 자주 나와요. 코가 가려워 손가락으로 코를 비비거나 밀어 올리는 행동을 하기도 합니다. 알레르기비염에 걸렸을 때는 얼굴에 변화가 생기기도 해요. 예를 들면 눈 주위의 혈관 울혈(몸속 장기나 조직에 정맥의 피가 모인 상태)로 인해 피부가 살짝 검푸르게 변하기도 하고, 콧잔등에 주름이 생길 수도 있습니다. 이는 코가 가려워 무의식적으로 코를 찡그리기 때문이에요.

대표적인 만성 비염이에요

만성 비염 중 대표적인 것이 바로 알레르기비염입니다. 전체 비염 환자의 50%가 알레르기에 의해서 생긴다고 해도 과언이 아니에요. 실제로 코감기를 달고 사는 아이들

닥터's advice

❓ 비염은 모두 알레르기비염인가요?

많이들 비염과 알레르기비염이 어떻게 다른지 궁금해합니다. 간단히 설명하면 비염은 코점막에 염증이 생기는 모든 병을 말해요. 염증이 생겨난 원인에 따라 알레르기비염과 비알레르기비염으로 나누는데, 집먼지진드기나 꽃가루 등 알레르기에 의해 생겨난 비염이 바로 우리가 흔히 얘기하는 알레르기비염입니다.

기본적인 검사를 통해 알레르기성인지, 비알레르기성인지 구분합니다. 이때 시행하는 검사에 피부반응검사와 비유발검사 등이 있어요. 피부반응검사는 알레르기 관련 물질을 피부에 살짝 투여해 반응을 보는 검사이고, 비유발검사는 항원을 비강에 투여해서 코의 반응을 관찰하는 방법이에요. 대부분은 피부반응검사를 통해 진단합니다. 비알레르기성의 경우 크게 감염성인지, 비감염성인지 다시 나누게 됩니다. 우리가 흔히 '코감기'라고 부르는 것이 바로 급성 감염성 비염으로, 주로 다른 환자의 감염된 호흡기 분비물이 공기를 통해 코안으로 들어와 염증을 일으켜요. 그러나 합병증이 없는 한 약물을 처방받지 않아도 몸을 따뜻하게 하고 수분을 적절히 섭취하면서 안정을 취하면 일주일 후에는 증상들이 사라집니다. 그 외에도 여러 가지 원인에 의한 비염이 있으나 알레르기비염에 대해서만 알고 있어도 아이를 돌보는 데 큰 어려움은 없습니다.

을 살펴보면 대부분 알레르기비염인 경우가 많습니다. 알레르기비염은 치명적인 병은 아니지만 단번에 완치되는 병도 아닙니다. 유아의 경우 한 번 발병하면 20% 정도는 사춘기에 접어들면서 자연스럽게 좋아지기도 하지만 평생 계속되는 경우도 많아서 증세가 나빠지지 않도록 더 신경을 써야 해요.

대표적인 요인, 집먼지진드기

알레르기비염은 유전적 요인과 환경적 요인에 의해 발병하는 질환입니다. 알레르기비염을 유발하는 대표적인 알레르겐이 집먼지진드기예요. 국내 알레르기비염 환자의 70% 정도가 집먼지진드기 때문이지요. 곰팡이나 곤충의 잔해, 반려동물의 털도 알레르기비염을 유발하는 알레르겐입니다. 특히 개의 비듬이나 분비물, 고양이의 피지선, 타액, 소변 등에 강한 알레르기를 갖는 항원들이 많이 포함되어 있어요. 집에서 개나 고양이를 기르지 않더라도 아이가 학교나 학원 같은 곳에서 옮겨올 수 있으므로 주의를 기울여야 합니다. 꽃가루(화분)도 알레르기비염을 일으키는 주요 원인 중 하나이며, 최근에는 황사와 미세먼지도 요인으로 꼽힙니다. 이외에도 영유아의 경우 너무 이른 시기에 이유식을 시작하거나 우유, 콩 등 알레르기를 일으키는 식품 섭취로 인해 알레르기비염이 발병하기도 합니다.

가족력이 있다면 유전될 수 있어요

부모로부터 유전된 체질도 알레르기비염에 큰 영향을 끼칩니다. 부모 중 한 사람이 알레르기 질환을 갖고 있다면 자녀가 알레르기비염을 갖게 될 확률은 30% 정도이고, 부모 모두 알레르기 성향이 있다면 자녀에게 알레르기 증상이 나타날 확률은 80% 정도로 높아진다는 연구 결과가 있습니다. 알레르기비염 증상이 발현하는 시기 또한 부모가 알레르기비염이 있는 경우 어린 나이부터 발현될 가능성이 커요.

알레르기비염 치료, 어떻게 하나요?

원인 물질을 찾아내는 게 우선이에요

알레르기를 일으키는 원인이 제거되지 않는 한 알레르기비염은 계속 발병하기 쉽습니다. 따라서 걸렸을 때 가장 먼저 해야 할 일은 회피 요법입니다. 정확하게 아이가 어떤 물질에 민감하게 반응하는지 알아내 유발 물질인 알레르겐을 피하는 방법입니다. 이를 위해서 피부반응검사와 혈액검사 등을 통해 알레르겐을 찾거나 이 두 가지를 서로 보완적으로 실시하기도 합니다. 아이에게 알레르기 반응을 일으키는 유발 물질을 알아냈다면 최대한 피해주세요. 증상이 눈에 띄게 줄어듭니다.

코에 뿌리는 스테로이드가 있어요

회피 요법으로 원인 물질을 100% 없애는 게 불가능하므로 약물 치료를 병행하기도 합니다. 하지만 단순히 코가 막힌다고 콧물을 자주 뽑거나 코점막을 치료한다는 목적으로 코에 약을 계속 뿌리는 행동은 자제해야 해요. 당장엔 코가 뻥 뚫리고 시원한 느낌을 주더라도 오히려 알레르기 원인 물질에 바로 노출될 수 있으며 면역력을 떨어뜨리기 때문이죠. 아이가 계속 재채기를 하고 코 막힘이 심하다면 항히스타민제 계열의 약을 처방받는 것을 권장합니다. 콧물을 줄이고 점막을 수축시키는 데 큰 도움이 됩니다. 중등도 이상의 알레르기비염에 좋은 치료는 코에 뿌리는 국소용 스테로이드입니다. 먹는 스테로이드 약은 아이에게 해가 될까 싶어 꺼리는 부모들이 있는데, 직접 코에 뿌리는 것은 피부 흡수량이 적고 부작용은 거의 없으며 증상을 개선하는 데 상당히 효과적입니다. 오래 사용하면 비중격의 천공 등 합병증이 발생할 수 있다고는 하나 실제로 발생하는 비율은 그리 높지 않습니다. 물론 반드시 의사의 처방을 받아 약물을 선택적으로 사용하고, 지속해서 조절해 가야 한다는 사실은 꼭 명심하세요.

알레르기비염이 있다면, 이런 질병에 유의하세요!

천식

알레르기비염이 있는 경우가 그렇지 않은 경우보다 천식 발병률이 2~3배 높다고 알려져 있어요. 하지만 알레르기비염이 천식 발병의 직접적인 원인으로 작용하는지, 또는 천식이 알레르기비염 증상을 유발하는지는 아직 명확하게 밝혀지지 않았습니다. 다만 알레르기비염을 동반한 천식 환자의 중증도가 천식 증상만 보이는 환자보다 심한 경향을 보이는 것은 사실입니다. 알레르기비염 증상이 심할수록 천식 증상이 더 심해지는 것도 사실이에요. 그래서 최근에는 알레르기비염과 천식을 별개의 질병으로 보지 않고, 동일한 염증 반응이 서로 다른 기관에서 나타나는 것으로 이해하는 편이 일반적이에요. 따라서 알레르기비염을 진단받은 환자는 천식을 동반했는지 확인하고, 천식으로 진단받은 환자는 알레르기비염이 동반되었는지 확인합니다. 지금은 동반되지 않은 상태라고 할지라도 나중에 발병 위험성이 높다는 사실을 염두에 두고 평소 건강을 관리합니다.

아토피피부염

아토피피부염은 어떤 알레르겐에 대해 우리 몸이 반응하고 있다는 뜻입니다. 그러므로 아토피피부염은 알레르기비염의 전초전이라고 할 수 있어요. 만약 어렸을 때 아토피피부염을 앓은 경험이 있다면 알레르기비염이 발병할 우려도 커요.

알레르기결막염

결막에 알레르겐이 노출되어 나타나는 전형적인 결막 염증 반응으로, 알레르기비염 환자 중 많은 수가 알레르기결막염을 겪고 있습니다. 증상은 가려움증, 충혈, 결막 부종이 나타나고, 특히 청소년이나 유아에게서 잘 나타나는 것으로 알려져 있지요. 알레르기비염과 알레르기결막염은 발생 기전이 거의 같습니다. 이 때문에 결막염이 발생하는 것 자체를 막는 것은 굉장히 어려운 일이지요. 대신 치료 방법은 거의 비슷해서 알레르기비염의 치료 방법을 잘 안다면 알레르기결막염 치료에도 도움이 됩니다.

부비동염

알레르기비염에 흔히 동반되는 질환입니다. 부비동염은 짙은 농을 만드는 균에 감염되면서 발생하기도 하지만, 대부분 균이 실제로 나오는 경우는 드물고 반복적인 염증에 의해 부비동 점막이 붓고 혼탁해지지요. 알레르기비염에 걸렸는데 눈 안쪽 또는 눈 위쪽의 두통을 호소하거나 화농성의 진한 노란색 콧물이 나온다면 부비동염을 의심해봐야 합니다.

중이염

코와 중이는 유스타키오관을 통해 연결되어 있습니다. 보통 중이염은 유스타키오관이 구조적 또는 기능적으로 폐쇄되면서 발병하는데요. 알레르기비염으로 반복해서 염증이 생기면 유스타키오관의 기능을 저해하기 때문에 유스타키오관의 폐쇄, 혹은 기능 저하에 따른 중이염이 발생할 우려가 큽니다.

편도와 아데노이드 비대

편도와 아데노이드는 콧속 깊이, 그리고 목 안에 있는 편도선 조직 중 하나인데, 이것이 비대해지면 입으로 숨을 쉬면서 코골이와 무호흡 증상이 동반됩니다. 입을 벌리는 것이 습관화되면서 안면근육이 이완되는 아데노이드 얼굴이 되기도 하지요. 알레르기비염을 반복적으로 겪으면 아데노이드와 편도선 비대를 초래해 이로 인한 폐쇄성 수면무호흡을 발생시킬 수 있습니다.

 Dr. B의 우선순위 처치법

1. 실외 활동을 자제하고, 마스크를 반드시 착용하세요.
2. 쾌적한 실내 환경을 조성하고, 잦은 환기와 적절한 청소로 알레르겐으로 인해 증상이 악화되는 것을 막습니다.
3. 콧속이 메마르지 않도록 물을 자주 섭취해요.
4. 약의 지속 기간과 중단 시점을 반드시 의사와 상의하여 결정합니다.
5. 콧물, 코 막힘, 재채기가 반복되거나 지속될 경우 부비동염이나 알레르기비염이 동반되었는지 소아청소년과 의사의 진단이 필요합니다.

알레르기비염에서 벗어나기 위한 홈 클리닉

1 주변 환경을 청결히 해요

알레르기비염 증상을 가라앉히려면 우선 실내 환경을 깨끗하게 유지해 원인을 차단해야 합니다. 알레르기비염을 앓는 아이들은 미세먼지와 집 먼지진드기에 매우 민감하므로 천으로 된 소파나 커튼, 카펫 등은 아예 치우는 게 낫습니다. 반려동물은 키우지 않는 것이 좋습니다. 반려동물을 내보낸 후에도 약 6개월 동안은 알레르기를 유발할 수 있는 항원이 공기 중에 떠다니기 때문에 임신부라면 아기가 태어나기 6개월 전부터는 떨어뜨려 놓아야 합니다.

2 집 안의 습도를 50~60%로 유지해요

50~60% 정도로 습도를 유지해주세요. 단, 알레르기비염이 심하다면 가습기는 사용하지 않는 편이 좋습니다. 대신 가습기 역할을 하는 식물을 놓아두거나 젖은 수건을 널어놓는 방법을 활용해보세요.

3 콧속이 메마르지 않도록 물을 자주 먹여요

몸속 수분이 부족하면 콧속이 건조해지기 쉽습니다. 이때 수분을 충분히 섭취하면 콧속 점막이 건조해지는 것을 막을 수 있어요.

4 콩과 녹황색 채소 섭취로 면역력을 키워주세요

알레르기가 주요 원인인 만큼 아이의 식습관을 체크합니다. 인스턴트식품에는 알레르겐으로 작용할 수 있는 성분이 많아요. 콩과 녹황색 채소는 면역세포를 활성화시켜 비염 치료에 도움이 됩니다.

5 규칙적인 시간에 재워요

코로 숨쉬기가 힘들면 깊은 잠을 잘 수 없어요. 숙면을 하지 못해 체력이 약해지면 자연스레 면역력이 떨어져 알레르기비염 증상이 심해집니다. 잠을 푹 잘 수 있도록 매일 일정한 시간에 잠들 수 있게 수면 습관을 길러주세요.

인후염

목이 붓고 아파요.

체크 포인트

☑ 단순히 목감기라고 생각해 무턱대고 약을 먹는 것은 자칫 증상을 더욱 악화시킬 수 있습니다. 반드시 진료를 받아 바이러스성 인후염인지, 세균에 의한 감염인지 구분해야 합니다.

☑ 세균성 인후염은 항생제로 치료해야 합니다. 바이러스에 의한 감염일 때는 몸의 면역력을 키우는 데 힘을 써야 합니다. 수분을 충분히 보충하고, 목 안이 건조해지지 않도록 가습기를 사용하세요.

☑ 인후염을 예방하려면 손을 자주 씻고, 입안을 청결히 유지해야 합니다.

'목감기'라 부르는 병

인후염은 말 그대로 인두와 후두 부위에 염증이 생긴 것입니다. 쉽게 '목감기'라고 부르는 상기도감염이 바로 여기에 해당합니다. 목구멍은 인두, 후두, 식도로 이루어져 있는데, 그중에서 깔때기 모양을 한 짧은 관이 인두입니다. 입을 "아" 하고 벌렸을 때 보이는 목구멍이라고 생각하면 돼요. 후두는 인두보다 아래에 있는 목구멍으로 식도부터 성대에 이르는 부분으로, 목 앞쪽에 위치합니다. 폐로 드나드는 공기가 지나다니는 길이지요.

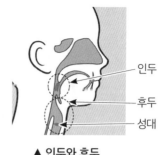

▲ 인두와 후두

🐦 인후염의 발생 원인과 증상

대부분은 바이러스 감염이 원인이에요

인후염은 주로 인플루엔자 바이러스, 단순포진 바이러스, 파라인플루엔자 바이러스, 콕사키 바이러스, 에코 바이러스 등과 같은 바이러스로 인해 발병해요. 인후염의 약 10% 정도가 연쇄상구균이나 마이코플라즈마라는 세균에 의해 발생합니다. 간혹 베타 용혈성 사슬알균, 포도알균, 폐렴알균, 헤모필루스균과 혐기성 균주와 같은 세균이 원인일 때도 있습니다. 어떤 원인으로 인후염에 감염되었는지를 아는 것은 중요합니다. 치료 방법이 달라지기 때문입니다. 대개 세균성 감염일 경우에만 항생제를 사용해 치료합니다. 그런데 바이러스성 인후염인지, 세균에 의한 인후염인지는 의사가 진찰하지 않고서는 구분할 수가 없습니다. 따라서 단순히 목감기라고 생각해 무턱대고 약을 먹는 것은 증상을 더욱 악화시킬 수 있는 만큼 주의해야 합니다.

급격한 기온 변화나 체력 저하일 때도 걸려요

바이러스나 세균에 의한 감염이 대부분이지만 환경 변화로도 인후염에 걸릴 수 있습니다. 보통 목구멍이 아파서 침을 삼키거나 음식물을 삼키기 힘들 때 주로 인후두에 병이 났다고 하는데 몸의 저항력이 떨어지거나 차고 건조한 공기가 유입되는 계절적 변화가 있을 때 이런 증상이 나타나기도 합니다.

인후염에 걸리면 열이 나고 목이 아파요

목이 아프다고 호소하거나 열이 나면서 많이 보채기 시작하면 인후염을 의심해볼 수 있습니다. 인후염에 걸렸을 때 손전등으로 아이의 목구멍을 비춰보면 목구멍 주변이 선홍빛을 띠며 벌겋게 부어 있는 것을 확인할 수 있습니다. 침 삼키는 게 힘들 정도로 목이 마르고 따가운 증상이 나타나기도 하지요. 이런 증상은 보통 3~4일 정도 계속됩니다.

인후염 치료, 어떻게 하나요?

증상만으로는 구별하기가 어려워요

바이러스성 인후염에 걸리면 목 안이 붓거나 따끔거리고 콧물, 코 막힘, 기침 등의 증상이 동반됩니다. 반면 세균에 의한 인후염은 위의 증상과 더불어 편도가 같이 붓거나 목 앞부위의 임파선이 커져 만져지기도 합니다. 사슬알균에 의한 인후염은 '성홍열'이라고도 하는데, 증상이 빠른 속도로 진행하며 인후통과 열이 있으나 기침은 하지 않는 특징이 있습니다. 입술 주위가 창백해 보이고, 딸기 모양의 혀와 피부에 홍반성 작은 발진이 보이지요. 하지만 바이러스 인후염과 세균 인후염의 증상은 서로 겹칠 수 있어서 증상만으로 둘을 감별하기는 매우 어렵습니다. 일반적으로 콧물이 동반

이럴 땐 병원으로!

- ☐ 음식이나 침을 삼키기 힘들어 침이 밖으로 흐를 때
- ☐ 숨쉬기가 힘들 때
- ☐ 인후염으로 심한 목의 통증을 느낄 때
- ☐ 인후통과 함께 38.3℃ 이상의 열, 편도선이 하얗게 되거나 목에 림프절이 커져 있을 때
- ☐ 인후염과 함께 피부에 발진이 생겼을 때
- ☐ 목이 아픈 원인을 알 수 없을 때
- ☐ 목이 아픈 증상이 2주 이상 지속될 때
- ☐ 목의 통증, 고열, 입 벌림 장애가 발생했을 때

되고 기침이 심하면 바이러스성 인후염일 가능성이 크다는 정도로 구별합니다. 인후염과 감기 증상 또한 구별하기가 쉽지 않습니다. 따라서 목감기로 여겨지는 증상이 나타나면 의사의 진찰을 먼저 받아보세요.

몸의 면역력을 높여요

인후염의 원인이 바이러스일 경우 항생제는 별 효과가 없습니다. 이럴 때는 몸의 면역 시스템이 스스로 감염을 이겨낼 수 있도록 면역력을 길러줘야 해요. 목에 통증이 심하거나 열이 39℃를 넘을 때는 타이레놀이나 부루펜 등의 해열진통제를 먹이면 도움이 됩니다. 음식은 억지로 먹이지 않는 것이 좋으며, 죽이나 미음으로 영양을 공급해주세요. 물을 충분히 마셔 수분을 보충하고, 목 안이 건조해지지 않도록 가습기를 사용하는 것도 좋습니다. 너무 많이 먹지 않는다면 아이스크림이나 시원한 물을 먹이는 것도 증상이 낫는 데 도움이 됩니다.

세균성 인후염은 항생제로 치료해요

세균성 인후염을 치료하기 위해서는 항생제가 필요합니다. 증상이 나타났을 때 바로 치료를 시작하면 대개 24시간 안에 좋아집니다. 페니실린이나 아목시실린 등의 항생제를 10일 정도 먹이면 낫습니다. 합병증도 예방할 수 있습니다. 간혹 부모 중에는 증

 닥터's advice

❓ **이럴 땐, 꼭 항생제로 치료해요!**
사슬알균 인후염은 세균에 의한 대표적인 인후염으로, 바로 항생제로 치료해야 증상이 좋아질 수 있습니다. 특히 다음과 같은 경우라면, 반드시 의사에게 항생제를 처방받아야 합니다.
- 임상적으로 세균성이고 항원 검출법에서 양성인 경우
- 성홍열의 임상 증상이 있는 경우
- 사슬알균 인후염으로 확진된 가족이 있는 경우
- 급성 류머티즘열의 병력이 있는 경우
- 최근 가족 중에서 류머티즘열에 걸린 경우

상이 좋아지는 것 같아 항생제를 중단하고 일반 감기약으로 대체하기도 하는데, 이는 절대 안 됩니다. 항생제는 증상이 좋아지더라도 처방받은 양을 다 먹여야 한다는 것, 잊지 마세요.

합병증에 조심하세요

바이러스성 인후염은 세균성 중이염, 부비동염, 기관지염, 비염, 폐렴과 같은 합병증으로도 이어질 수 있어 특히 주의해야 합니다. 세균성 인후염 역시 지금은 괜찮아 보여도 후에 심장이나 콩팥 등에 심각한 합병증이 생길 수 있는 만큼 최소 10일 이상 제대로 치료해야 해요. 발열이나 기침이 얼마나 지속되는지, 음식을 삼키기 힘들 정도의 목 통증이 이어지는지 등 아이의 상태를 예의 주시하여 살펴봅니다.

중요한 건 예방

치료보다 중요한 건 뭐니 뭐니 해도 예방입니다. 손을 자주 씻고, 입안을 청결히 유지하는 등 개인위생에 신경 써야 합니다. 특히 구강 청결이 매우 중요해요. 가글이 좋은 대증 치료나 어린아이들이 하기는 어렵지요. 최근에는 스프레이 형태의 가글이 나오고 있으므로 이를 이용하는 것도 좋은 방법입니다. 최대한 수시로 수분을 섭취할 수 있도록 독려하고, 적정 온도와 습도를 유지해주세요.

 Dr. B의 우선순위 처치법

1. 소아청소년과를 방문해 인후염이 바이러스성인지 세균성인지 진료를 받아요.
2. 물을 충분히 마시게 해요.
3. 세균성 인후염일 경우 처방받은 항생제를 다 먹여요.

중이염

귀가 아프고 고열이 나요.

체크 포인트

☑ 급성 중이염에 걸리면 고열이 나고 자꾸 보채며 귀를 아파합니다. 어린아이일 경우 우유병을 빨면서 자지러지게 울거나 우유병 빨기를 거부할 수도 있습니다. 아이가 갑자기 젖이나 우유를 먹으려 하지 않거나 먹으면서 아파하면 반드시 의사의 진찰을 받아야 합니다.

☑ 의사가 더는 약을 먹지 않아도 좋다고 진단을 내리기 전까지는 계속 복용합니다. 증상이 일시적으로 좋아졌다고 항생제 복용을 중지하면 중이염이 재발할 우려가 더욱 커집니다.

☑ 귀에 물이 들어갔다고 해서 중이염이 생기거나 더 심해지는 건 아닙니다. 하지만 귀에 물이 들어가면 귓속이 습해지면서 세균 감염이 2차적으로 발생할 수도 있으니 주의가 필요합니다.

 ## 또 중이염에 걸렸어요!

'귀감기'라고 불릴 정도로 아이들에게 흔히 나타나는 질환입니다. 감기가 왔다 하면 짝꿍처럼 중이염이 동반될 때가 많기 때문이에요. 감기를 치료하는 도중에 아이가 귀를 아파하거나 자꾸 손을 귀에 갖다 대는 일이 잦다면 중이염을 의심해봐야 합니다. 중이염은 생후 6~24개월의 아이들에게 많이 발생하는 감염 질환입니다. 만 3세 이하의 아이 중 83%가 한 번 이상 중이염을 앓았고, 이 중 60%는 세 번 이상 재발해요. 즉, 대부분 아이가 중이염에 한 번씩은 걸릴 정도로 흔한 질병입니다. 하지만 취학 연령이 되면서 발병률은 떨어져요. 자라면서 면역력이 길러지고, 귀의 구조도 달라져 점차 중이염에 덜 걸리게 됩니다. 하지만 급성 중이염은 약을 먹어야 낫는 병이기 때문에 처방받은 약은 반드시 잘 챙겨 먹습니다. 대개 10일 이상 항생제를 복용해야 하며, 합병증이 생길 위험성이 아주 높은 만큼 좋아졌다고 함부로 중단해서는 안 됩니다.

중이염에 왜 걸리나요?

중이의 점막이 바이러스나 세균에 감염되었어요

중이염이란 중이(가운데귀)에 생긴 모든 염증을 말해요. 귀는 해부학적으로 세 부분으로 나뉩니다. 귓바퀴에서 고막 직전까지를 외이(外耳), 고막에서 달팽이관까지를 중이(中耳), 달팽이관에서 청신경과 반고리관까지를 내이(內耳)로 구분해요. 이 중 중이는 공기로 채워져 있으며 대기와 같은 압력을 유지하고 있습니다. 중이와 코의 안쪽 사이를 연결하는 관을 '유스타키오관' 또는 '이관'이라 부르는데, 여기를 통해 중이를 채우고 있는 공기가 들어와요. 이관의 입구는 항상 닫혀 있으며, 침을 삼키거나 하품할 때만 열리는 구조입니다. 문제는 귀와 코를 연결하는 통로인 이관이 열릴 때 공기뿐만 아니라 코로 흡입된 여러 가지 잡균도 동시에 귀로 들어갈 수 있지요. 이러한 나쁜 균들이 귀로 흘러 들어가는 것을 막기 위해 평소에는 귀에서 생긴 물이 이관을 거쳐 코로 흘러내립니다. 흘러 들어가는 물에 균들이 씻겨가는 원리이지요. 그래서 중이를 채우고 있는 공간엔 균이 없는 상태가 유지되는 것입니다. 그런데 감기나 비염에 걸리면 코나 목 안에서 번식한 세균과 바이러스가 이관을 통해 들어오면서 이관을 덮고 있는 점막에 염증이 생깁니다. 그러면 물이 고여 그 안에서 썩게 되지요. 바로 이런 원리로 중이염이 생깁니다.

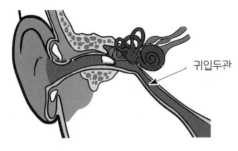

귀인두관

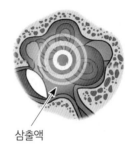

삼출액

점막이 부으면서 귀인두관이 막힘

▲ 중이염 발생 현상　　　(참고: 보건복지부, 대한의학회)

감기를 치료하는 도중에 생겨요

중이염은 이관에 있던 박테리아가 중이 부분으로 옮겨가면서 시작됩니다. 평소처럼 유스타키오관이 제대로 작동하면 물이 흐르면서 균을 코로 흘려보내기 때문에 별문제가 생기지 않아요. 하지만 감기나 부비동염, 편도선염, 알레르기비염 등으로 인해 유스타키오관 점막이 부으면 중이 부분에 물이 고이면서 염증이 시작됩니다. 염증이 생기면 분비물이 고이게 되고, 고막 안의 압력 변화로 고막이 부풀어 올라 통증과 열이 발생합니다. 즉 중이염은 그 자체가 원인이라기보다는 대부분 감기를 치료하는 도중에 어쩔 수 없이 생기는 합병증인 셈이지요.

아이는 더 잘 걸려요

중이염은 생후 6개월이 지나면서 급격히 발병이 증가해요. 특히 만 2세경에 가장 많이 발생해요. 보통 만 2세 이전에 첫 번째 중이염이 생기면 반복적으로 중이염에 걸릴 확률 역시 높아집니다. 아이가 어른보다 중이염에 잘 걸리는 이유는 귀의 구조 때문이에요. 아이들의 이관은 어른에 비해 길이가 짧고 수평에 가깝습니다. 즉 균이 귀로 들어가기가 쉬워요. 또 이관의 내부 직경이 좁아 더 쉽게 부어오르고 닫히기도 쉬워서 고막 뒤에 있는 액체가 빠져나오기 힘들어요. 게다가 어린아이의 경우 누워 지내는 시간이 많아 액체가 고여 염증으로 발전할 우려도 더 큰 편입니다. 누워서 젖병을 빠는 아이가 중이염에 취약한 이유예요. 면역력이 약해 호흡기 감염에 더 자주 걸리는 것도 또 다른 원인입니다. 중이염은 감기의 합병증으로 생기기 쉬워 어른보다 감기에 더 잘 걸리는 아이들은 그만큼 중이염에 잘 걸릴 수밖에 없어요. 나이가 들면서 이관의 길이가 1.3~3.2cm에서 3.8~9.7cm로 3배가량 자라고 모양도 수직으로 바뀌면 염증에 걸릴 가능성이 줄어듭니다.

이럴 때 중이염을 의심해요

귀가 아프고 고열이 나요

중이염에 걸리면 체온이 38~40℃ 정도로 오르고 자꾸 보채며, 귀를 아파합니다. 어린 아이일 경우 아파도 아프다는 말을 하지 못해 우유병을 빨면서 자지러지게 울거나 우유병 빨기를 거부합니다. 우유병을 빨면 귀에 압력이 가해져 귀의 통증이 더욱 심해지기 때문에 조금 빨다가 보채는 것입니다.

귀 울림이나 어지럼증을 호소해요

급성 중이염이 생기면 고막 안에 물이 차기 때문에 아이들은 귀에 무언가가 가득 차 있는 듯한 느낌을 받습니다. 귀가 울리는 것 같고 어지럼증을 느껴 짜증을 많이 내고 칭얼거리며 울지요. 조금 큰 아이라면 귀가 잘 들리지 않아 텔레비전을 크게 틀어놓

 닥터's advice

❓ 밤에 갑자기 귀가 아프다고 운다면?
우선 타이레놀을 먹여 통증을 줄여요. 따뜻한 찜질이나 아이스팩을 하는 것도 어느 정도 효과가 있어요. 고개를 높이면 귀의 압력이 낮아지기 때문에 베개를 조금 높이는 것도 좋은 방법입니다. 단, 어린아이의 경우 찜질이나 베개 등을 사용할 때 항상 주의해야 해요. 젖을 먹이거나 우유병을 빨게 하는 것보다는 컵을 사용하거나 숟가락으로 떠먹이는 것이 좋습니다. 껌을 씹을 수 있는 아이라면 껌을 씹게 해 통증을 잠시 잊게 합니다.

거나 텔레비전 앞으로 자꾸 다가가는 모습을 보이기도 합니다.

감기 치료 중에 별다른 증상 없이 보채요

콧물, 기침 등의 증상을 보이면 감기라고 생각해 중이염의 치료 시기를 놓치는 경우가 많습니다. 감기 증상이 나타나면서 잠잘 때 특히 많이 보채고 힘들어한다면 중이염일 가능성이 큽니다. 감기를 치료하는 중에 열이 없고 별다른 증상도 없이 그냥 보채기만 하는 것이 중이염의 유일한 증상일 때도 있어요. 평소보다 유달리 아이가 많이 보챈다면 병원을 찾아 진찰을 받아봐야 합니다.

귀에서 진물이 나요

중이염이 심해져 고막에 구멍이 나면 고름이 밖으로 흘러나오기도 합니다. 이럴 때는 지켜보는 엄마의 속이 타들어갑니다. 하지만 고름이 밖으로 빠져나오면 오히려 통증이 가라앉고 열이 내려가 아이는 한결 편안한 상태가 돼요. 귀에서 고름이 흘러나오면 밖으로 나온 것만 가볍게 닦아줍니다. 귓속 고름까지 제거하려고 면봉이나 솜을 귀에 집어넣으면 오히려 염증이 심각해질 수 있습니다.

중이염 치료, 어떻게 하나요?

항생제 복용이 중요해요

중이염을 일으킨 균을 없애기 위해 항생제를 처방합니다. 이때 의사가 더는 약을 먹지 않아도 좋다고 진단을 내리기 전까지는 계속 약을 먹여야 합니다. 보통 아이에게 2~3일만 항생제를 먹여도 더 이상 아파하지 않기 때문에 약 먹이기를 중단하는 부모가 많습니다. 증상이 일시적으로 좋아졌다고 해서 항생제 복용을 중지하면 중이염이 재발할 우려가 더욱 커지므로 임의로 약을 중단해서는 안 됩니다. 치료를 끝까지 하지 않아 염증이 귀 안에 남으면 청력에 문제가 생기거나 만성 중이염, 뇌종양, 뇌막염 같은 합병증이 발생할 수도 있습니다. 게다가 원인균이 완전히 죽지 않아 오히려 내성이 생긴 채 중이염이 나타나면 치료가 더 어려워질 수도 있어요. 중이염이 완전히 나을 때까지는 1~2주 정도 계속 항생제를 투여하는 것이 원칙입니다.

중이 내에 물이 찬 경우 수술이 필요해요

대부분 중이염은 약물 치료로 빠르게 호전되는 편입니다. 하지만 균이 사라진 뒤에도 중이 내에 물이 계속 남아 있는 경우가 있어요. 이런 상태를 '삼출성 중이염'이라고 합니다. 중이에 물이 고인 상태는 몇 주에서 몇 개월, 심하게는 몇 년 동안 가기도 해요. 이렇게 되면 고막이나 귓속뼈의 움직임이 둔해지면서 청력이 감소하는 부작용이 나타납니다. 특히 말을 배우는 시기의 아이에게는 언어 발달상 장애가 발생할 수도 있어요. 이때는 몇 개월간 약을 먹여 치료하지만, 효과가 잘 나타나지 않으면 고막 표면을 작게 잘라 귓속에 있는 물을 배출하는 수술을 하기도 합니다.

닥터's advice

❓ 중이염에 걸리면 꼭 항생제를 먹여야 할까요?
항생제를 써서 중이염을 치료할 때는 보통 10일 이상은 약을 먹여야 한다는 게 일반적인 의견이지만, 최근엔 항생제 투여의 시기와 사용량에 대해서 의사마다 의견 차이가 있습니다. 어떤 의사들은 5일, 또 다른 의사들은 10일을 먹여야 한다고 말해요. 또 2~3일 정도 경과를 지켜본 뒤 저절로 좋아지지 않을 때만 항생제를 사용하자고 주장하는 의사들도 있습니다. 이런 논란이 있는 이유는 항생제가 가진 '내성'이라는 부작용 때문입니다. 처음부터 항생제를 사용해서 합병증 발생을 줄일 것인지, 아니면 항생제 처방을 최소화할 것인지는 의사의 재량에 맡겨져 있습니다.

❓ 물이 다시 차는 경우 튜브 삽입 수술이 필요해요!
고막을 잘라내 중이 안에 있는 물을 다 빼내도 다시 물이 차는 경우, 귀 고막에 조그만 튜브를 박는 수술을 합니다. 이 튜브를 통해 공기가 통하면서 대기와 중이 내의 압력이 같아지고, 그로 인해 중이 내에 있던 물이 빠져나가는 원리예요. 삽입한 튜브는 대개 6~9개월이 지나면 저절로 빠집니다. 따로 튜브를 빼는 수술은 하지 않아도 됩니다. 귀에 튜브를 삽입해도 듣는 데는 아무런 문제가 없어요.

중이염을 예방해요

감기에 걸리지 않게 신경 쓰세요

감기와 중이염은 떼려야 뗄 수 없는 관계입니다. 감기에 덜 걸리는 것이 중이염에 덜 노출된다는 이야기지요. 그러므로 감기 예방수칙을 제대로 지키는 것이 무엇보다 중요합니다. 감기가 유행하는 환절기에는 될 수 있는 한 사람이 많이 모이는 곳에 가는 것을 삼가고, 외출 후에는 손을 깨끗이 씻고 양치질을 빠트리지 않아야 합니다.

젖병은 누워서 물리지 마세요

젖병을 사용해서 분유나 우유를 먹이는 경우 누운 상태로 먹이면 귀로 액체가 들어갈 수 있어 중이염에 걸릴 수 있습니다. 눕힌 자세보다는 반쯤 앉은 자세로 먹이는 게 안전합니다.

공갈 젖꼭지를 오래 사용하지 않아요

잠을 잘 때 공갈 젖꼭지를 물리는 것은 특히 삼가야 합니다. 귓속 압력 변화로 중이염에 걸릴 확률이 훨씬 높아지기 때문이에요. 꼭 필요한 경우가 아니라면 생후 6개월 이후부터는 공갈 젖꼭지를 되도록 사용하지 않는 것이 좋습니다.

 ### 중이염에 걸렸는지 알 수 있는 방법

어릴수록 중이염에 걸렸는지 확인하는 것은 매우 어렵습니다. "귀가 아프다"라고 말할 정도의 의사소통이 되지 않는 경우라면 아이의 상태를 유심히 살펴보는 방법밖에 없습니다. 먼저 아이가 기침하거나 콧물을 흘리는 상태에서 3~5일 후에 갑자기 열이 나기 시작한다면 중이염일 가능성이 있습니다. 감기가 오래가거나 혹은 감기에 걸린 아이가 밤에 갑자기 심하게 울 때도 중이염을 의심할 수 있어요. 또 귀를 자꾸 잡아당기거나 귀 주변에 계속 손이 갈 때도 의심해야 합니다. 돌이 지나 걸음마를 하는 아이가 중이염에 걸렸다면 균형을 잡는 데 어려움을 겪어 평소보다 걷는 것이 서툴러질 수 있습니다.

독감 예방접종을 해요

중이염을 직접 막아주는 예방접종은 아직 없습니다. 대신 중이염을 불러올 수도 있는 독감을 예방하는 주사를 맞혀주세요. 한결 도움이 됩니다.

귀에 이상이 있는데, 중이염이 아니라면?

감기에 걸려 병원에 가면 의사들은 귀 안쪽을 들여다봅니다. 아이들은 어른에 비해 중이염에 자주 걸리기 때문입니다. 물론 중이염에 걸렸을 때 모두 귀의 통증을 호소하는 것은 아니에요. 귀가 아프다고 해도 중이염이 없을 때도 있지요. 그렇다면 중이염이 아닌데, 아이는 왜 귀가 아프다고 할까요? 다른 질병이 있을 수도 있고, 아이가 귀에 무언가를 집어넣었거나 물이 들어가서 아플 수도 있습니다. 감기나 인후통 때문에 아플 수도 있지요.

귀를 자꾸 긁으며 아파해요

귀를 심하게 가려워하며 통증을 호소하고, 진물이 나오면 외이도염일 가능성이 있어요. 아기가 자꾸 귀를 만지고, 귀에서 곯은 냄새가 날 때는 외이도염을 의심해봐야 합니다. 귓구멍 입구부터 고막까지가 외이도인데, 귀의 구조상 가장 바깥쪽에 있는 외이도는 항상 건조한 상태여야 세균의 성장을 억제할 수 있습니다. 만일 여기에 물이 들어가 습기가 차면 세균이 쉽게 번식해요. 세균이 있는 상태에서 피부가 벗겨지면 외이도 전체에 염증이 생기는 급성 세균성 외이도염이 발생합니다. 목욕 후 귓속의 물이 잘 마르지 않은 상태가 지속되고 이 부근에 상처가 나서 세균이 침입하면 외이도염이 생길 수 있어요. 하지만 수영이나 목욕할 때 들어간 물이 빠지지 않는 경우는 매우 드뭅니다. 오히려 수분을 제거한다고 면봉을 사용하다가 세균에 감염되는 경우가 더 많아요. 처음에는 가렵고 약간의 통증이 있는데, 가려워서 귀를 후비다가 외이도가 붓고, 염증이 생길 수 있으니 조심해야 합니다. 외이도염의 증상 중 대표적인 것은 가려움증과 통증이에요. 말을 못 하는 아이는 잘 먹지 않고 칭얼거리며 잘 자지 못하는 경우가 많습니다. 염증이 심해지면 악취가 나는 진물이 생기고 귀가 먹먹해지기도 해요. 대부분은 항생제를 복용하고 외이도를 깨끗이 관리하면 좋아집니다. 하지만 면역력이 약한 아이들은 조기에 적절한 치료를 받지 않으면 치료 기간이 길어질 수 있습니다.

귀가 먹먹하고 답답해요

아이가 귀가 먹먹하고 마치 물속에 있는 듯한 느낌을 호소하나요? 소리가 작게 들렸다가 크게 들린다고 한 적이 있나요? 자기 목소리가 머리에서 크게 울린다고 말한 적은 없나요? 이런 증상들이 오랫동안 지속된다면 이관염을 의심할 수 있습니다. 이관염이란 귀와 코를 연결하는 이관이라는 부위에 염증이 생긴 것을 말해요. 귀가 먹먹하고 마치 물속에 있는 듯 답답한 느낌과 함께 소리가 작게 들렸다가 크게 들렸다가 하는 청각 이상이 생깁니다. 자신의 목소리가 머릿속에서 크게 들리는 자성강청(Autophony) 증상이 나타나며 중이염에 걸렸을 때 발생하는 증상과 매우 흡사해요. 주의할 것은 이관염이 심해지면 바로 중이염으로 진행될 수 있다는 점이에요. 귀 먹먹함과 함께 소리가 울리거나 청력의 변화가 있고 현기증, 구토, 어지럼증 등이 동반

🩺 닥터's advice

❓ 귀 모양이 이상해요!

선천적으로 아이의 귀 모양이 정상적인 모양과 달라 병원을 찾는 경우가 있습니다. 이때는 단순하게 귀 모양의 이상뿐만 아니라 귀 안(중이, 내이)에도 이상이 있을 수 있으므로 이비인후과를 방문해 정밀검사를 받을 필요가 있어요. 선천성 바깥 귀 기형의 원인은 아직 명확히 밝혀지지는 않았지만, 유전적인 원인보다는 태아의 발달 과정에서 생기는 것으로 알려져 있어요. 이렇게 귓바퀴에 이상이 있는 경우 어느 정도 청력 손실이 생기는 경우가 많습니다. 하지만 청력의 완전 소실은 드물어요. 아이의 출생 후 소이증(한쪽 또는 양쪽의 귀가 정상보다 훨씬 작고 모양이 변형된 기형)이 확인되면 신생아청력선별검사를 꼭 신청하고 결과에 상관없이 서둘러 이비인후과를 방문하여 정밀한 진찰을 받아야 합니다. 또한 소이증이 있는 경우 안면기형, 얼굴신경마비, 구개열, 구순열 및 비뇨기계, 심혈관계 기형 등이 드물게 동반될 수 있으므로 관련 분과에서의 검사가 필요합니다.

되는 경우 또는 기압차와 상관없이 귀 먹먹함을 빈번하게 느낄 때는 이관 기능 장애나 난청 등의 질환을 의심해볼 수 있습니다. 한편 높은 산을 오르거나 비행기를 탈 때 등 주변의 기압 변화로 인해 나타나는 귀 먹먹함(이충만감)은 생리적인 현상입니다. 이때 하품, 침 삼키기, 껌 씹기 등과 같이 중이와 코의 연결부인 이관(유스타키오관)을 열어주는 동작을 하면 증상이 대부분 완화됩니다.

귀에서 불쾌한 냄새가 나요!

아이의 귀에서 불쾌한 냄새가 나거나 아이가 유난히 짜증을 내면서 귀를 자꾸 만지고 답답해한다면 중이염이나 외이도염을 의심해보는 것이 좋아요. 귓속에서 불쾌한 냄새가 난다면 우선 귀를 만지지 못하게 하고 가능한 한 빨리 소아청소년과를 방문해 정확한 진찰을 받고 치료해야 합니다. 대부분 수일 내에 상태가 좋아지지만 그렇다고 해서 완전히 다 나은 것은 아니에요. 귓속 세균은 사라졌을지 모르지만 중이염의 경우 염증으로 인해 귓속에 생긴 물이 오랫동안 남아 있을 수도 있어요. 이를 완전히 해결하지 않으면 다시 재발하기 쉽고 청력에도 문제가 생길 수 있으므로 완쾌될 때까지

닥터's advice

❓ 귀지를 파내도 될까요?
아이의 귀를 매일 청소해야 할지 아니면 귀지가 나올 때까지 내버려 둬야 할지 고민이 됩니다. 귀지는 파내지 않고 그대로 두는 것이 좋습니다. 아무리 지저분하게 보여도 귀지는 가능한 한 손을 대지 않는 것이 좋아요. 귀 입구에서부터 고막에 이르는 외이도는 얇은 피부로 덮여 있는 민감한 조직입니다. 무리하게 귀지를 파내면 상처가 생기기 쉽고, 상처가 나면 외이도염이나 고막 안쪽에 염증이 생기는 중이염으로 발전할 수 있어요. 귀지는 커지면 자연스럽게 바깥쪽으로 나옵니다. 귀지를 파다가 자칫 잘못하여 외이도에 상처를 내거나 고막에 손상을 입히는 것이 오히려 염증을 일으키는 원인이 돼요. 따라서 귓속 깊숙한 곳에 있는 귀지는 제거하지 않는 게 좋습니다. 그렇다고 해서 평소 귀의 청결을 게을리해도 된다는 말은 아니에요. 귓속에 물이 들어가거나, 먼지 같은 이물질이 많이 쌓이거나, 염증이 있어서 귀지가 딱지처럼 피부에 달라붙어 있을 때는 함부로 손대지 말고 소아청소년과를 방문해 귀지를 제거해달라고 부탁하는 것이 좋습니다. 평소에는 목욕시킨 후 귀지가 붙어 있을 때 귀 입구 쪽을 가제수건과 면봉으로 부드럽게 닦는 것으로 마무리해요.

중이염을 줄이려면 평소에 이렇게 해요!

중이염을 직접적으로 치료할 수는 없지만, 평상시 몇 가지만 주의해도 훨씬 수월하게 지나갈 수 있습니다. 치료와 더불어 실천할 수 있는 생활 속 처방은 다음과 같습니다.

1 코를 풀 때 한쪽 코씩 번갈아 풀기

감기에 걸리면 코를 자주 풀게 됩니다. 이때 양쪽 코를 다 막고 한꺼번에 풀면 코와 귀 사이에 압력 차이가 생겨 코안에 있던 세균들이 중이로 들어갈 확률이 높아집니다. 그러면 중이염에 걸릴 확률도 높아집니다. 코를 풀 때는 반드시 한쪽씩 번갈아 푸는 습관을 들여야 합니다.

2 재채기를 하거나 코를 풀고 난 다음에는 반드시 손 씻기

중이염은 세균이나 바이러스에 감염되어 발생해요. 따라서 재채기를 하거나 코를 풀고 난 후에는 손을 깨끗이 씻어야 세균과 바이러스를 방지할 수 있습니다.

3 아이가 있는 공간에서 금연은 필수!

간접흡연은 중이 내 섬모운동을 둔화시켜 중이염을 발생시키는 원인으로 작용합니다. 아이가 중이염에 걸리는 걸 원하지 않는다면 아이가 숨 쉬는 어떤 공간에서도 흡연은 금물입니다.

는 치료를 게을리해서는 안 됩니다. 평소 아이의 귓속을 건강하게 유지하려면 아이가 손으로 후비거나 긁지 못하게 해야 합니다. 목욕할 때나 물놀이 할 때 귓속에 물이 들어가지 않게 주의하세요.

알쏭달쏭! 중이염 궁금증

Q 아이 귀에 물이 들어간 것 같은데, 중이염이 생길까요?

귀로 들어간 물은 그냥 두면 자연스럽게 흘러나옵니다. 귀에 물이 들어갔다고 해서 중이염이 생기거나 더 심해지는 건 아닙니다. 하지만 귀에 물이 들어가면 귓속이 습해지면서 세균 감염이 2차적으로 발생할 수 있으므로 헤어드라이어기의 찬바람을 이용해 귀 주변의 물기를 제거하는 것이 좋습니다. 귀로 들어간 물을 닦겠다고 면봉을 귀에 집어넣으면 오히려 염증을 악화할 수 있으니 주의하세요.

Q 중이염도 전염이 되나요?

중이염에 걸리면 혹시나 하는 마음에 밖에 나가는 것을 꺼리는 분들이 있습니다. 그러나 중이염은 전염성이 없는 질환이에요. 심한 상태가 아니라면 평소처럼 생활해도 아무 지장이 없습니다. 상태가 많이 좋아지고, 열이 내린다면 유치원이나 학교에 가도 좋습니다.

Q 중이염에 걸렸는데 수영을 해도 될까요?

아무래도 귀에 물이 들어가면 안 좋을 거란 생각이 드는 것은 사실입니다. 그러나 특별한 경우가 아니라면 수영을 중단할 필요는 없습니다. 중이염은 귀에 물이 들어가는 것과는 크게 상관이 없기 때문이죠. 다만 중이염으로 인해 고막이 터진 경우엔 세균 감염의 우려가 있으므로 당분간 수영을 쉬는 것이 좋습니다.

Q 중이염 때문에 고막이 터져 치료를 받았는데 청력에 문제가 없을까요?

급성 화농성 중이염일 경우 고막이 터지면서 고름이 밖으로 흘러나와요. 그렇다고 해서 청력에 이상이 생기는 것은 아닙니다. 치료만 꾸준히 받는다면 원래대로 정상적인 청력을 유지할 수 있습니다. 다만, 아이의 청력이 계속 걱정된다면 수시로 아이의 청력을 확인해볼 필요는 있습니다. 시끄러운 TV 앞에서도 별 반응이 없거나 볼륨을 계속 높이지는 않는지, 불러도 잘 알아듣지 못하는지 등 아이의 상태를 잘 확인해보고 혹시라도 이상한 점이 눈에 띈다면 곧바로 청력 검사를 받는 것이 좋습니다.

 Dr. B의 우선순위 처치법

1. 아이가 귀를 아파하면서 보채거나 운다면 병원에 데려갑니다.
2. 중이염으로 진단받았다면 처방된 항생제를 끝까지 먹입니다.
3. 치료 중이거나 치료 후에 아이의 청력에 변화가 생긴 것 같다면 바로 병원으로 데려가세요.
4. 한 번 중이염에 걸린 아이는 재발할 우려가 크므로 주의합니다.

코골이

코를 심하게 골고 심한 경우 무호흡증이 나타나요.

체크 포인트

☑ 코골이는 여러 가지 합병증을 유발할 수 있으므로 대수롭지 않게 넘기지 말고 적절한 치료를 받아야 합니다.

☑ 아이의 코골이는 코로 숨을 쉴 수 없게 만드는 코 막힘에서 비롯되는 경우가 많아요. 이런 경우 대개 감기나 코 막힘이 없어지면 자연스럽게 해결되므로 걱정할 필요가 없습니다.

☑ 비만한 아이가 코를 골기 시작하면 살을 빼는 것이 우선입니다.

☑ 편도나 아데노이드가 많이 비대해져서 코골이가 심하거나 증상이 계속 반복된다면 적극적인 치료가 필요합니다.

아이가 코를 심하게 골아요!

아이의 코 고는 모습을 처음 보면 당황할 수 있어요. 하지만 생각과 달리 꽤 많은 아이가 코를 곱니다. '피곤해서 그렇겠지', '감기 때문에 코가 막혀서겠지' 하고 대부분 부모가 대수롭지 않게 여깁니다. 감기에 걸리거나 환절기가 되면 코를 안 골던 아이도 코를 골아요. 대부분 아이가 자면서 어느 정도는 코를 골기 때문에 가벼운 코골이 증상은 걱정하지 않아도 됩니다. 하지만 옆 사람이 잠을 못 잘 정도로 심하게 코를 골거나 매일 밤 코를 곤다면 분명 문제가 있습니다. 코골이가 일시적인 현상이 아니라면 반드시 원인을 찾아 고쳐야 합니다. 코골이는 밤에 잠을 자면서 숨을 쉴 때 입천장, 목젖, 편도 등의 여러 조직이 공기의 압력으로 일부가 떨리면서 나는 소리입니다. 좀 더 쉽게 말하면, 잠자는 동안 코를 통해 정상 호흡이 되지 않아 입으로 숨을 쉬면서 생겨나는 일종의 호흡 잡음입니다. 코를 고는 이유는 무엇일까요? 낮에 너무 힘들게 놀았거나 감기에 걸려 코가 막혔거나 혹은 갑자기 살이 많이 쪘거나, 원인은 많습니다. 시간이 지나면 자연스레 해결되기도 하고, 필요에 따라 수술을 받아야 하는 예도 있습니다. 따라서 코골이의 원인을 정확히 아는 것이 중요합니다.

왜 코를 고는 걸까요?

비염이나 부비동염 등 코에 문제가 생겼어요

잠을 잘 자던 아이가 갑자기 코골이를 한다면 우선 비염이나 부비동염과 같은 코 질환을 의심해봅니다. 아이의 코골이는 코로 숨을 쉴 수 없게 만드는 코 막힘에서 비롯되는 경우가 많기 때문이죠. 이런 경우 대개 감기가 낫거나 코 막힘 증상이 사라지면 자연스럽게 해결됩니다. 감기 치료를 하면서 가습기를 틀어 방 안의 습도를 높이거나 호흡기 점막에 습기를 제공해 숨 쉬는 것을 편하게 만들어주면 도움이 됩니다. 하지만 호흡기 질환을 치료한 후에도 코골이를 계속한다면 다른 원인을 찾아봅니다.

살이 찌면 코골이 증상이 나타나요

코를 고는 것은 비만과 관련이 있습니다. 뚱뚱할수록 코를 골 가능성이 커집니다. 체중이 늘어나면 코나 목에도 살이 쪄 코와 목 안쪽으로 지방층이 쌓이면서 목 안의 공간이 줄어들고 이로 인해 기도가 좁아지면서 호흡할 때 잡음이 생깁니다. 뚱뚱한 아이가 코를 골기 시작했다면 살을 빼 적정한 체중을 유지하는 것이 먼저입니다.

편도나 아데노이드가 비대해지면 코를 골아요

편도 및 아데노이드 비대증이 코골이를 유발할 수 있습니다. 그럼 편도와 아데노이드는 무엇일까요? 쉽게 설명하면 편도는 목 안쪽이나 코 뒷부분에 있는 림프조직의 일부예요. 림프조직이란 바이러스나 세균 등이 몸 안으로 침입할 때 일차적으로 우리 몸을 방어하는 조직으로, 그중에 크기가 큰 조직이 편도입니다. 편도라고 하면 목 뒷부분에 있는 편도를, 아데노이드는 코 뒷부분에 있는 편도를 지칭한다고 생각하면 쉬워요. 이 부위들은 태어날 때부터 존재하는데, 4~10세 때 그 기능이 가장 활발해지면서 크기도 많이 커집니다. 게다가 어린아이는 편도염에 자주 걸리기 때문에 반복적인 감염으로 인해 편도와 아데노이드가 비정상적으로 커지기도 해요. 편도나 아데노이드가 커지면 코로 호흡하는 것을 방해하기 때문에 코골이 증상이 나타날 수밖에 없습니다. 그래서 영유아의 코골이는 편도와 아데노이드의 기능이 가장 활발한 학령기의 아이들에게서 가장 많이 발생합니다.

코골이, 그냥 놔두면 안 됩니다

예민해지고, 성장 발달도 늦어져요

코를 심하게 고는 아이는 깊은 잠을 잘 수 없어요. 숨쉬기가 힘들어서 똑바로 누워 자지 못하고 몸을 자주 뒤척이기 때문이지요. 밤에 잠을 못 자면 낮에 졸음이 오고, 피곤이 쌓입니다. 그러면 주의가 산만해지고 신경이 날카로워지며, 공부할 때 집중력도 떨어지지요. 코골이는 성장 발달을 저해하기도 합니다. 성장 호르몬은 깊은 잠을 자는 밤에 가장 왕성하게 분비되는데, 숙면하지 못하는 아이는 그만큼 성장 호르몬의 영향을 받지 못해 또래 아이보다 성장 발달이 늦어질 수 있어요. 또 코를 심하게 골면 뇌에 산소가 제대로 공급되지 않아 두뇌 발달이 저하될 위험도 있습니다. 이처럼 심한 코골이는 아이의 성격 형성과 성장 발달에 지장을 줄 수 있으므로 빨리 진단을 받는 것이 좋습니다.

얼굴형이 바뀔 수 있어요

코골이는 아이의 얼굴형까지 바꿔놓을 수 있습니다. 코가 아닌 입으로 계속 숨을 쉬다 보면 윗덕은 돌출되고 아래턱은 뒤로 처져 이른바 '주걱턱'이라 불리는 아데노이드 얼굴이 생길 가능성이 커요. 윗니가 돌출되고 윗입술이 들리면서 항상 입을 벌린 상태를 유지하는 아데노이드 얼굴이 되면 위턱과 아래턱이 자연스럽게 맞물리지 않는 부정교합이 되는 것은 물론 발음이 부정확해질 수 있습니다.

수면무호흡증으로 발전할 수 있어요

코를 심하게 골다가 "큽" 하고 갑자기 숨을 10초 정도 멈췄다가 "푸우우" 하고 다시 내쉬는 경우라면 수면무호흡증을 의심할 수 있습니다. 수면무호흡증은 잘 때 숨을 쉬지 않는 증상이 반복적으로 나타나는 경우를 말하는데 아이들의 경우, 5~6초간 호흡이 정지되거나 두 번 정도 숨을 쉬는 시간보다 더 길게 숨을 멈추는 증상으로 나타납니다. 수면무호흡증이 있는 아이는 침대 밖으로 얼굴을 내밀거나, 자면서 엉덩이를 위로 드는 자세를 취하는 등 비정상적인 수면 행동을 보이는 것이 특징이에요. 또 땀을 많이 흘리거나 몸을 심하게 뒤척일 때도 수면무호흡증을 의심할 수 있습니다. 이런 증상을 그대로 방치하면 성장장애는 물론 행동 및 학습장애까지 유발할 수 있어요. 증상이 계속해서 나타난다면 가능한 한 빨리 병원을 찾아 검사를 받아봐야 합니다.

 닥터's advice

❓ 아데노이드 얼굴이란?

아데노이드 비대로 코 호흡이 힘들어 항상 입을 벌리고 숨을 쉬게 되면서 얼굴이 점차 길어지고 상악이 발달하게 됩니다. 이로 인해 앞니가 돌출하고, 얼굴뼈에 변형이 생길 수 있습니다.

코골이 치료, 어떻게 하나요?

원인을 찾아요

비만한 아이가 코를 골기 시작하면 살을 빼는 것이 먼저 할 일입니다. 체중을 줄이는 것만으로도 코골이가 개선됩니다. 부비동염이나 비염 등 코 질환이 있는 경우에는 약물이나 코 세척 등을 통해 코 막힘 증상을 치료해요. 잠자는 자세나 환경을 바꾸는 것도 좋습니다. 반듯하게 위를 향해서 자는 자세는 혀나 목젖 등이 뒤로 젖히면서 기도를 더 막을 가능성이 커요. 코골이 증상이 생겼다면 옆으로 눕혀 재우는 게 낫습니다. 될 수 있는 한 높은 베개는 사용하지 않아야 합니다. 베개가 높으면 기도가 좁아져서 코골이가 심해질 수 있어요. 베개를 받칠 때 꺾이는 목의 각도가 30도 정도가 가장 알맞습니다.

수술이 필요할 수도 있어요

편도와 아데노이드는 5~10세까지 커지다가 사춘기가 시작되는 12세 전후가 되면 크기가 서서히 줄어들면서 코골이 역시 자연스럽게 사라져요. 그러나 저절로 작아질 때까지 무작정 기다릴 수만은 없습니다. 편도나 아데노이드가 많이 비대해져서 코골이가 심하거나 증상이 반복된다면 적극적인 치료가 필요합니다. 편도나 아데노이드 비대증이 의심된다면 엑스레이(X-ray) 촬영과 수면다원검사를 통해 수면무호흡증이 동반되는지 확인한 뒤 적절한 치료를 받습니다. 수면무호흡증, 성장 지연, 주의 산만 및 과다 행동, 부정교합 및 아데노이드 얼굴형 변화 등의 합병증이 나타날 때는 수술을 권합니다.

 Dr. B의 우선순위 처치법

1. 코 막힘 증상 때문이라면 가습기를 틀어 습도를 높여요.
2. 비만이라면 살을 빼도록 도와줍니다.
3. 깊은 잠을 못 자고 수면무호흡증이 나타난다면 바로 병원을 찾아요.

편도염

목이 아파서 침 삼키기가 어려워요.

체크 포인트

☑ 편도는 우리 몸에 들어오는 나쁜 것을 막아주는 문지기 역할을 합니다. 시간이 지나면 크기가 작아지므로 무조건 편도부터 떼어내서는 안 됩니다.

☑ 편도를 떼어낸다고 감기에 덜 걸리는 것은 아닙니다. 실제로 편도 제거와 감기와의 상관관계가 밝혀진 것은 없습니다. 감기 때문에 편도를 제거한다는 생각은 애초부터 안 하는 것이 좋습니다.

☑ 너무 뜨겁지 않은 따뜻한 물이나 차를 자주 마시면 염증 주변에 열이 가해져 통증이 줄어드는 효과가 있습니다. 아이스크림과 같은 찬 음식을 먹는 것도 목 통증 완화에 도움이 됩니다. 단, 아이가 기침이 심하다면 찬 음식을 먹이면 안 됩니다.

 ## 편도가 부었다고요?

아이가 열이 나면서 목에 통증을 호소하면 엄마들은 '편도선'이 부은 것으로 으레 생각합니다. 일상생활에서 말하는 편도선의 정확한 용어는 '편도'입니다. 더 정확히는 입을 벌렸을 때 목젖 양쪽으로 확인할 수 있는 '구개편도'입니다. '편도선이 부었다'라는 것도 사실은 구개편도가 부은 것을 의미합니다. 편도는 4~10세에 기능이 가장 활발해지면서 크기가 커집니다. 면역 기능을 담당하는 기관으로 세균이나 바이러스가 우리 몸속으로 침입하려 할 때 방어하는 역할을 하지요. 그러다 편도 자체에 감염이 발생하는데, 이것이 바로 편도염입니다. 편도에 염증이 생기면 편도 표면이 빨갛게 되고 크기가 커집니다. 좀 더 진행하면 편도 표면에 하얀 농진 같은 게 생겨나는데, 흔한 말로 '곱'이 끼었다고 표현하지요. 편도염을 일으키는 주된 원인은 연쇄구균에 의한 세균 감염입니다. 인플루엔자균, 포도알균 등에 의해서도 발생하지요.

편도염은 다른 질병도 불러와요

고열이 나고 목이 부어요

급성 편도염은 염증에 의한 증상과 기도 폐쇄에 의한 증상으로 나눌 수 있어요. 염증으로 인한 주된 증상은 갑자기 39~40℃의 고열이 나고, 목이 몹시 아프면서 부어오르는 것입니다. 편도의 염증이 심할 때는 목이나 턱 밑의 임파선이 붓기도 하고, 편도

 편도 제거 수술을 해야 하는 경우

① 1년에 6~7회 이상 편도염으로 항생제 치료를 받은 경우
② 2년간 매년 5회 이상 편도염에 걸린 경우
③ 3년간 매년 3회 이상 편도염 치료를 받은 경우
④ 편도염과 열성 경련이 반복적으로 동반되는 경우
⑤ 평소 코골이가 심한 경우
⑥ 지속적인 구강 호흡과 수면장애가 동반되는 경우
⑦ 아데노이드 얼굴이 보일 때
⑧ 성장장애, 안면장애, 발달장애 등이 보일 때

표면의 우묵한 부분에 고름이 생기기도 합니다. 악취가 심하게 나며, 음식을 삼키기 곤란할 정도로 통증을 느끼기도 하지요. 몸이 춥고 떨리며 머리도 아프고, 뼈마디가 쑤시듯 통증이 느껴지며 간혹 귀가 아프다고 할 때도 있습니다. 이러한 증상은 대개 4~6일 지속되다가 별다른 합병증이 없으면 점차 사라집니다.

기도 폐쇄로 여러 가지 문제가 발생해요

편도와 아데노이드 비대증에 의해 호흡이 이루어지는 길이 막히면 기도 폐쇄에 의한 증상이 나타납니다. 코가 막혀 항상 입을 벌려 숨을 쉬기 때문에 입안이 건조해지고, 밤에 코골이와 수면장애를 겪습니다. 더 큰 문제는 수면무호흡증입니다. 수면무호흡증이 지속되면 수면의 질이 떨어지고 심하면 호흡곤란, 저산소증이 나타나 성장장애의 원인이 되기도 하지요. 그뿐만 아니라 아데노이드 비대증은 귀와 코에서 점액이 배출되는 길을 방해해 중이염과 부비동염을 초래하기도 합니다.

만성 편도염이 될 수도 있어요

급성 편도염이 반복될 때 혹은 급성과 같은 증상은 없더라도 지속해서 편도의 염증으로 불편한 경우를 '만성 편도염'이라고 합니다. 대개 급성 편도염의 증상이 자주 반복되거나 감기에 걸려 있는 듯한 증상이 계속해서 나타나지요. 만성 편도염에서 가장 흔한 증상은 만성적인 인후통입니다. 계속 목이 아프며 특히 침 삼키는 것도 힘들 만큼 통증이 심해서 잘 먹지 못하고 계속 보챕니다. 그 외에 편도에 곱이 계속 끼어 있어 만성적인 입 냄새가 유발되기도 합니다.

편도염 치료, 어떻게 하나요?

항생제 치료가 필요해요

편도염은 주로 연쇄구균 등의 박테리아 감염으로 발생하기 때문에 항생제 치료를 합니다. 7~10일간 항생제를 먹이거나 소염제를 복용하면 대개 3~4일 이내에 증상이 호전됩니다. 아이가 목의 통증을 계속 호소하면 아이스크림처럼 시원한 음식을 조금씩 먹게 하는 것도 좋은 방법입니다. 안정을 취하게 한 후 가능한 한 부드러운 음식을 뜨겁지 않게 식혀서 먹이고, 굳이 먹지 않으려 할 때는 억지로 음식을 먹이지 않습니다. 미지근한 식염수로 가글을 해 입안을 깨끗하게 유지하고 수증기를 쐬어 목의 통증과 이물감을 줄이는 것도 좋은 방법입니다.

수술이 필요할 때도 있어요

단순히 편도염에 자주 걸린다는 이유만으로 무조건 수술을 하지는 않습니다. 하지만 편도의 잦은 감염과 기도 폐쇄 증상이 계속될 경우 제거 수술을 고려합니다. 감기에 너무 자주 걸린다든지, 코가 막혀서 항상 입으로 숨을 쉰다든지, 잘 때 코를 심하게 곤다든지, 중이염이 반복적으로 발생할 때입니다. 하지만 가능하면 수술하지 않고 편도의 크기가 서서히 줄어들 때까지 기다려보길 권합니다. 중고등학생 때도 증상이 지속된다면 편도절제술을 고려할 수도 있습니다.

편도선을 떼어내면 감기에 안 걸릴까?

편도선을 떼어낸다고 해서 감기가 예방되는 것은 아닙니다. 아이들이 점차 자라면서 감기 바이러스에 대한 면역력이 키워져 감기를 앓는 횟수가 줄어드는 것뿐이지요. 떼어낸 편도선과 감기에 대한 면역력이 상관관계가 있어 보이는 건 오해입니다. 편도가 크다고 해서 무조건 나쁜 건 아닙니다. 목구멍 양쪽에 있는 편도가 서로 닿아 있지만 않다면 점차 자라면서 저절로 작아지므로 너무 걱정할 필요는 없습니다.

 Dr. B의 우선순위 처치법

1. 충분한 수분과 부드러운 음식을 식혀서 먹여요.
2. 열이 있을 때는 해열진통제를 복용해요.
3. 고열과 심한 통증이 계속될 때는 소아청소년과에서 진찰한 후 필요한 경우에 항생제를 복용합니다.

편도가 많이 부었다면 이렇게 해주세요!

1 목이 아프면 삼킬 때 자극을 덜 주는 음식을 먹이는 것이 좋습니다. 모유나 분유를 먹는 아이의 경우 젖이나 분유를 좀 더 자주 먹게 하고, 이유식이나 밥을 먹는 아이라면 미역국이나 수프, 푸딩 등 부드러운 음식 위주로 먹이세요.

2 미지근한 물이나 차를 자주 마시면 염증 주변에 열이 가해져 통증이 완화되는 효과가 있습니다. 물이나 차를 입안에 천천히, 오래 머금고 있으면 더욱 효과를 높일 수 있습니다.

3 기침이 심하지 않다면 찬 아이스크림을 먹게 해 통증을 줄입니다.

폐렴

기침이 심하고 빠르게 호흡하며 열이 나요.

체크 포인트

☑ 폐렴에 걸리면 감기에 걸렸을 때보다 기침이나 열이 더 심하고 아이도 견디기 힘들어합니다. 폐렴은 무서운 질환이기는 하지만, 치료만 잘하면 쉽게 나을 수 있습니다.

☑ 기침과 가래로 숨을 쉬는 것이 어렵거나 고열이 심할 때는 입원 치료를 받는 것이 좋습니다. 입원 여부는 반드시 의사와 상의해 결정해야 합니다.

☑ 가래가 많을 때는 잘 배출될 수 있도록 도와주세요. 아이가 기침 때문에 힘들어한다고 무조건 기침을 막으면 안 됩니다. 오히려 기침을 통해 가래가 잘 나올 수 있도록 해주세요.

☑ 폐렴의 치료는 무엇보다 충분한 수분 섭취가 기본입니다. 안정과 휴식을 취하며 수분을 충분히 섭취할 수 있게 해주세요.

☑ 세균성 폐렴에 걸리면 항생제로 치료해야 합니다. 항생제를 처방받았다면 반드시 의사가 그만 먹이라고 할 때까지 먹여야 한다는 사실, 잊지 마세요.

폐렴이면 입원해야 하나요?

폐렴은 미숙아나 신생아, 영유아에게 많이 발생합니다. 비위생적인 환경에서 생활할 때, 독감이나 홍역 등의 전염성 질환이 유행할 때, 영양 상태가 나쁠 때도 잘 걸려요. 영양 상태가 나빠지면 면역력이 그만큼 떨어져 폐렴이 잘 낫지 않아요. 폐렴은 폐에 염증이 생기는 병으로, 호흡기 질환 중에서도 비교적 심각한 질환에 속합니다. 실제 폐렴에 걸리면 기침이나 열이 심하게 나는 편이라 아이도 무척 힘들어해요. 나이와 증상에 따라 항생제만으로도 치료할 수 있지만 6개월 미만의 영아나 면역력이 떨어진 경우, 혈액 질환이 있는 경우, 심하게 아프거나 호흡부전 증상이 있는 경우, 산소가 필요한 경우에는 반드시 입원 치료가 필요합니다.

 ## 폐의 공기주머니에 생긴 염증이에요

바이러스가 주된 원인!

폐는 심장을 가운데로 두고 좌우에 2개 있는데, 우리 몸에 필요한 산소를 받아들이고 탄산가스를 내보내는 역할을 합니다. 폐렴은 이러한 중요한 기능을 하는 폐 조직에 염증이 생기는 질환이지요. 세균이나 바이러스, 곰팡이에 감염되어 폐렴에 걸리기도 하지만 약물이나 유해 물질 등이 원인일 수도 있습니다. 하지만 보통 어린아이들이 걸리는 폐렴은 바이러스가 가장 큰 원인이에요. 그다음으로는 마이코플라즈마에 의한 감염입니다. 마이코플라즈마는 세균과 바이러스의 특징을 동시에 지니고 있는 미생물로, 모든 나이에 걸쳐 폐렴을 일으키는 주원인입니다.

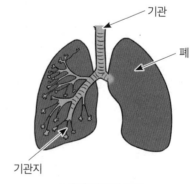

▲ 호흡기계의 구조

호흡기를 통해서 감염돼요

주로 폐렴을 앓고 있는 환자와 접촉하거나 폐렴 환자가 기침할 때 튀어나오는 가래에 의해 감염됩니다. 또 입이나 코의 분비물이 기도로 잘못 흡입되면서 균이 폐로 들어가 폐렴을 일으키기도 해요. 일단 균이 폐에 들어오면 폐의 공기주머니(폐포, 허파꽈리)에 정착하여 빠르게 번식합니다. 그 결과 폐의 공기주머니는 몸이 균과 싸우는 과정에서 생기는 액체와 고름으로 가득 차요. 그러면 폐렴 증상이 나타납니다. 물론 폐렴을 일으키는 원인이 공기 중에 떠도는 균이라 할지라도 모든 아이가 전부 폐렴에 걸리는 것은 아닙니다. 정상적인 상태의 몸이라면 흡입된 균이 폐렴을 일으키지 못하도록 면역계가 알아서 방어해요. 하지만 다른 병으로 허약해진 상태이거나 면역계가 알아서 작동할 수 없을 정도의 몸 상태라면 심한 폐렴으로 발전할 수 있습니다. 따라서 면역력이 약한 영유아, 당뇨병이나 고혈압 등 만성 질환을 앓고 있는 환자, 65세 이상의 노인은 폐렴구균 예방주사를 미리 접종하는 것이 좋습니다.

감기를 치료하다가 폐렴을 진단받기도 해요

처음부터 폐렴으로 진단받기도 하지만, 초반에는 감기로 치료받다가 며칠이 지난 뒤 폐렴으로 진단받는 경우도 흔합니다. 아이의 상태가 좋지 않다면, 폐 상태 확인을 위해 흉부 엑스레이 촬영을 권할 수 있습니다. 폐렴이 바이러스성인지 세균성인지를 진단하기 위해 혈액검사나 가래 검사를 할 수도 있습니다. 폐렴과 다른 호흡기 질환과의 감별이 필요할 때는 흉부 전산화 단층촬영(CT) 등의 검사를 하기도 합니다.

감기 증상과 비슷하지만 좀 더 심해요

기침을 심하게 하고, 고열과 호흡곤란이 나타나요

처음에는 가벼운 감기 증상을 보이는 듯하다가 점차 고열과 심한 기침으로 진행하고, 호흡곤란을 보일 때도 있습니다. 보통 열이 39~40℃까지 오르고 일주일 정도 지속되며, 기침이 심해 잠을 설치거나 구토와 설사를 하기도 해요. 숨을 쉴 때마다 가슴이 푹 푹 들어갈 정도로 힘들어하며, 숨을 내쉴 때 "그르렁" 소리를 내기도 합니다. 이이 등에 대고 숨소리를 들었을 때 쌕쌕거리는 소리가 난다면 폐렴일 수 있습니다. 얼굴이 창백해지고 입술이나 손끝, 발끝이 새파랗게 질리는 청색증을 동반할 때도 있지요. 특히 영유아는 수유량이 갑자기 줄어들 수 있으며, 생후 2~3개월 미만의 신생아는 열이 거의 없는 경우도 있습니다. 따라서 아이의 증상을 주의 깊게 관찰해야 합니다.

증상이 비슷해도 감기와 폐렴은 구별해야 해요

감기와 폐렴은 다른 질환입니다. 일반 감기에 걸렸다고 폐렴이 되지는 않습니다. 폐렴 초기 증상이 감기와 비슷해 헷갈릴 수 있지만 고열과 호흡곤란이 올 수 있다는 점에서 차이가 납니다. 아이의 호흡수가 1분에 40회 이상(만 1세 미만 50회 이상)이고, 숨을 쉴 때마다 코를 벌름거리며 호흡이 빨라진다면 폐렴일 가능성이 큽니다. 또 일주일 넘게 감기 증상이 낫지 않고 증세가 점점 심해진다면 폐렴을 의심해야 합니다.

바이러스성 폐렴 vs. 세균성 폐렴

폐렴 증상을 이야기할 때 바이러스성 폐렴과 세균성 폐렴을 구분해서 말하는데, 어린 아이일수록 나타나는 증상만 가지고 바이러스성이냐, 세균성이냐를 구분 짓기는 어렵습니다. 소아 폐렴의 약 80%가 바이러스성 폐렴이고, 20%가 세균성 폐렴이에요. 그중 바이러스가 원인인 폐렴은 세균성 폐렴에 비해 증상이 비교적 천천히 나타나는 편입니다. 열이 그리 높지 않고, 겉으로 드러나는 증상도 심한 편이 아니지요. 원인균

🚑 이럴 땐 병원으로!

- ☐ 6개월 이하의 소아에서 고열이 48시간 이상 지속될 때
- ☐ 기침, 가래와 같은 감기 증상과 동반된 발열이 5일 이상 지속될 때
- ☐ 숨쉬기를 힘들어하거나 숨 쉴 때 호흡곤란으로 가슴이 쑥쑥 들어가는 것처럼 보일 때
- ☐ 호흡곤란 증상이 있으면서 얼굴, 입 주변, 또는 손, 발이 파래질 때
- ☐ 기침, 가래 증상이 있으면서 먹는 양이 현저히 줄거나, 평소와 달리 많이 처질 때

에 따라 차이는 있겠지만, 1~7일간의 잠복기를 거쳐 증상이 나타나고 약 1~2주 이내에 증상이 호전됩니다. 한마디로 바이러스성 폐렴은 세균성 폐렴보다 증상이 약하다고 할 수 있어요. 이에 반해 세균성 폐렴은 대개 갑작스럽게 증상이 나타나며, 40℃의 고열을 동반할 때가 많습니다. 항생제를 사용할 수 없던 시절에는 세균성 폐렴에 감염되면 매우 치명적인 결과를 초래하기도 했습니다. 하지만 요즘에는 항생제를 사용하면 24~48시간 이내로 증상이 좋아지기 때문에 그리 걱정할 상황은 아닙니다.

폐렴 치료, 어떻게 하나요?

진행 상태를 잘 지켜봐야 해요

병이 심하지 않으면 병원에서 처방해준 약만 잘 먹어도 치료가 됩니다. 하지만 기침과 가래 때문에 숨 쉬는 것을 힘들어하거나 음식과 약을 잘 먹지 못할 때, 고열이 지속될 때는 입원 치료가 필요합니다. 폐렴은 병의 진행이 급속도로 이루어져 호흡 이상 같은 응급상황이 불시에 발생할 수 있어서 주의해야 해요.

충분히 휴식을 취합니다

충분한 휴식을 취하는 것이 가장 중요해요. 가능하면 외출을 삼가고, 외출 후에는 반

 닥터's advice

❓ 폐구균 백신을 맞으면 모든 폐렴이 예방되나요?
흔히 폐렴 예방접종이라고 불리는 폐구균 백신은 모든 종류의 폐렴을 다 예방할 수 있는 주사가 아닙니다. 폐구균의 종류는 90가지 이상인데, 그중 가장 흔하게 질병을 일으키는 7가지 균을 택해서 예방접종 약을 만들어놓은 것입니다. 즉 백신을 맞는다고 해서 폐렴에 절대로 걸리지 않는 것은 아니라는 말이지요. 하지만 아이들이 잘 걸리는 특징적인 균에 대한 예방 차원의 접종인 만큼 감염 위험을 상당히 줄이는 것은 사실입니다.

드시 손을 깨끗이 씻도록 합니다. 환기와 청소를 자주 해 쾌적한 환경을 조성해주세요. 방 안의 습도를 높이는 것도 가래 배출에 도움이 됩니다. 실내 온도는 20~22℃, 습도는 60% 정도로 유지하세요.

수분을 충분히 섭취해요

따뜻한 물을 충분히 마시게 하여 가래 배출을 원활하게 합니다. 물을 마시면 기침을 유발하는 폐의 분비물이 쉽게 녹습니다. 시간을 정해놓고, 그 시간마다 물을 마시게 해주세요. 하지만 기침이 심할 때는 물을 억지로 먹이는 것이 오히려 자극을 줄 수 있어요. 이때는 한 숟갈씩 물을 떠먹이는 방법으로 수분을 보충해주세요.

가래를 잘 뱉도록 도와주세요

폐렴에 걸렸을 때 아이를 괴롭히는 것 중 하나가 바로 가래입니다. 아이의 허리를 숙이게 한 뒤 등을 가볍게 톡톡 두드려주세요. 기관지 벽에 붙어 있는 가래가 잘 떨어집니다. 아이의 입과 코 근처에 따뜻한 물수건을 대어 습기를 들이마시게 하는 방법도 좋습니다. 가래를 어느 정도 제거하면 한결 호흡이 편해지고 기침 역시 줄어듭니다.

항생제는 의사의 처방대로 끝까지 복용합니다

세균성 폐렴에 걸리면 반드시 항생제로 치료해야 합니다. 폐렴사슬알균(폐구균) 폐렴이나 인플루엔자균 폐렴, 마이코플라즈마 폐렴 등은 아이들이 흔히 걸리는 세균성 폐렴입니다. 약은 반드시 정해진 기간을 채워서 복용합니다.

 Dr. B의 우선순위 처치법

1. 수분을 충분히 공급하고, 가래를 배출시켜요.
2. 가슴이 쑥쑥 들어가거나, 청색증을 보일 때, 호흡수가 과도하게 빠를 때 등 호흡곤란 증상을 보이면 지체하지 않고, 가까운 병원에서 진료를 받아야 합니다.
3. 병원에서 처방받은 항생제나 감기약은 임의로 중단하지 않고, 끝까지 먹여야 합니다.

엄마표 처방전

폐렴에 걸린 아이, 집에서 어떻게 돌볼까요?

1 자면서 호흡이 곤란하거나 쌕쌕 소리가 날 때, 기침이 멎지 않아 괴로워할 때는 윗몸을 일으킨 자세에서 쿠션을 등 뒤에 받쳐주세요. 또는 엄마 가슴에 반쯤 기대게 하면 숨 쉬는 것이 한층 편안해집니다.

2 얇은 옷을 여러 겹 입혀 체온 조절을 해주세요. 특히 땀을 많이 흘린 후 체온 변화가 오지 않도록 마른 수건으로 잘 닦아주고 젖은 옷은 바로 갈아입혀요.

3 아이가 잠을 못 잘 정도로 기침이 심한 경우 기침억제제를 사용해보세요. 물론 임의로 복용하는 것은 금물입니다. 반드시 의사의 처방 아래 정해진 용량과 횟수에 맞춰 복용해야 합니다.

4 가래를 묽게 해서 쉽게 뱉어낼 수 있도록 돕는 거담제나 열을 떨어뜨리고 다양한 증상을 완화하는 해열진통제를 사용해도 됩니다. 이런 경우에도 의사의 처방은 필수입니다.

02

소화기 질환

변비

단단하고 물기 없는 변을 보며 아파해요.

체크 포인트

☑ 단단하고 물기 없는 변을 보며 힘들어한다면 변비일 수 있습니다.

☑ 아이가 변비에 걸리면 그동안 무엇을 먹었는지 체크해봅니다.

☑ 돌이 지난 아이에게 우유를 지나치게 많이 먹이거나 바나나와 요구르트를 많이 먹여도 변비가 생겨요.

☑ 변비에 걸리면 물을 많이 마시거나 식이섬유가 풍부한 음식을 먹게 하는 등 식습관을 개선하는 게 중요합니다.

☑ 변비약과 관장은 의사의 지시와 처방을 따라야 합니다.

변비란 정확히 무엇인가요?

변비는 음식물 찌꺼기 등이 장에 머물러 몸 밖으로 배출되기 어려운 상태를 말합니다. 한마디로 변이 너무 딱딱해져서 나오기 힘든 상태예요. 변을 보고 싶은 욕구는 생기는데 몸 밖으로 배출되지 않아 계속해서 온몸에 힘을 주게 됩니다. 배변하느라 엄청난 에너지를 쓰고, 항문 안쪽에 찢어지는 통증을 느끼기도 합니다. 이렇듯 변을 볼 때 아프고 변이 나오기까지 시간이 오래 걸리면 변을 참는 것이 습관이 됩니다. 이런 식으로 변비가 더욱 심해지는 악순환이 되풀이됩니다.

변을 잘 보던 아이가 갑자기 며칠간 변을 보지 않거나 또 유난히 힘을 많이 주고 힘들어한다고 해서 모두 변비는 아닙니다. 아이들은 변을 볼 때 아직 힘주는 법을 잘 몰라 얼굴이나 팔다리에 한껏 힘을 줘가며 배변을 보기 때문이죠. 또 어떤 아이는 일주일까지도 변을 보지 않고도 아무렇지 않게 생활할 수 있어요. 어떤 음식을 먹었느냐에 따라 일시적으로 잠시 변을 보기 힘들어지기도 합니다. 이런 경우 대부분은 별문제가 없으며, 특별한 치료 없이도 시간이 지나면 좋아지게 마련입니다.

변비는 왜 걸리나요?

무엇을 먹느냐와 관련이 있습니다

변비는 무엇보다 아이들의 식생활과 밀접한 관계가 있습니다. 하루 3컵 이상의 우유나 바나나, 요구르트 혹은 밀가루 음식이나 인스턴트식품 등을 많이 먹지는 않았는지 체크해보세요. 우유를 먹기 시작하면 대변이 딱딱해지는 경우가 많습니다. 돌이 지난 아이들이 쉽게 변비에 걸리는 이유가 여기에 있어요. 우유를 밥 대신 너무 많이 먹으면 변을 밀어내야 할 음식의 양이 줄어들어 변비로 고생하게 됩니다.

많이 먹지 않아서 생기는 것은 아닙니다

변이란 먹는 것이 많으면 저절로 나옵니다. 그렇다고 "우리 아이가 너무 적게 먹어서 변비에 걸렸어요"라고 말하기는 어려워요. 무조건 많이 먹는다고 변비에 걸리지 않는 것은 아니기 때문입니다. 여기에서 중요한 건 "끙!" 하고 밀어낼 수 있는 덩어리를 만들어줄 수 있느냐 하는 겁니다. 덩어리를 만들기 위해선 식이섬유가 풍부한 음식이 도움이 돼요. 평소 식이섬유가 많은 채소와 과일, 곡류 등을 제대로 먹고 있는지 확인해보세요.

수분 부족이 문제!

변비를 판단할 때 변의 횟수보다 가장 중요한 것이 변의 굳기, 즉 '얼마나 딱딱한가?' 하는 점입니다. 변의 딱딱한 정도는 평소 수분을 적절히 보충하는지와 관련 있어요. 모유나 분유를 먹는 아이라면 수유량이 부족한 건 아닌지 확인해보세요. 이유식을 먹는 아이라면 상대적으로 수분이 부족할 수 있으니 별도로 물을 먹여야 할 수 있습니다.

참으면 변비가 돼요

대변이 마려우면 바로 변을 보는 게 당연하지만, 놀랍게도 아이들은 첫 번째 신호가 왔을 때 대부분 무시해버립니다. 대변보다 중요한 일에 정신이 팔려 있는 게 제일 큰 이유이지요. 하지만 간혹 무섭거나 더럽다고 생각되는 장소에서는 무작정 참아버리기도 합니다. 아이의 직장(直腸) 탄력성은 어른보다 좋은 편이라 대변 역시 조금 더 오래 참을 수 있어요. 아이가 마음먹고 대변을 참기 시작하면 항문 감각이 사라질 정도까지도 대변을 쌓아둘 수 있습니다. 그러다 정작 대변을 봐야 할 땐 딱딱해질 대로 딱딱해져 온 힘을 다해 변을 밀어내야 하는 최악의 상황이 됩니다.

배변 훈련을 일찍 시작할수록 변비가 생기기 쉬워요

준비가 안 된 상태에서 대소변 가리기를 무리하게 시도하면 실수하면 안 된다는 부담감 때문에 무작정 변을 참아버리곤 합니다. 평소 채소도 잘 먹고 잘 뛰어다녀 변비를 모르던 아이가 정작 배변 훈련을 시작하면서 변비에 걸리는 이유가 이 때문입니다. 스스로 대소변이 마렵다고 얘기하고, 혼자서 옷을 입고 벗으며, 변기를 사용하고 싶

 닥터's advice

❓ 기저귀 발진이 변비의 원인이 될 수 있나요?
기저귀 발진으로 통증이 생기면 아이가 배변을 피할 수 있어요. 그러다 보면 변비가 생깁니다. 변비 예방을 위해서라도 평소 기저귀 발진이 생기지 않도록 꼼꼼히 관리해야 해요. 특히 대변을 본 후 깨끗이 씻고, 피부에 세정제가 남지 않도록 여러 번 헹궈요.

어 할 때부터 배변 훈련을 시작해도 늦지 않아요.

건강에 이상이 있을 때 변비가 생길 수 있습니다

변비는 식습관과 생활습관이 주된 원인이지만, 간혹 해부학과 소식막직 이상 때문에 생기기도 합니다. 선천적인 항문 이상 질병이나 내분비 질환에 이상이 있을 때입니다. 이런 경우에는 병원을 찾아 적절한 치료를 받아야 합니다.

 아이의 변은 제각각

아이의 변이 건강을 판단하는 척도이지만 건강한 변에 대한 명확한 기준은 없습니다. 아이들은 변의 색깔도 모양도 횟수도 다 제각각이에요. 모유를 먹는 아이는 엄마가 어떤 음식을 먹었느냐에 따라서도 색과 모양이 달라집니다. 아이에게 특별한 문제가 없다면 변 색깔이 조금 어둡거나 무르다고 해도 크게 걱정할 일이 아닙니다. 황금색 변을 누어야 정상이라는 생각부터 버리세요. 하지만 변을 보는 습관이나 모습이 갑자기 달라지고 자주 보채고 잘 놀지 못하고 잘 먹지 않는다면 문제가 있다는 신호일 수 있어요.

모유 먹는 아이의 변

모유를 먹는 아이의 변은 어른보다 묽어요. 물기가 많다 보니 "혹시 설사가 아닐까?" 하며 놀라는 것이 당연하지만, 모유를 먹는 아이의 변은 설사처럼 묽은 것이 정상입니다. 달걀노른자와 비슷한 색에 시큼한 냄새가 나기도 하고 거품이 보일 때도 있어요. 어느 때는 갑자기 녹변을 보기도 하고, 가끔 끈적끈적한 점액이 섞여 나오기도 합니다. 이 역시 정상적인 변으로 조금 자라면 저절로 사라집니다. 모유를 먹는 아이의 배변 횟수는 하루 1~5회인데, 간혹 10번 넘게 변을 보는 아이도 있어요.

분유 먹는 아이의 변

분유를 먹는 아이의 변은 조금 달라요. 모유를 먹는 아이의 변 색깔보다 진해 담황색을 띠고, 묽기 면에서도 되직한 편입니다. 입자도 더 굵고 알갱이가 섞여 나올 때도 있어요. 변을 보는 횟수도 하루에 1~3회로, 모유를 먹는 아이에 비해 적은 편입니다. 일주일에 2~3번만 변을 보더라도 평소 잘 놀고 잘 먹고, 변을 볼 때 힘들어하지만 않는다면 문제 될 건 없어요. 섣불리 변비라고 지레짐작해 특수 분유를 먹이거나, 평상시보다 분유를 묽게 타서 먹여서는 안 됩니다. 변을 잘 보던 아이가 갑자기 변을 안 보거나 변의 굳기가 딱딱해졌다면 분유를 바꾸기 이전에 먼저 아이 건강에 다른 이상이 없는지부터 점검해보세요.

변이 보내는 이상 신호!

변비를 진단하는 기준은 아이가 수분 없이 단단한 변을 볼 때입니다. 변을 오랫동안 못 보거나 변을 볼 때 힘들어하고 통증을 느껴 운다면 변비일 가능성이 커요. 배변 횟수 또한 변비인지 아닌지를 판단하는 데 도움이 됩니다. 하지만 아이의 배변 활동은 횟수나 시간이 정해져 있지 않고, 아이마다 변의 형태나 상태가 모두 달라요. 그러므로 아이에게 변비가 있다고 의심된다면 다음과 같은 증상을 먼저 확인해봅니다.

유형 1		변이 견과류처럼 단단하게 뭉친 덩어리 여러 개로 구성됨 (배설하기 어려움)
유형 2		소시지 모양이며 한 덩어리로 뭉쳐짐
유형 3		소시지 모양이며 표면 여기저기에 금이 가 있음
유형 4		소시지 혹은 뱀 모양이며 말랑말랑함
유형 5		작고 무른 덩어리가 여러 개로 뚝뚝 끊어지고 경계선이 분명함 (배설하기 쉬움)
유형 6		경계선이 모호하고 조직이 성기며 질척함
유형 7		물처럼 흐르고 고형 덩어리가 없음

▲ 브리스톨 대변 척도

딱딱한 정도

변비를 확인하는 가장 대표적인 방법은 변의 굳기를 살펴보는 것입니다. 어린아이의 대변은 쉽게 말해 달걀찜이나 두부처럼 약간 물이 섞여 흐물흐물해진 상태가 좋은 변이에요. 정확한 대변의 상태를 알고 싶다면 '브리스톨 대변 척도'로 확인해보세요. 1990년도 영국 브리스톨대학교에서 개발한 이 표는 건강한 대변과 변비를 구별하는 데 도움을 줍니다. 아이의 대변 상태가 유형 4에 해당한다면 이상적인 대변 상태예요. 반대로 유형 1~3까지에 속한다면 변비를 의심해볼 수 있으며, 유형 5~6은 정상 범주에 속하지만 유형 7로 갈수록 설사에 가까워요.

굵고 커다란 정도

변의 크기가 나이에 비해 지나치게 크다면 이것 역시 문제입니다. 쉽게 말해 어린아이의 대변이 부모보다 큰 편에 속한다면 대부분이 참는 습관이 있기 때문이에요. 변이 가늘고 기다란 형태가 아니라 굵고 커다란 형태의 대변이라면 주의 깊게 살펴봐야 합니다.

배변 횟수가 일주일에 2회 이하일 때

생후 1개월 이전의 아기가 모유 수유를 하는데, 하루 3~4회 미만의 변을 보거나 돌 이후의 아이가 4일 이상 변을 보지 않는다면 변비를 의심해야 합니다. 또 만 3~4세 이후 아이가 일주일에 2회 미만으로 변을 보고, 10분 이상 변기에 앉아 있는데 변을 보지 못할 때도 변비일 수 있어요.

설사처럼 보이는 묽은 대변

심한 변비인데도 때로는 설사하는 것처럼 변을 보기도 합니다. 변이 나오는 통로인 직장에서 딱딱하고 커다란 대변이 나오는 입구를 막고 있으면 액체 상태의 묽은 변이 그 옆을 돌아 항문으로 빠져나오는 경우예요. 정작 커다란 변은 그대로 남아 있어 배

🚑 이럴 땐 병원으로!

☐ 대변을 볼 때 통증을 호소하거나 기저귀나 팬티에 선홍색의 피가 묻어 있을 때
☐ 단단한 대변 때문에 항문 주변이 찢어져 상처가 났을 때
☐ 항문으로 물이나 설사 같은 변이 힘을 주지 않아도 흘러나올 때
☐ 아이가 복통을 호소하며 특히 오른쪽 아랫배가 아프다고 해 맹장염이 의심될 때

변을 봐도 깨끗이 비운 느낌이 들지 않습니다.

배변 시 피가 묻어나는 대변

굳어서 딱딱해진 대변은 적은 힘으로는 배출하기 어려워요. 있는 힘껏 오랜 시간 힘을 줘야 하므로 나오는 도중 항문이 찢겨 피가 나거나 단단한 변 바깥에 피가 묻어 있을 때가 종종 있습니다.

뚜렷한 원인 없이 종종 생기는 복통

장염이나 설사 등 뚜렷한 원인이 없는데도 아이가 가끔 배가 아프다며 복통을 호소하곤 합니다. 대장에 대변이 가득 차 있으니 자연히 배가 아프고, 가스가 차고 속이 더 부룩해집니다.

발달 단계에 따라 변비가 달라져요

모유 먹는 아이의 변비

분유보다 모유를 먹는 아이가 상대적으로 변비에 덜 걸리는 편입니다. 모유에는 변비를 해소하는 성분이 포함되어 있기 때문이에요. 하지만 모유를 먹는 아이라도 감기 혹은 다른 질병에 걸려 먹는 양이 줄어들면 변비가 생길 수 있습니다. 하루 3~4회 변을 보는 게 보통이므로 만약 이보다 대변을 적게 본다면 모유 먹는 양이 부족하지는 않은지 확인해보세요. 또 생후 6주 이상 지나면 모유 속에 '카제인'이란 성분이 증가해 변의 횟수가 갑자기 줄어들어 심할 경우 며칠 동안 변을 보지 않는 경우도 있습니다. 하지만 잘 먹고 잘 놀고 컨디션이 좋다면 대개는 큰 문제 없이 지나갑니다.

분유 먹는 아이의 변비

모유와는 달리 분유에는 변비 해소 성분이 거의 없습니다. 분유를 먹는 아이에게 변비가 생기면 우선 수분을 충분히 공급해주세요. 간혹 분유를 묽게 타서 수분 섭취를 늘리면 된다고 생각할 수도 있지만, 오히려 분유를 평소보다 진하게 타서 밀어낼 수 있는 덩어리의 힘을 만들어주는 것이 더욱 효과적입니다. 수분은 분유를 다 먹인 후 물을 먹이는 것으로 보충해주세요.

이유식을 시작하는 아이의 변비

이유식을 시작하면서 처음으로 변비가 생기기도 합니다. 아이의 장이 분유나 모유가 아닌 처음 보는 음식물을 어떻게 처리해야 할지 몰라 장 속에 한참을 두면서 딱딱하게 변하기 때문이에요. 그래서 며칠간 변을 보지 못하거나 변을 볼 때 유난히 힘들어합니다. 하지만 이런 변비는 며칠이 지나면 자연스럽게 사라지므로 크게 걱정할 필요는 없어요. 다만 평소보다 물을 충분히 먹이세요. 이유식을 시작한 아이에게 변비 증상이 나타났다면 수분 보충 다음으로 중요한 것이 채소나 과일로 이유식을 만들어 식

닥터's advice

❓ 변비가 심할 때는 분유에 설탕을 넣어보세요

변비 때문에 아이가 보채거나 힘들어할 때 하루에 3~4번 나눠 설탕을 3g 정도 타서 먹이면 변비 해소에 도움이 됩니다. 이때 설탕 대신 꿀을 타서는 안 됩니다. 설탕을 대신해 설탕 시럽이나 조청 등을 활용하는 것은 좋아요.

❓ 식이섬유는 변비에 왜 중요할까요?

우리가 먹은 채소나 과일은 위에서 소화된 후 장에서 흡수됩니다. 흡수된 영양소가 에너지로 쓰여 말하고 움직이고 생각하는 등의 활동을 할 수 있습니다. 식이섬유는 위에서 소화되지 않고 장으로 흡수되어 변으로 배출됩니다. 이런 식이섬유가 하는 일이 장을 지나면서 수분을 흡수하고 지방과 결합해 대변을 부드럽고 끈끈하게 만들어주는 것이에요. 식이섬유를 많이 섭취하면 대변의 양이 늘어나고 장을 통과하는 속도가 빨라져요.

❓ 우유 대신 요구르트는 어떨까요?

우유를 많이 먹어 변비가 생긴 아이에게 대체품으로 요구르트를 주는 건 변비 치료에 그다지 효과가 없습니다. 요구르트를 먹으면 역시나 그 양만큼 다른 음식을 먹는 양이 줄어들어 '덩어리'를 만들기에 부족한 것은 마찬가지이기 때문이죠. 우유 대신 다른 유제품의 양을 늘리기보다 우유를 당분간 끊고 식이섬유를 많이 섭취하는 방향으로 식단을 조절해야 합니다. 유산균은 변비를 직접적으로 해결해주지는 못해요. 그저 '장 기능을 좋아지게 하는' 정도이지요.

이섬유를 충분히 먹이는 일입니다. 생후 4개월 즈음엔 채소, 생후 6개월이 되면 과일을 먹을 수 있게 해주세요. 또한 주스를 먹을 수 있게 됩니다. 처음에는 즙을 짜서 가볍게 주고, 점차 적응되면 서서히 과육이 씹히게 과일을 갈아서 먹이세요. 아이만 힘들어하지 않는다면 되도록 즙보다는 과일이나 채소를 갈아서 먹이는 게 좋습니다.

우유를 먹기 시작한 아이의 변비

만 3세 이하 아이의 변비 중 가장 흔한 원인이 우유를 많이 마시는 것입니다. 흔히 우유는 완전식품이라 많이 먹을수록 좋고, 그래서 반드시 먹여야 하는 식품으로 알고 있어요. 하지만 우유는 식이섬유가 적은 대표적인 식품이며, 돌 지난 아이가 우유를 많이 먹으면 그만큼 우유 외에 다른 음식의 양이 줄어 변비가 생기기 쉽습니다. 우유를 많이 먹어 생긴 변비는 우유 섭취량을 줄이고 대신 밥과 반찬을 많이 먹이는 게 좋아요. 우유는 하루 500ml 이하로 먹는 것이 적당합니다.

대소변 가리기를 하는 아이의 변비

변비가 있는 상태에서 배변 훈련을 시작하면 문제가 발생합니다. 실수하지 않으려고 무작정 참아버리고, 그럴수록 배변하기는 더욱 어려워지는 악순환이 시작됩니다. 배변 훈련 전, 아이의 변이 딱딱하고 굳은 편이라면 먼저 변비 치료부터 합니다. 채소와 과일을 많이 먹이고 적당한 운동도 병행하며 변의 상태를 꾸준히 체크하세요. 배변 훈련이 성공한 단계라면 이후부터가 중요합니다. 아이가 화장실에 가고 싶다고 말하기를 기다리면 때는 늦어요. 부모가 먼저 나서서 일정한 간격을 두고 아이를 변기에 앉혀야 합니다. 매일 대변을 보게 하는 것이 이상적이고, 아침 식후에 볼 수 있게 유도하는 것이 효과적입니다. 하지만 대변이 나올 때까지 무작정 기다릴 필요는 없어요. 변기에 앉은 상태로 5분이 지나도록 변을 보지 못한다면 아이를 일으켜 세우고, 다음에 다시 시도합니다.

변비 치료, 어떻게 하나요?

식이섬유가 풍부한 음식을 충분히 먹여요

식이섬유는 사람의 소화효소로 분해되기 어려운 고분자 탄수화물이에요. 소화되지 않기 때문에 몸 밖으로 배출되지요. 식품 중에서도 채소의 질긴 부분이나 미역, 다시마 등의 끈적끈적한 성분, 버섯류 등에 많이 들어 있어요. 주로 식이섬유가 부족할 때 변비가 생겨요. 식이섬유 공급만 제대로, 충분히 해도 변비를 쉽게 고칠 수 있어요. 이유식을 먹는 아이도, 어른과 같은 식사를 하는 아이도 얼마만큼의 식이섬유를 어떤 식품으로 섭취하고 있는지를 꼭 체크해보세요. 미국 소아과학회에서 권장하는 식이섬유 섭취량은 2세 이후 하루 0.5/kg 또는 나이+(5~10)g이지만, 나이와 몸의 크기 그리고 활동량에 따라 개인차가 납니다. 몸집이 크고 활동량이 많은 아이라면 늘어나는 열량만큼이나 섬유질을 충분히 섭취해야 합니다.

 닥터's advice

❓ 어떤 음식에 식이섬유가 많을까요?

• **과일류** 식이섬유 함량이 높은 식품 중 아이가 좋아하면서 손쉽게 줄 수 있는 음식이 '과일'이지요. 신선한 상태로 그대로 먹게 하는 게 가장 좋지만, 냉동 과일도 괜찮습니다. 다만 통조림 속에 시럽과 같이 보관된 과일은 될 수 있는 한 피해주세요.

• **곡류** 변비 예방을 위해서는 채소나 과일의 식이섬유보다 곡식의 식이섬유 섭취가 더욱 중요합니다. 변비에 도움이 되려면 되도록 도정하지 않은 '100% 통곡류'라고 표기된 것을 선택하세요.

• **콩류** 검정콩이나 강낭콩 등은 식이섬유가 풍부한 식품입니다. 밥에 섞어 먹기만 해도 식이섬유 섭취량을 대폭 늘릴 수 있는 식품이에요.

• **유제품** 우유, 아이스크림, 요구르트, 치즈 등의 유제품은 변비가 해결될 때까지 피하는 게 좋습니다.

❓ 식이섬유 섭취량을 서서히 늘려요!

아이의 식이섬유 섭취량이 기준에 많이 못 미친다는 사실을 알게 되면 부모는 마음이 급해져요. 하지만 식이섬유 섭취량은 절대 서두르면 안 됩니다. 섭취량을 갑작스럽게 늘리면 배가 아프고 가스가 차거나, 심한 경우 설사까지 유발하기 때문입니다. 섬유질 섭취량은 일주일에 3~4g씩 천천히 늘리는 것이 좋습니다.

- **3일 정도 아이가 먹은 음식 일지 작성하기** 조금 귀찮고 번거롭더라도 아이가 먹은 음식과 그에 따른 식이섬유 섭취량을 기록해보세요. 아이가 일어나서 잠잘 때까지 먹은 것을 빠짐없이 적고 주스나 물 등 하루 수분 섭취량도 함께 기록합니다. 식이섬유 등의 영양 정보는 식품 포장지 뒷면이나 인터넷을 통해 쉽게 확인할 수 있어서 그리 어렵지 않게 작성할 수 있어요. 3일 치만 적어 봐도 평상시 아이의 식이섬유 섭취량을 파악할 수 있습니다.

- **식이섬유, 제대로 알고 섭취하기!** 아이가 채소와 과일을 잘 먹는데도 변비가 심할 수 있습니다. 이것은 식이섬유를 섭취하는 방법을 잘못 알고 있기 때문이에요. 예를 들면 사과 큰 것 1개에 함유된 섬유소 함량은 2.75g이지만, 사과로 만든 주스 한 컵의 섬유소 함량은 0.7g으로 크게 감소해요. 또 바나나는 변비를 유발하는 과일이지만 아

곡류 및 전분	식품	밥 210g	국수 50g	식빵 100g	떡 100g	시리얼 90g
	식이섬유	0.2g	0.2g	0.5g	0.3g	1.6g
채소 및 과일	식품	시금치 70g	콩나물 70g	배추김치 60g	느타리버섯 70g	물미역 70g
	식이섬유	0.5g	0.4g	0.4g	0.6g	0.2g
	식품	딸기 200g	귤 100g	토마토 200g	사과 100g	오렌지주스 100g
	식이섬유	3.8g	0.2g	2.0g	0.5g	0g
육류 및 콩류	식품	고기 60g	닭고기 60g	생선 70g	달걀 50g	두부 80g
	식이섬유	0g	0g	0g	0g	0g
유제품	식품	우유 200g	치즈 40g	플레인 요구르트 110g	액상 요구르트 150g	초코아이스크림 100g
	식이섬유	0g	0g	0g	0g	0g
그 외	식품	식용유 5g	버터 6g	마요네즈 6g	설탕 12g	탄산음료 100g
	식이섬유	0g	0g	0g	0g	0g

▲ 1인 1회 분량에 따른 식이섬유 함량

주 잘 익은 것을 먹이거나 즙을 내서 먹이면 괜찮습니다. 이처럼 어떤 요리법을 사용하느냐, 어떤 상태에서 먹이느냐에 따라 같은 식품이라도 변비를 유발하기도 하고 또 치료하기도 합니다.

수분을 충분히 섭취해요

섭취한 식이섬유가 제 기능을 하기 위해서는 수분 섭취가 중요합니다. 물은 몸에서 소화된 음식물을 장으로 통과시키는 역할을 해요. 아무리 식이섬유를 많이 섭취해도 물이 충분하지 않으면 변비가 해결되지 않아요. 우유나 주스 등에도 많은 수분이 들어 있지만, 당분이 많아서 되도록 그냥 물을 마시는 것이 좋습니다. 하루 6~8컵 정도 충분한 양을 마실 수 있게 해주세요.

변이 잘 나오는 자세를 잡아주세요

변비를 예방하고 치료하는 방법의 하나는 변을 제대로 볼 수 있는 자세로 잡아주는 것입니다. 자세 하나만 바꿔도 대변을 쉽게 눌 수 있어요. 배변을 보기에 가장 적당한 자세는 '쪼그려 앉는 것'입니다. 쪼그리고 앉아 발바닥으로 힘을 분산하는 자세예요. 아이의 발밑에 받침대를 놓고 몸을 앞으로 기울이게 하면 쪼그려 앉는 것과 비슷한 자세가 됩니다. 앞쪽으로 몸을 기울여 팔꿈치를 무릎 위에 올려놓고 어깨를 웅크린 다음 다리를 벌려 배변을 볼 수 있게 자세를 잡아주세요.

대장 마사지를 꾸준히 해요

변비가 심한 아이일수록 대장운동이 느리고 배변 욕구를 잘 못 느낍니다. 이런 경우 식후 배를 부드럽게 마사지해주면 좋아요. 배꼽 위와 아래의 2~3cm 정도 부위를 손바닥으로 부드럽게 누른 후 손바닥 전체로 천천히 쓸어 올리는 동작을 5~10분간 해보세요. 큰 도움이 됩니다.

관장이 필요할 수도 있어요

아이가 변비 때문에 너무 힘들어하거나 오래 변을 못 봤을 때는 변을 제거하기 위해 관장을 하기도 합니다. 그러나 관장은 변비가 생기는 원인에 대한 치료법이 아닌 일시적인 처치 방법이므로 변비에 대한 근본적인 해결책이 될 수는 없어요. 관장을 반복적으로 하면 스스로 배변 욕구를 느껴 변을 보는 능력이 떨어지므로 변비를 더욱 악화시킬 수도 있어요. 또한 잦은 관장으로 항문이 손상되기라도 하면 아픈 항문 때문에 변을 참느라 오히려 변비가 심해질 수도 있어요. 따라서 관장은 마지막 수단으로 신중히 생각해서 결정해야 합니다. 관장을 꼭 해야 할 때는 의사의 지시에 따라 병원에서 실시하는 것이 안전합니다. 관장을 결정하기 전에 먼저 항문을 자극하면 변비가 해소될 수도 있어요. 면봉 끝에 로션이나 베이비오일을 묻힌 후 아이의 항문에 살짝 밀어 넣고 살살 돌리면서 자극을 주는 방법이에요. 자극을 줘도 변비가 해결되지 않는다면 그때 관장을 고려해보세요.

변비약은 반드시 의사의 처방을 따라야 해요

변비약은 장운동이 정상적인 상태로 회복될 때까지만 의사의 지시대로 적정 용량을 지켜 사용해요. 처방전 없이 구입할 수 있는 약들을 무턱대고 사용해서는 절대 안 됩니다. 처방전을 받아 사용하는 아이의 변비약으로는 락툴로스(Lactulose) 성분을 함유한 듀파락 시럽이 대표적이에요. 이 약은 대변에 포함된 수분을 몸에서 흡수하는 것

 닥터's advice

❓ 항문이 찢어져서 피가 나요!
변이 딱딱하게 나와 항문이 찢어지면 변에 피가 묻어 나올 수 있어요. 일단 항문이 찢어지고 피가 나면 소아청소년과를 방문해 의사의 진찰을 받는 게 우선이에요. 그리고 찢어진 항문의 회복을 돕는 좌욕을 하고, 처방받은 소염제나 진통제를 함께 복용해요. 미지근한 물로 하루 2~3차례 반복해서 좌욕을 시켜주는 것이 도움이 됩니다.

❓ 변비약, 계속 복용해도 안전한가요?
듀파락 시럽은 아이들의 심한 변비에 비교적 안전하게 쓸 수 있는 제제에 속합니다. 장내로 흡수되거나 습관성 및 내성이 있지는 않아요. 이것 역시 변비의 근본 해결책은 아니므로 서서히 용량을 줄여나가는 게 바람직합니다.

을 막아 변을 부드럽게 만들어 변비 증상을 완화합니다. 병원을 방문할 정도로 심한 변비라면 일정 기간 변비약을 복용해보는 것도 좋은 방법이 될 수 있습니다.

 Dr. B의 우선순위 처치법

1. 평상시 식이섬유 섭취를 확인하고, 부족하면 늘립니다.
2. 우유는 줄이고 수분을 많이 섭취해요.
3. 장운동을 촉진하는 대장 마사지를 꾸준히 합니다.
4. 아이에게 사용하는 변비약은 안전하고 내성이 생기지 않습니다. 의사에게 변비약을 처방받아 먹이는 것에 대해 거부감을 가질 필요는 없습니다.

식중독

상한 음식을 먹은 뒤 설사와 구토가 심해요.

체크 포인트

☑ 식중독에 걸리면 갑자기 열이 나고 설사와 구토를 합니다. 아이가 탈진하지 않도록 수시로 수분을 보충해주세요.

☑ 식중독에 걸려 심하게 설사를 하더라도 엄마가 임의대로 지사제를 먹여서는 안 됩니다. 반드시 의사의 처방을 받은 후 사용합니다.

☑ 냉장고에 보관한다고 해도 음식이 상할 수 있습니다. 냉장고를 맹신해서는 안 됩니다.

☑ 식중독은 치료보다 예방이 중요합니다. 아이들은 맛이 이상해도 그냥 먹기 때문에 상한 음식을 먹지 않도록 부모가 신경을 써야 해요.

여름철, 배탈이 났다면? 식중독을 의심하세요

여름철 기온이 높고 습기가 많을 때 식중독에 잘 걸려요. 특히 습도가 절정에 달하고 음식이 상하기 쉬운 5~9월 사이에 집중적으로 발생해요. 설사와 구토가 심하고, 전염성이 강해 한번 걸리면 여간 신경 쓰이는 게 아닙니다. 식중독은 조금만 방심해도 쉽게 걸릴 수 있어 조심해야 합니다. 하지만 여름철에 설사와 구토를 한다고 해서 모두 식중독은 아닙니다. 장염도 식중독과 거의 유사한 증상을 보입니다. 두 질병 모두 음식 섭취와 관련이 있고 구토, 설사 등을 동반해요. 발병 시간이나 증상에 미묘한 차이가 있으므로 잘 구별해야 합니다. 식중독은 식품 속 독성 성분이나 세균, 바이러스로 인해 탈이 나는 질환입니다. 주로 음식을 통해 감염돼요. 음식을 함께 먹거나 혹은 물이 세균이나 바이러스 등에 오염되었을 경우, 조리하는 사람의 손이 오염된 경우, 집단 발병을 일으키기도 합니다. 보통 몸속에 있던 독소나 세균이 배출되면 2~3일 이내에 증상이 좋아지는 편입니다. 장염은 조금 더 넓은 범위의 개념으로 바이러스나 세균 감염에 의한 복통, 구토, 설사, 발열 등의 위장관 증상이 나타나는 질환을 통칭합니다.

식중독에 걸렸을 때 나타나는 증상

구토와 설사를 해요

대개 구토는 음식을 섭취하고 2~12시간 후에 증상이 나타납니다. 식중독이 위와 장에 들어와 증상을 유발하기 때문에 구토, 구역, 오심 등의 증상이 흔히 발생해요. 설사는 24~72시간의 잠복기를 거친 후 나타나요. 변이 묽어질 뿐 아니라 녹색으로 변하고 냄새가 심해지며, 심한 경우 고름이나 피가 섞여 나오기도 합니다.

 닥터's advice

❓ 구토가 며칠 이어질 때

장염이나 식중독 등이 구토를 일으키는 가장 흔한 원인이지만 다른 원인으로 구토가 일어날 수 있어요. 일단 구토 증상이 있을 때는 주의가 필요합니다. 장중첩증 등 급한 의학적 처치가 필요한 질환일 가능성도 있어 설사 없이 2~3일 이상 지속되는 구토, 녹색 담즙이 섞인 구토가 발생하면 바로 병원에 찾아가야 합니다.

열이 나고 두드러기가 생기기도 해요

열은 8~12시간 정도의 잠복기를 거쳐 발생해요. 심하면 38℃까지 올라가지만, 보통 24시간 이내 사라집니다. 간혹 피부가 부풀어 오르는 두드러기가 동반되기도 하는데, 아주 드물어요. 식중독을 일으킨 원인에 따라 복통이나 근육통, 두통 등의 증상이 뒤따를 수 있습니다. 하지만 증상만으로는 식중독의 원인을 밝힐 수 없어요. 단, 음식물을 섭취한 시간과 증상이 발생한 시간의 간격으로 식중독이 세균성인지 혹은 독소 때문인지는 추측할 수 있습니다.

음식을 통해 감염돼요

식중독을 일으키는 원인은 크게 두 가지로 나눌 수 있어요. 음식이 상했을 때 생기는 나쁜 독소를 섭취하는 경우와 식품 자체에 있던 바이러스나 살모넬라균, 포도상구균 같은 세균이 몸속으로 들어와 병을 일으키는 경우입니다.

음식이 상하면서 생기는 독소가 식중독을 일으켜요

음식이 상했을 때 생기는 유독 성분에 의한 독소형 식중독은 이미 만들어진 독소에 의해 증상이 나타나기 때문에 섭취 후 증상 발생까지의 간격이 짧아요. 음식을 섭취한 지 2~6시간 사이에 증상이 나타나요. 독소형 식중독을 일으키는 대표적인 세균으로는 쌀, 고기 등에서 잘 자라는 바실루스균, 육류, 토마토, 달걀 등에서 흔히 발생하는 황색포도상구균, 캔에 들어 있는 음식이나 꿀에서 잘 검출되는 클로스트리듐 등이 있습니다. 오염된 날생선, 굴 등에서 자라는 콜레라균도 독소형 식중독을 일으키는 대표적인 세균이지요. 간혹 익혀 먹으면 음식에 있는 상한 균이 다 죽어서 식중독에 걸리지 않을 거라고 생각하지만 한번 생긴 독은 절대 없어지지 않습니다. 음식을 익히면 균은 죽일 수 있을지 몰라도 이미 만들어진 독은 없앨 수 없어요.

세균에 의한 식중독이 가장 흔해요

세균이나 바이러스가 몸속으로 들어와 병을 일으키는 식중독이 가장 많이 발생합니다. 장티푸스를 유발하는 살모넬라균과 이질을 일으키는 쉬겔라균이 대표적입니다. 세균성 식중독은 독소형 식중독보다 증상이 늦게 나타나는 편입니다. 식품을 섭취하고 1~3일 후에 증상이 발병해요.

• **살모넬라균** 식중독을 일으키는 대표적인 세균이에요. 닭, 돼지 등의 가축을 통해 감염되거나 요리하는 사람의 손에 의해 전파됩니다. 살모넬라균에 오염된 음식을 먹은 후 16~48시간이 지나면 구토와 복통, 설사 등의 증세가 나타나는데 2~3일이 지나면 대부분 낫습니다. 열에 취약해 62~65℃에서 30분 정도 가열하면 감염을 피할 수 있어요. 식품을 10℃ 이하에서 냉장 보관하는 것도 세균의 번식을 막는 방법이에요.

• **포도상구균** 음식을 조리하는 사람의 손이나 곪은 상처 부위에 있던 세균이 음식물로 옮겨간 후 급속히 번식하면서 식중독을 유발합니다. 포도상구균은 80℃에서 30분 정도 가열하면 죽지만, 균이 만든 독은 열에 강해서 높은 온도에서도 파괴되지 않아요. 오염된 음식물을 섭취하고 2~4시간 후에 구토와 복통 증상이 급격히 나타났다가 금세 좋아지는 특징이 있습니다.

• **비브리오균** 비브리오균에는 장염 비브리오균과 콜레라균이 있는데, 식중독은 장염 비브리오균에 의해 발생해요. 이 균은 바닷물에 분포하고 있어 어패류를 오염시켜요. 그래서 어패류나 해산물을 날로 먹거나 덜 익혀 먹으면 감염됩니다. 섭취 후 12~24시간 이내에 복통과 심한 설사를 유발하는데, 3일 정도 증상이 계속되다가 좋아지는 경우가 대부분이어서 항생제 치료나 입원할 필요는 없습니다. 되도록 어패류와 해산물은 날로 먹지 않고, 요리할 때는 60℃에서 15분 이상, 80℃에서 7~8분 이상 가열하면 안전합니다.

• **대장균** 익히지 않은 육류나 오염된 우유 등을 섭취했을 때 감염되며, 먹고 나서

8~20시간이 지나면 복통과 설사 등의 증상이 나타나요. 특히 저온에서 균의 번식력이 강한 편이라 냉장 식품도 안전하지 못합니다. 따라서 유통기한이 지났다면 과감히 버리세요. 대장균은 가열하면 사멸되므로 음식은 반드시 60℃ 이상의 온도에서 1분 이상 가열한 뒤 먹입니다.

• **웰치균** 집단 급식으로 인해 식중독이 발생했다는 소식을 종종 듣는데요. 이는 웰치균이 원인입니다. 웰치균은 산소가 없거나 산소의 농도가 아주 낮은 곳에서 자라는, 즉 공기를 아주 싫어하는 혐기성 균이에요. 음식을 대량으로 조리하다 보면 내부에 공기가 희박해지면서 웰치균이 발생하는 환경이 만들어집니다. 또 음식을 냉장실이나 냉동실에 보관한다 해도 대량으로 보관되는 음식의 내부는 공기가 희박할 수밖에 없어요. 역시나 웰치균이 지리는 데 알맞은 조건이 형성됩니다. 그렇기에 집단 조리 시설에서 웰치균에 의한 식중독이 발생하게 되는 것이지요. 아이들을 집단으로 보살피는 놀이방이나 보육원 같은 곳에서는 웰치균에 의한 식중독에 유의해야 합니다. 대량 조리한 식품은 신속히 냉각시킨 후 냉장고에 보관해야 하며, 뚜껑이 있는 용기라도 실온에 방치하는 것은 피해야 합니다. 보관한 조리 식품은 섭취하기 전에 반드시 재가열하며, 완전히 익혀서 조리하는 것도 잊지 말아야 합니다.

닥터's advice

❓ 겨울철 식중독의 주범! 노로 바이러스

식중독은 여름철에만 걸린다고 생각해서 겨울철에는 식중독 예방에 크게 신경 쓰지 않아요. 하지만 최근엔 겨울철에도 식중독 환자가 늘고 있어요. 바로 겨울철에 더 활개를 치는 노로 바이러스 때문입니다. 노로 바이러스는 전염성이 강하고, 바이러스 형태로 전염되기 때문에 항생제도 없고 예방백신도 없습니다. 가열되지 않은 물이나 음식 재료 등을 통해 전염되며 심지어 공기를 통해서도 감염됩니다. 감염 후 24~48시간의 잠복기를 거쳐 설사, 복통, 구토 등의 증상을 유발해요. 하지만 아주 심한 경우가 아니라면 3일 이내에 자연 치유됩니다. 외출 후, 화장실 사용 후, 식사 전후에는 반드시 손을 깨끗이 씻고, 조리된 음식을 맨손으로 만지지 않도록 주의하세요.

식중독 치료, 어떻게 하나요?

지사제를 함부로 먹이지 마세요

식중독의 대표 증상이 구토와 설사입니다. 이는 몸 안에 들어온 독소와 세균을 신속히 내보내기 위한 자연스러운 현상이에요. 이때 구토와 설사를 멈추게 하려고 임의대로 지사제를 먹이는 부모들이 많은데, 지사제는 함부로 먹여서는 안 됩니다. 약을 마음대로 사용하면 나쁜 균을 몸 밖으로 내보내지 못해 오히려 병을 악화시킬 수 있어요. 따라서 의사의 처방 없이 마음대로 약을 먹이는 것은 절대 삼가야 합니다.

수분 공급이 중요해요

식중독에 걸리면 아이는 설사와 구토로 인해 탈진하기 쉽습니다. 무엇보다 수분을 충분히 보충해야 하지요. 간혹 아이를 굶기기도 하는데, 일시적으로 증상이 좋아지는 것처럼 보이지만 토하지만 않으면 무조건 굶기기보다는 보리차나 이온음료에 설탕과 소금을 조금 타서 먹이는 것이 좋습니다. 설사가 줄어들면 미음이나 쌀죽 등 소화가 잘되고 기름기가 없는 음식부터 먹입니다. 설사가 심하고 장기간 지속돼 탈진, 탈수 같은 증상이 나타나면 바로 병원을 찾아야 합니다.

가장 중요한 것은 예방!

증상이 심하지 않으면 24시간 안에 자연스럽게 회복됩니다. 하지만 때에 따라 심한 탈수나 혈변 등을 동반하므로 예방하는 것이 최고의 방법이에요. 식중독을 예방하기 위해서는 신선한 재료를 구입해 음식을 조리합니다. 반드시 70℃ 이상에서 충분히 익혀야 해요. 흔히 음식물을 조리해 먹은 후 남은 음식을 냉장고에 보관하면 식중독에 걸리지 않는다고 생각합니다. 하지만 식재료를 충분히 익히지 않으면 세균이나 독소가 남아 있을 수 있고, 냉장고에 보관하더라도 보관 기간이 길어지면 세균이 증식하여 식중독을 유발할 수 있지요. 따라서 식중독을 예방하려면 신선한 재료를 충분히 익혀 조리하고, 냉장고에서 보관하더라도 가능한 한 빨리 먹는 것이 좋습니다. 음식을 조리할 때 위생을 철저히 하는 것도 식중독 예방에 있어 매우 중요한 일이에요. 조리하기 전에 반드시 손을 씻고 조리대와 행주, 도마 등 조리 기구는 매일 살균하고 소독해야 합니다. 특히 손에 상처가 있으면 음식물에 세균이 침입할 수 있으므로 비닐장갑을 끼고 조리하는 것이 바람직합니다.

 Dr. B의 우선순위 처치법

1. 설사와 구토로 인해 아이가 탈진하지 않도록 수시로 수분을 보충해주세요.
2. 푹 쉬어 안정을 취할 수 있도록 해주세요.
3. 아이가 늘어지거나 소변량이 줄면 즉시 의사를 찾아야 합니다.

엄마표 처방전

집에서 이렇게 예방 및 관리해요!

1 식중독 증상이 있을 때는 우유나 젖당이 함유된 음식은 피하는 것이 좋아요. 보리차나 전해질 용액으로 수분을 보충해주세요.

2 설사나 구토가 심할 때는 되도록 목욕은 피해요. 대신 엉덩이는 항상 청결하게 하고, 기저귀를 자주 갈아야 해요. 변에 피가 섞여 나온다면 바로 소아청소년과를 찾아 진찰을 받아야 합니다.

3 모든 음식은 완전히 익혀주세요. 냉장 보관했던 음식은 3분 이상 재가열한 다음 먹여요.

4 손을 통한 세균 오염이 잦으므로 기저귀를 간 후, 조리 전, 다른 용무를 본 후에는 반드시 손을 깨끗이 씻어요.

5 유통기한이 얼마 남지 않은 식품은 구입하지 마세요. 냉장고에 보관할 때는 냉장고의 70% 정도만 채워 냉기의 순환을 원활하게 해주세요.

6 칼자국이 많은 도마는 세균의 온상이에요. 도마의 틈에 음식물이 끼어 부패할 수 있으므로 새것으로 교체하고, 가능하면 어류 및 육류 도마를 따로 사용하는 것이 좋아요. 오염된 행주가 원인일 때도 많아요. 젖은 상태로 6시간 이상 두면 세균이 증식해요. 사용 후에는 완전히 말리고 주기적으로 끓는 물에 10분 이상 가열하여 소독한 후 사용하세요.

식체

손발이 차고 복통을 호소하며 기운이 없어요.

체크 포인트

☑ 손발이 차고 배가 아프다고 무조건 체했다고 볼 순 없어요. 열만 나도 손발이 찬 증상은 흔히 나타나기 때문이에요.

☑ 체했다고 손발을 따는 것은 소용이 없습니다. 그보다 아이의 상태를 지켜보다가 많이 힘들어하면 해열진통제를 먹인 뒤 의사의 진료를 받아보세요.

'체했다'라는 병은 없어요

일반적으로 속이 더부룩하거나 포만감 때문에 가슴이 답답할 때 체한 것 같다고 말합니다. 하지만 아이들은 이런 증상을 제대로 표현할 수가 없어요. 그래서 배가 아프다거나 구토, 설사 등의 증상을 보이면 자세히 관찰합니다. 아이에 따라 기운이 없으며 식은땀을 흘리기도 해요. '체했다'란 증상을 살펴보면 소화불량이 생겼을 때 나타나는 모습과 비슷합니다. 소화에 부담을 주는 자극적인 음식을 먹었거나 음식을 너무 급하게 먹었을 때 나타나는 증상과 흡사해요. 하지만 현대 의학상 '체했다'란 병은 없습니다. '체했다'는 것은 그 자체가 질병이 아니라 다른 질병이 있을지 모른다는 신호이지요. 아이들의 경우 감기에 걸려 열만 나도 손발이 차가워지는 경우는 아주 흔합니다. 또 실제로 체한 아이들을 진찰해보면 중이염이나 장염, 인두염 등 여러 가지 다른 질병이 있을 때가 많습니다.

체한 것처럼 힘들어할 땐 이렇게!

배변 상태를 확인하고 음식을 조절해요

아이가 소화를 잘 시키지 못하고 체한 증상을 보이면 먼저 배변 상태를 확인해보세요. 시원하게 변을 못 보고, 배변량이나 변의 색깔이 평소와 다르거나 대변에서 독하고 시큼한 악취가 난다면 몸에 이상이 생겼을 가능성이 큽니다. 이럴 땐 음식량을 줄여 위를 쉬게 하고, 탈수를 방지하기 위해 따뜻한 물을 조금씩 먹여요. 미음이나 죽과 같이 소화가 잘되는 부드러운 음식을 먹이는 것도 좋습니다.

손발을 함부로 따지 말고 진료를 받아요

배변 상태가 평소와 다르고 몸살, 감기와 비슷한 증상과 함께 두통이나 식은땀을 동반할 경우 소아청소년과를 바로 방문하는 것이 낫습니다. 이때 손발을 함부로 따는 것은 권장하지 않습니다. 손발을 땄을 때 검은 피가 나오면 체한 게 맞다고 확신하는 경우가 많은데, 이는 오해입니다. 손발을 따면 정맥을 건드리기 때문에 검은 피가 나오는 것은 당연한 결과입니다. 손을 따는 민간요법은 인위적으로 상처를 내기 때문에 감염이 될 위험이 있어 좋은 방법이 아닙니다. 효과 역시 증명된 바도 없습니다.

 Dr. B의 우선순위 처치법

1. 미음이나 죽과 같이 소화가 잘되는 음식을 먹여요.
2. 심한 구토나 설사로 탈수가 올 수 있으므로 수분을 충분히 보충해주세요.
3. 증상이 심하면 해열진통제를 먹이고 병원을 방문해요.

위식도역류증

음식물을 자꾸 게워내요.

체크 포인트

☑ 아이들은 식도와 위 사이 밸브 역할을 하는 근육이 아직 충분히 발달하지 않아 음식물이 쉽게 역류합니다. 가벼운 역류 증상은 정상적인 것으로 큰 문제가 되지 않아요.

☑ 가벼운 위식도역류증이라도 계속 반복해서 토한다면 문제가 될 수 있어요. 그대로 두면 폐렴이나 식도염, 빈혈까지도 생길 수 있습니다. 자주 심하게 토하는 아이는 소아청소년과 의사의 진료를 꼭 받아봅니다.

☑ 수유 후에는 반드시 트림을 시켜주세요. 모유를 먹일 때도 잊지 않고 트림을 시킵니다.

신생아의 절반 정도가 겪는 위식도역류증

위식도역류증은 신생아의 절반이 경험할 만큼 흔한 현상이에요. 대부분 아이는 식사 후 딸꾹질을 하면서 약간의 우유를 게워내는 정도로 나타납니다. 한두 모금이 입가에 주르륵 흘러내리는 정도로 양이 그리 많지 않아요. 아이들에게 위식도역류증이 자주 발생하는 것은 식도와 위 사이에 밸브 역할을 하는 근육의 발달이 아직 미숙해서입니다. 이 근육 밸브는 위에 있는 음식물이 거꾸로 올라가지 않도록 보관하는 역할을 하는데, 아직 근육의 힘이 약해 위쪽을 제대로 잡아주지 못해 쉽게 토하게 되지요. 아이가 잘 먹고 잘 논다면 가끔 토한다고 해서 걱정할 필요는 없습니다. 또 근육이 성숙해지고 고형식을 먹기 시작하는 생후 6개월 정도가 되면 대부분 좋아지기 마련입니다.

이때는 치료가 필요해요

모유나 분유를 먹은 후 약간 토하는 것은 대부분 정상입니다. 가끔 우유를 토한 다음 기침을 하는데, 이 역시 정상적인 현상입니다. 하지만 토하는 횟수가 하루에 수차례 이상 규칙적으로 반복되면 문제가 됩니다. 식도와 기도는 아주 가까이 붙어 있어 토를 자주 하면 호흡기까지 자극을 줘요. 토한 내용물이 기도로 넘어가면 폐렴을 일으키거나 천식이나 식도염, 빈혈까지도 생길 수 있습니다. 아이가 배고픈데도 불구하고 음식을 먹으려 하지 않거나 수유 후 심하게 울 때, 음식물을 계속해서 토할 때, 먹은 뒤 기침을 심하게 할 때는 병원에 데려가 진찰을 받는 것이 좋습니다. 구토를 하거나 먹는 것 자체를 거부하면 영양 공급이 제대로 이뤄지지 않아 성장에 영향을 미칠 수 있어요. 아이의 몸무게가 제대로 늘고 있는지 체크해볼 필요도 있습니다.

 닥터's advice

❓ 구토와 역류는 어떻게 다른가요?

토사물이 나오는 것은 같지만 구토와 역류는 구분해서 알아둬야 합니다. 비슷해 보이지만 구별이 어렵진 않아요. 구토할 때는 배에 압력이 들어가기 때문에 비교적 힘들어하고 아이가 보채며 우는 경우가 많아요. 반면 역류는 삼킨 음식물을 아주 쉽게 적은 양만을 입 밖으로 게워내기 때문에 아이가 보채지도 않고 잘 노는 편입니다. 보통 돌 이하의 아기는 구토가 아니라 역류인 경우가 많습니다.

위식도역류증 치료, 어떻게 하나요?

식이요법으로도 효과를 볼 수 있어요

쌀미음을 분유에 섞어 먹이면 역류가 감소하기도 합니다. 분유나 모유에 쌀가루를 섞어 걸쭉하게 만들어 먹입니다. 기름진 음식이나 주스 등은 많이 먹지 않는 게 좋습니다. 몸무게가 많이 나가면 식도가 받는 압력도 따라서 커지는 만큼 주의해야 합니다.

약물 치료나 수술이 필요할 때도 있어요

유아용 제산제(위산의 작용을 억제하는 약제)는 위액 분비를 억제하고 위산을 중화하는 역할을 해요. 단, 의사의 정확한 진단과 처방을 받고 사용해야 합니다. 약으로 치료를 해도 계속해서 역류가 생기거나 합병증이 자주 생기면 수술을 하기도 합니다.

 Dr. B의 우선순위 처치법

1. 먹은 것을 약간 게워내는 정도는 크게 걱정하지 않아도 돼요.
2. 모유, 분유 상관없이 수유 후 트림을 반드시 시킵니다.
3. 게우는 것이 아닌 뿜듯이 토하는 분수토가 반복될 때는 반드시 의사의 진료를 받아야 합니다.

엄마표 처방전

집에서 위식도역류증을 줄이는 방법

1 수유 후에는 20분 정도 아이를 세워서 안아주세요.

2 돌 이전 아기는 가능한 한 머리를 높여 엎드려놓고, 돌 이후의 아이는 머리를 높이고 왼쪽 옆으로 눕혀요.

3 적은 양을 자주 먹여요.

4 기저귀를 느슨하게 채워 배가 눌리지 않게 하고, 꽉 껴안지 않습니다.

5 트림을 자주 시킵니다. 수유하는 도중에라도 트림을 시켜 삼킨 공기를 내뱉게 합니다.

유당불내증

우유만 먹으면 배가 아프고, 설사해요.

체크 포인트

☑ 우유 속에 들어 있는 유당 성분을 분해하는 효소가 부족할 때 유당불내증이 나타납니다.

☑ 장염을 앓고 난 후 장 기능이 회복이 안 된 상태일 때 유당불내증이 흔히 나타나요. 특별한 치료 없이도 시간이 지나면서 장 기능이 회복되면 증상도 저절로 좋아집니다.

☑ 유당불내증이 생겼다고 평생 우유를 먹일 수 없는 것은 아닙니다. 나이가 들면서 달라질 수 있고, 유당을 대체하는 유제품을 먹일 수 있습니다.

유당을 분해하는 효소가 부족해서 생겨요

우유에는 '유당'이라는 성분이 들어 있는데, 체내 혈당을 유지하고, 두뇌를 형성시키는 인자로 작용합니다. 또한 장 내 비피더스균의 성장을 촉진해 활발한 장운동을 일으켜 변비를 예방하고 칼슘 흡수를 도와주는 역할을 해요. 이런 유당을 소화시키기 위해선 '락타아제'라는 효소가 필요합니다. 락타아제라는 효소가 우유 속에 들어 있는 유당을 소화, 분해하여 체내에 흡수될 수 있는 물질로 바꿔주는 역할을 해요. 그런데 락타아제의 분비가 충분치 못할 경우, 유당이 체내로 흡수되지 못한 상태로 대장에서 박테리아를 만나 발효되면서 설사와 복통을 유발합니다. 이런 증상을 유당불내증이 라고 합니다.

유당불내증은 어떻게 나타날까요?

없다가도 생길 수 있어요

유아기까지는 체내에 유당을 분해하는 락타아제 효소가 충분합니다. 이 시기에는 대 부분 영양을 우유가 차지하는 만큼 이를 소화하기 위해 락타아제 성분 자체도 충분히 공급돼요. 그러다 만 2~3세가 지나면 락타아제의 생산 기능이 떨어지기 시작합니다. 락타아제 성분이 왜 갑자기 줄어드는지에 대한 정확한 원인은 알 수 없습니다. 다만,

 닥터's advice

❓ 유당불내증과 우유 알레르기는 비슷하지만 달라요!

유당불내증과 우유 알레르기는 비슷한 증상을 보입니다. 우유 알레르기 역시 우유를 먹고 나면 설 사 등 장염 증상이 뒤따라 증상만 봐서는 둘을 구별하기가 쉽지 않아요. 하지만 전혀 다른 증상입 니다. 우유 알레르기는 우유에 있는 단백질에 알레르기 반응을 보이는 것이고, 유당불내증은 우유 속에 들어 있는 유당을 소화하지 못해 일어나는 반응입니다. 우유 알레르기가 있다면 알레르기 반 응이 일어나지 않을 때까지 우유를 먹을 수 없지만, 유당불내증은 요령 있게만 마시면 우유 섭취도 가능합니다. 또 우유 알레르기가 있는 아이는 요구르트나 치즈 등에도 같은 알레르기 반응을 보이 지만 유당불내증의 경우엔 치즈 등에는 심한 증상이 없습니다.

우유 알레르기는 피부반응검사 및 혈액검사 등으로 특이 알레르기 항원을 검사할 수 있으며, 반드 시 소아청소년과 의사가 진찰한 후 진단을 붙여야만 합니다. 알레르기 반응이 심할 때는 응급상황 이 발생할 가능성도 큽니다. 우유를 먹고 난 뒤 아이가 갑자기 심한 구토를 하거나 늘어짐, 의식 저 하, 호흡곤란 등의 증상을 보이면 심한 알레르기 반응을 의심하고 즉각 병원을 찾아 응급처치를 받 아야 합니다.

우유와 유제품을 주식으로 삼아온 서양인에 비해 쌀을 주식으로 하는 동양인에게는 락타아제에 대한 필요성이 그만큼 줄어들어 이런 유전자가 사라졌다는 설이 있습니다. 이 시기에 매일 많은 양의 우유를 마시면 락타아제 결핍으로 유당불내증이 생길 수 있습니다.

장염 치료 후에도 설사를 계속한다면

장염 때문에 손상을 입은 장은 분유나 우유에 있는 유당을 제대로 소화하지 못해 계속해서 설사할 수 있습니다. 1~2주 정도 증상이 나타나지만, 대개 시간이 지나 장 기능이 회복되고 아이의 면역력도 점차 생겨나면서 특별한 치료 없이 차츰 좋아집니다. 그러나 장염이 다 치료된 후 한참의 시간이 지났음에도 우유를 먹으면 계속 설사할 경우, 유전적인 원인이나 다른 질환일 확률도 있으므로 진찰이 필요합니다.

우유를 먹고 나면 설사를 해요

유당불내증의 가장 흔한 증상은 우유를 먹고 난 후 설사를 하는 거예요. 심하지 않다면 약간 묽은 변을 보기도 합니다. 구토를 하거나 배가 더부룩해지며 단단해지는 느낌이 들기도 합니다. 가스가 차며 방귀를 자주 뀌기도 하는데, 락타아제 효소가 부족할 때 생기는 방귀는 냄새가 아주 독한 편입니다. 분유나 우유를 먹고 난 후 설사를 한다고 해서 모두 유당불내증은 아닙니다. 장염이나 과민대장증후군 같은 질환도 유당불내증과 비슷한 증상이 나타나기 때문이에요. 증상이 같더라도 원인이 다른 만큼 치료법도 다릅니다. 또 유당불내증은 유제품을 접했을 때만 나타나는 일시적 증상이기 때문에 소화 가능한 수준으로만 유당을 섭취하면 증상이 나타나지 않을 수 있어요.

유당불내증, 이렇게 극복해요

장이 튼튼해지기를 기다려요

장염을 앓고 난 후 일시적인 효소 결핍 때문에 유당불내증이 생겼다면 장 관리만 철저히 해도 많이 좋아집니다. 다만 바로 과식을 하거나 자극적인 음식을 섭취하는 등 급작스러운 환경 변화는 가급적 삼가세요. 소장의 벽이 잘 재생될 수 있게 죽이나 미음 등 자극이 약한 음식을 먹는 것이 좋으며, 유제품은 이 기간에 피하는 것이 좋습니다.

우유를 조금씩 먹이세요

유당불내증이 있다고 하더라도 우유를 전혀 마실 수 없는 것은 아닙니다. 락타아제 효소가 분해할 수 있는 양보다 훨씬 많은 유당이 흡수될 때 이런 증상이 나타나므로 우유를 한꺼번에 많이 주지 않고 소량씩 여러 번 나누어 마시게 하면 별문제가 없습니다. 찬 우유보다는 따뜻하게 데워서 마시는 것도 증상 완화에 효과적입니다.

다른 식품과 함께 섭취해요

우유를 빵이나 시리얼 등 다른 식품과 함께 섭취하면 소화가 수월해집니다. 함께 먹은 식품과 동시에 우유의 소화가 일어나기 때문에 우유 속 유당이 소장에 오래 머물러 유당 분해 효소의 작용을 받을 수 있기 때문이지요. 우유와 함께 먹을 수 있는 음식을 아이에게 제공해주세요.

유제품을 대체할 식품을 찾아요

분유를 먹고 있는 아이에게 유당불내증이 나타날 때는 특수 분유, 즉 '설사분유'를 처방해주기도 합니다. 이 분유는 이미 유당을 분해해 만들어놓은 제품으로 유당 분해

🩺 닥터's advice

❓ 흰 우유 대신 딸기 우유, 바나나 우유를 주세요!

간혹 흰 우유를 마시면 배가 아픈데, 딸기 우유나 바나나 우유 등의 과즙 우유를 마시면 괜찮다는 아이들이 있습니다. 아무래도 과즙이 첨가된 우유는 100% 흰 우유보다 원유 함량이 적기 때문에 유당의 함량도 그만큼 낮아져 상대적으로 소화가 더 쉽습니다. 흰 우유에 거부감을 보이는 아이에게는 이런 과즙 우유로 조금씩 우유와 친해질 수 있게 합니다.

효소의 결핍이 있다고 하더라도 흡수에 지장이 없고 설사를 유발하지 않는 특징이 있습니다. 그러나 설사분유는 영양이 풍부하지 않기 때문에 꼭 필요한 경우가 아니면 먹이지 않아요. 먹이더라도 증상이 좋아지면 바로 끊는 것이 좋습니다.

유당을 분해한 시판 우유를 먹여요

요즘엔 우유 속 유당을 분해해 만든 시판 우유도 손쉽게 구할 수 있습니다. 이 경우도 아이에게 증상이 호전될 기미가 보이면 일반 우유를 먹입니다.

 Dr. B의 우선순위 처치법

1. 장 기능을 회복하는 생활습관을 들여요.
2. 찬 우유보다 따뜻한 우유를 마시고, 우유를 시리얼 등 다른 식품과 곁들여 먹어요.

유문협착증

먹고 나면 매번 분수토를 해요.

체크 포인트

☑ 생후 2~3주경부터 증상이 시작되고 시간이 지날수록 토하는 것이 점점 심해집니다. 수유 후 매번 왈칵 토하는 아이는 유문협착증을 의심해봐야 합니다.

☑ 유문협착증에 걸린 아이는 심하게 보채지 않아요. 왈칵 쏟아내고도 계속 먹으려고 해요. 많이 아파 보이지 않는다고 해서 절대 방심하면 안 됩니다. 신생아기에 수술이 꼭 필요한 질환인 만큼 아이의 상태를 잘 관찰해야 합니다.

☑ 유문협착증은 수술하면 금방 좋아집니다. 수술 또한 크게 위험하지 않아 회복도 빨라요. 수술 후 4~6시간이 지나면 바로 수유도 가능합니다.

 ## 유문협착증이란?

아이가 모유나 분유를 삼키면 식도를 거쳐 위로 들어갑니다. 위에는 구멍이 두 개 있는데, 식도와 연결된 위쪽 구멍은 음식물이 들어오면 분해하고, 다른 쪽 구멍으로는 어느 정도 소화된 음식물을 십이지장으로 천천히 내려보냅니다. 이렇게 위장으로 들어가는 구멍을 들문 또는 분문이라 부르고, 나가는 구멍을 날문 또는 유문이라고 합니다. 선천성 유문협착증은 위에서 아래쪽으로 나가는 출구인 유문이 좁아져 생깁니다.

대표적인 증상으로 분수토를 해요

입에서 왈칵 뿜어져 나와요

유문의 근육이 두꺼워져 음식물이 지나가는 통로가 길어지고 좁아지면 먹은 것이 내려가지 못하고 거꾸로 다시 올라오는 구토 증상이 생겨날 수밖에 없어요. 처음에는 가볍게 게우다가 점차 모유나 분유가 입에서 뿜어져 나오는 분출형으로 구토가 진행됩니다. 가끔은 코로 모유나 분유가 나오기도 해요. 선천적인 질환이긴 하지만 유문부의 근육이 두꺼워질 때까지 시간이 걸리기 때문에 생후 2~3주는 지나야 증상이 나타납니다. 처음에는 잘 먹고 잘 삼켰는데 생후 2~3주경부터 토하기 시작하고 증상이 점점 심해지는 양상을 보인다면 유문협착증을 의심해볼 수 있습니다.

토하면서도 계속 먹으려고 해요

심하게 왈칵 쏟아낸 다음에도 아이는 기분이 좋아 보이고 심지어 배가 고파 다시 먹

 닥터's advice

❓ 유문협착증과 혼동할 수 있는 질병

유문협착증과 증상이 비슷하지만 구별이 필요한 질병이 있습니다. 비슷한 점과 차이점을 꼭 구별하세요.

• **위식도역류증** 우유를 먹은 뒤 구토를 하지만 위식도역류증은 분출형 구토가 없습니다. 변도 정상적으로 보는 편입니다.

• **장염** 구토와 탈수 증상은 유사하지만 묽거나 물 같은 설사를 하는 장염과 달리 유문협착증은 설사를 하지는 않습니다.

으려고 하지요. 하지만 별로 아파 보이지 않는다고 해서 방심해선 안 돼요.

토한 직후 오른쪽 배 아래에 덩어리가 만져지기도 해요

명치와 배꼽 사이에 올리브나 도토리 모양, 조그마한 크기의 덩어리가 움직이는 모습을 보이기도 합니다. 유문부의 근육이 두꺼워진 모습이 겉으로 관찰되는 것입니다.

평소보다 대변의 양이 적고 체중이 잘 늘지 않아요

유문이 막혀 음식물이 대장으로 전달되지 못하기 때문에 대변의 양이 줄어듭니다. 자칫 영양 불량으로 이어져 체중이 잘 늘지 않거나 심한 경우 줄기도 합니다. 구토가 반복될수록 탈수 증상도 함께 나타나 아이가 처지고 소변량도 줄어듭니다.

간단하지만 수술이 필요해요

아이가 유문협착증이라면 입원해 수술을 받아야 합니다. 두꺼워져 좁아진 유문 부위를 넓혀주는 수술로, 생각보다는 비교적 간단한 수술이에요. 수술 후 대부분 아이는 매우 빠른 속도로 좋아지는 편이며 정상적인 수유도 즉시 가능합니다. 유문협착증은 제때 발견만 된다면 수술도 간단하고, 재발할 염려도 없어요. 다만 제때 발견하지 못하면 심각한 위험을 초래할 수 있으므로 아이가 반복적으로 심하게 토할 때는 한시라도 빨리 병원을 찾아 진찰을 받아보는 것이 좋습니다.

 Dr. B의 우선순위 처치법

1. 생후 3~4주의 신생아가 분수토를 자주 반복한다면 병원 진료를 받아보세요.
2. 구토로 인한 탈수, 처짐, 황달이 나타나기도 합니다. 그런 경우 빨리 수액 치료를 받아야 하므로 바로 병원에 갑니다.

입 냄새

입에서 냄새가 나요.

체크 포인트

☑ 아이들 입 냄새는 입안 문제로 인해 생길 수 있어요. 충치가 있는지, 음식 찌꺼기가 끼어 있진 않은지 체크해보세요.

☑ 입 냄새가 나는 원인은 다양합니다. 단순히 양치질로 해결되지 않을 때는 소아청소년과에서 진료를 받아보는 것이 좋습니다.

건강한 아이도 입 냄새가 날 수 있어요

유치가 몇 개밖에 안 난 아이의 입에서 냄새가 날 때가 있습니다. 처음엔 '아이에게 웬 입 냄새?' 하며 의아하지만, 며칠째 입 냄새가 계속되면 무슨 병이라도 생긴 건 아닌 지 걱정스러워요. 어디가 꼭 안 좋아야 입 냄새가 나는 건 아닙니다. 건강한 아이도 입 냄새가 날 수 있습니다. 특히 일어나자마자 나는 입 냄새는 잠자는 동안 침 분비 가 적어지면서 나타나는 일시적인 현상이지요. 하지만 충치가 없고 양치질을 열심히 하는 데도 입 냄새가 심하게 난다면 다른 원인을 생각해봐야 합니다. 입 냄새 원인의 80~90%가 구강상 문제에서 비롯되지만, 그 밖에도 입 냄새 원인은 매우 다양해요.

입 냄새가 나는 원인

구강 위생관리가 잘되고 있지 않아요

입 냄새의 가장 흔한 원인은 제대로 관리가 안 된 입속 청결 문제입니다. 입안에 음식 찌꺼기가 남아 있거나 혀 뒤쪽에 음식물이 끼어 있으면 입 냄새가 납니다. 또 충치가 있거나 잇몸이 부어 있어도 입 냄새가 나요. 충치가 생겼거나 잇몸에 염증이 난 경우라면, 통증 때문에 대충 양치질을 하여 입 냄새가 더욱 심해지기도 합니다. 이럴 땐 치과 치료를 받거나 양치질을 열심히 해주는 방법으로 입 냄새를 해결할 수 있어요.

비염이나 축농증 같은 질환이 있어요

비염이나 코감기를 자주 앓으면 코보다는 입으로 숨을 쉬는 게 습관이 됩니다. 입으로 숨을 쉬는 습관은 입 냄새를 유발하지요. 입으로 숨을 쉬다 보면 입안이 쉽게 건조해지고, 입안이 점차 말라가면서 입속 미생물 번식이 빠르게 진행되어 입 냄새가 생깁니다. 또 축농증이 심할 때는 계속 콧물을 삼키게 되는데 이것이 문제가 됩니다. 콧물을 삼키면 그 속에 있는 세균이 목과 입에 증식하면서 입 냄새를 발생시켜요.

소화가 잘되지 않아요

아이의 위장 기능이 떨어져 있을지 모릅니다. 소화가 잘 안 되고 이로 인해 부패 가스

닥터's advice

❓ 침이 마르면 입 냄새가 심해진다?

침은 충치를 예방하고 입안을 청결하게 하는 데 중요한 역할을 담당합니다. 침에 포함된 면역물질이 입안을 깨끗하게 유지하는 정화 작용을 하기 때문이지요. 그런데 점차 입이 마르면 이런 침의 역할을 기대할 수 없고, 세균이 증가하여 입 냄새가 자연스레 생겨납니다. 특히 잠잘 때나 공복일 때는 침 분비량이 감소해 입 냄새가 더 심해지기도 합니다. 평소 물을 충분히 마시면 침이 잘 분비되어 입 냄새 예방에 효과적입니다.

가 차면 입 냄새를 유발합니다. 음식물을 제때 소화하지 못하면 장에 음식물이 그대로 남은 채 부패하고 가스가 만들어져 이것이 입으로 심한 냄새가 되어 올라옵니다. 이런 경우 아무리 양치질을 열심히 해도 입 냄새를 막을 수가 없습니다. 규칙적인 식사를 하고 따뜻한 물을 자주 먹여 소화 기능이 회복될 수 있게 도와주세요. 적당한 운동도 도움이 됩니다. 위장 기능이 좋아지면 입 냄새가 차츰 사라집니다.

입 냄새는 쉽게 치료되지 않아요

아이에게 입 냄새가 나면 주된 발생 원인을 찾아 제거하는 데 치료 초점을 맞춰야 합니다. 대부분 원인이 입속에서 비롯되는 만큼 건강한 구강 상태를 유지하는 것이 무엇보다 중요해요. 아이가 이를 자주 닦도록 도와주고, 우유나 이유식을 먹은 후에는 물을 충분히 먹입니다. 감기나 비염 등 관련 질환으로 인한 입 냄새는 해당 질환 치료를 우선 받아야 합니다.

 Dr. B의 우선순위 처치법

1. 아이에게 충치나 잇몸 질환이 있는지 구강 상태를 체크해요.
2. 양치질을 꼼꼼히 하고, 이때 혀도 잘 닦습니다.
3. 입 냄새가 심하면 병원 진료를 받아요.

엄마표 처방전

입 냄새를 예방하는 생활수칙

1 밥 먹은 직후 꼼꼼히 양치질하기

양치질은 음식물을 섭취한 직후 바로 해줍니다. 구석구석 꼼꼼하게 양치질할 수 있게 도와주세요. 또 어금니가 나기 시작하면 치실로 치아 사이의 음식물 찌꺼기까지 깔끔하게 빼냅니다.

2 코로 숨 쉬는 습관 들이기

입을 막고 코로 숨 쉬는 습관을 들입니다. 축농증이나 비염이 있다면 적절한 치료와 병행하면서 코로 숨 쉬는 연습을 시켜요.

3 충분한 수분 섭취하기

물을 충분히 섭취해 수분이 부족해지지 않게 합니다. 소화가 잘되지 않는 차가운 음료보다는 따뜻한 물을 자주 마시는 것이 좋습니다.

장염

토하면서 설사를 해요.

체크 포인트

☑ 설사나 구토가 심할 때는 탈진이 오지 않도록 전해질 용액을 먹여주세요. 상태가 좋아지면 평소 먹던 음식을 먹이는 것이 회복에 도움이 됩니다.

☑ 열이 급속도로 오르면 열성 경련이 올 수 있으므로 해열제를 먹여야 해요. 해열제를 먹일 때는 반드시 하루 총량에 신경 쓰세요.

☑ 설사를 한다고 무조건 굶기지 마세요. 요즘은 아주 특별한 경우가 아니면 설사하는 아이를 굶기면서까지 치료하는 방법을 권장하지 않습니다.

☑ 장염은 전염되는 병이므로 무엇보다 예방이 중요합니다. 손을 자주 씻기고 옷을 자주 갈아입히며, 최대한 환경을 깨끗이 합니다.

우리 아이, 장염인가요?

장염은 여름에만 걸리는 질병이라고 착각하는 사람들이 많아요. 물론 여름에 가장 많이 걸리는 질병이긴 하지만, 장염은 계절에 상관없이 아이들이 자주 걸려요. 아이가 갑자기 열이 나면서 토하고 설사를 하면 장염을 의심해봐야 합니다. 말 그대로 장염은 장에 탈이 나고 염증이 생기는 질병입니다. 발열, 복통, 구토, 설사 증상이 함께 나타나면 대부분 장염 증상일 때가 많습니다. 아이들에게 잘 생기는 장염 대부분은 바이러스에 의한 것입니다. 그중 널리 알려진 것이 로타 바이러스에 의한 가성 콜레라예요. 가성 콜레라는 많이 알려진 콜레라와는 전혀 관계없는 다른 병입니다.

장염에 걸리면 이런 증상이 나타나요

열이 나고 토해요

장염에 걸리면 독감처럼 열이 펄펄 나고 토할 수 있습니다. 심한 경우 먹은 음식뿐 아니라 물도 토해서 곁에서 지켜보는 부모를 당황하게 만들어요. 급한 마음에 병원을 찾아 치료를 받고 약을 먹이지만 어쩔 땐 그 약까지 모두 토하기도 합니다. 하지만 아주 심각한 경우가 아니라면 보통 이런 증세는 2~3일 계속되다가 증상이 점점 줄어듭니다. 대부분 별다른 문제 없이 일주일 정도 지켜보면 상태가 좋아져요. 따라서 초반에 아이가 탈진하지 않도록 신경 쓰는 것이 중요합니다.

설사와 복통을 동반해요

토하는 것이 약간 줄면서 복통을 호소하고, 설사를 하기도 합니다. 설사는 장염에 걸렸을 때 나타나는 매우 흔한 증상이에요. 특히 바이러스성 장염이라면 열이 난 후 구토를 하며 이후 설사를 시작하는 경우가 많습니다. 주로 묽은 물 설사를 하는데, 심한 아이는 많은 양의 설사를 빈번하게 합니다. 만약 고열과 함께 묽은 물 설사가 아닌 점액 양상의 설사 또는 혈변이 동반되는 설사를 한다면 세균성 장염을 의심할 수 있으므로 이때는 반드시 진료를 받습니다. 아이가 복통을 호소할 때는 복부 마사지를 하거나 핫팩으로 찜질을 하는 것이 좋습니다. 그런데도 증상이 오랫동안 가라앉지 않거나 배가 너무 아파 손도 못 대게 한다면 서둘러 병원을 찾아 진료를 받아야 합니다.

장염의 원인에 따라 증상이 달라요

장염의 원인이 바이러스인지 세균인지 확인해요

장염은 세균성 장염과 바이러스성 장염으로 나뉩니다. 바이러스에 의한 장염과 세균에 의한 장염은 나타나는 증상만으로도 구분이 어느 정도 가능합니다. 세균에 의해 장염에 걸리면 대개 고열과 함께 배가 아프고 코같이 끈끈한 점액이 섞인 대변을 조금씩 자주 봅니다. 변을 보고 나서도 다 본 것 같지 않은 잔변감을 동반하기도 하고 가끔은 피가 섞인 변을 보기도 해요. 이에 반해 바이러스에 의한 장염은 주로 물이 많이 섞인 다량의 설사를 하여 수분 소실로 인한 탈수증을 조심해야 합니다. 열을 동반할 수는 있지만, 대부분은 3~4일 안에 서서히 열이 가라앉습니다. 혈변을 동반할 수 있으나, 세균성 장염보다는 혈변을 보는 경우가 적고 대부분은 잦은 설사로 인하여 장벽이 헐면서 생기는 증상입니다.

아이들에게 생기는 장염은 대부분 바이러스 때문

세균성 장염은 살모넬라균, 시겔라, 콜레라, 대장균 등이 원인으로 여름에 주로 발병하며 개발도상국에서 많이 발생해요. 이에 반해 바이러스성 장염은 매년 11월부터 이듬해 3월까지 추운 겨울에 주로 발병합니다. 로타 바이러스, 노로 바이러스, 아데노 바이러스 등이 주원인이지요. 대부분 아이에게 생기는 장염은 바이러스성 장염이라고 생각하면 됩니다. 로타 백신이 나오기 전에는 로타 바이러스에 의한 장염으로 인하여 심하게 탈수가 오거나, 바이러스로 인하여 경련을 일으킬 때도 있었으나 로타 바이러스 예방접종 이후에는 많이 사라졌습니다. 짧은창자증후군이나 선천성 거대결장 등의 기저 질환이 있는 아이가 아니라면 대부분의 바이러스성 장염은 2~3일 안에 설사와 발열 같은 증상이 좋아지는 편입니다.

여름에 걸리는 장염은 대부분 세균 때문

고온다습한 여름은 세균이 기승을 부리는 계절이죠. 장염 역시 세균에 의해 많이 발생합니다. 위생이 좋지 않은 상태에서 요리하거나 더운 날씨에 쉽게 오염된 음식물 등을 통해 포도상구균, 살모넬라균, 대장균 등의 균들이 인체 내로 들어와 감염을 일으킵니다. 열이 나고 설사에 코 같은 점액질과 혈변이 섞여 나오는 증상이 대부분인데, 대개 2~3일 안에 열이 줄어들고 일주일 안에 상태가 좋아집니다.

겨울에 걸리는 장염은 대부분 바이러스 때문

장염을 여름 유행 질병으로만 생각하는 부모들이 많습니다. 추운 겨울에는 장염을 일으키는 세균이 활동하지 못할 거라 여기기 때문이지요. 하지만 장염은 겨울에도 빈번하게 나타납니다. 겨울철 장염은 주로 바이러스에 의해 발생합니다. 바이러스 장염은 매년 11월부터 이듬해 3월까지 유행하는데, 추운 날씨 탓에 실내에서 생활하는 시간이 많아지면서 각종 호흡기 감염을 통해 쉽게 전파됩니다. 수년 전까지만 해도 우리나라에서 대규모로 발병했던 로타 바이러스 장염은 예방접종으로 인해 빠르게 줄어들었어요. 하지만 최근 전 세계적으로 기승을 부리고 있는 장염 바이러스는 바로 노로 바이러스입니다. 영하 20℃에서도 살아남을 만큼 저항성이 강하며 기온이 낮아질수록 활동성이 커지는 특징이 있어 한파가 급증하는 겨울철에 많이 발병해요. 안타깝게도 현재 노로 바이러스에 대한 항바이러스제나 백신은 없습니다. 노로 바이러스는 세균이 아니어서 항생제 치료도 별 소용이 없으므로 걸리지 않도록 주의해야 해요. 노로 바이러스는 공공장소에서 사람에 의한 접촉으로 감염되므로 사람이 많이 드나드는 곳이나 실내 놀이터 등은 되도록 피하는 것이 좋습니다.

🚑 이럴 땐 병원으로!

- ☐ 변에 코 같은 점액질이나 피가 섞여 나올 때
- ☐ 심하게 배를 아파하거나 구토가 심할 때
- ☐ 젖이나 음식을 먹을 때마다 분수처럼 토할 때
- ☐ 생후 3개월도 안 된 아이가 열이 나면서 설사를 할 때
- ☐ 8시간 사이에 8~10회 이상 물 같은 설사를 쉴 새 없이 볼 때
- ☐ 소변을 본 시간이 8~12시간이 넘어가거나 입술이 마르면서 눈이 퀭하게 들어가 보이는 등 탈수 증상이 나타날 때

전염성 강한 장염, 예방이 중요해요

장염은 전염병입니다

장염은 전염되기 쉬운 질병입니다. 장염균이 묻은 손을 입에 넣거나 혹은 균에 오염된 음식을 먹으면 장염에 걸려요. 음식물보다 화장실에 다녀와서 손을 잘 씻지 않는 경우 빠르게 전염되기도 합니다. 그래서 어린이집이나 유치원을 다니는 영유아들에게서 집단 발병하는 경우가 많아요.

철저한 위생관리가 가장 확실한 예방법

일상생활에서 조금만 신경 쓴다면 얼마든지 장염을 예방할 수 있습니다. 특히 여름철에는 높은 온도와 습도 탓에 세균과 바이러스가 사방에서 위협하죠. 이럴 때일수록 생활습관과 위생관리에 힘쓰는 게 최선의 예방책입니다.

• **손을 청결히**   장염은 손을 통해 감염될 확률이 아주 높습니다. 외출 후 귀가하면 반드시 손을 씻고 양치질을 해야 합니다. 아이와 함께하는 시간이 많은 부모 또한 청결은 기본이에요. 장염균이 음식이나 부모의 손을 통해 아이 입으로 들어갈 가능성이 크기 때문입니다. 특히 기저귀를 간 후에는 비누로 잘 씻어야 합니다.

• **옷을 깨끗이**   아이의 옷을 자주 갈아입히세요. 특히 장염으로 설사한 변이 묻은 아이의 옷은 되도록 분리해서 세탁합니다. 여건이 된다면 살균 소독제를 사용하는 것도 좋습니다.

• **음식물에 주의**   음식물은 완전히 익혀 먹여야 합니다. 특히 노로 바이러스는 추운 환경에서도 잘 자라므로 냉장고에 보관한 채소나 과일도 먹기 전에 다시 한 번 씻는 것이 좋습니다.

• **전염에도 주의**   예방만큼 중요한 것이 다른 아이들에게 전염시키지 않는 것이에요.

아이가 장염에 걸렸다면 될 수 있는 한 다른 아이들과의 접촉을 줄입니다. 어린이집이나 유치원은 상태가 좋아질 때까지 쉬게 하고, 놀이방같이 아이들의 출입이 잦은 곳 역시 피합니다.

증상에 따라 치료해야 해요

증상에 따라 치료법이 달라요

바이러스성 장염에 걸리면 우선 보존적인 치료를 합니다. 여기에서 말하는 '보존적 치료'란 딱 정해진 치료법을 따르는 것이 아니라 아이의 증상에 맞춰 적절한 조치를 하는 것을 의미합니다. 열이 날 때는 해열제를 먹이고, 설사와 구토가 심해져 탈수 증상을 보이면 전해질 용액을 먹이거나 병원에서 수액을 공급받습니다. 그러나 세균성 장염에 걸렸을 때는 반드시 병원에 가서 적절한 진료와 치료를 받아야 합니다. 항생제를 사용해야 할 수도 있기 때문이에요.

열이 날 때는 우선 열을 떨어뜨려요

장염에 걸리면 열이 날 수 있습니다. 열이 급속도로 오르면 아이들은 열성 경련을 일으킬 수도 있어서 일단 해열제를 사용해 열을 떨어뜨려야 합니다. 주로 타이레놀 시럽과 부루펜 시럽을 사용하는데, 이때 잊지 말아야 할 것은 해열제는 나이가 아닌 몸무게에 맞춰 정확한 용량을 사용해야 한다는 사실입니다. 구토가 심해 약을 삼킬 수 없다면 좌약을 사용하는 것도 방법입니다. 미온수로 마사지해주는 것도 좋아요. 아이의 옷을 벗긴 후 30℃ 정도의 미지근한 물에 적신 수건으로 겨드랑이와 목 주변 등 접힌 부위를 닦아줍니다. 이때 젖은 수건을 그냥 덮어놓기도 하는데, 그렇게 하면 오히려 열이 더 날 수 있으므로 부드럽게 마찰해가며 닦습니다.

구토할 때는 우선 입안의 토사물을 제거해요

토하는 것은 장염에 걸렸을 때 나타나는 아주 흔한 증상입니다. 너무 심하게 토하거나 탈진 증상을 보이면 바로 병원을 찾아야 합니다. 장염에 걸린 아이는 처음엔 무엇을 먹더라도 토할 수 있습니다. 장염에 걸려 토하는 것은 짧으면 6시간, 길면 1~2일 안에 멎기 때문에 크게 걱정할 필요는 없어요. 다만 아이가 구토를 하면 제대로 먹지 못하고 수분을 잃어 자칫 탈수 증상이 오기 쉽습니다. 토가 멎을 때까지 탈수가 오지 않도록 주의합니다. 구토하기 시작하면 엎드리게 해 등을 살짝 두드리거나 고개를 옆으로 돌려 입안의 토사물을 제거해주세요. 구토가 가라앉으면 물로 입안을 헹구고 끓여서 식힌 물이나 보리차를 먹여 수분을 보충해줍니다. 계속 구토를 하여 수분이나 음식 섭취가 불가능하면 병원을 방문하여 탈수 여부를 확인하고, 수액 치료가 필요한지 의사와 상의합니다. 토사물의 종류를 꼼꼼히 확인하는 것도 필요해요. 소화가 되지 않았는지, 혈액이 섞여 있거나 커피 색깔을 띠는지, 담즙이 섞여 있는지 등을 잘 확인하여 의사와 상의하는 것이 빠른 회복에 도움이 됩니다. 토한다고 무조건 굶기기보다는 토하더라도 먹이려고 노력해야 합니다. 구토가 멈추고 3~4시간 지나면 물이나 음식 섭취를 시도해봅니다. 그렇지 않으면 탈수가 심하게 올 수 있어요. 이때도 중요한 것은 수분 보충입니다. 구토가 지속된다면 의사에게 진찰을 받고 전해질 용액을 먹이는 것도 좋습니다.

• 모유 먹는 아이 아이가 토하더라도 모유를 먹일 수 있어요. 단, 10분 간격으로 조금씩 먹이세요. 아이가 토하지 않는다면 20분 간격으로 조금 더 많이, 30분 간격으로 조

닥터's advice

❓ 해열제 사용 가이드 & 사용 시 주의사항

주로 타이레놀, 부루펜(이부프로펜), 맥시부펜(덱시부프로펜)을 사용합니다. 한 가지 해열제로 4시간 정도의 간격을 두고 사용합니다. 한 가지 종류의 해열제를 복용해도 열이 잘 떨어지지 않는다면 2시간 정도 지켜본 후 다른 해열제를 복용하면 됩니다. 만약 이렇게 해도 열이 잘 떨어지지 않는다면 2시간 경과 후 다시 처음에 복용한 해열제를 복용합니다. 특히 타이레놀은 간으로 대사되는 약물로, 과다 투여 시 간독성(화학적 원인으로 인한 간 손상)이 생길 수 있으므로 하루에 1ml/kg 이상, 최대 2ml/kg 이상은 가급적 투약하지 않아야 합니다.

금 더 많이 시간 간격과 양을 점차 늘려가면서 먹여요. 만약 반나절 이상 토하지 않는다면 다시 이전의 양과 간격으로 먹이면 됩니다.

• 분유 먹는 아이　가볍게 토하는 정도라면 먹던 그대로 먹여도 괜찮습니다. 그래도 걱정이 된다면 분유를 평상시의 반 정도 농도로 타서 먹이세요. 단, 아이의 상태가 좋아지면 바로 평소 먹던 농도로 돌아가야 합니다. 반면 아이가 자꾸 토할 때는 한꺼번에 많이 먹이려 하지 말고 조금씩 나눠서 시간 간격을 충분히 두고 먹입니다. 의사의 진료를 받고 전해질 용액을 한 번에 한 숟갈씩 10분 간격으로 조금씩 먹이는 것도 좋습니다. 만약 먹자마자 아이가 토한다면 일단 1시간 정도 먹이지 않고 기다렸다가 다시 먹여보세요. 그 이후 구토가 없어진다면 먹는 양을 서서히 늘리다가 10~12시간 정도 토하지 않는다면 다시 분유를 시작합니다.

• 이유식 먹는 아이　굳이 분유나 쌀미음만 먹일 필요는 없습니다. 2~3시간이 지나면 평상시에 먹던 이유식이나 소화가 잘되는 이유식을 먹여보세요.

• 밥 먹는 아이　이유식을 끝내고 어른과 같은 밥을 먹는 아이의 경우 심하게 토하지 않는다면 구토한 후 1~2시간 지나 쌀미음을 먹여보세요. 흰살생선, 두부, 감자, 단호박, 콩, 고구마 등을 넣은 묽은 죽을 먹이는 것도 좋습니다. 10~12시간 정도 토하지 않으면 부드럽고 소화가 잘되는 음식 위주로 먹이고, 하루 이틀이 지나서 더 이상 구토 증상이 없다면 다시 정상적인 식사를 주면 됩니다. 구토 증상이 진정되었다면 가능한 한 빨리 정상 식사로 돌아오는 것이 무엇보다 중요해요. 너무 오랫동안 묽은 음식을 지속하면 체력이 달리고 회복이 더딜 수 있기 때문이죠. 감염에 대한 면역력을 높이고 장의 원활한 회복을 위해서라도 빨리 평소대로 식사하는 것이 좋습니다.

설사할 때는 무조건 굶기지 마세요

요즘에는 특별한 경우가 아니라면 설사를 하는 아이를 굶기면서 치료하지 않습니다. 자칫 탈수의 위험성이 있고, 또 오래 굶기면 성장장애를 초래할 수 있기 때문이에요.

물론 의사가 반드시 굶기라고 할 때는 굶겨야 합니다. 하지만 설사가 심하지 않을 때는 먹는 것을 가릴 필요가 없습니다. 모유나 분유를 먹는 아이는 물론 우유나 밥을 먹는 아이도 평소 먹던 대로 먹이면 됩니다. 하지만 아직 아이의 장이 제 기능을 하지 못하는 만큼 기름기가 많거나 너무 차가운 음식, 또는 익히지 않은 음식은 피합니다. 또 스포츠음료나 당분이 많은 주스, 음료수는 오히려 설사를 유발할 수 있으므로 먹이지 마세요.

· **모유 먹는 아이** 양을 조금 줄여서 먹이다가 서서히 양을 늘려나가세요.

· **분유 먹는 아이** 분유를 평소의 3분의 2 정도로 묽게 타서 아이가 먹을 수 있는 만큼 충분히 먹여주세요. 그래도 실사가 멈추지 않는다면 의사와 상담한 후 특수 분유를 사용해볼 수 있어요.

닥터's advice

❓ 장염이 다 나았는데도 설사가 멈추지 않는다면?

아이가 장염을 앓고 난 후에도 설사가 장기간 멈추지 않는 경우가 있어요. 이런 경우, 대부분 유당불내증을 의심할 수 있습니다. 유당불내증이란 장염 때문에 손상을 입은 장이 분유나 우유에 있는 유당을 제대로 소화하지 못해 설사를 계속하는 질환입니다. 하지만 크게 걱정하지 않아도 됩니다. 장이 제 기능을 회복하고 아이의 면역력이 좋아지면 유당불내증은 서서히 사라집니다. 그 이후에도 설사가 멎지 않는다면 의사를 찾아 진료를 받아야 합니다.

❓ 탈수 증상, 어떻게 알 수 있나요?

아이가 설사할 때 가장 조심해야 할 것이 바로 탈수 증상입니다. 탈수가 일어나면 아이의 생체리듬이 그만큼 불완전하다는 뜻인 만큼 각별한 조처를 해야 해요. 그렇다면 설사하는 아이에게 탈수 증상이 일어났는지 어떻게 알 수 있을까요?

· 눈이 퀭하고 움푹 들어가 보인다.
· 혀를 손으로 살짝 만졌을 때 물기가 없고 깔깔한 느낌이 든다.
· 평소보다 갈증을 더 호소한다.
· 배나 허벅지를 손으로 가볍게 꼬집으면 꼬집은 자리가 금방 원래대로 퍼지지 않는다.

• **이유식이나 밥 먹는 아이** 쌀미음이나 흰죽을 묽게 쑤어 조금씩 자주 먹이는 것이 좋아요. 설사가 아주 심한 경우가 아니라면 묽은 분유나 쌀미음은 하루 정도만 먹이고 다시 평소대로 먹입니다.

수분 공급이 중요해요

설사를 하면 다량의 수분과 전해질이 대변으로 빠져나가 탈진이 될 수 있습니다. 무엇보다 탈수를 막는 것이 급선무지요. 그러려면 수분을 충분히 공급해주어야 합니다. 아무리 설사가 심하더라도 일단 수분 섭취만 충분히 된다면 당장 큰일이 나지는 않기 때문입니다. 수분을 보충하는 가장 좋은 방법은 바로 전해질 용액을 마시는 거예요. 약국에서 쉽게 구입할 수 있는 '페디라산' 같은 포도당 전해질 용액을 아이에게 마시게 합니다. 전해질 용액에는 포도당과 설탕, 소금 등이 들어 있어 기본적인 열량과 염분을 보충하는 데 효과적입니다. 설사용 전해질 용액은 근처 소아청소년과나 어린이병원에 가면 쉽게 구할 수 있어요. 게토레이나 포카리스웨트 같은 이온음료는 설탕이 들어 있어 삼투압이 높고 전해질의 양이 많지 않아 탈수를 교정하는 약물로는 적절하지 않습니다.

 Dr. B의 우선순위 처치법

1. 탈수를 예방하는 것이 급선무! 수분을 충분히 공급하고, 조금씩이라도 먹이세요.
2. 그래도 심한 탈수증을 보인다면 병원으로 가야 해요.

엄마표 처방전

엄마손은 약손!

배가 아플 때 엄마의 '약손'은 확실히 효과가 있습니다. 따뜻한 온도는 통증을 가라앉혀주고, 복부 마사지는 장내 가스의 움직임을 원활하게 해주기 때문입니다.

1 배꼽 주변을 시계 방향으로 둥글게 원을 그리면서 20~30회 정도 살살 문지릅니다. 너무 아프지 않게, 그러나 어느 정도 압력을 주어 마사지합니다.

2 엄마의 양손을 비벼 손바닥에 따뜻함이 느껴지면 복통을 느끼는 부위에 갖다 댑니다. 또는 따뜻한 물주머니를 만들어서 통증을 느끼는 부위에 대주어도 좋습니다. 따뜻한 물주머니를 댈 때는 화상을 입지 않도록 주의하세요.

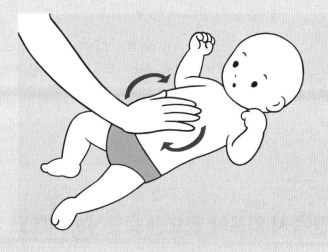

장중첩증

배가 아프고 딸기잼 같은 혈변을 봐요.

체크 포인트

☑ 장중첩증은 생후 5~11개월에 가장 잘 생기며, 남자아이에게 더 많이 발생
합니다.

☑ 토마토케첩 같은 혈변을 누면서 자지러지게 울다가 그치기를 반복한다면
장중첩증을 의심해봐야 합니다.

☑ 장중첩증은 증상이 나타나면 바로 병원에 가야 하는 응급 질환이에요. 치
료 없이 자연적으로 회복되지 않으므로 치료를 지체해서는 안 됩니다.

☑ 조기에 발견하면 간단한 시술로 회복이 가능한 만큼 치료 시기를 놓치지
않도록 신속하게 대처합니다.

발견 즉시 치료가 필요한 응급상황이에요

장중첩증은 장의 한 부분이 다른 부분 안쪽으로 말려들어 가는 질환입니다. 일반적으
로 "장이 꼬였다"라고 말하지만 좀 더 자세히 말하면 상부 장이 하부 장 속으로 말려
들어가는 것입니다. 장중첩증에 걸리면 말이 안 나올 정도로 통증을 호소해요. 최대

한 빨리 치료를 받아야 장이 썩는 등의 무서운 합병증을 피할 수 있고, 수술 없이 치료할 수 있습니다. 아이가 복통을 호소하며 갑자기 자지러지게 울기 시작한다면 특히 주의하세요. 증상이 나타나는 즉시 응급실을 찾아가 확인해야 합니다. 두 돌 미만 특히 생후 5~11개월 아이에게 많이 발병하며, 3:2 정도의 비율로 남자아이에게서 더 많이 발생하는 편입니다. 장중첩증을 일으키는 확실한 원인은 아직 알려지진 않았어요. 다만 식사의 변화나 장 알레르기 반응으로 장운동이 증가해 일어나는 게 아닐까 추정할 뿐입니다. 또 장간막(장을 매달아 유지하는 복막의 일부분)에 생긴 염증이나 배 주변에 입은 상처 등 드물게는 대장의 물혹이나 림프종 때문에 발생하기도 해요. 확실한 발병 원인을 알 수 없는 만큼 장중첩증으로 의심되는 증상이 조금이라도 나타나면 신속하게 병원을 찾아 진단받아야 합니다.

어떤 증상이 생기나요?

발작적으로 울다가 조용해지기를 반복해요

장중첩증이 일어나면 배가 아픈 증상이 먼저 시작됩니다. 헛구역질이나 구토를 하기도 해 대부분 아이가 장염에 걸린 것으로 알고 병원을 찾습니다. 복통과 구토 등의 증상이 언뜻 장염처럼 보이긴 합니다. 장중첩증의 가장 큰 특징은 주기적이고 반복적인 통증입니다. 아주 잘 놀던 아이가 갑자기 두 다리를 올리고 자지러지듯이 울며 보채다가 다시 아무렇지도 않게 놀기 시작하죠. 그러다 다시 20~30분이 지나면 다시 울며 보채는 것을 반복합니다.

토하기도 하고 토마토케첩 같은 점액질이 섞인 혈변을 봐요

처음에는 음식물 그대로를 토하다가 나중엔 녹색 담즙이 섞인 상태로 토하기도 해요. 배를 만져보면 맹장과 비슷한 위치인 배 오른쪽 아랫부분에 소시지 같은 느낌의 덩어리가 만져지기도 합니다. 장이 계속해서 막혀 있기 때문에 시간이 지날수록 헛배 부른 것처럼 배가 부풀어 보이기도 하죠. 처음에는 정상적인 변을 보지만 점차 대변의 양이 적어지고 방귀마저도 거의 없어집니다. 그러다 발병 후 몇 시간이 지나면 마치 토마토케첩이나 딸기잼같이 약간 끈적끈적하고 피가 섞인 혈변을 보기 시작합니다.

탈수 증상이 나타나면 더욱 위험해요

치료가 늦어지면 말려든 장이 조여들면서 피가 나고 마침내는 썩어 생명을 위협할 수 있습니다. '시간이 지나면 괜찮겠지' 하고 아이를 그대로 방치하면 탈수로 인한 쇼크 현상이 생길 수도 있어 더욱 위험해집니다.

장중첩증 치료, 어떻게 하나요?

중첩된 장을 빨리 풀어야 해요

증상이 나타난 지 24시간 이내라면 간단한 시술로 치료할 수 있어요. 항문을 통해 바륨이나 식염수 또는 공기를 넣어 장에 압력을 줌으로써 꼬인 장을 펴는 시술을 합니다. 하지만 관장으로 장이 풀리지 않거나 장중첩 증상이 나타난 지 24시간이 지났다면 장의 눌린 부분이 괴사되어 있을 가능성이 있어 장의 일부를 잘라내는 수술을 합니다.

이럴 땐 병원으로!

장중첩증은 어떤 질환보다 조기 치료가 우선입니다. 치료 시기를 놓치면 대단히 위험해질 수 있는 만큼 증상을 잘 기억해두었다 신속히 대처하세요.

☐ 배가 아프다며 1~2분 정도 울다가 20분 정도 괜찮기를 반복하면서 토마토케첩 같은 혈변을 볼 때

☐ 배에 손을 못 대게 할 정도로 아파할 때

☐ 배에 힘주고 울거나 다리를 배에 붙인 채 울며 아파할 때

☐ 배 오른쪽 부위에서 덩어리가 만져질 때

☐ 고열이 나고 구토를 주기적으로 반복할 때

☐ 복통이 점차 심해진다거나 설사, 구토, 발열과 같은 증상이 함께 나타날 때

재발하는 경우가 많아요

바륨 관장이나 공기 관장으로 일단 치료했다 하더라도 때에 따라 24~48시간 안에 재발할 우려가 10%에 이를 정도로 재발이 흔한 편이에요. 따라서 치료 후에도 다시금 유사 증상이 나타나지 않는지 당분간 주의 깊게 살핍니다.

 Dr. B의 우선순위 처치법

증상을 발견하는 즉시 병원을 찾아 진료를 받아요.

탈장

배꼽이랑 사타구니 주변이 불룩 튀어나왔어요.

체크 포인트

☑ 탈장은 배가 아프고 배꼽이나 사타구니 주위가 부어올라요. 배꼽 주위가 볼록 나오는 배꼽 탈장과 사타구니 주변 부위가 부어오르는 서혜부 탈장이 대표적입니다.

☑ 배꼽 탈장은 보이는 것과 달리 시일이 지나면서 저절로 들어갑니다.

☑ 서혜부 탈장은 저절로 좋아지지 않아요. 어른과 달리 아이들의 탈장은 반드시 수술해야 합니다.

장이 제자리에서 빠져나와요

탈장이란 장이 있어야 할 곳에서 탈출한 상태를 말해요. 여러 탈장 중에서도 아이에게 흔한 것은 '배꼽 탈장'과 '서혜부 탈장'입니다. 생기는 부위도 다르고 치료 방법도 달라 같은 탈장이라도 꼭 구분해서 알고 있어야 합니다. 특히 문제가 되는 것은 서혜부 탈장이에요. 배꼽 탈장은 그냥 두어도 시간이 지나면 다시 들어가는 경우가 많은데, 서혜부 탈장은 가능하면 빨리 수술을 해야 합니다.

탈장인지 어떻게 알 수 있나요?

배꼽 및 사타구니 주위를 살펴보세요

아이가 울거나 기침을 할 때 또는 대변을 보기 위해 배에 힘을 줄 때 탈장 부위가 피부 위로 볼록 튀어나오는 것을 확인할 수 있어요. 탈장 부위를 만지면 말랑말랑하고 살짝 누르면 들어가기도 하는데, 아프진 않으며 크기 역시 커졌다 작아졌다 합니다.

탈장된 부위가 작아지지 않을 땐 위급상황!

탈장 중 가장 위험한 것은 빠져나온 장의 일부가 좁은 공간 안에서 꼬일 때입니다. 빠져나온 장이 좁은 구멍 등에 끼어 빠져나오지 못할 때를 '감돈'이라 하는데, 이런 상태가 되면 장에 피가 통하시 않아 아주 위험한 상황을 초래합니다. 감돈 탈장은 아주 위급한 상황인 만큼 조금이라도 증상이 의심되면 바로 응급실로 달려갑니다.

수술이 필요한 서혜부 탈장

소장이 음낭으로 빠져나왔어요

서혜부는 사타구니 주변 부위를 뜻해요. 앉거나 다리를 굽힐 때 접히는 부위를 통틀어 말하지요. 서혜부 탈장이 생기는 원인은 배 속에 있어야 할 소장이 음낭 쪽으로 빠져나와 발생합니다. 고환이 음낭으로 이동하는 길을 '서혜관'이라고 하는데, 이 길이 아이가 태어날 때쯤엔 막혀 있는 게 정상이지요. 하지만 서혜관이 제대로 막혀 있지

🚑 이럴 땐 병원으로!

- ☐ 튀어나온 부분을 만졌을 때 아이가 심하게 아파하는 경우
- ☐ 구토를 시작하고 열이 나며 몸 상태가 좋지 않은 경우
- ☐ 튀어나온 부위를 눌렀을 때 딱딱하고 다시 들어가지 않는 경우

않아 그 길을 통해 소장이 시시때때로 빠져나오는 겁니다.

사타구니 주변이 볼록 튀어나와요

서혜부 탈장은 사타구니 주변이 볼록 튀어나오거나 힘을 줄 때 덩어리가 만져져요. 다리와 몸통이 만나 생기는 주름 위쪽으로 부풀어 오르고, 오른쪽 부위에 잘 발생하는 편입니다. 남자아이의 경우 고환이 부풀어 오르기도 해요. 울거나 숨을 깊이 들이쉬어 배에 힘이 들어갈 땐 볼록한 부위가 튀어나왔다가 저절로 들어가기도 하며 가볍게 누르면 들어가기도 합니다. 튀어나온 것이 명확히 보이는 아이도 있지만, 여자아이는 살짝 부풀어 오르기만 하기도 해 의사조차 잘 찾아내지 못할 때가 많아요. 그 부위가 많이 튀어나오지 않더라도 이전과 비교해 확실한 변화가 있다면 탈장을 의심하고 진료를 받아봅니다.

수술이 필요해요

볼록 튀어나온 부분이 들어갔다 나왔다 해서 굳이 병원에 가지 않아도 괜찮아질 거라고 생각하면 안 돼요. 서혜부 탈장은 수술로 교정하지 않으면 저절로 회복되지 않지요. 일탈한 장을 수술로 제 위치에 붙잡아둬야 합니다. 특히 신생아는 탈장 부위에서 장이 더욱 잘 꼬일 수 있어서 발견 즉시 빨리 수술해야 합니다. 수술은 장이 빠져나오는 구멍을 막는 아주 간단한 수술로 입원하지 않고 수술 후 당일 바로 퇴원할 수 있습니다. 하지만 장이 감돈되어 괴사된 상태라면 상한 장을 잘라내는 수술까지 해야 하

닥터's advice

❓ 배꼽 부위에 동전이나 테이프를 붙이면?
간혹 배꼽 탈장이 생겼을 때 배꼽에 동전을 대고 테이프를 붙여놓으면 빨리 막힌다는 속설을 믿고 이렇게 억지로 눌러놓는 부모들이 있습니다. 이는 사실이 아니며 효과가 없는 것으로 밝혀졌습니다. 배꼽에 오랫동안 동전을 대고 반창고를 감아두면 오히려 염증이 생기기 쉬워 치료에 부작용만 생길 뿐입니다.

므로 수술의 범위가 넓어지고 회복하는 데 시간이 걸립니다.

저절로 들어가는 배꼽 탈장

배꼽이 너무 튀어나왔다면 배꼽 탈장을 의심해요

아이가 심하게 울거나 힘을 주고 보챌 때 배꼽이 유난히 볼록 튀어나와 보인다면 배꼽 탈장은 아닌지 확인해보세요. 배꼽 탈장은 아이들에게 매우 흔한 증상으로 태아의 탯줄을 감싸고 있던 배꼽 고리가 완전히 막히지 않아 장이 그 아래쪽 약한 속살을 비집고 나와서 생기는 경우가 많아요. 그 크기는 아주 작을 수도 있고 지름 5cm까지 커지기도 해요. 특히 아이가 울거나 기침을 하면 더 튀어나와 보이기도 합니다.

크게 염려할 필요 없어요

배꼽 탈장은 생후 12~18개월 사이에 없어지거나 늦어도 만 3~4세가 되면 좋아지므로 크게 걱정할 필요는 없습니다. 배꼽 탈장은 서혜부 탈장과 달리 대부분 저절로 막히기 때문에 수술하지 않고 지켜보는 것이 원칙입니다. 하지만 크기가 점점 커지거나 만 3~4세가 지나도 증상이 지속된다면 수술을 고려해볼 수 있는데, 극히 드물어요.

 Dr. B의 우선순위 처치법

1. 증상을 발견하는 즉시 병원을 찾아 진료를 받아요.
2. 어떤 종류의 탈장인지 정확히 진단받은 후 그에 맞는 대처와 치료를 합니다.

03

감염성 질환

가와사키병

고열이 5일 이상 계속되고 몸에 울긋불긋 발진이 생겨요.

체크 포인트

☑ 과거 가와사키병은 희귀병으로 분류되어 이름조차 생소한 질병에 속했지만, 최근 전체 환자의 80% 이상이 5세 미만 유아일 정도로 어린아이들에게서 유독 발병률이 높은 질환이에요.

☑ 원인을 알 수 없는 고열이 적어도 5일 이상 계속되는 것으로 시작됩니다. 혓바늘이 돋아 혀가 마치 딸기처럼 보이며 입술이 빨갛게 붓고 갈라지기도 합니다.

☑ 조기에 발견하면 5~7일 정도의 치료로 증상이 크게 완화되기 때문에 가능한 한 빠른 치료가 중요합니다.

고열에 기침, 독감인 줄 알았는데 가와사키병?

급성 열성 질환이에요

가와사키병은 주로 5세 이하 영유아들이 걸리는 급성 혈관염, 급성 열성 질환이에요. 폐렴이나 장염처럼 흔하지는 않지만 한번 걸리면 무서운 질환이라 조기 발견과 치료가 중요해요. 처음엔 열이 나고 다리와 입 수변에 울긋불긋한 발진이 올라오는 증상만 보고 으레 독감인 줄 알고 병원을 찾습니다. 실제로 감기처럼 목이 아프다거나 기침 등의 증상이 나타나기 때에 감기로 알고 치료 시기를 놓칠 수 있어 주의 깊게 관찰해야 합니다. 고열이 쉽게 가라앉지 않고 5일 이상 지속되고 발진이 온몸을 덮으면서 눈이 빨개지고 혀까지 울긋불긋해지는 증상까지 더해지면 가와사키병을 의심해봐야 합니다. 치료 시기를 놓치고 증상이 더욱 심해지면 심장의 관상동맥 혈관에까지 문제가 생길 수 있어요.

더는 희귀병이 아니에요

가와사키병은 몸 전체 혈관에 염증이 생기는 질환이에요. 심장에 혈액을 공급하는 혈관인 관상동맥을 침범할 땐 심각한 심장 문제를 초래할 수 있는 질환이기도 하지요. 국내 역학조사에 따르면 2011년 1만 1,213명이던 가와사키병 환자가 2013년에는 1만 4,589명으로 2년 사이 30%나 증가했습니다. 이처럼 과거에는 희귀병으로 분류되어 이름조차 생소했지만, 최근 환자가 급격히 늘어나면서 더는 희귀병으로 볼 수 없다고 주장하는 의사들이 많아요. 치료가 늦어져서 고열이 오랫동안 지속되는 경우 관상동맥 합병증이 발생할 확률이 높아집니다. 치료를 받지 못한 경우에는 20~25%에서 관상동맥 합병증이 생기지만, 면역글로불린으로 치료하면 관상동맥 합병증의 이환율이 2~4%로 줄어들므로 조기에 치료를 받는 것이 중요합니다.

닥터's advice

❓ 일본에서 처음 보고된 병!

가와사키병은 1967년 일본인 소아과 의사, 도미사쿠 가와사키에 의해 처음 보고되었어요. 가와사키는 열과 발진, 결막염, 인후와 구강점막의 발진, 손발의 부종 증상을 보이는 어린이 집단을 관찰하여, 처음에는 이를 피부점막림프절증후군이라고 불렀습니다. 그 후 미국, 유럽, 아시아 등 모든 민족을 포함해 세계적인 분포를 보이는 대표적 후천성 심장병으로 자리 잡았습니다. 미국에서는 후천성 소아 심장병의 원인 중 으뜸이었던 류머티즘열보다 더 큰 비중을 차지할 정도로 이 병에 대한 경각심이 높아지고 있습니다.

원인은 아직 밝혀지지 않았어요

왜 발병하는지 아직 명확하게 원인이 밝혀지지 않았어요. 특정 연령층에서 발생하고 지역적으로는 우리나라를 비롯한 일본, 중국, 대만 등 아시아인이 잘 걸리며, 계절적으로 발생하는 것으로 보아 어떤 감염과 유전적인 경향이 같이 작용하는 것으로 추정하고 있어요. 지금까지의 연구 결과, 유전학적 소인이 있는 어린아이가 어떤 병원체에 감염되었을 때 병을 일으키는 것으로 보고 있습니다.

독감과 비슷한 증상이 나타나요

5일 이상 고열이 나면 의심해보세요

가와사키병은 독감과 매우 비슷한 증상을 갖고 있어요. 초기 고열 증상을 비롯해 기침, 설사, 복통, 두통, 소화 장애가 나타나는 등 독감과 매우 비슷해요. 그래서 대부분 이 질환을 진단받는 아이들은 독감으로 생각해 해열제를 먹다가 다른 증상이 동반된 후에야 비로소 가와사키병으로 진단되는 경우가 많습니다. 이 병은 원인을 알 수 없는 38.5℃ 이상의 고열이 적어도 5일 이상 지속되는 것으로 시작하는데, 일반적인 항

닥터's advice

❓ 열이 나는 내 아이, 혹시 가와사키병일까?
- ☐ 양쪽 눈이 충혈된다.
- ☐ 입술이 갈라지거나 빨개지고, 혀가 딸기처럼 오톨도톨하다.
- ☐ 목 옆의 임파선이 부어올라 마치 혹이나 덩어리처럼 크게 보인다.
- ☐ 손바닥, 발바닥이 빨갛게 붓거나 손가락 끝부분 껍질이 벗겨진다.
- ☐ 온몸에 여러 형태의 발진이 생긴다.

고열이 5일 이상 지속되고, 위의 5가지 항목 중 4가지 이상의 증상을 보이면 가와사키병이라고 진단할 수 있습니다. 그러나 이런 증상들이 한꺼번에 나타나지 않고, 몇 가지 증상만 보이는 비전형적 가와사키병도 드물지 않으므로 주의 깊게 관찰하여 진단해야 합니다.

생제로는 열이 가라앉지 않아요. 따라서 고열이 5일 이상 지속된다면 가와사키병이 아닌지 병원에서 진료를 받아봅니다.

아이의 혀가 '딸기 혀'인지 확인해보세요

고열이 계속되면서 동반 증상이 나타나요. 먼저 몸에 발진이 나타나는데 2세 이전 가와사키병에 걸린 아이라면 BCG 접종 부위가 빨갛게 붓는 특징을 보입니다. 또 혓바늘이 돋아 혀가 마치 딸기처럼 보이며 입술이 빨갛게 붓고 갈라지기도 해요. 손바닥이나 발바닥이 붓거나 딱딱해지면서 가끔 고통을 호소하기도 하고 다양한 모양과 크기의 홍반이 피부 곳곳에 보이기도 합니다. 양측 안구 결막에 눈곱이 없는 충혈을 보이고, 드물게는 눈의 통증이나 눈부심 같은 증상이 나타나요.

 ## 진단을 받자마자 바로 치료해요

아스피린과 면역글로불린을 투여해요

가와사키병에 걸린 어린이는 대다수 치료가 가능합니다. 가와사키병 치료에는 주로 면역글로불린과 아스피린을 사용해요. 급성기에는 고용량 아스피린과 정맥주사용 면역글로불린을 투여하는데, 48~72시간 동안 열이 완전히 떨어지면 아스피린을 저용량으로 낮춰 발병 6~8주까지 투여하지요. 아스피린과 함께 사용되는 면역글로불린은 급성기, 즉 첫 발병으로부터 약 10일 이내에 고용량(2g/kg)을 10~12시간에 걸쳐 서서히 정맥 안에 주사하는데, 관상동맥 병변의 발생이 감소한다고 알려져 있습니다.

치료 중에 합병증을 조심해요

가와사키병이 있을 때 가장 위험한 점은 심장의 혈관을 침범할 수 있다는 것입니다. 심장과 관련된 합병증은 일시적일 수도 있고, 오랫동안 아이를 힘들게 할 수도 있습니다. 이러한 심장 합병증, 자세히 말해서 관상동맥 합병증은 가와사키병을 앓는 아이의 약 2~4%에서 발생합니다. 치료를 받지 않을 때는 약 20~25%까지 생길 수 있습니다. 안타깝게도 아직 가와사키병을 예방하는 방법은 없으므로 조기에 발견하여 치료하는 것이 최선책입니다. 퇴원한 후에도 저용량 아스피린을 하루에 한 번씩 6~8주간 복용해야 합니다. 또한 발병 후 1년 정도는 심장 초음파 등의 검사를 받으며 관찰하는 것이 좋습니다. MMR(홍역, 볼거리, 풍진)과 수두 백신과 같은 생백신은 면역글로불린 치료 11개월 후에 접종하는 것을 권장하고 있습니다. 일본뇌염 백신도 생백신을 접종할 경우, 가와사키병 치료와 11개월 간격을 두는 것이 좋습니다. 이렇게 접종을 뒤로 연기하는 이유는 관상동맥 확장을 막기 위해 사용한 감마글로불린이라는 항체 주사 때문입니다. 몸 안에 들어간 감마글로불린이 예방접종에 의한 항체 형성을 방해할 수도 있기 때문입니다.

 Dr. B의 우선순위 처치법

1. 5일 이상 고열이 나면서 경부임파선 부종, 눈 충혈, 딸기 혀, 피부 발진, 손발 발적 및 부종 등이 생기면 바로 병원을 찾아요.
2. 심장의 관상동맥 혈관을 침범하는 합병증이 발생할 수 있으니 주기적인 심장 초음파 검사가 필요해요.

간염

간에 염증이 생겨 여러 증상이 나타나요.

체크 포인트

☑ 우리나라에서는 A형·B형·C형 간염이 가장 흔하며, 감염경로와 증상·예방법·치료법이 각각 달라요.

☑ 유치원이나 학교에서 생활하는 아이들은 A형 간염에 특히 주의해야 해요. 대부분 아이가 A형 간염에 걸린 사실을 자각하기 힘들므로 자신도 모르는 사이에 다른 사람에게 바이러스를 전파할 수 있어 특히 위험합니다.

☑ 가장 유의해야 할 간염은 B형 간염입니다. 우리나라에 B형 간염 바이러스를 보균하는 사람이 많기 때문이에요.

☑ 간염에 걸렸다면 우선 안정을 취해주세요. 다른 바이러스 감염 질환과 같이 그때그때 증상을 완화하는 치료를 해주는 게 최선입니다.

☑ 간염은 예방이 무엇보다 중요합니다. A형·B형 간염 모두 예방접종으로 미리 대비할 수 있어요.

어릴 때부터 조심해야 하는 질환

간염은 말 그대로 간에 염증이 생기는 것으로, 어떤 원인에 의해 발병하느냐와 관계 없이 간세포가 파괴되는 상태를 말합니다. 간염은 바이러스 감염이 원인이에요. 면역력이 약한 어린 시기에 바이러스 감염이 많이 일어나므로 바이러스성 간염도 소아기 질환이라 할 수 있어요. 우리가 잘 알고 있는 A형·B형 바이러스도 대부분 소아기에 감염되며, 실제 B형 간염 성인 환자의 70%가 신생아 때 감염된 것으로 추정합니다. 그런데도 간염 하면 어른들이 주로 걸리는 질환으로 잘못 알려져 있을까요? 답은 간단합니다. 어린아이들은 정확한 증상을 호소하지 않기 때문입니다. 소아 간염은 성인에 비해 증상이 미약해 우연히 발견되는 것이 대부분이라 간염이 있더라도 모르고 지내는 경우가 많습니다.

여러 가지 바이러스가 간염을 일으켜요

간염을 일으키는 바이러스는 종류에 따라 A·B·C·D·E·G형 등으로 분류되며, 그 특성도 각기 다릅니다. 그중에서도 간염의 원인으로 가장 많이 언급되는 건 A형, B형 또는 C형 바이러스 간염입니다. 이렇다 보니 이 종류가 간염을 일으키는 원인의 전부로 이해되죠. 하지만 간염을 일으키는 원인은 무수히 많습니다. 이 중 우리나라에서 흔한 간염은 A·B·C형으로, 이들은 감염경로와 증상, 예방, 치료법이 다릅니다. 특히 충분한 휴식을 취하면 저절로 회복되는 A형과 달리 B·C형은 만성화되면 치료가 어렵고, 잘못하면 간암이나 간경변으로 발전하기도 해 주의가 필요합니다.

최근 문제가 되는, A형 간염!

A형 간염이 최근 다시 문제가 되고 있어요. 특히 A형 간염은 전염성이 강하고 오염된 음식물과 식수 등을 통해 급격히 전파될 수 있는 전염병이기 때문에 유치원이나 학교에서 생활하는 아이들은 특히 주의해야 합니다. A형 간염은 5~14세에 자주 발생하며, 보고된 환자의 약 30%가 15세 이하일 정도로 아이들이 잘 걸리는 질환이에요. 대부분 아이는 자기가 A형 간염에 걸렸다는 사실을 자각하기 어려워 자신도 모르는 사이에

바이러스를 전파해 특히 위험합니다. A형 간염은 B·C형 간염과는 달리 만성화되지 않으며 B형 간염과 마찬가지로 예방접종이 가능해요. 예방접종을 꼭 맞혀야 합니다.

우리나라에서 특히 유의해야 할 B형 간염!

A형 간염 못지않게 특히 조심해야 할 간염은 B형 간염입니다. 특히 B형 바이러스에 의한 간염에 관심을 두는 이유는 우리나라에 B형 간염 바이러스를 보균한 사람이 많기 때문이에요. B형 간염이 유독 많은 탓에 산모에 의한 수직 감염, 즉 B형 간염을 앓고 있거나 단순히 보균자인 산모가 출산할 때 아이에게 그 간염균이 전해질 확률이 높습니다. 그렇게 되면 갓 태어난 신생아 혈액 속으로 간염 바이러스가 전해지고 그 아이는 태어나는 순간부터 바이러스를 가져 간염을 유발하거나 간염보균자로 평생을 살아가게 됩니다. 산모는 출산하기 전, 반드시 B형 간염 보균 여부를 확실하게 검사해 아이에게 전염되지 않도록 하는 것이 중요합니다.

A형 간염 vs. B형 간염, 어떻게 다를까요?

급성 간염은 발병 후 3~4개월 안에 회복되고, 만성 간염은 6개월 이상 지속될 때를 말합니다. 최근까지 알려진 간염 바이러스는 A·B·C·D·E형 간염 바이러스로 5종인데, 이 중 A형 간염과 B형 간염은 과거부터 잘 알려진 간염으로 우리나라 소아 간염의 대부분을 차지해요.

A형 간염이 궁금해요

원인 혈액을 통해 전염되진 않고, A형 간염 바이러스에 오염된 음식이나 물을 섭취함으로써 전염됩니다. 개인위생관리가 좋지 못한 저개발 국가에서 많이 발병되지만, 최근에는 위생적인 환경임에도 A형 간염 항체가 없는 20~30대에서 발병률이 급증하고 있어요. 또 대변으로 바이러스가 배출되기 때문에 가족이나 단체생활을 하는 다른 아이에게도 쉽게 전파될 수 있어 문제가 돼요. 주로 환자의 분변에 오염된 물이나 음식물 섭취를 통해서 전파되며, 물이나 음식에 의해 집단 발생이 가능한 것이 특징입니다.

증상 A형 간염은 대부분 감기처럼 가볍게 앓고 지나가지만 6세 미만 아이들은 별다른 증상이 없어 모르고 지나가는 경우도 많습니다. 하지만 만 6세가 넘은 아이나 어른이 걸리면 황달이 심해지고 2~3주 정도 고열이나 식욕부진과 같은 증상으로 입원하기도 합니다.

치료 아직 A형 간염 바이러스를 치료하는 약은 개발되지 않았으며, 안정을 취하고 고단백 식단을 섭취할 것을 권장하는 게 전부입니다. 증상이 심할 때는 입원하여 지켜봅니다.

예방 A형 간염 바이러스는 85℃ 이상에서 1분만 가열해도 사라져 끓인 물을 마시거나 충분히 익힌 음식을 섭취하는 것만으로도 예방할 수 있어요. 또한 2회의 예방접종(한 번 접종한 이후 6~12개월 후 추가 접종)으로 95% 이상의 간염 예방 효과를 볼 수 있어요. 아직 바이러스에 노출되지 않은 성인도 효과가 있으며, 10대와 20대 그리고 항체가 형성되지 않은 30대도 예방접종이 권장됩니다. A형 간염은 백신을 맞으면 충분히 예방되므로 사전에 예방하는 것이 가장 좋습니다.

B형 간염이 궁금해요

원인 B형 간염 바이러스는 우리나라 만성 간 질환의 가장 흔하고 중요한 원인이에요. B형 간염 바이러스가 간세포 속에 자리 잡으면 우리 몸은 이 바이러스를 제거하기 위해 면역반응을 일으키고 바이러스에 감염된 간세포들을 파괴하면서 염증이 생깁니다. 주로 혈액 또는 체액·수혈·주사바늘 등을 통해 감염되는데, 아이들은 B형 간염이 있는 엄마로부터 수직 감염되는 경우가 많아요. B형 간염은 몇 개월간의 잠복기를 갖기도 하며, 어린 시기에 감염되더라도 발견되지 않아 보균자 상태로 지내다 만성화가 될 가능성이 큽니다. 만성화된 후 약 20년이 지나면 10명 중 3명 이상이 간암으로 발전하기도 해 주의해야 합니다.

증상 대부분 간에 심각한 손상이 있기 전까진 아무런 증상이 없습니다. 그러다 갑자기 심한 고열·황달·복부 통증 같은 증상을 보이기도 합니다. B형 간염을 치료하지 않으면 만성 간 질환이나 심지어 간경변, 간암을 초래할 수도 있어요.

치료 만성 B형 간염에 대한 항바이러스 치료제는 바이러스의 증식을 억제하는 역할을 할 뿐 간세포 내의 바이러스를 완전히 박멸하는 것은 아니에요. 바이러스의 증식을 낮은 상태로 유지해 간 손상을 줄이고 간 질환으로 진행되지 않는 것을 목표로 치료합니다.

예방 B형 간염은 예방접종을 통해 예방할 수 있습니다. B형 간염 예방백신은 대개 3차(출생 직후, 생후 1개월·6개월)에 걸쳐 접종하며, 이 접종을 모두 마치면 80% 이상 예방 항체가 형성됩니다. 산모가 B형 간염 바이러스 보유자라 하더라도 신생아가 태어난 지 12시간 이내에 면역글로불린 및 예방백신을 접종하면 90% 이상 감염을 차단할 수 있습니다.

 ## 특별한 치료제는 없어요

바이러스성 간염에는 특별한 치료제가 없습니다. 시중에서 처방되는 일부 약제는 치료약이라기보다는 간 기능을 돕는 역할을 하는 정도이지요. 간염에 걸리면 먼저 안정

닥터's advice

❓ C형 간염은 무엇인가요?

C형 간염은 비교적 최근에 알려지기 시작한 간염으로, B형 간염과 같은 경로로 전염됩니다. 바이러스에 오염된 주사침이나 바늘이 문제가 되며 수혈, 오염된 혈액제제 등도 원인이 돼요. 우리나라 인구 1% 정도가 감염된 것으로 추산합니다. 만성화될 확률이 70~80%로 대단히 높고, 일단 만성화되면 자연 치유는 어렵다고 볼 수 있습니다. 만성 C형 간염은 증상이 거의 없어요. 증상을 보이는 경우는 6%에 그치며, 가장 흔한 증상은 피로감 정도입니다. 피로감이 심해 병원을 찾거나 우연히 정기검진에서 간 기능 이상을 발견해 진단받는 경우가 대부분입니다. 만성 C형 간염은 B형 간염과 같이 간경변증, 간암 등의 합병증을 일으키지만 B형 간염보다는 그 진행이 느리다는 특징이 있습니다. C형 간염은 백신이 없어 예방이 어려우므로 접촉을 피하는 것이 예방법입니다.

을 취하고, 증상에 맞게 그때그때 적절하게 치료합니다.

A형 간염 예방백신, 이제 무료로 접종하세요

이전까진 A형 간염 예방접종을 하려면 10만 원가량의 접종비가 들었어요. 최근엔 '어린이 국가예방접종 전면 무료 시행 정책(병·의원 무료 접종 정책)'에 포함되면서 가까운 병·의원이나 보건소에서 무료 접종이 가능해졌습니다. A형 간염 첫 예방접종은 첫돌이 지나야 가능하며, 6~12개월 간격으로 2회 접종합니다. A형 간염 백신은 접종 후 항체 생성률이 100%에 달하므로, 접종 후 따로 항체 검사를 하지 않아도 됩니다.

B형 간염 예방접종은 필수입니다

신생아와 이전에 B형 간염 접종을 하지 않은 어린이, 어른 모두 B형 간염 접종을 해야 합니다. 특히 산모가 B형 간염 보유자라면 아이 출생 직후, B형 간염 면역글로불린과 B형 간염 1차 접종을 함께 맞힙니다. 통상적인 접종 방법은 근육주사로 3차례 접종하는데, 첫돌이 지나지 않은 아이는 넓적다리의 앞이나 바깥쪽에, 첫돌이 지나면 어깨 부위에 접종합니다. 그러나 체격이 너무 말랐으면 첫돌이 지나도 넓적다리에 접종할 수 있어요. 엉덩이는 면역 효과가 떨어져 접종하지 않습니다. 2차는 1차 접종 후 1개월 뒤에 접종하며, 3차는 2차 접종 후 5개월 뒤에 접종합니다.

 Dr. B의 우선순위 처치법

1. A형 간염과 B형 간염은 꼭 예방접종을 해 사전에 예방합니다.
2. 특별한 치료제가 없으므로 충분한 휴식과 안정을 취합니다.
3. A형 간염이 유행하는 시기에 아이를 주의 깊게 관찰한 뒤 증상이 나타나면 바로 병원을 찾습니다.

피부 발진

피부에 빨갛게 뭐가 나요.

체크 포인트

☑ 발진은 병이라기보다는 일종의 신호입니다. 대부분의 발진은 특별한 치료 없이 2~4일 정도 지나면 저절로 가라앉습니다. 아이 피부에 빨갛게 뭐가 나더라도 잘 먹고 잘 논다면 크게 걱정하지 않아도 됩니다.

☑ 열이 내린 뒤에도 발진 증상이 가라앉지 않고 4~5일 이상 계속되면 다른 피부 질환이나 알레르기 증상일 수 있으므로 병원을 찾아야 합니다.

☑ 발진이 나타내는 몸의 징후를 잘 살펴봅니다. 온몸을 구석구석 관찰해야 빠른 치료에 도움이 됩니다.

발진은 병이 낫고 있음을 알리는 신호예요

발진이란 흔히 아이가 고열을 동반한 감기 같은 질환을 앓고 난 후 피부 표면이 울긋불긋하게 부어오르는 증상을 말합니다. 한번 열이 많이 올랐다가 내려가면서 피부에 마치 붉은 두드러기 같은 것이 돋아나요. 주로 몸통, 목, 귀 쪽으로 많이 나타나며, 대부분 바이러스 감염이 원인입니다. 대표적인 바이러스성 발진으로 열감기나 수두, 홍역 등이 있으며, 열이 떨어지면서 돌연 발진이 생기는 돌발진도 여기에 해당합니다. 발진은 그 자체가 병은 아니며 병이 나아 몸이 회복되고 있음을 보여주는 일종의 신호입니다. 발진은 특별한 치료 없이 2~4일 정도 지나면 저절로 가라앉고, 흉터도 남지 않아요. 아이에게 발진이 보이더라도 먹고 노는 데 지장이 없다면 그다지 걱정하지 않아도 됩니다.

발진의 양상을 보면 질병을 알 수 있어요

질환마다 나타나는 발진의 양상이 모두 달라 그 특징을 알고 있으면 예방과 치료에 도움이 됩니다. 아이들의 경우 대부분 바이러스성 감염으로 인해 발진이 나타나므로 이러한 질환들의 특징만 알아두어도 되지요.

홍역일 때 나타나는 발진

처음 2~3일간은 감기와 비슷한 증상을 보이다가 입안에 희고 작은 반점이 생기고, 귀 뒤쪽이나 이마 언저리에 작고 붉은 좁쌀 같은 발진이 나타납니다. 하루 반나절 사이에 몸통으로 쫙 번져 3일 정도가 지나면 발까지 퍼져 나갑니다. 바로 이때가 증상이 가장 심할 때죠. 온몸에 발진이 퍼지고 색깔도 가장 진하거든요. 치료가 시작되면 점차 갈색 색소로 침착되면서 작은 겨 모양의 껍질이 벗겨져 나갑니다. 발병 후 7~10일 이내에 발진이 소실됩니다.

수두에 걸렸을 때 나타나는 발진

가려움을 동반하는 수포성 발진이 3~4일에 걸쳐 머리, 얼굴, 몸통, 팔다리 등 온몸으로 퍼집니다. 전염력이 매우 강한 것이 특징이에요. 진물이 있는 부위와 직접 접촉하는 것뿐 아니라 기침이나 재채기를 통해서도 수두 바이러스에 감염될 수 있습니다. 발진은 아주 작은 콩만 한 크기부터 다소 큰 크기까지 다양한 양상을 띠며, 입안 점막이나 외음부, 눈 부위에도 생겨납니다. 수두로 인해 생기는 물집은 매우 가려워 특히 주의가 필요합니다. 치료를 끝내기 전에 긁으면 흉터로 남을 수 있기 때문이죠. 될 수 있는 한 물집이 있는 부위를 긁지 않도록 하고, 손톱도 짧게 깎아 주세요. 발진이 생긴 지 2~3일이 지나면 갈색의 딱지가 앉고, 일주일 정도가 지나면 대부분 딱지가 떨어지면서 증상이 좋아집니다. 발진이 나타나기 1~2일 전부터 발진이 나타난 후 5일 정도까지는 전염력이 있는 시기이므로 이때는 되도록 다른 사람과의 접촉을 피해야 합니다.

바이러스성 발진 중 하나인 돌발진

급작스럽게 고열이 3~4일간 지속되다가 갑자기 열이 내리면서 몸통과 얼굴에 발진이 나타나기 시작합니다. 부모들은 아무 이유 없이 열만 3~5일 정도 지속되기 때문에 열이 도대체 왜 나는지 몰라 애태우기도 하지요. 홍역일 때 나타나는 발진보다 옅은 색을 띠며, 얼굴보다 몸통이나 목 부위에서 나타납니다. 일반적으로 돌발진의 발진은 2~3일 이내에 아무 흉터 없이 싹 사라지는 편이므로 크게 걱정할 필요는 없습니다.

발진이 생겼다면, 우선 확인해보세요

발진은 보통 2~4일 이내 가라앉아 특별히 병원 치료가 필요하지 않습니다. 하지만 열이 내리고 난 뒤에도 발진 증상이 가라앉지 않고 4~5일 이상 지속된다면 다른 피부 질환이나 알레르기 증상일 수 있으므로 병원을 찾아 정확한 진단을 받아야 합니다.

먼저 열을 재보세요

열이 있다면 바이러스나 세균 감염에 의한 발진을 의심해볼 수 있습니다. 열이 없을 때는 피부 질환이나 알레르기가 원인일 수 있어요. 증상에 따라 항생제 치료가 필요한 세균성 감염이나 다른 병일 가능성도 있으므로 일단 소아청소년과에서 정확한 진찰을 받아야 합니다. 또 아이를 미지근한 물로 씻기고 해열제를 먹였는데도 고열이 계속되면 반드시 원인에 대한 정확한 진찰과 검사가 필요합니다.

옷을 벗기고 온몸을 샅샅이 훑어보세요

몸의 어느 부위에 발진이 생겼는지, 발진의 크기나 색깔은 어떤지, 수포인지 아니면 노란 고름이 있는지 등 발진의 상태를 꼼꼼히 체크해야 합니다. 발진이 나타내는 징후를 하나라도 예사로이 넘기지 않는 자세가 중요해요. 온몸을 구석구석 살펴본 후 병원 진료 시 의사에게 구체적으로 정보를 알려주는 것이 빠른 치료에 도움이 됩니다.

원인에 맞게 적절한 치료를 해요

발진의 원인은 매우 다양하므로 원인에 따라 치료가 이루어져야 해요. 가벼운 경우에는 항히스타민제로 증상이 좋아지기도 하고, 약물 알레르기 때문이라면 약물을 중단하는 것이 필요해요. 소아나 영유아 피부에 잘 생기는 농가진에 의한 발진은 병소 부위를 깨끗하게 씻고 소독하며 국소 항생제 연고를 바르면 좋아져요.

 Dr. B의 우선순위 처치법

1. 옷을 벗긴 후 발진의 양상을 꼼꼼히 살펴요. 물집이 있거나, 아파하거나 간지러워하면 병원을 방문하세요.
2. 미지근한 물에 적신 수건으로 아이의 몸을 닦는 게 도움이 됩니다.
3. 수분을 충분히 공급하고, 실내 온도를 적절히 잘 유지하세요.
4. 고열이 지속되고 2~4일 이내에 발진이 가라앉지 않으면 병원에 갑니다.

집에서 어떻게 돌볼까요?

1 목욕으로 피부를 청결하게 관리해요

아이들은 성인에 비해 체온이 높고 땀을 많이 흘려 습진이나 피부 감염에 걸릴 수도 있습니다. 그러므로 목욕을 자주 해 아이의 피부를 청결하게 관리합니다. 발진이 생겼다고 굳이 목욕을 안 시킬 이유는 없습니다. 다만 아이가 한기를 느끼지 않도록 주의해야 합니다. 하지만 목욕 도중에 이유 없이 아이가 보채고 발진이 쉽게 가라앉지 않으며, 반점 모양으로 바뀌거나 합쳐지면서 커진다면 발진을 동반한 다른 질병일 수 있습니다. 이럴 때는 병원을 찾아 진찰을 받아야 합니다.

2 적절한 실내 온도를 유지해요

실내 온도가 높으면 발진은 더 빨리, 잘 번집니다. 아이 피부가 붉어지기 시작했다면 실내 온도를 20~24℃로 맞추고, 창문을 10분 정도 열어 통풍을 시켜주세요.

3 수분을 충분히 섭취하게 해요

아이의 체온이 높거나 몸에 열이 많이 날 때는 탈수 증상이 올 수 있어요. 특히 어린아이는 갈증이 나도 표현하지 못하기 때문에 미리 수분을 충분히 공급할 필요가 있습니다.

438

열이 나요

몸이 세균과 싸우고 있다는 증거예요.

체크 포인트

☑ 체온계를 사용하면 좀 더 정확하게 아기의 체온을 확인할 수 있습니다. 보통 정상 체온은 36~37℃이지만, 아이마다 조금 다를 수 있습니다. 아기가 정상 체온보다 체온이 높다면 열이 있다고 판단합니다.

☑ 열이 오르는 이유는 몸에 바이러스나 세균이 들어왔을 때 몸이 그것들과 싸우고 있다는 증거입니다. 발열 자체는 나쁜 것이 아닙니다. 몸의 저항력(면역)을 키우기 위해서는 오히려 필요한 것이죠. 그래서 열이 난다고 해서 바로 병원에 가거나 약부터 먹일 필요는 없습니다.

☑ 체온이 38.0℃ 이상이면서 아이가 조금 힘들어하면 해열제를 사용하는 것이 좋습니다. 흔히 사용하는 해열제에는 부루펜과 타이레놀이 있습니다. 먹여도 열이 떨어지지 않으면 물수건으로 몸을 닦아주세요.

☑ 해열제는 정해진 양에 따라 먹입니다. 정량을 넘어서면 부작용이 심하게 나타날 수 있어요.

☑ 몸에 열이 나면 수분 손실이 커져 탈수증을 일으킬 수 있습니다. 미지근한 물이나 보리차를 수시로 먹여 수분을 보충해주세요. 한번에 많이 먹이면 토할 수 있으므로 조금씩 자주 먹이는 것이 좋습니다.

감염성 질환

아플 때 가장 흔히 나타나는 증상이에요

병에 걸린 것을 알려주는 신호

갑자기 아이가 열이 펄펄 나면 엄마는 덜컥 겁부터 나요. 그냥 지켜보자니 불안하고 응급실에 데려가자니 곧바로 치료가 이뤄지지도 않아 이러지도 저러지도 못할 때가 많습니다. 엄밀히 말하면 열 자체는 병이 아니에요. 병에 걸린 것을 알려주는 신호이지요. 감기처럼 가벼운 질병에 걸렸을 때도 열이 나고, 심각한 질환에 걸렸을 때도 열이 나는 것처럼요. 대개는 크게 문제가 되지 않는 병 때문에 열이 나기 때문에 열이 난다고 해서 놀랄 필요는 없습니다. 하지만 간혹 심각한 질병이 있을 수 있으므로 항상 주의해야 하는 것이 바로 '열'입니다.

열이 난다고 무조건 안 좋은 건 아니에요

열이 오르는 이유는 몸에 바이러스나 세균이 들어왔을 때 몸이 그것들과 싸우고 있다는 증거입니다. 몸 안에 세균이 들어오면 잘 싸우기 위해 체온을 높여 몸의 기능을 활성화하는 겁니다. 즉 열이 난다는 것은 우리 몸의 면역세포가 활발하게 움직이고 있다는 뜻이에요. 따라서 발열 자체는 나쁜 것이 아니며 몸의 저항력, 즉 면역을 키우기 위해서는 오히려 필요합니다.

언제부터 '열이 난다'고 봐야 할까요?

우선 정상 체온부터 알아봅시다

우리 몸의 적정 체온은 36.5℃지만, 아이들의 정상 체온은 이보다 높은 편이에요. 생후 6개월 이전 아이의 평균 체온은 37.5℃이며, 3세 이하는 37.2℃, 5세 이하는 37℃, 만 7세 즈음에는 어른과 비슷한 36.5℃를 유지합니다. 생후 1개월 미만인 신생아의 정상 체온은 38℃까지, 2개월에는 38.2℃까지입니다. 사람의 체온은 1℃ 범위 안에서 오르내리는 게 정상이며, 사람마다 평상시 체온은 바다의 파고처럼 주기적으로 변합니다. 같은 아이도 오전보다 오후에 체온이 더 높고 잘 때, 움직이거나 보챌 때, 울 때, 젖을 먹을 때는 평소보다 체온이 올라가는 편입니다. 또한 하루 중 체온이 가장 낮은 시간은 새벽 2시부터 6시까지이고, 가장 높은 시간은 오후 5시부터 7시까지입니다. 이러한 하루 동안의 체온 변화는 열이 나고 있을 때도 여전히 계속됩니다.

겨드랑이로 쟀을 때 37℃ 이상이면 '열이 난다'고 간주해요

아이마다 개인차가 있고, 재는 부위에 따라 체온이 조금씩 달라지기 때문에 과연 지금 열이 있는 건지, 아니면 괜찮은 건지 아리송할 때가 있어요. 1℃ 범위 안에서 오르내리는 것은 정상이기 때문입니다. 과연 언제 '열이 난다'고 봐야 할까요? 어린아이는 겨드랑이보다 항문으로 재는 것이 정확하지만 주로 겨드랑이로 체온을 잽니다. 대체로 38℃ 정도 이상이면 열이 난다고 볼 수 있지만, 아이의 컨디션이 괜찮다면 39℃ 이하까지는 지켜볼 수도 있습니다. 하지만 잠시도 지체해서는 안 되는 열도 있어요. 생후 3개월 미만의 영아가 열이 난다거나 40℃ 이상의 고열이 긴 시간 지속된다거나 혹은 잦은 열성경련 증상을 이전에도 경험한 전력이 있는 경우, 기저 질환이 있는 경우라면 온도에 상관없이 바로 병원에 가야 합니다.

나이	발열
생후 3개월 이전	38℃
만 3세 이하	38℃
만 3세 이후	37.8℃

(주의: 재는 부위에 따라 개인차 있음)

▲ 나이별 열로 간주하는 체온

 ## 아이의 체온은 어떻게 재야 하나요?

나이에 따라 알맞은 체온계가 따로 있어요

손으로 만져 체온을 가늠하는 것은 옳지 않아요. 엄마 손이 차가울 때는 아이의 몸에 열이 없어도 열감이 느껴지고, 갑자기 열이 심하게 날 때는 혈액순환이 안 돼 몸이 싸늘하게 느껴지기 때문이에요.

최근 가정에서는 귀 체온계를 가장 많이 사용합니다. 물론 동네 소아청소년과에서도 구강 체온계나 겨드랑이 체온계는 시간이 걸려 좀 더 간편하게 잴 수 있는 귀 체온계를 선호합니다. 하지만 체온을 정확하게 재기 위해서는 아이의 나이에 따라 알맞은 체온계를 사용하는 게 좋아요. 3세 미만의 아이에게는 항문 체온계가 가장 적합합니다. 특히 신생아부터 생후 3개월 이전의 아이는 귀의 구조가 아직 성숙하지 않아 귀 체온계로는 정확하게 체온을 재기 어려워요. 생후 3개월이 지나면 겨드랑이 체온계를 사용할 수 있지만, 체온계를 겨드랑이에 끼우고 적어도 5분 정도 있어야 하기 때문에 움직임이 많은 어린아이에게는 체온 재기가 고역이 아닐 수 없습니다. 3세가 지나면 사용하는 구강 체온계 역시 일정 시간 동안 체온계를 물고 있어야 한다는 점에서 다소 불편합니다. 가장 손쉽게, 일반적으로 사용하는 귀 체온계는 재는 즉시 체온을 알 수 있다는 점 때문에 가장 많이 사용하지만, 정확한 위치에 잘 맞아야 하고, 귀지가 너무 많으면 체온의 결과가 정확하지 않을 수 있어요. 귀 체온계는 외이도가 어느 정도 발달한 생후 6개월 이후부터 사용하는 것이 좋습니다.

연령	권장 체온계
신생아~생후 3개월	항문 체온계
3개월~만 3세	항문, 겨드랑이, 또는 구강 체온계, 귀 체온계
만 3세~만 5세	항문, 겨드랑이, 또는 구강 체온계, 귀 체온계
만 5세~성인	겨드랑이 또는 구강 체온계, 귀 체온계

▲ 나이에 따른 권장 체온계

체온을 재는 방법

체온계 종류에는 흔히 수은주 체온계와 체온이 숫자로 나타나는 디지털 체온계, 귓속에 몇 초 동안 넣었다 빼서 체온을 재는 고막 체온계 등이 있습니다. 정확한 사용법을 숙지한다면 어떤 종류의 체온계를 사용해도 상관없습니다.

• **수은 체온계** 사용이 다소 불편하지만, 값이 싼 체온계입니다. 수은 체온계는 35~42℃

까지 체온을 잴 수 있는 눈금과 37℃ 부분에 정상 체온을 표시한 화살표 한 개가 있습니다. 요즘 수은 체온계는 거의 사용하지 않으며, 소아과학회에서도 사용을 권장하지 않습니다. 수은주를 읽기 힘든 데다 만에 하나 깨뜨렸을 경우 수은 중독의 위험이 있기 때문이에요. 수은 중독은 신경계통의 마비를 일으킬 수 있는 아주 무서운 중독이기 때문에 사용 시 매우 주의해야 합니다.

• **디지털 체온계**　입, 겨드랑이, 항문에 다 사용할 수 있고, 체온이 숫자로 나타나는 것이 특징입니다. 수은 체온계에 비해 온도 읽기가 간편해서 요즘 많이 보급되고 있어요. 가정에서 사용하기에 가격이 다소 비싸지만, 고막에 사용하는 디지털 체온계가 사용하기는 편해요. 고막용 디지털 체온계를 사용할 때는 귓바퀴를 후방 아래쪽(╲)으로 당겨 귓구멍을 일직선으로 만든 다음 체온을 재야 정확합니다.

• **고막 체온계**　적외선을 이용해 순간적으로 고막의 체온을 측정하는 방식이에요. 짧은 시간에 체온을 잴 수 있어 수시로 움직이는 아이의 체온을 재는 데 가장 적합합니다. 귓구멍을 통해서 체온을 재기 때문에 자는 아기를 깨우지 않고도 체온을 잴 수 있는 장점이 있어요. 단, 겨드랑이의 체온보다 0.5℃가량 높게 측정되는 경향이 있고, 귀지가 지나치게 많으면 체온이 낮게 나오기도 합니다. 또한 어른의 귓구멍을 기준으로 만들었기 때문에 돌 이전 아기의 경우 잘못 측정될 우려가 있습니다. 측정 부위의

🚑 이럴 땐 병원으로!

- ☐ 생후 3개월 0일 이전 아기의 체온이 38℃ 이상일 때
- ☐ 아이가 전에 열성 경련을 일으킨 경우
- ☐ 열이 나면서 경기를 하거나 몸이 처질 때
- ☐ 해열제를 써도 열이 떨어지지 않을 때
- ☐ 해열제를 먹였는데도 3일 이상 열이 지속될 때
- ☐ 39~40℃ 이상 고열일 때
- ☐ 열이 나면서 반복적으로 토하고 경련을 일으킬 때

플라스틱 보호막에 이물질이 끼면 제대로 측정되지 않으므로 깨끗하게 닦아서 사용해요. 오래 사용한 체온계라면 보호막을 새것으로 교체해서 사용하는 게 좋습니다.

재는 부위에 따라 약간의 차이가 있어요

아이의 체온은 항문으로 측정하는 것이 가장 정확합니다. 4~5세 이상인 경우에는 입으로 체온을 측정하는 것도 꽤 정확하지요. 겨드랑이에 체온계를 넣고 측정하는 것은 정확도가 좀 떨어지지만, 3개월 미만의 아기들은 먼저 겨드랑이 체온을 측정한 후 37.2℃가 넘을 경우 항문 체온을 측정해서 다시 확인하는 것이 좋습니다. 정확하게 아이의 체온을 측정하려면 아침, 점심, 저녁 시간대별로 하루 세 번 체온을 측정합니다.

• **항문 체온 재는 법** 항문으로 체온을 재는 것이 가장 정확하다고 하지만 자칫 잘못해서 아이가 다칠까 봐 꺼려집니다. 그러나 신생아의 경우 열이 나면 쉽게 중증 질환으로 진행될 수 있으므로 항문으로 체온 재는 법을 알아둘 필요가 있어요. 항문으로 체온을 쟀을 때 38℃ 이상이면 열이 있다고 판단할 수 있어요.

닥터's advice

❓ 수은 체온계가 사용 중 깨진다면?

수은 체온계는 사용을 권장하지 않습니다. 깨지지 않도록 정말 조심해야 하거든요. 만약 수은 체온계가 입안에서 깨졌다면 수은이 아이 입으로 들어가는 즉시 빨리 뱉게 하고, 입안에 깨진 유리 조각과 수은이 조금이라도 남아 있지 않도록 거즈로 입안을 깨끗이 닦아내야 합니다. 수은 체온계의 수은은 금속 수은이기 때문에 장에서 흡수되지 않아요. 즉 체온계 한 개 정도의 수은을 삼킨다고 해도 그리 크게 문제가 되지는 않습니다. 사실 더 큰 문제는 수은 체온계의 수은이 방바닥에 떨어지는 경우예요. 방바닥에 떨어진 수은은 미세하게 나뉘어 흩어지기 때문에 제거하기 힘듭니다. 시간이 지나면 기체로 변하는데, 기체 상태의 수은을 흡입하면 아이의 신경계통에 심각한 장애를 초래할 수도 있습니다. 한 개라고 우습게 볼 일이 아니에요. 단 한 개의 수은 체온계만으로도 심각한 문제가 일어날 수 있기 때문이죠. 반드시 장갑을 끼고 빳빳한 종이를 이용해 모은 뒤 바닥에 떨어진 수은을 철저히 제거해야 합니다. 수은 증기를 온 방에 확산시킬 수 있으므로 진공청소기를 사용하면 절대 안 됩니다.

① 아이를 엄마의 허벅지 위에서 엎드린 자세를 취하게 합니다.

② 체온계 끝에 바세린 같은 윤활제를 바릅니다. 그러면 좀 더 부드럽게 항문에 넣을 수 있어요.

③ 체온계 은색 팁이 항문에 1cm 전후로 들어가게 부드럽게 넣어줍니다.

④ 체온이 측정될 때까지 3분 정도 체온계를 고정합니다. 아이가 움직여서 체온계에 찔리지 않도록 아기를 잘 잡은 상태에서 3분 정도 지난 후에 눈금을 읽습니다.

• 구강 체온 재는 법 구강 체온계는 체온계를 입에 물고 있어도 깨물지 않을 정도의 나이가 되었을 때 사용합니다. 사용하기 전에 반드시 미지근한 물이나 알코올로 닦은 뒤 찬물로 헹궈서 사용합니다. 특히 구강 체온계로 잴 때는 적어도 체온을 재기 15분 전에는 너무 차갑거나 뜨거운 음식을 먹지 말아야 합니다.

① 아이의 혀 밑에 체온계 측정 부위를 넣고 입술로 체온계를 물고 있게 합니다. 이때 아이에게 깨물지 말라고 주의를 줍니다.

② 2분 정도 체온계를 고정한 뒤 체온을 잽니다.

• 겨드랑이 체온 재는 법 ① 체온계 측정 부위를 아이의 겨드랑이에 끼워 고정합니다. 이때 주의할 점은 겨드랑이가 건조한 상태에서 측정해야 합니다.

② 4~5분쯤 지나 체온계의 수은 눈금에 변화가 없어지면 눈금을 읽습니다. 체온계가

닥터's advice

❓ 손으로 이마를 짚어보는 건 정확하지 않아요!

당장 체온계가 없을 때는 아이의 배나 무릎을 만져보면 열이 나는지 아닌지를 판단할 수 있어요. 흔히 이마를 만져보는데, 신생아나 영아의 경우 열이 없어도 이마나 목덜미 부분이 따뜻하게 느껴질 수 있습니다. 머리 피부가 몸의 냉각장치 역할을 해 에너지를 소비할 때 이마나 머리로 열을 발산하기 때문이지요. 또한 이마는 다른 신체와 달리 외부로 노출되어 온도 변화에도 민감하게 반응합니다.

밑으로 떨어지거나 흔들려 위치가 변하지 않도록 주의하세요.

•귓속 체온 재는 법　추운 날씨에 밖에 있다가 들어왔다면 실내에서 15분 정도 있다가 측정합니다. 귀에 염증이 있는 경우 혹시라도 체온에 영향을 주지 않을까 걱정하는 부모가 많은데, 염증은 귓속형 체온계의 정확도에 영향을 미치지 않습니다.

① 아이의 귀를 후방 아래쪽(＼)으로 약간 잡아당겨 귓구멍(이도)을 일직선으로 만듭니다.

② 고막 체온계를 귓구멍에 넣고 체온계 측정 부위와 고막이 일직선으로 마주 보게 합니다. 1~2초 후에 측정 버튼을 눌러 체온을 잽니다.

 ## 열이 나는 원인을 찾아야 해요

우리 몸이 열을 일으키는 이유는 몸에 침투한 세균이나 바이러스에 대항하기 위해서

 왜 체온은 잴 때마다 다를까요?

실제로 집에서 체온을 쟀을 때는 고열이 아니었는데, 병원에서 다시 측정하면 고열로 나타나는 경우가 있습니다. 이는 측정 방법을 제대로 지키지 않아서 생기는 문제입니다. 가장 대중적으로 많이 사용하는 귓속형 체온계를 예를 들어 설명해볼게요. 귓속에 체온계를 넣고 체온을 잴 때마다 측정 온도가 달라지는 이유는 귓속의 터널(이도)을 일직선으로

이도(耳道)

만들지 않기 때문입니다. 이는 고막의 온도를 측정하는 것이 아니라 터널(이도)의 벽 온도를 측정하는 셈이지요. 고막의 온도를 재야 정확한 체온이 나오는데, 귀 바깥 부분의 온도를 재어 낮게 나오는 겁니다. 또한 겨울철 밖에 있다가 바로 들어온 상태에서 측정하면 체온이 비정상적으로 낮게 나오기도 합니다.

입니다. 체온이 높아지면 면역세포와 면역물질의 일종인 인터페론의 활성이 증가함과 동시에 세균이나 바이러스가 증식하기 어렵게 온도를 바꿔주는 효과가 있어요. 다시 말해 우리 몸이 고의로 체온을 올리는 것입니다.

아데노 바이러스에 의한 감기나 인플루엔자 바이러스에 의한 독감에 걸렸을 때 열이 39~40℃까지 나기도 합니다. 이렇게 고열이 나는 이유 역시 바이러스는 고온 다습한 환경에서도 활동이 가능해 고열이 나야 빨리 퇴치할 수 있기 때문입니다. 하지만 열이 41℃까지 올라가면 우리 몸이 감당할 수가 없어 사경을 헤맬 수 있으며, 42℃가 되면 사망할 수도 있어요. 고열이 난다면 바로 병원에 가야 합니다.

열날 때 의심되는 질환

열이 나는 원인은 다양합니다. 감기나 독감, 기관지염, 중이염 등 호흡기 질환에 걸려 열이 나는 경우가 많습니다. 장염에 걸리거나 예방접종 후유증으로 열이 나기도 하지요. 열이 난다고 무조건 겁부터 먹을 필요도 없지만, 방치하는 것도 위험한 행동이에요. 열이 지속해서 나면 의료진과 상의한 후에 열의 원인을 꼭 찾아보고 치료를 시작해야 합니다. 먼저 열을 동반하는 질환들은 어떤 게 있는지 한 번 살펴볼까요?

• **감기** 아이들 경우 열이 나는 원인은 대부분 감기예요. 주로 비인두염일 때가 많은데, 코와 목구멍 근처에 염증이 생겨 온몸에 열이 나지요. 37.5℃ 이상의 미열부터 40℃에 이르는 고열이 납니다. 기침, 콧물 등의 호흡기 증상 외에도 설사, 복통, 구토

닥터's advice

❓ 열성 경련이 뭔가요?

열성 경련이란 고열이 있는 아이에게 나타나는 발작 증상입니다. 보기에는 걱정스러워 보이지만, 아이에게 해를 입히지는 않아요. 경련이 계속될 것처럼 보이지만, 발작은 대개 20초 정도만 지속됩니다. 그래도 열성 경련이 나타난다면 즉시 병원에 가서 의사의 도움을 받으세요. 만약 발작이 4분 이상 지속되는 경우에는 구급차를 불러야 합니다. 아이가 발작을 일으키는 동안에는 어떤 식으로든 제지하면 안 됩니다. 꼭 끼는 옷은 느슨하게 풀어주고 공갈 젖꼭지나 음식 등을 제거해 입안에 아무것도 없도록 해주세요.

등의 소화기 장애를 동반하기도 해요. 열뿐만 아니라 기운이 없고 입맛이 떨어지는 경우도 많아요. 또 땀 조절이 안 되어 평소보다 땀을 더 많이 흘리게 됩니다.

• **장염** 장에 염증이 생기는 병으로 바이러스성과 세균성 장염이 있습니다. 아이들은 대부분 바이러스성 장염이 많은 편이에요. 장염에 걸리면 보통 2~3일간 열이 나며, 심한 경우 열성 경련을 일으킬 수 있어요. 초반에는 열이 오르면서 감기처럼 보이다가 구토와 설사를 동반하면 장염을 의심해봐야 합니다.

• **편도선염** 편도선염은 목젖 양옆의 구개편도에 염증이 생긴 것으로, 목 부위에 염증이 생겨 자연스럽게 열이 오르는 질환이에요. 39~40℃의 고열과 함께 오한이 나고, 나른하며, 두통, 가래 등의 증상이 나타납니다. 음식을 삼킬 때 아파하고 입 냄새가 날 수도 있어요.

• **폐렴** 폐렴은 심한 독감에 의한 합병증으로 생기는 중증 호흡기 감염 질환이에요. 37.5~40℃를 오르내리는 발열을 보이는 것으로 시작되지요. 감기가 낫지 않고 39~40℃의 열이 지속되면서 오한, 기침, 구토, 설사 등을 동반한다면 이때는 즉시 병원으로 가는 게 좋습니다. 입술이 파래지고 아이가 숨쉬기 힘들어하며, 기침과 함께 오한을 동반한 열이라면 폐렴일 수 있어요.

• **볼거리** 볼거리 바이러스가 코나 입으로 들어가서 침을 분비하는 침샘에 급성 감염을 일으켰을 때 발생해요. 기본적으로 열이 나면서 귀밑에서 턱까지 붓고, 식욕이 떨어지며, 음식을 먹을 때 통증을 호소하면 볼거리일 가능성이 큽니다.

• **중이염** 중이염은 아이들에게 흔히 나타나는 질병 중 하나예요. 감기를 앓다가 중이염으로 발전하는 경우가 많은데, 중이염에 걸리면 귀에서 열이 나고, 심하면 염증이 터져 귀에서 고름이 나오기도 합니다. 분유나 젖을 빨면 귀에 압력이 가해져 통증이 심해지기 때문에 조금 빨다가 보채면서 안 먹으려고 한다면 중이염을 의심해보세요.

· **수막염** 수막염은 보통 3~7일 잠복기를 거친 뒤 2~3일 동안 발열이 지속되는 편이에요. 두통을 호소하는 경우가 많고 구토를 합니다. 붉은 발진이 생기고 목구멍이 따가워지는 증상도 나타납니다.

· **요로감염** 열이 나면서 소변을 자주 보고, 소변을 볼 때 통증을 느끼며 울고 보채고 구토를 합니다. 38℃ 이상의 고열을 보이는데 원인을 알 수 없을 때가 많아요. 요로감염에 걸리면 배가 아픈 증상이 나타나기도 하는데, 배 아픈 증상을 치료하려고 함부로 항생제를 먹이면 나중에 치료가 더욱 힘들어질 수 있으므로 약을 먹일 때 주의를 기울여야 해요.

 닥터's advice

❓ 아이들에게 나타나는 열의 특징

· **어른에 비해 체온이 높은 편이에요** 아이들은 어른에 비해 원래부터 체온이 약간 높은 편이에요. 신생아 때는 36.7~37.5℃, 1세 미만은 36.5~37.3℃, 3세 미만은 36.6~37.5℃, 5세 미만은 37℃, 7세 미만은 36.6~37℃ 정도가 정상 체온인 셈이지요.

· **체온의 변화가 많아요** 아이들은 면역력이 약해 쉽게 기운을 잃고 체온이 떨어지거나 갑자기 오르는 등 변화가 심해요. 감기 등 잦은 질병으로 인해 열이 나는 경우도 많지요. 또 신체활동이 활발한 아이일수록 체온도 높은 편입니다. 아침에는 약간 낮고 오후와 저녁에는 체온이 조금 올라가는 것이 보통이에요.

· **열의 원인을 파악하기가 힘들어요** 열을 동반하는 질병은 나열하기 어려울 정도로 많아서 열만 가지고는 어디가 아픈지 알기 어려워요. 특히 3세 미만의 말을 못 하는 아이들은 아픈 증상이나 아픈 곳을 제대로 말하지 못하므로 원인을 파악하기가 더욱 힘듭니다.

❓ 열이 날 때 독감 예방접종 가능할까요?

독감은 전염성이 강한 만큼 면역력이 약한 유아의 경우 사망률과 합병증 발생률이 높은 편이에요. 독감 예방접종은 나이와 관계없이 모두 다 접종하는 것을 권장합니다. 특히 55세 이상 고연령층과 생후 6~59개월 소아, 임신부는 반드시 접종해야 합니다. 독감 바이러스는 매년 유행하는 종이 다를 수 있고, 면역 지속 기간이 제한적이라 매년 접종하고 있습니다. 단, 아이가 38℃ 이상 열이 나거나 감기가 심하면 예방접종을 할 수 없는 경우도 있으니 접종 전 의사에게 진찰을 받는 것이 좋습니다. 가벼운 감기나 장염, 중이염을 앓을 때는 접종하는 것이 일반적입니다.

열을 억지로 내리면 안 돼요!

열은 병이 아니라 증상에 불과합니다

열이 난다고 무조건 정상 체온으로 만들고자 애쓸 필요는 없어요. 무엇보다 열 자체는 병이 아니라 증상에 불과하기 때문입니다. 당장 눈에 보이는 열을 떨어뜨렸다고 병 자체가 낫는 것이 아니며, 또 아무리 효과 좋은 해열제를 먹이더라도 1~1.5℃ 정도만 떨어질 뿐이에요. 체온이 38℃를 웃돌더라도 아이가 잘 먹고 잘 자는 등 일상생활에 문제가 없다면 굳이 해열제를 먹일 필요는 없습니다. 이런 경우 열 자체보다는 아이의 행동이나 상태를 더 지켜봐야 해요. 아무리 40℃ 가까이 고열이 나더라도 아이가 평소처럼 잘 놀고 특별히 불편해하지 않는다면 크게 걱정할 필요는 없습니다. 반대로 37.6℃ 정도의 미열이 나는데도 아이가 잘 놀지 않고, 평소와 다르게 잠을 자려고 하며, 먹는 것에도 별 의욕이 없다면 문제가 발생한 상태라고 할 수 있어요. 발열은 아이에게 흔한 증상이지만, 혹여 열로 인해 경기를 하거나 탈수가 될 수 있으므로 주의를 기울여야 합니다. 그러나 열이 높은 것은 병의 심각성을 알 수 있는 척도가 아닙니다. 오히려 체온보다 아이의 컨디션에 집중하는 것이 도움이 됩니다.

열이 계속 오른다면 해열제를 먹여요

평소 건강한 아이라면 39℃ 미만의 열은 대부분 별다른 치료를 하지 않아도 잘 이겨낼 수 있어요. 하지만 2~3시간 간격으로 체온을 쟀을 때 열이 계속 오른다면 해열제를 먹여야 합니다. 보통 해열제는 평소 체온보다 1~2℃ 높으면 먹이는 게 좋아요. 해열제를 지나치게 빨리 먹이는 것도 안 좋지만, 반대로 열이 지나치게 높은데 그대로 두는 것도 위험한 행동이에요. 항문이나 귀로 잰 체온이 38℃라면 확실히 열이 나는 상태를 의미하며, 39℃ 이상은 고열로 볼 수 있어요.

아이의 상태를 구체적으로 메모해요

아이가 열이 나는 원인을 알기 위해서는 보호자가 아이의 발열 횟수, 지속 시간, 온도 등 발열 양상과 동반 증상을 잘 파악하여 담당 의사에게 말해주어야 합니다. 그냥 "아이가 열이 난다"고 말하지 말고 "어떤 체온계로 어느 부위 체온이 몇 도 몇 부까지 올라갔다"라고 정확한 정보를 얘기해야 오진 가능성을 크게 줄일 수 있기 때문입니다. 열이 난 시점이 아침인지 저녁인지 정확하게 설명하고, 몇 도 정도의 열이 얼마나 지속됐는지도 중요한 판단기준이 될 수 있어요. 특히 영유아나 어린아이의 경우 배가 아프고 난 뒤 열이 났는지, 열이 난 후 배가 아팠는지의 순서도 중요한 사항이 될 수 있는 만큼 아이의 상태를 구체적으로 메모해둬야 합니다.

해열제는 어떻게 먹여야 할까요?

반드시 어린이용 해열제를 먹여요

성인용 해열제의 양을 줄여서 먹이는 것은 곤란해요. 반드시 어린이용 해열제를 먹여야 하며, 먹일 때도 정량을 지켜야 합니다. 성인용 약을 먹이면 과다복용으로 이상 반응을 일으킬 수 있으므로 꼭 주의하세요. 해열제의 용량은 나이보다 체중으로 계산하는 것이 정확합니다. 또 일반 감기약에도 아세트아미노펜이 포함된 경우가 흔하므로 이를 중복해서 먹이지 않도록 확인한 후 먹여야 합니다.

추가 복용은 금물!

해열제를 먹였는데 열이 떨어지지 않는다고 추가로 더 먹이거나 다른 해열제를 사용하는 것은 절대 하지 말아야 합니다. 용량을 초과할 수 있어요. 월령별로 복용 가능한 성분을 한 가지만 선택해서 먹이고, 하루 최대 복용량을 넘지 않도록 합니다.

해열제와 좌약을 동시에 쓰지 마세요

해열제를 먹였는데 열이 안 떨어진다고 좌약을 넣는 경우가 있어요. 이는 약을 2배로 먹이는 셈입니다. 아이의 몸 상태에 맞게 한 가지만 선택하여 반드시 정량을 지켜 사용하세요.

곧바로 토했다면 다시 정량을 먹여요

아이가 해열제를 먹고 곧바로 토했다면 다시 정량을 먹여주세요. 그러나 해열제를 복용하고 5분 이상 지나서 토했다면 다시 먹일 필요는 없습니다.

해열제를 오래 보관하지 마세요

전에 병원에서 처방받고 남은 해열제를 먹어서는 절대 안 됩니다. 일주일 이상 지난 해열제는 미련 없이 버려요. 대신 약국에서 구입한 해열 시럽제는 개봉 후 1개월 정도 보관이 가능합니다. 이때 냉장고보다는 빛이 들지 않는 실온에 두는 것이 좋습니다. 좌약은 오래 보관해도 되는데, 냉장 보관이 효과적입니다.

해열제 선택 가이드와 사용법

해열제는 먹이는 약과 좌약 두 가지 형태가 있으며, 흡수되는 양은 동일합니다. 약을 삼킬 수 없는 영유아 또는 토하거나 경기를 해서 의식이 없는 경우에 좌약을 사용할 수 있어요. 좌약을 사용할 때는 가능하면 배변 후에 사용해 변과 함께 배출되지 않도록 하며, 4~6시간 간격으로 사용합니다. 해열제를 먹일 때는 눕거나 상체를 젖힌 상태에서 먹이면 기관지로 넘어갈 수 있으므로 주의합니다. 최근 등장한 열내림 시트는 미지근한 물수건으로 몸을 닦는 정도의 해열 효과가 있어요. 열을 내린다기보다 오르는 것을 막는 용도로, 생후 12개월 이상부터 사용할 수 있습니다. 그 밖에 씹어 먹는 추어블정, 물과 함께 삼키는 정제도 있으므로 아이의 월령과 상황에 맞게 선택하면 됩니다.

부루펜 vs. 타이레놀

대표적인 어린이 해열제로는 '타이레놀현탁액'과 '부루펜 시럽'이 있어요. 타이레놀은 아세트아미노펜(Acetaminophen)이라는 성분이며, 부루펜은 이부프로펜(Ibuprofen)이라는 성분이 주를 이룹니다. 먼저 타이레놀현탁액(아세트아미노펜)은 체온 조절 중추인 시상하부에 작용해 체온을 떨어뜨리고 통증을 줄이는 역할을 합니다. 부작용이 심하지 않고 다른 약물과 상호작용이 많지 않아 생후 3개월 이상의 영유아부터 안전하게 사용할 수 있지요. 하지만 타이레놀의 주성분인 아세트아미노펜은 간 해독에 필요한 아미노산인 글루타치온을 소모하는 면이 있어요. 아이의 간 기능이 약하거나 황달이 있는 경우 많이 먹으면 급성 독성을 일으킬 수 있으니 먹이면 안 돼요. 부루펜 시럽은 소염 기능이 거의 없는 타이레놀현탁액에 비해 항염 작용이 뛰어나 목감기나 인후염 등 염증을 동반한 발열·타박·염좌·치통에 사용할 수 있어요. 두 돌 이상이거나 다리를 접질리거나 충치로 인한 통증이 있는 경우에 도움이 됩니다. 하지만 이부프로펜 성분의 부루펜 시럽을 많이 먹이면 신장에 부담을 줄 수 있으므로 6시간 간격으로 먹이되 하루 4회를 초과해서 먹여서는 안 됩니다. 평소 설사와 토를 심하게 하거나 배가 아픈 아이에게는 되도록 부루펜 해열제는 먹이지 않는 게 좋아요.

해열제 올바르게 고르기

생후 6개월 이전의 아이에게는 타이레놀이나 좌약을 사용하는 것이 좋으며, 6개월 이후부터는 부루펜 해열제를 사용하는 것이 좋습니다. 하지만 그 이후 나이에서는 부루펜과 타이레놀 중 어느 것이 더 효과가 좋다고 평가하기가 모호해요.

타이레놀은 정량을 초과하여 많이 먹이면 부작용이 생겨요. 반면, 부루펜은 정상 용량을 먹이더라도 부작용이 나타날 수 있습니다. 따라서 부작용에 중점을 둔다면 타이레놀을 선택하는 것이 좋지요. 따라서 가장 합리적이면서 간단한 방법은 아이가 열이 날 때 부루펜과 타이레놀을 써본 후 경과를 관찰해 우리 아이에게 잘 맞는 해열제가 무엇인지 판단하는 것입니다. 사실 이 두 가지 약은 고열이 떨어지지 않는 경우 번갈아 가며 반복적으로 복용할 수 있는 해열제 조합이라고 할 수 있어요. 한 가지 약을 한두 번 먹여보고 그래도 열이 안 떨어진다면 4시간 후 다른 약을 먹여 효과를 확인해보세요.

부루펜, 이렇게 사용해요

부루펜 시럽은 최소 6시간, 최대 8시간 간격으로 투약하는 것이 좋습니다. 39℃ 이하일 경우 '0.25cc X 아기 몸무게'를 고려해 투약하며 39℃ 이상일 경우에는 '0.5cc X 아기 몸무게'만큼 6시간 간격으로 투여합니다. 나이보다는 몸무게를 기준으로 해열제를 사용해야 한다는 것, 꼭 명심하세요. 또한 부루펜은 하루에 4번 이상 먹이지 않아야 합니다. 아이가 구토 혹은 설사를 하거나 배가 아픈 경우 소아청소년과 의사의 처방 없이 부루펜을 사용하는 것은 피하는 것이 좋아요.

타이레놀, 이렇게 사용해요

타이레놀이나 써스펜좌약 같은 아세트아미노펜 성분은 최소 4시간에서 최대 6시간 간격으로 해열제를 투약하는 것이 좋습니다. 37.8℃ 이상 열이 오를 경우 생후 3개월부터 투약할 수 있어요. 3개월 이상 40mg, 11개월 80mg, 1~2세 120mg, 2~3세 160mg, 4~5세 240mg, 6~8세 320mg, 9~10세 400mg, 11세 480mg, 11세 이상 325~650mg 용량으로 투약합니다. 써스펜좌약은 2세까지 1개, 6세까지 2개, 10세는 3개, 14세는 4개까지 투약해도 좋습니다. 타이레놀을 사용할 때는 꼭 정량을 지키는 것이 중요해요. 정량을 지켜 사용하면 굉장히 안전한 약이지만, 용량을 초과하면 간에 무리가 갈 수 있으므로 조심해야 합니다. 장기간 투약할 때도 간에 무리가 갈 수 있어요. 12세 이하 아이는 5일 이상, 성인은 10일 이상, 장기간 사용할 경우 간 기능에 무리가 가지는 않는지 꼭 확인합니다.

알쏭달쏭! 열이 날 때 궁금증

Q 열이 나면 옷을 다 벗겨야 하나요?

일단 열이 나면 아이의 옷은 물론 기저귀까지 벗기는 게 좋아요. 그런 다음 미지 근한 물에 적신 수건으로 온몸을 닦아줍니다. 아이가 오들오들 떨며 추워한다면 얇은 타월을 덮어주세요. 30℃ 정도의 미지근한 물을 채운 욕조에 아이를 잠시 넣었다 빼는 것도 방법이 될 수 있어요.

Q 열을 떨어뜨려도 다시 오를 수 있나요?

해열제는 우리 몸에서 체온 설정을 담당하는 시상하부의 체온 설정치를 낮추어 열을 떨어뜨리는 역할을 합니다. 반면에 물로 몸을 닦아주는 것은 시상하부의 체온 설정치는 그대로 두고 몸의 체온만을 떨어뜨리기 때문에 체온이 다시 올라 갈 가능성이 커요. 해열제 남용은 곤란하지만, 체온이 37.5℃ 이상일 경우 미지 근한 물로 몸을 닦아 체온을 떨어뜨렸다 하더라도 해열제를 먹이면 도움이 될 수 있습니다. 해열제의 약효는 보통 4~6시간 지속되므로 약의 성분과 아이의 월령 에 따른 복용량을 반드시 지켜 사용하세요.

Q 붙이는 해열파스, 과연 효과가 있을까요?

가정에서 간편하게 사용하는 해열파스는 파스 면에 묻어 있는 겔이 기화하면서 열을 발산시키는 원리예요. 접착력이 좋아 아이가 몸을 뒤척여도 잘 떨어지지 않는 것이 장점입니다. 하지만, 몸속 체온이 아닌 피부의 온도만 떨어뜨리는 것 이라 해열제로서 역할은 미미한 편이에요. 따라서 고열이 날 때 해열파스만 사 용하는 것은 적합하지 않습니다. 피부가 민감한 아이라면 붙이는 부위에 가려움 을 느끼거나 피부 발진이 일어날 수 있으므로 사용에 더욱 주의해야 합니다.

Q 열이 심하면 머리가 나빠진다?

잦은 고열 때문에 뇌세포가 파괴되어 머리가 나빠진다고 생각하는 엄마들이 있는데 이는 잘못된 속설입니다. 열이 심해서 두뇌에 영향을 미치는 게 아니라, 열이 나는 질병 중에 뇌에 손상을 주는 질환이 있는데 이것이 잘못 알려진 결과죠. 감기 같은 증상으로는 열이 40℃를 오르내린다고 뇌세포가 파괴되거나 두뇌에 영향을 미치는 일은 없으므로 걱정할 필요 없습니다. 단, 41.7℃가 넘는 고열은 뇌에 심각한 손상을 가져올 수 있으므로 여기에 대해서는 한층 주의를 기울여야 합니다.

Q 해열제를 써서 열을 꼭 정상 체온까지 떨어뜨려야 할까요?

아무리 해열제를 사용한다고 해도 열은 1~1.5℃ 정도밖에 떨어지지 않아요. 열 자체가 몸에 나쁜 것은 아니므로 아이가 열성 경련을 하지 않을 정도로만 떨어뜨리면 충분합니다. 열이 나는 것은 하나의 증상입니다. 열이 떨어진다고 해서 병이 완전히 낫는 것도 아니므로 너무 '열'에만 집중해서는 안 됩니다.

Q 열이 떨어졌는데도 해열제가 섞인 약을 그대로 먹여야 하나요?

해열제가 섞인 약을 먹다가 열이 떨어진다고 해서 바로 끊어야 하는 것은 아니에요. 해열 효과와 더불어 염증을 가라앉히는 작용도 하기 때문에 의사의 진단을 믿고 임의로 약을 끊는 것은 피하는 것이 좋습니다.

Q 해열제를 먹이면 저체온이 될 수 있나요?

해열제를 먹인다고 정상 이하의 체온으로 떨어지는 저체온이 나타나지는 않아요. 저체온은 추운 환경에 노출되었을 경우 체온이 35℃ 이하로 떨어지는 것을 말해요. 해열제를 먹인다고 이 정도로 체온이 떨어지진 않아요. 해열제의 기능은 고열로 맞추어진 생리 상태를 정상 체온으로 호전시키는 것이지 체온을 무조건 떨어뜨리는 건 아닙니다. 해열제로 체온이 떨어졌다고 위험하거나 몸에 해로운 것은 아니므로 걱정할 필요는 없어요.

Q 땀을 많이 흘리는 아이는 감기에 잘 걸린다고 하던데, 맞나요?

신나게 뛰어놀면 체온도 올라가는데, 땀을 흘린 후 피부의 땀이 증발하면 그 과정에서 체온 손실이 생겨 체온이 빠르게 내려갑니다. 대부분은 문제가 되지 않지만, 겨울철에 땀을 흘린 상태에서 갑자기 찬바람을 맞으면 아이들은 급격한 온도 변화를 견디지 못하고 저체온증에 걸릴 수 있어요. 그렇다고 감기 등 감염 질환에 걸리지는 않습니다. 아이가 땀을 많이 흘렸다면 마른 수건으로 땀을 잘 닦아주고 차가운 바람을 피하면 체온 유지에 도움이 될 수 있습니다.

 Dr. B의 우선순위 처치법

1. 아이가 울거나 보챈다면 체온계로 체온을 정확히 재주세요.
2. 실내 온도를 22~24℃ 정도로 유지하고 두꺼운 옷을 벗겨 발열이 잘 빠져나갈 수 있게 도와주세요. 물이나 음료수를 자주 마시게 해서 탈수를 예방해요.
3. 열이 떨어지지 않고 아이가 힘들어한다면 해열제를 먹입니다. 고열일 때는 바로 병원으로 데려가세요.

열 나는 아이,
집에서 어떻게 돌볼까요?

1 체온부터 재주세요

먼저 열이 나면 아이의 전반적인 상태를 침착하게 살피세요. 열은 나지만 아이가 평상시처럼 놀며 잘 먹고 잠도 잘 잔다면 아이의 열 때문에 병원에 가지 않아도 됩니다. 그러나 아무런 이유 없이 심하게 보채거나 잠투정을 부린다면 일단 체온을 한 번 재보는 것이 좋습니다. 체온을 잴 때 아이가 움직이면 다칠 수 있으므로 한 손으로 아이의 몸을 잡고 재며, 땀을 흘렸다면 몸을 닦은 뒤 체온을 재주세요. 구강이나 항문 체온을 재는 게 가장 정확하지만, 가정에서 재기엔 무리가 있으므로 겨드랑이나 귀 체온을 재는 것을 추천합니다. 참고로 귀로 잰 체온은 36.5~37℃가 정상 체온입니다.

2 옷은 최대한 벗겨요

아이의 체온을 쟀을 때 체온이 많이 상승해 있다면 우선 체온을 내려줍니다. 어린아이의 경우 차고 있는 기저귀만 남기고 옷을 다 벗깁니다. 열이 심하다면 기저귀도 벗기세요. 대신 실례할 것을 대비해 헝겊 기저귀를 바닥에 깔아둡니다. 아무리 얇은 옷이라도 보온 효과가 있기 때문이에요. 미열이라면 얇고 가벼운 옷을 입히는 건 괜찮습니다. 아이가 추워하거나 힘들어하는 것처럼 보인다면 얇은 타월을 한 장 덮어주세요.

3 실내 온도를 조금 낮춰요

열이 날 때는 방안을 쾌적한 온도로 맞추는 것이 좋아요. 집 안 온도가 다소 서늘해야 열을 내리기 좋기 때문이죠. 1~2시간 간격으로 창문을 열어 환기하면서 실내 공기를 깨끗하게 유지해주세요. 이때 실내 온도는 22~23℃가 적당합니다. 환기할 때는 온도 변화를 느끼지 않도록 서서히 조절하는 것도 잊지 마세요. 또 건조한 공기가 기도를 자극하지 않도록 습도를 유지하는 것도 중요해요. 가습기를 틀어놓거나 빨래를 널어두는 것이 효과적입니다.

4 **해열제를 사용해요**

해열제는 위의 내용대로 응급조치를 해도 38℃ 이하로 열이 떨어지지 않을 때 사용합니다. 해열제는 열을 1~1.5℃ 정도 떨어뜨리는 효과가 있어요. 단, 반드시 의사 처방을 받아 정량을 지켜야 합니다. 정량대로 사용했는데도 계속 열이 날 때는 약을 더 쓰기보다 미지근한 물로 온몸을 닦는 등 다른 조치를 하는 것이 좋습니다.

5 **안아주는 것도 마찰열을 발생시킬 수 있어요**

열이 나면 아이가 칭얼대 자주 안아주게 되는데, 이는 해열에 도움이 되지 않습니다. 아이의 몸과 엄마의 몸이 닿아 마찰열이 발생하기 때문이에요. 꼭 안아줘야 하는 상황이라면 아이와 엄마의 살이 직접 닿지 않도록 헝겊 기저귀나 가제수건을 엄마 팔에 덧댄 후 안아주세요.

6 **찬 물수건은 안 돼요!**

열이 날 때 찬물에 적신 수건으로 몸을 닦아야 한다고 알고 있는데, 이는 잘못된 상식이에요. 찬 물수건으로 몸을 닦거나 냉찜질을 하면 피부 혈관이 수축해 근육에서 열이 더 발생하기 때문이지요. 열을 낮추려면 옷을 벗긴 뒤 30℃ 정도의 미지근한 물에 적신 수건으로 몸을 닦는 것이 더욱 효과적입니다. 아이의 가슴, 배, 겨드랑이, 다리 등 온몸을 가볍게 문지른다는 생각으로 닦아주면 됩니다. 욕조에 미지근한 물을 채우고 잠시 아이를 넣었다 빼는 것도 방법인데, 이때 수온 역시 팔꿈치로 만져봤을 때 미지근한 정도인 30℃ 정도가 적당해요.

7 **수시로 물을 먹여 수분을 보충해요**

감기로 열이 나면 몸속의 수분이 금세 빠져나가 자칫하면 탈수증이 올 수 있어요. 따라서 수시로 미지근한 보리차를 먹여 수분을 보충해주어야 합니다. 특히 보리는 차가운 성질이라 열을 내리는 데 도움이 됩니다. 수분을 충분히 섭취하면 땀과 소변을 통해 열이 빠져나가는 효과도 볼 수 있어요.

구내염

입안이 헐고 물집이 생겼어요.

체크 포인트

☑ 구내염은 구강 내에 발생하는 염증으로 여러 가지 원인이 있으나 아이들에게 흔히 발생하는 구내염은 아프타성 구내염과 헤르페스 구내염이 대표적입니다.

☑ 입안에 상처가 나지 않도록 주의하고, 양치질 등 철저한 구강 위생관리에 신경 써주세요.

☑ 평소 충분한 수면과 규칙적인 생활을 습관화해 피로감을 느끼지 않도록 해주세요.

입안이 너무 아파요

입안 전체가 짓무르거나 물집이 생겼어요

구내염은 입안이나 입 주변에 통증을 동반하는 염증성 질환을 말해요. 구강 내 점막세포나 잇몸, 혀, 입술 등 구강 조직에 손상이나 염증이 생겨요. 입안은 점막세포로 되어 있는데, 이 세포는 여러 자극이나 세균, 바이러스의 침입을 막는 중요한 역할을 해요. 그런데 구강 점막세포가 손상되면 그 주위로 염증 반응이 생기고 이로 인해 2차적인 병원균이 침입하기 쉬운 상태가 됩니다.

구내염에 걸리면 입안 전체가 짓무르거나 아주 작은 좁쌀만 한 크기의 궤양 또는 물집이 생깁니다. 입안이 몹시 아프고 심한 입 냄새와 함께 침이 흘러요. 또 입안에 물집이 생겼다가 그 자리가 헐면 통증이 몹시 심해져요. 상태가 심할 경우 토하기도 하는데, 이때는 즉시 의사의 처방을 받는 것이 좋습니다. 무엇보다 통증이 심해지기 전에 아이의 상태를 먼저 알아차리는 게 중요해요. 그러기 위해서는 정기적으로 아이의 입안에 물집이 생기거나 헐진 않았는지 꼼꼼히 살펴야 합니다.

갑자기 밥 먹기 싫어해요

아이들의 입안은 참 민감해요. 사소한 감염이나 영양 결핍이 있으면 붓거나 염증이 생기는 등 이상 증세가 곧바로 나타나지요. 유독 아이가 젖이나 음식물을 먹을 때 불편해한다면 입안을 한 번 살펴보세요. 혀나 입천장, 뺨의 안쪽에 하얀 반점이 생겼다면 구내염을 의심해볼 수 있습니다. 구내염은 신생아 시기 아구창과 더불어 아이들 입안에 생기는 대표적인 병이에요. 아이는 어른보다 침 분비가 적고 입안의 점막이 약하기 때문에 구내염에 걸리기 쉬워요. 흔히 구내염은 면역력이 약해졌을 때나 충치가 있을 때 혹은 잇몸이 곪았거나 입안이 깨끗하지 못할 때도 잘 걸립니다. 이런 질환은 어린아이들에게 큰 통증을 유발하여 음식을 못 먹게 하는 원인이 될 수 있으므로 평소 구강 관리에 힘쓰며, 가벼운 증상이라도 발견하는 즉시 병원에서 치료를 받는 것이 좋습니다.

🐦 원인에 따라 다음과 같이 분류해요

구내염 중 가장 흔하게 발생하는 재발성 아프타성 구내염(Canker sore)은 입안에 궤양이 생기는 질환이에요. 그 외에 구내염에는 헤르페스 바이러스에 의해 입 주위에 수포가 생기는 헤르페스 구내염(Cold sore), 혀에 두꺼운 하얀 조각이 생기는 편평태선

(Leukoplakia), 곰팡이균에 의한 칸디다증(Candidiasis), 일명 아구창 등이 있습니다. 이 중 아이들에게 흔히 발생하고 위협적인 구내염은 아프타성 구내염과 헤르페스 구내염이 대표적입니다.

• 아프타성 구내염　입술이나 입안, 혀의 점막에 지름 2~10mm 크기의 좁쌀만 한 궤양이 생기는 아프타성 구내염은 다양한 원인으로 발병해요. 칫솔질이 잘못됐을 때, 딱딱한 음식이 입안에 상처를 냈을 때, 세균 또는 바이러스 감염, 음식 알레르기, 약물에 의한 부작용, 가족력 등이 원인으로 꼽혀요. 하지만 아직 명확한 원인은 밝혀지지 않은 상태예요. 궤양이 생긴 부분이 벗겨지면서 아프고, 뭔가를 삼키거나 혀가 닿는 등 자극이 있을 때 통증이 생깁니다. 입에서 고약한 냄새가 나고 열이 나거나 턱 밑의 림프선이 붓기도 해요. 이런 증세가 나타나면 아파서 음식을 잘 먹지 못하고 침을 많이 흘리게 되지요. 궤양의 크기가 6㎜ 이하일 때는 1~2주 지나면 자연스레 회복되지만, 그 이상이라면 증상이 꽤 오래가며 치유된 후에도 흔적이 남을 수 있어요.

• 헤르페스 구내염　헤르페스 바이러스 감염으로 생기는 헤르페스 구내염 또한 면역

닥터's advice

❓ 구내염 vs. 아구창 vs. 수족구병
구내염은 여러 원인으로 입안이 헐거나 궤양이 생긴 것이에요. 시간이 지나면 저절로 치유되지만, 바이러스가 원인일 때는 항바이러스제를 사용하기도 합니다. 이에 반해서 아구창은 곰팡이의 한 종류인 칸디다균이 입안에서 자라 혀에 하얗게 백태가 끼는 병입니다. 면역력이 약한 아기들은 입안에 작은 상처가 생기면 벗겨진 부분을 따라 이 균이 자라는데, 특히 6개월 미만의 아기에게 잘 생겨요. 항진균제로 치료합니다.
아구창은 제대로 소독하지 않은 젖병이나 고무로 된 젖꼭지 등에서 감염되기도 하고 특히 손가락이나 장난감 등 무엇이든지 빠는 아이가 잘 걸립니다.
수족구병은 장 바이러스 감염 때문에 손, 발, 입 주위에 수포가 생기는 질환이에요. 입안에 염증이 있는 것은 구내염과 비슷하지만, 차이점은 물집이 입 주변뿐만 아니라 손과 발, 엉덩이까지 생긴다는 거예요. 또한 늦봄에서 여름철에 유행한다는 점에서 구내염과 차이가 있습니다.

력이 약한 아이들이 자주 걸리는 질환입니다. 입술에 제일 흔하게 생기며, 혀의 끝부분이나 양옆, 또는 목구멍에도 작은 물집이 생길 수 있어요. 입안에 생겼을 때는 음식이 닿을 때마다 통증이 심한 편이에요. 자극적인 음식이나 신 음식을 먹을 때 더욱 통증을 많이 호소합니다. 헤르페스 바이러스에 감염되면 일단 열이 나기 시작해요. 약 7~10일이 지나면서 입술과 입술 가장자리에 바이러스가 전염되어 물집이 생기고 딱지가 앉아요. 이 물집은 수족구병의 물집과는 달리 근질근질 가려우면서 아픈 특징이 있어요. 또한 입안도 빨갛게 붓고 혀에 하얀 반점이 생기기도 합니다. 입가에 생긴 물집은 잘 터지지 않지만, 입안에 생긴 물집은 쉽게 터져 그 속의 바이러스가 침과 섞여 숨을 쉴 때나 기침할 때 공기 중으로 퍼져 다른 사람에게 전염될 수 있어요. 또 가려워서 만진 손을 통해서도 전염이 쉽게 일어납니다.

유난히 침을 많이 흘린다면 주의해서 살펴보세요

아이들에게 생기는 구내염은 4~6일의 잠복기를 거쳐 38~39℃ 고열이 2~4일 지속되고, 입안의 점막과 목구멍, 잇몸, 혀 등이 빨갛게 부어올라요. 입술 안쪽과 혀에 흰 반점(백태)이 생겨 밥은 물론 물 마시는 것도 힘들어합니다. 더불어 축 처지거나 입에서 구취가 나고 평소와 달리 침을 많이 흘리면 입과 입술 부분에 염증이나 수포가 없는지 유심히 살펴보세요. 입과 입 주변에 생기는 물집 때문에 수족구병으로 오해할 수 있지만, 손발에는 수포가 생기지 않기 때문에 쉽게 구별할 수 있습니다. 수포와 물집이 눈에 보이지 않아도 아이가 통증을 느끼거나 불편함 때문에 음식을 거부할 수 있으니 정확히 확인하는 것이 좋습니다.

구내염 치료, 어떻게 하나요?

증상에 따라 치료해요

구내염은 대부분 특별한 치료를 하지 않아도 저절로 자연스럽게 치유돼요. 하지만, 헤르페스 구내염이 의심될 때는 항바이러스제를 사용해야 합니다. 항바이러스제로는 아시클로버 제제를 주로 사용하는데 발병 72시간 이내에 7일간 약을 먹이면 증상의 정도와 지속 시간을 줄일 수 있습니다. 간혹 아파서 양치질을 거부할 수 있는데, 이때 양치질 대신 구강청결제를 사용하는 것은 권하지 않습니다. 구강청결제에 들어 있는 알코올 성분 때문에 입속이 더욱 건조해져 구내염이 더 심해질 수 있기 때문이에요. 양치질이 어려울 때는 찬 소금물이나 생리식염수로 입안을 헹구는 편이 좋습니다.

손과 입안 청결에 신경을 써주세요

구내염에 걸렸을 땐 위생관리를 철저히 해야 합니다. 무엇보다 아이를 푹 쉬게 하면서 손과 입안을 청결하게 해 2차 감염을 예방하는 것이 중요해요. 손을 자주 씻기면 몸의 다른 부위 혹은 다른 사람에게 바이러스를 옮기는 것을 방지하는 데 도움이 돼요. 구내염 증상이 있는 아이가 사용한 양치 컵이나 수건을 함께 사용하지 않도록 하고 물집이 생긴 부위를 만지지 않게 하세요. 식사 역시 자극적인 음식을 피하고, 탈수가 일어나지 않도록 수분 보충을 충분히 해줍니다. 잠을 잘 때는 침 분비가 줄어 구강 내 균의 활동량이 많아지므로 자기 전에 반드시 이를 닦아주는 것도 잊지 말아야 합니다.

 Dr. B의 우선순위 처치법

1. 구강 위생이 중요하므로 부드러운 솔로 양치질을 잘해줍니다.
2. 입안에 자극을 주지 않는 부드러운 음식 위주로 먹여주세요.
3. 손발을 자주 씻기는 등 청결에 신경 씁니다.

구내염에 걸린 아이, 집에서 어떻게 돌볼까요?

1 열이 나면 해열제를 먹여요

열이 나면 해열제를 먹이고 미지근한 물로 목욕시키거나 물수건으로 살살 닦아주어 열을 빨리 떨어뜨리는 게 좋아요. 의사에게 처방받아 먹이고 약국에서 직접 구입한 경우에는 약품 설명서에 적힌 복용량을 확인하고 먹이세요.

2 입안 청결이 무엇보다 중요해요

양치질은 기본인데, 잇몸에 손상을 주지 않는 부드러운 칫솔모를 사용합니다. 따로 칫솔을 구하기 어렵다면 양치질하기 전 따뜻한 물에 칫솔을 담갔다가 사용하면 좀 더 부드러워요.

3 아이가 먹는 음식 온도에도 신경을 써요

뜨거우면 입안을 자극하고 너무 차가워도 장염을 동반할 수 있어 미지근한 온도에 맞춰줍니다. 입안이 아파 잘 먹지 못하므로 죽이나 영양소가 많은 음식, 이온음료, 우유, 아이스크림 등을 먹이는 것이 좋아요. 신맛이 나는 음식이나 주스, 맵거나 짠 음식, 거친 음식 등 입안에 자극을 주는 식품은 피합니다.

4 물을 충분히 먹여요

열이 있거나 입에 통증이 있을 때 먹는 것을 거부하기 쉬우므로 탈진하지 않도록 충분한 수분 공급에도 신경 써야 합니다. 모유나 분유를 평소보다 자주 먹이고, 분유 수유를 하거나 이유식을 시작한 경우에는 따로 물을 먹이세요.

5 처방받은 연고를 사용해요

구내염에 바르는 연고에는 여러 가지가 있습니다. 항바이러스성, 항세균성, 스테로이드성 등 어떤 구내염인지에 따라 처방되는 연고가 다르므로 소아청소년과에서 처방받은 연고를 꼭 사용합니다.

농가진

물집이 잡히고 딱지가 생겨요.

체크 포인트

☑ 농가진 증상이 나타나면 바로 병원으로 가세요. 별다른 합병증이 없다면 1~2주 안에 상태가 많이 좋아집니다.

☑ 농가진은 전염성이 아주 높은 질환이에요. 수건이나 옷 등은 따로 분리해 세탁하고 유치원은 물론 수영장이나 목욕탕 등 공동시설 이용을 삼가야 합니다.

☑ 상처를 만지거나 긁지만 않으면 금방 낫지만, 아이들은 간지러움을 참기 힘들어합니다. 상처를 긁으면 주변까지 증상이 확대되고, 상처를 긁은 손으로 다른 부위를 만지면 그대로 전염되지요. 아이가 염증이 생긴 부위를 긁거나 만지지 못하게 하는 것이 중요합니다.

☑ 항생제 복용으로 증상이 일시적으로 호전된 것 같더라도 의사의 지시 없이 항생제를 중단해서는 안 됩니다.

심하게 긁어대는 아이, 혹시 농가진?

아이를 키워본 엄마라면 한 번쯤 겪어봤을 법한 아주 흔한 질환 중 하나가 '농가진'입니다. 아이가 벌레에 물렸거나 베이거나 긁혔을 때 혹은 아토피성 피부염이 있는 부위 등 민감한 피부 부위를 계속 긁어서 상처가 생기면 상처 부위를 통해 세균이 침입해 농가진에 걸리는 게 대부분이지요. 깨끗하지 못한 피부를 긁다 상처 난 부위에 세균이 침범하면 둥그스름한 환부 주위로 물집이 생기고 고름이 흐르기도 하며 딱지가 생기는 증상이 반복됩니다. 주로 얼굴이나 팔, 다리 등 노출된 부위에 잘 생기는데 전염성이 강해 자신의 몸에서도 잘 퍼지고 다른 사람에게도 옮길 수 있습니다.

순식간에 여기저기 퍼지는 농가진

피부 표면에 세균이 감염되면서 발생하는 농가진은 여름철 대표 피부병 중 하나입니다. 일부에서 물집이 동반된 농가진이 생기기도 합니다. 물집은 주로 아이의 코와 입 주위에 나타나고, 몸의 다른 부위로 퍼져나가기도 합니다. 아직 기저귀를 떼지 못한 영아에서는 기저귀 찬 부위를 중심으로 생기기도 해요. 농가진 종류에 따라 아주 작고 금방 터지는 물집이 있는가 하면, 어떤 물집은 상당히 크고 터지기까지 며칠이 걸리기도 해요. 2~4mm의 붉거나 맑은 노란색의 장액이 있는 작은 물집이 여러 개 생긴 후 점차 큰 물집으로 변하고 물집이 터지면 노란 딱지가 생깁니다. 물집이 생기는 양상은 점차 바깥쪽으로 퍼져나가지만, 중심부는 회복되는 모습을 보여요. 상처 부위에서 이물질이 흘러나오기도 하는데 처음엔 맑다가 곧 탁해집니다. 시간이 지나 물집이 터지면 가장자리에 짙은 갈색 형태의 딱지가 생기며 가장자리에 테를 두른 것 같은 모습의 흉터가 며칠간 남아 있기도 합니다. 이런 증상만으로는 크게 위험하진 않지만, 간혹 무력증과 발열, 설사를 동반할 때도 있어 주의를 기울여야 합니다.

아프지는 않은데 가려움증이 심해요

대부분 농가진은 아프지는 않지만 참기 힘들 정도로 심한 가려움증을 유발해요. 때로는 고열을 동반하고, 목의 림프선이 붓기도 합니다. 몹시 가렵고 조금만 긁어도 물집이 터지면서 진물이 나며 이후에는 딱지가 생깁니다. 행여 다른 피부에 묻으면 세균이 옮겨 온몸에 퍼지기도 합니다. 진물이 나는 상처가 가려워서 어쩔 수 없이 긁고, 그 긁은 손으로 다른 부위를 긁으면 그대로 농가진이 또다시 전염되는 구조입니다. 처음엔 자신의 몸에 생기면서 번지는 게 전부겠지만 자칫 다른 사람에게도 같은 과정으로 쉽게 옮길 수 있어요.

초기에 빨리 치료하지 않으면 합병증이 생길 수 있어요

대부분 잘 낫지만, 일부에서 상처가 심해지고, 고열과 오한이 나는 등 전신 증상을 동반하기도 합니다. 어떤 경우에는 체온이 떨어지기도 해요. 드물게 신장 염증이나 폐렴과 같은 합병증에 걸릴 수 있어 주의해야 합니다. 농가진의 합병증으로 급성 신장염에 걸리면 눈 주위나 다리가 붓고 소변에 피가 섞여 나옵니다. 이런 합병증이 의심되면 병원을 찾아 즉시 치료받아야 합니다. 몇 번 농가진을 앓고 나면 으레 괜찮겠지 하는 마음이 들 수도 있는데, 농가진은 그때그때 증상이 달라질 수 있어요. 몇 번이나 반복적으로 걸리더라도 그때마다 신경 써서 치료받아야 합니다.

농가진은 왜 생기나요?

피부에 균열이 생겼을 때 세균이 침입해서 발생해요

농가진은 상처가 난 피부에 연쇄상구균이나 포도상구균 등의 세균이 침투해 염증을 일으켜 발생하는 질병이지요. 원래 건강한 피부라면 세균들이 체내에 들어와 증식하는 것을 막을 수 있게 튼튼한 보호막이 처져 있습니다. 그러나 곤충에 물렸다거나 베이고 다쳐서 상처가 났거나 하는 등의 원인으로 피부에 균열이 생기면 세균이 체내로 들어와도 마땅히 보호하고 지켜낼 힘이 없습니다. 세균들이 침입하거나 건강하지 못한 피부를 불결한 상태로 유지했을 때 농가진에 걸립니다.

평소 면역력이 약한 아이들은 더욱 주의가 필요해요

농가진은 무덥고 습한 여름철에 주로 발생합니다. 덥고 습한 날씨 탓에 세균이나 곰팡이들이 잘 자라고 모기나 각종 벌레도 많기 때문에 주로 7~8월에 환자 발생이 제일 많지요. 하지만 아무리 상처가 생겨도 피부가 스스로 이겨낼 힘만 있다면 농가진에 걸리지 않고도 잘 넘길 수 있습니다. 성인에 비해 면역력이 약한 영유아들이나 아토피 피부염이 있어 쉽게 피부를 긁는 아이라면 농가진 질환에 특히 주의가 필요합니다.

 # 농가진 치료, 어떻게 하나요?

딱지가 앉은 부위를 부드럽게 제거하고 항생제를 발라줍니다

연고를 바르기 전, 물이나 항균세정제로 딱지가 앉은 부위 중심으로 깨끗이 씻어내야 합니다. 이때 피부에 자극이 가지 않도록 문지르지 않아야 해요. 잘 씻은 후에는 피부를 톡톡 두드려 말리고, 의사의 처방에 따라 항균제 또는 일반 항생 연고를 바릅니다. 이때 상처에 묻은 세균을 통해 농가진이 퍼질 수 있으니 깨끗한 면봉에 연고를 묻혀 상처에 발라줍니다. 피부에 딱지가 많으면, 이 부위를 따뜻한 물에 흠뻑 적셔 딱지의 일부를 제거하고 연고를 발라주면 흡수에 도움이 됩니다. 농가진은 보통 항생제를 바르는 치료만으로도 쉽게 좋아지며, 항생제를 바른 뒤 원래 상처 주변으로 더는 물집이 번지지 않으면 전염성이 사라졌다고 봐도 무방합니다.

제대로 치료하지 않으면 무서운 병이 될 수 있어요

농가진 증상이 가볍거나 전신 증상이 없으면 딱지를 제거하고 항생제를 발라주는 것으로도 충분합니다. 농가진 자체는 그다지 치료가 어려운 피부병은 아닙니다. 하지만 자칫 방치하면 급성 사구체 신염이나 뇌막염 등의 합병증이 생길 수 있어요. 합병증이 동반되거나 전신에 병변이 퍼져 있고 특히 입안이나 입 주변에 병변이 있는 경우,

전신성 항생제를 투여해 치료해야 합니다. 감염이 재발되는 것을 방지하기 위해선 처방받은 약을 제대로 끝까지 먹이는 것이 중요해요. 증상이 좋아졌다고 임의로 항생제 치료를 중단하면 감염 재발과 항생제 내성으로 이어질 수 있습니다.

절대 긁지 않게 해주세요!

어린아이들의 경우 농가진을 쉽게, 또 확실하게 치료하는 것은 긁지 않는 데 달렸다고 해도 과언이 아닙니다. 아이의 손톱을 최대한 짧게 깎고 정 안 되면 손에 장갑을 끼워 접촉을 줄이는 것도 방법입니다. 외출하고 돌아오면 반드시 손부터 씻고 평소보다 자주 손을 씻게 해 피부의 세균 감염 가능성을 낮춰야 합니다. 긁는 대신 찬물로 씻어주거나 얼음팩 등으로 가려움을 줄여주세요.

 Dr. B의 우선순위 처치법

1. 농가진 증상이 발견되는 즉시 가까운 소아청소년과에서 진료를 받아요.
2. 농가진이 심하지 않을 땐 피부 병변에 항생제 연고를 발라요.
3. 절대 긁지 않게 합니다.

농가진으로 힘들어하는 아이,
집에서 어떻게 돌볼까요?

1 집 안을 시원하게 해요

가려운데 긁지 못하고 참아야 하는 것은 어린아이에게 가장 힘든 점입니다. 더우면 가려움이 심해지므로 집 안을 시원하게 해주세요. 감염 방지를 위해 아이의 손톱을 짧게 깎아주고, 긁을 수 없도록 감염 부위를 거즈나 습윤밴드, 느슨한 붕대 등으로 덮어주세요.

2 수영장에 가지 않아요

농가진으로 의심되면 수영장에는 가지 않아야 합니다. 수영장은 무좀, 물사마귀, 전염성 농가진 등이 전염되기 쉬운 장소예요. 부득이하게 수영장에 가야 한다면, 물놀이는 짧게 마치고 바로 깨끗한 물로 씻어주세요. 슬리퍼, 매트, 물놀이 기구 등은 대여하기보다 따로 준비해 갑니다.

3 이불과 옷을 자주 빨아요

농가진이 있는 아이가 사용하는 이불과 옷은 자주 갈고 뜨거운 물에 세탁해줍니다.

4 크림 바르기 전에 피부를 닦아요

항생제 성분이 든 크림은 딱지 밑에 있는 세균에는 작용하지 못합니다. 항균 크림을 바르기 전 크림이 상처를 투과할 수 있도록 피부를 깨끗이 닦는 것이 중요합니다. 여름철 땀이 많이 나면 가려움증이 더욱 심해질 수 있어요. 얇은 면 소재 옷을 입히고, 땀이 나면 바로 닦아줍니다.

5 자외선차단제는 되도록 사용하지 않아요

피부 자극을 높여 오히려 상태를 악화시키거나 2차 감염으로 이어질 염려가 있기 때문이죠. 긴 옷을 입히거나 모자나 양산으로 자외선을 차단하는 방법이 더 안전합니다.

뇌수막염

두통, 구토와 더불어 목이 뻣뻣해지고 심할 때는 의식을 잃기도 해요.

체크 포인트

☑ 뇌수막염은 바이러스성과 세균성으로 나뉩니다. 전체의 80%가 바이러스성 뇌수막염입니다.

☑ 치료가 늦어지면 신경학적 후유증과 생명까지 위험해지는 세균성 뇌수막염부터, 치료하지 않아도 감기처럼 자연히 좋아지는 무균성 뇌수막염에 이르기까지 다양한 증상을 보입니다.

☑ 얼핏 보기엔 감기나 장염 등 일상적인 질환으로 오해할 수 있어요. 아이가 평소와 다르다면 반드시 소아청소년과를 찾아야 합니다.

☑ 목이 뻣뻣해져서 고개를 제대로 움직이지 못하고, 구토와 고열로 탈진이 되어 아이가 갑자기 축 처져 보이면 뇌수막염을 의심하고 급히 병원을 찾아야 해요.

☑ 뇌수막염은 드물지만 일단 걸리면 위험한 병입니다. 그런 만큼 뇌수막염 예방접종은 반드시 하는 게 좋습니다. 예방접종만 잘해도 세균성 뇌수막염의 위험을 크게 줄일 수 있어요.

감기로 오해하기 쉬운 뇌수막염

태어난 직후 생후 2개월 이내에 1차, 생후 4개월 무렵에 2차를 맞고 다시 두 달 뒤(생후 6개월)쯤 3차, 첫돌이 지난 이후 마지막 4차 접종을 합니다. 이렇게 여러 차례에 걸쳐 집중적으로 하는 예방접종은 과연 어떤 질환을 예방하려는 것일까요? 바로 '세균성 뇌수막염'입니다. 종종 방송에서 뇌수막염의 발생 빈도와 위험성을 보도한 적도 많아 아이 키우는 엄마들에게 그리 낯선 질환은 아닙니다. 뇌수막염은 말 그대로 뇌를 둘러싸고 있는 얇은 막에 바이러스나 세균이 침투해 염증이 생기는 질환이에요. 아이들에게 나타나는 뇌수막염은 그 원인에 따라 특히 더 다양한 양상을 보입니다. 하지만 아이들은 단순한 바이러스성 감염 때문에도 발열과 구토 증상을 보이기 때문에 유행성으로 나타나는 무균성 뇌수막염과 드물게 발생하는 세균성 뇌수막염을 감별하기가 쉽지 않아요. 그런 만큼 얼핏 감기나 장염 등 일상적인 질환으로 보이더라도 아이가 평소와 다르다면 반드시 소아청소년과를 찾아야 합니다.

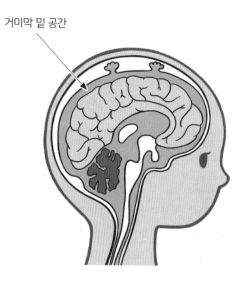

거미막 밑 공간

▲ 거미막 밑 공간에 염증이 발생하는 뇌수막염

드물지만 걸리면 위험해요

뇌를 덮고 있는 막에 염증이 생겼어요

뇌수막이란 뇌를 둘러싼 얇은 막을 의미합니다. 해부학적으로 뇌수막은 가장 깊은 곳에서 뇌를 감싸는 연질막, 연질막 밖으로 뇌척수액 공간을 포함하는 거미막, 가장 두껍고 질기며 바깥쪽에서 뇌와 척수를 보호하는 경질막으로 구성됩니다. 뇌수막염은 이런 거미막과 연질막 사이에 존재하는 거미막 밑 공간에 염증이 생기는 것입니다. 한마디로 뇌를 덮고 있는 막이 바이러스나 세균에 침범당해 생기는 것이죠. 뇌수막염은 경과가 심각하지 않고 치료 없이 자연스럽게 회복될 때가 많지만 잠재적으로 위험한 질병이에요. 뇌막이 뇌와 척수에 매우 가까이 있기 때문인데요. 뇌와 척수에 근접한 뇌막 조직에 염증이 심하면 심각한 신경학적 합병증이 발생할 수 있어 주의를 기울여야 합니다.

바이러스성과 세균성으로 나뉘어요

뇌수막염은 원인에 따라 크게 세균성과 바이러스성으로 나뉩니다. 세균성 뇌수막염은 폐렴구균, 헤모필루스 인플루엔자균, 수막구균 등에 의해 발생해요. 비중은 전체 뇌수막염 발생 빈도 중 10%에 불과하지만 일단 발병했다 하면 치명적인 증상을 보이거나 심한 후유증을 남기므로 조심해야 합니다. 바이러스성 뇌수막염은 뇌수막염의

 닥터's advice

❓ 뇌수막염이 특히 잘 걸리는 때가 있나요?

바이러스로 인해 생긴 뇌수막염을 '무균성 뇌막염'이라고 합니다. 무균성 뇌막염은 장(腸) 바이러스의 유행 시기와 맞물려 여름에서 가을 사이에 많이 유행합니다. 전 세계 어디서나 발생하며 국내에서도 해마다 바이러스성 뇌수막염이 발생하고 있으며, 유행 시기는 다른 나라보다 조금 이른 5월부터 시작하지요. 장 바이러스는 아직 대소변을 가리지 못하는 아기들 사이에서 쉽게 전염될 수 있어 주의가 필요해요.

80% 이상을 차지합니다. 흔히 뇌수막염에 걸렸다고 하면 대부분 바이러스에 의한 뇌수막염입니다. 세균성 뇌수막염과 구분 짓기 위해 '무균성 뇌막염'이라고도 해요. 특히 출생 직후부터 7세까지 취학 전 아이에게 많이 발생하고, 7일간의 잠복기를 거쳐 2~3일간 발열이 지속되며 가래·콧물·대변 등을 통해 전염됩니다. 무균성 뇌막염을 일으키는 바이러스로는 콕사키 바이러스, 수족구 바이러스와 같은 장 바이러스가 대부분이에요. 감기 전후에 걸리는 것이 보통인데, 병독성이 강한 바이러스가 유행하는 경우가 아니면 심각한 후유증이나 사망에 이르는 경우는 드물고 대부분 7~10일이면 저절로 낫는 경우가 많습니다.

 ## 뇌수막염 증상과 치료

열과 구토가 계속되고, 목이 뻣뻣해져요

뇌수막염 원인이 세균이냐, 바이러스냐에 따라 증상에 차이가 있지만 초기 증상은 비슷합니다. 다만 바이러스성 뇌수막염은 증상이 급성으로 오는 반면, 세균성 뇌수막염은 조금 더디게 진행되는 특징이 있지요. 초기에는 발열이나 두통 등 일반 감기 증상으로 시작하다가 구토, 복통 등의 소화기 증상이 함께 나타나 감기나 위장관염으로 잘못 진단되기도 합니다. 특히 두통이 심한 편인데, 일반적인 감기나 독감과 비교해봐도 그 강도가 상당히 심하게 느껴질 정도예요. 심각한 경우라면 목이 뻣뻣해져서 고개를 제대로 움직이지 못하며, 구토와 고열로 탈진하여 아이 몸이 축 처지기도 합니다. 뇌수막염의 특징적인 증상은 목이 뻣뻣해져서 앞으로 잘 굽히지 못하는 거예요. 이런 증상이 두통과 함께 나타나면 즉시 병원에 가서 진찰을 받아야 합니다. 심하면 피부에 발진이 생기거나 뇌염이나 척수염으로 번질 수도 있어 등뼈, 목뼈, 척추뼈의 통증을 호소하기도 합니다.

단순한 감기로 오해하기 쉬워요

세균성 뇌수막염은 예후가 매우 좋지 않아 빨리 치료하지 않으면 사망률이 50%를 넘고, 치료 후에도 심한 신경계 후유증을 남깁니다. 그래서 의사소통이 원활하지 못한 영유아의 뇌수막염 증상은 특히 주의해서 살펴봐야 해요. 1세 미만 영아의 경우 뚜렷한 증상이 나타나기보다는 행동이 느려지거나 열이 나면서 심하게 보채고 토하는 증상을 보입니다. 또 아이가 멍하거나 먹는 것을 거부하고 보채는 등 비전형적인 증상만 보이기 때문에 미처 뇌수막염일 거라고 생각하지 못해 대처가 늦어지는 경우가 있어요. 단순한 감기로 오해하고 아이의 증상을 살펴보다가 악화하고서야 병원을 찾는 거지요. 세균성 뇌수막염의 경우 항생제 치료를 제때 하지 않으면 사망하거나, 생존하더라도 난청이나 시력 손상 같은 위험성이 있는 만큼 의심된다면 망설이지 말고 즉시 진찰과 검사를 받아야 합니다.

원인균에 따라 치료가 달라져요.

세균성 뇌수막염은 적절한 항생제 처방이 필요하며, 바이러스에 의한 무균성 뇌막염은 통증과 뇌압을 조절하면 충분히 회복됩니다. 흔히 발생하는 바이러스성 뇌수막염은 대부분 별다른 치료 없이도 좋아지는 편이에요. 물론 열이 나면 해열제를 쓰고 토하면 전해질을 보충해주는 방법으로 쉬게 하는 등 증상에 적절히 대처하면 훨씬 편하게 지나갈 수 있습니다. 하지만 방심은 금물! 꾸준히 의사의 진료를 받아 완치된 것을 확인해야 합니다. 행여 세균성 뇌수막염이 의심된다면 뇌척수액 검사를 해야 제대로

 닥터's advice

❓ 뇌수막염 진단은 어떻게 내려지나요?
아이가 호소하는 증상만 가지고는 무균성과 세균성 뇌수막염을 감별하기는 매우 어렵습니다. 현재 의료 수준에서 이 둘을 감별하는 유일한 방법은 뇌척수액 검사뿐이지요. 통증이나 출혈 등 후유증이 있다고 알려져 있어 소아청소년과에서 부모의 동의를 얻기 가장 힘든 검사 중 하나지만, 실제로 검사 과정은 오래 걸리지 않고 후유증이 발생하는 빈도도 매우 낮은, 안전한 검사법입니다. 어른에 비해 근육이 두껍지 않아 비교적 쉽게 시행할 수 있어요. 뇌척수액 검사를 하는 방법은 아이를 옆으로 누인 상태에서 아래쪽 허리의 척추 사이로 바늘을 찔러 뇌척수강 내의 뇌척수액을 얻는 방식으로 진행합니다.

진단받을 수 있어요. 세균성 뇌수막염은 워낙 급속도로 증상이 나빠지기 때문에 급히 뇌척수액 검사가 요구되기도 합니다. 일부이긴 하지만 긴급 치료가 필요한 세균성 뇌수막염일 가능성이 존재하는 만큼 뇌수막염이 의심되면 빨리 병원을 찾아 진단과 적절한 치료를 받아야 합니다.

 ## 어떻게 예방하나요?

예방접종만 잘해도 위험은 줄어듭니다

현재 뇌수막염을 예방하는 백신은 폐구균 백신, B형 헤모필루스 인플루엔자균 백신 (Hib), 수막구균 백신이 있어요. 간혹 이 백신들이 모든 뇌수막염을 예방하는 효과가 있는 것으로 잘못 인식하는 사람들이 있습니다. 하지만 바이러스성 뇌수막염은 지금의 예방접종으로는 예방이 불가능합니다. 다만 세균성 뇌수막염의 위험은 크게 줄일 수 있어요. 우리나라에서는 국가예방접종 사업을 통해 폐렴구균, Hib 백신을 국가필수예방접종에 편입하여 무료로 접종하고 있습니다. 2개월에서 59개월에 해당하는 건강한 영유아는 4차 접종까지 무료로 예방접종을 할 수 있으며, 생후 2, 4, 6개월에 3번, 12~15개월 1번 접종해 총 4회 접종합니다. 수막구균에 의한 감염 질환은 우리나라에서 드물게 발생해서 전체 영유아를 대상으로 한 정기접종을 추천하지는 않고 일부 고위험군 대상으로만 접종을 권고합니다.

 닥터's advice

❓ 예방접종을 했는데 뇌수막염에 걸릴 수 있나요?
뇌수막염 예방접종은 세균성 뇌수막염을 일으키는 특정 세균에 대해서 예방 효과가 있기 때문에 바이러스성 '무균성 뇌막염'에 대해서는 예방 효과가 없습니다. 예방접종을 맞혔다고 하더라도 무균성 뇌막염이 유행하면 걸릴 수 있으므로 철저한 손 씻기로 예방하는 것이 필요합니다.

철저한 위생관리는 필수!

뇌수막염을 옮기는 바이러스는 건강한 성인에게는 문제 될 것이 없지만, 영유아나 면역력이 떨어진 아이에게는 심한 증상을 일으킬 수 있습니다. 전염력의 지속 기간은 일반적으로 증상이 나타나기 1~2일 전부터 증상을 보인 10일 후까지입니다. 특히 감염된 아이가 만진 것을 건드리거나 손을 잡은 후 코나 입, 눈 등을 비빌 때 쉽게 감염됩니다. 대변을 가리지 못하는 영유아의 경우 바이러스가 묻은 기저귀를 다루면서 공동생활을 하는 어린이집이나 유치원 등에서 순식간에 퍼지기도 해 특히 더 주의해야 합니다. 예방을 위해서는 외출 후 손과 발을 깨끗하게 씻고 양치질을 해야 하며, 대변을 본 후에는 반드시 손을 씻도록 합니다. 또 수돗물은 물론이고 정수기 물 또한 끓여 먹는 것이 좋으며, 음식은 항상 익혀서 먹어야 한다는 것도 잊지 마세요. 끝으로 뇌수막염이 유행하는 시기에는 사람이 많이 모이는 곳에 가지 않는 것도 한 방법입니다.

 Dr. B의 우선순위 처치법

1. 가장 좋은 예방법은 예방접종과 적절한 위생관리입니다.
2. 바이러스성 뇌수막염은 대부분 휴식을 취하고 충분한 수분을 섭취하면 좋아집니다. 간혹 세균성 뇌수막염일 가능성이 있는데 이때는 반드시 입원하여 항생제 치료를 받아야 합니다. 의심되는 경우 가까운 소아청소년과 병원을 찾아 정확히 진단을 받아봅니다.
3. 뇌척수액 검사를 통해 세균성 뇌수막염인지를 판단합니다.

뇌수막염으로 힘든 아이 집에서 어떻게 돌볼까요?

1 실내 온도를 20~22℃, 습도는 60%로 유지하며 쾌적한 환경을 만들어 줍니다.

2 대부분 고열을 동반하므로 해열제를 구비했다가 응급처치용으로 사용하면 해열 작용과 함께 진통 효과에 도움이 됩니다.

3 미지근한 물로 온몸을 마사지 해주는 것도 좋습니다.

4 어느 정도 큰 아이라면 양치질 이외에도 스스로 가글할 수 있게 도와주는 것도 효과적이에요.

5 아이가 피곤하지 않도록 충분한 휴식을 취할 수 있게 해주세요. 더불어 균형 잡힌 식사로 아이가 수분과 영양분을 섭취할 수 있게 신경 써주세요.

뇌염

의식이 흐려지거나 두통, 경련, 발작 증상이 나타나요.

체크 포인트

☑ 뇌염은 증상이 가벼워 거의 알아채지 못하는 경우가 있는가 하면 위중해서 생명을 앗아갈 때도 있어요.

☑ 증상이 심하지 않으면 잘 먹고 충분한 수분 섭취와 휴식을 취하면 금세 좋아져요. 하지만 열이 나고 경련을 일으키면 바로 병원을 찾아야 합니다.

☑ 뇌염은 대부분 특별한 치료법이 없어 예방만이 최선이에요. 일본뇌염을 예방하기 위해선 모기에 물리지 않도록 조심하면서 반드시 예방접종을 해야 합니다.

 ## 뇌염은 어떤 병인가요?

일본뇌염이 대표적인 원인균이에요

뇌염은 말 그대로 뇌 자체에 염증이 생기는 것이에요. 뇌 실질이 세균이나 바이러스가 원인이 되는 염증 반응에 의해 파괴되는 대표적인 신경계 감염증입니다. 뇌의 구조를 살펴보면, 뇌는 얇은 '뇌막'으로 둘러싸여 있어요. 뇌막은 뇌에서 발생하는 노폐물을 배출하는 역할을 하지요. 이런 뇌막에 염증이 생기면 '뇌막염 또는 수막염'이라 부르고, 뇌 자체에 염증이 생기면 '뇌염'이라고 부릅니다. 모기의 활동이 많은 여름철과 초가을에 엄마들을 긴장시키는 전염병인 일본뇌염이 바로 뇌염의 대표적인 원인균입니다. 일본뇌염 외에도 세균이나 바이러스에 의한 경우가 많고 가상 흔한 깃이 헤르페스 뇌염입니다. 헤르페스 바이러스에 의한 뇌염은 치명적일 수 있으며, 조기에 치료받지 않으면 치사율이 70~80%나 됩니다. 뇌염은 일반적으로 10세 이하의 어린이들에게 발병할 때가 많지만, 성인이 걸리면 사망률은 어린이에 비해 높습니다. 다만, 최근 바이러스성 뇌염은 홍역이나 볼거리 등 소아 감염성 질환의 부작용으로 생기기도 하는데, 예방접종을 통해 이런 질환의 발병률이 많이 줄어드는 추세입니다.

갖가지 바이러스들이 뇌염을 일으켜요

다양한 바이러스들이 뇌염을 일으킬 수 있지만, 그중 가장 흔한 것이 '헤르페스 바이러스'예요. 피부가 헤르페스 바이러스에 감염되면 단순포진을 일으키지만, 간혹 측두엽이나 전두엽 등에 침범하면 뇌염을 일으킬 수 있어요. 이렇게 되면 감정과 행동에 영향을 미쳐 심한 손상을 가져올 위험이 커집니다. 또 곤충이 옮기는 여러 종류의 '아르보 바이러스'들이 있습니다. 이 바이러스가 일으키는 질병은 곤충의 종류와 그 곤충이 옮기는 바이러스의 종류에 따라 결정됩니다. 일본뇌염이라고 알려진 질환 역시 뇌염모기라고 하는 곤충에 의해 전염됩니다. 알레르기나 자가 면역 이상으로 발병할 때도 있어요. 또 감기 같은 호흡기 질환이나 중이염 등의 귀 질환으로 발생할 수도 있고 폐렴, 매독 등 세균성 질환이나 결핵, 곰팡이 등의 질환이 피를 타고 머리로 들어갈 수도 있는 등 뇌염이 생겨나는 원인은 다양합니다.

 ## 뇌염 치료, 어떻게 하나요?

열과 경련을 보이면 바로 병원으로 가요

뇌염은 증상이 가벼운 경우가 많고 두통이나 무기력, 화를 잘 내는 증상을 보이긴 하지만 오래가지 않고 회복됩니다. 졸음이 자꾸 오거나, 혼동, 방향감각 상실, 목이 뻣뻣한 증상이 나타납니다. 갓난아기는 정수리 부위(대천문)가 부어서 팽창하며, 밝은 빛을 싫어하는 증상을 보이기도 해요. 경미한 바이러스성 뇌염은 가벼운 발열과 두통 정도만 동반합니다. 반면 증상이 심할 때는 심한 두통과 함께 의식이 흐려지거나 경련, 발작 증상까지 동반할 수 있습니다. 특히 24~72시간에 걸쳐 빠르게 진행됩니다. 말이 느려지는 언어장애가 나타나면서 기면에 빠지고 의식이 계속 나빠져서 혼수상태가 되기도 해요. 뇌 자체에 염증이 생긴 만큼 치사율도 높고, 기억력 저하, 인지기능 저하, 간질, 의식장애 등의 후유증을 크게 남기는, 위험한 병입니다.

닥터's advice

❓ 일본뇌염, 증상과 예방법

• **모기에 물린다고 모두 일본뇌염에 걸리는 것은 아니에요** 일본뇌염은 모기에 의해 전파되는 질환으로, 뇌염모기가 사람을 물 때 바이러스가 전파되는 것이에요. 최근 들어 뇌염모기 발생이 증가해 각별한 주의가 요구되는 것은 사실입니다. 하지만 일본뇌염 모기에 물린다고 모두 일본뇌염에 걸리는 것은 아니에요. 일본뇌염 바이러스를 가진 모기에 물린 사람 250명 중 약 1명에게서 증상이 발생한다고 알려져 있습니다. 드물게 뇌염으로 진행할 경우 고열과 함께 두통, 구토, 감각 이상, 복통을 보이면서 사망하는 경우가 발생할 수 있습니다. 회복되더라도 후유증이 남을 수 있어 매우 위험합니다.

• **어린아이들에게 특히 위험해요** 일본뇌염의 증상은 급격하게 나타나요. 초기에는 고열, 두통, 무기력, 흥분 상태를 보이다가 점차 의식장애나 경련, 혼수상태로 이어집니다. 대부분 예방접종을 하지 않은 15세 이하 어린이나 청소년에게 주로 발생하는데, 나이가 어릴수록 감염 증상이 심해 어린아이들에게는 치명적입니다. 경과가 좋으면 약 1주 전후로 열이 내리며 회복되지만, 뇌염은 회복이 되더라도 환자의 30%는 언어장애나 운동 저하 등 심각한 신경계 합병증이 남을 수 있어요.

• **일본뇌염은 예방이 최선!** 일본뇌염을 예방하기 위해선 모기에 물리지 않도록 조심하고 예방접종에 신경 써야 합니다. 특히 모기의 활동이 활발한 4~10월에 물리지 않으려면 가정에서는 방충망이나 모기장을 치고 야외 활동 시 모기 퇴치제를 뿌리거나 긴 팔, 긴 바지를 입어야 합니다. 또 영유아는 생후 12~24개월 사이 일본뇌염 예방접종을 시작하는데, 표준 예방접종 일정에 맞춰 총 2~5회에 걸쳐 맞습니다. 만일 뇌염 주의보나 경보가 내렸는데 아직 일본뇌염 접종을 한 번도 하지 않았다면 늦었다고 생각 말고 여름에라도 맞혀야 합니다.

원인에 따라 항생제, 항바이러스제, 항결핵제 등으로 치료해요

증상이 심하지 않을 땐 잘 먹고 충분한 수분 섭취와 휴식을 취하면 좋아집니다. 두통이나 열이 있으면 해열제인 타이레놀이나 아스피린을 복용하고, 소염제로 뇌 안의 부기를 줄일 수 있으며, 발작이 있을 때는 항경련제 치료를 합니다. 바이러스성 뇌염이나 일본뇌염일 경우 바이러스에 대한 약물이 있으면 그 약물을 쓰지만 특별한 약이 없을 땐 증상을 완화하는 대증요법을 합니다. 감염성 뇌염의 경우에는 관련 감염균에 따라 항생제, 항바이러스제, 항결핵제 등을 사용하며, 뇌농양(외상이나 그 밖의 이유로 뇌수가 곪는 병)이 있다면 배농과 같은 수술을 하기도 합니다. 그 외 혈관염에 의한 뇌염은 스테로이드를 쓰기도 합니다.

뇌염은 조기에 치료하면 생존율과 후유증을 줄일 수 있어요. 두통이나 구토, 고열을 계속 보이는 동시에 의식이 흐려진다면 최대한 빨리 병원을 방문합니다.

꼭 예방접종을 해요

우리나라는 일본뇌염이 자주 발생하는 지역이었지만, 일본뇌염 백신이 널리 보급되면서 발생이 많이 줄었습니다. 국가예방접종사업에 포함된 필수 예방접종으로 생후 12개월부터 접종할 수 있어요. 일본뇌염 예방접종에는 생백신과 사백신이 있어요. 접종 시기와 횟수가 다른데, 접종의 편의성에서 차이가 날 뿐 유효성이나 안전성 면에서는 비슷하므로 아이의 나이와 상황에 따라 선택하면 됩니다. 다만 교차해서 접종하는 것은 권하지 않습니다.

 Dr. B의 우선순위 처치법

1. 예방접종 일정을 확인한 후 꼭 맞혀주세요.
2. 여름철엔 모기에 물리지 않도록 신경 써주세요.
3. 가벼운 증상을 보이다가도 열과 경련을 일으키면 바로 소아청소년과 병원을 방문합니다.

대상포진

몸에 띠 모양의 물집이 생겨요.

체크 포인트

☑ 최근 유아 대상포진 사례가 느는 추세예요. 대상포진은 수두-대상포진 바이러스가 몸속에 잠복해 있다가 발생하는 질환으로 대부분 과거에 수두를 앓았던 아이가 걸리지만, 수두 예방접종을 받은 아이도 걸릴 수 있습니다.

☑ 대상포진은 주로 면역이 저하되거나 스트레스를 많이 받는 상황일 때 생기기 쉽습니다.

☑ 어린아이의 경우 대상포진을 조기에 진단하는 데 어려움이 있습니다. 특히 소아 대상포진은 통증이 약하거나 거의 없는 경우도 있어 진단이 늦어질 때가 있습니다.

☑ 소아 대상포진을 예방하기 위해서는 수두 예방접종을 반드시 해야 합니다.

 ## 아이들도 대상포진에 걸려요

대상포진은 주로 성인에게, 그것도 50대 이상 나이 드신 어른들에게 자주 일어나는 질환 중 하나였지요. 하지만 최근에는 유아 대상포진 사례가 느는 추세입니다. 대상포진은 띠 모양으로 물집이 잡히는 병이에요. 어릴 때 수두를 앓은 사람이 면역이 떨어졌을 때 그 틈을 타 몸에 있던 수두-대상포진 바이러스가 다시 병을 일으키는 것이 바로 대상포진입니다. 수두 접종이 생긴 이후 수두는 가볍게 앓고 지나가거나 아예 앓지 않고 넘어가지만, 대상포진까지 예방할 수는 없습니다. 어릴 때 앓는 대상포진은 대체로 가볍게 나타나지만 성인이 되어 발병하면 통증이 매우 심하고 후유증으로 신경통과 흉터가 남는 경우가 많아요. 다행히 아이에게 생기는 대상포진은 아프기보다는 가렵고, 흉터나 신경통이 생기는 경우는 적습니다. 그러나 고열이나 합병증 발생 위험을 무시할 수 없으니 주의합니다.

어떤 증상이 생기나요?

면역력이 떨어졌을 때 잘 생기는 병

대상포진은 면역이 저하되거나 스트레스를 많이 받았을 때 생기기 쉽습니다. 아이들도 의외로 스트레스 때문에 힘겨워하지요. 실제로 어른의 스트레스와 비교했을 때 아이의 스트레스 역시 큰 차이가 없습니다. 아이들은 단지 표현을 못 할 뿐인 거죠. 과도한 활동량과 과제로 인해 피로도가 상승하고 스트레스, 영양 불균형 등 다양한 외부 요인으로 인해 면역력이 급격히 감소하면 그 틈을 타 대상포진이 발생합니다. 피부에 발진이 발생하기 전에 감각 신경이 파괴되는 과정을 먼저 거치기 때문에, 발병 시 수십 개의 바늘로 찌르는 듯한 통증이 먼저 생기기도 합니다. 통증의 강도는 제각각이지만 보통 밤에 잠을 못 이룰 정도로 극심해요. 때로는 대상포진의 가장 큰 특징이라고 할 수 있는 피부 물집이 생기지 않고, 신경 염증만 생기는 사례도 있어 더욱 주의가 필요합니다.

한쪽에만 띠 모양으로 물집이 잡혀요

대상포진은 체내에 잠복해 있는 기간이 1~2주이지만, 소아 대상포진은 그 기간이 짧을 수 있습니다. 오른쪽이나 왼쪽 중 한쪽에만 다양한 크기의 많은 물집이 띠 모양으로 나타나는 것이 국소성 대상포진의 전형적인 피부 발진 모습이에요. 처음에는 붉은색 반점이나 튀어나온 붉은색 작은 병변들이 생긴 후 1~2일 안에 물집이 잡히고 3~4일째 농포(내부에 고름이 차 있어 약간 돋아 올라 보이는 발진)로 진행됩니다. 띠 모양의 물집은 얼굴·몸통·팔·다리 등 어느 부위에나 생길 수 있어요. 대략 일주일 이상 지나면 물집이 생긴 자리에 딱지가 앉는데, 딱지가 떨어지는 데는 2~3주 정도가 걸립니다. 피부에 생긴 물집이 심할수록 통증이 심한 편이지만, 드물게 통증이 심한데도 피부 발진이 생기지 않을 때도 있어요.

초기 증상은 감기와 비슷해요

초기에는 마치 감기·몸살에 걸린 것처럼 기력이 없거나 미열이 나고 축 처져요. 대상포진이라면 몸 구석구석이 쑤시고 찌릿한 통증을 함께 호소합니다. 피부에 붉은 기가 생기면서 수포가 나고 고열 증상이 있기도 해요. 통증은 나이가 많을수록 심해지기 때문에 아이가 크게 아파하지 않더라도 일단은 의심해보는 게 좋습니다. 심하면 바늘

닥터's advice

❓ 수두와 대상포진, 어떻게 다른가요?
수두는 주로 아이에게 생기는 전신 바이러스성 질병으로 온몸에 물집이 잡히고, 피부 통증은 거의 없습니다. 그러나 대상포진에 의한 물집은 신경 분포를 따라 피부의 일정 부위에만 생기며 그 통증이 매우 심해요. 후유증으로 심한 신경통이 남을 수도 있습니다. 특히, 소아 대상포진은 수두보다 전염성이 낮다고 해도 전혀 없는 것은 아니므로 바깥 외출을 자제하고 집에서 충분히 휴식을 취하는 것이 좋습니다.

❓ 대상포진과 단순포진을 구분하는 방법
• **국소성 대상포진** 신체의 오른쪽이면 오른쪽, 왼쪽이면 왼쪽으로 나눠 한쪽에만 집중적으로 나타나는 것이 가장 큰 특징이에요. 마치 띠를 두르듯 무리 지어 발생하고 등과 가슴에서 가장 흔하게 나타나지만 머리·허리·목 등 신체 어디라도 발생할 수 있습니다. 물집이 잡히기 전에 통증이 먼저 느껴지고 약 10일 후 붉은 수포가 생기며 물집이 발생하는 것이 특징이에요.
• **단순포진** 신체 여러 곳에서 나타나는 것이 일반적이고, 띠처럼 생긴 대상포진과 달리 포도송이처럼 물집이 옹기종기 모여 있어요. 또한 통증보다는 가려움이 더 심합니다.

로 찌르는 것처럼 극심한 고통을 얘기하거나 피부 위로 개미가 기어가는 느낌을 호소하기도 합니다. 초기 감기 증상과 함께 이런 신경계 통증이 발생한 다음에야 피부 물집이 나타나는 만큼 초기 발진 72시간 안에 진료를 받는 것이 중요해요. 하지만 대상포진의 초기 증상이 감기와 비슷해 치료 시기를 놓칠 때가 많습니다. 소아 대상포진이 의심된다면 피부 가려움증이나 발진 부위를 확인하고 병원에서 정확한 진단을 받아야 합니다.

다른 사람에게 옮길 수도 있어요

몸에 숨어 있던 수두-대상포진 바이러스가 재활성화되는 질환이기 때문에 충분히 다른 사람에게 옮길 수 있습니다. 비록 수두처럼 전염력이 강하진 않지만, 대상포진에 걸린 아이라면 수두에 면역이 없는 다른 사람에게 수두를 전염시킬 수 있어요. 수두에 대한 면역이 없는 사람이 피부병변을 만지는 경우 감염이 될 수 있습니다. 특히 수두에 걸린 적이 없거나 수두 예방접종을 맞지 않은 임산부나 항암치료 중인 환아와같이 면역력이 떨어진 사람은 환자와 격리하는 게 좋습니다. 또한 수두 바이러스 예방접종을 맞은 어린아이도 조심해야 합니다. 수두백신은 일부러 독성을 약화한 바이러스를 침투시켜 항체를 만드는데, 예방접종을 하지 않은 임신부 또는 면역력이 떨어

이럴 땐 병원으로!

- [ ] 발진이 난 곳이 매우 아프거나 가려워할 때
- [ ] 띠 모양의 발진이 여러 곳(두 군데 이상)에서 발생할 때
- [ ] 열이 나면서 두통이 동반될 때
- [ ] 몸에 난 발진이 14일 이상 계속될 때
- [ ] 발진에 세균이 감염되어 곪은 상태일 때
- [ ] 아이의 상태가 축 처져 보이며 증상이 갈수록 심해질 때

진 사람은 수두백신의 약독화 바이러스에도 감염될 수 있기 때문이에요.

 ## 대상포진 치료, 어떻게 하나요?

초기 발진 72시간 안에 진료를 받아요

대상포진은 항바이러스제로 치료합니다. 관건은 얼마나 일찍 치료를 시작하는가예요. 딱지가 앉기 전 수두 바이러스의 증식을 억제하는 것이 좋은데, 그러기 위해선 초기 발진 72시간 안에 항바이러스제를 맞는 것이 효과적입니다. 자연적으로 치유될 때도 있지만 후유증이나 합병증을 예방하려면 반드시 초기에 적절한 치료를 해야 합니다. 또한 대상포진을 조기에 치료하지 않으면 통증이나 증상이 만성화될 수 있으며, 시력장애나 피부 마비 등 후유증이 생길 위험성도 있어요. 소아 대상포진 증상 중 피부에 생기는 물집은 초기에 치료해주는 것이 중요한데, 이는 물집이 터지면 흉터가 생기고 세균이 침입해 염증이 악화할 수 있기 때문입니다. 발병 초기부터 신경 염증이나 파괴로 통증이 있을 수 있으므로 진통 효과가 있는 약물을 함께 처방할 수도 있어요. 평소에 없던 피부의 염증이나 이상이 생겼을 때는 최대한 빨리 소아청소년과 병원에서 진료부터 받는 것이 중요합니다.

 닥터's advice

❓ **대상포진도 재발 우려가 있나요?**
오랫동안 통증이 계속되면 대상포진이 완전히 낫지 않았거나 재발했다고 생각할 수 있지만 대부분 신경통이 남은 후유증입니다. 하지만 대상포진이 치유된 후에도 수두처럼 바이러스는 없어지지 않고 몸속에 남기 때문에 드물지만 재발할 수도 있어요. 몸의 면역체계가 계속 나쁜 채로 있다면 다시 재발할 우려가 있으니 신경 써야 합니다.

수두 예방 접종은 반드시 해야 합니다

소아 대상포진을 예방하기 위해서는 수두 예방접종을 반드시 맞혀야 합니다. 수두 예방접종은 10년 이상 면역이 계속되는 백신으로 우리나라에서는 12~15개월에 해당하는 모든 건강한 소아를 대상으로 1회 접종하며, 수두를 앓은 적이 없는 만 12세 이하의 소아도 1회 접종을 권고합니다. 하지만 여기서 꼭 구별해둘 것이 있습니다. 대상포진 예방백신으로 이름 불리는 예방접종은 50세 이상의 성인 대상포진을 예방하는 목적이지, 아이들에게는 해당하지 않습니다. 아직 어린이나 청소년을 대상으로 한 대상포진 예방백신은 나오지 않았어요.

잘 먹고, 잘 자고, 잘 쉬게 해주세요

면역력이 떨어지면 대상포진이 잘 생깁니다. 대상포진을 피하고 싶다면 면역력을 높이는 것이 답이지요. 면역력, 뭔가 거창한 약이나 방법이 있을 듯해도 결론은 그냥 기본에 충실하면 됩니다. 잘 먹고, 잘 자고, 잘 쉬는 것. 규칙적인 운동을 통해 체력을 쌓는 것이죠. 충분한 휴식과 함께 건강한 식재료로 구성한 균형 잡힌 식단으로 영양을 공급해주세요.

 Dr. B의 우선순위 처치법

1. 물집을 발견하는 즉시 병원을 찾아요.
2. 물집이 생긴 부위를 긁지 못하게 하세요.
3. 아이가 충분한 휴식을 취할 수 있도록 해줍니다.

엄마표 처방전

대상포진에 걸린 아이,
집에서 어떻게 돌볼까요?

1 대상포진은 휴식을 취하면서 항바이러스제를 먹거나 주사로 치료합니다. 집에서 따뜻한 물에 적신 수건으로 찜질해주면 통증이나 가려움증이 줄어 회복에 도움이 됩니다.

2 발진이 난 곳을 절대로 긁지 못하게 하며, 의사의 처방 없이 어떤 크림 제제도 발라서는 안 됩니다.

3 충분한 수면과 휴식이 중요합니다. 최대한 깊은 잠을 잘 수 있게 수면 환경을 개선하는 것도 좋은 방법이에요. 침대 맡에 물병이나 젖은 수건, 가습기를 두어 적당한 습도를 유지하고, 면 소재의 깨끗한 침구로 잠자리를 바꿔주세요. 침실 온도는 되도록 따뜻하게 유지해줍니다.

볼거리(유행성이하선염)

귀밑에서 턱까지 심하게 부어요.

체크 포인트

☑ 볼거리는 초기에 목 주변의 근육이 뭉친 것 같다가 마치 쥐가 난 것 같은 느낌을 호소해요. 며칠이 지나면 열이 나고, 턱 주변과 귀밑샘이 갑작스레 붓고 통증이 나타나기 시작합니다.

☑ 발병 초기엔 전염력이 매우 강하므로 부어오른 부위가 가라앉을 때까지 격리 조치가 필요해요.

☑ 볼거리는 백신 접종이 필수입니다. 생후 12~15개월에 1회, 4~6세 추가 1회, 총 2회에 걸쳐 MMR 백신(홍역, 유행성이하선염, 풍진의 3종 혼합백신)을 접종하여 예방하는 것이 중요합니다.

☑ 볼거리에 걸리면 귀밑, 목 부분이 부어올라 열이 심해져요. 이때 냉찜질을 해주면 부기를 가라앉히는 데 효과적입니다.

전염성이 높아 예방접종이 필수예요

볼거리는 볼거리 바이러스(Mumps virus)로 인해 귀밑에 있는 침샘에 염증이 생기는 질환이에요. 급성 '유행성이하선염'이라고도 불리며, 한때 전 세계적으로 15세 이하 아이들에게 집중적으로 발병했습니다. 예방접종이 보편화되어 발생 빈도가 급격히 감소했지만, 국내에 여전히 매년 수만 명이 볼거리에 걸리는 것으로 보고되고 있어요.

주로 2~7세 아이들에게 많이 발생하며, 증상은 7~10일 정도 갑니다. 볼거리는 침, 코 분비물, 밀접한 접촉을 통해 사람 간에 전달되는 바이러스가 원인입니다. 전염성이 높아 바이러스가 포함된 작은 침방울을 통해서도 주변에 퍼져요. 실내 공간에서 주로 지내는 겨울과 봄에 사람 간에 접촉으로 발병하지만, 단체생활이 많고 바이러스가 전파되기 쉬운 여름철에도 주의해야 하는 질환입니다. 볼거리는 백신 접종으로 예방할 수 있어요. 대부분 유아와 소아는 홍역, 볼거리, 풍진(MMR) 접종을 동시에 받습니다. 우리나라는 생후 12~15개월, 만 4~6세에 홍역, 볼거리, 풍진을 예방하는 MMR 백신을 두 차례 접종합니다.

한쪽 볼에서 시작해 2~3일 안에 양쪽이 부어올라요

볼거리는 목 근육이 뭉친 것 같은 증상으로 시작해요. 마치 쥐가 난 것 같은 느낌을 호소하지요. 며칠이 지나면 본격적으로 증상이 나타납니다. 볼거리의 전조 증상은 감기와 비슷한데, 대표적으로 발열, 두통, 오한, 구토와 같은 증상이 연달아 일어납니다. 상당한 고열이 동반되며, 턱 주변 귀밑샘이 갑작스레 붓고 통증이 나타나기도 해요. 한 번 부풀어 오른 볼은

점점 심하게 붓기 시작해 2일 이내에 목 부위까지 부으며 귀 앞쪽으로 확대되는 것이

큰 특징입니다. 심하면 양쪽 볼이 다 붓기도 해요. 이때는 부은 볼이 하관을 앞으로 밀어내 어금니끼리 닿지 않아 입을 닫기조차 힘들어집니다. 한쪽에서 시작해 2~3일 후에는 양쪽이 붓지만, 한쪽만 걸리기도 해요. 귀밑 침샘이 커지는 것은 1~3일째 최고조에 달하며 3~7일 안에 점점 가라앉습니다. 턱 주변의 부기가 며칠 만에 없어지기도 하는데, 이것은 볼거리보다는 다른 원인에 의한 이하선염이나 종창(세포 수가 증가하지 않은 채 신체의 일부분 혹은 전신이 부어오르는 것)일 가능성이 큽니다.

볼거리 치료, 어떻게 하나요?

전염 시기에는 격리가 필수!

볼거리는 전염성이 강해 직접 접촉하거나 호흡기를 통해서도 전염됩니다. 전염되는 시기는 증상이 나타나기 2일 전부터 붓기 시작한 후 5일까지 일주일간이며, 증상이 좋아져도 약 3일간은 전염성이 있어요. 특히 발병 초기에는 전염력이 매우 강한 시기라 감염되었다면 부은 부위가 가라앉을 때까지 격리해야 합니다. 하지만 볼거리는 감염되고 2~3일 지나서야 얼굴이 붓는 증상이 나타나기 때문에 얼굴이 붓기 전엔 볼거리인지 알 수가 없어 즉각 격리해 전염을 막는 것은 사실상 힘들어요. 그래서 볼거리일 가능성이 조금이라도 있다면 격리부터 하는 게 맞습니다. 아이가 볼거리인지 일단 의심이 든다면 어린이집이나 유치원은 일정 기간 쉬게 합니다.

볼거리엔 특별한 치료법이 없어요

볼거리는 바이러스이기 때문에 항생제나 다른 약에 반응하지 않습니다. 그러나 병을 앓는 동안 불편을 줄이기 위해 증상을 완화하기 위한 치료를 합니다. 볼거리에 걸린 아이가 심한 통증을 호소하면 의사와 상의한 후 진통제를 복용하고, 발병 부위에 냉찜질을 해주면 도움이 됩니다. 이때 충분한 휴식과 안정을 취하는 것이 우선이에요. 입 주위가 부어오르면 씹는 것 자체가 무리이므로 많이 씹지 않아도 되는 부드러운 음식 위주로 먹입니다. 침샘의 통증을 악화시킬 수 있는 산성 음식과 음료수는 피하는 게 좋아요. 특히 귤과 같은 신 음식은 침 분비를 증가시켜 침샘을 더욱 붓게 할 수 있어요. 열로 인한 탈수 증상을 피하기 위해서라도 물을 충분히 마시게 해요.

합병증에 걸리지 않도록 주의해요

볼거리는 대부분 자연 치유되지만 낫지 않고 합병증으로 번지는 경우가 있어요. 대표적인 합병증으로 수막염이나 뇌염으로 이어질 수 있고, 이 두 합병증은 치료하지 않고 놔두면 잠재적으로 치명적인 결과를 가져올 수 있습니다. 볼거리 증상이 나타난 지 4~10일 후에 심한 두통을 호소하거나 구토 증상을 보인다면 즉시 병원으로 가야 합니다. 볼거리를 앓는 아이가 불러도 대답이 없거나 잘 알아듣지 못하는 등 난청 증상을 보이면 병원에서 정밀검사를 받아봅니다. 또 자칫 사춘기에 볼거리에 걸리면 남자아이의 경우 고환염을, 여자아이의 경우 난소염 등을 일으켜 성인이 되었을 때 불임의 원인이 될 수도 있어 한층 주의를 기울여야 합니다.

 Dr. B의 우선순위 처치법

1. 볼거리가 의심되면 바로 격리해야 해요.
2. 충분한 휴식과 안정을 취하게 해요.
3. 두통이나 구토 증상을 보인다면 바로 병원을 방문합니다.

볼거리에 걸렸을 때 이렇게 해주세요!

1 수시로 환기를 시켜주세요

볼거리와 같은 유행성 소아 질환은 문을 꼭꼭 닫고 지내는 겨울철 실내에서 쉽게 노출될 수 있어요. 아이가 있는 가정은 수시로 창문을 열어 환기를 자주 시키는 게 중요해요.

2 충분한 수면과 영양 섭취가 필요해요

잘 자게 하고, 영양 섭취를 고르게 하여 신체 저항력을 높여주세요. 심하게 부으면 아무래도 씹는 게 힘들어지는 만큼 부드러운 죽이나 고기국물 같은 음식을 조금씩 먹이는 게 좋아요.

3 개인위생에 신경을 써요

외출 후 반드시 손을 씻고 양치하는 습관을 들입니다. 손을 자주 씻는 것, 외출 후 양치하는 습관 등은 볼거리뿐 아니라 겨울철 아이들이 자주 걸리는 감기와 알레르기성 피부 질환도 예방할 수 있습니다.

조갑주위염(생인손)

손가락 끝이 빨갛게 붓고 고름이 나요.

체크 포인트

☑ 저절로 낫기도 하지만, 손가락 끝이 빨갛다 못해 고름이 누렇게 차오르면 약물 치료만으로는 낫지 않아요. 이럴 땐 병원에 찾아가 칼로 고름집을 절 개해 고름을 충분히 빼내야 합니다. 집에서 섣부르게 처치하려 하지 마세요.

☑ 평소 아이의 손·발톱을 위생적으로 관리하고 신경 써야 해요. 손발톱 옆 거 스러미를 손톱깎이를 이용해 정리하고, 손발톱이 살을 파고 들어가는 것을 막기 위해 일정 부분 여유를 두고 직선으로 깎아주세요.

☑ 초기에 병원에 가서 적절한 치료를 받으세요.

흔히 '생인손'이라고 불러요

손가락 끝이 찌릿찌릿 아프고 고름이 나요

손가락 끝 피부의 갈라진 틈으로 세균이 들어가 염증을 일으키는 질병으로, 조갑주위 염(손톱·발톱주위염)이라고 하며 흔히 '생인손'이라고 불러요. 심하면 피부 속에 고름이 생기고 많이 부어오르기도 해요. 손톱 주위를 가위나 바늘, 가시, 손톱깎이 등 날카로운 물제에 찔렸거니 상처를 입었을 때 세균이 침입해 고름이 나거나 염증이 생기는 증상을 일컫는 병이지요. 손톱 거스러미를 억지로 떼다가 생긴 상처로 걸리기도 해요. 조갑주위염은 세균이 기승을 부리는 여름철에 더욱 조심해야 합니다. 특히 손가락을 빠는 아이들은 더 잘 걸리기노 해요.

움직일 때마다 통증이 심해요

조갑주위염은 통증이 심한데, 특히 손가락 끝 지문 부위를 누르면 더욱 아프고 손가락 끝은 붓고 열이 나며 붉어집니다. 마치 벌레에 물리거나 종기가 나는 것처럼 부어오르기도 하고 희끄무레하고 끈적끈적한 고름이 생기기도 합니다. 처음에는 간지럽다가 점차 부어오르는데 심해지면 손가락 끝이 저리고 손가락을 움직일 때마다 통증이 느껴져요. 제때 치료하지 않으면 고름이 생겨 수술해야 할 수도 있어요.

 # 세균이나 곰팡이가 원인이에요

손가락 끝에 난 상처로 세균과 곰팡이가 침투해요

세균과 곰팡이의 감염경로는 다양합니다. 손발톱을 깎다 상처가 나거나 소독되지 않은 손톱깎이를 사용했을 때, 손톱 주위 거스러미를 잘못 잡아 뜯었을 때 세균이나 곰

 닥터's advice

❓ 아이 손톱 관리, 어떻게 하면 좋을까요?

조갑주위염을 예방하는 방법은 간단해요. 손톱이나 발톱 옆에 생긴 거스러미를 손으로 잡아 뜯기보다 손톱깎이를 이용해 잘라내면 되지요. 손발톱이 살을 파고 들어가는 것을 막기 위해 일정 부분 여유를 두고 직선으로 깎습니다. 또 사용한 손톱깎이는 끝을 불에 살짝 달군 다음 찬물에 식히거나 에탄올을 뿌려 소독합니다. 세균을 억제하고 살균·소독 작용을 갖춘 항균 손톱깎이를 선택하는 것도 방법이에요.

팡이에 쉽게 감염될 수 있어요. 또 날카로운 것에 베어 외상을 입거나 손가락을 빨 경우, 상처 난 손으로 흙장난할 때도 다른 세균이 침투할 가능성이 커져 조갑주위염에 걸릴 확률이 더욱 높아집니다.

급성과 만성으로 나뉘어요

급성은 상처 부위가 세균이나 곰팡이에 감염되어 붓고 염증이 생긴 것을 말해요. 황색포도구균에 의한 감염이 대부분이에요. 만성은 피부가 물에 자주 닿아 박리가 생기면서 그 사이로 칸디다균과 같은 곰팡이균이 침입해 생겨요. 피부가 양파껍질처럼 떨어져 나오는 과정에서 세균이 들어가 생겨난다는 점과 빨갛게 붓기만 할 뿐 고름이 차지 않는다는 점에서 급성과 차이가 있어요.

 ## 고름이 차기 전에 병원에 가요

빨갛게 부어오르는 초기 조갑주위염은 약물 치료로 고칠 수 있어요. 일부는 저절로 낫기도 해요. 하지만 고름이 밖으로 충분히 빠져나오지 못하면 염증이 점차 주위로 퍼져 손톱 밑까지 고름이 차오를 수 있어요. 이 상태가 되면 손톱이 빠지는 불상사가 일어날 수 있지요. 간혹 집에서 소독하지 않은 바늘로 고름집에 구멍을 내어 빼려고 하는데 바늘을 통해 또 다른 세균 감염까지 일으킬 수 있으니 섣부른 처치는 삼가야 해요. 초기에 빨갛게 부어오를 때, 고름이 차기 전에 병원을 찾아 적절한 치료를 받습니다.

 Dr. B의 우선순위 처치법

1. 손가락 끝이 붓고 통증이 있으면 병원 진료를 받아요.
2. 초기에 약물 치료를 잘 받아야 빨리 낫고, 고름이 심하다면 병원에서 고름을 빼내야 합니다.

성홍열

혓바닥이 딸기처럼 오톨도톨해져요.

체크 포인트

☑ 1980~90년대 유행하다가 2000년대 들어 항생제 치료 영향으로 발병률이 급격히 감소했는데, 최근 다시 증가 추세에 있는 질환입니다. 세균들이 항생제에 내성이 생겼기 때문인데, 초기에 적절하게 치료받으면 쉽게 낫는 병이니 크게 걱정하지 않아도 됩니다.

☑ 심한 목감기 증상과 비슷한 만큼 감기로 착각해 치료 시기를 놓칠 수 있으니 주의하세요. 성홍열의 가장 큰 특징은 '딸기 모양 혀'입니다.

☑ 성홍열에 걸린 아이가 사용한 물건은 깨끗이 소독하고, 같이 생활한 가족도 검사받아야 합니다. 성홍열을 진단받은 아이는 치료를 시작하고 만 하루가 지날 때까지는 격리가 필요해요. 잠복기 동안 유심히 관찰하세요.

 ## 온몸에 붉은 발진이 생기고, 빨간 딸기 혀가 나타나요

피부가 우둘투둘해지고 뺨과 혀에 새빨간 염증이 생겨났다면 성홍열을 의심해보세요. 원숭이 엉덩이처럼 빨간 발진이 생겨서 붙여진 병명인데, 이름 그대로 열이 나면서 온몸에 붉은 발진이 생겨요. 주로 신생아부터 9세 이하의 어린아이에게 발생하는 성홍열은 고열이나 인후통, 두통, 구토 등의 증상으로 시작해 팔다리로 발진이 퍼져 나가며 특유의 '딸기 모양 혀'가 나타나는 것이 특징입니다. 성홍열은 세균에 의해 생기는 질환으로, 항생제가 개발되기 전까진 합병증으로 고생하는 무서운 병이었습니다. 하지만 이제는 초기에 적절한 항생제 치료를 받으면 쉽게 낫는 병이라 크게 걱정할 필요는 없어요. 다만 강한 전염력으로 한집에 같이 사는 형제, 자매에게 전염될 확률이 높아 치료와 함께 24시간 이상 격리가 필요합니다.

목감기와 헷갈리기 쉬운 성홍열

초기엔 목감기 증상과 비슷해요

열이 나는가 싶더니 갑작스럽게 39~40℃까지 오르고, 해열제를 먹지 않으면 5~7일간 열이 계속됩니다. 목 안이 심하게 빨개지며 편도선에 고름이 생기고 심하면 목젖 부위에 출혈성 반점이 관찰되기도 해요. 심한 목감기 증상과 유사해 자칫 감기로 오해할 수 있지만, 콧물이나 코막힘 같은 증상은 오히려 드뭅니다. 치료가 늦어지면 드물게 합병증이 발생할 수도 있어 주의 깊게 관찰합니다. 성홍열의 잠복기는 1~7일이며, 급성 질환으로 발열, 구토, 인후통이 나타납니다. 그 외 두통, 복통, 오한 등을 동반하기도 해요.

 닥터's advice

❓ 성홍열 vs. 홍역, 어떻게 다른가요?
몸에 붉은 반점이 생기는 홍역과 성홍열은 감염 원인부터 치료법까지 다른 질환입니다. 홍역은 홍역 바이러스 감염으로 생기는 바이러스 감염병이에요. 세균에 의한 2차 감염이 없다면 일정 기간 앓다가 자연히 회복되지요. 반면 성홍열은 A군 용혈성 연쇄상구균에 의한 감염병의 일종으로, 항생제로 적절히 치료하지 않으면 생명을 위협하는 합병증이 생길 우려가 있어요.

열이 난 후 2일 이내 몸통 상부에서 팔다리로 발진이 퍼져요

열이 난 후 발진이 나타나는데, 처음에는 얼굴 아래쪽과 가슴, 팔 안쪽에서 시작해 몸의 다른 부분까지 퍼집니다. 피부가 접히는 겨드랑이나 사타구니 등에 짙은 붉은색을 띠는 분명한 선이 나타나는데, 누르면 없어졌다가 다시 나타나요. 발진은 금세 몸통과 사지로 퍼져 24시간 안에 온몸을 덮습니다. 얼굴에는 나타나지 않고 입술 주위는 오히려 창백해 보이는 게 특징이지요. 발진이 나타난 지 7~10일이 지나면 피부가 허물 벗듯 벗겨지는 피부 낙설이 생기며 겨드랑이나 엉덩이, 손발 끝에는 꺼풀이 벗겨지기도 합니다.

혀에 백태가 끼다가 나중엔 빨간색으로 변해요

성홍열을 결정짓는 빨간 딸기 혀는 발진 초기에 나타나요. 처음에는 마치 백태가 낀 듯 회백색을 띠다가 점차 벗겨지면서 붉은 고기 색깔을 띠고, 유두(혓바닥 표면에 솟아 있는 작은 돌기)가 부어 붉은 딸기 모양이 됩니다. 고열이 나고 목감기 증상을 보이며 혓바닥이 빨갛고 오돌토돌한 돌기가 솟아 마치 딸기 모양처럼 보인다면 바로 병원을 찾는 것이 좋습니다.

감염으로 생기고 전염력이 강해요

세균 감염으로 생기는 질환이에요

성홍열이란 특징적인 발진을 동반하는 A군 용혈성 연쇄상구균에 의한 감염증입니다. 흔히 목구멍이 붓고 충혈시키는 패혈성 인후염 세균과 같은 종류의 세균이 성홍열을 일으켜요. 그래서 급성 편도염이나 급성 인두염의 전형적인 증상과 비슷하거나 동시에 생기는 경우가 많아 초기에 성홍열을 진단하기란 어렵습니다. 하지만 성홍열에 걸린 아이가 항생제 치료를 받지 않은 상태로 유치원에 가거나 다른 사람들과 접촉하면 전염될 위험성이 높아집니다. 아이가 편도선염이나 이상 발진을 보일 때는 신속히 항원검사나 배양검사로 성홍열인지를 밝혀내는 것이 중요합니다.

호흡기 분비물이나 간접 접촉으로 쉽게 전염돼요

성홍열의 원인인 A군 연쇄상구균은 입과 비강에 존재합니다. 따라서 재채기나 콧물 등의 호흡기 분비물을 통해 전염되지요. 혹은 세균이 있는 표면이나 물건을 손으로 만진 후 입, 코 또는 눈을 만지거나 손을 씻지 않고 또 다른 표면을 만질 때도 쉽게 전염될 수 있어요. 이런 이유로 면역력이 약한 어린아이들이나 단체생활을 하는 영유아에게 발병할 우려가 크고, 주로 실내 활동이 많은 늦가을에서 겨울에 발생 빈도가 높습니다.

 ## 성홍열 치료, 어떻게 하나요?

페니실린이 효과 좋은 약이에요

성홍열에는 페니실린을 주로 사용합니다. 만약 페니실린에 알레르기가 있다면 에리스로마이신과 같은 다른 항생제를 약 10일간 처방하지요. 아이가 구토를 하거나 심하게 아프다고 하면 약 대신 근육주사나 정맥주사로 항생제를 투여하기도 합니다. 아이가 약을 먹은 후 2일째가 되면 멀쩡해 보일 수도 있지만, 이때 다 나았다고 생각해 임의로 항생제 복용을 중단해서는 안 됩니다. 약은 최소 10일 이상 의사의 지시에 따라 먹여야 합니다.

 닥터's advice

> ❓ **가와사키병 vs. 성홍열**
>
> 아이들이 아플 때 혀의 돌기가 유난히 도드라져 보여 마치 딸기처럼 보일 때가 있습니다. 이런 딸기 혀 특징을 보이는 질환으로 가와사키병과 성홍열이 대표적입니다. 그렇다면 성홍열과 가와사키병은 어떻게 다를까요? 두 질환 모두 열이 나고 발진이 생기고 입술이나 혀가 빨개지는 등 비슷한 증상을 보입니다. 그러나 성홍열은 세균 감염으로 발생하고 가와사키병은 면역에 의한 전신 혈관 염증이며 특히 관상동맥을 침범합니다. 성홍열은 항생제로 치료하고 가와사키병은 면역글로불린과 아스피린을 투여해 치료합니다.

전염 시기엔 격리가 필요합니다

치료를 시작했다면 하루가 지날 때까지는 격리 조치를 해줘야 합니다. 성홍열에 걸린 아이가 만진 물건은 깨끗이 씻고 소독하며, 아이와 접촉한 가족도 검사받아야 합니다. 성홍열은 잠복기가 있어 유심히 관찰해야 하는 질병입니다. 특히 성홍열은 조기에 발견해 제대로 치료하지 않으면 나중에 심각한 후유증이 생길 수도 있어요. 가장 흔한 합병증으로는 중이염, 부비동염, 경부임파선염, 인두염, 기관지폐렴 등이 있지만 초기에 적절히 치료하면 합병증을 예방할 수 있어요.

잘 씻고 푹 자게 해주세요

성홍열을 예방하기 위해서는 손 씻기, 마스크 쓰기, 외출 후 양치질하기 등 일반적인 위생관리가 중요합니다. 또 목이 매우 아프면 먹는 것 자체가 힘들 수 있는 만큼 무리해서 억지로 먹이려고 하지 마세요. 탈수 현상이 일어나지 않도록 수분을 공급해주는 데 신경 씁니다.

 Dr. B의 우선순위 처치법

1. 열이 나고 목이 아프면서 오톨도톨 빨간 딸기 혀가 나타나면 바로 소아청소년과 의사의 진찰을 받아보세요.
2. 전염성이 강하므로 진단을 받으면 바로 아이를 격리하세요.
3. 중간에 증상이 좋아지더라도 항생제 복용 기간은 꼭 지켜야 합병증을 예방할 수 있어요.

소아 결핵

2~3주 이상 계속 기침해요.

체크 포인트

☑ 여전히 우리나라에는 결핵 환자가 많은 편입니다. 아이들에게도 꾸준히 발생하고 있는데, 부모도 모르는 사이에 아이가 결핵균에 감염되기도 합니다. 기침이 2~3주 이상 계속되면 결핵 검사를 받아 조기 진단과 치료를 받는 것이 중요해요.

☑ 면역력이나 저항력이 약한 아이들이 결핵에 걸리면 무척 빠르게 진행돼요.

☑ 결핵은 완치 판정을 받을 때까지 인내심을 가지고 꾸준히 치료를 받아야 해요.

☑ 신생아 때 BCG 백신을 맞으면 결핵성 수막염이나 속립성 결핵과 같은 치명적인 결핵을 예방할 수 있습니다. 생후 1개월 이내의 모든 신생아는 BCG 접종을 꼭 하도록 합니다.

보통 15세 이하 어린이에게 나타나요

놀랍게도 아직 소아 결핵 환자가 많아요!

결핵이라는 말을 들으면 심한 기침과 함께 피를 토하는 장면을 떠올리는 분들이 낳을 거예요. 드라마나 영화에서 아주 심각한 질환으로 묘사되기 때문이죠. 보통 결핵은 성인에게 나타나는 질병이라고 생각하는데, 영유아에게서도 꾸준히 발생하고 있어요. 전체 국민의 3분의 1은 결핵균에 감염되어 있고, 2012년도 기준 2,466명이 결핵으로 사망했습니다.

우리나라에는 여전히 결핵 환자가 많은데요. 대부분 소아는 결핵에 걸린 가족, 특히 부모 또는 양육자와 밀접하게 접촉하면서 감염되기 때문에 주위 성인 중에서 결핵 환자가 있다면 반드시 아이가 잠복 결핵에 걸렸는지 병원에서 진료를 받아봅니다.

결핵균이 폐나 기관지에 침범해서 생겨요

결핵은 결핵균이 전염되면서 발생하는 감염성 질환이에요. 주로 폐에 발생하지만 뇌, 척수, 임파선 등 모든 장기에서 발생할 수 있어요. 그중에서 폐, 기관지, 후두에 생기는 호흡기 결핵만이 전염성이 있을 뿐 다른 장기의 결핵은 전염성이 없습니다. 결핵 환자의 대부분은 폐결핵입니다. 폐결핵은 '마이코박테리움 투버클로시스(Mycobacterium tuberculosis)'라는 세균이 호흡기를 통해 폐로 들어와 일으키는 일종의 호흡기 감염이에요. 일반 폐렴은 갑자기 나타나 빠르게 진행되는 반면 폐결핵은 오래 진행되는 전염병입니다. 조기에 발견하여 꾸준히 치료하면 대부분 완치될 수 있지만, 늦게 발견되거나 치료를 안 하고 놔두면 후유증으로 고생하거나 사망할 수도 있는 무서운 질병이에요.

결핵은 옮을 수 있는 병이에요

결핵 환자가 주변에 있다면 특히 조심해야 합니다. 결핵은 옮을 수 있는 질병이기 때문입니다. 치료하지 않은 전염성 폐결핵 환자가 기침하면 눈에 보이지 않는 작은 가래 방울에 결핵균이 섞여 공기 중으로 배출됩니다. 이렇게 배출된 결핵균을 다른 사람이 마시면 결핵균이 폐로 들어가 감염을 일으키지요. 많은 사람이 결핵은 유전되는 병으로 알고 있지만, 이는 잘못된 정보입니다. 단, 가족 중에 결핵 환자가 있을 경우 함께 지내는 가족들이 결핵에 걸릴 위험이 큰 것만은 사실이지요. 그렇다고 결핵균에 감염되면 모두 병으로 진행되는 것은 아니에요. 저항력이 떨어진 약 5~10%의 사람만이 병에 걸리며, 나머지는 감염이 되었더라도 발병하지 않고 건강하게 지낼 수 있습니다.

일단 의심되면, 흉부 엑스레이 검사부터

초기에는 가벼운 감기쯤으로 여기기 쉬워요

초기에는 아무런 증상이 나타나지 않다가 병이 어느 정도 진행되면 발열과 기침 등의 증상이 나타납니다. 2주 이상 잔기침이 계속되고 열이 나기도 하며, 잠잘 때 식은땀이 납니다. 자칫 감기로 오해하기 쉬워요. 따라서 뚜렷한 이유 없이 잦은 감기 증상을 보인다면 의사와 상의하여 결핵 검사를 해보는 것이 좋습니다. 기침이나 가래 등 감기 증상이 2주 이상 계속될 때는 반드시 흉부 엑스레이를 찍어 결핵을 조기에 발견하는 것이 중요해요. 결핵은 조기에 발견해 2주 정도 치료하면 전염성이 없어집니다. 따라서 결핵을 예방하는 최선은 조기에 발견하여 서둘러 치료하는 것이에요.

기침이 2주 이상 계속되면 흉부 엑스레이 검사부터 받아요

아이가 기침을 2주 이상 계속하면 가능한 한 빨리 결핵 검진을 받아봅니다. 먼저 흉부 엑스레이 검사로 활동성 폐결핵이 없는지 확인합니다. 검사에서 결핵이 의심되면 객담 검사를 해요.

활동성 결핵 환자와 밀접하게 접촉했다면 결핵반응검사를 받아요

아이가 전염성 결핵에 노출된 것 같은 의심이 든다면 가능한 한 빨리 결핵 검진을 받아야 합니다. 먼저 결핵반응검사를 통해 아이의 체내에 결핵균이 있는지 알아봅니다. 결핵반응검사에서 양성으로 나오면 흉부 엑스레이 검사를 하여 현재 활동성 폐결핵이 없는지 확인해야 합니다. 흉부 엑스레이 검사에서는 정상이나, 결핵반응검사에서 양성으로 나왔다면 잠복 결핵 치료에 관해 소아청소년과 의사의 진료를 받아야 합니다. 결핵반응검사에서 음성으로 나오면 8주 후에 다시 검사하는데, 24개월 미만이나 고위험군에서는 이 기간에 이소니아지드라는 결핵 치료 및 예방에 사용되는 약을 먹은 후 재검을 받아야 합니다.

잠복 결핵 vs. 활동성 결핵

균이 몸 안에 들어와 있지만 딱히 증상이 없고 엑스레이를 찍어도 정상인 상태를 '잠복 결핵'이라고 해요. 잠복 결핵이 있는 아이는 몸 안에 잠복균을 가지고 있으며, 다른 사람에게 옮기지는 않지만 치료를 받지 않으면 결핵에 걸릴 수 있습니다. 아이가 결핵에 걸렸다고 해도 모두 결핵 환자가 되는 것은 아닙니다. 감염자 중 90%는 이처럼

닥터's advice

❓ BCG를 접종했는데도 결핵에 걸리나요?

결론부터 말하면, 결핵에 걸릴 수 있습니다. BCG를 접종했다고 결핵이 다 예방되는 것은 아니에요. BCG 예방접종을 한다 해도 결핵균이 아이 몸에 들어와 결핵에 걸리는 것을 100% 완벽하게 막을 수는 없습니다. 하지만 결핵균이 아이 몸에 들어왔을 때 치명적인 병을 일으키는 것은 막아줄 수 있어요. 자칫 뇌나 혈액으로 결핵이 퍼지면 결핵성 뇌막염이나 속립성 결핵 등 2차 감염으로 이어지는데, BCG 예방접종을 하면 최소한 결핵이 퍼지는 것을 막을 수 있습니다. 따라서 아직 결핵 환자가 많은 우리나라의 경우 BCG 접종은 필수입니다.

❓ 투베르쿨린 피부반응검사란?

증상이 없는 잠복 결핵을 확인하는 방법입니다. 우리나라 결핵연구원의 양성 판정 기준은 표준적인 투베르쿨린을 주사한 후 BCG 예방접종을 한 경우 10mm 이상, BCG 예방접종을 하지 않은 경우 5mm 이상 부어오르면 양성으로 판정합니다. 그러나 이후에 활동성 결핵으로 판정된 환자의 10~20%에서 투베르쿨린 반응이 음성으로 나올 수 있으므로, 이 반응이 음성이라고 해서 결핵이 절대 아니라고 할 수는 없어요. 최근에는 혈액으로 알아보는 '인터페론감마검사'를 사용하기도 하지만 아직 보편적이지는 않습니다.

단순히 잠복 결핵 상태예요. 잠복 결핵이라는 것은 결핵균이 아이 몸 안에 있으나 면역기전에 의해 억제되어, 증상이 딱히 없고 엑스레이 검사도 정상입니다. 단지 투베르쿨린 피부반응검사에만 양성으로 나타나요. 하지만 면역력이 저하되거나 과로, 스트레스로 잠복 결핵균이 증식하면 '활동성 결핵'으로 발전할 수 있어요. 이때 우리는 결핵에 걸렸다고 말하지요. 활동성 결핵이 발생한 아이는 체내에 활동성 균을 보유하며, 타인에게 균을 옮길 수도 있습니다.

잠복 결핵도 치료가 꼭 필요한가요?

잠복 결핵균은 있지만 딱히 증상이 없고 다른 사람에게 옮기지도 않는데 굳이 치료해야 하는지 궁금해하는 분들이 많아요. 딱 잘라 말하면, 영유아나 청소년이 잠복 결핵을 가지고 있다면 치료를 해야 합니다. 이는 성인에 비해 치료약에 부작용이 적고, 최근 감염되었을 가능성이 크기 때문입니다. 또 그대로 두었다가는 활동성 결핵으로 발전해 미래의 결핵 전파자가 될 수 있어서 위험해요. 잠복 결핵이 결핵 질환으로 발전될 위험은 나이가 어릴수록 높아요. 건강한 성인은 5~10%의 가능성에 그치지만, 영아는 50% 이상의 가능성을 지니고 있습니다. 결핵성 수막염과 파종성 결핵의 발생 확률이 높기 때문에 심한 경우에는 사망으로 이어지기도 해요. 면역력이 떨어지면 결핵균이 활동할 수 있고, 결핵으로 발병할 확률도 높은 만큼 의사의 처방에 따라 바로 약을 먹는 등 적절한 치료가 필요합니다.

결핵은 반드시 치료해야 합니다

항결핵제로 최소한 6개월간 치료합니다

결핵은 서서히 진행되는 질환입니다. 치료에 시간이 오래 걸리지만, 항결핵제를 투여하면 완치될 수 있어요. 하지만 많은 부모가 결핵 치료를 두고 오랜 기간 고민하기도 합니다. 의사의 판단에 따라서 달라질 수 있지만, 보통 6개월에서 1년간 약을 먹여야 하기 때문이에요. 결핵약은 아이들에게 비교적 안전합니다. 의사의 지시를 잘 따르면

1년 동안 세속 복용해도 별다른 문제가 없습니다. 간혹 결핵약을 오래 먹이면 몸에 나쁠까 봐 몇 개월 먹다가 중단하는데요. 이는 오히려 치료에 방해가 됩니다. 결핵약을 먹다가 함부로 중단하면 약에 대한 내성이 생겨서 그다음부터는 치료가 더 힘들어집니다. 결핵약은 반드시 의사가 그만 먹이라고 할 때까지 꾸준히 먹이세요. 절대로 치료 도중 결핵약을 임의로 끊어서는 안 됩니다.

정해진 양의 약물을 정해진 시간에 규칙적으로 먹입니다

기본적으로 항결핵제를 복용하는 내과적 치료를 하며, 때에 따라 외과적 치료를 병행할 수도 있습니다. 결핵의 표준 치료는 서너 가지 1차 항결핵제를 6개월 이상 복용하는 것입니다. 하지만 약제내성결핵이나 치료 실패의 경우에는 2차 항결핵제를 투여하며, 1년 이상의 치료 기간이 필요합니다. 사실 장기간 다량의 약제를 매일 복용하는 일은 쉽지 않습니다. 하지만 불규칙하게 약물을 복용하면 결핵균이 항결핵제에 내성을 갖게 되므로 반드시 정해진 양의 약물을 정해진 시간에 규칙적으로 끝까지 먹여야 합니다. 치료를 시작하기 전에 약제의 부작용에 대해 충분한 설명과 안내를 받고 치료 기간에 이상 증상이 나타나는지 주의 깊게 관찰합니다.

닥터's advice

❓ 결핵을 예방하는 기침 예절

- **기침이나 재채기할 때 휴지와 손수건 사용하기** 평소 기침이나 재채기를 할 때 손이 아닌 휴지나 손수건으로 입과 코를 가리고 합니다.
- **휴지나 손수건이 없다면 옷소매 위쪽으로 가리기** 만약 휴지나 손수건이 없을 때 기침과 재채기가 나온다면 옷소매 위쪽으로 입과 코를 가리고 합니다.
- **기침, 재채기 후 흐르는 물에 손 씻기** 기침이나 재채기를 한 후에는 흐르는 물에 비누로 손을 씻어 혹시 모를 결핵균을 제거합니다.

결핵은 예방이 가능해요

결핵 예방접종은 결핵에 대한 면역력을 키워주는 백신으로, 주로 영유아 및 소아의 중증 결핵을 예방해요. 생후 1개월 이내에 접종하는 것이 좋습니다. 하지만 이 접종은 영유아에게 발생하기 쉬운 중증 결핵 예방을 위해 접종하는 것이기 때문에 예방접종만으로 결핵을 평생 예방할 수 있는 것은 아니에요. 게다가 BCG는 생후 한 달 만에 맞는 주사로, 신생아나 어린아이에게 치명적인 결핵을 예방할 수는 있으나 성인 폐결핵은 예방되지 않습니다.

실내 공기를 자주 환기해요

공기 중의 결핵균에 의해 결핵에 걸립니다. 결핵 환자의 기침과 재채기는 물론 대화를 하는 것만으로도 감염될 수 있어요. 평소 실내 공기를 깨끗하게 하고 환기를 자주 해야 합니다.

균형 있는 영양 섭취로 면역력을 강화해요

결핵은 면역력과 연관성이 깊어서 보통 면역력이 약한 노인층에서 발병하는 경우가 많습니다. 하지만 최근 학업 스트레스나 다이어트 등 생활습관의 변화와 불규칙한 식사로 인해 면역력이 떨어진 어린이나 청소년 등 젊은 층에서도 결핵 발병이 증가하고 있어요. 이럴 때일수록 균형 있는 식사가 중요합니다. 적당한 당분과 충분한 무기질, 칼슘, 비타민 등을 고루 먹입니다. 특히 제철 식품을 챙겨 먹이고 우유, 달걀, 치즈, 시금치, 열무, 새우, 말린 콩, 버섯, 도라지, 호두, 멸치 등을 자주 섭취하도록 유도합니다.

 Dr. B의 우선순위 처치법

1. 결핵 예방접종을 했는지 체크해보세요.
2. 가족 중에 결핵 환자가 있거나 아이에게서 결핵이 의심되면, 병원에서 검사를 받아보세요.
3. 병원에서 결핵 진단을 받으면 항결핵제를 처방받아 의사의 지시대로 복용합니다.

수두

온몸에 가려움증을 동반한 물집이 생겨요.

체크 포인트

☑ 수두를 심하게 앓으면 흉터가 남고 무서운 합병증이 생길 수 있으므로 사전 예방이 중요합니다. 예방접종은 만 12~15개월에 하는 필수접종 1회만 하면 충분하지만 13세가 지나면 4~8주 간격으로 2회 접종해야 해요.

☑ 예방접종 부위가 빨갛게 부을 수 있지만 며칠 후면 좋아지니 안심하세요. 또한 수포에 딱지가 앉은 후 딱지를 강제로 뜯으면 흉터가 남을 수 있어요.

☑ 아이가 계속 발진 부위를 긁는다면, 손톱을 바짝 깎아 흉터와 2차 감염을 예방합니다.

☑ 아이가 수두에 걸렸다면 무엇보다 집에서 푹 쉬게 해주세요. 수두가 치명적인 것은 아니지만 푹 쉬어야 수월하게 이겨낼 수 있어요.

바이러스로 인해 생기는 전염병이에요

최근 수두가 다시 유행하고 있습니다

과거 수두는 어릴 때 으레 한 번씩 앓던 질병이지만, 예방접종이 도입되고 개인위생과 환경이 좋아지면서 발병률이 많이 낮아졌어요. 하지만 우리나라에서는 아직도 매년 수만 명 이상의 수두 환자가 발생합니다. 수두 예방접종을 받지 않은 아이 혹은 어릴 때 수두를 앓지 않았던 어른은 수두에 걸릴 위험이 있어요. 또한 예방접종을 한 아이 중 90~95%는 접종 효과가 있지만 일부는 접종했어도 걸리는 경우가 있습니다. 수두는 어릴 때 앓을수록 가볍게 넘어갈 수 있으며, 성인이 되어 수두에 걸리면 더 심하게 앓게 됩니다. 대부분의 수두는 일주일이면 깨끗이 낫지만 청소년이나 성인 그리고 면역력이 약한 사람은 치료 기간이 더 오래 걸려요. 하지만 한번 걸리면 평생 면역이 되므로 아이가 건강하다면 수두에 걸렸다고 너무 염려하지 않아도 돼요.

수두는 전염성이 아주 강한 병이에요

수두는 헤르페스 과에 속하는 수두-대상포진 바이러스(이하 수두 바이러스)에 감염되어 발병하는 전염성 질환입니다. 온몸에 물방울 모양의 수포와 딱지가 생기며 전염성이 매우 강하지요. 봄철이나 겨울에 주로 발생하고, 주로 5~9세 아이들이 많이 걸립니다. 치명적인 질병은 아니지만 드물게 폐렴·뇌수막염·급성 신염·패혈증 등의 합병증이 생길 수도 있어요. 수두 바이러스 잠복기는 10~21일 정도로 다른 바이러스에 비해 길어서 발병 초기에 감염 여부를 알기가 쉽지 않아요. 현재는 수두 백신 접종으로 예방할 수 있습니다.

수두에 걸렸다면 격리 조치가 필요해요

수두는 홍역, 결핵과 더불어 전염력이 매우 강한 질병 중 하나입니다. 수두가 전염되는 경로는 약 세 가지 정도예요. 먼저 수포가 생긴 아이와 직접 접촉했을 때예요. 수포가 생긴 부위가 가려워 긁다 보면 수포가 터지는데, 이때 수포에서 나온 액체에 닿으면 거의 전염됩니다. 수두에 걸린 아이가 기침이나 재채기를 할 때 수두 바이러스가 들어 있는 침이 공기 중에 날려서 옮을 수도 있어요. 감염자와 같은 공간에 있는 것만으로도 수두에 걸릴 수 있다는 얘기지요. 마지막으로 수두 바이러스가 일으키는 또 다른 병인 대상포진의 피부병변에 접촉해도 수두에 걸립니다. 대상포진과 수두는 같은 바이러스에 의해 발병되기 때문이에요. 과거에 수두에 걸린 적이 없거나 예방접종을 맞히지 않은 아이 및 면역력이 떨어진 아이가 수두에 노출되면 발병 위험이 더욱 커져요. 수두는 전염성이 매우 강한 만큼 단체생활을 할 때 주의가 필요합니다. 형제 중 한 아이가 수두에 걸리면 다른 아이에게 전염될 가능성이 90%에 이르고, 예방접종을 하지 않은 아이의 경우 30% 정도가 수두에 걸린다고 합니다. 그런 만큼 학교나 유치원 같은 단체 공간에서는 각별한 주의가 필요합니다. 아이가 수두에 걸렸다면 전염성이 높은 5일 정도는 어린이집이나 유치원, 학교에 보내지 않는 게 좋아요. 수포가 조금이라도 남아 있으면 전염 우려가 있으니 충분히 쉬게 합니다.

 닥터's advice

❓ 수두와 대상포진은 같은 병?

몹시 가려운 수두와 엄청난 통증이 있는 대상포진. 언뜻 보기에 상관없어 보이지만 모두 '수두-대상포진 바이러스'라는 같은 바이러스에 감염되어 발생하는 질환입니다. 이 바이러스는 소아기에 수두를 일으킨 후 몸속에 잠복해 있다가 다시 활성화되면 대상포진으로 발병해요. 수두가 아이에게 주로 발병하는 것과 달리 대상포진은 고령이나 면역력이 떨어진 성인에게서 주로 나타납니다.

❓ 수두 vs. 홍역 vs. 수족구, 발진 모양으로 구별할 수 있나요?

• 수두로 인한 물집은 몸 어디에나 생깁니다. 머릿속·입안·손바닥·발바닥·항문 주변이나 생식기에도 생기지요. 한 개씩 떨어져 나가기도 하고 물집·고름·딱지 등 여러 형태의 발진이 동시에 나타나기도 합니다. 이런 물집은 매우 가렵고 흉터가 남을 수도 있어요.

• 홍역의 발진은 귀 뒤부터 생기지만, 대개 얼굴에 나타난 후에야 홍역인 걸 알게 됩니다. 얼굴이나 목, 팔, 몸통 상부에 발진이 생기고, 그다음에는 허벅지와 발까지 퍼져요. 발진이 나타난 순서대로 없어지는 게 특징입니다. 발진의 양상은 수두처럼 한 개씩 떨어져 생기지 않고, 여러 개가 모여서 나타납니다. 약간 가려우며 발진이 없어지면서 피부색이 약간 검게 변하고 살갗이 벗겨집니다.

• 수족구는 손발에 물집의 형태로 나타나고, 입안이 헐기도 합니다. 심하면 다리와 무릎, 팔꿈치에도 나타나며 몸통까지 번지기도 합니다.

잠복기가 있다는 것을 염두에 둬야 해요

수두에 걸린 아이랑 접촉한다고 바로 수두에 걸리지는 않습니다. 아이가 수두에 걸리면 증상이 나타나기까지 10~21일의 잠복기를 거칩니다. 특히 발진이 나타나기 1~2일 전부터 발진이 나타난 후 5일까지가 전염력이 제일 강한 시기예요. 발진이 시작된 시기가 언제인지 정확히 모르겠다면 발진의 형태를 잘 살펴봅니다. 수포성 발진에 딱지가 생기고, 새로운 발진이 더는 생기지 않으면 전염력이 사라졌다고 볼 수 있어요. 하지만 수포가 생겼다면 이미 1~2일 전에 다른 사람에게 수두를 옮겼을 가능성이 커요. 어린이집이나 유치원에서 수두에 걸린 아이가 등원하지 않는데도 한동안 수두가 퍼지는 이유는 바로 이처럼 수포가 생기기 전 이미 수두가 퍼지고 있었기 때문입니다. 아이를 어린이집·유치원에 보내는 경우라면 수두 발진이 나타난 후 5일 동안은 보내지 말고 집에서 돌봐야 합니다.

 ## 어떤 증상이 생기나요?

발진이 퍼지다가 물집이 잡혀요

수두 바이러스가 몸 안으로 들어와 2주의 잠복기를 거치면 초기에는 가벼운 감기 증상을 보여요. 미열과 두통, 근육통과 함께 나른함이 느껴지는데, 이런 증상이 1~2일

이럴 땐 병원으로!

- ☐ 체온이 39℃ 이상 오를 때
- ☐ 항히스타민제 복용이나 차가운 목욕으로도 조절되지 않을 만큼 가려움증이 심할 때
- ☐ 감염돼 보이는 환부가 빨갛고 따뜻하거나, 만지면 아파할 때
- ☐ 발진이 한쪽 또는 양쪽 눈으로 번질 때
- ☐ 평상시와 달리 심하게 잠을 자려 하거나 기운 없이 처질 때
- ☐ 계속 구토할 때

동안 나타난 후 피부에 발진이 생기기 시작합니다. 발진은 붉은색의 작은 반점으로 시작해 몇 시간 후에 물집이 잡혀요. 발진은 얼굴에서 시작해 가슴과 배, 몸 전체로 퍼집니다. 발진이 나타난 후 3~4일이 되면 열이 가장 높아지고, 4~5일 동안은 매일 발진이 생겨나요. 몸 이곳저곳에 발생한 발진은 심한 통증을 농반하기도 합니다. 그러다 발진이 더 이상 생기지 않으면 열이 내리고 몸 상태도 좋아집니다. 하지만 열이 전혀 나지 않기도 하니 주의해야 해요. 3~4일이 지나면 딱지로 변하고 딱지는 대개 흉터를 남기지 않은 채 1~3주 내에 모두 떨어집니다.

심하게 긁어 염증이 생기면 흉터가 남을 수 있어요

수두의 또 다른 주요 증상은 가려움이 심하다는 거예요. 이때 물집이 생겼던 자리에 앉은 딱지를 강제로 뜯어내면 흉터가 남습니다. 시간이 지나면 딱지가 저절로 떨어지고 희미한·자국이 남는데, 보통 6~12개월이면 그 흉터도 사라져요. 하지만 떨어지지 않은 딱지를 긁다가 염증이 생기면 '곰보자국'이라 불리는 흉터가 남습니다. 특히 얼굴에 큰 수두 물집이 생겼다면 긁지 않도록 더욱 주의시켜야 해요.

대부분 가볍게 앓고 지나갑니다

수두에 걸리면 고생은 하지만 별다른 문제 없이 좋아집니다. 간혹 위험한 경우가 생기는데, 가려워서 긁다가 염증이 생겨 임파선이 붓거나 농가진 같은 피부 질환을 일으킬 때예요. 더 나아가 신경계통에 수두 바이러스가 침범해 뇌염이나 뇌수막염에 걸릴 수 있어요. 특히 신생아나 면역력이 떨어진 아이는 수두를 심하게 앓을 수 있어 이상 증상이 나타나면 빨리 병원을 찾아 완전히 나을 때까지 진료를 받습니다.

수두 치료, 어떻게 하나요?

항히스타민제로 가려움을 줄여요

수두는 걱정스러운 발진 증상과는 달리 시간이 지나면 대개 저절로 낫지만 고열이 심하거나 중증일 때는 소아청소년과에서 치료를 받아야 합니다. 입원 치료가 필요할 때도 있지요. 아직 수두에 효과적인 약은 없습니다. 수두는 바이러스성 질병으로 항생제 역시 도움이 되지 않아요. 그래서 수두에 걸리면 동반되는 증상을 완화해주는 치료를 합니다. 수두가 생겼을 때 가장 큰 문제인 가려움을 줄이기 위해 먹는 약으로는 항히스타민제를 주는 것만으로도 충분합니다. 또 바르는 약으로는 칼라민 로션을 사용할 수 있습니다. 일명 '분홍색 약'이라 불리는 칼라민 로션은 긁어서 생기는 피부 손상을 예방하기 위해 사용하는 용도로, 잘 흔들어 물집 잡힌 부분에 조금씩 발라줍니다. 또한 피부에 느껴지는 불편함과 가려움증을 줄이려면 처음 며칠간은 3~4시간마다 차가운 물로 피부를 적셔주는 것도 좋습니다. 물을 묻힌다고 해서 수두가 더 퍼지지는 않아요. 목욕 후에는 칼라민 로션 같은 피부 소염제를 가려운 곳에 발라줍니다. 그래도 가려워서 잠을 제대로 못 자면 의사에게 처방받은 항히스타민제를 먹입니다.

치료를 잘 받으면 큰 합병증은 없습니다

수두는 소아청소년과에서 치료받으면 훨씬 수월하게 넘어갑니다. 치료가 잘되지 않으면 농가진, 폐렴 같은 합병증이 생기기도 하지만 대부분의 수두는 큰 합병증 없이 지나가죠. 가장 문제 되는 것은 발진 부위를 긁어 손에 있는 세균에 피부가 감염되는 것입니다. 아이가 심하게 긁어 물집이 터지거나 딱지가 떨어지면 상처가 나고 이에 세균이 침입해 2차 감염이 일어날 수 있습니다. 자칫 평생 흉터가 남을 수 있는 만큼 무엇보다 아이가 물집 주위를 긁지 않게 합니다.

수두 예방접종은 필수입니다

수두 백신을 접종해 예방할 수 있어요

수두 백신을 맞으면 수두에 걸려도 증상이 나타나지 않거나 가볍게 앓고 지나갑니다. 아이가 수두 예방접종을 하지 않은 상태에서 수두에 걸린 아이와 접촉했다면 72시간 이내(최대 120시간 이내)에 수두 접종을 해요. 그러면 만일 수두를 앓더라도 조금 더 가볍게 앓고 지나갈 수 있어요. 접종 후, 수두에 가볍게 걸리더라도 다시 수두에 걸리는 일은 없기 때문에 늦었다고 생각하지 말고 접종받는 것이 안전합니다.

위생관리를 철저히 합니다

평소 손 씻기, 양치질 등 개인위생관리를 철저히 하는 것이 중요합니다. 외출 전후에는 손발을 씻고 전염성 질환이 유행할 때는 청결에 더욱 신경 써주세요. 또한 면역력을 높여야 하므로 제철 음식과 같은 좋은 먹거리로 식단을 짜고 충분히 쉬게 하는 등 평소 건강한 생활습관을 만들어줍니다.

 알쏭달쏭! 수두 궁금증

Q 수두 예방접종을 하면 수두에 안 걸리나요?

수두 예방접종을 했다고 수두에 안 걸리는 것은 아닙니다. 수두 예방접종을 해도 10명 중 1명은 수두 환자와 접촉했을 때 걸리지요. 하지만 수두 예방접종 한 아이가 수두에 걸리면 접종 안 한 아이보다는 훨씬 가볍게 앓고 지나갑니다.

Q 수두에 걸린 후 다시 재발할 수 있나요?

한번 수두에 걸리면 평생 면역이 생겨 다시 수두에 걸리지 않는 게 일반적이지요. 하지만 수두가 치유되더라도 몸속에 바이러스가 남는데, 드물게 이 바이러스가 다시 활동할 수는 있습니다. 이것이 바로 대상포진이에요. 감각 신경절에 바이러스가 잠복해 있다가 재활성화가 일어나 증상이 생깁니다. 하지만 수두가 재발하더라도 예방주사를 맞은 경우라면 강도 역시 약하고, 대상포진인지 모르고 지나가기도 합니다.

Q 수두로 인해 생긴 수포가 완치된 후에도 흉터로 남을 수 있나요?

물집 주변을 심하게 긁거나 세균의 2차 감염이 동반되지 않는다면 흉터가 남진 않아요. 하지만 딱지가 심하게 지고, 상처 관리가 제대로 안 되면 위축성 흉터가 남습니다.

Q 부모가 아이에게 수두를 옮을 수도 있나요?

엄마, 아빠가 수두에 걸린 경험이 없는 경우엔 아이를 통해 수두에 감염될 수 있습니다. 성인의 경우 아이보다 증상이 심각하게 나타나므로 감염이 의심된다면 병원에 가서 진찰을 받으세요.

Q 수두에 걸렸을 때 목욕을 시켜도 되나요?

땀을 씻기는 정도로 가볍게 하는 목욕은 괜찮습니다. 땀이 나고 지저분하면 가려움증이 더 심해지므로 아이가 땀을 흘렸다면 가볍게 샤워 목욕을 시켜주세요. 이때 시원한 물로 목욕해주면 가려움증 해소에 도움이 돼요. 또 가려워하는 부위에 찬 수건을 가볍게 대주는 것도 좋은 방법입니다. 박박 문지르거나 너무 오랫동안 물수건을 대지 말고 살살 터치하듯 가볍게 닦아줍니다.

 Dr. B의 우선순위 처치법

1. 수두 예방접종을 맞혔는지 확인하세요.
2. 수두에 걸리면 아이가 긁지 않도록 주의시켜야 나중에 흉터가 생기지 않아요.
3. 수두를 앓는 동안에는 단체생활을 할 수 없어요. 반드시 격리 조치합니다.
4. 고열이 나거나 중증일 때는 병원으로 가요.

수두 걸린 아이,
집에서 어떻게 돌볼까요?

1 열이 계속 나면 해열제로 열을 내려줍니다. 해열제는 의사에게 처방받거나 약국에서 구입해 약품 설명서에 적힌 적정 복용량을 반드시 확인하고 먹이세요.

2 충분한 수분을 공급해 탈진을 방지합니다. 모유를 먹는 경우 자주 젖을 물리고, 분유 수유 중이거나 이유식을 먹고 있다면 물을 자주 먹이는 게 좋아요.

3 병원에서 처방받은 연고를 발라 가려움증을 줄여주세요.

4 입안에 물집이 생겼다면 부드럽고 시원한 음식을 먹이세요. 너무 아파할 때는 차가운 아이스크림을 주거나 얼음 조각을 잘라 물고 있게 하는 것도 도움이 됩니다.

5 입과 목이 헐 수 있어 짠 음식과 감귤류 섭취는 피해요.

6 아이가 발진 부위를 계속 긁는다면, 손톱을 바짝 깎아 흉터와 2차 감염을 예방해요. 손은 항균 비누로 자주 씻겨줍니다. 어린아이가 물집을 계속 긁는다면 손을 면양말로 감싸줍니다.

7 통풍이 잘되는 헐렁한 면 소재의 옷을 입히면 가려움증을 줄이는 데 도움이 됩니다.

수족구병

손·발바닥, 입안에 발진과 물집이 생겨요.

체크 포인트

☑ 수족구병이란 장 바이러스에 감염되어 나타나는 병으로, 주로 입안의 물집과 궤양, 손과 발의 수포성 발진을 특징으로 하는 질환입니다.

☑ 수족구병은 주로 분변-경구 또는 경구-경구(호흡기)를 통하여 사람에게 전파되므로, 주로 가족 내 전파가 쉽게 일어납니다. 어린이집이나 유치원 같은 단체생활을 할 때도 빠르게 전파되는 특징이 있습니다.

☑ 수족구병은 아직 백신이 개발되지 않았고, 바이러스에 대한 특별한 치료법은 없습니다. 주로 고열이나 인후통 등에 대하여 대증적 치료를 하며 탈수 및 전해질 불균형이 있을 때는 보존적 치료를 합니다.

수족구병은 말 그대로 손과 발, 입에 생겨요

바이러스는 덥고 습한 여름철에 기승을 부려요. 이 시기에 유행하는 감염병 중 하나가 바로 '수족구병'이에요. 아이가 유독 침을 많이 흘리고 잘 먹지 않고 보챈다면 아이의 손과 발, 입안을 꼼꼼히 확인해보세요. 혹시라도 물집이 생겼다면 수족구병일 수 있습니다. 수족구병은 장 바이러스에 감염되어 나타나는 병으로 주로 입안의 물집과 궤양, 손과 발의 수포성 발진을 특징으로 해요. 손과 발, 입을 뜻하는 한자를 써서 수족구(手足口)병, 영어로는 'hand-foot-mouth disease'라고 불립니다. 손과 발에는 3~7mm의 작은 수포가 생기며 입에는 혀·후인두·입천장·잇몸·입술 등에 4~8mm의 작은 궤양이 발생합니다. 경우에 따라 입안에만 증상이 나타나거나 엉덩이에도 발진이 생기는 등 다양한 양상을 보이지요. 생후 6개월~5세 미만 아이들이 주로 걸리는데, 발열이나 수포 외에는 별다른 증상이 없지만, 면역체계가 덜 발달된 영유아들에겐 자칫 심각한 합병증으로 이어질 수 있어 각별한 주의가 필요한 질환이기도 해요. 무엇보다 전염성이 매우 강해요. 주로 분변-경구 또는 경구-경구(호흡기) 경로를 통하여 사람 사이에 전파되므로, 일단 한 아이가 걸리면 한 집에서 생활하는 형제·자매는 물론 어린이집이나 유치원에 급속도로 퍼집니다. 더운 날씨에 더욱 주의해야 하는 수족구병, 그럼 그 원인과 예방법을 자세히 알아볼까요?

수족구병은 왜 걸리나요?

경구로 들어온 장 바이러스가 원인이에요

수족구병은 입안과 손발에 생기는 발진 및 수포가 특징적이지만, 실제로는 다른 부위에도 발진이 나타날 수 있어요. 수족구병은 장 바이러스가 일으키는데, 주로 장에 서식하는 장 바이러스는 워낙 변종이 많고 여러 종류여서 수족구병의 증상과 양상이 다양하게 나타나요. 그전에 걸렸던 수족구병과는 또 다른 바이러스가 유행하면 또다시 걸립니다. 원인 바이러스에 따라 수족구병의 증상이 심하거나 약합니다.

만지기만 해도 전염될 만큼 전염력이 강해요

수족구병은 매우 전염성이 강해 다른 사람에게 쉽게 옮깁니다. 오염된 물을 마시거나 수영장에서도 전파되지만, 주로 단체생활을 하는 유치원·어린이집·놀이터 같은 공공장소에서 많이 감염되지요. 특히 잠복기 때 전염성이 높아서 예방이 어렵습니다.

아이가 수족구병에 걸렸는지 어떻게 알 수 있을까요?

초기에는 감기처럼 보여요

처음에는 열이 나고 식욕이 떨어져 감기로 착각하기 쉬워요. 환자의 20%는 38℃ 전후의 열이 2일 정도 계속되기도 합니다. 미열과 두통 등의 전신 증상이 약하게 발생하거나 고열과 함께 피부 발진이 생기고 경기를 일으키기도 해요. 이처럼 초기 증상이 감기와 비슷한 탓에 증상이 심해질 때까지 모를 때가 많아요.

입 주위, 손과 발에 물집이 생기기 시작해요

감기와 구별되는 수족구병의 가장 큰 특징은 바로 입안에 생기는 물집이에요. 입안뿐만 아니라 다리 뒤쪽, 엉덩이, 사타구니까지도 퍼집니다. 가렵거나 아프지는 않지만, 터뜨리거나 긁으면 2차 감염을 일으키므로 조심해야 해요. 이때 수포가 터지면 문제가 됩니다. 입의 물집은 주로 입술과 입안의 볼 쪽에 생기는데, 자칫 수포가 터지면 통증을 동반한 궤양이 될 수 있기 때문이죠. 궤양이 되면 5세 미만의 아이는 음식을 제대로 씹고 삼키기조차 힘들어하고 심하면 탈수에 이르기도 해요. 대부분은 심하지 않고, 먹는 문제만 괜찮다면 특별한 치료 없이 일주일 후에 증상이 사라집니다.

 닥터's advice

> **❓ 수족구병은 잠복기가 더욱 위험해요!**
> 수족구병은 물집이 생기기 2일 전부터 이미 전염되기 시작하며, 물집이 잡힌 후 2일은 가장 강한 전염성을 띱니다. 입안과 손발 등 몸에 수포가 생겼다면 병원을 찾아 정확한 진단을 받으면 좋지만, 더 중요한 것은 잠복기예요. 특이 증상이 없다고 하더라도 평소 잘 먹던 아이가 음식을 거부하거나 목이 아프다고 하면 수족구병을 한번쯤 의심해봅니다. 또 다 앓고 난 뒤라도 몇 주 동안은 대변을 통해 전염 가능한 바이러스가 배출되므로 완치 여부를 역시 꼭 확인하세요.

탈수만 생기지 않으면 문제 없어요

수족구병은 입안이 헐어 음식을 제대로 먹지 못하는 점만 빼면 감기와 다를 바 없는 가벼운 질환이에요. 다만, 잘 먹지도 마시지도 못해 자칫 탈수에 빠질 수 있습니다. 병 자체는 일주일 지나면 좋아지지만, 증상이 가장 심한 처음 2~3일은 탈수가 생기지 않도록 신경 써서 지켜봐 주세요.

수족구병과 동반된 합병증은 눈여겨봐야 해요

수족구병에 걸린 아이가 계속해서 열이 심하고 두통을 호소하며 토하거나 목이 뻣뻣해지면 합병증을 의심해봐야 해요. 합병증이 생기는 일은 드물지만, 바이러스 뇌수막염이 생겨 입원하기도 합니다. 특히, 장 바이러스 71형에 의한 수족구병은 다른 종류보다 더 심각한 뇌염이나 소아마비와 유사한 신경계 합병증을 동반하기도 해요.

치료법이 딱히 없어요

뾰족한 치료법이 있는 것은 아닙니다

수족구병은 일정 기간이 지나면 스스로 항체를 형성해 큰 후유증 없이 저절로 낫습니다. 바이러스에 의한 감염이므로 항생제를 먹일 필요도 없어요. 열이 나면 미지근한 물로 몸을 닦아주거나 해열제로 열을 식히고, 입안 통증엔 타이레놀이나 부루펜 같은 진통제를 먹입니다. 아이가 잘 먹지 못해 탈수가 의심되거나 몸이 축 처지는 경우에는 뇌수막염 등의 합병증이 생겼는지 병원에서 확인하는 것이 좋습니다.

수분을 충분히 마시게 해요

입안에 궤양이 생겨 아이가 잘 먹지 못한다면 모유나 분유를 먹일 때 조금씩 자주 먹입니다. 분유 수유를 하는 경우엔 충분한 수분 섭취를 위해 물을 좀 더 먹이세요. 돌이 지난 아이라면 물이나 묽게 희석한 과일주스 또는 아이스크림으로 입안의 열을 식혀주는 것도 방법입니다. 이때 뜨거운 것보다는 차가운 물이나 음료수가 더욱 효과적이에요. 먹는 양이 급격히 줄면 탈수가 생기는 만큼 적절한 수분을 공급합니다. 음식은 당분간 죽과 같은 부드러운 음식을 먹이는 것이 좋으며, 맵고 짜고 신 것 등 자극적인 음식은 아이의 입안과 목을 더욱 아프게 하므로 피해야겠지요. 입이 아파서 젖병을 빨지 못하는 아이에겐 컵이나 빨대, 수저, 뿌리는 스프레이 등으로 먹여보세요. 반면, 입안 물집이 너무 심해 전혀 먹지 못하면 병원에서 수액을 맞는 것도 도움이 됩니다. 만약 1세 이후의 아이가 잘 먹지 못해 12시간 이상 소변을 보지 않는다면 밤중이라도 응급실에 가서 진료를 받습니다.

예방이 무엇보다 중요해요

수족구병 환자와 최대한 접촉하지 말아야 해요

수족구병의 원인인 장 바이러스에 대한 백신은 아직 개발되지 않았어요. 그렇기에 수족구병에 걸린 사람으로부터 감염되지 않도록 조심하는 것이 최선이에요. 만약 아이가 수족구병에 걸렸다면 집에서 쉬게 해야 전파를 막을 수 있습니다. 집에서도 다른 형제나 자매에게 병을 옮기지 않도록 수건을 따로 쓰는 등 주의합니다. 물은 끓여 먹고 외출 후에는 반드시 양치질하며, 배변 후에는 꼭 손을 씻습니다.

 Dr. B의 우선순위 처치법

1. 물을 충분히 마시게 해 탈수를 예방해주세요.
2. 전염력이 강하므로 다 나을 때까지 어린이집이나 유치원은 쉬어야 해요.
3. 열이 심하고, 두통을 호소하며 토하거나 목이 뻣뻣해지는 증상이 동반된다면 뇌수막염 합병증을 의심해봅니다.

우리 아이 수족구병 예방수칙

1 손을 꼼꼼히 닦아야 해요. 외출 전후, 배변 후, 식사 전후에 반드시 손을 깨끗이 닦습니다. 아이를 만지기 전에도 반드시 손을 씻어요.

2 아이 입에 뽀뽀하는 행동은 금물! 엄마, 아빠의 입안에 있는 충치균 등 각종 세균은 뽀뽀를 통해 전염될 수 있어요.

3 아이들의 장난감, 놀이기구, 집기 등의 청결(소독) 상태를 꼼꼼히 관리 하세요.

4 기침할 때는 입을 막고 하는 습관을 길러줍니다.

5 수족구병이 의심되면 바로 진료를 받고 타인과 접촉을 최소화합니다. 특히 어린이 환자는 학교나 유치원 등을 일정 기간 쉬는 게 좋아요.

6 환자의 배설물이 묻은 옷 등은 철저히 세탁해 타인에게 병을 옮기지 않 도록 합니다.

7 음식, 물의 청결 상태를 점검해 부패한 음식물을 섭취하지 않습니다. 외 출하고 돌아오면 새 옷으로 갈아입히고 용변을 보지 않았더라도 기저 귀를 새것으로 갈아주세요.

아구창

입안에 하얗게 백태가 껴요.

체크 포인트

☑ 아구창은 우유 찌꺼기나 제대로 소독하지 않은 젖병 때문에 '칸디다균'이 라 불리는 곰팡이에 감염되어 생깁니다.

☑ 약으로 치료할 수 있지만, 증상이 심해지면 전신 감염까지 일어나 증상을 발견한 즉시 빠른 치료를 받습니다.

☑ 모유나 분유를 먹인 후엔 약간의 물을 먹여 입안에 우유 찌꺼기가 남지 않 게 합니다.

☑ 아이의 식기나 장난감 등을 자주 소독해 세균 감염을 막는 데도 신경 써주 세요.

'우유병'이라고 불리는 소아 아구창

우유 찌꺼기인 줄 알았는데, 입안에 곰팡이가?

분유나 모유를 먹이다가 아이의 입안에서 하얀 무언가를 본 적이 있을 겁니다. 처음 에는 우유 찌꺼기인 줄 알고 그 부위를 거즈로 살짝 닦아내는데, 없어지지 않아요. 게

다가 아이의 입이 자꾸 마르고, 우유량도 점점 줄어들면 그때야 병원을 찾게 됩니다. 단순히 우유 찌꺼기라고 여겼던 하얀 것은 바로 '아구창(구강 칸디다증)'이라는 감염 질환이에요. 아구창은 우유를 자주 먹는 시기의 신생아와 영유아기의 아이들에게 잘 나타납니다. 주로 생후 6개월 이전의 아기에게 발생합니다. 이 시기 아이들은 특별히 구강 관리가 이루어지지 않기 때문에 곰팡이가 자라기 좋거든요. 번식 속도가 빠른 것도 문제예요. 간혹 아기의 면역력이 떨어져 있거나, 영양 장애가 있을 때, 소화가 잘 안 될 때 발생할 수도 있어요. 생명을 위협할 정도로 심각한 병은 아니지만, 재발이 잦고 그때마다 먹는 양이 적어져 성장에 방해가 될 수 있으므로 제대로 치료를 받아야 합니다.

입안의 곰팡이가 갑자기 증식하면 문제가 생겨요

아구창이 생기면 입천장이나 잇몸, 볼 안쪽이나 혀 부위에 마치 우유 알갱이처럼 보이는 반점이 생깁니다. 아구창이 생기는 원인은 무엇일까요? 바로 아이 입안에 항상 존재하는 칸디다 곰팡이가 정상 범위를 넘어 그 수가 너무 많아질 때입니다. 입안에 곰팡이가 어느 정도 있는 건 괜찮지만 갑자기 그 수가 늘어나면 문제가 생기게 마련이지요. 칸디다 곰팡이는 감기나 설사로 인해 병에 대한 저항력이 떨어질 때 혹은 항생제 복용으로 유익한 박테리아 수가 감소할 때 갑자기 증식해요. 엄마나 아이가 항생제를 먹고 있는 경우에 아구창은 더 잘 발생할 수 있어요. 아구창의 곰팡이균은 따

닥터's advice

❓ 신생아가 특히 아구창에 잘 걸리는 이유는 무엇인가요?

건강한 소아나 성인들에게 아구창은 흔한 질환이 아니지만, 신생아에게는 비교적 빈번히 아구창이 발생하는 편입니다. 이유는 산모의 질 속에 존재하던 칸디다균이 분만 과정에서 아이의 입안으로 옮겨지기 때문입니다. 태어나서도 엄마나 다른 성인의 입안에 있던 칸디다균이 옮겨져 발생하는 확률도 높지요.

신생아는 감염에 대한 저항력이 약해 산모가 외음부 칸디다증이나 질 칸디다증에 걸려 있으면 수직 감염될 수밖에 없습니다. 엄마를 통해 감염되는 경우라면 예방법이 없습니다.

뜻하고 축축하고 당분이 많은 곳에서 특히 잘 번식하는데, 엄마의 유두나 젖, 우유가 묻은 아이의 입에 잘 생깁니다. 분유를 먹는 아이라면 제대로 소독되지 않은 젖병의 꼭지나 노리개 젖꼭지를 통해 감염되는 경우도 흔해요.

혀에 낀 백태가 쉽게 닦아지지 않으면 아구창일 수 있어요

신생아일 때는 우유 찌꺼기인지 아구창으로 생긴 하얀 막인지 쉽게 구분하기가 더욱 어려워요. 아이 혀에 백태가 끼어 있다면 우선 깨끗한 손으로 부드럽게 만져보세요. 가제수건으로 쉽게 지워진다면 우유 찌꺼기일 가능성이 크지만, 아구창일 때는 쉽게 닦이지 않습니다. 오히려 하얀 반점 아래로 피가 나면서 빨갛게 일어난 부분이 있을 수 있습니다. 쉽게 닦이지 않는 아구창을 너무 세게 닦아내려고 하면 피가 날 수 있으므로 주의하세요. 아구창은 아이에게 통증을 유발하기도 해요. 모유 수유 중 또는 공갈젖꼭지나 젖병을 물렸을 때 갑자기 아이가 울기 시작한다면 아구창을 의심해볼 수 있습니다.

아구창 치료, 어떻게 하나요?

잘 먹던 아이가 음식에 손을 안 댄다면 입안을 살펴보세요

입안에 허연 백태가 덮여 있거나 헐었다고 해서 무조건 아구창이라고 볼 순 없어요. 하지만 신생아가 젖을 잘 빨지 못하고 안 먹기 시작한다면 우선 입안을 점검해봅니다. 아구창은 건강한 아이 누구에게나 생길 수 있는 만큼 의심이 들면 반드시 소아청소년과 의사에게 진료를 받는 것이 좋아요. 아구창은 치료를 받으면 간단히 낫는 병인 만큼 당황하지 말고 차근차근 치료를 받습니다.

처방에 따라 항진균제를 사용하기도 해요

아이 입안에 하얗게 낀 것이 아구창인지, 아니면 다른 질환인지 정확히 진단받은 다음 처방에 따라 항진균제를 사용합니다. 특별한 이상이 없다면 대부분 자연 치유되지만 치료제를 사용하면 한결 빨리 낫고 다른 신생아에게 감염되는 것을 막을 수도 있어요. 치료는 '마이코스타틴'이란 항진균제를 먹이거나 '겐티안 바이올렛(GV)'이라는 보랏빛 약을 바르기도 합니다. '겐티안 바이올렛'은 소아청소년과에서 여러 목적으로 흔히 쓰는 약으로, 하루에 한 번 정도만 입안에 발라 줍니다. 입안에 겐티안 바이올렛을 바르면 아이가 침을 삼킬 때 입속으로 들어가게 되는데 특별히 삼켜도 해는 없으므로 걱정할 필요는 없어요. 다만 약이 좀 센 편이라 토하거나 침을 흘릴 수 있어 잘 지켜볼 필요는 있습니다. 아구창은 아이의 소화 기관을 통해 엉덩이 쪽으로 이동해 간혹 기저귀 발진을 일으키기도 해요. 아구창이 엉덩이로 번진 경우라면 엉덩이에도 치료제를 발라주세요. 아구창 전염을 방지하기 위해서는 아이에게 약을 발라준 후 손을 깨끗이 씻어야 합니다.

모유 수유를 한다면 반드시 엄마도 함께 치료해요

모유 수유를 하는 엄마라면 아무 증상이 없더라도 아이와 함께 항진균성 치료를 받아야 합니다. 그래야 모유 수유를 통해 다시 아이가 감염되는 것을 방지할 수 있기 때문이죠. 또한 아구창이 있는 아이들이 모유를 먹는다면 엄마에게도 옮길 수 있습니다. 그런 만큼 엄마와 아이 어느 한쪽의 치료만으로는 완전할 수 없어요. 모유 수유 중인 아이에게서 아구창이 발생한 경우 엄마의 젖꼭지에도 칸디다증이 생겨 젖꼭지가 아플 수 있으며 이 경우 엄마도 반드시 함께 치료해야 합니다. 모유 수유 중에 젖꼭지가 벗겨지고 붉어지며 분비물이 생기는 증상과 함께 수유 후 통증이 있다면 의사와 상담해 적절한 치료를 받으며 수유를 해나가야 합니다. 아이에게 항진균제를 사용하는 한편 엄마의 유방에도 항진균 크림을 발라줍니다. 그리고 유축기나 고무젖꼭지도 우선 소독하고 공기 중에 바짝 말려 사용하세요. 곰팡이가 옷으로 퍼지는 것을 방지하기 위해 모유 수유 패드를 사용하는 것도 효과적입니다.

하얀 반점을 억지로 떼어내지 마세요

혀 위의 백태를 벗기려고 거즈로 입안을 문질러서는 안 됩니다. 치료 과정에서 입안에 있는 하얀 반점을 억지로 떼어내려고 긁으면 상처가 생기고 출혈이 일어나 자칫 2차 감염이 생길 수 있어요. 떼어내 빨리 없애야겠다는 생각보다 약간씩 닦아주는 편이 낫습니다. 한편 아이의 증상이 좋아지지 않고 38℃ 이상의 열을 보이면 다른 감염성 질환 때문일 수 있으므로 다시 진찰을 받아볼 필요도 있습니다. 또한 아구창이 계속 반복될 경우, 드물지만 당뇨병이나 면역결핍증 같은 심각한 질병일 수도 있으므로 의사를 찾아 좀 더 정밀한 치료를 받아야 합니다.

예방이 무엇보다 중요해요

접촉만으로도 감염을 일으킬 수 있어요

아구창을 앓는 아이가 손가락을 빨거나 장난감을 빤 뒤 피부에 닿으면 칸디다 피부염이 손가락이나 접촉 피부 면에 생길 가능성이 커집니다. 그러므로 늘 아이와 함께 생활하는 주 보육자의 구강 및 손을 청결히 하는 것이 무엇보다 중요하지요. 특히 모유 수유를 하는 엄마의 유방도 수유 전에 가볍게 닦아 아이와 접촉하는 부분을 최대한 청결하게 유지합니다.

입안에 우유 찌꺼기가 남지 않도록 해주세요

우유나 음식물을 먹인 후 매번 가제수건으로 닦아주면 좋지만 그러기가 쉽지는 않아요. 이럴 땐 간편한 방법으로 음식을 먹인 뒤 약간의 물을 더 먹여 입안의 음식물 찌꺼기가 남아 있지 않게 합니다. 또한 양치질이 어려운 신생아기의 아기는 젖은 거즈로 입안을 가볍게 닦아 관리해요. 어린이는 물 1컵에 소금 한 숟가락을 탄 소금물로 식후 세 번 이상씩 입안을 헹궈주면 아구창 예방에 도움이 됩니다.

식기나 장난감을 자주 소독합니다

아이가 쓰는 젖병이나 젖꼭지를 잘 끓여 소독하거나 주기적으로 새것으로 바꿔주는 것도 좋은 방법입니다. 또 식기나 이불, 옷, 장난감 등 아이의 입에 닿는 모든 것을 자주 소독해 2차 감염을 막는 것도 중요해요. 공갈 젖꼭지, 젖병, 식기 등 아이가 입에 넣을 수 있는 물건을 깨끗이 씻고 살균 소독하세요. 이때 고무 패킹이 있는 뚜껑을 잘 소독해야 해요. 아기 식기류에서 세균 수치가 가장 높게 나오는 곳이 고무 패킹이 있는 뚜껑입니다. 고무 패킹을 분리해 세척솔로 깨끗이 닦은 후 완전히 건조시켜서 보관하세요.

 Dr. B의 우선순위 처치법

1. 입안의 하얀 백태를 자극하지 않으면서 젖은 거즈로 살살 닦아주세요.
2. 입안에 우유나 음식 찌꺼기가 남지 않도록 우유를 먹인 후 입안을 물로 헹궈줍니다.
3. 특별한 증상이 없다면 자연 치유되지만 소아청소년과에서 진료를 받고 의사의 처방에 따라 항진균제를 복용하면 빨리 나아요.

콜레라

쌀뜨물 같은 설사를 해요.

체크 포인트

☑ 콜레라는 흔한 병은 아니지만 여름철 조심해야 하는 질환 중 하나입니다. 콜레라균은 바닷물에서도 살 수 있어서 균에 오염된 해산물을 날것으로 먹으면 감염될 수 있어요.

☑ 콜레라는 음식으로 인해 발병하므로 음식만 주의해도 충분히 예방할 수 있습니다. 보통 6시간, 길게는 5일까지의 잠복기를 거치며 24시간 내외로 증상이 나타납니다.

☑ 콜레라 예방을 위해선 음식을 끓이고 익혀서 먹여야 해요.

급성 설사가 일어나는 전염병이에요

여름철 주의 질병, 콜레라!

콜레라는 전 세계 많은 지역에서 발생하는 유행성 전염병의 하나로, 후진국이나 개발도상국에서 많이 발생하는 질환이에요. 노약자나 소아에서는 사망률이 높은 편이고, 우리나라에서도 소규모 유행이나 산발적인 발생은 여전히 현재진행형이지요. 콜레라는 환사의 대변이나 구토물에 오염된 음식물이나 식수를 먹었을 때 감염되거나 전파됩니다. 또한 날것이나 설익은 해산물을 통해 감염될 수도 있어요. 콜레라가 흔한 질환은 아니지만 여름철에는 조심해야 합니다. 콜레라균이 성장하는 최적의 온도는 23~37℃로, 겨울보다 균이 증식하기 쉬운 여름철에 주로 발생하지요. 그렇다고 여름에만 콜레라에 걸리는 것은 아닙니다. 콜레라균은 냉장 온도에서도 60일간 생존하고, 냉장 상태의 어패류에도 7~14일간 생존할 수 있으며, 영하 30도에서도 완전히 죽지 않기 때문에 겨울철에도 감염될 가능성이 있습니다.

콜레라에 걸리면 설사를 해요

콜레라의 전형적인 증상은 잠복기가 지난 후 지나치게 묽은 물 설사가 갑자기 시작되는 것입니다. 콜레라균에 감염되면 2~3일이 지난 뒤 쌀뜨물 같은 설사가 계속되면서 구토를 동반하는데 건강한 사람이라면 콜레라균이 몸 안에 들어와도 가벼운 설사 정도로 끝나고 자연 치유되는 게 보통입니다. 콜레라 질환으로 인한 설사는 냄새가 나지 않고 작은 점액 덩어리를 포함하며 대변 성분은 거의 없어 소위 '쌀뜨물'처럼 보여요. 설사가 심한 편이지만 대부분 배가 별로 아프지 않다는 것과 피가 섞인 설사를 거의 볼 수 없는 것도 특징이에요. 만일 구토와 복통을 동반하고 다리가 아프고 열도 난다면 상당히 심각한 상황이므로 반드시 병원 치료를 받아야 합니다. 설사 외에도 초

 닥터's advice

❷ 손 소독제 vs. 손 세정제

시중에서 흔히 파는 손 소독제와 손 세정제를 용도에 따라 구분해서 사용하세요.

• **소독제** 에탄올, 아이소프로필 알코올 등을 주성분으로 하는 의약외품입니다. 손을 씻지 않으면서 감염을 예방하기 위해 손과 같은 피부의 살균 소독을 목적으로 사용하며 젤 또는 액체로 물 없이 사용할 수 있어요.

• **세정제** 보통 물비누 형태인데, 화장품의 일종으로 손의 세정과 청결을 위해 물로 씻어 내는 제품입니다. 따라서 그 자체가 살균력을 갖고 있지는 않으며, 물로 씻는 것을 쉽게 도와줌으로써 세균 등을 감소시키는 역할을 합니다.

기에 메스꺼움, 구토, 근육통과 저혈압 등의 증상이 뒤따를 수 있어요. 콜레라로 인한 합병증은 대부분 부적절한 수분 보충으로 인한 급성 신부전증, 그 외에 칼륨 손실로 인한 저칼륨혈증, 대사성 산혈증, 저혈당, 경련, 기타 신경 장애 등이 있습니다. 콜레라에 걸렸다고 모두 위험한 것은 아니어서 아무런 증상이 없거나 가벼운 설사로 그칠 때도 있어요. 하지만 전염성이 높은 만큼 빠른 병원 치료가 우선입니다.

설사로 부족해질 수 있는 수분부터 보충해주세요

대변 배양 검사를 통해 콜레라 확진을 받으면, 무엇보다 설사로 부족해질 수 있는 수분 보충이 가장 중요합니다. 환자 상태에 따라 항균제를 투여하며, 치료 시작 후 일주일 정도면 회복됩니다. 또 수액으로 손실된 수분과 전해질을 공급하여 체내 전해질 불균형을 바로잡습니다. 구토나 중증의 탈수 증상이 없을 때는 경구 수액 보충이 가능하고, 항생제를 투여하면 증상의 진행 속도를 늦출 수 있습니다. 치료하지 않으면 사망률은 50% 이상이지만, 적절한 치료가 이루어지면 사망률은 1% 이하입니다. 콜레라는 발병 후 즉시 치료하면 쉽게 완치할 수 있지만, 노인이나 어린이 등 허약자는 탈수 현상으로 사망에 이르기도 해 특히 주의해야 합니다. 일단 콜레라가 의심되면 치료는 빠를수록 좋아요.

손 씻기와 음식 청결이 중요해요

음식은 끓이거나 익혀 먹어요

제대로 끓이고 익힌 음식만 먹으면 콜레라에 걸리지는 않아요. 여름철이라도 밥은 뜨겁게 해서 먹고, 보관 역시 뜨겁게 하는 것이 좋습니다. 콜레라균은 끓는 물에서는 바로 죽고, 섭씨 56℃에서 15분 정도 가열하면 균이 사라집니다. 또 콜레라균은 pH 6.0 이하의 산성에서는 잘 자라지 못하기 때문에 식재료를 식초로 소독해주는 것도 좋은 방법이에요. 채소 역시 가능한 한 익혀서 먹고 비위생적인 불량식품은 되도록 먹지 않습니다.

평소 손을 깨끗이 씻는 습관을 들여요

손 씻기는 감염 질환을 예방하는 기초적이고 경제적인 방법이에요. 비누로 손을 씻으면 감기, 콜레라, 이질, 유행성 눈병 등 대부분의 감염 질환을 예방할 수 있어요. 단, 손을 씻을 때 올바른 방법으로 제대로 씻어야 효과를 볼 수 있습니다. 먼저 손을 씻을 땐 비누를 사용해 씻도록 합니다. 물로만 씻으면 세균 감소 효과가 현저히 떨어질 수밖에 없어요. 적당량의 물과 비누를 사용해 손에 묻은 기름기와 먼지, 세균을 씻어냅니다. 또 손가락 사이나 손톱, 엄지손가락까지 꼼꼼히 씻으세요. 반면 공중화장실처럼 많은 사람이 이용하는 곳에서는 더욱 주의 깊게 손을 씻어야 합니다. 제대로 씻었더라도 물을 잠그기 위해 수도꼭지에 손을 대면, 수도꼭지에 있던 세균들이 손에 그대로 다시 붙습니다. 그러므로 손의 물기를 제거한 후, 종이타월이나 휴지를 사용해 수도꼭지 물을 잠그는 게 좋습니다.

 Dr. B의 우선순위 처치법

1. 여름철 음식물을 조리할 때 위생에 더욱 신경 쓰고 익혀서 먹습니다.
2. 손을 자주 깨끗하게 씻어요.
3. 설사가 시작되면 이온음료나 물로 수분을 충분히 섭취해요.
4. 증상이 심해지면 바로 병원으로 가요.

파상풍

열이 나면서 마비 증상까지 일으켜요.

체크 포인트

☑ 파상풍에 걸리는 원인은 녹슨 쇠뿐만 아니라 매우 다양합니다. 하지만 상처가 파상풍균에 오염되었다고 해서 전부 파상풍에 걸리는 것은 아니에요.

☑ 파상풍은 예방접종으로 충분히 예방 가능합니다. 우리나라에서는 파상풍을 국가필수예방접종으로 지정해 어릴 때 모두가 맞지만, 10년마다 추가 접종을 꼭 해야만 면역이 제대로 유지됩니다.

뾰족한 것에 찔렸다면 '파상풍'?

흔한 사고로 생각해 흘려넘겼다간 큰코다쳐요

아이들은 잘 넘어지고 다칩니다. 간혹 날카로운 것에 찔리거나 칼에 베이는 일도 발생하지요. 염증이 없는 가벼운 상처는 그냥 둬도 1~2주면 낫지만, 상처가 생각보다 크거나 상처 부위가 더러운 물질에 오염됐다면 문제는 달라집니다. 가시에 찔리건, 못에 상처를 입건 그냥 흔한 사고로 생각해 흘려넘기기 쉽지만, 자칫 위험한 결과를 초래할 수 있어요. 아이들이 상처를 입었다면 반드시 확인해야 할 것이 바로 'DPT 예방섭종' 여부입니다. 만일 DPT 접종을 세 번 이상 맞히지 않은 상태에서 상처를 입었다면 즉각 파상풍 주사를 맞혀야 해요. 실제로 어린아이가 파상풍에 걸릴 경우 무려 90%의 확률로 사망에 이를 수도 있습니다. 파상풍은 생각보다 잠복기가 짧고 발병할 경우 전반적으로 심각한 증상을 보여요. 그렇지만 파상풍 예방섭종을 했다면 대부분 별 탈 없이 넘어갑니다.

상처 부위를 통해 들어오는 파상풍균

파상풍은 흙이나 동물의 분변 그리고 사람과 동물의 소화 기관에 존재하는 세균에 의해 발생해요. 이 균은 여러 환경에서 잘 견디는 특성이 있어 빛이 없는 흙 속에서도 몇 년 동안 살고 집먼지진드기, 물, 동물의 배설물 등에서도 찾아볼 수 있습니다. 상처 부위에 파상풍균이 증식하면 여기서 나오는 독소가 신체 내부의 신경계를 자극해 근육 경련과 호흡이 마비되는 증상을 일으켜요. 아주 살짝 찔리거나 찰과상으로 감염되기도 하지만 대부분 녹슨 못에 깊게 찔리거나 불결한 칼에 깊게 베였을 때 감염되기 쉽습니다. 만약 못이나 칼에 파상풍균이 있었다면 세균이 상처 안쪽에서 번식하여되고, 독소를 생산해 체내의 적혈구, 백혈구, 중추신경계 등을 공격합니다.

파상풍을 알리는 신호들

빠르면 하루, 늦으면 30일 정도 잠복기를 거쳐요

파상풍에 걸렸는지 어떻게 알 수 있을까요? 파상풍은 무언가에 찔렸을 때 바로 발생하지 않고 어느 정도 잠복기를 거친 후 증상이 나타나요. 이는 몸속으로 침투한 파상풍균이 실제 작용을 할지 안 할지 몸의 면역계와 밀접한 관련이 있습니다. 면역력이 높은 사람이라면 큰 문제가 되지 않겠지만 면역력이 낮을 땐 빠르면 25시간 내로 증상이 나타나고, 늦으면 30일간의 잠복을 거쳐 발병하지요. 상처가 난 후 하루에서 한 달 사이는 파상풍이 발병할 수 있다는 것을 염두에 두고 증상을 주의 깊게 관찰합니다.

잠복기가 짧을수록 병의 경과가 좋지 않아요

아이러니하게도 파상풍 증상이 빨리 나타나면 나타날수록 심각할 수 있습니다. 만약 아이가 못에 찔린 게 오늘이라면 가장 위험한 상황은 내일 혹은 이번 주에 바로 파상 풍 증상이 시작되는 경우입니다. 증상도 심하고, 몸속의 면역력도 그만큼 약하다는 뜻이기 때문에 더욱 고통스럽지요. 실제로 유아기에 파상풍에 걸리면 치사율이 높은 것도 바로 이런 이유에서입니다.

증상이 진행되면서 점차 온몸에 마비가 일어나요

파상풍 초기에는 감기, 몸살과 비슷하게 으슬으슬하게 춥고 떨리며 무언가 모르게 힘이 쭉 빠지는 느낌을 받습니다. 미열도 발생하고 머리가 지끈거리면서 아프거나 오한이 나기도 하는데요. 목이나 턱이 뻣뻣해지는 근육 경련과 신체 전반적인 통증을 보이기도 합니다. 근육통을 동반한 마비 증상은 파상풍의 대표적인 초기 증상이에요. 증상이 진행되면서 얼굴을 실룩거리며 비웃는 듯한 표정의 안면 근육 경련과 몸을 뒤로 젖히는 듯한 경련이 일어나는 것도 특징이에요. 후두와 호흡기의 근육 경직으로 차츰 입을 벌리지 못하게 되고, 먹지 못하거나 호흡곤란을 보이며 소변을 보기 어려워하기도 합니다.

닥터's advice

❓ 신생아도 파상풍에 걸릴 수 있어요!

신생아 파상풍은 출생 시 소독하지 않은 기구로 탯줄을 절단하거나 배꼽 처치를 비위생적으로 했을 때 발생해요. 혹은 파상풍 예방접종을 하지 않은 산모가 아이에게 옮기는 경우도 있습니다. 섭취 장애나 근육이 딱딱하게 굳거나 근육이 수축되었다가 다시 원상태로 돌아가는 증상이 특징입니다. 상처를 통해 감염될 경우 상처의 깊이가 깊으면 더욱 위험할 수도 있고, 치료하지 않으면 치명적입니다. 무엇보다 파상풍 백신 접종을 하지 않은 산모라면 파상풍 예방접종을 해야 하며, 태어난 신생아의 제대를 잘 소독해야 합니다.

파상풍 치료, 어떻게 하나요?

상처가 의심된다면, 일단 병원으로

파상풍은 균이 몸속으로 침입해 발병하기 전에 적절한 조치를 해야 해요. 상처를 철저하게 소독한 다음, 괴사 조직은 제거하면서 꼼꼼히 치료받는 게 무엇보다 중요합니다. 이어 파상풍에 면역반응을 보이는 글로불린 혹은 정맥에 항독소를 주사 놓는 방식으로 치료를 시작합니다. 이런 주사를 통해 독소를 중화하고, 뚜렷한 과민 반응이 없다면 페니실린과 같은 항생제를 투여하지요. 경련이 있는 상태에서 병원을 찾았다면 대략 2주일이 지나 점차 호전되면서 일주일이 더 지나면 증상이 사라집니다. 하지만 근육 수축 현상, 혹은 근력이 줄어드는 등의 증상이 있다면 1~2개월에 이르는 회복 기간이 필요해 지속적인 관리가 필요합니다.

 ## 파상풍은 예방접종이 답!

무엇보다 예방접종이 가장 중요합니다

파상풍은 예방접종만으로 완전히 예방 가능한 질병입니다. 파상풍 백신은 디프테리아와 백일해가 혼합된 DPT 백신으로 접종하거나 디프테리아와 혼합된 DT 또는 TD 백신으로 접종합니다. DPT 백신은 태어나는 모든 영유아를 대상으로 하는 필수접종이에요. 우리나라는 파상풍 독소를 2, 4, 6개월에 DPT라는 예방접종으로 시행하며 18개월과 4~6세 사이에 추가 접종하고 있습니다. 어린아이의 경우 DPT의 기본접종과 추가 접종까지 마치면 면역력이 약 6~10년간 유지됩니다. 그러므로 11~12세가 되면 다시 DPT 백신을 접종해야 하고, 이후로는 10년 단위로 DPT 백신을 접종해야 해요. 파상풍 주사는 10년 단위로 한 번씩 맞혀야 하는데 이런 사실을 모르는 분들이 의외로 많지요. 파상풍 예방접종은 유아기 때 시작해서 10년에 한 번은 꼭 맞아야 한다는 것, 명심하세요. 만약 이제까지 DPT를 한 번도 접종하지 않았다면 따라잡기 접종을 할 수 있으니 너무 걱정하지 말고 바로 병원을 찾는 게 좋습니다.

면역력을 키워주세요

정기적인 예방접종을 한 아이라면 가벼운 상처는 걱정할 필요가 없습니다. 면역력이라는 것이 생각보다 강해서 바로 조치를 취하면 좋아지는 경우가 훨씬 많습니다. 파상풍은 초기 증상을 잘 잡고 찔렸을 경우 바로 상처 부위를 잘 소독하고 휴식을 취하면 괜찮아요. 평소 조그만 상처라도 유심히 살펴봐야 하고, 면역력을 키우기 위해서라도 수면과 식습관을 관리하고 스트레스를 줄여야 합니다.

 Dr. B의 우선순위 처치법

1. 파상풍 예방접종을 제때 했는지 확인해보세요.
2. 잠복기가 있는 질병이므로 증상을 주의 깊게 관찰합니다.
3. 녹슨 못이나 침 등에 깊이 찔리면 바로 병원으로!

풍진

온몸에 작고 붉은 발진이 생기고 미열이 나요.

체크 포인트

☑ 온몸에 붉은 발진이 생기고 38℃ 전후의 열이 나요. 3~4일간 증상이 계속 된다고 해서 '3일 홍역'이라고도 불립니다. 열은 2~3일이 지나면 내려가 고, 발진도 자국을 남기지 않고 대부분 말끔히 사라져요.

☑ 발진이 사라지기 전까진 다른 사람에게 전염시킬 수 있으므로 접촉을 삼갑 니다.

☑ 대부분은 가볍게 지나가지만, 간혹 풍진 바이러스가 뇌 부위에 침입하면 중증 합병증을 일으킬 위험이 생깁니다. 아이가 두통이나 의식이 흐릿해지 는 증상을 보이면 즉시 소아청소년과 병원으로 가야 합니다.

☑ 만 15개월에 정기 예방접종을 하고는 있지만 약 10~15년이 지나면 접종 효과가 떨어집니다. 예비 임신부는 산전검사를 통해 풍진 항체 검사를 받 고 항체가 없을 땐 접종하는 것이 좋습니다.

'3일 홍역'이라고 불려요

아이들에게 치명적이진 않아요

풍진은 풍진 바이러스에 의한 전염병이에요. 본래 어린이에게 많이 발생하지만, 대개 어릴 때 예방접종을 해서 요즘 우리나라에서는 발생이 드물어요. 그러나 풍진이 유행하는 국가를 여행하거나 방문한 사람들에게 종종 발병하는 경향이 있습니다. 무엇보다 풍진은 임신부에게 위험한 병이지요. 임신부가 풍진에 걸리면 태아에게 악영향을 미쳐 사산하거나 기형아를 낳거나 하는 위험이 뒤따르기 때문에, 특히 조심해야 합니다. 그래서 여성들은 15세 전후로 꼭 풍진 추가 예방접종을 하고, 예비 임신부는 산전 검사를 통해 풍진 접종 여부를 임신 전에 미리 확인합니다. 풍진은 병 자체로는 큰 문제가 아니지만, 알아두어야 할 몇 가지 사항들이 있습니다.

전염성이 아주 강한 질환이에요

풍진은 풍진 바이러스가 호흡기를 통해 전파되어 생기는 질병입니다. 풍진에 걸린 환자와 직접 접촉했거나 감염된 사람에게서 나온 호흡기 분비물에 접촉하면서 전파되는 게 일반적이에요. 보통 홍역과 비슷한 증상을 보여 '3일 홍역(Three day measles)'이라고도 불려요. 홍역보다는 증상이 가벼운 편이에요. 온몸에 생겨난 발진이 4일쯤 지나면 다 없어져 '3일 홍역'이라는 이름이 붙여졌어요. 감염자의 절반가량은 아무 증상이 없어서 감염 사실을 모르고 넘어가기도 합니다. 겨울과 이른 봄에 많이 발생하며, 잠복기는 14~21일입니다. 풍진은 전염성이 아주 강한 편이라 잠복기 동안에 풍진에 걸린 사람과 접촉하면 그로부터 14~21일 안에 풍진에 걸릴 가능성이 아주 커집니다.

감기 증상으로 시작하다 온몸에 발진이 생겨요

풍진에 걸리면 몸살감기처럼 2~3일간 열이 나고 온몸이 쑤시다가 피부에 붉은 반점이 나타납니다. 풍진의 발진은 홍역의 거무스름하거나 푸르스름한 적색과는 다르게 엷고 깨끗한 분홍색이며, 발진의 지름이 약 2~3mm 정도 크기로 가려움은 없어요. 피부 발진은 얼굴에서 시작해 1~2일 동안 가슴, 배, 팔, 다리로 번집니다. 홍역과 달리 발진이 서로 융합되지는 않아요. 고열이 계속되고, 귀 뒤쪽이나 목에 림프절이 부어올라 아프며, 침을 삼키면 목 안이 아프고 음식을 먹기도 불편해요. 눈이 토끼 눈같이 발갛게 되기도 합니다. 풍진에 걸리면 몸에 흔히 '열꽃'이 피는데, 풍진 유행 지역을 여행하고 온 아이가 감기와 비슷한 증상을 보이고 몸에 열꽃이 피면 반느시 병원을 방문해 풍진 감염 여부를 확인해봐야 합니다. 풍진의 증상은 일반적으로 어린아이는 가볍고, 성인에게 좀 더 위중하게 나타나는 경향이 있습니다. 발병 후 3일째가 고비이며, 4일째부터는 열이 내리고 발진, 눈의 충혈 등도 3~5일이면 가라앉고 낫습니다. 이런 증상들이 3~4일 계속되다 차차 열이 내리고, 발진과 림프절이 가라앉으면서 회복됩니다.

풍진 치료, 어떻게 하나요?

특별한 치료는 없고, 푹 쉬게 해주세요

풍진은 가벼운 질환으로 해열진통제를 복용해 열을 내려주면 별문제 없이 자연 치유되는 만큼 특별한 치료는 없습니다. 아이가 풍진에 걸려도 겉으로는 많이 아파 보이지 않기 때문에 평상시처럼 활동해도 괜찮겠다는 생각이 들기도 하지요. 하지만 절대

 닥터's advice

❓ **'선천성 풍진증후군'이란?**

임신 중 풍진에 걸리면 혈류를 통해 태아에게 전염될 수 있습니다. 임신 첫 3개월 동안, 특히 임신 첫 달에 풍진에 걸리면 신생아에게 심한 선천성 기형이 생기게 됩니다. 이를 '선천성 풍진증후군'이라고 하는데, 감염된 태아 중 일부는 유산되거나 사산됩니다. 이런 풍진 바이러스에 감염된 태아는 자궁 내 발육부전, 심장 기형(동맥관 개존증, 심방중격 결손, 심실중격 결손), 청각장애, 선천성 백내장, 녹내장, 지능 박약, 소두증, 간염 등 신체의 거의 모든 장기에서 기형이 생길 가능성이 커집니다. 그런 만큼 가임 여성은 임신하기 전에 면역 검사를 받아야 합니다. 접종이 필요한 경우, 임신을 시도하기 최소 28일 전에 접종하는 것이 중요합니다.

다른 사람이 있는 곳에 가게 해서는 안 됩니다. 증상이 가볍다고 전염성이 없는 건 아니에요. 풍진에 걸린 아이는 반드시 집에서 쉬게 하세요. 아이가 유치원이나 학교에 다니는 경우, 발진이 돋기 시작한 날로부터 약 5~6일까지 전염력이 있으므로 이 시기에는 단체생활을 하지 않는 것이 전염을 예방하는 방법이에요.

예방접종을 꼭 해야 합니다!

백신 접종은 풍진을 예방하는 안전하고 효과적인 예방법입니다. 풍진 백신은 통상적으로 홍역과 볼거리, 그리고 수두 백신과 함께 12~15개월 사이에 접종합니다. 예전에는 MMR 예방접종을 한 번 하면 평생 예방이 된다고 믿었으나, 15개월에 홍역·볼거리·풍진 접종을 한 아이들도 자라면서 다시 질병에 걸려 4~6세 사이에 MMR 예방접종을 한 번 더 맞히는 것으로 바뀌었습니다. 하지만 4~6세에 MMR 추가 접종을 한다고 해서 6세가 넘은 아이들에게 MMR 추가 접종이 불필요한 것은 아니에요. 6세가 넘었지만 MMR 추가 접종을 하지 않았다면 지금이라도 하는 것이 좋습니다. 아무리 늦어도 12세 이전에는 MMR 추가 접종을 해야 합니다.

임신 중 풍진에 걸리면 태아에게 위험한가요?

임신 중 풍진 감염은 아주 위험합니다

임신부가 풍진에 걸리면 태반을 통해 태아도 감염될 수 있습니다. 풍진이 태아에게 미치는 영향은 임신 중 어느 시기에 감염되었는가에 따라 다릅니다. 그중 임신 초기 12주 이전에 걸리는 것이 가장 위험합니다. 임신 초기의 임신부가 풍진에 걸리면 태아에게 영향을 미쳐 선천성 기형이 생길 위험이 커 가임 여성은 특히 조심해야 해요. 만약 산모가 풍진에 걸리면 꼭 병원을 방문해 의료진과 상담한 후 면밀한 검진을 받아야 합니다

풍진 항체 검사를 받아야 합니다

풍진 백신의 접종은 효과가 우수하고, 부작용은 없다고 해도 좋을 만큼 가볍습니다. 그러므로 풍진 항체가 있는지를 확실히 모르는 예비 임신부라면, 아이를 갖기 전 항체 검사를 하고 항체가 없는 경우 풍진 예방접종을 하는 것이 좋습니다. 풍신 면역성은 시간이 흐르면서 달라질 수 있으니 과거에 면역이 있었더라도 임신을 계획하고 있다면 면역력 검사를 받아보는 것이 좋습니다. 임신 전 산부인과에서 혈액검사를 받으면 풍진 항체 여부를 확인할 수 있습니다. 만약 풍진 항체가 없다면, 적어도 임신을 시도하기 한 달 전까지는 백신을 접종하세요. 항체가 형성되기까지 시간이 걸리므로 임신 전에 미리 맞는 것이 중요합니다. 특히 유의할 점은 풍진 예방주사는 생백신을 사용하므로 접종 후 적어도 3개월 이내 임신하면 선천성 풍진증후군이 생길 가능성이 있어요. 예방접종 후 3개월 동안은 임신하지 않도록 주의합니다. 물론 현재 임신 중이거나 임신인지 아닌지 확실치 않을 때도 접종하면 안 됩니다. 반면 여성이 풍진에 걸렸다가 나중에 임신하는 경우나 남편이 풍진에 걸린 경우는 태아에게 위험은 없습니다.

Dr. B의 우선순위 처치법

1. 해당 시기에 예방접종을 반드시 해줍니다.
2. 전염성이 강하므로 다른 사람과의 접촉을 최대한 삼가야 해요.
3. 집에서 충분한 휴식을 취할 수 있도록 해주세요.

엄마표 처방전

풍진에 걸렸다면
집에서 어떻게 돌볼까요?

1 무엇보다 아이들이 편히 쉴 수 있도록 합니다. 집에서 쉬면서 되도록 격렬하지 않은 활동을 하는 것이 좋습니다.

2 다른 사람에게 전염되지 않도록 타인과 접촉을 피하고, 밖에 나가 놀지 않게 해요.

3 열이 나는 경우 미지근한 물로 씻겨주면 도움이 됩니다.

4 시원한 과일과 채소는 충분한 수분을 공급해주므로 많이 먹입니다.

홍역

열이 심하게 나고 온몸에 발진이 생겨요.

체크 포인트

☑ 홍역 바이러스는 전염성이 매우 강해 유행이 돌면 홍역에 대한 면역력이 없는 아이는 쉽게 걸립니다. 열이 나면서 온몸에 발진이 돌기 시작할 때는 전염성이 매우 강하지만 피부 발진이 엷게 사라지면 전염성도 약해져요.

☑ 열은 3일째를 전후해 내려가지만, 그 후에는 붉은 발진이 나타납니다. 발진은 대개 일주일이 지나면 저절로 좋아집니다.

☑ 아이가 홍역에 걸리면 발진이 일어난 후 최소 4일간은 집에서 푹 쉬게 합니다. 홍역은 전염성이 강한 격리 질환인 만큼 어린이집이나 유치원 등 단체생활은 하지 못해요.

☑ 홍역은 예방접종이 필수예요. 일정에 맞춰 총 2회 예방접종을 합니다.

 ## 전염성 강한 홍역

한때는 무서운 병이었어요

과거에는 홍역이 한번 돌면 많은 아이가 열이 나고 열꽃이 피면서 심하면 목숨을 잃을 정도로 악명을 떨치던 병이었어요. 하지만 최근 우리나라를 포함해 선진국에서는 아이가 홍역에 걸리는 일이 매우 드뭅니다. 지금은 홍역과 볼거리, 풍진을 동시에 예방하는 혼합백신 MMR을 접종하고 있기 때문이에요. 예방접종을 실시한 이후 한동안 홍역 발병이 눈에 띄게 감소했었습니다. 하지만 1980년대 말부터 MMR 백신을 접종한 4세 이상의 아이들이 홍역에 걸리는 등 MMR 백신의 효과가 떨어지고 있다는 증거가 곳곳에서 나타나자, 1997년 5월부터 4~6세 사이에 한 번 더 접종하도록 정책이 변경되었지요. 4~6세에 홍역 추가 접종을 한 번 더 맞아 MMR 백신을 2회 접종하면 99% 이상의 항체를 만들어낼 수 있으며 그 면역력은 평생 갑니다.

홍역 바이러스로 인해 발생합니다

홍역은 호흡기 감염 질환입니다. 홍역 바이러스에 의해 전염되는 특징적인 발진을 동반하지요. 우리나라에서는 제2군 법정 전염병으로 분류할 정도로, 특히 어린아이의 생명을 위협하고 전염성이 강한 질병입니다. 홍역을 일으키는 원인은 100~200mm 크기의 홍역 바이러스로, 대부분 공기로 전파됩니다. 사람 대 사람으로만 전염되며 집에서 기르는 애완동물이나 가축 또는 야생동물을 통해서 전염되지는 않아요.

홍역 예방접종을 하지 않았다면 쉽게 감염돼요

홍역 바이러스가 있는 사람이 숨을 쉬거나 기침을 하면 바이러스가 공기 중으로 퍼지고, 이 바이러스는 2시간 동안 살아 있어요. 그사이 아이가 바이러스와 접촉하면 홍역에 걸립니다. 이때 홍역 예방접종을 받지 않은 아이라면 홍역에 걸릴 확률이 90%

 닥터's advice

> ❓ **이런 사람은 홍역 환자와 접촉을 피해요**
> • 홍역백신을 맞은 증거가 없거나 홍역에 걸린 적이 없어 홍역에 대한 면역력이 없는 사람
> • 면역억제제를 복용하고 있거나 영양실조 등으로 면역 기능이 떨어진 사람. 임신부는 특히 첫 3개월까지는 홍역 환자와의 접촉을 피해야 합니다.

가 넘습니다. 또한 예방접종을 받지 않은 생후 6개월 이상의 어린아이는 가족 중 홍역이 발생하면 같이 홍역에 걸릴 확률이 매우 크지요. 홍역에 걸린 사람이 기침했을 때 배출되는 미세한 입자를 들이마셔 전염되거나 오염된 물건을 통해 전염되기도 하며 홍역 환자의 분비물에 의해서도 전염될 수 있습니다.

홍역 환자와 접촉한 후에는 전염 가능성을 고려하세요

감염력은 발진이 생기기 6~7일 전부터 생기고 발진이 생긴 후 5일간까지도 존재합니다. 홍역 바이러스의 잠복기는 약 10일 정도로, 홍역 환자와 접촉한 후 10일이 지나야 증상이 나타나요. 사실 발진이 나타나기 일주일 전부터 전염 가능성이 있으므로 홍역 환자와 접촉한 후에는 전염 가능성을 염두에 둬야 합니다. 전염력이 가장 큰 시기는 발진이 돋기 6~7일 전부터, 발진 후 2~3일인데, 증상이 없다 해도 전염력이 커서 한번 홍역이 돌면 면역이 없는 사람은 누구나 걸립니다. 아무 증상이 없어 보이는 아이라 할지라도 홍역을 전염시킬 수 있으므로 면역력이 없는 상태에서 홍역 환자와 잠시라도 접촉한 아이는 잠복기 동안 격리하는 것이 좋습니다.

어떤 증상이 생기나요?

감기 증상으로 시작하는데, 이때가 전염력이 강해요

처음에는 감기 증상처럼 열이 나면서 기침, 콧물 등이 시작됩니다. 그리고 곧 결막염이 나타나 눈이 붉게 충혈되고 눈물이 고이며 눈곱이 껴요. 이때가 전염력이 가장 강한 시기입니다. 이때 목 안을 들여다보면 어금니 근처의 입안 점막에 코플릭(Koplik) 반점이라고 하는 특징적인 회백색의 모래알 같은 반점이 잠깐 나타납니다. 이것은 몸에 발진이 생기기 전에 나타나 하루 이내에 없어지기 때문에 발견하기 쉽지는 않아요.

2~3일간 고열과 함께 피부 발진이 나타나요

초기 증상이 나타난 후 말 그대로 본격적인 발진이 일어납니다. 모래알 같은 반점 모양의 발진이 나타난 후 1~2일이 지나면 몸에 붉은 발진이 생기는데, 귀 뒤를 시작으로 얼굴, 가슴, 다리로 점차 번집니다. 간혹 8개월 이전의 모체로부터 항체가 남아 있는 아이, 잠복기에 면역글로불린 주사를 맞은 아이에게서는 발진이 나타나지 않는 경우도 있습니다. 빠르게는 이틀, 늦더라도 사흘 정도면 발진 증상은 발끝까지 퍼지는데 이런 발진이 발끝에 다다르면 더 이상 나빠질 것도 없습니다. 발진이 발생하면 열이 오르기 시작하며 온몸이 가려운 증상이 약 5일 동안 지속돼요. 발진이 나타난 후 2~3일간은 40℃ 이상의 고열이 나는 등 온몸이 홍역으로 무척이나 힘든 시간을 보내게 됩니다.

발진이 사라지며 피부가 벗겨져요

발진이 다리까지 다 생기고 나면 처음 발진이 생긴 부위부터 사라지기 시작합니다. 즉 얼굴, 가슴, 배, 다리 순으로 발진이 없어지지요. 이때쯤 되면 열도 떨어지고 발진도 더 이상 생기지 않아 아이가 좀 편안해집니다. 발진은 없어지면서 갈색으로 변하고 그 부분의 피부가 얇게 벗겨져요. 열도 떨어지고 기침, 콧물, 눈의 충혈도 점차 좋아지지요. 하지만 발진이 소실되는 회복기에 합병증이 가장 많이 생깁니다. 물론 최근에는 영양 상태도 좋고 치료도 잘 이뤄져 합병증은 많지 않습니다. 하지만 간혹 신경계 합병증으로 뇌염 증상이 나타나면 50%가량이 사망하고, 살더라도 대부분 신경계 후유증을 남길 수도 있어 끝까지 유의해야 합니다.

🚑 이럴 땐 병원으로!

- ☐ 해열제를 복용해도 39.5℃ 이상의 발열이 24시간 넘게 계속되는 경우
- ☐ 발열이 없어지지 않고 5일 이상 가는 경우
- ☐ 평소보다 호흡수가 많아지거나 숨쉬기 힘들어하는 경우
- ☐ 숨 쉴 때 콧구멍을 벌렁거리거나, 갈비뼈 사이 및 복부가 함몰될 경우
- ☐ 평소보다 소변량이 뚜렷하게 감소한 경우(기저귀 교환 횟수 체크)
- ☐ 자꾸만 자려고 하거나 심하게 처지는 경우
- ☐ 먹는 양이 급격히 감소하고 심하게 보채는 등 몸 상태가 나쁜 경우

홍역 치료, 어떻게 하나요?

비슷한 병이 많아 의사의 확진이 필요해요

홍역은 특징적인 임상 증상만으로 확진하기 힘든 게 사실이에요. 홍역과 비슷하게 시작되는 병이 많고 전염력 역시 강한 만큼 격리도 필요하며 합병증도 주의해야 하지요. 그러므로 의사의 세심한 진단 아래 반드시 홍역인지에 대한 확진을 받은 다음 치료를 시작해야 합니다. 홍역 같아 보여도 다른 병일 수도 높다는 것, 꼭 명심하세요. 일단 홍역이 의심스러우면 혈액검사와 코, 목에서 채취한 샘플과 소변 샘플 검사를 받아 진단을 확인할 수 있습니다.

합병증이 없다면 치명적이지는 않습니다

홍역에 걸린 아이들 대부분은 합병증 없이 회복됩니다. 그러나 홍역을 앓으면서 설사나 구토, 귓병, 눈병, 열성 경련, 후두염 등의 합병증을 앓는 아이들이 있어요. 특히 아이가 체력이 떨어진 상태에서 홍역에 걸리면 몸의 저항력이 더 떨어져 세균에 의한 2차 감염으로 합병증이 생길 위험성도 높아집니다. 아이가 홍역 외에 다른 증상을 보인다면, 바로 병원에 데려가 소아청소년과 의사에게 진찰을 받으세요.

특별한 치료제가 있는 것은 아니에요

홍역은 전염성을 띤 바이러스성 질환이기 때문에 항생제로 치료되지 않습니다. 홍역에 걸린 경우 증상이 진행됐다가 대부분 일주일 후면 저절로 좋아지죠. 즉 홍역 치료는 증상에 따른 대중요법으로, 열이 높다면 해열제 등을 사용하고 기침이 심할 때는 해당 약을 씁니다. 수분 공급을 충분히 해주고 안정을 취해주세요. 만약 세균 합병증이 의심되면 항생제를 써야 합니다.

홍역 감염 주의보! 예방접종은 필수입니다

'사라진 병'이라 방심하기 쉽지만 다시 유행합니다

2000~2001년, 전국적으로 약 5만여 명의 홍역 환자가 발생한 후 '홍역 퇴치 5개년 계획' 아래 MMR 접종을 시행했습니다. 이 정책의 성공으로 2006년부터 드디어 국가 홍역 퇴치 '선언'을 하게 되었지요. 말 그대로 홍역은 우리나라에서는 '사라진 병'이 되었지만 예방접종을 소홀히 하면 다시 급속도로 재발할 수 있습니다. 그러므로 홍역을 예방하는 MMR 백신은 반드시 잊지 말고 2회 접종하도록 합니다.

예방접종은 선택 아닌 필수입니다

홍역은 전염력이 높지만 두 번의 접종으로 충분히 예방할 수 있어 일정에 맞춰 접종하는 것이 가장 중요합니다. 총 2회는 필수 예방접종으로, 홍역-볼거리-풍진 혼합백신(MMR)을 생후 12~15개월에 1차 접종 후 4~6세에 2차 접종해야 합니다. MMR 백신은 볼거리와 풍진은 물론, 홍역을 방지하는 데 90~95%, 4~6세 사이에 2차 MMR 백신 접종을 하면 99% 홍역 예방 효과가 생깁니다. 아이가 6개월 미만이고 엄마가 홍역을 앓은 적이 없다면, 면역글로불린 주사를 맞는 것도 방법이에요. 면역글로불린은 단기간에 홍역으로부터 아이를 보호해주는 농축된 항체입니다. 단, 면역글로불린 주사를 맞은 후 3개월 이내에 MMR 백신을 접종하면 안 됩니다.

해외여행 가기 전, 홍역 예방접종을 꼭 확인해요

최근 간간이 발생하는 홍역 환자의 대부분이 해외 감염 사례로 보고되고 있습니다. 방학과 연휴를 맞아 해외여행을 준비하고 있다면 미리 예방접종을 하는 등 준비가 필요해요. 특히 홍역 유행 국가로 해외여행을 갈 경우 MMR 백신을 2차까지 모두 접종했는지 확인하고, 2회 접종을 완료하지 않았거나 접종 여부가 불확실하면 출국 전 2회 접종 완료 또는 적어도 1회 접종을 마쳐야 합니다. 해외여행 중이라도 열이 있거나 발진 증상이 있는 환자와의 접촉에 주의하며 손 씻기 등 개인위생에 더욱 신경을 써요. 귀국 후에라도 발열 또는 발진이 발생하면 즉시 병원을 방문합니다.

알쏭달쏭! 홍역 궁금증

Q 예방접종을 했는데 우리 아이가 왜 홍역에 걸렸나요?

모든 예방접종이 그 질병을 100% 예방할 수는 없습니다. 대략 수치로 따져보자면 홍역 예방접종 후 예방 효과는 90~95% 수준이에요. 그러면 왜 100%가 되지 않을까요? 예방백신에 대해 개인차가 있어 무반응이 나타날 수 있습니다. 생후 12~15개월에 1차 접종했어도 그중 5~15%는 항체가 생성되지 않은 무반응자가 될 수 있다는 말이죠. 또 백신을 보관하거나 취급할 때 문제가 생길 가능성도 있어요. 예를 들면 홍역, 볼거리, 풍진 혼합백신(MMR)은 2~8℃에 보관해야 하는데, 자칫 부주의로 인해 햇빛에 노출되면 효과가 없어질 수 있습니다.

Q 아이가 홍역에 걸린 사람과 접촉한 경우 어떻게 해야 할까요?

아이가 만 1세 이상이고 예방접종을 하지 않은 경우라면 노출된 지 72시간 내에 예방접종을 하면 예방 효과를 기대할 수 있습니다. 아이가 한 차례 홍역 예방접종을 한 지 한 달이 지났다면 2차 접종을 받을 수도 있어요. 생후 6개월부터 만 1세 이하 아이라면 의사의 진단에 따라 홍역에 노출된 지 6일 이내에 근육용 면역글로불린 주사를 맞으면 홍역 증상을 완화할 수 있습니다. 하지만 이것을 맞고도 홍역 예방접종도 마저 마쳐야 한다는 사실을 잊어선 안 됩니다.

Q 생후 6개월 미만은 홍역에 걸리지 않는다고 하던데요?

맞습니다. 태어날 때 엄마에게 태반을 통해 받은 항체가 생후 6개월까지는 홍역을 예방할 수 있을 만큼 지속되기 때문입니다. 때에 따라 홍역에 걸리더라도 약하게 지나가는 경우가 많습니다. 하지만 엄마에게 홍역 항체가 없는 경우라면 아이 역시 항체가 없을 수밖에 없어요. 즉 신생아라도 항체가 없는 아이는 홍역에 걸릴 가능성이 있습니다.

Q 홍역 하나만 맞히는 홍역 단독 백신은 없나요?

홍역 단독 예방접종이 1994년 폐지된 후 현재는 생산되지 않고 있습니다. 그러므로 MMR을 먼저 접종한 후 12~15개월과 만 4~6세에 다시 접종해야 합니다. 6~11개월에 맞히면 엄마에게 받은 항체가 남아 있어 예방접종 효과가 떨어질 수 있으므로 돌이 지나서 다시 접종해야 합니다.

Q 발진이 생겨 소아청소년과에 갔더니 홍역은 아니라고 합니다. 이렇게 발진이 나는 경우가 흔한가요?

소아청소년과 질환 중 발진을 일으키는 질환은 매우 많습니다. 대개 감기라고 말하는 여러 가지 바이러스 감염 중에서 발진을 동반하는 바이러스도 매우 많지요. 대표적인 것이 '돌발진'인데, 고열이 나다가 열이 떨어지고 나서 발진이 생깁니다. 홍역의 특징인 기침, 콧물, 결막염 등의 증상 없이 열만 나는 것이 다른 점이지요. 발진 양상만 보면 홍역과 비슷해 깜짝 놀라 소아청소년과에 아이를 데리고 가는 경우가 많습니다. 그 외에도 장 바이러스에 감염됐을 때 발진이 흔히 나타나며 가와사키병일 때도 열을 동반한 발진이 생깁니다. 하지만 이때는 손, 발의 부종 및 경부 임파선염, 입술의 발적과 딸기 모양의 혀 같은 소견으로 구별할 수 있어요. 그 외에 발진을 동반하는 질병인 수두, 성홍열, 알레르기 등은 각각 발진의 모양이 서로 달라 구별할 수 있습니다.

 Dr. B의 우선순위 처치법

1. 총 2회에 걸친 MMR 예방접종 여부를 꼭 확인합니다.
2. 증상이 발견되면 병원을 찾아 확진을 받아요.
3. 최소 4일은 집에서 푹 쉬게 해주세요.

04

피부 질환

가려움증

몸 이곳저곳을 가려워하면서 막 긁어요.

체크 포인트

☑ 가려움증을 줄이려면 가려운 곳을 긁지 않아야 해요. 긁으면 피부에 손상을 입혀 가려움이 더욱 심해지기 때문이죠. 가려움을 덜어주는 방법으로 미지근한 물로 샤워시키고, 향기 없는 비누를 사용해 깨끗이 씻겨줍니다.

☑ 피부가 건조해지지 않도록 주의하고, 목욕 후 보습제를 꼭 잊지 말고 충분히 발라줍니다.

☑ 최대한 덥고 습한 환경은 피합니다. 옷이나 이불은 헐렁하고 가벼운 것을 사용하고, 자극적이지 않은 면 소재를 입혀주세요.

☑ 자극 받은 부위는 얼음찜질을 해 주세요 시원한 물수건으로 피부를 부드럽게 닦아주는 것도 좋은 방법입니다.

여기저기 막 가려워해요

피부를 긁거나 문지르고 싶은 욕구를 참을 수 없어요

가려움증이란 긁고 싶은 욕구를 일으키는 감각으로, 피부 신경을 약하게 자극함으로

써 발생하는 가장 흔한 피부 증상 중 하나예요. 단순히 따끔따끔하거나 스멀거림 등으로 나타나거나 혹은 참지 못할 정도로 심하게 가렵기도 해요. 사람에 따라 가려운 정도가 다른데, 지극히 주관적인 감각이라 개인차에 따라 증상도 무척이나 다양합니다. 같은 자극에도 아이의 피부 상태나 감각의 정도에 따라 가려움증은 다르게 나타날 수 있다는 말입니다.

눈꺼풀 주위, 콧구멍 등 예민한 부위나 감각 신경이 풍부하게 분포한 항문과 생식기 역시 가려움증을 느끼기 쉬운 부위입니다. 아이들은 하루 중 잠자리에 들었을 때 가장 심한 가려움증을 느끼는 편이에요. 가렵다고 칭얼대며 이리저리 몸을 긁는 아이에게 가만히 참으라고 할 수도, 그렇다고 무작정 긁어줄 수도 없어 난감합니다.

가려움증의 종류는 다양해요

가려움증은 의학적으로 '소양증'이라고 부르며, 단순한 가려움증과 다른 피부병변이 동반되는 경우 등 두 가지로 나뉩니다. 단순한 가려움증도 부분적으로 나타나는 경우와 전신적으로 나타나는 경우로 구분됩니다. 벌레 물림에 의한 가려움증처럼 몇 분 혹은 일주일 정도 지속하는 급성 가려움증이 있는가 하면 수개월간 지속하는 만성 가려움증도 있어요.

닥터's advice

❓ 가려움의 원인이 히스타민?

특정 자극 물질에 대해 우리 몸이 과민하게 반응하여 '히스타민'이라는 화학물질을 분비합니다. 히스타민은 피부를 붉게 하고 부어오르게 하며 콧물 등 체액이 비정상적으로 분비되게 하는 물질이에요. 여기에 따르는 반응은 가려움, 두드러기, 알레르기 비염, 습진, 알레르기성 결막염 등으로 나타납니다. 이때 항히스타민제를 복용해 증상을 가라앉힙니다.

1937년에 우연히 발견된 항히스타민제는 처음에 위산 분비 목적으로 만들어졌으나 현재는 알레르기성 질환을 치료하는 것을 포함해 다양하게 사용됩니다. 다른 약품처럼 항히스타민 제제도 발전을 거듭해오면서 현재 졸음을 거의 유발하지 않는 제3세대 항히스타민제도 나오는 실정입니다.

가려움증은 왜 생기는 걸까요?

피부 질환이 있으면 가려움증이 생깁니다

가려움증의 가장 대표 원인은 바로 피부 질환입니다. 그중에서도 가려움증을 일으키는 가장 주된 요인은 아토피피부염이죠. 아토피 질환은 가려움증과 건선, 반점, 발진, 진물 등 다양한 피부 증상을 유발합니다. 4세 이후 발생한 소아 아토피피부염은 피부가 점점 건조해지고 가려움증이 심해지는 것이 특징이에요. 아토피피부염이 있는 아이라면 심한 가려움증으로 피부를 긁기 시작하는 초기 단계일 때 치료하는 것이 무엇보다 중요합니다. 어떻게든 병을 빨리 고치려고 조급해하기보다 심각한 증상인 가려움증부터 없애는 치료를 해야 해요. 가려움증을 이기지 못하고 피부를 심하게 긁으면 상처 난 아토피 환부가 아프고 다시 가려워지는 악순환이 계속되기 때문이죠. 또한 심하면 상처 부위에 2차 감염이 일어나고, 천식 및 알레르기비염을 동반하는 만큼 가려움증이 생겨난 초기에 대처해야 합니다.

음식이나 접촉으로 인한 알레르기 반응이 원인일 수 있어요

가려움증을 일으키는 원인은 다양하지만, 그중에서도 알레르기로 인한 과민 반응을 빼놓을 수 없어요. 알레르기로 생기는 피부 가려움증은 크게 '먹은 것'과 '접촉한 것'으로 나눌 수 있습니다. 감기약을 먹거나, 복숭아나 우유를 먹고 가려움증을 느낀 경우라면 음식이 원인으로, 배탈이나 복통 없이 가렵거나 두드러기 증상이 나타나는 경우가 대부분입니다. 접촉한 것과 관련해서는 국소적으로 작은 반점이나 부푼 결절로 나타납니다. 야외에서 풀에 스쳤거나 벌레 물렸을 때, 로션을 바른 후 또는 새로 산 옷을 입은 후에 발생하는 가려움 등이 여기에 속합니다. 가려움증이 부분적으로 국한되어 나타나는 만큼 일시적으로 접촉하는 물질이나 가벼운 자극을 먼저 제거하는 것이 급선무입니다.

피부에 수분이 부족해도 심한 가려움이 생겨요

피부 건조증은 피부에 수분이 부족하거나 수분 함유량이 정상의 10% 이하인 상태를 말해요. 피지 분비가 적은 팔, 다리, 복부 등에 주로 발생하며, 미세한 각질이 일어나고 피부 표면이 거칠어지면서 심한 가려움이 시작됩니다. 피부 건조증은 낮은 실내 습도, 잦은 목욕, 건조한 환경 등이 원인이에요. 이때 가렵다고 피부를 긁으면 증상은 더 나빠집니다. 심할 경우 긁은 부위에 상처가 생겨 진물이 나고 적설한 치료를 하지 않으면 세균 감염과 같은 합병증이 생기기 쉽습니다. 하지만 가려움증 때문에 치료 목적으로 연고제를 장기간 사용하면 내성이 생겨 습관성 피부 질환으로 발전할 수 있으므로 신중히 써야 합니다.

항문 주위를 긁는다면 항문 소양증을 의심해보세요

아이가 유독 항문 주변에 손을 갖다 대거나 외음부 주변을 계속 긁는다면 항문 소양증을 의심해볼 수 있어요. 항문 소양증으로 인해 계속 가려워한다면 따뜻한 물로 자주 좌욕을 시켜주고, 약물 치료를 하면 도움이 됩니다. 우선 기생충 약을 먹고 좌욕을 해본 후에도 가려움증이 계속되면 병원을 찾아 진료를 받아봅니다. 기생충 약을 먹을 때 집안 식구가 함께 복용하는 것이 좋아요.

때론 스트레스로 인해 특정 부위를 이유 없이 긁기도 해요

피부에 별다른 증상이 없고 가렵기만 하다면 단순 소양증일 수 있어요. 대부분 신경 과민이나 근심, 걱정으로 불안할 때 등 스트레스 상황에 놓일 때 발생합니다. 일단 치료는 가려움증을 멈추는 것이에요. 습관적으로 긁으면 태선화(오랫동안 긁거나 비벼서 피부가 가죽같이 두꺼워진 상태)가 심해지고 가려움증이 더욱 악화해 악순환만 반복되죠. 몸을 쉬게 하고 정신적인 긴장을 풀어주면 증상이 좋아집니다.

가려움증 치료, 어떻게 하나요?

원인부터 밝혀야 해요

가려움증의 원인을 모를 때 또는 다른 증상으로 인해 가려움증을 겪을 때 의사의 진찰을 받는 것이 가장 확실한 방법입니다. 가려움증이 반복적으로 나타난다면 다른 원인이 없는지 반드시 확인합니다. 가려움증의 원인 중 일부는 심각할 수 있지만 대부분 치료가 가능한 만큼 원인이 분명하지 않을 땐 의사에게 진단을 받습니다. 가려움증은 6주를 기준으로 '급성'과 '만성'으로 나뉘어요. 만성 가려움증은 원인을 해결하지 않은 채 잠깐 좋아졌다고 치료를 중단하면 재발할 우려가 큽니다. 가려움증의 증상을 관찰해 전신 질환이 의심되면 혈액검사, 엑스레이 검사 등을 통해 원인을 파악해볼 수 있어요. 가려움증이 심하면 항히스타민제를 복용해 가라앉히고, 피부병변 부위에 보습제와 국소 스테로이드제를 바르는 것이 도움이 됩니다.

피부에 자극을 주지 않는 것이 최선!

피부에 자극을 주지 않는 것이 가려움증 관리의 기본입니다. 목욕은 미지근한 물에 자극이 적은 비누로 가볍게 닦아주는 정도가 좋아요. 목욕한 후에는 보습력이 좋은 로션을 충분히 발라 피부를 촉촉하게 해요. 보습제는 피부 장벽 기능을 높여 가려움증을 줄여주기 때문에 가려움증 치료와 예방에 도움이 됩니다. 목욕 후 3분 이내로 보습제를 발라주고, 피부에 자극을 주는 모직이나 땀 흡수가 어려운 나일론 소재 대신 부드러운 질감의 면 소재 옷을 입혀주세요.

 Dr. B의 우선순위 처치법

1. 보습제를 자주 발라 피부가 건조해지지 않게 해주세요.
2. 자극적이지 않은 면 소재 옷을 입혀주세요.
3. 가려움증의 근본적인 원인을 찾기 위해 병원 진료를 받으세요.

기저귀 발진

엉덩이가 짓물렀어요.

체크 포인트

☑ 기저귀 발진이 생기면 기저귀를 자주 갈아주고, 무엇보다 피부를 잘 건조 시켜야 합니다. 심한 경우 소아청소년과 의사의 처방을 받아 연고를 발라 줍니다.

☑ 기저귀를 갈 때 발진 부위를 따뜻한 물로 씻어내고, 가볍게 톡톡 두드려 완 전히 말린 다음 기저귀를 채웁니다.

☑ 기저귀가 젖으면 바로바로 갈아주는 것이 최고의 해결책입니다.

☑ 기저귀 발진용 연고를 바르고 난 후 그 위에 파우더를 뿌리는 건 금물입니 다. 연고와 파우더가 섞여 범벅이 되면 피부가 숨을 쉴 수 없어 짓무른 부 위의 상태가 더욱 나빠집니다.

☑ 기저귀는 위생적이고 안전한 장소에서 갈고, 기저귀를 갈기 전에는 미리 필요한 물건을 손이 닿는 위치에 둡니다.

아이 엉덩이 괴롭히는 기저귀 발진

신경 써서 관리하면 며칠 만에 좋아져요

하루 종일 기저귀를 차는 아기들은 작은 자극에도 피부가 쉽게 짓무르고 염증이 생기기 쉽죠. 아이를 키우면 한번쯤 경험하는 흔한 질병이에요. 조금만 관리를 소홀히 해도 기저귀를 찬 부위가 벌겋게 부어오르면서 진물이 나고 헐어서 엄마와 아이 모두 힘들어져요. 기저귀 발진은 제대로 신경 써서 관리해주면 며칠 만에 좋아지는 게 대부분입니다.

기저귀 발진엔 축축한 기저귀는 적!

기저귀 발진은 말 그대로 축축하게 젖은 기저귀를 오래 차고 있을 때 피부에 생기는 염증입니다. 기저귀를 차는 부위를 중심으로 엉덩이나 사타구니가 빨갛게 부어오르는 증상이 나타나지요. 피부가 거칠어지면서 심한 경우 진물이 흐르기도 합니다. 이런 기저귀 발진이 생기면 아이의 고통은 이루 말할 수 없습니다. 기저귀를 갈기 위해 손만 살짝 갖다 대도 너무 아픈 나머지 엉엉 울음을 터트리지요. 아이에게 이 같은 고통을 주지 않으려면 미리미리 공부해놓는 방법밖에 없습니다. 기저귀 발진은 다른 질환과 달리 원인이 분명한 편이기 때문에 조금만 주의를 기울여도 충분히 예방할 수 있어요.

 # 어떤 증상이 생기나요?

엉덩이나 사타구니가 빨갛게 부어올라요

기저귀에 감싸진 피부는 소변이나 대변, 땀 등으로 항상 축축해져 있고 심지어 공기도 잘 통하지 않습니다. 축축해진 피부는 건조할 때보다 자극에 약한 상태인데, 소변 속에 들어 있는 암모니아에 의해 피부의 산도가 떨어지고 습도가 올라가서 피부의 각질층이 손상되는 결과를 가져옵니다. 피부 각질이 손상되면 그 사이로 세균이 침투하

피부 질환

여 피부가 부풀어 오르고 좁쌀 모양의 병변도 생겨나지요. 또 대변을 본 뒤 바로 갈아주지 않으면 대변에 들어 있는 효소들이 기저귀 안에서 활동하게 되는데, 소변과 만나 독성을 가진 암모니아를 만들어 기저귀 발진을 유발하기도 합니다. 여기에 '칸디다'라는 곰팡이균까지 침입하면 발진 부위가 더 넓어지면서 증상이 심해지쇼. '기저귀 칸디다증'으로 불리는 이 증상은 피부가 붉어지는 발진뿐만 아니라 고름이 차는 물집까지 일으킵니다. 곰팡이 때문에 생긴 기저귀 발진은 엉덩이보다 주로 항문 주위에서 시작해 사타구니나 성기, 배 쪽을 중심으로 번지는 게 특징입니다.

심한 경우 반드시 의사의 처방을 받아요

기저귀 발진은 그 자체로도 따갑고 아프지만, 심한 가려움과 통증까지 동반한다면 상태가 훨씬 심각해질 수 있어요. 기저귀 발진으로 아이가 잠을 못 이루거나 식욕을 잃고 며칠이 지나도록 좋아지지 않으면 소아청소년과 진료를 받아야 합니다. 병원을 방문해 증상의 정도를 체크하고 곰팡이나 세균에 의한 2차 감염은 없는지 확인해보세요. 기저귀 발진이라고 해도 원인에 따라 모양과 치료법이 달라집니다. 감염성 발진의 경우, 스테로이드 성분이 들어간 연고를 사용하면 오히려 습진이 악화해요. 기저귀 발진의 원인이 한 가지가 아닌 이상 처방받지 않은 연고를 함부로 사용하면 곤란합니다. 반드시 소아청소년과 의사의 진료를 받은 상태에서 증상에 적합한 연고를 사용해야 합니다. 연고를 발라줄 때는 많은 양을 한꺼번에 바르기보다 주기적으로 조금씩, 충분히 흡수될 수 있게 얇게 펴 바릅니다.

닥터's advice

❓ 연고를 바른 다음 파우더는 금물!

기저귀 발진이 심한 경우 연고를 바릅니다. 이때 연고를 바르고 그 위에 더 보송보송해지라고 파우더를 뿌리는 경우가 있는데, 이는 잘못 알려진 관리법입니다. 연고를 바른 뒤 파우더까지 뿌리면 피부가 숨을 쉴 수 없어 증상이 더욱 심해지고 치료가 되지 않아요. 연고를 바르는 것으로 충분합니다. 엉덩이를 씻은 뒤 물기가 완전히 마르면 연고를 발라주세요.

기저귀 발진, 어떻게 관리하나요?

대소변을 본 후에는 깨끗이 씻겨 잘 말려주세요

대소변을 본 후에는 물티슈로 닦아내는 대신 흐르는 물에 엉덩이를 씻어주는 것이 가장 좋습니다. 만약 비누로 닦는다면 피부에 비눗기가 남지 않도록 충분히 헹궈 엉덩이를 깨끗이 씻어주세요. 새 기저귀를 채울 때는 물기를 충분히 말린 후 공기가 잘 통하게 합니다. 이때 아이의 엉덩이를 빨리 말리려고 헤어드라이기를 사용하는데요. 자칫 화상을 입을 위험이 있는 만큼 권하지 않습니다. 헤어드라이기를 사용해야 한다면 찬바람으로 말려주세요.

잠시 기저귀를 벗겨두는 것도 방법이에요

통풍이 잘되게 잠시 기저귀를 풀어놓는 것도 좋은 방법입니다. 기저귀를 벗겨놓을 땐 아이가 춥지 않도록 방 안 공기를 따뜻하게 하고, 갑자기 소변이나 대변을 볼 경우를 대비해 바닥에 방수요나 큰 수건을 깔아두세요. 걷기 시작한 아이도 마찬가지로 잠시 기저귀를 채우지 않는 것이 좋습니다.

 닥터's advice

❓ 기저귀 발진 크림? 성분을 확인하고 고르세요

최근 베이비파우더 속 탈크에 석면 성분이 포함됐다는 뉴스가 보도된 적이 있습니다. 탈크 석면 베이비파우더 파동 이후 많은 부모가 베이비파우더보다는 기저귀 발진 크림, 일명 '다이애퍼 크림'으로 불리는 제품을 선호하는데요. 기저귀 발진 크림은 아이에게 빈번하게 사용하는 제품으로, 아이의 생식기와 항문을 통해 체내로 들어갈 수 있는 만큼 깐깐하게 골라야 합니다. 기저귀 발진 크림을 구입할 때 반드시 한글 표시성분과 아래의 사항을 확인해봐야 합니다.

- ☐ 향이 인공적으로 달콤하거나 지나치게 강하지 않은지 맡아본다.
- ☐ 인공색소 성분을 함유하는지 살펴본다.
- ☐ 페퍼민트, 멘톨, 감귤과 같은 피부 자극 성분을 함유하는지 라벨을 확인한다.

발진이 심할 때는 좌욕을 시켜주세요

하루 세 번, 1회 15분을 넘지 않는 시간에 따뜻한 물로 좌욕을 시켜주세요. 발진 부위가 심할 때는 엉덩이 전체를 따뜻한 물속에 담그면 자극을 줄여주는 데 효과적입니다. 단순히 씻기만 하는 것보다는 발진 부위를 푹 담그는 것이 좋아요.

피부 질환

이렇게 예방해주세요

기저귀를 자주 갈아 피부를 보송보송하게 해요

기저귀 발진에는 소변이나 대변을 보았을 때 바로 기저귀를 갈아주는 것이 최우선입니다. 신생아들은 하루에도 여러 차례 대변을 보며 1~3시간 간격으로 소변을 봅니다. 대부분 신생아는 기저귀가 많이 젖어도 불편하다고 느끼지 않기 때문에 매번 울지는 않아요. 또 최근 나오는 일회용 기저귀는 흡수력이 좋아 돌보는 엄마조차도 기저귀가 푹 젖을 때까지 눈치채지 못합니다. 두 시간 간격으로 손가락을 넣어 기저귀 안쪽을 만져보고 대소변을 봤는지를 체크한 후 기저귀가 젖은 것 같으면 바로 갈아줍니다. 대변을 닦을 때는 휴지나 물티슈로 문지르기보다 흐르는 물에 씻어주는 것이 좋습니다. 씻고 난 후에는 엉덩이를 중심으로 보습제나 연고를 발라주고, 곧바로 기저귀를 채우기보다 피부 보호 성분이 잘 흡수된 뒤 피부가 완전히 마른 상태까지 기다렸다

 닥터's advice

❓ 기저귀는 어떻게 갈아줘야 할까요?

기저귀는 위생적이고 안전한 장소에서 갈고, 갈기 전에는 미리 필요한 물건을 손이 닿는 곳에 갖다 두는 것을 잊지 마세요. 깨끗한 새 기저귀와 물티슈를 준비하고, 발진이 있을 땐 발진 크림도 가까이 둡니다. 천 기저귀를 사용할 경우 기저귀 커버가 필요하며 혹시 소변이 샜을 경우를 대비해 갈아입힐 여벌의 옷도 챙깁니다. 기저귀를 가는 동안 아이의 주의를 끌 수 있는 모빌 같은 장난감을 천장에 매달아두면 수월하게 갈 수 있습니다. 사용한 기저귀는 냄새가 날 수 있으니 뚜껑이 있는 휴지통에 버립니다.

채워줍니다. 간혹 기저귀 위에 기저귀 커버를 입히기도 하는데, 이는 피부가 숨 쉬는 것을 방해하기 때문에 기저귀 발진이 더 잘 생기게 합니다.

기저귀도 꼼꼼하게 따져 선택해주세요

간편한 디자인의 팬티형 기저귀는 주름이 많아 피부를 자극해 쉽게 피부가 짓무릅니다. 기저귀는 통기성이 좋고, 피부가 축축해지는 것을 최소화하는 흡수력 강한 것으로 선택합니다. 일회용 기저귀나 천 기저귀 중 어느 쪽이 기저귀 발진 예방에 좋다는 과학적 근거는 없으므로 원하는 것을 사용하면 됩니다. 밤에 기저귀를 갈아줄 자신이 없다면 천 기저귀보다는 흡수력이 좋은 일회용 종이 기저귀를 사용하는 것이 좋습니다. 중요한 것은 소변이나 대변을 본 직후에 바로 갈아주기입니다.

 ## 일회용 기저귀 vs. 천 기저귀, 어떤 것을 쓸까요?

일회용 기저귀가 대세지만 여전히 천 기저귀를 원하는 엄마들도 있습니다. 천 기저귀의 장점은 경제적이고 기저귀 발진을 줄일 수 있다는 것입니다. 그런 만큼 엄청난 양의 쓰레기가 되는 일회용 기저귀보다 친환경적입니다. 반면, 옆으로 변이 잘 샐 수 있고 빨리 갈아주지 않으면 종이 기저귀에 비해 엉덩이가 잘 짓무르기도 합니다. 또 매일 기저귀를 세탁하고 쓰기 편한 형태로 접어야 하는 번거로움도 감수해야 하지요. 그에 반해 종이 기저귀는 사용하기 간편하다는 것이 최대 강점입니다. 기저귀가 젖어도 흡수력이 좋아서 피부 표면에 물기가 적게 닿고, 그만큼 엉덩이가 쉽게 짓무르는 것을 방지해줍니다. 하지만 종이 기저귀라고 모두 기저귀 발진이 덜 생기는 것은 아닙니다. 아이 피부에 맞는 기저귀를 선택하는 것이 중요하지요. 따라서 기저귀 선택은 여건에 따르는 것이 가장 좋습니다. 아이가 태어나기 전 어떤 기저귀를 사용할지 미리 정해두는 것이 좋지만, 상황에 따라 바뀔 수도 있으므로 초기에 너무 많은 돈을 들여 쟁여놓지는 마세요.

올바른 천 기저귀 사용법

일회용 기저귀 대신 천 기저귀를 사용한다면 씻고 말리는 과정이 매우 중요합니다. 제대로 세탁되지 않은 천 기저귀를 사용하면 오히려 기저귀 발진이 더 잘 생겨요. 천 기저귀는 자주 삶아 소독하고 물로 충분히 헹군 다음 햇빛에 쨍쨍하게 말려 사용합니다. 또한 세탁 전 아이의 변이나 오줌이 밴 기저귀를 물에 담가두는 것은 절대 피해야 해요. 기저귀를 물에 담가 두면 세균이나 곰팡이가 자라기 쉬운 최적의 상태가 됩니다. 대변을 본 기저귀는 변기에 내용물을 버리고 애벌세탁을 해 담가둔 후 평소보다 세심하게 세탁합니다.

 Dr. B의 우선순위 처치법

1. 아이 엉덩이가 축축하지 않도록 기저귀를 자주 갈아주세요.
2. 대소변 후 엉덩이를 물티슈로 닦는 대신 물로 깨끗이 씻어줍니다.
3. 잠깐씩 기저귀를 풀어놓고 통풍시켜 줍니다.
4. 상태가 심할 때는 소아청소년과 의사의 진료를 받고 적절한 연고를 처방받습니다.

다한증

아이가 땀을 유난히 많이 흘려요.

체크 포인트

☑ 아이가 유독 땀을 많이 흘리는 것은 대개 체질적인 문제가 커요. 평소보다 땀을 많이 흘린다면 물을 많이 마시게 하고, 충분한 잠을 자게 해 아이의 컨디션이 잘 유지되도록 신경 써주세요.

☑ 밤잠을 잘 때 땀을 많이 흘리면 침실 온도가 너무 높은지, 옷을 많이 껴입은 건 아닌지 확인합니다. 아이의 상태를 한 번씩 체크해보세요.

☑ 일상생활에 불편을 줄 정도로 땀이 많이 나는 아이라면 다한증을 의심할 수 있습니다. 하지만 섣불리 수술이나 약물 치료를 할 생각은 하지 마세요. 일상생활에 큰 지장만 없다면 자연스럽게 좋아질 때까지 지켜보는 것이 최선입니다.

아이들은 원래 땀이 많아요

땀을 흘리는 것은 우리 몸이 가진 정상적인 생리현상입니다. 사람의 몸에는 200만 개가 넘는 땀샘이 존재합니다. 땀샘을 통해 땀을 내보내면서 몸의 체온을 조절하고, 몸

안의 노폐물을 제거하는 역할을 하지요. 땀은 체온이 36.9℃에 이르면 분비되기 시작하는데, 이는 체온을 항상 일정하게 유지하기 위해서예요. 만일 체온이 37℃보다 낮아지면 열을 보존하거나 발생시키는 활동이 활성화되고, 반대로 37℃보다 올라가면 땀을 통해 열을 손실시키는 활동이 활발해십니다.

그렇다면 아이들은 왜 땀을 많이 흘리는 걸까요? 아이들의 땀샘 개수는 성인과 비교했을 때 그 숫자가 크게 차이 나지 않습니다. 하지만 체표면적이 어른에 비해 작아서 비슷한 양의 땀을 흘려도 훨씬 많이 흘리는 것처럼 보입니다. 게다가 아이들은 아직 신체 조절 능력이 미숙해 땀을 흘려 체온을 조절하는 기능을 제대로 하지 못할 때도 많아요. 활동량도 많아 필요 이상으로 땀을 흘리기도 합니다.

대부분 별문제가 안 돼요

자면서 땀을 많이 흘리는 것은 큰 문제가 없어요

잠잘 때 아이의 베개가 땀으로 흠뻑 젖는 것은 다른 부위보다 이마나 머리에 땀샘이 많기 때문입니다. 아이들이 뛰어놀면서 흘리는 땀과 잠들 무렵 1~2시간 정도 흘리는 땀은 대부분 정상입니다. 땀을 유독 많이 흘리면 키가 안 큰다는 속설이 있지만, 땀과 성장은 크게 상관관계가 없습니다. 다만 땀이 많은 아이의 경우 체온 조절이 쉽지 않아 감기에 잘 걸리는 등 잔병치레가 많아요. 가만히 앉아 있기만 해도 땀을 뻘뻘 흘리거나 조금만 긴장해도 땀이 나는 경우, 땀을 흘린 뒤 많이 피곤해할 때 등은 기력이 떨어져서 흘리는 '식은땀'으로 보기도 합니다. 이런 경우 아이의 체력이 떨어졌다는 신호이므로 잘 먹이고 편히 쉬게 해주세요.

땀을 흘려야 아이도 건강해져요

몸의 열을 식히는 가장 효율적인 방법은 땀을 통해 체내의 열을 발산하는 겁니다. 한여름 더위를 피해 실내에서만 활동하거나 땀이 많이 난다고 움직이지 않는다면 몸속 노폐물과 열기를 충분히 배출하지 못해 아이의 면역력이 오히려 떨어질 수 있어요. 아이가 땀을 흘리면 몸이 허약해진 건 아닌지 걱정하기보다 '아이가 몸속에 축적된 나쁜 성분과 열기를 배출시키고 있구나'라고 생각하고, 하루 1시간씩이라도 밖에서 뛰어놀며 자연스럽게 땀을 흘리도록 해주세요. 그래야 건강해집니다. 단, 땀을 흘린 만큼 반드시 충분한 수분을 보충해주어야 합니다.

이럴 땐 주의하세요

땀이 나면서 미열이 계속된다면?

아이가 자면서 땀을 많이 흘리더라도 깨어 있을 때 잘 먹고 잘 논다면 큰 문제는 없습니다. 하지만 땀을 흘리면서 계속 미열이 나고 숨이 차는 증상을 동반한다면 다른 질환에 걸린 건 아닌지 의심해봐야 합니다. 코 막힘을 동반한 비염이나 아토피피부염이 심한 경우, 심장 질환이나 천식 등의 병이 있을 경우, 조금이라도 힘든 활동을 한 경우에는 땀을 심하게 흘리기도 합니다. 또 갑상선호르몬에 이상이 있는 아이라면 잘 먹는 것 같은데도 체중이 자꾸 줄고 땀을 심하게 흘리기도 합니다. 한쪽 몸에서만 땀이 많이 나면 신경 질환이나 종양 등의 가능성도 의심해볼 수 있어요. 이처럼 땀이 나면서 미열이 계속된다면 그냥 지나쳐서는 안 됩니다. 반드시 그 원인이 무엇인지 의사의 정확한 진단을 통해 확인해봐야 합니다.

땀이 날 상황이 아닌데도 땀을 계속 흘린다면?

이렇다 할 증상도 없고 심지어 찬 음식을 먹으면서 땀을 흘리는 일도 있습니다. 대부분 체질적인 문제로 크게 걱정할 필요가 없지만, 간혹 문제가 될 때가 있어요. 일상생활에 불편을 줄 정도로 손과 발에 땀이 많이 차거나 밖에 나가 뛰어논 적도 없고 한낮무더위도 아닌데 온몸에서 땀이 흐른다면 다른 이상 증상이 있는 것은 아닌지 의심해봐야 합니다. 땀을 흘릴 만한 정상적인 상황이 아닐 때 흘리는 땀은 병적인 이유가 있을 수 있어요. 가만히 앉아 있을 때도 아이가 땀을 흘린다면 대표적인 질환으로 소아다한증일 수 있습니다.

소아 다한증은 무엇인가요?

다한증은 손바닥이나 발바닥, 겨드랑이, 얼굴 등에 심각할 정도로 땀을 많이 흘리는 질환입니다. 어느 정도 땀이 나는 것은 정상이시만, 다한증은 땀이 비다으로 뚝뚝 떨어지며 옷을 적실 정도로 나기 때문에 정상적인 생활을 하기 힘들 정도지요. 땀을 5분 동안 100mg 이상 흘리면 다한증으로 진단합니다. 실제로 땀의 양을 측정하기는 힘듭니다. 그래서 손이나 발바닥에서 흐르거나 젖을 정도로 땀이 많이 나고, 땀 때문에 손가락으로 연필을 쥐고 쓰기가 힘들어지는 등 일상생활에 지장을 줄 때 다한증이라고 합니다. 다한증에 걸리면 몸 안의 수분이나 전해질이 급격히 감소해 탈수나 기타 쇼크 증상이 올 수도 있어 더욱 주의를 기울여야 합니다.

 다한증 치료, 어떻게 하나요?

다한증은 개인차가 비교적 큰 증상입니다. 쉽게 말해 온도나 습도 변화, 스트레스 등 각각의 상황에 따라 땀이 나는 정도가 저마다 다르죠. 개인차가 있지만, 사춘기 때 일

 닥터's advice

❓ 다한증의 수술적 vs. 비수술적 치료

다한증은 치료 방법이 다양해 환자의 특성에 맞춰 치료해야 합니다. 증상이 심한 경우 의사의 상담을 받고 치료를 시작하는 것이 바람직합니다.

- **수술적(외과적) 치료** 땀 분비와 관계된 신경을 외과적으로 절제해 땀 분비를 억제하는 방법이에요. 효과는 크지만, 수술 후 다른 부위에 땀 분비가 증가하는 보상성 다한증이 발생할 수도 있습니다.
- **비수술적 치료** 수술 대신 '다한증 치료제'를 사용해 땀구멍을 막아 땀의 배출을 억제하거나 '보툴리눔 독소 주사'를 이용해 땀샘의 신경세포를 차단하는 방법이 있습니다. 우리나라에서 일반의약품으로 허가된 다한증 치료제 성분에는 염화알루미늄과 글리코피롤레이트가 있는데, 두 성분 모두 다한증이 있는 부위에 바르는 국소외용제로 허가되어 있으며, 약국에서도 구입할 수 있습니다.

시적으로 심해지다가 나이가 들면서 점차 좋아지는 경우도 종종 있습니다. 그래서 유치원, 초등학생 나이의 아이라면 적극적으로 치료하지는 않아요. 학업 스트레스가 증가하고 점차 사회생활이나 학교생활 등에 영향을 줄 수 있는 중학생 나이가 되었을 때 적극적인 치료를 권하는 편입니다. 이때 약물이나 수술 등의 적극적인 치료보다는 마음의 긴장을 풀어주고 스스로 문제를 해결할 수 있도록 격려하고 안심시키는 등 시간을 갖고 지켜보는 것이 좋습니다. 아토피피부염 증상도 유년기를 지나면 점차 자연스럽게 증상이 나아지듯 다한증도 결코 서두른다고 해결될 문제는 아닙니다. 갑작스러운 기온이나 습도 변화, 스트레스 상황을 피하고, 충분한 수면과 규칙적인 생활을 할 수 있게 유도해주세요.

땀을 많이 흘릴 땐 어떻게 할까요?

땀이 날 상황을 최대한 피해요

땀이 피부 밖으로 처음 분비되어 나올 때는 약산성이지만 분비량이 증가하면서는 알칼리성으로 변해 세균에 대한 저항력이 떨어지기 쉽습니다. 그런 만큼 평소 땀이 많이 나는 다한증이 있는 아이는 무엇보다 땀 관리가 중요합니다. 땀을 흘리면 되도록 곧바로 샤워하고 물기를 잘 말려 보송보송한 피부 상태를 만들어주세요. 만약 바로 샤워하기 곤란하다면 땀이 흐를 때마다 수건으로 잘 닦아 땀구멍이 막히지 않도록 관리해줍니다. 자칫 땀과 노폐물이 제대로 배출되지 못하고 땀구멍에 쌓이면 피부 트러블과 악취가 생길 수 있습니다.

땀을 흘린 만큼 수분을 충분히 보충해요

땀을 많이 흘리면 탈수 증상이 나타나기 쉬우므로 평소보다 물을 충분히 마시게 합니다. 특히 분유를 먹는 아이라면 땀 배출로 인해 탈수 증상이 더욱 심하게 나타날 위험성이 큰 만큼 수시로 물을 먹여주세요.

수면 시간을 늘려주세요

땀을 많이 흘리면 지치고 피곤해져요. 이럴 땐 평소보다 수면 시간을 좀 더 늘려 충분히 쉴 수 있게 해주세요. 잠이 부족해지면 몸이 더욱 축 처질 수 있습니다. 흐르는 땀 때문에 잠을 청하기 힘들다면 적당한 냉방으로 쾌적한 실내 환경을 만들어줍니다.

식습관에도 신경을 써야 합니다

자극적인 음식이나 뜨거운 음식도 땀 분비를 증가시키므로 되도록 피하도록 합니다. 또 너무 차가운 음식을 먹으면 우리 몸에서 체온이 떨어진 것으로 인식해 더 많은 땀을 배출할 수 있습니다. 대신 무기질과 수분이 풍부한 과일과 채소를 많이 먹도록 해주세요.

 Dr. B의 우선순위 처치법

1. 땀을 많이 흘리면 탈수 증상이 생기지 않도록 물을 충분히 마시게 합니다.
2. 땀을 흘리면 피곤해지기 쉬우니 충분한 수면과 휴식을 하게 해요.
3. 대부분 별문제 없지만 땀을 많이 흘리면서 미열이 계속될 때는 병원으로 가요.

땀띠

피부가 접히는 부위에 붉은색 발진이 생기며 가려워요.

체크 포인트

☑ 날씨가 더울 때 과도한 땀이나 자극으로 붉은색 발진과 물집이 생겨요. 땀띠는 무엇보다 피부를 시원하게 해주는 것이 우선입니다. 땀이 나면 바로 닦고 옷도 자주 갈아입히세요. 미지근한 물로 자주 목욕하고 물기를 잘 말려줍니다. 대개 땀띠는 별다른 치료를 하지 않더라도 이 정도의 조치만으로 좋아집니다.

☑ 땀띠가 돋으면 가려움 때문에 손톱으로 긁어 세균에 감염될 가능성이 커집니다. 증상이 심하다면 병원 진료를 먼저 받는 것이 좋아요.

☑ 베이비파우더는 땀띠가 이미 생긴 곳이나 몸에 직접 뿌리지 않습니다. 엄마 손에 베이비파우더를 덜어 조금씩 사용해주세요.

☑ 실내를 적정 온도 24℃와 습도 50~60%를 유지해 쾌적한 환경을 만들어주세요.

너무 흔해 오히려 잘 모르는 땀띠

피부
질환

땀띠는 여름뿐만 아니라 겨울에도 생겨요

땀띠는 땀샘의 구멍이 막혀 땀이 제대로 나오지 못해 솝쌀같이 돋아나는 것을 밀합니다. 대부분 날씨가 더운 여름철에만 땀띠가 올라온다고 생각하지만, 영유아의 피부 구조는 성인에 비해 땀샘의 밀도가 높고 표면적당 땀의 양이 2배 이상 되기 때문에 계절에 상관없이 언제나 땀띠가 발생할 수 있어요. 땀띠는 크게 걱정할 문제는 아닙니다. 아이가 너무 덥다고 느끼지 않게 상태를 봐가며 적절한 조치를 하면 됩니다. 그러나 땀띠가 생길 정도로 아이를 덥게 키우면 자칫 열사병과 같은 상태로 악화할 수 있어요. 또 아이가 스스로 체온을 조절할 수 없게 되어 정상보다 훨씬 체온이 높아져 탈수 상태를 일으킬 수 있으므로 주의해야 해요. 땀띠는 치료하지 않더라도 위험한 합병증을 동반하는 것은 아니지만, 분명히 짚고 넘어가야 할 부분은 있습니다.

땀이 많은 아이라면 더욱 잘 생겨요

땀은 우리 몸의 체온을 조절하고, 몸속에 생긴 노폐물을 수분의 형태로 내보내는 역할을 합니다. 그런데 땀이 나오는 땀구멍이 막히면 땀이 분비되지 못하고 축적되면서 땀샘에 염증이 생겨요. 그게 바로 땀띠입니다. 땀띠는 목 주위, 사타구니, 팔과 다리의 살이 접히는 부위 등 땀이 많이 차는 부위를 중심으로 나타나요. 땀띠가 나면 피부가 습해지면서 곰팡이균이 과다 번식해 발진, 가려움증 등을 발생시킬 수 있습니다. 특히 아이들은 땀띠가 생겨 간지러움을 느끼면 손톱으로 긁기 쉬운데, 긁다가 상처가 나면 세균이 침투해 염증이 생겨 고름이 잡히기도 합니다. 또 땀띠를 그대로 두면 그 부위가 점점 넓어지면서 땀샘이 제 기능을 못 해 땀 분비가 잘되지 않을 수도 있지요. 이렇게 되면 아이가 기운이 없어지고 숨쉬기도 힘들어하며 맥박이 빨라지거나 체온이 올라가는 증상이 나타납니다.

땀띠가 났는데 어떻게 할까요?

초기 관리가 중요해요

땀띠가 생기는 초기에는 하얀색을 띠다가 점차 염증을 일으키면서 붉은 땀띠로 변해갑니다. 흰 땀띠일 때는 가렵지 않은 데 비해 붉은 땀띠로 변했을 때는 몹시 가렵고, 따끔따끔해 아이들은 참지 못하고 긁고 말아요. 이때 초기 관리를 잘 해줘야 2차 감염을 막을 수 있습니다. 손톱으로 땀띠 난 부위를 긁게 내버려두면 심할 경우 피부 깊숙이 균이 침입해 봉소염이나 농이 생길 위험성이 생겨납니다. 땀띠는 여름철에 쉽게 걸리는 질환이고 관리에 따라 쉽게 낫기도 하지만 그냥 두면 염증과 고열을 동반하는 피부 질환으로 변할 수도 있어요. 즉, 투명하게 물집이 잡히는 경우 외에 염증이 생겨 빨갛게 변한 상태가 되면 의사를 찾아 치료를 받는 것이 좋습니다.

서늘하게 하는 것이 제일 좋은 방법!

땀이 많으면 목욕을 자주 시켜주고 물기를 꼼꼼히 닦아 잘 말려줍니다. 옷도 피부에 꽉 끼지 않는 헐렁한 면 옷으로 입히고, 땀이 나면 바로 닦아주거나 갈아입히세요. 보

닥터's advice

땀띠 vs. 발진, 어떻게 구별하나요?

아이에게 나타나는 피부 트러블이 땀띠인지, 발진인지, 아토피인지 부모는 헷갈리기 마련입니다. 증상이 심하면 의사의 진료를 받아 정확히 파악합니다. 구별하는 방법을 알려드릴게요.

- **땀띠** 여름철에는 더위뿐만 아니라 감기로 인해 땀이 많이 나면서 땀띠가 발생하기도 합니다. 땀띠도 심하면 머리나 목 주위뿐만 아니라 등이나 복부, 팔다리에도 생기는데, 피부가 가렵고, 빨갛게 돋아나며, 염증을 동반한다면 땀띠를 의심해볼 수 있습니다.
- **발진** 보통 고열이 있다가 열이 내리면서 나타나는데, 발진만 돋고 그 외 특별한 증상이 없으면 '돌발성 발진'을 의심해볼 수 있습니다. 흔히 '열꽃'이라고 부르는 것이 이에 해당합니다. 가려움이 없고 발진의 붉은 기운도 시간이 지나면서 점점 옅어지는 게 특징이에요. 안정을 취하고 수분을 적절히 보충하면 일주일 내에 증상이 좋아집니다.

동의 땀띠라면 별다른 치료를 하지 않더라도 이 정도 대처만으로도 금방 좋아집니다. 피부를 시원하게 해주고 땀으로 생긴 습한 상태를 뽀송뽀송하게 해주는 것이 최선입니다.

파우더는 땀띠가 생긴 곳에 바르지 않아요

목욕 후 아이의 피부를 뽀송뽀송하게 만들기 위해 파우더를 사용하는데, 되도록 사용하지 않는 편이 좋습니다. 만약 사용한다면 반드시 습기가 없는 피부에만 사용하세요. 물기가 있거나 땀띠가 난 부위에 그대로 파우더를 바르면 파우더 가루가 오히려 피부의 호흡을 막고 세균이 번식할 위험성을 높입니다. 파우더는 땀이나 물기, 연고, 오일 등이 묻지 않은 상태에서만 사용하세요. 아이의 피부 상태나 환경에 맞게 선택적으로 사용하기를 권합니다.

목욕할 땐 피부의 자극을 줄여주세요

땀띠가 났을 때는 피부 자극을 최대한 줄여주는 게 좋습니다. 그러므로 비누는 굳이 사용하지 않아도 되며, 목욕할 때마다 비누를 쓰는 것은 피해야 합니다. 비누를 사용할 땐 엄마 손에 거품을 낸 후 그 거품으로 닦아주는 게 덜 자극적입니다. 또 소금물이 땀띠에 효과적이라는 말이 있어 소금으로 아이의 피부에 대고 문지르거나 땀띠 부위에 소금물을 묻혀 말리는 부모가 있습니다. 오히려 아이 피부를 악화시킬 뿐 땀띠 치료에 전혀 도움이 되지 않습니다.

병원 진료가 필요할 때도 있어요

땀띠가 막 나기 시작하는 초기에는 별다른 치료 없이 시원하게만 해주어도 금방 낫습니다. 그러나 땀띠가 심해지면 피부과 의사의 진료를 받아야 합니다. 땀띠가 심해졌는데도 가볍게 생각해 병원을 찾지 않고 연고나 민간요법만으로 땀띠 증상을 해결하려 하면 오히려 증상이 나빠질 수 있어요. 자칫 칸디다균 등이 침범해 농양이 생기는 등 큰 병이 될 수 있으므로 가볍게 생각하지 말고 증상이 오래 계속되거나 상태가 좋아지지 않는다면 피부과 의사를 찾아갑니다.

땀띠는 예방이 답입니다

잠잘 때 시원하게 해주세요

아이들은 잠자리에서 땀을 많이 흘려요. 자는 동안 땀을 흘리지 않도록 시원하게 해 줍니다. 단, 아이가 자는 방 안에 직접 선풍기를 돌리기보다 방문을 열고 문밖에서 틀어 공기가 순환되게 해주세요. 아이가 누워서 자는 잠자리에 거즈로 만든 이불이나 수건을 깔아주는 것도 땀 흡수를 도와 땀띠를 예방합니다.

땀이 나면 자주 닦아주세요

돌 전 아이들은 목이나 팔 등 살이 접히는 부위가 많아 그 주변으로 땀띠가 많이 생깁니다. 땀이 나면 그때그때 자주 닦아주고 기저귀를 채운 아이라면 엉덩이 부위에 땀이 차지 않도록 더욱 신경을 써줘야 합니다. 땀을 흡수시킨다고 손수건이나 물티슈 등을 아이 피부에 감아두면 안 돼요. 손수건에 흡수된 땀이 오히려 피부를 축축하게 만들어 땀띠가 더 잘 생길 수 있습니다.

옷은 되도록 헐렁하게, 하지만 꼭 입혀야 해요

덥다고 집 안에서 옷을 벗겨놓는 것보다 땀 흡수력이 좋은 얇은 면 소재의 옷을 자주 갈아입히는 것이 효과적입니다. 옷을 입지 않으면 땀이 흡수될 방법이 없어 피부에 땀이 차는 결과를 초래하지요. 피부 자극이 덜하고 흡수력이 강한 순면 소재의 옷을 공기가 잘 통하도록 헐렁헐렁하게 입혀주세요.

 Dr. B의 우선순위 처치법

1. 아이가 땀을 흘리지 않도록 시원하게 해줍니다.
2. 땀이 나면 자주 닦아주고 목욕 후 잘 닦아 말려주세요.
3. 땀띠가 난 부위를 긁지 않도록 주의해야 해요.
4. 땀띠가 오래 계속되거나 증상이 나아지지 않으면 피부과 의사를 찾아가요.

마른버짐

피부에 하얀 비듬 같은 각질이 생겨요.

체크 포인트

☑ 얼굴이나 몸에 마른버짐처럼 보이는 증상이 생기면 피부과 의사의 진찰을 받는 게 가장 확실한 방법입니다.

☑ 피부가 희끗희끗하다고 해서 다 마른버짐은 아닙니다. 진단이나 정도에 따라 치료 방법이 달라지므로 함부로 아무 연고나 바르지 마세요.

☑ 마른버짐은 심한 각질이 일어나는 피부 질환에 속해 보습이 중요합니다. 최대한 피부에 자극을 주지 않고 목욕한 다음, 각질이 일어난 부위를 중심으로 보습제를 충분히 발라주세요.

희끗희끗 하얀 각질이 생겨요

어떤 버짐이냐에 따라 치료가 달라요

"아이 얼굴에 생긴 게 버짐인가요?"라는 질문에 선뜻 대답하기 어려울 때가 있습니다. 아이를 보살피는 엄마들이 생각하는 '버짐'과 의사들이 생각하는 '버짐'의 개념이 서로 다르기 때문입니다. 버짐은 피부과학적 용어가 아니어서 의학사전에 나오지 않아요. 다만 백선균에 의해 일어나는 피부병 혹은 은백색으로 피부 각질이 두꺼워지는 건선, 피부 색소가 희끗희끗해지는 백색비강진 등을 포괄하는 개념으로 쓰이고 있습니다. 이처럼 비슷한 양상들을 한마디로 뭉뚱그려 버짐이라 부르기 때문에 여러 가지 오해가 따릅니다. 하지만 버짐 중에서도 어떤 종류의 버짐이냐에 따라 치료 방법이 전혀 달라지므로 비슷한 증상을 보인다고 해서 임의로 치료하는 것은 위험해요. 올바른 치료를 위해선 확실히 감별할 수 있는 피부과 의사에게 진단받는 것이 좋습니다. 그중에서도 버짐을 거론할 때 대부분 떠올리는 증상과 가장 유사한 점이 많은 마른버짐에 대해 살펴보겠습니다.

아이 얼굴에 하얀 분가루를 바른 듯 나타나요

마른버짐은 쉽게 건조해지는 겨울철이나 환절기에 많이 생겨요. 피부에 작은 좁쌀처럼 발진이 생겨나고, 그 부위에 하얀 비듬 같은 각질이 겹겹이 쌓이는 만성 피부병이

 닥터's advice

❓ **마른버짐과 헷갈리기 쉬운 여러 질환**

• **버짐** 백선균에 감염되어 생기는데, 동전 크기의 둥그런 병변 부위가 마치 생선 비늘 벗겨지듯 피부 각질이 벗겨져요. 얼굴에 생기는 것을 버짐이라 하고, 머리에 생기는 것을 백선이라고 합니다. 날씨가 추워지고 습도가 낮아지면 피부의 수분이 빠져나가 건조한 피부를 가진 아이일수록 얼굴 버짐이 심해질 수 있습니다.

• **백색비강진** 얼굴이나 몸에 흰 얼룩이 생기는 백색비강진은 흔히 마른버짐이나 흰 버짐으로 불려요. 원형 또는 타원형의 흰 점이 얼굴이나 발, 목, 어깨 등에 자주 나타납니다. 평소 피부가 건조한 아이들에게 많이 나타나긴 하지만, 증상이 오래가거나 빠르게 번지지는 않아요. 충분한 보습과 관리로 수개월에서 수년 후에는 대부분 정상적인 피부로 돌아옵니다.

• **백반증** 색소가 없어져 하얀 반점이 생기는 피부 질환입니다. 정확한 원인은 알 수 없고, 다만 가족력이 있는 것으로 알려져 있습니다. 백반증은 갑자기 시작되는 경향이 있는데, 특히 야외 활동이 늘어나는 시기에 발견되는 경우가 많습니다. 야외 활동으로 갑자기 생긴 것이 아니라 야외 활동을 통해 피부가 검게 타면서 백반증 부위가 도드라져서 발견되는 것이지요. 백반증 증상 대부분은 빨리 치료를 시작할수록 치료 결과가 좋으므로 조기에 진단을 받고 전문적으로 치료하는 것이 중요합니다.

지요. '건선'이라고도 불리며 시간이 지나면서 비듬처럼 보이는 각질이 생선 비늘처럼 겹겹이 쌓이는 모습을 보입니다. 통상적으로 팔꿈치와 무릎에 가장 흔하며, 무릎 뒤쪽과 엉덩이 주위, 겨드랑이 아래와 같이 피부와 피부가 접촉하는 부위에서 많이 나타납니다. 아이가 대소변을 가리기 전 기저귀를 차는 부위에 이런 증상이 나타나면 심한 기저귀 발진으로 오인하기도 합니다. 건선은 이 밖에도 머리와 등, 가슴, 배, 얼굴 등의 부위에 생기기도 합니다. 특히 두피에 건선이 생기면 비듬이 심각한 것으로 착각하기도 합니다.

원인은 아직 몰라요

피부의 면역체계가 바이러스나 박테리아 감염, 피부의 상처, 벌레 물림 등에 반응하여 생기는 것으로 알려져 있습니다. 피부 안의 면역물질 때문에 원래 속도보다 각질이 더 빨리 자라고 벗겨져서 염증을 일으키는 것이지요. 피부를 접촉한다고 해서 전염되지는 않아요. 마른버짐은 가족력이 있으면 유전될 때가 많습니다. 부모 중 한 명이 마른버짐 증상이 있으면 아이도 마른버짐이 나타나기 쉽습니다. 보통 10대 이후에 처음 증상이 나타나요. 그러나 어린 시절에 마른버짐이 있었더라도 성장하면서 사라지거나 증상이 완화되는 경우도 있습니다. 증상의 시작과 끝, 지속 기간은 개인차가 있어서 나중에 어떻게 진행될지 정확히 예측하기는 어려워요.

마른버짐 치료, 어떻게 하나요?

심하면 피부과 의사의 진찰을 받아요

피부 질환은 전문가가 아니면 비슷한 증상 때문에 병명을 잘못 진단할 수 있어요. 그러므로 증상이 심하다면 소아청소년과보다는 피부과 의사에게 좀 더 정밀한 진찰을 받을 것을 권합니다.

충분한 수분 공급이 중요해요

아이의 피부가 건조해지지 않도록 환경을 개선하고 보습제를 충분히 발라주세요. 또한 정기적으로 목욕을 시켜주는 것도 도움이 됩니다. 이때 미지근한 물로 씻기고, 비누 사용을 최대한 줄이세요.

각질을 억지로 떼어내면 안 돼요

단순히 각질이 심하게 일어난 것으로 생각해 각질을 억지로 문질러 떼어내거나 때를 미는 것은 도움이 되지 않아요. 가렵다고 피부를 긁어 자극을 주면 증상이 나빠질 수도 있으므로 되도록 긁지 않는 것이 좋습니다.

햇볕을 쬐면 좋아요

드물지만, 햇볕에 약간 노출하는 것만으로도 마른버짐이 사라지는 경우가 종종 있습니다. 이런 이유로 간혹 마른버짐으로 고생하던 아이가 여름철에는 피부가 좋아지기도 해요. 하지만 햇빛에 오래 노출될 경우 피부 손상의 위험이 있기에 강도나 횟수를 적당히 조절해야 합니다. 정오 시간 때 약 5분 정도 마른버짐 부위를 노출하는 것으로 시작해, 일주일 동안 매일 2~3분씩 점점 노출 시간을 늘려보세요. 단, 아이가 햇빛에 민감한 반응을 보이면 그만둬야 합니다.

 Dr. B의 우선순위 처치법

1. 증상이 심하면 피부과 의사의 진단을 받습니다. 절대 아무 연고나 바르지 마세요.
2. 피부가 건조해지지 않도록 물을 충분히 섭취하고, 보습제를 수시로 발라줘요.
3. 2차 감염이 생기지 않게 아이가 긁지 않도록 주의를 주세요.

벌레에 물렸을 때

붓고 화끈거리고 가려워요.

체크 포인트

☑ 모기나 벌레에 물렸어도 염증이나 알레르기 반응이 생기지 않으면 크게 걱정할 필요는 없어요. 다만, 물린 부위가 많이 붓고 딴딴해지면서 화끈거리기까지 한다면 병원 치료를 받아야 합니다.

☑ 물린 곳이 가려워 긁으면 손톱에 있던 세균 때문에 염증이 생길 수 있어요. 아이 손톱부터 짧게 자르고, 계속 가려움을 호소한다면 냉찜질을 해줘요.

☑ 벌레에 잘 물리는 아이라면 벌레가 많은 장소에 갈 땐 미리 벌레 퇴치용 약을 바르고 갑니다.

으악! 벌레에 물렸어요

여름이면 모기를 비롯해 각종 벌레와의 전쟁이 시작되지요. 굳이 여름철이 아니더라도 야외 활동을 많이 할 때는 모기, 벌, 개미 같은 벌레의 습격을 피할 수 없습니다. 벌레에 물렸다고 반드시 감염되는 것은 아니지만, 알레르기나 긁어서 염증이 생기면 심각한 경우 온몸에 반점이 생기고 쇼크까지 올 수 있어요. '그깟 벌레쯤' 하며 가볍게 여길 문제만은 아닙니다. 아이가 벌레에 물리거나 벌에 쏘였을 때 어떻게 대처하면 좋을까요? 각종 벌레에게 물렸을 때 어떻게 대처하는지, 예방하는 방법이 있는지 알아볼게요.

모기에 물렸을 때

아이들은 유독 모기에 잘 물려요

아이들이 어른에 비해 모기에 잘 물리는 이유가 있어요. 모기는 땀과 함께 배출되는 젖산 냄새나 이산화탄소의 농도로 공격 대상을 찾아요. 아이들은 성인보다 호흡수가 많아 상대적으로 이산화탄소를 자주 내뱉어 모기에게 잘 물리지요. 모기에 물린 부위가 가려운 이유는 모기에 들어 있는 침 성분 때문입니다. 모기가 피를 빨아먹는 동안 모기의 타액이 사람의 혈관에 닿는데, 이 타액에는 항혈액응고제와 항원 물질이 들어 있어요. 이것들이 알레르기 반응을 일으켜 가려움증을 일으킵니다. 모기에 물려도 염증이나 알레르기 반응이 생기지 않으면 이처럼 약간 간지럽다가 괜찮아지는 게 대부분입니다.

 닥터's advice

❓ 침 바르지 마세요

모기에 물리면 몹시 가려운데, 그 부위에 침을 묻히고 손바닥으로 찰싹 때리면 가렵지 않다는 속설을 들어본 적 있을 거예요. 침을 바르는 순간은 가려움증도 없어지고 시원해지는 느낌에 치료가 되는 듯한 기분이 들 순 있습니다. 하지만 이는 산성을 띠는 벌레의 독성분을 알칼리성 침이 중화시켜 피부 자극을 줄여주는 효과일 뿐 치료와는 아무 상관이 없어요. 오히려 침 속의 세균이 피부에 침투해 상처 부위를 덧나게 하거나 병원균을 옮길 수도 있는 만큼 상처 부위에 침을 바르는 일은 절대 삼가야 합니다.

가려워 긁다 보면 염증이 생기거나 붓기도 해요

모기에 물렸을 때 가볍게 부어오르다가 가라앉으면 신경 쓸 필요가 없습니다. 하지만 간혹 알레르기 반응을 일으키거나 물린 부위가 많이 부어오르고 단단해지며 화끈거리면 병원을 방문해 치료를 받는 편이 좋습니다. 또 아이들은 물린 부위가 매우 가려워 참지 못하고 긁는데, 반복적으로 긁으면 손톱에 있는 균이 들어가 염증이 생겨요. 또, 진물이 나거나 화농이 생겨 더 심하게 붓습니다. 이때 모기에 물린 것쯤이야 하고 대수롭지 않게 여겼다가는 나중에 상처를 째서 치료해야 할 정도로 심각해집니다. 그러므로 모기 물린 부위가 단순히 부은 정도를 넘어 염증까지 생겼다면 주의를 기울여 관리해야 합니다.

물린 부위와 손은 깨끗이 씻기고, 손톱은 최대한 짧게 깎아주세요

모기에 물린 곳이 심하지 않을 땐 집에서 자가 치료해도 됩니다. 물린 양상이 어떤지에 따라 치료가 달라지겠지만, 상처 부위가 빨갛게 부어오르거나 통증이 있다면 얼음 찜질이 효과적이에요. 먼저 물린 부분을 비누로 깨끗이 닦아준 다음 냉찜질을 해주세요. 벌레에 물렸을 때 칼라민 로션과 같은 약을 피부에 바르는 것도 도움이 됩니다. 또 물린 곳을 긁어 덧나지 않게 하는 것이 중요하므로 아이 손톱은 최대한 짧게 깎아줍니다. 대부분 가려운 증상은 1~2시간 후면 좋아져요. 물린 부위가 가라앉지 않고 수포가 생기거나 진물이 나면 병원에 가서 치료를 받습니다.

 ## 벌에 쏘였을 때

벌에 쏘인 즉시 병원으로 가요

아이가 공원이나 숲속을 거닐다 벌에 쏘였다면 가까운 병원에서 바로 치료하는 것이 가장 좋습니다. 벌에 쏘였다고 당장 문제가 되는 것은 아니에요. 하지만 간혹 아주 위험한 상황에 빠지는 경우가 있어 신속하게 대처해야 합니다. 인근에 병원이 없거나 상황이 여의치 않다면 먼저 피부에 박힌 벌침부터 빼주세요. 벌에 쏘인 부위에 벌침이 제거되지 않고 계속 남아 있으면 독소가 피부로 들어가 증상이 나빠지기 때문입니다.

먼저 침을 제거하는 것이 급선무예요

말벌과 황벌은 그냥 찌르기만 하고 날아가므로 피부에 침이 남아 있지 않아요. 반면 꿀벌은 침을 한 번밖에 쏘지 못해 대부분 피부에 박혀 있습니다. 벌에 쏘인 부위를 살펴봤을 때 침이 남아 있다면 신속히 제거해야 해요. 제거하지 않을 경우 침에서 독이 약 20분 동안이나 계속 나와 몸 안으로 흡수되어 증상을 악화시키기 때문입니다. 침은 부드럽게 제거해야지 억지로 짜거나 누르면 침에 남아 있는 독소를 피부로 더욱 주입하는 결과를 초래합니다. 또 손톱으로 벌침을 빼려다가 벌침 끝에 있는 독주머니가 터져 도리어 많은 독이 온몸으로 퍼질 수 있으므로 바늘, 핀셋 등 뾰족한 것을 이용해 조심스럽게 빼내는 게 요령입니다. 침의 끝부분을 집어서 제거하기보다 신용카드 등을 이용해 침을 피부와 평행하게 옆으로 긁어가면서 제거하는 것도 좋은 방법입니다.

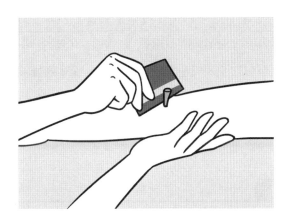

▲신용카드로 긁어가면서 침을 제거하는 모습

쇼크가 일어날 수 있으니 주의를 늦춰선 안 돼요

침을 제거한 후에는 벌에 쏘인 자리를 비누와 물로 씻어내고 2차 감염을 예방해요. 벌에 쏘인 부위가 가려움과 약간의 통증 정도만 남았다면 스테로이드 연고를 발라주거나 진통제를 먹이면 됩니다. 또 15~20분간 얼음주머니를 대주면 통증과 부기가 가라앉고, 독소 흡수 속도를 늦추는 데 도움이 돼요. 하지만 벌에 쏘인 후 15분 이내에 쇼크나 호흡곤란, 두드러기 등의 증상이 발생하면 즉시 병원으로 가야 합니다. 이런 증상이 벌에 쏘인 후 15분 이내에 발생하거나 혹은 증상이 더 빨리 나타날수록 상태가 더욱 심각합니다. 호흡곤란을 일으키지 않게 머리를 뒤로 젖혀 기도를 확보한 뒤 두 다리를 높이 올린 자세로 곧바로 병원으로 향합니다. 과거에도 벌에 쏘인 후 알레르기 반응을 일으킨 적이 있는 아이가 다시 벌에 쏘였을 땐 쇼크 증상이 더욱 심하게 나타날 수 있는 만큼 한층 주의를 기울여야 합니다.

개미에게 물렸을 때

따끔거리고 가려운 게 전부예요

개미가 물면 따끔거리고 약간 발갛게 되기는 하지만 심하게 붓는 일은 거의 없습니다. 대신 불개미가 사람을 물면 즉석에서 피부가 벌겋게 되고 통증과 가려움증이 동시에 생깁니다. 불개미는 노출된 피부보다는 옷 속에 기어들어 와 깨무는 게 보통입니다. 불개미에 물린 아이는 간지러운 듯 옷 속을 마구 털고 흔듭니다. 그러면 불개미는 흥분해서 더 많이 물게 되지요. 불개미에는 강한 산성을 띠는 독성 물질이 있어 이것이 피부에 침투하면서 통증과 가려움증, 부종을 일으켜요. 불개미에 물렸을 때는

 닥터's advice

> ❓ **벌레의 종류에 따라 물린 부위와 증상은 어떻게 다를까요?**
>
> • **모기처럼 날아다니는 벌레** 피부가 노출된 곳을 주로 뭅니다. 이런 벌레에 물리면 몇 분 후 심한 가려움증과 함께 피부가 붉게 튀어나오는 병변이 나타납니다.
>
> • **개미처럼 기어 다니는 벌레** 옷을 입고 있는 부위는 물론이고 몸 어느 곳이나 물 수 있습니다. 벼룩에 물린 자국은 모기에 물린 모습과 비슷하며 벼룩의 침에도 모기처럼 히스타민 성분이 있어서 무척 가렵습니다. 개미에 물리면 가렵기도 하지만 따끔한 통증을 동반해요. 심한 경우엔 전신에 피부 발진이 생기기도 합니다.

물집이 생기거나 몸에 두드러기가 나고 호흡곤란 등의 증상을 보일 수 있으므로 곧바로 병원에 가야 합니다.

염증이 생길 수 있으니 긁지 않게 해주세요

개미에 물리면 물린 그 자체보다는 가려워서 긁다가 염증이 생겼을 때 문제가 됩니다. 개미에게 물리면 가려워서 긁게 마련인데, 긁어서 난 상처를 통해 손톱 속의 균이 피부에 침입할 수 있어 자칫 염증이나 화농으로 번질 가능성이 커집니다. 개미에 물리면 우선 물린 부위를 잘 씻어주고, 아이의 손톱을 짧게 깎아줍니다. 특히 손을 자주 씻어 긁더라도 염증이 적게 생기게 신경을 쓰세요. 방 안에 개미가 많이 보일 때는 음식 부스러기가 없도록 자주 청소하고, 아이 몸을 깨끗하게 잘 닦아주며, 옷에 젖이나 분유가 떨어지면 바로 갈아입힙니다.

 # 진드기에 물렸을 때

여러 가지 질병에 걸릴 수 있어요

진드기는 한번 사람 몸에 붙으면 강력 본드처럼 피부에 딱 달라붙어 길게는 10일 동안이나 피를 빨아 먹습니다. 진드기는 알려진 '중증 열성혈소판감소증후군(SFTS)' 외에도 다양한 병을 옮깁니다. 털진드기는 쓰쓰가무시병, 광대참진드기는 홍반열, 참진드기는 라임병을 옮깁니다. 이제는 친숙한 이름이 되어버린 집먼지진드기 역시 꽃가루 등과 함께 알레르기 유발 물질에 속하지요.

풀숲이나 야산에 갈 때는 진드기를 조심해요

가장 치명적인 진드기는 살인 진드기라 불리는 '작은소참진드기'입니다. 중증 열성혈소판감소증후군이란 다소 어려운 이름의 질병이 바로 작은소참진드기에 물렸을 때 걸리는 질환입니다. 국내 산야에 서식하는 대표적인 야생 진드기로 농촌 지역 풀숲이나 야산 주변에 사는 야생 진드기의 70% 이상을 차지하죠. 작은소참진드기는 유충

내 크기가 1㎜가량이어서 시력 좋은 사람은 맨눈으로 발견할 수 있어요. 성충이 되면 3㎜로 자라며 피를 빤 뒤엔 그 10배인 3㎝로 대단히 커져요. 도시 주변이라도 우거진 풀숲이나 야산에서 활동할 때는 특히나 이 진드기를 주의해야 합니다.

초기 증상이 독감이나 식중독과 비슷해 구별이 어려워요

진드기에 물리면 피가 나고 딱지가 생기며 피부에 작은 구멍이 뚫려 육안으로도 확인됩니다. 이런 상처가 나 있는 상태에서 중증 열성혈소판감소증후군 바이러스를 지닌 진드기에 물리면 1~2주 잠복기를 거친 뒤 감기 증상과 비슷하게 열이 나거나 근육통이 생겨요. 더 진행되면 설사나 근육통이 심해지다 나중엔 의식이 희미해집니다. 심한 경우엔 상태가 나빠져 숨지기도 합니다. 하지만 중증 열성혈소판감소증후군은 잠복기가 길고 초기 증상이 독감이나 식중독과 비슷해 증상만으로 정확하게 진단하기 어렵습니다. 따라서 야외 활동 후 열·구토·설사 증상을 보이면 가까운 병원을 찾아 원인을 정확히 밝히는 게 중요합니다.

진드기에 물리지 않는 게 최선의 예방책이자 치료법

현재 진드기로 인한 가장 치명적인 질병인 중증 열성혈소판감소증후군 바이러스에 대한 예방백신이나 치료약은 없어요. 진드기에 물리지 않는 것이 최선의 대처법입니다. 특히 작은소참진드기가 활발히 활동하는 봄, 가을에 풀숲이나 덤불 등 진드기가 많이 서식하는 장소는 피합니다. 부득이 가야 할 때는 긴 소매·긴 바지, 다리를 완전히 덮는 신발을 착용해 피부의 노출을 최소화합니다. 야외 활동 후 돌아와선 진드기에 물린 흔적이 있는지 반드시 확인해보고, 혹시라도 진드기에 물렸다면 억지로 뜯어내거나 진드기의 침을 손으로 털어내지 마세요. 핀셋으로 뽑아내는 등 응급처치를 한 다음 최대한 빨리 병원에 가서 치료받아야 합니다. 자칫 진드기를 무리하게 잡아당기면 진드기의 일부가 피부에 남을 수 있습니다.

나방에 물렸을 때

독나방이 사람 피부에 달라붙으면 알레르기 반응을 일으킬 수 있어요

나방은 사람 몸에 해를 입히거나 감염병을 옮기는 위생해충과 그렇지 않은 산림해충으로 나뉘어요. 위생해충 중 가장 문제가 되는 것은 '독나방'입니다. 독나방의 생김새는 나비와 유사하지만, 앞발에 노란 무늬가 있는 것이 특징이에요. 사람 피부에 달라붙으면 알레르기 반응을 일으켜 조심해야 합니다. 독나방에게 물리면 몹시 가렵거나 좁쌀 같은 것이 돋아나 1~2시간 동안 증상이 계속됩니다. 물린 부위는 가능한 한 손으로 만지지 말아야 하며, 물로 잘 씻어낸 뒤 거즈로 털이나 가루를 닦아내고 병원을 찾아가는 것이 좋습니다.

나방 가루가 닿으면 피부 질환이 생기기도 해요

나방에게 물리기도 하지만 나방이 날아다닐 때 뿌리는 나방가루가 묻는 경우도 흔히 발생합니다. 피부에 나방가루가 닿으면 빨간 발진이나 팽진, 수포 등의 피부 질환이 발생할 수 있어요. 자칫 나방가루가 눈에라도 들어가면 통증이 심해지고 결막염이나 각막 손상도 입히는 만큼 신속하게 응급처치를 한 다음 병원을 찾아야 합니다.

 Dr. B의 우선순위 처치법

1. 긁어서 세균 감염이 되지 않도록 냉찜질로 가려움을 완화해주세요.
2. 벌에 쏘였을 때는 핀셋, 카드 등으로 조심스럽게 침을 제거해주세요.
3. 1차 응급처치 후 증상이 심해지면 병원으로 바로 가세요.

벌레, 이렇게 예방할 수 있어요!

1 야외 활동을 할 때 되도록 피부 노출을 최소화해요

바깥 활동을 해야 한다면 긴 옷과 목이 긴 양말 등을 입고 신어 피부 노출을 최소화합니다. 풀밭 위에 옷을 벗어놓지 않도록 하고 야외 활동 후 돗자리와 입었던 옷은 전부 깨끗이 세탁하며, 반드시 샤워 후에 잠자리에 들게 합니다.

2 향이 있는 로션이나 음식은 피해요

향수나 향이 나는 로션 등은 벌레들의 표적이 되기 쉬우므로 가능한 한 사용하지 마세요. 아이들이 좋아하는 단맛이 나는 음료나 음식물도 야외 활동을 할 때는 가급적 피해요. 단맛의 냄새를 맡고 온 벌레들이 음료수나 음식물에 붙어 있는 것을 모르고 무심코 먹어 입술이나 혀 등 얼굴에 상처를 입을 수 있으므로 조심해야 합니다.

3 곤충기피제를 적절히 사용해요

모기, 진드기 등 각종 벌레를 쫓는 제품이 다양하게 나와 있으니 잘 활용하는 것도 방법입니다. 하지만 곤충기피제라도 옷에만 뿌려야 하는 성분과 몸에 직접 뿌려도 무방한 성분이 있으므로 사용 전 반드시 사용법을 숙지하고 이에 맞게 사용합니다. 몸에 직접 사용 가능한 제품이라 하더라도 상처 부위에 뿌리거나 햇빛에 그을린 피부에 사용하면 자극을 줄 수 있어요. 사용 후에는 비누 거품으로 깨끗이 씻어내는 것도 잊지 마세요.

비립종

얼굴에 하얀 좁쌀 같은 뽀루지가 났어요.

체크 포인트

☑ 신생아 얼굴에 좁쌀처럼 나는 뽀루지는 비립종으로 별다른 치료 없이 저절로 좋아집니다.

☑ 눈꺼풀, 뺨, 이마에 주로 생기는데, 가렵지 않고 통증도 없으며 염증을 일으키지 않기 때문에 굳이 제거하지 않아도 건강에 지장이 없어요.

☑ 비립종을 자꾸 만지거나 짜는 것은 좋지 않아요. 자칫 흉터가 생길 수 있으므로 억지로 제거하지 마세요.

신생아 얼굴에 난 오톨도톨한 잡티

신생아의 얼굴 특히 코와 뺨, 턱, 이마와 눈 주위에 자잘한 물집 같은 것이 촘촘히 생길 때가 있습니다. 뽀루지처럼 보이지만 특별한 발진 증상이 없다면 대부분 비립종이에요. 흰색이나 노란색 점 같은 알갱이가 들어 있어 마치 여드름이 난 것으로 착각하기 쉽습니다. 비립종은 생후 2주 내 신생아에게 흔히 나타나며 4~6주 안에 깨끗하게 사라집니다. 얼굴에 붉은 반점이 있는 신생아도 있는데, 이 역시 6주 내에 사라집니다.

비립종은 왜 생기는 걸까요?

자연적으로 생겨나는 원발성 비립종

원발성 비립종은 특별한 원인 없이 자연적으로 발생합니다. 신생아에게 주로 나타나며, 코 주위, 이마나 뺨 등에 뭉쳐서 생겨요. 2~3주 안에 수포가 피부 표면에서 터지고 내용물이 떨어지면서 곧바로 자연 소실되므로 특별히 치료하지 않습니다.

피부 손상으로 나타나는 속발성 비립종

선천적 원인 외에도 심한 피부염이나 피부 박피, 화상이나 물집 등 피부 손상으로 스테로이드제를 오랫동안 사용했을 때 나타날 수 있어요. 드물지만 가족력이 작용하기도 해요. 원발성 비립종과 달리 자연 치유되지 않지만 전염되거나 증상이 악화하지는 않으므로 보기에 불편하지 않다면 굳이 치료하지 않아도 괜찮아요.

 ## 비립종 치료, 어떻게 하나요?

신생아 비립종은 저절로 사라져요

신생아 비립종은 자연 치유되기 때문에 사실 별다른 치료가 필요 없습니다. 드물게

 닥터's advice

❓ 비립종 vs. 신생아 여드름, 어떻게 다른가요?

비립종이 여드름과 다른 점은 여드름처럼 염증이 생기거나 흉터 등을 유발하지 않는다는 것이지요. 신생아 여드름은 뾰루지 주변에 염증성 발진이 있고, 대개 뺨에서 시작해 얼굴 다른 부위로 퍼지지만 비립종은 얼굴 밖으로 번지는 경우는 드뭅니다. 신생아 여드름은 사춘기 여드름과는 달리 저절로 좋아지기 때문에 2차 감염이 생기지 않도록 세안에만 신경 써주면 됩니다. 자극적인 비누 사용을 삼가고 미지근한 물로 부드럽게 얼굴을 씻어주세요.

2~3개월 계속될 순 있지만 대개 수주 이내에 괜찮아져요. 하지만 신생아 시기가 지나 발생한 원발성 비립종이나 속발성 비립종은 시간이 지나도 저절로 없어지진 않아요. 비립종이 생겼더라도 가렵거나 별다른 통증이 없으므로 꼭 치료해야 하는 것은 아니에요. 특별한 증상이 없는 비립종은 건강에는 큰 영향을 주지 않습니다.

비립종 치료는 주로 미용 목적으로 시행돼요

미관상의 이유로 비립종 제거술을 염두에 두기도 합니다. 피부과에서 하는 비립종 치료는 바늘이나 칼로 짼 후에 면포 압출기로 내용물을 압출 제거해요. 통증이 별로 없어 마취 없이 치료하며 재발 역시 드문 편입니다. 비립종이 표피에 있다고 집에서 손톱깎기나 족집게 등을 사용해 제거하다가는 흉터가 남거나 2차 감염의 위험성이 있습니다. 비립종을 제거하고 싶다면 병원을 찾아 정밀한 진단을 먼저 받아보는 것이 우선입니다.

세안을 꼼꼼히 해주세요

원발성 비립종을 예방하는 방법은 없지만 속발성은 기존 피부 질환을 잘 치료하면 예방할 수 있어요. 하루 두 번 정도 미지근한 물로 얼굴을 부드럽게 씻기고 수건을 가볍게 두드려 말립니다. 얼굴을 씻은 후 피부를 진정시키는 보습제를 발라줍니다. 한번에 듬뿍 바르기보다 최대한 얇고 넓게 펴 바르는 것이 효과적이에요.

 Dr. B의 우선순위 처치법

1. 하루 두 번 미지근한 물로 얼굴을 부드럽게 씻겨요.
2. 신생아 비립종은 자연 치유되므로 별다른 치료가 필요 없어요.

사마귀

피부 위에 딱딱하고 오톨도톨한 것이 올라왔어요.

체크 포인트

☑ 사마귀는 면역력이 약한 아이나 아토피피부염 환자에게 잘 생깁니다. 질병을 앓은 후나 평소 피부 염증이 심한 편이라면 특히 조심합니다.

☑ 자연스럽게 없어지기도 하는데 외견상 사라진다고 해서 바이러스 자체가 제거된 것은 아닙니다. 면역력이 떨어지면 언제든 재발할 수 있어요. 사마귀는 끝까지, 완전하게 치료해야 합니다.

☑ 발견 즉시 제거하는 것이 가장 좋지만, 여러 차례 꾸준히 치료해야 하는 질환입니다. 따라서 병원 치료를 계획했다면 시간적 여유를 두고 방학이나 휴가 기간을 활용하는 것이 좋아요.

☑ 사마귀를 치료하는 가장 좋은 방법은 면역력을 강화해 바이러스를 이기는 힘을 기르는 것입니다. 평소 면역력을 키우는 기본적인 생활수칙을 습관화합니다.

그냥 두면 안 돼요!

다른 부위로 번지는 건 시간문제

아이 몸에 사마귀가 생기면 처음엔 대수롭지 않게 여깁니다. 겉으로 보기에 흉하지만 특별히 가렵거나 아프지 않고 그냥 놔두면 저절로 없어진다는 주위의 말 때문이지요. 그런데 아이들은 자꾸 신경 쓰여 손톱으로 후벼 파거나 입으로 물어뜯거나 날카로운 것으로 뜯어내려 합니다. 그렇게 되면 감염이 일어나고 곪아서 상태가 심각해질 수 있어요. 다른 부위로 퍼져가기 쉬우므로 심해지기 전에 치료하는 것이 좋습니다. 초기 치료가 늦어지면 바이러스로 인해 다른 부위로 번지는 것은 시간문제며, 피부 접촉을 통해 다른 사람에게 전염되는 것도 순식간에 일어날 수 있어요. 사마귀는 한번 발생하면 또다시 생겨나고, 여러 군데 이곳저곳 옮겨 다니며 나타나는 만큼 한번 생겼을 때 뿌리가 뽑힐 때까지 확실하게, 꾸준히 치료해야 한다는 점을 명심하세요.

피부나 점막에 인유두종 바이러스 감염이 원인이에요

사마귀는 바이러스성 피부 질환의 일종이에요. 면역력이 떨어졌을 때 인유두종 바이러스(HPV, Human Papilloma Virus)에 감염되어 생깁니다. 인유두종 바이러스에 감염되면 2~3개월 잠복기를 거쳐 손, 발, 다리, 얼굴과 성기 주변 등 신체 어느 부위에나 사마귀가 생깁니다. 사마귀는 나이와 상관없이 발생할 수 있지만, 아이들은 특히 인유두종 바이러스에 대처하는 능력이 성인에 비해 현저히 떨어지기 때문에 사마귀에 걸리는 빈도가 훨씬 높아요. 또 면역력이 약해져 있을 때 혹은 태열이나 습진 등 아토피피부염을 앓는다면 사마귀가 더욱 잘 나타납니다.

종류가 다양해요

아이들에게 흔히 생기는 종류는 '심상성 사마귀'와 '편평사마귀'

사마귀는 종류가 다양해요. 발생 부위와 외부 모양에 따라 몇 가지 유형으로 나눌 수 있어요. 그중 손이나 몸 등 신체 여러 부위에 생기는 오톨도톨한 '심상성 사마귀'가 가장 흔하며, 납작한 모양의 '편평사마귀', 손에 생기면 '수장사마귀', 발바닥에 생기면 '족저사마귀', 생식기 부위에 생기면 '음부사마귀' 그리고 그 밖에 바이러스 유형이 다른 '물사마귀'도 있습니다. 아이들에게 수로 생기는 '심상성 사마귀'는 우리가 사마귀 하면 흔히 떠올리는 모습이에요. 표면이 거칠면서 오톨도톨하고 쌀알만 한 크기부터 콩알만 한 것까지 크기도 제각각이지요. 특히 손에 흔하게 나타나며 손발톱 주위나 팔, 다리 등 각질이 두꺼운 부위에 잘 생깁니다. '편평사마귀' 역시 아이들에게 흔히 생기는데, 1~3mm가량의 납작하게 살짝 튀어나온 모양으로 얼굴과 목, 손 등 각질이 얇은 부위에 잘 생기는 것이 특징이에요.

물사마귀는 일반 사마귀와 증상도 다르고 치료법도 달라요

물사마귀는 사마귀 종류 중 하나가 아닌 폭스 바이러스라는 다른 바이러스에 의해 발생하는 질환입니다. '전염성 연속종'이라고 불리는 물사마귀는 일반 사마귀와는 구별해야 하지만 아이들에게 자주 나타나요. 신체 모든 부위에 생길 수 있으나 손바닥, 발바닥에는 생기지 않고 가렵지 않은 것이 특징이에요. 물사마귀는 주로 무릎 뒤쪽이나 팔꿈치 안쪽 등 살이 많이 접히는 부위에 생겨요. 일반 사마귀와는 달리 수개월 내에 자연적으로 없어진다고 알려져 있지만, 보기에 좋지 않고 만약 치료 시기를 놓친다면 재발할 확률이 높아 조기에 치료하는 것이 현명합니다. 특히 아토피피부염이 있거나 면역력이 약한 영유아 아이들은 심해지기 전에 빨리 치료받는 것이 좋으며, 함부로 터뜨리면 전염되고 덧나기 쉬우므로 절대 집에서 임의로 짜지 말고 피부과에서 치료받아야 합니다.

끝까지 완전히 치료하세요

발견 즉시 치료하는 것이 좋아요

사마귀가 겉으로 보기엔 저절로 사라졌더라도 바이러스까지 말끔히 제거된 것은 아니에요. 면역력이 떨어지면 언제든 재발할 수 있어요. 또한 손가락이나 발가락에 생긴 사마귀를 그대로 두면 나중에 손발톱 모양이 흉하게 변하기도 해 무엇보다 발견 즉시 치료하는 것이 가장 좋습니다. 자칫 집에서 자가 치료를 하다 2차 감염이 발생하면 치료가 더욱 힘들어지므로 병원에서 일찍 치료받는 게 나아요.

병원에서 하는 치료법

사마귀 치료는 사마귀의 위치, 크기, 개수 등을 비롯해 환자의 나이, 성별 및 면역 상태에 따라 달라져요. 사마귀 치료 방법에는 냉동 요법, 면역 요법, 레이저 요법, 살리실산 반창고를 이용한 치료, 주사 요법 등이 있습니다.

• **냉동 요법** 통증이 별로 없어 아이들에게 적당한 치료법입니다. 말 그대로 사마귀를 얼려 죽이는 방법으로 시술 후 사마귀가 지기까지 데는 10일 정도 걸리며, 보통은 1~2회 정도 시술합니다.

• **면역 요법** 몸에 면역 유도제를 발라가며 면역력을 높여 사마귀를 없애는 요법이에요. 사마귀를 원인부터 없애주는, 좀 더 근본적인 치료법이죠. 치료할 때 통증은 없지만 치료 기간을 3~6개월 정도로 길게 잡아야 하는 단점이 있어요.

닥터's advice

❓ 꼭 병원에서 치료해야 할까요?
사마귀는 아토피나 건선, 습진 등과 비교해서 그만큼 심각한 피부 질환은 아니에요. 정말 심각하게 나빠질 경우도 있지만 대부분 일상생활에 큰 지장을 줄 정도는 아니어서 굳이 병원에서 치료를 받아야 할까 망설여집니다. 하지만 문제는 사마귀를 그냥 두었다가 더 악화하는 경우가 있다는 사실이에요. 또한 전염성 질환이기 때문에 처음 1~2개로 시작한 사마귀가 다른 부위에 퍼지면서 개수가 늘어나고 증상 또한 나빠질 수도 있어서 발견 초기에 적극적인 치료를 하는 것이 좋습니다.

- **레이저 요법** 레이저로 사마귀를 지져 없애는 방법입니다. 아프기 때문에 시술 전에 마취 주사를 맞아야 하고, 치료 후엔 상처가 아물 때까지 물이 들어가지 않게 주의해야 합니다.

 ## 어떻게 예방하나요?

청결한 생활습관을 길러주세요

일상생활에서 사마귀 바이러스를 예방하는 방법은 외출 뒤 항상 손, 발을 비누로 깨끗이 씻는 것입니다. 또 가족 중 사마귀 환자가 있다면 양말, 수건 등을 치료가 끝날 때까지 별도로 사용해야 전염되는 것을 막을 수 있어요.

사람들이 많은 곳에선 위생에 신경을 써야 해요

사마귀는 수영장, 워터파크, 어린이집 등 사람들이 많이 이용하는, 그래서 상대적으로 위생적이지 못한 환경에 노출되었을 때 전염되는 경우가 많아요. 어린아이들은 성인과 달리 면역체계가 아직 완성되지 않아서 바이러스에 대응하는 능력이 떨어질 수밖에 없어요. 사람들이 많은 시설을 이용할 때는 특별히 개인위생에 신경을 기울입니다.

 닥터's advice

> **❓ 사마귀 치료, 민간요법은 금물!**
> 사마귀를 치료하는 민간요법으로, 같은 이름의 곤충 사마귀 또는 잠자리를 잡아 사마귀 부위를 먹게 하면 없어진다는 속설이 있었습니다. 아직도 이런 속설을 따라 치료하는 경우가 종종 있는데 이는 생각조차 해서는 안 되는 방법입니다. 또 실이나 머리카락으로 사마귀를 감아 떼어내거나 손톱깎이로 떼어내는 방법 또한 마찬가지예요. 이런 방법은 모두 효과가 없을 뿐 아니라 자칫 상처 부위에 세균이 들어가 2차 감염을 일으킬 수 있으므로 함부로 시도하면 안 돼요.

근본적으로 면역력을 키워주는 게 핵심이에요

외부 세균이나 바이러스로부터 우리 몸을 보호할 수 있게 힘을 길러주는 것이 근본적인 해결책이에요. 단순히 사마귀를 떼어내는 것이 문제가 아니라 아이가 가진 면역력을 강화해 외부 바이러스에 저항할 수 있게 합니다. 그러기 위해선 규칙적인 식사와 수면 습관을 들이고 정기적인 운동을 통해 부족한 기초 체력을 길러주는 것이 중요해요. 환절기 쌀쌀한 아침이나 저녁에는 보온성 있는 옷으로 체온을 유지하고, 따뜻한 물을 많이 마셔 몸에 수분을 충분히 공급해주는 것도 바람직합니다.

 Dr. B의 우선순위 처치법

1. 발견 즉시 병원에서 치료받는 것이 좋아요.
2. 아이가 사마귀 부위를 손으로 뜯거나 떼어내지 않도록 주의시켜요.
3. 위생관리에 신경 써주세요.

상처가 났을 때

상처를 입고 흉터가 생겼어요.

체크 포인트

☑ 가벼운 상처는 지혈만 잘해도 저절로 아뭅니다. 하지만 아이의 상처가 꿰매야 할 정도로 클 때는 깨끗한 거즈나 수건으로 상처 부위를 눌러 지혈한 다음 바로 병원에서 치료받는 것이 좋습니다.

☑ 상처 부위에 임의로 아무 연고나 바르면 치료가 더욱 힘들어져요. 병원에 갈 정도라고 판단되면 상처 부위 그대로 병원을 찾아야 합니다.

☑ 상처가 아물 때 생긴 딱지는 떼면 안 돼요. 딱지를 떼면 흉터가 남지 않을 상처도 흉터로 남아요. 아이들이 상처에 생긴 딱지를 떼지 않게 주의시켜야 합니다.

☑ 아문 상처 부위가 햇볕에 노출되면 검게 착색될 수 있습니다. 미리 자외선 차단제를 바르거나 직접 햇볕에 노출되지 않도록 해주세요.

아이에게 상처가 났어요

피부가 손상을 입었을 때 치유되는 과정에서 흉터가 생겨요. 피부 가장 바깥쪽인 표피에 난 가벼운 상처는 흉터가 남지 않지만, 상처가 깊을수록 뚜렷하게 남는 법이죠. 상처가 완전히 회복해 피부가 재생되기까지 대개 3~4개월이 걸리고, 상처가 깊다면 6개월 이상의 긴 시간이 걸리기도 합니다. 문제는 피부가 재생되어도 흉터가 남을 수 있고 한 번 생긴 흉터는 쉽게 사라지지 않는다는 거예요. 아이들은 어른에 비해 피부가 연약하고 위험 상황에 대처하는 능력도 떨어지기 때문에 쉽게 상처가 생길 수밖에 없어요. 특히 아이가 걷기 시작하면 하루가 멀게 넘어지고 부딪혀 멍이 들거나 피가 나는 상처가 생기곤 합니다. 이럴 때 무엇보다 엄마의 초기 대응이 중요합니다. 상처가 났을 때 어떻게 응급처치했는가에 따라 흉터 없이 아물 수 있는 상처인데도 깊은 흉터가 생길 수 있어요. 그런 만큼 아이들이 상처를 입었다면, 속상한 마음은 뒤로하고 응급처치에 신경 써야 합니다. 아이에게 가장 흔한 상처 중 하나인 가볍게 긁힌 찰과상은 처치 요령만 알고 있어도 집에서 흉터 없이 잘 낫게 할 수 있지요. 찢어진 열상이나 화상을 입었을 때는 의사를 찾아야겠지만 엄마가 상처에 대한 이해와 응급처치 요령을 숙지하고 있으면 많은 도움이 됩니다.

 ## 상처 치료의 기본, 차근차근 알아볼까요?

일단 상처를 치료하는 엄마 손부터 깨끗하게

상처가 덧나는 것을 막으려면 상처 부위를 청결하게 관리하는 것이 필수죠. 따라서 아이의 상처를 다룰 때 먼저 엄마의 손부터 깨끗하게 씻어야 합니다. 아이의 상처 부위도 흐르는 물로 깨끗이 씻어줍니다. 이때 샤워기의 수압을 약하게 해 상처에 묻어 있는 이물질이나 죽은 조직 등을 씻어주세요.

집에 재생 연고 하나쯤은 챙겨놔야 해요

상처가 생겼을 때 가장 유용한 것이 상처를 빨리 아물게 도와주는 재생 연고나 2차 감염을 예방하는 항생제 성분 연고입니다. 아이 키우는 집은 이런 연고를 구급약 상자에 갖춰두는 것이 좋아요. 아이가 상처를 입었을 때 재빨리 치료할 수 있도록 평상시 1~2개는 챙겨두세요. 연고는 면봉으로 발라주세요. 자칫 상처에 대고 연고를 직접 짜서 바르면 연고까지 세균에 오염될 수 있기 때문입니다.

딱지가 생기고 난 이후 관리도 중요해요

상처가 그리 깊지 않으면 2~3일 정도 지나 딱지가 앉아요. 딱지가 생기면 바람이 잘 통하게 해주고 저절로 떨어질 때까지 그냥 놔둬야 합니다. 억지로 딱지를 떼어내면 상처 부위가 다시금 손상받아 상처가 오래가고 그럴수록 흉터가 남을 가능성이 크기 때문이죠. 또한 상처가 아문 부위가 햇빛에 노출되면 검게 착색될 수 있습니다. 완전히 없어질 때까지 상처 부위를 햇볕에 직접 노출하지 말고, 외출할 때 자외선차단제을 발라 색소가 침착되지 않게 관리해줍니다.

 닥터's advice

❓ 흉터 제거 수술, 필요할까요?

흉터 제거 수술을 크게 권장하는 편은 아닙니다. 아이가 흉터 때문에 스트레스를 많이 받는다면 스스로 수술을 선택할 수 있는 나이가 되었을 때 수술하는 것이 좋습니다. 또 성장기 아이들은 흉터 교정 후에도 성장에 따라 2차적인 피부 변형이 나타날 수 있어요. 따라서 성장기가 끝난 후 흉터를 치료하는 것이 효과적이에요. 흉터 정도가 심각해서 아이가 스트레스를 많이 받거나 친구들에게 놀림 받을 정도라면 취학 전이라도 시술받을 수는 있습니다.

최근엔 흉터 제거술 중 'HID'라는 레이저 재생 프로그램을 많이 선호하는 편이에요. 'HID'는 기본적인 피부 레이저 시술에 속한 5분짜리 프로그램으로 찰과상이나 유리 등 뾰족한 것에 찔려서 생긴 상처의 흉터가 눈에 덜 띄도록 하는 효과가 있어요. 시간이 짧고 통증도 거의 없어 아이도 받을 수 있지만, 아이에게 맞춰진 시술은 아니어서 최소 5세 이상은 되어야 합니다.

흉터를 예방하는 상처 대처법

case 1 화상을 입었어요

뜨거운 것에 데었다면 바로 깨끗한 찬물로 화기를 없애 조직이 손상되는 것을 막습니다. 열기부터 제거하는 것이 화상으로 인한 상처를 가장 확실하게 예방하는 방법입니다. 이때 1~2시간 내로 화끈거리고 욱신거리는 느낌이 사라지면 다행이지만, 그런 느낌이 계속 남는다면 피부 속으로 화상을 깊게 입었을 가능성이 있으니 전문 병원에서 치료받아야 합니다. 물집이 생겼다면 물집을 터뜨리지 않아야 하며, 항생제 연고를 발라 2차 세균 감염을 예방해요. 또 습윤 드레싱제를 사용해 상처 부위를 촉촉하게 만들어주면 회복이 빠르고 흉터가 작게 남습니다. 화상을 입은 후에는 피부가 충분히 아물 때까지 2~3개월간 햇빛이나 사우나, 찜질방 같은 더운 곳에 오래 있거나 상처 부위를 긁거나 문지르는 등의 물리적 자극은 피합니다. 시간이 지나 화상 부위 흉터가 깊지 않으면 간단한 레이저 시술로 치료할 수 있고, 흉터가 크고 깊다면 피부 이식 수술이 필요한 경우도 있습니다. 레이저 시술로 치료가 가능한 흉터라면 7세 전후의 아이들도 할 수 있지만 피부 이식 수술을 받아야 할 정도의 흉터라면 아이가 어느 정도 자란 이후에 시술하는 것이 좋습니다.

case 2 손톱에 긁혔어요

손톱에 긁히거나 할퀸 상처는 정도가 심하지 않으면 한동안 거뭇거뭇해지다 시간이 지나면 원래의 피부 상태로 돌아와요. 상처가 생긴 초기에 다소 따갑더라도 상처 부분을 흐르는 물로 깨끗하게 씻어주고, 피부 재생 연고와 항생제 연고를 발라 깨끗한 거즈나 밴드로 덮어줍니다. 혹시라도 상처 부위를 긁어 2차 감염되었다면 전문적인 치료를 받는 편이 좋아요. 손톱에 긁힌 자국쯤이야 하고 대수롭지 않게 여기지만 사소하게 긁힌 손톱자국이어도 움푹 파인 흉터를 남기므로 신경 써서 관리해줍니다.

case 3 넘어져서 까지고 피가 나요

아이들의 상처 중 가장 흔한 것이 넘어져서 까지거나 긁히는 상처입니다. 넘어지거나 까져서 피가 난다면 우선 지혈부터 해주세요. 상처 부분을 거즈나 깨끗한 수건으로 단단히 압박해 3분 이상 지혈하는데, 10분 이상 피가 멈추지 않는다면 바로 병원으로 가야 합니다. 피가 멈춘 후에는 상처를 깨끗이 씻은 다음 항생제 연고를 얇게 발라주거나 습윤 드레싱제를 붙여줍니다. 이때 2차 세균 감염된 상처 부위에 밴드를 세속해서 붙이면 상처가 더 커지고 깊어질 수 있어요. 보통 1~2일이 지나면 상처가 낫는데, 만약 상처 주변이 부어오르고 붉어지거나 통증이 심해지면 병원에서 치료받아야 합니다.

case 4 날카로운 것에 베였어요

살짝 얇게 베였다면 상처 부위를 흐르는 물이나 식염수로 깨끗이 씻어준 다음 항생제 연고를 바르거나 밴드를 붙여줍니다. 그러나 10여 분이 지나도 피가 멈추지 않는다면 상처가 깊어 근육이나 인대 등까지 손상을 입은 상황이니 상처 부위를 압박 붕대로 감아 지혈한 다음 즉시 병원에 가서 치료받아야 합니다.

case 5 수두를 앓았어요

수두에 걸려도 자연적으로 없어져 대부분 흉터가 남지 않아요. 하지만 딱지를 긁어서 억지로 떼어내거나 세균에 의한 2차 감염이 발생하면 흉터가 남지요. 흉터가 생기면 치료 기간이 오래 걸리고 반복 치료가 필요하므로 되도록 상처가 난 직후 적절한 치료를 받는 것이 중요합니다. 수두 흉터는 레이저로 치료하는데, 최소한 청년기가 된 후 치료하는 것을 권장합니다.

case 6 가시나 못 등 날카로운 것에 찔렸어요

가시에 찔렸다면 먼저 핀셋이나 족집게를 이용해 가시를 제거해야 합니다. 가시를 제대로 뽑지 못하거나 조금이라도 남아서 상처 부위가 곪으면 2차 감염의 우려가 커지므로 병원에서 절개한 다음 남은 조각을 반드시 꺼내야 해요. 가시를 마저 꺼내겠다고 손톱으로 억지로 건드리면 밖으로 나오진 않고 오히려 속으로 더욱 깊숙이 박히면서 다시 곪을 수 있어 주의해야 해요. 녹슨 못이나 바늘에 찔렸을 경우도 상처가 크지 않다고 그냥 놔두면 위험해집니다. 혹시라도 파상풍에 걸릴 위험성도 있는 만큼 병원에서 확실한 진찰을 받고 필요하다면 파상풍 주사를 맞습니다.

case 7 벌레에 물려서 상처가 생겼어요

모기나 개미 등에 물렸을 때는 물린 부분을 깨끗이 씻고, 소량의 스테로이드 연고를 발라주는 것이 좋습니다. 아이가 가려워할 때는 얼음이나 찬 물수건으로 상처 부위를 찜질해주세요. 시원하면 부기도 가라앉고 가려움도 줄어듭니다.

알쏭달쏭! 상처 치료 궁금증

ⓠ 딱지는 어떻게 하면 좋을까요?

상처가 생긴 지 며칠이 지난 후 딱지가 생겼다면 완전히 아물어 자연스레 떨어질 때까지 기다립니다. 딱지는 노출된 상처를 외부의 감염으로부터 차단하는 역할을 해주기 때문이죠. 하지만 딱지가 크고 고름이 계속 나온다면 딱지가 상피세포의 재생을 막을 수 있어 딱지를 떼어내는 것이 나을 때도 있어요. 이때 생리식염수나 깨끗한 물에 적신 거즈를 딱지 위에 얹은 후 딱지가 말랑말랑해지면 제거해줍니다. 딱지를 떼어낸 상처 부위에 소독 성분이 함유된 상처 치료 연고를 얇게 펴 발라주세요.

ⓠ 소독은 계속하는 게 좋을까요?

상처의 깊이와 감염 상태에 따라 소독 횟수는 달라져요. 대체로 상처가 깊지 않고 감염의 우려가 크지 않다면 한 번만 소독해도 감염을 예방할 수 있습니다. 감염이 우려될 경우 소독과 피부 재생 성분이 함께 포함된 상처 치료제를 발라주세요. 그렇다고 반드시 소독해야 하는 것은 아니에요. 소독하면 세균뿐만 아니라 정상 세포의 기능까지 떨어뜨려 상처가 아무는 것을 지연시킬 수도 있지요. 비교적 상처가 가볍고 오염이 덜 됐다면 흐르는 물에 씻는 것만으로도 충분합니다.

Q 상처에 물이 닿으면 안 되나요?

찰과상을 입은 후 물에 닿지 않게 조심하라는 의미는 오염되거나 더러운 물이 상처에 닿으면 염증이 생길 확률이 그만큼 높아지기 때문입니다. 상처에 고름이 생겼거나 오염 물질이 묻어 있을 때는 깨끗한 물이나 식염수로 닦아내는 게 오히려 좋습니다. 단 상처 봉합 치료를 받았다면 봉합 후 초기 2~3일 동안은 물에 닿지 않는 것이 좋아요.

Q 흉터는 그대로 두면 커지나요?

아이가 자라면서 흉터 부위가 넓어지면서 흉터도 커질 수 있습니다. 상처가 정상적인 치유 과정을 거쳐 나았는데도 흉터가 생겼다면 치료 과정의 문제라기보다 애초에 상처가 깊었기 때문이죠. 오래된 흉터는 치료가 어렵고 치료 기간이 오래 걸리는 만큼 흉터가 남았다면 서둘러 치료해야 합니다.

Q 강한 소독약을 사용하면 흉터가 잘 안 생기나요?

상처 부위를 강한 소독약으로 소독하면 상처가 빨리 아문다고 생각하기 쉽습니다. 하지만 바르면 화끈거리는 강한 소독약은 통증만 유발할 뿐, 상처가 아무는 데는 큰 도움을 주지 못해요. 또 요오드나 알코올은 병균 외 신체 세포에도 자극이 되고, 특히 요오드 알레르기가 있는 아이는 절대 사용을 금해야 합니다. 과산화수소나 포비돈과 같은 소독제를 계속 사용할 경우 피부 재생 세포를 죽여 오히려 상처 치료가 지연된다는 사실도 기억해두세요.

Dr. B의 우선순위 처치법

1. 병원을 찾기 전, 깨끗한 물이나 식염수로 상처 부위를 씻어주세요.
2. 씻은 후에는 항생제 연고를 발라주세요.
3. 상처가 아문 후 생긴 딱지는 저절로 떨어질 때까지 놔두세요.

엄마표 처방전

폼 드레싱과 습윤 밴드, 어떻게 사용할까요?

상처를 보호하고 새 피부가 잘 돋아나게 하려면 촉촉한 습윤 환경을 유지하는 것이 중요합니다. 그런 목적으로 사용하는 것이 항생제 연고나 각종 드레싱 제품이에요. 대표적으로 습윤 밴드가 있지요. 집에 하나 정도 사놓으면 위급할 때 유용합니다.

1 일반 밴드는 상처 부위에 이물질이 닿는 것을 막기만 한다면 습윤 밴드는 치료 효과까지 더한 제품이지요. 가벼운 찰과상이라면 일반 밴드를 붙이고, 진물이 나고 상처가 깊어 흉터가 남을 우려가 있다면 습윤 밴드를 사용하는 게 효과적입니다.

2 상처 부위를 씻은 후 물기를 잘 닦아 살짝 말린 뒤 습윤 밴드를 붙여주세요. 습윤 밴드는 상처 크기보다 조금 크게 잘라 붙이고 모서리 부분이 들뜨지 않게 잘 밀착시켜야 합니다.

3 습윤 밴드를 붙이고 나면 표면이 하얗게 부풀어 오르는데, 이는 상처가 아물면서 생기는 자연 치유 물질입니다. 밴드 밖으로 흐르지만 않는다면 그대로 2~3일간 붙여놓아도 됩니다. 만약 진물이 새어 나오면 밴드를 떼어내고 거즈로 진물을 살짝 눌러낸 다음 새 밴드를 붙여주세요.

4 습윤 밴드를 붙이면 공기가 들어가지 않게 해야 상처 치유 효과가 큽니다. 생활방수가 되지만, 오랫동안 물속에 있는 일은 삼가는 것이 좋습니다.

5 습윤 밴드를 계속 붙여두면 피부에 자극이 될 수 있어요. 피부가 연약한 아이라면 폼 형태의 두툼한 제품을 사용하는 편이 낫습니다. 상처 주변에 홍반이나 부종 등 감염 징후가 보이면 병원을 바로 찾아야 합니다.

종기

둥그렇고 붉은 혹이 솟아올라요.

체크 포인트

☑ 종기는 피부 속에 세균이 들어가 생기는 질환이에요. 집에서 어설프게 치료하다간 아이만 고생시키므로 병원에서 항생제를 처방받아 치료하는 것이 확실한 방법입니다. 크기가 큰 종기나 여러 개의 종기가 생기면 반드시 병원부터 찾으세요.

☑ 종기를 손으로 눌러 직접 짜는 것은 금물입니다. 제대로 치료하지 않으면 덧나서 무척 고생할 수 있습니다.

☑ 종기 상태에 따라 적절한 방법으로 대처해야 합니다. 종기가 생긴 초기에는 얼음찜질이나 냉습포가 도움이 되지만, 완전히 곪은 상태라면 따뜻한 물로 찜질하는 온습포를 해주는 것이 좋습니다.

균이 들어가 생긴 피부 속 고름주머니

쉽게 치료할 수 있어요

과거 종기는 아주 흔한 전염성 피부 질환 중 하나였지만, 요즘은 위생관리가 잘되는 만큼 증상이 드문 편입니다. 또 종기가 나더라도 곪아터질 때까지 두지 않고 병원에서 항생제 처방을 받으면 쉽게 치료가 가능하지요. 하지만 만약 종기가 잘 치유되지 않거나 다발성으로 발생할 때는 반드시 전문의의 진료를 받아야 합니다. 치료 시기를 놓치면 발진이 커지고 그만큼 통증이 심해져 결국 수술을 할 수도 있어요.

세균에 감염되어 걸리는 병이에요

종기는 세균, 특히 황색포도상구균이 원인입니다. 피지선이나 모낭 부분이 이런 세균에 감염되면서 농양이나 고름주머니가 생긴 것이지요. 피부에 세균이 침투하면서 감염 부위가 빨갛게 변하면 쑤시는 듯한 통증을 느끼게 되며, 손으로 만지면 멍울처럼 만져지는 것이 특징입니다. 여드름을 짜거나 털을 뽑아 생긴 상처 등이 직접적인 원인이며, 아이의 면역력이 떨어졌거나 청결하지 못한 피부 상태 등도 원인이 됩니다. 긁히고 베이고 찔리거나 모기와 같은 곤충에 물린 상처 등으로 피부 속으로 원인균이 전염될 때도 종기가 생겨나지요. 종기는 어느 부위에나 잘 나타나지만 특히 목 뒤쪽, 사타구니, 겨드랑이, 항문처럼 습한 부위에 잘 생깁니다. 종기는 세균에 감염되어 걸리는 만큼 예방하려면 몸을 청결하게 하는 것이 중요해요. 비누를 이용해 목욕이나 샤워를 하고 몸을 깨끗이 합니다.

어떤 증상이 생기나요?

누르면 아프고 주변 부위가 빨개지면서 열이 나요

종기는 눈곱만 한 크기부터 탁구공만 한 크기까지 다양해요. 생긴 부위와 크기에 따라 증상이 다르게 나타납니다. 종기가 날 때는 가렵고 욱신욱신 아프고, 손으로 눌렀을 때 심한 통증이 느껴집니다. 막 생기기 시작한 초기에는 피부 표면과 같이 납작한 형태이지만 불과 몇 시간 사이에 피부 표면 위로 솟아나고 더 커지기도 합니다. 염증이 심해지면 그 주위로 붉은 혹이 생기는데, 이런 뾰루지나 혹은 2~4일간 단단한 채로 있다가 점차 중심부 피부가 얇아지면서 곪고, 파열되어 노란 고름이 잡히기 시작합니다. 종기가 완전히 곪은 후에는 자연히 터지면서 피고름이 흘러나오기도 하지만 그대로 낫기도 해요. 하지만 저절로 터지기만을 기다리며 방치하다간 병을 키울 수 있으므로 상태에 따라 대처합니다. 처음에는 하나 정도에 불과했던 것이 주위로 점점 퍼지면서 모낭 주변과 다른 피부에 염증을 일으키기도 합니다. 심하면 피부 싶은 곳에 있는 피하조직까지 침범해 통증이 악화될 수 있어요. 어떤 종기는 점점 더 커지고 빨갛게 붓다가 심하게 곪아 종창이 되기도 합니다.

종기 치료, 어떻게 하나요?

덧나지 않게 제때 치료하는 게 중요해요!

종기는 부위, 크기 및 정도에 따라 치료법이 다를 수 있습니다. 크기가 작고 단순한 종기의 경우 지켜볼 수도 있지만, 항생제를 투여하거나 절개 혹은 배농 치료가 필요할 수 있으므로 의사의 진찰을 받는 것이 좋습니다. 종기는 제대로 치료하지 않으면 세균들이 몸 안으로 퍼져 온몸에서 열이 나고, 땀과 함께 춥고 떨리는 전신 증상을 유발할 수 있어요. 주변 임파선이 붓거나 전신 증상이 함께 나타나면 다른 합병증이 생길 수 있으므로 빨리 병원을 찾아 치료를 받습니다. 특히 비만이나 당뇨, 영양 장애, 면역 결핍으로 인한 저항력 감소 같은 질환이 있을 때 종기가 생기면 치료해도 잘 낫

이럴 땐 병원으로!

☐ 통증, 부종, 열감, 붉은 기 등이 심해질 때
☐ 종기 주변으로 붉은 부위가 퍼져나가는 것 같을 때
☐ 고름이 계속 나올 때
☐ 다른 원인 없이 37.8℃ 이상 열이 날 때
☐ 종기가 탁구공만큼 커졌을 때
☐ 집에서 5~7일간 처치해도 호전이 없을 때
☐ 몇 달 동안 여러 개의 종기가 생길 때

지 않고 옆으로 퍼져가면서 재발해요. 이때 원인이 되는 질환을 함께 치료해야 빨리 낫고 재발하지도 않습니다.

손으로 눌러 짜는 것은 절대 금물!

우리 몸은 종기를 일으킨 균이 다른 부위로 퍼지지 않도록 자체적으로 종기 전체를 둘러싼 벽을 탄탄하게 형성합니다. 하지만 종기를 손으로 눌러 짜버리면 그 벽이 무너질 수밖에 없지요. 그렇게 되면 종기 속에 있던 균이 주위에 있는 조직이나 혈류 등을 따라 피부, 뼈, 폐, 뇌 등으로 퍼져 뇌수막염, 패혈증, 골수염 등 무시무시한 합병증을 일으키게 됩니다. 절대 종기를 손으로 눌러 짜는 일은 피해야 합니다.

 Dr. B의 우선순위 처치법

1. 절대 손으로 눌러 짜지 않습니다.
2. 종기가 심하거나 여러 개가 나면 의사의 처방을 받아 항생제 연고를 발라요.

엄마표 처방전

종기가 생겼다면?
집에서 이렇게 대처하세요!

1 평상시 위생관리에 신경 써서 종기가 생기지 않도록 예방합니다. 또 모기, 곤충 등에 물리지 않도록 주의하는 것이 중요해요. 곤충에 물렸을 때는 물린 부위를 반드시 소독해서 2차 감염을 예방합니다.

2 욕조 목욕을 할 경우, 고인 물을 통해 균이 다른 부위로 옮겨갈 수 있어요. 종기가 심할 때는 샤워만 하는 것이 좋습니다.

3 종기가 난 부위를 짜거나 긁지 않아야 합니다. 종기를 짜면 피부 깊은 곳까지 감염될 수 있고, 긁으면 세균이 다른 부위로 퍼질 수 있기 때문입니다.

지루피부염

두피에 누런 딱지가 덕지덕지 생겨요.

체크 포인트

☑ 지루피부염은 대개 큰 문제는 없지만 보기에 흉해서 빨리 치료하려는 마음이 앞서는 질환입니다. 하지만 보기 싫다고 손으로 문지르거나 손톱으로 뜯어내면 오히려 염증이 생겨 고생할 수 있어요.

☑ 지루피부염이 심하면 부신피질호르몬제 연고를 처방받기도 해요. 상태가 심각하지 않다면 굳이 서둘러 약을 발라 치료할 필요는 없습니다.

☑ 지루피부염으로 생긴 두피 위의 딱지는 아이용 샴푸로 머리를 자주 감겨주면 없앨 수 있습니다. 샴푸를 묻힌 후 부드러운 솔로 살살 씻어내며 헹궈주세요.

머리나 얼굴 주변에 누런 딱지가 생겨요

신생아의 피부, 특히 두피에 누런 딱지가 앉는 증상을 흔히 '아이 머리에 소똥이 앉았다'고 표현합니다. 피지선이 발달한 부위에 주로 생기는 지루피부염은 노란 진물과 같은 형태를 띠며, 딱지와 함께 머릿속이 붉게 변하기도 합니다. 두피, 귀 뒤, 목, 겨드랑이 등에 잘 생기며, 아토피피부염과는 달리 별로 가렵지는 않아요. 지루피부염은 아이에게 습진을 일으키는 가장 흔한 피부 질환 중 하나입니다. 보통 생후 첫 주부터 혹은 수개월에 걸쳐 나타나다가 서서히 사라지는 경우가 대부분이지요.

피지 과다 분비가 원인이에요

피지샘에서 모공을 통해 원활히 배출되는 정상적인 양의 피지는 피부를 보호해주는 보호막 역할을 합니다. 하지만 어떤 이유로 피지선의 활동이 증가해 피지가 과잉 분비되면 만성 습진성 피부염의 일종인 지루피부염이 생겨요. 두피나 얼굴, 등, 가슴 부위처럼 피지선이 비교적 많이 분포된 곳을 중심으로 증상이 나타나는데, 그 부위가 붉어지고 가려우며 하얗거나 노란 각질을 일으키기도 합니다. 간지럽거나 아파하는 증상은 덜하지만 보기에 흉해 지루피부염에 걸리면 한시라도 빨리 해결하고 싶어 손으로 문지르거나 손톱으로 뜯어내기도 합니다. 하지만 이런 행동은 염증을 일으키므로 주의해야 합니다. 지루피부염은 알레르기 반응으로 생기는 것도 아니고, 청결치 못해 생기는 것도 아닙니다. 시간이 지나면 흉터 없이 저절로 낫는 경우가 많으므로 조급하게 서둘러 없애려 할 필요가 없습니다.

 닥터's advice

❓ 지루피부염 vs. 아토피피부염

지루피부염은 아토피피부염과 혼동하기 쉽지만, 근본적으로 생긴 원인이 다릅니다. 아토피피부염은 뺨이나 이마, 팔다리 접히는 부분에 주로 생깁니다. 증상은 진물이 나거나 각질이 나타나는 급성 습진성 양상으로 나타나죠. 반복해서 재발하며 만성화되는 경향이 있어 유아 지루피부염과는 달리 적극적인 치료가 반드시 필요한 질환입니다. 반면 지루피부염은 피지가 과다 분비되어 피부가 일어나며 붉게 변하는 증상으로, 별다른 치료 없이도 자연스럽게 사라지는 게 보통입니다.

지루피부염 치료, 어떻게 하나요?

지루피부염은 대부분 저절로 없어져요

지루피부염은 대개 3~6개월쯤 되면 서서히 없어집니다. 적극적인 치료를 꼭 받을 필요가 없습니다. 다만 염증이 난 부위를 손으로 문지르거나 각질이나 딱지를 뜯어내면 피부에 상처가 생길 수 있으므로 주의합니다. 지루피부염이 심하면 항진균 샴푸나 부신피질호르몬제 연고를 처방해주지만, 두 가지 약 모두 오래 사용하면 피부에 좋지 않고 부작용이 나타날 수 있어 장기간 쓰는 것은 피해야 합니다. 간혹 농가진이 지루피부염처럼 보여 착각할 수 있으니 반드시 의사의 진찰을 받은 후 약을 사용합니다.

샴푸로 머리를 자주 감기면 효과가 있어요

두피에 지루피부염이 생겼다면 아이 전용 샴푸로 머리를 자주 감겨 청결을 유지하고 솔이 가는 브러시로 부드럽게 머리를 빗겨줍니다. 이것만으로도 두피에 생긴 딱지를 제거할 수 있습니다. 지루피부염 치료용 샴푸를 사용하면 효과가 빠를 수는 있지만, 민감한 아이의 피부에 자극이 많이 가므로 의사와 상의 후 주의해서 사용합니다. 머리를 빗겨 일어난 각질을 제거한 후 깨끗한 물로 충분히 헹구어 샴푸의 잔여물이 남지 않도록 해야 합니다.

다른 방법으로는 오일을 묻혀 딱지를 제거합니다. 유아용 오일을 머리에 바르고 잠시 기다렸다가 딱지를 살살 떼면 돼요. 이때 강제로 세게 벗겨내면 염증을 악화시킬 수 있으니 주의하세요. 첫돌이 될 때까지는 상태를 예의주시하면서 지켜보는 게 좋습니다.

🚑 이럴 땐 병원으로!

- ☐ 머리에 누런 딱지가 심하게 앉았을 때
- ☐ 머리가 가렵다며 마구 긁어댈 때
- ☐ 두피 외에도 붉어진 부위가 넓어지고 아이가 가렵다며 계속 긁을 때
- ☐ 눈꺼풀에도 붉은 기운이 돌며 딱지가 생길 때

최대한 두피에 자극을 주지 마세요

빗질은 머리가 꼬여 있거나 딱지가 앉은 부분만 목욕 후 가볍게 해줍니다. 감은 머리는 충분히 말리고, 젖은 상태로 눕히지 않습니다. 외출할 때 아이 두피에 습도와 열을 가할 수 있는 모자는 쓰지 않는 편이 좋습니다.

 Dr. B의 우선순위 처치법

1. 샴푸로 머리를 감겨서 청결하게 유지합니다.
2. 딱지를 손으로 긁거나 떼어내지 않습니다.

황달

신생아의 얼굴빛이 노래요.

체크 포인트

☑ 갓 태어난 아이는 황색의 담즙 색소인 빌리루빈이 간에서 제대로 제거되지 못해 황달이 생깁니다. 신생아라면 출생 직후부터 일주일 안에 이런 생리적인 황달을 자연스럽게 경험합니다.

☑ 황달이 있다고 모유를 완전히 중단할 필요는 없습니다. 모유와 관련된 황달일지라도 잠시 모유를 중단하고 이후에 다시 먹이는 것을 권장합니다.

☑ 신생아 황달은 의사가 아니면 구분해내기 어려워요. 황달이 있어 보이면 반드시 의사의 진료를 받아야 합니다.

☑ 병적인 황달은 자연스럽게 치유되지 않습니다. 반드시 병원을 찾아 적절한 치료를 받아야 해요.

신생아는 황달에 잘 걸려요

황달은 신생아의 피부가 노랗게 되는 것을 말합니다. 눈의 흰자위, 얼굴색이 노랗게 변하고 심지어는 온몸 구석구석이 노래질 때도 있어요. 신생아에게 흔히 관찰되는 황달은 생후 2~3일째부터 발견되고, 일주일이 지나면 사라지는 게 보통입니다. 아이들이 태어나면 으레 한 번쯤 겪는다고 할 정도로 마음 편하게 생각하는 병이지만 그렇다고 모두가 문제없이 지나가는 건 아닙니다. 황달은 저절로 좋아지는 경우부터 심각한 합병증에 이르는 경우까지 다양한 양상을 보여요. 생후 1주가 지났는데도 황달이 점점 심해지거나 생후 2주가 지나도 황달이 사라지지 않을 때, 또한 그냥 넘어가지 말아야 할 주요 증상이 나타나면 반드시 병원 진료를 받아야 합니다.

신생아 황달, 왜 생기는 걸까요?

대부분 황달은 생리적인 반응이에요

황달은 신생아의 몸에 빌리루빈이라는 색소가 많아져 피부가 노랗게 변하는 현상이에요. 사람의 혈액에 존재하는 적혈구는 수명이 있어요. 신생아의 적혈구는 성인에 비해 그 수명이 짧습니다. 성인 적혈구의 수명이 120일이라면 신생아는 80일 정도이지요. 적혈구가 수명을 다해 파괴되면 빌리루빈이라는 물질이 혈액으로 나와 간에서 걸러져 몸 밖으로 빠져나가야 해요. 그런데 신생아는 이런 과정이 아직 미숙하다 보니 일시적으로 몸 안에 빌리루빈이 과하게 쌓이는데, 그 결과로 황달이 생깁니다.

 닥터's advice

❓ 황달 수치가 대체 얼마면 위험한 걸까요?

딱 정해진 것은 없습니다. 같은 수치라도 출생 초기에 가까울수록 그 위험성이 더 높아집니다. 예를 들어 생후 1일째 빌리루빈 수치가 10이라면 바로 병원에 가서 검사받아야 하지만, 생후 7일째 수치가 10이라면 충분히 수유를 유지하며 기다려볼 수 있습니다.

생후 24~36시간 이내에 황달이 발생하거나 혈청 빌리루빈의 증가 속도가 하루 5mg/dL를 초과하는 경우, 혈청 빌리루빈이 만삭아에서 12mg/dL, 미숙아에서 10~14mg/dL 이상인 경우, 황달이 10~14일 이상 계속되는 경우, 직접형 빌리루빈 수치가 2mg/dL 이상일 때는 반드시 원인을 찾아봐야 합니다.

생리적인 황달은 그냥 두면 좋아져요

신생아 중 정상아의 약 60%, 미숙아는 약 80% 이르는 수치로 황달이 나타납니다. 다시 말해 신생아 중 황달이 없는 아이보다 황달이 나타나는 아이의 비율이 더 높다는 겁니다. 갓 태어난 신생아에게 나타나는 황달은 대부분 정상적인 몸의 반응으로 생기는 생리적 황달입니다. 생후 2~4일 사이에 황달 수치가 최고치에 달하며, 별다른 치료를 하지 않아도 일주일이 지나면 정상적으로 수치가 떨어져요. 하지만 모든 황달이 전부 생리적 황달만 있는 것은 아닙니다. 태어난 지 하루도 지나지 않아 황달이 심하게 발생하거나 만삭아에서 12mg/dL, 미숙아에서 14mg/dL 이상의 빌리루빈 수치를 보이거나, 혹은 황달이 2주 이상 계속되면 병적인 황달일 가능성이 있습니다. 이럴 땐 반드시 소아청소년과 의사의 진료를 받아야 해요.

 ## 모유 수유가 원인인 '모유 황달'

모유 수유 중 수유량이 부족할 때 황달이 생기기도 해요

모유 수유를 하면 황달이 생길 가능성이 더 큰 것이 사실입니다. 아직 그 이유가 정확히 밝혀지진 않았지만 대개 수유량 부족이 원인이에요. 모유를 먹는 아이가 생후 1주 이내에 황달이 시작됐다면 바로 이런 이유에서지요. 모유 자체가 원인이기보다 수유량이 부족해서 생긴 황달이라 '모유 황달'이라는 이름으로 구분 짓기도 해요. 이 경우

🚑 이럴 땐 병원으로!

- ☐ 생후 24시간 이내에 황달이 나타날 때
- ☐ 황달이 팔이나 다리까지 번질 때
- ☐ 아이가 잘 먹지 않고 축 늘어져 보일 때
- ☐ 생후 7일 이후에도 황달이 더 심해질 때
- ☐ 생후 15일이 지났음에도 황달이 사라지지 않고 계속될 때

는 모유를 더 많이, 자주 먹이는 것이 최선입니다. 모유 수유 횟수를 하루 8~12회 정도로 꾸준히 늘려주세요. 또한 수유한 지 4~5시간이 지난 상태라면 밤중에라도 아이를 깨워 먹여가며 하루 총 수유량을 충분히 유지해야 합니다. 수유량이 부족하다고 해서 물 혹은 설탕물 등 모유 이외의 음식으로 부족한 수유량을 보충하면 모유 섭취량을 감소시켜 오히려 황달을 악화시킬 수 있으므로 반드시 충분한 양의 수유를 유지합니다.

모유에 포함된 특정 성분 때문에 나타날 수도 있어요

모유에 포함된 특정 성분이 빌리루빈의 배설을 지연시켜 황달이 생기기도 합니다. 수유량이 충분한데도 황달 증세가 계속되는 경우가 바로 여기에 해당합니다. 모유 황달이 아이에게 문제를 일으키는 경우는 거의 없습니다. 단, 황달이 모유에 의한 것인지 아닌지는 반드시 확인해봐야 해요. 확인하는 방법으로는 24~48시간 모유 수유를 중단해보는 것이에요. 아이가 모유 황달이 맞다면 모유 수유를 잠시 중단했을 때 피부 색깔이 빠르게 정상으로 돌아옵니다. 이후에는 모유 수유를 다시 지속해도 이전만큼 황달이 심하게 나타나지 않아요. 그 원인이 다른 병적인 요소만 아니라면 모유를 완전히 끊지 않아도 됩니다.

황달이 나타난 시기를 잘 구분해요

모유를 먹이는 과정에서 생긴 황달은 큰 문제가 되진 않아요. 단지 황달이 생기면 '모유를 계속 먹일 것이냐, 그만 먹일 것이냐'로 고민하는 엄마들이 있어요. 태어난 지 일주일 전에 생긴 황달이라면 모유 수유는 더 적극적으로 하는 게 맞습니다. 하지만 생후 일주일 후에 황달이 발생해 점점 심해진 경우라면 의사에게 진찰을 받은 뒤 수유량이 충분해 보인다는 가정하에 일시적으로 모유 수유를 중단해볼 수 있어요. 다만 모유 수유를 1~2일 짧은 기간이라도 중단하면 이후 계속 이어 나가기가 현실적으로 어렵습니다. 그러므로 황달이 아주 심한 경우가 아니라면 모유 수유를 가급적 지속하고, 만약 중단하더라도 안 먹이는 동안에 열심히 젖을 짜 다시 모유 수유를 할 수 있게 합니다.

반드시 치료해야 할 병적인 황달도 있어요

신생아에게 생긴 모든 황달이 저절로 좋아지는 것은 아니에요. '모유를 먹으면 으레 황달이 생기니깐 괜찮을 거야'라고 안심하고 있다가 자칫 심각한 상태까지 악화할 수도 있습니다. 아무리 모유를 먹고 있어도 혈액 속 빌리루빈 수치가 계속 매우 높은 상태를 유지하면 결코 좋은 상황이라 할 수 없어요. 황달이 생후 24시간 이내에 나타나거나 생후 14일이 지나도 황달이 사라지지 않고 높은 수치를 유지하면 병적인 황달로 봐야 합니다.

패혈증에 의한 황달

이 경우는 반드시 신속한 치료를 받아야 합니다. 패혈증이란 세균이나 바이러스가 혈액 속으로 퍼져 여러 승상을 동반하는 것입니다. 소아가 패혈증에 걸리면 발열·오한·식욕부진 등이 나타나는데, 신생아는 특히 황달이 대표적인 증상으로 나타나지요. 패혈증으로 인한 황달은 매우 다양한 시기에 증상이 나타나므로 생리적인 황달과 구분하는 게 매우 중요합니다. 황달 증상 이외에 열이 나거나 잘 안 먹고 심하게 보채는 등 평소와 다른 모습을 보이므로 아이의 상태를 유심히 관찰해야 합니다. 패혈증은 아니지만 로타 장염에 걸렸을 때도 쉽게 황달이 발생하므로 위장관 증상이 있는지도 같이 확인합니다.

간염에 의한 황달

간염에 걸리면 황달이 동반됩니다. 간염은 간세포에 손상을 주고 그로 인해 빌리루빈을 포함한 담즙 배설에 장애가 생김으로써 몸 안에 담즙이 쌓여 황달이 생기지요. 간염 때문에 생긴 황달은 소변 색깔이 평소보다 진하고 대변 색이 회백색을 띠는 증상을 보일 수 있습니다.

선천적 감염에 의한 황달

태아는 엄마의 뱃속에서 40주간 외부의 감염으로부터 격리된 상태로 안전하게 지냅니다. 하지만 엄마가 임신 전이나 임신 중 세균이나 바이러스 감염에 노출되었거나 아이가 감염된 상태로 태어날 경우 출생 24시간 이내에 황달이 심하게 나타납니다. 이렇게 출생 직후 황달 수치가 정상보다 높을 때는 반드시 의사에게 진료를 받아야 해요.

엄마와 아이의 혈액형이 달라서 생기는 황달

엄마와 아이의 혈액형이 다를 때도 황달이 생길 수 있어요. 예를 들어 Rh- 혈액형을 가진 엄마가 Rh+ 혈액형을 가진 태아를 임신했을 때 엄마의 혈액 속에는 항체가 만들어져요. 그리고 그 항체는 몸속에 기억되어 있다가 Rh+ 혈액형을 가진 둘째를 임신했을 때 태아를 공격하게 되지요. 이때 적혈구가 깨지면서 심한 황달이 발생할 가능성이 있습니다. 그러므로 Rh- 혈액형을 가진 산모는 반드시 산전 진찰을 통해 엄마에게 존재하는 항체를 막을 수 있는 치료를 해야 합니다. 또 혈액형이 O형인 엄마가 A형, B형, AB형의 혈액형을 가진 아이를 분만했을 때 황달이 나타나기도 합니다. 엄마 혈액 속의 항체가 태아의 혈액에 영향을 미쳐 적혈구가 깨지면서 황달이 발생하는 것이지요. 하지만 이러한 ABO 혈액형 부적합에 의한 황달은 거의 일어나지 않거나 아주 약하게 일어나므로 엄마가 O형이라고 해서 미리 겁먹고 스트레스를 받을 필요는 없습니다. 황달이 정상보다 심할 때만 의사의 진료를 받으면 됩니다.

 닥터's advice

❓ 황달이 심해지면 뇌성마비까지?
빌리루빈 수치가 급격하게 상승하여 만삭아 기준으로 보통 20mg/dL 이상이 되면 '핵황달'이 일어날 수 있습니다(미숙아에서는 그보다 낮은 수치에서도 발생할 수 있어요). 핵황달이 시작되면 식욕부진, 정상 반사 소실 같은 증상이 나타나며 증상이 계속 진행되면 등이 활처럼 휘는 강직 증상이나 전신 경련이 발생합니다. 심할 경우 사망에까지 이를 수 있으며, 사망에 이르지 않더라도 영구적인 신경학적 장애가 남을 수 있는 아주 무서운 병이지요. 하지만 최근 조기 발견이 가능해지면서 적절한 치료가 신속히 이뤄지는 편이라 다행히도 핵황달로 사망하거나 큰 장애가 남는 경우가 그리 흔하지는 않아요.

담도 폐쇄로 인한 황달

선천적인 담도 폐쇄 또한 황달을 일으킵니다. 간에서 생성된 빌리루빈이 밖으로 배출되려면 담도라는 곳을 통과해야 하는데, 이곳이 폐쇄되어 있다면 빌리루빈이 몸 안에 쌓여 황달이 나타날 수밖에 없어요. 출생 후 일주일 정도가 지났을 때, 혹은 그 이후에라도 황달 증상과 더불어 회색을 띠는 변을 보면 선천성 담도 폐쇄를 의심해볼 수 있어요. 이런 증상이 나타난다면 신속하게 병원을 찾아 정밀검사를 받아야 합니다.

갑상선 기능 저하증으로 인한 황달

원인 없이 황달이 계속되는 경우 반드시 의심해봐야 하는 질환 중 하나가 바로 갑상선 기능 저하증입니다. 선천성 갑상선 기능 저하증을 발견하지 못하면 아이의 뇌 발달에 치명적인 영향을 미칠 수 있으므로 반드시 감별해야 하는 질환 중 하나입니다.

 ## 황달인지 아닌지 아는 방법

피부색으로 황달의 정도를 알 수 있어요

황달이 나타나면 보통 눈의 흰자위와 얼굴색이 노랗게 변합니다. 심한 경우 몸통, 사지 및 발바닥까지 노랗게 돼요. 황달은 얼굴에서 시작해 몸통 아래로 번져 차차 손바닥, 발바닥까지 내려가는 순으로 진행됩니다. 황달 수치가 높을수록 머리에서 먼 부위로 황달 부위가 넓어져요. 아이 피부색으로 황달의 정도를 알 수 있지만, 이는 정확한 진단을 내리기 전, 조기 발견을 위한 짐작 수준에 불과합니다. 그러므로 황달이 얼마나 진행되었는지에 대한 보다 정밀한 검사는 반드시 의사와 상의한 후 진행합니다.

피부를 살며시 눌러보세요

피부가 단순히 조금 노란 것인지, 아니면 황달인지 확인하기 위해 피부를 살며시 눌러보는 방법이 있습니다. 아이 옷을 전부 벗기고 밝은 조명 아래에서 피부를 손가락으로 눌러보거나 유리판 같은 것으로 압박해보세요. 눌러본 피부가 빨갛게 되지 않고 누렇게 뜬다면 황달을 의심해봐야 합니다.

황달이 얼마나 심한지 구분하기는 쉽지 않아요

아이에게 황달이 생긴 것인지, 생겼다면 어느 정도로 심한 것인지 엄마들은 쉽게 구분하기 힘들어요. 경험이 없는 상태에서 괜찮을 거라고 생각했다간 위험한 상황에 놓일 수 있습니다. 신생아 황달은 전문가인 의사가 아니면 구분해내기 어려운 부분들이 있으므로 조금이라도 황달이 의심되면 즉시 소아청소년과에 가서 진찰을 받는 것이 좋습니다.

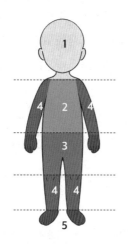

	황달의 분포	혈청 (mg/dL)
1	얼굴과 목까지 와 있을 때	5 미만
2	동체의 배꼽까지 와 있을 때	5~12
3	동체의 하부, 대퇴부까지 와 있을 때	12~15
4	팔, 다리, 발목, 팔목까지 와 있을 때	15~18
5	손바닥, 발바닥까지 와 있을 때	20 이상

▲신생아 황달의 범위와 종류

 ## 황달 치료, 어떻게 하나요?

증상에 따라 각기 치료가 달라져요

황달은 기본적으로 광선 치료와 교환 수혈을 합니다. 이 두 치료법은 모두 전문적인 치료 시설을 갖춘 병원에서 신생아 전문 소아청소년과 의사의 지시하에 이루어져야 해요. 광선 치료는 특정 파장의(청녹색) 광선을 아이에게 쬐어주어 황달을 치료하는 방법입니다. 광선 치료를 하면 혈액 내 상승해 있는 빌리루빈을 다른 모양으로 변형시켜 독성을 없애주고 잘 배설되게 합니다. 교환 수혈은 빌리루빈이 지나치게 상승해 있어 핵황달의 위험이 있을 때 실시해요. 이는 빌리루빈이 상승해 있는 아이의 혈액을 제거한 뒤 정상 혈액을 대신 넣어주는 치료법입니다. 미숙아의 경우 만삭아보다 낮은 농도의 빌리루빈에도 핵황달을 일으킬 수 있습니다.

근본 원인을 함께 치료해야 해요

병적인 황달에는 여러 원인이 있는 만큼, 황달 자체를 치료하는 광선 치료 및 교환 수혈 외에도 근본적인 원인 치료도 같이 이루어져야 합니다. 예를 들면 세균성 패혈증에 의한 황달이라면 원인 세균을 없애야 하므로 그에 알맞은 항생제 치료를 해야 하지요. 또 선천성 담도 폐쇄가 원인이라면 수술 치료를 통해 폐쇄된 담도를 다른 곳과 연결해 빌리루빈을 쉽게 배출할 수 있게 합니다. 간염에 의한 황달은 신생아뿐만 아니라 유아 심지어 어른에게도 나타날 수 있어요. 그러므로 신생아가 아닌 유아에게 황달이 나타난다면 간염을 의심하고 반드시 소아청소년과 의사와 상담합니다.

 Dr. B의 우선순위 처치법

1. 아이의 얼굴이 노랗게 보인다면 우선 몸 전체 어느 부위까지 노래 보이는지 확인해요. 일단 황달이 의심되면 소아청소년과 의사에게 진료를 받는 것이 원칙입니다. 물론 생후 1~2일 안에 황달이 급격하게 발생했을 때는 노랗게 보이는 부위와 상관없이 바로 병원에 가야 합니다.
2. 충분한 모유 수유량을 유지하고 있는지 확인해요.
3. 보통 빌리루빈 수치가 12~15mg/dL 이상이면 입원 치료가 필요할 수 있으니 반드시 병원 진료를 받습니다.

햇볕을 쬐어주세요!

신생아가 있는 집에선 방을 너무 어둡게 하지 않습니다. 아이가 황달에
걸려도 모르고 지나칠 위험이 크기 때문이죠. 또 대부분 자연적으로 치
유되고 넘어갈 수 있는 생리적 황달이라면 햇볕에 내놓기만 해도 광선
치료를 받은 것과 같은 효과를 볼 수 있어서 이왕이면 햇볕을 쬐게 하
는 것이 좋습니다. 하지만 생후 6개월까지는 아이에게 직사광선을 쬐
게 해서는 안 돼요. 햇빛이 직접 몸에 닿지 않게 주의해서 일광욕을 시
켜줍니다.

화상

피부가 발갛게 변하고 화끈거려요.

체크 포인트

☑ 2도 화상부터는 병원에서 치료합니다. 특히 물집이 잡힌 화상은 의사의 진료를 꼭 받아야 해요.

☑ 화상을 입으면 상처 부위의 열기를 식히는 것이 가장 우선이에요. 찬물로 화상 부위를 식힌 후 바로 의사의 진료를 받으세요.

☑ 정도가 심한 3도 화상은 오히려 피부 깊숙이 화상을 입어 아이가 울지 않을 수도 있어요. 하지만 반드시 의사의 진찰이 필요합니다.

☑ 화상은 늘 예기치 않은 순간, 순식간에 일어나요. 열을 내는 모든 것은 화상의 원인이 된다고 생각하고 미리 예방 조치를 취해야 합니다.

☑ 의사의 처방 없이 엄마의 판단대로 시중에서 판매하는 연고를 바르거나 화상에 좋다는 민간요법을 시행하면 증상이 오히려 나빠질 수 있으므로 삼가야 합니다.

아이들 화상은 더욱 위험합니다

순식간에 일어나는 화상

영유아 시기에 가장 흔하고 대표적인 안전사고가 바로 '화상'입니다. 화상은 집 안 어느 곳, 생각지도 못했던 곳에서 순식간에 일어나요. 압력밥솥의 수증기에 얼굴을 갖다 댄다거나 달궈진 프라이팬에 손을 뻗어 만진다거나 밥을 뜨다가 주걱에서 흘러내린 밥알에 얼굴을 데이거나, 아이들이 화상을 입는 이유는 생각보다 다양합니다. 실제 화상 환자의 5명 중 1명은 3~4세 이하의 아이들이 차지할 정도로 일상생활 속 화상 위험에 크게 노출되어 있지요. 같은 화상이라도 아이가 입는 화상은 더욱 위험합니다. 어른은 뜨거운 것에 데이거나 만지면 반사적으로 몸을 피하지만, 아이는 이런 상황에서 재빨리 반응하지 못해 화상 정도가 심각해지기 때문이죠. 게다가 아이의 피부는 성인보다 연하고 얇아 같은 온도에서 화상을 입더라도 손상 정도가 더욱 큽니다. 작은 화상으로도 수분과 전해질 손실이 큰 만큼 중증도 이상의 화상을 입었을 경우 성인보다 상황이 훨씬 심각하며 심하면 사망에 이를 수도 있습니다.

화열에 의해 피부 세포나 조직이 파괴되는 것을 말해요

불이나 뜨거운 물, 물체에 의한 접촉, 전기, 각종 화학물질에 신체 조직이 손상되거나 피부 조직이 파괴되는 것은 모두 화상의 범주에 들어갑니다. 유독가스나 일산화탄소 혹은 매연에 의한 기도 손상까지도 넓은 의미에서 화상 범주로 보는데, 대부분 열을 내는 어떤 원인에 의해 피부 세포가 손상 입었을 때를 '화상'이라 하지요. 증상에 따라 1~4도로 구분해요. 화상의 정도를 파악할 때는 화상을 입은 넓이와 깊이에 따라 얼마나 심각한지를 살피며 화상을 입은 부위와 나이도 함께 고려합니다.

 # 피부층의 손상 정도에 따라 4단계로 나눠요

화상의 정도를 판단하기 위해선 먼저 피부의 구조를 이해해야 합니다. 피부는 신체

표면을 덮고 있는 방어 수단일 뿐 아니라 열과 수분의 손실을 방지하고, 외부로부터 병원균 침입을 막아주는 중요한 역할을 합니다. 실질적으로 우리 몸에서 가장 큰 기관이라고 할 수 있어요. 이런 피부는 가장 겉 부분인 표피와 그 아래에 있는 진피, 그리고 진피 아래의 피하조직으로 구성되어 있어요. 화상으로 인해 피부층이 얼마큼 손상되느냐에 따라 1도 화상, 2도 화상, 3도 화상, 4도 화상 등 4단계로 나눕니다. 조직 손상의 깊이에 따라 표피층만 손상된 경우를 1도 화상, 표피 전부와 진피 대부분을 포함한 손상을 2도 화상, 표피·진피의 전 층과 피하지방층까지 손상된 경우를 3도 화상으로 구분하죠. 화상을 입었을 때 나타나는 증상은 화상을 입은 피부의 손상 깊이와 넓이에 좌우되는 만큼 화상의 정도를 구분하는 것은 매우 중요한 일입니다.

·1도 화상 피부의 맨 바깥층인 표피에만 열 손상을 입는 경우예요. 뜨거운 물건이나 액체에 순간적으로 접촉했을 때, 오랫동안 강한 직사광선을 쬐었을 때 입게 되는 화상입니다. 1도 화상은 화상 부위가 붉어지고 따끔따끔하며 부기가 생기지만 수포는 형성되지 않아요. 또 시간이 지나면서 가볍게 피부가 벗겨지거나 색소 침착이 생기기도 합니다. 1도 화상은 특별히 병원 치료를 받거나 약을 바르지 않아도 수일이 지나면 저절로 좋아져요. 그러나 통증이 견딜 수 없을 만큼 심하거나 1도 화상이라고 하더라도 화상을 입은 범위가 넓다면 의사의 진료를 받아보는 것이 좋습니다.

·2도 화상 2도 화상은 표피와 그 아래 진피까지 열 손상을 입은 경우예요. 열탕화상이나 가벼운 화염화상이 주로 2도 화상을 유발합니다. 2도 화상은 진피의 손상 정도에 따라 '표재성 2도 화상'과 '심재성 2도 화상'으로 구분해요. 하지만 2도 화상은 보통 두 증상이 동시에 진행됩니다. 진피 일부분만 손상되었다면 표재성 2도 화상으로, 손상 부위에 통증과 발적, 축축한 피부, 반점 등이 나타나며 수포가 생깁니다. 또한 손상 부위를 누르면 하얗게 변했다가 다시 원래대로 돌아오지요. 반면, 심재성 2도 화상은 진피 전부가 손상된 것으로 물집이 생길 수도, 생기지 않을 수도 있어요. 부분적으로 가피가 형성되기도 합니다. 2도 화상을 입었을 때는 병원을 방문해 치료받는 것이 안전해요. 적절한 치료를 받으면 표재성 2도 화상의 경우 보통 3주 안에 치유되고

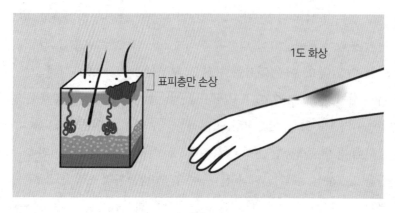

1도 화상

표피층만 손상

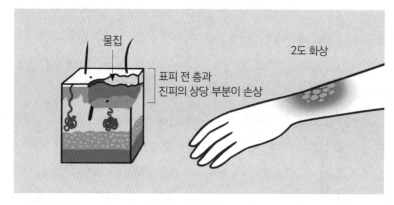

물집

2도 화상

표피 전 층과
진피의 상당 부분이 손상

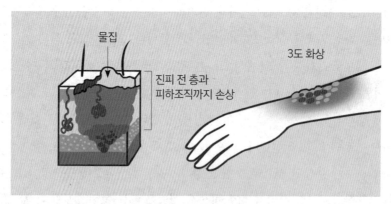

물집

3도 화상

진피 전 층과
피하조직까지 손상

▲피부 손상 깊이에 따른 화상 분류

흉터도 거의 남지 않습니다. 그러나 심재성 2도 화상은 그 이상의 치료 기간이 걸리고 치료가 끝난 뒤에도 흉터가 남을 수 있어요.

•**3도 화상** 표피와 진피, 그리고 진피 하부의 피하지방까지 피부 전체가 손상된 상태입니다. 가장 심한 정도의 화상으로, 심각한 경우 피부뿐만 아니라 뼈와 근육 손상으로까지 이어져요. 3도 화상을 입으면 상처 부위에 회백색 또는 흑갈색의 딱지가 생깁니다. 그 부위를 만져보면 가죽 가방이나 가죽 핸드백을 만지는 느낌이 들어요. 반면 환자는 상처 부위의 통증을 느끼지 못해 날카로운 물건으로 찔러도 아픈 것을 모를 정도로 감각이 마비되어 있습니다. 3도 화상을 입은 아이를 치료할 때 아이가 특별히 아파하지 않는다고 안심하면 안 되는 이유이지요. 또한 피부 표면이 창백해지고 마르며 숯처럼 검게 탄 병변이 관찰되기도 해요. 3도 화상일 경우 피부 이식이 필요하거나, 심한 경우 운동장애 등의 심각한 후유증을 남깁니다. 그러므로 3도 화상은 반드시 화상 전문 병원으로 이송해 집중 치료를 받아야 합니다.

•**4도 화상** 피부의 전 층은 물론 피하의 근육, 힘줄, 신경 또는 골 조직까지 손상된 단계입니다. 가장 심하다는 3도 화상보다 더 심각한 화상으로, 주로 고압 전기 화상 환자나 화상을 입을 당시 독가스·음주·약 또는 지병의 악화로 의식을 잃어 계속 불에 탄 경우가 많습니다. 범위가 넓지 않아도 사망률이 높으며 치료가 어렵고 사지의 절단, 근

이럴 땐 병원으로!

☐ 화상 부위가 광범위하거나 심하게 입은 경우
☐ 화재로 인해 뜨거운 연기나 김을 마신 경우
☐ 물집이 잡힌 2도 이상의 화상을 입은 경우
☐ 얼굴이나 머리, 손가락과 발가락 전부 혹은 성기 부위에 화상을 입은 경우
☐ 전기에 의한 화상을 입은 경우
☐ 3도 혹은 체표면적 10% 이상에 화상을 입은 경우

육 손상과 같은 극심한 신체적 장애 및 변화를 각오해야 합니다.

어떤 이유로 화상을 입었는지 파악해요

치료를 제대로 하려면 화상의 분류를 알아야 해요

화상을 입은 원인에 따라서도 다섯 가지로 분류합니다. 화재나 가스 폭발 등과 같은
이유로 화상 입는 것을 '화염화상'이라 하며, 촛불·라이터·담뱃불·성냥·가스레인지·
오븐 등에 의한 화상이 이에 포함되지요. 뜨거운 목욕물·국과 찌개·뜨거운 차·압력밥
솥의 수증기·정수기의 온수·컵라면 국물·기름 등에 의한 것은 '열탕화상'이라 합니다.
'전기화상'은 전기 콘센트에 젓가락을 꽂거나 피복이 제거된 전기선을 만져 전류에 감
전될 때 발생해요. 또한 전기장판·다리미·난로·고기 불판 등에 데었을 때는 '접촉화
상', 마지막으로 유기용매제 혹은 화학물질에 접촉해 화상을 입었을 때는 '화학화상'
이라고 합니다.

아이들은 열탕화상을 조심해야 해요

아이에게 가장 많이 발생하는 화상은 바로 '열탕화상'입니다. 집에서 요리할 때 잠시
한눈을 팔거나 목욕물이 너무 뜨거울 때 순식간에 열탕화상을 입어요. 접촉화상은 열
탕화상에 비해 발생 빈도가 낮지만 대부분 3도 화상으로 진행되기 때문에 조심해야
합니다. 화염화상은 화상 정도가 깊을 뿐만 아니라 호흡기 손상까지 동반하므로 매우
위험한 상황이 닥칠 수 있어요. 전기화상이나 화학화상은 일반 가정에서 자주 발생하
지는 않지만 한번 일어나면 생명이 위험해지거나 심각한 후유증이 남을 수 있어 주의
해야 합니다.

어린이 화상 사고의 70~80%는 집 안에서 일어나요

우리의 식생활 문화는 대개 음식을 끓여 먹는 식이어서 요리할 때 불을 많이 사용합
니다. 이때 자칫 아이가 엄마에게 가까이 오면 화상을 입는 상황이 발생하지요. 그러

므로 요리할 때 아이가 조리도구에 가까지 오지 못하게 하고, 방금 조리를 마친 뜨거운 음식을 만지지 못하도록 특히 신경을 써야 합니다. 최근에는 정수기에서 나오는 온수로 인한 화상이 증가하고 있어 정수기에 안전장치를 마련하는 것이 좋습니다. 간혹 욕조 안에서 혼자 목욕을 하던 아이가 뜨거운 물을 트는 바람에 화상을 입는 사례도 있어요. 스스로 온도를 조절하기 힘든 어린아이라면 목욕할 때 반드시 곁에서 지켜보세요. 또한 전기 콘센트에 젓가락 등을 꽂아 전기화상을 입는 경우도 많은데요. 전기화상은 생명이 위독할 수도 있을 뿐만 아니라 심각한 후유증이 생길 수도 있어 평소에 늘 주의를 주어야 합니다.

닥터's advice

❓ 화상의 원인에 따른 응급처치

· 열상화상
- 화상이 더 이상 진행되지 않도록 안전한 곳으로 옮깁니다.
- 흐르는 찬물에 화상 부위를 대고 15분 정도 식혀주세요.
- 수포가 생기면 병원에서 진찰을 받습니다.

· 흡인화상
- 일단 안전한 곳으로 옮깁니다.
- 옷을 느슨히 풀어주고, 신선한 공기를 마실 수 있게 합니다.
- 경우에 따라 심폐소생술이 필요할 수도 있으므로 병원에 데려갑니다.

· 화학화상
- 흐르는 물이나 식염수로 즉시 화학물질을 깨끗하게 씻어냅니다.
- 화학화상은 3도 이상의 화상으로 간주하므로 무조건 병원으로 갑니다.

· 전기화상
- 전기 감전이 발생했을 때 함부로 환자를 움직이게 하지 말고, 일단 전기 스위치를 내려 전기 공급을 중단합니다.
- 상처 부위가 크건 작건 모든 전기화상은 3도 화상에 해당해요.
- 겉으로 보이는 것보다 심한 내상을 동반하는 만큼 반드시 병원에서 치료를 제때 받아야 합니다.

화상을 입었을 때 이런 점을 주의하세요

흉터가 남지 않도록 초기에 신속하게 대처하세요

심한 화상이라 판단되면 바로 119에 연락해 병원에 가는 것이 최선입니다. 화상의 표면적이 10% 이상이고, 2도 이상의 화상을 입었을 때는 가능한 한 종합병원의 입원 치료를 권합니다. 그렇다 하더라도 그 전에 집에서 먼저 응급처치를 합니다. 초기에 신속히 대처만 잘해도 화상이 피부 깊숙이 번지는 것을 막고, 이물질이나 기타 위험 물질로 인한 2차 감염을 예방할 수 있습니다.

화상 부위의 열기를 식히는 것이 응급처치의 기본!

화상을 입었을 때는 열기를 재빠르게 내리는 것이 가장 좋은 치료 방법입니다. 화상을 입었다면 즉시 화상 부위를 흐르는 찬물에 15분 이상 식혀주세요. 머리나 얼굴 등 흐르는 찬물에 직접 대고 있기 곤란한 부위라면 얼음주머니를 사용합니다. 단, 피부에 자극을 주지 않도록 피부에 얼음이 직접 닿지 않게 합니다.

옷을 억지로 벗기지 마세요

옷 위로 뜨거운 물을 엎질렀거나 불이 붙었을 경우 무리하게 옷을 벗기지 않습니다. 대신 찬물을 붓거나 바닥 위에 굴려 불을 꺼요. 옷이 살에서 떨어지지 않을 때는 억지로 떼지 말고 그대로 빨리 병원에 가는 것이 낫습니다. 넓은 범위의 화상이라면 깨끗한 천이나 타월로 상처를 감싸고 바로 병원에 갑니다.

물집을 터트리지 마세요

2도 이상의 화상에는 물집이 생깁니다. 이때 물집을 절대로 터트려선 안 됩니다. 일부러 물집을 터뜨리면 오히려 세균에 의한 2차 감염이 발생하기 때문이죠. 때에 따라 물집의 막 자체가 감염을 일으키는 세균을 막아주는 역할을 하는 만큼 물집이 생긴 경우 무리해서 터뜨리지 말고 그대로 둔 채 의사와 상의합니다.

함부로 연고를 발라주면 안 됩니다

가벼워 보이는 1도 화상은 보습제나 화상 연고를 발라주면 증상이 완화되기도 합니다. 이때 연고를 바르더라도 열이 식지 않은 상태에서는 절대로 사용해선 안 돼요. 또 상처가 낫는다는 이유로 소독약을 발라주기도 하는데, 오히려 염증을 일으킬 수 있어 화상 치료에 관련된 연고는 반드시 병원에서 처방받은 뒤 사용합니다.

화상 치료가 끝나면 아이의 안정과 영양에 좀 더 신경 써주세요

아이가 답답함을 호소하더라도 병원에서 감아준 거즈나 붕대는 임의로 풀지 않아야 합니다. 상처를 제대로 감싸놓지 않으면 오히려 덧나거나 세균에 감염될 수 있어요. 완전히 상처가 아물 때까지는 붕대를 반드시 감아둡니다. 화상 부위가 넓고 심한 편이라면 손상된 부위가 빨리 회복될 수 있도록 단백질이 풍부한 식사를 주세요. 또 화상으로 인해 놀라거나 스트레스를 받은 마음을 진정시킬 수 있도록 충분한 휴식과 안정에 신경을 씁니다.

 Dr. B의 우선순위 처치법

1. 화상을 입었다면 즉시 차가운 물로 열을 식혀주세요.
2. 2도 이상의 화상은 바로 병원에 가서 치료합니다.
3. 함부로 소독이나 화상 연고를 바르지 않습니다.

화상을 예방하는 생활습관

1 조리할 때는 냄비의 손잡이를 아이가 만지지 못하도록 반대편으로 돌려놓습니다.

2 아이가 식탁보를 잡아당기는 바람에 식탁 위에 올려놓았던 뜨거운 음식이 아래로 쏟아지는 경우가 있습니다. 집에 어린아이가 있는 경우 식탁보를 사용하지 않는 것도 방법이에요.

3 다리미를 사용한 후에는 반드시 아이의 손이 닿지 않는 곳에 치워둡니다.

4 정수기에 온수 기능이 있을 때는 되도록 아이 손이 닿지 않는 높은 곳에 설치합니다.

5 집 안에서 흡연을 삼갑니다.

6 전열기 주위에는 보호망을 둘러 아이가 접근하지 못하게 합니다.

7 전기 콘센트에 안전장치를 마련해 아이가 젓가락 등을 꽂는 것을 방지합니다.

8 아이가 욕조에 들어가기 전에는 반드시 손으로 직접 물 온도를 체크해주세요.

햇볕에 의한 화상(일광화상)

햇볕에 노출된 후 피부가 붉어지고 부풀어 오르면서 화끈거려요.

체크 포인트

☑ 흔히 햇볕이 쨍쨍 내리쬐는 날에만 위험하다고 생각하기 쉬운데, 안개가 끼거나 흐린 날에도 화상의 위험은 있습니다.

☑ 피부가 붉게 부풀어 오르면서 화끈거리기 시작하면 우선 화기를 빼주는 것이 중요해요. 통증, 물집으로 이어질 수 있으므로 심한 경우엔 반드시 병원을 찾아 치료해야 합니다.

☑ 일광화상으로 데인 정도가 심해 물집이 생겼다면 병원을 방문해 치료해요. 물집이 터졌을 경우 제대로 소독하지 않으면 세균 감염으로 인해 다른 피부 질환에 걸릴 수 있기 때문입니다.

☑ 하루 중 자외선 지수가 가장 높은 오전 10시~오후 2시 사이에는 가능한 한 햇빛을 피하는 것이 좋습니다.

햇볕에 화상을 입었어요

자외선에 오래 노출되면 위험해요

자외선이 강한 여름철, 특히 휴가지에서 햇볕을 오래 쬐면 일광화상이 생길 수 있어요. 특히 어린아이나 피부가 얇고 밝은 사람이 평소 햇빛을 잘 보지 않다가 장시간 강한 자외선에 노출되면 일광화상이 생길 수 있어요. 일광화상은 햇빛을 과하게 받았을 때 생기는 열에 의한 피부 손상입니다. 햇빛 노출 후 피부가 벌겋게 달아오르는 홍반이 나타나고 피부가 부풀어 오르는 부종 등이 동반되는 것이 특징이에요. 피부가 따끔거리고 쓰라리며 심한 경우 물집이 생기고 피부가 벗겨져요. 오한, 발열, 어지러움 같은 전신 증상까지 일으킬 수 있습니다.

피부층이 얇은 아이들은 더욱 잘 생길 수 있어요

아이들은 성인보다 피부층이 워낙 얇은 데다 피부를 보호해주는 멜라닌 색소 역시 적어 불과 1~2시간 바깥 외출에도 일광화상을 입을 수 있습니다. 아이가 햇빛에 화상을 입으면 피부가 빨갛게 달아오르고, 손으로 만져보았을 때 뜨겁습니다. 화상의 정도가 심하면 물집이 잡히고 부종이 생기며 열을 동반할 수도 있습니다.

 # 위험한 것은 햇볕이 아니라 자외선!

흐린 날, 겨울이라고 안심할 수 없어요

모든 햇빛이 위험한 것은 아니에요. 일광화상을 일으키는 가장 큰 원인은 태양광선 중에서도 파장이 280~400nm인 자외선입니다. 햇빛에 의한 화상은 자외선에 지나치게 노출되었을 때 발생해요. 흔히들 햇볕이 쨍쨍 내리쬐는 날에만 위험하다고 생각하는데, 안개가 끼거나 흐린 날에도 자외선에 노출될 수 있습니다. 구름이 흡수하는 것은 대부분 햇빛에 있는 적외선이고 자외선의 상당 부분은 구름을 뚫고 지상에 내려오기 때문이지요. 그래서 구름이 많아 해가 보이지 않는 날이 오히려 자외선은 더 강할 수도 있습니다. 한편 겨울이라고 해서 안심할 수 없어요. 겨울철 쌓인 눈에 햇빛이 반사되는 경우에도 햇빛에 의한 화상을 입을 수 있어요.

햇빛에 의해 피부가 심각하게 손상을 입을 수도 있어요

아이들은 밖에서 많이 놀기 때문에 자외선에 노출되는 빈도가 훨씬 높습니다. 자외선 노출은 피부암 발생원인 중 1위를 기록하고, 일광화상이 계속되면 주름, 노화, 반점, 피부암 등으로 발전할 수 있어요. 어린 나이에 한 번 입은 심한 일광화상은 수십 년 후 '흑색종'이라는 아주 위험한 피부암으로 이어지기도 해요. 흑색종은 나이 구분 없이 발생하며 신체의 여러 부분으로 퍼져 나가 생명까지 위협하는 무서운 병이에요. 아이가 일광에 지나치게 노출되지 않게 주의를 기울여야 하는 이유예요.

어떤 증상이 생기나요?

증상이 즉시 나타나지 않고 잠복기를 거치기도 해요

일광화상은 말 그대로 태양에 의해 화상을 입은 것이지만 다른 화상보다는 훨씬 천

닥터's advice

❓ 자외선차단제의 SPF, PA 지수가 뭘까요?

아이가 30분 이상 햇빛에 노출된다면 SPF가 최소 30이 되는 자외선차단제를 발라야 합니다. 여기서 잠깐! SPF 30은 무엇을 뜻하는 걸까요? SPF는 자외선 B 차단과 관계있는 수치예요. 예를 들어 'SFP 30'이라 하면, 자외선 양이 1일 때 SFP 30 차단제를 바름으로 인해 피부에 닿는 자외선의 양이 30분의 1로 줄어듦을 의미합니다. PA 지수는 자외선 A를 차단하는 정도로, 뒤에 붙은 +의 개수가 많을수록 자외선을 차단하는 정도가 더 높습니다. 즉 자외선 차단제를 고를 때는 두 종류의 자외선 UVA와 UVB로부터 모두 보호할 수 있는지, 방수성이 있는지를 확인하세요. 자외선차단제는 피부에 스며들 시간을 주기 위해 적어도 아이가 밖에 나가기 20분 전에 바르는 것이 좋습니다. 또 3~4시간마다 혹은 사용설명서에 따라 지워진 자외선차단제를 덧발라야 합니다.

천천히 진행되는 특징이 있어요. 자외선에 노출된 후 2~6시간의 잠복기를 거치다가 12~24시간이 지나면 본격적으로 증상이 나타납니다. 낮에는 괜찮다가 밤에 갑자기 화끈거리면서 불편함을 호소하게 되는 것도 바로 이런 이유에서지요. 자칫 통증, 물집으로까지 이어지며 심한 경우 무통과 함께 몸에 열이 나면서 추위를 느끼는 오한 증상까지 나타나 쇼크로 이어질 수 있으므로 조심해야 합니다.

물집이 생기는 2도 화상부터는 병원 치료를 받아요

증상에 따라 붉게 달아오르는 1도 화상, 물집이 생기는 2도 화상, 피부나 근육에 심각한 손상을 입히는 3도 화상으로 나눌 수 있어요. 겉으로 보기엔 괜찮아 보이더라도 햇빛에 의한 화상은 생각보다 아이들에겐 심각할 수 있으니 걱정된다면 병원을 방문하는 편이 낫습니다. 1도 화상은 집에서 치료할 수 있지만, 화상을 입은 후 24시간 안에 물집이 생겼다면 2도 화상일 수 있으니 병원에 가야 합니다. 이때 물집을 터뜨리거나 덮어놓으면 2차 감염이 생길 수 있으니 주의하세요. 또한 극심한 고통과 함께 열이 날 수 있어요. 심각한 경우 일사병으로 이어지는 만큼 아이가 구토하거나 의식을 잃었을 때는 즉시 병원으로 갑니다.

햇볕에 화상을 입었을 때, 이렇게 해주세요

냉찜질이나 찬물로 샤워해주세요

일광화상을 입었을 때는 냉찜질이나 찬물 샤워로 피부 속에 남은 화기를 빼주는 것이 시급합니다. 화상 부위를 찬물 또는 찬 물수건으로 20분씩 찜질해주고 화상 부위가 넓다면 찬물로 샤워를 시켜주세요. 아이가 너무 어려 찬물 샤워가 어렵다면 미지근한 물에 몸을 담그는 방법도 도움이 됩니다. 물놀이 후 피부가 붉어진 경우라면 우선 땀이나 바닷물로 인한 염분, 수영장 물의 화학 성분이 피부에 남지 않도록 비누를 이용해 깨끗이 목욕부터 시켜줍니다. 이때 피부 자극을 최소화하기 위해 부드럽게 손을 이용해 씻깁니다. 그런 다음 차가운 물수건 등으로 냉찜질해주세요. 단, 아이 피부에 직접 얼음이나 얼음물을 갖다 대는 것은 피해야 해요. 간혹 열기를 빼기 위해 옷을 벗겨놓기도 하는데, 얇고 헐렁한 면 소재의 옷을 입혀 체온을 유지하는 게 더 좋습니다.

물집은 억지로 터트리지 말고 병원에서 치료해요

물집이 생겼다면 최대한 터지지 않도록 주의하면서 즉시 병원을 찾으세요. 밤에 갑자기 통증을 호소하는 경우에는 일단 응급처치로 찬물 찜질을 해주고 타이레놀 같은 진통제를 먹입니다. 날이 밝는 대로 가까운 병원에서 통증의 원인을 찾아 적절한 치료를 받는 것도 잊지 마세요.

함부로 아무 약이나 바르면 곤란해요

무턱대고 아무 연고를 화상 부위에 바르는 것은 절대 금물이에요. 바셀린처럼 석유 추출물로 만든 제품은 열과 땀이 빠져나가는 것을 방해해 화상을 악화시킬 수 있습니다. 또 염증과 알레르기 반응을 유발하는 벤조카인 성분을 함유한 응급 스프레이나 연고 사용도 피하세요. 화상 부위에 열이 나고 통증이 있으면서 두통까지 동반한다면 소염 작용이 있는 이부프로펜, 나프록센이 효과적입니다. 또한 화상 부위가 붉게 달아올랐을 때 혹은 붓거나 가려울 땐 하이드로코티존 크림을 발라주면 증상을 가라앉히는 데 도움이 됩니다. 단, 이런 약은 의사에게 진찰을 받은 후 처방에 따라 사용해야 합니다.

피부가 벗겨지는 것은 자연스러운 현상입니다

햇빛에 화상을 입은 지 10일이 지나면 피부가 들뜨면서 서서히 벗겨지기 시작합니다. 이때 아이가 자기 피부를 보고 놀라거나 충격을 받는다면 진정시키세요. 피부가 벗겨지는 것은 자연스러운 치유 과정입니다. 피부가 아물 때까지 억지로 벗겨내지 말고 자연스럽게 각질처럼 떨어지도록 내버려 둬야 해요. 대신 더 이상 자외선에 노출되지 않도록 주의하고 직사광선을 피해 그늘에서 활동하도록 신경 써야 합니다. 표면이 벗겨진 자리는 일시적으로 얼룩덜룩한 자국이 남지만, 차츰 정상으로 되돌아옵니다.

피부 수분을 유지해주세요

햇볕에 탄 피부는 수분을 유지하는 능력이 손상되기 쉽습니다. 처음 2~3일 동안은 평소보다 수분 공급을 자주 하고, 탈수 현상이 생기지 않게 충분한 물을 섭취하도록 해주세요. 특히 6개월 미만 아이는 모유나 분유를 충분히 먹여야 합니다. 또 건조해진 부위에 피부 보습력이 좋은 제품을 꾸준히 발라 피부를 촉촉하게 해줍니다. 반면 알코올이 함유된 제품은 피부를 더욱 건조하게 만들기 때문에 제품 성분을 잘 확인하고 사용하세요.

 ## 일광화상, 예방은 이렇게!

햇볕이 강한 오전 10시~오후 2시 사이에는 야외 활동을 피합니다

매일 자외선을 완벽하게 차단할 수는 없지요. 자외선량이 많은 시간대인 오전 10시에서 오후 2시 사이에는 햇볕 노출을 피하는 것이 좋습니다. 특히 생후 6개월 이전의 아이는 직사광선에 노출되지 않도록 하고, 야외 활동을 하는 아이는 자외선차단제를 주기적으로 발라주세요. 이 두 가지 방법만으로도 일광으로 인한 화상은 예방됩니다. 단, 아이가 만 6개월 미만이라면 몸 전체에 자외선차단제를 듬뿍 바르지 않습니다. 가능하면 챙 넓은 모자와 헐렁한 면 소재의 옷으로 피부를 가려주고 자외선차단제는 필요한 부위에만 소량 사용해주세요. 자외선차단제를 바르는 부위는 얼굴, 목, 팔에만 집중되기 쉬우므로 발등, 어깨, 코, 귀 부위까지 꼼꼼히 발라줍니다.

자외선 지수 예보를 참고하세요

햇빛에 얼마 동안 노출되면 화상을 입을까요? 안타깝게도 햇빛에 어느 정도 노출되어야 화상을 입는지에 대한 절대적 시간 기준은 없습니다. 하루 중에도 자외선의 강도는 시간대마다 지역마다 달라지기 때문에 현실적으로 그런 기준을 잡는 건 아무 의미가 없지요. 대신 기상청에서 발표하는 자외선 지수 예보를 참고하면 도움이 됩니다. 아이와 외출을 계획한다면 기상청 사이트에서 발표하는 그날그날의 자외선 지수를 먼저 확인해보세요. 자외선 지수에 맞는 옷차림이나 자외선차단제 수치도 알려주고 있어 아이의 야외 활동을 계획하는 데 유용합니다.

 Dr. B의 우선순위 처치법

1. 피부가 붉게 달아오르는 정도라면 집에서 냉찜질을 하여 화기를 빼주세요.
2. 물집이 생겼다면 병원에서 치료를 받습니다.

05

신장비뇨기 질환

요로감염

소변을 자주 보고, 소변볼 때 아파하고 열이 나기도 해요.

체크 포인트

☑ 아이가 요로감염으로 소변을 자주 보면서 아파할 수 있습니다. 특히 열이 나면 꼭 병원을 찾아 치료합니다.

☑ 요로감염 진단을 받으면 항생제를 복용하게 됩니다. 이때 아이의 증상이 좋아졌다고 해서 임의로 항생제 투여를 중단해선 안 돼요. 정해진 동안 다 먹지 않으면 치료가 제대로 되지 않고, 자칫 장기적인 합병증이 올 수 있는 만큼 끝까지 복용해야 합니다.

☑ 요로감염은 치료보다 치료 중간이나 후에 이뤄지는 검사가 더욱 중요해요. 요로감염과 관련해서 꼭 받아야 하는 검사는 미루지 않고 받는 것이 좋아요.

☑ 평소 물을 많이 마시고 소변을 참지 않는 습관을 들이는 등 일상생활 속 요로감염 예방수칙을 미리 알아두세요.

아이가 갑자기 소변볼 때 아파한다면?

아이들은 하루 평균 4~7회 정도 소변을 봅니다. 그런데 갑자기 소변보는 횟수가 하루에 7~8회 이상으로 늘어나고, 소변을 볼 때 아파하면 흔히 요로감염이 아닐까 의심할 수 있어요. 요로감염은 만 2세 이하 아이가 걸리면 열이 나고 체중이 감소하면서 구토, 설사 같은 증상을 보여 감기나 장염으로 오해하기 쉬워요. 하지만 시간이 지나면서 요로감염이 생긴 위치에 따라 배가 아프고 소변을 찔끔찔끔 지리거나 소변볼 때 아파하는 증상이 뒤따릅니다. 좀 더 나이 든 아이라면 소변을 볼 때 아프다고는 말하지만 대체로 증상이 확연히 보이지 않는 경우가 많아 소변검사를 통해 우연히 발견되기도 합니다. 또 호흡기 질환이 아닌데도 별다른 이유 없이 계속 열이 난다면 요로감염을 의심해야 합니다.

소변이 지나가는 길에 염증이 생겨 발생해요

신장은 심장에서 보낸 혈액으로부터 필요 없는 노폐물을 걸러내 오줌을 만듭니다. 이 오줌은 요관에서 방광으로 보내져 밖으로 배출되지요. 이렇게 신장에서 요관, 방광, 요도에 이르는 요로에 세균이 감염된 상태가 '요로감염'이에요. 즉, 소변이 지나가는 길(요로)에 염증이 생기는 것이죠. 아이들의 경우 신장과 방광, 신장과 요도 간의 거리가 어른에 비해 짧고 박테리아나 세균에 대한 저항력 역시 약한 편이라 자칫 요도의 어딘가가 오염되면 요로의 일부에만 그치는 것이 아니라 계속 퍼져가며 요로감염이 일어날 수 있어요. 신생아라면 어디가 아프다고 말을 하지 못해 자주 울고 보채는데, 이런 표현만으로는 요로에 감염되었는지 아닌지를 알아내기가 무척 어려워요. 신생아 요로감염은 대체로 생후 3주에서 12개월 전후에 잘 걸리고, 2~6세 사이에도 자주 발생합니다. 남자아이보다 여자아이가 훨씬 더 발병률이 높아요. 그 이유는 여자아이의 경우, 항문과 요도 사이가 가까워 항문 주위의 세균이 요도를 통해 방광으로 올라가 염증을 일으키기 쉽기 때문입니다. 또 소아 당뇨나 빈혈 등의 질환으로 세균에 대한 저항력이 떨어져 방광 벽이 부분적으로 마비되어 소변이 완전히 배출되지 않을 때도 방광염이 생길 수 있어요. 신우신염으로 신장에 염증이 생긴 상태라면 그 염증이 방광으로 퍼질 확률도 높아집니다. 어른에 비해 아이들은 신장과 방광, 신장과 요도의 거리가 짧아서 가까이 있는 장기로부터 감염되기 쉬워요.

요로감염은 감염 부위에 따라 이름이 달라요

요로감염은 요도, 생식기 및 항문 주위의 세균이 요도를 타고 위로 올라가 방광이나 신장을 감염시키는 상행성 감염입니다. 염증이 어느 부위까지 침범했는가에 따라 다른 이름으로 불리기도 해요. 방광염은 방광까지만 국한된 감염이고, 급성 신우신염은 신장 내부까지 파급된 감염입니다. 무증상 세균뇨는 증상 없이 소변에 세균이 존재하는 상태로 여자아이에게 흔히 나타나죠. 간단해 보이지만 실제 감염이 방광에 있는지, 신장에 있는지 아니면 두 부위 모두에 있는지 분간하기는 어려워요. 증상으로 구분하자면 요로 하부, 즉 요도염이나 방광염이 있는 경우 소변이 자주 마렵고, 신우신염일 경우 고열이나 오한 같은 증상이 나타납니다.

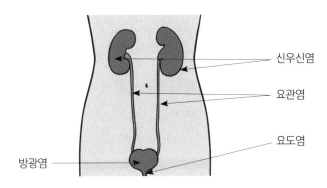

신우신염
요관염
요도염
방광염

▲ 감염 부위에 따라 다르게 불리는 요로감염

🐤 감염 부위에 따라 증상이 달라요

감염된 부위가 방광이라면 소변을 자주 보거나 소변의 색깔이 매우 탁해 보여요. 또 아랫배 통증을 호소하는 경우가 많습니다. 신장 부위가 감염된 신우신염의 경우 고열과 함께 옆구리가 아픈 증상이 뒤따릅니다. 이 경우 역시 어린아이들은 고열 외에는 아무런 증상이 없을 때가 많아요. 따라서 아이가 기침이나 콧물 등 호흡기 증상은 없으면서 고열이 하루 이상 계속된다면 반드시 요로감염, 특히 신우신염에 걸린 것은 아닌지 확인해봅니다. 또한 소변의 냄새나 횟수, 탁한 정도 등도 꼼꼼히 체크해봅니다.

신우신염: 별다른 이유 없이 열이 나요

특별한 증상 없이 잘 먹지 않고 보채면서 미열이나 고열이 나기 시작해요. 그런 열이 며칠씩 계속되다가 더 이상 열이 나지 않거나 혹은 얼마 동안 나다가 안 나기도 합니다. 때로는 복통이나 설사, 구토 등 비뇨기 계통의 질환에서 흔히 보이는 일반적 증상과는 관련 없어 보이는 증상이 나타나기도 해요. 설명 안 되는 발열 증상인 만큼 아이의 소변을 검사해보지 않고서는 요로감염에 걸렸는지 확실히 알기 어렵습니다. 원인 없이 열이 나면 병원에서 소변으로 세균 배양 검사를 하고, 혈액검사도 해서 요로감염 여부를 확인해보세요. 열이 나는 요로감염은 신장에 염증이 있는 신우신염일 확률이 높고, 이 경우 신장 손상이 진행될 수 있어 빨리 진단하고 치료해야 해요.

방광염: 소변을 자주 누고 따가워하며 찔끔찔끔 새기도 해요

흔히 '오줌소태'라고 부르는 질병이에요. 방광염은 방광에 감염이 생긴 것입니다. 소변을 본 지 얼마 되지 않았는데도 또다시 화장실에 가고 싶어 해요. 배가 아프거나 소변을 자주 찔끔거리고 옷에 지리기도 하지요. 소변을 보고 나서도 개운치 않고 아랫배가 아프다고 말하기도 하고 소변볼 때 찌릿찌릿한 증상이 나타나요. 또 반대로 소변을 보기 위해 화장실을 찾고도 막상 소변이 쉽게 나오지 않거나 소변의 양은 적지만 방금 소변을 보고도 다시 마려워하죠. 일부는 외음부가 벌겋게 되며, 소변에서 고약한 냄새가 나고 색이 진하며 뿌연 질감의 소변을 보기도 합니다. 대부분 방광염은 열 증상이 나타나지 않아요. 하지만 고열이나 구토 같은 증상을 동반하면 단순한 방광염이 아닌 상부 요로까지 감염된 염증이 우려되는 상황이니 바로 병원을 찾아 진단을 받아야 합니다. 방광염을 치료하지 않고 방치하면 증상이 심해져 신우신염과 같은 합병증이 생길 수도 있어요.

요로감염 치료, 어떻게 하나요?

소변검사 결과에 따라 항생제를 투여해요

요로감염을 방치하면 신장으로 감염이 번져 영구적인 손상을 입습니다. 아이가 요로감염 증상을 보이면 원인 균을 밝히기 위해 소변검사를 해요. 결과가 나올 때까지 시간이 걸리므로 증상이 있으면 의사와 상의해서 치료를 시작하고, 결과를 확인한 후 치료 방침을 결정합니다. 요로감염은 대부분 치료를 시작한 후 1~2일이면 괜찮아져요. 하지만 아이의 증상이 좋아졌다고 해서 먹던 항생제 투여를 중지해서는 안 됩니다. 증상이 사라졌다고 병이 다 나은 것은 아니어서 처방받은 항생제를 다 먹이는 것이 매우 중요합니다. 감염 부위가 신장이라면 항생제를 총 2주간 먹어야 합니다. 36개월 미만이거나 통증이 매우 심할 때는 병원에 입원해 항생제 주사를 맞아야 해요. 또 방광염이라도 초기에 치료받지 않으면 신우신염과 같은 상부 요로감염이 생겨 증상이 더욱 나빠질 수 있어요. 아이가 소변볼 때마다 아프다고 하는데도 무심히 넘기거나 2회 이상 반복적인 감염이 있었다면 만성 방광염에 의한 기능 장애가 생길 수 있으므로 치료에 더욱 신경 써야 합니다.

치료가 끝났더라도 반드시 검사를 받아야만 합니다

요로감염은 치료보다 치료 후 받는 검사가 더욱 중요합니다. 요로감염에 걸린 아이 중 드물게 요로 기형이나 방광요관 역류증이 동반하기도 하기 때문이에요. 이런 경우 요로감염이 재발할 우려가 높을 뿐만 아니라 제때 치료하지 않으면 결국 '신부전증'이라는 심각한 상태에 이를 위험성이 커지죠. 치료 후 초음파나 방사선 검사 또는 핵의학을 이용한 검사를 해 기형이나 소변의 역류가 있는지 확인하는데, 특히 요로감염이 자꾸 나타나는 아이에게는 필수적입니다. 혹시라도 이상이 있을 때는 콩팥이 망가져 나중에 심한 후유증이 생기거나 회복 불능 상태가 될 수도 있으므로 반드시 검사해야 한다는 것을 명심하세요.

요로감염, 이렇게 예방해요

충분히 물을 마시게 해요

요로감염, 특히 방광염을 예방하는 가장 좋은 방법은 수분을 충분히 섭취하는 것이지요. 물을 많이 마시면 그만큼 소변보는 횟수가 늘어나기 때문에 방광에 있는 균을 씻어내는 효과가 있어요.

기저귀를 잘 갈거나 속옷을 자주 갈아입혀요

아이가 소변이나 대변을 본 후 되도록 빨리 기저귀를 갈아주는 게 좋습니다. 특히 대변에 남아 있는 대장균이나 다른 세균들이 요도로 들어가지 않도록 기저귀를 제때 갈아주고 생식기 주변을 잘 씻기고 말려줘요. 속옷을 입는 아이라면 자주 갈아입혀 세균에 노출되는 것을 예방합니다.

꽉 끼는 바지나 타이즈, 속옷은 피해요

평소 아이 몸에 꽉 끼는 바지나 속옷은 피합니다. 특히 인조 섬유로 만들어진 옷보다면 속옷이나 치마같이 헐렁한 옷을 입히는 것이 좋아요. 세균 번식을 유발하는 따뜻하고 습한 상태와 마찰에 의한 자극을 예방하는 데 도움이 됩니다. 치마를 입었을 때

 닥터's advice

❓ 방광요관 역류증이란?

방광요관 역류는 말 그대로 방광의 소변이 요관에서 콩팥까지 역류하는 현상을 말해요. 정상적인 경우라면 요관이 방광벽으로 비스듬히 들어가 배뇨 근육과 방광 점막의 작용으로 소변이 거꾸로 역류하지 않습니다. 그런데 요관의 위치가 이상하거나 방광의 점막 혹은 요관이 기형이면 소변의 역류를 막을 수 없어 방관요관 역류가 일어나는 것이죠. 역류가 생기면 아이가 소변을 볼 때 일부 역류된 소변이 다시 방광으로 흘러 내려와 방광에 항상 소변이 남아 있게 됩니다. 이렇게 남아 있는 소변 때문에 방광에서 세균이 쉽게 자라지요. 세균으로 오염된 소변이 다시 요관과 콩팥까지 역류하면 급성 신우신염을 일으키고, 반복되면 결국 만성 신부전증으로 진행됩니다.

는 속옷 하나만 입은 채로 흙바닥이나 땅바닥에 앉지 않도록 주의합니다. 바닥에는 눈에 보이지 않는 많은 세균이 있어 치마를 입힐 때는 반드시 속바지를 입힙니다.

사타구니 부위를 청결하게 유지해요

요로감염은 항문과 외부 생식기 주변에 존재하는 균이 원인이므로 사타구니 주변을 청결히 하는 것이 무엇보다 중요한 일입니다. 하지만 사타구니를 깨끗하게 한다는 목적으로 비누나 소독액을 사용하는 것은 주의해야 해요. 비누나 어른용 소독액을 사용해 사타구니를 자주 씻으면 피부에 자극을 주고, 몸을 보호하는 균이 오히려 전부 씻겨 나가 잡균들이 자랄 수 있어요. 깨끗한 물로 씻는 것이 가장 바람직합니다. 또 통목욕보다는 흐르는 물에 샤워를 시키는 것이 좋습니다.

손을 잘 씻겨요

지저분한 손으로 생식기 주변을 만지면 세균에 오염될 가능성이 더 커지겠죠? 만지지 않게 하는 게 최선이지만 평소 손을 잘 씻기는 것도 중요해요. 어느 정도 자란 아이는 구충제를 먹이는 것도 좋습니다. 만약 요충이 있다면 자꾸 항문 주위를 만져 손에 있는 나쁜 균들이 요로감염을 일으킬 수 있기 때문입니다.

여자아이는 대변을 본 후 밑을 앞에서 뒤로 닦도록 연습시켜요

여자아이의 경우 변을 뒤에서 앞으로 닦으면 대변 내 수많은 균이 회음부 속으로 침투해 요로감염에 잘 걸릴 수 있습니다. 대변을 본 후 스스로 닦을 수 있는 나이가 됐다면 앞에서 뒤쪽으로 닦는 방법을 알려주고 연습시킵니다.

소변은 바로바로, 변비는 미리 예방!

소변을 보고 싶어 하면 바로 화장실 가는 습관을 들여야 합니다. 아무리 급한 일이 있더라도 아이가 소변을 참지 않게 해주세요. 소변을 자꾸 참는 버릇이 생기면 방광에서 균이 자라날 시간이 많아져 요로감염의 빈도 또한 높아집니다. 3~4시간 간격으로 소변을 보게 하는 것이 좋아요. 또 아이들은 자신이 아파도 표현을 못 하거나 안 하는 경우가 많아 소변을 볼 때 아이의 상태를 한번쯤 체크해봐야 해요. 방광염 증상이라도 위험한 합병증으로 이어지지 않도록 평소 아이의 소변 습관을 자세히 관찰합니다. 또한 변비가 있으면 소변보는 데 장애를 일으켜 요로감염의 위험도 증가해요. 변비가 생기지 않도록 미리 예방하는 것도 중요합니다. 평소 물을 많이 먹는 게 도움이 되는데요. 수분을 많이 섭취하면 소변을 자주 보게 되고, 그만큼 방광을 자주 씻어내어 균이 자랄 틈을 주지 않지요.

 Dr. B의 우선순위 처치법

1. 평소 물을 자주 마시고 소변을 참지 말고 바로바로 화장실을 갈 수 있게 해주세요.
2. 기저귀나 속옷을 자주 갈아입히고, 사타구니 주변을 청결하게 관리해요.
3. 요로감염이 의심되면 합병증이 생기기 전 바로 병원을 찾아 항생제 치료를 받으세요.

혈뇨, 단백뇨, 요당

소변 색이나 모습이 이상해요.

체크 포인트

☑ 아이의 소변 색이 붉거나 거품이 나면 일시적 현상인지 반복적인지 주의 깊게 살펴봅니다.

☑ 학교에 가기 전 나이여도 소변이 이상하면 소변 검사를 받아보고 결과를 꼼꼼히 확인하는 습관을 지닙니다.

☑ 소변 색이나 모습이 반복적으로 이상하거나 검진 결과에 이상이 있으면 소아 콩팥병 전문 의사에게 진료를 받고 검사해보는 것이 좋습니다.

소변으로 알아보는 아이 건강 상태

소변은 아이의 건강 상태를 알려주는 중요한 척도입니다. 아이마다 개인차는 있지만, 소변의 색이나 모습으로도 아이의 건강 상태를 살펴볼 수 있어요. 건강한 아이들의 소변 색은 엷은 황색에서 짙은 황색을 띠지만 소변의 농도에 따라 다르게 나타납니다. 탈수 증상이 있거나 몸에서 열이 나고 수분이 부족해지면 소변이 농축되어 색이 진하게 나옵니다.

소변에 선명하게 붉은 피가 섞여 나온다면?

콩팥에서 만들어진 소변이 방광과 요도를 거쳐 배설되면서 어딘가에 상처가 나거나 염증이 생겨 피가 나면 소변에 섞여 나옵니다. 색깔은 선명한 피소변, 자몽색 소변, 핑크색 소변, 콜라색 소변 등 다양합니다. 원인은 비뇨생식기에 균이 생기는 요로감염이나 요로결석, 소변 안에 칼슘 결정이 많은 고칼슘뇨, 콩팥의 혈관이 대동맥 가지 사이에 눌리는 호두까기증후군, 콩팥 필터의 문제인 사구체 신염, 드물게 종양이나 콩팥 구조 이상 등이 있습니다. 소변을 본 기저귀나 변기에 피가 섞여 있을 때는 바로 소아청소년과를 찾아 확인해볼 필요가 있고, 소변이 계속 붉은색이면 입원하여 수액 치료를 해야 해요. 정확한 진단을 위해 소변검사와 혈액검사가 이어집니다.

신생아 기저귀에 핑크색 소변이 묻어 나온다면?

신생아가 분홍빛 소변을 보는 경우, 소변 속의 요산이란 물질이 결정화되면서 분홍빛을 띨 수 있어요. 이를 '요산뇨'라고 하며 콩팥의 기능이 미숙해서 생기는 일시적 현상일 수 있습니다. 그러나 분홍빛 소변을 반복적으로 본다면 탈수, 요로감염, 요로결석 등 다른 원인 때문일 수 있으므로 소변검사를 해봐야 합니다.

소변은 깨끗한데 '잠혈'이 있다면?

최근에는 아이의 건강 검진으로 소변검사를 많이 합니다. 간이 소변검사에서 '잠혈'이 있다고 할 때, 잠혈이란 소변 색이 눈으로는 깨끗한데 소변에 미세하게 핏속 세포인 적혈구가 섞여 있는 상태를 의미합니다. 감기에 걸리거나 열이 나거나 생리 중일 때 잠혈이 있다고 할 수 있으므로 건강한 상태일 때 가까운 소아청소년과에서 다시 소변 검사를 하여 현미경으로 들여다봐야 합니다.

소변 색이 갈색을 띤다면?

몸에 수분이 적거나 발열, 설사, 구토 등으로 소변의 농도가 진해지면서 색이 짙어질 수 있습니다. 이때는 물을 충분히 마시고 휴식을 취하면 소변 색이 금세 맑아질 수 있어요. 하지만 물을 많이 마셨는데도 소변 색이 정상으로 돌아오지 않는다면 의사의 진찰을 받아보는 게 좋아요. 한편 소변 색이 아주 엷으면서 피부와 눈동자가 황색을 띤다면 간염으로 인한 황달일 수도 있어요. 심하게 운동을 하거나 열이 나는 경우 근육이 찢어지면서 찢어진 근육 세포의 물질이 소변으로 나와 갈색 소변을 볼 수 있습니다. 이 경우에는 빨리 병원에 내원하여 검사한 후 수액 치료를 해야 해요.

소변에 거품이 많다면?

아이 소변이 거품처럼 부글부글 끓어오를 때도 있어요. 건강한 아이의 소변은 거품이 많지 않고 소변을 볼 때 순간적으로 거품이 일지만 곧 사라지죠. 소변에 거품이 일면 신장 질환을 의심하기도 하는데요. 이럴 때는 단백질이 빠져나온다는 신호일 수 있으므로 소변검사를 해봐야 합니다. 맑지 않고 탁한 소변을 볼 때도 마찬가지입니다. 단, 건강한 아이라도 열이 나거나, 탈수 증세가 있거나, 기름진 음식을 섭취한 경우, 격렬한 운동을 한 경우에 일시적으로 거품 소변을 볼 수 있습니다.

소변은 깨끗한데 '요단백'이 있다면?

아이의 건강 검진에서 간이 소변 결과 '요단백'으로 나올 때가 있습니다. 요단백이란, 소변에 단백질이 정상보다 높은 것을 말해요. 정상 콩팥은 노폐물만 소변으로 나가고 단백질은 소변으로 나오지 않도록 걸러주지만, 콩팥의 필터가 손상되면 단백질이 빠져나갈 수 있습니다. 또한 소아청소년기에는 낮에는 단백질이 일시적으로 소변으로 빠지고 밤에 누워 있을 때는 빠지지 않는, 치료가 필요하지 않은 '기립성 단백뇨'인 경우도 많습니다. 정말로 필터가 손상된 경우 처음에 요단백이 나와도 증상이 없는 경우가 많아 대부분 지나치기 쉽지만, 계속 단백뇨가 빠지면 몸이 붓거나 체중이 갑자기 늘어나고 피곤하며 혈압이 오르는 등 증상이 나타날 수 있어 빨리 치료를 받아야 합니다. 요단백이라는 검진 결과가 나오면 그냥 넘어가지 말고 소아 콩팥병 전문 의사에게 검진을 받아보는 것이 좋습니다.

소변 검진 결과 '요당'이 있다면?

아이의 간이 소변 결과 '요당'이 보인다고 할 때가 있습니다. 단백질과 마찬가지로 혈액의 당도 건강한 콩팥에서는 소변으로 나오지 않습니다. 그러나 혈당이 높거나 콩팥에 문제가 있으면 당이 소변으로 빠져나오는 경우가 있어요. 일단 병원에 내원하여 혈액검사와 소변검사를 모두 하는 것이 좋습니다. 만약 혈액검사에서 혈당이 높은 경우에는 당뇨병을 의심하고 소아 내분비과 의사의 진단을 받아야 합니다. 혈액검사에서 혈당은 정상인데 소변에서 당이 계속 비치면 이는 '콩팥성 당뇨'로, 콩팥의 세뇨관이라는 곳에서 당을 재흡수하지 못해 생겨요. 드물게는 신장 기능이 떨어져 생기는 증상일 수 있으니 소아 콩팥병 전문 의사에게 진료를 받아 봅니다.

소변에서 고약한 냄새가 난다면?

소변 냄새가 고약하다면 아이가 땀을 많이 흘리거나 수분 섭취가 부족해 소변이 농축되었을 가능성이 커요. 하지만 요로감염 증상 역시 소변 냄새가 고약하므로 소변에 피가 섞여 있는지, 아이가 열이 나는 것은 아닌지 잘 살펴봅니다. 당뇨병이 있을 때도 시큼한 냄새가 나기도 해요.

 Dr. B의 우선순위 처치법

1. 평소 아이의 소변 색이나 모습을 주의 깊게 살펴봅니다.
2. 학교 검진이나 학교 가기 전 나이더라도 꼭 소변검사를 받아보고 결과를 체크해봅니다.
3. 이상이 있는 경우 소아 콩팥병 전문 의사에게 진료를 받아봅니다.

빈뇨증

평소보다 소변보는 횟수가 많아요.

체크 포인트

☑ 아이들은 병적 이유 없이 심리적으로 스트레스를 받으면 일시적으로 소변을 자주 봅니다. 별다른 증상이 없다면 자연스럽게 좋아지므로 크게 걱정할 필요는 없습니다.

☑ 아이가 스트레스를 받지 않도록 마음을 편안하게 해주세요. 소변을 자주본다고 다그치면 증상만 더욱 심해집니다.

☑ 소변을 너무 자주 보면 소변을 참는 훈련을 해보세요. 화장실 가고 싶은 신호가 오면 심호흡을 하고 다른 데 집중해가며 소변 참는 시간을 조금씩 늘려갑니다.

빈뇨는 주의 깊게 관찰해야 할 증상

화장실을 갔다 온 아이가 한 시간도 채 되지 않아 또 소변을 본다고 화장실을 들락날락할 때가 있습니다. 막상 소변을 보면 양이 얼마 되지도 않는데 말이죠. 아이들은 원래 어른보다 소변을 자주 봅니다. 그렇다 하더라도 유난히 소변을 자주 보는 아이들이 있습니다. 이런 증상을 '빈뇨증'이라 부르는데, '소아 빈뇨'란 말 그대로 정상 횟수 보다 소변을 자주 보는 것을 말합니다. 빈뇨는 옷에 오줌을 싸는 것과는 또 다른 문제 이지요. 소변의 횟수는 아이마다 하루 동안에 마시는 물과 음료의 양, 날씨나 활동 정 도에 영향을 받습니다. 또 감기나 장염 등의 질환에 걸린 경우에도 소변의 양이나 횟 수가 달라지죠. 따라서 아이가 소변을 자주 본다고 모두 빈뇨증으로 단정할 수는 없 습니다. 보통 성인은 하루 8회 이상의 소변을 볼 때 빈뇨라 판단하며, 아이들의 경우 엔 7세 이상의 아이가 하루 10회 이상의 소변을 볼 때 빈뇨증으로 간주합니다. 특별 한 증상 없이 평소보다 소변을 자주 보는 현상이 2~3일 이상 계속된다면 소아 빈뇨증 을 의심해볼 수 있습니다.

다른 질병이 있다는 신호

비뇨기계 관련 질환이 있을 때 발생하기도 해요

아이에게 방광염이나 요로감염 등의 질환이 있을 때 빈뇨증이 가장 흔하게 생깁니다. 빈뇨증이 의심되면 일단 소아청소년과 의사의 진료를 받아 요로감염이 있는지 먼저 확인합니다. 특히 집안 식구 중 요로감염에 걸린 가족력이 있다면 요로감염의 가능성 이 크기 때문에 즉시 병원을 찾는 것이 좋습니다. 이런 요로감염이나 방광염에 의한 빈뇨증이 나타날 때는 열이 나거나, 소변을 볼 때 통증이 있거나, 소변에 농이 나타나 는 증상이 뒤따르는 만큼 단순한 빈뇨증과는 구별할 수 있어요.

변비가 심해도 빈뇨증이 나타나요

직장 안에 대변이 가득 차 있으면 이에 따른 연쇄 반응이 일어나요. 대변으로 인해 무 거워진 직장이 방광을 눌러 소변을 담아 두지 못하고 계속 비워내기 시작합니다. 방 광을 조절하는 골반 신경까지 함께 자극받아 쉴 새 없이 방광에 소변을 내보내라는 신호를 보내지요. 또 직장이 대변으로 가득 차 부풀어 올랐을 때 방관 경부를 막아 방 광이 완전히 비워지지 않은 상태가 됩니다. 그래서 소변을 봐도 여전히 방광에 소변이 남아 있어 또다시 마려운 느낌을 받습니다. 변비 증상이 해결되면 빈뇨증 역시 자연스럽게 좋아져요.

당뇨나 요붕증이 있어도 소변을 자주 봐요

아이에게 당뇨나 요붕증이 있어도 소변을 자주 봅니다. 요붕증이란 내분비계에 이상이 생겨 소변량과 횟수가 갑작스럽게 증가하는 증상을 말합니다. 당뇨나 요붕증일 때는 빈뇨증과 더불어 소변의 양이 많아지는 다뇨증도 함께 나타납니다. 다뇨증은 배출되는 소변의 양이 섭취하는 수분의 양에 비해 체액이 얼마나 손실되는지로 판단하는데, 아이들의 경우 하루 2L 이상의 소변을 볼 때 다뇨증이라 할 수 있습니다. 아이가 소변을 보는 상태를 지켜보다가 계속해서 배출되는 소변의 양이 너무 많다고 느껴질 땐 이런 질환들을 의심해보고 소아청소년과 의사의 진료를 받아 적절한 치료를 해야 합니다.

닥터's advice

❓ 아이가 소변을 잘 안 보나요?

화장실을 자주 찾는 경우와 반대로 소변을 지나치게 안 보는 아이도 있습니다. 아이들의 소변은 섭취한 수분과 연관이 큽니다. 아이가 소변을 적게 본다는 것은 수분 섭취량이 적거나 설사나 땀 배출 등으로 수분 손실이 지나치게 많다는 걸 뜻합니다. 몸이 붓지 않고 다른 이상 증상이 없다면 수분 섭취를 늘려주세요. 그런데도 소변 보는 횟수나 양이 늘지 않는다면 소아청소년과를 찾아 의사와 상의해봅니다.

나이별 아이의 1일 정상 소변 횟수는 어떻게 될까요? 개인차가 있지만 대략적인 횟수를 알아두세요.

- **3~6개월** 20회
- **6~12개월** 16회
- **1~2세** 12회
- **2~3세** 10회
- **3~4세** 8~9회
- **5세 이후** 4~8회

스트레스를 받을 때 빈뇨증이 증가해요

염증이나 기질적인 문제가 아니면 소아 빈뇨증 대부분은 심리적인 문제입니다. 실제로 아이들에게 빈뇨증이 일어나는 원인 중 가장 큰 비중이 바로 심리적인 스트레스로 인한 심인성 빈뇨증이죠. 아이들은 병적 원인 없이도 심리적으로 스트레스를 받으면 소변을 유난히 자주 봅니다. 중요한 일을 앞두거나 긴장했을 때 갑자기 소변이 마려운 것과 같은 이치인데요. 배변 훈련을 하다가 스트레스를 받거나 유치원에 처음 다니기 시작했거나 혹은 동생이 태어났거나 등등 갑자기 생활환경이 바뀌고 긴장감을 유발하는 상황에 부닥쳤을 때 나타납니다. 이런 심인성 빈뇨증은 소변을 볼 때 별다른 통증이 없고, 밤에 잘 때 역시 소변을 잘 가리며, 친구들과 재미있는 놀이를 하거나 하나에 깊이 집중할 때는 빈뇨증이 나타나지 않는 것이 특징입니다. 대개 3~8세 아이들에게 많이 나타나며 시간이 지나면서 자연스럽게 사라집니다. 화장실을 찾는 아이를 무작정 다그치거나 엄하게 야단치기보다는 아이가 무엇 때문에 긴장하고 있는지, 신경 쓰는 일이 있는지 주의 깊게 살펴봅니다.

빈뇨증 치료, 어떻게 하나요?

빈뇨증은 원인이 다양하므로 원인에 맞춰 치료합니다. 대개 심리적인 원인이라면 스트레스를 풀어주며 상태를 지켜봅니다. 그러나 지속될 때는 의사를 찾아가 진료를 받아봅니다. 다른 요로감염이 원인일 때는 항생제 치료를 하거나 변비가 원인이라면 변비를 우선 치료합니다. 당뇨나 요붕증이 원인일 때는 여기에 맞는 치료를 합니다.

 Dr. B의 우선순위 처치법

1. 평소 아이가 스트레스를 받고 있는지 주의 깊게 살펴봅니다.
2. 아이와 함께 소변을 참는 훈련을 해보세요.
3. 빈뇨 증상이 장기간 계속된다면 의사의 진료를 받고 정확한 원인을 찾습니다.

빈뇨를 줄이는 생활습관

1 다그치기보다 칭찬해주세요

소변을 자주 본다고 혼내기보다 조금이라도 잘했을 때 칭찬을 많이 해주세요. 칭찬할 때는 즉시, 구체적으로 눈을 맞추면서 칭찬과 함께 꼭 안아주는 마무리까지 중요합니다.

2 소변을 참는 훈련을 합니다

빈뇨증은 실제로 방광의 용적이 작아서 생기는 경우보다 기능적인 문제로 인해 나타나는 경우가 많습니다. 그러므로 배뇨 억제 훈련을 통해서 소변 참는 시간을 조금씩 늘립니다. 몇 분도 안 되어 또 소변을 보려고 할 때는 심호흡하면서 다른 것에 정신을 집중하게 하고 그 시간을 점점 늘려갑니다.

3 충분히 수분을 보충해주세요

소변을 자주 보면 체내에 수분이 부족해집니다. 평소보다 물을 충분히 더 많이 마실 수 있게 신경 써주세요. 탄산음료나 감귤류, 카페인이 든 음료는 방광을 더욱 자극해 오히려 배뇨를 더 촉진할 수 있으므로 삼가는 것이 좋습니다.

야뇨증

잠잘 때 이불에 오줌을 싸요.

체크 포인트

☑ 밤에 소변을 가리는 것은 아이 마음대로 조절할 수 있는 일이 아닙니다. 아이가 잠잘 때 이불에 소변을 실수했더라도 스스로 열등감을 느끼지 않도록 마음을 안정시키는 것이 우선입니다.

☑ 저녁 식사 후 물이나 주스 등 수분이 많은 음식 섭취를 피합니다. 과일도 주로 오전이나 낮에 활동할 때 먹여요.

☑ 물을 규칙적으로 먹게 하고, 시간에 맞춰 소변을 보게 하는 등 생활습관이 치료에 도움이 됩니다. 속상한 마음에 혹은 빨리 고치고 싶어서 아이를 야단치거나 벌을 주는 것은 좋지 않습니다.

☑ 야뇨증은 시간이 지난다고 저절로 낫는 병이 아니에요. 아이의 상태가 점점 나빠지면 반드시 병원을 찾아 전문적인 상담을 받습니다. 심한 경우라도 노력하면 치료되는 병입니다.

밤새 이불에다 또 오줌을?

자기 의지와 상관없이 오줌을 지려요

기저귀 떼기를 하는 아이가 자면서 이불에 오줌 싸는 것은 흔한 일입니다. 그러나 대소변을 가린 지 한참이나 지난 아이가 매일 밤 부모를 깨워 "또 오줌 쌌어요" 하는 건 다른 문제이지요. 성장 과정의 일환인지, 몸에 다른 이상이 생긴 건 아닌지 확인해봐야 합니다. 야뇨증이란 밤에 자는 동안 자기 의지와 상관없이 소변을 지리는 것을 말합니다. 대개 아이들은 30개월쯤 소변을 보고 싶다는 의사 표현을 하고, 세 살에는 혼자 화장실에 갈 수 있으며 다섯 살 이후 아이들 대다수는 소변을 가립니다. 그러나 이 나이가 지나서도 밤에 오줌을 싼다면 '야뇨증'이라고 합니다. 야뇨증은 생각보다 아이들에게 흔한 증상으로 5세경 어린이의 약 15%, 초등학교에 들어가는 7세경에는 약 10% 정도의 아이들이 야뇨증을 겪어요. 야뇨증은 여자아이보다 남자아이에게 3~4배 정도 흔하게 나타나는데, 부모가 어릴 때 야뇨증이 있었다면 아이에게 나타날 가능성이 더 큽니다.

야뇨증이 시작된 아이를 야단치지 마세요

야뇨증이 있는 아이에게 벌을 주는 것은 결코 바람직한 방법이 아니에요. 일시적으로 효과가 있을지는 몰라도 아이는 엄청난 스트레스를 받지요. 야뇨증이란 어쩔 수 없는 결과로서 나타나는 현상이지 아이의 잘못이나 실수가 아니라는 점을 꼭 기억하세요. 위협을 한다거나 체벌을 하는 따위의 방법은 오히려 아이를 자극하고 반항적으로 만들기 쉽습니다. 대신 잠잘 때 아이 옆에 갈아입을 수 있는 옷을 미리 준비해 아이가 오줌을 싸면 스스로 갈아입을 수 있게 배려하는 자세가 필요합니다. 얼마나 불편한지 생생히 느끼라고 젖은 속옷을 그냥 그대로 놔두는 것은 야뇨증 치료에 전혀 도움이 되지 않습니다.

야뇨증은 왜 생기나요?

심리적 스트레스를 받으면 야뇨증이 생길 수 있어요

평소 밤에 소변을 잘 가리던 아이도 심리적으로 불안하면 야뇨증이 올 수 있습니다. 예를 들면 동생이 생겼다거나 집을 이사했다거나 새로운 유치원에 들어갔거나 하는 등 아이가 스트레스를 받는 상황에 놓이면 그러지 않던 아이도 밤에 오줌을 쌀 수 있지요. 또 아이들은 너무 흥분해도 밤에 실수할 수 있어요. 이런 심리적인 원인이나 흥분해서 생긴 야뇨증은 보통 수개월 내에 해결되는 것이 대부분입니다. 따라서 아이가 밤에 소변을 못 가린다고 하더라도 지나치게 부담을 주거나 창피를 주지 말아야 합니다. 오히려 아이를 야단치면 야뇨증이 더욱 심각해질 수 있어요. 밤에 소변을 못 가리는 것은 누구나 한 번쯤 겪을 수 있는 일이며, 아이 마음대로 조절할 수 있는 일이 아니라는 점을 아이와 부모 모두 편안한 마음으로 받아들이는 자세가 필요해요.

 닥터's advice

❓ 우리 아이 방광 용적은 정상일까요?

아이의 방광 용적을 알고 있으면 야뇨증 치료에 도움이 됩니다. 방광 용적이 나이에 따른 기대 수치의 70% 미만에 해당한다면 소변을 만성적으로 참아 방광 벽이 두꺼워지고 예민해져 있을 가능성이 커요. 이럴수록 방광 용적이 줄어들어 야뇨증이 생기기 쉬워집니다.

방광 용적이 정상인지를 알려면 먼저 아이의 실제 소변량을 측정해봐야 합니다. 약국에서 파는 좌변기 혹은 수치를 계산할 수 있게 집에서 만든 일회용 변기에 소변을 보게 한 후 그 양을 재어봅니다.

(나이+2)×30ml=정상 방광 용적

위 공식에 대입해 아이 나이에 맞는 정상 방광 용적과 실제 측정한 아이의 소변량을 측정해 비교해보세요. 예를 들어 6세 아이의 경우 (6+2)×30ml=240ml가 정상적인 방광 용적인데, 실제 측정했을 때 144ml라면 정상 방광 용적의 60%밖에 안 되는 수치인 셈이고, 이런 경우 방광 용적이 정상 아이들보다 많이 줄어든 상태로 파악할 수 있습니다.

신장비뇨기 질환

몸에 이상이 있어도 야뇨증이 생겨요

변비가 심하면 야뇨증이 생길 수 있어요. 이런 경우 변비를 해결하면 야뇨증은 자연스레 사라집니다. 야뇨증의 원인은 많지만, 대부분 특별한 원인을 밝히기 힘든 게 사실입니다. 감염 또는 기타 질병으로 인해 야뇨증이 생겼다고 추정될 때는 의사의 진찰 소견에 따라 소변검사, 소변 배양 검사, 엑스레이와 초음파 등의 검사를 통해 원인을 찾아야 해요. 요로감염에 걸리면 야뇨증이 동반될 수 있고, 드물지만 소아 당뇨일 때도 갑자기 야뇨증이 생깁니다. 소변을 잘 가리던 아이에게 야뇨증이 찾아오면 적절한 검사를 해 원인을 먼저 밝혀내는 것이 무엇보다 중요합니다.

방광 크기가 작은 아이들이 있어요

낮에는 소변을 잘 가리는데 야뇨증이 있다면 방광 용적이 정상보다 작을 수 있어요. 야뇨증이 있는 아이 중 방광의 크기가 다른 아이들보다 유독 작아 밤에 만들어진 소변을 방광에 다 보관하기가 어려운 경우가 많습니다. 자는 동안 소변을 봐야 하는데, 잠든 상태라 이불에 싸게 되는 것이죠. 선천적으로 크기가 작을 수도 있지만 대부분 낮에 소변이나 대변을 참는 습관 때문에 방광 벽이 두꺼워지고 근육이 늘어나 방광 용적이 줄었을 가능성이 큽니다. 또 방광이 그만큼 과민해진 상태이기 때문에 방광이 완전히 채워지지 않았는데도 채워졌다는 신호로 받아들여서 의지와 상관없이 소변을 밀어내는 것이 야뇨증입니다.

 # 야뇨증 치료, 어떻게 하나요?

야뇨증이라고 무조건 치료해야 하는 건 아니에요

야뇨증이라고 모두 치료가 필요한 것은 아니며, 치료받으면 좋아지므로 서둘러 걱정부터 할 일도 아닙니다. 보통 다섯 살이 지나서도 계속 밤에 오줌을 쌀 때는 치료를 권해요. 자신이 오줌싸개라는 수치심을 느끼지 않도록 다섯 살 정도가 되면 치료를 시작하는 것이 좋습니다. 또 다섯 살 전에는 대다수 아이가 소변을 가리는데, 이때까지 소변을 가리지 못하면 계속해서 야뇨증을 보일 가능성이 크기 때문이지요. 그러나 다섯 살 이전이라도 낮에 소변을 못 가리거나 대변을 지리는 경우가 있다면 병원을 찾아 의사에게 진찰을 받는 것이 좋습니다.

잠들기 전, 소변을 꼭 보는 습관을 들여요

야뇨증이 있는 아이는 저녁 식사 때 물이나 주스 등 수분이 많은 음식을 많이 먹이지 않아야 해요. 저녁 식사 후 먹는 과일 역시 피하는 것이 좋습니다. 잠자리에 들기 전, 반드시 소변을 보게 하고 부모가 잘 때 한 번 더 소변을 누게 합니다. 또 아이에게 밤 중에 소변이 마려우면 일어나서 보라고 일러주세요. 아이 스스로 일어나지 못하면 한 밤중에 한 번쯤 아이를 깨워 소변을 보게 합니다. 이때 유심히 살펴보면 야뇨증이 있는 아이는 다른 아이들에 비해 잠을 깨우기가 힘들고 잠에 취해 엄마의 힘으로 화장실에 가는 경우가 많습니다. 하지만 아이가 힘들어하더라도 스스로 소변을 눌 수 있도록 몇 번이라도 반복해 연습시켜요.

방광 기능이 원인일 경우 방광요법을 시행합니다

방광 기능에 이상이 있으면 방광요법을 시행하는데, 꽤 효과를 볼 수 있습니다. 방광요법은 말 그대로 소변을 담을 수 있는 방광의 용적을 최대한으로 넓히는 것인데요.

 닥터's advice

❓ 야뇨 경보기, 효과가 있을까요?
야뇨 경보기는 수분 센서와 경보장치로 간단히 구성된 치료 보조기구입니다. 아이가 야뇨 경보기를 착용하고 자다가 소변을 지리면 수분 센서가 소변을 감지해 경보장치(알람)를 울리게 하고 아이가 깨어나면서 소변을 멈추게 하는 치료 도구입니다. 이런 상황을 반복시켜 방광에 소변이 찼을 때, 배뇨가 일어나기 전 스스로 일어나 소변을 보는 습관을 몸에 익히게 하는 일종의 조건반사를 이용한 치료법이지요. 최근 야뇨 경보기를 사용하면 소변을 저장하는 방광의 용량이 커지는 효과를 볼 수 있는 것으로 알려졌습니다. 치료에 성공하면 매우 효과적이고 재발할 확률도 낮지만, 실제 시행이 어렵고 결과가 나타나기까지 시간이 걸리는 단점이 있습니다.

하루에 체표면적 1평방미터당 1,500ml의 물을 정해진 시간에 규칙적으로 마시게 합니다. 또 아침에 일어나면 소변을 보게 한 후 낮부터는 두 시간에 한 번씩 규칙적으로 소변을 보게 합니다. 이때 소변을 본 시간과 소변량, 물 마신 시간과 양, 대변 유무, 야뇨 유무 등을 매일 기록하는 소변 일기를 작성하면 도움이 됩니다. 아이들은 소변을 완전히 보지 않았는데도 다 했다고 생각해 화장실을 그냥 나오는 경우가 많습니다. 그러므로 잠자리에 들기 전에 다시 한 번 소변을 보게 하는 것이 좋습니다. 이처럼 규칙적인 소변 습관으로 완전히 방광을 비우면 방광 근육이 이완되어 정상 기능을 회복하고, 두꺼워진 방광 벽 때문에 좁아진 방광 크기가 점차 제자리를 찾습니다.

의사의 진단하에 약물 치료를 해요

야뇨증을 치료하는 약으로는 방광의 용적을 늘리고 수면의 질을 떨어뜨려 잠에서 쉽게 깰 수 있게 하는 방광조절제와 소변의 생산량을 줄이는 항이뇨호르몬제가 대표적입니다. 약물 치료를 하면 70~80% 좋아지는 효과가 있지만, 야뇨증을 완치하는 방법이 아니라 일시적으로 방지하는 차원에 불과합니다. 자칫 부작용이 나타날 수도 있어 반드시 의사와 상담한 후 사용해야 합니다. 특히 부작용이 나타날 때는 바로 투여를 중지해야 합니다.

 Dr. B의 우선순위 처치법

1. 아이가 스트레스를 받는지 아이의 심리 상태부터 체크해보세요.
2. 잠자리에 들기 전, 수분이 많은 음식은 피하고 소변을 꼭 보게 해요.
3. 다섯 살 이후까지도 야뇨증 증상을 보이면 의사에게 진료를 받아봅니다.

아이들에게 흔한 비뇨생식기의 이상

남자아이와 여자아이 성별에 따른 생식기 질환

체크 포인트

☑ 여자아이는 대소변을 본 후 회음부를 청결히 유지하는 게 중요해요. 남자아이는 습관적으로 성기를 만져 귀두포피염이 생기지 않았는지 유심히 체크합니다.

☑ 최근엔 굳이 포경수술을 할 필요가 없다는 의견이 지배적입니다. 포경수술을 하지 않는 만큼 아이의 성기를 보다 위생적으로 관리해야 해요. 단, 성기를 덮고 있는 포피를 너무 힘주어 뒤로 젖히지 말아야 합니다.

☑ 여자아이의 질 분비물은 아주 흔한 증상이에요. 성장하면서 1~2번은 질염에 걸리기도 합니다. 아이의 질에서 분비물이 나오면 우선 의사의 진료를 받는 것이 좋습니다. 이때 소아청소년과나 산부인과에 가면 됩니다.

☑ 성기 부위에 발진이 생겼다면 그 부위의 습기를 빠르게 제거해주는 것이 최선입니다. 심한 경우, 좌욕을 시킨 후 마른 면 수건으로 가볍게 두드려 제대로 말려주세요. 물티슈를 사용하는 것보다 미지근한 물로 씻어주는 게 더욱 효과적입니다.

아이들도 비뇨기 질환에 걸립니다

부모의 세심한 관찰이 필요해요

부모가 잘 몰라서 혹은 당황스러워서 아이에게 생긴 비뇨생식기 질환을 그냥 방치하거나 소극적으로 대처할 때가 있어요. 어른이 된 후 자칫 아이에게 불임이나 비뇨계 종양 등 무서운 합병증이 찾아올 위험성이 생깁니다. 그만큼 부모가 먼저 아이들도 비뇨기 질환에 걸릴 수 있다는 사실을 인지하는 것이 중요해요. 조기에 발견해 제대로 치료만 해도 아이들의 정상적인 신체 발달에 전혀 문제가 되지 않습니다. 비뇨기 이상 중 어떤 것은 보기만 해도 알 수 있는 것이 있고, 어떤 증상들은 잘 관찰하지 않으면 눈치채지 못할 정도로 민감한 문제들이 있습니다. 하지만 현실적으로 아이들의 비뇨생식기 질환은 성인과 달리 증상이 뚜렷하지 않아 무심코 지나치는 경우가 많아요. 아이는 자신에게 생긴 문제를 그때마다 명확히 표현하지 못할 뿐만 아니라 질환에 대한 심각성도 없어 병이 늦게 발견되거나 제때 치료가 이뤄지지 못해요. 그래서 비뇨생식기 질환은 그 어떤 질환보다 부모의 세심한 관찰이 필요합니다.

남자아이와 여자아이의 특성을 알아두세요

남자아이와 여자아이는 신체 구조부터 다릅니다. 남자의 성기는 밖으로 돌출되어 있고, 여자의 성기는 안에 있는 형태이지요. 이것은 건강한 생식기 역할을 위한 섭리인데, 남자의 성기는 시원해야 건강한 정자를 만들고, 여자의 성기는 따뜻해야만 건강한 아이를 낳을 수 있기 때문입니다. 이처럼 같은 생식기 질환이라도 성별에 따라 불편한 증상도 신경 쓰이는 병의 특징도 다르지요. 기저귀를 갈아줄 때, 목욕을 시킬 때혹은 옷을 갈아입힐 때 아이의 성기를 유심히 살펴보세요. 주변 피부에 염증은 없는지, 성기가 유난히 부어 있지는 않은지, 무의식적으로 자신의 성기를 긁는지 등등 그냥 지나치면 모를 증상도 세심히 관찰하면 아이의 상태를 짐작해볼 수 있습니다. 하지만 무턱대고 관찰만 할 것이 아니라 증상을 제대로 알려면 남녀 생식기에 대한 이해가 있어야 해요. 아이의 건강과 직결되는 만큼 우선 엄마는 아들의, 아빠는 딸의 생식기에 대한 공부가 필요합니다.

남자아이에게 흔히 나타나는 생식기 질환

남자아이의 성기 구조를 한번 살펴볼까요?

남자의 생식기 중 외성기에 해당하는 것이 '음경'과 '음낭'입니다. 음경은 귀두(음경의 끝부분)와 음경체부로 구분되는데, 아이일 때는 소변을 내보내는 기능을 하지만 자라면서는 정액도 배출합니다. 음경은 얇은 피부로 덮여 있고, 귀두 주변을 덮고 있는 느슨한 피부 주름을 '포피'라고 하지요. 음낭은 고환과 생식관을 감싸는 피부 주머니를 가리키는데, 가운데를 가르는 막을 사이에 두고 양쪽 한 개씩의 고환을 가지고 있습니다. 음낭에 있는 고환에서 바로 정자가 만들어지는 것이죠. 고환은 열에 약하고 외부의 충격에 쉽게 손상되는데, 남자아이들을 시원하게 키워야 한다는 옛말은 이런 특징에서 나온 것이에요. 고환 뒤에 붙어 있는 관이 부고환이며 정자의 성숙과 저장 기능까지 담당합니다. 여기에서 성숙한 정자는 정낭에 저장되거나 정관을 통해 배출됩니다.

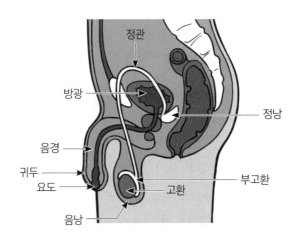

▲ 남성 생식기 구조

귀두포피염: 끝이 빨개지면서 아프고 염증이 생겨요

증상 음경 끝부분인 귀두와 그것을 감싸고 있는 피부인 포피 사이에 '귀두포피염'이라는 염증이 생길 수 있어요. 남자아이들은 태어날 때 대부분 포피와 귀두가 붙어 있는 '포경' 상태이고 커갈수록 점차 포피가 뒤로 젖힐 수 있게 돼요. 그전까지는 포피 안쪽으로 접근이 어려워 소변, 각질, 피지 등이 끼어도 잘 씻을 수가 없어서 포피 내부와 귀두 주변의 위생 상태가 좋지 않을 가능성이 커요. 그러다 보면 아무래도 염증이 쉽게 생길 수 있습니다. 기저귀 발진처럼 단순한 염증이 아니에요. 음경이 전반적으로 부어오르며 포피 끝으로 갈수록 더 빨갛게 붓는 양상을 보여요. 심한 경우 고름이 나오기도 하지요. 또 소변을 볼 때 통증을 호소하며 울음을 터뜨리거나 아파서 소변을 보기 꺼리기도 해요.

치료법 염증이 심하지 않다면 따뜻한 물에 좌욕을 하루 2~3회 시켜주거나 항생제 연고를 발라주면 증상이 완화됩니다. 하지만 통증이 심하고 고름이 나올 정도의 심한 염증이 있다면 2~3일간 경구용 항생제 복용이 필요합니다. 씻은 후 습기가 차지 않도록 잘 말리는 것도 중요해요. 기저귀를 하는 아이라면 기저귀를 자주 갈아주고 한동안 기저귀를 풀어놓는 것도 좋아요. 몸에 꼭 끼는 속옷보다 공기가 잘 통하고 자극이

닥터's advice

❓ 소변으로 비뇨기 이상을 체크할 수 있어요!

아이의 비뇨기 계통에 이상이 생겼는지 감지할 수 있는 척도는 바로 '소변'입니다. 비뇨기를 통해 배출되는 노폐물 중 하나인 소변은 아이의 건강 상태를 알려주는 중요한 신호이지요. 따라서 평소 아이의 소변을 잘 관찰할 필요가 있습니다. 건강한 아이의 소변은 맑거나 약간 노란 빛을 띠며 냄새도 진하지 않고 거품도 없어요. 하루에 6~12회 소변을 보며, 어른보다 횟수는 많지만 한 번에 보는 양은 적습니다. 건강한 소변을 내보내면 좋겠지만, 아이에 따라 소변의 종류와 색깔도 가지각색으로 달라질 수 있습니다.

• **유독 소변의 양이 적을 때** 신장 질환이 의심돼요.

• **역겨운 냄새가 나며 탁한 소변** 요로감염이 의심돼요.

• **소변 색이 진하고 갈색에 가까울 경우** 수분 부족이 원인일 수 있어요.

• **소변이 기저귀에 스며든 상태에서 점차 분홍색으로 변할 경우** 소변 속에 들어 있는 요산이라는 물질이 일회용 기저귀의 화학물질과 반응해서 생겨난 것이 원인이며 병은 아니에요.

• **평상시보다 소변을 많이 본다면** 이뇨효과가 큰 음료를 많이 섭취했거나 짠 음식을 먹어 물을 많이 마신 결과일 수 있어요. 그러나 며칠 동안 계속 소변을 많이 보고 지나치게 갈증을 호소한다면 요붕증을 의심해볼 수 있어요.

적은 소재의 속옷을 입혀줍니다. 욕조에 배꼽이 잠길 정도로 미지근한 물을 받아 아이를 앉혀 놓고 30분 정도 놀게 하는 것도 도움이 되며, 통증을 줄이면서 자연스럽게 소변을 볼 수 있게 도와줍니다.

정류고환: 고환이 음낭으로 내려가지 못하고 중간에 머물러 있어요

증상 남자아이들의 고환은 태아일 땐 배 속에 있다가 태어날 때쯤 음낭으로 내려오는 게 정상입니다. 그런데 고환이 음낭까지 내려오지 못하고 중간에 멈추는 경우가 간혹 생겨요. 개월 수를 다 채우지 못하고 태어난 미숙아는 상대적으로 고환이 다 내려오지 못한 경우가 더 많습니다. 미숙아든 만삭아든 시간이 지나면 고환이 있어야 할 제 위치인 음낭으로 자연스럽게 내려오는 경우가 많습니다. 보통은 6개월까지 시간을 갖고 기다려보지만, 생후 1년이 지나도 고환이 내려오지 않으면 저절로 내려오기를 기대하기는 사실상 불가능합니다. 한쪽 고환이 내려오지 않은 경우에도 보통 반대편 고환은 정상 위치에 있어요. 간혹 10% 정도에서 양쪽 고환이 모두 내려오지 않아요.

치료법 내려오지 않은 고환을 그대로 방치할 경우 고환의 기능이 떨어질 수 있어요. 또한 정상적으로 내려온 고환보다 정류고환에서 고환암이 발생할 가능성이 높은 것으로 알려져 있는데, 고환이 진찰할 수 없는 위치에 있으면 고환암이 생겨도 발견이 늦어질 수 있어요. 따라서 생후 6개월이 지나도 고환이 제자리로 내려오지 않으면

 닥터's advice

❓ 사타구니 부위가 붓는 서혜부 탈장

고환이 음낭으로 내려오는 길을 '서혜관'이라고 합니다. 이 관이 제대로 막히지 않아 배 속에 있는 소장이 시시때때로 음낭 쪽으로 빠져나와 생기는 질환이 바로 '서혜부 탈장'이지요. 소장이 넘어오느냐, 복수가 넘어오느냐의 차이일 뿐 열려 있는 관을 통해 음낭에 무언가 차 있는 증상은 음낭수종과 비슷합니다. 대부분 서혜부 탈장과 음낭수종이 동시에 발견되는 경우가 많은 편입니다. 다만 서혜부 탈장은 탈장된 장이 꼬일 위험성이 커서 돌 이전의 아이라도 가능하면 빨리 수술해야 해요.

6~12개월 사이에 수술을 해야 해요. 내려는 왔으나 완전히 내려오지 않은 상태라면 호르몬 요법을 시행하기도 합니다. 하지만 이런 치료는 모두 고환이 있다는 전제하에 가능하고, 고환 자체가 없는 경우라면 보다 근본적인 해결책을 찾아야 해요. 간혹 평소에 제 위치에 있다가도 어떤 자극을 받으면 위로 숨어버리는 이동 고환인 경우도 있어요. 대개 5세 무렵에 흔히 관찰되는데, 시간이 지나면서 자연스럽게 사라지는 현상이라 크게 걱정할 필요는 없습니다.

음낭수종: 고환에 물이 차요

증상 고환의 크기는 다소 차이가 나지만 한쪽 고환이 눈에 띄게 크다면 음낭수종일 수 있어요. 고환은 음낭이라는 주머니 안에 들어가 있는데, 음낭에 물이 고이면서 생기는 일종의 물혹이 바로 음낭수종입니다. 고환은 고환초막이라는 막에 둘러싸여 있고, 소량의 물이 윤활 작용을 합니다. 그런데 여기에 물이 과도하게 고이면 비정상적으로 커지는 것이죠. 그렇다면 왜 이렇게 물이 찰까요? 원래 태아의 복강 안에 있던 고환은 임신 후반기에 음낭 쪽으로 이동합니다. 이때 배 속의 장기를 감싸고 있는 '복막'이라는 막을 밀면서 내려와 일시적으로 복강과 음낭 사이에 좁은 길이 열려 있는 상태가 돼요. 이 길은 생후 2세경에는 저절로 막히는 것이 정상입니다. 그런데 막히지 않고 그대로 남아 있으면 복강 안에 정상적으로 있는 물이 음낭 내의 고환초막 안으로 자유로이 이동하면서 음낭에 물이 고이죠. 음낭이 혹처럼 커져 있지만 만져보면 말랑말랑하고 별다른 통증을 호소하지도 않습니다.

치료법 대부분 그냥 두면 1년 안에 좋아지기 때문에 무조건 수술할 필요는 없어요. 간혹 수종의 크기가 너무 크고 단단해 혈관을 압박할 정도라면 돌 전이라도 수술을 해줍니다. 신생아의 음낭수종이 1년 이상 계속되면 물이 내려오는 길을 막는 수술이 필요해요. 수술 당일 바로 퇴원할 수 있을 정도로 비교적 간단한 수술이며, 수술 후에는 대부분 완치됩니다.

요도하열: 소변이 나오는 요도 입구가 음경 끝이 아닌 아래쪽에 있어요

증상 선천성 요도 기형으로 소변이 음경 끝이 아닌 비정상적인 다른 곳에서 나오는 현상이 '요도하열'입니다. 쉽게 말해 남자아이의 성기 구멍이 음경 끝에 있지 않고, 음경과 음낭 사이나 회음부 주변에 있어요. 이런 요도하열은 요도를 감싸고 있는 조직이 제대로 발달하지 않아서 생기는데 음경이 발기되면 아래로 구부러지는 현상도 보입니다. 출생 남아 1,000명당 3~8명 정도만이 걸릴 정도로 드문 선천성 기형으로 한눈에 봐도 외관상 이상한 형태를 띠고 있어 태어나자마자 발견되지요.

치료법 요도하열을 수술로 교정하지 않으면 소변 줄기의 방향을 조절하기 어려워서 서서 소변을 볼 수가 없어요. 대개 음경이 구부러지는 증상이 동반되며, 발기 시에 더 두드러져서 성인이 되었을 때 성관계에 어려움을 겪을 수 있어요. 수술로 구부러진 음경을 똑바르게 펴고, 모자라는 요도는 포피를 이용해 만들어주며 요도 입구가 귀두 끝에 위치하도록 교정해줍니다. 성기에 대한 인식이 생기는 생후 18개월 이전에 수술하는 것을 권장하며, 대부분 돌 전후에 교정합니다.

포경수술, 해야 할까? 말아야 할까?

포경이란 포피의 입구가 좁아 포피가 귀두 뒤로 젖혀지지 않아서 성기를 뒤덮고 있는 상태를 말해요. 출생 시에는 대부분 포피가 잘 젖혀지지 않는데, 이런 이유로 포피를 제거하는 수술이 바로 포경수술이죠. 한때 태어나자마자 포경수술을 하는 것이 당연시된 적도 있었어요. 막 태어났을 때 수술하면 마취하지 않아도 아이가 고통을 잘 느끼지 못할 거라는 생각에서였죠. 또 포경수술을 하면 돌 전 요로감염의 위험을 낮추고, 나중에 성 접촉으로 전염되는 감염증까지도 예방한다는 생각에서였습니다. 하지만 최근엔 여러 조사와 문헌을 통해 포경수술 할 때 하는 마취 부작용 등이 알려지고, 아이가 요로감염에 걸린 적이 없고 오줌 누는 데 지장만 없다면 굳이 포경수술을 할 필요가 없다는 의견이 많습니다. 포경수술을 하지 않아도 대부분은 자라면서 발기를 거듭함에 따라 점차 포피 입구가 넓어지고 포피가 뒤로 젖혀지게 됩니다. 하지만 좁은 포피로 인해 풍선처럼 부풀 경우, 오줌을 잘 못 누거나 귀두포피염으로 인해 포피에 자꾸 염증이 발생하거나 요로감염이 반복될 경우에는 포경수술을 권하기도 합니다. 다만 포경수술을 하려는 이유가 단순히 생식기를 청결하게 하려는 위생적인 측면만 있다면 굳이 수술하지 않아도 간단한 방법으로 청결하게 유지할 수 있습니다.

포경수술 안 한 아이, 성기 관리 어떻게 할까요?

1 일부러 관리가 따로 필요한 것은 아닙니다. 어떨 때는 손을 안 대는 것이 좋을 때도 있습니다.

2 목욕할 때 온몸을 닦아주듯 아이의 성기도 닦아주세요. 단 성기를 덮고 있는 포피를 힘주어 뒤로 젖히는 것은 안 좋습니다. 자칫 살이 약해 상처 나거나 염증이 생길 수 있는 만큼 조심해야 합니다.

3 너무 깨끗이 관리하려고 귀두 포피의 주름 사이사이를 면봉이나 소독약으로 닦는 경우가 있는데, 오히려 안 하니만 못한 결과를 초래할 수 있어요. 귀두와 포피 주름 사이를 깨끗하게 관리하고 싶다면 따뜻한 물과 비누로 가볍게 닦아주세요.

4 성기가 물기에 젖어 있으면 세균에 감염되기 쉬워집니다. 깨끗한 마른 수건으로 성기를 살살 눌러가며 물기를 닦아 항상 건조한 상태를 유지해주세요.

여자아이에게 흔히 나타나는 생식기 질환

여자아이의 성기 구조를 한번 살펴볼까요?

여자아이의 생식기는 질, 자궁, 난관, 난소가 있는 내성기와 대음순, 소음순이 있는 외성기로 나뉩니다. 외음부 바깥에 길게 뻗은 두꺼운 피부 주름인 대음순은 성기 위쪽의 볼록한 부분을 시작으로 항문까지 좌우로 갈라져 있습니다. 아이 때는 분홍색이나 황백색을 띠다 점차 나이가 들수록 갈색으로 색소가 침착되어갑니다. 대음순 사이에 있는 소음순은 질 입구를 둘러싸고 있으며 그 앞부분에 덮여 있는 음핵은 발기성 조직으로 남자로 치면 귀두에 해당하죠. 남자아이의 경우 고환에서 정자를 만드는 것처럼 난소에서는 난자를 생성합니다. 자궁은 두꺼운 막으로 월경을 하고 수정란을 자궁내막에 착상시켜 태아를 자라게 하는 역할을 해요. 나팔관이라고도 불리는 난관은 난소에서 만들어진 난자를 자궁으로 운반하고, 자궁에서 체외로 이어진 7~10cm 길이의 관인 질은 자궁의 분비물과 월경혈을 밖으로 내보내는 동시에 분만할 때 태아가 통과하는 산도 기능을 합니다. 질 내부는 항상 경부에서 흘러나오는 분비물과 질에서 나오는 점액 때문에 습한 상태를 유지해요.

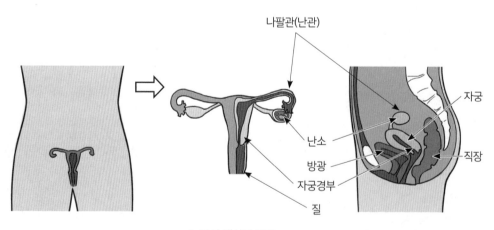

▲ 여성 생식기 구조

외음부 질염: 외부 생식기에 발생해요

증상　여자아이는 여성호르몬인 에스트로겐 분비가 성인 여자보다 적어 질 부근의 점막이 얇고 수축되어 병원균 침입에 쉽게 저항하지 못해요. 또한 음순에 지방이 적고 음모도 자라 있지 않아 자극에 민감하게 반응해요. 질과 항문의 위치도 가까워 세균에 감염되기 쉽습니다. 위생 상태가 나쁘거나 자위행위 혹은 질 내 이물질 삽입 등으로 세균에 감염되었을 때 질염이 생겨요. 기저귀를 너무 꽉 채워 외음부가 자극되거나 기저귀를 자주 갈아주지 않을 때도 질염 증상이 나타나요. 우선 외음부 질염이 생기면 가려워하고 붉게 변합니다. 간혹 소변볼 때 통증을 호소하고 분비물에서 비린내 같은 냄새가 나기도 하죠.

치료법　생식기 주위가 아프고 벌게지면 따뜻한 물에 좌욕을 자주 하면서 소변이나 다른 분비물로 인한 통증이 악화하는 것을 막고 염증이 가라앉도록 도와줍니다. 평소 꽉 끼는 속옷이나 옷을 입지 않도록 하고, 속옷을 자주 갈아입혀 축축한 상태가 오래 가지 않게 합니다. 그리고 무엇보다 평소에 대소변을 보고 난 후 항문 주위를 깨끗이 닦는 습관이 중요합니다. 닦을 때는 외음부에서 항문 쪽으로, 즉 앞에서 뒤로 닦아야 하는 것을 잊지 마세요.

여자아이 질에서 분비물이 나오는 경우

큰 아이들뿐 아니라 신생아의 외성기 주위에서 끈적끈적한 분비물을 보이기도 합니다. 신생아의 질에서 분비물이 나오는 증상은 아주 흔하게 나타납니다. 엄마의 태반을 통해 넘어온 호르몬 반응으로 나타나는 일시적인 현상이에요. 치료하지 않고 지켜보는 것만으로도 충분해요. 좀 더 큰 아이들의 경우에도 신체 구조상 항문과 질의 거리가 짧아 대변의 균이 질 속으로 들어가 감염되거나 지저분한 손으로 자신의 성기를 긁고 만지면 질 분비물이 많이 나오기도 합니다. 대부분 정상일 때가 많지만, 아이의 질에서 분비물이 나오면 일단 의사의 진료를 받아보는 것이 좋습니다. 여자아이 질에서 분비물이 나오는 것은 산부인과와 소아비뇨기과, 둘 중 어느 곳을 방문해도 괜찮습니다. 보통은 소아비뇨기과에서 1차 진료를 받은 후 소아청소년과 영역을 넘어서거나 부인과 의사의 진료가 필요한 경우 산부인과 진료를 권유합니다.

신장비
뇨기
질환

여자아이 외음부 어떻게 관리할까요?

1 손을 자주 씻게 하고 가렵다는 이유로 성기 쪽으로 자꾸 손이 가지 못하게 합니다.

2 외염부 질염이 생긴 경우 씻어주기만 해도 대부분 낫습니다. 하지만 세게 문지르면 자칫 염증이 심해지므로 주의합니다.

3 아이들은 질의 점막이 약하기 때문에 속옷에 남아 있는 자극에도 염증이 생길 수 있어요. 세탁세제나 자극성 있는 비누, 화학물질이 들어간 화장지 등등 평소 쓰는 제품에 아이에게 자극이 될 만한 성분이 들어 있는지 확인한 후 사용합니다.

4 간지러워하거나 염증이 생겨 따가워할 때는 따뜻한 물로 좌욕을 해주는 게 효과적입니다. 특히 목욕을 마친 후에는 생식기 주변을 보송보송하게 말려주세요.

알쏭달쏭! 아이 생식기에 관한 궁금증

Q 아이가 태어날 땐 고환이 만져졌는데 나중에는 고환이 안 만져져요. 이런 경우도 있나요?

고환이 완전히 안 내려온 경우는 아니므로 크게 걱정할 필요는 없습니다. 다시 아이를 눕혀놓고 꼼꼼히 살펴보면 고환이 다시 만져지기도 합니다. 이런 고환은 사춘기를 지나면서 정상적인 위치인 음낭으로 들어가지요. 단, 섣부른 판단으로 잘못된 진단을 할 위험도 있는 만큼 음낭의 위치가 불확실하다면 일단 의사의 정확한 진단을 받아보는 것이 좋겠습니다.

Q 아이의 고환 색깔이 유난히 검은 것 같습니다. 무슨 문제가 있을까요?

성기의 피부색은 호르몬이나 분비물의 영향을 받습니다. 또 멜라닌 세포 수가 다른 부위의 피부보다 많기 때문이기도 해요. 아이의 생식기가 검은 듯해도 건강상 다른 문제는 없으므로 크게 걱정하지 않아도 됩니다. 생식기의 피부색은 성기가 점차 커지면서 다른 피부와 같아지는 부위도 생겨나고 점점 더 짙어지는 부위도 생길 수 있습니다. 그러나 색이 짙을 뿐만 아니라 외형적으로 이상이 있어 보일 때는 전문의의 진료를 받아보기를 권합니다.

Q 한쪽 음낭이 유난히 더 큰 것 같아요.

음낭 한쪽이 다른 쪽과 비교해 지나치게 큰 경우 음낭수종은 아닌지 확인해봐야 합니다. 또 양쪽 크기가 같더라도 다른 또래 아이들의 음낭 크기와 비교해 유별나게 큰 경우라면 음낭수종일 가능성이 있습니다. 음낭 안의 고환초막(고환을 둘러싼 막)에 물이 고이는 질환인 음낭수종은 선천적인 원인에 의해 발생할 가능성이 큰데, 바로 수술할 필요는 없습니다. 대개 생후 2년까지는 시간을 갖고 지켜보다 만 2세가 지나서도 좋아지지 않으면 그때 가서 수술을 고려해봅니다.

Q 최근 포경수술을 굳이 해주지 않는다고 하던데요. 혹시 반드시 포경수술을 해줘야 하는 아이도 있나요?

포경수술에 대한 찬반 논의는 아직도 진행 중입니다. 다만 포경수술을 하는 것에 대해 장단점이 있지만, 최근엔 굳이 서둘러 수술할 필요가 없다는 것이 대체적인 견해예요. 그렇다고 해도 반드시 포경수술이 필요한 아이도 있습니다. 심한 포경으로 인해 오줌을 잘 못 누거나, 귀두포피염이라고 해서 포피에 자꾸 염증이 생기는 경우 포경수술을 어릴 때 하기도 합니다.

Q 아이의 소변에서 유독 냄새가 나는 것 같아요. 왜 그럴까요?

소변은 특유의 냄새가 나기 마련입니다. 소변의 냄새는 소변량과 신장에서 배출되는 다양한 화학물질의 영향을 받아요. 그런데 아이의 소변에서 매우 지독한 냄새가 난다면 행여 아이에게 질병이 있는 것은 아닌지 확인할 필요가 있습니다. 가장 흔한 원인은 수분 섭취가 부족해서 암모니아 농도가 높아진 경우입니다. 또 요로감염 등의 원인으로 소변이 방광에 오래 머물러 있으면 냄새가 지독해질 수 있어요. 여자아이라면 질염이 있을 때 생선 비린내와 비슷한 냄새가 납니다.

Q 대변을 본 후 뒤처리를 자꾸 스스로 하겠다고 고집을 부리는 아이, 어떻게 가르쳐주면 좋을까요?

아이는 대변을 본 후 뒤를 닦더라도 아무 생각 없이 항문에서 음부 쪽으로 닦을 때가 많습니다. 이런 경우 변이 질 입구 주위에 묻어 세균에 그만큼 감염될 위험성이 커지죠. 혼자 하겠다고 고집을 부리는 아이라도 옆에서 지켜보며 뒤를 닦는 방향이 완전히 익숙해질 때까지 지켜봐주세요.

Q 여자아이인데 분비물이 나왔어요. 괜찮을까요?

어른의 경우 질 내부가 이로운 균으로 산성을 유지해 나쁜 균의 증식을 막는데, 아이들은 아직 이로운 균이 자라지 못해 질 내부가 중성인 상태입니다. 그래서 나쁜 균이 자라기 쉬워 아이의 질에서는 분비물이 잘 나옵니다. 세균이나 이물질, 곰팡이 등의 원인으로 분비물이 나오는데, 대부분 정상이지만 간혹 치료가 필요할 수도 있어요. 정상적인 질 분비물은 희고 맑으며 냄새가 나지 않습니다. 생식기 주위가 빨갛고 통증이 있으면서 불쾌한 분비물이 지속된다면 일단 병원에 가서 확인하는 것이 좋습니다.

ⓠ 아이가 자위행위를 하는데 어떻게 해야 할지 모르겠어요.

아이가 성기를 만지며 놀 때가 있습니다. 성기를 만지는 행위는 여자아이나 남자아이 모두에게서 나타나는데, 아주 자연스러운 행동입니다. 자신의 몸에 호기심이 생겨 만져보는 것으로 남자아이의 경우 때에 따라 성기가 서기도 합니다. 기분이 좋아져 다시 하고 싶어 할 수도 있습니다. 자위행위를 발견하면 부모로서 당황스럽고 걱정스러울 수 있지만, 자연스럽게 대하는 것이 최선이에요. 관심 사항이 늘어가고 다른 아이들과 노는 시간이 늘면 자연히 횟수가 줄어듭니다. 혼내거나 겁을 주는 것은 아이의 심리를 불안하게 할 뿐입니다. 혹 다른 사람들 앞에서 한다면 아이에게 혼자 있을 때 하는 것이라고 주의하라고 말합니다.

 Dr. B의 우선순위 처치법

1. 성기를 깨끗이 닦아주고, 공기가 잘 통하도록 기저귀를 풀거나 면 소재의 속옷을 입혀요.
2. 이상 증상을 발견하면 어떤 상태인지 세심하게 관찰해요.
3. 심각한 증상을 보이는 경우 병원을 찾아 진료를 받아요.

소아 고혈압

정상보다 혈압이 높아요.

체크 포인트

☑ 아이들에게도 고혈압이 있을 수 있습니다. 평소 소아청소년과 병원에 있는 혈압계로 측정할 수 있다면 확인해보는 것이 좋습니다.

☑ 아이들은 혈압을 측정하기가 쉽지 않습니다. 충분히 진정을 시키고 시간을 두고 천천히 측정해봐야 합니다.

☑ 혈압이 또래보다 높다고 하면 원인을 정확히 찾고 치료를 해야 합니다. 생활습관만으로 치료가 되지 않을 수 있어 병원에 내원하여 검사를 받아봐야 합니다.

 ## 소아·청소년도 고혈압이 있어요

소아청소년과를 갔다가 우연히 아이의 혈압이 높다는 얘기를 들을 때가 있습니다. 아이들은 어른보다 몸이 작고 혈압계도 나이별로 다양해서 혈압을 재기가 어려운 경우가 많습니다. 그렇다 하더라도 유난히 혈압이 높게 나온 아이들이 있습니다. 소아 고혈압이라고 부르는데, 말 그대로 또래 아이들보다 혈압이 높은 것을 뜻해요.

고혈압은 다른 질병의 신호일 수 있어요

고혈압은 위험한가요?

증상이 바로 나타나지 않아 고혈압 자체는 당장 문제가 안 되는 것처럼 보일 수 있어요. 게다가 증상이 있더라도 소아는 성인과 비교하여 불편한 점을 잘 말하지 못하기 때문에 뒤늦게 고혈압을 진단받는 경우도 많습니다. 혈압이 높으면 피가 흐르는 혈관이 좁아지면서 피가 잘 흐를 수 없고 혈관이 계속 압력을 받다가 결국 터져버릴 수가 있습니다. 특히 소아의 약한 뇌혈관이 높은 혈압에 의해 손상이 되면 신체의 한 부분이 마비되거나, 말을 못 하게 되는 등 큰일이 날 수도 있고, 눈이나 신장처럼 혈관이 많은 기관에도 손상을 줄 수 있습니다. 따라서 두통, 어지러움 같은 고혈압 증상이 나타날 때는 물론 증상이 없어도 병원에 내원하거나 검진할 기회가 있으면 아이의 혈압을 재보는 것이 좋습니다. 또래보다 혈압이 높은 것이 의심되면 반드시 검사 및 치료를 해야 합니다.

어린 나이에 고혈압이 왜 생길까요?

고혈압은 원인을 모르는 '1차 고혈압'과 다른 질병으로 인한 '2차 고혈압'으로 나눌 수 있어요. 성인은 원인을 모르는 경우가 많지만, 소아는 성인과 달리 '2차 고혈압'이 많아 원인을 찾아 치료하는 것이 중요합니다. '2차 고혈압'의 원인으로는 콩팥병이 가장 많고 그다음으로 호르몬 이상, 심장이나 혈관 기형 등이 있습니다. 그런데 최근 우리나라에서 과체중 소아가 증가하면서 원인이 없는 '1차 고혈압'의 빈도가 늘고 있습니다. 이 경우 비만이나 기타 대사 이상 질환이 같이 있을 수 있습니다.

어떻게 진단하나요?

소아청소년과 병원에 내원할 때 혈압을 재달라고 이야기해주세요. 보채거나 힘을 많이 주는 경우 혈압이 정확하게 측정되지 않고 정상이어도 높게 나올 수 있으므로 일단 안정된 상태에서 5분 정도 충분히 쉬었다가 측정해야 합니다. 수축기 혈압 기준으로 90 백분위수 이상(고혈압 전 상태)이 세 번 이상 반복되는 경우 고혈압의 원인을 알아보는 추가 검사가 필요할 수 있으므로 소아 고혈압 전문(소아 신장, 소아 심장) 의사에게 진료 상담을 받습니다.

혈압이 높으면 반드시 약을 먹나요?

혈압이 높다고 해서 반드시 바로 약을 먹어야 하는 것은 아닙니다. 먼저 2차 고혈압의 경우 원인에 맞는 치료를 하면 혈압이 좋아지는 경우도 많습니다. 콩팥병이면 콩팥에 대한 치료를, 호르몬 이상이면 호르몬 조절 치료 등을 합니다. 혈압이 너무 높아서 합병증이 걱정될 때는 바로 약을 시작하기도 합니다. 그러나 원인이 없는 1차 고혈압으로 확인되면 대부분 3개월 정도 시간을 두고 생활습관을 고치고 집이나 병원에서 정기적으로 혈압을 재면서 좋아지는지 기다려봅니다. 3개월이 지나도 호전이 없는 경우 약을 시작해보고 혈압에 맞추어 약을 조절합니다. 약을 평생 먹어야 하는지 걱정하는 부모가 많지만, 생활습관과 병행하면서 조절하면 약을 줄이다가 끊는 경우도 많으므로 너무 걱정하지 않아도 됩니다.

 닥터's advice

❓ 정상 혈압은 나이별로 달라요

소아는 성인과 달리 키와 몸무게가 아직 성장 중이므로 또래 어린이와 비교하여 고혈압을 진단합니다. 수축기 및 혈압기 혈압이 100명 중에서 90등 이상이면 고혈압 전 단계, 95등 이상이면 고혈압이라고 진단합니다.

나이별 아이의 정상 혈압은 어떻게 될까요? 개인차는 있지만 대략적인 수치를 기억해두세요. 이때 어른 혈압계는 커프가 너무 커서 아이의 혈압이 낮게 나올 수 있으므로 나이에 맞는 혈압계를 사용해야 합니다.

남아		5세	10세	15세
고혈압 전 단계		118 이상	120 이상	132 이상
고혈압	1단계	123 이상	124 이상	136 이상
	2단계	131 이상	133 이상	134 이상

여아		5세	10세	15세
고혈압 전 단계		114 이상	118 이상	122 이상
고혈압	1단계	118 이상	122 이상	126 이상
	2단계	125 이상	129 이상	133 이상

고혈압은 생활습관이 중요해요

식습관이 먼저입니다

소아 고혈압을 예방하기 위해서는 싱겁고 담백한 식습관을 기르는 것이 중요합니다. 짜게 먹는 습관은 혈압을 지속적으로 오르게 하므로 평소 조리할 때 어른 입맛에도 싱겁게 간을 하고, 조미료는 최소화하는 것이 좋습니다. 국을 먹을 땐 나트륨 함량이 높은 국물보다는 건더기 위주로 먹고, 인스턴트식품이나 공장에서 만든 식품은 소금이 많이 들어 있는 만큼 피하는 것이 좋아요. 또한 저열량, 저탄수화물, 저지방 식단을 기본으로 체중 조절을 하는 것이 중요합니다.

운동은 혈압을 떨어뜨리는 데 좋아요

걷기, 자전거, 줄넘기, 수영 같은 유산소 운동이 좋으며, 땀이 날 정도로 30분 이상 지속해야 합니다. 일주일에 최소한 3~4회 이상 규칙적으로 운동합니다.

취침 시간은 규칙적으로 정하고 충분히 재워요

자는 시간과 일어나는 시간은 규칙으로 정해둡니다. 밤잠과 낮잠 자는 시간을 규칙적으로 지키고, 아이가 마음대로 수면 시간을 바꾸지 못하게 하세요. 아이의 수면리듬이 깨지면 혈압이 오를 수 있습니다.

 Dr. B의 우선순위 처치법

1. 아이와 함께 소아청소년과에 갈 때 혈압을 재보세요.
2. 평소 식습관과 운동, 수면을 알맞게 관리해줍니다.
3. 혈압이 계속 높다면 의사의 진료를 받고 정확한 원인을 찾습니다.

06

신경과 질환

경련(경기)

온몸이 뻣뻣하게 굳고 갑자기 팔다리를 부들부들 떨어요.

체크 포인트

☑ 아이에게 가장 많이 나타나는 경련은 고열로 인한 열성 경련이에요. 어린 아이는 열이 나면 뇌가 쉽게 흥분하면서 경련을 일으키지요. 열에 의한 경련은 크게 걱정하지 않아도 됩니다.

☑ 열성 경련을 보일 때는 일단 눕혀서 숨을 잘 쉴 수 있게 하고, 경련이 멎기를 기다립니다. 열이 심하면 옷을 벗겨 미지근한 물수건으로 몸을 닦아주세요.

☑ 열성 경련이 멎으면 소아과 의사의 진료를 받아 열성 경련이 맞는지 확인합니다. 상담받기 전 증상이 언제부터, 얼마나 오래, 몇 번 정도 있었는지 기록해두거나 증상의 모습을 휴대폰 동영상으로 찍어두면 진단하는 데 큰 도움이 됩니다.

☑ 열성 경련을 한다고 뇌 손상을 입거나 지능이 떨어지는 것은 아니에요. 대부분의 열성 경련은 지능 발달에 큰 영향을 주지 않으므로 겁먹지 마세요.

아이가 경련을 해요

우리의 뇌는 세포끼리 전기적인 신호를 주고받으며 활동합니다. 건강한 상태에서는 이 신호가 적절히 만들어지고 제어되지만, 여러 가지 원인으로 뇌 조직이 과다하게 전기를 방출하면 경기를 일으켜요. 더불어 어린아이의 뇌는 열이 나면 전기적으로 쉽게 흥분하는 경향이 있어 어른보다 경련을 일으킬 확률이 높습니다. 특히 만 3개월에서 5세의 어린아이에게 가장 흔히 나타나는 것이 바로 열로 인한 '열성 경련'이지요. 감기나 기타 고열이 나는 병에 걸렸을 때 뇌에 별다른 이상 없이 경련하는 것을 말합니다.

어떤 증상이 생기나요?

경련이 일어나면 의식이 없고 몸의 일부를 떨어요

경련은 흔히 '경기'라고도 부릅니다. 자신의 의지와 상관없이 근육이 갑자기 수축하고 마비되거나 떨리는 증상을 보이죠. 경련이 발생하면 몸의 일부가 이상하게 움직이기도 합니다. 팔다리를 반복적으로 움직이거나 한 곳을 뚫어져라 쳐다보며 몸이 뻣뻣해지기도 합니다. 또 갑자기 픽 쓰러지거나 몸의 일부를 부르르 떨기도 해요. 어떤 증상을 보이든 아이가 갑자기 의식을 잃고 평소와 다른 움직임을 보이면 엄마는 매우 당황하고 걱정할 수밖에 없어요. 그러나 소아의 경우 39℃ 이상의 고열과 함께 나타나는 열성 경련은 크게 걱정하지 않아도 됩니다. 이런 열성 경련은 전체 어린이들의 5~8% 정도가 경험하는 비교적 흔한 증상이며, 대부분 별다른 손상을 주지 않고 몇 분 내로 안정을 되찾습니다. 열성 경련은 길어야 15분 정도 이어집니다. 아이가 열이 없는데도 경련을 한다면 이것은 원인이 되는 질병이 따로 있을 확률이 높으니 반드시 의사를 찾아가 진료를 받아야 합니다.

엄마가 당황하면 안 돼요

열성 경련은 언뜻 무서워 보여도 위험하지는 않습니다. 이런 질환에 대해 경험이 없거나 미리 알지 못한 부모로서는 놀랄 수밖에 없지요. 하지만 아이가 열성 경련을 일으킬 때 부모가 명심해야 할 점은 당황하지 않아야 하는 것입니다. 대처법을 미리 알아두어 아이가 열성 경련을 일으킬 때 차분히 대처합니다. 특히 경련을 자주 하는 아이를 둔 부모라면 경련이 발생했을 때 시행하는 응급처치를 알아두면 좋습니다.

열성 경련은 대부분 2~3분 이내에 멈춰요. 이 정도의 경련은 아이에게 치명적이지 않으므로 특별한 조치를 하지 않더라도 괜찮습니다. 하지만 몇 가지 간단한 응급처치를 해주면 혹시나 있을지 모를 사고를 예방할 수 있어요.

• **응급처치 1** 경련을 할 때는 꽉 끼는 옷을 풀어주세요. 경련을 일으키면 의식이 없는 상태에서 호흡에 관여하는 근육이 경직되기 때문에 자유롭게 호흡하기가 어렵습니다. 이때 옷을 풀어주면 자가 호흡이 좀 더 원활해져요.

• **응급처치 2** 아이의 고개를 옆으로 돌려요. 간혹 경련할 때 토하면서 토사물이 기도를 막아 질식을 초래하기 때문이지요. 고개를 옆으로 돌려주면 입안의 분비물이나 토사물이 입 밖으로 쉽게 흘러나와 질식을 막아줍니다.

🚑 이럴 땐 병원으로!

- ☐ 경련이 5분 이상 지속될 때
- ☐ 열 없이 경련이 일어날 때
- ☐ 몸의 한쪽으로만 경련이 일어나거나 한 부분에서 시작해 전신으로 퍼져 나가는 것처럼 보일 때
- ☐ 아이가 이전에 경련 중첩 상태를 경험한 적이 있을 때
- ☐ 여러 차례 경련이 반복될 때
- ☐ 머리를 다친 후 경기를 할 때

• **응급처치 3** 아이가 경련을 할 때 손발을 바늘로 따거나 주무르는 민간요법은 옳지 않은 방법이에요. 경련은 뇌에서 발생하기 때문에 손발에 자극을 준다고 해서 멈추지 않습니다. 까만 피가 나오면 경련이 멈추는 거로 생각하는 부모가 있지만, 대부분의 열성 경련이 5분 안에 멈춰서 그렇게 보이는 것뿐이죠. 그러므로 아이의 팔다리를 억지로 펴거나 주무르기보다 위와 같은 주의사항을 실천하세요.

경련이 5분 이상 지속될 때는 바로 병원으로 가세요

경련이 5분 이상 지속되면 '경련 중첩 상태(경련이 30분 이상 지속되는 상태)'로 이행될 가능성이 높습니다. 그러므로 아이가 5분 이상 경련을 할 때는 서둘러 응급처치가 가능한 병원으로 옮겨야 해요. 자칫 시간을 지체하다가는 뇌 손상이 일어날 수도 있는

 닥터's advice

❓ 경련 중첩 상태란?

경련 중첩 상태는 경련이 30분 이상 지속되거나, 짧은 경련이더라도 충분히 회복되지 않은 상태에서 30분 이상 경련이 계속 반복되는 상태를 말합니다. 이런 경련 중첩 상태는 뇌 손상, 뇌 세포 손상을 초래해 회복된 이후에도 뇌기능 장애를 남기거나 치료가 어려운 뇌전증(간질)으로 발전할 수 있어요. 경련을 시작한 후 5분 이내에 스스로 멈추지 않으면 경련 중첩 상태로 이행될 가능성이 높으므로 가능한 한 빨리 병원으로 이송해야 합니다.

❓ 열이 없는 경련은 위험해요!

단순한 열성 경련은 크게 걱정하지 않아도 되지만 다른 질환으로 인해 경련이 일어나는 경우도 있어요. 열성 경련은 만 3개월에서 5세 사이의 소아에게 열이 있을 때 발생하는 경련을 말해요. 그러므로 만 3개월 이전 아이나 5세 이상의 아이가 열이 나면서 경련을 하면 단순한 열성 경련이 아닌 다른 질환에 의한 것일 가능성이 높으니 정밀검사를 받아야 합니다. 또한 만 3개월에서 5세 사이의 소아라 하더라도 열이 나지 않는데 경련이 일어난다면 이것 역시 다른 질환을 의심해봐야 합니다. 이런 경우 반드시 의사의 진료를 받습니다.

단순한 열성 경련이 아니라 다른 질환이 의심되는 경우

• 15분 이상 경련을 계속할 때
• 15초 이상 숨을 멈출 때
• 24시간 이내 두 번 이상 경련 증상이 발생할 때
• 전신이 아니고, 몸의 한 부분에서 경련이 일어날 때

만큼 타이밍을 놓치지 않도록 신속히 병원으로 향해야 합니다. 이때 급한 마음에 의식 없는 아이를 안고 절대로 허겁지겁 뛰어서는 안 됩니다.

열성 경련 치료, 어떻게 하나요?

열성 경련을 한 아이는 열이 오르지 않게 신경 써야 해요

열성 경련을 경험한 아이 중 세 명 중 한 명꼴로 재발해요. 그중 절반이 6개월 이내에 재발합니다. 한 번 재발하면 또다시 재발할 확률이 50% 이상이지요. 1세 전에 첫 경련이 있었다면 재발할 확률은 더욱 높아집니다. 또 가족 중 열성 경련을 했던 사람이 있을 경우에도 재발 가능성이 높아져요. 그러므로 일부 열성 경련을 겪은 아이는 재발할 경우를 대비해 열이 나면 해열제와 함께 항경련제를 먹이기도 합니다. 항경련제는 용량에 따라 부작용과 효능이 다를 수 있으므로, 복용 여부는 반드시 소아신경과 의사의 진료를 통해 결정합니다. 고열이 나면 항상 열성 경련이 일어날 소지가 있으므로 집에는 체온계와 해열제를 구비해 아이의 몸 상태가 평소와 다르면 반드시 체온부터 체크합니다. 열이 있다면 미지근한 물로 닦아주고 해열제를 먹이며, 가까운 소아청소년과에서 원인 질환에 대한 진료를 받습니다.

 닥터's advice

❓ 열성 경련으로 뇌전증 환자가 될 가능성은?
열성 경련은 5세 미만 아이에게 열이라는 분명한 이유로 일어나는 것이고, 뇌전증은 급성 원인 없이 발작을 반복하는 것을 말해요. 서로 다른 질환이죠. 그런데 부모들은 아이가 두세 번 열성 경련을 하면 혹시 뇌전증이 생긴 건 아닌가 지레 걱정합니다. 간혹 뇌전증 소인이 있는 아이들이 열에 의해 발작이 유발되는 경우도 있거든요. 서로 다른 이 두 질환은 뇌파 검사를 통해 쉽게 감별할 수도 있지만, 뇌파가 정상이라고 해서 꼭 뇌전증이 아닌 건 아니어서 100% 정확하게 감별할 방법은 없어요. 다만 5세 미만 아이에서 발달 상태 정상 여부와, 다른 신경학적 이상 유무를 보고 뇌전증 소인을 추측해볼 수는 있습니다.

열성 경련은 예방하기 어려워요

열성 경련은 열이 오르는 중에 발생하지만, 실제 경련이 난 후에야 열이 있었다는 것을 알게 되는 경우가 많지요. 그만큼 미리 예측하기 어려워 예방이 불가능합니다. 그러나 미처 열나는 것을 알아채기도 전에 갑자기 경련을 하는 경우에도 열이 오르기 전에 잘 놀지 않거나 잘 먹지 못하고 축 늘어지는 등의 전조 증상이 있으므로 잘 살펴봅니다. 이런 전조 증상이 있을 때 바로 해열제를 투여하거나 옷을 벗겨 미지근한 물로 몸을 닦아주면 열이 오르는 것을 막을 수 있습니다.

알쏭달쏭! 경련 궁금증

ⓠ 열성 경련을 자주 하면 뇌에 손상을 주나요?

경련하는 중에는 아이의 얼굴이 파랗게 질리는 것처럼 보여 혹시나 산소 공급 부족으로 뇌 손상이 생기진 않을까 걱정하기도 합니다. 그러나 대부분의 열성 경련은 뇌에 미치는 영향이 거의 없는 것으로 알려져 있어요. 실제로 열성 경련을 자주 하는 아이들과 그렇지 않은 아이들의 지능 지수를 비교해보면 차이가 없다는 연구 결과가 많습니다. 하지만 장시간 발작하는 경우라면 다릅니다. 2차적인 지능 저하나 발달장애를 가져올 수 있어요. 30분 이상 발작을 지속하면 뇌전증지속상태(간질중첩증)뇌가 손상됩니다. 뇌가 손상된다는 건 곧 그 부위가 담당하던 기능을 잃는다는 것이므로 그런 극한 상황이 되지 않도록 30분 이내에 경련을 멈추는 게 아주 중요합니다. 즉, 5분 이내의 열성 경련은 차분하게 대처하면 되지만, 5분 이상 경련을 지속할 때 초기 대응을 적절하게 하지 못하면 치명적인 결과를 부를 수 있습니다.

ⓠ 열성 경련, 후유증은 없나요?

대부분의 열성 경련은 만 5세가 지나면 사라집니다. 신경학적 후유증이나 지능 저하 등을 유발하지 않는 양성 질환이에요. 하지만 이 중 2~10%는 뇌전증으로

아이가 경련을 할 때, 침착하게 대처하세요!

1 우선 아이를 눕히고 열이 나는지 확인해봅니다. 열이 없는 상태로 경련을 한다면 바로 병원에 가야 해요.

2 옷을 느슨하게 풀어 편안하게 해주세요.

3 경련을 멈추면 열을 내려주는 게 좋습니다. 30℃ 미온수에 가제수건을 적셔 아이 몸을 닦아 열을 떨어뜨려주세요. 단, 이때 심장에 무리가 가지 않도록 심장에서 먼 곳부터 구석구석 닦아줍니다.

4 열이 너무 심할 때는 좌약을 넣는 것도 고려할 수 있어요.

5 손발을 탁탁 털면서 부르르 떠는 아이를 진정시키고자 손발을 꽉 잡거나 억지로 펴려고 하면 안 됩니다. 오히려 상태를 악화시킬 수 있어요.

6 간혹 아이가 경련을 할 때 청심환이나 기응환을 먹이기도 하는데, 자칫 기도를 막을 위험이 있어 절대 금물입니다. 경련을 할 때는 물을 포함한 어떠한 것도 먹여서는 안 됩니다.

7 단순한 열성 경련이 아니라 복합 열성 경련이 의심된다면 바로 가까운 병원으로 갑니다. 이동할 때 뛰지 말고 아이의 머리를 잘 받쳐 안고 조심히 움직여야 합니다.

8 아이가 경기를 일으킬 때는 당황하지 말고 어떻게 경기를 하는지 기록해두면 진료 시 의사가 정확한 증상을 파악하는 데 도움이 됩니다. 열은 몇 도까지 올라가는지, 눈은 어떻게 돌아가는지, 손발은 어떻게 떠는지, 몇 분간 경련이 지속되는지 등을 기록하고 동영상도 촬영해둡니다.

이행되기도 합니다. 뇌전증으로 이행되는 위험 인자는 발작 시간이 15분 이상, 하루에 발작이 2회 이상인 경우, 부분 발작 형태의 복합 열성 경련인 경우, 뇌전증의 가족력이 있는 경우, 경련 이전에 발달장애가 있었던 경우 등이 해당해요. 이때는 뇌파 검사, 뇌척수액 검사, 뇌 MRI 검사 같은 정밀검사가 필요합니다.

Q 열성 경련 후 예방접종을 맞혀도 되나요?

열성 경련을 했다고 예방접종을 못 하는 것은 아닙니다. 열성 경련이 아닌 일부 뇌전증의 경우 경련이 심할 때는 예방접종을 주의하기도 하지만 열성 경련은 정상적으로 접종해도 됩니다. 단, 접종 전 소아청소년과 의사에게 열성 경련이 있었다는 사실을 꼭 알려줘야 해요. 예방접종의 흔한 부작용 중 하나가 열이 나는 것이고 접종 후 열이 나서 경기를 할 수 있기 때문이죠. 미리 의사에게 알려주면 해열제를 먹도록 처방해줄 것입니다.

Q 열성 경련은 유전인가요?

열성 경련은 유전적인 경향이 강한 편입니다. 실제로 열성 경련을 하는 아이의 10%는 부모가 과거에 열성 경련을 경험했던 것으로 조사되고 있어요. 그렇다고 해서 반드시 유전되는 것은 아니에요. 다만 그렇지 않은 경우에 비해 열성 경련이 나타날 확률이 높다는 말입니다.

 Dr. B의 우선순위 처치법

1. 경련이 발생하면, 옷을 느슨하게 풀어준 채로 아이를 편안히 눕힙니다.
2. 경련을 멈추면 미지근한 물에 적신 수건으로 온몸을 닦아 열을 내려주세요.
3. 병원 진료할 때 의사가 참고할 수 있는 경련 시간, 상태 등을 기록해둡니다.
4. 경련이 5분 이상 지속되면, 경련 중첩 상태가 될 수 있으니 바로 응급실로 내원합니다.

까치발

뒤꿈치를 든 상태로 걸어요.

체크 포인트

☑ 까치발은 걸음마를 배우는 아이가 일시적으로 보이는 습관이므로 특별한 치료가 필요하지는 않습니다.

☑ 보행기는 까치발을 하는 주요 원인이기도 해요. 가급적 태우지 않는 것이 좋습니다.

☑ 아이가 뇌성마비에 걸린 경우 까치발로 걷기도 하지만, 아이의 몸이 지나치게 뻣뻣한 상태가 아니라면 까치발을 한다고 해서 너무 걱정할 필요는 없습니다.

☑ 간단한 스트레칭은 까치발 걸음을 개선하는 데 도움이 됩니다. 일정한 시간을 정해놓고 꾸준히 규칙적으로 해주세요.

 ## 걸음마를 배우는 아이에게 흔히 나타나요

까치발은 뒤꿈치를 든 상태에서 앞꿈치만으로 걷는 것을 말합니다. 의학 전문용어로 '첨족 보행'이라고 부릅니다. 아이들은 대개 생후 12개월까지 첫 걸음을 떼고 14~15개월이면 제법 잘 걷게 됩니다. 이제 막 걷기 시작한 아이가 가끔씩 까치발로 걷는 것은 아주 흔한 경우죠. 만 2~3세까지는 기질적인 문제가 없더라도 까치발로 걸을 수 있습니다. 정상적인 걸음마라면 발뒤꿈치부터 바닥에 닿은 후 발가락이 마지막에 땅에 닿아야 하지만, 까치발 걸음은 발뒤꿈치를 바닥에 닿지 않은 채 걷습니다. 이제 막 걸음마를 배우는 생후 10~18개월 사이에 나타나는 까치발은 걸음마를 처음 배울 때 일시적으로 나타나는 증상일 확률이 높아요. 아직 발목을 올리는 근육의 힘보다는 발목을 내리는 근육의 힘이 강하기 때문에 이런 증상이 종종 나타납니다. 그러나 2~3세가 지나서도 계속 까치발로 걷는다면 진찰을 받아봅니다.

왜 까치발로 걸을까요?

보행기가 까치발의 원인일 수 있어요

걸음마를 떼기 전 보행기를 많이 탔거나 보행기를 너무 올려서 탔을 때 그 습관이 까치발 걸음으로 이어질 수 있어요. 보통 보행기를 탈 땐 발바닥 전체가 아닌 발 앞쪽으

 닥터's advice

❓ 보행기를 태울 때는 이런 점에 주의하세요

① 아이가 보행기를 꼭 타야 하는 것은 아닙니다. 태우더라도 너무 이른 시기에 보행기를 태우는 것은 좋지 않습니다. 제대로 앉아 있지도 못하는 아이를 보행기에 태우면 아이의 몸에 무리가 생길 수밖에 없어요. 꼭 태우겠다면 최소한 아이가 제대로 허리를 가눌 수 있고 잘 앉아 있을 수 있을 때, 생후 6개월 이후부터 태우는 게 좋습니다.

② 보행기 높이가 너무 높거나 낮은 경우 모두 삼가야 합니다. 높이가 높으면 아이가 까치발로 딛게 되고, 너무 낮으면 O자 다리가 될 수 있기 때문입니다. 그러므로 보행기를 태울 때는 두 발이 바닥에 닿게 해 태우는 것이 바람직합니다.

③ 한 번 태울 때 20분을 넘지 않도록 하고, 하루 2시간 이내로 제한하는 것이 좋습니다.

④ 보행기를 타면 아이는 엄마의 손이 닿는 범위를 벗어나 안전사고를 일으키기 쉽습니다. 아이를 보행기에 태우더라도 되도록 아이에게서 눈을 떼지 않아야 합니다.

로 구르는데, 그것이 버릇이 되어 걸을 때 까치발로 나타나는 것입니다. 아이가 처음 걸음마를 배울 때 습관적으로 혹은 재미로 까치발로 걷거나, 보행기의 영향이 원인으로 보인다면 특별히 걱정할 필요는 없습니다. 일상생활에 지장이 있을 정도로 심한 경우가 아니라면 여유를 갖고 기다리면 됩니다.

간혹 뇌의 문제로 까치발로 걷는 아이가 있어요

시간이 지나도 여전히 까치발로만 걷는다면 반드시 병원에 가서 전문가의 진찰을 받아야 합니다. 대표적으로 뇌성마비일 경우 까치발로 걸을 수 있기 때문이에요. 태어나서 근육이 잘 발달되지 않은 상태에서 걷기까지는 몸을 세워 걷게 하는 근육들이 순차적으로 발달해야 하는데, 이런 과정이 뇌의 발달에 따라 지연되거나 혼란을 겪으면 근육에 이상이 생기고 까치발로 걷는 증상이 생깁니다. 뇌성마비를 앓는 아이들이 까치발로 걷는 이유도 발과 다리 근력의 문제가 아닌 신체 균형과 움직임을 조절하는 뇌에 문제가 있기 때문이지요. 하지만 아이의 몸이 뻣뻣하지 않고 다리가 지나치게 긴장된 상태가 아니라면 까치발로 걷는다고 크게 걱정할 필요는 없습니다.

각종 신경근육 질환이 원인일 수도 있습니다

간혹 선천적으로 아킬레스건에 이상을 갖고 태어난 아이는 까치발로 걷습니다. 양쪽 다리의 길이가 다르거나, 아킬레스건 기능에 문제가 있거나, 근육의 긴장도가 지나치게 높은 경우에도 까치발로 걸을 수 있어요. 이런 경우가 아닌지 주의해서 살펴보고, 이상이 느껴진다면 병원을 찾아야 합니다.

까치발 치료, 어떻게 하나요?

대체로 저절로 좋아지지만 아닌 경우도 있어요

아이가 까치발로 걷는지 어떻게 알 수 있을까요? 자연스럽게 걷는 모습을 관찰합니다. 또는 자주 신는 신발을 보면 신발 바닥의 뒷부분보다 앞부분이 더 많이 닳아 있고, 신발 깔창의 앞부분에 선명하게 발가락 자국이 남아 있습니다. 까치발은 일상생활에 큰 지장을 주지 않으므로 대개 문제가 되지 않고, 성장하면서 자연스레 교정됩니다. 하지만 만 2세가 지나도 까치발로 계속 걷는다면 전문적인 검사를 받아보는 게 좋습니다. 습관성 까지발 설음노 생후 36개월 이후에는 사언스럽세 정상 보행으로 돌아오기 때문에 이 시기까지 지켜본 후 그래도 증상이 계속된다면 병원을 찾아 진단을 받아볼 필요가 있습니다. 가족력이거나 근육 구축증일 때가 많지만, 신경근육 질환, 뇌성마비, 발달성 이형성증, 다리 길이 불일치 등이 원인일 수도 있습니다. 그뿐만 아니라, 지속적으로 까치발로 걸을 경우엔 다른 이상 증상이 동반되지 않더라도 치료를 요하기도 합니다. 가벼운 근육 구축증이 있을 때는 근육의 스트레칭이나 물리 치료가 도움이 되고, 지속적이거나 심한 구축증이 있으면 캐스트를 대거나 수술을 해야 할 수도 있습니다.

스트레칭으로 까치발 걸음을 개선해요

시간이 지나면 자연스럽게 개선된다고는 하지만 아이가 까치발로 걸으면 부모로서 신경 쓰이기 마련이지요. 집에서 해줄 수 있는 것 중 하나는 바로 스트레칭입니다. 마냥 좋아지기만을 기다리는 게 불안하다면 까치발 걸음을 개선하는 데 효과적인 스트레칭을 시도해봅니다.

- **스트레칭 1** **한쪽 다리를 들어 올려 걸쳐 놓고, 반대편 다리를 쭉 펴주세요** 아이가 두 손을 탁자나 벽면을 단단히 붙잡게 한 다음, 한쪽 다리를 허리 높이의 의자나 테이블에 올리게 합니다. 높이는 바닥에 있는 반대편 다리가 쭉 펴질 정도가 적당합니다. 그 상태에서 윗몸을 살짝 굽혀주는 것도 좋아요. 양쪽 다리를 쭉쭉 펴는 스트레칭 효과가 있어요.

- **스트레칭 2** **누운 상태에서 쭉쭉이를 규칙적으로 해주세요** 아이를 편안하게 눕힌 다음 두 다리를 모아 아이 발목을 잡고 아래로 당기듯 쭉쭉 눌러주세요. 몇 번 반복한 후에는 두 다리를 위로 올린 채 쭉쭉 잡아 당겨줍니다.

- **스트레칭 3** **앉아서 두 다리를 벌린 다음 등을 눌러주세요**   아이의 다리를 최대한 벌려 앉혀주세요. 아이는 두 손을 살짝 깍지 낀 채 뒷머리에 갖다 대고, 엄마는 아이 등을 살짝 눌러줍니다. 이때 무조건 세게 하기보다 적당한 강도로 해줍니다. 다리를 벌린 채 상체를 눌러주면 양쪽 다리의 근육이 동시에 늘어나는 효과가 있어요.

 Dr. B의 우선순위 처치법

1. 까치발 걸음 개선에 효과적인 스트레칭을 규칙적으로 해주세요.
2. 만 2세가 지나도 까치발로 걷는다면 의사에게 진료를 받습니다.

뇌성마비

뇌 손상으로 자세와 운동에 이상이 생겨요.

체크 포인트

☑ 뇌성마비는 출생 전 또는 영아기에 발생한 뇌 손상이 원인이에요. 뇌의 손상된 부위와 정도에 따라 운동 장애가 나타나며 지적 장애, 경련, 언어 장애, 학습 부진, 시각 장애 등을 흔히 동반합니다.

☑ 아이에게서 뇌성마비의 징후가 보이면 즉시 담당 의사의 진료를 받으세요. 조기 진단 및 치료가 매우 중요합니다.

아이에게 발생하는 심각한 장애

대부분 인지력에는 큰 문제가 없어요

뇌성마비란 출생 전후로 미성숙한 뇌에 손상을 입음으로써 생기는 질환입니다. 이때 손상된 뇌는 흉터를 남기는데, 이런 흉터로 인해 증상이 나타나죠. 주로 신체 여러 부위의 마비와 운동 능력 장애가 생깁니다. 의사로부터 "아이가 뇌성마비일 수 있다"는 이야기를 처음 들으면, 부모는 매우 당혹스러워합니다. 그러나 너무 절망할 필요는 없습니다. 겉으로 드러나는 뒤틀린 근육과 얼굴 모습을 보고 충분히 두려움이나 거부감을 느낄 수 있지만, 적절한 재활치료를 받으면 스스로 보행이 가능하며, 충분히 독립적인 삶을 유지할 수 있습니다. 대부분의 경우 인지력에는 큰 문제가 없어요. 또한 최근엔 신체적 어려움을 극복하는 보조기구도 꽤 많이 개발되어 학교에 다니고 운전을 하는 등의 일상생활 역시 가능합니다. 뇌성마비에 대해 무조건 두려움을 갖거나 낙담하지 말고 발견 즉시 재활치료를 시작하는 게 우선입니다.

아이 때 발생한 중풍이라고 할 수 있어요

모든 뇌성마비 아이에게는 임신 중 엄마의 배 속, 분만 전후 혹은 어렸을 때 어느 정도 뇌 손상을 받은 적이 있다는 공통점이 있습니다. 이런 뇌 손상은 한번 생기면 없어지지 않고 영구적이지만, 자라면서 진행되지는 않지요. 뇌의 손상 부위와 범위에 따라 장애 정도가 다르게 나타나는 편입니다. 운동 기능에만 제한적으로 나타나는 경우가 있는 반면 인지·지각 기능 장애까지 동반되는 경우도 있지요.

미숙아는 뇌성마비 위험이 더 높아요

뇌성마비의 원인은 출산 전 30~50%, 출산 시 33~60%, 출산 후 10%라는 통계적 수치가 있습니다. 출생 전에는 임신 초기 태아의 뇌가 정상적으로 발달하지 않았을 경우, 신경세포의 이동이 제대로 이루어지지 못해 선천성 뇌 기형으로 뇌성마비가 발생합니다. 선천적인 뇌 기형이 원인이 아니라면 분만 전후나 출생 후에 발생한 뇌의 신경

닥터's advice

❓ 뇌성마비는 유전되나요?

뇌성마비는 유전적인 요인이 매우 낮은 편이에요. 예를 들어, 첫째 아이가 뇌성마비라 해서 둘째 아이도 유전적 원인에 의해 뇌성마비가 될 가능성은 희박합니다. 그러나 첫째 아이와 같이 둘째 아이도 출생을 전후해 뇌신경에 손상을 주는 위험 조건이 남아 있을 수 있으므로 뇌성마비가 발생할 위험은 배제할 수 없습니다. 따라서 첫째 아이가 뇌성마비일 때는 둘째를 임신하기 전 의사와 상담을 통해 첫째 아이의 뇌성마비 원인을 최대한 규명하는 일이 무엇보다 우선되어야 합니다. 원인을 알고 그 잠재적 위험인자를 잘 조절한다면 건강한 아이를 출산할 수 있습니다.

학적 손상의 결과라 볼 수 있어요. 이런 손상은 주로 미숙아에서 가장 빈번히 발생합니다. 그런 이유로 현재 뇌성마비 발생과 관련된 가장 높은 위험인자로 조산 및 저체중 출생이 거론돼요. 아래 표와 같이 뇌성마비를 유발하는 위험인자들이 있습니다. 하지만 이런 위험인자들이 반드시 뇌성마비를 일으키는 것은 아니에요. 위험인자기 있어도 대부분의 아이들은 정상 발달을 보입니다. 뿐만 아니라 뇌성마비 아이에게 위험인자가 존재한다 하더라도 뇌 손상을 유발하는 원인으로 단정하기 어려운 경우도 많습니다.

임신 중 위험인자	모체의 당뇨 또는 갑상선 기능 이상
	모체의 고혈압
	모체의 경련, 지적 장애
	자궁 경부의 조기 확장
	임신 중 출혈(전치태반, 태반조기박리)
분만 중 위험인자	조산(37주 미만)
	24시간 이상의 양막 파열
	분만 중 태아 심박수의 심한 감소
	둔위, 횡위, 역아위 분만 등
신생아기의 위험인자	조산아
	질식
	뇌수막염
	경련
	뇌실 내 출혈
	뇌실 주위 백질연화증

▲ 뇌성마비를 일으키는 위험인자들

돌 전후, 증상이 뚜렷이 나타나요

만 1세 이전에 정확히 진단하는 것은 어려워요

뇌성마비도 조기 발견이 중요하지만 출생 후 바로 알긴 어렵습니다. 그래서 아이가 목을 가누지 못하고 손으로 물건을 잡지 못하거나 앉지 못하는 등의 운동 지체를 발견하면 빨리 신경외과, 소아청소년과 또는 재활의학과가 있는 병원에서 진찰을 받아야 해요. 뇌성마비는 조기 진단을 내려 치료해야 여러 합병증을 예방하고 치료에 도움이 됩니다. 하지만 만 1세 이전에는 확진이 어려워 이 시기를 놓칠 경우 이미 조기 치료의 시기가 늦어지는 문제가 생겨요. 뇌 손상이 운동 영역뿐만 아니라 다른 장애도 유발할 수 있는 만큼 조기에 진단함과 동시에 그 유형과 마비의 정도를 판단해야 하며, 나아가서는 치료의 방향도 결정해야 합니다.

또래보다 발달이 현저히 늦으면 일단 의심해보세요

아이들은 일정한 발달 단계를 거쳐 성장합니다. 생후 3개월이면 목을 가누고, 5개월에 뒤집고, 10개월이면 붙잡고 서며, 12개월이면 걷기 시작해요. 키와 몸무게 역시 마찬가지예요. 하지만 뇌성마비 아이들은 뒹굴기, 앉기, 기어가기, 웃기, 걷기 등이 다른 아이들에 비해 늦게 발달합니다. 흔히 '늦되다'라고 표현하는데, 아이가 18개월 되기 전 뇌성마비의 조기 징후가 나타나요. 처음 나타나는 증상으로 기저귀를 갈 때 다리 벌리기가 힘들거나 다리가 축 처져 있어요. 생후 6개월이 지나도록 손가락을 펴지 않고 주먹을 쥐고 있거나 유난히 다리 부분이 뻣뻣하게 굳어 있는 모습도 보입니다.

닥터's advice

❓ 뇌성마비가 의심된다면 관찰해보세요

뇌성마비 아이는 뒤집기, 기기, 앉기 등 정상적인 발달 과정이 다른 아이들에 비해 느립니다. 또 사지를 잘 쓰려 하지 않고, 힘이 없어 보이는 특징이 있어요. 특히 이런 증상이 조산, 심한 황달, 청색증 등의 비정상적인 출생력과 동반해 나타나면 뇌성마비가 더 뚜렷해지죠. 아이의 보행이나 뛰는 모습을 관찰해도 정상적인 아이와 다른 미세한 차이를 알아차릴 수 있습니다. 아이가 뇌성마비일까? 의심된다면 아이의 평소 모습을 자세히 관찰해보세요. 서 있을 때는 점프나 웅크린 자세 등이 있는가가 중요하며, 걷는 모습은 상체의 자세와 흔들림의 정도, 보폭, 가위 걸음이 나타나는지, 까치발로 걷는지, 양발 사이의 간격, 보행 운율 및 보행 속도 등을 살펴봅니다. 이런 사항 중 이상한 점이 관찰되면 뇌성마비를 의심해볼 수 있습니다.

또한 기어 다닐 때 팔다리가 동시에 움직이고 바로 일으켜 세웠을 때 발뒤꿈치를 들고 서는 까치발 자세는 뇌성마비의 대표 증상이에요 다른 아이보다 어림잡더라도 3개월 이상 뒤처진다면 발달 지연을 의심하고 의사의 진찰을 받아보는 게 좋습니다. 물론 발달 지연을 보인다고 해서 모두 뇌성마비는 아니에요. 발달 지연이 생기는 원인은 매우 다양하므로 의사와 상의해야 합니다.

어떤 증상이 생기나요?

정상적인 아이라면 머리 가누기, 뒤집기, 기기, 앉기, 걷기, 달리기의 순서에 따라 2세 무렵까지 걷거나 뛰기 등의 발달이 완성됩니다. 반면 뇌성마비 아이는 뇌의 중추신경계의 장애로 운동 신경 발달이 늦어지고, 뇌 손상 부위에 따라 불규칙적인 발달이 이뤄지는 등 몇 가지 특징이 있어요. 뇌성마비 아이가 보이는 운동 장애는 뇌의 손상된 부위와 정도에 따라 다양하게 나타나요.

근육이 경직되어 움직임이 힘들어져요

가장 흔한 뇌성마비의 증상은 근육 움직임에 이상이 생기는 것입니다. 관절을 빠른 속도로 구부리거나 펴면서 근육의 길이를 늘일 때, 처음엔 어느 선까지 근육이 잘 늘어나다가 갑자기 근육이 굳어지면서 잘 늘어나지 않아요. 예를 들어, 물건을 들 때 일정한 근육의 긴장도가 유지되지 않아 물건을 끝까지 잡지 못합니다. 대부분의 뇌성마비 아이들은 초기 근육의 긴장도가 떨어져 오래 지속될 경우 성장 후 운동 장애 정도가 더 심해집니다.

반사작용의 이상을 보입니다

아이들은 태어나자마자 생존을 위해 본능적으로 반사작용을 학습합니다. 무수한 시행착오를 겪으며 반복 동작을 통해 다음 발달 단계로 나아가는 게 정상 발달 과정이지요. 그런데 뇌성마비 아이는 그 과정이 매우 느리거나 일정 수준에서 머무릅니다.

예를 들면 신생아는 무엇이든 손에 들어온 것을 꼭 잡는 반사작용을 보이지요. 이 원시 반사는 생후 3개월 전후에 사라지며, 그다음 단계인 원하는 물건에 손을 뻗어 잡는 행동을 합니다. 하지만 뇌성마비 아이는 이런 행동을 하지 않거나 혹은 한쪽 손만 사용하는 데 그쳐요. 이렇듯 반사작용이 순차적으로 일어나지 않거나 지체되는 뇌성마비는 아이가 성장을 했는데도 보호반사로 연결되지 못합니다. 그래서 앉아 있을 때 또는 서 있을 때 갑작스럽게 밀리거나 부딪쳐 균형을 잃으면서 자신의 몸을 보호하기 어려워집니다.

양쪽 팔다리와 몸통 전체에 이상이 생깁니다

뇌성마비 중 가장 심각한 상황은 양쪽 팔다리가 뻣뻣해지면서 사지가 마비되는 증상입니다. 근육이 뻣뻣해지면서 무릎과 팔꿈치가 구부러지고 몸통 자세에도 이상이 생기지요. 특히 양쪽 다리가 안으로 돌아가 무릎에서 교차하고 마치 가위질 자세처럼 다리가 휘어져 걷기가 어려워집니다. 또 무릎을 뻗은 자세로 앉기가 힘들고, 누워 있을 때 팔은 구부리고 다리는 뻗은 상태로 서로 교차돼요. 손 역시 경직되어 잘 사용하지 않으려 하고, 손을 사용할 때 팔 전체가 움직이는 비정상적인 패턴을 보입니다.

비정상적인 운동 형태를 보여요

한쪽으로만 뒤집거나 생후 9개월 이전에 한쪽 손만을 사용하고, 얼굴을 많이 찡그리거나, 혀와 손가락, 발가락의 비정상적인 움직임을 보이며, 머리나 몸통이 불안정하게 흔들리기도 합니다. 뇌성마비 아이의 운동 발달이 가장 현저한 시기는 3~5세이지만 개인차가 심해 어느 발달 과정에서 정지하는 경우도 있습니다.

다양한 장애를 동반해요

뇌성마비 아이의 지능은 정상 아이와 같지만 뇌 손상 범위가 인지까지 확대되었을 때는 일부 정신지체를 불러오기도 합니다. 이런 지적 장애는 뇌성마비 중 약 50%에 동반되며, 학습장애 등을 포함하면 약 75%에 이릅니다. 또한 뇌성마비 아이의 약 50%가 사시이고, 약 15%는 심한 시력 저하를 보이기도 해요. 시각 장애는 학습장애나 발달과도 연관되므로 조기 진단과 적절한 치료가 반드시 필요합니다. 구강 조직까지 경직될 경우에는 빨기·씹기·삼키기 등이 어렵고 침을 흘리거나 발음장애도 나타납니다. 삼킴 장애가 있는 경우 영양 부족과 신체 성장 지연을 초래할 수 있어 더욱 신경 써야 합니다.

뇌성마비 치료, 어떻게 하나요?

아이의 의지와 가족 협조가 절대적입니다

뇌성마비는 완치할 수는 없지만 재활치료, 수술치료를 통해 아이가 최대한 독립적으로 활동할 수 있게끔 하는 것이 궁극적인 목적이에요. 가능한 한 움직일 수 있는 근육의 힘을 충분히 사용하게 하고 관절이 빠지는 것을 예방합니다. 또한 최소한의 보조기를 활용하여 보행할 수 있게 하며, 외모도 보기 좋게 만들어 아이 스스로가 행복감을 느끼게 하는 것이 중요합니다. 이를 위해선 여러 전문가에 의한 평가와 협력을 통한 포괄적 접근이 필요합니다. 끈기 있게 훈련하면 조금씩이지만 운동 능력이 회복돼요. 경우에 따라 증상을 개선하기 위해 항경련제나 근이완제 등의 약물 복용이나 정형외과 수술 등이 필요하기도 합니다. 더불어 환자 자신의 의지나 가족의 협조 역시 장기적인 치료 목표 달성에서 중요한 요소입니다.

나이에 따라 중점적인 치료 방법이 달라져요

대체로 포괄적인 재활치료를 받지만 나이에 따라 집중적인 치료가 달라집니다. 즉 출생 후 4세까지는 주로 조기 물리치료를 하며 4~6세 사이에는 수술적 치료를, 7~18세 사이에는 학교생활과 정신적 및 사회활동의 발달에 주력하지요. 18세 이후에는 직장생활, 결혼생활을 가능하게 하는 데 중점을 두어 치료합니다.

가정에서도 반복해서 훈련합니다

아이가 가능한 한도 내에서 대근육 운동, 손의 섬세한 움직임, 일상생활 동작을 되풀

이해 습득하게 합니다. 필요하다면 보조기구를 사용해 기능 결함을 보완하는 훈련도 집과 학교 등에서 계속해서 해요. 또한 일상생활에서 혼자 힘으로 이동하고, 옷 입고, 앉고, 목발 짚고, 걷고, 차를 타는 동작을 꾸준히 연습합니다.

뇌성마비를 충분히 이해하는 부모 교육이 필요합니다

뇌성마비 아이를 둔 부모는 아이의 잠재적 능력을 최대한 개발해 가급적 독립적인 생활을 영위할 수 있게 도와야 합니다. 그러기 위해선 뇌성마비 아이에게 밥 먹이기, 운반하기, 옷 입히기, 이동시키기 등의 뇌성마비 아이를 돌보는 방법에 익숙해지도록 부모 교육을 받아야 해요. 무엇보다 아이에게 사랑과 '넌 할 수 있다'라는 자신감을 심어주어야 합니다. 아이에게 긍정적인 사고를 심어주고, 자신의 능력을 최대한 발휘하도록 노력하는 자세를 갖게 하는 지원자 역할을 해주세요.

 # 알쏭달쏭! 뇌성마비 궁금증

Q 출산 전 뇌성마비를 미리 알 수 있나요?

임신 중 태아가 자라면서 문제가 생겨 뇌성마비가 생길 수 있어요. 이런 경우라면 산전 진단으로 뇌성마비인지 여부를 확인할 수 있어요. 하지만 뇌성마비를 일으키는 위험요인에는 미숙아, 저체중아, 태아 발달 지연, 신생아 경련 등 출산 후와 관련된 사항도 엄연히 존재합니다. 그런 만큼 산전 진단으로 뇌성마비를 미리 아는 데는 한계가 있을 수밖에 없지요. 출산 후 뇌염이나 질식, 저산소증 등으로 뇌성마비가 오는 경우도 많기 때문에 산전 진단만으로 모든 뇌성마비를 알아내기는 불가능합니다.

Q 뇌성마비에 걸리면 못 걷나요?

아닙니다. 조기 진단과 치료를 받으면 충분히 걸을 수 있습니다. 발달 지연이 의심되는 초기에 적절한 치료를 시작하면 앉거나 걷는 게 가능해요. 경직형 뇌성마비일 경우라도 조기 치료를 받으면 6, 7세경 약 75%는 걸을 수 있다는 보고도 존재합니다. 단, 무엇보다 조기 치료를 했을 경우라는 것을 명심해야 합니다.

ⓠ 뇌성마비는 치료해도 나을 수 없는 병인가요?

뇌성마비는 완치되기 어렵지만 계속 나빠지지는 않는 질환이기도 합니다. 즉, 끊임없이 운동 발달에 필요한 자극을 주고, 근육이 마르거나 관절이 굳지 않도록 꾸준히 운동하면 충분히 운동과 자세의 기능은 좋아지죠. 한순간 씻은 듯 낫게 하려는 마음을 버리고 끈기를 갖고 조금씩 좋아지게 하는 것이 바람직한 자세입니다.

ⓠ 뇌성마비인 아이는 지능이 나쁜가요?

많은 사람의 착오 중 하나가 뇌성마비 아이는 지능이 낮을 거라고 생각하는 것입니다. 뇌성마비 아이들이 안면 근육을 조절하지 못하고 사지가 흔들리며 경직되는 모습, 혹은 불완전한 언어를 사용하는 것을 보면 으레 지능이 떨어질 거라 오해하지요. 물론 드물지만 지능 장애까지 있는 경우도 있어요. 그러나 겉으로 보이는 모습만 보고 섣불리 지능이 낮으리라고 성급히 단정해서는 안 돼요. 설사 지능이 낮은 사람이라고 해서 함부로 대해야 할 이유도 없습니다.

 Dr. B의 우선순위 처치법

1. 아이의 성장 발달이 잘 이루어지고 있는지 세세히 관찰해요.
2. 아이가 태어난 후 일정한 발달 단계를 따라가지 못한다면 병원을 찾아가 검사를 해요.

두통

머리가 지끈지끈 아파요.

체크 포인트

☑ 아이도 두통을 경험할 수 있으며, 드물지만 심각한 뇌 질환 등의 위험 신호를 알리는 경우도 있으므로 유심히 살펴봐야 합니다.

☑ 해열진통제는 두통 증상을 일시적으로 완화할 수는 있지만 일주일에 두 번 이상 사용하면 습관성이 될 수 있으니 주의합니다.

☑ 아침에 일어나자마자 두통을 호소하거나 머리가 아파서 잠을 자는 도중 깨는 정도라면 반드시 병원을 찾아 진료를 받아야 합니다.

머리 부위의 통증을 통틀어 말해요

실제로 아이도 두통을 느껴요

아이들도 두통을 앓을까요? 아이가 "엄마, 머리 아파"라고 말하면 대부분 부모는 꾀병을 부리는 거라고 생각해요. 하지만 실제로 아이들도 두통을 경험합니다. 의외로 두통은 아이들에게서 흔히 나타나는 증상 중 하나입니다. 통계에 의하면 7세까지 40% 이상의 아이들이 두통을 경험한 적이 있으며, 이 중 4%는 시도 때도 없이 찾아오는 두통으로 일상생활에 어려움을 겪는다고 해요. 하지만 아이들이 호소하는 두통은 중증 질병과 직결되지 않은 것이 대부분입니다. 실제 머리가 아픈 것보다 사소한 어지러움이나 졸린 느낌도 두통이라고 표현하거든요. 그렇다고 아이의 두통을 그냥 지나쳐서는 안 됩니다. 두통이라고 하면 일반적으로 눈과 귀 위쪽의 머리에서 나타나는 통증을 말합니다. 원인은 여러 가지인데, 아이들은 어른들의 두통과 다른 양상을 보이기 때문에 원인이나 치료가 달라질 수 있어요. 계속해서 두통을 호소하거나 구토, 경련 같은 증상이 나타난다면 바로 병원을 찾아 정밀검사를 받아야 합니다.

두통은 뇌 주변 조직에서 느껴지는 통증이에요

두통은 말 그대로 머리 부위의 통증입니다. 머리에서 느껴지는 통증이기 때문에 뇌에서 느껴지는 통증이라고 오해할 수도 있지만, 뇌 자체는 통증을 느끼지 못합니다. 두통을 일으키는 것은 두개골 밖에 있는 피부, 동맥, 근육, 골막 등의 구조와 눈, 코, 귀, 부비동 등 얼굴 주위의 구조, 그리고 두개골 내의 혈관들과 주위 조직, 뇌를 둘러싸고 있는 뇌경막, 뇌신경과 상부 경추부 신경 등 뇌의 주변 조직들입니다. 이런 뇌의 주변 조직들에 문제가 생겼을 때 머리가 아프다고 느끼게 되죠.

두통을 일으키는 원인은 매우 다양해요

아이들은 어떨 때 머리가 아프다고 할까요? 중이염이나 축농증 같은 감기 증상이 시작되면 아이들은 두통을 호소합니다. 치과적인 문제인 부정교합이 있을 때도 머리가 아플 수 있어요. 시력이 떨어져 물체가 잘 보이지 않을 때도 아이들은 두통을 호소합니다. 어린아이들의 경우 '어지럽다', '잘 안보인다'라는 느낌을 '머리가 아프다'라는 식으로 종종 혼동해서 표현하는 경우가 있습니다. 또 꽤 높은 비중을 차지하는 원인은 바로 스트레스입니다. 아이들이 무슨 스트레스냐고 대수롭지 않게 넘기기 쉽지만, 실제로 심리적인 문제인 스트레스로 진짜 아픔을 느낍니다. 이처럼 아이들이 두통을 느끼는 원인은 무척이나 다양합니다. 하지만 한번 자세히 들여다보면 두통에도 어느 정도 일정한 유형이 있다는 걸 알 수 있습니다.

일차성 두통 vs. 이차성 두통

두통이 아이가 지닌 기질이나 스트레스에 의한 것인지, 아니면 특정 질환이 발생했거나 혹은 뇌의 구조적인 원인에 의한 것인지를 먼저 파악하는 것이 무엇보다 중요합니다. 이런 기준을 가지고 의학적으로 분류해놓은 것이 바로 '일차성 두통'과 '이차성 두통'입니다. 두통을 호소하는 환자 중에는 MRI 검사 등을 해도 특별한 원인을 찾지 못할 때가 많습니다. 이처럼 원인을 찾지 못하는 두통을 일차성 두통으로 분류합니다. 보통 편두통이나 스트레스성 두통이 일차성 두통에 포함돼요. 반면 두통이 어떤 특정한 질병에 의해 나타난 것이라면 그것은 이차성 두통입니다. 두통의 가장 흔한 원인인 감기는 물론 뇌 질환 같은 위중한 질환으로 인해 발생하는 두통은 모두 이차성 두통에 포함되지요.

이차성 두통일 경우 위급한 상황이 발생할 수 있어요

이차성 두통 중에서도 뇌종양, 뇌염, 뇌수막염, 외상, 뇌출혈 등으로 유발되는 두통은 따로 '기질성 두통'이라고 분류합니다. 기질성 두통은 뇌가 파괴되거나 큰 후유증이 남을 수 있기 때문에 뇌 전산화 단층촬영(brain CT), 뇌 자기공명영상(brain MRI), 뇌척수액 검사 등을 통해 정확하게 진단해야 합니다. 만약 1~2개월 이내에 아이의 두통이 점점 심해지거나, 열이 심하고 의식이 혼미해지는 등 전신 상태에 어떤 변화가 함께 나타난다면, 기질성 두통일 수 있으므로 서둘러 병원을 방문해야 합니다.

닥터's advice

❓ 두통의 유형
- **일차성 두통** 편두통, 스트레스성 두통 등의 긴장형 두통, 군발성 두통 등
- **이차성 두통** 감기, 축농증, 뇌종양, 뇌출혈, 중추신경계 감염, 약물 유발성 두통 등

두통 증상별 의심되는 질환

신경과 질환

머리가 쿵쿵 울리듯 아파요

주로 오선에 머리가 아프다면 편두통을 의심할 수 있어요. 편두통은 이름 때문에 잦은 오해를 불러일으키는데, 항상 한쪽 머리만 아프다는 뜻은 아니에요. 양쪽 머리가 다 아플 수 있지요. 머리가 쿵쿵 울리듯 아프고, 속이 메스꺼워지는 증상을 동반하며 오랜 기간 지속되기도 해요. 편두통은 발작성으로 재발하고 두통 발작 사이에는 증상 없이 지냅니다. 증상이 가벼울 때는 방을 최대한 어둡게 하여 안정된 분위기에서 푹 자게 하세요. 하지만 한 달에 서너 번 이상 두통을 겪는다면 병원을 찾아 진료를 받아야 합니다.

오후만 되면 머리가 조이듯 아파요

잘 놀다가도 오후만 되면 아프다는 아이가 있어요. 긴장성 두통일 때 나타나는 증상입니다. 스트레스, 피로, 수면 부족, 감정적인 문제 등이 원인이에요. 같은 자세로 오랫동안 앉아 있거나 서 있는 경우에도 발생할 수 있습니다. 주로 늦은 오후나 저녁에 통증이 생기며, 매일 두통이 반복될 정도로 자주 재발하는 것이 특징이에요. 증상은 단단한 밴드가 머리를 둘러싸고 꽉 조이듯 아픕니다. 아이가 스트레스에 의한 긴장성 두통을 호소할 때는 아이를 유심히 관찰해 스트레스 요인을 제거해주면 금세 나을 수 있습니다. 아이와 함께 운동한 후 푹 재우는 것도 좋아요. 그래도 두통이 계속된다면 의사의 처방을 받아 진통제를 먹입니다.

머리가 지끈거리며 콧물이 나와요

고개를 숙이거나 머리를 움직일 때 지끈거리는 두통을 느끼고, 콧물이 나온다면 축농증일 가능성이 높아요. 아이들은 부비동이 작아 축농증에 걸리기 쉬운데, 이는 감기에서 이어지는 경우가 많습니다. 코감기 증상이 10일 이상 지속되면서 머리가 지끈거린다면 병원을 찾아 축농증 검사를 받아보세요.

두통을 호소하면 어떻게 해야 할까요?

일단은 쉬게 하세요

아이가 두통을 호소하면 무시하지 말고 일단 충분한 휴식을 취하게 한 후 찬 물수건을 대주면서 관찰해야 합니다. 해열진통제는 두통 증상을 일시적으로 완화할 수는 있지만, 일주일에 두 번 이상 사용하면 습관성이 될 수 있다는 점도 꼭 기억해두세요. 원인 질환이 있는 경우 그 원인을 치료하면 두통이 없어지므로 병원을 찾아 의심되는 질환을 먼저 치료하는 것이 중요합니다.

머리가 아프다고 특별히 병원에 갈 필요는 없습니다

어쩌다 한 번씩 "머리가 아파"라며 응석부리다가도 곧잘 놀면 그냥 지켜봐주세요. 어린이집이나 유치원에 다니는 아이들이 등원 직전에 아프다고 할 때도 일단은 모른 척해도 됩니다. 이런 두통은 갑자기 아프다가도 시간이 지나면 멀쩡해져서 흔히 꾀병으로 오해받는 경우가 많습니다. 그렇다고 아프지 않은 건 아니에요. 일종의 긴장성 스트레스로 인해 뒤통수가 아파오는 두통이 아이에게도 충분히 발생할 수 있기 때문이

 닥터's advice

❓ 아이에게 먹여도 되는 해열진통제

아이가 심하게 두통을 호소하면 해열진통제를 먹여도 무방합니다. 단, 어린이용으로 안전한 제품을 먹여야 합니다.

• **편두통이라면** 부루펜, 캐롤, 애드빌, 모트린 같은 이부프로펜이나 타이레놀 등의 아세트아미노펜이 효과적입니다. 통증이 시작되면 30분 이내에 먹여 통증을 없애줍니다. 하지만 약을 복용한 후에도 두통이 지속된다면 의사에게 진료를 받아야 합니다.

• **감기, 독감이나 스트레스 때문이라면** 마찬가지로 이부프로펜과 아세트아미노펜이 통증 완화에 도움을 줍니다. 약을 먹인 후 목 뒷부분을 마사지하거나 핫팩을 대주어도 증상이 좋아질 수 있어요.

• **고초열, 즉 알레르기비염이 원인이라면** 충혈완화제나 항히스타민제를 복용하면 도움이 될 수 있어요. 단, 이 제품들은 이차적으로 두통을 유발할 수 있으니 의사의 처방을 받은 후 사용하는 것이 좋아요.

지요. "많이 힘들었지?", "피곤하겠구나, 얼른 쉬자" 같은 따뜻한 말과 포옹으로 아이의 긴장된 마음을 다독여주세요. 아이의 두통을 무조건 꾀병으로 보지 않는 것만으로도 상태가 좋아지기도 합니다.

어린이용 진통제를 먹여요

두통으로 아이가 많이 힘들어하면 어린이용 해열진통제를 먹여도 됩니다. 이부프로펜이나 아세트아미노펜 등은 통증 완화에 효과적이지요. 하지만 진통제를 먹고도 효과가 없거나 약을 먹어야 하는 상황이 일주일에 두 번 이상으로 잦아진다면 의사의 진찰을 받는 것이 좋아요. 또 아침에 일어나자마자 두통을 호소하거나 머리가 아파서 잠을 자는 도중에 깨는 정도라면 병원 진료를 권합니다. 아이가 데굴데굴 방바닥을 굴러다니며 엉엉 울 정도로 머리가 아프다고 한 적이 한 번이라도 있다면 즉시 병원에 데려가야 합니다. 또 한 달에 15일 이상 두통을 호소하는 증상이 3개월 이상 지속된다면 만성 두통으로 넘어가는 단계이므로 반드시 의사의 치료가 필요하다는 사실도 기억하세요.

위험한 신호가 동반된 두통일 때는 빨리 병원으로!

아이들의 두통 원인 중 가장 심각하게 받아들여야 할 것이 바로 뇌종양 같은 뇌 질환입니다. 유일한 증상이 두통이기 때문에 특별히 더 주의를 기울여야 하지요. 두통과 함께 열이 심하게 나거나 목이 뻣뻣한 느낌이 들면 뇌수막염일 가능성이 커요. 몸을 많이 움직이는 운동을 한 후에 두통이 발생하거나 혹은 머리에 큰 충격을 받은 다음 두통이 발생하면 뇌출혈일 가능성이 있지요. 물론 두통을 호소하는 아이 중 뇌종양에 의한 발생 빈도는 1~2%에 불과하지만, 이러한 질환이 의심된다면 특히 주의를 기울여야 합니다. 아이가 두통을 호소하는 강도가 점차 더 심해지거나 두통이 항상 일정 부위에서만 나타난다든지 두통과 경련이 함께 발생하는 경우에는 반드시 병원을 찾아 MRI나 CT 등의 정밀검사를 받아야만 합니다.

머리 아픈 아이, 이렇게 돌봐주세요!

1 심리적 안정이 중요해요.
조용하고 편안한 방에 누워 휴식을 취하면서 아이가 받은 스트레스를 해소할 수 있게 도와주세요. 이때 "어린 아이가 무슨 스트레스야?"란 마음이 드러나서는 안 됩니다. 아이의 마음을 읽어주고 다독여주세요.

2 게임이나 TV 시청을 피해요.
자극적인 영상물을 가까이하는 건 두통 유발에 원인이 될 수 있습니다. 특히 늦은 시간까지 영상물을 보는 것은 금물입니다. 충분한 수면을 취할 수 있게 도와주세요.

3 두통을 악화시키는 음식을 피해요.
아이마다 체질상 차이가 있지만 대체로 토마토나 치즈, 초콜릿 등의 음식은 피하는 것이 좋습니다. 과도한 염분이 함유된 소시지, 베이컨, 햄 같은 음식도 제공하지 마세요. 물을 가능한 한 많이 먹이고, 카페인이 든 음료는 마시지 않게 해요.

4 진통제를 먹여 통증을 없애요.
아이가 머리가 아프다고 할 때 진통제를 먹여야 할지 고민이 되는데요. 통증을 참기만 하면 만성 두통으로 진행될 수 있어요. 진통제를 먹여 통증을 없애는 것이 좋습니다. 다만 소아청소년과 의사와 상담하여 오남용하지 않도록 합니다.

알쏭달쏭! 두통 궁금증

Q 아이도 성인과 똑같은 편두통이 있나요?

아이에게 나타나는 두통은 성인과 달리 군발두통(매우 심한 통증이 밤마다 주기적으로 나타나는 두통)이 거의 없는 편입니다. 특히 성인이 겪는 편두통보다 두통의 지속 시간이 짧고, 속이 더부룩하거나 메스꺼움 같은 위장상의 불편함을 호소하는 것이 특징이지요. 성인 편두통의 경우 대부분 한쪽 측두부에 두통이 나타나지만, 아이들은 양쪽 또는 머리 앞 또는 뒷부분에 두통을 호소하는 편이에요. 구토와 메스꺼움을 덜어주는 약이나 편안히 잠들 수 있는 진통제를 병원에서 처방받아 사용하면 도움이 됩니다.

Q 두통도 유전이 될 수 있나요?

아이에게 생기는 두통은 가족력에서 오는 경향이 있어요. 특히 어머니쪽 유전이 많다고 알려져 있지요. 하지만 이것이 절대적이지는 않아요. 가족력이 있는 경우 어린 나이의 아이라도 두통을 겪을 가능성이 높다는 얘기일 뿐이지요.

🚑 이럴 땐 병원으로!

- ☐ 몇 시간에서 며칠간 두통의 빈도와 강도가 증가할 때
- ☐ 두통을 호소하면서 앞이 뿌옇게 보이는 느낌이 생길 때
- ☐ 자다가 두통 때문에 깨어나거나 깨어나자마자 두통을 호소할 때
- ☐ 성장 지연이 의심되는 아이가 두통을 호소하는 경우
- ☐ 목이 뻣뻣하게 경직될 때
- ☐ 너무 지속적으로 반복되는 두통이거나 늘 같은 부위가 아플 때
- ☐ 두통을 호소하면서 계속 심하게 구토할 때
- ☐ 기침을 하거나 소변, 대변을 볼 때 머리가 더 심하게 아프다고 할 때
- ☐ 오심, 구토, 경련, 실어증, 실조증, 보행 장애, 팔다리의 근력 약화, 의식 변화와 함께 두통이 동반될 때

Q 특정 질환에 따라 머리가 아픈 부위가 달라지나요?

아침 일찍 생기는 두통은 축농증, 편두통과 관련이 있으며 드물지만 뇌종양도 원인이 되기도 해요. 오후 늦게 발생하는 두통은 스트레스에 의한 긴장성 두통인 경우가 대부분이지요. 어디가 아픈지가 더 중요한데 편두통은 주로 한쪽 앞머리가 아픈 편이고, 축농증이 있거나 치아 이상, 시력 이상 등은 주로 이상이 있는 부위를 중심으로 한 국소적인 두통이 나타납니다. 두통의 양상으로도 감별이 가능한데, 심장이 뛰듯이 한쪽 머리가 지끈지끈 아프다면 편두통일 가능성이 크고, 두통이 계속적으로 무지근하게 나타난다면 긴장성 두통으로 심리적 원인이 작용한 결과입니다. 머리가 전체적으로 아프고 시간이 지날수록 아픔이 더 심해진다면 뇌막염이나 뇌종양 등도 의심해볼 수 있습니다.

 Dr. B의 우선순위 처치법

1. 충분히 쉬게 하고, 안정된 분위기에서 잠을 푹 자게 해주세요.
2. 두통이 심하면 어린이용 해열진통제를 먹여봅니다.
3. 두통이 갑자기 발생하거나, 점점 심해지거나, 다른 증상이 동반되면 병원에서 진료를 받는 것이 좋습니다.

멀미

차 탈 때마다 어지럽고 메스꺼워요.

체크 포인트

☑ 어린아이들은 멀미를 해도 그 증상을 말로 설명할 수가 없어요. 아이가 멀미를 하지는 않는지 엄마가 유심히 살펴봐야 합니다.

☑ 허기진 상태로 차를 타면 멀미가 쉽게 생깁니다. 그렇다고 출발하기 직전에 배불리 먹으면 부담이 될 수 있으므로 적당한 시간을 두고 간단한 간식을 먹여주세요.

☑ 아이가 정면을 바라보게 하면 멀미를 줄일 수 있습니다.

☑ 멀미약은 세 살 이상은 지나야 복용할 수 있어요. 반드시 어린이 전용으로 먹여야 합니다.

어린아이도 멀미를 해요

뭔가 불편해하고 하품을 연신해요

24개월 이전의 아이들이 멀미를 하는 경우는 매우 드물다는 연구 결과가 있습니다. 하지만 지금까지의 결론은 어린아이들도 멀미를 한다는 것입니다. 멀미를 하는 아이들은 차를 탈 때 아무 이유도 없이 뭔가 불편한 기색을 보이고, 하품을 연신하며 얼굴이 창백해지기도 합니다. 하지만 아직 자기표현이 서투른 어린아이들은 멀미를 하더라도 그 증상을 말로 설명할 수가 없어 부모들이 모르고 지나치는 경우가 많아요. 이럴 때 무심코 그냥 넘어가면 아이가 고생하기 마련입니다.

소화가 잘 안 되는 느낌이 들다 구토로 이어져요

멀미의 대표 증상은 메슥거림과 구토입니다. 처음에는 소화가 잘 안 되고 체한 것 같은 느낌을 받다가 침이나 식은땀을 흘리기도 해요. 머리가 빙빙 도는 어지러움도 느끼고, 속이 메스껍다고 하거나 얼굴이 창백해지며 머리 아파하다 결국 구토로 이어져요. 말로 자신의 상태를 설명할 수 없는 어린아이들은 얼굴이 창백해진 채로 안절부절못하거나 하품을 하며 우는 것으로 불편함을 호소합니다.

닥터's advice

❓ 멀미약은 어떤 종류가 있나요?

- 스코폴라민 성분의 붙이는 패치제
- 염산메클리진, 디멘히드리네이트, 스코폴라민 성분의 알약
- 마시는 약
- 씹어 먹는 츄어블정
- 껌제
- 가루약

붙이는 멀미약의 주성분인 '스코폴라민'은 동공 산대·신경 마비·분비 억제 등의 작용이 있는 일종의 '신경 마취 성분'입니다. 멀미를 예방하기 위해 귀 뒤에 이 성분이 들어 있는 패치를 붙이면 피부로 약이 흡수되면서 구토반사 중추를 억제해 메스꺼움과 구토 등 멀미로 인한 불편 증상을 진정시킵니다. 그런데 이 과정에서 스코폴라민의 다른 작용이 나타나 일시적으로 눈동자를 확대(동공 산대)시키거나 기억력이 감퇴되는 부작용이 발생할 수가 있어요. 이런 이유로 멀미약은 성인용과 어린이용이 명확히 구분되어 있지요. 노인, 허약한 사람이나 어린이가 사용할 경우 특별히 주의해야 합니다.

🦆 왜 멀미가 날까요?

멀미는 서로 다른 신호가 뇌로 전달될 때 일어나요

멀미는 눈이 보내는 신호와 귓속에서 평행감각을 유지하려는 신호가 뇌에 서로 다르게 전달될 때 일어납니다. 우리 몸의 여러 신경조직은 서로 협력해 뇌에 몸 상태에 관한 정보를 끊임없이 전달합니다. 그런데 우리 몸이 의지와 상관없이 자동차나 배 등 외부의 어떤 힘에 의해 움직임이 생기면 평소와는 다른 새로운 신호가 생겨요. 그 신호들이 서로 얽히면서 멀미라는 이상 반응이 생기지요. 쉽게 말해, 눈과 귀와 뇌가 따로 놀 때 멀미가 생기는 것입니다.

그 밖에도 다양한 원인이 있어요

멀미의 원인이 단순히 눈과 귀의 움직임에만 있는 것은 아닙니다. 머리의 잦은 움직임, 지속적으로 일정하게 느껴지는 자동차의 진동, 구불구불한 길 등 달리는 차와 함께 신경세포를 흥분시키는 요인이 끊임없이 생겨나요. 흥분된 신경세포들이 뇌에 있는 중추신경에 반사된 결과 메스꺼움과 구토 같은 증상이 뒤따르게 됩니다.

2세 이상의 어린아이에게 더 잘 발생할 수 있어요

갓난아기일 때는 멀미를 못 느끼다가 2~3세 무렵부터 멀미를 하는 경우가 많습니다. 대부분 시간을 눕거나 안겨 있는 갓난아기는 귓속 전정기관이 완전히 발달하지 않아 감각기관끼리 상충되는 자극을 덜 받습니다. 이와 달리 2세 이상의 유아나 소아는 전정기관이 발달한 이후 차를 타는데, 익숙하지 않은 감각끼리 서로 부대끼면서 멀미에 더 민감하게 반응하지요. 또 아이들은 뒷자석에 주로 앉아 앞을 보기 힘들어 멀미가 더 잘 생기기도 합니다. 달리는 몸은 속도감을 느끼지만, 아이들의 눈은 앞좌석에 가려 속도 변화를 제대로 느낄 수 없어 뇌와 신경 사이에 조화가 깨져 멀미가 생겨납니다. 또 두 돌 이상쯤 되는 아이라면 멀미했던 경험이 있어서 차를 타면 또 멀미할 것을 예측하여 더 쉽게 하는 경향도 있습니다.

멀미약 먹일까, 말까?

멀미약을 사용할 땐 좀 더 신중하게!

멀미약은 먹거나 붙이는 형태가 대부분인데, 최근 들어 붙이는 멀미약의 부작용(환각, 기억 장애 등)이 알려지면서 어린아이들의 멀미약 사용에 대한 주의가 필요한 실정입니다. 멀미약의 여러 부작용이 언급되는 이유는 약 성분 자체보다 개인이 약 성분에 반응하는 민감도 차이 때문이라 할 수 있습니다. 즉, 같은 감기약을 먹고도 심하게 졸리는 사람과 그렇지 않은 사람이 있듯 나이, 체중, 건강 상태에 따라 약의 용량에 반응하는 정도가 다르기 때문이죠. 이런 이유로 멀미약은 성인용과 어린이용이 특히 명확히 구분되어 있습니다. 따라서 아이 멀미약은 반드시 '어린이용'인지 확인한 다음 먹여야 합니다. 부득이하게 성인용 멀미약을 먹여야 할 때는 나이별 사용량을 엄격하게 지켜주세요.

세 살 이상은 되어야 멀미약을 먹일 수 있어요

만 2세 이하의 아이에게는 멀미약을 사용해서는 안 됩니다. 멀미약의 주요 성분인 스코폴라민은 일종의 신경 마취 성분으로, 몸의 자율신경 중 부교감신경을 억제해 증상을 완화하는 만큼 여러 부작용을 발생시킬 수 있습니다. 가능한 한 어린아이에게는 먹이지 않는 것이 좋습니다.

 닥터's advice

❓ 멀미를 자주 하는 아이, 혹시 건강에 이상이 있을까요?
차를 탈 때마다 멀미를 하면 간혹 아이 몸에 이상이 생긴 건 아닐까, 하고 걱정을 하는데요. 멀미를 한다고 해서 몸이 약하거나 병이 있는 것은 아닙니다. 오히려 귀의 전정기관에 문제가 생겼다면 멀미 자체도 안 하지요. 아이가 지금은 멀미를 심하게 해도 커가면서 점점 익숙해지기 마련이므로 너무 염려할 필요는 없어요. 다만, 차 안이 아닌 일상생활에서도 멀미와 같은 어지럼증을 느낀다면 중병의 신호일 수도 있으므로 정확한 진찰을 꼭 받아보는 게 좋습니다.

어떤 멀미약을 선택해야 할까요?

만 7세 미만의 아이에게는 짜 먹는 형태의 어린이 전용 멀미약이 안전합니다. 맛과 향이 좋은 편이라 약에 거부감을 느끼는 아이도 쉽게 먹을 수 있는 장점이 있지요. 또 스코폴라민 성분이 들어 있지 않아 비교적 안심하고 먹일 수 있습니다. 귀밑에 붙이는 패치형 멀미약에는 스코폴라민 성분이 들어 있어 8세 미만 아이에게는 권장하지 않으며, 최근 전문 의약품으로 구분되어 의사 처방전 없이는 약국에서 살 수 없습니다. 또 멀미약은 예방 효과만 있을 뿐 이미 멀미가 난 상태에서는 아무런 소용이 없어요. 그러므로 멀미약은 출발하기 최소 30~60분 전에 미리 먹여야 효과를 볼 수 있습니다.

차 탈 때 멀미 줄이는 예방수칙

출발하기 전 준비가 중요!

멀미에 자는 것만큼 좋은 방법은 없습니다. 아이가 잠자는 시간에 맞춰 출발하는 것도 요령이에요. 또 출발하기 직전 너무 배불리 먹는 것은 피합니다. 위에 부담이 가면 멀미가 생길 가능성이 더 높아져요. 차량 내부 온도는 시원하게 유지하고, 가는 도중에 환기를 수시로 시킵니다. 멀미가 걱정된다고 차 태우는 걸 피하는 대신 최대한 불쾌한 환경을 제거해 그 환경에 적응할 수 있게 하는 것이 현명합니다.

아이가 앞을 바라볼 수 있게 해요

달리는 차 안에서 옆을 보면 멀미가 더욱 심해집니다. 창문에 가리개를 달아 아이의 시선이 앞을 향하도록 합니다. 카시트에 앉았을 때는 아이의 머리가 좌우로 흔들리지 않도록 잘 받쳐졌는지도 체크합니다. 아이의 관심을 끌기 위해 흔들리는 차 안에서 책이나 장난감을 보여주는 것은 좋은 방법이 아니에요. 아이의 시선이 한 곳에 모아져 멀미 증상이 오히려 가중될 수 있습니다.

구토는 억지로 참게 하지 마세요

아이의 멀미 증상이 심하면 일단 차를 멈추고 시원한 공기를 쐬게 해 잠시 쉬어가는 게 가장 좋습니다. 만약 그럴 수 없는 상황이면 옷을 느슨하게 푼 상태에서 찬물이나 크래커 종류의 과자를 조금 먹이세요. 시원한 물수건을 머리에 얹어주는 것도 도움이 됩니다. 상태가 심각해 아이가 토하려고 한다면 억지로 참게 하지 말고 편안히 토하게 두는 것이 나아요. 토한 다음에는 찬물로 입안을 헹궈내 불쾌감을 느끼지 않게 합니다.

 Dr. B의 우선순위 처치법

1. 출발하기 직전 너무 배불리 먹이는 것은 피합니다.
2. 먹미약은 부작용이 있기 때문에 어린이가 사용할 경우 특별히 주의해야 합니다.
3. 차를 타고 가는 동안 자주 환기시켜주세요.
4. 최대한 불쾌한 환경을 제거합니다.

모야모야병

일시적으로 팔다리가 마비되거나 저려요.

체크 포인트

☑ 모야모야병의 증상은 자칫 꾀병처럼 보일 수 있어요. 심하게 울고 나서 갑자기 힘이 빠지거나 말을 못 하다 한참이 지나면 멀쩡해 보이기 때문이지요. 꾀병을 부린 거라고 흘려넘기기 쉽지만, 이 같은 증상이 반복되지 않는지 한번 확인해볼 필요가 있어요.

☑ 어린아이는 모야모야병에 걸렸더라도 증상이 서서히 진행되므로 초기에 자칫 지나치는 경우가 많습니다.

☑ 모야모야병은 일단 발병하면 회복이 어려우며 뇌의 혈류량을 증가시키기 위한 치료가 필요해요. 약물 치료로는 불가능해 대부분 수술로 치료합니다.

우리 아이가 설마 모야모야병?

꾀병인 줄 알고 흘려넘기기 쉬워요

모야모야병은 동맥 안쪽의 막인 동맥 내막이 점차 두꺼워지는 희귀난치성 질환이에요. 전체 뇌혈류의 80% 정도를 공급하는 양쪽 속목 동맥(심장에서 목 안쪽을 지나 뇌로 가는 혈관)이 점차 막히는 병입니다. 방치하면 심한 두통은 물론 뇌출혈과 뇌경색으로 인한 '코마(혼수)' 상태를 불러오는 무서운 질환이지요. 이 병에 걸리면 대뇌로 들어가는 양쪽 경동맥의 끝부분이 점차 좁아지다 결국에는 완전히 막히고, 그 주위로 비정상적인 혈관이 새로 자라며 뇌출혈과 뇌경색이 일어납니다.

모야모야병의 대표 증상을 보면 의외로 꾀병 같아요. 뜨거운 라면을 먹거나 음악 시간에 노래를 부르거나 악기를 불고 난 다음 또는 가벼운 운동 후 숨을 몰아쉬고 난 상황에서 잠깐 힘이 빠지거나 말이 잘 안 나오는 증상으로 나타나요. 이런 순간이 아주 짧게 지나가고 금방 회복되므로 많은 엄마들이 일시적 또는 심리적인 것이라 생각하고 그냥 지나치기 쉽습니다. 그러나 예전에도 아이가 그런 적이 있는지 꼭 확인해야 합니다. 이것이 모야모야병의 시작이니까요.

이른바 '어린이 중풍'으로도 불려요

'어린이 중풍'이라고 불리기도 하는데, 성인이 걸리는 중풍에 비해 모야모야병은 조금

 닥터's advice

❓ 일과성 허혈 발작, 뇌경색, 뇌출혈은 어떻게 다른가요?

• **일과성 허혈 발작** 아이들에게는 특징적으로 짧은 시간에 반복해서 나타나고, 대부분 장애나 잔여 증상을 남기지 않고 완전히 회복됩니다. 그러나 이런 증상이 반복되는 것은 뇌경색 초기 증상일 수도 있어 적극적으로 치료를 고려해야 할 때이기도 합니다.

• **뇌경색** 회복 불가능한 영구적인 신경학적 장애를 남기는 경우입니다. 이미 뇌경색이 왔다면 시간이 지나 어느 정도 회복은 가능하지만 영구적으로 잔존하는 신경학적 증상을 남기므로 이런 상황이 오기 전에 치료해야 합니다.

• **뇌출혈** 아이들의 모야모야병은 주로 일과성 허혈 발작이 반복되다 뇌경색을 보이는 경우가 많지만 성인에게는 뇌출혈 같은 다른 양상을 보입니다. 이는 성인의 모야모야병도 소아에게 보이는 증상으로 시작하지만 큰 허혈성 증상 없이 지낸 경우가 대부분이기에 그렇습니다. 이 경우는 큰 혈관이 막혔지만 비교적 작은 혈관들이 충분히 피를 공급할 수 있을 정도로 잘 발달한 경우에 생깁니다. 그런데 이런 작은 혈관에 많은 양의 피가 흐르면서 혈관이 터져서 뇌출혈이 생깁니다. 이런 경우 출혈 위치와 양에 따라 생명이 위험해지기도 합니다.

다른 양상을 보입니다. 증상이 서서히 진행되기 때문입니다. 그러므로 초기에는 모르고 지나치는 경우가 많습니다. 뇌에 피를 공급하던 큰 혈관이 점차 막히게 되면 아주 작은 혈관들이 생겨나서, 막힌 큰 혈관을 대신해 뇌에 피를 공급하게 됩니다. 이렇게 비정상적으로 만들어진 가는 모야모야 혈관들은 정상 혈관과는 달리 약하고 가늘어 파열되거나 막히기가 쉽습니다. 이렇게 되면 혈류가 잘 흐르지 못해 뇌에 허혈성 변화를 유발하기도 합니다. 특히, 환자가 과호흡을 하게 되면 일과성 허혈 증상이나 심하면 뇌경색이 올 수 있어 주의가 필요합니다. 이런 병의 진행은 모두 6단계로 나뉘고 병이 시작하는 1기에는 증상이 거의 없다가 2~3기가 되면 증상이 나타나고 5~6기가 되면 오히려 증상이 없어지기도 합니다.

잠깐 마비가 왔다가 금방 회복되기도 해요

모야모야병의 증상은 시기에 따른 차이가 있지만, 어린아이는 1~2시간 이내에 혈관이 딱딱해져 일시적으로 한쪽 팔다리가 마비되면서 운동 기능을 상실하는 증상을 보여요. 특히 심하게 울 때처럼 가쁜 호흡을 할 때 갑자기 몸에 힘이 빠지거나 몸 한쪽이 마비되었다가 금세 회복되기도 해요. 이는 뇌의 주요 혈관이 막혀 뇌에 충분한 혈류 공급이 되지 않는 상태에서 과호흡을 하면서 뇌혈관이 더욱 좁아졌기 때문이에

이럴 땐 병원으로!

- ☐ 뜨거운 음식(특히 라면 종류) 등을 먹다가 갑자기 팔이나 다리에 힘이 빠진다. 간혹 정신을 잃기도 한다.
- ☐ 풍선이나 악기를 불 때 팔이나 다리에 힘이 빠진다.
- ☐ 달리기를 하고 난 뒤 숨이 가빠지는 것 같으면서 팔다리에 힘이 빠지는 것을 느낀다.
- ☐ 흐느껴 울고 난 후, 팔이나 다리에 힘이 빠진다.
- ☐ 위와 같은 상황에서 마치 뇌전증 증상처럼 팔다리가 떨리고 뻣뻣해지면서 마비 증상이 온다.

요. 모야모야병을 앓는 소아의 대표적인 증상입니다. 또한 발음장애나 시력이 떨어지는 일과성 허혈 발작도 나타나요. '허혈'이란 각 신체 부위에 필요한 혈액량이 충분히 공급되지 않아 해당 부위가 손상되는 것입니다. 뇌에 혈액 공급이 부족할 경우 허혈성 뇌경색이, 장기에 혈액이 공급되지 않을 경우에는 허혈성 대장염 등이 발생합니다. 어느 곳에 피 공급이 부족한지에 따라 운동장애(마비), 감각 이상, 언어장애, 안면마비, 지능장애, 학습장애, 시력장애 등 뇌에서 생길 수 있는 모든 증상이 생길 수 있어요. 이런 증상들이 일시적인지, 영구적인지에 따라 일과성 허혈 증상과 뇌경색으로 구분합니다.

모야모야병 치료, 어떻게 하나요?

수술로 뇌에 피가 적절히 흐르게 해요

모야모야병 증상이 나타나면 뇌 MRI 검사 등 정밀검사를 받고, 진단을 받으면 수술을 해야 합니다. 모야모야병은 결국 뇌로 가는 피가 부족해서 여러 증상이 생기는 것이므로 수술로 막혀가는 속목 동맥을 대신할 혈관을 제공해 뇌에 피를 적절히 공급해줌으로써 장애를 예방합니다.

이때 주로 시행되는 수술로는 두피에서 혈관이 풍부한 층을 뇌 표면 위에 덮어주는 '간접 뇌혈관 문합술'과 두피의 혈관을 뇌혈관에 바로 연결하는 '직접 뇌혈관 문합술'

 닥터's advice

❓ 간접 뇌혈관 문합술은 어떻게 진행하나요?
간접 뇌혈관 문합술은 두피, 근육, 경막 등으로 가는 혈관을 뇌 표면에 얹어 혈관이 안으로 자랄 수 있게 해주는 것입니다. 모야모야병은 양쪽에서 진행되는 병이므로 보통 4~6주 간격으로 모두 수술합니다. 보통 더욱 증상이 심한 쪽을 먼저 수술하며 1차 수술 후 경과를 보면서 그 진행 정도에 따라 치료를 결정하기도 합니다.

이 있고, 이 두 가지 방법을 동시에 시행하는 '병합 뇌혈관 문합술'이 있어요. 현재까지 가장 많이 행해지고 위험이 적다고 알려진 치료는 '간접 뇌혈관 문합술'입니다.

간접 뇌혈관 문합술은 혈관을 직접 이어주는 수술이 아니므로 혈관이 자라는 데 시간이 필요해요. 수술 후 2주부터는 혈액 순환이 꽤 좋아져 증상의 빈도나 정도가 줄어들기 시작하며, 약 1개월이 지나면서부터는 뇌 표면에 얹은 혈관이 굵어지며, 약 3개월이 되면 대부분 혈관이 형성되어 6개월쯤 MRI을 찍어보면 대부분 혈관이 자라 들어가는 것을 확인할 수 있어요. 일과성 허혈 발작은 1년 이내에 75~80%가 소실되며, 2년이 되면 95% 이상 소실을 보이며 회복합니다. 영구적인 신경학적 이상이나 인지 기능 장애는 호전되지 않지만 최소한 악화되는 것은 막을 수 있어요.

 Dr. B의 우선순위 처치법

1. 심하게 울고 나서 갑자기 힘이 빠지거나 말을 못 하면 모야모야병을 의심하세요.
2. 모야모야병 환자는 뜨거운 음식을 먹거나, 울면서 과호흡을 하는 경우 뇌경색이 발생할 수 있어 주의가 필요해요.
3. 모야모야병이 의심되면 바로 병원에서 정밀검사를 받아요.

발달장애

너무 빨라도 너무 느려도 문제가 될 수 있어요.

체크 포인트

☑ 발달 단계는 중복해서 나타나기도 하고 건너뛰기도 합니다. 작은 차이에 너무 예민하게 대처할 필요는 없어요.

☑ 개월 수에 맞는 발달이 늦어지거나, 멈추거나, 발달이 오히려 퇴행할 경우, 발달 선별검사를 통해 해당 나이의 정상 기대치보다 25%가 뒤처져 있다면 발달장애를 의심해볼 수 있어요.

☑ 발달장애는 생후 18개월 이전에 치료받는 것이 좋습니다. 발달장애라면 원인 질환을 찾기 위해 신체검사 및 혈액검사, 뇌파 검사, 뇌 영상 검사 등을 하기도 합니다.

☑ 발달검사는 생후 1개월, 4개월, 7개월, 10개월, 18개월, 시기별로 발달 전문가에게 정기적으로 받는 것이 좋습니다.

우리 아이 잘 자라고 있나요?

아이를 키우며 겪는 문제나 고민은 대개 '발달'에 관한 것입니다. 부모들은 궁극적으로 '우리 아이가 잘 자라고 있는지'를 가장 궁금해하지요. 아이의 발달 단계를 보면 사소한 신체 발달 하나부터 정교한 언어 발달에 이르기까지 수많은 과정이 필요합니다. 이런 아이의 발달 과정은 각 발달이 이루어지는 시점이나 순서가 바뀌는 등 개인차가 있어서 정상 범주에서 크게 벗어나지 않으면 걱정할 필요는 없어요. 흔히 많은 엄마가 발달 과정이 빠르면 잘 자라는 것이고, 느리면 문제가 있다고 생각해요. 그러나 아이의 발달은 너무 빨라도 또 너무 느려도 문제가 될 수 있어요. 발달장애는 어느 특정 질환 혹은 장애를 구체적으로 지칭하는 게 아니라 성장 시기에 정상적으로 발달하고 성장해야 할 부분(기능)이 제대로 발달하지 못하는 상태와 증상을 모두 통틀어 '발달장애'라고 합니다.

 # 알아두면 도움 되는 아이의 발달 단계

단계별 발달 지표부터 체크해보세요

아이의 발달은 대근육 운동 발달, 소근육 운동 발달, 언어 발달, 개인 및 사회성 발달로 살펴볼 수 있어요. 오른쪽 박스는 각 월령에 해당하는 아이들의 평균적인 발달 지

 닥터's advice

❓ 발달과 성장이 같은 말인가요?
발달과 성장을 혼용하는 경우가 많은데, '발달'과 '성장'은 엄연히 다른 개념입니다. 성장은 신장이나 체중, 머리둘레, 가슴둘레와 같이 신체 크기의 증가를 가리키는 것이라면, 발달은 뇌가 성장함에 따라 운동, 언어, 정서 등 일정한 순서를 통해 각 기관이 새로운 기능을 획득하는 것을 말해요. 그래서 아이의 성장이 정상이더라도 발달까지 정상인 것은 아니며, 반대로 성장에 문제가 있다고 해서 발달에도 문제가 생기는 것은 아닙니다.

표입니다. 하지만 말 그대로 평균에 불과해요. 물론 발달은 월령에 따라 대략적인 지표(평균값)를 가지고 있지만, 그렇다고 모든 아이가 지표대로 발달하는 것은 아닙니다. 오히려 아이의 특성이나 발달 양상을 무시하고 '늦다' 혹은 '빠르다'에 너무 연연하면 엄마의 스트레스가 아이에게까지 전달되어 좋지 않은 영향을 미칩니다. 지표보다 빠르게 발달하는 아이도 있고, 늦게 발달하는 아이도 있지만 대부분은 발달 지표에 맞춰 발달이 이뤄져요. 뇌가 가장 빠르게 형성되는 영유아기 때 이런 발달이 잘 이루어져야 이후 일련의 발달 과정이 더욱 원활히 진행됩니다. 이와는 반대로 중요한 발달 사항이 지표보다 몇 주 이상 늦어지고 발달 과정이 정상 범주에서 많이 벗어나거나 제대로 형성되지 않는 조짐이 보이면 뇌신경에 문제가 있음을 의미해요. 발달 지연이나 장애는 조기에 발견해 전문 치료를 받아야 해요. 그렇다면 먼저 정상적인 연령에 따른 발달 단계를 살펴볼까요?

월령별 평균 발달 지표

- **2개월** 엎드린 상태에서 45도로 고개를 들 수 있어요.
- **6개월** 혼자서 앉을 수 있고, 반짝거리는 물체에 반응해 손을 내밀어요.
- **8개월** 기기 시작하고, 까꿍 같은 게임에 반응해요.
- **12개월(한 살)** '엄마, 아빠' 하며 말을 하고, 서기 시작해요.
- **14개월** 물건을 잡지 않고 혼자 설 수 있으며, 최소한 두 단어는 말할 수 있어요.
- **18개월** 최소한 여섯 단어를 말하고, 계단을 올라가요.
- **24개월(두 살)** '배고파, 과자 줘' 등 단어를 연계한 문장과 250개의 단어를 구사하고 뛸 수 있어요.
- **30개월** 행동인지 변화가 일어나며 본인이 다른 사람과 다르다는 것을 인식해요. 또 자기 이름을 말할 수 있고 세발자전거를 탈 수 있어요.
- **36개월(세 살)** 혼자서 옷을 입을 수 있고 숫자를 셀 수 있어요. 사고 능력이 발달하고 향상되어 한 발로도 서요.
- **48개월(네 살)** 한 발로 뛰며 간단한 도형을 따라 그려요. 적어도 이 나이까지는 대소변을 완전히 가려야 해요.
- **만 다섯 살** 구체적 사물 인지를 시작하고 사물의 의미에 관해 물어요. 고차원적인 사고가 가능하며 1~10까지 숫자를 세고 색깔도 다 알아요.

너무 낙관하거나 느긋해서도 안 돼요!

발달 지연을 보이는 아이는 한 영역이 아니라 두 영역 이상 현저히 늦되는 현상을 보입니다. 말하기와 걷기가 동시에 늦다거나 아니면 사고력이나 말하기, 운동 발달이 동시에 늦는 식이죠. 예를 들어 두 돌이 넘도록 의미 있는 단어를 말하지 못하는 동시에 걸음마도 떼지 못한다면 단순히 늦된 것이 아니라 발달 지연을 의심해볼 수 있어요. 이런 경우라면 뇌 성숙의 속도가 늦거나 뇌의 특정 영역에 문제가 있을 수 있으므로, 빨리 발달검사를 받아 객관적인 발달 상태를 확인해봐야 해요. 발달장애가 의심될 경우 원인을 찾아 적절한 치료를 받습니다.

우리 아이 언제 걷나요?

걸음마 시기는 아이에 따라 천차만별이에요

아이라면 누구나 '뒤집기→ 앉기 → (기기) → 서기 → (붙잡고 걷기) → 걷기'의 과정을 거칩니다. 이 모든 과정은 결국 자유롭게 걷기 위한 전 단계이지요. 생후 12개월 무렵은 걷기 시작하는 시기로 두 팔을 치켜들고 발바닥으로 터벅터벅 걷는 동작을 합니다. 이때 두 발은 옆으로 벌어져 있고, 다리는 몸의 중심선 밖을 향한 자세라 걷는 모습이 뒤뚱뒤뚱 매우 불안해 보여요. 그래도 수없이 넘어지고 엉덩방아 찧기를 반복하며 걸음마를 익혀나갑니다. 흔히 돌쯤 되면 걷는다고 말하지만 평균 개월 수일 뿐 걸음마 시작 시기는 개인차가 큽니다. 대략 걸음마를 떼는 기간은 생후 8~16개월로, 돌이 되도록 걷지 못한다고 크게 염려하지 않아도 돼요. 아이가 언어 발달이나 사회성에 문제가 없고, 기어 다니고 혼자 설 수 있다면 16개월까지는 걷지 못하더라도 지켜보는 것이 기본입니다. 하지만 언어나 인지 발달 등 모든 분야의 발달이 전반적으로 느리면서 16개월이 되도록 걷지 못한다면 발달 전문가에게 상담을 받아봅니다.

걸음마 떼는 시기는 기질과 관계가 있어요

걷기의 전 단계라 할 수 있는 기는 단계는 자신의 체중을 온전히 지탱할 수 있을 때

가능해요. 그만큼 스스로 체중을 지탱하려면 팔다리를 움직이고 조절하는 기능을 담당하는 중뇌가 성숙해야 하는데, 일반적으로 생후 8개월은 되어야 가능합니다. 간혹 아이에 따라 기는 과정을 생략하고 바로 서고 걷기도 하는데 그렇다고 잘못된 것은 아니니 너무 조바심 낼 필요는 없습니다. 다만 기는 동작이 아이의 양쪽 뇌를 고르게 자극하고, 팔다리의 균형을 유지하고, 힘의 밸런스를 조절하도록 돕는 역할을 하는 만큼 이왕이면 아이가 길 수 있는 환경을 만들어주세요. 대체로 마르고 활동적인 아이는 일찍 기고 서고 걷는 반면 조심성이 많거나 살집이 좀 있는 아이는 걸음마를 늦게 시작하는 경향이 있습니다.

제자리걸음부터 연습시켜요

걸음마를 익히려면 우선 바르게 서는 것이 중요해요. 돌 무렵 아이의 발은 발바닥 전체가 바닥에 착 달라붙는 평발이라 엄마의 도움이 필요합니다. 발뒤꿈치와 엄지발가락의 안쪽이 바닥에 잘 닿도록 서게 해 주세요. 그런 다음 아이의 양손을 잡고 제자리걸음을 연습시켜 아이가 발바닥 감각을 익힐 수 있게 도와줍니다. 엄마 손을 잡고 제자리걸음을 주기적으로 연습하면 발바닥 감각을 익히는 데 큰 도움이 돼요. 제자리걸음이 익숙해졌으면 일정한 목적지를 정하고 걷기 연습을 합니다. "저쪽 끝에 있는 곰돌이 인형을 가지러 가볼까?" 하며 거실에서 안방까지, 혹은 거실 끝에서 끝까지 완주하듯 걷기 연습을 시켜주세요. 이때 빨리 걷게 하려는 욕심에 억지로 시켜서는 곤란

닥터's advice

❓ 아이들은 왜 '다다다다' 돌진하듯 걸을까요?

갓 걸음마를 익힌 아이가 무섭게 돌진하듯 걸을 때가 있어요. 이는 아직 속도를 제어하거나 균형을 잡지 못하기 때문이에요. 돌 무렵 이제 막 걸음마를 뗀 아이는 자신의 체중을 견디지 못하는 데다가 다리 힘도 약해 쿵쿵 엉덩방아를 찧는 일이 다반사입니다. 기어 다닐 때는 평평한 바닥에서 수평 이동을 했다면, 일어서 걷는 것은 지면과 수직이 되어 몸의 중심을 위로 들어 올리는 모습에 가깝지요. 수평이 아닌 수직으로 몸의 중심을 이동시키는 게 아이로서는 쉽지 않은 일이에요. 그래서 자주 쿵쿵 엉덩방아를 찧는답니다.

해요. 걷고 싶어 하는 아이와 함께 놀아준다는 마음으로 옆에서 보조를 해주세요.

우리 아이 대소변은 언제 가리나요?

아이가 '쉬'라고 말할 때 시작하는 게 좋아요

아이 키우는 엄마들의 큰 스트레스 중 하나가 '배변 훈련'입니다. 때가 되면 저절로 한다지만 '우리 아이만 늦으면 어떡하지?' 하는 조바심으로 아이를 다그치는 경우가 있어요. 생후 18~24개월 무렵이면 대소변을 보고 싶다는 의사 표현이 가능해져 기저귀를 뗄 수 있는 적정 시기로 봅니다. 하지만 기저귀 떼기의 적기는 아이의 상태에 맞춰 진행하는 것이 원칙이에요. 아이들은 저마다 성장 리듬이 있으니까요. 기저귀를 떼기 위해서는 배변 패턴이 규칙적이어야 하고, 대소변을 보고 싶다고 엄마에게 표현할 수 있어야 해요. 이때 '쉬', '응가' 등 적절한 단어를 알려주고, 대소변은 더러운 것이 아니라는 인식을 심어줍니다. 간혹 발달도 빠르고 또래보다 말도 잘하는데도 기저귀 떼기를 거부하는 아이가 있어요. 이는 대부분 심리적인 요인으로, 소변보는 것을 수치스럽게 생각하거나 동생이 생긴 아이의 심리적 퇴행 현상일 수 있습니다. 이때 가장 중요한 것은 엄마가 서둘러서는 안 된다는 거예요. 조급하게 서두르지 않아도 대부분 아이는 만 3세 이전에 기저귀를 뗍니다. 아이는 아직 마음의 준비가 안 된 상태인데 조급한 마음에 다그치거나 몰아붙이면 오히려 기저귀 떼는 시기가 만 4~5세까지 늦어지므로 느긋하게 기다려주세요.

다그치는 대신 칭찬해주세요!

배변 훈련 자체가 엄마에게 스트레스가 되면 아이에게는 훨씬 큰 스트레스가 돼요. 대소변을 가리는 시기에 아이가 실수하면 그때 느끼는 부끄러움은 엄마가 생각하는 것보다 훨씬 심해요. 아이가 실수하면 "변기에 쉬하려 했는데, 잘 안 됐네. 괜찮아"라는 식으로 스스로 대소변을 가리려고 노력한 점을 인정해줍니다. 만약 아이가 실수할 때마다 크게 혼내면 아이는 그 상황이 너무 힘들고 싫어 다음에는 무조건 참는 등 오히려 역효과가 생겨요. '혼내기' 혹은 '다그치기' 식으로 훈련을 강조하면 아이는 더욱 격렬히 거부하기 마련입니다. 배변 훈련도 하나의 성장 및 발달 과정이므로 아이가 잘하든 못하든 칭찬과 배려 그리고 격려를 아끼지 마세요.

단계별 배변 훈련 방법

• (1단계) **변기와 친해지기** 처음부터 어른용 변기에서 연습하면 불편함과 두려움을 느낄 수 있어요. 유아용 변기를 마련해 우선 변기와 친숙해지는 과정이 필요합니다. 아이가 좋아하는 캐릭터나 알록달록한 색상의 변기를 사용하는 것도 좋은 방법이에요. 변기를 눈에 띄는 곳에 두고 '쉬 마려울 때는 여기에 앉는 거야'라고 알려주고, 아이가 대소변 볼 시간이 되면 3~5분 정도 변기에 앉는 연습을 시킵니다. 아이를 변기에 앉히기 전 엄마, 아빠가 변기에 앉는 모습을 보여줘 변기에 대한 거부감을 없애는 것도 효과적입니다. 이때 노래를 불러주거나 책을 읽어주면서 불안감을 없애고, 물을 틀어놓거나 '쉬' 하고 소리를 내어 요의를 쉽게 느낄 수 있게 도와줍니다.

• (2단계) **변기에 앉았다 일어나는 연습하기** 평소 아이의 대소변 시간을 체크합니다. 아이의 표정, 몸짓 등으로 대소변을 보고 싶다는 신호를 보내면 변기로 데려가 기저귀를 벗기고 앉혀보세요. 이때 아이가 대소변을 보지 않더라도 이런 행동을 반복해 대소변을 볼 때는 변기에 앉아야 한다는 사실을 자연스럽게 알게 합니다. 또 변기에 앉아 배변했다면 "잘했어"라며 칭찬해 자신감을 심어주고, 만약 아이가 변기에 앉아 배변 활동을 하지 않더라도 "우아, 변기에 잘 앉아 있네"라며 격려해주세요.

• (3단계) **집에서는 기저귀 떼고 있기** 웬만큼 대소변을 가린다면 집 안에서는 과감히 기저귀를 빼고, 입고 벗기 편한 팬티를 입히세요. 변기를 자연스럽게 사용함과 동시에 기저귀를 떼는 것이 효과적입니다. 낮에 기저귀를 채우지 않은 상태로 변기 사용 횟수를 점차 늘리는 게 좋습니다. 이 시기에는 대소변을 잘 가리다가도 실수하기 쉬운 만큼 실수했다고 아이를 야단치거나 놀리는 것은 절대 금물입니다.

- **4단계** 아이와 함께 화장실에 가서 도와주며 마무리하기 1~3단계를 모두 습득해 아이 혼자 화장실에서 배변이 가능해지면 배변 훈련이 끝났다고 볼 수 있어요. 하지만 아직은 아이를 혼자 화장실에 두지 않아야 해요. 너무 오랜 시간 화장실에 혼자 있으면 오히려 다시 퇴행할 수 있기 때문입니다. 따라서 아이 스스로 볼일을 보고 마무리할 수 있을 때까지 함께 가서 도와줍니다.

 ## 젖병, 언제 끊어야 할까요?

늦어도 18개월 이전엔 떼야 합니다

돌 무렵에는 슬슬 젖병 끊을 준비를 해야 합니다. 이쯤 되면 정서적인 문제만 없다면 빠는 욕구도 거의 사라지는 만큼 늦어도 18개월 전에는 젖병을 떼는 것이 좋아요. 돌이 지난 아이는 세 끼 식사를 주식으로 하고, 모유나 생우유는 간식 개념으로 하루 2회 먹이는 것이 적당해요. 생후 9개월부터 점차 젖병 떼는 연습을 시작해 돌 무렵 완전히 떼는 게 이상적입니다. 젖병 떼기가 늦어지면 정상적인 식사 습관을 방해하고, 덩어리 음식보다 분유를 더 찾게 되어 빈혈이나 치아우식증이 생길 수 있어요. 또한 빨아 먹는 데만 익숙해져 유아식으로 넘어가는 데 어려움을 겪습니다. 이런 아이의 식습관은 뇌 발달에도 영향을 미쳐요. 음식을 씹는 안면 근육인 저작근을 활발히 움직여야 뇌 발달도 원활히 이뤄지는데, 아이가 잘 씹지 않으면 뇌가 긍정적인 자극을 받을 수 없기 때문입니다. 또한 젖병을 오래 빤 아이는 턱 모양이 바뀌거나 중이염에 걸리기도 쉬워요. 충치가 생길 확률도 훨씬 높고 부정교합을 일으키기도 합니다. 배가 고플 때 젖병을 빨아야만 직성이 풀리는 아이는 젖병에 점점 더 집착하고, 이 때문에 고집도 세지는 등 정서 발달에 좋지 않은 영향을 미칩니다.

억지로 젖병을 떼는 것은 금물이에요

아이 관점에서 1년 넘게 늘 곁에 있던 엄마 젖이나 젖병이 갑자기 사라지면 당황스러울 수 있어요. 그러므로 젖과 젖병 떼는 시기를 잡고 내 아이에게 맞는 방법을 찾아 계획적으로 끊어야 해요. 젖을 완전히 끊는 데 걸리는 기간은 엄마와 아이의 상황에 따라 달라집니다. 젖을 떼는 가장 기본적인 방법은 아이가 적응할 수 있는 일정 기간에 젖 먹이는 횟수와 시간을 조절해 양을 줄이는 것이에요. 젖을 떼려면 수유를 짧게 하고 횟수를 줄여가며 수유 장소를 바꾸거나 수유 시간에 아이가 좋아하는 간식과 장난감을 주는 등 수유 분위기를 바꿔주는 것이 효과적입니다. 모유와 분유를 먹는 아이라면 10개월 전후부터 서서히 컵으로 먹는 연습을 해두는 것이 좋습니다. 처음에는 하루에 한두 번 소량의 젖을 컵으로 먹이다가 젖을 끊을 때가 되면 서서히 컵으로 먹는 양과 횟수를 늘려갑니다.

단계별로 차근차근 젖병 떼기

• **1단계** 적어도 두 달 전부터 서서히 준비합니다. 아이를 굶기거나 젖꼭지에 약을 바르는 등 충격 요법은 금물이에요. 엄마와 아이가 함께 마음의 준비를 할 시간을 갖는 게 우선입니다.

• **2단계** 젖을 뗄 때의 가장 큰 장애물은 젖을 물려 재우는 습관입니다. 잠이 연결되어 있으면 젖과 젖병을 떼는 건 더욱 어려워요. 아이를 안아 재우거나 자장가를 불러주는 등 우선 젖을 물고 자는 습관부터 고쳐주세요.

• **3단계** 아이에게 엄마의 젖과 젖병은 밥이자 가장 큰 위로입니다. 아이를 위해 이를 대체할 만한 것을 준비해두세요. 만약 아이가 좋아하는 헝겊 인형이나 담요 등 심리적으로 위안을 주는 물건이 있다면 빼앗지 말고 충분히 갖고 놀게 합니다.

• **4단계** 아직 빨려는 욕구가 남아 있을 수 있으니 공갈 젖꼭지나 치아발육기 등을 쥐여주어 빨고 싶은 욕구를 충족시켜주세요. 단, 이때 젖병은 주지 말아야 합니다.

밥 잘 먹는 아이로 키우는 첫걸음입니다

젖과 젖병을 뗀다는 것은 모유와 분유를 뗀다는 의미입니다. 그렇기에 젖과 젖병을 떼는 것은 밥 잘 먹는 아이로 키우는 첫걸음이라고 할 수 있어요. 밥을 제대로 먹지 못하는 상태에서 젖병만 떼면 곤란합니다. 젖병을 끊고서도 영양을 잘 공급받으려면 이유식 과정을 원만히 거쳐 고형식까지 먹을 수 있어야 해요. 적어도 진밥 정도는 오물거리며 씹어 삼켜야 합니다. 시간이 걸리더라도 젖병 떼는 노력과 동시에 이유식 과정을 찬찬히 잘 밟아야 궁극적으로 밥 잘 먹는 버릇을 키울 수 있습니다.

다른 음식을 잘 먹으려면 일정 시간 연습이 필요해요

아이의 빠는 욕구를 충족시키는 것은 돌까지면 충분해요. 생후 7개월부터는 컵으로 먹는 연습을 시켜 젖병에 대한 애착을 줄여야 합니다. 아직 분유를 떼지 못한 아이도 가능한 한 젖병과 함께 분유 떼기를 시도하는 것이 좋아요. 물도 젖병 대신 컵으로 마셔 버릇하면 젖병을 한결 쉽게 뗄 수 있습니다. 아직 분유를 떼지 못했다고 해서 컵을 사용할 수 없는 건 아니에요. 분유도 젖병 대신 컵에 담아 마시면 됩니다. 컵 사용을 시작할 때는 장난감처럼 갖고 놀게 해 아이가 컵과 친해지게 하세요. 빨대 컵, 예쁜 모양의 컵, 뚜껑이 있어 마실 때 흐르지 않는 컵 등으로 아이의 흥미를 자극하고 분유 이외의 음료는 반드시 컵을 사용해 먹입니다. 하지만 아이가 컵을 쥘 수 있는 시기인데도 젖병만 고집한다면 젖병에는 보리차나 맹물을 담아주고, 우유는 빨대 컵이나 손잡이가 달린 컵에 담아주는 방식으로 조금은 기다려줄 필요도 있어요. 아이는 점차 젖병에는 물만 담겨 있다고 생각해 젖병을 멀리하게 될 겁니다. 다음 목표는 숟가락을 쓰는 데 익숙해지는 것이에요. 숟가락을 사용하면 눈과 손의 협응력이 생기고 소근육이 발달하며, 스스로 적당량의 음식을 떠먹는 등 바른 식습관을 들이는 데 도움이 됩니다. 이유식을 먹일 때 숟가락을 사용하세요. 아이가 숟가락으로 먹는 음식에 익숙지 않으면 밥보다 젖병을 더 찾게 될 수밖에 없어요. 이런 상태에서 젖병 떼기는 실패할 확률이 높으므로 이유식은 반드시 숟가락으로 떠먹게 합니다.

젖병을 쉽게 떼려면 이유식부터 잘 먹어야 해요

이유식을 제대로 해왔다면 돌이 지난 아이는 이유식만으로도 대부분의 영양소를 섭취합니다. 하지만 모유나 분유로 배를 채우는 아이는 이유식을 적게 먹거나 잘 먹지 않는 경우가 많아요. 돌 무렵부터는 삼시 세 끼 밥을 주식으로 먹는 연습을 해야 하므로 젖부터 떼는 게 우선이에요. 하지만 여전히 우유 없이 못 사는 아이들은 밥을 먹이면 그대로 입에 물고 있다가 뱉어버리고, 처음부터 입을 다문 채 고개를 돌려버리기 일쑤죠. 결국 엄마는 배가 고플까 봐 한숨을 쉬며 우유를 먹입니다. 이처럼 아이가 밥 대신 우유를 찾는 가장 큰 이유는 아직 고형식을 먹는 데 익숙하지 않아서입니다. 이유식 과정을 제대로 거치지 않고, 고형식을 접할 기회가 적으면 덩어리진 음식을 계속 거부하게 됩니다.

발달장애에 이런 것들이 있어요

발달장애는 운동장애와 언어 발달장애 등을 포함하는 지체장애로 크게 나누며, 각각 따로 혹은 함께 발생할 수 있어요. 각 연령별로 발달장애를 의심해볼 수 있는 아이의 상태는 다음과 같습니다.

이런 경우 대운동 발달장애를 의심해볼 수 있어요

1. 100일경까지도 목을 가누지 못한다.
2. 5~6개월까지도 스스로 뒤집기를 못 한다.
3. 8~9개월까지 혼자 앉거나, 앉혀도 스스로 지탱하지 못한다.
4. 10~12개월까지 붙잡고 서지 못한다.
5. 15~16개월에 걷지 못한다.
6. 만 2세경에 계단을 오르내리지 못한다.
7. 만 3세경에 한 발로 잠시도 서 있지 못한다.
8. 만 4세경에 한 발 뛰기를 못 한다.

이런 경우 미세운동 발달장애를 의심해볼 수 있어요

1. 3~4개월이 넘어서도 쥐고 있는 주먹을 펴지 못한다.

2. 4~5개월경에 작은 장난감을 손으로 움켜쥐지 못한다.

3. 7개월경에 물건을 한 손에 쥐지 못한다.

4. 12개월에 엄지와 검지로 작은 물건을 잡지 못한다.

5. 18개월에 장갑이나 양말 등을 스스로 벗지 못한다.

6. 24개월에 4~5개 이상의 블록을 쌓지 못한다.

7. 3세경에 원을 보고 그리지 못한다.

8. 4세경에 십자와 사각형을 보고 그리지 못한다.

이런 경우 사회심리 발달장애를 의심해볼 수 있어요

1. 3개월에 주위의 자극에 반응해 눈을 마주치거나 미소를 짓지 않는다.

2. 6~8개월에 유쾌한 분위기에도 웃지 않는다.

3. 12개월에 달래기 어렵고, 비협조적이다.

4. 24개월에도 아무런 이유 없이 치거나, 물고, 소리를 잘 지른다.

5. 만 3~5세에 다른 아이들과 어울리지 않는다.

언어 발달은 개인차, 성별차가 큽니다

일반적으로 18개월이 넘어도 말보다 몸짓으로 의사 표현을 하거나, 만 2세에 간단한 두 단어로 문장을 구사하지 못하고, 만 3세가 되어도 의사 표현을 문장으로 말하지 못할 때 언어 발달 이상을 의심해볼 수 있어요. 하지만 언어 발달은 개인차, 성별차가 크게 작용하는 부분이에요. 따라서 말이 단순히 정상 범주 내에서 늦는 건지, 발달장애로 이뤄지지 않는 것인지 판단하기는 다소 어렵습니다.

🐤 이런 행동을 한다면, 주의 깊게 살펴보세요

최근 조사에 따르면 전체 영유아와 소아 중 5~7% 아이들이 뇌성마비, 정신지체, 언어장애, 학습장애, 자폐증 등 발달장애를 겪고 있습니다. 어릴 때 겪었던 발달장애는 학령기에도 나타나므로 간과해서는 안 돼요. 심하게는 정상적인 사고와 행동이 어려운 발달장애를 불러오기도 합니다. 아이가 조금이라도 이상 증상을 보이는지 평소 주의 깊게 살펴봅니다.

아이가 다리를 너무 뻗쳐대요

대근육 운동이 너무 빠른 아이의 경우 운동 장애를 의심해볼 수 있어요. 1~2개월의 아이를 일으켜 세우면 뇌신경 발달로 다리에 힘을 줍니다. 이때 1개월 이전의 아이가 다리를 과도하게 뻗치는 것은 뇌가 빨리 성숙해서가 아니라 뇌의 일부가 제 기능을 하지 못해 생기는 비정상적인 반응이에요. 이를테면 생후 2개월 이전 아기가 고개를 뻗치고 꼿꼿하게 세우면 강직성 뇌성마비가 의심되고, 생후 1개월 이전의 아기가 다리를 과도하게 뻗치는 것도 운동장애의 초기 증상으로 볼 수 있지요. 그러나 기기, 서기, 걷기와 같은 큰 운동을 빨리하는 것은 운동장애로 보지 않습니다. 뭔가를 잡고 서는 것이 빠르다면 중뇌 발달이 완성되었다는 뜻이고, 빨리 걷게 되는 것은 대뇌피질과 소뇌가 발달해 다리, 발, 팔 동작의 조절력이 통합되었다는 것을 의미합니다.

한쪽 손만 잘 써요

1세 이전의 아기가 한쪽 손만 주로 쓴다면 뇌성마비나 운동장애를 의심해볼 수 있어요. 이 시기의 아기가 한쪽 손만 쓰는 일은 거의 없으며, 양쪽 손을 같이 사용합니다. 그러므로 한쪽 손만 쓴다는 것은 다른 한쪽 손의 기능을 관장하는 중추신경계 이상의 신호일 수 있어요. 15개월쯤 되면 어느 한쪽 손을 많이 쓰게 되며, 3~5세가 되어야 뚜렷하게 한쪽 손을 사용하는 게 보통입니다. 아이가 주로 쓰던 손이 갑자기 바뀌거나 특정한 손을 사용하기 꺼린다면 신경계의 이상을 확인해봐야 합니다.

말이 너무 늦어요

말은 일단 듣기가 되어야 하므로 아이가 잘 들을 수 있는지부터 체크합니다. 아이의 발달 지연이 의심될 때 항상 감별하는 질환 중 대표적인 것이 바로 청각 장애입니다. 특히 어린아이들은 일시적인 청각 저하를 일으키는 중이염 발생률이 높아, 드물게 나타나는 영구적인 청각장애와도 구분이 필요해요. 청각 장애는 선천적이거나 영유아기 시점에 발생할 경우, 구어를 이해하고 표현하는 능력이 현저히 떨어지기 때문에 그 발생 시기가 매우 중요합니다. 특히 일시적인 장애라 하더라도 학령기 이전 청각 장애가 생기면 아이가 적절한 구어를 구사하기가 어렵고, 이는 아이의 지능 및 발달에도 악영향을 끼칠 수 있어요. 신생아라 하더라도 큰 소리는 들을 수 있으므로 아이가 문 여닫는 소리나 시계 소리에 반응하는지 살펴보세요. 아이의 청각에 문제가 없다면 생후 2개월경에는 옹알이를 하는데, 6개월이 되도록 옹알이를 하지 않는다면 정신지체와 같은 발달장애를 의심해볼 수 있습니다. 또한 생후 12개월에는 엄마나 아빠와 같은 의미 있는 단어 한두 마디를 하는데, 24개월이 되도록 의미 있는 말을 한마디도 하지 못한다면 정신지체, 발달성 언어장애, 자폐증과 같은 발달장애를 앓고 있는지 검사해봐야 해요.

낯가림이 전혀 없어요

아이에게 낯가림은 저장된 정보를 회상하는 일종의 인지 능력이에요. 생후 8~12개월 아이는 엄마가 없을 때도 엄마에게 애착을 느끼는데, 그로 인해 낯선 사람에 대해 낯

닥터's advice

❓ 늦되는 아이 vs. 발달 지연 아이

늦되는 아이란 어느 시기에 한 영역의 발달이 늦어지다가 어느 날 갑자기 못하던 기능을 익히면서 또래 아기들의 발달과 같아지는 경우를 말해요. 말 그대로 '발달이 조금 느린' 정상 아이인 셈이죠. 예를 들어 사고력이나 언어 발달, 행동 발달은 정상인데 12개월이 지나도 걷지를 못하는 아이는 신경이나 근육 혹은 정형외과적인 질병이 없다면 운동 발달이 늦된 아이일 뿐입니다. 또 한 예로 사고력, 운동 발달, 행동 발달, 언어 이해력은 정상인데 24개월이 지나도록 '엄마' 소리 외에는 말을 못 하는 아이가 있다면 이런 아이는 24개월 이후 어느 날 말이 트이기 시작하면 자신이 언제 말을 못 했느냐는 듯 말을 유창하게 할 수도 있어요. 이런 아이는 '말하기'만 늦된 아이라고 할 수 있어요. 즉 '늦된 아이'란 다른 영역의 발달은 전혀 지연을 보이지 않고 운동이나 언어 표현력에만 지연을 보이는 아이를 말합니다.

가림을 시작합니다. 낯가림은 여러 요인에 따라 달라지는데, 가족 구성원이 적은 사정에서 자란 아이, 억압적이고 비판적인 엄마에게서 키워진 아이가 낯가림이 심한 편이에요. 이와 달리 낯가림이 전혀 없는 아이는 정신지체나 정서장애일 수 있어요. 특히 8개월이 지나도 낯가림이 전혀 없는 아이를 보면 탁아기관에서 자라거나 엄마 아빠에 대한 애착이 없는 경우가 많습니다. 또한 타인과 의사소통이 되지 않는 자폐아도 낯가림이 없어요. 그런 만큼 아이의 낯가림이 어느 시기에, 어느 강도로 시작되는지 눈여겨봅니다.

발달장애가 의심되면 의사와 상담이 필요해요

발달장애를 진단하는 데 있어 가장 중요한 점은 한 시점에서의 발달 정도보다는 일정 기간의 발달 과정입니다. 그러므로 지속적인 관찰과 반복 검사가 필요하지요. 이 과정에서 어떤 부모는 특수 치료가 아이의 문제를 모두 해결해줄 거라 기대하고 그것에만 매달리는 경향이 있는데, 이것은 결코 좋은 방법이 아닙니다. 일단 부모가 관찰한 내용을 참고하는 발달 선별검사가 먼저 진행되어야 해요. 보건복지부에서 실시하는 '영유아 건강검진'에도 특정 시기(4개월, 9개월, 18개월, 30개월, 만 5세)에 대한 발달 평가가 포함되어 있으니 참고하세요. 선별검사는 진단 목적으로 사용되진 않으며, 선별검사에서 이상이 발견되면 소아청소년과에서 정확한 진단을 받아야 합니다.

빨리 진단을 받으면 그만큼 좋아질 가능성도 커져요

발달장애는 생후 18개월 이전에 치료받는 것이 좋습니다. 산모가 아이를 낳으면 소아청소년과나 보건소에서 발달 지연에 관련된 체크를 해주지만 외국의 경우와는 달리 국내는 아직 부모의 관찰과 발견에 의존하는 게 현실이에요. 막상 발달장애 진단을 받았다 하더라도 병원에서 치료를 받아야 할지, 종합복지관을 찾아야 할지 갈팡질팡 하는 것도 사실이고요. 하지만 먼저 명심해야 할 점은 발달장애는 병이 아니라 장애라는 것입니다. 치료를 받아서 완치되는 것이 아니라 교육을 통해 발달을 개선시켜야 하는 문제인 것이죠. 아이의 특성, 자원, 성향, 그리고 여건을 잘 고려해 사회성 발달을 1차 목표로 하는 치료와 더불어 그런 환경을 잘 유지하는 노력이 필요합니다.

정기적으로 발달검사를 해주세요

발달장애는 조기에 소아청소년과 의사와 상담을 통해 적절한 시기에 진단과 치료를 하는 게 최선이에요. 하지만 같은 원인 질환이라 하더라도 장애가 남는 경우는 아이마다 그 정도가 다르게 나타납니다. 운동 발달장애, 인지 기능 발달장애(정신지체, 학습장애 등), 언어 발달장애 등이 각각 단독으로 혹은 다른 장애와 함께 중복해 발생할 수 있어요. 즉, 한 가지 발달검사나 한 시점의 평가만으로 장래를 정확히 예측할 수는 없습니다. 아이의 발달장애가 의심된다면 발달 전문의가 실시하는 객관적인 검사를 통해 그에 맞는 치료를 받는 것이 무엇보다 중요합니다. 특히 생후 1개월, 4개월, 7개월, 10개월, 18개월, 시기별로 정기적인 발달검사를 받는 것을 권장합니다.

 Dr. B의 우선순위 처치법

1. 발달장애는 조기에 발견해 치료하는 것이 중요해요.
2. 아이에게 이상 증상이 나타나는지 주의 깊게 관찰합니다.
3. 발달장애가 의심되면 의사와 상담하여 좀 더 정확한 진단을 받습니다.

소아 어지럼증

아이가 어지러워해요.

체크 포인트

☑ 어지러움의 증상은 다양합니다. 단순히 머리가 핑 도는 느낌부터 차멀미 정도의 어지럼증, 그리고 걸어갈 때 몸이 비틀거리거나 중심을 잡을 수 없고 심한 경우 내 몸이나 주위가 빙글빙글 돌아 전혀 움직일 수 없는 상황까지 매우 다양한 어지럼증의 증상들이 있습니다.

☑ 어지럼증은 질병이 아니라 하나의 증상입니다. 따라서 원인 질환을 찾아내는 것이 무엇보다 중요합니다.

☑ 여러 질환에서 어지럼증이 나타날 수 있기 때문에 원인을 찾기 위한 과정이 필요합니다. 병원을 찾는다면 자세한 병력과 진찰은 물론 환자의 상태에 따라 신경학적 검사와 전정계 기능 검사, 뇌파나 뇌 MRI 검사 등이 필요할 수 있어요.

괜찮겠거니 하고 그냥 넘기면 안 돼요

아이들은 주위가 "빙빙 돈다"라고 표현해요

아이들은 어지럼증이 있어도 '머리가 아파요'라고 말하는 경우가 많습니다. 자기표현이 서툴고, 실제 어지럼증과 두통이 헷갈릴 때가 많아 증상을 정확히 파악하기가 쉽지 않아요. 머리가 멍해지는 느낌이나 균형 감각에 이상이 생겨 넘어질 것 같은 느낌이 드는 증상을 흔히 어지럼증으로 표현합니다. 실제로는 움직이지 않는데 자신이나 주위가 움직인다고 느끼는 모든 증상을 '어지럼증'이라 하며, 의학 용어로는 '현훈(Vertigo, 眩暈)'이라고 하지요. 어지럼증의 정도는 객관적으로 측정하기 어렵고 증상도 주관적이에요. 그래서 아이 자신은 무척 힘들게 느껴지더라도 주위 사람들은 이해하기가 어렵습니다. 많은 아이가 어지럼증을 이야기할 때 대부분 "빙빙 돈다"라고 표현해요. 하지만 이외에도 흔들리는 느낌, 몸이 붕 뜬 느낌, 머리가 맑지 않고 아픈 느낌, 눈앞이 가물거리는 느낌, 쓰러질 것 같은 느낌 등 어지럼증의 증상은 다양합니다. 이런 증상들은 일시적으로 나타나기도 하고, 주기적으로 반복될 때도 있습니다. 중요한 것은 어지럼증은 하나의 증상이며, 질병이 아니라는 점이죠. 따라서 어지럼증을

 닥터's advice

❓ 어지럼증과 헷갈리는 증상들

• **빈혈과 어지럼증** 어지러우면 빈혈 때문이라고 생각하는 사람들이 많지만, 실제 빈혈에 의한 어지럼증은 매우 드뭅니다. 빈혈이란 혈색소(헤모글로빈)가 떨어진 상태를 말하는데, 다쳐서 대량 출혈을 하지 않는 한 대부분 아주 서서히 진행하는 철 결핍성 빈혈이지요. 그러므로 웬만큼 심한 빈혈이 아닌 한 아무런 증상이 없는 것이 특징이에요.

• **영양결핍과 어지럼증** 어지러우면 영양결핍이거나 기력이 떨어졌기 때문이라고 생각해서 보약이나 사골, 흑염소 등을 먹이는 경우가 많아요. 하지만 어지럼증의 원인을 찾는 것이 우선입니다.

• **체한 것과 어지럼증** 체했을 때도 대개 구역질과 구토가 동반되기 때문에 전정계의 기능 장애로 인한 어지럼증을 체한 것으로 생각하기 쉬워요. 하지만 체했을 때는 구역질과 구토가 있을 수는 있으나 어지럽지는 않습니다. 전정계 이상에서 보이는 구역질이나 구토는 어지럼증에 의해 이차적으로 동반되는 증상이므로 체한 것과는 그 원인이 다릅니다.

일으키는 원인 질환을 찾아내는 것이 무엇보다 중요합니다.

이런 경우 그냥 지나치면 안 돼요

우선 아이가 어지럽다고 할 때 실제로 어지럼증이 있는지 아니면 어지러운 척을 하는지 판단합니다. 학교 가기 전, 시험 직전, 형제와 싸운 직후, 부모한테 야단을 맞은 후에 어지럼증을 호소한다면 꾀병일 가능성이 있어요. 반면, 잘 놀다가 어지러워하는 경우, 특정한 상황만이 아니라 수시로 어지럼증을 호소하면서 드러눕는 경우, 어지럼증과 함께 구역질 등을 동반한다면 꾀병이 아닙니다. 어린아이들은 표현력이 떨어져 어지럼 증상을 정확히 묘사하기 어려워하므로 이러한 증상을 보인다면 결코 가볍게 지나쳐서는 안 돼요. 단지 어지럼증 자체로 끝나지 않고 청력이 같이 나빠질 수도 있고, 평형기관이 망가져 후유증으로 평형 장애가 나타날 수 있기 때문입니다.

 ## 어지럼증은 왜 생기나요?

순간적으로 생겼다가 사라지는 어지럼증은 걱정할 필요가 없어요

아이에게 나타나는 어지럼증은 순간적으로 생겼다가 별문제 없이 사라지는 경우가 많아요. 너무 힘들게 놀았거나 정신적인 스트레스를 받았거나, 불면증 등을 앓고 있을 때 어지럼증이 흔하게 발생하지요. 아이들이 흔히 걸리는 감기, 중이염 등의 질환이 어지럼증을 유발할 수도 있어요. 또 뇌로 가는 혈액량이 일시적으로 적어지면서 어지럼증이 나타나기도 합니다. 예를 들면 더운 실내에서 갑자기 추운 실외로 나가면 어지러워한다거나 오랜 시간 누워 있다가 갑자기 일어서면 순간적으로 혈압이 떨어지면서 뇌 혈류량이 줄어 어지러움을 느낄 수 있어요. 어지럼증은 이처럼 다양한 원인으로 발생합니다. 하지만 증상이 잠깐 생겼다가 사라지는 경우라면 크게 걱정할 필요는 없어요. 잠을 잘 자고, 수분과 영양을 충분히 섭취하면 증상이 완화됩니다.

전정기관에 문제가 생기면 어지럼증이 나타나요

우리 몸은 '세반고리관'과 '이석기관'이라고 불리는 평형기관을 통해 몸의 균형을 유지하는데, 이 부위에 이상이 생겨 평형이 맞지 않으면 어지럼증을 경험합니다. 감기 바이러스의 침입으로 세반고리관이나 이석기관 또는 전정신경에 생긴 염증이 원인이지요. 이처럼 평형을 담당하는 부위에 이상이 생기면 매우 심한 어지럼증이 나타납니다. 주위가 빙글빙글 돌고, 비틀거리면서 구역질이나 구토를 합니다. 2~3일간 어지럼증이 계속되다가 괜찮아지곤 하는데, 괜찮아졌다고 그냥 두면 전정기관과 인접한 청신경 등에 영향을 미쳐 청력 손상을 일으킬 수 있어요. 전정기관과 연관이 있다고 생각되면 즉시 병원을 방문하는 것이 좋습니다.

뇌졸중이 원인일 수 있어요

때로는 중추신경계에 이상이 생겨 어지럼증이 오기도 하는데, 뇌졸중이 대표적인 원인입니다. 어지럼증은 말초전정계의 이상으로 인한 '말초성 어지럼증'과 뇌간의 전정신경핵을 포함한 뇌간, 소뇌, 대뇌 등에 문제가 있어 발생하는 '중추성 어지럼증'으로 나뉩니다. 걸어갈 때 술에 취한 사람처럼 몸을 비틀거리거나 중심을 잡을 수 없는 증상이 나타나지요. 심한 경우엔 내 몸이나 주위가 빙글빙글 돌아 눈을 뜰 수 없어 전혀 움직일 수도 없는 상황이 생기기도 합니다. 뇌졸중이 원인일 때는 사망과도 직결되는 만큼 신속하게 병원을 찾아 진단을 받아야 합니다.

 귀 질환으로 생긴 어지럼증

- 주변이 빙글빙글 도는 듯한 느낌이 들 때
- 어지럼증의 정도가 오심, 구토와 비례할 때
- 걷다가 머리나 몸을 갑자기 돌리면 어지럼증이 느껴질 때
- 누워서 한쪽으로 돌리고 있으면 어지럼증이 덜할 때
- 이명, 청력 소실 등이 동반될 때

특별한 원인을 알 수 없는 어지러움도 많아요

아이에게 나타나는 어지러움 증상 중에 특별한 원인을 알 수 없는 '소아양성발작성 어지럼증'이란 것이 있어요. 어떤 특별한 병으로 진단할 수 없을 때 진단하는 질환이지요. 식은땀이 나고 얼굴이 창백해지면서 구역질 등을 동반한 증상이 몇 초에서 몇 분간 짧게 나타났다가 완벽하게 사라지면 소아양성발작성 어지럼증이라고 합니다.

어지럼증과 동시에 의식을 잃거나, 발작 후 잠을 자거나, 보행 장애가 있거나, 머리를 부딪친 외상의 과거력이 있다면 뇌에 이상이 있을 수 있으므로 뇌파 검사, 뇌 MRI 등의 정밀검사를 받아볼 필요가 있습니다. 간혹 어지럽다며 정신을 잃고 쓰러지기도 하는데, 이처럼 실신을 동반한 어지럼증은 심장 이상이 원인일 수 있어요. 또 시력이 많이 나쁘거나 짝눈인 경우, 혹은 사시 교정을 하지 않은 채 방치해도 어지럼증이 생길 수 있어요.

다양한 질병에서 발생할 수 있는 흔한 증상이에요

어지럼증은 다양한 질병에서 발생할 수 있는 흔한 증상입니다. 발열, 탈수, 기립성 저혈압, 미주신경성 실신, 빈혈, 출혈, 부정맥 등의 심장 질환, 고혈압, 저혈당증, 갑상선 질환, 안과 질환, 귀 질환에서 나타날 수 있고, 불안하거나, 공황장애가 있을 때도 나타날 수 있습니다.

아침 잠자리에서 갑자기 일어날 때 현기증이 나며 어지러운 경우에는 기립성 저혈압일 가능성이 큽니다. 이런 경우 스트레스를 피하고, 염분과 수분 섭취를 조금 늘리고, 천천히 일어나는 등 생활 패턴을 바꾸면서 호전 여부를 확인할 수 있습니다. 장시간 서 있거나, 화장실에서 소변이나 대변을 볼 때만 어지러운 경우에는 미주신경성 실신의 가능성이 있습니다. 이런 경우 스트레스를 피하고, 어지러운 느낌이 있을 때는 바로 앉아서 휴식을 취하는 것이 필요합니다.

빙빙 도는 어지럼증은 주로 머리의 움직임에 따라 악화되고, 특정 동작에 따라 유발되기도 합니다. 이때 안구 운동장애, 운동실조(Ataxia, 근육에는 이상이 없으나 복잡한 운동을 질서 있게 할 수 없는 상태), 넘어짐 등이 동반될 수 있으며 이비인후과 및 소아신경과 의사의 진료가 필요합니다.

어지럼증이 생기면 이렇게 하세요

어떤 상황에서 어지럽다고 하는지 알아야 해요

정확하게 의사를 표현하기 힘든 어린아이가 어지럼증을 호소하면 부모는 상황을 자세히 관찰해야 합니다. 아이들은 가벼운 현기증이나 쓰러질 것 같은 느낌 혹은 멀미 등과 같은 여러 증상을 한데 묶어 어지럽다고 표현할 수 있어요. 그런 만큼 어떤 상황에서 아이가 어지러움을 호소하는지 아는 것이 무엇보다 중요합니다. 소아 어지럼증의 가장 흔한 원인은 귓병이에요. 어지럽다는 것은 몸의 균형을 유지하기 어렵다는 뜻인데, 이 균형을 잡아주는 곳이 바로 귓속의 전정기관이기 때문이지요. 귓병 중에서 대표적인 것이 중이염입니다. 그 외에도 외이염, 내이염, 귀의 외상 등 원인은 다양해요. 어지럼증이 있을 땐 먼저 이비인후과에 가서 귀에 이상이 없는지 진료를 받는 게 좋습니다. 이때 병원에서 의사가 정확한 진단을 하기 위해서는 아이의 어지러운 상태를 정확히 파악해 이야기해줘야 합니다. 병원에 가기 전 아이를 통해 언제부터, 어떻게, 얼마나 어지러운지를 알아내 의사에게 설명해줍니다.

충분히 휴식을 취하게 해주세요

증상이 자주 나타나지 않고 가벼운 정도라면 어지럼증이 가라앉을 때까지 쉬게 하는 것이 우선입니다. 갑자기 어지러울 때는 머리를 움직이지 않고 가만히 누워 어지럼증이 사라질 때까지 휴식을 취하게 해주세요. 흔들리는 버스나 지하철 등 차 안에 있다면 잠시 내려 어지럼증을 가라앉히는 것도 좋습니다.

정확한 진단에 따라 치료해야 합니다

증상이 심하면 이비인후과에서 편두통약을 처방받을 수 있습니다. 어지럼증은 대개 3~4세에 처음 생기고, 발생 빈도가 점차 증가해 매달 한두 번까지 늘어나다가 점차 줄어들어 10세를 전후해 자연적으로 없어지는 게 보통이에요. 하지만 방치하면 시력 발달이나 중추신경계 발육 부전 등의 다른 영구적인 장애로 이어질 수 있으므로 조심해야 합니다. 아이가 평소 어지럼증을 자주 호소하면 병원에 데려가 원인을 파악

신경과 질환

한 후 집에서 돌봐도 되는 수준인지, 본격적인 치료가 필요한 상태인지 판단하는 게 중요합니다. 어지럼증을 전문적으로 진료하는 이비인후과나 신경과에서 어지럼증의 원인을 정확하게 진단받고 적절한 치료를 받으면 대부분의 어지럼증은 일상생활에 불편함이 없을 정도로 좋아질 수 있고, 상당수의 어지럼증은 완치될 수 있어요.

 Dr. B의 우선순위 처치법

1. 어지럼증은 주관적인 느낌을 표현하는 용어입니다.
2. 어지럼증은 다양한 질환에 의해 발생할 수 있습니다.
3. 안구 운동장애, 운동실조, 넘어짐, 보행장애, 감각장애, 구토가 동반되는 어지럼증은 의사의 진료가 꼭 필요합니다.

아이가 어지러워하면 이렇게 해주세요

1 어지럼증이 심하지 않을 때는 편하게 쉴 수 있도록 하는 것이 우선이에요. 천천히 여러 번 깊이 숨을 들이마시거나 편하게 누워 있게 하세요.

2 구토 증상이 나타날 수 있으므로 속이 안정될 수 있도록 방을 어둡게 해주는 것이 좋습니다.

3 평소 어지러움 증상이 있는 아이라면 갑자기 번쩍 뛰어오르거나 빙글빙글 회전하는 것은 피해야 합니다. 머리를 움직일 때도 천천히 조심해서 움직이게 합니다. 머리를 움직이는 것이 어지럼증을 유발하기 때문에 머리를 움직이려면 몸 전체를 움직이는 것이 좋습니다.

4 감기에 걸렸을 때 내이(內耳)의 감염을 막기 위해 미리 진료를 받는 것도 좋습니다.

소아 뇌전증(간질)

아이가 경기를 해요.

체크 포인트

☑ 뇌전증은 불치병이 아니에요. 물론 난치성인 경우도 있지만 생각보다는 치료율이 높습니다.

☑ 뇌전증은 약을 잠깐 먹어서 완치되는 병이 아니에요. 꾸준한 약물 치료를 요하는 질환입니다. 원칙적으로 항경련제를 복용하는 약물 치료가 우선입니다.

☑ 수면이 부족하거나 신체적·정신적 스트레스가 심하면 간질 발작이 자주 나타나요. 수면을 충분히 취하고 피로하지 않게 합니다.

 ## '간질'이 아니라 '뇌전증'이에요

잘 뛰놀던 아이가 갑자기 쓰러져 온몸을 부르르 떨고 거품을 물며 발작하는 것을 봤을 때, 대개 주변 사람들은 무섭고 당황해하며 어찌할 바를 모릅니다. 누구에게나 생길 수 있고 흔히 일어나지만, 그것이 눈앞에 실제로 일어났을 때 사람들에게는 충격과 공포로 다가옵니다. '간질'이란 병은 일반적으로 불치병인 동시에 남에게 숨겨야만 하는 창피한 병으로 잘못 알려져왔어요. 현대의학에서 간질은 이미 정신적인 문제가 아닌 예민한 뇌 때문에 발생하는 것으로 밝혀졌음에도 불구하고 선입견을 품고 보는 시선이 많습니다. '간질'이라는 용어에 대한 사회적 편견이 심해 지난 2009년 공식 명칭을 '뇌전증'으로 바꾸었어요. 또한 의학이 발달함에 따라 뇌전증 역시 충분히 치료가 가능한 병으로 치료율이 높아지고 있습니다.

뇌전증, 어떤 질환인가요?

뇌의 전기적 활동이 비정상적으로 일어날 때 발생해요

뇌는 수많은 신경세포가 복잡하게 연결되어 있고, 신경세포의 미세한 전기적 활동을 통해 정보를 주고받지요. 이때 수많은 전기적 활동이 조화롭게 이뤄지면 뇌는 정상적으로 활동합니다. 하지만 전기적 활동이 비정상적으로 일어나 뇌 신경세포가 일시적으로 과잉 흥분해 해당 부위가 담당하는 뇌 기능이 혼란해지면서 여러 형태의 뇌전증 발작이 일어나죠. 뇌전증은 이런 발작적인 경련이 되풀이되는 것입니다. 이때 뇌파 검사를 해보면 '경기파'가 나타나는데, 이를 토대로 뇌전증을 진단합니다.

발작이 전신 혹은 일부분에서 나타납니다

경련은 다양한 모습으로 나타납니다. 4~20초 짧은 시간 동안 의식을 잃고 멍한 상태가 되거나 몸의 일부가 떨리고 신체 일부분에 감각 이상이 오기도 해요. 구토를 하거

 닥터's advice

❓ 뇌전증 vs. 경련 어떻게 다른가요?
경련은 이상 증상을, 뇌전증은 질환을 말합니다. 혼동되는 용어를 정확히 알아두세요.
- **뇌전증** 경련을 유발하는 뇌의 질환.
- **경련** 과도하게 흥분된 뇌신경 세포에 의해 발생하는 증상이나 소견.

나 땀을 흘리기도 합니다. 이외에도 감각, 운동, 자율신경 이상 등의 다양한 증상이 나타나기도 합니다.

뇌전증은 왜 생기나요?

대부분 원인을 찾아내기가 어려워요

최근 뇌전증에 관한 연구가 많아지면서 여러 선천적, 후천적 원인이 밝혀지고 있습니다. 대표적인 원인으로는 뇌 발달 이상, 염색체 이상, 뇌염 후유증, 뇌 손상 등이 있지요. 물론 정확한 원인을 찾아내기 어려울 때도 있고, 부모로부터 유전되는 경우도 있습니다.

경련을 한다고 모두 뇌전증으로 진단받는 것은 아닙니다

아이가 경련을 일으킨다고 해서 무조건 심각하게 받아들일 필요는 없어요. 아이들의 뇌는 열이나 감염 같은 자극에 약해서 성인보다 발작을 잘 일으킵니다. 성인이 되면서 스스로 완치되는 경우도 있고, 약물 치료로 쉽게 치료될 때도 있습니다. 그런 만큼 아이가 어떤 증상을 보였는지 의사에게 상세히 알리고 정확한 진단을 받는 것이 무엇보다 중요합니다. 아이의 발작을 핸드폰 동영상으로 촬영해 의사에게 보여주면 좀 더 정확한 진단과 치료를 받는 데 도움이 됩니다.

주로 어린아이에게 나타나요

소아 뇌전증은 경련이 반복적이고 만성적으로 나타납니다

뇌전증은 나이와 상관없이 발생하지만, '소아의 병'이라 할 만큼 많은 뇌전증 환자가 20세 이전에 진단을 받습니다. 그중에서도 70% 정도는 3세 이전에 나타나죠. 이는 소아의 뇌가 발달하는 과정에서 생리적으로 조절 기능이 미숙하기 때문으로 추정되고 있습니다. 경련이 반복적으로, 만성적으로 나타날 때 뇌전증이라고 합니다.

소아 뇌전증은 조기 발견이 중요해요

소아 뇌전증은 일찍 발견할수록 치료가 쉽고 완치될 확률도 높아서 아이의 이상 증상을 빨리 알아차리는 것이 무엇보다 중요합니다. 소아 뇌전증을 치료하지 않고 방치하면 기억력과 집중력 저하, 지능 발달 저하, 학습장애 등이 나타나지요. 특히 뇌 발달이 활발하게 이뤄지는 영유아기에는 뇌 손상 또한 빠르게 진행되기 때문에 뇌전증의 조기 발견과 치료가 중요해요.

 발작이 일어나는 순간 어떻게 해야 할까요?

일단 발작이 시작되면 멈추게 하진 못합니다. 아이가 경련을 일으키면 평평한 바닥에 눕히고, 주위에 위험한 물건은 치웁니다. 고개를 옆으로 돌려 침이나 음식물 등이 기도로 넘어가지 않도록 해주세요. 그런 후 발작이 자연적으로 멈출 때까지 가만히 두

 닥터's advice

❓ 소아 뇌전증을 빨리 알아차리는 대표적 이상 징후들
① 별 이상이 없던 건강한 아이가 아침에 일어나기 전 한쪽 얼굴이나 입 주변이 떨리거나 감각 이상 증상을 보여요. 이런 경우 뇌파 검사에서 매우 특징적인 형태의 뇌파가 나타납니다.
② 수시로 의식을 깜빡깜빡 잃는 형태의 발작이 나타나요. 이런 의식 소실은 2~10초간 지속하다 정상으로 돌아오는데, 하루에도 수십 번씩 증상이 반복되는 경우가 많습니다. 특히 어린 영유아에게 많이 나타나는 징후예요. 대개 다른 생각을 하는 것처럼 멍하게 보여 별다른 의심을 하지 않다가 뒤늦게 발견될 때가 많으므로 세심히 살펴봐야 합니다.
③ 생후 4~8개월에 주로 발생하는 이상 증상으로 머리, 몸통, 팔, 다리를 일시적으로 굽히거나 뻗는 동작을 반복합니다. 마치 지금까지 터득한 목 가누기, 뒤집기 등을 잊어버린 것처럼 새로운 발달을 하지 못하는 경우가 많습니다. 따라서 늦되는 아이가 비정상적으로 이상한 발작 증상을 보이면 바로 병원에 가봅니다.

며 옆에서 지켜봅니다. 발작 중 절대로 아이의 입안에 뭔가를 넣어서는 안 되며, 어떠한 약이나 물도 먹이지 않습니다. 또한 발작 중 아이를 움직이지 못하게 손발을 꽉 잡는 것은 오히려 해롭습니다. 경련이 멈춘 후에는 푹 자게 해주세요. 이때 경련이 15분 이내에 멈추면 별문제가 되지 않지만, 15분 이상 길게 경련을 하거나 호흡곤란으로 청색증이 심해지면, 경우에 따라 뇌 손상이 우려되므로 급히 병원 응급실로 가야 합니다.

소아 뇌전증 치료, 어떻게 하나요?

항경련제를 꾸준히 복용해야 합니다

소아 뇌전증이 의심되면 CT나 MRI, 혈액검사, 각종 신경계 검사와 뇌파 검사를 하게 됩니다. 최종적으로 뇌전증을 진단받으면 항경련제 약물 치료를 받아요. 간혹 뇌전증 약을 먹으면 지능이 저하되거나 간이 나빠진다는 이유로 약물 치료를 꺼림칙하게 여기는 분들이 있는데, 이는 잘못된 속설이에요. 적절한 약물 복용은 뇌 손상을 예방하고 완치를 돕는 데 필수적입니다. 물론 항경련제의 부작용이 전혀 없는 것은 아니지만 의사가 항경련제를 처방할 때는 증상과 원인을 충분히 살펴 부작용이 가장 적은 약물을 적정량 처방하므로 무조건 걱정하고, 거부하는 것은 오히려 위험합니다. 이때 무엇보다 위험한 것은 임의로 약물 복용을 중단하는 일이에요. 소아 뇌전증 진단을 받으면 발작 여부와 상관없이 약물 치료를 하는데, 정해진 시간에 맞춰 약을 먹이는 것이 치료에 가장 중요합니다. 뇌전증 약은 발작 증상이 2~3년 이상 나타나지 않을 때까지 용량을 줄여가며 꾸준히 먹이는 게 원칙입니다. 그런 만큼 증상이 한동안 나타나지 않는다고 해서 항경련제 복용을 임의로 중단하지 말고, 의사의 지시대로 꾸준히 먹여야 합니다.

약물로 조절이 잘 안 될 때 수술을 하기도 해요

약물 치료를 시작한 지 2년이 지나도 발작 조절이 되지 않을 땐 수술을 고려하기도 합니다. 발작이 시작되는 뇌엽의 모든 부분, 또는 일부를 제거하는 엽절제술, 발작의 교차 방지를 위한 뇌의 한쪽 및 다른 쪽의 연결 부위를 절단하는 뇌량 절제술, 심한 뇌질환이 있는 경우 뇌 한쪽의 전부 또는 거의 전부를 제거하는 반구 절제술 등이 있습니다.

주위 사람들에게 미리 알려요

발작을 일으키는 순간, 아이는 그 상황을 기억하지 못해요. 그러므로 무조건 병을 숨기거나 거짓말로 둘러대기보다는 아이가 자신의 병을 정확하게 이해하도록 충분히 설명해주는 게 바람직합니다. 또한 뇌전증이 있다고 특수학교에 보낼 필요는 없습니다. 아이가 발작하는 것을 우려해 일부러 어린이집이나 유치원에 보내지 않을 필요도, 학습 및 운동 등에 제약을 둘 이유도 없어요. 정신지체가 동반된 경우를 제외하고는 뇌전증 환자도 정상인과 똑같이 생활할 수 있습니다. 다만, 주의가 필요할 뿐이지요. 증상이 발생했을 경우를 대비해 사전에 유치원, 학교 선생님에게 아이 뇌전증에 대해 자세히 알려주고 대처법 등의 정보를 공유합니다. 필요하다면 담당 의사의 소견서 등이 도움이 돼요.

 Dr. B의 우선순위 처치법

1. 발작을 일으키면 주위에 위험한 물건이 없는 평평한 바닥에 눕히고, 고개를 옆으로 돌려 침이나 음식물 등이 기도로 넘어가지 않게 주의합니다.
2. 처방받은 항경련제는 반드시 의사의 지시대로 먹입니다.
3. 단체생활을 한다면 담임교사에게 아이의 병에 대해 미리 알리고 대처법을 공유합니다.

일상생활에서 이렇게 돌봐주세요!

1 생활 리듬을 일정하게 유지해주세요

수면 부족이나 과로 등 불규칙한 생활은 뇌전증 발작을 일으키는 원인으로 작용합니다. 뇌전증 치료에 가장 중요한 사항 중 하나가 규칙적인 생활인 만큼 기상 시각 및 취침 시각을 정해놓고 지키는 것이 좋습니다.

2 의사의 지시대로 약을 꼭 먹입니다

뇌전증은 약물 치료가 가장 기본이에요. 의사가 아무리 적절한 처방을 해도 의사의 지시대로 복약하지 않으면 전혀 의미가 없습니다. 그러므로 항경련제를 처방받았다면 약봉지 하나하나에 먹을 날짜와 시간을 적고, 다음 날 먹을 약을 자기 전 준비하는 등 복약하는 태도를 습관화해야 합니다.

3 목욕할 때 주의할 점을 기억하세요

목욕은 혈액 순환을 좋게 하고 기분 전환을 시켜주므로 뇌전증을 겪는 아이에게도 꼭 필요한 일입니다. 그러나 좁은 탕 안에서 자칫 발작을 일으켜 물에 가라앉아 질식하는 1차적 사고 또는 욕조나 수도꼭지 등에 머리를 부딪치는 2차적 사고가 있을 수 있어요. 그런 만큼 목욕 시 아래의 주의 사항을 유념해야 합니다.

- 목욕탕 안의 위험한 물건을 미리 치웁니다. 가능하면 쿠션감 있는 매트를 욕조 바닥에 깔아 미끄러지지 않게 합니다.
- 욕조 목욕보다는 샤워가 안전해요.
- 혼자서 욕조 목욕이나 샤워를 해야 한다면 반드시 큰 소리로 말하거나 노래를 부르게 해 집 안 사람들이 들을 수 있게 하며, 가능하면 짧은 시간 안에 끝내게 합니다.
- 목욕탕 문은 절대로 잠그지 않아요.

07

내분비 질환

성조숙증

또래보다 지나치게 사춘기가 빨라요.

체크 포인트

☑ 여자아이가 8세 이전에 가슴이 발달하거나 남자아이가 9세 이전에 고환이 커지면서 음모가 발달하면 성조숙증이라고 합니다.

☑ 사춘기가 이르다고 전부 성조숙증은 아니에요. 정상적인 범위를 벗어났을 때 문제가 됩니다.

☑ 성조숙증은 발생 원인이 다양하고 원인에 따라 치료 방법도 달라져요. 정확한 진단을 위해선 반드시 병원을 방문해 소아내분비과 의사의 진찰을 받으세요.

우리 아이가 성조숙증?

사춘기는 자연스럽게 일어나는 현상이지만, 최근 그 시기가 점점 빨라지고 있습니다. 건강보험심사평가원의 조사에 따르면 2006~2010년까지 성조숙증 어린이 환자 수가 6,400명에서 2만 8,000명으로 5년간 4.7배나 증가했지요. 성조숙증이 있으면 앞으로 키가 클 기간이 얼마 남지 않았음을 암시하기 때문에 부모들이 사춘기 시작을 더욱 두려워하기도 합니다. 이런 사춘기의 시작을 알리는 일련의 2차 성징들이 정상적인 시기보다 빨리 나타나면 '성조숙증'이라고 해요. 여자아이가 8세 이전에 가슴이 발달하거나 남자아이가 9세 이전에 고환이 커지면서 음모가 발달하면 성조숙증을 의심해봐야 합니다. 또 짜증이 심해지고 말수가 줄어들며 방문을 잠그고 혼자 있고 싶어 한다거나 이성이나 외모에 관심이 많아지는 등 만 8~9세 미만의 아이가 사춘기 증상을 보이면 성조숙증은 아닌지 체크해보세요.

내
분비
질환

여자아이에게 더 많이 나타나요

정상적인 사춘기는 평균적으로 여아는 10~11세, 남아는 12~13세에 시작됩니다. 여자아이는 가슴이 발달하고 음모와 여드름이 생기고, 나중엔 초경을 하게 되지요. 남자아이는 고환이 커지거나 음모 또는 음경이 발달합니다. 사춘기는 개인적인 여러 상황에 영향을 받아 나타나는 시기가 다를 수 있어요. 뇌에서 성호르몬 계통이 자극받아 사춘기가 발달하는 것을 '진성 성조숙증', 그 외의 경우를 '가성 성조숙증'이라 합니다. 특별한 원인 질환을 찾을 수 없는 경우를 '특발성 진성 성조숙증'이라고 하는데, 대부분은 이에 속하는 편이에요. 성조숙증은 남자아이보다 여자아이에게 훨씬 많이 나타나며, 여자아이의 경우 약 90~95%가 특별한 기질적 원인 없이 발생하고, 5~10%만 기질적 원인이 있습니다. 반면 남자아이의 경우 약 40~50%가 기질적 원인 때문에 나타납니다. 성조숙증이 나타나는 이유로는 식습관과 영양 상태 그리고 환경호르몬을 꼽고 있어요. 하지만 아직은 의심만 하고 있을 뿐, 직접적인 영향이 있다는 연구결과는 없습니다. 급격한 식습관의 서구화로 인해 소아 비만이 증가하고 학업 스트레스가 일찍 찾아오는 데다 TV와 인터넷을 통해 자극적인 사진과 영상에 일찍부터 무분별하게 노출된 점도 성조숙증이 조기에 나타나는 원인으로 생각됩니다.

사춘기가 빠르다고 무조건 성조숙증은 아니에요

사춘기와 성조숙증은 모두 호르몬의 영향을 받습니다. 그런데 어떤 이유로 호르몬이 빨리 분비되면 그만큼 사춘기가 일찍 시작돼요. 그렇다면 사춘기가 시작되는 것과 성조숙증은 무슨 관계가 있을까요? 남녀 모두 성호르몬이 분비되기 시작하면 키가 일시적으로 빨리 자랍니다. 그래서 성조숙증 아이들은 처음에 또래보다 키가 빨리 크는 것처럼 보이지만, 시간이 경과하면 성장판이 일찍 닫히고 성장이 멈춥니다. 결과적으로 일찍 크고 일찍 성장이 멈춰 성인이 되었을 때 최종 키는 작을 가능성이 커요. 하지만 사춘기가 일찍 왔다고 해서 모두 성조숙증 진단을 받는 것은 아닙니다. 정상적인 범위를 벗어날 경우에만 문제가 되지요. 성조숙증은 발생 원인도 다양하고 원인에 따라 치료 방법도 달라지므로 정확한 진단을 위해 반드시 병원을 방문해 소아내분비과 의사의 진찰을 받아야 합니다.

닥터's advice

❓ 성호르몬이 분비되면 어떤 증상이 생기나요?

분비되는 성호르몬에 따라 나타나는 증상이 다양합니다. 가장 흔한 '특발성 진성 성조숙증'의 경우, 남자아이는 고환 부피가 4ml 이상으로 커지는 것이 가장 처음 나타나는 신체 변화예요. 하지만 가정에서 부모가 쉽게 평가하기는 어렵습니다. 이후 음모가 나타나며, 성장 속도가 증가하고 여드름이 나기 시작하지요. 여자아이의 경우는 유방에 몽우리가 생기면서 키 성장 속도가 증가하고, 음모가 나타나며 여드름이 생깁니다. 이런 변화가 나타나는 속도는 개인마다 다양해 세심한 관찰이 필요합니다. 원인에 따라 골절 등을 포함한 골격계 이상과 몸에 커피색 반점 등이 나타날 수도 있고, 뇌의 이상으로 웃음경련, 두통, 구토, 시력 저하, 자꾸 넘어짐, 야뇨증 등이 동반될 수도 있습니다.

❓ 성조숙증 진단, 병원에서는 어떻게 진단하나요?

사춘기 현상이 일찍 온 것이 확인되면, 우선 시상하부-뇌하수체 축이 활성화된 것인지 확인합니다. 골 성숙이 얼마나 진행되었는지, 다른 질환을 동반하고 있는지, 사춘기 진행 속도가 얼마나 빠른지, 사춘기 진행을 억제시킬 수 있는 영양제나 약물 등을 복용해야 하는지 등을 고려합니다. 이런 상황을 종합해 호르몬 자극 검사로 확진하는데, 성선자극호르몬-방출호르몬을 투여한 후 30분 간격으로 2시간 동안 혈액에서 황체화 호르몬(LH), 난포자극 호르몬(FSH) 농도를 측정해 황체화 호르몬의 최고 농도가 5IU/L 이상이면 활성화되었다고 판단합니다. 그러나 일부 여자아이에서는 계속 5IU/L 미만으로 나타나는 경우도 있으며, 이때는 반복적으로 3~6개월 간격으로 재검사가 필요해요. 또 경우에 따라 뇌 자기공명영상(MRI), 복부 초음파, 복부 전산화 단층촬영(CT), 갑상선 기능 검사 등을 같이 하기도 합니다. 이와 같은 검사 외에도 반드시 3~6개월 간격으로 신장 변화를 관찰해야 사춘기 진행 속도를 판단할 수 있습니다.

성조숙증 치료, 어떻게 하나요?

4주 간격으로 주사를 맞힙니다

성조숙증 치료는 또래와 사춘기 발달 시기를 맞추고, 여아의 경우 생리를 늦추며, 최종 키를 키우는 데 있어요. 또 어린 나이에 갑작스러운 신체 변화를 겪으면 스트레스가 생기게 마련이에요. 그로 인해 정신적 장애가 있다면 같이 치료합니다. 치료가 필요한 경우는 진성(중추성) 성조숙증이거나 최종적으로 성인이 되었을 때의 키가 정상치보다 작게 예상되는 경우, 그 외 심리적 문제가 있을 때입니다. 성선자극호르몬-방출호르몬 유사체를 4주 간격으로 피하 또는 근육에 주사합니다. 치료 기간에 신장 증가 속도가 감소하고 여자아이는 유방이 작아지고 월경이 사라질 수 있어요. 남자아이는 고환의 크기가 감소하고 음경 발기나 자위행위, 공격적인 행동이 줄어들게 됩니다. 부모의 키가 큰 경우 유전적인 요인이 작용할 수 있어 꾸준히 치료받으면 치료 전 예측한 어른 키보다 더 커질 수도 있어요. 하지만 치료 중 신장 증가 속도가 별반 차이를 보이지 않으면 필요에 따라 성장호르몬을 함께 투여하는 것을 고려해야 합니다.

성장판이 닫히기 전, 빨리 시작할수록 효과적이에요

치료를 시작하기 전에 이미 초경이 시작되고, 어른 키가 너무 작을 것으로 예상되면 아이의 상태에 따라 치료 계획을 세워야만 합니다. 일반적으로 뼈 나이가 많이 진행되었다면 사춘기 억제제 효과를 보긴 어려워요. 또한 진성 성조숙증 진단을 받은 아이 중 여자아이는 만 9세, 남자아이는 만 10세 이전에 치료를 시작해야 의료보험 적용도 가능합니다. 사춘기 지연 치료는 일반적으로 뼈 나이가 여아 12세, 남아 13세가 될 때까지 치료합니다. 간혹 병원 방문 이전에 치료 효과가 검증되지 않은 방법을 시도하거나 사춘기 지연 치료에 관한 오해로 치료를 망설이다 적절한 치료 시기를 놓치는 경우가 있어요. 하지만 성조숙증이나 저신장 등 성장과 관련된 치료는 성장판이 닫히기 전에 시작해야 한다는 것, 꼭 명심하세요.

키 성장을 방해하는 성조숙증, 어떻게 예방할까요?

비만이 되지 않게 신경 써요

성조숙증의 가장 큰 원인은 바로 소아 비만. 제대로 된 식사를 챙기기보다 바빠서 끼니를 때우거나 아이가 좋아해서 먹게 하는 인스턴트식품과 패스트푸드는 소아 비만을 불러오는 주된 원인입니다. 충분히 씹어 소화할 수 있는 자연식품 위주의 식단을 준비해주세요. 가능한 한 일회용품 사용을 줄이고 환경호르몬에 노출되는 것을 피하는 것이 좋습니다. 한편 성인용 화장품 중 일부는 여성호르몬이 들어 있어 아이가 함부로 바르지 않도록 주의시켜야 합니다.

 닥터's advice

❓ 여아·남아 성조숙증이 의심되는 대표 증상!

• 여자아이

- 가슴에 몽우리가 생기고 여드름이 생겨요.
- 가슴이 간지럽고, 살짝 부딪히기만 해도 아프다고 해요.
- 머리, 겨드랑이에 땀 냄새가 나고 음모·액모 등 털이 보여요.
- 아랫배가 따끔거리고 질 분비물이 생겨요.

• 남자아이

- 고환이 커지면서 색깔도 검은색으로 변하고 음모가 생겨요.
- 여드름, 몽정 등이 나타나고 겨드랑이에 털이 생겨요.
- 갑자기 식욕이 좋아지고 급격하게 크는 게 보여요.
- 목젖이 나오고 변성기가 시작돼요.

❓ 사춘기의 적신호인 '성조숙증', 무조건 치료해야 하는 건 아니에요!

성조숙증이 심각한 질병을 유발하는 것은 아니에요. 친구들보다 조금 빨리 성장이 시작되어 키가 작을 수 있고 심리적으로 스트레스를 받을 수 있지만 다른 질병과 연관이 되지는 않습니다. 그러므로 너무 예민하게 반응해서 아이에게 스트레스를 줄 필요는 없어요. 성조숙증이 의심되는 상황이라면 정확한 진단을 통해 필요하면 약물 치료 등을 받으면 됩니다.

편식하지 않게 합니다

성조숙증은 골고루 먹는 것이 중요합니다. 콩류와 유제품, 닭고기와 달걀 등이 성조숙증을 유발한다는 보고가 있으나 한창 성장기인 초등 4~5학년 시기에 우유와 유제품 그리고 콩류에 들어 있는 단백질은 꼭 필요한 영양소입니다. 과하게 먹이는 것은 성조숙증을 유발할 수 있지만 적당량은 성장하는 데 도움이 돼요. 적정량의 영양소를 골고루 섭취하는 것이 성조숙증을 예방하는 지름길입니다.

좋아하는 운동을 꾸준히 시켜요

성조숙증을 예방하려면 평소 균형 잡힌 영양 섭취와 규칙적인 운동, 충분한 수면 등 건강한 생활습관을 통해 정상적인 성장과 체중을 유지하는 것이 좋습니다. 줄넘기나 스트레칭을 하루 30분 이상, 일주일에 3회 정도 하면 효과적이에요.

 Dr. B의 우선순위 처치법

1. 성조숙증이 의심되면 바로 병원을 찾아 검사를 받아보세요.
2. 인스턴트식품을 피하고 골고루 먹게 합니다.
2. 아이가 비만이라면 꾸준한 운동으로 체중 관리를 해줍니다.

소아 당뇨

쉽게 목이 마르고, 화장실에 자주 가요.

체크 포인트

☑ 소아 당뇨 증상은 갈증, 피로감, 체중 감소 등이 있습니다. 아이가 갑자기 물을 많이 마시고 소변을 자주 보거나 많이 먹는데도 체중이 줄고 유난히 피곤해하면 당뇨병인지 의심해봐야 합니다.

☑ 최근엔 제2형 소아 당뇨 환자가 늘고 있어요. 이는 서구화된 식생활과 운동 부족 등으로 인한 비만이 가장 큰 원인입니다.

☑ 아이들에게 많이 발생하는 제1형 당뇨는 성인에게 많이 발생하는 제2형 당뇨와 치료법이 다릅니다. 어른처럼 엄격히 식사량을 제한하면 성장 부진과 같은 부작용이 나타날 수 있으므로 주의해야 합니다.

☑ 소아 당뇨를 겪는 아이는 하루 섭취 칼로리를 보통 아이들처럼 유지하면서 간식을 먹었을 때는 평소보다 걷기 운동을 더 하는 습관을 들입니다.

더는 어른만의 병이 아니에요

15세 이전에 많이 생기는 제1형 당뇨

당뇨병은 중년 이상의 나이에서 흔한 질환이시만, 최근엔 소아·청소년 당뇨 환사의 수가 증가하고 있습니다. 소아기에는 성인과 달리 제1형 당뇨가 많이 나타나는데, 현재 400만여 명의 국내 당뇨 환자 중 약 2만 명이 제1형 당뇨일 정도로, 어린아이도 당뇨로부터 안전하지 않습니다. 15세 이전에 많이 생기는 제1형 당뇨는 완치의 개념이 없는 만성 질환이고, 일상생활에 불편을 주기 때문에 어려움이 많습니다. 왕성하게 성장하는 시기에 찾아온 당뇨는 성장을 방해할 수 있고, 당뇨 합병증을 일찍 불러올 수 있습니다. 제1형 당뇨는 유전이나 비만 이외에도 바이러스나 선천적인 질환 등 여러 복잡한 원인으로 발생합니다.

인슐린 이상으로 나타나는 병

당뇨는 음식을 섭취하면서 흡수되는 대표적인 에너지원인 포도당의 조절을 돕는 호르몬인 인슐린의 이상으로 나타나는 질환이에요. 제2형 당뇨병은 주로 성인이 된 후에 발생하는데, 제1형 당뇨는 어린 나이에 발병하는 경우가 많습니다. 소변을 유난히 많이 보고, 특별한 이유 없이 체중이 줄거나 하루 중 어느 때라도 혈당 수치가 200mg/dl 이상으로 올라가면 제1형 당뇨를 의심해봐야 합니다.

 닥터's advice

> **❓ 우리 몸은 어디서 에너지를 얻을까요?**
> 에너지 하면 가장 먼저 떠오르는 게 바로 '당(sugar)'입니다. 그렇다면 과연 '당'은 무엇을 말할까요? 우리 몸의 3대 영양소 중 하나인 탄수화물은 사탕, 과일, 디저트, 음료수 등의 단맛이 나는 음식뿐만 아니라 빵, 밀가루, 밥, 감자, 채소에도 포함되어 있습니다. 우리 몸에서는 이러한 탄수화물이 포함된 음식을 섭취하면 소화되는 과정에서 당이 생겨나지요. 당은 단맛을 내는 물질로 우리 몸의 주된 에너지원입니다. 한편 음식으로 섭취한 단백질과 지방도 우리 몸에서 에너지원으로 사용됩니다.

내분비 질환

원인에 따라 제1형 당뇨, 제2형 당뇨로 나뉩니다

제1형 당뇨

제1형 당뇨는 몸에서 인슐린을 분비할 수가 없어요. 인슐린이 분비되지 않아 세포들에게 영양분으로 전달되어야 할 '당'이 혈액 안에 그대로 쌓여 '고혈당'이 되고 이로 인해 당뇨 증상이 시작됩니다. 즉, 제1형 당뇨는 혈당이 정상 범위를 초과해 여분의 당이 소변으로 배출되는 경우를 말합니다. 만약 혈당이 계속해서 높은 상태로 유지되면 심장, 눈, 신장과 신경 등 많은 기관에 손상을 줄 수 있어요. 제1형 당뇨는 '소아 당뇨'라고도 불리는데, 아이와 청소년기에 발병하는 당뇨병의 90% 이상을 차지하기 때문입니다. 제1형 당뇨는 췌장에서 인슐린이 분비되지 않기 때문에 평생 인슐린 주사를 맞으면서 살아야만 합니다. 간혹 소아가 혼수상태에 빠져 응급실에 실려 올 때 제1형 당뇨가 발견되는 일도 적지 않아요.

 닥터's advice

❓ 제1형 당뇨 vs. 제2형 당뇨

제1형 당뇨는 아주 급작스럽게 증상이 발생하는 것이 특징이에요. 처음 진단되는 소아 당뇨 환자의 약 25%는 체내 인슐린의 절대 부족으로 급성 합병증인 '케톤산혈증'이 동반될 수 있는데, 그런 경우 갑작스러운 탈수나 혼수상태에 빠지기도 합니다. 그런 만큼 제1형 당뇨를 의심할 만한 증상이 감지되면 지체 없이 병원에 가봐야 합니다. 반면, 제2형 당뇨는 언제부터 생겼는지 모를 정도로 서서히 발생해요. 소변검사를 하면 당이 나오는데, 혈당을 측정해 정확한 진단을 합니다.

❓ 소아 당뇨가 위험한 이유!

① 혈당 관리가 잘 안 될 경우 성장을 방해할 수 있어 문제가 됩니다.

② 성인이 된 후에도 당뇨 환자로 지내야 한다는 점입니다. 아직 소아 당뇨의 치료로는 인슐린 보충 외 다른 치료법이 없는 상태라 지속적인 치료와 관리가 필요합니다.

③ 어린 나이에 찾아올 수 있는 당뇨 합병증이 문제예요. 일반적으로 당뇨 합병증은 당뇨를 앓은 지 20년 후에 발병하지만 너무 이른 나이에 당뇨에 걸리고 혈당이 잘 조절되지 않으면 당뇨 합병증을 앓게 됩니다. 당뇨 합병증은 생각보다 심각한 피해를 줄 수 있어요. 자칫 눈의 망막이 상해서 최악의 경우 실명할 수 있고, 발가락이 썩어 들어가거나 신장이 제 기능을 하지 못해 평생 투석해야 할 수도 있어요.

제2형 당뇨

이와는 다른 양상으로 과체중인 아이들에게 생기는 것이 '제2형 당뇨'입니다. 과체중인 아이의 몸에서 인슐린이 제대로 기능하지 못해 생깁니다. 생활 속 비만을 유발하는 식습관이 제2형 소아 당뇨의 가장 큰 원인인 만큼 표준 체중을 유지하고 운동하면 예방할 수 있습니다.

 ## 어떤 증상이 생기나요?

쉽게 목이 마르고 물을 많이 마시며 화장실에 자주 가요

인슐린 분비 장애로 혈액 내 당이 정상 범위보다 많아지면 소변으로 나옵니다. 이때 당뿐만 아니라 세포들의 수분까지 함께 빠져나와 몸속의 수분이 부족해지죠. 당뇨병에 걸리면 갈증이 심해지는 이유가 바로 이 때문입니다. 그로 인해 평상시보다 많은 물을 마시고 따라서 소변도 자주 보게 됩니다. 아직 소변을 잘 가리지 못하는 아이라면 밤에 소변을 실수할 수 있고, 조금 큰 아이들은 밤에 자다가 깨서 화장실에 가는 일이 잦아집니다.

 닥터's advice

❓ **생과일주스도 마시면 안 된다고요?**

최근 미국 내분비학회에서는 과일을 즉석에서 갈아 마시는 생과일주스가 우리 몸에 좋지 않다는 연구 결과를 발표한 바 있어요. 특히 소아 당뇨를 앓고 있거나 비만아에게는 치명적인 독약이 될 수 있다고 경고합니다. 또 시중에서 파는 주스 역시 건강을 위해서는 자제해야 한다는 것이 이번 연구 결과의 핵심이에요. 당도가 높은 오렌지의 경우 갈아서 주스로 마시게 되면 우리 몸속 혈당이 빠르게 상승하고, 이 같은 급격한 혈당 수치의 상승은 호르몬 체계에 이상을 줄 수 있다는 것이죠. 과일은 주스로 만들어 마시는 것보다는 씹어 먹는 것이 건강에 좋습니다. 굳이 주스로 마시고자 한다면 비교적 당분 함량이 적은 당근, 사과 등을 껍질째 갈아 마시는 것을 권합니다.

갑자기 배고파 해요

당이 소변으로 나오기 때문에 섭취한 칼로리도 많이 빠져나가게 됩니다. 그 결과 밥을 먹고 난 뒤라도 배고픔을 느끼고, 평소보다 많이 먹지만 먹는 만큼의 충분한 에너지를 얻지 못합니다. 먹고 나서 돌아서면 다시 배가 고프다고 허겁지겁 음식을 챙겨 먹는다면 당뇨병을 의심해볼 필요가 있어요.

몸무게가 줄어들어요

계속 배가 고파 평소보다 많이 먹는데도 몸속에서 에너지를 효율적으로 사용할 수 없어서 오히려 체중은 줄어듭니다. 또한 소변을 많이 보므로 탈수 현상까지 생겨 체중 감소가 더욱 심하게 나타납니다.

쉽게 피곤해하고 의욕이 없어요

몸이 피곤해지면서 모든 일에 싫증을 느끼고 의욕이 없어지며 무기력해지는 전신 쇠약 증세를 보이기도 해요. 또 세균에 대한 저항력이 약해져 호흡기·요로·피부감염 등에 잘 걸립니다. 당뇨 환자에게 이런 감염 질환이 발생하면 정상아보다 치료가 잘되지 않는 편이에요.

소아 당뇨 치료, 어떻게 하나요?

소아 당뇨라고 의심되면 병원부터 찾아요

아이가 소아 당뇨 증상을 보이면 지체 없이 병원에 데려가 진단을 받아야 합니다. 소아 당뇨를 방치했을 경우 탈수와 혼수상태에 빠지는 최악의 상황까지 갈 수 있어요. 소아 당뇨가 의심되면 우선 소변검사를 통해 소변에서 나오는 성분을 분석하고, 혈액 검사로 혈당을 확인합니다. 소아 당뇨 진단이 내려지더라도 낙담할 필요는 없어요. 인슐린 주사를 맞고, 혈당을 체크하고, 몸에 좋은 음식과 충분한 운동을 한다면 당뇨병이 있더라도 건강히 지낼 수 있습니다.

인슐린요법이 가장 중요한 치료법이에요

소아 당뇨라면 식이요법과 함께 인슐린 주사가 필요합니다. 인슐린 비의존형 당뇨는 식이요법만으로 잘 지낼 수 있는 반면, 인슐린 의존형 당뇨는 식이요법과 더불어 인슐린 주사를 맞아야 해요. 소아 당뇨는 대다수가 인슐린 의존형 당뇨이기 때문에 인슐린요법이 시행되며, 평생 인슐린 주사를 맞아야 합니다. 이때 부모가 먼저 아이에게 사용할 인슐린의 양과 주사 사용법을 잘 알고 있어야 하며, 아이 역시 성장함에 따라 스스로 할 수 있도록 배워야 해요. 의사보다는 부모에 의해 치료가 이루어지므로 부모는 당뇨검사와 혈당검사를 해 인슐린 양을 조절할 줄 알아야 합니다. 혹시 의심스러우면 주치의 선생님과 언제든 상담하고, 인슐린의 종류와 용량은 의사의 지시에 따라 결정합니다. 2020년부터 편하게 혈당을 체크하는 연속혈당측정기와 몸속에 자동으로 인슐린을 주입하는 인슐린 자동주입기에 건강보험이 적용될 예정입니다.

혈당검사를 통해 혈당이 잘 유지되고 있는지 체크합니다

혈당을 정상적으로 유지하는 것이 중요해요. 그러므로 당뇨 증상을 보일 때는 24시간 소변검사, 혈당검사를 적당한 간격으로 실시해 당뇨 조절이 잘 되는지 확인합니다. 매일 정기적인 혈당 측정을 습관화해 가능하면 식후 혈당이 140mg/dL 이내, 적어도 200mg/dL는 넘지 않아야 해요. 감기나 세균 감염에 걸리면 인슐린 필요량이 증가하므로 일시적으로 인슐린 주사량을 늘려야 합니다. 또 저혈당에 빠질 위험에 대해서도 주의해야 해요. 인슐린을 많이 주사하거나 식사를 정해진 시간에 먹지 않거나 불충분하게 먹었을 때, 심한 운동 후에 혈당이 떨어져요. 특히 어린아이는 쉽게 저혈당에 빠지는데, 이때 안색이 창백해지고 진땀을 흘리며 주의력이 산만해집니다. 머리가 아프고 화를 내거나 울고 신경질적이 되지요. 또 온몸이 나른해지고 손발이 떨리며, 몹시 배고파 합니다. 졸리거나 어지럽고 심하면 의식을 잃으며 경련을 일으키기도 해요. 이런 경우를 대비해 당뇨가 있는 아이는 비상용으로 사탕이나 캐러멜 3~4개를 지니고 다니면서 저혈당 증상이 조금이라도 나타날 때 즉시 먹도록 합니다. 설탕물이나 주스 등을 반 컵 정도 마시는 것도 방법입니다.

인슐린, 음식 그리고 운동의 균형을 맞춰요

인슐린 주사를 맞더라도 매일같이 식사와 운동요법을 반드시 병행해야 상태가 악화되지 않아요. 인슐린 투여량과 운동량을 아이가 섭취하는 음식량에 맞춰주며 균형을 이루는 게 중요하지요. 예를 들어 아이가 운동을 많이 할 때는 인슐린을 적게 투여하거나 음식을 많이 먹는 것입니다. 아이는 한창 성장하는 시기이므로 어른처럼 식사량을 제한하는 등 엄격한 식이요법으로 치료할 순 없어요. 식이요법이라고 해도 먹는 양을 줄이는 것이 아니라 충분한 영양을 섭취하도록 해야 합니다. 다만 과식을 피하고, 혈당이 잘 조절되도록 여러 번에 나눠주는 것이 좋아요.

 닥터's advice

❓ 혈당이 높은지, 낮은지 어떻게 알 수 있나요?

아이의 몸에 인슐린이 충분하지 않을 때, 또는 너무 많은 음식을 먹었을 때는 몸속 혈당이 높아집니다. 혈당이 높아지면, 몸 안의 장기들이 손상될 수 있어 혈당을 정상 목표 범위로 유지하는 것이 중요하지요. 아이를 담당하는 소아 주치의가 80~140mg/dL와 같은 '목표 범위'라는 숫자를 줄 것입니다. 이 목표 범위는 물론 아이마다 다를 수 있어요. 이 수치는 당뇨가 있는 아이가 늘 유지해야 할 최상의 혈당 수치입니다. 하지만 혈당검사 결과는 단지 숫자에 불과하다는 것을 명심하세요. 수치가 목표 범위 내에 있을 수도 있고, 너무 높거나 너무 낮을 수도 있어요. 수치가 너무 높거나 낮을 때는 무엇이 균형을 깨트렸는지 알아봐야 해요. 높은 혈당 수치에 따라 인슐린을 조절하는 법을 배움으로써 혈당 수치를 목표 범위 내로 유지하는 노력을 계속해나가야 합니다.

❓ 특수상황일 때, 이렇게 대처해야 합니다!

• **저혈당일 때** 혈당이 70mg/dL 이하로 떨어졌을 경우 10~15g의 단순당 섭취(설탕이나 꿀 10~15g, 단 주스 1/2컵, 사탕 3~4개)가 필요합니다.

• **아플 때** 평소보다 혈당이 높아지므로 자주 혈당을 검사하고 주사를 맞도록 합니다. 밥 먹기 힘들다면 혈당 유지를 위해 먹기 쉬운 죽이나 수프 등을 먹입니다. 음식을 먹기 힘들다면 음료나 미음을 먹입니다.

• **여행 갈 때** 혈당 조절이 잘되고 본인이 식사와 혈당검사, 주사 등을 능숙하게 할 수 있을 때 여행을 갑니다. 여행 중이라도 가능한 한 식사를 거르지 말고 시간에 맞추어 먹되, 저혈당을 대비해 간식을 충분히 준비합니다.

• **운동할 때** 활동량이 많거나 격렬한 운동을 할 경우, 운동 전 인슐린 용량을 줄이거나 운동 전에 추가 간식이 필요합니다.

운동이나 취미 활동을 계속할 수 있어요

당뇨가 있다고 해도 축구·수영·자전거 타기 같은 운동이나 영화를 보거나 산책하기 등 취미 활동을 충분히 할 수 있어요. 단, 제1형 당뇨로 진단받은 아이라면 운동 전 저 혈당 증상이 있는지 확인한 다음 합니다. 운동 시에는 혈당이 변동한다는 사실을 알려주고, 심한 운동 전에는 간단한 간식을 주는 것이 좋습니다. 매일 20~30분간 땀을 흘릴 정도로 운동하는 것은 괜찮습니다.

 ## 식습관과 체중을 관리해요

밥, 빵, 사탕 등은 적게 먹고 고기, 생선, 채소를 많이 먹이세요

5대 영양소를 고루 섭취하는 식습관을 들여야 합니다. 비만인 아이에게도 좋은 식단이에요. 성인 당뇨의 경우 칼로리를 낮춘 식단을 권장하지만, 소아 당뇨에 걸린 아이는 성장 단계에 있으므로 칼로리를 낮추되 단백질을 충분히 보충하는 것이 바람직합니다. 인슐린을 급하게 올리는, 당 지수가 높은 빵, 흰밥 등은 가능한 한 피하는 것이 좋습니다. 대신 당을 서서히 올리고 급격히 당 수치를 떨어뜨리지 않는 음식 위주로 먹입니다. 가공식품이나 인스턴트식품은 피하고 제철에 나는 신선한 식재료를 먹이세요. 정제된 곡류보다는 도정이 덜 된 곡류를, 주스나 통조림보다는 생과일을, 채소즙보다는 생채소를 먹으면 섬유질 섭취를 늘릴 수 있습니다. 반면 콜레스테롤과 포화지방산이 많은 식품, 즉 라면, 과자, 튀김, 마가린, 쇼트닝 등은 되도록 삼가는 것이 좋습니다.

표준 체중을 유지하게 도와주세요

제2형 당뇨병은 충분히 예방 가능한 질환이에요. 채소와 육류를 골고루 먹게 하고 아이가 표준 체중을 유지하도록 꾸준히 신경 쓰면 됩니다. 아이가 표준 체중이라면 적당한 운동과 식습관 조절을 통해 성인이 될 때까지 그 체형을 유지할 수 있도록 돕는 것이 부모의 중요한 역할이에요. 특히 당뇨병의 가족력이 있거나 아이가 비만이라면 정기적으로 소아청소년과를 방문해 당 검사를 받는 것이 좋습니다. 부모와 함께 생활 습관을 잘 만들어나가야 합니다.

 Dr. B의 우선순위 처치법

1. 소아 당뇨가 의심된다면 병원에서 당 검사를 받습니다.
2. 혈당이 정상 범위로 잘 유지되고 있는지 수시로 체크합니다.
3. 고단백, 저칼로리 식단으로 체중과 혈당을 관리해주세요.

소아 당뇨로 고생하는 아이, 집에서 어떻게 돌볼까요?

1 패스트푸드와 탄산음료는 가능한 한 먹이지 않습니다.

2 걷기나 줄넘기 같은 운동을 꾸준히 하는 습관을 들여주세요.

3 가족과 함께 야외 활동을 할 수 있다면 더할 나위 없이 좋습니다. 손쉽게 할 수 있는 산책부터 시작해보세요.

4 집안일을 거들게 하는 것도 좋아요.

5 TV를 보거나 게임하는 시간을 하루 평균 2시간 미만으로 제한합니다.

내분비 질환

776

소아 비만

또래보다 지나치게 뚱뚱해요.

체크 포인트

☑ 소아 비만은 아이가 소모하는 에너지의 양보다 섭취하는 칼로리가 많은 것이 주원인입니다. 성인까지 이어질 때가 대부분이어서 지금부터 잘 관리해야 합니다.

☑ 영양 과잉 상태인 아이를 그대로 놔두는 것은 아이에게 소아 당뇨병, 고혈압, 성조숙증 등 질환을 안기는 것과 다름없습니다.

☑ 비만은 성호르몬 분비에도 영향을 미칩니다. 소아 비만은 성조숙증으로도 이어져 성장이 일찍 멈추는 상황이 생길 수 있어요.

☑ 아이가 좋아하는 햄버거나 튀김 등 인스턴트식품 대신 맛있게 먹을 수 있는 저열량 식단 위주로 먹이세요.

☑ 소아 비만에 운동은 필수입니다. 가벼운 운동으로 시작해 일주일에 적어도 3번, 하루에 30분~1시간은 운동합니다.

최근 소아 비만이 증가하고 있어요

체내에 지방 조직이 과도하게 축적된 상태

비만이란 단순히 체중만 많이 나가는 것이 아니라 지방세포의 비정상적인 증가로 인해 체중이 늘어난 상태를 말합니다. 과식, 신체활동 부족, 식사 패턴의 불규칙 등 다양한 요인들이 복합적으로 작용해 섭취한 열량보다 소비하는 열량이 적을 때 비만이 되기 쉽습니다. 혹 적게 먹는다고 하더라도 그만큼 움직이지 않으면 그 또한 비만의 원인이 될 수 있어요. 특히 소아청소년기에 시작되는 비만은 지방세포의 크기는 물론 수까지 함께 증가하기 때문에 문제가 됩니다. 증가한 지방세포의 숫자만큼 성인이 됐을 때 그 부피가 증가하므로 지방의 총량이 많아지기 때문입니다. 또 한 번 늘어난 지방세포의 수는 다시 줄일 수 없습니다. 그래서 소아 비만을 겪은 사람은 성인 비만이 될 확률이 5배 이상이 되고 체중 감량도 어려워요.

비만은 키 성장에도 영향을 미쳐요

'어릴 때 찐 살은 다 키로 가니까 괜찮다'며 아이의 비만을 대수롭지 않게 여기는 부모

 닥터's advice

❓ 어떤 아이가 비만인가요?

'뚱뚱한 아이=비만아'라고 생각하기 쉽지만, 의학에서 정의하는 비만아는 실제 체중이 신장별 표준 체중(1229쪽 표 참고)보다 20% 이상 되는 경우입니다. 아래 공식을 통해 비만도를 확인해볼 수 있어요. 비만도가 20~30%면 경도 비만, 30~50%면 중등도 비만, 50% 이상은 고도 비만으로 분류합니다.

비만도(%) = (실제 체중 – 신장별 표준 체중) / 신장별 표준 체중 X 100

예를 들어 5세 남아의 키가 109cm, 체중이 25kg라고 할 때, 이 아이의 신장별 표준 체중은 19kg입니다. 그렇다면 비만도는 25(kg) – 19(kg) / 19(kg) X 100 = 31%가 되므로 아이는 중등도 비만에 해당합니다.

들이 많습니다. 게다가 아무리 살집이 있다 하더라도 또래보다 키가 크면 정상적인 성장으로 착각하지요. 요즘엔 영양 부족인 아이들이 거의 없습니다. 인스턴트나 패스트푸드를 먹을 기회는 많은데 운동량은 부족해 건강한 성장을 막고 있지요. 비만은 건강에 나쁜 영향을 미치는 것은 물론 성장기 아이일 경우 키 성장에도 악영향을 줍니다. 겉으로 보기엔 건강하게 잘 자라는 것 같지만, 비만일 경우 성장판이 더 빨리 닫힐 가능성이 있어요. 내 아이가 정상 체중으로 자라고 있는지 궁금하다면 이 책의 부록 신장별 표준 체중표를 참고하세요.

소아 비만을 일으키는 원인은 다양해요

비만이 나타나는 이유는 아주 단순합니다. 섭취한 에너지가 소모되는 에너지보다 많으면 초과한 에너지가 지방으로 축적되어 비만을 초래합니다. 그러므로 많이 먹고 움직이질 않으면 그만큼 비만이 될 가능성이 커집니다. 간혹 유전이나 특정 질환으로 인해 소아 비만이 나타날 수도 있어요. 소아 비만을 일으키는 다양한 원인을 알아보

 닥터's advice

❓ 아이 성장기별 비만 경계령!

• **1세 미만의 영아** 우유를 과다하게 섭취하는 것은 지방세포를 증식시켜 평생 비만이 될 수 있으므로 주의해야 합니다.

• **유치원생이나 초등학생** 열량이 높은 패스트푸드와 설탕이 많이 들어 있는 단 음료수를 가급적 먹지 않도록 합니다. TV를 보거나 컴퓨터 하는 시간을 제한하고, 야외에서 활동하는 시간을 늘리는 것이 좋아요. 또 엘리베이터 대신 계단을 이용하거나 가까운 거리는 차를 타지 않고 걸어 다니는 등 생활습관을 살짝만 바꿔도 비만을 충분히 예방할 수 있습니다.

• **청소년기** 정신적인 스트레스가 많은 시기이므로 심리적 요인에 의한 보상 작용으로 음식을 과다섭취할 수 있어요. 이를 특히 주의해야 합니다. 반면 신체활동은 줄어들어 에너지 대사의 불균형이 올 수 있는 시기이기도 합니다.

고 적절히 대처합니다.

· 과다한 음식 섭취 소아 비만의 주된 원인은 음식의 과다섭취예요. 대한소아내분비학회 보건위원회가 고도 비만 아이들의 식습관을 조사한 결과, 보통 아이들보다 과식하고 식사 속도가 빠르며, 특히 저녁 식사를 많이 하는 것으로 나타났습니다. 기름기 많은 음식을 선호한다는 특징도 있습니다.

· 유전적 요인 부모 중 한 사람 혹은 둘 다 비만인 경우 아이 역시 비만이 될 가능성이 큽니다. 부모 둘 다 비만이 아닌 아동에 비해 4~5배까지 높아지죠. 또한 형제 중 비만아가 있으면 다른 형제도 비만이 될 확률이 50~80%에 이릅니다. 비만이 되는 것은 환경적인 요소도 무시할 수 없어요. 부모나 형제 중 비만한 사람이 있다는 것은 평소 기름진 음식을 많이 먹거나, 야식이 잦거나, 폭식하는 것이 매우 자연스럽기 때문이지요. 그러므로 비만이 유전되는 이유는 유전적인 요소와 더불어 그 가족의 식습관 등 환경적인 요소가 복합적으로 작용합니다.

· 운동 부족 먹는 양이 많더라도 그만큼 에너지를 많이 소비하면 비만이 될 염려는 없습니다. 하지만 비만아를 살펴보면 활동량이 크게 부족해요. 비만이 된 이후에는 몸이 무거워 더 움직이기 힘들어하기 때문에 비만이 촉진되는 악순환이 생기지요. 최근 소아 비만이 늘고 있는 원인으로 TV 시청, 혹은 컴퓨터 게임과 관련이 있다는 연구도 있습니다. TV를 습관적으로 보거나 컴퓨터 게임에 푹 빠진 아이들은 에너지 소모가 많은 육체 활동을 거의 하지 않기 때문에 비만해집니다. 또한 TV 시청이나 컴퓨터 게임을 하면서 간식을 먹는 것도 비만을 초래하는 원인이 됩니다. 그러므로 소아 비만을 막기 위해서는 TV 시청, 컴퓨터 게임 등을 자제하고 밖에서 뛰어노는 시간을 늘려야 합니다. 또한 겨울방학에는 추운 날씨로 바깥 활동에 제한을 받는 만큼 일시적으로 체중이 증가할 수 있어 이에 대한 대비도 필요합니다.

소아 비만, 왜 문제가 될까요?

소아 비만은 성인 비만보다 더 위험해요

소아 비만은 성인 비만과 분명히 다른 점이 있습니다. 성인 비만은 이미 만들어진 지방세포의 크기가 점점 커지는 비대형 비만이 주를 이루지만, 소아 비만은 지방 세포의 수가 늘어나는 증식형 비만이 많아요. 그런데 비대형 비만보다 증식형 비만이 치료하기가 훨씬 더 어렵습니다. 지방세포의 크기는 운동이나 식이요법 등으로 줄일 수 있지만 늘어난 지방세포의 수는 지방 흡입과 같은 인공적인 수단이 아니고서는 해결 방법이 없기 때문입니다. 그래서 소아 비만이었던 아이는 성장하면서 아무리 열심히 다이어트를 한다고 해도 일시적으로 효과를 볼 뿐 다시 비만이 재발할 우려가 큽니다. 소아 비만의 80%는 성인 비만으로 이어진다는 통계가 나오는 이유입니다.

 닥터's advice

❓ 식습관, 이것만 지켜도 성공이에요!

① 일정한 시간에 식사합니다 아침을 거르면 16~18시간 동안 아무것도 먹지 않은 상태가 되어 체내 대사율이 떨어지면서 몸속 기관들의 활동량도 함께 떨어집니다. 에너지를 잘 소비해야 비만이 안 되는데 대사율이 떨어지면 같은 양을 먹어도 몸에 쌓이는 것이 더 많아지죠. 그래서 규칙적으로 먹는 습관을 들이는 것이 좋아요.

② 오랫동안 천천히 잘 씹어 먹어요 입에 들어간 음식은 20회 이상 잘 씹어 먹는 습관을 기릅니다. 씹을수록 위의 소화효소가 충분히 분비되기 때문에 소화도 잘되고 오래 먹는 동안 포만감이 생겨 먹는 양도 줄어듭니다.

③ 당 지수가 낮은 음식을 먹는 게 좋아요 허기를 계속해서 느끼고 먹을 것을 찾는 이유는 당 지수가 높은 음식을 자주 먹기 때문인데요. 당 지수란 포도당을 섭취했을 때 혈당이 올라가는 정도를 100으로 볼 때, 특정 식품을 섭취했을 때 혈당이 올라가는 정도를 비율로 계산한 값이에요. 당 지수가 낮은 음식은 혈당을 천천히 변화시켜 배고픔을 천천히 느끼게 되니, 당 지수도 체크하세요.

④ 과일을 지나치게 먹는 건 오히려 안 좋아요 과일을 많이 먹으면 비타민을 더 섭취할 수 있다고 생각하지만, 사실 과일에는 비타민이나 미네랄이 그리 많이 들어 있지 않아요. 반면 맛을 좋게 하려고 당도를 많이 올린 상태입니다. 그러다 보니 과일을 많이 먹어도 비만이 생기는 원인이 될 수 있어요. 그러므로 지나친 과일 섭취는 피하는 것이 좋아요.

성장호르몬의 역할을 방해해요

비만인 아이는 처음엔 또래보다 키가 큰 편에 속해요. 하지만 비만 상태가 이어지면 뇌의 시상하부에서 성장억제호르몬을 분비해 성장호르몬 분비를 줄입니다. 영양 불균형은 면역 기능을 떨어뜨려 질병에 노출될 확률을 높이고, 고칼로리 음식은 체지방을 과도하게 축적해 사춘기를 앞당겨 성장 기간을 단축시켜요. 또한 체내 칼슘 배설을 촉진해 뼈의 성장에도 악영향을 끼칠 수 있습니다.

성조숙증을 일으키는 주요 원인 중 하나입니다

몸에 지방이 축적되면 사춘기가 빨리 시작됩니다. 몸에 잔뜩 쌓여 있는 체지방이 사춘기를 앞당기기 때문입니다. 체지방량이 증가하면 우리 몸에서는 '렙틴'이라는 호르몬이 많이 분비되는데, 이 호르몬은 혈관을 통해 뇌 시상하부로 가서 사춘기를 일으키는 신호전달호르몬을 내보내지요. 사춘기가 일찍 시작되면 성장판도 일찍 닫혀 키가 자랄 수 있는 시기가 그만큼 짧아집니다.

성장기의 소아 비만은 건강에도 적신호예요

비만으로 생기는 합병증, 즉 고혈압, 고지혈증, 지방간, 당뇨병 같은 성인 질환들이 이미 소아기에 나타날 수 있어요. 거기에다 우울감, 과잉행동, 돌발행동, 공격성, 집중력 저하, 무기력증 등 다양한 심리적 문제가 한꺼번에 나타날 위험 또한 높아집니다. 자신의 외모에 대한 열등감과 자신감 결여, 운동 능력의 저하 등으로 점차 소극적인 성격이 되고 비사교적인 생활 태도를 보여 사회생활에도 많은 지장을 끼칩니다. 그뿐만 아니라 소아 비만은 두뇌 성장을 방해해 지능을 떨어뜨리는 위험까지 있습니다.

생활습관을 바꿔야 소아 비만에서 탈출할 수 있어요

중요한 것은 식습관 교정입니다

소아 비만을 치료하기 위해서는 식습관을 바꿔, 먹는 양을 조절하고 운동으로 칼로리를 소비하는 것이 가장 중요합니다. 경도 비만아의 경우 현재 체중을 유지만 해도 신장이 커지면서 자연스럽게 비만도가 정상이 돼요. 그래서 식사를 너무 엄격하게 제한할 필요는 없습니다. 유아 혹은 소아의 경우 한창 성장해야 할 나이이기 때문에 식이요법을 하더라도 필수 영양소를 적절히 공급해줘야 하죠. 저열량, 저탄수화물, 저지방 식단을 기본으로 성장에 필요한 단백질을 충분히 섭취할 수 있는 고단백질 식이요법이 필요합니다. 식이요법을 통한 체중 감량은 오랜 시간을 두고 서서히 진행해야 해요. 또한 어린아이들은 의지가 약하고 인내심이 부족하므로 부모와 가족의 협조가 필요합니다. 예를 들어 아이에게는 기름진 음식을 먹으면 안 된다고 하면서 피자와 치킨을 수시로 먹는다면 아이가 좀처럼 견딜 수 없겠지요. 그래서 아이에게만 인내를 강요하고 다른 가족들은 전혀 이해하지 않고 협력하지 않는다면 백발백중 실패할 수밖에 없습니다. 다른 물리적인 방법의 치료는 성장기 아이에게 나쁜 영향을 줄 수 있기 때문에 가장 기본적인 식습관과 운동 습관을 제대로 정립하는 것이 먼저입니다.

운동은 필수! 최소한 30분 이상 가볍게 하는 게 좋아요

운동은 체중을 줄이기 위해서도, 유지하기 위해서도 필요합니다. 걷기, 자전거, 줄넘기, 수영 같은 유산소 운동이 좋으며 땀이 날 정도로 30분 이상 지속합니다. 성장호르몬은 수면 중에 발생하지만, 운동 중에도 발생합니다. 운동 시작 30분 후부터 성장호르몬이 분비되기 때문에 운동을 시작했다면 최소 30분은 넘기는 것이 좋습니다. 일주일에 최소한 3~4회 이상 규칙적으로 합니다.

몸에 밴 나쁜 습관을 고치세요

비만은 누적된 생활습관의 결과입니다. 이를테면 비만아는 먹는 습관, 즉 식사시간, 식사 장소, 음식의 종류(고지방, 인스턴트식품, 음료수)에서 문제점이 발견되지요. 운동 습관도 문제가 있기는 마찬가지입니다. 운동을 잘 하지 않는 것은 물론이고 억지로 운동을 시키더라도 대충하다가 금세 끝내는 경우가 많아요. 비만에서 탈출하기 위해서는 식습관이나 운동 습관 등을 파악해 그것을 교정해야 합니다. 우선 식사는 규칙적으로 하고 야식을 세끼하며 음식은 작은 그릇에 담아 식탁에 앉은 채로 천천히 먹게 합니다. 또 TV나 컴퓨터 사용 시간을 줄이고 그 대신 운동 같은 육체 활동을 하는 시간을 늘려요. 단, 이런 과정들이 서서히 꾸준히 이루어져야 합니다. 오랫동안 습관처럼 굳어진 것을 하루아침에 바꾸려고 하거나 목표를 지나치게 높게 잡으면 오래 실천하지 못하고 중도에 포기해버릴 우려가 있으니까요. 계획대로 못 한다고 아이를 몰아세우기보다는 잘했을 때 칭찬과 격려를 해주고, 그에 대해 보상을 하는 것이 훨씬 효과적입니다.

 Dr. B의 우선순위 처치법

1. 아이의 식습관을 점검하고 건강한 식단과 꾸준한 운동을 습관화합니다.
2. 폭식은 피하고 일정한 시간에 규칙적인 식사를 합니다.
3. 어릴 때 비만이 성인까지 이어지지 않도록 지금부터 관리해주세요.

아이와 함께 식사 일기를 적어보세요!

오늘 하루 무엇을 먹었는지, 너무 많이 먹지는 않았는지 체크해보세요. 엄마가 칼로리를 계산해주거나 아이 스스로 식사 일기를 쓰도록 해 자제하는 법을 배우게 하는 것이 좋습니다. 이럴 때 도움이 되는 것이 '신호등 식이요법'이에요. 아래 표를 보고 아이가 먹은 음식으로 신호등의 색깔을 알려주세요. 먹어서 좋지 않은 음식을 스스로 자제할 수 있는 동기부여를 하는 데 효과만점입니다.

내분비 질환

식품군	초록군 (자유롭게 먹여도 좋아요)	노랑군 (과식은 금물)	빨강군 (되도록 먹지 않아요)
채소군	오이, 당근, 배추, 무, 김, 미역, 다시마, 버섯 등		샐러드 (마요네즈 사용)
과일군	레몬	사과, 귤, 배, 수박, 감, 토마토주스	과일 통조림
어육류군 (콩류 포함)	기름기 걷어낸 맑은 육수	기름기 없는 육류, 닭고기, 생선구이나 찜, 달걀, 두부	튀긴 육류 (치킨, 돈가스)
우유군		흰 우유, 두유, 분유, 치즈	가당 우유 (초코나 딸기 우유)
곡류군		밥, 빵, 국수, 떡, 감자, 고구마	고구마튀김, 도넛, 감자튀김, 맛탕
지방군			마가린, 버터, 마요네즈
기타	녹차	잡채	아이스크림, 설탕, 사탕, 꿀, 콜라, 과자류, 파이, 케이크, 초콜릿, 양갱, 젤리, 유자차, 꿀떡, 약과, 피자, 핫도그, 햄버거

▲ 소아 비만 환자를 위한 신호등 식이요법

키와 성장

3개월마다 아이 키와 몸무게를 체크하세요.

내분비 질환

체크 포인트

☑ 아이가 정상적으로 성장하고 있는지 알아보는 방법은 의외로 간단해요. 3개월마다 1회씩 아이 키와 몸무게를 정기적으로 재는 것입니다. 키와 몸무게를 꾸준히 체크해 표준치와 비교해보며 아이의 성장 속도에 문제가 있는지 확인합니다.

☑ 생활습관을 개선하는 것이 필요합니다. 음식을 골고루 섭취하고, 매일 꾸준하게 운동하며, 일찍 잠드는 습관을 기르도록 도와주세요.

☑ 키 성장을 위해서는 아래위로 뛰어 무릎 성장판에 자극을 주는 운동이 효과적이에요.

☑ 아이가 표준 키보다 10cm 이상 작거나 성장기 동안 1년에 4cm 이상 자라지 않을 때는 성장장애로 판단할 수 있어요. 이때는 전문 클리닉에 도움을 받아보는 게 좋습니다.

우리 아이 키, 잘 크고 있나요?

성장기 아이를 둔 엄마라면 가장 궁금해하는 것 중 하나가 '키'에 관한 겁니다. 우유를 많이 먹어라, 운동을 열심히 해라, 칼슘을 먹어라 등등 주위를 둘러보면 키 크는 법에 관한 방법론이 넘쳐나요. 거기에다 최근엔 성장호르몬 요법까지 있습니다. 하지만 최고의 방법은 하나입니다. 바로 '잘 먹고, 잘 자고, 열심히 운동하는 것'이죠. 세 가지 원칙을 제대로 지키는 것이 그리 쉬운 일은 아닙니다. 과연 아이 키를 크게 하는 열쇠는 어디에 있는 걸까요?

키는 유전일까, 환경일까

키는 유전적 요소가 70~80%를 차지하며, 영양 상태나 운동, 질병 등 환경적 요소가 20~30%를 결정합니다. 아이의 키가 순전히 엄마와 아빠의 유전적 요인에 의해 결정된다면 우리 아이 예상 키는 얼마나 될까요? 엄마와 아빠의 유전자를 절반씩 닮았다는 전제하에 아래와 같은 공식이 나옵니다.

> ***참고** 남자아이 : 아버지의 키+어머니의 키+13cm / 2
> 여자아이 : 아버지의 키+어머니의 키-13cm / 2

남자아이의 경우 13을 더하는 이유는 남자가 여자보다 평균적으로 13cm 정도 크기 때문이에요. 그러나 이것은 어디까지나 평균적인 계산법일 뿐, 오차를 고려해야 합니다. 부모의 키가 작고 아이가 성인이 되었을 때의 예상 키가 작다고 미리 상심하기에는 이릅니다. 크게 자랄 수 있는 유전자를 물려받았더라도 영양 상태가 나쁘면 결국 작은 키가 되고, 그리 크지 않을 유전자를 받았더라도 후천적인 요인에 의해 성장할 수도 있습니다.

유전적 키를 넘어서려면 어떻게 해야 할까요?

6세 이전의 유아일수록 생활환경이 미치는 영향이 절대적인 만큼 부모가 얼마나 신경 쓰느냐에 따라 달라집니다. 성장에 영향을 미치는 환경 요인은 바른 자세, 체형, 영양, 수면, 질병, 비만, 운동, 정신적 스트레스 등을 꼽을 수 있어요. 아이의 성장 상태를 꼼꼼히 살피고 영양이나 수면 같은 요소를 적극적으로 관리하면 유전자상 클 수 있는 키보다 더 클 수 있습니다.

우리 아이 키는 정상일까요?

정상적으로 성장하고 있는지부터 체크해보세요

태아는 10개월 동안 엄마 배 속에서 무럭무럭 자라 약 50cm의 키로 세상에 태어납니다. 이후 12개월쯤에는 75cm, 24개월에는 88cm로 성장하는 것이 평균치예요. 생후 2년까지가 '제1 성장기'로 일생에서 가장 왕성하게 성장합니다. 이후 꾸준히 자라 4세에는 약 100cm가 되어 태어났을 때의 2배가 됩니다. 다시 청소년기 전까지 1년에 5~7cm씩 자라며, 사춘기가 되면 1년에 8~10cm씩 자라기도 해요. 사춘기가 지나면 성장 속도가 급격하게 줄어 남자는 평균 17세, 여자는 16세에 성인 키에 도달합니다. 이렇게 한창 크는 시기에 질병을 앓거나 성장에 필요한 영양소를 제때 골고루 섭취하지 못하면 정상적인 성장을 방해받게 돼요. 7세 이전 아이가 1년에 5cm 이상 자라지

 닥터's advice

❓ **한국인의 평균 키는 얼마일까요?**
1985년 우리나라 18세 남자와 여자의 키는 168.9㎝와 157.3㎝였으나 1998년에는 172.5㎝와 160.5㎝가 되었습니다. 13년이란 '짧은 기간'에 한 나라의 평균 키가 3.6㎝(남), 3.2㎝(여)씩 커지는 것은 드문 일이지요. 그러나 2007년 18세 한국인 남녀의 키는 173.4㎝와 160.7㎝로, 1998년에 비해 각각 0.9㎝와 0.2㎝ 크는 데 그쳤습니다. 사춘기는 영아기에 이어 두 번째로 빠르게 자라는 시기로 남자는 평균 3.3년 동안 약 25~30㎝, 여자는 평균 3.6년 동안 약 15~20㎝가 자랍니다. 과거보다 사춘기가 빨라지면서 아이들이 일찍부터 키가 훌쩍 자라고 있어요. 그런 이유로 요즘 아이들이 유독 키가 커 보이는 느낌을 받습니다.

않고, 또래보다 10cm 이상 작을 때, 100명 중 키 작은 순서로 3% 이내에 들 때는 성장장애를 의심합니다. 그렇다면 아이가 지금 정상적으로 잘 자라는지는 어떻게 알 수 있을까요? 방법은 간단해요. 3개월에 한 번씩 정기적으로 아이의 키와 몸무게를 재보는 것입니다. 이때 아이가 좋아할 만한 키 재기 자를 활용하거나, 평소 잘 먹고 잘 자는 등 올바른 생활습관과 연결지어 키가 큰 것을 칭찬해주세요. 그러면 아이 역시 자신의 성장 과정에 관심을 두고 키 재는 것을 즐기게 됩니다.

성장 수치를 '소아 발육 표준치'와 비교해봅니다

아이의 발육 정도를 나타낸 '소아 발육 표준치'를 보면, 우리 아이가 지금 정상 범위에서 잘 자라고 있는지 확인할 수 있습니다. 표준 체중이나 신장으로부터 2.5 표준 편차 이내 범위의 아이는 모두 정상으로 봅니다. 행여 아이가 발육 표준치에 미치지 못한다고 해서 미리 걱정할 필요는 없어요. 아이의 성장 속도는 나이에 따라 다르기 때문에 빨리 크지 않는다고 해서 조급해하거나 다른 집 아이보다 체격이 작거나 체중이 덜 나간다고 해서 걱정할 필요는 없습니다. 아이마다 자라는 양상이 다르므로 아이가 어리다면 조금 더 지켜봅니다. (1227쪽 소아 발육 표준치 참고)

3세 이전 아이는 키보다는 몸무게가 더욱 중요해요

아이는 세 살까지 빠르게 성장합니다. 세 살 이후에는 성장 속도가 둔화해 1년에 4~6cm 자라는 게 보통이죠. 몸무게는 생후 1년이 지나 돌이 되면 태어났을 때의 3배(10kg)가 되고, 세 살이면 14kg으로 늘어납니다. 아이 키와 성장에 중요한 영양 상태를 확인하기 위해서는 몸무게가 중요한 기준이 돼요. 키는 유전적인 요인이 많은 데 비해 몸무게는 현재 아이의 영양 상태를 그대로 반영하기 때문입니다. 돌이 지나면서 걷기 시작하고 활동량이 많아지면 크기 위해서뿐만 아니라 활동하기 위해서도 아이는 에너지 소모가 많아집니다. 이때 기반이 되는 것이 바로 몸무게이지요. 그래서 영유아 시기에는 몸무게가 잘 느는 것이 중요합니다. 아이가 잘 자라고 있는지 몸무게를 예민하게 살피고, 몸무게의 변화에 신속하게 대응하며 건강을 관리합니다.

3세부터 시작하는 키 키우기 프로젝트

아이가 지나치게 작아 성장장애가 의심되는 경우가 아니라면, 병원에 가지 않고도 얼마든지 클 수 있습니다. 아이가 잘 크기 위해서는 잘 먹고, 잘 자고, 꾸준히 운동하고, 스트레스를 많이 받지 않아야 해요. 생활습관을 바꾸고 식단에 신경 쓰며 운동 역시 꾸준히 하는 게 최고의 방법입니다. 먼저 아이의 현재 키와 체중을 재어 표준치와 비교해보세요. 표준치에 해당한다면 앞으로 꾸준한 성장을 위해, 조금 작다면 정상적인 성장을 위해 아이의 현재 성장 정도를 파악해둡니다. 그런 다음 하루, 이틀 많게는 일주일간 아이의 건강과 관련된 사항을 모두 꼼꼼하게 기록해보세요.

제대로 먹이기: 먹지 않고는 크지 않아요!

잘 먹지 않는 아이가 클 수는 없어요. 유전적 요인 이외에 아이의 성장을 좌우하는 요소가 바로 '영양 상태'입니다. 영양 상태가 불량한 경우는 크게 두 가지로 볼 수 있어요. 하나는 아이의 기질이나 성격 때문에 먹는 양이 적고 편식하는 경우이고, 다른 하나는 엄마가 주는 식단 자체가 불균형한 경우입니다. 아이가 잘 먹는 편인데도 성장이 더디면 엄마가 차려주는 아이 식단을 꼼꼼히 따져봐야 해요. 성장을 위해서는 탄수화물·단백질·지방·비타민·무기질·섬유소 등 모든 영양소를 골고루 갖춰야 하는데, 특히 단백질·철분·칼슘·비타민이 풍부한 음식을 충분히 섭취해야 합니다.

•키 크는 것을 도와주는 음식

① 살코기 단백질: 쇠고기와 돼지고기, 닭고기 등 육류에서 지방을 제외한 살코기를 먹입니다. 살코기에는 단백질이 풍부해요. 키 성장에 도움이 됩니다.

② 멸치·뱅어포 같은 뼈째 먹는 생선: 칼슘은 성장에 직접 관여하는 영양소입니다. 뼈와 치아는 칼슘이 주성분으로, 뼈째 먹는 생선은 뼈대와 치아 조직을 형성하고, 신체 기능 조절에 도움이 됩니다. 멸치를 좋아하지 않으면 믹서에 갈아서 가루로 해놓고 우유 마실 때 타 먹이면 좋아요.

③ 조기·고등어·꽁치 같은 생선류: 포화지방이 적고 양질의 단백질이 많을 뿐 아니라

칼슘 함유량도 높은 식품이에요. 혈관을 튼튼하게 하고, 두뇌 발달을 촉진하므로 일주일에 3회 이상 먹이는 게 좋습니다.

④ 비타민 C가 풍부한 과일과 채소: 키가 크는 데 중요한 역할을 할 뿐 아니라 건강과도 직결됩니다. 특히 면역 기능을 강화해 감기 예방에 효과적이고 철분이 잘 흡수되게 해요. 철분이 모자라면 빈혈로 인한 식욕부진이 나타나 발육이 늦어질 수 있습니다.

⑤ 미역·다시마·김: 해조류에 많은 요오드는 뼈 성장과 뇌 발달에 아주 중요한 갑상선호르몬을 만들어냅니다. 특히 김은 해조류 중에서도 단백질 함량이 많고 섬유질과 각종 비타민, 칼슘, 철분 등이 풍부해 성장기에 섭취하면 좋습니다.

• 잘 크기 위해 꼭 지켜야 할 식습관

① 편식하지 않아야 키가 큽니다: 자신의 입맛에 맞는 음식만 먹으려는 편식 습관. 아이가 좋아하는 음식만 먹으면 영양에 불균형이 생기므로 부모가 바로잡아줘야 해요. 아이의 식단은 너무 달거나 짜거나 기름진 음식을 피하고, 우유·치즈·두부·육

닥터's advice

❓ 키는 언제까지 자라나요?

성장기 아이의 뼈 끝부분에는 '성장판'이라는 연골 조직이 있습니다. 이 성장판을 구성하는 연골세포가 점점 단단한 뼈세포로 변하면서 뼈가 길어집니다. 키는 이렇게 뼈의 길이가 길어지면서 크게 되지요. 키가 크는 것은 뼈끝에 있는 연골이 자랄 수 있는 시기, 즉 성장판이 열려 있는 동안에만 가능합니다. 그러다 사춘기가 진행되면 점차 성장판이 닫혀 후반에는 뼈 길이의 성장이 멈춰요. 일반적으로 여아는 만 14~15세, 남자는 만 16~17세가 되면 성장판이 닫혀 성장이 끝났다고 보지만 사람마다 차이가 큽니다. 성장판이 닫힌 후에라도 꾸준한 스트레칭과 자세 교정을 통해 약 0.5~2cm는 커지는 효과를 얻을 수 있어요.

• 아이 키를 결정하는, 성장판! 성장판은 주로 다리와 팔에 있으며, 성장이 끝나면 없어지고, 엑스레이로 촬영해보면 어느 정도 닫혀 있는지 쉽게 알 수 있습니다. 성장판이 닫히기 전 성장을 방해하는 요인이 있으면 찾아서 적극적으로 제거해야 합니다. 성장판은 여성의 경우 초경 후 2년이 지나면, 남성의 경우 겨드랑이 털이 많이 났다면 닫히고 있는 것으로 봐야 하는데, 팔다리의 성장판이 닫혀도 척추의 성장판은 성장하고 있는 경우도 있습니다.

류·시금치·당근 등 단백질·칼슘·아연·요오드·철·비타민 등이 풍부한 재료로 요리해 주세요.

② 세 끼 식사를 거르지 않고 먹입니다: 성장기 아이에게 아침밥은 매우 중요해요. 아이에게 아침밥을 쪼막쪼막 챙겨 넉이면 두뇌 활동이 활발해져 창의력과 기억력이 향상됩니다. 균형 잡힌 식단으로 세 끼 식사를 규칙적으로 할 수 있게 해주세요.

③ 이왕이면 칼슘이 풍부한 음식을 먹게 해주세요: 칼슘은 성장에 직접 영향을 끼치는 영양소예요. 다른 영양소는 음식에 골고루 들어 있어 가리지 않고 먹으면 섭취가 됩니다. 반면 칼슘은 특정 음식을 먹지 않으면 칼슘이 부족해져 성장장애를 일으킬 수도 있어요. 우유, 미역, 다시마, 김, 멸치 등 칼슘이 풍부한 음식을 충분히 먹입니다.

④ 자극적 음식은 피합니다: 맵거나 짠 음식, 자극성이 강한 음식은 키 성장을 방해합니다. 아이가 좋아하는 과자와 초콜릿, 아이스크림에는 당분이 많아 비만을 유발할 뿐 아니라 키 성장에 필요한 칼슘이 체내에 흡수되는 것을 방해하죠. 인스턴트식품 또한 합성보존료·발색제·향료·화학조미료가 많이 들어 있어 좋지 않아요. 특히 탄산음료는 체내 칼슘이 소변으로 빠져나가게 합니다. 이 밖에 튀김·사탕·프라이드치킨·돈가스 등도 당분과 지방이 많아 골격 형성을 방해하며, 피하지방을 증가시키고, 성호르몬의 분비를 자극해 조기 성숙을 유발합니다.

잘 재우기: 일찍 자는 아이가 키도 큽니다!

성장호르몬은 잠자는 동안 가장 많이 분비됩니다. 특히 잠들고 1시간 후부터 활동을 시작해 밤 10시부터 새벽 2시까지 깊은 잠을 자는 동안 가장 활발히 분비됩니다. 이 시간대에 꼭 잠을 자야 키도 잘 자랍니다. 일찍 자고 일찍 일어나려면 규칙적인 생활이 필수예요. 성장호르몬 분비와 관련이 있으므로 습관을 들입니다. 그렇다고 자기 싫어하는 아이를 재우려고 윽박지르거나 불을 마음대로 꺼버리면 잠에 대해 안 좋은 감정이 생겨 오히려 재우기가 더욱 힘들어질 수 있어요. 아이에게 잠자는 과정이 즐겁고 편안한 일이라는 생각이 들도록 하는 것이 무엇보다 중요합니다. 시간을 갖고 천천히 취침 의식을 마련해보세요. 저녁 식사는 적어도 잠들기 3시간 전에는 마치고, 취침 전에 따뜻한 물로 샤워하거나 따뜻한 우유 한 잔을 마시는 것도 도움이 돼요. 조명을 끈 후 조용한 상태에서 실내 온도는 24℃로 쾌적하게 유지하고, 매트리스나 베개는 최대한 편안한 것을 사용합니다. 또한 느리고 차분한 음악을 골라 자장가로 들려주면 깊은 잠을 유도할 수 있습니다.

바른 자세: 자세를 바르게 하면 키를 키우는 효과가 있어요

평상시 아이의 자세를 한 번 유심히 살펴보세요. 바르게 앉고, 바르게 서고, 바르게 잠을 자는 편인가요? 아니면 등을 구부린 채 앉거나 고개를 자주 숙이는 편인가요? 자주 엎드려 있고 한쪽으로 누워 자지는 않나요? 요즘 아이들은 의자에 오래 앉아 있고, 텔레비전을 보는 시간도 많아 나쁜 자세가 습관화되어 있습니다. 컴퓨터에 집중하는 모습을 보면 대부분 목을 앞으로 쭉 빼고 등이 구부러져 있지요. 이렇듯 관절을 긴장시키거나 압박하는 자세는 성장에 좋지 않은 영향을 미칩니다. 관절을 이완시키고 부드럽게 해주는 자세가 좋아요. 바른 자세란 옆에서 볼 때 자연스러운 S라인이 살아 있으면서 척추를 똑바로 세운 상태를 말합니다. 바른 자세는 체중으로 인한 압력을 균형 있게 분산시켜 척추가 휘는 것을 막아주고, 디스크가 눌려 키가 줄어드는 것을 방지해줘요. 따라서 한창 자라는 아이는 바른 자세만 유지해도 키 크는 효과를 볼 수 있습니다. 이런 의미에서 바른 자세는 숨은 키를 찾아내는 생활습관입니다.

• 아이 키 키우는 올바른 자세 만들기

① 다리를 꼬거나 무릎을 꿇지 않아요: 다리를 꼬거나 무릎을 꿇는 자세는 다리뼈 성장에 방해가 되므로 고쳐야 할 습관입니다. 앉을 때마다 다리를 꼬면 자연스럽게 골반이 틀어져 몸 전체 밸런스가 무너져요. 또 책상다리를 하거나 다리를 접으면 혈액의 움직임이 원활하지 않고 뼈가 휠 수 있어 바닥보다는 의자에 앉는 습관을 들여야 해요. 의자에 앉을 때도 항상 엉덩이를 의자 안쪽 끝에 붙이고 허리를 폅니다.

② 서 있을 때 구부정한 자세를 취하거나 고개를 숙이지 않아요: 구부정한 자세는 뼈와 근육, 관절에 안 좋은 영향을 미쳐요. 몸의 중심인 척추를 곧고 바르게 해야 키가 잘 자랍니다. 서 있을 때는 고개를 세우고 턱은 약간 들며 가슴은 앞으로 펴고 골반은 뒤로 빼줍니다. 만약 오랫동안 서 있어야 할 때는 한쪽 발을 블록이나 받침대에 교대

로 올려놓으면 편안히 바른 자세를 유지할 수 있어요.

③ 발뒤꿈치부터 바닥에 닿을 수 있게 걸어요: 보행 습관이 바르면 성장에 큰 도움이 돼요. 먼저 가슴을 펴고 엉덩이는 뒤로 빼지 않으며 큰 걸음으로 걷습니다. 특히 어깨와 허리는 설을 때 좌우로 흔들지 말고 손을 가볍게 앞뒤로 흔들며 걷게 하세요. 발이 바닥에 닿을 때 발끝을 살짝 위로 올려 착지하는 기분으로 걸으면 자연스럽게 발뒤꿈치부터 바닥에 닿아 충격을 흡수해줍니다.

④ 잠잘 때 천장을 보고 똑바로 누워 잡니다: 잠잘 때도 이왕이면 바른 자세로 자는 게 좋습니다. 가능한 한 똑바로 눕고, 두 팔은 어깨 힘이 자연스럽게 빠지도록 한 자세가 좋아요. 옆으로 자거나 한쪽 다리를 올리고 자는 자세는 피해주세요. 아이가 잠들었을 때도 똑바로 누워 자도록 옆에서 자세를 교정해줍니다.

지속적인 운동: 성장판을 자극하는 동작이 좋아요

성장기 아이에게 영양 섭취만큼이나 중요한 것이 '운동'입니다. 운동을 하면 뼈가 튼튼해지고 근육과 인대의 움직임에 따라 성장판에 유입되는 혈류의 흐름이 좋아져 성장에 도움이 되지요. 하지만 단순히 몸을 움직이며 뛰어노는 것을 의미하는 건 아니에요. 열심히 뛰어노는 것도 좋지만 놀 때 쓰는 근육과 운동할 때 쓰는 근육이 다른만큼 성장에 알맞은 운동을 체계적으로 해야 합니다. 또한 성장호르몬은 운동 후 약

닥터's advice

❓ 잠잘 때는 작은 불빛도 피해주세요!

아이가 잠잘 때는 주위를 최대한 어둡게 해주세요. 우리 몸에서 멜라토닌이 왕성하게 나와야 성장호르몬 분비가 촉진되는데, 멜라토닌 분비를 조절하는 중추는 빛에 매우 예민해요. 눈으로 들어오는 빛의 양이 적어 어두워져야 '어둠의 호르몬'인 멜라토닌이 분비되기 시작하고, 멜라토닌 분비가 왕성해야 체온이 낮아져 잘 자고, 성장호르몬도 분비됩니다. 하지만 작은 불빛이라도 눈에 들어가면 멜라토닌은 잘 분비되지 않아요. 자는 동안 빛이 들어가 멜라토닌 분비를 조절하는 중추 활동이 흐트러지면 신경호르몬, 성장호르몬 분비에 장애가 생길 수도 있습니다. 작은 불빛도 수면에는 방해가 되므로 아이가 자는 동안 빛이 들어가지 않도록 주의를 기울여주세요.

30분이 되었을 때 최대치가 되기 때문에, 하루 최소 30분 이상 운동해야 효과가 있어요. 성장에 도움을 주는 운동에는 수영, 댄스, 맨손체조, 배구, 테니스, 철봉에 매달리기, 과격하지 않은 줄넘기, 농구, 달리기, 배드민턴 등이 있어요.

· 신나게 재미있게 즐기는 성장 운동

뭐든 쉽게 지루해하는 아이들의 특성을 고려해 운동도 놀이처럼 재미있게 하는 게 좋아요. 온몸을 뻗어 근육을 이완하고 가벼운 점프 동작을 가미해 성장판을 자극하면 키 크는 효과가 높아집니다.

① 쭉쭉 기지개를 켭니다: 몸을 충분히 늘려주면 근육이 이완되면서 숨어 있는 키를 찾을 수 있습니다. 가장 손쉽고 꾸준히 할 수 있는 운동이 바로 기지개 켜기예요. 아침에 일어날 때 누운 상태에서 팔과 다리를 충분히 쭉쭉 펴도록 해줍니다.

② 어린아이일수록 가족과 함께하는 운동이 효과적이에요: 아침마다 엄마와 나란히 누워 팔다리를 쭉 펴는 습관을 들이거나 아빠 팔에 매달리기, 노 젓기 등을 하면 아이가 즐겁게 운동할 수 있어요. 아이의 성장판을 자극해 키를 쑥쑥 키워주고 더불어 가족 간의 유대감도 깊어집니다. 아이가 좀 더 크면 엄마 아빠와 함께 줄넘기를 하거나 저녁 식사 후 온 가족이 산책하듯 빠르게 걷는 것도 키 성장에 도움이 됩니다.

③ 언제, 어디서든지 줄넘기를 즐겨요: 줄넘기는 성장판을 자극해 키 크는 데 도움이 되는 대표적이 운동이에요. 어제, 어디서든 간편하게 할 수 있다는 점이 매력적이지요. 줄넘기는 뛸 때 제대로 뛰는 게 무엇보다 중요해요. 발꿈치가 땅에 닿지 않게 뛰

닥터's advice

❓ 이런 운동은 조심하세요!

성장기 아이들이 조심해야 하는 운동은 팔다리 근육을 많이 쓰거나 무거운 것을 들어 다리에 무리를 주는 운동이에요. 예를 들어 역도, 마라톤, 레슬링 등이 이에 해당합니다. 이런 운동들은 성장판에 혈류 공급을 방해하여 키가 크지 못하게 해요. 따라서 이 시기에는 지나치게 무거운 것을 드는 운동은 피하는 게 좋습니다.

어야 하는데, 발꿈치가 쿵쿵 소리가 날 정도로 땅에 닿으면 무릎과 허리에 무리가 갑니다. 처음에는 양발을 모아 뛰는 것으로 시작해 양옆으로 벌렸다 뛰기, 한 발씩 번갈아 뛰기 등 다양한 방식으로 줄넘기를 할 수 있어요.

④ 숨이 약간 가쁠 정도로 빠르게 걷는 유산소 운동을 해요. 유산소 운동을 하루에 30분씩 꾸준히 하면 성장에 많은 도움이 됩니다. 체지방을 감소시켜 비만 예방에도 효과적이에요. 약간 숨이 가쁠 정도의 빠른 걸음으로 산책하듯 걷게 하세요.

알쏭달쏭! 성장호르몬 궁금증

ℚ 언제 성장 전문가의 진료가 필요할까요?

엄마가 생각하기에 아이가 또래보다 현저하게 작다면 소아청소년과나 성장클리닉을 방문해 정확한 원인을 찾아보세요. 소아청소년과 성장클리닉에서는 다음과 같은 경우 의학적 검사를 하고, 필요에 따라 적극적인 치료를 권합니다.

- 연 성장 속도가 3세 이하 7cm 이하, 3세~사춘기 4~5cm 이하, 사춘기 5.5~6cm 이하인 경우
- 뼈 나이가 실제 나이보다 두 살 이상 어리거나 빠른 경우
- 연 5cm 이상 자라지만 예상 키가 남자 160cm 이하, 여자 150cm 이하인 경우
- 매년 4~5cm 자라다가 갑자기 성장 속도가 감소했을 경우
- 부모의 키가 지나치게 작은 경우
- 또래의 평균 키보다 10cm 이상 작은 경우

부모가 둘 다 작고 아이도 매우 작다면 생후 24개월부터 적절한 처방을 받아 성장을 도와줘야 해요. 이때 당장 또래보다 작은 키도 문제지만 중요한 것은 성장 속도와 패턴입니다. 평소 아이의 키를 꾸준히 체크해 평균 성장 곡선과 비교해가며 정상 범주 내에서 잘 자라고 있는지 확인합니다.

Q 병원에 가면 어떤 검사를 받나요?

아이의 성장이 더디거나 키가 잘 크지 않아 소아청소년과 성장클리닉을 찾으면 우선 키·체중·머리둘레 등의 신체를 계측하고, 아이의 과거 출생 병력이나 과거 병을 앓은 경험, 가족 병력 등 가족 전체의 성장 상태를 알아봅니다. 이어 아이에 대한 전반적인 진찰과 기본적인 혈액검사, 소변검사, 갑상선호르몬 검사, 두부·흉부·복부 방사선검사 등을 해요. 또 엑스레이 검사로 뼈 나이를 측정하고 뼈의 성장판이 열렸는지 닫혔는지를 판단합니다.

Q 성장장애의 원인을 알 수 있나요?

성장호르몬 치료에 있어 키가 작은 것이 '병적이냐, 아니냐'를 밝히는 것이 필요해요. 부모의 키가 작다면 아이의 키는 작을 가능성이 크고, 또 영양 상태가 나쁠 경우 키가 작을 수밖에 없습니다. 성장호르몬 분비가 정상이라면 운동과 식이요법만으로 키가 클 수 있어요. 하지만 성장호르몬 분비가 원활하지 못한 경우라면 의학의 도움을 받아야 합니다. 질병으로 인한 성장장애로 판단되면 그 질병을 치료하는 게 우선입니다.

Q 성장호르몬 주사는 언제 맞아야 효과가 있을까요?

성장호르몬 치료는 뼈가 성장하고 있을 때 성장판을 자극해 뼈가 자라도록 하는 것입니다. 그러므로 반드시 성장판이 열려 있을 때 해야만 효과가 나타나요. 성장호르몬 주사는 개개인에 맞는 용량을 정해 일주일에 6회, 즉 하루만 빼고 매일 밤 자기 전에 맞습니다. 만 3세 이후~13세까지가 치료 효과가 있는 적정 나이로, 나이가 어릴수록 그리고 뼈 나이가 낮을수록 적당해요. 성장호르몬 주사를 맞으면 인슐린 유사 성장인자(IGF)가 생성되고, 이것이 연골 조직에 작용해 성장을 자극하는 효과를 가져옵니다. 또한 골밀도와 근육량이 증가해 항노화 작용에도 효과적인 것으로 알려져 있어요. 성장호르몬 치료를 하면 10명 중 7~8명은 효과가 있어 최종 키가 5~6cm 더 클 수 있으나, 2~3명은 효과를 보지 못하기도 합니다.

08

정형외과 질환

O자형 다리, X자형 다리

서 있을 때 다리 모양이 O자형, X자형으로 보여요.

체크 포인트

☑ 대부분 O자형·X자형 다리는 자연적으로 일자로 교정됩니다. 양다리의 모양이 다르거나 O자형·X자형이 점점 더 심해지는 경우는 진찰을 받아보는 것이 좋습니다.

☑ 보조기 치료는 꼭 필요한 경우에만 신중히 결정합니다. 검사 결과, 성장판의 문제로 O자형 혹은 X자형 다리가 된 것이라면 보조기 및 수술 치료가 필요할 수 있습니다.

아이 다리가 휜 것 같아요!

아이 기저귀를 갈다가 심하게 휜 다리를 보고 '다른 아이도 다리가 이렇게 생겼을까? 우리 아이만 유독 더 휜 것은 아닐까? 병원에 데려가 진찰을 받아봐야 할까?'라는 고민, 한번쯤 해보셨나요? 아이의 다리가 휘어져 있어 고민하는 부모들이 꽤 많습니다. 결론부터 말하자면 아이의 휜 다리는 대부분 성장에 따른 자연스러운 현상이기 때문에 크게 걱정하지 않아도 됩니다. 아이의 성장 시기에 따라 O자형 다리, X자형 다리를 거쳐 일자 형태의 곧은 다리가 됩니다. 하지만 모두 정상으로 돌아오는 것은 아니어서 병적으로 휜 다리의 경우 치료 시기를 놓치면 그만큼 치료 효과가 줄어듭니다. 그러므로 성장 시기를 따져 보더라도 휜 다리가 오래 계속될 때는 병원을 찾아 정밀 검사를 받아보는 편이 좋습니다. 먼저 성장 시 아이들의 다리 모양이 어떻게 변하고 또 어떤 것이 비정상적인 모습인지에 대해 알아두어야 해요.

🦆 왜 다리가 휠까요?

다리 모양이 곧지 못하고 무릎이 과도하게 붙으면 'X자형 다리', 무릎이 과도하게 벌어지면 'O자형 다리'라고 합니다. 이런 유형의 다리를 통칭해서 '휜 다리'라고 하지요. 휜 다리는 외관상의 문제가 가장 크지만 정상 범위를 벗어난 경우, 무릎 관절이나 발목, 고관절에 나쁜 영향을 줄 수도 있습니다. 그 외 구루병, 블라운트씨병(무릎 아래 뼈의 성장판 내측에 문제가 생기는 병) 같은 질환도 휜 다리를 유발하며, 외관상 통통하고 평균보다 일찍 걷기 시작한 경우에 O자형 다리가 계속된다면 검사를 받아보는 것이 바람직합니다.

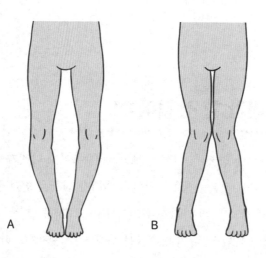

▲ A: O자형 다리 B: X자형 다리

O자형 다리

O자형 다리(그림 A)는 발목 안쪽 복숭아뼈 사이는 붙어 있고 무릎 사이는 벌어진 형태입니다. 아이는 좁은 자궁에서 열 달 내내 다리가 꽈배기처럼 꼬여 있어 넓적다리가 안쪽으로 45도 비틀린 O자형 다리 상태로 태어나기 쉽죠. 생후 6개월이 넘으면 운동 신경이 허리 아래까지 발달해 다리를 자기 뜻대로 움직이며 웅크리던 다리를 쭉 펼 수 있게 됩니다. 그러다 9~11개월경 걷기 시작하면서 다리로 견디는 몸무게 때문에 다리 모양에 약간 변형이 생기다가 또 반년쯤 지나면 다리가 퍼지기 시작합니다. 그런 만큼 출생 후부터 만 2세까지는 O자형 다리를 갖고 있더라도 아주 자연스러운 일이라 굳이 치료가 필요치 않습니다. 그렇지만 치료가 필요한 O자형 다리와 감별이 필요해요. 3세 이후에도 O자형 다리라면 저절로 좋아지기 어려우므로 교정을 고려해 봐야 합니다.

X자형 다리

X자형 다리(그림 B)는 O자형과 반대로 바르게 설 때 양쪽 발목 사이가 벌어집니다. 쉽게 말해 무릎 사이는 붙고 발목 안쪽 복숭아뼈 사이는 벌어지는 형태이지요. 다만 3~7세 아동기의 X자형 다리 및 평발은 생리적인 현상이라 굳이 교정하지 않고 지켜보는 편이 맞습니다.

월령에 따라 다리 모양이 변해요

아이의 다리는 태어날 때 바르고 곧은 모양이 아니에요. 자라면서 점점 모양이 바뀌지요. 태어났을 때는 엄마 뱃속에서 오랫동안 쪼그리고 있던 탓에 피부나 관절 등이 약간 구부러진 상태입니다. 그래서 갓 태어난 아이의 다리 모양이 O자형이라고 크게 걱정할 필요는 없습니다. 그러다가 혼자 서고 스스로 바닥을 딛고 걷기 시작하는 돌 전후가 되면 자연스레 일자 형태가 됩니다. 다만 이 시기에 체중 부하를 받으면 엉덩이·무릎·발목·발 등에 변화가 생길 수 있어요. 출생 후 모유나 우유를 먹고 운동 없이 누워만 지내는 터라 비만해진 상태에서 일어서면 체중 때문에 다리가 O자형으로 변하는 것이지요. 그러다 2세부터는 일시적으로 일자 형태가 되었다가 2~3년이 지나면 O자형 다리는 오히려 X자형으로 변합니다. X자형 다리는 만 3~4세 때 가장 심하게 보여요. 따라서 만 3·4세 아이의 X자형 다리는 정상적인 성장 과정 중 하나이지 비정상이 아닙니다. 만 4~5세경까지는 X자형 다리 모양이 계속되고, 만 6~7세경부터는 서서히 성인과 같은 일자 다리 모양이 돼요. 그런데 월령에 따라 다리 모양이 변해야 하는데, 그대로이거나 아이에 따라 좀 더 오래가는 경우가 있습니다. 자연스러운 과정인지 아닌지를 알아보기 위해서는 1년에 한 번꼴로 엑스레이 검사를 해보면 알 수 있어요.

닥터's advice

❓ 이때는 전문적 교정이 필요해요!

• **중족골 내전증** 안짱다리를 가진 아이들 가운데 자궁 안에서 비정상적 위치에 있었을 경우 중족골 내전증이 발견돼요. 발의 앞부분이 안쪽으로 휘고, 안쪽이 약간 들려 발바닥이 서로 마주 볼 수 있어요. 석고 깁스를 하거나 보조기 신발을 신는 치료가 필요합니다.

• **O자형 다리** O자형 다리가 지속된다고 해서 반드시 보조기를 해야 하는 것은 아닙니다. 다만, '블라운트(Blount)씨'와 같이 병적인 O자형 다리인 경우에는, 만 36개월 이전에 보조기를 이용하여 치료하기도 합니다. 아이가 스스로 보조기를 풀고 움직일 수 있는 나이가 되면 치료가 어렵기 때문에 필요하다면 서둘러 교정하는 게 좋습니다.

• **6~7세 이후의 O자형, X자형 다리** 다리 모양이 거의 완성되는 6~7세 이후의 O자형·X자형 다리는 성장판을 이용한 수술 치료인 부분유합술을 합니다. 부분유합술은 성장판이 열려 있을 때 가능하므로 여아는 약 만 12세, 남아는 정도에 따라 약 만 14세까지 수술이 가능해요. 치료 기간은 개인차에 따라 6개월에서 길게는 2~3년까지 걸립니다.

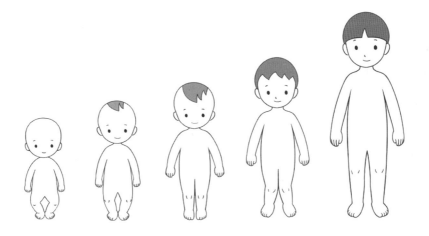

▲ 성장에 따른 다리 모양 변화

모든 휜 다리가 정상적인 성장 과정은 아닙니다

아이의 다리 모양은 성장 단계에 따라 변해가지만 모든 다리 모양 변화가 정상적인 과정은 아니에요. 간혹 치료가 필요한 병적인 경우도 있어 주의 깊게 살펴봐야 합니다. 뼈 자체가 휘어졌거나 그 정도가 매우 심하거나 한쪽 다리에만 발생한 경우, 혹은 가족력을 가진 경우는 소아정형외과 의사의 진료가 필요해요. 또 O자형 다리이면서 키가 또래보다 유난히 작은 경우에도 진료를 받아봅니다. 아이가 발의 안쪽이나 무릎, 다리 등을 자주 아파하고 발 안쪽이 유난히 두드러진 경우, 걷기 시작한 아이가 자기 발에 걸려 넘어져 무릎이나 다리에 자주 멍이 드는 경우도 교정 치료의 대상이 되는 만큼 전문의에게 상담을 받는 것이 바람직합니다.

곧은 다리를 위해 교정이 필요한가요?

꼭 필요한 경우에만 신중히 결정합니다

아이 다리가 휜 듯 보이고, 안짱다리나 팔자걸음을 걷는다고 해서 모두 교정하진 않아요. 가능하면 스트레칭으로 예방하고, 6~12개월 간격으로 추적 관찰한 뒤 그래도 상태가 좋아지지 않고 점점 심해질 때 치료를 하지요. 아이가 O자형 다리여도 잘 뛰어논다면 교정할 필요성이 낮지만 자기 발에 걸려 자주 넘어진다면 적극적인 치료가 필요합니다. 보조기 치료는 아이에게 스트레스를 줄 수 있어 꼭 필요한 경우에만 신중하게 결정해야 합니다. 발견이 늦거나, 보조기 교정으로도 좋아지지 않으면 교정 수술이 필요하기도 해요.

이미 뼈의 모양이 고정되어 다리가 휘어 보이는 청소년 시기에는 이를 교정하려면 수술로 뼈의 모양을 바꾸는 수밖에 없습니다. 여러 매체나 인터넷에서 광고하는 여러 교정기구, 운동기구, 마사지 요법, 운동 요법 등이 있지만, 대부분 과학적 근거가 없는 과장 광고일 수 있어요. 필요하다고 생각되면 무엇보다 의사의 상담을 받는 것이 현명한 방법입니다.

보조기 또는 수술이 필요할 수도 있어요

휜 다리라고 해서 무조건 다리만 치료해서는 효과적이지 못합니다. 원인이 상체에 있을 수도, 하체에 있을 수도 있기 때문에 면밀한 검사와 교정이 필요합니다. 기초적인 이학적(Physical) 검진을 통해 골반·고관절·슬관절·발목 관절의 이상을 체크한 후 교정이 필요한 관절을 찾아서 교정하는 것이 먼저입니다. 간혹 족부교정기(깔창)를 이용하거나 무릎 벨트, 골반 벨트를 사용하기도 해요. 보조기는 허벅지 뼈 상부 안쪽, 무릎관절의 바깥쪽, 발목 관절의 안쪽에 압박을 가해 안쪽으로 휜 뼈를 교정합니다. 보조기의 힘으로 뼈의 모양을 직접 변형시키는 것은 불가능하지만 성장판의 체중 부하를 균등하게 해줌으로써 균형 잡힌 성장을 유도해 변형을 바로잡습니다. 한편 자연 교정을 기대했지만 완전히 바로잡히지 않았을 때는 수술을 고려하기도 합니다.

 Dr. B의 우선순위 처치법

1. 다리를 곧게 펴주는 스트레칭을 꾸준히 해주세요.
2. 평소 앉는 자세, 자는 자세 등 생활습관에 신경 씁니다.
3. 뼈 자체가 휘거나 양쪽 다리의 차이가 심하면 정형외과를 찾아요.

아이의 곧은 다리를 위한 생활습관

1 아이 몸에 맞는 기저귀를 채워주세요

몸에 맞는 적당한 크기의 기저귀를 사용하고, 어느 한쪽으로 치우치지 않게 균형을 맞춰 채웁니다.

2 보행기를 일찍부터 태우지 마세요

일찍부터 보행기를 태우면 다리가 O자로 휘거나 척추가 바르게 자라지 못할 수 있어요. 보행기는 아이 스스로 허리를 어느 정도 가눌 수 있을 때 태우는 것이 좋습니다. 또한 무리하게 걸음마 연습을 시키는 것도 다리를 휘게 하는 원인이 돼요.

3 W자 대신 책상다리로 앉게 해주세요

평소 양 발끝을 바깥으로 뻗고 무릎을 안쪽으로 붙여 앉는 W자 다리 대신 책상다리로 앉게 지도해주세요. 식사는 식탁에서 하고 책은 책상에서 읽고 평상시에는 소파에 앉는 등 되도록 입식 생활에 길들이는 것이 바람직합니다. 부득이 바닥에 앉아야 할 때는 양반다리가 교정 면에서 더 낫습니다.

4 마사지를 할 땐 잡아당기지 말고 꾹꾹 눌러주세요

스트레칭이나 다리 마사지를 꾸준히 해주면 다리가 한결 곧아지는 효과가 있습니다. 단, 이때 다리를 붙잡고 잡아당기기보다는 허벅지·무릎·발목·발·발바닥까지 눌러가며 반듯하게 펴주는 마사지가 훨씬 효과적이에요. 기저귀를 갈 때마다 엉덩이 관절 주위 근육과 무릎관절 주위 근육을 약 10초간 지그시 눌러주는 것을 20~30회 반복합니다.

5 잠자는 자세도 중요해요

같은 자세로 잠을 계속 자는 것도 다리 모양에 영향을 줍니다. 엎드려 자는 습관이 있을 때 발이 안쪽으로 돌아가 있으면 안짱다리, 발이 바깥쪽으로 향해 있으면 팔자걸음을 걷게 될 가능성이 커요. 엎드려서 웅크

정형외과 질환

리고 자는 자세도 다리 모양에 좋지 않아요.

6 **다리의 피로는 그때그때 풀어주세요**
장시간 걸었거나 다리 근육이 뭉쳤을 때 등 다리가 피곤할 때는 바로 피로를 풀어줍니다. 다리 뒤쪽의 근육을 이완시켜주는 스트레칭 동작을 꾸준히 반복해주면 도움이 돼요.

골절

뼈에 금이 가거나 부러졌어요.

체크 포인트

☑ 아이들의 뼈는 가벼운 충격에도 쉽게 골절로 이어져요. 소아 골절은 성인에 비해 치유가 잘되는 편이지만, 성장판이 손상될 위험이 있어 주의해야 합니다.

☑ 팔다리가 확연히 꺾여 있고 점점 부어오르거나 살짝만 만져도 통증을 호소한다면 다친 부위를 고정한 후 병원에 가서 검사받아야 합니다.

'아차' 하는 순간 일어나는 소아 골절

아이들은 잠시 한눈파는 사이 잘 넘어져 골절을 당하는 경우가 종종 생깁니다. 특히 높은 곳에서 떨어지거나 뛰어내리다 손목이나 발목에 금이 가는 사고가 자주 발생하지요. 성인의 경우 심한 타박상이나 뒤틀림 등이 있을 때 골절이 발생하지만 아이들의 뼈는 가볍게 넘어지는 충격에도 곧잘 부러집니다. 특히 손목이나 팔꿈치뼈 끝에는 성장판이 있어 이 부위가 골절로 손상되면 특정 부위의 뼈 길이가 짧아지거나 관절이 한쪽으로 휘어지는 등의 증상이 나타나기 때문에 특히 조심해야 해요. 처음에는 골절인 줄 모르는 경우도 간혹 있어요. 다친 부위를 들어 올리거나 만졌을 때 계속 아프다고 하면 바로 병원으로 가서 골절 전문 치료를 받아야 합니다. 다행스럽게도 소아 골절은 대부분 골절 부위를 맞추고 석고로 일정 기간 고정하는 것만으로도 치료가 잘되는 편이에요. 그러나 초기 진단을 제대로 하지 못해 어긋난 채로 붙었다면(부정 유합) 뼈가 기형으로 자라 장애가 될 수 있으므로 특별한 주의가 필요합니다.

골절 사고, 안전 교육으로 예방해요

소아 골절은 예방이 최선입니다. 야외 활동할 때 아이에게 안전 의식을 심어주고, 자전거나 인라인스케이트를 탈 때는 반드시 안전장비를 착용하도록 해야 합니다. 또 높은 곳에서 뛰어내리지 않게 지도해주세요. 어릴 때부터 걷기 운동이나 스트레칭을 꾸준히 시켜 근력을 키우고 칼슘 등의 영양 섭취를 충분히 해주는 것도 중요합니다.

골절일 때 응급처치가 중요해요

가능한 한 빨리 병원으로 가야 합니다

아이의 다친 부위가 계속해서 부어오르거나 가만히 있는데도 심하게 아파하면 골절을 의심해봐야 합니다. 이럴 땐 아이를 안정시킨 후 다친 부위를 최대한 고정한 후 빨리 병원을 찾아야 해요. 뼈나 관절이 다쳤을 때 특히 주의해야 할 것은 관절 끝에 위치한 성장판 손상 여부입니다. 병원에 가는 동안 다친 부위를 움직이지 못하게 부목을 대고 부드러운 천으로 감싸 더 이상 손상되는 것을 막아야 해요. 안전한 방법은 응급처치하기 전 구급차가 빨리 오거나 아이를 가까운 병원으로 서둘러 이송하는 것입니다.

처음 발견했을 때 자세를 그대로 유지합니다

다친 부위를 함부로 움직이면 자칫 골절 부위의 혈관이나 신경 조직까지 손상됩니다. 섣불리 만지지 말고 의사나 응급구조 요원이 도착할 때까지 기다리는 게 좋습니다.

응급처치가 가능하다고 판단될 때는 베개나 담요 또는 판자 등으로 손상된 관절 부위와 그 주위의 성한 신체 부위까지 넉넉하게 부목을 대고 병원으로 옮겨야 해요. 골절 부위는 가능한 한 심장보다 높게 올려 혈류를 감소시켜야 부종을 줄일 수 있습니다. 시간적 여유가 있다면 냉찜질로 골절 통증을 덜어주세요.

응급처치 ① 팔이 골절되었을 경우

어린아이들은 팔 아래쪽 부위가 골절되기 쉽습니다. 팔이 부러지면 부어오르고 움직일 수가 없어요. 많이 움직일수록 골절 부위가 어긋날 수 있으니 골절 부위를 우선 고정해야 합니다. 고정할 때는 부목이 필요한데, 가장 좋은 부목은 나무입니다. 부목이 없다면 골판지나 잡지 등 두꺼운 종이를 활용해주세요. 부목이 움직이지 않도록 삼각건, 붕대, 손수건 등으로 고정해야 합니다.

응급처치 ② 다리가 골절되었을 경우

다리에서 골절이 주로 일어나는 부위가 종아리입니다. 팔 골절과 마찬가지로 가능한 한 움직이지 않게 하는 것이 중요해요. 이때 부목은 아이 다리 길이보다 길어야 합니다. 하지만 응급상황에서 이처럼 긴 부목을 찾기가 쉽지 않죠. 이럴 때 부목으로 가장 좋은 것이 다른 한쪽 다리입니다. 한쪽 다리를 부목 삼아 두 다리를 묶어주는 것이 방

닥터's advice

❓ 아이에게 흔한 골절은 어떤 것이 있나요?

아이의 골절 중 가장 흔한 원인은 놀이나 운동 중 넘어지거나 뛰어내리다 팔을 뻗은 채 손으로 바닥을 짚으면서 골절을 당하는 경우입니다. 손목과 팔 뼈(요골과 척골), 팔꿈치뼈, 빗장뼈(쇄골) 순으로 잘 다쳐요. 또 교통사고일 경우는, 보행자 사고로 자동차 범퍼에 부딪혀 넙적다리뼈(대퇴골)나 종아리뼈(경골과 비골)가 흔하게 골절되고, 2차적으로 차의 보닛 부위에 가슴을 부딪힌 다음 넘어지면서 머리를 다치는 경우가 전형적인 양상입니다. 문에 손이 끼어 손가락이 골절되는 일도 잘 생깁니다. 그 밖에 아이에게 볼 수 있는 특수한 골절 유형으로 분만할 때 난산인 경우 쇄골이 잘 골절됩니다. 아동 학대를 당하는 경우 팔다리, 늑골 및 두개골을 포함해 여러 부위에 골절이 발생합니다.

법이에요. 이때 아이가 너무 말라 다리를 지탱하기 힘들다거나 다리 사이의 간격이 지나치게 벌어져 잘 묶이지 않는다면 다리와 다리 사이에 옷이나 방석을 끼워 묶는 것도 방법입니다.

골절, 집에서는 이렇게 예방해요!

- 욕실 바닥과 같이 미끄러운 공간에는 미끄럼 방지 깔판 등을 설치합니다.
- 벌어진 문틈 사이, 가구와 바닥 사이 등 작은 곳도 세심하게 살펴봅니다.
- 활동이 많은 놀이나 운동을 할 때는 되도록 팔꿈치나 무릎 등 주요 관절 부위에 보호 장비를 착용합니다.
- 가벼운 운동이라 할지라도 헬멧, 무릎 보호대와 같이 신체를 보호하는 안전장비를 착용하는 것을 습관화합니다.
- 야외 활동 전 충분한 스트레칭을 합니다. 몸을 유연하게 풀어주면 골절 사고를 예방하는 데 도움이 됩니다.

 골절 치료, 어떻게 하나요?

뼈를 맞춘 후 일정 기간 석고로 고정합니다

아이들의 골절은 나이가 어릴수록 치유 속도가 빨라요. 정확한 위치에 뼈가 붙지 않은 상태여도 자연히 교정되는 경우가 많습니다. 소아 골절의 대부분은 골절 부위를 맞추고 석고 붕대(깁스)로 일정 기간 고정하는 비수술적 방법으로도 치료가 잘되지요. 또한 골절이 유합되는 동안 석고로 고정해도 장기간 지속되는 관절 강직이 많지 않아 어른처럼 물리치료를 하지 않아도 될 때가 많습니다. 그러나 팔꿈치 골절 등 특정 부위는 비수술적인 방법보다 수술 치료가 훨씬 좋은 결과를 보이기도 해요. 최근 교통사고로 인해 심한 골절이나 여러 부위가 동시에 골절되는 사례가 많아지면서 수술이 필요한 경우가 증가하는 추세입니다. 적절한 치료 시기를 놓쳤거나 이미 골유합이 이루어져 치료가 더욱 어려울 때도 있으므로 정형외과 의사의 초기 진단과 치료가 매우 중요합니다.

회복된 후에도 잘 지켜보세요

골절은 회복됐더라도 3~4개월 지나면 반드시 재검사를 해봐야 합니다. 겉으로는 완치된 것 같아도 뒤늦게 부작용이 나타나기 때문이죠. 아이 성장에 있어 중요한 변수라 할 수 있는 성장판 후유증은 길게 잡아 1년 후에 나타나기도 합니다. 연골로 이루어진 성장판의 손상은 단순 엑스레이 검사로는 알 수 없고 당장 손상 여부를 진단하기도 쉽지 않아요. 과거 골절로 치료받은 적이 있는 아이라면 더욱 세심히 경과를 지켜봐야 합니다. 해당 관절 부위가 한쪽으로 휘어지거나 관절 부위에 단단한 멍울이 만져지면 성장판 손상으로 성장장애가 진행되고 있을 가능성이 큰 만큼 바로 병원을 찾아 의사의 진찰과 검사를 꼭 받아야 합니다.

 Dr. B의 우선순위 처치법

1. 골절이 의심되면 다친 부위를 고정한 후 병원으로 향합니다.
2. 아이가 많이 아파하면 냉찜질로 통증을 줄여주세요.
3. 회복된 후 3~4개월이 지나면 재검사를 받습니다.

운동할 때 성장판을 보호하는 골절 예방법!

1 스트레칭은 혈액순환과 신진대사를 촉진해 운동 중 발생하는 사고에 대처할 수 있는 순발력과 유연성을 길러줍니다. 운동 전후에 스트레칭이나 맨손체조 같은 준비 운동과 마무리 운동을 해주면 관절이 유연해져 몸의 불균형으로 인한 사고를 예방할 수 있어요.

2 인라인스케이트처럼 부상 가능성이 많은 운동을 할 때는 성장판 부위에 보호대를 착용합니다. 헬멧과 함께 손목, 팔목, 무릎 부위에 보호대를 하고, 자전거를 탈 때도 마찬가지로 안전장비를 착용합니다. 또 골절 사고가 많은 인라인스케이트의 경우 안 넘어지려고 버티기보다 안전하게 넘어지는 편이 낫습니다. 넘어지는 순간 앉는 자세를 취해 체중을 최대한 엉덩이 쪽으로 보내고 약간 옆으로 몸을 돌려줍니다.

3 줄넘기를 너무 오래 하거나 너무 높게 뛰면 무릎과 발목에 체중의 몇 배에 해당하는 압력이 가해져 성장판이 손상되는 경우가 종종 있어요. 줄넘기를 할 때는 충격이 잘 흡수되는 흙이나 마룻바닥에서 하고, 몸의 힘을 빼고 양다리를 모은 상태에서 수직으로 가볍게 뜁니다.

4 철봉 운동은 자신의 몸 상태에 적합한 시간과 동작 내에서 실시합니다. 10~30초간 매달리는 것이 적당하며 틈틈이 휴식을 취합니다.

5 발에 잘 맞지 않는 신발을 신으면 넘어질 확률이 높아요. 평소 발바닥이 푹신하고 발에 딱 맞는 신발을 신습니다.

정형외과 질환

성장통

밤에 다리가 아프다며 울어요.

체크 포인트

☑ 성장통은 몸이 힘들거나 피곤할 때 더욱 심해져요. 성장통이 있을 때는 낮에 과격한 활동을 너무 많이 하지 않도록 합니다.

☑ 성장통은 자라면서 저절로 좋아져요. 하지만 2주 이상 통증이 계속된다면 병원을 찾아 진찰을 받아야 합니다.

☑ 다리가 아플 땐 마사지로 통증을 가라앉히세요. 아이가 아파하는 부위를 가볍게 주물러 마사지해주면 근육의 통증이 줄어듭니다.

☑ 다른 질환을 성장통으로 착각할 수 있어요. 아이가 아프다고 하면 일단 아픈 부위가 부어 있는지, 눌렀을 때 아파하는지, 열이 있는지, 낮에도 통증이 있는지 먼저 살펴봐주세요.

성장기에 찾아오는 '성장통'

한밤중에 잠을 자던 아이가 팔다리가 아프다고 할 때가 있습니다. 한창 성장기에 있는 아이가 특별한 이유 없이 팔다리의 통증을 호소한다면 대다수가 성장통이에요. 성장기 아이 중 10~20%가 경험하는 성장통은 만 4~10세에 많이 나타나는 증상입니다. 그렇다면 성장통은 왜 생기는 걸까요? 성장통은 뼈가 빠르게 성장하는 속도에 비해 무릎 근처의 힘줄이나 근육이 뼈의 성장 속도에 못 미쳐 나타나는 결과입니다. 뼈의 성장 속도를 근육이 따라잡지 못해 뼈를 감싸고 있는 골막이 늘어나면서 주위의 신경을 건드리고 이로 인해 일시적으로 통증이 발생합니다. 주로 양쪽 정강이나 종아리, 무릎과 허벅지 부위가 아프고 드물게는 팔이 아프다는 아이도 있습니다. 또 과도한 운동이 원인이 되기도 해요. 축구나 태권도 같은 운동을 무리하게 하면 마치 근육통이 생긴 것처럼 통증이 생기기 때문입니다. 그 외에 스트레스를 받거나 신경이 자극되어 발생하기도 합니다.

어떤 증상이 생기나요?

주로 밤에 통증이 나타나요

성장통은 아이의 밤잠을 설치게 만드는 주요 원인입니다. 갑작스러운 통증으로 잠에서 깰 때도 많아요. 낮에 많이 뛰어놀거나 피곤했던 날은 통증이 한층 심해져 잠을 자기가 더욱 힘듭니다. 왜 밤에만 이렇게 통증이 심해질까요? 이유는 성장호르몬과 관련이 있습니다. 아이의 성장에 관여하는 성장호르몬은 밤 10시부터 새벽 2시에 많이 분비되는데, 아이가 잘 때 뼈 역시 많이 자라기 때문에 밤에 성장통이 생겨납니다. 낮에 많이 걸었거나 운동량이 많았다면 더 심하게 통증을 느낄 수 있어요. 또 활동량이 적은 여자아이보다는 남자아이에게서 많이 나타나며 성장 시기별로 여러 번 성장통을 겪게 됩니다.

허벅지 앞쪽, 종아리, 무릎 등이 아파요

성장통을 앓는 아이는 주로 팔과 다리 관절에 통증을 호소합니다. 쥐가 나는 것처럼 느끼거나 쿡쿡 쑤시거나 뻐근한 느낌이 든다는 아이도 있어요. 주로 넓적다리나 종아리 주위가 아프며, 한쪽 다리만 아픈 경우는 드물고 두 다리가 동시에 아프거나 번갈아 가며 아파해요. 통증은 짧게는 몇 분에서 길게는 1시간 정도 계속됩니다. 아픈 부위가 붓거나 열은 나지 않지만 계속해서 통증을 호소합니다. 아이가 아프다고 할 때 그 부위를 주물러주기만 해도 통증이 훨씬 줄어들어요.

성장통은 움직일 때는 아프지 않아요

아이가 한동안 팔다리를 계속 아파하면 혹시 다른 문제가 있나 걱정이 되기도 합니다. 혹여 병이 있거나 뼈를 다쳐 아플지도 모르니까요. 하지만 성장통은 움직일 때는 아프지 않아요. 그래서 밤새도록 통증 때문에 잠을 설치다가도 아침이 되면 아무렇지 않은 경우가 대부분입니다. 움직일 때도 아프다면 성장통이 아니에요. 이때는 병원에 가서 검사받는 것이 좋습니다.

심한 통증이 오랫동안 계속된다면 병원에서 진료를 받아요

성장통은 특별한 치료를 받지 않아도 1~2년 사이에 저절로 좋아집니다. 온찜질을 해주거나 다리를 주물러주는 것만으로도 많이 좋아지죠. 근육 스트레칭도 큰 도움이 됩니다. 통증이 너무 심해 아이가 참지 못할 정도라면 타이레놀이나 부루펜 같은 어린이용 해열진통제를 먹이는 것도 방법입니다. 그런데 통증이 너무 잦거나 오래가거나 심하다면 병원에서 검사를 받아보는 것이 좋아요. 특히 학교생활이나 일상생활에 지장을 줄 정도로 통증이 심할 때는 병원에서 적절한 치료를 받는 것을 권합니다.

이럴 땐 병원으로!

- ☐ 아침에 일어났을 때도 통증이 남아 있을 때
- ☐ 누르거나 만지면 아프다고 할 때
- ☐ 통증 부위나 주변 관절이 붓거나 열이 날 때
- ☐ 절뚝거리면서 걸을 때
- ☐ 3~4개월 이상 성장통이 계속될 때

비슷한 증상을 보이지만, 성장통과는 다른 질환이 있어요

성장기에 아이가 갑자기 다리가 아프다고 하면 성장통일 가능성이 크지만, 몇 가지 체크해봐야 할 사항들이 있어요. 아이가 감기를 앓은 후 갑자기 관절이 아프다며 다리를 잘 움직이지 못하고 질뚝거릴 때가 있었나요? 이럴 땐 고관절 활막염의 증상일 수 있어요. 이 경우 1~2주 정도 휴식하면 자연적으로 회복되므로 너무 걱정할 필요는 없습니다. 또 어제까지도 잘 놀던 아이가 열도 없이 갑자기 다리를 절거나 아파할 때는 어딘가를 삐거나 골절을 입었을 가능성도 있습니다. 부모는 모르고 있다가 아이가 아파하고 나서야 비로소 알게 되죠. 또한 감기는 아닌데 열이 나고 몸의 특정 부위만 아파할 때는 골수염, 관절염 혹은 근염일 수 있습니다. 특히 골수염은 증상이 나타난 후 서둘러 적절한 항균제 치료를 받아야 하는 질병인 만큼 더욱 주의해서 살펴봐야 합니다. 밤이 아닌 낮에 아파하거나 걸을 때 다리를 절거나, 통증이 계속 심한 경우 혹은 누르거나 만져서 아픈 경우에도 병원을 방문해 정확한 진단을 받아봅니다.

 ## 성장통엔 이렇게 대처하세요

통증이 있는 부위를 가볍게 주물러주거나 마사지해주세요

아이가 잠에서 깨 다리 통증을 호소하면 일단 안아서 다독여주는 일이 우선이에요. 돌보는 사람이 불안해하면 아이도 민감하게 반응해 통증을 더 심하게 느낍니다. 그런 다음 아파하는 부위 중심으로 부드럽게 주물러주세요. 대부분 성장통은 마사지해주는 것만으로도 통증이 없어지고 다시 잠을 잘 수 있습니다.

따뜻한 물수건으로 찜질해주세요

주물러줘도 통증이 계속된다면 따뜻한 찜질을 해주면 도움이 돼요. 따뜻한 물수건을 통증 부위에 대주거나 따뜻한 물에 담그는 탕 목욕을 하면 혈액순환이 좋아져 통증을 가라앉혀줍니다.

아침, 저녁으로 규칙적인 스트레칭을 합니다

스트레칭은 근육 결림을 예방하고 근력 유지에 도움을 줍니다. 무리한 운동보다 가벼운 스트레칭을 해주면 근육과 관절 건강에 좋습니다. 아침, 저녁으로 아이와 함께 스트레칭을 해보세요. 만세를 한 자세에서 팔과 척추, 다리를 위아래로 늘인다는 느낌으로 기지개를 켜는 것만으로도 도움이 됩니다. 기지개를 켜듯 뻗은 자세로 약 3초간 유지한 후 부드럽게 이완하기를 1~3회 정도 반복해주세요. 팔다리 근육의 긴장을 풀어주어 성장통을 예방할 수 있습니다.

무거운 물건은 들지 않는 게 좋아요

무거운 물건을 자주 드는 일은 아이 성장에 무리를 줍니다. 한 곳에 오랫동안 서 있게 하는 것 또한 다리 관절에 무리를 주므로 주의해야 해요. 성장호르몬이 분비되는 시기엔 무거운 물건 들기는 가능한 한 피해야 합니다.

뼈와 관절을 강화하는 운동을 해요

약간의 체중을 실어 콩콩 뛰거나 걸을 수 있는 운동이 적당합니다. 이런 운동은 뼈 만드는 세포를 활성화해 뼈를 튼튼하게 할 뿐 아니라 성장판을 자극해 키가 자라는 데도 도움을 줍니다. 주 2~3회 정도 가벼운 줄넘기나 걷기 운동이 제격이에요. 단, 과격할 정도로 몸을 크게 움직이거나 30분을 넘기는 등 무리한 운동은 금물이에요.

 Dr. B의 우선순위 처치법

1. 특별한 치료를 하지 않아도 대개 자연 소실되므로 큰 걱정은 하지 않아도 됩니다.
2. 초저녁에 따뜻한 물로 전신 목욕을 합니다.
3. 국소 부위 찜질이나 마사지를 하면 도움이 됩니다.

집에서 따라 해보세요!
성장통을 줄이는 근육 스트레칭

1 **일어선 자세에서**

한쪽 무릎을 직각으로 세우고 다른 쪽 다리는 뒤로 쭉 뻗어주세요. 상체를 똑바로 세우고, 앞쪽으로 체중을 실어줍니다. 30초 후 다리의 위치를 바꿔서 해줍니다.

2 **앉은 자세에서**

바닥에 앉은 자세로 양다리를 앞으로 쭉 폅니다. 양팔을 앞으로 뻗어 손끝으로 양발 끝을 잡은 채 상체를 굽혔다가 천천히 세웁니다.

정형외과 질환

성장판 장애

관절 부위가 붓고 통증이 심해요.

체크 포인트

☑ 골절 후 초기에 치료를 받았다 하더라도 성장판 손상 여부를 모른 채 방치하면 성장장애로 평생 후유증이 남을 수 있으니 치료가 필요합니다.

☑ 관절을 움직이기 힘들 때, 다친 관절 부위가 보라색으로 변했을 때, 점점 관절이 한쪽으로 휠 때 등 성장판 손상이 의심되는 증상이 나타나면 바로 검사를 받아보는 것이 좋습니다.

☑ 성장판 손상으로 인해 변형이 진행된 경우엔 수술이 필요해요. 최대한 서둘러 손상된 성장판을 정확한 위치에 자리 잡게 해야 후유증을 막을 수 있습니다.

우리 아이 '성장판'은 괜찮은가요?

골절 사고가 일어나면 성장판 손상 여부를 확인해요

'키=경쟁력'이라 생각하는 풍조 때문에 또래 아이들보다 조금이라도 키가 작으면 엄마의 고민도 그만큼 깊어집니다. 평상시 아이들이 쉽게 입는 골절상은 뼈 손상뿐만 아니라 성장판에 손상을 입히기도 합니다. 실제로 소아 골절 중 성장판 손상이 차지하는 비율은 15%이며, 이 중 10~30%는 성장판 손상 후유증으로 팔다리가 짧아지거나 휘어지는 변형이 나타나기도 합니다. 또 많은 엄마가 아이가 넘어졌을 때 넘어진 부위가 욱신거리거나 아프면 '타박상'이나 '염좌'만 우려하지 '골절'에 대해선 무심코 넘겨버리기 쉬워요. 하지만 연골로 된 성장판은 엑스레이 검사에 나타나지 않고 통증도 없기 때문에 손상 상태를 알기 어려워 더욱 조심히 접근해야 합니다. 아이에게 골절 사고가 일어나면 무엇보다 성장판이 손상되었는지를 꼭 확인해야 합니다.

성장판은 아이의 성장과 밀접한 관계가 있어요

아이의 관절 주위에는 성장판이 존재합니다. 성장판은 뼈의 성장을 담당하는 부위로 팔, 다리, 손가락, 발가락, 손목, 무릎과 같이 관절과 직접 연결된 뼈 끝부분에 있어요. 성장판은 세포분열을 일으켜 키를 크게 하는 역할을 합니다. 태어날 때부터 자라기 시작하는 성장판은 뼈의 성장을 좌지우지하다 점차 나이를 먹으면서 서서히 닫히게 되지요. 성장판이 하는 가장 큰 역할은 각자 해당 뼈의 성장을 책임지는 거예요. 해당 성장판 조직에 사소한 골절이라도 있다면 세심히 그 결과를 관찰해야 합니다.

 성장판 손상을 의심할 수 있는 자가 진단법

아래에서 한 가지라도 해당한다면 성장판 손상을 의심할 수 있어요.
- ☐ 관절을 움직이기 힘들 때
- ☐ 다친 관절 부위가 한쪽으로 휘어질 때
- ☐ 관절 부위에 단단한 멍울이 만져질 때
- ☐ 아이가 걸을 때 뒤꿈치를 들거나 다리를 절뚝거릴 때
- ☐ 손목 손상 후 글 쓰는 자세가 예전과 다르게 변한 것 같을 때
- ☐ 양쪽 팔꿈치의 모양이나 각도가 달라 보일 때

성장판이 손상되면 성장장애가 일어날 수 있어요

성장판이 손상되면 성장판의 연골이 뼈 조직으로 변하여 '골교'가 생기면서 성장장애가 나타납니다. 특히 손목과 무릎 부근은 성장에 기여하는 바가 커서 성장판 손상으로 성장장애가 나타나면, 치료가 필요해질 정도의 변형이 발생할 수 있습니다. 성장장애가 발생하면 팔이나 다리 길이가 짧아지거나 휘어지는 등 모양이 변형돼요. 이는 성장판이 외상 때문에 뼈 조직으로 변하고 유합되면서 그 부분의 성장이 멈춤으로써 생긴 결과입니다. 키 성장의 많은 부분은 다리에 있는 성장판에 의해 결정되는데, 특히 무릎 성장판을 다치면 어린이는 최대 7cm, 청소년은 3cm까지 키가 덜 자랄 수 있어요. 하지만 성장판을 다쳤다고 모두 성장장애로 나타나는 것은 아니에요. 성장판을 다친 아이 중에서 약 10~30% 정도만 나중에 성장장애로 나타납니다.

 ## 성장판 손상이 의심되는 증상

성장판 손상은 골절이어서 움직이면 심하게 아프고 붓거나 열이 오릅니다. 통증이 일주일 이상 계속되지요. 또 관절 부위에 멍울이 만져지거나 한쪽으로 휘어집니다. 아이가 계속 통증을 호소하고 다친 곳과 주변이 검붉게 혹은 보랏빛으로 변하면 바로 병원을 찾아 정확한 진단을 받습니다.

 닥터's advice

❓ 성장통 vs. 성장판 손상, 어떻게 구별할 수 있나요?
성장판 손상에 따른 통증과 성장통은 쉽게 구별할 수 있습니다. 먼저 성장판 손상은 골절이기 때문에 움직이면 심하게 아프고 붓거나 열이 오릅니다. 통증이 일주일 이상 계속되지요. 그러나 성장통은 밤만 되면 아이가 무릎이나 다리가 아프다고 울지만, 병원에서 검사하면 정상으로 나옵니다. 심한 운동을 했을 때 저녁 무렵이나 밤에 주로 아프고, 붓거나 열이 나는 증상은 없습니다. 성장통은 성장하는 아이에게 정상적으로 나타나는 현상으로, 가벼운 마사지나 찜질만으로도 후유증 없이 좋아집니다.

성장판 손상 여부를 확인해요

아이에게서 조금이나마 성장판 손상의 여지가 보인다면 전문 병원이나 성장클리닉을 찾아 손상 여부를 확인해야 해요. 병원에 가면 우선 엑스레이 촬영을 해요. 어린아이는 나이에 따라 성장판이 다르게 보이기도 해 양측을 동시에 촬영해 비교합니다. 엑스레이만으로 성장판 손상 여부를 판정하기 어려운 경우에는 간혹 자기공명영상(MRI)이나 골주사 검사를 하기도 해요. 다만, 성장판 손상이 발견되어도 초기 손상 당시에는 '골절' 단계로 보기 때문에 이와 유사한 치료를 받습니다. 또한 성장판 주위의 골절은 성장 속도가 빨라서 조금 휘어졌다고 해도 점차 원래 모양으로 회복되는 특징이 있어요. 그만큼 성장판 주위의 골절은 불필요한 검사로 치료 시기를 늦추기보다 치료 중 성장판에 2차 손상이 가해지지 않도록 주의를 기울이는 것이 더 중요합니다. 마찬가지로 자기공명영상 검사도 손상 당시보다는 추후 변형이 발견되어 꼭 치료가 필요할 때 하는 것이 더 의미가 있습니다.

성장판 손상으로 인해 변형이 진행되었다면 수술로 치료해야 합니다. 최대한 빨리 손상된 성장판을 정확한 위치로 자리 잡게 해야 후유증을 막을 수 있기 때문이지요. 성장판 손상 후유증은 길게는 1년 후에도 나타나므로 과거 골절 치료를 받은 적이 있다면 치료받은 관절 부위를 주의 깊게 관찰해야 합니다. 한쪽으로 휘어지거나, 관절 부위에 단단한 멍울이 만져진다면 성장판 손상으로 인해 성장장애가 진행되고 있을 가능성이 있으므로 소아정형외과를 찾아 정확한 진단과 치료를 받아봐야 합니다.

 Dr. B의 우선순위 처치법

1. 골절을 입었다면 병원을 방문해 성장판 손상 여부를 먼저 확인하세요.
2. 골절 치료를 받은 적이 있다면 팔다리 모양에 변형이 생기진 않았는지 잘 관찰합니다.

소아 관절염

자고 일어나면 관절이 뻣뻣해지고 아파해요.

체크 포인트

☑ 소아 관절염의 경우 아이가 아프다고 하면 다행이지만, 많은 아이가 통증에 적응해갑니다. 그래서 관절에 문제가 있어도 특별한 증상을 호소하지 않고 그냥 넘어가기 일쑤예요.

☑ 아프다고 하지 않아도 걷는 모양이 이상하거나 특정 관절을 사용하지 않으려고 할 때, 아침에 일어나서 활동을 잘하지 않는 등의 모습을 보이면 반드시 소아청소년과 의사와 상담합니다.

☑ 소아 관절염은 예방하기가 어려워요. 무엇보다 정기적인 검진과 치료가 중요합니다. 의심 증상이 나타나면 병원을 방문하는 것이 좋습니다.

성장통과는 달라요

일반적으로 관절염이라 하면 나이 든 할머니, 할아버지 등 주로 노년기에 발생하는 것으로 생각합니다. 그래서 '아이에게도 과연 관절염이 생길까?' 하는 의문을 갖지요. 하지만 1,500명 중 1명꼴로 2~4세, 9~14세에 많이 발병하는 소아 관절염은 방심하고 있을 때 조용히 찾아옵니다. 아이가 무릎이나 팔목이 아프다고 하면 '성장통이겠지', '자고 일어나면 곧 괜찮아지겠지' 하며 별다른 조치를 취하지 않는 경우가 많은데, 꼭 알아두어야 할 질병 중 하나가 '소아 관절염'입니다. 성인 관절염보다 진행 속도가 빠르고, 뼈가 휘거나 변형이 생기는 만큼 손상이 심할 수 있기 때문이죠. 원인이 뚜렷하지 않아 예방이 힘들다는 점도 아이가 관절염을 앓는 건 아닌지 유심히 살펴봐야 할 이유입니다. 자칫 치료 시기를 놓치면 병이 악화하거나 성장·발육에 지장을 줄 수 있으므로 더욱 주의가 필요해요.

한 살 아이도 관절염에 걸릴 수 있어요

소아 관절염은 만 16세 미만의 아이에게서 1개 이상 관절에 염증이 6주 이상 계속되는 상태입니다. 아직 왜 발병하는지 원인에 대해서는 정확히 밝혀진 바가 없어요. 단, 아이의 면역체계와 유전적 요인과 관련이 있을 것으로 추정하는 정도입니다. 영유아에게 나타나는 관절염은 퇴행과는 상관없이 자가 면역 이상으로 생기는 류머티스 관절염과 피부 외상으로 인해 관절 안으로 세균이 침투하면서 생기는 세균성 관절염, 크게 두 가지로 나눌 수 있습니다. 걸음을 떼기 시작하는 1세 전후부터 4~5세 아이에

닥터's advice

❓ 비슷하지만 다른, '성장통'과 '소아 관절염'

성장통은 뼈의 성장이 급속하게 이루어지는 데 비해 근육 성장은 더디게 생기거나, 뼈가 자라면서 이를 둘러싸고 있는 골막이 늘어나 주위 신경을 자극하기 때문에 나타나는 팔다리 통증입니다. 성장통은 주로 밤에 증상이 나타나고, 온찜질을 해주거나 주물러주면 괜찮아집니다. 아침에는 완전히 사라지는 것이 특징입니다. 이렇듯 낮에 잘 뛰어놀다가 밤만 되면 다리가 아프다고 하는 경우에는 성장통으로 볼 수 있습니다.

반면, 소아 관절염은 놀거나 움직일 때 주로 통증을 느끼는 것이 특징이에요. 또 성장통은 통증을 느끼는 부위를 눌러도 아프지 않지만, 소아 관절염은 아침나절에 통증이 심하며, 앉거나 누워 있다가 움직일 때 통증이 시작되는 경우가 많습니다. 아픈 부위를 주무르면 더 아프다는 점에서 차이가 있지요.

게 많이 생기는데, 여자아이는 1~3세 사이에 발병하는 경우가 흔한 편이에요. 통계상으로 전체 환자 수를 따져볼 때 남자아이보다 여자아이에게 많이 발병하는 것이 특징인데, 그 이유는 아직 몰라요.

어린아이들은 관절에 통증이 있어도 제대로 뭐라 표현하지 못하기 때문에 자칫 성장통이나 몸살, 감기 등으로 오인해 치료 시기를 놓칠 때가 많습니다. 관절염이 아이에게도 나타날 수 있다는 점을 알고, 관절 질환이 의심될 때는 빠른 진단과 치료를 받는 것이 중요합니다.

소아 관절염이 의심되는 증상

성인 관절염은 주로 손가락이나 발가락 마디 같은 작은 부위에 발생하지만, 아이들은 손목, 무릎, 발목 같은 큰 관절에 주로 생겨요. 밤보다는 아침에 일어날 때 혹은 앉거나 누워 있다 일어나서 몸을 움직일 때 심한 통증을 느끼고, 아픈 부위를 주무르거나 만져주면 더욱더 아파합니다. 또한 한쪽 관절에 통증이 집중해서 나타나거나 하루에 1~2회 정도 39℃ 이상의 고열을 동반하기도 해요. 목감기 증상이 있은 지 1~3주 후에 갑자기 39℃ 이상의 고열이 나면서 목덜미가 뻣뻣해지는 증상이 동반될 때도 소아 관절염을 의심해볼 수 있어요.

소아 관절염일 때 나타나는 열은 매우 특징적이에요. 매일 한두 차례씩 39℃ 이상의 고열이 올랐다 내렸다 합니다. 열이 있을 때는 오한을 동반하여 매우 심해 보이지만, 열이 내려가면 다시 멀쩡해 보이지요. 소아 관절염에 의한 열은 보통 해열제엔 반응하지 않고 스테로이드에만 반응하는 양상을 보입니다. 아직 말로 통증을 잘 표현하지 못하는 3세 미만 아이의 경우 몸으로 통증을 표현하기도 하는데, 여기저기 아프다며 자꾸 보채거나 절뚝거리거나 한쪽으로 기는 등 걷거나 기는 자세가 이상하고 잘 움직이려고 하지 않는다면 팔다리 통증을 의심해보는 것이 좋습니다.

소아 관절염 치료, 어떻게 하나요?

성인의 치료와 비슷해요

소아 관절염을 근본적으로 완치시키는 치료는 아직 없습니다. 따라서 현재의 치료 목표는 치료의 부작용을 최소화하면서 관절 염증을 억제하고 통증을 제거하며 관절 기능을 최대한 보존하는 데 있지요. 어린 환자들에게도 소염진통제와 메소트렉세이트, 설파살라진, 하이드록시클로로퀸과 같은 항류머티스 약물로 치료해요. 약물의 양은 아이의 체중과 키에 따라 조절합니다. 또 아이가 가능한 한 정상생활을 할 수 있게 하고, 다른 관절 외 합병증을 예방 또는 치료하는 데 중점을 둡니다.

종합적인 치료가 필요해요

성장기 아이들은 신체적, 정신적으로 중요한 시기를 보내고 있어요. 소아 관절염은 대개 오래 경과를 지켜봐야 하는 만큼 치료할 때 질병 자체의 치료뿐 아니라 신체적·정신적·사회적으로 정상적인 성장을 할 수 있게 돕습니다. 따라서 내과, 소아청소년과, 재활의학과, 정형외과, 정신과, 영양사, 부모, 학교 선생님 등 많은 전문가가 한 팀이 되어 협업해야 좋은 결과를 얻을 수 있어요. 환자와 가족은 소아 관절염이 만성적으로 재발하고 지속되며, 전신 증상을 수반할 수 있으므로 장기적인 치료와 관리가 필요하다는 점을 알아야 합니다. 꾸준히 운동을 계속하는 것도 병의 경과에 도움이 돼요. 아이에게 맞는 운동의 범위를 정해 학교생활이나 집단생활에 적극적으로 참여하게 합니다.

뼈 튼튼! 관절 튼튼! 관절염은 예방하기 나름이에요

규칙적인 운동으로 면역력을 키워주세요

뼈를 튼튼하게 하고 관절을 강화하는 데는 걷기, 달리기, 줄넘기만 한 것이 없습니다. 수영, 자전거 타기와 같은 충격이 적은 운동도 효과적이에요. 약간의 체중을 실어서 콩콩콩 뛰거나 너무 빠르지 않은 걸음으로 걸으면 뼈를 만드는 세포가 활성화되어 뼈를 튼튼하게 할 뿐만 아니라 성장판을 자극해 키 성장에도 도움이 됩니다. 주 2~3회 줄넘기하기, 매일 30분씩 걷기, 가볍게 달리기 같은 운동을 습관처럼 할 수 있게 해주세요.

뼈를 튼튼하게 하는 음식으로 식이조절을 해요

뼈를 튼튼하게 하는 영양소는 당연 '칼슘'입니다. 한국 어린이의 칼슘 소요량은 1세 미만 500mg, 1~9세 800mg 정도 되는데, 이런 칼슘 영양소는 유제품이나 뼈째 먹는 생선, 푸른 채소 등에 많이 들어 있어요. 특히 치즈는 쇠고기보다 약 200배나 많은 칼슘이 들어 있고, 발효 과정에서 단백질이 아미노산으로 분해되어 우유에 민감한 아이에게도 안심하고 먹일 수 있습니다. 그 밖에도 귤, 오렌지, 레몬 등에 많이 들어 있는 구연산이나 견과류·푸른잎 채소·통곡물에 풍부한 마그네슘 그리고 간·생선기름·달걀 노른자·버섯에 많은 비타민 D는 칼슘 흡수를 도와 뼈와 치아를 튼튼하게 해줍니다. 면역 조절 기능까지 하므로 평소 많이 섭취하는 것이 좋습니다. 반면 카페인은 칼슘의 흡수를 방해할 뿐 아니라 뼛속 칼슘을 소변으로 배출시키기 때문에 초콜릿, 콜라, 커피(커피 맛 빙과류 포함) 등은 특히 제한해야 해요. 과도한 당분 역시 칼슘이 뼈를 만드는 것을 방해하고, 짠 음식도 칼슘을 빼앗아가므로 아이가 먹는 음식은 최대한 달지 않게 담백하게 요리하는 것이 좋습니다.

정형외과 질환

 Dr. B의 우선순위 처치법

1. 아이가 심하게 아파하면 바로 병원으로 갑니다.
2. 아이가 통증을 호소하는 부위를 따뜻한 물수건으로 찜질해주세요.
3. 관절에 좋은 가벼운 운동과 뼈를 튼튼하게 하는 식단 위주로 먹이세요.

아이가 관절이 아프다면, 이렇게 해주세요!

1 아이가 무릎 통증을 호소하면 따뜻한 물수건으로 찜질해요
아이가 많이 아파할 때는 따뜻한 물수건을 무릎 위에 올려 5~10분 정도 찜질을 해줍니다. 찜질한 후에도 아픈 곳이 붓고 열이 나면 염증이 생긴 것이므로 병원에 가서 진료를 받아야 합니다.

2 부드럽게 무릎 마사지를 해주세요
무릎을 세운 상태로 양쪽 무릎의 오목하게 들어간 부분을 엄지손가락으로 5초쯤 지그시 눌러주세요. 근육을 이완시켜 통증 완화에 도움이 됩니다. 가볍게 스트레칭을 하게 해 근육이 편안하게 이완된 상태가 되면 어깨-팔꿈치-손목 방향으로, 골반-무릎-발목 방향으로 주물러주는 동작을 3회 반복한 후 같은 방향으로 쓸어 내려줍니다. 이 마사지는 뼈를 감싸고 있는 근육과 인대를 강화하고 유연하게 하는 효과가 있으면 기혈 순환을 좋게 합니다.

3 격한 운동은 금물이에요!
오래 서 있거나 심한 운동은 관절에 무리가 되므로 피해야 합니다. 특히 낮에 많이 뛰어놀았다면 저녁에는 푹 쉬게 하고 일찍 잠자리에 들게 합니다.

4 영양이 풍부한 음식을 먹이고 햇볕을 많이 쬐게 해주세요
뼈를 튼튼하게 만들어주는 칼슘과 미네랄이 풍부한 채소, 두부, 쇠고기 등 영양이 풍부한 음식을 챙겨주세요. 햇볕을 충분히 쬐면서 규칙적인 운동 습관을 들이는 것도 중요해요.

정형외과 질환

염좌

관절을 지지해주는 인대 혹은
근육이 늘어나거나 일부 찢어졌어요.

체크 포인트

☑ 관절이 삐었다고 의심될 땐 엑스레이 검사 등을 통해 의사의 진단과 치료를 받는 것이 최우선입니다.

☑ 염좌된 부위의 통증과 부기를 줄이는 좋은 방법은 냉찜질입니다. 단, 이때 통증 부위에 직접 얼음을 갖다 대면 안 돼요. 반드시 수건으로 감싼 다음 1회 20분을 넘지 않게 해주세요.

☑ 손상 부위가 붓는 것을 방지하기 위해 붕대를 감아 압박해줄 수 있어요. 이때, 탄력 있는 붕대로 너무 세지 않은 강도로 감아주세요. 탄성이 없는 밴드를 사용하면 혈액순환이 되지 않아 오히려 치료에 역효과가 날 수 있습니다.

☑ 관절을 일정 기간 쓰지 않고 쉬게 해주어야 재발을 예방할 수 있어요.

흔히 '삐었다'라고 말해요

아이들은 장난을 치거나 운동을 하다가 혹은 돌발적 사고로 손가락, 발목 또는 무릎, 팔꿈치, 어깨 관절 등을 자주 삐는 편이에요. 과연 '삔다'라는 것은 무엇이 어떻게 된 상태일까요? '삐었다'란 증상을 의학 용어로는 '염좌'라고 합니다. 신체의 어떤 관절을 자연스럽게 움직일 수 있는 범위 이상으로 강제로 움직이면, 그 관절에 붙어 있는 인대나 관절을 싸고 있는 관절낭 등이 비정상적으로 늘어나 관절 손상이 생기는데요. 이런 손상을 염좌라고 하죠. 흔히 삐었다고 하는 경우가 이에 해당합니다. 특히 체중을 지탱하는 발목 관절과 상대적으로 많이 쓰는 어깨 관절은 다른 부위보다 더 쉽게 염좌가 생깁니다.

붓고 잘 움직일 수 없어요

염좌는 골절됐을 때나, 관절 속에 있는 골두가 탈구되었을 때 나타나는 증상과 비슷합니다. 염좌가 발생하면 손상된 관절이 아프고, 붓고, 잘 움직이지 못해요. 손상된 후 1~2시간은 많이 붓지 않고, 심하게 아프지 않아요. 그러나 점차 삔 관절이 붓고 통증이 나타나요. 손상 후 1~2일쯤 지나면 염좌된 관절에 멍이 들고, 심한 통증으로 움직이기 힘들어집니다. 염좌된 관절은 되도록 움직이지 않고 푹 쉬면 증상이 생긴 지 10~14일이 지나 자연적으로 회복됩니다. 다만 염좌 부위가 많이 아프고 부었을 때는 다 나을 때까지 절대 그 관절을 사용하지 말아야 합니다. 간혹 염좌된 부위의 상태가 심하면 수술 치료가 필요할 수 있습니다.

닥터's advice

❓ 염좌 vs. 타박상 vs. 골절을 구별하는 법
다친 것을 심한 정도로 나누면 골절(부러짐)이 가장 심하고, 그다음이 염좌(삠)와 타박상(멍)입니다. 내부에 있는 뼈가 부러지는 골절이 되면 타박상과 염좌는 당연히 동반됩니다. 인대가 찢어질 정도의 외상인 염좌는 필연적으로 타박상이 동반되지요. 따라서 골절 여부를 먼저 판단한 후 염좌인지, 타박상인지를 구분하면 됩니다. 골절을 제외한다면 염좌란 인대나 관절에 국한된 부위에 해당하며, 타박상은 피부 아래 조직의 심층에 있는 혈관이 터져 생기는 것으로 관절을 포함한 모든 부위에 해당하는 차이점으로 구분할 수 있습니다.

'삐었을 때'는 어떻게 해야 할까요?

되도록 움직이지 않습니다

삔 직후에는 하던 운동이나 활동을 곧바로 중단하고 휴식을 취해야 합니다. 이미 손상된 인대와 혈관이 더 이상 망가지지 않도록 함부로 움직여선 안 돼요. 초기엔 손상도가 약했지만 조심하지 않고 이리저리 움직여 심하게 망가지는 경우도 흔하기 때문입니다. 염좌의 경우, 첫 번째 응급처치 원칙이 '보존'이라는 사실을 잊지 마세요. 또한 치료 후 통증이 금방 가라앉더라도 가능하면 움직이지 않는 것이 좋습니다. 통증이 없으면 아이들은 전과 다름없이 움직이려 하지만, 그렇게 되면 아직 제자리를 찾지 못한 인대가 약해지고 제대로 회복되지 못하지요. 계속 삐는 아이가 자주 삐는 것도 그런 이유입니다. 적어도 일주일 동안 삔 부위를 쉬게 하고, 1~2개월은 무리해서 움직이는 것을 피합니다.

차갑게 찜질해주세요

발목이나 손목을 삐끗한 경우 '차게 찜질해야 할까? 뜨겁게 찜질해야 할까?' 의문이 들기 마련이죠. 어떤 경우엔 삔 부위를 뜨겁게 했다가 오히려 퉁퉁 부어 병원을 찾는

 닥터's advice

❓ 삐었을 때, 찜질에 관한 궁금증!

• **만약 따뜻하게 한다면?** 손상을 입고 난 뒤 바로 온찜질을 하는 것은 손상 부위의 모세혈관을 확장시켜 부종과 출혈을 더 악화시킬 수가 있어요. 오히려 회복이 늦어질 가능성이 있습니다.

• **온찜질은 언제 하는 것이 좋을까?** 온찜질은 냉찜질과는 반대로 손상 부위의 작은 혈관들을 확장시켜 혈액순환을 좋게 합니다. 결과적으로 손상된 조직에 영양 공급을 늘려 회복을 빠르게 할 수 있다는 점에서 필요할 수도 있어요. 대신 온찜질은 손상을 입은 후 24~48시간이 지나서 부종, 출혈이 회복되고 난 다음에 해줘야 합니다.

• **만약 주무른다면 효과는?** 손상된 모세혈관과 인대를 자극해 많이 부을 뿐 아니라 더 큰 손상을 가져올 수 있어요.

일도 흔합니다. 삐었을 때 기본적인 치료 방법 가운데 하나는 바로 냉찜질이에요. 냉찜질을 해주면 다친 부위가 차가워지면서 통증에 무감각해지는 효과를 발휘하지요. 냉찜질을 할 때는 마른 수건에 얼음을 싸서 해주거나 종이컵에 물을 넣은 상태로 얼려 사용하세요. 관절 부위를 마치 원을 그리듯이 부드럽게 마사지하면 됩니다. 처음에는 냉기를 느끼지만 바로 화끈거리는 작열감을 느끼게 되고, 이어서 5~7분 이내에 통증과 저린 증상을 느끼게 됩니다. 냉찜질을 할 때 만일 피부가 하얗게 또는 파랗게 변하면 동상이 생기기 쉬우니 즉시 냉찜질을 멈춰야 해요. 1회에 20분을 넘기지 않으며, 횟수를 3~4번 정도 반복하는 게 더욱 효과적입니다.

해당 부위를 고정해야 해요

삔 부위가 더는 손상 입지 않도록 부목으로 고정한 후 탄력 붕대로 감싸 다친 부위를 압박해줘야 합니다. 응급상황에선 압박붕대나 밴드 등을 사용하지만 병원에선 '깁스'라는 고정 장치를 하지요. 다만, 골절이 아닌 경우는 부득이하게 활동해야 할 때만 고정시키고, 휴식을 취할 수 있는 상황에선 고정 없이 다친 부위를 편하게 해주는 것이 낫습니다. 염좌가 심하지 않을 경우 삔 관절을 몸통보다 조금 높게 받쳐주면 통증과 부기를 줄일 수 있습니다.

 Dr. B의 우선순위 처치법

1. 다친 부위를 움직이지 않게 하고, 냉찜질로 통증을 줄여줍니다.
2. 다친 정도에 따라 정형외과 의사의 진료가 필요할 수 있어요.

척추측만증

척추가 휘었어요.

체크 포인트

☑ 척추측만증이 발견되면 성장하는 동안 각도가 커질 수 있기 때문에 6~12개월에 한 번씩 엑스레이 촬영으로 상태를 확인합니다.

☑ 성장기에 척추의 휜 각도가 계속 증가하면 이를 막기 위해 보조기를 사용하는 경우도 있습니다.

☑ 척추가 휜 각도가 45도를 넘어가면 수술 치료의 대상이 됩니다.

오래 앉아 있지 못하는 아이, 혹시 척추측만증?

척추가 한쪽으로 휘면서 생겨요!

한쪽 어깨가 유난히 처진 아이, 신발 한 짝만 유난히 닳는 아이, 가방끈이 한쪽만 흘러내리는 아이, 이들의 공통점은 무엇일까요? 바로 척추가 한쪽으로 휘는 척추측만증일 수 있다는 점입니다. 성장기 자녀를 둔 부모 중에는 허리가 구부정하거나 어깨가 삐뚤어진 아이의 자세를 보며 "혹시 척추에 문제가 있는 건 아닐까?" 혹은 "우리 아이도 혹시 척추측만증…" 하며 걱정을 키우는 경우가 적지 않아요. 척추측만증이 의심될 경우 성장하면서 척추 변형이 더 심해질 수 있으므로 미리 점검해 적절한 치료를 받아야 합니다.

척추 마디마디가 틀어지는 변형을 일으킵니다

척추측만증은 정면에서 바라볼 때 척추가 일자로 곧게 뻗어 있지 않고, 측면으로 C자형 또는 S자형으로 변형된 상태입니다. 척추가 휘기만 한 것이 아니라 휘면서 회전하기 때문에 문제는 더욱 커집니다. 인체의 중심인 척추가 휘어지면 양쪽 어깨의 높낮이가 달라지고, 골반도 삐뚤어지게 되지요. 특히 성장하는 청소년기의 척추측만증은 조기 치료가 중요한데, 급성장기와 맞물려 진행이 빨라지면서 급격히 악화하기 때문이죠. 자칫 치료 시기를 놓치거나 적절한 치료를 받지 못해 척추 변형이 심해지면 갈비뼈가 골반을 압박해 통증을 유발하기도 합니다. 또 성인이 된 후 척추 관절에 퇴행성 관절염으로 인한 요통이 나타날 수 있어요.

원인을 알 수 없는 경우가 대부분이에요

척추측만증을 유발하는 원인은 여러 가지지만 아직 확실히 밝혀진 것은 없습니다. 대체로 자세가 바르지 않고 무거운 가방을 어깨에 메서 생기거나 특히 칼슘 부족이라고 많이들 알고 있지만, 이것이 직접적인 원인이라고 단정할 순 없어요. 이렇듯 원인을 찾을 수 없는 것을 '특발성'이라고 합니다. 초·중·고등학생의 학교 검진에서 발견되는

 닥터's advice

❓ 척추 건강을 위한 바른 생활습관
① 걸을 때 가슴을 펴고 똑바로 걷는다.
② 오랜 시간 다리를 꼬는 자세는 삼간다.
③ 컴퓨터를 사용할 때는 한 시간마다 스트레칭을 한다.
④ 편안하게 장시간 앉아있는 자세는 의외로 허리에 부담을 주므로 주기적으로 일어나서 스트레칭을 한다.
⑤ 책가방 등 무거운 짐은 양쪽 어깨에 번갈아 가면서 멘다.

척추측만증은 대부분 특발성 척추측만증이에요. 반면, 뇌성마비나 근육 질환 등 신경과 근육의 문제로 발생하거나 선천적으로 척추뼈가 만들어질 때 이상이 생기는 선천성 척추측만증도 있어요. 또한 부모가 척추측만증이 있으면 아이에게도 발병할 가능성이 10배 정도 높은 것으로 알려져 있으나, 유전되는 것은 아니에요. 태아 때 엄마 배 속에서 자리를 잘못 잡아 10대에 척추가 휜다는 가설과 평형감각에 이상 있는 아이에게 잘 생긴다는 연구 결과도 있습니다. 소아 척추측만증은 여학생이 남학생보다 잘 걸린다고도 알려졌는데 그 원인 역시 밝혀진 바가 없습니다. 이처럼 척추측만증의 원인은 태아 때 척추 생성 과정에 이상이 생겨 발생하는 선천성인 경우도 있지만 원인을 알 수 없는 특발성 척추측만증 환자가 대부분을 차지합니다.

척추측만증이 주로 나타나는 시기

척추 성장이 활발한 사춘기 때가 가장 위험해요

척추는 출생 후부터 사춘기를 지나 성인의 키에 도달할 때까지 성장하는데요. 특히 키가 급격히 자라고 척추의 성장이 활발한 사춘기 때 척추측만증이 많이 발병하며, 휘어진 각도 역시 더욱 심해질 수 있어 주의해야 합니다. 척추측만증은 초기에 더디

닥터's advice

❓ 척추측만증에 대한 잘못된 상식

척추측만증에 대한 대표적인 잘못된 상식으로 '심폐 기능에 영향을 주어 생명에 지장이 있다', '허리 통증이 심해져 일상생활을 하지 못한다', '골반, 다리, 발까지 영향을 준다', '여자는 출산에 문제가 생길 수 있다' 같은 이야기가 있습니다. 무엇보다 척추측만증이 기능적으로 환자에게 얼마나 영향을 주고 있는가만 살펴보면 됩니다. 예를 들어 척추측만증 각도가 80~90도를 넘기 시작하면 심폐 기관에 영향을 줄 수는 있어요. 그러나 그 외 다른 문제들은 척추측만증이 있거나 없거나 큰 차이가 없는 게 사실이에요. 괜히 인터넷에 떠도는 근거 없는 정보로 인해 미리 걱정하지 마세요. 올바른 치료 계획을 세우기 위해서는 반드시 의사의 정확한 진단과 검사를 받아야 합니다.

게 진행하다가 초등학교 고학년이나 중학교 성장기에 급속히 악화됩니다.

아이의 척추 건강, 어떻게 확인할까요?

척주측만증의 가장 손쉬운 진단법은 바른 자세에서 앞으로 90도 인사하는 자세를 취해보는 겁니다. 이때 좌우 등의 높이가 같은지를 확인해보는 과정을 '전방굴곡검사(Adam's forward bending test)'라고 합니다. 측만증의 심한 정도를 표시하는 각도를 '콥스씨각(Cobb's angle)'이라고 하는데, 이 각도가 몇 도인지를 측정해보는 것도 중요합니다. 이로 인해 실질적인 치료 방향이 결정되기 때문입니다. 다만, 측만증이 없어도 일시적인 통증으로 척추가 휘는 경우도 있습니다. 보통 이 각도가 25도 이상으로 벌어지면 외관상의 변화가 나타나고, 45도 이상으로 휘면 수술 대상이 됩니다. 하지만 각도는 언제나 측정 오차 범위가 있어서 같은 의사가 1분 차이로 측정해도 5도 내외 오차가 생깁니다. 25도라고 하면 척추가 20~30도 사이의 각도로 휘어져 있다고 볼 수 있지요.

평소 바른 자세를 유지해요

모든 척추측만증이 나쁜 자세나 생활습관에 의해서만 발생하지는 않습니다. 자세는 일시적으로 취하는 몸의 형태고, 척추측만증은 영구적인 형태로 몸이 변형된 것이기 때문이죠. 잘못된 자세나 체형에 맞지 않는 책걸상, 운동 부족, 무거운 가방 등의 이유로 척추측만증이 발생한다고 가정하면 자세를 고쳤을 때 측만증이 좋아져야 하지만 결과가 꼭 그렇지는 않아요. 잘못된 생활습관이 직접적인 원인이 될 수는 없지만 상당한 영향을 끼칠 수는 있습니다. 따라서 평소 바른 자세를 유지하고 생활습관을 개선하는 것이 좋습니다.

척추측만증 치료, 어떻게 하나요?

보기에 안 좋을 뿐 기능에 문제가 생기는 것은 아니에요

척추측만증은 치료 및 경과 관찰, 보조기 착용, 그리고 수술, 총 세 가지 치료 방법이 있습니다. 단순 관찰은 주기적으로 방사선 촬영과 신체검사를 통해 측만의 변화를 관찰함으로써 경과를 예의 주시하는 것이에요. 보조기 치료는 측만이 유연해 쉽게 교정되거나 각도가 비교적 작고, 성장이 2년 이상 남아 있는 환자에게 효과적입니다. 수술해야 하는 상황은 대체로 측만이 이미 상당히 진행되어 외관상 변형이 너무 심할 때, 보조기 치료를 했음에도 불구하고 측만이 계속 진행되어 각도가 40~50도 이상일 때입니다. 치료 방법을 결정하는 데는 앞으로 얼마나 성장할 수 있는가와 더불어 측만증의 정도(각도)가 어느 정도인지가 중요해요. 앞에서 설명했듯 척추 성장이 활발

닥터's advice

❓ 우리 아이 바른 자세, 이렇게 습관을 들이세요!
① 눕거나 엎드리는 자세는 피합니다. 엎드려 책을 읽는 습관은 목·어깨·팔에 무리를 주고, 다리를 꼬고 앉는 버릇은 양쪽 골반의 균형을 무너뜨리기 쉽습니다. 또 턱을 괴는 습관은 목뼈가 앞으로 나오게 해 목과 어깨의 근육이 단단히 굳어 원인 모를 두통을 일으키거나 집중력을 떨어뜨려요. 아이용 의자는 등받이가 허리 곡선과 일치하고, 팔걸이가 있는 것이 안정적입니다.
② TV를 볼 때도 바른 자세를 유지하는 게 중요해요. 한 자세로 오래 앉아서 보면 자세가 뒤틀리고, 허리에 가해지는 무게가 2배로 늘어 척추에 부담을 줍니다. 화면과의 거리는 TV 화면 크기의 6~7배(4~5m) 정도 떨어져 보게끔 하고, 눈높이에서 화면을 15도 정도 낮게 해야 눈도 덜 피로해요.
③ 어깨에 메는 가방은 아이 체형에 맞는 제품으로 꼼꼼히 골라줘야 합니다. 아이 가방은 너무 무겁지 않고 등에 딱 밀착되는 제품이 좋아요. 가방이 아래로 처지면 움직일 때마다 가방이 흔들려 아직 무게 중심을 잘 잡지 못하는 아이의 경우 넘어지기 쉽고, 척추 주변을 단단하게 지탱하는 근육까지 약하게 하므로 주의해야 합니다.
④ 매일 저녁 규칙적으로 스트레칭을 해주세요. 바닥에 단단한 매트를 깔고 아이를 바로 눕힌 다음 양팔을 위로 뻗게 합니다. 그런 다음 엄마가 무릎을 꿇고 앉아 아이의 손목 바로 위를 잡고 꾹꾹 눌러주세요. 잠들기 직전 유연한 고양이처럼 몸을 쭉쭉 펴며 척추를 힘껏 늘려 이완시켜주는 것도 좋습니다.

할 때가 위험하므로 성장이 많이 남았다는 것은 그만큼 위험한 상태이고 적극적인 치료를 해야 한다는 뜻입니다. 따라서 사춘기에 접어들어 척추의 성장이 급격히 일어나고 있다면 적극적으로 운동과 보조기 치료를 해야 해요. 반면, 척추 성장이 끝난 환자는 특별히 치료하지 않아도 측만증이 진행되진 않아요. 측만증의 각도가 25~30도 이상이 되면 등이 많이 휘어 보이고 한쪽 갈비뼈가 뒤로 튀어나오거나 한쪽 허리가 튀어나와 보이며, 심하면 옆구리가 접혀 보이지만, 이와 같은 문제는 외관상의 문제일 뿐 기능적인 문제가 생기는 것은 아니에요. 허리가 휘어 보여서 심각한 병 같아 보이지만 실생활엔 아무런 영향을 주지 않을 때가 대부분입니다. 치료가 필요한지를 결정하려면 상당히 전문적인 의학 지식이 있어야 하므로 의사를 찾아 결정하는 것이 정확합니다.

운동과 보조기로 치료하지만 확실한 교정 방법은 수술뿐입니다

척추 성장이 멈춰 측만증이 더 이상 진행되지 않아도 45도 넘게 휘었다면 성장이 끝난 시점부터 1년에 약 1.8도씩 점점 더 휘는 것으로 알려져 있어요. 이런 상태에서 제때 치료하지 않고 지내다가 80도가 되면 외관상은 물론 기능적으로도 문제가 생겨 아주 위험합니다. 하지만 초등·중학생 척추측만증의 경우, 보조기를 사용하고, 운동을 병행하면서 진행을 막을 수는 있어요. 운동이 척추의 유연성과 근력을 키워 휜 척추를 바로잡아주고 진행을 늦추는 데 도움이 되기 때문입니다. 물론 보조기 치료 효과에 관해서는 여전히 찬반 논쟁이 있는 게 사실이에요. 보조기가 효과 있다고 주장하는 쪽에서는 "수술이 필요할 정도로 각도가 커진 환자가 보조기 치료를 하면서 각도가 커지지 않았다"고 말하는 반면, 그 반대쪽은 "각도가 더 커지는 것을 막지 못할 뿐만 아니라, 장기적으로 볼 때 아무 치료를 하지 않은 것과 크게 다르지 않다"라고 얘기합니다. 그러나 많은 연구들이 콥스씨각 20~40도에 해당하는 사춘기 척추측만증 환자의 보조기 사용 치료가 척추가 더 휘는 것을 막는 데 효과적이었다고 밝혔습니다. 착용을 열심히 할수록 효과가 더 높았다고 합니다. 의사마다 이견이 있지만, 척추를 교정하는 확실한 방법은 수술뿐이라고 할 수 있습니다.

건강한 허리를 위해 바른 자세를 알아둬요

아이에게 자신의 몸 상태를 알려주고 올바른 자세의 필요성을 이해시킵니다

먼저 아이에게 자신의 지금 상태가 어떤지, 올바른 자세와 생활습관이 왜 중요한지 아이 눈높이에서 차분히 설명해주세요. 스스로 지금의 자세가 나쁘다는 걸 인지해야 행동의 변화가 일어납니다. 아이들은 어떤 자세가 좋고 나쁜지 잘 모르기 때문에 부모의 자세를 그대로 보고 따라 하는 경우가 많으므로 부모 또한 평상시 생활 자세를 점검해봅니다.

서기-걷기-앉기-눕기의 바른 자세를 알려주세요

바른 자세란 우리 몸이 가장 편안한 자세예요. 머리부터 발끝까지 자연스러운 일자 형태로 선다고 생각하면 쉽습니다. 머리는 목 위에 자리하고 턱이나 가슴, 배, 엉덩이 등은 과도하게 내밀지 말고, 골반과 다리뼈가 일직선상에 놓이도록 나란히 서게 한 다음 이 상태에서 두 발을 11자로 하고 가장 편안한 자세로 자연스럽게 발뒤꿈치부터 바닥에 닿으며 걷도록 해주세요.

앉는 자세는 서 있을 때보다 더욱 중요한데요. 상체를 똑바로 세우고 등·허리·엉덩이 가 전부 의자에 닿도록 앉아야 합니다.

사람마다 잠자는 자세는 제각각입니다. 어릴 때 습관이 이어지기 때문인데요, 생후 2~3개월 무렵 밤낮을 구별할 때 수면 습관을 잘 들이는 것이 중요합니다. 이때 아기가 편안해하는 잠자리 자세를 찾아줍니다. 그러나 수면 자세가 조금 특이하더라도 아이가 푹 잘 자고 있다면 자는 자세를 굳이 고쳐줄 필요는 없어요. 웅크리며 잔다고 해서 다 나쁜 것은 아니에요. 웅크리고 자면서도 깊은 잠을 잔다면 본능적으로 그 자세를 통해 필요한 부분의 근육을 회복시키고 있다는 뜻이기 때문이죠. 단, 단순히 웅크린 정도가 아니라 이상하게 비틀려 있고, 잠에서 자주 깬다면 자세가 불편하다는 겁니다. 이럴 때는 잠자리 자세를 바꿔줄 필요가 있어요. 지나치게 푹신한 매트리스는 성장기 아이에게 좋지 않으므로 피합니다. 베개 또한 방석 2개 정도 높이의 목 베개로 바꿔주세요. 베개가 너무 높거나 낮은 것도 좋지 않아요. 평평한 베개를 선택해 목

뼈의 원래 형태를 자연스럽게 유지합니다.

TV를 보거나 책을 읽을 때는 소파의자에 푹 파묻혀 보기 일쑤인데 목과 어깨에 부담이 가고 허리에도 좋지 않으므로 팔걸이가 있는 의자에 앉아서 눈높이로 보는 것이 좋습니다. 하지만 바른 자세라고 하더라도 때때로 자세를 바꿔주는 것이 좋습니다.

 Dr. B의 우선순위 처치법

1. 평소 바른 자세로 걷고, 앉고, 자는 습관을 들입니다.
2. 측만증이 심해지기 전에 의사를 찾아 현재 상태와 치료 여부에 대한 진료를 받아보세요.
3. 특별한 증상이 나타나진 않으므로 사춘기 시기의 아이라면 주의 깊게 관찰합니다.

탈구

팔이 빠지고, 엉덩이뼈가 빠졌어요.

체크 포인트

☑ 탈구가 되면 욱신거리는 통증이 매우 심하고 잘 움직이지 못합니다. 이때 아이는 불편하고 느낌이 이상해 탈구된 부위를 자꾸 만지려고 해요. 하지만 잘못 건드리면 주위 근육과 인대가 손상 입을 수 있어 최대한 만지지 못하게 해야 합니다.

☑ 어깨나 팔꿈치가 잘 탈구되는 아이라면 어깨를 으쓱하는 운동을 자주 시켜주세요. 자리에 앉거나 서서 자연스럽게 반복해줍니다.

☑ 생후 6개월 이전 고관절 탈구 증상을 발견하면 기저귀나 보조기를 착용하는 방식만으로도 교정할 수 있어요.

☑ 선천성 고관절 탈구도 있지만 자라면서 생기는 발달성 고관절 탈구도 있습니다. 평소 아이에게 이상 증상이 있는지 유심히 살펴보세요.

아이의 팔·무릎·어깨 관절이 빠졌어요

유아기에 종종 탈구가 일어나요

한창 관절이 자라고 움직임이 활발한 유아기 때 관절이 빠지는 탈구 증상이 종종 일어납니다. 살짝 잡아당겼을 뿐인데 팔꿈치가 빠지거나 운동하다 갑자기 어깨가 빠지기도 하지요. 탈구는 관절과 연결되는 뼈가 분리된 것을 말합니다. 무릎관절, 고관절, 또는 어깨관절 등 몸에 있는 갖가지 관절에 탈구가 일어날 수 있어요. 탈구는 대개 관절이 예기치 않거나 불균형한 충격을 받았을 때 잘 생기며, 한 번 탈구된 부위는 또 빠질 위험이 큽니다. 외상에 의한 탈구 외에도 선천성 탈구나 관절류머티즘이 원인인 병적인 탈구도 있어요. 탈구는 뼈가 원래 위치에서 벗어난 상태로 응급상황에 해당합니다. 서둘러 의료 처치를 받아야 해요. 탈구를 방치하면 인대, 신경 또는 혈관을 손상할 수 있어요. 탈구는 통증을 동반하므로 아직 소통이 어려운 어린아이나 의식이 혼미하거나 없을 때는 주의 깊은 관찰이 필요합니다.

욱신거리는 통증이 심해요

탈구가 되면 욱신거리는 통증이 매우 심하고 탈구된 부위를 잘 움직이지 못합니다. 또 부어오르거나 멍든 것처럼 보이고, 그 부위가 붉거나 변색되기도 하지요. 탈구된 부위가 이상한 형태를 보이기도 합니다. 이때 잘못 만지면 주위 근육과 인대를 다칠 우려가 있으므로 병원에 도착해 진료를 받기 전까지 다친 그대로 보존해야 합니다.

탈구가 의심되면 곧바로 병원을 찾아야 합니다

뼈가 부러졌는지 단지 탈구된 것인지를 의사가 아니면 판별하기 어렵습니다. 가능한 한 빨리 의사의 진찰을 받아야 해요. 아이에게 골절이 있다고 생각되는 경우엔 MRI나 엑스레이 검사를 통해 관절이 어떤 상태인지 정확히 확인할 수 있습니다. 탈구가 일어난 관절 상태에 따라 치료가 달라집니다. 한 번 탈구가 일어나면 습관처럼 빠지기 쉬우므로 2주일 동안은 관절을 고정해 안정을 취하게 하는 것이 중요해요.

아이에게 자주 발생하는 탈구 종류

팔꿈치 아탈구: 팔꿈치 관절이 빠져요

• 어린아이의 팔을 잡아당길 때 팔꿈치가 쉽게 빠져요 만 1~4세 아이의 팔꿈치 손상 중 흔하게 일어나는 것이 '팔꿈치 아탈구'입니다. 팔꿈치가 자주 빠지는 현상으로, 팔꿈치의 요골 머리 부분이 일시적 또는 부분적으로 빠지는 것을 말해요. 아이 팔을 갑자기 잡아끌거나 아이 손을 잡고 들어 올릴 때, 아이가 팔로 무언가를 짚으면서 넘어질 때 주로 발생합니다.

• 팔꿈치 아탈구가 생겼다면 이렇게 대처하세요 팔꿈치의 요골두가 탈구되면 아이는 팔을 움직이지 못하고 심한 통증으로 자지러지게 울어요. 이때는 빠진 요골 머리를 제자리로 맞추는 처치를 해야 하지만, 아이가 팔을 고정하려 하지 않기 때문에 보호자가 하기보다는 팔을 고정한 채 가까운 정형외과나 응급실을 찾는 게 더욱 안전합니다. 처치가 끝난 후에도 팔꿈치가 불안정하거나 통증이 있으면 2주 정도 반 깁스나 팔걸이 등으로 고정하기도 합니다. 무엇보다 중요한 것은 팔꿈치 탈구를 예방하는 습관입니다. 한 번 생긴 팔꿈치 탈구는 다시 빠지기 쉬우므로 평소 아이의 팔을 잡아당기지 말고, 5세까진 어깨나 팔에 갑자기 큰 힘이 가해지지 않도록 조심합니다.

• 팔꿈치 탈구, 예방하려면!

① 야외 활동 전 스트레칭을 해요

관절이 손상되는 것을 막기 위해서는 몸을 유연하게 만드는 충분한 스트레칭이 필요합니다. 손가락부터 시작해 어깨로 향하면서 주무르기보다 모든 방향으로 움직이는 관절 운동이 좋습니다. 스트레칭은 천천히 하는 것이 좋으며, 관절 운동을 할 때는 수시로 아이의 눈을 보고 통증을 느끼는 것 같으면 운동을 줄이거나 중지합니다.

② 손가락 운동을 해요

손가락 운동을 하는 것도 탈구 예방에 도움이 됩니다. 아이의 손을 같이 잡고 쥐었다 펴기를 해주다가 혼자 스스로 쥐었다 펴기를 반복하게 합니다. 한 번에 많이 하려고 무리하지 말고, 조금씩 운동량을 늘려주세요. 손에 공 같은 물체를 쥐여주면 손이 펴지는 효과를 기대할 수 있습니다.

고관절 탈구: 젖먹이 아이에게 많이 일어나요

• **걸음마 하기 전까진 쉽게 발견하기 힘들어요**   엉덩이뼈와 다리뼈가 연결되는 관절을 '고관절'이라 하며, 허벅지관절 혹은 엉덩이관절이라고도 불립니다. 허벅지뼈와 엉덩이뼈는 마치 전구가 전구 소켓에 들어가는 것처럼 서로 결합되어 있어요. 문제는 이 고관절이 생후 수개월간은 엉성하게 놓여 있다는 것이지요. 허벅지뼈가 엉덩이뼈 안에 제대로 자리 잡지 못하거나, 간혹 연결 부분이 미흡해 허벅지뼈가 밖으로 빠지기도 합니다. 선천적으로 탈구가 생기기 쉬운 구조를 갖고 태어날 때도 있지만, 대개 옷이나 아기띠로 인해 다리를 자유롭게 움직이지 못해 생기는 경우가 흔합니다. 고관절 탈구는 제때 적절한 치료를 하지 않으면 오리걸음을 걷게 되고, 심각할 경우 다리를 절 수 있어요. 걸음마를 시작하기 전까진 고관절 탈구를 발견하기가 쉽지 않기 때문에 좀 더 주의 깊은 관찰이 필요합니다.

닥터's advice

❓ 다리 쭉쭉이가 탈구의 원인?!
누워 있는 아이의 다리를 잡고 힘을 주어 쭉쭉 잡아당기거나 눌러주는 일명 '쭉쭉이'는 고관절 탈구의 원인이 될 수도 있어 좋은 자세는 아닙니다. 아이가 가장 편안한 자세에서 자연스럽게 주물러주는 것이 좋습니다. 고관절 탈구란 골반과 허벅지뼈가 연결되는 관절인 고관절이 빠지는 것이에요. 아이는 태어나서도 엄마 배 속에 있을 때처럼 M 자세를 유지하려 하는데, 이때 인위적으로 무릎을 편 채 엉덩이와 다리가 일직선이 된 자세를 장시간 유지할 경우 엉덩이뼈가 받는 힘이 세져 탈골이 일어납니다.

❓ 아이의 고관절 탈구, 역아라면 특히 주의하세요!
역아(출산할 때, 머리부터 나오는 정상의 경우와는 달리 다리부터 나온 아이)는 자궁의 좁은 쪽에 엉덩이가 자리 잡고 있었기 때문에 관절에 계속 압박이 가해집니다. 고관절의 정상적인 발달을 방해해 고관절 탈구 위험을 더 높이지요. 아이가 역아였다면 생후 4~6주쯤 따로 소아정형외과의 진료를 받는 것이 안전합니다.

• **집에서 부모가 쉽게 진단하는 방법이 있어요** 아이가 혹시라도 선천성 고관절 탈구 증상이 있는지 세심히 관찰해봅니다. 일찍 발견할수록 치료가 쉽지만 늦게 발견하면 몸통이 틀어지면서 성장장애가 발생해 치료가 더욱 복잡해지고 힘겨워지기 때문이죠. 하지만 걱정하지 마세요. 집에서 쉽게 진단하는 방법이 있습니다. 먼저 아이가 보행기를 타기 전이나 걸음마를 떼기 전이라면 눕혔을 때 엉덩이 주름을 확인해보세요. 대퇴부나 엉덩이 주변의 피부 주름이 비대칭적일 때 또는 아이를 바로 눕혀 허벅지를 몸통과 직각으로 세우고 다리를 밖으로 벌렸을 때 탈구가 있는 고관절은 정상 쪽에 비해 잘 벌어지지 않습니다. 또한 바로 눕혀서 다리를 곧게 펴면 탈구된 쪽이 짧거나, 무릎을 세우면 무릎의 높이가 다르지요. 아이가 걸음마를 걷기 시작했다면 훨씬 알아차리기 쉽습니다. 보행기를 타는 경우 다리를 절뚝거리거나 오리걸음으로 걷는 경우가 종종 있으며, 심하면 몸통 자체가 비대칭을 보입니다. 또한 한눈에 봐도 양쪽 다리의 무릎 높이와 다리 길이가 확연한 차이를 보여요.

• **고관절 탈구는 조기 발견이 중요해요** 고관절 탈구는 엉덩이뼈 안으로 잘못 자리 잡은 다리뼈를 맞추는 것이 치료의 핵심입니다. 생후 6개월 이전에 증상을 발견하면 기저귀나 보조기를 착용하는 것만으로 교정할 수 있어요. 일찍 발견만 한다면 6~12주 동안 접골 치료용 부목으로 간단히 치료할 수 있습니다. 반면, 걷기 시작한 후 뒤늦게

🚑 이럴 땐 병원으로!

고관절 탈구는 조기에 발견할수록 효과적으로 치료할 수 있습니다. 아이에게서 아래와 같은 초기 증상을 발견하면 바로 소아청소년과에서 진찰을 받으세요.

☐ 한쪽 다리가 다른 쪽 다리보다 약간 짧아 보일 때

☐ 기저귀를 갈면서 다리를 굽히거나 엉덩이를 건드리면 '툭' 하고 뼈가 빠지거나 들어가는 소리가 날 때

☐ 양쪽 허벅지의 주름이 비대칭적인 모습일 때. 즉, 한쪽 허벅지나 엉덩이의 피부 주름이 더 많을 때

☐ 기저귀를 갈거나 무릎을 세운 상태에서 한쪽 허벅지가 다른 쪽 허벅지만큼 벌어지지 않을 때

발견한다면 치료가 좀 더 어려워집니다. 대개 일정 기간 입원하여 뼈를 고정하는 치료를 받거나, 피부를 절개하는 수술을 통해 탈구된 고관절을 바로잡습니다. 한시라도 빨리 발견하느냐, 뒤늦게 알아차리느냐에 따라 치료 방법이 달라져 '조기 발견'이 중요한 질환이에요. 선천적으로 나고난 고관절 탈구도 있지만 자라면서 생기는 발달성 고관절 탈구도 있으므로 아이를 유심히 관찰해 이상 증상을 보이는지 살펴보세요.

· 고관절 탈구, 예방하려면!

① 다리를 자유롭게 움직이게 하세요

아이의 다리를 쭉 뻗어 똑바로 붙인 채 포대기로 싸매면 엉덩이에 문제가 생기기 쉽습니다. 업을 때도 아이가 허벅지를 굽히고 벌리는 등 자유롭게 움직일 수 있는 공간을 만들어줍니다. 평소에도 아이가 편안하게 자세를 취할 수 있게 합니다. 누워 있을 때를 기준으로 아이에게 안정적인 자세는 무릎은 90도로 굽히고, 양쪽 옆으로 45도 벌려진 상태로, 기저귀 갈 때의 자세입니다

② 육아용품도 바른 자세에 지장이 있는지 체크해봅니다

카시트나 아기띠처럼 오랜 시간 사용하는 육아용품도 고관절 탈구의 위험을 높일 수 있어요. 아이가 다리를 좁힌 채 있어야 하기 때문이에요. 힙 시트, 슬링 등 아이를 안을 때 사용하는 신생아 용품의 경우 특히 자세가 바르게 유지되는지 꼭 따져보고 선택하는 것이 중요합니다. 고관절 탈구를 예방하기 위해서 엉덩이 자세를 바르게 유지해주는지, 허벅지와 무릎관절을 잘 받쳐주는지, 다리가 옆으로 벌어질 만큼 여유가 있는지 꼼꼼히 따져보고 선택합니다.

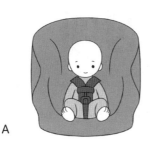

A

B

▲ A: 권장하는 자세, B: 권장하지 않는 자세

A는 허벅지가 무릎관절을 받쳐 힘이 분산되어 엉덩이뼈가 받는 힘이 감소해요. 반면 B는 허벅지가 무릎관절을 받쳐주지 못해 엉덩이관절이 과도한 힘을 받게 돼요.

 Dr. B의 우선순위 처치법

1. 고관절 탈구가 의심되면 즉시 가까운 소아청소년과나 정형외과에서 진료를 받습니다.
2. 4세 이하의 아이는 팔을 잡아당기거나 하는 과격한 놀이를 하지 않습니다. 격렬한 놀이를 하기 전에 충분히 스트레칭을 합니다.
3. 잘 놀던 아이가 갑자기 한쪽 팔을 사용하지 않으려 하고 아파하면 팔꿈치 탈구나 아탈구를 의심 할 수 있으므로 응급실로 바로 갑니다.

턱관절 장애

입을 열고 다물 때 '딱딱' 소리가 나면서 아파요.

체크 포인트

☑ 턱관절 장애 증상은 일시적으로 나타났다 사라지는 경우가 많아요. 하지만 턱관절 장애와 관련된 증상을 한 번이라도 겪었다면, 두통이나 이명이 있을 때 턱관절 장애가 원인은 아닌지 확인해봐야 합니다.

☑ 아이가 부정교합이거나 평소 이갈이, 이 악물기, 턱 괴기를 한다면 턱관절 장애를 더욱 주의해야 합니다.

☑ 음식을 한쪽으로 씹거나 이를 악무는 등의 나쁜 습관만 교정해도 초기에 치료할 수 있어요. 턱관절 장애를 일으키는 잘못된 습관은 한시라도 빨리 교정하는 게 좋습니다.

☑ 턱관절 장애 초기는 통증과 염증을 완화해주는 진통 소염제와 근육이완제 등의 약물로 치료해요. 그러나 턱관절 내 디스크의 형태와 위치에 이상이 생겨 통증이 심하면 턱관절 교정장치(스플린트) 시술을 고려해야 합니다.

턱 괴는 사소한 습관, 위험할 수 있어요

평소 아이가 턱을 자주 괴고, 음식을 한쪽으로만 씹는 습관이 있다면 턱관절 장애가 생길 확률이 높아요. 턱관절 장애는 사고나 강한 충격으로 인한 외상, 부정교합 등에 의해서도 생기지만 주로 생활 속 잘못된 습관 때문에 나타나는 경우가 많아요. 자신도 모르게 이를 꽉 무는 습관, 손가락을 입에 넣고 빠는 행동, 잠잘 때 이를 가는 버릇 등 턱관절 장애를 유발하는 요인은 생각보다 다양합니다. 한번 망가지면 회복하는 데 엄청난 노력을 들여야 하므로 평소 나쁜 습관을 교정해 예방하세요. 유아기의 잘못된 습관으로 인한 턱관절 장애는 아이의 성장을 방해할 뿐 아니라, 아이에게 심한 우울증과 스트레스를 유발할 수 있습니다. 또 외관상으로는 별다른 차이를 보이지 않아 혼자만 고통을 감내해야 하므로 아이를 더욱 힘들게 하지요.

 ## 턱관절 장애, 도대체 무엇인가요?

턱관절에 문제가 생기면 다른 부위에도 영향을 미쳐요

턱관절은 턱 운동을 할 때 중추 역할을 해요. 아래턱뼈와 머리뼈가 만나 이루는 귀의 앞부분 관절을 말합니다. 턱관절은 입을 벌리거나 다물게 하고, 턱을 좌우 혹은 앞으로 움직이게 하며, 음식물을 씹을 때 지렛목 역할을 하는 중요한 관절입니다. 이 부위

 닥터's advice

❓ 턱관절 질환의 진행
- **1단계** 처음에는 손가락 관절을 꺾을 때 나는 것과 비슷한 '딱딱' 소리가 나요.
- **2단계** 입을 벌리거나 음식을 씹을 때 점점 턱의 통증이 심해지면서 관절 잡음의 소리도 커집니다.
- **3단계** 아침에 자고 일어났을 때 턱이 아예 벌어지지 않기도 해요. 이때는 이미 인대가 손상을 입었을 가능성이 큽니다. 하루라도 빨리 병원에 가봐야 합니다.

에 있는 관절, 인대, 근육, 디스크에 문제가 생기는 것을 통틀어 '턱관절 장애'라고 합니다. 턱관절에 이상이 생기면 삼키거나 입 벌리는 것, 씹는 것, 말하는 것 등에서 어려움이 생겨요. 더불어 다른 부위에까지 영향을 미쳐 문제가 더욱 심각해집니다. 턱 자체의 통증뿐만 아니라 머리, 얼굴, 목 부위까지 통증이 번지고 어지럼증을 동반하기도 합니다.

입을 열고 다물 때 '딱딱' 소리가 나요

턱관절 장애가 생기면 입을 열고 다물 때 '딱딱' 하는 관절음이 나거나 통증이 느껴집니다. 증상이 악화하면 모래가 갈리는 듯한 소리로 변하면서 입이 잘 벌어지지 않고 가만히 있을 때도 통증이 느껴지죠. 그뿐만 아니라 충치나 잇몸병이 없어도 치통이 발생하고, 만성적인 두통이 나타납니다. 턱관절 장애를 그냥 놔두면 말을 하거나 음식을 씹는 것이 어려울 정도로 턱관절의 움직임이 제한되고 통증 역시 심해져요.

턱관절 장애 자가 진단법

아래 증상 중 두 가지 이상에 해당하면 턱관절 장애를 의심해봐야 해요.

- [ ] 입을 최대한 벌렸을 때, 윗니와 아랫니 사이가 4cm 미만이다.
- [ ] 귀 안에 손가락을 넣고 당기면서 천천히 입을 벌리거나 다물 때 '딱' 소리가 나고, 턱이 한쪽으로 쏠린다.
- [ ] 귀 앞 턱관절 부위에 손을 대고 누른 채로 입을 벌렸다 다물 때 손가락으로 누르는 부위에 통증이 느껴진다.
- [ ] 음식을 씹거나 윗니, 아랫니를 맞댔을 때 양쪽이 조화롭게 닿지 않는다.
- [ ] 치과 치료 후 턱관절 통증이 심하고 얼굴, 뺨, 턱, 목구멍에 통증이 있다.
- [ ] 아침에 일어났을 때 턱이 불편하거나 두통이 있다.

잘못된 습관이 턱관절 장애를 일으켜요

잘못된 생활습관은 턱관절 장애를 일으키는 주된 원인입니다. 이갈이, 이 악물기, 손톱 물어뜯기, 딱딱하고 질긴 음식 자주 먹기, 다리 꼬고 앉기, 한쪽으로 엎드려 자기, 한쪽 어깨로 전화 받기 등 어릴 적 나쁜 습관들이 요인이 되지요. 또한 바르지 못한 자세도 턱관절의 상태를 악화시킵니다. 아이가 일상에서 겪는 스트레스도 문제가 될 수 있어요. 어린데 무슨 스트레스가 있을까 싶겠지만, 실제 아이들은 걱정거리도 많고 스트레스 역시 자주 받습니다. 특히 6세 미만 아이가 스트레스를 받으면 아드레날린 분비로 근육이 수축되고 이를 갈거나 악무는 나쁜 습관이 생기기 쉬워요. 또한 손가락 빨기, 입술 물어뜯기도 턱관절 장애를 일으키는 원인이 됩니다. 반면 선천적인 경우도 있어요. 성장기 아이 중 치아가 고르게 나지 않거나 알레르기비염이나 축농증 등으로 코가 아닌 입으로 숨을 쉬는 구강 호흡을 하면 윗니가 앞으로 튀어나와 턱관절에 문제를 일으킬 수 있지요. 이때는 구강구조나 비염 등의 증상을 함께 치료해야 턱관절 장애가 개선됩니다.

• **입으로 무는 습관**　아이들은 연필을 입에 물거나 앞니로 손톱을 물어뜯는 등의 습관을 많이 갖고 있어요. 이는 턱관절의 균형을 틀어지게 하는 나쁜 습관 중 하나입니다.

• **턱을 괴는 습관**　자기도 모르게 턱을 괼 때가 많은데, 이런 행동은 정상적인 뼈의 발달을 방해해 턱관절에 무리를 줍니다.

• **누워서 팔로 머리를 받치는 습관**　평소 누워서 TV를 시청하거나 책을 읽을 때 많이 하는 행동으로, 이는 목 근육을 긴장시키는 것은 물론 턱관절에도 무리를 줍니다.

• **엎드려서 자는 습관**　잠을 잘 때 베개를 감싸고 엎드려서 자는 아이들이 있어요. 이는 순간적으로 편하겠지만, 턱에는 엄청난 무리를 주는 자세입니다.

- **잘 때 이를 가는 아이** 잠을 잘 때 심하게 이를 가는 아이는 대부분 부정교합일 가능성이 큽니다. 부정교합을 치료하는 것만으로도 턱관절 장애를 예방할 수 있어요.

- **한쪽으로만 씹는 습관** 단단하고 질긴 음식을 즐겨 먹는 식습관도 좋지 않지만 한쪽으로만 씹는 습관은 더욱 나빠요.

- **이를 꽉 깨무는 습관** 습관적으로 이를 꽉 깨무는 습관이 있는 아이도 턱관절 장애가 나타날 수 있어요.

- **입을 너무 자주 크게 벌리는 행위** 입을 크게 벌리면 아무래도 턱에 무리가 갑니다.

- **옆으로 누워 자는 수면 자세** 옆으로 누워 자면 한쪽 턱관절만 눌려 안면 비대칭을 유발할 수 있습니다.

- **음식을 빨아 먹는 습관** 아이가 음식을 씹지 않고 입안에서 빨아 먹는 습관은 턱관절을 퇴행시키는 안 좋은 습관이에요.

턱관절 장애 치료, 어떻게 하나요?

빨리 발견해서 치료하는 게 우선이에요

턱관절은 다른 관절에 비해 움직임이 많은 만큼 장애가 생기면 일상생활이 많이 불편해져요. 음식을 씹는 것도 힘들 뿐만 아니라 발음도 부정확해지고, 얼굴에 외형적 변화가 일어날 수도 있어요. 턱뼈가 삐뚤어지면 심한 경우 몸의 전체적인 균형이 깨져 머리를 돌리기 힘들고 척추측만증이나 골반이 틀어지기까지 합니다. 턱관절 장애는 한 번 나빠지기 시작하면 이전만큼 완전한 회복은 어려워요. 손상이 더 진행되지 않도록 턱관절을 보호하고 그 기능을 안정화하는 것이 기본 치료입니다. 턱관절 장애는 초기 증상이 심하지 않아 지나치기 쉬운데, 치료가 빠를수록 회복도 빠르고 완치율도 높아 조기 발견과 치료가 중요해요. 특히 성장기에는 턱관절에 장애가 있다 해도 별다른 징후가 나타나지 않을 수 있어요. 턱관절 이상은 척추뿐 아니라 다리의 뼈가 좌우로 고르게 자라는 데도 영향을 미치기 때문에 주의 깊게 관찰하고 조기에 발견하는 것이 최선입니다.

대부분 턱관절 교정장치로 치료합니다

턱관절 장애가 발생한 초기에는 수술 없이 약물과 물리치료를 해요. 통증을 완화하는 진통제와 근육이완제를 사용해 근육 긴장을 해소하고, 냉온요법을 사용해 혈액순환을 촉진시켜 근육을 이완시킵니다. 관절 내 디스크의 위치와 형태에 이상이 생기면 약물 치료와 물리치료로 치료가 어렵고 턱관절 교정장치(스플린트)를 사용해야 합니다. '스플린트'라고 불리는 교합안전장치는 마우스가드나 치아 투명교정 장치와 비슷하게 생겼어요. 치아를 본떠 투명하게 제작해 치아 위아래로 끼우면 되는데, 치아가 서로 정상적으로 맞물려 턱관절에 무리한 힘을 주지 않게 보호하는 역할을 해요. 턱관절을 안정시키고 디스크가 본래의 위치로 돌아가도록 도와주며, 근육을 이완시키고 치아를 보호하는 등 다양한 효과가 있어요. 교정장치는 치아교정처럼 치아의 맞물림이 조금씩 변화하게 수개월 동안 조금씩 조정해줘야 합니다. 턱관절 장애의 70%는 식사할 땐 스플린트를 빼고 평상시와 잠잘 때만 착용해요. 착용하는 동안 적절한 운동과 바른 자세를 유지해 턱 근육이 안정을 찾도록 해주면 충분한 치료 효과를 볼 수 있어요. 만약 6개월 이상 했는데도 효과가 없거나 관절에 구조적인 장애가 있는 경우, 질환이 진행되어 디스크의 위치와 형태가 심하게 변한 경우엔 수술을 고려하기도 해요. 턱관절 장애는 증상이 좋았다 나빴다를 반복하다가 어느 순간 심해지는 특징이 있으므로 꾸준히 치료해야 합니다.

제대로 확인하고 치료하면 충분히 예방할 수 있어요

올바른 생활습관만으로도 턱관절 장애를 예방할 수 있어 평소 바른 자세를 갖도록 노력해야 합니다. 걸을 때 뒤꿈치부터 걸어 척추 전체의 균형을 맞추고, 의자에 앉을 때도 척추를 바르게 해 턱 주위의 근육과 인대가 안정된 위치에 있게 해주세요. 오래 씹어야 하는 질긴 음식은 피하고, 무의식적으로 턱 운동을 하는 껌은 턱관절에 나쁜 영향을 미치므로 가능한 한 멀리합니다. 또한 한겨울에는 찬바람에 장시간 근육이나 관절이 노출되는 것을 피하는 게 좋아요. 외출할 경우 목도리와 마스크 등으로 체온을 따뜻하게 유지하는 것도 도움이 됩니다. 평소 턱관절을 편안하게 하는 목 스트레칭도 해줍니다. 목 운동은 턱을 잡아당겨 목에 붙인 자세를 유지하면서 머리를 앞뒤로 구부리기, 좌우로 구부리기 및 돌리기를 1회 여섯 번 정도를 한 세트로, 하루 6세트 정도 실시하세요. 다만, 통증을 느끼지 않는 범위에서 무리하지 않게 해야 합니다.

 Dr. B의 우선순위 처치법

1. 평소 아이에게 나쁜 버릇이 있는지 확인하고 아이와 함께 교정해나갑니다.
2. 그냥 지나치기 쉬우므로 자가 진단을 통해 초기에 발견하여 치료합니다.
3. 턱의 통증이 심하고 입을 벌리지 못하면 바로 병원을 찾습니다.

턱관절 장애,
집에서는 이렇게 예방해요!

1 단단하고 질긴 음식, 예를 들면 쥐포나 오징어 같은 종류는 되도록 먹지 않습니다.

2 아이가 지나치게 입을 크게 벌리지 않도록 주의시켜요.

3 무리한 턱관절 운동을 하지 않도록 합니다.

4 적절한 수면을 위해 지나친 낮잠을 피하고, 낮 동안 활동을 해 밤에 충분히 깊은 잠을 잘 수 있게 합니다.

5 평소 바르게 앉는 자세를 갖는 데 신경 써주세요.

6 턱을 앞으로 내밀거나 계속 움직이는 습관 등의 턱관절 장애를 일으키는 행동은 하루라도 빨리 고쳐줍니다.

정형외과 질환

각종 정형외과 질환

새가슴·인대 손상·만곡족 등 여러 정형외과 질환에 대한 궁금증.

체크 포인트

☑ 발이 안쪽으로 굽는 '선천성 만곡족'을 갖고 태어났다면 치료는 빠를수록 좋아요. 신생아 때라도 아킬레스건을 늘리거나 발 뒤쪽 관절막을 제거하는 간단한 수술로 치료할 수 있어요.

☑ 가슴 부위가 앞으로 볼록 튀어나온 새가슴은 일상생활을 하면서 가슴에 충격을 받지 않도록 주의해야 해요.

☑ 인대 손상을 입으면 처음에는 잘 몰라요. 차츰 멍이 생길 때 냉찜질을 해주면 출혈과 부기를 줄여줍니다.

☑ 무릎을 누르거나, 무릎을 굽히고 펼 때 통증이 느껴지면 평소 운동량을 줄이고 휴식을 취하세요. 만약 통증이 계속된다면 전문적인 진단을 받아봅니다.

☑ 발뒤꿈치가 아프다고 할 경우, 맨발로 다니는 것을 삼가고 장딴지 근육과 다리 뒤쪽의 인대를 늘리는 스트레칭을 하면 통증 완화에 도움이 돼요.

소아기 때 흔히 발생하는 정형외과 질환들

아이가 태어나서 걷고 활동하고 활발히 성장할 무렵에는 특히 뼈와 관절에 나타나는 이상에 민감해지지요. 사소한 이상 징후에도 활동할 때 불편해져요. 기능이 완전히 잘못되어 보이는 기형인 경우는 말할 나위도 없고, 평발이거나 사소한 발 통증 등을 호소할 때도 혹시 다른 질환이 있는 것은 아닌지, 후천적인 장애로 남는 것은 아닌지 걱정스럽습니다. 아이가 특별히 넘어지거나 다치지 않았는데도 무릎이나 발목 등에 갑작스러운 통증을 호소하는 경우 단순 성장통일 가능성이 크지만 아이에게만 특징적으로 나타나는 질환일 수도 있으므로 주의가 필요해요. 아이들에게 특징적으로 나타나는 그 밖의 주요 정형외과 질환에는 어떤 것이 있을까요?

만곡족: 발이 안쪽으로 굽어있어요!

• **발에 생기는 흔한 기형 중 하나예요** 발에 생기는 기형 중 하나예요. 발이 안쪽으로 굽은 '선천성 만곡증'이 그 원인인데, 발 모양이 골프채를 닮았다고 해 '클럽풋(Clubfoot)'이라고도 불립니다. 만곡족은 1,000명당 1~2명에게 발생하고 있을 정도로 남아가 여아보다 2배 정도 많으며 50% 정도는 양쪽 발에 모두 생기는 편이에요. 이 질환의 정확한 원인은 아직 밝혀지지 않았으나 유전적 이상 혹은 임신 초기 발생학적 문제로 추정하고 있습니다.

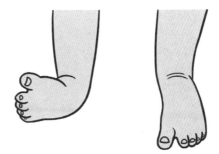

▲ 선천성 만곡족

• **최대한 빨리 치료하는 것이 좋습니다** 선천성 만곡족은 치료를 빨리할수록 좋아요. 수술과 비수술에 대해 의사들 사이에 이견이 있으나 처음에는 비수술적인 방법으로 치료해야 한다는 의견이 지배적이에요. 비수술적 치료는 경험이 풍부한 의사가 손으로 부드럽게 발의 변형을 교정한 후 발끝부터 무릎 위까지 석고 붕대를 감아 기형인 발을 서서히 교정하는 방식이에요. 출생 후 바로 시작하며 수차례 석고 고정을 갈아주는 방식으로 진행됩니다. 약 2~4개월간 치료하는 내내 보조기를 채워야 해요. 반면 생후 6개월이 지나 비수술적 요법으로 치료되지 않거나 변형이 재발하면 수술을 고려해야 합니다. 수술은 아킬레스건을 늘리거나 발 뒤쪽 관절막을 제거하는 간단한 수술로 치료할 수 있어요. 만곡족은 치료를 하더라도 일반적인 발 모양과 똑같이 교정되기는 어려우나 교정 수술을 통해 최대한 정상에 가깝게 호전시킬 수는 있어요.

새가슴: 가슴이 볼록하게 튀어나와요

• **가슴 부위가 비둘기 가슴처럼 볼록 튀어나왔어요** 새가슴은 가슴이 앞으로 툭 튀어나온 것을 말해요. 흉골이 안으로 함몰된 오목가슴과 달리 가슴 중앙 부분이 볼록하게 앞으로 튀어나와 있습니다. 앞가슴 아래쪽 중앙에 있는 흉골과 늑골의 연골이 자라 생기는 것으로, 연골마다 성장 속도가 달라서 생기는 가슴 기형이지요. 성인의 경우 한눈에 쉽게 확인되지만 영유아는 새가슴이라는 사실을 모른 채 성장하는 경우가 더 많아요. 여아보다는 남아에게서 4배 더 많은 비율로 나타나며, 30%는 유전적 원인으로 발생합니다. 새가슴 환자 중 15%는 척추뼈가 휘는 척추측만증이 동반되기도 해 또 다른 증상이 나타나는지 주의 깊게 관찰해야 합니다.

• **가슴에 충격이 가지 않도록 주의해요** 새가슴은 가슴 돌출 외에 별다른 증상이 없는 게 대부분이에요. 그러나 신체 기관의 변이나 기능 저하로 인해 이상 증상이 나타나곤 하죠. 경우에 따라 돌출된 앞가슴 때문에 흉벽의 기능이 떨어져 호흡곤란이 나타나기도 합니다. 또한 새가슴은 지방층이 얇아진 상태이므로 일반 사람보다 외부의 충격이나 자극에 통증을 더 크게 느낍니다. 따라서 일상생활에서 아이 가슴에 충격이 가해지지 않도록 주의를 기울여야 합니다. 한편 성장기에 접어들면 외형적인 증상이

더욱 눈에 띄게 두드러져 친구들로부터 놀림을 당하는 등 정신적인 스트레스가 있을 수 있어요. 이때 조급한 마음에 어린아이를 무리하게 수술시킨다면 자연스럽게 커져야 할 가슴을 인위적으로 빼거나 조이기 때문에 훗날 제한성 호흡 기능 상실이라는 합병증이 발생할 수 있습니다. 증상이 심각하다면 튀어나온 연골을 잘라내는 수술을 하거나 새가슴 교정기를 이용한 교정이 가능합니다. 그러나 가능하면 수술을 서두르기보다 아이의 체중이 늘고 어느 정도 성장한 후에 교정이나 수술을 하는 것이 좋습니다. 증상이 심한 아이라면 6개월에 한 번, 가벼운 경우 1년에 한 번씩 의사에게 정기적인 검진을 받는 등 관찰 치료를 우선 진행합니다.

인대 손상: 인대가 늘어나거나 미세하게 찢어졌어요

• 운동을 하거나 일상생활에서 흔히 겪을 수 있어요 인대는 우리 몸의 움직임을 담당하는 수많은 관절을 전후좌우로 흔들리지 않게 뼈와 뼈 사이를 고정하며, 관절을 움직여 힘을 받쳐주고 안정을 유지해주는 고마운 조직이에요. 이런 인대 조직이 늘어나거나 찢어지는 손상을 입으면 삔 부위가 붓거나 통증을 호소하며 피멍이 들고 관절의 움직임에 제한을 받습니다. 인대는 한 번 늘어나면 자연 치유되기가 어렵고, 회복된다고 해도 약해진 인대로 인해 자꾸 재발하는 만성 염좌로 이어지기 쉬워요. 또한 제대로 치료하지 않으면 관절염으로 이어져 빠른 치료가 필요합니다. 부상 직후 48~72시간 동안은 냉찜질을 하는 것이 크게 도움이 됩니다.

• 인대 손상의 주범, 트램펄린 놀이를 즐길 땐 반드시 준비 운동을! 최근 아이들 사이에 인기가 있는 일명 '방방이'라 불리는 트램펄린 놀이기구를 이용하다가 인대 손상이 자주 일어나요. 트램펄린은 한꺼번에 많은 인원이 뛰거나 덩치 큰 아이들과 작은 아이들이 함께 뛸 때 부딪히면서 다치는 경우가 많아요. 몸집이 큰 아이들이 점프하면 그 반동으로 작은 아이들은 중심을 잡지 못하고 넘어지는데, 이때 척추나 무릎·발목 등을 다치는 일이 잦습니다. 인대 손상이라는 부상 없이 안전하게 트램펄린을 즐기려면 가벼운 스트레칭으로 근육과 관절을 풀어준 후 놀아야 합니다.

오스굿-슐레터병: 성장통과 비슷한 무릎 통증이에요

• 성장통으로 오인하기 쉬워요   밤에 심한 통증을 느끼는 성장통과 달리 무릎 아래쪽 정강이뼈가 붓고, 눌렀을 때 아프다면 '오스굿-슐레터병'이라는 질환을 의심해볼 수 있어요. 이름부터 생소한 이 질환은 13세를 전후해 많이 발생하며 운동 후 또는 압박에 의한 통증이 심한 것이 특징이에요. '경골 조면 골연골증'이라고도 합니다. 무릎 바로 아래, 종아리뼈 위쪽의 앞부분이 툭 튀어나오고 활동을 하면 할수록 통증이 더욱 심해집니다. 초기에는 축구와 같은 격렬한 운동, 계단 오르기, 앉았다 일어나기, 무릎 꿇기 등 무릎에 직접적인 자극 또는 충격이 가해질 때 무릎 전체에 통증이 나타나다가 시간이 지나면 통증이 가라앉기도 해요. 하지만 치료 없이 무릎에 계속 무리를 준다면 가만히 쉴 때도 통증이 발생합니다. 무릎에 통증이 발생하는 것이 성장통과 비슷하지만, 성장통은 무릎과 주변 근육에 통증이 있을 뿐 오스굿-슐레터병은 직접적인 자극이 가해질 때 통증이 더욱 심해진다는 점에서 차이가 있어요.

• 운동량을 줄이고 휴식을 취해요   일단 무릎을 쉬게 해야 해요. 하루 세 번 20분씩 냉찜질을 해주고, 아픈 부위를 탄력 붕대로 감아 압박하는 것이 도움이 됩니다. 증상에 따라 휴식 기간과 정도가 다를 수 있지만 격한 운동이나 활동은 무조건 삼가는 것이 좋습니다. 성장통과 마찬가지로 뼈가 단단해지고 근육이 성장하면 자연적으로 치유가 됩니다. 하지만 통증에 무감각하게 반응해 무릎을 무리하게 계속 사용하면 치유 기간이 늘어나고 성인이 되어서도 증상이 생겨요. 심할 경우 뼛조각을 제거하는 수술을 해야 할 수도 있으므로 초기에 치료를 시작하는 것이 좋습니다.

세버병: 발뒤꿈치가 아파요

• 발뒤꿈치에 압력이 가해질 때 통증이 있어요   유달리 발뒤꿈치가 아프다고 하는 아이가 있습니다. 발에 무게가 실리는 운동, 달리거나 서서 하는 운동을 하다 보면 발뒤꿈치의 뒷부분(아킬레스건이 붙는 부위)에 큰 압력이 가해져요. 이로 인해 발뒤꿈치가 손상되고 통증이 생기는데, 이런 질환을 '세버병'이라 합니다. 발뒤꿈치 통증은 한쪽이나 양쪽 발뒤꿈치 모두에 발생할 수 있어요. 아이가 새로운 운동을 시작한 후 많이 나

타나며, 절뚝거리며 걷거나 특히 발끝으로 걸을 때 더욱 아파합니다. 사춘기 초기 급격히 성장하는 시기에 걸릴 위험이 가장 크며 여아는 신체활동이 활발한 8~10세, 남아는 10~12세에 흔하게 발생합니다. 발뒤꿈치의 성장은 15세면 끝나기 때문에 세버병은 10대 후반에 발생하는 일은 거의 드문 편이에요.

• 통증을 유발하는 활동을 줄여요 세버병 증상을 보이면 발뒤꿈치 통증을 일으키는 활동을 줄이거나 그만둬야 합니다. 하루 세 번 30분씩 아픈 발뒤꿈치에 냉찜질을 해주고, 아치가 높거나 평발 혹은 O자 다리인 경우는 보조기, 아치받침 또는 발뒤꿈치 컵을 사용할 수 있어요. 장딴지 근육 및 다리 뒤쪽 인대를 늘리는 스트레칭을 하는 것도 통증 완화에 도움이 돼요. 평소 충격 흡수 밑창이 있는 신발을 신고, 단단한 길바닥에서 과도하게 달리는 것을 피해야 합니다. 또한 운동하기 전 반드시 다리 뒤쪽의 인대를 늘리는 스트레칭을 해주세요.

정형외과 질환

09

치과 질환

연령별 치아 발달과 관리

아기 치아, 월령에 맞게 관리해요.

체크 포인트

☑ 유치는 영구치가 잘 자라도록 도와주는 역할을 해요. 유치가 썩으면 밑에 있는 영구치도 영향을 받습니다.

☑ 충치를 유발하는 식습관은 바로 고치고, 올바른 치아 위생 습관을 들여 유치를 관리해야 합니다.

☑ 아이가 쓰는 치약은 불소 함유량을 정확히 확인하고 화학성분 첨가 여부도 꼼꼼히 확인하세요. 만 3세 이전의 아이는 불소 없는 치약을, 3세 이후부터는 불소 농도가 600ppm을 넘지 않는 치약을 사용합니다.

유치부터 관리가 필요해요

출생 후 6개월쯤 되면 유치가 돋아납니다. 아이마다 유치가 나는 시기가 달라 생후 4개월쯤 나기도 하고, 첫돌까지 이가 돋지 않기도 해요. 치아가 일찍 나고 늦게 나는 차이는 중요하지 않아요. 좀 늦다 싶어도 잇몸을 만졌을 때 치아처럼 불룩하고 단단한 것이 만져지면 곧 치아가 나온다고 보면 됩니다. 흔히 유치가 올라와야 치아 관리를 준비하지만 유치가 나오기 이전 잇몸부터 깨끗이 관리해야 건강한 치아가 나는 법이에요.

유치가 나왔나요? 그렇다면 이제 본격적으로 치아 관리를 시작해야 할 때입니다. 유치는 영구치가 잘 자라도록 돕는 매우 중요한 역할을 맡고 있어 유치가 썩으면 영구치도 영향을 받을 수밖에 없어요. 번거롭더라도 유치가 올라온 이후부터 어금니까지 모두 났을 때의 치아 관리 요령을 익혀놓아야 하는 이유입니다. 월령별로 달라지는 치아 발달과 관리법, 지금부터 하나하나 알아보겠습니다.

월령별 치아 발달과 관리법

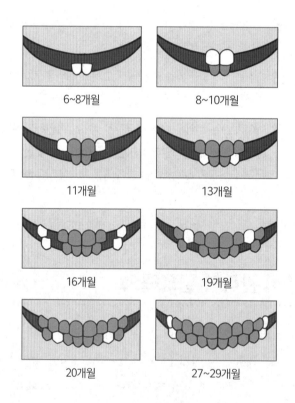

6~8개월

8~10개월

11개월

13개월

16개월

19개월

20개월

27~29개월

▲ 월령별 치아 발달

• **0~6개월** 치아를 만드는 기초 작업은 엄마 배 속에 있을 때부터 이루어집니다. 아직 이가 나진 않았지만, 잇몸 관리는 이가 난 후와 똑같이 중요해요. 잇몸 마사지를 해주면 혈액순환에 도움이 될 뿐 아니라 입안의 우유 찌꺼기를 없애주고, 입안을 닦는 데 익숙해져 나중에 양치질하기가 수월해져요. 따라서 생후 3~4개월부터 잇몸 마사지로 유치 관리를 시작해요.

관리 요령 이가 나기 전 아이들은 잇몸이 퉁퉁 붓거나 간지러워합니다. 이럴 때 잇몸 마사지를 해주면 입안이 깨끗해지고 아이의 기분도 좋아지죠. 잇몸 마사지하는 방법은 끓인 물이나 생수에 가제수건을 적셔 아이 입안을 가볍게 닦아주거나 톡톡 두드려 닦아주면 됩니다. 아이를 바닥에 눕히고 왼손으로 아이의 입술을 내려 입을 벌린 다음, 집게손가락에 단단히 감은 가제수건으로 잇몸을 닦습니다. 이때 혀 표면의 오돌도돌한 돌기 사이에 낀 분유나 우유 찌꺼기가 제거되도록 혀까지 닦아주세요.

• **6~8개월** 아래쪽 앞니 2개가 나기 시작합니다. 이 시기에는 잇몸이 간지러워 무엇이든 입으로 가져가 빨거나 씹으려고 해요. 이가 날 때는 잇몸이 약간 부풀어 오르고 빨갛게 붓기도 합니다. 아랫니가 나기 시작하면 본격적인 유치 관리가 필요해요. 아직은 플라크가 생기지 않기 때문에 음식물 찌꺼기만 제거해주는 것으로 충분해요.

관리 요령 물에 적신 가제수건이나 손가락 칫솔을 이용해 앞니를 닦아주어 가려운 부위의 통증을 줄여주세요. 특히 이 시기에 과즙이나 유산균이 든 음료수로 이유식을 시작하는 만큼 이유식을 먹은 후엔 반드시 가제수건으로 입천장이나 잇몸을 부드럽게 닦아줍니다. 아이가 거부하지 않으면 실리콘으로 된 핑거 칫솔로 이를 살살 닦아주세요.

• **8~10개월** 위 앞니 2개가 나옵니다. 치아가 잇몸을 뚫고 나올 때 부드럽게 올라오기도 하고 간질간질한 느낌이 들기도 해요. 이가 날 때 아이가 느끼는 통증은 저마다 다릅니다. 잇몸을 세게 밀고 올라오면 잇몸이 붓고 침을 많이 흘리므로 아이의 상태를 잘 지켜봅니다.

관리 요령 냉장고에 넣어둔 차가운 치아발육기를 물려주면 통증이 줄어듭니다. 통중 때문에 짜증 내는 일이 잦다면 아이가 좋아하는 놀이를 하거나 아이의 주의를 다른 곳으로 돌려 아픈 것을 잊게 하는 것도 좋은 방법이에요. 아이가 아파한다고 해서 이 닦기를 소홀히 해선 안 돼요. 어금니가 나기 전까지는 거즈나 손가락 칫솔 등으로 닦아주는데, 치아뿐만 아니라 혀, 볼 안쪽, 잇몸 등 점막까지도 골고루 닦아줍니다.

치과 질환

• 10~12개월 위 앞니 양옆에 2개의 치아가 추가로 나와요. 특히 충치가 많이 발생하는 치아이므로 양치질할 때 더욱 신경을 써야 합니다. 돌이 지나도 첫 치아가 나오지 않았다면 가까운 치과에 내원하여 상담을 받아보세요.

관리 요령 이가 난 후부터는 하루에 최소 두 번 이상 닦아야 합니다. 아직 본격적인 칫솔질을 할 순 없지만, 치아를 깨끗이 닦는 습관을 들이기 시작할 때예요. 위아래 2개씩 난 앞니는 실리콘으로 된 핑거 칫솔로 닦아줍니다. 방향은 신경 쓰지 말고 좌우로 닦아주세요. 단, 너무 세게 문지르면 아이가 양치질을 싫어할 수 있으니 주의합니다.

• 12~14개월 아래쪽 앞니 양옆 2개의 치아가 나기 시작해요. 만 1세를 전후해 위아래 앞니가 모두 나온 셈이지요. 아랫니 4개, 윗니 4개, 모두 8개의 치아를 갖추게 됩니다. 이쯤 되면 먹을 수 있는 음식 입자도 커지고, 음식물 씹기도 좀 더 활발해집니다.

관리 요령 젖병을 물고 자는 습관이 있다면 충치가 생길 확률이 높아 생후 12개월 이후에는 젖병을 떼는 것이 충치 예방에 좋아요. 자기 전 젖병 떼는 게 힘들다면 우유 대신 보리차를 넣어 먹이는 것도 방법입니다. 유아용 칫솔에 익숙해져야 하는 시기인 만큼 가제수건보다 칫솔질의 양을 조금씩 늘려주세요.

• 14~18개월 16개월부터는 어금니가 나오기 시작합니다. 위쪽 첫 어금니를 시작으로 아래쪽 첫 어금니가 양쪽에 나오지요. 특히 아래쪽 어금니는 충치가 생기기 쉬워 양치질할 때마다 구석구석 잘 닦아야 합니다.

관리 요령 어금니가 나기 시작하면 정기적인 치과 검진을 받고, 꼼꼼하게 칫솔질을 해야 합니다. 어금니는 홈이 파여 있고 입안 깊숙이 있어 닦기가 어려워요. 아이를 엄마 무릎에 앉혀 같은 방향을 보고 거울 앞에서 닦는 것이 좋습니다.

•**18~24개월** 위쪽 송곳니가 양쪽에 나고, 아래쪽 송곳니도 나기 시작합니다. 총 4개의 위아래 앞니 옆에 작은 송곳니가 납니다. 날카로운 송곳니는 음식을 잘게 부수는 역할을 하므로 충치 예방에 특히 신경 써야 해요. 생후 18~29개월은 첫 영유아 구강 검진 시기이니 놓치지 마세요.

관리 요령 대부분의 치아가 나온 만큼 꼼꼼한 칫솔질이 요구됩니다. 이제부터는 아이가 스스로 양치질을 하게끔 도와주세요. 하지만 아직 완벽한 칫솔질을 바라는 건 무리이므로 칫솔질에 흥미를 갖게 하는 일이 먼저예요. 칫솔을 마음껏 갖고 놀게 해 칫솔질에 재미를 붙이게 한 다음 엄마가 반드시 마무리 칫솔질을 해줍니다.

•**24~36개월** 아래쪽 어금니가 양쪽으로 난 후 위쪽 어금니가 양쪽으로 나오는 시기입니다. 이쯤 되면 20개의 유치가 모두 나온 상태가 되지요. 아이에 따라 차이는 있지만, 아직 안 나온 유치가 있거나 치열이 고르지 못한 경우라면 치과 진료를 한 번쯤 받아보는 것이 좋습니다.

닥터's advice

❓ 아이 치약, 어떻게 골라야 할까요?
•**치약의 성분** 치약에는 충치 예방을 위한 불소, 음식물 찌꺼기를 닦는 치면 세마제, 거품 나게 하는 계면활성제, 변질을 막는 보존제 등 아이가 먹으면 안 되는 성분이 들어 있습니다. 그러므로 어린아이가 사용하는 치약은 성분을 꼼꼼히 살펴 삼켜도 무해한 성분의 유아용 치약을 사용해야 안전합니다.
•**치약 사용법** 치약을 많이 쓴다고 세정력이 높아지는 건 아니에요. 완두콩 한 알 정도의 양이면 적당합니다. 치약을 사용할 때는 칫솔모 안쪽 깊숙이 짜 넣어야 치아 전체에 치약이 고루 발려요. 이때 칫솔에 치약을 짠 후 물을 묻혀 닦는 것은 세균 감염 가능성을 높이는 습관입니다.
•**치약 선택법** 아이가 쓸 치약을 선택할 때는 먼저 불소 함유량을 정확히 확인하고 화학성분 첨가 여부도 꼼꼼히 확인합니다. 불소 함유 치약을 아이가 삼키거나 먹을 경우 불소이온 과잉 섭취로 인해 치아 표면에 백색 반점이나 황갈색 색소 착색 등의 부작용이 나타날 수 있기 때문이죠. 뱉지 못하는 아이는 불소가 들어가지 않은 치약을 사용하는 게 맞지만, 충치 발생이 심한 편이라면 불소 함유 치약을 사용하는 편이 낫습니다. 대신 뱉어내는 연습을 시켜주세요.

관리 요령 이 시기부터는 치약을 소량 사용해도 좋은데, 아이가 혹시라도 거부한다면 꼭 치약을 사용할 필요는 없습니다. 양치질할 때마다 칫솔질 후에 입안에 물을 머금고 있다가 뱉는 연습을 먼저 시키세요. 아이가 칫솔질을 끝낸 다음에는 엄마가 반드시 마무리 점검을 해줍니다.

• **3~5세** 치열이 완성되는 시기로 유치 사이가 벌어진 것은 크게 걱정할 필요는 없어요. 오히려 치아 사이사이가 공간 없이 붙어 있으면 나중에 영구치 뿌리가 자람에 따라 유치가 밀려 올라가 덧니가 생길 가능성이 커집니다. 지금까지 손가락을 빼는 습관이 있다면 치열에 막대한 악영향을 주므로 빨리 고쳐야 해요.

관리 요령 이 시기 아이들은 어른을 모방해 습관을 만들어갑니다. 다소 귀찮긴 하겠지만 식후엔 바로 아이와 함께 칫솔질을 합니다. 제대로 된 칫솔질 방법을 알려주며 올바른 양치 습관을 들이세요. 또 3세 이후엔 1년에 한 번 정도 치아 표면에 불소를 입히면 충치 예방에 도움이 됩니다. 음료수로 섭취하거나 치아에 직접 발라주는 방법, 불소치약, 불소양치액 등 여러 방법이 있으므로 아이 상태에 맞게 선택해 시도합니다.

닥터's advice

❓ 핵심 체크! 연령별 치아 건강, 이렇게 관리하세요

• **생후 1~12개월** 치아가 나기 전에는 젖은 거즈로, 치아가 난 후에는 유아용 칫솔과 물로 양치질합니다.

• **12~24개월** 우유병이나 모유 수유는 끊기 시작하며 치과에서 구강검진을 받아 예방 치료를 상의해요.

• **24~60개월** 하루에 세 번 이상 어린이용 치약으로 양치질해요. 아이가 양치질한 후 부모가 반드시 한 번 더 닦아줍니다.

• **2~4세** 정기 검진을 시행하고 치면 세마(특수 치약과 기구를 이용하여 구석구석 깨끗하게 치태와 착색 등을 제거해내는 것), 불소, 치아 홈 메우기 등의 예방 치료를 시행합니다.

아이의 치아 관리 어떻게 해줄까요?

아이의 치아 관리에서 부모의 역할이 중요합니다. 칫솔질이 어려운 시기와 칫솔질이 가능한 시기에 따라 관리법을 달리해야 하지요.

1 칫솔질이 어려운 수유 시기의 치아 관리
- 물에 적신 거즈나 손가락으로 잇몸과 유치를 마사지해주세요. 이왕이면 목욕을 시킬 때 입술과 잇몸 사이의 우유 찌꺼기를 없애준다는 느낌으로 해주면 더욱 좋습니다. 유치가 난 후에도 하루 한 번 이상 거즈로 치아 표면의 이물질을 닦아주세요.
- 수유를 할 때 똑바른 자세로 안고 먹여야 유치가 바르게 납니다.
- 젖병이나 우유 등을 물려서 재우면 충치가 쉽게 발생해요. 아이가 젖병을 물고 잘 경우 젖병을 빼고 입안을 젖은 거즈로 헹궈줍니다.

2 칫솔질이 가능한 시기의 치아 관리
- 돌 전후로 유치가 나면 칫솔질이 가능합니다. 약 6개월부터 유치가 나는데 돌까지는 젖은 거즈로 닦아주되 돌이 지나면 칫솔질을 하는 것이 좋습니다.
- 치약은 2~3세 전까지 사용하지 않아도 됩니다.
- 손가락을 빠는 습관이 있다면 바로 고쳐주세요.
- 치약을 뱉어낼 수 있으면 가능한 한 불소가 포함된 아이가 좋아하는 향과 색의 치약을 골라줍니다. 콩알 크기만큼 짜서 사용해요.

3 치아 교체 시기의 치아 관리
- 만 6~12세까지는 유치가 빠지고 새로운 영구치가 납니다.
- 흔들리는 이가 있다면 집에서 부모가 직접 뽑는 것보다는 치과에 가서 빼는 것이 안전해요. 치아 교체 시기에는 아무런 이상이 없더라도 다른 시기보다 자주(최소한 3개월마다) 치과 정기 검진을 받습니다.
- 충치가 있으면 즉시 치료하세요. 곧 빠질 이라고 해서 치료하지 않으면 잇몸까지 염증을 일으키고 영구치에 막대한 영향을 미칩니다.

충치

이가 썩고 아파요.

치과 질환

체크 포인트

☑ 아이에게 충치가 생기면 통증뿐만 아니라 영양 섭취에 영향을 주어 올바른 성장과 발육을 방해합니다.

☑ 단맛이 나는 간식을 자주 먹거나 입안에 음식을 오래 물고 있는 습관은 충치를 만듭니다. 특히 젖병을 물고 자는 버릇은 이가 썩는 주된 원인이에요.

☑ 세균 덩어리인 치태(플라크)가 생기지 않도록 양치질을 제대로 합니다. 이 닦기는 충치와 잇몸 질환을 예방하는 첫걸음이에요.

☑ 하루에 세 번은 양치질해야 합니다. 특히 잠자리에 들기 전은 필수지요. 이를 닦을 수 없는 상황이라면 물이라도 마시게 하는 것이 좋습니다.

☑ 식기나 컵, 칫솔 등을 아이와 같이 사용하거나 애정 표현으로 아이에게 입맞춤할 경우 충치균을 옮길 수 있습니다. 어른이 가지고 있는 충치균이 아이에게 전염되지 않도록 신경 쓰세요.

아이 이에 충치가 생겼어요

충치 하면 이가 난 다음에 생기는 문제라고 여기기 마련입니다. 또 이만 잘 닦아주면 충치가 생기지 않을 거라고 생각하지요. 하지만 아이의 충치는 치아 안쪽에서 진행되기 때문에 충치가 생겼다고 해도 바로 까맣게 변하지 않습니다. 충치가 생긴 치아는 겉으로 보기에 오히려 노란색이나 갈색으로 차츰 변하지요. 어차피 빠질 이라는 생각에 충치인 걸 알면서도 치료하지 않고 놔두기도 하는데, 신생아 때부터 유치 관리를 소홀히 하면 튼튼한 영구치를 갖기 어렵습니다. 유치는 앞으로 나게 될 영구치의 자리를 잡아주는 중요한 역할을 하기 때문이죠. 유치는 영구치에 비해 에나멜질이 얇은 편이라 충치가 더 잘 생기고 진행 속도도 빠릅니다. 따라서 아이가 아프다고 말할 정도면 이미 충치가 꽤 진행된 상태예요. 이때쯤에는 신경 치료를 같이 해야 할 수도 있습니다. 아이의 충치는 조기에 발견해 치료하는 것이 좋습니다.

치과 질환

 # 충치는 어떻게 생기나요?

입안 세균이 당분을 영양소 삼아 산을 만들고 치아를 침식해요

밥이나 간식을 먹은 직후에는 입안이 산성화됩니다. 이때 만들어진 산은 치아를 부식시키는 원인이 되죠. 음식을 섭취하면 음식물 찌꺼기와 입안 세균이 결합해 산을 만들고 형성된 산이 치아를 보호하는 세포막인 에나멜질을 부식시키면서 충치가 됩니다. 문제는 당이 들어간 음식을 단 한 입만 먹어도 산성화되는 데 있어요. 물이나 차와 같은 무설탕 음료를 제외하고는 주스를 한 모금만 마셔도 영향을 줍니다. 그런 만큼 간식을 자주 먹거나 음식을 입안에 오래 물고 있으면 입안이 항상 산성인 상태가 되므로 충치가 생기기 쉬운 환경이 됩니다.

충치는 전염력이 강해요

충치의 원인균인 뮤탄스균은 주로 엄마의 구강을 통해 전해집니다. 수저로 아이의 밥을 먹일 때 밥이 뜨거운지 미리 알기 위해 엄마가 먼저 먹어보고 아이에게 먹이거나 혹은 할머니가 손주에 대한 애정 표현으로 직접 씹어서 먹이는 것과 같은 사소한 행동이 충치의 직접적인 감염경로가 되지요. 어른에게 있던 충치균이 아이에게 옮겨 가는 것입니다. 그 밖에 식기나 컵, 칫솔 등을 아이와 같이 사용하거나 아이에게 하는 입맞춤을 통해서도 충치균에 감염돼요. 따라서 보호자의 입안에 존재하는 충치균을 줄이려는 노력이 필요합니다. 또한 치열이 고르지 않으면 음식물이 잘 끼어 썩기 쉬우며 치아 자체가 약하거나 이 사이사이 골짜기가 깊은 경우나 침 성분에 점성이 유독 높을 때도 충치가 쉽게 생깁니다.

돌 전 아이에게 흔한 우유병 충치, 우식증

젖병을 물고 자는 습관은 이가 썩는 주원인

엄마 젖과 우유만 먹는 아이에게도 충치가 생겨요. 24개월 이전 아이에게 주로 생기는 충치를 '유아기 우식증'이라고 합니다. 아이가 젖병을 물고 자면서 많이 생겨 '우유병 충치'라고도 불러요. 위쪽 앞니 4개 이상에서 충치가 생기는 것으로, 대부분 입속에 남아 있는 분유의 당분 때문에 충치가 발생해요. 모유를 먹는 경우라도 젖을 물고

 닥터's advice

❓ 충치와 헷갈리기 쉬운 치아 착색

아이의 치아에 거뭇거뭇한 때가 껴있으면 대부분 충치라 생각하기 쉽습니다. 그러나 음식물이 끼기 쉬운 어금니가 아닌 앞니 사이사이 또는 치아와 잇몸 사이에 산발적으로 낀 때는 충치가 아니라 색소 성분이 치아 표면에 들러붙었을 가능성이 큽니다. 색깔도 흑색·녹색·황색 등으로 다양해요. 치아 착색은 콜라 같은 청량음료와 초콜릿 등 색소 성분이 함유된 식품을 즐겨 먹거나 구강 내 세균이 번식한 경우에 자주 발생해요. 따라서 이런 식품을 삼가고 양치질을 자주 하는 것이 치아 착색을 방지하는 방법입니다. 한 번 생긴 착색은 양치질을 열심히 해도 잘 없어지지 않으므로, 이럴 땐 치과에서 치아 표면에 붙어 있는 색소를 긁어내는 방법을 써야 합니다.

자는 아이라면 생길 수 있어요. 입속에 모유나 우유가 오래 고여 있으면 설탕물에 이를 담근 채 잠드는 것과 같습니다. 특히 앞니로 오물오물하면서 빨기 때문에 유즙 성분이 윗입술과 이 사이에 고여 앞니를 중심으로 썩는답니다.

우식증은 충치 진행 속도가 빠르고 심한 통증을 유발해요

치아가 한두 개 상하면서 진행되는 일반 충치와 달리 우유병 충치는 광범위하게 나타나고 빠르게 진행됩니다. 통증도 심하고 무엇보다 치아에 미치는 피해가 크기 때문에 조심해야 합니다. 우유병 우식증이 생기는 초기에는 앞니에 하얀색 띠가 나타나요. 이후에는 육안으로도 쉽게 확인될 만큼 적갈색을 띠며, 상태가 심해지면 검은색의 충치가 이의 중간 부분 또는 이와 이가 맞닿는 부분에 생깁니다. 이런 상태가 계속되면 이가 부서지고 잇몸에 고름주머니가 생기기도 해요. 아이의 앞니에 하얀 띠가 보이거나 치아 표면에 불투명한 하얀 반점이 생겼다면 치과에서 검진을 받습니다.

밤에 젖병을 물고 자는 아이라면 검진이 필요해요

돌이 지나도록 젖병을 끊지 못하는 아이, 분유를 먹을 때 우유 꼭지를 질겅질겅 씹으며 오랫동안 먹는 아이는 십중팔구 치아우식증으로 고생하게 됩니다. 또한 입안에 무언가를 물어야 잠드는 아이의 습관 역시 문제가 되지요. 수유 후에는 물을 먹여 입안을 꼭 헹구어주세요. 아이 입속을 닦아주거나 칫솔질을 해주면 더욱 좋습니다. 무엇보다 젖병을 물고 자는 습관을 고치고, 치과에서 정기적으로 검진을 받아 그때그때 치아 상태를 확인하는 것이 필요합니다.

충치가 진행되는 과정

충치를 육안으로 식별하기는 어려워요. 보통 치아가 까맣고 큰 구멍이 보이면 병원을 찾지만, 이때는 이미 깊이 썩은 상태입니다. 그럼 과연 어느 정도를 충치라고 진단해야 할까요? 충치균이 치아를 뚫고 들어가는 진행 과정은 다음과 같습니다.

1단계
법랑질이 썩어요.

2단계
상아질이 썩어요.

3단계
신경조직이 손상돼요.

4단계
신경이 괴사되어 고름이 생겨요

치아에 까만 점 또는 선이 보입니다. 통증은 없으나 충치의 진행 속도가 빠른 만큼 초기에 치료해줍니다.

치료가 아직 늦지 않은 시기입니다. 치아에 구멍이 나 있어 차고 뜨거운 음식에 자극이 느껴집니다.

2단계에서 치료를 받지 않고 방치한 경우입니다. 특히 뜨거운 것을 먹을 때 심한 통증을 느낍니다.

이젠 뜨거운 것, 찬 것은 물론 가만히 있어도 통증이 심합니다.

▲ 충치의 진행 단계

1단계 충치 예보: 치아 색이 탁해져요

충치가 처음 진행될 때는 치아와 잇몸이 닿는 부위가 하얗게 변하거나 자세히 보면 아주 미세한 흰 반점이 보입니다. 에나멜질이 얇게 녹아 있어 진찰 전까지는 정확히 알 수 없어요. 이때부터 치과를 찾아 원인을 찾고 적극적인 예방 치료를 하면 경과가 좋습니다. 꼼꼼한 양치질과 올바른 식습관으로 충치 진행을 늦출 수 있습니다.

2단계 치아 착색: 연갈색으로 변해요

에나멜질이 녹아서 떨어져 생긴 미세한 흰 반점에 점차 음식물이나 음료수가 착색되어 연갈색을 띠기 시작합니다. 아직은 자각 통증이 없는 편이지요. 바로 치료하면 회복 가능한 시기입니다.

3단계 충치 경보: 구멍과 통증이 생겨나요

치아에 구멍이 뚫리는 시기예요. 이때 시큰거리거나 통증이 시작됩니다. 표면의 구멍이 작다 하더라도 속으로는 넓게 퍼져 있어 정밀한 진단과 치료가 필요해요. 씹을 때마다 통증이 느껴진다면 충치 위험 단계에 접어들었다고 볼 수 있어요. 치아에 붙어 있는 신경이 세균과 싸우고 있기 때문입니다.

치과
질환

4단계 신경 위험: 잇몸이 부어올라요

뿌리 주위까지 충치가 번져 딱딱한 음식을 먹기가 곤란할 정도에요. 신경이 죽어 있는 상태로 잇몸이 부어오르고 영구치까지 영향을 끼치므로 한시라도 빨리 치료가 필요한 때입니다.

 ## 충치 치료, 어떻게 하나요?

아직 너무 어린데, 충치 치료를 해야 할까요?

어린아이는 치과 치료가 어려운 게 사실입니다. 하지만 유치가 너무 일찍 손상되었거나 빠져버리면 영구치가 날 자리가 막혀 덧니가 나거나 부정교합이 될 수 있습니다. 또 유치는 영구치보다 구성 자체가 무른 편이라 충치 진행이 빠르고 크기도 작아 충치가 생겼을 때 신속히 치료해야 해요. 아래 앞니부터 빠지기 시작해 어금니는 11~12세나 되어야 빠지는 게 보통입니다. 그동안 충치로 인해 통증이 계속되면 씹는 기능에 문제가 생기는 것은 물론 심한 경우 영구치에까지 영향을 미칩니다.

충치가 있다고 전부 치료하는 것은 아니에요

치료 시작 전, 충치가 진행되는 속도와 영구치 나올 때까지의 남은 기간을 먼저 따져봅니다. 이때 큰 문제가 없어 보이면 굳이 바로 치료하지 않아도 돼요. 당장 치료하지 않더라도 충치를 예방해주는 몇 가지 시술이 있습니다.

• **치아 홈 메우기** 어금니 표면의 가느다란 틈새와 씹는 면의 주름진 부위를 플라스틱 계통의 복합 레진으로 메우는 것입니다. 그러면 음식 찌꺼기가 치아에 남지 않아 세균이 쉽게 침투하지 못해요. 전혀 아프지 않고 나중에 떨어지더라도 다시 메울 수 있어요. 그렇다고 충치를 100% 막아주진 못합니다. 아이들의 충치는 음식을 씹는 윗면이 아니라 옆에서 시작되는 경우가 많아요. 영구치의 경우 씹는 면에 충치가 생길 확률이 90%지만 유치는 50% 정도에 불과합니다. 그런 만큼 유치보다는 영구치의 충치

예방에 좋은 방법이에요.

• **불소 바르기** 치아에 불소를 골고루 발라 충치가 생기지 않도록 얇은 보호막을 만들어주는 시술입니다. 불소를 발라주면 치아의 구조가 더욱 단단해지고, 세균의 효소 활동을 억제해 충치가 잘 생기지 않지요. 불소를 발라주는 치료가 특히 아이의 치아에 좋은 이유는 새로 나오는 영구치의 표면(법랑질)은 아직 튼튼한 상태가 아니라 맹출 이후 상당 기간 성숙이 이루어지는데, 이 기간에 불소가 특히 잘 결합해 예방 효과가 뛰어나기 때문입니다.

• **불소 복용하기** 어릴 때 불소를 먹이면 치아에 강한 보호막을 형성해 충치 예방에 도움이 된다고 알려져 있어요. 하지만 불소가 치아에 좋다고 무조건 복용하면 그 부작용으로 '불소증'이 우려되는 만큼 신중할 필요가 있습니다. 먹는 불소의 경우, 아이가 어릴수록 치과 의사에게 자문한 뒤 정량을 먹여야 합니다.

 닥터's advice

❓ 아말감 vs. 레진, 무엇으로 할까요?

일반적인 충치 치료는 썩은 부위를 갈아내고 그곳을 인공 물질로 채웁니다. 흔히 아말감이나 레진, 금, 세라믹 등을 사용해 홈을 메우거나 접착하는 방식이에요. 그중 많이 사용하는 것이 아말감과 레진입니다. 아말감은 은·구리·주석의 혼합물을 수은과 버무려서 찰흙처럼 만든 것으로 접착성이 전혀 없어서 치아 입구는 작고 안쪽은 넓은 구멍을 낸 뒤 속을 채우는 방식으로 사용합니다. 하지만 치아 자체에 구멍을 내기 위해 썩은 부위보다 더 많이 갈아내야 해서 통증이 따르기도 해요. 또한 아말감은 마치 은수저가 시간이 지나면 검어지는 것처럼 오래되면 부식해 가장자리가 들뜨고, 저절로 떨어져 치료 부위가 다시 썩을 위험이 있습니다. 하지만 상대적으로 치료비가 1~2만 원으로 매우 저렴하고, 시술이 간편하다는 장점이 있습니다. 이와 달리 레진은 치아와 비슷한 색의 강화 플라스틱 소재로 시술 부위가 눈에 잘 띄지 않을뿐더러 치아 표면을 산으로 부식시킨 후 특수 접착제로 붙이는 방법이에요. 썩은 부위만 갈아내기 때문에 아말감보다 통증을 유발할 확률이 덜하다는 장점이 있습니다.

충치를 예방하는 습관

양치질을 열심히, 제대로 해요

충치를 예방하기 위해선 입속 환경을 청결히 유지해 세균 덩어리인 치태(플라크)가 생기지 않게 합니다. 스스로 칫솔질이 가능한 아이에겐 올바른 양치질 방법을 알려주세요. 두 살 이하의 영유아는 소독된 거즈나 작고 부드러운 유아 전용 칫솔로 어른이 직접 해주며, 유치원 시기부터는 식사나 간식 섭취 후 불소가 함유된 치약과 나이에 맞는 칫솔로 혼자 이 닦기를 할 수 있게 지도해줍니다. 구강 위생을 수시로 점검하고, 칫솔질을 꼼꼼하게 하도록 끊임없이 알려주세요. 또한 치실만 잘 사용해도 충치의 절반 이상을 예방할 수 있어요. 유치는 영구치에 비해 가운데가 잘록하여 영구치끼리 맞닿았을 때보다 치아 사이 공간이 넓습니다. 그래서 음식물이 끼는 경우가 많은데, 앞니부터 세어서 네 번째와 다섯 번째 치아 사이를 꼭 챙겨주세요. 특히 손잡이가 달린 치실은 아이의 칫솔질 점검 필수품으로 생각하고 적극적으로 사용하기를 권합니다. 최소 하루에 1회 치실을 이용해 치아 사이를 닦아주는 것이 좋아요. 취침 전과 이 닦기 전에 치실을 먼저하고 불소치약으로 양치질을 하면 치약의 불소 성분이 치아 사이로 잘 침투해 충치를 보다 효과적으로 예방할 수 있습니다.

 닥터's advice

❓ 불소증은 뭔가요?
흔히 불소의 부작용이라 하는 '불소증'은 불소를 장기간 과다 섭취했을 경우 치아 표면에 백색 반점이 나타나거나 황색 혹은 갈색의 색소가 불규칙하게 착색되는 것을 말합니다. 이런 부작용 때문에 식약청에서는 2009년부터 어린이 치약에 불소 함량과 주의사항을 표시하도록 의무화했죠. 그리고 어린이용 치약을 살 때 '이 치약의 불소 함량은 xx ppm임'이라는 문구를 반드시 확인하라고 권고합니다. 보건복지부 공지에 따르면 치약제는 1000ppm 미만의 불소제를 사용하고, 이를 초과하는 경우 의약품으로 허가를 받게 합니다.

단 음식을 덜 먹이고 식이조절에도 신경 써요

양치질 다음으로 중요한 것은 바로 음식을 먹는 습관입니다. 사탕이나 초콜릿 같은 단것을 줄입니다. 충치를 유발하는 당분이 많은 과자, 사탕, 청량음료나 초콜릿이나 캐러멜과 같은 부착성이 높은 식품을 자제해야 해요. 이런 음식 대신 과일, 채소, 빵, 곡류 등과 같은 항우식성 식품으로 간식을 대체합니다. 특히 밤에 젖병을 물고 자는 수유 습관을 없앱니다. 또 식사나 간식을 정해진 시간에 규칙적으로 섭취해 치아의 표면이 다시 복구하는 시간을 줘야 해요. 침이 많이 분비될수록 치아의 회복이 좋아지는데, 많이 씹을수록 침 분비가 활발해요. 밥 먹을 때 충분히 씹어서 삼킬 수 있게 합니다. 침은 잘 때 분비량이 감소하므로 자기 전에 음식을 먹는 것은 삼갑니다.

배추김치	3
우유	6
깍두기	7
라면, 청량음료	10
아이스크림	11
요구르트	14
초콜릿	15
도넛	19
비스킷	27
캐러멜	38

▲ 충치 유발 지수

식품별로 당도와 이에 달라붙는 정도를 종합해 수치로 나타낸 충치 유발 지수가 있어요. 끈적끈적한 부착성이 있는 음식일수록, 또 당도가 많은 것일수록 충치 유발 지수가 높게 나타나지요. 충치 유발 지수가 10 이하면 비교적 안전합니다. 이왕이면 충치 유발 지수가 낮은 음식 위주로 식단을 짜주세요. 채소나 과일은 지수가 3~10으로 낮은 데다 섬유질이 많아 씹을 때 치아 청소를 해주고, 잇몸을 가볍게 자극해 치아 단련 기능도 있습니다.

유치가 난 뒤부터는 정기적인 치과 검진을 받으세요

치과에 자주 갈 필요는 없지만 아이의 전반적인 치아 상태를 점검해봐야 합니다. 예전에는 두 돌이 넘거나 유치가 모두 난 뒤 치과 진료를 받으라고 권했지만, 그사이 충치가 생기는 아이들이 많아 요즘은 검진 시기를 앞당겨 많이 갑니다. 늦어도 세 돌이되기 전에는 반드시 치과에 가서 치아 발육 상태와 충치 여부를 확인하세요. 젖병을 물고 자는 날이 많은 아이, 주스나 요구르트 등을 젖병에 넣어서 먹는 아이라면 생후 12개월쯤 치과 검진을 하는 것이 좋습니다.

 Dr. B의 우선순위 처치법

1. 아이가 통증을 호소하기 전, 치아에 하얀 점이 생기거나 갈색을 띠면 병원 검진을 받습니다.
2. 평소 올바른 양치질과 치실을 사용하는 습관을 들여 충치를 예방합니다.
3. 치료해야 할 충치라면 가능한 한 일찍 하는 것이 좋습니다.

잇몸 질환

잇몸에서 피가 나요.

체크 포인트

☑ 양치질할 때 잇몸에서 피가 난다면 잇몸 질환이 생긴 거예요. 평소보다 양치질을 더욱 꼼꼼히 하고 그래도 상태가 좋아지지 않으면 즉시 치과를 찾아가세요.

☑ 치태만 잘 제거해도 잇몸 질환을 예방할 수 있어요. 치태를 그대로 두면 염증이 깊어지고 치주염으로 발전해 아이도 엄마도 고생하게 됩니다.

☑ 양치질만으로는 치태와 치석을 완벽히 제거하긴 어려워요. 단단하게 붙은 치석이 있다면 치과에서 스케일링을 받는 것이 좋습니다.

☑ 식후엔 반드시 양치질을 합니다. 하루 세 번, 식사 후 3분 이내, 3분간 닦는 '3-3-3 원칙'을 지키세요. 간식을 먹고 난 후에도 가능하면 양치질을 하고, 물로 입안을 잘 헹궈만 내도 도움이 됩니다.

아이들도 잇몸 질환에 걸려요

아이의 잇몸에서 피가 났어요

양치질할 때 잇몸에서 피가 난다면 잇몸 질환이 생겼다는 적신호입니다. 이때 '그냥 둬도 괜찮아지겠지!' 하는 생각으로 방치하면 자칫 심각한 치주 질환으로 이어질 수 있어요. 아이 잇몸에서 피가 나기 시작했다면 치아 상태를 점검해야 할 때예요. 특히 치아가 잇몸을 뚫고 올라오는 시기엔 잇몸이 부어오르고 약간 적색을 띕니다. 이는 정상적 상태이며, 특별한 통증은 없어요. 그러나 치아가 반쯤 올라와 있는 상태에서 양치질을 잘하지 않으면 치아를 덮고 있는 잇몸에 염증이 생기고 붓고 아픕니다. 심하면 반대편 치아와 닿아 씹히면서 통증이 더욱 심해지죠. 이런 경우 제일 먼저 양치질을 꼼꼼하게 해 염증을 가라앉히고, 어린이 치과에 가서 진료를 본 후 상태에 따라 치료해야 합니다.

아이에게 생긴 잇몸 질환이 계속 진행되면 장차 성인이 된 후의 치주 조직까지 위태롭게 만들어요. 그런데도 아이에게 생기는 잇몸 질환은 수년에 걸쳐 서서히 진행되고 자각 증상이 적어 발견하기가 어려워요. 그뿐만 아니라 초기 증상이 대부분이라 잇몸 질환을 알아채지 못한 채 지나치기 쉽습니다.

 닥터's advice

❓ 한밤중에 찾아오는 아이 치통의 원인은요?

아이가 치통으로 힘들어한다면 대부분 충치나 잇몸의 염증이 원인일 때가 많습니다. 하지만 5세 미만 아이들은 치통 범위가 상당히 넓은 편이에요. 치아가 위로 나오려고 잇몸이 간지럽거나 뻐근한 경우도 치통으로 여기지요. 유치 때문에 미열이 나거나 잇몸이 부었을 수도 있어요. 혹은 이 사이에 음식물이 제거되지 않아서 불편할 수도 있어요. 소독한 거즈를 미지근한 물에 적셔 손가락에 감아 잇몸을 살짝 눌러주면서 마사지를 해주세요. 이때 억지로 입을 벌리거나 너무 세게 누르면 아이가 아파할 수 있으니 주의합니다.

치과 질환

잇몸 질환의 주원인은 치태입니다!

치아에 오랜 시간 쌓인 세균층인 플라크, 즉 치태가 잇몸 질환을 일으키는 원인입니다. 박테리아의 일종인 치태는 치석이 발생하기 전단계로, 치아 표면이나 치아 사이에 끊임없이 생기는 끈적끈적한 얇은 막이에요. 치아우식증(충치)과 잇몸병을 예방하기 위해선 매일 제거해야 합니다. 치태는 잇몸을 붉게 만들며 출혈을 쉽게 일으켜요. 치태가 제거되지 않으면 세균에 의해 잇몸이 붓게 됩니다. 이런 현상이 계속되면 치아와 잇몸 사이가 벌어지면서 세균 덩어리인 치태가 잇몸 속에서도 자라나요. 세균이 그 속까지 침투하면 뼈와 잇몸 조직이 파괴되면서 염증은 더욱 심해지죠. 치아에 형성된 치태는 잇몸 안팎으로 딱딱하게 굳어 치석으로 변합니다.

치석도 세균으로 덮여 있는데, 단단하고 치아에 딱 달라붙어 있기 때문에 치태처럼 쉽게 제거되지 않지요. 치태가 제거되지 않은 채 점차 딱딱해져 치석으로 변하고 잇몸과 치아 사이 공간이 생기게 되는 것을 '치주낭'이라고 합니다. 치태는 치주낭에 쌓이고 치아를 지탱하는 뼈를 파괴할 수도 있어요. 이렇게 될 때까지 치태를 무심히 놔두면 결국 이를 빼야 하는 상황에 놓입니다.

 잇몸 질환 자가 진단법

다음 내용 중 몇 가지에 해당하는지 살펴보세요. 두 가지 이상에 해당해도 한 번쯤 치과를 찾아 잇몸 질환에 관한 검사를 받아보는 게 좋습니다.

- ☐ 잇몸이 붓고, 양치질할 때 피가 나요
- ☐ 이가 흔들리고, 씹을 때 아파요
- ☐ 충치가 뿌리에 생겨 치료가 힘들어요
- ☐ 잇몸이 움푹 파여 웃을 때 잇몸이 많이 보여요
- ☐ 잇몸 색깔이 어두워요
- ☐ 잇몸이 자라 올라와요
- ☐ 치아 뿌리가 많이 드러나 있어요

왜 치태가 생기나요?

칫솔질이 제대로 안 되고 있어요

음식 찌꺼기가 치아 표면에 쌓여 막을 형성한 치태는 칫솔질로 제거할 수 있어요. 그런데 음식을 먹고 난 후 양치질을 깨끗이 하지 않으면 음식물의 미세한 찌꺼기가 치아에 남아 세균 덩어리의 막을 형성합니다. 이렇게 생긴 치태를 그대로 두면 타액 내 칼슘 성분을 흡수해 단단한 돌처럼 석회화되어 치석으로 발전해요.

섬유질 섭취가 줄어든 것이 문제예요

섬유질 섭취가 줄면 음식을 통한 자연세정력이 떨어져 구강 청결에 문제가 생겨요. 구강 위생 상태가 나쁘면 세균막인 치태가 좀 더 잘 쌓이고, 치태가 엉겨 붙어 염증을 일으킵니다. 특히 요즘 아이들은 채소나 곡물을 먹기보다 인스턴트식품을 자주 섭취하면서 씹는 힘을 덜 쓰다 보니 턱뼈 발달이 약한데요. 이로 인해 치열이 흐트러지고 양치질하기가 어려워져 치태 제거가 힘들어집니다.

 닥터's advice

❓ 건강한 잇몸을 위한 올바른 양치질 교육

① 식후 반드시 칫솔질합니다. 하루 세 번, 식사 후 3분 이내, 3분간 닦는 '3-3-3 원칙'을 지켜요. 간식을 먹고 난 후에도 가능하면 양치질을 하는 것이 좋아요.

② 보통 자고 일어나면 입 냄새가 나기 마련이에요. 그래서 식사 전에 칫솔질하고 식사 후에 생략하는 경우가 많지만, 잇몸 질환 예방을 위해서는 아침 식사 후에도 양치질을 해야 합니다.

③ 치약을 많이 쓴다고 효과가 좋은 건 아니에요. 어린이 치약의 경우, 아이들의 칫솔질에 대한 거부감을 최소화하기 위해 감미료와 같은 성분을 첨가합니다. 물론 인체에 해롭지 않으나 제대로 헹구지 않았을 경우 도리어 구취를 일으키거나 입을 마르게 할 수 있어요. 치약은 적당량만 짜서 사용합니다.

④ 칫솔질하는 시간대도 굉장히 중요합니다. 식사 후 3분 이내에 칫솔질하는 것이 바람직하며, 잠자리 들기 전에 한 번 더 하는 것이 좋아요.

⑤ 치아 사이 공간이 좁은 경우 치실을, 넓은 경우 치간칫솔을 이용해 치아 사이에 남아 있는 음식물을 깨끗하게 제거해주세요.

스트레스도 작용해요

스트레스도 치아 건강에 큰 영향을 줍니다. 공부하느라, 숙제하느라 수면 시간이 주는 등 지속적인 스트레스에 노출되면 면역력이 떨어져 세균에 쉽게 감염될 환경에 놓이지요. 이런 경우 잇몸이 부었다 가라앉기를 반복하면서 염증이 고질화될 수 있어요.

잇몸 질환, 단계적으로 진행돼요

1단계 잇몸에 염증이 생겨요

잇몸에 염증이 생기는 '치은염'으로 시작합니다. 잇몸에서 피가 난다면 염증이 생겼을 가능성이 커요. 잇몸이 빨개지고, 양치질이나 치실을 하다가 혹은 뚜렷한 이유 없이 피가 납니다. 잇몸을 검사하는 도중 피 나는 것 역시 치은염 때문이지요. 양치질을 소홀히 해 구강 위생이 나쁜 경우 치아 표면에 세균막이 형성되고 세균이 성장해 치은염이 발생합니다. 비교적 가볍고 회복이 빠른 형태의 치주 질환이에요. 이때 치태만 제거해도 대부분 건강한 잇몸을 되찾을 수 있지요. 그러나 치은염이 오래가면 염증이 깊어지고 치주염으로 발전할 수 있어 신경 써서 관리해야 합니다.

2단계 잇몸뼈까지 염증이 옮겨가요

치은염이 심해지면 '치주염'이 됩니다. 이 단계는 뼈나 잇몸 조직과 같이 치아를 지탱하는 구강구조가 파괴되기 시작해요. 잇몸은 물론 잇몸뼈까지 염증이 전염된 상태이지요. 치주염은 상당히 진행될 때까지 증상이 잘 나타나지 않아 더욱 위험한 질환입니다. 치주염은 치아와 잇몸 사이에 틈(치주낭)이 생기거나, 치아가 흔들리거나, 치아 사이가 벌어지거나, 입 냄새가 나거나, 잇몸이 주저앉으면서 치아가 더 길어 보이거나, 잇몸에서 피가 나는 등의 증상으로 나타나요. 염증이 심해져 치주염으로까지 진행되면 계속해서 구취가 나며, 치아와 잇몸 사이에서 고름이 나오고, 음식을 씹을 때 불편감도 생깁니다. 이럴 땐 먼저 치은염과 같은 치료 과정을 거친 후 치주 수술을 비롯해 전반적인 잇몸 치료를 받아야 합니다.

3단계 잇몸에 고름주머니가 생겨요

음식물 찌꺼기나 이쑤시개 등 잇몸에 외부 물질이 들어가면 잇몸이 붓고 고름이 나오는 등 염증 반응이 생겨나요. 이 경우 원인인 이물질을 제거하면 거의 회복되지만, 심한 경우 염증 조직을 긁어내는 치료와 함께 항생제를 복용해야 합니다. 또한 충치가 심하게 진행되었거나 치아가 부러진 것을 그대로 둔 경우엔 치아 신경까지 세균이 침투해 내부 조직이 괴사되고 치아 뿌리 쪽에 염증성 병소를 형성합니다. 이는 잇몸뼈의 가장 약한 부분을 따라 전염되어 잇몸에 볼록한 고름주머니를 만드는데, 신경 치료를 하거나 발치를 할 수도 있어요.

 ## '양치질'과 '치실'로 치아를 깨끗이 관리해주세요

양치질부터 제대로!

양치질은 음식 찌꺼기와 플라크를 제거해 충치와 잇몸병을 예방합니다. 이때 칫솔질을 얼마나 제대로 하느냐가 관건이에요. 하루에 몇 번을 닦는지보다 얼마나 정확히 닦느냐가 중요합니다. 그렇다면 어떻게 칫솔질을 해야 좋을까요?

① 윗니, 아랫니는 45도 각도로 원을 그리듯 닦습니다. 이때 원을 그리듯 칫솔을 돌리며 닦는 것이 포인트예요. 좌우로 닦으면 치아 표면이, 수직 상하로 닦을 땐 잇몸이 다치기 쉬워 원을 그리며 닦게끔 지도해주세요.
② 어금니를 닦을 때는 칫솔이 치아와 직각이 되도록 대고 천천히 원을 그리듯 돌려 닦아줍니다.
③ 어금니의 씹는 쪽은 칫솔을 똑바로 잘 세운 다음 솔의 끝으로 치아 안쪽을 하나씩 긁어내듯 닦고 뒤이어 앞니의 안쪽 역시 칫솔을 수직으로 긁어내듯 닦아냅니다.
④ 위쪽, 아래쪽, 양옆 등 한 치아에 스무 번 정도 떠는 듯한 동작으로 닦아줍니다.
⑤ 혓바닥까지 닦아낸 다음 마무리합니다.

치석이 잘 생기는 아이는 스케일링을 받아요

스케일링은 치아 표면에 붙어 있는 치석을 제거하는 치과 치료예요. 양치질만으로는 치태와 치석을 완벽하게 제거하기 어렵기 때문에 정기적으로 스케일링을 받는 것이 좋습니다. 스케일링은 영구치가 나오는 시기부터 시작하는데, 어금니는 칫솔이 잘 닿지 않아 쉽게 썩거나 염증을 일으키기 쉬우므로 정기적인 스케일링으로 관리해주세요. 건강한 치아를 가진 어른도 6개월에 한 번씩 스케일링을 받는 것이 좋듯, 어린이도 1년에 1회씩 스케일링을 받으면 치아 관리에 도움이 됩니다. 다만 성인에 비해 여린 잇몸과 영구치가 오래되지 않은 아이는 스케일링을 약하게 시술받습니다.

양치질은 1순위, 치실은 2순위

잇몸 질환 예방을 위해 양치질 다음으로 중요한 것이 '치실'입니다. 치실은 치아에 사용하는 얇은 실이에요. 치아 사이사이 칫솔질로 닦기 힘든 부위에 낀 음식물과 플라크 등을 효과적으로 제거하는 역할을 하죠. 특히 교정 중이거나 잇몸에 피가 나는 등 잇몸 질환이 있다면 꼭 사용하세요. 아이들에게 처음 치실을 사용하면 잇몸이 아프다고 말할 수 있어요. 하지만 사용법을 익히고 익숙해지면 칫솔이 닿지 않는 곳의 치태까지 깨끗하게 제거할 수 있어 치아 상태가 한결 깨끗해집니다.

 Dr. B의 우선순위 처치법

1. 올바른 방법으로 양치질을 꼼꼼히 해줍니다.
2. 증상이 없어 방치되는 경우가 많으므로 정기적인 치과 검진을 받으며 관리해요.

잇몸 관리, 이것만은 꼭 지켜주세요!

1 당분이 많은 탄산음료나 음료수를 마신 후에는 바로 물로 입안을 헹굽니다.

2 칫솔이 너무 빨리 닳는다면 칫솔질을 세게 하는 건 아닌지 체크해보세요. 너무 세게 닦으면 잇몸이 상하기 쉬워요. 무조건 세게 닦는다고 좋은 건 아닙니다.

3 칫솔로 제거하기 어려운 곳의 치태는 치실을 사용합니다. 이쑤시개는 잇몸 사이가 벌어지기 쉬우므로 피하는 것이 좋아요.

4 영양을 고루 섭취하되, 특히 비타민 C를 충분히 섭취합니다. 잇몸을 만드는 성분 중 콜라겐 섬유는 비타민 C가 있어야 생성과 재생이 잘 이루어집니다.

영구치 결손

유치가 빠진 후 이가 나지 않아요.

치과 질환

체크 포인트

☑ 영구치 결손으로 유치가 빠진 자리에 공간이 생기면 부정교합 등의 치과 질환이 생길 수 있으므로 사전 진단과 관리가 중요합니다.

☑ 영구치 결손 여부는 미리 확인합니다. 검진 시기는 유치가 흔들리기 시작하는 6세 정도가 적당하며, 간단하게 엑스레이만 찍어도 알 수 있습니다.

☑ 영구치 결손으로 진단을 받으면 유치를 최대한 오래 사용하는 방안을 찾아야 해요. 단, 유치는 영구치에 비해 뿌리가 얕고 치아가 약해 충치가 더 잘 생기므로 불소 도포나 실란트 같은 처치를 하는 것이 좋습니다.

유치가 빠졌는데 이가 나오지 않아요

영구치의 길을 닦아주는 '유치'

아이의 유치는 출생 후 약 7개월부터 나기 시작합니다. 유치는 음식을 씹거나 발음하는 등 치아가 담당하는 기본 기능 이외에도 앞으로 나올 영구치의 공간을 확보하고 그 길을 안내하는 중요한 역할을 해요. 그래서 이가 나오는 순간부터 잘 관리해줘야 합니다. 유치가 나는 시기는 개인차가 심해 돌이 지나 첫 이가 나오거나 세 살이 지나 마지막 어금니가 올라올 수도 있어요. 시기를 따져 지레 걱정할 필요는 없습니다. 네 살 때쯤 아이의 유치가 20개가 되면 정상입니다. 만약 이 시기에 20개의 유치 개수가 모자란다면 선천적인 유치 결손이라 할 수 있고, 이는 영구치 결손과도 연관됩니다. 이렇게 형성된 유치는 보통 만 5~6세가 되면 앞니부터 흔들리고 한두 개씩 빠지기 시작해 영구치로 교체됩니다. 개인차가 있지만 만 12~13세가 되면 영구치가 모두 나고, 사랑니를 제외하고 총 28개가 되지요. 추가되는 8개의 치아는 유치가 빠지고 나오는 것이 아닌 새로 생겨나는 치아입니다.

선천적으로 영구치가 결손된 경우

정상적인 치아 개수는 총 28개로, 이보다 부족한 경우가 종종 발생합니다. 유치가 빠지더라도 선천적으로 치아가 없어 새 이가 나오지 않는 경우인데, 이를 '영구치 결손'이라고 해요. 영구치가 결손된 경우에는 빠져야 할 유치가 빠지지 않습니다. 유치는 영구치가 올라오면서 빠지는 게 보통인데, 올라오는 영구치가 없으니 유치 역시 그대로 있을 수밖에 없어요. 사랑니 결손이 가장 흔하고 그다음 아래위 작은 어금니, 앞니 옆 치아 순으로 많이 나타납니다. 여자아이보다 남자아이에서 발생 빈도가 높은 것도 특징이지요.

영구치 결손을 뒤늦게 아는 경우가 많아요

이런 영구치 결손은 흔히 나타날 수 있는 문제임에도 불구하고, 치아 수가 부족할 거라고는 미처 생각하지 못해 결손 여부를 뒤늦게 알아차리는 경우가 많습니다. 유치가 빠졌는데도 불구하고 오랜 시간 영구치가 나오지 않으면 그때야 치과 검진을 받고 치아 결손을 진단받는 사례가 대부분이지요. 영구치 결손은 평생 치아 건강과 외모, 나아가 성격 형성까지 큰 영향을 미치는 발육 장애입니다. 치아 결손을 방치하면 주변 치아들이 비어 있는 공간을 중심으로 기울어져 전체적인 치아 배열이 흐트러지고 씹는 기능에도 문제가 생겨 성장에 악영향을 주지요. 그런 만큼 유치와 영구치가 함께 있는 혼합 치열기에는 이런 영구치 결손 여부를 주의 깊게 관찰합니다.

 ## 영구치 결손, 이런 점에 주의하세요

흔들린다고 무작정 치아를 뽑으면 안 돼요

보통 유치가 흔들리면 빠질 때가 된 거라고 생각해요. 하지만 무조건 이가 흔들린다고 뽑아야 할 때가 된 것은 아닙니다. 치아가 흔들리는 것은 영구치가 올라오면서 유치를 밀어내기 때문이에요. 이때 옆에 맞닿아 있는 치아가 같이 흔들리기도 합니다. 영구치는 유치보다 크기 때문에 올라오면서 붙어 있는 치아 2개를 한 번에 건드려요. 이때 치아가 흔들린다고 무조건 뽑으면 먼저 나온 영구치가 빈 곳으로 밀려 이후에 나올 옆의 영구치가 겹쳐 나오거나 덧니로 나와 부정교합이 발생할 가능성이 커집니다. 예를 들어 위쪽 송곳니는 유치가 빠지면서 가장 마지막에 나오는 영구치인데, 앞니나 작은 어금니가 빠질 때 같이 흔들려 미리 빼버리면 정작 송곳니 영구치가 나올 공간이 없어 덧니로 나올 수밖에 없게 되지요. 이때 송곳니는 중요한 역할을 하는 만큼 덧니라고 해서 섣불리 빼서는 안 됩니다. 송곳니가 덧니의 형태로 자리 잡았다면 치아 교정 치료를 통해 제자리로 이동시켜주는 편이 훨씬 안전합니다. 이처럼 흔들리는 유치를 치과가 아닌 집에서 뽑는다면 치아 2개를 연달아 빼거나 송곳니를 갈 시기 이전에 미리 빼는 것은 반드시 피해야 한다는 것, 명심하세요.

치아를 갈기 전, 선천적인 영구치 결손인지 미리 점검하세요

유치를 가는 시기가 오면 결손치가 있는지 미리 확인합니다. 치아 결손 여부를 모르는 상태에서 유치를 뽑거나, 충치로 인해 유치가 빠지지 않도록 해야 하기 때문이죠. 유치가 빠지는 만 6세 이후에는 치아 엑스레이를 찍어 영구치가 제대로 나고 있는지 확인해 영구치 결손 유무를 확인해주세요. 선천적 치아 결손은 주로 아래 두 번째 앞니와 작은 어금니에서 발견됩니다. 만약 유치가 이미 빠졌다면 주변 치아가 제대로 날 수 있게 최대한 신경 써야 해요. 결손된 치아 부위와 다른 치아 사이 간격을 유지해 인접 치아가 결손된 부위로 기울어지지 않게 공간 유지 장치를 끼우거나 영구치가 다 나온 후 결손된 자리에 보철물을 끼워주는 방식으로 관리해줘야 합니다.

치아 결손으로 부정교합이 나타날 수 있어요

치아가 없는 공간으로 주변 치아들이 쓰러지면 전체적인 치아 배열이 흐트러집니다. 이때 발생한 치아 틈으로 음식물이 끼고, 치태가 남아 충치나 치주 질환의 원인이 되지요. 이처럼 치아 결손 부위를 그대로 놔두면 위아래 치아가 잘 맞물리지 않아 씹는 능력도 떨어집니다. 또 영구치가 없으면 그 자리에 유치가 계속 남아 있어 작은 어금니로 착각하고 치아가 없다는 사실을 모르는 경우도 생깁니다. 작은 어금니 대신 남아 있는 유치는 뿌리가 약해서 오래 쓰지 못하므로 치과에 가서 정기적인 진단을 받는 것이 좋습니다.

유치를 오래 사용할 수 있게 관리합니다

영구치 결손일 때는 유치를 빼지 않고 오래 사용하는 것이 대책입니다. 성장기에는 치아가 없더라도 그 자리에 인공 치아를 심는 것이 어려워 다른 장치를 사용하지 않기 위해서라도 유치를 최대한 활용해야 하죠. 일반적으로 영구치 결손인 경우 유치가 12~13세까지는 빠지지 않습니다. 유치라도 잘 관리하면 성인이 될 때까지 큰 문제 없이 사용할 수 있습니다. 하지만 유치는 영구치에 비해 충치가 잘 생겨 오래 사용하는 것이 쉬운 일은 아니에요. 그만큼 치아 관리가 무엇보다 중요합니다. 평소 양치질을 습관화하고 적어도 3~6개월에 한 번씩은 치과 검진을 받으세요. 또한 불소 도포를 통해 연약한 치아를 단단하고 강하게 만들어주는 것도 충치 예방에 도움이 됩니다.

 Dr. B의 우선순위 처치법

1. 치아가 빠지는 시기인 6세에는 치과 검진을 받아 결손 유무를 미리 확인합니다.
2. 영구치 결손이면 유치 관리에 더욱 신경 써주세요.
3. 이미 유치가 빠졌다면 주변 치아들이 잘 자랄 수 있도록 관리해야 합니다.
4. 임플란트 시술은 만 18세 이후에 받을 수 있습니다.

유치를 잘 관리해주세요

유치는 빠질 치아쯤으로 여겨 영구치부터 관리해도 무방하다고 생각하면 오산입니다. 유치는 영구치에 막대한 영향을 주기 때문이지요. 유치의 충치 예방법, 꼭 실천해주세요.

1 분유나 모유를 먹는 아이는 당분이 많은 젖병을 물리고 재우는 습관부터 고쳐야 합니다. 이 시기에도 유아용 칫솔로 항상 양치질을 해주고 이유식을 먹은 후에는 물로 입을 헹궈주세요.

2 3~7세 아이라면 혼자 양치질하는 습관을 들이는 것도 중요하지만, 부모가 꼼꼼히 마무리해주는 것이 좋습니다. 과자, 사탕 등 당도 높은 음식 섭취가 증가하는 시기인 만큼 아이들의 치아 상태를 자주 살펴봐야 합니다.

3 유치는 충치가 생기면 영구치보다 진행 속도가 훨씬 빠릅니다. 충치를 발견했다면 바로 치료해야 해요. 양치질을 좀 더 철저히 하고 3~6개월에 한 번씩 치과 검진을 받도록 합니다.

치과 질환

부정교합

위턱과 아래턱이 제대로 맞물리지 않아요.

체크 포인트

☑ 위아래 치아가 거꾸로 물리는 부정교합은 일찍 치료할수록 경과가 좋습니다.

☑ 부정교합의 정도에 따라 치료 시기가 달라요. 늦어도 영구치가 나기 시작하는 만 7세가 되면 치과를 방문해 치아 상태를 정기적으로 검진받는 것이 좋습니다.

☑ 부정교합을 일으키는 나쁜 습관이 오래 계속되면 치아 배열이 변하거나 턱 성장을 방해할 수 있어요. 주된 원인을 찾아 조기에 해결하는 것이 중요합니다.

부정교합은 어떤 질병인가요?

치아가 제대로 맞물리지 않아요

입을 다물었을 때 위아래 턱의 치아가 서로 맞물리는 상태를 '교합'이라 합니다. 정상적인 치아라면 군집이나 간격 없이 입안에서 딱 맞아지고 또한 돌아가거나 삐뚤어진 치아도 없어야 하죠. 위턱의 치아들은 아래턱의 치아들과 약간 겹쳐져서 큰 어금니들의 뾰족한 끝이 반대쪽 큰 어금니들의 홈 안에 꼭 들어맞게 됩니다. 그런데 이런 교합이 맞지 않을 경우 기능적인 문제가 발생하는데, 이를 '부정교합'이라고 합니다. 부정교합은 치아의 배열이 비정상적인 경우를 통칭해요. 치아가 울퉁불퉁한 것뿐만 아니라 치아 돌출, 치아 회전, 치아 사이의 비정상적인 틈, 입천장으로 난 치아, 뺨 쪽으로 난 치아, 덧니와 같은 모든 치아의 위치 이상 등을 포함하죠. 일반적으로 치아의 배열이 가지런하지 못하고, 위턱과 아래턱의 치아 맞물림 상태가 정상 위치를 벗어난 증상을 보입니다.

소화 기능이 떨어지고 골격에도 문제가 생겨요

어린 아이의 경우, 치아의 교합이 맞지 않으면 음식을 섭취할 때 씹는 기능이 떨어지고 부정확한 발음을 갖게 됩니다. 이어 음식물을 제대로 씹지 못하면 소화 기능이 떨어져 성장도 방해하지요. 얼굴 역시 변화가 생겨 비대칭을 유발하고 심할 경우 주걱턱, 무턱과 같은 골격에도 문제가 생깁니다. 이런 이유로 부정교합은 나이가 어릴 때 치료하는 것이 효과가 좋은 편이에요. 특히 여자아이의 경우 남자아이보다 성장이 더 빠르게 진행되기 때문에 교정 시기를 앞당겨서 치료하는 것을 권장하기도 합니다. 그렇다면 부정교합은 왜 생기며, 어떠한 치료를 받아야 할까요?

 ## 부정교합의 세 가지 유형

정상교합

1급 부정교합

2급 부정교합

3급 부정교합

▲ 부정교합의 예

• **1급 부정교합**   어금니 관계가 정상이면서 치아의 배열이 적절하지 않은 경우입니다. 가장 흔히 분류되는 부정교합으로 물림이 정상이며 겹치는 정도가 가볍습니다.

• **2급 부정교합**   위턱 어금니에 비해 아래턱 어금니가 상대적으로 후방으로 물리는 경우입니다. 위턱이 돌출되어 있거나 아래턱이 작습니다.

• **3급 부정교합**   위턱 어금니에 비해 아래턱 어금니가 상대적으로 전방으로 물리는 경우로 주걱턱이기도 합니다. 아래턱이 튀어나와서 아랫니가 윗니 및 위턱과 겹칩니다.

 ## 왜 생기는 걸까요?

부정교합은 유전적 영향이 커요

부모 중 부정교합을 갖고 있다면 아이도 그럴 가능성이 높습니다. 즉, 많은 부정교합이 유전적인 영향으로 나타나지요. 몇 개의 이가 선천적으로 없거나 위턱 또는 아래턱이 비정상적으로 성장해 불균형이 생겨나면서 부정교합이 생깁니다. 부정교합에

 닥터's advice

❓ **유치가 영구치로 교체될 때, '매복치'를 잘 살펴보세요**
유치는 저절로 빠진다고 생각하지만, 알고 보면 유치가 제대로 빠지지 않아 문제를 일으키는 경우도 꽤 많습니다. 유치가 턱뼈에 붙어 나오지 않거나 때로는 뼈 속에서 엉뚱한 방향으로 나기도 하지요. 이런 치아를 '매복치'라고 합니다. 매복치가 생긴 경우라면 영구치 성장에 막대한 피해를 끼쳐요. 새로 나기 시작한 영구치를 갉아내거나 영구치를 상하게 하고 잇몸뼈가 성장하지 못하게 만들기도 합니다. 따라서 유치가 영구치로 교체되는 시기엔 특히 이런 매복치가 생기지는 않았는지 잘 살펴봐야 해요. 매복치는 조기에 발견해 제때 뽑아주는 것만으로도 부정교합을 예방할 수 있습니다. 만 6세인 아이라면 특별히 치아에 문제가 없더라도 1년에 한 번 이상은(6개월에 한 번) 치과를 방문해 검사를 받아보는 것이 좋습니다.

치과질환

서 가장 유전적 영향이 큰 것은 주걱턱입니다. 반면 치아가 삐뚤빼뚤하거나 서로 맞물리지 않고 열려 있는 개방교합처럼 치아 자체의 문제로 인한 부정교합은 유전에 의한 영향이 적습니다. 이외에도 구순구개열(언청이) 또는 다양한 유전성 질환의 결과로 치아나 턱뼈의 발달에 영향을 미쳐 심각한 부정교합을 초래하죠. 이런 원인으로 생긴 부정교합은 성장을 최대한 이용해 치료를 해주는 것이 바람직합니다. 가능한 한 조기에 치료를 시작하는 것이 유리하며 치료 기간은 성장 기간을 이용하기 때문에 길어지는 것이 보통입니다. 부모가 부정교합으로 치과 교정을 받은 경우라면 아이의 치아 상태를 좀 더 주의 깊게 관찰해야 합니다.

나쁜 생활습관으로 인해 부정교합이 생겨요

많은 부정교합 사례들이 유전의 영향을 받지만, 실제로 턱의 형태와 구조를 변경시키는 잘못된 습관도 큰 원인으로 작용합니다. 부정교합을 일으키는 잘못된 생활습관으로는 손가락을 빨기, 손톱 깨물기, 한쪽으로 턱을 괴기, 혀로 치아를 밀어내기, 이를 악물거나 갈기, 한쪽으로 음식 씹기 등이 있습니다. 알게 모르게 이런 잘못된 생활습관이 지속되면 앞니가 외부적인 힘에 눌려 바깥 방향으로 돌출되거나 치아가 벌어지며 비정상적인 방향으로 움직이게 되죠. 또한 아래턱 성장을 방해하여 주걱턱, 무턱 형상을 보이기까지 합니다.

젖 먹는 시기의 아이들에게 흔히 볼 수 있는 입술이나 혀를 깨문다든지 공갈 젖꼭지를 입에 물고 있는 버릇 역시 치열을 망가뜨리는 원인이 될 수 있어요. 이런 행동은 얼마나 세게 하느냐보다 얼마나 오랫동안 지속하느냐가 부정교합에 더 막대한 영향을 끼칩니다. 따라서 잘못된 습관은 조기에 바로잡아야 해요. 아이가 어느 정도 자랐으면 더 이상 나쁜 습관을 반복하지 않도록 주의시킵니다.

적절한 시기에 교정 치료를 해요

교정 치료는 성장이 완전히 끝나기 전에 받아야 효과가 좋아요

어린 시기에 나타나는 부정교합은 커가면서 점점 상태가 나빠지기 때문에 치아 교정 시기를 잘 결정하는 것이 중요해요. 만 6세가 되면 치과를 방문해 치아 상태를 점검하는 것이 좋아요. 턱에는 문제가 없으나 치열이 반듯하지 않다면 12세를 전후로 교정 치료를 받는 것을 권장합니다. 즉, 부정교합은 증상이 나빠지기 전에 치과를 찾아 정확한 진단과 함께 빠른 시기에 교정 치료를 시작합니다. 성장기에 하면 골격과 치열의 조화로운 치료가 더 쉬운 장점이 있습니다. 하지만 치아를 교정하는 시기는 나이보다 '치아와 골격의 발육 상태'를 기준으로 정하는 것이므로 의사가 판단해야 할 부분입니다.

정기적인 치과 검사를 받습니다

성장기에 유치나 영구치를 소홀히 관리해도 부정교합이 생길 수 있는데, 어릴 때부터 정기적으로 치과 검사를 받으면 충분히 예방할 수 있어요. 아이에게 부정교합이 생길

 닥터's advice

❓ 꼭 알고 체크해봐야 할 치과 교정 상식!

① 아이의 다물어진 입을 잘 살펴보세요. 턱뼈 이상을 발견하는 가장 쉬운 방법입니다.

② 평상시 입을 벌리고 다니는지 확인하세요. 치아가 튀어나오면 코로 호흡하는 데 문제가 생기기 때문입니다.

③ 부모가 부정교합이면 자녀도 가능성이 크다는 사실을 기억해두세요. 턱뼈 문제는 유전되는 경향이 강합니다.

④ 잘못된 생활습관이 있다면 한시라도 빨리 고칠 수 있게 신경 써주세요. 턱을 괴거나 손가락 빠는 등 잘못된 생활습관은 아래턱의 성장을 저해하기 마련입니다.

⑤ 교정 치료는 빠를수록 좋습니다. 사춘기를 지나 성장이 멈추면 성장을 이용한 교정 치료는 어려워요.

가능성이 있는지 미리 알아두면 교정을 적기에 시작할 수 있습니다. 아이마다 약간씩 차이는 있지만, 보통 6세부터 영구치가 나고 7세가 되면 위아래 치아 교합이 어느 정도 형성되지요. 이때 치과 검진을 시작할 적기인 셈입니다. 부정교합이 염려되는 아이라면 6~7세에 엑스레이로 영구치 배열 상태를 확인해 교정이 필요한지를 먼저 판단합니다. 만일 교정해야 한다면 6개월~1년마다 검사를 실시해 효과가 가장 좋은 시기를 정하도록 하세요.

 Dr. B의 우선순위 처치법

1. 의사와 상담하여 적정한 시기에 교정 치료를 해줍니다.
2. 부정교합을 일으키는 나쁜 습관이 있는지 관찰하고 고쳐주세요.
3. 치열이 완성된 후부터는 정기적인 치과 검진을 받습니다.

치아 교정

시간이 지날수록 치료하기 힘들어요.

체크 포인트

- ☑ 교정 치료가 필요한 치아 또는 골격의 문제는 나이 들수록 더욱 개선이 어려워집니다. 기다릴수록 치료하기가 힘들어져요.

- ☑ 소아 교정 검사 권장 시기는 7세입니다. 조기에 의사에게 검사와 관리를 받으면 앞으로 혹시라도 부정교합을 일으킬 소지가 있는지를 예측해 원인 요소를 제거할 수 있어요.

- ☑ 교정 장치는 구강 내 부착하는 고정식 장치와 스스로 꼈다 뺐다 하는 가철식 장치가 있으며, 어떤 장치를 사용할지는 부정교합 형태에 따라 달라집니다.

- ☑ 교정 장치를 하면 음식물 찌꺼기가 많이 끼어 입 냄새가 많이 나므로 칫솔질을 자주 해야 합니다.

- ☑ 소아 교정은 정확한 진단과 검사가 기본이에요. 교정 치료가 필요한 경우 반드시 치과 의사와 상담해야 합니다.

적기를 놓치면 안 돼요

한 사람의 치아 발달 단계를 보면 0~6세는 유치, 6~13세는 혼합치, 13~18세는 영구치 순으로 성장합니다. 그중 아이의 치아와 턱 교정은 턱뼈가 성장하는 혼합치 때 시작해 영구치 시기에는 완성하는 게 보통이지요. 최근 유치의 중요성이 주목받으면서 일찌감치 유아기 때 하는 치아 교정도 점점 느는 추세예요. 좀 이르다 싶지만 유치일 때 치아를 교정하는 목적은 예방의 성격이 강합니다. 장차 발생할 수 있는 이상, 즉 턱뼈나 치아 성장에 나쁜 영향을 주는 요소를 사전에 차단하는 것이죠. 또한 치료를 일찍 시작하면 턱 성장과 발육을 예측해 영구치가 바람직한 위치에 나도록 유도할 수 있기 때문입니다. 유치부터 아이의 치아 상태를 정기적으로 점검해 문제가 있거나 그 문제가 점점 심해진다고 생각되면 교정 의사와 상담해보는 것이 좋습니다.

그대로 놔둔다고 좋아지지 않습니다!

막상 치아를 교정할라치면 실제 교정이 필요한 치아 상태인지, 언제 교정을 하는 것이 좋은지, 혹시 두고 보면 괜찮아지는 것은 아닌지 의문이 듭니다. 하지만 대부분 교정 치료가 필요한 치아 또는 골격은 성장한다고 해서 개선되는 경우는 드물어요. 단지 한두 개의 치아가 삐뚤삐뚤하면 모르겠지만 문제가 있는 치아를 그대로 두면 그 치아들이 옆의 치아를 밀고, 또 그 옆의 치아를 밀어 결국 모든 치아가 제자리를 벗어

 닥터's advice

❓ 치아 교정을 하지 않으면 어떻게 되나요?
① 음식물을 씹는 능력이 떨어져 소화기관에 부담을 주며 골격 성장에 장애가 생길 수 있어요.
② 발음에 어려움이 있어 정상적인 언어 발달이 이뤄지지 않아요.
③ 칫솔질을 깨끗이 할 수 없어 충치와 잇몸 질환이 생기기 쉬우며 입 냄새가 심해져요.
④ 손가락 빨기, 혀 내밀기, 입 벌리고 숨쉬기 같은 습관을 초기에 개선하지 않으면 심각한 골격의 부조화를 초래해 부정교합을 일으킬 수 있어요.

나버립니다. 만약 골격의 문제라면 아이가 자랄수록 치료는 더욱더 어려워집니다. 성장이 왕성한 시기를 놓쳐버리면 나중에 치아를 빼거나 수술해야 할 수도 있어요. 그러므로 교정 치료가 필요한 치아라면 기다리기보다는 발견했을 때 처리하는 것이 현명합니다.

언제 교정하는 것이 좋을까요?

일단은 치아 검진부터!

우선 임상 검사와 엑스레이를 통해 선천적으로 결손된 치아는 없는지, 과잉치가 존재하는지, 치아가 정상적으로 맞물리는지 등 치아 전반의 정상 유무부터 확인합니다. 다만 이러한 검진이 일반 치과에서 모두 가능한 것은 아니어서 소아치과 또는 교정과 수련을 받은 치과 전문의가 있는 치과를 찾아가야 해요. 또한 교정 검진을 받은 후 문제가 있다 해도 바로 치료에 들어가는 것은 아닙니다. 발견된 문제점에 따라 최적의 치료 시기를 결정하는데, 증상에 따라 또 환자의 상황에 따라 달라집니다.

나이보다는 치아와 치열 상태를 봐야 해요

치료 시기는 아이가 가진 부정교합 상태에 따라 달라집니다. 나이보다는 치아와 치열 상태를 기준으로 판단해야 하지요. 위아래 턱의 성장에 이상이 없고 단지 치열 교정만 필요한 부정교합이라면 12세 전후에 시작하는 것을 추천합니다. 하지만 위턱에 비해 아래턱이 많이 발달한 주걱턱이나 위턱이 돌출된 경우, 아래턱이 무턱같이 보이거나 얼굴 비대칭이 있는 부정교합은 성장 조절을 이용한 턱 교정 치료를 해야 합니다. 이때는 유치열이라도 일찌감치 턱 교정을 해주는 게 좋아요. 같은 나이라도 개인에 따라 턱 성장 상태가 다른 만큼 교정 의사와 상담한 후 치료 시기를 정합니다.

대표적인 교정 장치

교정 장치는 크게 구강 내에 부착해 놓는 고정식 장치와 환자 스스로 꼈다 뺐다 할 수 있는 가철식 장치가 있습니다. 또한 위치에 따라 구강 외 착용하는 구외 장치, 구강 내에 착용하는 구내 장치가 있지요. 어떤 장치를 사용할지는 부정교합 형태에 따라 달라집니다. 대표적으로 사용되는 교정 장치는 아래와 같습니다.

• **헤드기어** 아래턱은 정상인데 위턱이 과하게 성장해 돌출했을경우, 위턱의 성장을 억제해 위아래 턱의 균형을 맞춰줍니다. 헤드기어는 기본적으로 12~14시간 착용해야 효과가 있습니다.

• **페이스마스크** 아래턱보다 위턱이 많이 후퇴한 경우, 즉 주걱턱을 예방하기 위해 사용합니다. 영구치로 교환되기 전에 페이스마스크로 교정하면 위턱의 성장을 촉진합니다. 주로 구강 내 확대 장치와 병행하면 효과적입니다.

• **기능성 장치** 아래턱의 성장이 저조할 때 구강 내에 사용하는 가철식 장치로, 헤드

 우리 아이 치아도 교정이 필요할까?

아래의 항목 중 3개 이상에 해당할 경우 부정교합이 의심되므로 아이의 구강 상태를 확인해볼 필요가 있습니다.

- [ ] 어금니가 바르게 맞물리지 않는다.
- [ ] 유치가 겹쳐서 나 있다.
- [ ] 앞니의 맞물림이 바르지 않다.
- [ ] 위 앞니 사이가 3mm 이상 틈이 있다.
- [ ] 이를 가는 습관이 있다.
- [ ] 입으로만 호흡하며 입을 벌리고 있을 때가 많다.
- [ ] 손가락을 빠는 버릇이 있다.

기어와 함께 사용하기도 합니다.

• **고정식 교정 장치** 현재 가장 많이 사용되는 교정 장치로, 치아에 부착시켜 교정합니다. 브라켓(Bracket, 치아에 붙어 있는 네모나 부착물), 와이어(Wire, 브라켓을 연결하는 굵은 철사), 밴드(Band, 링 모양으로 어금니를 감싸는 금속 장치)로 구성된 교정 장치를 치아에 부착시키기 때문에 환자가 떼었다 붙였다 할 수 없습니다.

교정 치료, 어떻게 하나요?

골격에 문제가 있는 경우

턱은 위턱과 아래턱으로 이루어져 있는데 각 턱의 최대 성장기나 성장 종료 시기가 달라 성장량에도 차이를 보입니다. 골격성 문제가 있는 아이는 위턱이나 아래턱이 각각 과성장하거나 열성장(성장 저하)하기도 하고, 두 턱의 문제가 같이 결합해 나타나기도 해요. 이런 경우 교정 장치를 치아에 직접 부착하는 통상적인 교정 치료가 아닌 턱 성장량이나 방향을 조절하는 치료를 먼저 해야 합니다. 이런 치료를 '악정형 장치 치료'라 하며, 가철성 장치나 머리에 쓰는 장치를 사용해 치료합니다.

치아가 원인인 경우

유아의 치열 교정은 치아가 날 자리가 부족해 턱을 넓혀주거나 위턱과 아래턱이 잘 안 맞아 교정해주는 1차 교정, 영구치가 난 다음 치아 표면에 철사를 이용해 '브라켓' 고정 장치를 하는 2차 교정이 있습니다. 1차 교정에는 치아에 붙이는 고정식 교정 장치는 가급적 적게 사용하고 플라스틱 재질로 된 꼈다 뺐다 하는 가철식 교정 장치를 주로 사용해요. 브라켓이라는 작은 기구와 와이어를 이용해 시행하는데, 최소 1년에서 2년 이상의 교정 시간이 걸립니다. 경우에 따라 입술 쪽 치아 표면에 부착하거나 치아 뒤쪽에 부착하는 설측 교정을 하기도 하지만 이 또한 증상에 따라 적용해야 하므로 전문의와 상담해서 결정합니다. 1차 치료가 끝난 후에는 일정 기간 영구치가 잘 올라오는지, 정상적인 안면 성장이 일어나는지 정기 검사를 통해 지켜봅니다. 그 과정 동안 추후 치열 교정이 필요한지를 판단하고, 때에 따라 2차 치료가 필요할 수 있습니다. 대부분 성장기 치료의 경우 골격의 위치를 바로잡고 영구치가 날 공간을 마련해주는 것이 목적이므로 성장 완료 후 가지런한 치아 배열을 위해 2차 치료를 하게 됩니다.

 ## 이것만은 꼭 기억해두세요

아이 상태에 따라 적정 시기 정하기

모든 소아 교정은 적정 시기를 파악하는 것이 중요합니다. 조기 발견과 치료가 장기적으로 이로울 수 있지만, 어린아이에게 교정 치료는 부담일 수밖에 없지요. 따라서 아이 상태를 꼼꼼히 살펴본 뒤 내 아이에게 맞는 적정 시기를 파악해 실시합니다.

🚑 이럴 땐 병원으로!

- ☐ 영구치 공간이 부족할 때
- ☐ 치아가 삐뚤삐뚤하거나 겹쳐서 날 때
- ☐ 아래 앞니가 위의 앞니 앞쪽으로 물리는 반대교합일 때
- ☐ 유치가 제때 빠지지 않을 때
- ☐ 치아 사이에 공간이 많을 때
- ☐ 앞니만 닿고 어금니는 물리지 않을 때 혹은 그 반대일 때
- ☐ 얼굴 생김새가 이상해 보일 때(주걱턱, 뻐드렁니, 입술의 돌출)
- ☐ 위 앞니가 심하게 돌출되었을 때
- ☐ 음식물을 씹기 곤란할 때
- ☐ 아래 앞니가 위의 앞니에 가려 안 보일 때

무리하지 마세요

아이에게 여러 교정 치료가 필요하다고 해도 한 번에 모든 치료를 병행하는 것은 어렵습니다. 심각한 상황이 아니라면 무리하게 교정 치료를 시작하기보다 아이와 대화를 통해 아이 의사를 존중하고 적절한 해결 방법을 찾아봅니다.

반드시 전문의와 상담합니다

소아 교정은 정확한 진단과 검사가 기본이에요. 섣부른 판단으로 한 번 망가진 아이 치아는 회복되기 매우 어렵습니다. 아이에게 교정 치료가 필요한 경우 반드시 전문의와 상담하세요.

주의사항 및 약속을 잘 지킵니다

약속을 잘 지키는 것은 교정 치료가 성공하는 데 중요한 요소예요. 정해진 약속 날, 약속 시각에 계획된 치료가 차질 없이 진행되어야 2년여에 걸친 치료가 잘 마무리됩니다. 교정 치료 기간 중 안내받은 주의사항이나 지켜야 할 규칙도 철저히 지켜주세요.

 알쏭달쏭! 치아 교정 궁금증

Q 어릴 때 교정하면 먹기가 불편한데 성장 발달에 영향을 주진 않을까요?

이런 걱정 때문에 교정 치료를 미루다 적절한 치료 시기를 지나치는 경우가 종종 있습니다. 교정 치료를 해도 몇 가지 주의만 기울인다면 성장에 큰 지장을 주진 않아요. 일반 식사는 모두 가능하며 딱딱하거나 질긴 음식, 끈적거리는 음식을 피하는 것만으로도 충분해요. 오징어나 쥐포, 땅콩이나 딱딱한 빵 종류, 끈적거리는 초콜릿이나 캐러멜, 엿 등이 대표적으로 피해야 할 음식이죠. 사과, 배 등 딱딱한 과일은 작게 잘라 먹는 것이 좋습니다. 물론 껌도 씹지 않는 것이 좋아요. 무엇을 먹느냐보다 중요한 것은 무얼 먹었든 즉시 깨끗이 칫솔질하는 것입니다.

Q 알레르기가 있는 아이, 교정 치료 받으면서 문제가 되진 않나요?

드물긴 하지만 교정 치료에 사용되는 재료에 알레르기가 있는 아이들도 물론 있습니다. 일단 아이의 알레르기 성향을 의사에게 정확히 알려주는 게 중요해요. 니켈, 구리 등 금속에 대한 알레르기, 고무 제품에 대한 알레르기가 문제가 될 수 있으며 해당하는 경우에는 다른 재질의 재료를 사용하면 됩니다.

Q 교정 치료를 위해 이를 빼야 하나요?

교정 치료를 위해 이를 빼는 것은 남아 있는 치아를 적절하게 배열할 공간을 마련하기 위해서입니다. 굳이 빼지 않고도 공간을 확보할 수 있다면 발치하지 않으며, 배열한 공간이 많이 부족할 때는 보통 작은어금니를 발치합니다. 하지만 아무래도 건강한 자기 치아를 가능한 한 많이 유지하는 쪽이 좋겠지요. 요즘은 치료 기술이 더욱 정교해지고 발달해 치아를 빼지 않고 치료할 수 있는 선택의 폭이 넓어졌습니다.

 Dr. B의 우선순위 처치법

1. 아이의 치아 상태에 따라 교정 적정 시기를 결정합니다.
2. 교정하고 있을 때는 양치질을 더욱 꼼꼼히 자주 해야 합니다.
3. 교정 중에는 꼭 치간 칫솔이나 치실을 사용하고 교정용 칫솔로 양치질을 합니다.

교정 치료, 이렇게 관리해주세요.

1 앞니로 물어뜯거나 단단하고 질긴 음식(오징어, 캐러멜, 껌), 끈적거리며 당분이 많은 음식은 삼갑니다.

2 음식은 부드러운 것과 신선한 채소 등이 좋으며 조금 큰 것은 잘게 썰어 먹입니다.

3 투명한 세라믹 교정기를 하고 있다면 색소가 침착되지 않도록 김치, 콜라, 카레 등을 먹은 후에는 바로 칫솔질을 해줍니다.

4 입안에 장치를 장착하면 음식물 찌꺼기가 많이 끼어 입 냄새가 나요. 칫솔질을 자주 하고, 잇몸 마사지를 해주는 것이 좋습니다.

치과 질환

908

엄마들의 치아 궁금증

아이 치아에 관한 엄마들의 질문과 속 시원한 해답.

 ## '유치'에 관해 더 알고 싶어요

Q 유치(유치)는 월령에 따라 몇 개가 나오나요?

유치가 나오는 시기는 아이마다 다릅니다. 하지만 대략 6~8개월 정도에 아래쪽 앞니 2개가 나오고 돌 전후로 윗니가 4개 나옵니다. 그다음 아랫니 옆 이가 나오고 15~18개월에 대략 16개의 유치가, 24개월 전후로 큰 어금니가 나와 30개월 정도면 총 20개의 유치열이 완성됩니다. 하지만 유치가 나오고 완성되는 시기는 아이에 따라 개인차가 있어요. 잇몸에서 치아처럼 불룩 단단하게 만져지는 것이 있으면 곧 치아가 나올 것으로 생각하면 됩니다. 12개월이 지나도 치아가 하나도 나오지 않으면 치과 검진을 한번 받아보세요.

Q 첫 유치가 나오려고 할 때, 어떤 징후를 보이나요?

첫 이가 나오는 신호가 몇 가지 있어요. 첫째, 아이가 부쩍 입에 뭔가를 넣고 우물우물 씹는 행동을 합니다. 둘째, 곧 치아가 나올 잇몸 부위가 빨갛게 부은 것처럼 보입니다. 셋째, 그전보다 침을 더 많이 흘립니다. 물론 이 시기의 아이는 침을 흘리는 게 정상적이지만, 특히 첫 이가 나는 전후로 침 분비량이 유독 많아지지요. 그리고 넷째, 밤에 많이 칭얼댑니다. 치아가 자라고 나는 활동 역시 저녁 시간에 활발해지기 때문이죠. 아이가 밤에 제대로 잠을 잘 자지 못한다면 치아가 새로 나려는 것은 아닌지 확인해보세요. 또 귀를 잡아당기기도 합니다. 인체 구조상 턱 부근의 통증이 귓구멍으로 잘 전달되기 때문에 치아가 나오는 통증이 귀를 잡아당기는 행동으로 나타납니다.

Q 어떤 아이가, 치아가 일찍 나나요?

선천적인 원인이 크게 작용합니다. 치아가 올라오는 시기는 선천적으로 타고나는 것이라 극도의 영양 결핍이 아닌 보통의 건강 상태에 있는 아이라면 후천적인 영향은 거의 없다고 볼 수 있습니다. 단, 아이가 초등학교 1~2학년인데 유치가 어금니까지 다 빠지고 영구치가 올라오기 시작한다면 '조기 성장'이 의심되므로 성장클리닉에서 검사를 받는 것이 좋습니다. 보통은 유치가 일찍 올라오면 영구치도 일찍 올라오는 편입니다.

Q 유치가 날 때, 앞니가 나고 바로 어금니가 올라왔어요. 아이가 아파하는 것 같기도 한데, 이런 순서여도 상관없나요?

순서는 크게 신경 쓰지 않아도 됩니다. 개인차가 심해서 돌 무렵까지 치아가 하나도 나지 않는 경우도 있고, 생후 2~3개월 무렵 치아가 일찍 나는 경우도 있죠. 순서와 시기를 두고 크게 걱정할 필요는 없습니다. 치아가 올라올 때는 통증 없이 편하게 나기도 하지만 때론 잇몸에서 피가 나면서 아파할 때도 있어요. 이런 경우엔 거즈에 물을 적셔 잇몸을 마사지하듯이 부드럽게 닦아주세요. 간지러워하면 치아발육기를 사용하는 것도 좋습니다.

Q 아이가 너무 어린데 언제쯤 치과에 처음 가면 좋을까요?

가능하다면 생후 6개월부터도 괜찮습니다. 예전에는 생후 24개월일 때 권했는데, 요즈음엔 충치가 생길 수 있는 환경이 이전보다 훨씬 많아져 생후 6개월 무렵 첫 치아가 나자마자 검사받는 것을 권하는 편입니다. 치아와 구강 이상의 조기 발견뿐만 아니라 구강 관리법과 치과 상식에 관한 내용도 교육받을 수 있습니다.

Q 유치는 금방 빠지니까 치료하지 않아도 되나요?

아니요. 치료하는 게 좋습니다. 유치는 충치가 발생할 확률이 높습니다. 치료하지 않을 경우 충치가 더 크게 진행되고, 염증이 남아 있거나 뿌리까지 염증이 생기면 영구치의 성장과 치아 교열에도 문제를 일으킬 수 있습니다. 게다가 유치는 1단계로 6~7세에 빠지며, 그 후 초등학교 4~5학년 무렵에 어금니가 빠지게 됩니다. 그렇다면 앞니는 5~6년, 어금니는 10년 이상 가는 셈이지요. 그때까지 유치가 건강해야 음식을 씹거나 외관상 보기에도 좋고, 건강한 영구치가 납니다.

Q 치아발육기의 종류가 너무 많아서 어떤 것을 골라야 할지 고민돼요. 치아발육기의 종류와 특징에 관해 설명해주세요.

치아발육기는 이가 나느라 잇몸이 근질근질할 때 사용하면 효과를 볼 수 있습니다. 아이가 잇몸 가려움 때문에 보채거나 손가락을 빨 때 치아발육기를 사용하면 도움이 되죠. 일반적으로 치아발육기는 생후 3개월부터 사용합니다. 최근에는 유치가 나는 단계나 디자인, 소재 등에 따라 다양한 치아발육기가 등장해 어떤 것을 선택해야 할지 고르기가 쉽지 않은데요. 그중 라텍스로 만든 부드러운 치아발육기는 이가 막 나오기 시작할 때 물리면 통증이나 가려움을 줄이는 데 도움이 됩니다. 플라스틱이나 고무 튜브 안에 액체가 들어 있는 치아발육기는 아이의 잇몸이 부었을 때 효과적이라 냉장 보관했다가 차가운 상태에서 물리면 잇몸을 진정시키고 통증도 줄일 수 있습니다. 플라스틱이나 나무 재질의 딱딱한 치아발육기는 유치가 완전히 난 후에 사용하는 게 좋아요. 항균성과 무독성 등 제품의 안전성도 따져본 뒤 선택합니다. 사용하면서 수시로 씻고 소독해요.

'충치 치료'에 관해 더 알고 싶어요

Q 충치가 생긴 건 어떻게 알 수 있나요?

아이의 치아 상태를 수시로 확인해보는 수밖에 없습니다. 벌어져 있던 이 사이의 간격이 촘촘해지면 치아 사이에 음식이 끼기 때문에 충치가 잘 생길 수밖에 없습니다. 한눈에 봐도 충치가 생긴 것을 알 정도라면 이미 진행이 많이 되어 치료가 어려워집니다. 아이 치아의 개수가 하나둘 늘어가면 수시로 아이 입안을 자세히 들여다볼 필요가 있어요. 충치가 진행되고 있으면 치아 표면이 거칠거칠하고 윤기가 없으며 색도 누렇게 변해가고 있을 겁니다. 자세히 보면 아주 작게 하얗거나 까만 점이 보이기 때문에 아이 치아를 자주 확인하는 게 좋은 방법입니다.

Q 아이가 단것을 많이 먹지 않는 편인데도 충치가 잘 생겨요. 충치가 생기는 원인은 무엇인가요?

먹는 것과는 무관하게 충치가 잘 생길 수 있습니다. 충치는 세균에 의해 발생하는 전염성 질환입니다. 단것을 먹지 않아도 음식을 오랫동안 물고 다니면 충치가 잘 생깁니다. 밥을 오래 씹으면 입안의 효소작용으로 탄수화물이 분해되어 단맛이 나는데, 밥을 오래 입안에 머금고 있으면 결국 설탕을 오래 물고 있는 것과 같습니다. 이외에도 체질적으로 침이 적게 나오는 아이, 치아가 울퉁불퉁하고 오밀조밀하게 자리 잡고 있어서 음식물 찌꺼기가 끼기 쉬운 아이의 경우 역시 충치균이나 먹는 것과 무관하게 충치가 잘 생기지요. 충치균은 가장 가까운 사람에게 옮아서 생기기 쉬우므로 가족들의 구강 건강 상태 역시 아이의 치아 건강에 영향을 줄 수 있습니다.

Q 모유 수유 중인 아이의 앞니가 옅은 갈색을 띱니다. 충치인가요?

위 앞니 부분의 우식증으로 보입니다. 입안의 세균이 당분을 이용해 산을 만들고 산에 의해 치아의 석회 성분이 녹아버리는 과정에서 치아의 상한 표면이 흰색 반점에서 점차 갈색으로 변합니다. 모유 수유뿐만 아니라 젖병으로 수유하는 아이에게도 흔히 관찰되는 앞니 부분의 우식증(충치)입니다. 모유나 분유, 우유에 포함된 젖당이 세균에게는 훌륭한 당분 공급원이 되므로 아이가 젖(또는 젖병)을 입에 문 채로 잠이 든다면 충치가 생기기에 아주 좋은 환경이지요. 당분이 든 음료를 입에 문 채 잠들지 않게 하고 꼭 젖병을 물어야 잠이 든다면 우유 대신 보리차 등 물 종류로 대신할 것을 권합니다.

Q 아이가 음식을 잘 씹지 않고 입안에 물고 있어요. 이가 썩는 데 영향을 끼칠까요?

치아의 바깥면에서 충치가 발생할 가능성이 큽니다. 젖을 빨아 삼킬 때는 얼굴의 표정을 만드는 근육을 주로 사용하는 데 반해, 씹어서 삼키는 근육은 저작근이라는 씹는 근육을 사용합니다. 음식을 열심히 씹으면 저절로 삼켜지는데, 물고만 있다면 아직도 음식을 삼키는 방법이 젖을 먹을 때와 비슷하다는 말이 됩니다. 당연히 소화도 잘되지 않고 체중도 늘지 않지요. 이런 습관을 지닌 아이들은 특징적으로 치아의 바깥면에서 충치가 생깁니다.

Q 충치 치료가 필요한데 치과를 너무 무서워해요. 진정치료를 하는 것이 좋을까요?

진정치료는 치과 치료를 할 때 주로 협조를 기대할 수 없는 2~3세 어린아이를 대상으로 합니다. 치과에 심한 공포감이 있다면 스트레스를 받아 계속 긴장하게 됩니다. 적절한 협조가 이뤄지지 않아 진료하기가 힘들어요. 이런 경우 진정치료를 사용합니다. 진정제와 웃음가스를 사용해 아이를 졸리게 한 후 치과 치료를 합니다. 그렇다고 무조건 진정치료를 하는 것은 아니에요. 대화가 가능한 아이라면 조금 무서워한다고 해도 진정치료를 하지는 않습니다. 40개월 미만의 유아나 겁이 많아서 행동조절이 어려운 경우, 치료할 치아가 많은 경우, 치과에 대해 좋지 않은 기억으로 불안과 공포가 있는 경우, 선택적으로 사용하는 방법이지요. 진정치료는 경험 많은 소아치과 의사에게 진료받고, 주의사항을 잘 지킨다면 안전합니다.

Q 충치가 있는 것 같은데 특별히 아파하지는 않아요. 치료를 언제까지 늦출 수 있을까요?

한시라도 빨리 치료를 받아야 합니다. 충치가 진행되는 속도는 세균이 얼마나 산을 만들어서 치아 우식을 계속 진행할 수 있는지에 달려 있습니다. 충치가 일정 단계를 지났다면 충치균은 더욱더 깊어질 수 있고 신경까지 썩는 단계로 진행되지요. 간단히 끝날 수 있는 치료가 신경 치료나 발치를 해야 하는 일로 커질 수 있어요. 치과 치료는 늦출수록 손해입니다.

Q 치아에 불소 도포를 하면 충치 예방에 도움이 된다고 하는데 어린아이도 가능한가요?

불소는 여러모로 치아 건강에 도움이 됩니다. 불소 도포는 치아를 단단하게 해주고 산에 대한 저항성을 높여주는 역할을 합니다. 딱히 연령 제한은 없습니다. 돌이 갓 지난 아이도 불소로 충치를 예방하는 경우가 있어요. 하지만 일단 치아가 있어야 한다는 전제는 붙습니다. 또 지나친 양의 불소를 섭취하지 않도록 연령에 따라 도포 방법이 다릅니다. 나이가 어릴수록 치아 하나하나에 매니큐어처럼 발라주는데, 불소 사용 시기나 횟수는 치과 의사의 진단에 따라 진행합니다.

'양치 및 치아 관리'에 관해 더 알고 싶어요

Q 이갈이가 심한 아이, 치아가 미워질까 봐 걱정이에요. 이를 갈 때 치료는 어떻게 하나요?

아직 어린데 이갈이를 하면 부모는 덜컥 겁부터 납니다. 성장에 나쁜 영향을 끼치는 것은 아닌지, 치아에 문제가 생기는 건 아닌지 걱정이 됩니다. 유아의 이갈이는 대개는 그냥 두면 좋아집니다. 이를 가는 나이는 앞니가 다 나온 시기인 생후 10개월 정도에 흔히 시작됩니다. 얕은 잠을 자는 렘 수면 상태에서 나타나는 증상인데, 원인은 여러 가지가 있지만 정확히 밝힐 수 없는 경우가 대부분입니

치과 질환

다. 윗니와 아랫니의 맞물림에 이상이 있는 부정교합이 있는 경우나 불안과 스트레스가 많아지면 발생할 수 있다고도 합니다. 심하지 않으면 자연스럽게 사라지지만, 계속될 경우 치열, 턱 근육 등의 상태를 살펴봐야 해요. 이를 갈면 치아가 마모되기 때문에 '마우스가드'라는 교정 장치를 끼운 상태에서 잠들게 하는 것도 도움이 되는데요. 특히 아이들은 정서적 불안감을 떨쳐주는 게 중요하므로 잠들기 전에 책을 읽어주는 등 편안하게 잘 수 있게 하는 것이 중요합니다.

ⓠ 새콤달콤한 맛이 나는 어린이 치약, 계속 사용해도 괜찮나요?

어린이 치약에 포함된 감미제는 실제 양치질에 기여하는 효과가 없는 만큼 사용을 줄이는 것이 좋습니다. 어린이 치약의 경우 어른 치약보다 연마제, 세정제, 불소의 양은 낮추고 대신 새콤달콤한 맛을 내는 감미제를 첨가하는 경우가 많습니다. 어린이 치약에 포함된 감미제는 실제 양치질에 기여하지는 않습니다. 그 양이 미미해 염려할 수준은 아니지만 최근 들어 계면활성제나 방부제 등이 문제가 된다는 보고가 나오는 등 우려의 목소리가 커지는 것 또한 사실입니다. 또 아이들이 새콤달콤한 치약 맛이 좋아 치약을 뱉지 않고 삼키는 경우도 있어 자칫 먹지 말아야 할 성분까지 먹게 되는 위험성도 있지요. 아이들이 양치질에 거부감이 없다면 굳이 감미제가 든 치약을 선택할 필요는 없습니다. 대신 화학성분이 아닌 감미제가 없는 천연성분으로 제조된 어린이 치약을 고려하는 것이 좋습니다.

ⓠ 아이도 치실을 사용해 관리하라는데, 아이 치아는 간격이 너무 넓어서 치실이 별 소용없어 보여요. 그래도 꾸준히 사용해야 하나요?

이왕이면 꾸준히 사용하는 게 좋습니다. 유치는 치아 사이에 공간이 있는 게 정상이에요. 하지만 공간의 넓이는 아이에 따라 조금씩 다른데요. 어느 정도 공간이 있다면 치실보다는 치간 칫솔을 사용하는 게 충치 예방에 훨씬 도움이 되고, 만약 공간이 별로 없다면 치실을 사용하는 게 좋습니다. 특히 유치는 충치가 잘 생기고 진행 속도가 빨라 치아 사이에 치실이나 치간 칫솔을 사용하는 것이 매우 중요해요. 아이들이 치실이나 치간 칫솔을 사용하는 데 거부감을 보인다면,

엄마가 직접 사용하는 모습을 보여주고 엄마를 따라 치실을 쓸 수 있도록 도와
주세요.

Q 칫솔은 어떻게 보관하면 안전할까요?

대부분 칫솔 보관을 소홀히 하는 경우가 많습니다. 매일 사용하는 칫솔을 잘못
보관하면 오히려 세균이 번식하여 치주 질환을 유발하는 등 건강에 악영향을 미
칠 수 있어요. 칫솔은 습기가 적고 바람이 잘 통하는 곳에 보관합니다. 칫솔을 사
용한 후에는 치약이나 음식물이 남지 않도록 흐르는 물에 깨끗이 헹굽니다. 칫
솔은 3개월에 한 번 정도 교체해서 쓰는 것이 바람직해요. 교체 시기가 되지 않
았더라도 칫솔모가 망가졌을 때는 잇몸에 손상이 갈 수 있으므로 새것으로 바꿔
사용하세요.

Q 건강한 치아 관리에 도움이 되는 식습관에는 어떤 것이 있을까요?

섬유질이 풍부한 음식을 섭취하고, 어떤 음식이든 꼭꼭 씹어 먹는 습관이 중요합
니다. 신선한 채소나 과일은 섬유질이 풍부해서 치아 건강에 좋습니다. 특히 고
구마나 오이, 사과, 당근 등을 아이들이 먹기 좋게 잘라주면 치아발육기 대용으
로도 좋고 씹는 훈련까지 할 수 있어 효과적이지요. 어금니가 올라오기 시작하
면 어금니로 꼭꼭 씹어 삼키는 습관도 길러줍니다. 또한 오랫동안 입안에 음식
을 물고 우물거리며 다니지 않게 합니다. 껌을 씹을 수 있는 나이라면 칫솔질 후
자일리톨 껌을 씹는 것도 좋습니다. 충치 세균은 자일리톨 성분을 만나면 산을
만들어내지 못하기 때문에 충치 예방에 도움이 됩니다.

'치아 교정'에 관해 더 알고 싶어요

Q 새로 나온 영구치가 삐뚤게 나고 있어서 걱정이에요. 아이의 치아 교정은 보통 몇 살 때 하면 좋은가요?

치아 교정을 하는 데 정해진 나이는 없습니다. 여러 원인으로 다양한 형태의 부정교합이 생기기 때문에 적절한 시기와 방법으로 교정해야 합니다. 아이들의 치아 발달 상태에 따라 교정이 적절한 시기는 다 다르지만, 일반적으로는 11~13세가 적당합니다. 이때는 유치가 거의 영구치로 교환될 시기이기 때문에 성장하면서 교정을 통해 치아의 방향을 올바르게 잡을 수 있거든요. 반면 나쁜 습관으로 변형이 생겼을 때는 더 어릴 때 교정을 해주는 것이 좋습니다. 아이들이 커가면서 나타나는 습관에는 손가락 빨기, 혀 내밀기, 아랫입술 빨기, 턱 내밀기 등이 있는데 이런 습관은 성장하면서 일시적으로 나타났다가 사라지는 경우가 대부분이지만 1년 이상 계속된다면 치아가 튀어나오거나 벌어지는 일이 생깁니다. 이때는 이런 습관을 없애주는 교정 장치만 사용해도 치아 상태가 개선됩니다. 하지만 그냥 넘어간다면 나중에는 뼈가 굳어 습관이 없어져도 튀어나온 치아는 그대로 남아 치료에 어려움을 겪을 수가 있어요.

Q 치아 사이가 벌어져 있어요. 유치가 빠지고 영구치가 날 때도 벌어진 채 나는 건가요?

아이들 유치는 원래 치아가 사이사이 벌어져서 나는 것이 정상입니다. 아이들의 치아는 오히려 촘촘히 나면 영구치가 나는 공간이 부족할 수 있어요. 영구치 앞니도 처음 날 때는 약간 벌어져서 나는 것이 정상입니다. 치아가 더 나오면서 닫히지요. 그 후에도 벌어진다면 그때는 적절한 치료가 필요합니다. 유치열에는 약간의 공간이 있는 것이 정상이고, 특히 앞니는 영구치열로 교환되는 시기에 틈이 더 벌어지기도 합니다. 이것 역시 영구치가 잘 나오도록 도와주는 공간이므로 서둘러 걱정할 필요는 없습니다.

Q 아이가 손가락을 빠는데, 앞 윗니 치아가 옆으로 반듯하지 않고 입 안쪽으로 모였어요. 손가락을 빨아서 치아 모양이 변한 건가요?

손가락을 심하게 빨면 치열이 변합니다. 손가락을 빠는 습관은 가능한 한 빨리 고치구는 게 좋아요. 늦어도 세 돌이 넘어가는 시점이 되면 멈추게 하는 것이 좋습니다. 물론 말처럼 쉬운 일은 아니지요. 그렇다고 아이에게 완력을 이용하거나 너무 지나치게 강압적인 방법으로 습관을 고치려 하다 보면 오히려 부작용이 생길 수 있어요. 아이가 손가락 빠는 데 죄책감을 느끼지 않게 합니다. 충분히 대화로도 고칠 수 있으므로 여유를 가지고 고쳐보세요.

Q 치아 교정을 하더라도 빨리 끝낼 수 있는 것으로 하고 싶어요. 어떤 치아 교정법이 가장 빠를까요?

아쉽게도 빠른 치아 교정법은 없습니다. 치아 교정기를 낀 채 장기간 생활하는 것은 여간 불편한 일이 아니지요. 하지만 치아 교정 기간을 어느 정도는 단축할 수 있지만 그 기간은 미미한 편이고, 또 교정 기간이 짧다고 무조건 좋은 것은 아니에요. 치아 교정의 정확한 기간은 치아가 움직이면서 생긴 공간에 뼈가 차오르는 기간과 환자가 느끼는 통증의 크기, 치아와 잇몸뼈에 무리를 주는지 등을 종합적으로 판단해 결정하므로 치아 상태에 맞게 적절한 기간을 잡는 것이 바람직합니다.

Q 12개월 아이가 앞니로 씹는 버릇이 있어 아래턱을 자꾸 내미는데, 혹시 부정교합은 아닌가요?

아직 턱의 구조가 완전히 자리 잡은 상태가 아니므로 좀 더 두고 볼 필요가 있어요. 부정교합이란 치아의 배열이나 턱의 위치가 정상적이지 못한 것을 말합니다. 즉 치아가 틀어지거나 겹쳐지고, 사이가 벌어지는 경우는 치열이 좋지 못한 부정교합이고, 위턱이 앞으로 돌출되었거나 반대로 아래턱이 앞으로 돌출되는 경우 또는 위아래 턱이 모두 돌출된 경우는 턱에 문제가 있는 부정교합이지요. 아래턱을 앞으로 내미는 형태의 부정교합을 반대교합이라고 하는데, 골격성인지 기능성인지에 따라 치료 시기가 달라집니다. 단순히 기능적으로 턱을 내밀 때는 시간이 지나면 저절로 해결되거나 집에서 손으로 위 앞니를 내밀어주면 해결되기도 하지만 골격성일 때는 적절한 치료가 필요합니다. 어금니가 나온 후에도 턱의 상태가 계속되면 치과 의사의 치료를 받아볼 필요가 있어요.

Q 아이의 교정 치료를 위해 몇 군데 병원을 돌며 치료 상담을 받아보았습니다. 그런데 왜 치과 의사마다 권하는 치료법이 다를까요?

같은 증상을 보더라도 치과 의사마다 생각하는 치료 계획이 다를 수 있습니다. 치아 교정은 치과 의사의 판단에 따라 치료 계획과 결과가 상당한 차이를 보이게 마련이에요. 어떤 교정법을 선택하느냐에 따라 결과가 달라질 수 있는 만큼 신중하게 결정해야 합니다. 아이의 상황이나 기질, 발육 정도에 따라 선택하지만, 무엇보다 중요한 것은 치과 의사와 충분한 상담을 통해 합리적인 치료법을 선택하는 것입니다.

10

안과 질환

각막염

검은 눈동자를 덮고 있는 각막 위에 염증이 생겼어요.

체크 포인트

☑ 최근 대기환경 변화와 스마트폰 노출 등 눈에 가해지는 외부 자극이 강해져 아이들의 각막염 발병률이 높아진 추세예요.

☑ 자외선이 강한 날 외출할 때는 하늘을 올려다보는 것을 피하고 선글라스나 모자를 꼭 착용합니다.

☑ 눈이 불편하다고 해서 의사의 처방 없이 식염수나 안약을 함부로 넣지 않습니다.

각막 위에 염증이 생겼어요

각막이란 안구에서 가장 앞부분에 있는 검은 동자를 말합니다. 검게 보여 흔히 '검은 동자'라고 부르지만, 각막은 실제로 눈 안에 빛이 없어 검게 보일 뿐 가장 투명한 인체 조직 중 하나예요. 각막염이란 이런 각막에 생긴 염증을 말하는데요. 각막은 해부학적으로 외부에 노출되어 있어서 외상이나 다른 병원균의 침입에 취약합니다. 그동안 각막염은 렌즈를 착용하거나 진한 눈 화장을 즐겨 하는 성인에게서 주로 발생하는 질병쯤으로 여겨졌습니다. 하지만 최근 각막염은 황사나 대기오염 등 외부 환경의 변화에다 스마트폰, 텔레비전 등 눈에 가해지는 외부 자극이 강렬해지면서 아이들이 각막염에 걸리는 경우가 늘어났어요. 문제는 각막염에 걸리면 각막궤양이 생길 수 있고, 증상이 심해지면 가막이 뚫리는 가막 천공까지 생길 수 있다는 거예요. 각막에 생긴 염증은 치유되더라도 그 자리에 흉터가 남아 자칫 시력 장애로까지 이어질 수 있어요. 그러나 각막염에 의한 시력 장애는 대부분 예방과 치료를 할 수 있어요.

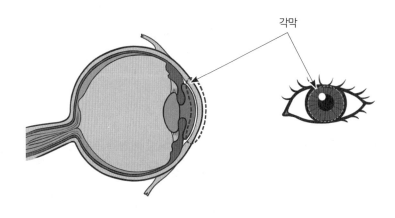

▲ 각막의 해부학적 구조

 ## 각막염은 왜 생기나요?

각막염은 각막이 손상됐거나 부종 때문에 여러 염증 세포들이 모여 염증 반응을 일으킨 상태를 말해요. 각막염이 생기는 원인은 크게 감염성과 비감염성으로 나눌 수 있어요.

• **감염성 요인** 세균이나 바이러스, 곰팡이균 등 여러 병원균에 의해 발병하는 감염성 각막염은 눈에 상처가 나거나 눈 주변 위생이 불량할 때 생겨요. 특히 바이러스에 의한 헤르페스 각막염은 주의해야 해요. 입 주위에 물집이 생기는 헤르페스 질환이 눈

안과 질환

922

에 생기는 것을 말하는데, 너무 피곤하거나 스트레스를 많이 받았을 때 생겨요. 면역력이 떨어진 사람에게 바이러스가 작용해 질병을 일으키므로 건강한 사람에게는 전염성이 없습니다. 헤르페스 각막염이 생기면 눈의 자극감, 눈부심 및 눈물 흘림 같은 증상이 나타나며, 이런 증상이 각막 중심에 나타나면 시력 장애가 올 수도 있어 주의해야 해요.

· 비감염성 요인　각막이 외부 공기에 계속 노출됐을 때 생기는 노출성 각막염, 약제로 인한 독성 각막염, 각막 신경 손상에 의한 신경영양각막염, 콘택트렌즈에 의한 장애나 외상 등이 있습니다. 시력 감소와 통증, 충혈, 눈물 흘림, 눈부심, 눈물 증가, 이물감 같은 증상이 나타나지요. 감염성 요인과 비슷하게 염증이 심한 경우 각막 전체가 파괴되기도 해 증상이 나타난 즉시 신속하게 치료해야 합니다.

 각막염 치료, 어떻게 하나요?

햇빛 속 자외선도 조심해야 해요!

눈이 오랜 시간 직사광선에 노출되면 각막 상피가 손상을 입고 염증이 생겨 각막염으로 진행됩니다. 보통 결막이 충혈되고 뿌옇게 보이며 눈이 붓고 눈물과 통증이 나타나요. 증상이 나타난다고 해도 1~3일 지나면 괜찮아지는 게 대부분이라 처음부터 걱정할 필요는 없어요. 차가운 찜질이나 항생제 안약을 처방받아 넣어주면 증상 완화에 도움이 됩니다. 또 가능한 한 아이가 눈을 감고 충분히 안정을 취할 수 있게 해주세요. 자외선에 의한 각막 손상을 예방하기 위해서는 햇빛이 강한 날, 하늘을 올려다보는 것을 피하고 선글라스나 모자를 꼭 쓰고 외출해 자외선을 차단해줍니다.

함부로 안약을 넣지 마세요

단순포진 바이러스에 의한 감염성 각막염일 경우 항바이러스 안약과 먹는 약을 함께 처방합니다. 2차 세균 감염을 예방하기 위해 항생제 안약을 처방하기도 해요. 항바이러스제는 임의로 중단하면 질환이 더 심해지므로 반드시 안과 의사의 진료하에 점진적으로 줄여가야 합니다. 반면 비감염성 각막염은 그 원인에 따라 치료 방법이 달라요. 각막염 증상이 있음에도 불구하고 병원에 가는 것을 미루거나 임의로 안약을 사용하면 오히려 병을 악화시키고 치료가 어려워져요. 반드시 안과를 방문해 정확한 진단을 받은 후 치료해야 합니다. 반면 병원성이 높은 균에 감염되어 각막이 심하게 손상되었다면 적절한 약물을 처방해도 치료가 어려워요. 또 치료하더라도 각막이 투명성을 잃고 하얗게 되거나 일부가 뿌옇게 되는(각막 반흔이나 혼탁) 후유증이 남아 영구적인 시력 감소를 초래할 수 있어 주의해야 합니다.

 Dr. B의 우선순위 처치법

1. 각막염은 주로 시력 감소와 통증, 충혈, 자극감, 눈부심, 눈물 흘림 같은 증상을 보입니다. 그러나 아이의 경우 다양한 증상을 호소할 수 있으니 이상 증상을 발견하면 의사의 진찰을 받는 것이 좋습니다.
2. 아이의 손을 항상 깨끗하게 하고 눈을 비비지 않게 해주세요.
3. 눈의 피로를 줄이기 위해 스마트폰 사용을 줄이고 충분히 휴식할 수 있게 해주세요.
4. 외출할 때 선글라스나 모자를 써서 자외선 노출을 줄여주세요.
5. 통증이나 충혈 같은 증상이 있을 때 5분 정도 차가운 찜질을 해주면 도움이 돼요. 찜질할 때는 깨끗한 물건을 사용하세요.

안과 질환

각막염, 이런 점에 주의하세요!

1 눈이 불편하다고 의사의 처방 없이 아무 안약이나 함부로 넣어서는 안 돼요.

2 아이가 눈의 통증과 눈부심을 호소하고, 평소와 다르게 눈이 충혈되어 보일 경우, 또 갑자기 시력 감퇴를 보이면 서둘러 안과 의사의 진찰을 받습니다.

3 헤르페스 안과 질환은 치료되더라도 완치는 없으며, 면역력이 저하될 때 재발할 수 있으므로 항상 조심해야 합니다. 충분한 수면, 영양 섭취, 휴식을 통해 컨디션 조절을 해주는 게 좋습니다.

4 헤르페스 각막염은 치료를 늦게 시작하면 시력 저하 같은 후유증이 생기기 쉬우므로 눈이 조금만 이상하게 느껴져도 재빨리 안과를 방문해 이상 유무를 확인합니다.

안과 질환

결막염

눈이 충혈되고 눈곱이 생겨요.

안과 질환

체크 포인트

☑ 결막염은 전염성이 높아요. 주위 사람에게 옮기지 않도록 발병 후 2주 동안은 세심한 주의가 필요합니다.

☑ 감기 증상과 함께 눈곱이 끼는 경우가 종종 발생해요. 고열과 함께 인두통을 동반하는데, 이럴 땐 감기와 함께 결막염도 치료해야 합니다.

☑ 안약을 넣어주어도 곧바로 좋아지지는 않아요. 일단 결막염에 걸렸다면 몸이 덜 피곤하도록 컨디션을 잘 관리해야 합니다.

☑ 바이러스·세균 결막염은 금방 전염되므로 유행하는 시기에는 철저하게 청결을 유지하세요.

눈이 충혈되고 눈곱이 껴요

결막은 눈꺼풀의 안쪽과 안구의 흰 부분을 덮고 있는 얇고 투명한 점막입니다. 눈알의 흰자위를 덮고 있는 부분은 투명하게 보이지만, 눈꺼풀을 덮고 있는 부분은 혈관 때문에 붉게 보여요. 바로 이 결막 부분에 염증이 생기는 것을 '결막염'이라 합니다.

결막염은 한쪽 눈에만 발생하거나, 양쪽 눈에 차례로 또는 동시에 발생하기도 해요. 결막염에 걸리면 눈이 빨갛게 충혈되기 때문에 '적안(赤眼)'이라고도 부릅니다. 결막염에 걸렸을 때 충혈되는 것은 결막이 자극을 받아 부으면서 혈관이 확장되기 때문이에요. 아이가 결막염에 걸리면 매우 가렵고 아플 수 있지만, 심각한 상태까지 이르진 않습니다. 시력에 직접적인 영향을 미치지는 않지만, 눈물이나 충혈, 염증 등 눈 건강을 해치는 증상이 계속되면 합병증이 발생할 수 있어요.

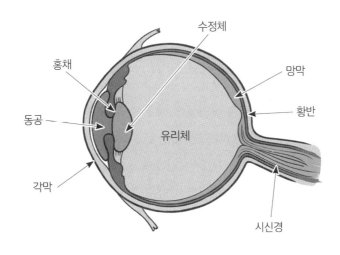

▲ 눈의 구조

바이러스, 세균, 알레르기 등에 의해 발생합니다

결막염은 흰자위의 충혈을 동반하는 염증을 폭넓게 가리키는 명칭이에요. 바이러스에 의한 유행 결막염뿐 아니라 알레르기결막염, 세균 결막염 등을 모두 포함합니다. 그중에서도 바이러스·세균 결막염은 감염되지만 알레르기결막염은 전염되거나 감염되지 않아요. 바이러스 결막염은 말 그대로 바이러스에 의해 생기는 염증으로, 결막이 빨갛게 충혈되고 통증, 눈물 흘림, 이물감, 눈부심, 심한 눈곱, 림프절 비대 같은 증상이 나타나요. 간혹 전염성이 빨라 '유행 결막염'이라고도 불러요. 결막염을 일으키는 대표적인 바이러스는 아데노 바이러스와 엔테로 바이러스입니다. 우리가 보통 '아폴로눈병'이라고 부르는 것이 바로 엔테로 바이러스에 의한 결막염이에요. 이 두 가지 바이러스 모두 특별한 치료법은 없고 1~3주가 지나면 자연히 낫습니다. 세균 결막염은 눈꺼풀 안쪽 면의 결막에 자갈 모양의 융기가 생기는 유두 결막염과 농성 분비물이 생기는 것이 특징이에요. 세균에 의한 염증이므로 균 종류에 맞는 적절한 항생제가 필요해요. 반면 알레르기결막염은 미세먼지를 비롯한 대기의 오염물질이나 집 먼지진드기, 꽃가루 등이 원인이 되어 발생합니다. 계절 요인으로 알레르기결막염이 생기기도 하지만 때에 따라 1년 내내 증상이 나타나기도 해요.

비슷한 듯 다른 눈병

여름철에 자주 유행하는 결막염은 전염성이 매우 강한 바이러스성 결막염인 '유행 결막염'과 일명 '아폴로눈병'이라 불리는 '급성 출혈결막염'이 대표적이에요. 흔히 눈병 하면 아폴로눈병을 많이 떠올리지만 유행 결막염과 아폴로눈병은 서로 엄연히 다른 병입니다. 눈곱이 많이 생기거나 이물감, 가려움, 눈부심과 같은 증상은 비슷하지만 전염 속도와 통증에서 조금 차이가 있어요.

유행 결막염

• **아데노 바이러스에 의해 생겨요**   유행 결막염에 걸리면 증상이 심할 뿐 아니라 전염성이 아주 강해 유행 시기에 조심해야 합니다. 갑자기 눈이 붉어지고 눈물이 많이 나

 닥터's advice

❓ **결막염 vs. 각결막염, 어떻게 다른가요?**
바이러스가 결막에만 침투해 염증을 일으키면 '결막염', 각막과 결막에 동시에 침투하면 '각결막염'이라 합니다. 결막염은 2~3주가 지나면 자연스럽게 회복되는 데 비해 각결막염의 경우엔 전염성도 훨씬 높고, 치료 기간도 긴 편입니다. 자칫 시력 손상의 위험도 있어 좀 더 주의를 기울여야해요.

며, 눈꺼풀 속에 모래가 들어간 것처럼 가렵고 불편해요. 그래서 눈을 비비게 되고 따끔거려 눈알이 빠지는 듯한 통증을 느낍니다. 더불어 귀 뒤쪽 림프절이 부어오르거나 압박을 가하는 통증도 생기며, 오한이나 미열, 근육통과 같은 감기 증상을 보이기도 합니다. 심한 경우엔 결막 표면에 가성막이라고 하는 노란색 막이 생기거나 각막염이 나타나기도 하지요. 남녀노소 가리지 않고 누구에게나 발생하지만, 정도의 차이는 있어요. 어른의 경우 눈에만 증상이 나타나는데, 어린아이는 열·인후통·설사 등 전신 증상까지 같이 올 때가 많아요. 염증은 양쪽 혹은 한쪽에만도 생기며, 양쪽 눈 모두에 일어나는 경우는 먼저 생긴 쪽의 증상이 더 심해지는 것이 특징입니다.

• 전염력도 강하고 증상도 오래갑니다　유행 결막염은 항생제 안약을 투여한다고 해도 초기 7~10일은 증상이 점점 심해지기 때문에 좋아지기까지 천천히 기다려야 합니다. 또한 회복되는 동안 가려워서 눈을 비비거나 문지르는 행동은 반드시 피해야 해요. 유행 결막염은 손의 접촉으로 인해 다른 사람에게 쉽게 옮겨지므로 되도록 사람이 많은 수영장이나 목욕탕 등에는 가지 않아야 합니다. 또 결막염은 수건으로도 쉽게 전염되므로 가족 중 감염된 사람이 있다면 수건 역시 따로 사용해야 합니다.

급성 출혈결막염(아폴로눈병)

• 유행 결막염보다 급성으로 진행됩니다　급성 출혈결막염은 엔테로 바이러스에 의해 일어나며, 잠복기가 1일 정도로 짧은 편에 속합니다. 유행 결막염에 비해 각막에 염증이 생길 염려도 적고, 일주일 안에 좋아져 한결 수월하다고 볼 수 있어요. 각막염까지 동반하지 않는 만큼 눈부심이나 시력 저하 같은 합병증 우려도 덜합니다. 하지만 이름에 '급성'이란 말이 들어가 있듯 전염력이 있는 기간이 4~7일로 짧지만, 잠복기 동안에는 아주 빠른 속도로 전염됩니다. 아이가 아폴로눈병에 걸린 친구와 놀았다면 빠르게는 8시간 만에 증상이 나타날 정도로 전염력이 막강해요.

• 갑자기 증상이 심해지다가 일주일 지나면 금세 회복돼요　갑자기 눈이 발갛게 변하면서 눈곱이 끼고 눈 흰자위에 출혈이 생깁니다. 또 눈물이 나고 눈꺼풀이 붓고 통증이

생기거나 눈앞이 흐려지며 때에 따라 온몸의 통증을 호소하기도 해요. 충혈과 분비물이 함께 나오는 증상이 유행 결막염과 비슷하지만, 그보다 급성으로 진행되고 흰자위의 출혈이 더 심한 것이 특징입니다. 급성 출혈결막염은 유행 결막염과 달리 경과가 빠르므로 항생제와 소염제를 사용하면서 충분히 쉬면 큰 합병증 없이 회복됩니다.

알레르기결막염

초기 증상이 매우 비슷해 눈병으로 진단했는데 알레르기결막염인 경우도 있고, 반대인 경우도 있습니다. 그만큼 초기에는 눈병인지 알레르기결막염인지 헷갈리는데요. 알레르기결막염과 일반적인 눈병의 차이는 무엇일까요?

• 알레르기결막염은 계절이나 환경 변화로 일어납니다 알레르기결막염은 계절, 환경 변화에 따른 알레르기 유발 항원(혹은 알레르겐, 즉 먼지·꽃가루·집먼지진드기·동물의 털 등)에 노출되어 결막에 있는 면역세포들이 반응해 일어나요. 가족 중 알레르기 질환이 있는 사람이 있거나, 아이가 기관지 천식·알레르기비염·아토피피부염 등 다른 알레르기 질환이 있다면 알레르기결막염에 더 잘 걸립니다. 고양이와 같은 동물을 만진 직후 눈이 붓거나 빨갛게 되었다면 알레르기결막염일 가능성이 큽니다. 계절적으로 봄이나 가을, 환절기에 특히 심하고 재발하기도 쉽지요. 모든 알레르기 질환이 그렇듯 알레르기결막염은 치료보다 예방이 중요합니다.

• 심해지면 각막에 염증을 일으켜요 처음엔 눈 가장자리가 몹시 가려워요. 간혹 흰자위가 심하게 붓기도 하는데, 무엇보다 몹시 가려운 것이 특징이에요. 이물감이 느껴져 눈을 자꾸 비비거나 깜빡이게 되고 염증 역시 반복적으로 나타나지요. 염증이 생기면 양쪽 눈에 모두 나타날 때가 많습니다. 알레르기결막염이 의심되면 병원 진료가 필요하고, 필요하면 항히스타민 성분 등의 안약을 처방받아요. 알레르기결막염에는 하루에 두 번씩 눈 부위를 차가운 수건으로 냉찜질을 해주면 좋습니다.

세균 결막염

세균 결막염은 포도상구균이나 폐렴구균 같은 여러 세균에 의해 발생해요. 잠복기나 증상은 감염된 세균의 종류에 따라 다양하지만, 대체로 눈이 아프고 부으며 충혈되고, 노란 눈곱이 끼지요. 낮잠을 자거나 밤에 자고 일어난 후 눈을 뜨기 힘들 정도로 눈꺼풀에 고름이 생긴다면 세균에 의한 결막염을 의심해볼 수 있습니다. 단순히 흰자위가 빨갛거나 분홍색을 띠는 상태일 때 치료를 제대로 받으면 72시간 내에 노란색 분비물이 쉽게 없어지지만 눈이 빨갛게 되는 증상은 며칠 더 가기도 해요. 세균에 의한 염증이므로 균 종류에 맞는 적절한 항생제를 처방받아 사용해야 합니다. 병원 진료 후 아이 눈에 안약을 넣어줄 때는 젖은 면봉으로 눈가의 고름을 모두 닦아낸 후 넣어주세요.

 닥터's advice

❓ 신생아 때 잘 걸리는 눈병!

아이가 생후 1개월 미만이면 증상이 나타나자마자 바로 병원에 데려가 진찰을 받으세요. 신생아의 결막염은 클라미디아(비임균성 요도염)와 같은 심각한 질병에 걸렸다는 신호일 수 있습니다.

· **신생아 임질균 결막염** 산모의 질이 임질균에 감염된 사실을 모른 채 아이를 낳다가 신생아의 결막에 균이 옮겨져 생기며, 생후 3~4일 안에 발병합니다. 신생아가 임질균 결막염에 걸리면 먼저 짙고 탁한 고름이 많이 흘러나오고 눈이 몹시 붓습니다. 하지만 너무 겁먹을 필요는 없어요. 병원에서 태어나자마자 에리스로마이신 안약이나 테라마이신 안연고를 넣어 감염을 예방해줍니다.

· **신생아 클라미디아 결막염** 신생아 임질균 결막염과 마찬가지로 분만 중에 감염되기 쉬운 병입니다. 임신부의 산도에 있던 클라미디아 병원체에 감염되어 발생하지요. 아이가 태어난 지 5~10일 될 무렵 결막이 붓고 하얀 눈곱이 끼며 눈물이 나온다면 클라미디아 결막염일 가능성이 큽니다. 아기에게 클라미디아 결막염 증상이 보이면 병원에서는 항생제를 투여해 비교적 쉽게 치료합니다.

· **결막하 출혈** 흔하지는 않지만 갓 태어난 신생아의 흰자위 밑에 피가 맺히는 경우가 있습니다. 분만 중 머리가 산도에 눌릴 때 결막하의 모세혈관이 터져 출혈이 일어난 것인데요. 이런 출혈은 생후 2주 이내에 자연히 사라지므로 걱정하지 않아도 됩니다. 그러나 만약 2주가 지나도 계속 남아있다면 의사의 진료를 받는 것이 좋습니다.

인후결막염

아이가 감기에 걸렸는데 눈곱이 끼는 모습을 종종 볼 수 있습니다. 높은 열과 인두통도 같이 오는데, 이를 '인후결막염'이라고 합니다. 주로 아이들에게 생기며, 바이러스 감염으로 일어난 감기가 결막염을 유발하지요. 이런 급성 결막염과 인후염(목감기)이 같이 발생할 때는 림프샘이 붓고 열이 심하게 나는 게 특징입니다. 직접적인 신체 접촉 이외에도 콧물, 가래 등의 분비물을 통해 결막염이 전염될 수 있어 조심해야 해요. 드물게는 염소 소독한 수영장에서도 옮겨질 수 있어요. 한쪽 눈에만 발생하는 경우가 많고, 7~14일이 지나면 자연 치유되며 각막염을 유발하는 경우는 적습니다.

 ## 결막염 치료, 어떻게 하나요?

증상을 완화하는 것이 최선이에요

증상을 누그러지게 하고 합병증을 줄이는 것이 주된 치료입니다. 2차 세균 감염을 예방하기 위해 항생제를 사용하고, 각막 혼탁이나 결막에 하얀 막이 끼는 것을 치료하기 위해 소염제를 점안합니다. 증상이 심할 때는 냉·온찜질, 혈관수축제, 소염제 등이 도움이 됩니다.

닥터's advice

❓ 안약 올바로 넣는 법

안약을 넣기 전, 반드시 손을 깨끗이 씻어야 합니다. 안약을 넣을 때는 약병의 끝이 속눈썹에 닿으면 안 돼요. 균이 오염될 가능성이 있기 때문이죠. 아이에게 위를 보라고 한 다음 아래 눈꺼풀을 젖혀 안약을 떨어뜨려 넣어줍니다. 눈이 작거나 아이가 스스로 위를 볼 수 없는 경우라면 위아래 눈꺼풀을 모두 벌려 넣는 게 수월합니다. 또한 안약은 절대 다른 사람이 쓰던 것을 함께 사용해서는 안 된다는 것도 명심하세요.

안약을 넣는다고 곧바로 좋아지진 않아요

결막염은 초기에 치료해도 증상이 더욱 심해지다 2~3주가 지나야 낫습니다. 그래서 아이가 잘 이겨낼 수 있도록 피곤하지 않게 컨디션 관리를 잘해주는 게 무엇보다 중요하죠. 1~2주일 내로 결막염이 더욱 심해지거나 아이가 많이 불편해하면 병원에 데려가세요. 의사가 항생제가 포함된 안약을 처방해줍니다. 특히 아침에 일어났을 때 눈곱 때문에 눈을 뜰 수 없다면 자기 전에 항생제 안연고를 넣는 것이 좋아요. 또한 면 수건을 따뜻한 물에 적셔 눈에서 나온 분비물을 부드럽게 닦아내고, 면봉을 적셔 남은 눈곱을 제거해주세요. 하루에 두 번은 눈 부위를 깨끗이 닦아내는 것이 좋습니다.

치료보다 전염을 예방하는 것이 더욱 중요해요

결막염은 아주 쉽게 전염되기 때문에 주변 사람에게 옮기지 않는 게 중요합니다. 결막염 증상이 있는 아이의 생활용품(수건, 컵 등)은 따로 사용하고, 아이가 쓰는 물건은 가능한 한 끓이거나 삶아서 소독합니다. 결막염에 걸린 아이를 포함한 모든 가족은 눈을 만지지 말고, 만진 전후에는 반드시 흐르는 물에 손을 잘 씻어야 해요. 어린이집이나 유치원에 다니는 아이라면, 증상이 좋아질 때까지 집에서 쉬어야 합니다. 유행결막염이 유행하는 여름에는 수영장 물을 통해서도 쉽게 전염되니 수영장 출입을 삼가도록 하세요.

 알쏭달쏭! 눈병 궁금증

Q 눈병은 공기로도 전염되나요?

아닙니다. 눈병에 걸린 환자를 쳐다본다고 옮지는 않으며, 접촉에 의해서만 전염돼요.

Q 눈병이 나면 무조건 안약을 넣어야 낫나요?

아닙니다. 처방받은 안약이 눈병을 낫게 하는 건 아니에요. 단지 합병증을 막기 위해 넣는다고 생각하면 됩니다. 눈병은 감기와 같습니다. 푹 쉬고 안정을 취하는 것으로 충분해요.

Q 눈병이 난 것 같아 전에 사둔 안약을 넣어주었는데 괜찮을까요?

안약은 함부로 사용하면 큰일 납니다. 처방전 없이 약국에서 쉽게 구입할 수 있는 일반 안약은 눈의 충혈을 가라앉히거나 건조함을 예방하는 차원이 대부분이에요. 눈의 증상과 상관없이 함부로 사용했다가는 오히려 눈에 해가 되는 만큼 주의해야 합니다.

Q 눈병은 여름철에만 걸리나요?

아닙니다. 예전에는 주로 여름에 눈병이 많이 별병하긴 했어요. 하지만 최근엔 가을에도 유행하고, 손을 자주 씻지 않는 경향이 있는 겨울에도 유행하는 추세입니다.

Q 눈병이 다 나았어도 상대방에게 전염될 수 있나요?

맞습니다. 눈병이 다 나았다고 해도 잠복기를 통해 충분히 전염될 수 있어요. 주위에 눈병이 생긴 사람이 있으면 손을 깨끗이 씻고 되도록 눈을 만지지 않도록 조심해야 해요.

 Dr. B의 우선순위 처치법

1. 충분한 휴식을 취하게 해주세요.
2. 손을 자주 씻기고 눈에 손을 대지 않게 합니다.
3. 증상이 심하고 아이가 많이 불편해하면 의사의 처방을 받아 안약을 넣어주세요.
4. 바이러스 또는 세균 결막염의 경우 수건, 비누, 침구 등을 반드시 따로 써야 합니다.

아이가 결막염에 걸렸을 때 주의할 점

1 손을 자주 씻어요. 이때 반드시 비누칠을 철저히 한 다음 흐르는 물에 씻어야 예방 효과가 생깁니다. 또한 씻지 않은 손으로 절대 눈을 비비지 않아야 합니다.

2 눈병에 걸린 사람이 있다면 수건이나 컵 등 개인 물품을 함께 사용해서는 안 돼요.

3 의사의 진단 없이 임의대로 안약이나 식염수를 사용하는 것은 눈에 자극을 주어 증상을 악화시킬 수도 있는 만큼 삼갑니다.

4 보기 흉하다고 안대를 하는 경우가 있어요. 하지만 안대는 안구 주변의 온도를 높이고 산소 공급을 차단해 바이러스 증식이나 각막염을 악화시킬 수 있어 하지 않는 것이 좋습니다.

안과 질환

다래끼

눈이 빨갛게 되고 부어오르며 고름이 생겨요.

체크 포인트

☑ 눈꺼풀의 분비샘이 세균에 감염되거나 분비샘의 일종이 막히면서 생기기 쉬워요. 아이들은 비위생적인 행동을 할 때가 많아 성인보다 다래끼에 걸릴 위험이 더 커요.

☑ 다래끼는 청결하게 관리하고 시간을 갖고 지켜보면 대부분 사라집니다. 4~5일이 지나면 병원에서 굳이 치료하지 않아도 자연스레 곪아서 고름이 나오면서 좋아지죠. 하지만 아이가 너무 불편해하거나 증상이 심한 경우 병원에 가서 치료받는 게 낫습니다.

☑ 다래끼가 생겼을 땐 온찜질을 하면 도움이 됩니다. 깨끗한 수건을 따뜻한 물에 적셔 다래끼가 가라앉을 때까지 하루에 네 번, 10분씩 찜질해주세요.

아이 눈에 다래끼가 났어요

다래끼는 '눈 고름'이라고 부를 정도로 눈이 퉁퉁 붓고 심하면 눈꺼풀뿐만 아니라 얼굴 전체가 붓기도 합니다. 눈곱이 심하게 끼기도 해 눈을 감고 뜨기 어렵지요. 심지어 잠을 잘 때도 따끔거리고 아파서 한 번 다래끼가 생기면 아이도, 엄마도 고생합니다. 다래끼는 속눈썹 뿌리 부분에 있는 피지선에 염증이 생겨 고름이 차면서 곪는 질병이에요. 쉽게 말해 눈꺼풀에 염증이 생기는 상태를 말하죠. 아이들에게 다래끼가 자주 발생하는 것은 깨끗하지 않은 손으로 자주 눈을 비비는 습관 때문입니다. 눈썹에 염증을 일으키는 가장 흔한 원인균은 포도상구균인데, 이 균이 눈꺼풀 가장자리에 있는 피지샘과 땀샘에 염증을 일으켜요. 눈꺼풀은 인체 피부 중에서 가장 얇고 피하조직이 느슨해서 조금만 염증이 생겨도 쉽게 부어오르며, 눈을 자주 만지거나 면역력이 약해졌을 때도 감염되기 쉽습니다.

생긴 부위에 따라 증상이 달라요

눈꺼풀은 안구의 앞부분을 덮고 있는 위아래 두 장의 주름 있는 피부를 말하는데, 여러 부속 기관들로 이루어져 있어요. 이 중 대표적으로 눈물층의 성분을 분비하는 짜이스샘과 마이봄샘, 땀을 분비하는 몰샘 등이 있습니다. 마이봄샘에 생기면 '속다래끼', 짜이스샘에 생기면 '겉다래끼'라고 불러요. 반면 마이봄샘의 입구가 막혀 피지가 눈꺼풀 판과 주위 연부 조직으로 분비되면서 급성 염증 반응을 일으키는 비감염성 염증 질환은 '콩다래끼'라고 합니다. 콩다래끼는 마이봄샘의 입구가 막혀 피지가 제대

닥터's advice

❓ 다래끼 vs. 결막염, 어떻게 구분하죠?
눈곱이 심하고 눈이 붓는 증상은 결막염에 걸렸을 때도 나타납니다. 그런 만큼 이런 징후가 보였다고 무턱대고 다래끼로 단정 지어서는 안 돼요. 병원에서 정확히 진료를 받는 것이 좋습니다. 간혹 아토피피부염 때문에 눈 주위가 붉게 변해도 다래끼처럼 보이기도 해요. 다래끼와 연관이 있지만, 이들 증상은 다른 눈 감염증의 징후일 수도 있어요. 어떤 종류의 질환인지, 어떻게 최선의 치료를 할 것인지를 알아내기 위해서는 꼼꼼한 검진이 필요합니다.

로 배출되지 않아 발생해요. 겉다래끼는 초기에 발적과 가려운 느낌이 있다가 곧 붓고 통증이 생깁니다. 속다래끼는 겉다래끼보다 깊게 위치해 처음에는 결절이 만져지지 않다가 점점 붓고 통증이 생겨요. 반면, 눈꺼풀 가장자리 피부 밑에서 단단한 결절이 만져지는 콩다래끼는 속다래끼와 겉모습은 비슷하나 발적과 통증이 없는 것이 특징입니다. 그렇다면 다래끼 종류에 따라, 좀 더 자세히 비교해볼까요?

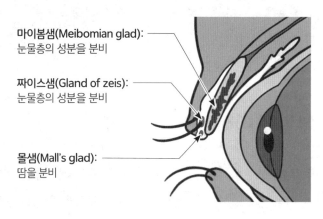

마이봄샘(Meibomian glad):
눈물층의 성분을 분비

짜이스샘(Gland of zeis):
눈물층의 성분을 분비

몰샘(Mall's glad):
땀을 분비

▲ 눈꺼풀의 부속 기관

겉다래끼: 눈꺼풀 가장자리 전체가 퉁퉁 부어올라요!

증상 흔히 말하는 다래끼는 바로 '겉다래끼'입니다. 겉다래끼는 말 그대로 눈꺼풀 표면 가까이에 주로 생겨요. 초기에는 눈꺼풀 가장자리에 붉은 혹처럼 보이다가 곧 빨갛게 부어오르면서 가렵거나 아파합니다. 단단해지고 통증이 심한 채로 약 4~5일 계속되다 통증이 줄어들고 고름이 생기면서 결국은 피부 밖으로 터지게 되지요. 심각해 보이지만 사실 별다른 문제를 일으키지는 않으며 5~7일이 지나면 자연스럽게 없어집니다. 그러나 때에 따라 가까이 있는 속눈썹 뿌리로 감염이 확대되어 다발성으로 발생하고, 재발하기도 합니다.

치료법 대부분 저절로 좋아지거나 피부 쪽으로 고름이 배출되면서 나아요. 특히 온찜질을 해주면 빨리 낫는 데 도움이 돼요. 주위 속눈썹 뿌리로 감염이 퍼지는 것을 막기 위해 병원에서 항생제 연고를 처방받아 사용해도 좋아요. 고름집이 생기거나 주

938

변 조직에 염증이 심할 때는 항생제를 복용하거나 피부를 절개해 고름을 빼내기도 합니다.

속다래끼: 눈꺼풀 안쪽에 여드름처럼 하얀 농양점이 생겨요!

증상 속다래끼는 겉다래끼와 마찬가지로 세균 감염으로 생기며, 가장 흔한 원인균은 포도알균입니다. 속다래끼는 겉다래끼보다 깊숙이 위치해 초기에는 결절이 만져지지 않다가 점점 진행되면서 붓고 통증이 생기며, 결막 면에 노란 고름이 생깁니다. 처음에는 통증이 약하다 점점 심해지는 것이 특징이에요. 속다래끼가 안에서 커지면 이물감과 자극으로 인해 눈물이 나기도 합니다.

치료법 겉다래끼와 마찬가지로 화농이 동반된 염증이므로 항생제와 소염제를 먹는 것이 도움이 됩니다. 심하지 않은 경우 치료 없이도 완치될 수 있지만, 증상이 심해지면 항생제 안약을 넣고 내복약을 먹어야 해요. 때에 따라 그 부위를 째고 병변을 긁어내는 시술을 받거나 병변 내 국소 스테로이드 주사 등을 고려할 수 있습니다.

콩다래끼: 눈꺼풀 가장자리 밑에 딱딱하게 만져지지만 부어오르진 않아요!

증상 콩다래끼는 세균 감염이 아닌 마이봄샘(눈의 윤활액을 생성하는 분비선)의 배출관이 막혀 생겨나요. 그런 만큼 콩다래끼는 세균 감염을 동반하지 않는 무균성 염증입니다. 단단한 모습이 마치 콩 같다고 해서 콩다래끼라고 불러요. 눈꺼풀 피부 아래에 팥알 크기의 단단한 결절이 만져지는데, 열이 나거나 통증 같은 염증 증상을 보이지 않는 것이 특징입니다. 보통 눈꺼풀에 생기는 작고 부드러운 돌기로 시작해 결국에는 통증이 없는 덩어리로 커집니다. 크기는 깨알만큼 작은 크기에서 완두콩 크기 이상으로 커지기도 해요.

치료법 콩다래끼는 아프기보다는 성가신데, 2~4개월 이내에 저절로 사라집니다. 아이에게 콩다래끼 증상이 보이면 병원에서 정확한 진단을 받으세요. 항생제나 소염제 안약을 투여하기도 하지만 완화하는 효과는 그리 크지 않습니다. 만성적으로 낭종(주머니 모양의 혹)이 만들어진 경우에는 절개해 내용물을 긁어내야 합니다.

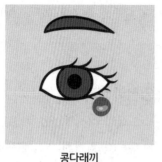

콩다래끼   속다래끼

▲ 콩다래끼와 속다래끼

다래끼, 빨리 낫게 하는 방법은요?

빨리 낫고 싶다면 병원을 방문하세요

겉다래끼나 속다래끼는 약 7일 정도가 지나면 대부분 저절로 낫습니다. 그러나 그냥 두는 것보다는 안과에서 적절한 치료를 받는 것이 여러모로 좋아요. 또 알레르기 반응이나 아토피피부염인데도 다래끼로 오인하는 때도 있어 의사에게 정확한 진료를 받습니다. 특히 다래끼 증상이 호전되지 않거나 반복적으로 생길 때는 꼭 진료를 받아야 해요. 초기에 가면 대부분 약으로 치료하는데, 세균에 의한 염증성 질환이기 때문에 항생제와 소염제를 섞어 처방하고, 필요하다면 항생제 연고를 바르기도 합니다. 약물 치료를 하면 그냥 놔두는 것보다는 빨리 낫습니다.

냉찜질이 아닌 온찜질을 해줍니다

다래끼가 생겼을 때 냉찜질을 하면 분비샘을 수축시켜 고여 있는 분비물을 더욱 단단하게 만들어 고름을 빼내는 데 방해만 될 뿐이에요. 반드시 온찜질을 해야 도움이 됩니다. 온찜질은 깨끗한 수건을 따뜻한 물에 적셔 다래끼가 가라앉을 때까지 10분가량 찜질해주세요.

눈에 손을 대지 못하게! 손은 더욱 깨끗이!

곪은 부위를 손으로 짜면 염증이 주위로 번져 오래가고, 때로는 상처를 남겨 흉해집니다. 그러므로 다래끼가 난 눈꺼풀 부위를 절대로 손대지 말고, 청결하게 관리하며 약물 치료를 해요. 다래끼가 생긴 아이는 손바닥뿐 아니라 손등으로도 눈을 잘 비비기 때문에 손 전체를 꼼꼼히 잘 닦아주세요.

알쏭달쏭! 다래끼 궁금증

Q 눈 다래끼도 전염이 되나요?

다행스럽게도 눈 다래끼는 전염되지 않아요. 눈 다래끼는 아폴로눈병 같은 전염병이 아니므로 눈 다래끼 환자를 일부러 피할 필요는 없습니다. 하지만 아이가 여러 명 같이 생활할 때는 다래끼가 난 아이가 사용하는 수건이나 용품 등은 따로 사용하는 것이 안전해요. 굳이 피할 필요는 없지만 너무 방심해서도 안 돼요.

Q 눈 다래끼가 생겼을 때 속눈썹을 뽑으면 빨리 낫는다고 하던데, 사실인가요?

다래끼 부위의 속눈썹을 뽑으면 염증 부위가 터져 고름을 쉽게 빼낼 수 있어서 빨리 나을 수도 있어요. 그러나 이런 방법은 어디까지나 민간요법일 뿐 의학적으로 검증된 바는 없습니다. 다만 눈썹을 뽑는 게 도움이 될 수 있다는 것은 사실이에요. 하지만 더러운 손으로 눈썹을 뽑으면 오히려 모낭염을 유발하므로 손을 깨끗이 씻거나 족집게 등을 이용하는 등 신중하게 뽑아야 합니다.

Q 눈 다래끼의 고름이 곪아 있는데, 집에서 고름을 제거해도 될까요?

눈꺼풀에 생긴 고름을 함부로 짜면 염증이 주변 부위로 확산해 증상이 더욱 심각해질 수 있어요. 다래끼는 병원에서 치료하는 것이 제일 좋습니다. 고름을 잘못 짜면 나중에 눈꺼풀에 멍울이 남아 째야 하므로 안과나 소아청소년과에서 안전하게 고름을 제거하세요.

Q 눈 다래끼가 시력을 방해해 눈이 나빠질 수 있나요?

눈 다래끼가 나면 시력이 나빠진다는 얘기는 사실이 아니에요. 눈 다래끼가 생기면 붓거나 열이 나기도 하는데, 이건 어디까지나 다래끼가 생겼을 때 나타나는 증상이지 시력과는 아무런 상관이 없습니다. 하지만 다래끼가 너무 자주 생긴다면 한번쯤 안과 진료를 받아볼 필요가 있어요. 근시, 난시 혹은 결막염 등 눈에 또 다른 이상 때문일 수 있어요.

 Dr. B의 우선순위 처치법

1. 시간이 지나면 저절로 고름이 나올 수 있도록 온찜질을 해주세요.
2. 손을 깨끗이 씻고, 다래끼가 난 부위에 손을 대지 않도록 주의시켜요.
3. 아이가 많이 불편해하거나 빨리 낫게 하려면 병원에서 치료하는 게 낫습니다.
4. 무리하게 고름을 짜지 마세요.

다래끼를 가라앉히는 온찜질 방법

1 물에 적신 타월을 준비합니다. 전자레인지에 넣고 30초~1분간 가열해 스팀타월을 만들어요. 40~45℃ 정도의 따뜻한 물에 담갔다가 꺼내는 방식으로 사용해도 좋아요. 이때 물수건의 온도가 너무 뜨거우면 데일 염려가 있으니 주의하세요.

2 다래끼가 난 부위에 수건을 얹고 살살 눌러가며 4분 이상에서 15분 이내로 찜질합니다.

3 하루 4회 정도 반복해주세요. 시간이 없다면 1~2회만이라도 해주세요.

사시

아이의 눈이 몰려 보여요.

체크 포인트

☑ 생후 6개월 이전에는 사시가 아닌데도 사시 눈처럼 보이는 아이도 있어요. 이런 경우는 코뼈가 자라고 얼굴 윤곽이 뚜렷해지면 대부분 정상으로 돌아옵니다.

☑ 100일이 지나도 눈동자가 몰려 있거나 눈동자의 응시 방향이 이상하면 신속히 안과 의사에게 진단을 받습니다. 사시는 약시와 다르게 양쪽 눈의 시선이 각각 다르게 보여 쉽게 발견할 수 있어요.

☑ 어린아이에게 사시가 있으면 시력 발달을 저해할 뿐만 아니라, 보기에도 좋기 않아 자신감을 상실하고, 친구들에게 놀림감이 될 수 있어요. 성격 형성에도 영향을 미치는 만큼 안과적인 이유 외에도 사시 치료는 매우 중요합니다.

 ## 두 눈이 서로 다른 곳을 봐요

"아이 눈의 초점이 잘 맞지 않아요", "가끔 아이 눈을 보면 눈이 안으로 혹은 밖으로 쏠려 있는 것 같아요", "책이나 멀리 있는 물체를 볼 때 얼굴을 돌려서 삐딱하게 쳐다봐

944

요", "멍하게 있을 때 시선이 이상할 때가 있어요" 등의 모습은 아이에게 사시가 있는 게 아닌가 의심이 드는 증상이에요. 아이가 어떤 물체를 쳐다볼 때 두 눈의 위치가 다르거나 이상함을 느낀 적이 있다면 흔히 말하는 '사팔뜨기'는 아닌지 지켜보는 부모의 마음은 불안하기만 합니다. 물론 위와 같은 증상이 있다고 100% 사시라고 단정 지을 수는 없습니다. 다만 이런 증상에 해당한다면 아직 어린 나이더라도 안과 검진을 서둘러 받는 것이 좋습니다. 아이의 시력이 만 6~8세까지 발달한다는 사실을 감안하면 사시의 조기 진단은 중요한 문제입니다.

사시에 대해 알려주세요

사시는 두 눈이 동시에 한 물체를 볼 수 없어요

특정 물체를 바라볼 때 두 눈이 같은 곳을 향하고 있어야 정상입니다. 이때 두 눈이 정상적으로 정렬되지 못하고 한쪽 눈은 정면을 바라보는데, 다른 쪽 눈은 안쪽 또는 바깥쪽을 향하거나 위 또는 아래로 돌아가는 모습을 사시라고 말합니다. 항상 눈이 돌아간 경우가 있는가 하면, 한순간 정면을 주시하던 눈이 돌아가기도 합니다. 소아 사시는 어린이 100명 중 2~3명에서 나타날 정도로 흔한데, 특히 가장 많이 수술하는 간헐 외사시는 증상이 항상 나타나지 않고 피곤하거나, 멍할 때, 아플 때 등 일시적으로 눈이 바깥으로 돌아가는 게 특징이에요.

정확한 원인은 아직 밝혀지지 않았어요

사시의 정확한 원인은 아직 밝혀지지 않았으며 종류마다 차이가 있어요. 하지만 현재까지의 연구 결과를 살펴보면 외안근(안구에 있는 근육)의 불균형 및 뇌에 원인이 있는 것으로 추정됩니다. 뇌는 보고 느끼는 기능이 있지만 눈의 움직임을 관장하는 역할도 합니다. 따라서 선천적으로 뇌 작동에 이상이 있거나 다운씨 병, 수두증 등이 있다면 사시가 나타나는 경우가 흔하지요. 때에 따라 뇌종양이어도 발생하며, 눈 한쪽이 백내장이나 화상 등으로 실명해도 나타날 수 있어요. 그러나 특별한 뇌 질환 없이 사시가 나타나는 경우가 더욱 많습니다. 가족이나 친척 중 사시 환자가 전혀 없는데 나타나기도 해요.

사시 판정은 보통 출생 후 100일이 시나야 해요

사시는 태어날 때부터 생길 수도, 성장하면서 발생하기도 해요. 보통 생후 3~4개월이면 눈을 맞추고 입체감과 원근감을 느끼며, 점차 정상 시력에 도달하는 게 대부분입니다. 하지만 사시가 있으면 두 눈이 한 곳을 보지 못해 입체감을 느끼지 못하고 물체가 2개로 보이는 복시 현상이 나타나 시력이 약해지죠. 사시 판정은 출생 후 보통 100일이 지나야 이뤄지는데, 안구를 움직이는 근육이 정상인 아이는 생후 3~4개월이 지나면 눈동자가 정상 위치에 자리 잡습니다. 생후 4개월 정도까지도 양쪽 눈의 시기능이 아직 불완전한 상태이므로 사시라고 단정하기 이르지만, 6개월이 지나도 두 눈의 시선 방향이 다르다면 사시일 가능성이 큽니다. 또 소아 사시 환자 중 30% 이상이 미숙아였으며 저체중으로 태어난 아이나 임신 중 흡연한 산모의 아이도 사시가 나타날 가능성이 크다는 보고가 있어요.

 우리 아이 사시일까?

아이가 다음과 같은 증상을 보이면, 사시를 의심해볼 수 있어요. 아래에 해당하는 사항이 7개 이상이라면 병원을 찾아 검사를 받아보세요!

- ☐ 바라보는 눈의 방향이 다르거나 눈부심을 많이 느낄 때
- ☐ 낮에 외출할 때 눈부셔 하거나 자주 눈을 찡그릴 때
- ☐ 눈을 많이 찌푸리거나 너무 다가서서 볼 때
- ☐ 고개를 기울이거나 얼굴을 옆으로 돌려서 사물을 볼 때
- ☐ 눈을 자주 깜빡이고 비빌 때
- ☐ 일정한 곳을 주시하지 못하고 눈의 초점이 고정되지 않을 때
- ☐ 정면으로 눈을 마주쳤을 때 눈동자가 좌우 대칭이 안 될 때
- ☐ 움직이는 물건을 눈동자가 따라가지 못할 때
- ☐ 생후 6개월이 지나도 눈을 잘 맞추지 못할 때
- ☐ 눈이 자주 충혈되거나 잘 넘어질 때

사시는 어떤 모습으로 나타날까요?

다양한 원인에 따라 증상이 달라요

눈동자가 돌아가는 방향에 따라 안으로 몰리면 내사시, 밖으로 몰리면 외사시, 눈 위로 올라간다면 상사시, 아래로 내려가면 하사시라고 부릅니다. 사시는 어린이 인구의 4%에서 나타나므로 비교적 흔한 질환이라 할 수 있어요. 사시도 그 원인에 따라 영아 내사시, 조절 내사시, 간헐 외사시, 마비사시 등으로 구분합니다. 실제로는 정상이지만 까만 눈동자가 안쪽으로 몰린 내사시처럼 보이는 것을 '외견상 사시'라고 하는데, 이는 아이가 아직 어려 코가 낮고 위아래 눈꺼풀 사이 피부가 넓어 사시처럼 보이는 것이에요. 이런 경우는 아이가 자라 코가 높아지고 피부가 당겨지면 정상 모습이 되기 때문에 치료가 필요 없습니다. 영아 내사시는 생후 6개월 이내에 발생한 선천성 내사시로, 까만 눈동자가 심하게 안쪽으로 돌아가 있습니다. 늦어도 2세 전까지 수술해야 시력과 시기능이 순조롭게 발달하기 때문에 빠른 치료가 필요한 증상이지요. 조절 내사시는 원시가 있는 아이에게 2~3세경 발생하는 후천성 내사시인데, 원시 안경을 착용해 교정할 수 있지만 원시 안경을 착용한 후에도 눈이 안쪽으로 몰리면 수술과 안경을 착용해야 합니다.

안과 질환

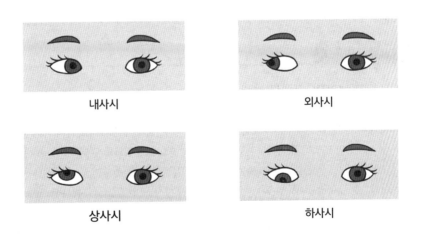

내사시

외사시

상사시

하사시

▲ 사시의 종류

우리나라 어린이들에게 가장 흔한 간헐 외사시

여러 사시 증상 가운데 아이들에게 가장 흔히 나타나는 사시가 간헐 외사시예요. 항상 사시 증상이 나타나는 것이 아니어서 본인은 물론 부모도 모르는 경우가 많습니다. 간헐 외사시는 평소에는 괜찮다가 피곤하거나 멍하게 있을 때, 아침에 일어날 때 혹은 햇빛이 강한 실내에서 눈동자가 바깥쪽으로 치우칩니다. 3~4세에 주로 발생하지만 돌이 지나지 않은 유아나 청소년기 심지어 성인이 되어 발생하기도 해요. 간헐 외사시를 보이는 아이의 특징적인 증상 중 하나는 눈부심으로 유난히 햇빛에 눈을 뜨지 못하거나 눈을 비비는 것입니다. 혹시라도 아이가 햇볕 아래 눈이 부실 때 한쪽 눈을 찡그리면, 간헐 외사시 증상은 아닌지 확인해봅니다.

 ## 사시 치료, 어떻게 하나요?

무조건 수술로 치료하진 않아요

초기 치료는 안경 착용이나 약시 치료로 할 수 있지만 눈이 제자리를 찾지 못한다면 수술을 합니다. 하지만 사시가 있다고 모두 수술로 치료하는 것은 아니에요. 내사시

> **닥터's advice**
>
> **❓ 사시, 크면 없어진다고 하던데요?**
> 어린아이들은 원래 눈이 모여 보이고 대개는 저절로 좋아진다고 말하는 사람들이 많습니다. 맞는 말입니다! 생후 6개월 이전의 갓난아기 중에는 진짜로 사시가 없는 상태에서도 눈이 사시처럼 보이기도 해요. 미간이 넓고 코가 낮아서 눈이 모인 것처럼 보이는 현상으로, 흔히 가짜 사시라는 의미에서 '가성 사시'라고 부릅니다. 특히 수유하는 아이가 젖병을 물 때 본능적으로 젖꼭지를 응시하면 사시처럼 눈동자가 가운데로 몰리게 되는데, 이것 역시 사시는 아니에요. 하지만 어느 정도 자라 걸어 다니는 시기가 된 아이가 눈이 모여 있는데도 막연하게 좋아질 것을 기대하고 신경 쓰지 않는다면 곤란합니다. 백일이 지나도 눈동자가 몰리거나 눈동자의 응시 방향이 이상하면 신속하게 안과에서 진단을 받습니다.

는 안경 착용 혹은 수술로, 외사시는 주로 수술로써 교정합니다. 아이가 조절 내사시라면 원시가 심해 눈이 안으로 몰리는 경우가 있으므로 이때는 안경으로 사시를 교정하며, 안경만으로 교정이 부족하면 수술과 함께 안경 착용을 합니다.

흉터 없이 깨끗하게 수술해요

사시 수술은 눈의 위치를 똑바로 잡아주기 위함이에요. 눈을 움직이는 외안근 중 사시의 원인이 되는 근육을 찾아내, 눈동자의 움직임을 정상화할 수 있게 근육의 힘을 약하게 하거나 강화하는 것입니다. 생후 6개월 이내에 발생한 내사시는 2세 이전에, 그 후의 후천성 내사시나 외사시는 취학 전 5~6세 이전에 수술해주면 미관상으로나 보는 기능 측면에서 정상적인 눈을 갖게 됩니다. 12세 미만인 경우 전신 마취를 한 후 1시간 이내에 흉터 없이 깨끗하게 수술할 수 있어요. 최근에는 입원하지 않고 수술하며 수술 후 당일 퇴원도 가능합니다.

수술해도 30%는 재발할 수 있어요

대개는 한 번의 수술로 눈이 바르게 교정되는 편이지만, 사시의 종류 및 정도에 따라 수술을 여러 번 할 수도 있어요. 또한 바르게 교정된 눈이 다시 돌아가 사시가 재발하거나, 교정이나 부족 교정의 경우에도 재수술이 필요합니다. 그런 만큼 사시 치료는

닥터's advice

❓ 눈도 키처럼 자란다고요?

아이들의 눈도 키와 몸무게처럼 성장한다는 사실, 알고 있나요? 갓 태어났을 때 평균 직경이 17~18mm 크기의 둥근 눈은 만 3세까지 약 5mm가 자라 23mm 크기까지 커집니다. 이후에는 서서히 성장해 1년에 0.1mm씩 자라 만 24세가 되면 24mm로 성인의 안구 크기에 도달하지요. 갓 태어난 아기는 밝고 어두운 것만 구별할 정도로 희미하게 볼 뿐이지만 눈이 성장하면서 시력과 시기능도 점차 발달해 눈의 굴절 상태가 달라집니다. 하지만 눈이 발달하는 동안 행여라도 사소한 눈의 이상을 그대로 두어 약시나 실명을 초래하는 경우가 있습니다. 시력 발달을 저해하고 장애를 일으킬 만한 눈의 이상을 발견하면 신속한 치료가 중요해요.

수술 후 관리가 무엇보다 중요합니다. 수술 후 바로 재발하는 것이 아니라 몇 년이 지나야 나타나므로 정기 검진은 필수예요. 수술 후에는 근시, 원시, 난시 같은 굴절 이상을 교정하는 것이 좋으므로 주기적으로 안경을 써야 한다는 것도 기억해두세요.

어릴수록 전문 검진을 받아요

사시는 꼭 치료해야 합니다

굴절 조절 내사시처럼 원시 안경을 착용해 치료하는 때도 있지만 대부분 수술을 해야만 합니다. 안경 처방과 가림 치료로 일시적인 효과를 얻긴 하지만 어느 정도 진행된 상태에선 소용없지요. 만일 적절한 시기에 수술하지 않으면 약시나 입체적으로 볼 수 있는 시력의 저하, 얼굴 모양 이상 같은 결과를 초래할 수 있습니다.

설마 하다가 6세가 지나면 늦어요

눈이 모인 것 같아 보인다면 일단 의사에게 진료를 받아보는 것이 낫습니다. 6개월 이전의 아이에게 가성 사시가 많이 나타나지만 간혹 조기에 치료해야 하는 영아 내사시일 수도 있어요. 이것을 부모가 구분하기는 힘들어요. 아이는 사시로 눈이 나빠져도 한쪽 눈을 이용해서 잘 보기 때문에 전혀 불편하지 않아 치료 시기를 놓치는 경우가 많습니다. 이런 이유로 어릴 때 시력 측정은 중요합니다. 시력 발달이 끝나가는 6세를 넘기지 않도록 매년 1회 눈 종합검진을 통해 지속해서 아이의 눈 건강 상태를 점검합니다.

 Dr. B의 우선순위 처치법

1. 두 눈동자 위치가 이상해 보인다면 바로 안과 진료를 받아보세요.
2. 한쪽 눈이 코나 귀 쪽을 향하며 두 눈의 시선 방향이 다르면 안과 진료를 받아보세요
3. 사시 수술 치료 후엔 재발할 수 있으니 관리를 철저히 하며 정기 검진을 꼭 받습니다.

안검내반(눈썹 찔림)

속눈썹이 눈동자를 찔러요.

체크 포인트

☑ 안검내반의 속눈썹 찔림은 대부분 선천적으로 나타나며 주로 아래 눈꺼풀에서 잘 생깁니다.

☑ 아이가 눈물을 자주 흘리고 햇빛 아래서 눈을 찡그리거나 눈부셔 하며 눈을 자주 비비면 안검내반을 의심해야 합니다. 또 눈곱이 자주 끼는지도 확인해보세요.

☑ 아이가 성장하면 눈꺼풀도 함께 자라 2~3세가 되면 저절로 좋아지지만 증상이 심한 아이는 계속 각막에 손상을 입어 수술이 필요한 때도 있습니다.

속눈썹이 자꾸 눈을 찔러요

각막에 상처를 주는 질환이에요

가끔 아이가 이유 없이 눈을 깜빡이면서 찡그리고, 눈에 무언가가 들어갔다고 비빌 때가 있습니다. 자세히 살펴보면 눈꺼풀의 가장자리가 안으로 말려 들어가 있고 속눈썹이 각막을 찌르고 있는데, '안검내반'일 수 있어요. 눈에 아주 작은 먼지만 들어가도 눈물이 나오는 법인데, 속눈썹이 눈에 들어가면 각막을 자극해 눈물이 나고 충혈도 심하게 일어나죠. 안검내반은 단순히 속눈썹이 눈을 살짝 건드리는 것을 넘어 각막까지 건드려 각막과 결막에 상처를 내고 자극을 주는 질환입니다. 아이가 자라면서 눈꺼풀도 자리 2~3세가 되면 상태가 좋아지기도 하지만 증상이 심해지고 각막 손상이 반복되어 수술이 필요한 경우가 발생하기도 합니다.

아이들은 자각하지 못해 엄마가 알아차려야 해요

아이들에게 눈썹 찔림 증상은 흔하게 나타나며, 주로 아래 눈꺼풀에서 많이 발생합니다. 눈을 자주 비빈다거나 밝은 빛 아래에서 심한 눈부심으로 눈을 잘 뜨지 못하고, 눈물 고임, 눈곱 등의 증상이 있지만, 대부분은 어떤 이상 증상을 발견하지 못하고 지내요. 안검내반의 속눈썹 찔림은 대부분 선천적으로 나타납니다. 간혹 어렸을 땐 괜찮았는데 커서 문제가 되는 경우가 있지만, 이는 성인이 돼서 속눈썹 찔림 증상이 나타난 것이 아니라 어린 시절 자각하지 못한 경우입니다. 어릴 땐 각막이 느끼는 감도가 떨어지기 때문이에요. 게다가 속눈썹도 부드러워 눈에 닿는 느낌을 잘 느끼지 못하기도 해요. 그래서 안검내반은 성인이 될 때까지 방치되는 사례가 많습니다.

닥터's advice

❓ 안검내반을 미리 알아차리는 방법은 없나요?

먼저 아이가 눈을 수시로 비비거나 눈곱이 자주 생기지 않는지 확인해보세요. 눈물을 유난히 많이 흘리거나 햇빛을 잘 보지 못하고, 자극으로 인해 손을 자주 눈에 갖다 대며, 다른 아이들보다 결막염 등에 자주 걸리기도 합니다. 사소하지만 이런 증상이 계속된다면 난시뿐만 아니라 각막염이 생길 수 있어요. 아이의 상태를 잘 관찰하여 속눈썹 찔림 증상이 있다면 빨리 병원을 찾는 것이 현명합니다.

안과
질환

안검내반은 왜 생기나요?

눈꺼풀이 말려드는 '안검내반', 눈썹 자체가 구부러지는 '첩모난생'

안검내반의 원인은 크게 두 가지로 나눌 수 있어요. 눈꺼풀이 안으로 말려 들어가는 '안검내반'과 속눈썹 방향이 일정하지 않은 '첩모난생'이지요. 첩모난생은 정상적인 속눈썹은 당연히 밖으로 자라는 것과 달리 속눈썹 몇 올이 눈 안쪽으로 구부러져 뻗어나요. 반면 안검내반은 눈꺼풀이 안으로 말려 들어가면서 속눈썹이 눈을 찌르는데, 아이들에게 잘 생기며 아래쪽 눈꺼풀에 의한 경우가 많습니다.

가장 흔한 속눈썹 찔림의 원인, 덧눈꺼풀

눈꺼풀이 안으로 말려 들어가는 안검내반의 증상 중 가장 흔히 나타나는 것이 바로 '덧눈꺼풀'이에요. 아래 눈꺼풀의 피부나 근육의 비정상적인 주름, 즉 지방이 과다할 때 발생합니다. 아래쪽 속눈썹들이 주름이나 근육에 의해 밀리면서 방향이 정상적인 경우보다 더 위쪽을 향하게 되는데요. 특히 눈동자를 아래로 향할 때 각막이 밑으로 내려오면서 피부가 더 밀리고 속눈썹은 각막을 더 찌르게 됩니다. 눈썹이 까만 눈동자를 찌르면 눈을 깜빡일 때마다 눈동자에 상처를 내지요. 그 결과 자극받은 눈은 눈물도 많이 나고, 눈곱도 자주 끼며, 밝은 햇빛을 보면 눈이 부셔 눈을 잘 뜨지 못합니다.

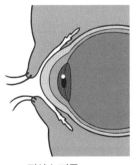

정상 눈꺼풀

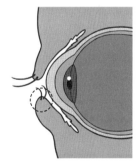

덧눈꺼풀

▲ 아래 눈꺼풀에 생긴 덧눈꺼풀

가볍게 생각했다가는 시력 저하로 이어져요

눈썹이 계속해서 각막을 자극하면 상처가 나고 눈이 늘 충혈되며, 눈물이나 눈곱 등 분비물이 많아져 외관상 보기에도 안 좋아요. 다른 아이들보다 유독 각막염이나 결막염 등이 자주 발생하는 아이라면 그때그때 잘 치료해줘야 합니다. 흔히 가볍게 생각하고 방치하는 경우가 많은데요. 시력 저하로까지 이어질 수 있어서 조심해야 합니다. 실제로 어린아이들은 고통이 심해도 제대로 의사 표현을 못 하기 때문에 부모의 세심한 관찰이 더욱 필요하지요. 평소 안검내반 증상을 보이면 반드시 안과 검진을 받으세요. 이때 단순히 눈썹을 찌르는 것은 눈으로 확인할 수 있지만, 각막이 손상된 정도를 정확히 알기 위해서는 꼭 안과 의사의 진료가 필요합니다.

안검내반 치료, 어떻게 하나요?

속눈썹을 뽑는 것으로 치료되진 않아요

눈을 자극하는 속눈썹을 뽑으면 된다고 생각할 수 있지만 일시적으로 증상을 완화할 뿐 눈썹이 다시 자라면 각막을 또 자극하게 됩니다. 1~2개 속눈썹만 방향이 잘못됐거나 엉뚱한 곳에 나 있는 경우라면, 가까운 안과에서 뽑아버리면 그만이지요. 하지만

 닥터's advice

❓ 속눈썹 찔림 수술, 어떻게 진행되나요?
속눈썹 찔림은 수술을 통해 치료할 수 있어요. 그중 덧눈꺼풀인 경우 주름진 피부를 잘라내서 눈썹이 밖으로 나오게 합니다. 눈썹 아래쪽을 절개하고 윗꺼풀은 쌍꺼풀을 만들어 눈썹이 밖으로 나오게 하는 것이지요. 어린아이의 경우 아직 피부와 근육이 얇아서 수술로 인한 흉터나 자국은 크게 걱정할 필요가 없습니다. 눈꺼풀이 안으로 말리는 경우에는 쌍꺼풀 수술로 교정해주면 증상이 자연스럽게 사라집니다. 또 첩모난생이 원인이라면 방향이 잘못된 눈썹을 첩모발거술로 뽑아주면 증상 완화에 도움이 되지요. 더불어 뽑은 눈썹의 모낭을 전기소작으로 파괴시켜 눈썹이 자라지 않게 하여 속눈썹 찔림을 효과적으로 방지할 수 있습니다.

그러기에는 속눈썹 양이 많고, 자주 뽑아야 하므로 아이에게 큰 스트레스가 될 수 있어요. 게다가 속눈썹이 뽑히지 않고 중간에서 끊어지기라도 하면 짧게 끊어진 속눈썹이 각막에 더 심한 손상을 입혀요. 설사 깨끗이 뽑히더라도 새로 자라난 짧은 속눈썹의 끝이 닿으면 긴 속눈썹의 중간이 닿는 것보다 자극을 많이 주기 때문에 속눈썹을 뽑는 것은 그리 바람직한 방법은 아닙니다.

만 3세까지 지켜보다 계속되면 수술을 고려해봅니다.

속눈썹 찔림 현상은 아이가 성장하고 자라는 동안에 차차 좋아지는 경우가 많아요. 아이가 3세 이후로도 안검내반 증상이 좋아지지 않거나 각막 손상이 심하다면 치료해주세요. 수술이 필요한 경우라도 대개 만 3세 정도까지는 염증이 생길 때마다 안약으로 치료하면서 경과를 관찰하며, 수술은 가능한 한 늦출 것을 권합니다. 수술은 3세가 넘어서도 대부분 눈썹이 검은 눈동자(각막)에 닿고 심한 염증을 유발할 때, 이로 인해 나중에 각막 혼탁이 발생해 시력에 영향을 미칠 때만 고려합니다. 만 3세 전에 수술하지 않는 이유는 그 시기가 되면 저절로 눈썹이 덜 찌르고, 그때까지는 속눈썹이 비교적 얇고 부드러워 각막에 심한 손상을 입히지 않기 때문이에요. 또 전신마취를 해야 해서 너무 어릴 때는 권장하지 않습니다.

 Dr. B의 우선순위 처치법

1. 눈썹 찔림 증상이 심한지 엄마가 계속해서 관찰합니다.
2. 정기적으로 안과 진료를 받으세요.

안구건조증

눈이 시리고 뻑뻑하며 콕콕 쑤시는 느낌이 들어요.

안과
질환

체크 포인트

☑ 요즘은 미디어를 활용한 교육과 놀이가 늘어난 만큼 안구건조증과 눈의 피로로 인한 다양한 안과 질환의 위험성이 높아졌어요.

☑ 안구건조증이 생기면 눈이 시리고 가려워요. 더불어 무언가 눈에 낀 듯 이물감이 느껴집니다. 하지만 아이 스스로 이런 증상을 자각하기란 그리 쉬운 일이 아니에요. 평소 아이의 행동을 잘 관찰해 시력 저하 증상을 조기에 발견하는 것이 무엇보다 중요합니다.

☑ 아이 눈에 자극을 주는 TV나 컴퓨터, 스마트폰을 오랜 시간 사용하지 않도록 주의시킵니다. 엎드려서 보거나 비스듬한 자세로 보는 자세 습관 또한 바로잡아야 해요.

무심코 쥐여준 스마트폰, 아이는 안구건조증?

안구건조증은 시력이 나빠지는 원인이 되므로 한창 시력이 발달하는 유아기에 조심해야 하는 질환이에요. 아이가 예전과 달리 눈을 심하게 비비고 깜빡인다면 안구건조증이 아닌지 살펴봐야 합니다. 안구건조증은 주로 어른에게 생긴다고 알려졌지만, 최근엔 아이에게도 드물지 않게 나타나고 있어요. 울거나 짜증 내는 아이를 달래기 위해 쥐여준 스마트폰이 바로 문제죠. 스마트폰에 자주 노출된 아이라면 눈 상태를 자세히 관찰해봐야 합니다. 평소 눈을 자주 비비지는 않는지, 눈을 찡그리거나 아프다고 한 적은 없는지 확인해봐야 합니다.

아이가 알아서 불편함을 호소하기는 어려워요

성인의 경우 인공눈물을 사용하거나 치료를 받는 등 증상에 따라 관리하기가 쉽지만 아이들은 안구건조증이 생겨도 의사 표현을 하기가 힘들어 방치되기가 쉬워요. 아이가 고개를 갸우뚱해서 사물을 보고 눈을 찡그리거나 아프다고 보챌 때, 혹은 TV에 바짝 가서 보려고 하는 등의 증상을 보인다면 가까운 안과를 찾아 시력 검사를 받아봅니다. 스마트폰을 자주 사용하는 아이라면 더욱 유심히 지켜봐야 해요. 아이의 행동을 잘 관찰해 시력 저하 증상을 조기에 발견하는 것이 중요합니다.

단순히 눈이 건조해서 생기는 병이 아니에요

눈물 분비 조직의 이상으로 생겨요

원활하게 눈이 움직이려면 윤활유가 필요합니다. 이런 역할을 하는 것이 바로 '눈물'이지요. 일일이 느끼진 못해도 눈을 한 번씩 깜박일 때마다 눈물이 나와 안구 표면의 노폐물이나 세균 등을 씻어내며 눈의 표면을 부드럽게 덮어 눈을 보호하고 편안하게 합니다. 그런데 눈물 분비에 관여하는 조직 중 어느 한 부분이라도 이상이 생기면 눈물의 양이 적어질 뿐만 아니라 눈물 성분까지 변하는 일이 발생해요. 눈에 눈물이 충분치 않거나 눈물이 지나치게 증발하거나, 또는 눈물 구성성분인 지방층·수성층·점액층의 균형이 깨지는 일이 생기지요. 이런 증상을 통틀어 '안구건조증'이라 합니다.

눈을 깜빡이지 않으면 눈물이 잘 마릅니다

눈 건강을 위해 눈물만큼 중요한 것이 '눈 깜빡임'입니다. 보통 1분에 15~20회 눈을 깜빡이는데, 이를 통해 안구 전체에 눈물을 공급하게 되지요. 그런데 눈 깜빡임이 줄어들면 눈물 분비량 역시 감소하고, 눈물막이 증발해 안구가 건조해지고 피로를 느낄 수밖에 없습니다. 쉽게 생각해 눈싸움하는 경우를 떠올려보세요. 눈을 부릅뜨고 깜빡이지 않으려고 애쓰다 보면 나중에는 눈이 시리고 뻑뻑해집니다. 이런 눈싸움과 같은 과정을 아이들은 스마트폰을 보는 동안 경험하게 됩니다. 스마트폰을 보는 동안에는 눈을 깜박이는 횟수가 현저히 줄어들어 1분에 5회 정도밖에 되지 않아요. 이럴 땐 의식적으로라도 자주 눈을 깜빡여야 합니다.

모래알이 들어간 듯 불편하고 빨갛게 충혈돼요

안구건조증은 눈에 뭐가 들어간 것 같은 이물감이 느껴져 눈을 비비거나 계속 만지려 하는 등 눈에 손을 대는 횟수가 증가합니다. 그뿐만 아니라 바람이나 연기에 유독 예민하게 반응해 마치 모래알이 들어간 듯 불편하다고 해요. 그래서 바람이 많이 불거나 건조할 때, 먼지나 연기가 많이 있는 곳에 갈 때, 또 난방기를 사용할 때 증상이 심

 닥터's advice

❓ 아이의 눈 건강, 늦기 전에 신경 써주세요!
유아기에 눈 건강이 중요한 이유는 이 시기에 시력 형성이 이뤄지기 때문이에요. 신생아 때는 사물이 어렴풋이 보이다가 생후 3~6개월에는 엄마와 눈을 맞출 수 있는 0.1, 3세에는 0.5 정도에 도달하며, 만 6~7세가 되면 정상 시력인 1.0으로 완성됩니다. 또한 요즘은 스마트 기기를 어린아이들도 많이 사용해 안구건조증과 눈의 피로로 인한 안과 질환에 대한 위험성이 높아진 상황입니다. 심한 경우 안구건조증뿐만 아니라 시력 저하, 시기능 발달장애까지도 초래하며 근시, 난시, 원시와 같이 굴절 이상에 의한 눈 질환이나 검은 눈동자가 정면을 보지 못하는 사시 등이 생길 수도 있어요. 그러므로 어릴 때부터 늦기 전에 눈 건강에 신경을 써야 합니다.

해지는 편이에요. 눈이 빨갛게 충혈되고 실처럼 늘어나고 끈적이는 눈곱이 끼는 경우도 많아져요. 이때 눈을 자꾸 비비면 결막염이나 각막염으로 진행해 특별한 주의가 필요합니다. 더불어 아이가 머리가 아프다고 두통을 같이 호소한다면 그냥 넘기지 말고 눈에 다른 이상은 없는지 살펴서 두통의 원인을 찾습니다.

 우리 아이, 안구건조증일까?

안구건조증은 눈이 건조해지는 느낌 외에도 다양한 안구 자극 증상이 함께 있어요. 다음 증상 중 3개 이상에 해당하면 안구건조증을 의심해볼 수 있어요. 아이가 일일이 대답할 수 없는 상황이라면 엄마가 다음 체크 사항을 꼼꼼히 확인해보세요.

- ☐ 눈에 모래알이 들어간 것 같은 이물감이 느껴진다.
- ☐ 눈이 뻑뻑하고 시리다.
- ☐ 눈이 쉽게 피로해져서 책을 오래 못 본다.
- ☐ 바람이 불면 눈물이 쏟아진다.
- ☐ 이유 없이 눈이 자주 충혈된다.
- ☐ 밝은 곳에 있으면 눈이 자꾸 감긴다.
- ☐ 눈에 실 같은 분비물이 자꾸 생긴다.
- ☐ 자고 나면 눈꺼풀이 잘 뜨이지 않는다.
- ☐ 눈부심이 심하고 화끈거리거나 극심한 통증이 있다.

안구건조증 치료, 어떻게 하나요?

생활습관부터 바꿔주세요

눈이 피로하지 않고 건조하지 않은 환경을 만드는 것이 우선입니다. 먼저 실내 온도와 습도를 적정하게 유지하는 것부터 시작하세요. 평소 생활하는 곳의 습도가 낮은 편이라면 가습기를 틀어주고, 아이 눈에 자극을 주는 스마트 기기는 꼭 필요한 경우에만 30분 정도로 제한해 사용하게 합니다. 이때 스마트폰 화면을 눈에서 40~70cm 떨어뜨려 보고, 사용 중간에 고개를 들어 눈을 잠깐 쉬어줍니다. 잠깐씩 먼 곳을 바라

보면 가까운 곳을 보기 위해 눈에 들어갔던 긴장이 풀려 눈이 편안해지므로 안구건조증 예방에 효과적입니다. 또 책을 읽거나 스마트폰을 할 때 흔들리는 차 안이나 어두운 장소는 가능한 한 피해야 합니다. 주변 조명의 밝기와 시선이 머무는 곳의 밝기 차가 크면 클수록 눈이 피로도도 그만큼 높아지기 때문이지요. 엎드려서 보거나 비스듬한 자세로 보는 습관 또한 바로잡아야 합니다.

인공눈물 점안이 보편적인 치료법이에요

생활습관 개선으로 증상이 좋아지지 않을 땐 치료를 시작해야 해요. 안구건조증을 완화하고 염증 반응을 가라앉히기 위한 여러 치료법이 있는데, 가장 보편적인 방법은 '인공눈물 점안'입니다. 부족한 눈물을 보충하기 위해 인공적으로 만든 눈물을 점안하는 것이에요. 인공눈물은 기본적인 눈물의 세 가지 성분인 지방층·수성층·점액층이 잘 유지되게 하는 점안액입니다. 이때 눈 상태에 따라 치료법이 달라져요. 눈물의 구성물 중 수성층 부족에 의한 경우 인공눈물을 점안하고, 지방층 부족에 의한 경우에는 눈꺼풀 염증 치료를 시행합니다. 안구의 염증이 원인일 때는 항염증 치료를 병행할 수 있어요. 인공눈물은 근본적 치료는 아니에요. 단지 부족한 눈물을 임시로 보충하는 역할만 하기 때문에 증상이 좋아졌다고 마음대로 치료를 중단해서는 안 돼요. 의사 지시에 따라 넣으라는 횟수와 시기를 잘 지켜야 해요. 또 눈이 건조하다는 이유로 처방전 없이 인공눈물을 구입해서 임의로 사용하는 것도 피해야 합니다. 의사의

닥터's advice

❓ 눈에 좋은 음식을 먹여요!

눈에 좋은 음식을 자주 먹으면 눈의 피로와 눈 관련 질환을 예방하는 효과가 있어요. 물론 몸에 필요한 영양소를 골고루 챙겨 먹는 것이 중요하겠지만 특히, 비타민 A가 부족하면 안구건조증뿐 아니라 결막염, 야맹증 같은 안과 질환이 발생할 가능성이 커져요. '오메가-3'는 눈물을 구성하는 지방층에 도움을 주어 안구건조증 치료와 예방에 좋습니다.

- **비타민 A, 카로틴** 푸른 잎 채소, 동물의 간, 달걀노른자, 녹황색 채소 등
- **오메가-3** 참치, 삼치, 고등어, 정어리, 호두 등

처방전 없이 구입한 인공눈물에는 방부제가 포함된 경우가 많아 각막의 세포 성장을 억제하거나 각막염의 원인이 됩니다. 간혹 인공누액 대신 생리식염수나 소염제를 임의로 넣기도 하는데, 생리식염수는 눈을 잠시 적셔주는 효과만 있을 뿐 눈물 본연의 삼투압과는 전혀 달라 오히려 안구건조증에 부작용을 초래하므로 주의해야 해요.

안구건조증을 미리미리 예방해요

조기 시력 검사는 만 4세 이전에 해주세요

어른 수준의 안과 검사가 가능한 연령은 만 3~4세입니다. 이전 나이라도 아이가 잘 협조한다면 안과 검사를 할 수 있어요. 물론 시력 검사가 아닌 안과의 다른 검사를 통해 시력 발달의 이상 유무를 알아내기도 합니다. 대개 만 6세경 초등학교 입학할 때 시력 검사를 하는 경우가 많은데, 아이의 눈 건강을 위해서 만 4세 이전에 시력 검사를 받아보세요.

눈 마사지를 해주세요

안구건조증을 예방하려면 눈에 적절한 휴식을 주는 것이 중요합니다. 그중 하나가 바로 '눈 마사지'이지요. 눈 마사지는 눈을 유연하게 유지해줄 뿐만 아니라 마음을 평온하게 해줘 눈의 피로를 푸는 데 도움이 됩니다.

1 마사지 전 30~40초 동안 숨을 고르게 해주세요.

2 손바닥을 30회 정도 비벼 열이 나게 한 다음 아이의 양미간 뼈 위에서 눈썹 위, 눈꼬리 옆, 눈 아래, 다시 양미간 사이, 반대쪽 눈꼬리 옆, 반대쪽 눈 아래, 눈 사이 순으로 가볍게 숫자 '8'을 그리며 만져주는 동작을 50회 이상 반복합니다.

3 25회는 시계 방향으로, 나머지 절반은 시계 반대 방향으로 돌리면 더욱 효과적이에요.

▲ 눈 마사지 법

 Dr. B의 우선순위 처치법

1. 4세 이전에 시력 검진을 받아봅니다.
2. 눈을 편안하게 하는 눈 마사지와 온찜질 등을 해주세요. 손바닥을 따뜻하게 만들어서 눈에 미열을 대준 뒤 눈동자를 상하좌우로 움직이면 눈의 피로가 많이 해소돼요.
3. 과도한 스마트폰 사용을 지양하고, 사용할 때는 중간중간 눈을 깜박입니다.
4. 물을 충분히 먹이세요. 하루 8~10잔 정도의 물을 마시면 안구건조증 증상이 완화됩니다.
5. 눈 건강에 좋은 비타민 A 섭취를 충분히 해주세요. 비타민 A가 풍부한 음식으로 볶은 당근, 시금치, 토마토, 사과, 부추가 있으며 블루베리도 눈에 좋습니다.

안구건조증 예방수칙,
집에서는 이렇게 관리해주세요!

1 장시간 컴퓨터를 사용하거나, 책을 읽을 때는 50분에 10분 쉬고, 가벼운 눈 운동을 해줍니다.

2 눈 주위에 온찜질을 해주세요. 따뜻한 수건을 눈 주위에 5~10분 정도만 올려줘도 눈물의 질이 회복됩니다.

3 의식적으로 자주 눈을 깜빡이게 합니다. 눈 깜빡임은 건조해진 안구 표면에 물을 주는 것과 같아요. 눈을 자주 깜빡이지 않으면 안구건조증이 더욱 심해져요.

4 어두운 조명은 피해주세요. 어두운 조명 아래에선 눈이 쉽게 피로감을 느껴요. 특히 겨울철에는 해가 늦게 뜨고 일찍 지기 때문에 실내가 금방 어두워지므로 적절하게 조명의 밝기를 조절해요.

5 손을 씻지 않고 눈을 만지지 않습니다. 각종 세균으로 오염된 손으로 눈을 만지면 염증이 발생할 수 있어요.

6 심한 바람이 불 땐 외출을 삼가는 것이 좋습니다. 바람에 날린 각종 이물질이 눈에 침투해 염증을 더욱 악화할 수 있기 때문이에요.

7 눈은 잠자는 시간을 제외하고는 쉴 틈 없이 움직여요. 그러므로 잠잘 때는 눈이 제대로 쉴 수 있는 수면 환경을 최대한 조성합니다. 눈은 잠자는 중에도 아주 미세한 불빛에 무의식적으로 반응해 그 빛을 따라 다시 활동하지요. 따라서 잠자는 시간에는 조명을 어둡게 하는 것이 바람직하며, 불가피한 경우라면 안대를 착용하는 것도 도움이 돼요.

안과 질환

약시

눈앞에 있는 것도 잘 알아보지 못해 찡그리고 봐요.

체크 포인트

☑ 시력이 정상적으로 발달하지 않아 6세 이전에 약시가 되면 이후에는 더 이상 시력 회복이 어렵습니다. 언제라도 약시가 의심될 만한 증상이 있다면 안과 의사와 상의하세요.

☑ 약시 치료의 성공은 얼마나 빨리 발견하느냐에 달려 있어요. 늦게 발견할수록 치료가 어렵고 불가능해요. 적어도 만 3~4세가 되면 안과를 방문해 검진받는 것이 좋습니다.

☑ 효과적인 약시 치료를 위해선 눈을 많이 사용해야 해요. 책을 읽게 하거나 심지어 TV나 만화책을 보게 해 눈을 사용하게 합니다.

 ## 장난감을 앞에 두고도 두리번두리번

제때 진단하고 치료하지 않으면 고치기 힘들어요

아이가 얼굴을 자주 찡그리거나 흘겨본다고 야단만 치진 않았나요? 자주 넘어지고 부딪친다며 아이 탓만 하진 않았나요? 이런 행동을 보이는 아이라면 한번쯤 '약시' 중상은 아닌지 살펴봐야 합니다. 아이가 약시를 앓고 있다면 특징적으로 보이는 행동이 있습니다. 로봇이나 인형처럼 흥미 있어 하는 물건이 눈앞에 있어도 시선을 주지 않은 채 주변을 두리번거려요. 또 잘 보이는 눈으로 보기 위해 사물을 흘겨보고, 책을 읽을 때 머리를 한쪽으로 기울이기도 하지요. 책을 읽고 난 뒤 눈을 세게 누르거나 손가락으로 자신이 읽는 부분을 짚어가며 읽기도 하고 자주 넘어지거나 물건을 수시로 깨뜨려도 약시를 의심해볼 수 있어요. 약시는 제때 진단하고 치료하지 않으면 고치기가 힘든 질환이에요. 겉보기에는 이상이 없고, 아이도 불편이나 통증이 없어 잘 드러나지 않기 때문에 발견하기도 어렵지요. 실제로 소아 약시의 50% 이상이 만 5세 이전에 진단을 받지 않아 치료 시기를 놓친 경우입니다.

특별한 이상이 없는데도 시력이 나쁘면 '약시'라고 해요

근시, 원시, 난시, 약시 등 시력과 관련된 용어가 참 많습니다. '근시'는 멀리 있는 것이 잘 안 보이고 가까이 있는 것이 잘 보이는 눈이고, 반대로 '원시'는 멀리 있는 것은 잘 보이지만 가까이 있는 것은 잘 보이지 않는 눈을 말합니다. '난시'는 안구의 표면이 고르지 못한 상태로, 초점이 한군데로 모이지 않아 흐리게 보이는 상태이지요. 약시는 다소 생소한 용어인데요. 간혹 시력이 너무 나쁜 눈을 '약시'라고도 하는데, 이것은 잘못된 사실입니다. 약시는 성장기에 시력 발달이 제대로 이뤄지지 않아 안경으로 교정해도 정상 시력이 나오지 않는 눈을 말해요. 안구에 특별한 이상이 없는데도 시력이 나쁜 경우인데, 안경으로 교정한 시력이 0.8 이상 나오지 않으면 약시라고 합니다.

시력은 태어나 자라면서 서서히 완성돼요. 갓 태어난 아이의 시력은 매우 낮아 사물을 어렴풋이 감지하는 정도밖에 되지 않습니다. 그러다가 6개월이 지나면 0.1 정도의 시력을 갖게 되고, 정상적인 아이라면 4세경 시력이 0.7~0.8, 6세가 되면 1.0의 정상 시력을 갖게 됩니다. 약시는 한창 시력이 발달하는 시기에 정상적인 시력 발달이 이뤄지지 않았다는 걸 의미합니다.

왜 시력 발달에 이상이 생기는 것일까요? 대부분 시각 정보에 이상이 생겼기 때문입니다. 사시이거나 눈의 굴절에 이상이 생기면 뇌는 상대적으로 시력이 나쁜 쪽 눈이 받아들이는 정보를 무시해요. 양쪽 눈의 시력 발달 정도가 다르면 시력이 좋은 눈만 계속 사용하려 해서 다른 한쪽 시력은 퇴화할 수밖에 없지요. 안경을 써도 시력이 1.0 이하로 나오고, 두 눈의 시력 차가 0.2 이상 나기도 합니다. 약시를 일으키는 대표적인 원인은 다음과 같습니다.

• **사시**　약시의 가장 흔한 원인이 됩니다. 어려서부터 사시가 있으면 물체가 두 개로 보임에 따라 사시 증상이 있는 눈으로는 보지 않고 정상 눈으로만 보려 하기 때문에 약시가 생깁니다. 사시를 빨리 치료하지 않으면 약시는 더욱 쉽게 생기며, 사시 발생 후 3개월 이내에 치료하지 않으면 대부분 약시로 발전합니다.

• **굴절 이상(근시·원시·난시 등)**　양쪽 눈 사이의 굴절률이 서로 다를 경우, 좀 더 정상적인 눈으로 보려 하기 때문에 다른 한쪽 눈에 약시가 생겨요. 외관상 두 눈의 차이를 알아내기란 쉽지 않으므로 정밀 시력 검사를 받아야 합니다.

• **눈의 혼탁**　백내장처럼 눈 안의 구조에 혼탁이 있는 경우에는 두 눈이 고르게 자극받지 못해 약시가 생기기도 합니다. 눈에 정확한 상이 맺히지 못하는 상태를 그대로 두었을 때, 그 눈은 나중에 아무리 교정하거나 수술해도 원래 시력으로 회복되기 어려우므로 가능한 한 원인을 빨리 제거해야 해요.

 시력이 심하게 떨어져요

아이의 나이에 해당하는 표준 시력에 못 미칠 정도로 시력이 떨어집니다. 특히 어두운 곳보다 밝은 곳에서 시력 저하가 두드러지는 경향이 나타나요. 시력표에서 두 눈의 시력 차이가 두 줄 이상 있을 때 나쁜 쪽이 약시안이 되며, 양쪽 눈 모두 교정시력이 정상 표준 시력에 도달하지 못하면 두 눈 모두 약시가 됩니다.

아이가 학교에 들어가 칠판이 안 보인다고 할 때면 이미 늦을 수 있어요

교정이 불가능한 시력 저하가 약시의 대표 증상이지만 정작 아이는 본인의 시력이 나쁜 것을 모를 때가 많습니다. 어려서부터 시력 발달이 잘 안 되어 희미하게 보이는 게 정상인 줄 알거나, 한쪽 눈만 나쁠 경우 반대쪽 눈으로 보기 때문에 잘 안 보이는 것을 모르는 것이지요. 약시를 방치하면 평생 시력 장애를 안고 살아야 할지도 모릅니다. 약시는 대부분 수술로 치료할 수 없기 때문이에요. 하지만 조기 발견 및 치료하면 교정될 가능성이 있으므로 겉으로는 정상으로 보이더라도 시력 및 굴절 검사를 받아보기를 권장합니다. 실제 대한안과학회 조사 결과, 만 4세에 시작한 소아 약시 완치율은 95%였지만 만 8세 때는 23%로 3배 이상 낮았지요. 아이가 잘 안 보인다고 말하지 않더라도 만 3세경에는 아이를 안과에 데려가 검사를 받고, 가까이 있는 물건을 찡그려서 보거나 시력이 나쁠 만한 내력이 있다면 빨리 검사를 받는 것이 좋습니다.

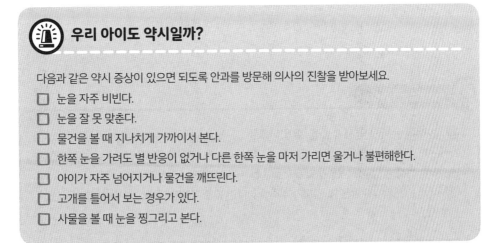

우리 아이도 약시일까?

다음과 같은 약시 증상이 있으면 되도록 안과를 방문해 의사의 진찰을 받아보세요.
- ☐ 눈을 자주 비빈다.
- ☐ 눈을 잘 못 맞춘다.
- ☐ 물건을 볼 때 지나치게 가까이서 본다.
- ☐ 한쪽 눈을 가려도 별 반응이 없거나 다른 한쪽 눈을 마저 가리면 울거나 불편해한다.
- ☐ 아이가 자주 넘어지거나 물건을 깨뜨린다.
- ☐ 고개를 틀어서 보는 경우가 있다.
- ☐ 사물을 볼 때 눈을 찡그리고 본다.

약시 진단은 이렇게 합니다!

양쪽 눈의 시력이 안경으로 교정해도 차이가 크게 나면 약시로 진단해요. 문제는 '어린아이의 시력을 어떻게 측정하는가'입니다. 간단한 방법은 한쪽 눈을 가리고 아이의 행동을 자세히 관찰하는 것이에요. 또 먼 곳을 응시하는 모습으로도 시력 차이를 알 수 있어요. 만일 한쪽 눈만 약시가 있다면 정상 눈을 가리고 약시 눈으로만 보게 했을 때 아이는 안 보여서 눈가리개를 떼든지, 눈가리개 주변으로 보려고 하든지, 눈앞에 움직이는 물체를 보지 못합니다. 시력이 정상으로 나오지 않는 경우엔 눈에 안약을 넣고 눈동자를 크게 한 후 눈 속 정밀검사를 시행하고, 말로 표현이 가능한 2~3세 아이는 시신경의 기능을 볼 수 있는 시신경 유발 전위검사 및 정밀 시야 검사 등을 하기도 해요. 이런 검사를 통해 약시로 진단되면 원인이 되는 사시, 백내장, 굴절 이상, 눈꺼풀 처짐 같은 증상이 있는지 정밀검사를 받습니다.

어린이가 약시라 하더라도 한쪽 눈이 정상이면 별다른 불편을 느끼지 못할 수 있으므로 만 4세가 되기 전에 별 증상이 없더라도 안과 검사를 받아 보는 것이 좋습니다. 시각(視覺)은 만 9세 무렵에 완전히 성숙하기 때문에 9세 이후 약시를 발견하면 치료 효과가 없을 수 있어요.

닥터's advice

❓ 반대쪽 눈까지 약시가 옮을 수 있나요?

약시는 기본적으로 전염되지 않습니다. 그러나 약시가 없던 눈에 약시를 유발하는 요인이 생긴다면 약시가 생길 수 있지요. 예를 들어 눈꺼풀에 혈관종이 생기거나 다치거나 염증으로 눈꺼풀이 많이 부어서 눈이 떠지지 않을 때, 나이가 아주 어리다면 짧은 기간만으로도 가려진 눈에 약시가 생길 수 있습니다.

약시 치료, 어떻게 하나요?

시력이 좋은 눈을 가려요, 가림 요법!

가장 보편적인 약시 치료법은 가림 요법입니다. 시력이 좋은 눈을 가려서 못 보게 하고 약시인 눈만 사용하게 해 시력 발달을 돕게 합니다. 일정 기간 시력이 좋은 쪽의 눈을 가리면 약시인 눈이 자극받아 시력이 좋아지는 효과를 기대할 수 있어요. 가림 요법용 안대를 사용하거나, 깨끗한 거즈를 서너 장 겹쳐 잘 보이는 눈에 대고 빛이 들어가지 않게 가려줍니다. 아침에 일어나자마자 세수시킨 후 즉시 안대로 가리고, 잠들고 난 후 떼어주는 것이 좋아요. 가림 요법으로 효과를 봤지만, 이후 양쪽 눈으로 보게 했을 때 다시 약시가 생길 수 있어요. 반드시 안과 의사의 처방하에 합니다.

안경을 써서 교정해요

소아 약시는 안경으로 눈의 굴절 이상을 교정해 치료하기도 합니다. 근시나 난시, 원시가 있으면 안과 검사 후 안경을 착용해야 합니다.

약물처벌치료를 고려할 수도 있습니다

아이에게는 안대를 끼거나 안경을 쓰는 일이 생각만큼 쉬운 일이 아니지요. 그런 만큼 아이가 안대 착용을 완강히 거부하거나 피부 질환 등의 문제가 있다면 0.5~1.0% 수준의 아트로핀(근시 진행을 막아주는 약제)을 정상 눈에 넣어 가까운 곳을 볼 때는 약시안을, 먼 곳을 볼 때는 정상안을 쓰도록 하는 '약물처벌치료'를 고려해볼 수도 있습니다.

눈을 많이 사용하게 해주세요

효과적인 약시 치료를 위해선 눈을 최대한 많이 사용해야 합니다. 안대로 가림 치료를 하고 있다면 책을 읽히거나 심지어 TV나 만화책을 보게 해 눈을 많이 사용하게 하는 것이 오히려 효과가 좋을 수도 있어요. 약시는 재발할 우려가 큰 만큼 시력 회복 후에도 지속적인 관찰은 필수예요. 대개 근시, 난시, 원시 등의 굴절 이상이 있게 마런이므로 적어도 6개월에 한 번씩은 검사하는 것도 잊지 마세요.

얼마나 빨리 발견하느냐에 따라 달라집니다

약시 치료는 어리면 어릴수록 효과가 빠르고, 반면 10~14세 이상이 되면 치료 효과가 거의 없다고 해도 무방할 정도로 급격히 치료 효과가 떨어집니다. 그만큼 약시 치료의 성공은 무엇보다 얼마나 빨리 발견하느냐에 달려 있어요. 그런 만큼 영유아 검진 혹은 안과 의사의 진료를 통해 아이의 정상 시력 발달 여부를 꼼꼼히 확인합니다.

 Dr. B의 우선순위 처치법

1. 불빛이나 햇살에 유난히 눈이 부시다면 안과 검진을 받아야 해요.
2. 먼 곳을 볼 때 눈을 찌푸리거나, 한쪽 눈을 습관적으로 감을 때는 검진을 받아봐야 해요.
3. 걷다가 장애물이 없는데도 자주 넘어진다면 약시를 생각해봐야 해요.
4. TV나 책을 보고 난 후에는 눈을 쉬게 해요.
5. 치료 후에도 정기적인 안과 검진을 받아야 해요.

눈을 건강하게 지키는 생활습관

1 시력에 맞는 안경을 골라주세요.

2 어두운 곳에서 책을 보지 않게 합니다.

3 조명 그림자가 책상을 가리지 않아야 합니다. 스탠드는 빛이 직접 눈에 닿지 않는 위치에 놓고, 높이는 40cm 정도가 적당해요.

4 독서 거리는 30㎝ 이상 유지하도록 해주세요. 아이가 습관적으로 엎드려 책을 읽는다면 자세를 고쳐줘야 합니다.

5 TV를 너무 높은 위치에 놓고 올려다보는 것은 눈을 피곤하게 하는 지름길이에요. 오랜 시간 시청하는 것도 피해야 합니다.

6 컴퓨터 모니터는 아이 눈높이보다 낮게 배치하며, 눈과의 거리는 50~60cm 정도가 적당합니다.

7 책을 읽거나 TV를 보고 난 다음에는 눈도 쉬는 시간이 필요하므로 고개를 들어 먼 곳을 바라보게 하세요. 이왕이면 초록색이 많은 공원이나 산을 바라보면 눈의 피로를 한층 덜어줄 수 있습니다.

안과 질환

그 밖의 눈의 이상

눈에 대해 더 알아둬야 할 이상 질환 및 관리법.

체크 포인트

☑ '아이의 눈이 좀 이상한 것 같다'라는 생각이 들면 바로 소아청소년과 의사
와 상의하거나 안과 의사의 진료를 받는 게 좋습니다.

☑ 아이의 시력이 궁금하다면 예방접종을 하거나 진료를 받으러 갈 때 시력표
를 한 번 읽혀보거나 동네 안과를 방문해 시력 검사를 받아보세요.

☑ 안경 쓰는 것이 결코 눈을 더 나쁘게 하지 않습니다. 시력이 나빠져서 안경
을 쓰는 것이지 안경을 써서 시력이 더 나빠진 것은 아닙니다.

아이들은 눈에 이상이 있어도 말로 표현하지 못해요

성인이 겪는 모든 종류의 눈의 이상은 아이에게도 나타납니다. 어른에 비해 진단과
치료가 복잡하고 까다롭지요. 하지만 아이들은 눈에 이상이 있어도 말로 잘 표현하
지 못하기 때문에 보이지 않고, 사시가 심한데도 부모가 그냥 모르고 지나치기 쉽습
니다. 아이 시력은 만 6세경이면 완성되므로 이 시기 안에 시력 발달이 잘 이뤄져야
해요. 따라서 문제를 조기에 찾아 치료하는 것이 중요해요. 각종 선천성 질환은 물론

972

사시나 약시, 근시·원시·난시 등의 굴절 이상은 진단과 치료가 빠를수록 좋아요. 말로 표현이 가능한 2~3세경부터 정기적으로 정밀 시력 검사를 받아 이상이 있으면 그에 따라 안경을 착용하거나 약물 점안 또는 수술로 원인을 제거해주는 대처가 꼭 필요합니다.

눈의 이상 ① 아이의 색맹, 심각한 질병이 아니에요

• 색깔 구분을 못 하는 아이, 색맹일까? 흔히 색깔을 구분하거나 인지하지 못하는 것을 '색맹'이라 부릅니다. 색맹은 색각이상증이라고도 하며, 망막의 원뿔세포가 선천적 혹은 후천적으로 손상되어 색을 정상적으로 구분하지 못하는 질병이에요. 정상인이 느끼는 색상은 빨강·녹색·파랑색의 혼합인데 색맹 환자는 이 세 가지 색 중 하나가 불완전해 두 가지 색만 인식합니다.

• 더 좋아지지도 나빠지지도 않아요 어릴 때 색맹을 알아차리기란 사실상 불가능해요. 아이가 직접 불편함을 말하기 전에는 알기 어렵기 때문이에요. 그러나 선천적 색맹은 빨리 발견한다고 해서 딱히 고칠 수 있는 해결책도 없고, 빨리 안다고 해서 더 좋아지거나 나빠지지도 않기 때문에 다른 안과 질환에 비해 조기 발견과 치료가 큰 의미가 없습니다. 만약 아이가 색맹 증상을 보이더라도 너무 조급해하거나 심각하게 받아들이지 않아도 됩니다.

• 불편할 뿐 무서운 질병은 아니에요 색맹은 꼭 치료해야 할 만큼 심각한 질환이 아니며, 일상생활에 큰 불편함을 주는 것도 아닙니다. 다만 색을 감별하는 능력이 엄격하게 필요한 직업이나 전문학과를 지망할 수 없을 뿐이지요. 어떻게 보면 색맹을 고치려고 노력하는 것보다는 색맹자를 제한하는 여러 규정 완화가 더 현실적이고 효과적일 수 있어요.

눈의 이상 ② 아이가 이유 없이 눈물을 흘려요

• 생후 6개월 이내에 진단받은 후 치료하면 좋아집니다 선천성 코 눈물관 폐쇄나 협착

이 있다면, 막혀 있는 정도에 따라 이유 없이 눈물이 주르륵 흐르거나 속눈썹 주변에 젖은 눈곱이 많아집니다. 갓난아기 중에 눈 안쪽에서 콧속으로 통하는 눈물을 배출하는 통로 중 코 쪽 출구가 막히거나 좁아진 상태로 태어나는 경우가 10% 정도 돼요. 다행스럽게도 생후 6개월 이내에 진단을 받고 눈물길 마사지와 안약으로 치료하면 대부분 좋아집니다. 마사지 방법은 양미간을 엄지와 검지로 잡아주면 돼요. 그러면 주머니처럼 통통하면서도 볼록한 것이 만져지는데, 그것을 하루에 2~3차례씩 주물러줍니다. 이런 방법으로 1년여간 꾸준히 마사지를 해주면 상태가 많이 좋아집니다.

• **눈물길을 뚫어주는 수술을 하기도 해요**　생후 6~8개월까지도 좋아지지 않으면 점안마취 후 탐침법으로 눈물이 내려가는 길을 뚫어주고 넓혀줍니다. 1~2차례 뚫어도 증상이 좋아지지 않으면 1~2세에 가느다란 실리콘 눈물길 확장관을 눈물 배출로에 넣어주는 시술을 해주면 좋아져요. 그러나 돌이 지나 수술을 받으면 성공률이 점점 떨어져요. 아이가 눈물을 늘 흘리고 눈물이 항상 고여 있는 경우, 또 눈곱이 많이 낀다면 생후 6개월~1년 이내에 안과에서 빠른 진단과 치료를 받는 것이 좋습니다.

눈의 이상 ③ 앞이 뿌옇게 흐려지는 백내장 증상이 나타나요
• **선천적 원인이나 아토피부염으로 소아 백내장이 발생할 수 있어요**　백내장은 사물을 뚜렷하게 볼 수 있게 돕는 수정체가 혼탁해져 시야가 뿌옇게 보이는 질병이에요.

 닥터's advice

❓ **눈에 낀 눈곱, 어떻게 하면 좋을까요?**
아이 눈에 눈곱이 끼면 식염수를 묻힌 깨끗한 수건으로 닦아내는 것이 좋습니다. 억지로 떼기보다 눈곱을 녹인 다음 자연스럽게 떼주는 것이 가장 효과적이지요. 닦아내도 계속 눈곱이 낀다면 의사의 진료를 받아보는 게 좋습니다. '괜찮아지겠지'라며 지켜만 보다간 결막에 이상이 생길 수 있어요. 눈곱이 낀다고 임의로 아무 안약이나 넣는 것은 절대 금물입니다. 잘못 사용하면 오히려 더 크게 고생할 수 있으므로 반드시 의사의 진찰을 받은 후에 사용합니다.

안과 질환

50~60대에서 주로 겪는 질환으로 알려져 있어요. 하지만 최근엔 스마트폰 사용, 강한 자외선의 영향 등으로 아이들의 백내장 발병이 늘고 있습니다. 또 아토피피부염이 있는 경우 스테로이드 약 사용과 장기적으로 눈을 자주 비비는 습관이 백내장을 일으키는 위험 요인으로 알려져 있어요. 소아 백내장도 성인과 마찬가지로 수정체가 혼탁해지면서 시력 저하가 나타나는데, 유전적 요인이거나 태내 감염, 외상에 의한 경우가 많습니다.

• 조금이라도 시력 저하를 보이면 바로 병원을 찾습니다 소아 백내장은 원인 모를 시력 저하로 병원을 찾았다가 판정받는 경우가 많아요. 조기에 발견해서 치료하지 않으면 수술을 하더라도 시력이 더 나빠지기 때문에 빠른 치료가 중요한 질환입니다. 어릴 때 발생하는 백내장은 초기 발견이 힘들어 정기적인 검진 외에는 방법이 없습니다. 어리다고 그냥 지나치지 말고 정기적으로 검사를 받고, 시력 저하 등의 이상 증상이 생기면 빨리 안과로 내원해 진료를 받아야 합니다.

눈의 이상 ④ 유전자 이상으로 각막에 흰 반점이 생겨요

• 부모 중 한 명이라도 이상증이 있다면 '아벨리노 각막이상증' 유전에 의한 실명 질환은 가족력이 큰 만큼 미리 점검하고 조기에 관리해야 합니다. 대표적으로 주의해야 할 유전 안과 질환 중 하나가 바로 '아벨리노 각막이상증'이에요. 눈동자의 각막 표면에 염증 없이 흰 점이 생기면서 시력이 떨어지고 결국 실명에 이르는 질환이지요. 부모 중 한 사람이 아벨리노 유전자를 보유하고 있다면 아이에게 유전될 확률이 높습니다. 아벨리노 각막이상증은 보통 10세 이전에 발병하며 증상의 진행 속도는 개인에 따라 다릅니다. 아벨리노 각막이상증 유전자를 갖고 있더라도 증상이 전혀 나타나지 않기도 하고, 평균보다 매우 빠르게 진행될 때도 있습니다. 아벨리노 DNA 검사를 통해 발견합니다. 현재까지는 완치법이 없어요.

• 아벨리노 각막이상증으로 판명되면 라식·라섹 수술을 해서는 안 돼요 아벨리노 각막이상증은 평소 증상이 나타나지 않다가 시력 교정술이나 외상 등으로 각막에 자극이 가

해질 때 급격히 나타나기도 합니다. 따라서 검사를 통해 아벨리노 각막이상증의 여부를 확실히 파악하는 것이 안전하며 진단을 받았다면 라식과 라섹 수술을 해서는 안됩니다.

알쏭달쏭! 아이 시력 궁금증

Q TV를 가까이서 보면 눈이 나빠지나요?

가장 많이 오해하는 사실 중 하나예요. 결론부터 말하자면 TV를 가까이 봐서 눈이 나빠지는 것이 아니라 눈이 나빠서 가까이서 보는 것입니다. TV로 근시가 생기는 경우는 30cm 정도로 매우 가까이서, 장기간 시청했을 때 가능한 얘기지요. 한마디로 TV 시청으로 근시가 되기는 어려우니 이런 점에 대해 너무 염려할 필요는 없습니다. 다만 TV 보는 자세가 바르지 않아 생기는 문제가 더 큽니다. 즉 얼마만큼 가까이서 보는지보다 얼마나 바른 자세로 보는가에 더욱 신경 써야 해요. 또 바른 자세로 고정된 시선으로 책을 볼 때보다 버스, 지하철 등 움직이는 곳에서 볼 때 시력은 더욱 나빠집니다. 그러므로 무엇보다 중요한 것은 물체를 바로 보는 습관을 들이는 것이에요. 적절한 밝기에서 올바른 자세로 책이나 TV를 보는 습관을 들여주세요.

 닥터's advice

❓ 몇 세부터 시력 측정이 가능한가요?

시력이란 숫자나 글씨를 읽어 대답해야 하는데, 이런 과정을 3세 이전 아이에게 이해시키기란 매우 어렵습니다. 2세 이전이라면 줄무늬 그림을 비추는 텔러시력표가 있지만, 아직 대중화되지는 않았어요. 하지만 아이가 어느 정도 보는지는 몇 가지 검사로 알 수 있고, 2~3세 이후라면 숫자나 그림을 대답하지 못해도 알파벳 E 모양과 같은 모양을 맞추는 게임 형식의 시력 측정 방법이 있습니다. 대체로 아이의 시력을 시력표로 검사하려면 적어도 2~3세가 되어야 할 수 있어요.

Q 부모가 눈이 나쁘면 아이도 눈이 나빠지나요?

아이들 대다수는 근시나 난시 같은 굴절 이상 때문에 시력이 나빠집니다. 굴절 이상이란 빛이 시신경과 망막에 정확한 초점을 맺지 못해 물체가 흐리게 보이는 상태이지요. 그럼 굴절 이상은 왜 생길까요? 굴절 이상은 사람마다 키와 몸무게 차이가 나듯 눈 길이의 차이로 생깁니다. 즉, 먼 곳을 볼 때 눈이 나쁜 사람과 정상인은 안구 길이가 서로 다르다는 말이지요. 키처럼 안구 길이도 유전적으로 결정되는데요. 따라서 부모가 안경을 꼈다면 아이도 안경을 낄 확률이 높아집니다. 하지만 최근 증가하는 근시 아이의 숫자는 이런 유전학적 요인으로만 보기 어려운 게 사실이에요. 어려서부터 스마트폰, 컴퓨터 등 디지털 기기를 가까이 하고 잘못된 조명, 독서 방식 등 시력을 해치는 환경적 요인이 시력 저하의 큰 주범으로 자리 잡고 있으니까요. 그러므로 부모가 근시가 아니더라도 아이에게 근시가 생길 수 있어요. 반대로 아이가 근시 유전자를 가졌더라도 올바른 생활습관을 가졌다면 근시 진행을 더디게 할 수 있습니다.

Q 어릴 때 안경을 쓰면 눈이 더 나빠진다고 하던데요?

안경을 쓰는 것이 결코 눈을 더 나쁘게 하지는 않습니다. 안경은 근시, 혹은 난시가 진행하는 데 아무런 영향을 미치지 않아요. 하지만 안경 착용 후 시력이 점점 더 나빠진다고 느끼는 것은 '안경' 때문이 아니라 근시의 경우 신체가 성장하면서 안구의 길이도 같이 길어져 굴절력이 변하기 때문입니다. 시력이 나빠진다는 것은 근시 혹은 난시의 도수가 점점 높아진다는 뜻으로, 이는 눈의 성장과 관계가 있어요. 아이들의 키가 자라는 것처럼, 눈도 점점 커지는데요. 따라서 근시가 진행되어 눈의 초점이 고정된 상태에서 아이의 키가 큰다면 망막과 시신경 부위가 점점 더 뒤로 물러난다는 말이고, 시신경에 정확히 초점이 맺히기 위해서 빛을 점점 더 뒤로 보내야 하므로 더 높은 도수의 오목렌즈가 필요한 것이지요. 시력이 나빠져서 안경을 쓰는 것이지 안경을 써서 시력이 더 나빠진 것은 아니라는 말입니다. 오히려 꼭 필요한 때 안경을 쓰지 않으면 약시가 되어 영구적인 시력 장애가 올 수 있으므로 주의해야 합니다.

Q 시력이 나쁜 것을 어떻게 알아차릴 수 있을까요?

특별한 질환을 발견하지 못한 경우라면 안과에서 정기적인 눈 검진을 통해 시력 측정을 해야 합니다. 일상생활 중 아이가 시력이 나쁘다는 것을 의심할 만한 몇 가지 증상이 나타나면 나이에 상관없이 꼭 안과 검진을 받아야 합니다. 아이의 시력이 궁금하면 예방접종 하거나 진찰을 받으러 갈 때 동네 소아청소년과에서 시력표를 한번 읽혀보거나 동네 안과를 방문해서 시력 검사를 받는 것이 좋습니다. 이때 처음 방문하는 시기는 늦어도 4세가 되기 전이어야 해요. 아이들의 시력은 6~7세가 되면 완성되기 때문에 이때 이상을 발견하면 시력을 회복할 수 없는 경우가 대부분입니다. 그런 만큼 늦어도 3~4세가 되면 안과 검진을 한번쯤 받아보는 게 좋습니다.

어릴 때부터 시작하는 눈 관리 습관

1 눈을 감았다 떴다 움직이며 운동하게 해주세요

시력이 나쁘고 눈 근육이 긴장되면 깜빡임의 횟수가 정상보다 줄어듭니다. 이럴 때 의식적으로 눈을 감았다 떴다 하여 눈 근육에 자극을 주면 피로가 풀리고 조절력이 좋아지죠. 눈을 깜빡이면 일정량의 눈물이 분비되어 이때 분비된 눈물이 눈에 있던 이물질을 내보내고, 눈을 깜빡이는 동안 미세한 눈 근육이 움직여 초점을 조절하는 데 도움이 됩니다. 바른 자세로 눈을 감고 고개를 가볍게 젖힌 후 2~4회 눈을 깜빡이게 해주세요. 방향도 정면, 시계 12시 방향, 6시 방향, 9시 방향, 3시 방향 순으로 수시로 바꿔 1회씩 깜빡이게 합니다. 눈동자를 시계 방향, 시계 반대 방향으로 한 번씩 돌려주는 것으로 마무리합니다.

2 눈도 세수시켜 주세요

마치 세수를 하듯 온수와 냉수로 눈을 적셔주면 혈액순환을 도와 눈의 피로를 해소하는 데 효과적이에요. 따뜻한 물수건, 차가운 물수건을 사용해도 똑같은 효과를 볼 수 있습니다. 따뜻한 물 10초, 차가운 물 10초씩 번갈아 가며 감은 상태의 눈을 가볍게 적신다는 생각으로 세수시켜주세요.

3 햇빛을 충분히 받게 해주세요.

햇빛은 눈을 튼튼하게 하는 천연 비타민과도 같은 역할을 합니다. 특히 아이가 눈이 뻑뻑하다거나 건조하다고 하면 눈에 햇빛을 받는 일광욕을 시켜주세요. 두 발을 벌리고 태양을 향해 편안하게 선 후, 두 손을 머리 위로 들고 눈을 가볍게 감게 합니다. 그런 다음 눈을 깜빡깜빡하는 방법이에요. 1분 후 고개를 천천히 좌우로 돌리는 방식으로 하루 3~4회, 3~4분씩 꾸준히 시킵니다.

안과 질환

11

혈액 질환

소아 빈혈

얼굴이 창백하고 피곤해하며 밥을 잘 안 먹으려고 해요.

혈액 질환

체크 포인트

- ☑ 소아 빈혈은 엄마가 세심히 주의를 기울여야 발견할 수 있어요.

- ☑ 소아 빈혈은 발육을 떨어뜨리고 두뇌 발달을 지연시켜 학습 능력에도 영향을 미치기 때문에 빠른 진단과 신속한 치료가 필요해요.

- ☑ 소아 빈혈은 증상에 따른 원인을 찾아야 합니다. 빈혈 증상이 있다면, 또는 소아청소년과의 권유를 받으면 반드시 빈혈 검사를 받도록 합니다.

- ☑ 태아 때 엄마 배 속에서 받은 철분의 사용이 끝나가는 생후 4~6개월 이후에는 철분이 충분히 들어 있는 이유식을 먹이는 것이 중요합니다.

- ☑ 검사를 통해 소아 빈혈 진단을 받았다면 철분제를 복용하고, 철분이 풍부한 고기·녹황색 채소·해조류를 섭취합니다.

아이가 피곤해 보인다 했더니 '빈혈'이래요

돌이 채 안 된 아기도 빈혈이 생길 수 있어요. 소아 빈혈은 6개월~3세 아이에게 많이 나타납니다. 어른들과 달리 증상을 정확히 표현하지 못해 빈혈에 걸렸는지 모른 채

지나가는 경우가 많아요. 또한 소아 빈혈은 천천히 진행되어 어지럼증을 호소하는 경우가 거의 없어서 초기에 알아차리기 어려워요. 아이 얼굴이 유독 창백하거나 안색이 좋지 않을 때, 자주 칭얼거리며 밥을 잘 안 먹으려고 한다면, 소아 빈혈을 의심해봐야 합니다.

소아 빈혈은 생각보다 아이들이 자주 걸리는 질병이에요. 영양 상태가 좋아진 근래에도 빈혈 환자는 늘어나는 추세입니다. 특히 9세 이하의 경우 과거에 비해 3.9배가 늘어났고, 그중에서도 12개월 아이의 증가율이 가장 크다고 알려졌어요. 나이가 어릴수록 빈혈에 걸릴 가능성이 크다는 말이지요. 빈혈은 혈액 내 적혈구 수나 혈색소량 또는 두 가지 모두가 정상치보다 떨어진 상태를 말합니다.

철분 부족이 주원인이에요

소아 빈혈은 대부분 철분이 부족해서 생기는 '철 결핍성 빈혈'이에요

빈혈은 체내에 적혈구 수 또는 헤모글로빈 수치가 정상치보다 떨어진 상태를 말합니다. 나이에 따라 정상 헤모글로빈 수치가 다른데, 유아(6개월~6세)는 10~11g/dL, 소아(6세~14세)는 12g/dL에 미치지 못할 때 소아 빈혈로 진단해요. 아이에게 생기는 빈혈은 주로 철분이 부족해서 나타나는 철 결핍성 빈혈이에요. 아이들은 발육 속도가 매우 빨라 생후 3~4개월이면 태어난 체중의 2배가 되는데, 이는 몸무게가 늘어난 것만큼 몸 안의 피의 양도 빠르게 늘어나야 한다는 것을 의미합니다. 태어나 생후 6개월 동안은 필요한 철분을 엄마로부터 받아 세상에 나오지만, 생후 6개월 이후에는 철분을 따로 섭취해야 합니다. 이때 잘못된 식습관이나 혹은 여러 이유로 철분 섭취가 부족하면 빈혈이 생겨요. 미숙아로 태어나서 영양분이 부족한 경우, 모유 수유를 하거나 이유식을 할 때 철분을 충분히 섭취하지 못한 경우에도 주로 발생합니다. 예전보다 영양 상태는 좋아졌지만 영양소를 고루 섭취하지 않는 것이 원인으로 작용해요.

나이	Hb 농도(g/dL)
6개월~6세 미만	11
6세 이상~14세	12
성인 남성	13
성인 여성(비임산부)	12
성인 여성(임산부)	11

▲ 세계보건기구(WHO)의 헤모글로빈(Hb)에 의한 빈혈 판단 기준

모유를 먹는 아이의 소아 빈혈은 엄마의 철분 부족이 원인이에요

모유 수유를 하는 아이는 엄마의 영양분을 그대로 전달받기 때문에 엄마가 철분이 많이 든 음식을 충분히 섭취하거나 철분제를 복용해 부족한 철분을 채워줘야 합니다. 태아 시기에 엄마에게 전해 받은 철분은 생후 4~6개월쯤이면 사라집니다. 따라서 그 이후부터는 철분이 풍부한 이유식을 통해 보충해야 해요. 물론 모유에도 철분이 들어

 닥터's advice

❓ 철분은 부족해도 넘쳐도 문제예요

철분이 부족한 것도 문제지만 너무 과잉 섭취해도 문제가 발생해요. 몸속에 철분이 쌓이면 변비가 생기거나 소화가 잘되지 않아요. 철분을 많이 섭취하면 면역 기능이 떨어지고 심장이나 간에 부담을 주기도 해요. 심하면 암세포 성장을 돕는다는 연구 결과도 있으므로 하루 철분 권장량에 맞춰 영양을 고르게 섭취하는 게 중요합니다.

❓ 철분, 함유량보다 섭취율에 더 신경 써요!

아이들의 하루 철분 권장량은 0~5개월 아이의 경우 0.3mg, 6~24개월은 6mg, 3~5세는 7mg입니다. 모유에는 1ℓ당 0.4mg가량의 철분이 함유되어 있는데 양은 적지만 흡수율이 50%나 되기 때문에 생후 5개월까지는 모유만으로도 권장량을 충당할 수 있어요. 이유식을 시작하는 생후 6개월부터는 이유식으로 철분을 보충해야 합니다. 이때 식품마다 철분 함유량과 흡수율이 다르니 꼼꼼히 따져봐야 해요. 일반적으로 철분 함량이 높다고 알려진 식품 중에도 체내 흡수율이 낮은 식품이 많습니다. 쇠고기나 닭고기, 생선 등에 들어 있는 철 성분은 함유량의 15~35%가 체내에 흡수되는 반면 시금치, 당근 등 채소류에 들어 있는 철은 체내 흡수율이 2~20% 정도밖에 되지 않습니다. 따라서 식품으로 철분을 보충하고자 할 때는 함유량보다는 체내 흡수율을 확인합니다.

있지만 생후 6개월 이후에는 모유로만으로는 아이의 몸에서 필요로 하는 철분의 양을 보충하기에 부족해요. 만일 6개월 이전의 아기가 모유 수유 중 소아 빈혈 증상을 보일 때는 엄마에게 철분이 부족하지 않은지 확인해보세요.

이유식을 시작하는 생후 6개월부터 철분 섭취가 매우 중요해요

소아 빈혈이 두드러지는 시기는 생후 6개월과 체중이 급격히 증가하는 15개월 무렵이에요. 특히 이 시기는 이유식이나 유아식 등 음식의 영향을 많이 받는데, 아이가 철분이 든 식품을 잘 먹지 않고 편식을 하면 빈혈이 생기기 쉽습니다. 이유기 아이들에게 가장 중요한 영양소는 철분입니다. 철분은 혈액의 주요 구성성분으로 적혈구를 생성하고 체내 단백질 구성에 필수 요소이지요. 또 산소를 운반하는 기능을 하며 근육의 수축 반응, 단백질, 지방, 당질 및 기타 물질의 합성 반응에 관여하는 매우 중요한 성분입니다. 특히 쌀과 채소류를 주식으로 합니다. 이유식이 제대로 진행되지 않으면 빈혈이 발생할 확률이 높아져요. 모유 내 철분 함량이 높고 흡수율이 높다고 모유만 먹이고 이유식을 먹이지 않는 것은 잘못된 생각입니다.

미숙아의 경우, 우유를 너무 많이 먹는 것도 조심해야 합니다

미숙아는 엄마 뱃속에서 6개월 동안 자신에게 필요한 철분을 충분히 공급받지 못했기 때문에 생후 6개월 이전에도 소아 빈혈이 발생할 위험이 있습니다. 또한 성장 속도가 정상아보다 빨라 많은 양의 철분이 필요하기 때문에 더욱이 소아 빈혈의 위험에 노출되어 있어요. 우유와 달걀을 통해 철분을 섭취할 수는 있는데, 우유와 달걀을 과다하게 섭취할 경우 다른 식품의 철분 흡수를 방해합니다. 특히 우유는 장내 미세한 출혈을 일으켜 철분 부족을 발생시킬 수 있어요.

가벼운 빈혈은 별다른 증상이 없어요

아이의 경우 철 결핍 현상이 매우 천천히 진행되는 데다 가벼운 빈혈은 특별한 증상이 나타나지 않아 조기에 발견하기가 쉽지 않아요. 빈혈이 시작되면 아이의 안색이 창백해 보입니다. 밥을 잘 안 먹으려 하고 보채며 자주 칭얼거리죠. 그러다 빈혈이 심해지면 숨이 가빠지면서 맥박이 빨라지기도 해요. 또한 입 주변 피부가 거칠어지고 혀에 염증도 곧잘 생기는 편이에요. 영아 시기에 빈혈이 심하면 모유나 우유를 먹으면서 조는 횟수가 많아지는데, 잘 살펴보고 검사를 받아봐야 합니다. 빈혈이 있으면 행동 장애를 유발할 뿐 아니라 신체 성장이 늦어지고 발달장애를 일으켜 키가 잘 크지 않는 등 성장 발육에도 악영향을 미칠 수 있어요. 또 집중력이 떨어져 산만해지고 주어진 상황에 무기력하게 반응하기도 합니다.

빈혈 치료, 어떻게 하나요?

일단은 빈혈 검사부터 받아보세요

건강해 보이는 아이도 빈혈이 있을 수 있으므로 아이가 생후 9개월쯤 되면 혈액검사

 철분이 부족하면 보이는 증상

- 쉽게 피로한 증상을 보입니다.
- 눈꺼풀 안쪽, 안색, 신체 부위(특히 발바닥)가 창백해져요.
- 자주 보채고 울며 식욕이 감퇴해 잘 먹지 않습니다.
- 맥박이 빨라지고 숨이 가쁘며 면역력이 떨어져 잔병치레를 자주 합니다.
- 심한 경우 이식증을 보입니다. 이식증은 흙, 종이 등 먹지 못하는 것들을 주워 먹는 증상을 말합니다.
- 손톱이 약해지고 쉽게 부서지는 증상이 생길 수 있으며 빈혈이 오래될 경우 숟가락형 손톱(손톱의 중앙이 얇게 패고 가장자리는 부풀어 있어 숟가락처럼 가운데가 움푹 들어간 모양)이 나타날 수 있습니다.
- 빈혈이 오래가면 집중력이 부족해지고 자극에 대한 반응도 느리며, 지적 수행 능력 및 주의력 결핍이 함께 나타납니다.

를 받아봅니다. 생후 9~12개월 정도에는 보건소나 소아청소년과에서 빈혈 검사를 한번쯤 해보는 것이 좋습니다. 대한소아과학회에서도 특별한 이상이 없는 경우에는 생후 8개월, 3세, 6세에 빈혈 검진을 받을 것을 권장해요. 빈혈 검사는 혈색소와 헤마토크리트(혈액의 용적에 대한 적혈구의 상대적 용적)를 측정해 소아 빈혈 여부를 진단합니다. 소량의 정맥혈을 채혈해 측정한 결과 적혈구 수치가 평균보다 낮게 나오면 빈혈 상태로 볼 수 있어요. 소아 빈혈은 서서히 일어나므로 어느 정도 진행되기까지는 약간 창백할 뿐 다른 증상이 없는 경우가 대부분이어서 주의 관찰이 필요해요.

철분을 충분히 보충해요

• **철 결핍성 빈혈엔 고기 먹이기** 생후 6개월 이후 빈혈 증상을 보이는 아이는 철분이 풍부한 채소나 고기 위주의 이유식을 먹어야 해요. 돼지고기와 쇠고기, 닭고기 등 고기에 채소를 곁들여 먹이면 빈혈 치료에 도움이 됩니다. 또한 동물성 식품의 경우 식물성 식품보다 체내 흡수율이 높아요. 따라서 체내에 철 저장고가 바닥나는 6개월부터는 철분의 흡수율이 높은 달걀노른자, 쇠고기 등과 같은 육류 식품을 이유식을 통해 반드시 공급해줍니다. 하지만 우유, 녹차, 홍차는 철분 흡수를 방해하므로 식후 1시간 전에는 피합니다.

• **철분제 복용하기** 빈혈 진단을 받았다면 의사의 처방에 따라 철분제를 복용합니다. 철분제 복용 후 단기간 내에 증상이 완화되더라도 아이의 몸에 철분이 쌓일 때까지 의사의 처방대로 지속해서 복용해야 하지요. 철분제를 2~3주 꾸준히 먹으면 증상이 어느 정도 좋아지고, 4주쯤 지나면 혈색소 수치가 올라가지만 부족한 혈색소를 증가시키고 체내 철분 양을 정상으로 맞추기 위해서는 3개월 이상 꾸준히 복용해야 합니다. 철분제에 따라 철분 함량이 다르므로 병원에서 정확한 처방을 받아 부족한 양에 맞춰 먹이는 것이 중요해요.

• **음식을 골고루 잘 먹이기** 빈혈을 예방하는 방법 중 가장 좋은 것은 식품을 통해 철분을 섭취하는 것이에요. 우선 아이의 식단표를 확인해보세요. 철분이 충분히 공급되는

식단인지, 아이가 좋아하는 음식만 골라 먹는 등 편식을 하지는 않는지도 살펴봅니다. 음식을 골고루 먹을 수 있도록 편식하는 습관이 있다면 바로잡아주세요.

· 철분 함량이 높은 식품을 같이 조리해 흡수율 높이기 단백질이 풍부한 육류나 콩류, 비타민 C가 든 과일이나 뿌리채소는 철분 흡수를 도와줍니다. 비타민 B가 함유된 어패류나 달걀, 엽산이 많은 쌀도 철분 흡수를 촉진해요. 이런 식품을, 철분 함량은 많지만 흡수율이 낮은 시금치, 당근, 브로콜리 등의 채소류와 함께 먹으면 효과가 높아집니다. 이유식이나 유아식을 만들 때 철분이 풍부한 식품과 더불어 체내 철분 흡수를 돕는 영양소가 든 식품으로 식단을 짜보세요.

· 우유는 하루 500cc 철 결핍성 빈혈이 있는 돌 지난 아이는 우유를 하루 500cc 정도만 먹어도 충분합니다. 우유 1L당 0.5㎎의 철분이 들어 있지만 체내 흡수율은 10%에 불과해요. 우유의 풍부한 칼슘이 철의 흡수를 방해할 뿐 아니라 돌 이전 아이에게 단백질에 의한 위장관 출혈을 일으킬 수도 있어 적당량만 먹이는 것이 좋아요. 우유 알레르기가 있는 아이가 생우유를 마시면 장 출혈을 일으켜 오히려 있던 철분도 손실될 수 있습니다. 무엇보다 우유 섭취량이 많으면 상대적으로 다른 음식의 섭취가 적어질 수 있으므로 돌 이후에는 우유 섭취량을 줄이고 다른 음식을 골고루 먹을 수 있도록 유도하는 것이 좋습니다.

Dr. B의 우선순위 처치법

1. 철분 흡수율이 높은 식품을 충분히 섭취하게 합니다.
2. 편식하지 않고 음식을 골고루 먹입니다.
3. 빈혈 진단을 받으면 철분제를 꾸준히 먹입니다.

12

최근 증가하는
질환

ADHD
(주의력 결핍 과잉행동 장애)

또래보다 유독 산만하고 집중을 잘 못해요.

체크 포인트

☑ 아이가 산만하다고 해서 무조건 ADHD를 의심하는 것은 금물이에요. 보통의 3~5세 아이들은 매우 활동적이라 집중력이 부족하고 충동적이지요. 따라서 의심되는 상황이라면 의사에게 진단을 받는 것이 가장 정확합니다.

☑ ADHD 치료제는 성적을 올리기 위한 약이 절대 아닙니다. ADHD 아이가 치료제를 복용한 후 학업 성취도가 좋아지는 경우가 종종 있지만, 치료제를 복용했기 때문이 아니라 치료를 통해 증상이 좋아져 학습 능력이 향상되었기 때문이에요.

☑ 약물 치료 후 일정 기간이 지나 증상이 좋아지더라도 치료가 끝나는 것은 아니에요. ADHD는 만성적인 경과를 보이는 것이 특징이므로 계속 약물 치료와 함께 다양한 치료가 병행될 수 있어요.

☑ ADHD 아이를 둔 많은 부모가 분노와 우울증 등을 호소합니다. 아픈 부모는 아이에게 악영향을 미칠 수밖에 없어요. 따라서 부모 스스로 ADHD 자녀를 키우면서 느끼는 스트레스를 조절할 줄 아는 자세가 필요합니다.

정신없고 산만한 아이, 혹시 ADHD가 아닐까?

ADHD인지 아닌지 판단이 쉽지 않아요

"머리는 좋은데 이상하게 시험 성적이 잘 나오질 않아요", "수업 시간에 허락 없이 돌아다녀요", "오랜 시간 가만히 앉아 있지 못하고 자꾸 꼼지락거리고, 소리를 내요", "친구들과 자주 싸우고, 적절치 않은 행동으로 친구를 괴롭혀 자주 따돌림을 당해요", "화를 내거나, 울거나, 기분 좋을 때 다른 아이들에 비해 감정 기복이 너무 심해요" 하고 하소연하는 부모들이 있어요. 대개 이런 고민은 "우리 아이가 ADHD인 것 같아요"라는 결론으로 이어집니다. 이는 주의력 결핍 과잉행동 장애(이하 ADHD)를 겪고 있는 아이의 부모에게서 쉽게 들을 수 있는 말이지만, 정상적인 아이도 일시적으로 보이는 행동이지요. 그래서 부모와 선생님들이 자주 혼란을 겪습니다. 하지만 그 정도가 너무 심하거나 빈번하게 일어나 집과 사회에서 문제를 일으키는 수준이라면 ADHD 장애를 의심해볼 수 있습니다. 특히 지속적인 주의력 결핍, 과잉행동, 충동 조절의 문제 같은 증상이 특징적으로 나타나요. 특히 5세 미만인 유아기에는 주의력이 부족하고 충동적으로 행동하는 등 ADHD로 보이는 성향이 일반적으로 나타나 이런 행동이 병인지 아닌지 쉽게 구별하기 어렵다는 점도 염두에 둬야 합니다.

산만하다고 무조건 ADHD는 아니에요

산만한 아이를 무조건 ADHD라고 단정하는 것은 위험합니다. 학교에서는 단 1~2분도 집중하지 못하는 아이가 자신이 좋아하는 것, 예를 들면 TV를 보거나 컴퓨터 게임을 할 때는 몇 시간씩 집중하는 모습을 보여요. 산만하다고 생각했던 아이라도 늘 그런 것은 아니기 때문이죠. 지나치게 활동적이거나 능동적인 아이도 산만할 수 있고, 호기심이 많은 아이도 주위에서 볼 때는 산만해 보이기도 합니다. 그런 만큼 부모가 단적으로 증상을 판단해서는 안 돼요. 특히 3~5세 아이들은 대개 활동적이고 집중력이 부족하며 상당히 충동적이기 때문에 이 나이 또래 아이 중 ADHD 아이를 골라내는 일은 매우 어렵습니다. 혹은 우울증을 겪고 있거나 갑상선 장애나 정신지체 등 신체적 혹은 기타 정신 질환을 앓고 있을 때 역시 ADHD와 혼동하기 쉬워요. 그만큼 아이가 ADHD인지 아닌지를 정확하게 판단하는 것이 문제를 올바르게 풀어가는 첫걸음이에요. 어느 정도 증상이 의심스럽다면 일단 의사에게 정확한 진단을 받아봅니다.

ADHD는 왜 생기나요?

전체 ADHD 환자의 약 75%는 가족력에 의한 것으로, 몇몇 유전자가 ADHD 발병과 관련이 있다고 추정됩니다. 또 임신 중 노출되는 직간접적인 흡연, 음주, 약물, 납 중독 등도 영향을 미칩니다. 학동기 이전에 인공색소, 식품보존제와 같은 식품첨가물 또한 과잉행동이나 학습장애의 원인으로 작용하지요. 조기 출산이나 미숙아, 저

 닥터's advice

❓ **시기별로 나타나는 ADHD의 특징적인 모습**

• **영유아기** ADHD 아동은 아주 어려서부터 까다롭거나 활발한 경우가 많습니다. 밤낮이 바뀌어 애를 먹거나 혹은 '발발거리고' 잘 돌아다녀서 수없이 넘어지고 다칩니다. 하지만 대개 철이 없다거나 씩씩하다, 극성맞다, 남자답다는 말을 들으면서 무심코 지냅니다.

• **소아기** 유치원이나 초등학교에 다니기 시작하면서 단체생활을 하면 문제가 나타나기 시작합니다. 수업 중에 가만히 앉아 있어야 하고, 질서나 규칙을 지키고 비교적 긴 시간을 집중해서 공부해야 하는 등 행동에 제한을 받으면서 매우 곤란을 겪습니다. 따라서 선생님으로부터 지적을 많이 받고, 또래 내에서도 따돌림을 받아 학교생활에 잘 적응하지 못합니다. 이 문제로 부모에게도 야단을 많이 맞아 어디서나 환영받지 못하는 아이로 인식되기 일쑤입니다. 부모와 선생님으로부터 받는 훈육에 고분고분하지 않아 '말 안 듣는 아이'로 인식되기도 합니다. 초등학생이 되어 공부할 때 주의집중력이 부족하다는 것을 알게 되고, 정상 지능임에도 불구하고 학습량에 비해 기대보다 낮은 학과 점수를 받기도 합니다.

• **청소년기** 소아기에 보였던 과잉행동은 상당히 줄어들지만, 여전히 주의집중력에 문제가 있어 학업에 영향을 미칩니다. 장시간 책상에 앉아 있어도 효율적으로 집중하지 못해 실질적으로 공부한 양은 많지 않고, 수업을 따라가지 못하는 문제가 생기지요. 이런 악순환이 반복되면 '나는 해도 안 된다'라는 동기 저하와 함께 2차적으로 우울증 및 학습장애가 나타나기도 합니다. 또한 반항적인 모습까지 보이면서 부모와 선생님, 친구들과 마찰을 겪기도 합니다.

체중아 등 출생 전후의 문제 또는 영유아기의 머리 부상과도 관련성이 의심되지만 아직 불분명한 상태입니다. 한편 사회적 관계에서 비롯되는 발생 원인도 있습니다. ADHD의 원인을 부모나 가족에게 전적으로 물을 수는 없겠지만, 일부는 부모와의 애착 형성과 상호 관계 등이 집중력과 사기소설능력에 부정적인 영향을 주며 ADHD의 증상을 악화시키기도 해요.

'주의력 결핍'과 '과잉행동', '충동성'이 나타나요

ADHD를 간단하게 정리하면 소아청소년이 성숙해가는 과정에서 자기조절능력이 부족해 문제를 일으키는 질환입니다. 부주의성, 과잉행동, 충동성 등이 대표적인 증상이지요. 실제 ADHD를 진단할 때 사용되는 예시 상황들을 참고하여 평소 아이의 행동이 ADHD는 아닌지 주의 깊게 살펴보세요.

최근 증가하는 질환

• **주의력 결핍** 집중력과 주의력이 효과적으로 발휘되기 위해서는 수많은 주의집중 기술을 습득해야 합니다. 어떤 자극에 적절히 초점을 맞추고, 두 가지 과제가 동시에 주어질 때 각각의 과제에 효율적으로 집중하며, 어떤 변화를 탐지하고 그 변화에 반응할 준비 상태인 경계심을 장시간 유지할 수 있는 지속적인 주의집중이 필요하다는 말이지요. 그러나 ADHD 아이는 새로운 자극을 물리치고 초기의 적절한 자극에 집중하는 선택적 주의집중에서 어려움을 보입니다.

예시 "학교 활동이나, 학업의 세세한 사항을 꼼꼼히 못 챙기고, 일을 부정확하게 수행한다."
"강의나 대화, 혹은 길게 읽을 때 오래 집중하지 못한다."
"대화할 때 특별히 집중을 끌 만한 다른 일이 없는데 딴생각에 빠진 것 같다."
"일의 마무리를 잘 못 맺는다."
"일을 시작할 수는 있으나 금방 초점을 잃고, 쉽게 벗어난다."

"학교 과제나 집안일을 제대로 마무리하지 못한다."

"순서에 맞춰서 하는 작업을 어려워하고, 자료나 소지품을 순서에 맞게 정리하지 못하며, 어수선하고, 시간 배분을 잘 못 하고, 마감 시간을 잘 맞추지 못한다."

"장시간 정신적으로 노력해야 하는 학업이나 과제, 보고서 등을 완성하는 것을 싫어한다."

"필기도구, 지갑, 열쇠, 안경, 책 등 활동이나 작업에 중요한 물품을 자주 잃어버린다."

"외부 자극에 쉽게 산만해진다."

"심부름과 같은 일상적인 일을 자주 잊는다."

• 과잉행동과 충동성 ADHD는 장시간 가만히 앉아 있어야 하는 상황에서 허락 없이 자리에서 이탈하고, 뛰어다니는 등 자신의 행동을 통제하는 데 어려움을 느낍니다. 손가락이나 다리를 끊임없이 움직이고, 이상한 소리를 내기도 하죠. 이런 과도한 움직임은 가정·학교·병원 등 장소와 관계없이 일어나고, 혼자 있을 때, 부모와 같이 있을 때, 놀이 중, 수업 시간 등 어느 상황에서든 나타나 문제가 돼요. 또한 반응을 억제하기 어려워 아무런 생각 없이 행동하거나 혹은 생각하기 전에 이미 행동해버립니다. 여러 행동 가운데 어떤 행동이 적절한지 판단하지 못하는 경우가 많으며, 자기 억제 능력이 부족해 말이나 행동이 지나치게 많고, 규율을 이해하고 알면서도 급하게 행동하려는 욕구를 자제하지 못합니다. 이는 고의적으로 반항하려는 폭력성보다는 내재된 충동성 때문이에요.

예시 "가만히 앉아 있지 못하고, 손과 발을 움직이는 행동을 자주 보인다."

"수업 시간과 같이 가만히 앉아 있어야 하는 상황에서 자주 일어나 돌아다닌다."

"적절치 않은 상황에서 과도하게 돌아다니거나 안절부절못한다."

"차분한 놀이나 오락 활동에 참여하는 데 어려움이 있다."

"과도하게 말이 많다."

"질문이 끝나기 전에 대답하거나, 말하고 있는 다른 사람의 문장을 마무리 지어주거나, 대화 중 본인의 순서를 기다리지 못하고 불쑥 끼어든다."

"대기해야 하는 상황에서 본인 순서가 오기까지 기다리는 것을 힘들어한다."

"상대방의 말이나 행동을 자주 방해하거나 끼어든다."

 우리 아이도 혹시 ADHD?!

최근 ADHD 장애 아이들이 늘어나는 추세입니다. 주의력 결핍 과잉행동 장애는 학령전기 또는 학령기에 흔히 관찰되는 질환 중의 하나로 100명 중 약 3~7명(3~7%)의 아이들이 앓고 있다고 추정됩니다. 즉, 한 학급에 1~2명의 ADHD 아이가 있는 셈이지요. 남자아이가 여자아이에 비해 3~9배 높게 나타나며, 유아기부터 행동상의 특징이 있을 수 있지만 유치원 또는 초등학교에 입학해 단체생활을 하면서 문제행동이 뚜렷해집니다. 그렇다면 이런 ADHD는 어떻게 진단할까요? 아이 행동에 관한 설문 결과와 전반적인 발달 및 병력 등을 고려해 종합적으로 판단하는데요. 정확한 진단과 치료를 위해서는 이 질병에 지식과 경험이 있는 의사와 상의하는 것이 정확합니다. 아래 진단표는 '코너스 간편 진단'으로, ADHD가 의심되는 아이를 대상으로 쉽게 판별할 수 있도록 만든 진단 척도입니다. 이 검사를 통해 16점이 넘으면 ADHD일 가능성이 있으므로 해당할 경우 다양한 정밀 진단과 의사와의 상담이 필요합니다.

<참고>

순서	내용	점수					점수 체크 방법
		0	1	2	3	4	
1	차분하지 못하고 지나치게 활동적이다.						
2	쉽게 흥분하고 충동적이다.						
3	다른 아이들에게 방해가 된다.						
4	한번 시작한 일을 끝내지 못하고 주의집중 시간이 짧다.						
5	늘 안절부절못한다.						전혀 없음 0점
6	주의력이 없고 쉽게 주의가 분산된다.						약간 1점
7	요구하는 것은 금방 들어주어야 한다. 그렇지 않으면 쉽게 좌절한다.						상당히 2점 매우 심함 3점
8	자주 또 쉽게 울어버린다.						
9	금방 기분이 확 변한다.						
10	화를 터뜨리거나 감정 변화가 심해 행동을 예측하기 어렵다.						
합계							

ADHD 치료, 어떻게 하나요?

우선 약물 치료를 합니다

ADHD 증상을 보이는 아이 중 30%는 성인이 되면 그 증상이 자연스럽게 완화되지만, 치료하지 않고 그대로 두면 심해지거나 우울증, 학습장애, 틱 증후군(눈을 깜박이거나 고개를 갸웃거리는 행동을 반복하는 증상) 등 다른 증상을 야기할 수 있어요. 현재까지 ADHD를 치료하는 가장 효과적인 방법은 약물 치료입니다. 약물 치료만으로도 70~80%의 증상이 개선되는 효과가 있어요. 하지만 문제는 많은 부모가 약물 치료에 대한 거부감이 있고, 치료 기간이 2~3년 이상 오래 걸려 중간에 포기하는 경우가 많다는 겁니다. ADHD는 청소년기까지 증상이 진행되므로 꾸준한 치료가 무엇보다 중요해요. 약물 치료는 감기약처럼 한두 번 약을 먹는다고 끝나는 것이 아니라, 적어도 학교에 다니는 동안 먹어야 합니다.

약물 치료를 할 때 주의할 점이 있어요!

공부하고 성장해야 할 학창 시절에 주의력 장애를 조절해 문제행동을 줄이는 ADHD 치료제, 메틸페니데이트(Methylphenidate)라는 약이 있어요. 하지만 이런 약물이 마약류인 향정신성의약품에 속하는 까닭에 많은 부모가 중독에 대한 위험성을 우려합니다. 처음에는 약 먹기를 거부하던 아이가 약을 먹으면 공부가 잘되는 것 같은 느낌에 오히려 스스로 먼저 약을 찾는 사례까지 보고되면서 중·고등학생이 된 후에도 습관적으로 약을 먹어야 하는 건 아닌지 걱정하지요. 그러나 아직 메틸페니데이트에 중독된 ADHD 아이의 사례가 보고된 적은 없습니다.

메틸페니데이트는 몸속에 축적되지 않고 배출되기 때문에 중독 위험이 없어요. 그래서 아침에 먹은 약의 약효가 떨어지는 저녁 무렵이 되면 ADHD 아이는 다시 과잉행동이나 충동성, 주의력 결핍 등을 보입니다. 다만 약물을 사용할 때는 반드시 의사의 처방에 따라 정해진 용량만큼 안전하게 사용합니다. 먼저 아이에게 알맞은 약물과 복용 계획을 세워야 해요. 처방 후 약물을 복용하는 동안에 아이의 행동 변화나 부작용을 유심히 관찰하고, 이에 대해 의사와 상의합니다. 의사와 상의 없이 약 먹는 시간이

나 복용량을 바꾸거나 복용을 중단해서는 안 됩니다

정확한 원인을 찾는 것이 좀 더 근본적인 해결책입니다

약물 치료가 ADHD 치료법의 전부는 아니에요. 약물은 과잉행동을 보이거나 신민한 아이를 '약효가 발휘되는 동안만' 얌전하게 만들어주는 효과가 있을 뿐입니다. 약물 치료와 더불어 아이의 과잉행동을 유발하는 근본 원인에 대해 끊임없이 탐색해봐야 합니다. 이와 함께 상담, 행동, 놀이치료 등을 병행한다면 더욱 효과적이지요. ADHD 는 만성질환인 만큼 장기적으로 꾸준히 인내심을 갖고 치료해야 합니다. 또한 증상을 앓고 있는 아이뿐 아니라 의사, 부모님, 선생님 등 주변 사람이 증상 개선을 위해 함께 노력해야 해요. 약물 치료로 차분해진 아이에게 '잘하고 있다'고 자주 칭찬해줌으로써 아이의 자존감을 올려주고, 부모의 헌신적인 양육을 통해 아이가 사회생활에 필요한 행동 규칙을 익히게 노력해야 합니다.

 # 알쏭달쏭! ADHD 궁금증

Q ADHD 치료에 쓰는 약물은 부작용이 없나요?

1차적으로 약물을 복용하면 과잉행동이 줄어들고 평소보다 오래 집중할 수 있으며 충동성도 줄어듭니다. 조기 치료만 가능하다면 약물 치료만으로도 ADHD 증상을 조절하는 데 꽤나 효과적이지요. 하지만 이런 약물 치료를 받으면 식욕 감소, 수면 장애, 두통, 복통 같은 부작용이 나타날 수 있는데, 대부분 심각한 수준은 아니에요. 또한 엄마들이 걱정하는 만큼 약에 대한 중독 가능성도 없습니다. 오히려 치료에 소극적으로 대하다 보면 쉽게 고칠 수 있었던 증상도 심해질 수 있는 위험성이 있는 만큼 약에 대해 지나치게 부정적으로 생각하지 않는 것이 좋습니다.

ⓠ 언제까지 치료해야 하나요?

약물 치료를 할 때는 천천히 양을 증가해 부작용을 최소화하고, 최대의 효과를 보이는 용량까지 조절합니다. 치료 초기에는 적절한 효과가 나타나기까지 외래 진료를 매월 받고, 이후에는 2~3개월마다 정기적으로 방문해 아이의 상태와 치료 반응에 따라 치료 과정을 조절합니다. 하지만 약물 치료 후 일정 기간이 지나 증상이 좋아졌다고 해서 바로 치료가 끝나는 것은 아니에요. ADHD는 만성적인 경과를 보이기 때문에 지속적인 약물 치료와 함께 또 다른 치료가 필요할 수 있어요. 또 같은 체중이라 하더라도 어떤 아이는 적은 양에도 효과를 보이지만 복용 후 1주 혹은 1개월쯤 뒤에는 적정 용량을 늘리는 경우도 있습니다. 그러므로 약 복용량이 늘어난다고 해서 크게 걱정할 필요는 없으며 다른 아이와 비교할 필요도 없어요.

ⓠ 아이가 'ADHD'가 아닐까 걱정했는데 '난청' 판정을 받았습니다. 어떻게 구별할 수 있나요?

흔히 ADHD와 난청을 혼동하는 경우가 많습니다. 주위가 시끄럽지 않은데도 대화를 시도했을 때 여러 번 되묻거나 전화기 목소리에 답하지 않고 수화기를 양쪽 귀로 번갈아 가며 받는 경우, 또 큰 소리에 반응하지 않는 증상을 보인다면 난청 징후일 수 있어요.

ⓠ 아이가 ADHD 판정을 받았는데 주위에 알려야 할까요?

아이 상태에 대해 무조건 숨기거나 거짓말을 하는 것은 아이에게 스스로 부끄러움을 느끼게 하므로 바람직하지 않아요. 또래 친구 중에도 아이와 비슷한 문제가 있을 수 있고, 무엇보다 가족이 함께 노력하면 충분히 치료할 수 있다고 설명합니다. 또 아이의 문제를 서로 공유해야 의논할 수 있고, 아이 자신에게도 도움이 되기 때문에 유치원이나 어린이집 선생님께 미리 이야기하고 도움을 요청합니다.

Q 뚱뚱한 아이일수록 ADHD에 걸릴 확률이 높나요?

체질량지수(BMI지수)가 높을수록 ADHD의 성향 점수가 더 높다는 연구 결과가 있긴 합니다. 하지만 비만과 행동장애 사이에 어떤 인과관계가 있는지 대해서는 아직 명확히 밝혀지지 않았어요. 다만 ADHD일 경우 과식과 폭식 등 충동 조절의 실패로 비만이 될 수 있다는 연구 결과가 있으며, 비만의 원인이 되는 식습관이 ADHD에 영향을 미친다는 연구 결과 등이 꾸준히 발표되고 있습니다. 다른 질환의 예방 차원에서라도 아이가 비만이 되지 않도록 적절한 식단 제공과 함께 운동할 수 있게 돕는 것이 필요합니다.

 Dr. B의 우선순위 처치법

1. 아이가 산만하다고 해서 무조건 ADHD를 의심하는 것은 금물입니다.
2. ADHD가 의심된다면 즉시 병원을 찾아 진료를 받습니다.
3. 약물 치료를 시작했다면 의사의 처방에 따라 끝까지 따르도록 합니다.
4. 아이를 야단치기보다는 자신을 통제할 수 있게끔 도와주세요.

ADHD 아이, 가정에서는 이렇게 해주세요!

1 야단맞는 상황을 만들지 않도록 주의를 기울여주세요
ADHD 아이는 부모가 바라는 대로 행동하지 않아요. 이 사실만 기억해도 아이가 혼나는 상황을 줄일 수 있습니다. 통제가 필요한 상황을 아주 구체적인 규칙으로 만들어 아이가 그런 행동을 하기 전에 미리 자기 행동을 통제할 수 있도록 도와주세요.

2 큰 소리로 윽박지르는 것은 절대 금물이에요
ADHD 아이는 남의 말을 끝까지 듣는 데 익숙하지 않아요. 단순하고 명확한 태도로 아이가 '하기'를 바라는 행동을 강조하면서 지시합니다. 이때 부정적인 지시보다는 한 번에 한 가지씩 긍정적인 메시지로 전달합니다. 그러고 나서 지시 내용을 아이에게 반복하게 합니다.

3 즉시 혼내고 즉시 보상해줍니다
잘못된 행동을 보이면 그 자리에서 잘못된 점을 정확히 얘기하고 그에 따르는 책임을 지게 합니다. 하지만 이때 신체적 체벌은 아주 좋지 않은 방법입니다. 행동을 바르게 수정하면 얻게 될 점에 대해 긍정적으로 들려줍니다.

4 아이가 무엇을 할 때 즐거워하는지 파악합니다
많은 부모가 산만한 아이를 다루는 데 신경을 쏟다 보니 아이가 무엇에 즐거움을 느끼는지 잘 알지 못합니다. 운동, 요리, 그림 그리기 등 아이가 뭔가를 할 때 즐거워하고 잠시라도 집중하면 격려해주세요.

5 놀이나 훈련으로 여러 가상 상황을 경험하게 해주세요
문제 상황을 해결하는 데 어려움이 있는 ADHD 아이에게는 놀이나 훈련을 통해 미리 경험하게 하는 것도 좋은 방법이에요. 심부름하기 놀이나 학교놀이 등 학교생활과 학업에 필요한 여러 상황을 마치 놀이처럼 엄마와 함께 경험하는 겁니다.

단체생활증후군

어린이집에만 가면 감기에 걸리거나 병에 걸려요.

최근 증가하는 질환

체크 포인트

✅ 처음으로 아이가 어린이집이라는 낯선 곳에서 또래들과 어울리다 보면 외부 위험 요소에 노출될 확률이 높고 그만큼 감염될 기회도 많아져요. 그래서 면역력이 떨어진 상태라면 잔병에 시달릴 수밖에 없습니다.

✅ 전염병에 유난히 취약한 아이라면 다니는 어린이집이나 유치원에 전염성이 강한 홍역·수두·수족구 등이 유행할 땐 집에서 쉬게 하는 것이 좋습니다.

✅ 아이는 질병을 겪으면서 스스로 자생력을 키워나갑니다. 부모는 아이가 정서적 안정감을 쌓을 수 있도록 따뜻하게 안아주고 격려해주세요.

✅ 아이에게 앞으로 다닐 유치원이나 학교에 대해 몇 달 전부터 미리 설명해주고 함께 준비하는 시간을 갖는 것도 필요해요.

어린이집에 보내면 왜 감기에 자주 걸릴까요?

아이가 어린이집이나 유치원에 다니면 그전까지와는 전혀 다른 생활에 직면합니다. 갑작스러운 환경 변화는 아이에게 정신적·육체적으로 영향을 미치지요. 엄마와 떨어져 또래 친구들과 어울리면 신나고 재밌기도 하지만 동시에 스트레스가 쌓입니다. 그동안의 면역력으로는 버틸 수 없어 감기나 비염 같은 질환에 시달리기 쉬워요. 평소 건강했던 아이가 기운 없어 하고 밥도 잘 안 먹으려고 하며 툭하면 감기에 걸리는 일이 생깁니다. 이는 주위 환경에 아이의 몸이 민감하게 반응한 결과예요. 아이들은 원래 면역력이 약해서 감염성 질병에 잘 걸리는데, 단체생활을 시작하면서부터는 면역력이 더욱 떨어져 감기뿐 아니라 유행하는 질병에 자주 걸립니다.

아이가 처음 어린이집이나 유치원, 초등학교에 다니기 시작하면서 잔병치레가 잦아지는데, 이러한 현상을 '단체생활증후군'이라고 합니다. 면역력이 약한 아이들이 단체생활을 하면서 다른 아이들의 몸속에 잠복해 있는 병균이나 바이러스에 노출되어 나타나는 현상이지요. 특별한 질병이 없는데도 아이가 시름시름 앓는다면, 이는 '단체생활증후군' 때문일 수 있어요. 게다가 새 학기가 시작되는 3월은 겨우내 추운 환경에 맞춰진 생체리듬이 계절이 바뀌면서 몸에 변화가 생기고 면역력이 특히 떨어지기 쉬운 시기이기도 합니다. 계절의 영향을 많이 받기도 하지만 기본 체력이 약하거나 평소 밥을 잘 안 먹는 아이라면 새로운 환경에 적응하면서 신체적·정신적 체력 소모가 커 단체생활증후군이 더욱 심하게 나타날 수 있어요.

너무 일찍 단체생활을 시작하면 정서적으로 불안정해질 수 있어요

최근 부모의 맞벌이와 조기교육 열풍으로 단체생활을 시작하는 나이가 점점 어려지고 있어요. 하지만 전문가들은 아이의 너무 이른 단체생활은 득보다 실이 더 많다고 경고해요. 가급적 생후 36개월 이후에 단체생활하는 것을 권유합니다. 만 3세 이전에는 분리불안이 쉽게 나타나는 시기여서 가정이나 부모로부터 떨어져 양육자가 바뀌는 것은 아이의 정서 면에서 좋지 않고, 건강한 애착관계를 형성하기 어렵기 때문이에요. 또한 준비도 되지 않은 너무 어린 나이에 일찍이 단체생활을 시작하면 상대적으로 쉽게 짜증 내고 불안해하는 등 불안정한 정서를 보이기도 합니다.

처음 단체생활을 시작했다면 주의하세요

새로운 환경에 대한 불안감과 두려움 때문에 스트레스가 생기고, 짜증이 많아지는 등 불안한 정서 상태 또한 단체생활증후군이라 볼 수 있어요. 처음으로 단체생활을 시작하면 몸도 힘들고, 낯선 선생님과 친구들과 관계에서 생기는 스트레스로 아이의 면역력이 약해집니다. 같은 반 친구 한 명이 수두에 걸리면 이내 옮거나 다 같이 장염에 걸리기도 하지요. 결막염이 유행하는 시즌이면 토끼 눈으로 집에 오기 일쑤입니다. 이렇게 단체생활을 시작하면서 나타나는 일련의 부정적인 증상이 모두 단체생활증후군이에요. 정상적인 성장을 방해하는 것은 물론 원만한 성격 형성에도 영향을 미쳐 툭하면 짜증 내는 아이가 될 수 있어요. 반면, 한 공간에 있더라도 한 아이는 자주 아프고 다른 아이는 아무렇지 않을 수 있는데, 이유는 바로 아이마다 면역력이 다르기 때문입니다. 단체생활증후군을 예방하고 잘 극복하기 위해서는 평소 면역력을 키워야 합니다.

단체생활증후군으로 아이들을 괴롭히는 질병

• **감기** 새 학기에 유독 기승을 부리는 질환이 바로 '감기'입니다. 어린이집이나 유치원을 다니기 시작하면서 한 달 내내 감기를 달고 사는 아이들도 흔히 볼 수 있어요. 감기 바이러스는 주로 호흡기를 통해 감염되는데, 어린이집이나 유치원에 감기 환자가 있다면 걸릴 확률이 높고 단체생활을 하면서 걸린 감기는 잘 낫지 않습니다. 사람이 많은 낯선 환경에서 계속 생활하다 보니 면역력이 쉽게 회복되지 못한 상태로 계속 바이러스에 노출되는 것이 그 원인이지요. 잘 먹고 잘 자는 것만으로도 증상이 호전되므로 부모가 더욱 세심히 돌봐줍니다.

• **중이염** 중이염은 감기의 가장 흔한 합병증으로, 만 3세까지 1년에 한 번은 거치고 지나갈 정도로 자주 발생합니다. 아이들은 코와 귀를 연결하는 이관이 수평으로 누워

있어 목감기나 코감기가 귀로 전파되어 어른보다 중이염에 쉽게 걸려요. 아이가 코·목감기를 앓은 후 귀가 아프다고 한다면 급성 중이염을 의심해봐야 합니다. 급성 중이염에 걸리면 귀가 아프고 열이 나는데, 아직 말을 잘 못 하는 어린아이는 손으로 귀를 문지르면서 울거나 잠도 잘 못 자고, 잘 먹지 않고 보채거나 짜증을 내는 경우가 많아요. 이와 달리 삼출성 중이염에 걸리면, 급성 중이염과 달리 귀가 먹먹할 뿐 아프지도 않고 열도 나지 않아 부모가 모르고 지나치는 경우가 많습니다. 중이염에 걸리지 않으려면 감기에 걸리지 않는 것이 우선이에요. 만성 중이염은 청력에도 영향을 끼치므로 더욱 조심해야 해요. 코가 막힌다고 양쪽 코를 다 막고 풀면 압력에 의해 균이 귀 쪽으로 이동해 중이염이 생길 확률이 커지므로 주의합니다. 또 귀가 너무 아프거나 귀에 열감이 있으면 귀 둘레를 냉찜질하고, 고름이 나올 때는 귓불 부위를 청결히 해주는 것이 좋습니다.

• **수족구병** 감기처럼 입이나 손을 통해 바이러스가 옮겨지기 때문에 하루 종일 같이 생활하는 어린이집이나 유치원은 바이러스의 온상이 되기 마련이에요. 어린이집에 다니는 아이가 수족구병에 걸리면 해당 어린이집에 수족구병 경계령이 내려질 정도로 전염성이 강한 질환이지요. 게다가 면역력이 약해진 상태라면 수족구병에 걸릴 확률이 더욱 높아 처음 단체생활을 시작한 아이라면 특히 주의를 기울여야 합니다. 수족구병에 걸리면 열이 나면서 입안에 물집이 잡히고 헐어서 음식을 잘 먹지 못해요. 심하면 물도 잘 먹지 못해 탈수 증상까지 보입니다. 입안뿐 아니라 손이나 발에도 물집이 생겨 걸렸다 하면 아이가 고생하는 병이에요. 일주일이 지나면 물집은 사라지지만 음식을 잘 먹지 못해 면역력이 떨어진 상태이므로 영양 섭취에 더욱 신경 써야 합니다.

• **장염** 세균에 감염된 음식을 같이 먹거나 서로 장난감을 갖고 놀며 신체 활동을 하는 사이 장염 바이러스가 자연스럽게 옮겨집니다. 아이가 배 아파 하면서 설사를 계속한다면 장염에 걸렸을 가능성이 커요. 장염 증상은 감기처럼 열이 나면서 복통을 호소하고, 음식을 먹는 족족 설사해서 아이를 지치게 합니다. 제대로 된 음식을 섭취

하지 못해 기운이 없고 기력이 떨어진 상태가 오래가면 면역력이 떨어져 다른 2차 바이러스 질환에 노출될 위험성마저 높아져요. 장염은 비위생적인 환경에서 잘 생기므로 아이의 몸 상태나 음식 조리 환경을 청결히 하는 것이 중요하며, 외출 후에는 손발을 꼭 씻고 양치질도 제대로 시켜야 합니다. 장염에 걸렸다면 충분한 수분 섭취를 위해 따뜻한 물을 자주 마시게 해 배앓이를 예방하고, 식욕이 많이 떨어진 상태인 만큼 영양 공급에 더욱 신경 써야 합니다.

 ## 단체생활증후군 예방, 어떻게 하나요?

기초 체력이 중요해요

면역력이 좋은 아이라면 감기에 걸리더라도 짧고 가볍게 앓고 지나가는 데 비해 면역력이 약하면 감기에 자주 걸리고 오래 앓아 심하면 기관지염이나 폐렴 등 합병증까지 생길 수 있어요. 그런 만큼 어린이집이나 유치원 등 단체생활을 시작하기 전에 미리 면역력을 보강합니다.

잘 먹고, 잘 놀고, 잘 자게 해주세요

아이가 건강하게 자라는 기본 원칙은 잘 먹고, 잘 놀고, 잘 자는 것입니다. 이 세 가지만 조화를 이뤄도 아이가 크게 아플 일이 없어요. 특히 '잘 먹는 것'이 중요합니다. 살코기 중심으로 돼지고기, 닭고기, 쇠고기, 생선 등 양질의 단백질과 채소, 제철 과일 등 골고루 먹게 해주세요. 놀 때는 아이가 흙을 밟으며 뛰어노는 것이 좋습니다. 특히 가을 햇볕에서 생성되는 비타민 D는 칼슘 흡수를 촉진하기 때문에 뼈와 이를 튼튼하게 하고 체내 면역력 강화에도 도움을 줍니다. 햇볕이 좋은 가을 낮에 땀구멍이 열리도록 운동하고 뛰어놀게 해주세요. 마지막으로 무엇보다 잘 자야 합니다. 우리 몸은 휴식을 취해야 체력이 보충되고 면역력도 생깁니다. 되도록 일찍 잠자리에 들게 하고 깊은 잠을 잘 수 있는 환경을 조성해주세요. 본인의 체력 이상으로 오래 놀면 감기에 걸렸을 때 길게 이어질 수 있으므로 늘 적절한 수면 시간을 지켜주는 게 중요합니다.

항생제에 너무 의존하지 마세요

감기 증상이 초기일 때부터 항생제를 먹이고, 열이 약한데도 해열제를 쓰면 아이는 감기와 싸워볼 기회를 빼앗기는 셈이에요. 감기 기운이 시작되려는 조짐이 보이면 바로 약을 먹이기보다는 미지근한 물을 수시로 먹게 하고, 실내 습도는 50~60%로 유지하는 등 주변 환경부터 관리해줍니다. 목 점막과 피부 표면이 건조해지면 열이 오르기 쉬우므로 특히 아이가 잠든 밤중에 습도 조절에 더욱 신경 씁니다. 3~4일이면 털어낼 수 있는 증상조차 약으로 해결하려 들면 아이의 면역력을 키우기 힘들어요.

아이의 스트레스를 풀어주세요

그동안 집안에서 사랑을 독차지했던 아이가 단체생활을 통해 새로운 경험을 하는 것은 심리적으로 큰 부담이 됩니다. 더군다나 처음으로 엄마와 떨어져 생활한다면 그 스트레스가 클 수밖에 없어요. 낯선 곳에서 같은 또래 아이 중 하나가 되면서, 때로는 경쟁하고 때로는 어울리며 보내야 합니다. 특히 낯가림이 심한 아이라면 다른 아이에 비해 적응 시간이 더 오래 걸려요. 이런 성향의 아이라면 엄마와 떨어지는 연습을 미리 해보고, 아이가 입학하게 될 유치원 등을 방문해 아이가 친숙하게 받아들일 수 있도록 하는 과정이 필요합니다. 입학 후 첫 4주는 적응 기간으로 아이가 이 시기를 잘 보내는지 유심히 관찰하고 아이가 집에 돌아오면 엄마가 충분히 놀아주고 대화하면서 아이 마음을 달래줍니다. 어린이집이나 유치원 선생님과 메모장을 주고받으며 아이의 일과, 식사, 건강 상태 등에도 세심한 주의를 기울입니다. 또 아이 스스로 또박또박 자기 의사 표현을 하도록 격려하고 도와주세요.

Dr. B의 우선순위 처치법

1. 전염성이 강한 질병이 유행할 때는 집에서 쉬게 합니다.
2. 어린이집이나 유치원 선생님과 자주 의견을 나눠 아이의 현재 상태를 파악합니다.
3. 면역력을 길러 감기 같은 가벼운 질병은 거뜬히 이기는 힘을 키웁니다.

단체생활이 힘든 아이,
집에서 어떻게 도와줄까요?

1 유산소 운동을 해요

평소 폐활량을 늘려주는 유산소 운동으로 호흡기를 강화합니다. 이제 막 걷기 시작한 아이라면 걷기 연습을 시키고, 조금 큰 아이는 자전거 타기나 공놀이 등으로 약간 숨이 찰 정도로 뛰어놀게 합니다. 평소 면역력을 잃지 않도록 제철 음식을 충분히 먹이고, 햇볕을 많이 쬐게 합니다. 바깥 활동 후 손을 깨끗이 씻고, 제철 과일을 많이 챙겨 먹는 것도 도움이 됩니다.

2 아이에게 상황 변화를 찬찬히 이야기해요

아이에게 엄마와 왜 떨어져 있어야 하는지, 유치원과 학교에서 무엇을 하게 될지, 엄마는 그동안 무슨 일을 하는지, 엄마가 언제 데리러 오는지에 대해 차근차근 이야기해주세요. 이야기할 때는 다정하지만 약속을 할 때는 단호한 말투로 해야 합니다.

3 아이의 심리 상태를 잘 살펴봅니다

유치원 가기 전날 밤이나 아침에 갑자기 배 혹은 머리가 아프다거나, 유치원에 다녀와서 이유 없이 짜증을 내거나, 눈에 띨 정도로 말수가 줄고, 선생님이 무섭다는 이야기를 자주 꺼내는 등 이런 증상이 3개월 이상 계속되면 심리적인 문제로 발전할 가능성이 있으니 의사와 상담이 필요합니다.

소아 강박장애

'이건 꼭 이렇게 해야 해'라고 생각하고 행동해요.

체크 포인트

☑ 자라면서 생기는 강박장애는 어린 시절 누구나 한 번씩 경험하는 정상적인 현상이에요. 그러나 이런 행동이나 생각이 지나쳐 본인이 하기 싫은데도 같은 행동을 반복해 일상생활에 불편을 느낄 정도라면 치료가 필요합니다.

☑ 병적인 강박장애는 학교생활이나 대인관계에 큰 문제를 일으키고, 치료하지 않으면 우울증도 생깁니다. 따라서 불안을 줄여주고 스스로 관리할 수 있는 정신과적 치료가 조기에 꼭 필요해요.

☑ 집에서는 불안을 없애고 대인관계에서 즐거움을 느낄 수 있는 활동을 해주세요. 생활 속에서 아이의 버릇이 어떤 의미가 있는지도 주의 깊게 관찰해 볼 필요가 있습니다.

아이의 반복적인 행동, 버릇일까 강박일까

아이가 손을 지나치게 자주 씻을 때가 있어요. 처음에는 대수롭지 않게 생각했지만, 점점 손 씻는 시간이 길어져 다른 일을 전혀 못 할 정도가 되기도 합니다. 본인도 그러고 싶지 않지만 병균에 오염될까 봐 불안해서 어쩔 수 없이 손을 씻는다고 말하는 아이.

이처럼 본인이 원치 않는데도 마음속 어떤 생각이나 장면 혹은 충동이 반복적으로 떠올라 이로 인해 불안을 느끼고, 그 불안을 없애기 위해 일정한 행동을 반복적으로 하는 것이 '강박장애'입니다. 예전에는 강박장애가 매우 희귀한 병으로 인식되었지만, 최근 연구 결과에 따르면 정상인 100명 중 약 2~3명은 일생에 한 번 강박 증상이 나타나므로 더는 드물거나 희귀한 장애가 아닙니다. 보통 초등학교 입학 전후에 보이기 시작하고, 아이가 자율성을 획득하려고 하는 3세경 특정 물건에 집착하거나 같은 행동을 반복하는 모습을 보이기도 합니다. 이런 행동은 정상적인 발달 과정 중 일시적으로 나타나는 증상이에요. 하지만 문제는 성인 강박장애와 달리 소아 강박 증상은 병으로 인지하지 못하고 놓칠 때가 많다는 겁니다. 어릴 때 강박장애를 치료하지 못해 외톨이가 되면 성인이 돼서 정상적인 사회생활이 어렵고, 치료 역시 더욱 힘들어집니다.

 닥터's advice

❓ 떼쓰기, 고집 피우기 등 유아들이 갖는 정상적인 증상과 소아 강박장애는 어떻게 구분하나요?

떼쓰기, 고집 피우기 등은 특정한 일이 있거나 자기가 원하는 무언가를 얻기 위해서 할 때가 대부분이에요. 가령 마트에서 좋아하는 장난감 때문에 고집을 피우다가 부모가 사주면 좋고, 엄마가 아이를 설득해 사주지 않아도 지나면 금세 잊어버립니다. 그러다 나중에 또 눈에 보이면 사달라고 다시 조르는 것이 일반적이지요.

하지만 소아 강박장애가 있는 아이는 설득하기 어렵고 막무가내일 때가 많아요. 하기 싫은 행동을 시킬 때, 하고 싶은 행동을 막을 때 그 강도가 더욱 강해집니다. 특별한 일이 아닌데도 신경질적인 반응을 보이죠. 보통 아이들은 지나가다 친구와 부딪히면 그냥 없던 일로 하거나 미안하다고 말하지만, 소아 강박장애에 걸린 아이는 "왜 날 때려!" 하면서 큰소리를 내기도 하고 그 자리에 앉아 울기도 합니다. 보통 어떤 일이 한 번 일어났을 때 그 일이 끝나면 다시 원래 기분으로 돌아오는 데 반해, 소아 강박장애 아이들은 계속 그 기분에 얽매여 있는 것이 다른 점입니다.

의지와 상관없는 행동을 반복해요

청결에 관한 강박이 심하게 나타나요

강박장애는 자신의 의지와 상관없이 반복적으로 나타나는 불편하고 통제가 되지 않는 행동이나 생각을 말합니다. 예를 들어 세균이나 더러운 것을 자주 떠올리거나 물건을 지나치게 똑바로 또는 대칭적으로 배열하죠. 손을 자주 씻거나 샤워를 자주 하고 자주 옷을 갈아입는 행동을 반복합니다. 유아에게 많이 나타나는 강박장애가 청결에 대한 강박 행동이에요. 숫자 세기, 쓸데없는 물건 모으기, 정리정돈 하기, 계단 오르기 등과 같은 의미 없는 행동을 반복하는 증상도 자주 보입니다. 간혹 성에 집착하는 아이들도 있어요.

우울 증상이 동반돼요

소아 강박장애는 성인과는 달리 강박 증상에 불안과 우울 증상이 같이 오는 것이 특징이에요. 예를 들어, 손 씻기를 강박적으로 하면서 엄마와 떨어지는 것을 두려워하는 분리불안이 함께 나타날 수 있지요. 때로는 어떻게 행동할지 결정하지 못해 굼뜬 것처럼 보이기도 하고, 아이 자신도 무엇 때문인지 잘 모르고, 해야 할 일을 시작하지 못해 멍하게 있기도 해요. 아이는 물론 아이의 불안을 줄이려고 강박적인 행동에 동참할 수밖에 없는 가족도 고생하게 됩니다. 그러다 짜증 난 가족들이 아이에게 화를 내고, 아이의 불인은 더욱 높아져 강박장애가 악화하는 악순환이 반복됩니다.

 ## 강박장애, 왜 생기나요?

우선 유전적인 요인이 작용해요. 친족에게 강박장애가 있으면 아이에게도 생길 확률이 최소 4배 증가합니다. 특히 강박장애는 틱장애와 유전적인 연관성이 있는 것으로 보고 있어요. 이 밖에 연쇄상구균의 감염이나 세로토닌, 도파민 등 신경전달물질의 불균형이 원인이 되기도 합니다. 부모가 엄격하게 통제해서 생기기도 해요. 집에서 부모가 규칙을 많이 만들어놓고 아이에게 그 규칙을 지키라고 강요하고, 지키지 않으면 야단칠 때도 그렇습니다. 또 엄마가 강박적인 성격을 지녀 집 안을 지나치게 청소하고, 집에 들어올 때 신발을 이렇게 둬라, 옷을 이렇게 걸어야 한다는 등의 규칙을 강조할 때도 생기지요. 아이는 꼭 그렇게 해야만 할 것 같고 그렇게 하지 않으면 불안해집니다. 처음에는 야단맞기 싫어서 규칙을 지키지만 나중에는 누가 규칙을 정하지 않아도 강박적인 행동으로 나타나죠. 따라서 아이가 강박장애를 보일 때는 먼저 아이가 무엇 때문에 불안해하는지, 스트레스를 많이 받는지 파악하고, 그것을 해결하기 위해 부모가 노력하는 것이 중요합니다.

앞으로 어떻게 진행될까요?

일상생활을 방해하지 않을 정도라면 크게 걱정하지 않아도 돼요

약한 강박장애는 엄마가 아이를 구박하거나 압박하지 않는 것만으로도 많이 좋아집니다. 일상생활을 방해하지 않을 정도의 강박 증상이라면 누구나 가지고 있는 정상 범주로 생각하고 이해하는 태도가 필요합니다. 단, 이런 경우라도 고려해야 할 사항이 있어요. 아이에게 잠이나 식사 문제, 언어나 또래 관계 등의 다른 심리적 문제가 있는지를 확인해봐야 합니다. 특별한 문제가 없다면 크게 걱정할 필요는 없어요. 그러나 공부나 교우 관계에 심각한 지장을 줄 정도로 심하거나 다른 문제가 동반된다면 치료를 고려합니다.

흔히 소아 강박장애는 단순히 성격이나 습관으로 생각하기 쉬워 발견 즉시 적극적인 치료가 이루어지지 않아요. 하지만 어렸을 때 치료해야 유년기의 왕성한 발달이 방해받지 않으므로 빨리 전문가의 도움을 받는 것이 좋습니다. 또 초기에 적절한 치료가 이루어지지 못하면 성인 강박장애로 이어질 수 있고, 다른 불안 장애나 ADHD, 품행장애, 우울증, 틱장애, 투렛증후군 등도 동반될 수 있어요. 만약 아이가 지나치게 불안해하거나 이상 행동을 할 때는 의사에게 진단을 받아봅니다.

아이의 심리 상태를 파악하는 게 우선입니다

강박장애 치료에서 중요한 점은 아이가 현재 무엇 때문에 불안해하는지를 파악하는 것입니다. 원인을 파악한 후 아이의 심리적 불안감을 해소해주기 위해 부모가 먼저 노력하는 모습을 보여야 해요. 또한 많은 아이가 자신의 강박장애에 대해 수치심을 느끼고 당황해합니다. 자신이 미친 건 아닌지 두려워하기도 하죠. 이런 경우 아이와 대화를 통해 스스로 문제에 대해 이해할 수 있도록 돕고, 아이를 지지해주는 부모의 역할이 필요합니다. 이때 아이의 행동을 자꾸 나무라거나 하지 못하게 혼을 내는 것은 절대 금물입니다. 오히려 아이의 반항이 심해질 수 있어요. 치료는 약물 치료가 효과적이며, 아이의 행동을 교정해주는 행동 치료도 도움이 됩니다. 예를 들어 아이가 지나치게 정리정돈을 하는 것이 문제라면 10분만 정돈하지 않고 두고 보도록 유도하여, 정리정돈을 하지 않아도 괜찮다는 것을 자연스럽게 깨닫게 합니다. 강박 증상은 단기간에 완치되는 경우는 드물어요. 호전과 악화를 반복하면서 만성이 되는 경우가 대부분입니다. 인내심을 갖고 꾸준히 치료를 받아야 합니다.

 Dr. B의 우선순위 처치법

1. 평소 무엇 때문에 불안해하고 스트레스를 받는지 세심히 관찰합니다.
2. 아이가 강박 증상을 보이면 억지로 하지 못하게 하거나 야단치는 것은 피합니다.
3. 점진적인 방법으로 강박 행동을 하지 않아도 괜찮다는 것을 경험시켜주세요.

소아 강박장애, 집에서는 이렇게 해주세요!

1 아이의 집착을 억지로 꺾으려 하지 마세요

아이가 집착 증세를 보여도 억지로 꺾으려 하기보다는 아이를 안심시키는 데 신경 써야 해요. "손에 뭐가 좀 묻어도 괜찮아. 나쁜 일이 생기지 않아"라고 안심시키고 시간이 지난 뒤 아무 일이 일어나지 않음을 몸소 경험시켜줍니다.

2 규칙을 과하게 강조하지 마세요

아이가 지나치게 청소나 청결에 집착한다면 그만큼 아이의 마음이 불안한 상태입니다. 집 안에서 부모가 지나치게 규칙을 강조하는 것은 아닌지 점검해봅니다. 되도록 집 안의 규칙을 줄이고 단순화한 다음 아이가 조금 규칙에 어긋나는 행동을 해도 융통성 있게 대처하는 모습을 보여주세요.

3 증상이 나타나는 초기를 놓치지 마세요

강박 증상이 커서도 나타난다면 쉽게 고치기가 힘들어요. 증상이 나타나는 초기를 놓치지 마세요. 강박 증상이 생활에 지장을 줄 만큼 심각하다면 단순히 습관이나 성격으로 치부하지 말고 하루라도 빨리 소아정신과의 상담을 받습니다.

소아 우울증

신경질을 자주 내고 혼자 있고 싶어 하며 매사에 흥미가 없어요.

체크 포인트

☑️ 아이가 부쩍 말을 안 하고 걸핏하면 짜증 내며 어떤 일에도 의욕을 보이지 않으면 소아 우울증을 의심해봐야 합니다.

☑️ 소아 우울증은 겉으로 봐서 쉽게 알아채기가 힘들어요. 아이와 수시로 이야기 나누며 마음속을 들여다봐야 해요. 만일 겉으로 봤을 때 기운이 없고, 늘 우울하며, 재미없다는 말을 자주 한다면 소아 우울증으로 볼 수 있어요.

☑️ 아이에게 우울증이 의심된다면 병원을 찾는 것이 좋습니다. 치료가 필요할 만큼 심각하다고 판단되면 아이의 슬픔을 알고 도움을 줘야 하며 아이가 이를 털어놓고 이야기할 수 있게 해야 합니다.

최근 증가하는 질환

 엄마, 나 우울해요

어린아이가 무슨 우울증? 고개를 갸웃거릴 부모도 있겠지만, 우울증은 어른에게만 찾아오는 증상이 아니에요. 네 살 이전의 아이가 엄마와 떨어지면 그 불안으로 인해 우울 증상이 나타나기도 해요. 1970년대까지는 이것을 우울증으로 인정하지 않았어요. 우울증은 이른바 어른이 걸리는 마음의 병으로 인식되었기 때문이지요. 그런데 뇌 의학이 발달하면서 어린아이도 우울증에 걸릴 수 있다는 것이 명백해졌어요. 우리나라는 OECD 국가 중 8년째 자살률 1위라는 불명예를 기록하고 있으며 최근에는 우울증, 자살 문제로 상담받는 아동과 청소년 역시 급격히 늘고 있습니다. 소아 우울증은 일반적인 우울증 증상뿐 아니라 주의력 결핍, 산만함, 학업능력 저하가 나타납니다. 두통, 복통 등과 같은 신체 증상은 물론 불안 증상을 동반하고 학교 공포증, 등교 거부, 부모에 대한 지나친 집착 등도 나타나지요. 아이가 어느 날부터 갑자기 매사에 의욕이 없고 친구 관계가 나빠진 것 같으며, 부모가 시키는 일에 신경질적인 반응을 부쩍 보인다면 한번쯤 의심해보세요.

소아 우울증에 대해 알려주세요

소아 우울증은 어떤 건가요?

소아 우울증은 심리적으로 우울감, 무기력 같은 부정적인 감정과 정서적으로 슬프고 스스로 무가치하다고 느끼는 심리 상태를 말합니다. 아이가 우울증에 걸리면 슬픈 표정을 짓고 자주 울며, 평상시에 재미를 느끼던 많은 일에 흥미를 잃고 거부합니다. 이런 증상이 소아기 때 일어나는 것이 바로 '소아 우울증'이에요. 최근 들어 증가하는 추세로 우리나라 소아의 100명 중 1~3명이 우울증을 경험하고 있습니다. 어린아이도 어른과 마찬가지로 좌절했을 때, 실망했을 때, 무엇인가를 상실했을 때 우울한 마음 상태가 되기 마련이지요. 정상적인 아이는 이런 상황을 맞닥뜨려도 비교적 빨리 보통 상태로 되돌아가지만, 어떤 아이는 유전적인 소인이나 아주 어려서 병적인 경험으로 인해 우울한 마음이 비교적 오래갑니다. 그 결과 학업 성취나 가정생활 그리고 친구 관계에 문제가 생기면 우울증이라는 질병 상태로 보는 것이지요.

우울증은 왜 생기나요?

정확한 원인은 알려지지 않았지만 몇 가지 추정되는 원인이 있습니다. 먼저 두뇌의 생화학적 불균형과 심리적 불균형 때문에 발생하는 경우예요. 평상시 뇌는 생각, 감정 및 동작에 영향을 미치는 화학물질을 만들어요. 그런데 화학물질의 균형이 맞지 않으면 아이가 생각하고 느끼고 행동하는 방식에 문제가 발생합니다. 우울증이 있는 아이는 이런 화학물질이 너무 적거나 너무 많아서 문제가 생기죠.

한편 영아기의 우울증은 엄마와 떨어지는 것과도 밀접한 관련이 있습니다. 엄마에게 애착 관계에 있는 아이를 엄마로부터 떨어뜨리면 처음에는 울면서 보챕니다. 얼마 후 시간이 지나면 수그러들었다가 아이는 곧 활동이 줄고 주위에 관심이 없어지고, 위축됩니다. 이런 일련의 변화가 소아기 우울증의 전형이라고 할 수 있어요. 특히 소아 우울증의 경우 부모가 우울증의 시발점이 되는 경우가 많습니다. 모든 일에 아이를 심하게 통제하려는 부모, 아이에게 절대 순종을 강요하는 부모, 양육 방법에 일관성이 없는 부모, 아이에게 무관심한 부모, 아이를 무시하고 심하게 욕을 하며 꾸짖는 부모, 아이에게 화를 잘 내고 충동적이며 걸핏하면 폭력을 행사해 학대하는 부모, 자주 다투거나 때리는 부모 밑에서 자란 아이는 우울증에 걸릴 확률이 매우 높은 편이에요. 이러한 환경에 끊임없이 노출된 아이는 문제 상황에 부닥쳤을 때 능동적으로 해결책을 찾기보다 습관적인 무력감에 빠져 부정적이고 패배감에 사로잡혀 우울한 감정을 강화하기 때문입니다.

소아 우울증은 어른의 우울증과는 좀 달라요

아직 말이 서툴러 두통·복통 등 신체 증상으로 나타나요

이 시기의 우울증은 아이가 '우울하다'는 기분을 말로 설명하기 쉽지 않아 두통이나 복통 등 모호한 신체적 통증을 호소합니다. 아이는 감정 표현을 제대로 하지 못하기 때문에 어른의 우울증에 비해 행동의 변화나 신체 증상으로 나타나죠. 그로 인해 겉으로 드러나지 않고 가려지는 일이 많아 진단이 어려운 것이 사실이에요. 아이가 쉽게 흥분하거나, 울적해 보이고, 우울한 기분에서 갑작스럽게 화를 내는 등 기분 변화를 자주 보이면 부모는 특별히 주의를 기울입니다. 또 아이가 쉽게 피로해하거나 집중력이 감소하고, 사고력이 떨어지며, 부모에게 더욱 달라붙어 의존적인 모습을 보일 때도 유심히 관찰해봅니다.

우울한 감정이 감춰질 때가 많아요

어린아이는 성인과 달리 우울한 기분을 직접 표현하기 어려워 "기분이 어떠니?", "우울하니?" 하고 물어봐도 '우울하다'는 직접적인 표현 대신 "짜증이 나요", "화가 나요" 같은 식으로 대답합니다. 우울함을 직접 표현하지 않았다고 해서 아이가 우울함을 느끼지 않는 것은 아니에요. 우울하거나 불쾌한 감정을 느꼈을 때의 기분을 짜증으로 표현하는 것일 뿐 아이는 어느새 생각지도 못한 우울한 감정에 빠져 있을 수 있다는 것을 명심해야 합니다. 이처럼 아이들이 느끼는 우울함은 감춰져 있어 더욱 알아차리기가 어려워요. 청소년의 경우라면 무단 결석·게임 중독·가출·비행 등의 행동 양식을 보이고, 유아는 우울증인지도 모른 채 원인을 알기 힘든 각종 신체 증상만을 보이기도 합니다. 초기에 알아채기가 힘들다고 해서 그대로 놔두면 시간이 지나면서 더욱 심각한 증상으로 발전할 수 있으니 부모의 세심한 관심과 관찰이 중요합니다.

 닥터's advice

❓ **우울증이 있는 아이, 이런 증상을 보여요!**

• 화를 잘 내고, 성질을 부리는 횟수가 잦아요. 또 소리를 자주 지르거나 불만을 표출하고, 무모한 행동을 합니다.

• 집 안 물건이나 장난감 등을 쉽게 부숩니다.

• "내가 싫어" 또는 "난 멍청해"처럼 자신에 대해 부정적인 말을 자주 합니다.

• 좋아하던 일에 흥미를 잃고 대부분 시간을 혼자 있고 싶어 합니다.

• 건망증이 생기고 집중력이 떨어집니다.

• 한없이 잠을 자려고 하거나, 반대로 밤에 잠을 잘 자지 못하고 자주 깹니다.

• 식욕을 잃거나, 편식하거나 아니면 반대로 심할 정도로 평소보다 많이 먹습니다.

• 거절당하거나 자신이 성공하지 못한 일에 대해 극도로 민감한 반응을 보입니다.

• 물기, 때리기, 베기 등 자해를 하기도 합니다.

• "죽으면 어떻게 돼?", "죽고 싶어" 같은 말을 하며 죽음이나 자살에 관한 이야기를 합니다.

게임에 지나치게 빠져든다면 우울증을 의심해보세요

아이가 평소 즐기던 놀이나 활동에 재미를 못 느끼고 자신을 위로해줄 새로운 자극을 찾아 나설 수 있어요. 이때 가장 손쉽게 접하는 것이 바로 말초 신경을 짜릿짜릿 자극하는 '게임'입니다. 그러나 게임은 하고 나면 허전함과 무기력함이 더욱 증가해 이전보다 자극적이고 폭력성이 높은 게임을 찾을 수밖에 없어요. 아이가 지나치게 게임에 열중하거나 집착하는 경향을 보인다면 아이의 심리 상태부터 점검해봅니다.

잘 웃지 않고 표정이 슬퍼 보여요

또래 아이들이 주변 환경에 관심을 보이고 반응하는 데 비해 소아 우울증에 걸린 아이는 주변에 무관심하고 친구들과 잘 어울리지 못하며 행동이 느립니다. 우울증이 있는 아이는 화를 잘 내고 변덕이 심하며 반항심이 커요. 슬퍼하다 과민하게 굴거나 화를 갑작스럽게 내기도 합니다. 일부는 자신이 우울하다는 걸 인지하지 못하고, 자신의 기분을 말이 아닌 행동으로 표현하기도 해요. 겉으로 보기에 이런 행동은 버릇없는 행동이나 반항으로 보입니다. 우울증이 있는 청소년 역시 쉽게 화내고 학교생활에 문제가 있으며, 규칙을 어기고, 친구나 가족과 어울리려 하지 않는 등의 증상이 나타납니다.

최근 증가하는 질환

	신체 증상	심리 증상	기타 증상
소아 우울증	쉽게 짜증을 냄 난폭함 산만함	부모에 대한 집착	학교 성적 하락 등교 거부
청소년 우울증	무기력 두통 복통 집중력 저하 수면 시간이 적거나 많음	짜증과 화 신경질 슬퍼하고 눈물이 많아짐 취미에 대한 흥미 감소 폭력적인 성향	과식 또는 식사 거부 혼자 있으려고 함 대화 거부 학교 성적 하락

▲ 소아 우울증과 청소년 우울증의 차이

막무가내로 행동하며 과장된 행동이 많아요

우울증에 걸린 아이는 하기 싫은 행동을 시킬 때나 하고 싶은 행동을 막을 때 보통의 반항과는 다르게 훨씬 강도 높은 반항심을 보입니다. 특별한 일이 아닌데도 신경질적으로 반응해요. 예를 들어 자신이 좋아하지 않는 음식을 숟가락에 올려주었을 때 보통 아이는 "안 먹는다"거나 "빼달라"고 하는 데 반해, 버럭 소리를 치고 울면서 "밥 안 먹어!"라며 격한 반응을 보이는 것이죠. 또한 또래보다 조금 더 과장되고 과잉된 행동을 보이기도 합니다. 아프지 않은데 배가 아프다, 머리가 아프다 하며 움직이지 않으려 한다거나, 조금만 움직여도 힘들다는 말을 많이 해요. 짜증이 늘고 음식 투정을 하며 때론 폭식하기도 합니다. 잘하던 일도 집중하지 못하고 멍하니 컴퓨터나 TV만 보려 한다거나, 어떤 곳에 가기를 거부하고 부모한테 계속 안기고 집착하며 신경질적으로 구는 상황이 늘어나요. 평소와 다르게 집중력이 너무 떨어져 보이거나 감정 기복이 지나치게 심해졌다면 소아 우울증의 가능성에 무게를 두고 더욱 주의 깊게 살펴봐야 합니다.

심각하다고 판단되면 병원을 찾아요

우울한 감정을 아이 스스로 조절할 수 없고, 증상이 지속하여 일상생활에 방해가 될 정도라면 의사의 도움을 받습니다. 아이의 증상에 대한 정확한 진단을 받고 치료를 시작합니다. 가족 모두의 협조가 필요할 수도 있어요. 가족 치료는 아이에게만 집중하지 않고 가족 전체를 치료하는 것을 말합니다. 아이는 부모, 형제가 자신과 함께 치료에 참여하면 심리적으로 안심되어 치료에 효과적일 수 있습니다. 공감과 지지를 통해 우울한 감정과 증상을 제대로 표현하는 것만으로도 치료에 도움이 되지요.

자신의 감정을 언어로 표현하기 어려운 나이라면 놀이 치료를 통해 상실의 감정, 무력감, 공격성, 위험, 고통스러운 감정을 치료자와 교류합니다. 때에 따라 약을 먹을 수도 있어요. 신경전달물질의 분비 시스템을 조화롭게 만들어주는 약을 먹으면 1~2개월 후 두뇌가 제 기능을 되찾고 안정적인 감정을 회복합니다. 우울증이 얼마나 오래되었느냐에 따라 약물 사용 기간이 달라지는데, 재발을 막기 위해 최소 6개월~1년간 복용하는 것을 권장합니다.

 Dr. B의 우선순위 처치법

1. 평소 아이의 말을 잘 들어주고, 기분을 헤아려줍니다.
2. 우울함으로 일상생활에 어려움을 겪을 정도라면 의사와 상담해 치료받는 것이 좋아요.
3. 아이가 자기만의 방식으로 스트레스를 풀 수 있게 함께 방법을 찾아봅니다.

부모는 아이에게 어떤 도움을 줄 수 있을까요?

1 아이의 말을 잘 들어줍니다

아이의 편이 되어 말하고 싶은 게 있다면 뭐든지 말하라고 합니다. 그리고 열심히 들어주세요. 아이는 자신의 감정과 생각이 정말 중요하고, 부모가 자신을 진심으로 걱정하고 있다는 사실을 깨닫게 됩니다.

2 아이에게 항상 옆에 있을 거라고 반복해서 알려주세요

아이가 마음의 문을 열지 않더라도 포기해서는 안 됩니다. 아이에게 필요할 때면 언제라도 항상 옆에 있을 거라고 반복해서 알려줍니다. 아이의 행동을 유심히 관찰하고 "괜찮아?", "어려운 일은 없니?", "도와줄 일은 없을까?", "요즘 기분은 어때?" 등의 말로 자주 관심을 갖고 지켜보며 상태를 물어봐주세요.

3 아이 스스로 스트레스를 감당하는 방법을 찾아주세요

아이에게 스트레스 해소 방법을 알려주세요. 예를 들면 깊게 호흡을 해서 마음을 가라앉힌다든지 취미 활동을 한다든지 음악을 듣는다든지 영화를 본다든지 산책을 한다든지 등 휴식을 취할 방법을 찾을 수 있도록 도와줍니다.

4 규칙적인 일과를 만들어주세요

아이가 매일 건강에 좋은 음식을 먹고, 잠을 충분히 자고, 충분한 운동을 하게 합니다.

5 일관성을 유지합니다

마음을 단단히 먹고 규칙과 결과에서 일관성을 유지해야 합니다. 우울하므로 자신의 행동이나 말에 책임을 지지 않아도 되는 것은 아닙니다. 아이에게 여전히 규칙을 지켜야 한다는 점을 가르쳐주세요.

자폐 스펙트럼 장애

같은 자폐라도 그 증상과 정도가 달라요.

체크 포인트

☑ 자폐 스펙트럼 장애가 있는 모든 아이가 같은 특징을 보이는 것은 아니에요. 같은 자폐라도 어떤 영역에 영향을 받느냐에 따라 그 증상과 정도가 다릅니다.

☑ 자폐 스펙트럼 장애 여부는 정신건강의학과 의사가 판단합니다. 따라서 아이의 증상만으로 추측하기보다 정확한 진단을 위해 대학병원의 정신건강의학과나 소아청소년과를 방문하세요.

☑ 치료할 수 없다는 잘못된 인식이 널리 퍼져 있지만, 많은 증상이 치료될 수 있으며 시간이 지남에 따라 크게 개선될 수 있어요. 따라서 조금이라도 일찍 치료를 시작하는 것이 중요합니다.

☑ 자폐 스펙트럼 장애 아이 중 수학이나 음악, 미술, 읽기 등에 뛰어난 능력을 보이는 경우가 흔히 있습니다. 아이가 지닌 능력을 발견해 발전시켜주세요.

범위가 넓은 '자폐 스펙트럼 장애'

최근 들어 자폐 성향이 있는 아이들이 계속 늘고 있는 추세입니다. 국내 아동 100명 중 2·3명이 자폐 스펙트럼 장애가 있다는 연구 결과가 있을 정도입니다. 물론 자폐 스펙트럼 장애가 있다고 해서 무조건 인지적·사회적 의사소통 장애가 나타나는 것은 아니에요. 증상의 정도에 따라 세분화할 수 있는 질환이 바로 '자폐 스펙트럼 장애'입니다. 그렇다면 흔히 말하는 '자폐'와 '자폐 스펙트럼 장애'는 어떤 차이가 있을까요? 자폐 스펙트럼 장애는 일명 'ASD(Autism Spectrum Disorder, 이하 'ASD')'라고도 하며 복합적인 발달장애를 포괄적으로 일컫는 용어입니다. ASD는 광범위성 발달장애(PDD), 또는 단순하게 '자폐증'이라고도 하죠. 반면, 자폐증과 비슷한 발달장애인 아스퍼거 증후군은 언어 지체 증상이 없는 아이나 성인의 자폐증을 일컫는 말입니다. 자폐 연구가 활발한 선진국에선 10여 년 전부터 자폐증 대신 'ASD'라는 용어를 주로 사용해요. 이전의 자폐증은 언어와 사회적 행동에 심한 지체가 있는 경우만을 지칭했다면, ASD는 상대적으로 증상이 약해도 사회성에 문제가 있어, 치료가 필요한 경우를 모두 포함합니다. ASD가 있는 아이는 그 범위 안에서 각자 다른 특성과 징후를 보여요. 신체적 특성, 살아온 환경, 유전인자, 교육환경 등 개인이 처한 다양한 조건에 따라 증상의 정도가 다르게 나타나지요. 이처럼 ASD가 있는 아이마다 보이는 성향이 다르기 때문에, '스펙트럼'이라는 용어를 덧붙여 구분합니다.

닥터's advice

❓ 자폐증 장애 vs. 아스퍼거 장애

• **자폐성 장애** 3세 이전 아이가 사회적 상호작용, 의사소통, 그리고 상상놀이 등에서 장애를 보여요. 틀에 박힌 행동이나 활동을 하는 것이 가장 큰 특징입니다.

• **아스퍼거 장애** 언어, 인지 발달, 나이에 맞는 적응 행동 및 주변 환경에 대한 호기심 등은 정상 수준이지만 사회적 상호 활동에 장애를 보이는 질환입니다. 따라서 언어·인지 면에서는 문제가 없지만, 대인관계에 서툴고 때로는 비논리적 사고를 보이기도 합니다.

양육 방식 때문에 생기지는 않아요

ASD의 원인은 다양하고 복합적이에요. ASD를 유발하는 원인 유전자가 계속 발견되고 있고, 그런 취약한 유전자를 지닌 아이에게 환경 요인이 더해져 소통을 담당하는 뇌 영역의 발달이 이루어지지 않을 때 발생하지요. 즉, 유전적 요인과 환경적 원인이 서로 작용하여 생깁니다. 분명한 사실은 양육 방식 때문에 발생하지 않는다는 겁니다. 1943년, ASD를 학계에 최초로 보고한 레오 캐너(Leo Kanner) 박사는 ASD가 아이에게 애착을 갖지 못하는 엄마 때문에 생기는 증상이라는 잘못된 주장을 했습니다. 요즘도 많은 부모가 아이의 ASD가 애정 결핍이나 애착 장애 때문이라 여기고, 자책하곤 합니다. 그러나 미국에서는 명백한 병리학적, 또는 학대적 양육의 증거가 있을 때만 애착 장애 진단을 내려요. ASD는 애착 장애가 아닙니다. 오히려 ASD 아이를 둔 부모의 양육 방식이나 애정은 어떤 부모보다도 뒤지지 않을 수 있습니다.

 ## 어떨 때 자폐 스펙트럼 장애를 의심해야 할까요?

ASD는 아이가 세상을 받아들이는 방식에 영향을 주고, 의사소통과 사회적 작용을 어렵게 만들어요. ASD는 포괄적인 정신 질환이기 때문에 실제로 나타내는 증상을 한마디로 정의하긴 어렵습니다. ASD가 있는 아이는 학교에서 조용한 아이로 비칠 뿐 특별한 문제를 일으키지 않으면 내성적인 아이로 판단되는 경우가 대부분이지요. 하지만 눈에 띌 정도로 사람들과 눈 마주치는 것을 꺼리고, 자신만의 관심사에 빠지는 등 사회 부적응의 모습으로 많이 나타납니다. 같은 자폐라도 의사소통, 사회적 상호작용, 혹은 반복적 행동 등 어떤 영역의 문제인지에 따라 그 증상과 정도가 다르게 나타나요. ASD가 있는 아이들이 가진 몇 가지 공통적인 특성은 다음과 같습니다.

일상적인 상호 관계를 터득하는 데 어려움을 겪어요
아이들은 일찍부터 사람과 눈을 맞추고, 소리 나는 쪽으로 고개를 돌리며, 손가락을 움켜쥐고, 미소를 짓습니다. 이와는 대조적으로 ASD는 일상적인 상호 관계를 습득하는 데 어려움을 겪습니다. 많은 ASD가 이미 첫돌 이전부터 사람과의 상호작용보다 물건을 가지고 노는 것을 선호하며, 의사소통을 위한 옹알이나 놀이에 참여하지 못하고, 눈으로 한 곳을 응시하는 것도 어려워해요. 또한 손가락으로 가리키기, 안녕하며 손 흔들기, 다른 사람에게 물건 보여주기 같은 몸짓을 잘하지 못합니다. 지금까지 연구에 따르면 ASD의 애정표현이 일반적이지 않아 부모가 알아차리기 힘들 뿐, 이들도 부모에게 애착을 보입니다. 그러나 부모의 관점에서 보면 아이가 자신과 공감을 이루지 못하는 듯 보이거나 마음의 문을 닫은 것처럼 느껴지지요.

눈빛, 표정, 몸짓 등을 통한 의사소통이 잘 안 돼요

ASD가 있는 아이들의 대표적인 특징은 비언어적 상호작용이 어렵다는 것이에요. 이는 눈빛이나 표정, 몸짓 등 일종의 보디랭귀지, 혹은 목소리의 높낮이나 단어의 강세, 말의 빠르기 등을 통해 의사소통하는 것을 말하는데요. ASD 대부분은 비언어적 부분에서 눈에 띄게 장애를 보여줍니다. 다른 사람과 눈도 제대로 못 맞추고, 사람들과 감정을 어떻게 공유해야 하는지 잘 알지 못해요. 웃음을 보여주거나 손 흔들기, 찡그림 같은 미묘한 사회적 힌트는 자폐아에게 별 의미가 없습니다. 자폐아에게 "이리와 봐"란 말은, 아이가 예뻐서 웃으며 하는 말이든 아이에게 화가 나서 허리에 손을 얹고 하는 말이든, 똑같은 의미인 셈이죠. 말투 또는 억양에서도 그 증상이 나타나요. 말할 때 단조로운 억양으로 말하고, 지나치게 과장된 말투나 계속 같은 단어를 반복해서 사용하기도 합니다.

자신만의 관심사에 빠져 있어요

아무리 나이가 어려도 자기만의 생각과 감정, 목적이 있습니다. 그러나 ASD는 이러한 점을 이해하지 못해요. 타인의 생각을 해석하는 능력이 떨어지기 때문에 상대방의 행동을 이해하는 것 역시 어렵습니다. 이 같은 문제가 나타나는 가장 큰 이유는 제한된 관심사에만 빠져들기 때문이에요. 다른 사람의 관심사나 감정을 공유하지 못하고, 사회적 상호작용을 못 하거나 그에 반응하지 못하는 것이죠. 그래서 친구와 함께 상상놀이를 하거나 친구 사귀는 데 어려움을 겪고, 심한 경우 또래 친구에게 전혀 관심을 보이지 않기도 합니다.

자신의 감정을 잘 통제하지 못해요

ASD를 겪는 아이는 낯설거나 스트레스가 심한 환경에 놓일 때, 화가 나거나 기분이 안 좋은 경우 자제력을 잃기 쉬워요. 이로 인해 교실에서 큰 소리로 울거나, 주변 상황에 맞지 않는 말을 갑자기 외치는 등 이상한 행동을 하지요. 이때 머리를 찧거나 머리카락을 뜯거나, 팔을 물어뜯는 등의 모습을 보이기도 합니다. 이런 행동들이 자폐아는 때때로 뭔가를 방해하거나 공격적으로 비춰서 관계 맺기를 더욱 어렵게 합니다.

이상한 행동을 반복해요

신체적으로는 정상인데도 불구하고, 이상한 행동을 반복하기 때문에 정상인 아이들과 쉽게 구분됩니다. 매우 극단적이거나 모호한 행동을 합니다. 예를 들어 끊임없이 팔을 휘두르거나 까치발로 걷습니다. 또 동작 중 갑자기 얼어붙은 듯 멈추기도 하죠. 또한 장난감 자동차나 기차를 가지고 놀기보다는 일렬로 늘어놓으면서 시간을 보내기도 합니다. 한편 주변 환경의 변화를 싫어하고 일관적일 것을 요구하기도 해요. 식사나 옷 입기, 목욕하기, 같은 시간에 같은 길로 등교하기 등에서 약간의 변화만 생겨도 큰 스트레스를 받습니다.

특정한 물건이나 행동에 대해 강박증을 보여요

ASD는 자신의 세계에서 빠져나오지 못하는 정신 질환이기도 해요. 그래서 자신이 생각하는 세계에 어울리는 물건 또는 행동에 대한 강박증을 보입니다. 볼펜, 연필, 장난감 등의 사물에 대한 것이 일반적이고, 모든 일상생활을 틀에 짜인 대로 행동해야만 하는 강박증을 보이지요. 예를 들어, 잠자기 전 모든 방에 있는 형광등을 켜야 하는 등의 강박적 사고를 말합니다. 이런 강박증이 어떤 자폐아에겐 특정한 분야에서 크게 성공하는 잠재력으로 발휘되기도 해요. 컴퓨터나 피아노와 같은 물건에 집착을 보인다면, 지속적인 반복 작업과 학습을 통해 다른 사람은 따라올 수 없을 만큼 능통해지죠. 하지만 이는 지적 장애를 동반하지 않는 경우에 한해서고, 모든 자폐아가 다 이런 과정을 거치는 건 아니에요.

대화를 나누기 힘들이요

ASD가 있는 아이 중 일부는 오직 한 단어로만 말하거나 같은 문구를 계속해서 반복하기도 합니다. 자신이 들은 말을 앵무새처럼 따라 하기도 하는데, 이를 '반향어'라고 해요. 증상이 가벼운 ASD, 혹은 아스퍼거 증후군은 약간의 언어 지체만을 보이거나, 심지어 조숙한 언어와 방대한 어휘를 사용하기도 합니다. 하지만 상대와 정상적인 대화를 주고받는 것은 어려우며, 자신이 좋아하는 주제에 관해 독백하는 일이 흔하고, 다른 사람이 끼어들 여지를 주지 않아요. 상대에 따라 다른 존칭을 쓰는 것에 혼란을 느끼기도 합니다. 동생에게 "안녕하십니까?"라고 인사하는가 하면 어른에게 "안녕"이라고 인사하죠. 또한 또래 친구들처럼 말하지 않기 때문에 학교나 놀이터 등에서 소외당하기 쉬워요. 자신이 원하는 것을 남에게 전달할 의미 있는 몸짓이나 언어를 구사하지 못하므로 자기 뜻대로 되지 않으면 소리를 지르거나 물건을 마구잡이로 움켜쥐는 행동을 보입니다.

장애가 의심되면 일단 소아정신과를 찾으세요

ASD에 대한 이해가 부족해 제때 치료받지 못하는 경우가 많아요

아이가 산만하거나 쑥스러움을 타 그러려니 하고 성격상의 문제로 지나치는 부모가 많아요. 아이는 원인도 모른 채 왕따를 당하거나 우울증에 빠지기도 합니다. 한편 다른 장애로 오인하기도 해요. 가장 대표적인 사례가 주의력 결핍 과잉행동 장애(ADHD)'와 ASD 증상을 착각하는 경우입니다. 중요한 건 장애가 의심되면 일단 소아정신과를 찾아야 해요. ASD라는 확진을 받으면 사회성을 높이는 발달 치료부터 시작합니다. 이때 주의해야 할 점은 사회적 의사소통 능력이 떨어지는 것 하나만으로 ASD로 판단하면 안 된다는 것이에요. ASD의 다른 증상이 나타나지 않으면 사회적 의사소통 장애에 대한 평가를 해봐야 합니다.

진단이 빠를수록 좋아요

아이들은 보통 세 살이 되면 자신의 관심사가 생기고 재미있는 것을 친밀한 이와 공유하려고 합니다. 그러나 ASD는 그러한 행동을 하지 않습니다. 또한 네 살이 되면 또래와 사귀는 능력이 발달하는데, ASD는 그렇지 못해요. 소꿉장난 같은 역할놀이나 상상놀이를 잘할 줄 모릅니다. 대체로 만 2세 전후가 되면 아이의 이상 행동을 발견할 수 있지요. 하지만 대부분 부모는 ASD의 주요 증상이 단지 어린 나이에 겪는 언어발달의 지연, 사회적 관계에 대한 관심 부족 등으로 생각합니다. 그래서 ASD를 확정하는 나이가 이보다 훨씬 늦은 8~11세이지요. ASD는 빠른 진단과 빠른 치료가 중요합니다.

치료에 있어 부모의 역할이 매우 중요해요

ASD는 집중적으로 치료한다고 치유되는 '병'이 아닙니다. 하지만 조기에 발견하여 꾸준히 치료하면, 자폐적 특성과 동반되는 인지적 결함, 정서나 행동 문제가 많이 호전될 수 있습니다. 평생 계속되는 '장애'일 수 있어도 '적응적인 장애 상태'를 유지하는 것이 필요합니다. 치료를 시작했다고 아이가 즉각적으로 변하기를 바라거나 조급해

 닥터's advice

❓ 똑똑한 우리 아이가 자폐아?!
자폐 스펙트럼 장애가 있는 아이는 한 가지 분야에 집중하는 성향을 보이기도 합니다. 특히 다른 사람과 함께하는 활동이 아닌 혼자 할 수 있는 일에 큰 관심을 보이는데요. 컴퓨터, 피아노 등이 자폐아의 대표적인 관심 분야입니다. 자폐 성향이 있는 사람 중 한 가지 분야를 집중적으로 공부하고 연구해 사회적으로 성공한 사람을 '너드(Nerd)'라고 부릅니다. 모든 아이에게 이런 특별한 능력이 있는 것은 아니지만, 자폐를 앓는 아이가 수학이나 음악, 미술, 읽기 등에서 뛰어난 능력을 보이는 경우는 흔히 있습니다. 이러한 능력은 자폐아에게 큰 만족과 자긍심을 주기에 충분해요. 가능하다면 아이가 가진 이러한 능력을 일상생활에 적용해, 교육하거나 발전시키는 것이 좋습니다.

부모를 위한 초등학생용 자폐 스펙트럼 장애 기초 설문지

☐ 구식이거나 조숙하다(다른 아이의 유행에 관심이 없다).

☐ 다른 아이늘이 '별난 박사님' 취급을 한다.

☐ 제한되고 색다른 지적 흥미가 있는데, 조금은 자신만의 세계에 사는 것 같다.

☐ 어떤 분야에 대한 지식을 축적해 알지만(기계적 암기를 잘함) 그것의 의미를 제대로 이해하지는 못한다.

☐ 애매모호하고 은유적인 말을 문자 그대로 해석한다.

☐ 의례적이고 세밀하고 구식이며 로봇처럼 단조로운 톤으로 의사소통을 한다.

☐ 색다른 단어나 표현을 만들어낸다.

☐ 목소리나 말하는 게 다른 아이들과 다르다.

☐ 자기도 모르게 소리를 낸다(목청을 가다듬거나 킁킁거리거나 쩝쩝 입맛을 다시는 등).

☐ 어떤 일은 놀라울 정도로 잘하며 어떤 일은 놀라울 정도로 못한다.

☐ 언어를 자유롭게 사용하기는 하지만 사회적 맥락에 맞추지 못하거나 듣는 사람의 요구에 맞춰 사용하지 못한다.

☐ 공감력이 떨어진다.

☐ 고지식하고 황당한 말을 한다.

☐ 바라보는 시선이 정상적으로 보이지 않는다.

☐ 사교적이기를 원하지만 또래들과 관계를 잘 맺지 못한다.

☐ 자기 방식대로 하지 못하면 다른 아이들과 같이 있지 못한다.

☐ 가장 친한 친구가 없다.

☐ 상식이 부족하다.

☐ 게임을 못한다. 팀에서 협력하는 것이 무엇인지를 모르고 자신만의 고유한 목표에 이른다.

☐ 서툴고 조화가 안 되며 어색하고 거북한 움직임이나 자세를 취한다.

☐ 얼굴이나 몸을 자기도 모르게 움직인다.

☐ 어떤 행동이나 사고를 강박적으로 반복하기 때문에 간단한 일상 활동을 끝내는 데도 어려움이 있다.

☐ 특정하게 반복하는 일상적 과정이 있고 변화를 거부한다.

☐ 특정 사물에 대한 색다른 애착을 보인다.

☐ 다른 아이들이 따돌린다.

☐ 눈에 띄게 이상한 표정을 짓는다.

☐ 눈에 띄게 이상한 자세를 취한다.

※자료: 루돌프어린이사회성발달연구소

자녀의 합계 점수가 13점 이상이면 '문제'가 있을 수 있다.

☐ 아니다 0점　☐ 어느 정도 1점　☐ 그렇다 2점

하지 않는 것이 부모가 가져야 할 마음가짐입니다. 부모는 가능한 한 마음을 추스르고 아이를 위한 치료 계획을 일관성 있게 해나가기 위해 노력해야 해요. 특히 ASD 치료는 부모와 가족들의 역할이 중요해요.

인내심을 갖고 꾸준히 집중적으로 치료합니다

ASD의 치료 목표는 학교 같은 교육 기관에서 통합될 수 있는 능력을 강화하고, 의미 있는 또래 관계를 형성하며, 성인이 되어 독립된 생활을 꾸릴 수 있도록 돕는 것입니다. 이를 위해선 행동 개선을 위한 약물 치료 및 언어·사회성·작업 치료 등 여러 부분의 전문가로 이뤄진 다학제적 팀 접근을 통해 체계적이며 적극적인 치료가 필요합니다. 또한 사회적 상호작용 결핍이나 의사소통 불가능 등 발달 전반에 걸친 문제가 있으므로 전체적인 발달을 촉진할 수 있는 포괄적 개입이 필요합니다. 아이의 나이, 발달 수준 및 언어 능력에 따라 개별화된 맞춤형 프로그램도 효과가 있어요. 영유아기에는 부모의 애착을 발달시키는 치료, 6세 이전에는 사회 적응 훈련이 포함된 프로그램 등이 좋습니다.

 Dr. B의 우선순위 처치법

1. 또래나 다른 사람과의 관계 형성이 어려운 만큼 부모의 지지가 많이 필요해요.
2. 전문가적 치료만큼이나 부모의 역할이 중요합니다.
3. 아이의 돌발 행동에 당황하거나 다그치지 말고 지켜보며 차분히 대처합니다.
4. 조기에 정확한 진단을 받고 치료하면 자폐아가 가진 여러 문제를 최소한으로 줄일 수 있어요.

자폐 스펙트럼 장애 아이, 집에서는 이렇게 대해주세요!

1 쉬운 단어로 짧게 말해요

아이에게 돌려서 말하거나 미루어 짐작하는 말을 하면 혼란만 줄 뿐이에요. 이왕이면 쉬운 단어로 짧게 말합니다. 말로 하기 힘든 경우라면 글 또는 그림으로 알기 쉽게 설명해주세요. 들은 말을 잘 이해했는지, 다시 한 번 확인합니다.

2 놀랄 상황은 줄여주세요

낯설거나 변화되는 환경에 대해 불안감이 클 수밖에 없어요. 놀랄 만한 상황이나 변화에 대해서는 미리 얘기해줍니다. 아이가 놀랄 상황을 되도록 최소화시켜주세요.

3 아이의 행동을 지켜보세요

반복적인 행동을 되풀이할 때는 다그치기보다 잠시 기다리며 지켜봅니다. 이때 아이를 비난하거나 흉내 내는 것은 절대 금물입니다. 아이가 왜 이런 행동을 하는지 원인에 관심을 가지고 지켜봐주세요.

4 스스로 하도록 용기를 주세요

스스로 할 수 있도록 기다려주세요. "넌 할 수 있어!", "그래, 잘하고 있어!" 등의 용기를 줄 수 있는 말이 필요합니다.

5 아이 말에 귀 기울여주세요

어설프게 하는 말일지라도 아이의 말에 귀 기울여 들어주세요. 아이는 누군가 자신의 말을 들어준다는 것만으로도 자신감이 생깁니다.

6 나이에 맞게 아이를 존중해주세요

나이에 맞는 호칭을 사용합니다. 함부로 반말을 하는 것도 좋지 않지만, 아이를 상전 다루듯 너무 높여서 대하는 것도 좋지 않아요. 나이에 맞는 호칭으로 존중해주는 것이 가장 좋습니다.

틱장애

눈을 자꾸 깜빡이고 킁킁거리는 이상한 행동을 반복해요.

체크 포인트

☑ 일시적인 심리 갈등으로 나타나는 단순 틱은 짧은 기간 안에 치료할 수 있어요. 그러나 유전적 요인과 더불어 신경학적 문제로 인해 뇌 기능에 불균형이 생기면서 나타나는 틱은 만성 틱장애나 투렛증후군으로 발전할 가능성이 큽니다.

☑ 틱 증상을 치료해야 하는 이유는 단지 보기에 안 좋아서가 아닙니다. 그보다 친구들에게 놀림의 대상이 되거나 관심의 대상이 되면서 발생하는 2차적 스트레스나 사회화 과정의 문제를 해결하는 데 있습니다.

☑ 아이의 마음을 편안히 해주고, 스트레스 요인을 제거해주면 틱 증상이 줄어들 수는 있어요. 다만 이것이 틱 치료의 전부는 아니에요.

☑ 틱 치료는 단기간에 치료되는 병이 아니라는 점을 기억하세요. 중요한 것은 치료가 중단된 후, 틱이 재발하느냐의 문제인데 틱장애가 완치되기까지는 적게는 3개월에서 7개월 이상의 꾸준한 치료가 필요합니다.

아이가 쉴 새 없이 눈을 깜박거리나요?

야단칠수록 심해져요

아이가 특별한 이유 없이 자신도 모르게 얼굴이나 목, 어깨, 몸통 등의 신체 일부분을 아주 빠르게 반복적으로 움직이거나 이상한 소리를 내는 경우가 있습니다. 이런 현상을 가리켜 '틱(Tic)'이라고 합니다. 아이가 자꾸 눈을 깜빡인다거나, 어깨를 으쓱거린다거나, 코를 킁킁거리거나 헛기침을 하며 이상한 소리를 내면 많은 엄마가 아이에게 그러지 말라고 야단을 칩니다. 하지만 엄마가 야단칠수록 아이의 이상한 행동은 점점 심해져만 갑니다. 아니면 의미 없이 반복하는 행동을 보고 단순한 습관이나 버릇 등으로 치부하고 방치하는 경우도 있지요. 틱을 제때 적절히 치료하지 않으면 청소년기나 성인이 되어서까지 문제가 계속되거나, 심각한 심리적 후유증을 겪기도 해요. 그뿐만 아니라 우울증과 불안장애를 비롯해 대인관계에도 영향을 미칠 수 있으므로 정확한 치료가 필요합니다.

일부러 그러는 게 아니에요

틱은 아이 스스로 억제하기 힘든 문제예요. 신경을 쓰는 그 순간은 틱 증상의 행동을 하지 않을 수 있지만, 그것도 잠시뿐, 조금이라도 신경을 덜 쓰면 또다시 눈을 깜빡이거나 코를 씰룩입니다. 아이가 자꾸 눈을 깜빡이거나 한쪽 얼굴을 씰룩이는 것을 보면 부모는 야단부터 치는데, 틱은 야단을 친다고 고쳐지는 버릇이 아닙니다. 하지만 스스로 노력하면 일시적으로 틱의 증상을 억제할 수 있어 일부러 그러는 것 아니냐, 습관이다, 혹은 관심을 끌려고 그런다는 오해가 많은 것도 사실입니다. 오해부터 거두고 틱 증상에 대한 충분한 이해가 필요해요. 잠을 자는 동안 혹은 한 가지 행동에 몰두할 때 틱 증상이 사라지고 증상이 줄어드는 건 그만큼 아이 마음이 편안해진 상태이기 때문입니다.

틱은 왜 생기나요?

틱장애는 유전적인 요소가 있지만, 단지 하나의 유전인자가 원인은 아닙니다. 신경학적으로는 뇌에서 피질 또는 운동을 계획하는 뇌 영역이 적절히 활동하지 못하면 틱이 발생할 가능성이 커져요. 또 뇌 구조 내의 높은 수준의 도파민 활동, 그 외 일부는 연쇄상구균 감염의 반응으로 틱이 발생하기도 합니다. 이렇게 틱장애는 생물학적 원인으로 발생하는 질환이지만, 환경적 스트레스로 인한 정서 변화에 따라 심해지기도 해요. 시험 기간 중 긴장할 때, 너무 좋아서 흥분할 때, 가족이나 학교 친구들로부터 틱에 대한 놀림이나 비난을 받아 화날 때 등 정서적 영향도 있습니다.

틱 증상이 갑자기 나타났다면!

아이에게 갑자기 틱 증상이 나타났을 때는 틱을 유발하는 원인이 무엇인지 그 현장에서 주의 깊게 살펴봐야 합니다. 예를 들어 숙제하라는 말만 들어도 틱 증상이 나타난다든지, "하지 마"라는 소리에 민감하게 반응하며 틱이 나타날 수도 있어요. 최근에 증상이 생겼다면 대개 일시적인 경우가 많습니다. 이때는 아이의 갈등 요소를 찾아 해결해줍니다. 부모가 아이를 충분히 이해해주면 증상이 저절로 좋아지기도 해요. 간혹 과잉행동을 치료하기 위해 처방받은 약이나 막힌 코를 뚫기 위해 사용한 감기약 때문에 틱이 나타날 때도 있습니다.

최근 증가하는 질환

 닥터's advice

> ❓ **'틱'이란 말은 어디에서 유래된 건가요?**
> 야생마를 길들일 때 말을 묶어두면 강렬하게 몸부림치고 발길질하는 것을 '틱'이라고 하는데, 틱장애(Tic disorder)라는 용어는 여기에서 유래된 것으로 보입니다. 자주 사용해서 자기도 모르게 근육이 움직여지는 현상을 일컫는 의학 용어입니다. 대개 수면 중에는 이런 틱 증상이 현저히 감소하는 게 특징이에요. 학령기 아동의 약 15%가 일시적으로 틱 현상을 보이다가 사라지지만 나이가 들수록 틱이 더 다양해지고 심해지기도 하며 성인이 되어서도 이어지는 만큼 끊임없는 주의가 필요합니다.

🐴 행동뿐 아니라 음성, 복합적으로 나타나요

눈을 깜빡이거나 얼굴을 씰룩거리고, 어깨를 으쓱거리거나 코를 벌름거리기도 하며, 입맛을 다시기도 합니다. 그리고 몸이 한 부분을 자꾸 만지거나, '흠흠' 하고 목청 가다듬는 소리를 내거나 머리카락을 자꾸 쓰다듬는 것도 틱 증상 가운데 하나입니다. 이러한 틱 증상은 1초 정도밖에 가지 않습니다. 그러다 금방 또 하는 것이 문제이지요. 틱이 한 번 나타나면 매우 다양한 경과를 나타냅니다. 대개 만 2~6세 사이에 시작하며, 6~8세 사이에 증상이 심해져서 대체로 치료를 시작합니다. 시간이 지나면서 한 가지 증상이 없어지고 다른 증상이 새로 나타나기도 합니다. 수일 혹은 수개월에 걸쳐 증상이 생겼다가 없어졌다 하는 경우도 많아요. 일시적인 틱은 저절로 사라지지만, 일부는 만성 틱장애나 투렛증후군으로 이어질 수 있습니다.

운동 틱 vs. 음성 틱

틱 증상이 1년 이상 계속되었는지에 따라 '만성' 틱장애와 '일과성' 틱장애로 구분합니다. 틱의 종류에 따라 '운동' 틱장애, '음성' 틱장애 그리고 두 종류의 틱 증상을 동시에 보이면 '투렛증후군'이라고 부릅니다. 단순 운동 틱은 틱장애 중 가장 흔한 증상으로, 시간이 지나면서 일순간 좋아지기도 해 부모도 장애라는 것을 모르고 지나치는 경우가 많습니다. 복합 운동 틱은 단순 운동 틱을 제때 치료하지 않았을 경우, 그 양상이 더욱 복잡하게 나타납니다. 자신을 스스로 때리거나 다른 사람이나 물건을 만지거나, 남의 행동을 그대로 따라 하는 등의 행동을 보이죠. 한편 단순 음성 틱은 운동 틱 증상을 어느 정도 보이고 난 후에 나타나는 경우가 많습니다. 복합 음성 틱의 경우, 상황과 관계없는 말을 하거나 남의 말을 반복적으로 따라 하는데요, 대부분이 자신의 의지와는 관계없이 나타나는 증상이에요. 하루 중에도 그 강도가 달라 다른 일에 몰두해 있을 때는 증상이 약해지는 경향이 있습니다. 음성 틱과 운동 틱 중 한두 가지 증상이 한 달 이상 계속되고 1년 이내에 없어진다면 일과성 틱장애라 볼 수 있지만, 1년 이상 계속되면 만성 틱장애로 분류해 소아정신과에서 평가를 받아야 합니다. 또한 운동 틱과 음성 틱이 동시에 1년 이상 나타나는 투렛증후군은 증상의 정도가 가장 심한 상태라 볼 수 있습니다. 투렛증후군의 60%에서 주의력 결핍 과잉행동 장애가 동반되었다는 보고가 있으며, 강박장애, 강박적 행동, 학습장애 등이 같이 나타날 수도 있어요.

 ## 틱장애 치료, 어떻게 하나요?

일시적 틱장애는 즉각적인 치료보다 스트레스부터 줄여주세요

틱은 스트레스에 민감하고 감수성이 예민한 아이에게 많이 나타나요. 틱장애가 있는 아이들을 형제 순으로 살펴보면 첫째 아이가 압도적으로 많습니다. 이는 맏이에 대한 부모의 큰 기대와 요구가 아이에게 심리적 부담을 안겨주고, 이로 인한 갈등이 누적되어 틱으로 나타난다는 사실을 보여줍니다. 특히 최근의 지나친 교육열로 어린아이 때부터 공부에 대한 압박감과 부모로부터의 지나친 간섭으로 인한 긴장, 불안 등 내적 갈등이 틱을 통해 표현되기도 합니다. 어떻게 보면 틱 증상은 아이가 자신만의 스트레스를 해소하는 방법인 셈이죠. 이런 아이들에게 일단은 치료보다 스트레스를 줄여주는 게 우선입니다. 틱 증상이 나타나는 것 역시 정신병이 아니라는 사실을 주위 사람들이 먼저 이해하고 아이가 틱장애 때문에 스트레스를 많이 받지 않도록 배려합니다.

최근 증가하는 질환

 다양하게 나타나는 틱 증상

- **단순 운동 틱** 눈 깜박거림, 얼굴 찡그림, 머리 흔들기, 입 내밀기, 어깨 들썩이기 등
- **복합 운동 틱** 자신을 때리는 행동, 제자리에서 뛰어오르기, 다른 사람이나 물건 만지기, 물건을 던지는 행동, 손의 냄새 맡기, 남의 행동을 그대로 따라 하기, 자신의 성기 만지기, 외설적인 행동 등
- **단순 음성 틱** 킁킁거리기, 가래 뱉는 소리·기침 소리·빠는 소리·쉬 소리·침 뱉는 소리 등 내기
- **복합 음성 틱** 사회적인 상황과 관계없는 단어 말하기, 욕설, 남의 말 따라 하기 등

틱을 못 하게 하기보다는 아이의 마음부터 읽어주세요

틱장애 자체보다는 아이의 일상적인 생활, 친구 관계, 학교에서의 적응 상태 등을 파악합니다. 틱 증상으로 친구들 사이에서 놀림을 받거나 따돌림을 당하는 것은 아닌지, 선생님과의 관계 역시 원만한지를 세심하게 관찰합니다. 또한 가정에서도 아이에게 직접적으로 증상을 지적하기보다 심부름을 시키거나 주의를 다른 곳으로 돌리는 놀이를 합니다. 수영이나 태권도 등 규칙적인 운동 습관을 들이면 근육의 운동을 체계화함으로써 의미 없이 움직이는 근육의 움직임을 줄일 수 있습니다. 한편 반복적으로 이상한 행동을 보인다고 해서 반드시 틱은 아니며, 뇌전증 등의 다른 병일 수도 있어요. 예를 들면 헛기침은 인후염이 원인일 수 있으며, 눈을 깜박이는 것 또한 결막염 때문일 수도 있다는 말이지요. 아이가 평소와 다른 이상한 증상을 보이면 의사와 먼저 상의합니다.

치료가 필요한 정도인지를 확인합니다

아주 사소한 틱이나 가벼운 형태의 일시적인 틱장애는 즉각적으로 치료하진 않아요. 시간을 두고 경과를 관찰하면서, 틱이 계속되거나 진단 기준에 부합하면 그때 치료해도 늦지 않습니다. 단, 이때 주의할 것이 있어요. 틱장애 환자 중 30~50%는 강박장애, 주의력 결핍 과잉행동 장애 등을 동시에 보이거나 사회성의 문제 역시 많이 나타나는 편이에요. 그런 만큼 틱 증상은 사소해 보일지라도 아이의 마음이 어떻게 표현되는지, 달라진 행동은 더 없는지 등 이에 대한 적절한 평가와 관찰이 우선되어야 합니다.

초기에는 증상을 무시하고 관심을 주지 않는 것이 좋아요

틱 증상 초기에는 민감하게 반응하지 않는 것이 좋습니다. 그러나 틱이 심해져 아이의 생활에 지장을 주거나 정서 장애가 생기면 정신과적 검사와 소아신경과적 검사를 한 후 결과에 따라 치료해야 해요. 중요한 것은 가족과 학교 선생님, 친구들이 아이의 틱장애를 이해하고 이를 받아들이는 태도입니다. 쌍꺼풀이 있고 없는 것처럼 틱이 환자의 여러 가지 특징 중 일부라고 이해하고, 놀림이나 야단의 대상이 되지 않게 자연스럽게 대하면 대부분의 틱 질환은 치료될 수 있습니다.

반드시 치료해야 하는 경우도 있습니다

틱으로 인해 심한 기능 장애나 사회관계의 장애가 초래되는 경우엔 적극적인 치료가 필요합니다. 눈을 너무 심하게 깜빡거려 눈이 짓무르거나 책을 읽을 수 없는 경우, 고개를 젖히는 틱 때문에 목에 만성적인 통증이 생긴 경우, 자신의 눈을 때리거나 입안을 반복적으로 씹어 실명이나 감염의 위험이 있는 경우 또는 심한 음성 틱으로 인해 다른 학생들과 같이 교실에서 수업할 수 없는 경우 등이 해당합니다. 이런 경우 일반적인 지지 치료(현재 환자가 느끼는 고통을 줄이기 위해 치료자가 적극적으로 지지를 제공하는 치료)와 함께 약물 치료를 원칙으로 합니다. 최근에는 부작용이 적고, 치료 효과가 좋은 새로운 약이 많이 개발되었어요. 이때 틱을 완전히 없앤다는 것보다는 장애를 최소화해 틱을 조절하는 것이 목표예요. 또한 틱과 관련된 장애(주의력 결핍 과잉행동 장애 및 강박장애 등)들이 동반될 경우 치료가 좀 더 까다로워지지만, 이 역시 치료 가능합니다. 이때에는 아이에게 어떤 질환이 더 문제가 되는지를 기준으로 정확히 진단을 내려야 하며, 두 질환을 동시에 호전시킬 수 있는 약물을 선택합니다.

약물 치료와 병행하는 놀이치료가 필요한 경우도 있습니다

틱 질환은 증상에 대한 오해와 편견, 주위의 압력 때문에 정서적 문제가 발생하는 경우가 많습니다. 그런 만큼 아이 상태에 따라 우울, 불안, 자신감 결여 등에 대한 지지적 상담이 제공되어야 해요. 약물 치료와 함께 2차적인 정서 문제에 대한 (놀이)정신치료, 가족치료, 행동수정치료 등을 병행할 수 있어요. 하지만 심리적 요소가 명백한 주원인인 극히 소수의 아이를 제외하고는 놀이치료나 정신치료가 주된 치료 방법이 되어서는 안 됩니다. 중등도 이상의 증상을 보이는 경우 역시 정신치료나 행동치료만으로는 증상이 좋아지기를 기대하기 어렵습니다. 또한 최면요법을 사용하는 사례도 있으나 효과는 크지 않습니다.

부모의 역할이 무엇보다 중요해요

틱장애를 치유하는 데는 부모의 역할이 중요해요. 틱 증상이 나타날 때 부모가 어떤 반응을 보이는가에 따라 치료의 성패가 좌우된다고 해도 과언이 아니니까요. 부모는 아이의 행동에 과민반응을 보이지 말고 오히려 대수롭지 않게 여겨야 합니다. 아이가 여유 있고 차분해지도록 도와주고 칭찬하는 것이 증상을 완화하는 데 도움이 됩니다. 증상을 지적하는 대신 "요즘 틱 증상이 많이 준 것 같아" 또는 "엄마는 네가 일부러 그러지 않는다는 걸 알아, 우리 같이 노력해보자"와 같이 아이의 마음을 안정시키는 말로 자신감을 북돋워주세요. 아이와 틱에 대해 진지한 대화를 나누면서 아이가 부모에게 이해받고 있다고 느끼게 하는 것이 중요합니다.

 Dr. B의 우선순위 처치법

1. 틱장애에 대한 이해가 우선입니다.
2. 틱 증상을 보이면 치료가 필요한 정도인지 먼저 파악해봅니다.
3. 아이의 틱 증상에 민감하게 반응하지 않습니다. 일상생활이나 학교생활에 지장이 없는 한 그냥 두는 것이 좋습니다.
4. 아이가 틱 증상을 보이면 지적하거나 하지 못하게 야단치지 말고, 아이의 마음을 읽어주고 스트레스를 풀어주세요.
5. 자칫 치료 시기를 놓쳐 만성 틱장애나 투렛증후군으로 이어지지 않게 합니다.

야경증

밤중에 자다가 놀라서 깨어 울부짖어요.

체크 포인트

☑ 야경증은 아이의 정서적 문제라기보다 뇌가 일시적으로 성숙하지 못해서 그래요. 아이의 뇌가 자라고, 수면 형태가 안정되면 자연스럽게 사라집니다.

☑ 심리적 스트레스, 피로, 수면 부족 등이 원인으로 작용해요. 평소 지나치게 자극적인 활동은 피하고, 일정한 수면 습관을 들여주세요.

☑ 야경증은 아무리 달래도 소용이 없습니다. 아이가 위험한 것에 부딪히지 않도록 주의하고 관찰하면서 흥분이 가라앉기를 기다립니다.

☑ 어떤 아이들은 과도하게 지치면 야경증을 일으킵니다. 평소보다 30분 일찍 잠자리에 들게 하면 야경증을 예방하는 데 도움이 되기도 해요.

아이가 밤에 놀란 듯 자지러지게 울어요

아이가 밤잠을 자다 갑자기 깨서 소리 지르고 팔다리를 휘저어 깜짝 놀란 경험을 한 번쯤 했을 거예요. 배고픈 것도 아니고 기저귀가 젖은 것도 아닌데 계속 보채며 우는 아이를 달래 다시 재우느라 진땀을 뺐을 텐데요. 부모는 무슨 큰 병이라도 있는 건지

잔뜩 걱정하게 됩니다. 이처럼 아이가 밤에 놀란 듯 소리를 지르면서 깨는 것을 '야경증'이라고 합니다. 갓 태어난 아이부터 만 6세 이전의 아이들에게서 흔히 볼 수 있는 증상이며, 크면서 자연적으로 좋아진다고 알려져 있어서 힘들지만 대수롭지 않게 생각하기도 하고, 미상 시간이 지나가길 기다리기도 합니다. 하지만 커가면서 좋아진다고는 해도 엄마나 깨는 아이나 당장 오늘 밤이 힘든 건 사실입니다. 뇌 발달과 키 성장은 둘째 치고라도, 아이들이 밤에 계속 깨는 통에 아이도 엄마도 모두 제대로 된 잠을 잘 수 없기 때문이지요. 도대체 아이는 왜 이토록 울면서 깨는 걸까요?

아이가 잠든 후 3시간 안에 나타나요

수면에는 두 가지 형태가 있습니다. 안구가 빠르게 움직이지 않는 깊은 수면 상태의 논렘(NREM) 수면이고, 다른 한 가지는 안구가 빨리 움직이는 렘(REM) 수면입니다. 잠잘 때는 이러한 두 가지 수면 상태의 주기가 계속 반복되는데, 꿈은 주로 렘 시기에 꿉니다. 하지만 야경증은 아이가 잠들고 1~2시간이 지난 후, 깊은 잠에 빠진 논렘 상태일 때 뭔가를 꾸게 됩니다. 논렘 시기에 무서운 꿈이나 기분 나쁜 경험이 떠오르면 아이는 눈을 크게 뜨고 공포에 질린 표정으로 앉아서 크게 비명을 지릅니다. 손발을 내지르고 몸부림칠 때도 있어 그 모습은 마치 환각을 경험하는 것처럼 보이기도 해요. 이런 상태는 30초~5분까지 이어지며 드물게 20분 이상 가기도 합니다. 증상을 보이는 동안 멍하게 눈뜨고 있어 깨어 있는 것 같지만 실제로는 자는 것이에요. 뭔가 겁

닥터's advice

❓ '야경증'과 '악몽'은 서로 달라요!

야경증과 악몽은 결코 같은 말이 아닙니다. 야경증은 잠에서 깼을 당시 의식이 선명치 않기 때문에 이튿날 깨어나면 전날 밤의 상황을 전혀 기억하지 못합니다. 반면 악몽은 자다 깨서 울거나 소리 지른 것은 물론 꿈을 꾼 내용을 다음 날 얘기하며 무서웠던 기억을 다시 떠올릴 수 있다는 점에서 차이가 있습니다. 또 야경증이 수면의 초반부에 일어나는 증상임에 반해 악몽은 수면 후반부의 렘 수면과 연관이 있어 잠이 들고 오랜 시간이 지난 후 나타날 때가 많습니다.

에 질린 듯한 아이는 부모가 말을 걸어도 제대로 대답하지 못하는 혼란 상태에서 맥박과 호흡이 빨라지고, 땀을 흘리는 등의 증상을 보입니다. 그러나 이튿날 깨어나면 전날 밤의 상황을 전혀 기억하지 못하는 것이 특징입니다.

낮에 많이 놀아 피곤하거나 힘들 때 나타나요

야경증은 여러 요인으로 인해 잠의 깊이가 매끄럽게 변화하지 못해 생겨나는 현상입니다. 그중에서도 심리적 스트레스와 육체적 피로가 주된 원인이라 보고 있어요. 아이들이 밤에 깨어났던 날 기억을 한번 떠올려보세요. 낮에 야단을 많이 맞아 심리적 스트레스가 심했거나 너무 심한 신체적 활동으로 피로감을 많이 느끼지는 않았나요? 감기 등으로 열이 나거나 여러 날 동안 잠을 충분히 자지 못해 수면 부족 상태일 때도 야경증이 발생합니다. 한편으로 가족력도 빼놓을 수 없어요. 부모 모두 어렸을 때 야경증이 있었다면 자녀의 60%, 한쪽이 야경증이었다면 자녀의 45%가 야경증을 보이는 것으로 알려져 있습니다.

야경증 치료, 어떻게 하나요?

억지로 깨우거나 중단시키려 하지 마세요

야경증이 생기면 아이는 큰 소리로 울거나 비명을 지르고 침대에서 몸부림을 치기도 합니다. 이때 부모는 아이를 덥석 안아 올려 나쁜 꿈을 꾸는 것처럼 보이는 이 상황에서 아이를 벗어나게 하려고 빨리 깨우려 하죠. 그러나 야경증을 보이는 동안은 부모가 아무리 달래도 효과가 없어서 자연스럽게 흥분이 가라앉기를 기다려야 합니다. 아이가 울어댈 때 그만하라고 화내거나 야단치는 일은 없어야 해요. 오히려 야경증을 더욱 악화시킵니다. 아이는 분명히 깨고 나면 아무것도 기억하지 못합니다. 깨어난 다음 날 지난밤에 있었던 일을 말하거나 야단을 치는 것도 증상을 개선하는 데 도움이 되지 않을뿐더러 아이에게 쓸데없는 수치심과 불안감만 가중할 수 있다는 것을 기억해두세요.

시간이 지나면 자연스럽게 해소됩니다

야경증 하면 다소 무섭게 느껴질 수 있지만, 흔히 일어나고 결코 위험하지 않아요. 아이가 성장하면서 증상이 대부분 없어지고, 정신질환으로 이어지지 않으므로 반드시 치료하지 않아도 되고 상담만으로 충분합니다. 아이의 증상이 자나 신경 쓰여 걱정하는 것은 오히려 도움이 되지 않아요. 수면 불규칙, 신체적 피로감, 정신적 스트레스 등 야경증의 원인을 찾아 해결하고, 일정한 취침 시간을 지키는 것이 좋습니다. 다만 야경증 증상과 함께 간질 발작이나 손발, 몸에 이상한 움직임이 나타나면 병원을 가야 합니다. 아울러 낮에도 이상한 행동을 한다면 병원에서 다른 질환이 있는지 살펴볼 필요가 있습니다.

 Dr. B의 우선순위 처치법

1. 야경증을 일으키는 동안에는 깨우거나 달래려고 하지 말고 기다립니다.
2. 아이가 다시 잠들 때까지 함께하며 안정감을 주세요.
3. 주변에 위험한 물건이 있다면 치워주세요.

야경증 있는 아이, 이렇게 대처하세요!

1 야경증이 끝날 때까지 기다리고, 아이가 진정하고 잠들 때까지 곁에서 함께합니다.

2 아이를 흔들거나 질문하지 마세요. 안아주거나 "엄마가 여기 있다"고 속삭이는 것 외에 아이를 애써 달래려고 하지 마세요.

3 불은 최대한 어둡게 하고, 조용히 말합니다.

4 손에 닿는 깨질 만한 것은 치우고, 만약 필요하다면 문과 창문을 잠그도록 하세요.

5 아이의 건강한 수면을 위해서는 일정한 수면과 기상 시각을 유지하는 것이 중요합니다. 유아기가 지났다면 지나친 낮잠은 자지 않는 게 좋아요. 다만 때에 따라 1시간 이내의 짧은 낮잠을 재우는 것이 도움이 되는 아이도 있습니다.

6 증상이 반복된다면, 평균적으로 야경증이 나타나는 시간의 10~15분 전 아이를 미리 깨우는 것이 도움이 될 수 있어요. 깬 상태로 5분 정도 있다가 다시 잠자리에 들게 하세요.

최근 증가하는 질환

CHAPTER 3

육아 상식

시기별 예방접종

월령별 필수 예방접종과 선택 예방접종을 알아두세요.

체크 포인트

☑ 예방접종 후 접종 부위가 빨갛게 붓고, 열이 나거나 아이가 잘 먹지 않고 보채기도 합니다. 많이 붓고 아파하면 냉찜질을 해주세요.

☑ 돌 이전 아이는 예방접종 횟수가 많을 뿐 아니라 접종 간격이 짧아 접종 일정을 꼼꼼히 확인해야 합니다.

☑ 정해진 일자에 접종하는 것이 좋지만, 외출이 어렵거나 아이의 컨디션이 좋지 않다면 1~2주 미뤄도 무방해요. 오히려 예정일보다 앞당겨 접종하는 것은 문제가 될 수 있습니다. 이런 경우엔 항체가 제대로 형성되지 않거나 부작용의 위험이 있어 재접종을 받을 수 있으므로 주의해야 해요.

☑ 여러 차례 접종해야 하는 예방접종이 늦어진 경우, 처음부터 다시 접종할 필요는 없어요. 백신마다 접종 일정이 다르므로 접종 전 의사와 상의하는 것이 좋습니다.

☑ 면역원성과 안전성이 유지된다고 평가된 백신들 간에는 동시 접종이 권장 됩니다. '사백신과 사백신', '생백신과 생백신'은 대부분 동시 접종이 가능해 요. 이들 백신은 나눠 맞히는 것보다 오히려 한꺼번에 맞히면 아이에게 스트레스를 덜 주며, 비용 절감 차원에서도 효율적입니다.

부모가 꼭 알아야 할 예방접종

예방접종 맞혀야 할까?

아이가 태어나면 병원이나 보건소에서 정기적으로 예방접종을 합니다. 예방접종은 우리 몸에 항원을 투여하여 항체를 만듦으로써 전염병에 대한 방어 능력을 갖게 하는 방법이에요. 우리 몸은 세균이나 바이러스에 감염되면 균과 싸우고, 이런 경험을 통해 균과 싸웠던 면역 반응을 기억합니다. 그래서 나중에 동일한 균이나 바이러스에 감염되더라도, 효율적으로 제거할 수 있어 한 번 걸린 병에는 다시 걸리지 않아요. 아이는 성장하면서 외출이 잦아지고, 어린이집·유치원 등 단체생활을 시작하면서 감염성 질환에 걸릴 기회가 더욱 많아집니다. 면역력이 약한 어린아이일수록 질병에 걸리기 쉬워 특별한 보호가 필요해요.

몇 해 전 예방접종을 한 아이가 사망하는 끔찍한 뉴스가 보도된 이후 예방접종에 대한 안전성에 의문을 품는 엄마들이 부쩍 늘었습니다. 그러나 예방접종은 꼭 해야 해요. 부작용이 걱정된다고 아이를 치명적인 질병에 무방비로 노출할 수는 없기 때문입니다. 예방접종을 하지 않았을 때 겪을 수 있는 질병의 위험은 예방접종으로 생길 수 있는 위험보다 훨씬 더 큽니다. 예를 들어 아이들에게 기본 접종으로 권장되는 DPT 백신의 경우, 중증 이상 반응을 보일 확률은 만분의 1 미만이지만, 예방접종을 하지 않아 디프테리아로 숨질 확률은 10%, 파상풍은 10~30%에 달합니다. 게다가 우리나라 아이들이 맞는 대부분의 예방접종은 이미 오래전부터 안전성과 효과가 충분히 검증된 백신들이에요. 물론 백신의 일부 성분과 아이의 건강 상태, 체질 그리고 상황에 따라 예방접종 부작용이 다르게 나타나지만 발적·종창·발열·발진·두통 등 가벼운 증상이 대부분입니다. 예방접종을 할 때 주의사항만 잘 지키면 큰 부작용이 생기지 않으므로 안심하고 예방접종을 맞혀주세요.

필수 예방접종 vs. 선택 예방접종

아이에게 맞혀야 할 예방접종에는 필수 접종과 선택 접종이 있어요. 필수 접종에 포함된 감염병은 흔히 발생하고 합병증이 심해 국가적으로 모든 아이가 꼭 예방접종을 맞도록 권장하고 있어요. 필수 접종은 국가에서 무료로 접종시켜줘 국가필수예방접종에 거의 포함되어 있습니다. 필수 접종은 보건소와 대부분 의료기관에서 무료로 접종할 수 있으며 접종 종류는 시기별, 국가별로 조금씩 다릅니다. 필수 접종에는 BCG(결핵), B형 간염(HBV), A형 간염(HAV), DPT(Dtap, 디프테리아, 파상풍, 백일해), Td(디프테리아, 파상풍), 폴리오(소아마비), Hib(뇌수막염), 일본뇌염, MMR(홍역, 볼거리, 풍진), 수두, 인플루엔자(독감), 자궁경부암 백신(만 9~11세 여성), 단백결합백신 10가, 13가 등이 포함됩니다. 반면 선택 접종은 필수 접종에 비해 비교적 가볍거나 일상에서 걸릴 가능성이 낮은 질병인 경우가 많아 고위험군이나 질병이 유행하는 지역을 여행하는 등 질병에 걸릴 우려가 있을 때 필요한 사람만 맞도록 하고 있어요.

선택 예방접종도 맞혀야 하나요?

예방접종을 잘 챙기는 부모도 필수 접종만 하고 선택 접종은 놓치는 경우가 많아요. 시기를 깜빡하는 것도 있지만, 대부분 백신 접종 비용이 부담스럽기 때문입니다. 하지만 선택 접종은 국가에서 비용을 지원하지 않을 뿐, 의학적으로는 아이에게 필요할 수 있는 접종입니다. 대표적으로 로타 바이러스, 수막구균, 대상포진 등이 있습니다. 비용 부담이 크지 않다면 단체생활을 일찍 시작하는 아이들은 선택 접종도 맞히는 것이 좋다는 게 전문가들의 의견입니다.

예방접종 전, 주의사항은 무엇인가요?

· 아이의 건강 상태를 잘 아는 사람이 데리고 갑니다.

닥터's advice

❓ 나라마다 '필수 접종'과 '선택 접종'을 구분하는 기준이 달라요!

우리나라에서는 반드시 접종해야 하는 'BCG'와 'B형 간염'을 미국에서는 접종하지 않습니다. 우리나라는 아직 결핵이나 B형 간염의 발병률이 높아서 필수 접종에 포함하지만, 미국에서는 상대적으로 발병률이 낮기 때문입니다.

· 집에서 아이의 체온을 측정해 열이 없는 것을 확인하고 방문합니다.

· 접종 날짜보다는 아이의 컨디션이 더욱 중요해요. 열이 나거나 기운이 없다면 접종을 미루는 편이 낫습니다.

· 현재 주위 사람들이 감염성 질환을 앓고 있는지 확인해보세요. 이미 감염되어 잠복기에 있을 가능성이 있어요.

· 접종 전 미리 의사와 상담을 통해 가족 중 알레르기성 질환이나 예방접종 부작용을 겪은 적이 있는지에 대해 이야기합니다.

· 접종 전 아이가 아나필락시스나 천식, 알레르기 등이 있으면 문진표를 작성했어도 꼭 의사에게 따로 알려주세요.

· 모자보건수첩 또는 육아수첩을 가지고 방문하세요.

· 접종 전날 목욕을 시키고, 깨끗한 옷을 입혀 데리고 갑니다.

· 예방접종을 하지 않을 아이는 되도록 같이 방문하지 않는 것이 좋아요.

· 가능한 한 오전 시간에 접종하는 편이 좋고, 오후나 토요일 접종은 되도록 피하세요. 예방접종 후 부작용이 있을 때 신속하게 대처하기 어렵기 때문이에요.

예방접종 후, 유의할 점은 무엇인가요?

· 접종 후 20~30분간 의료기관에 머물러 아이의 상태를 살펴봅니다.

 복잡한 예방접종 일정, 이제 스마트하게 관리하세요!

예방접종은 만 12세까지 22번 맞혀야 하는데 헷갈리고 까먹기 쉽습니다. 질병관리본부 예방접종도우미 사이트에서 우리 아이 예방접종 일정 관리는 물론 필수 예방접종 비용을 지원받을 수 있는 동네 의료기관을 찾아볼 수 있어요. 또한 언제 어디서나 편리하게 이용할 수 있도록 스마트폰 애플리케이션을 통해서도 이용할 수 있어요. QR코드로 다운받고 접종일을 챙겨주는 알림 문자 서비스로 더욱 간편하게 예방접종 일정을 관리하세요!

· **질병관리본부 예방접종도우미(http://nip.cdc.go.kr)** 아이 정보를 등록하면 예방접종 내역은 물론 일정을 확인할 수 있어요.

· 귀가 후 적어도 3시간 이상은 주의 깊게 관찰하세요.

· 무엇을 접종했는지, 다음에 접종해야 할 날짜는 언제인지 등을 기록해둡니다.

· 접종 부위가 붓는 것은 흔한 증상으로 정도가 심하지 않다면 거정히지 잃나노 돼요. 히지민 니무 많이 붓거나 아프다고 하면 냉찜질을 해주거나 진통제를 먹일 수 있어요.

· 접종 당일과 다음 날은 과격한 운동을 하지 마세요.

· 접종 부위는 깨끗하게 해주세요.

· 접종 후 최소 3일간은 특별히 주의 깊게 관찰하며, 고열이나 경련이 있다면 의사의 진찰을 받습니다.

예방접종, 이것만은 꼭 기억하세요!

· **시기에 맞게 제때 맞히기** 접종 날짜가 조금 지났다고 큰 탈이 나지는 않아요. 대한소아과학회에서 말하는 예방접종 시기는 신생아가 모체로부터 받은 항체가 줄어들어 예방 기능이 없어지는 때와 병의 유행 여부 등을 고려해 정한 것으로, 가급적 그렇게 하라는 권장사항입니다. 제때 스케줄대로 맞히는 것이 바람직하지만 시기를 놓쳤을 때는 늦더라도 접종하는 것이 거르는 것보다는 낫습니다. 늦은 것을 알았을 때 빨리 접종하는 것이 최고의 방법이에요.

닥터's advice

❓ 접종 후 이상 반응에 대한 피해보상

모든 약품이 그렇듯 예방접종 백신도 접종 후 이상 반응이 나타날 수 있어요. 10만~100만 명 중 1명 꼴로, 극히 일부에서 심한 이상 반응이 일어나지요. 우리나라에서는 접종 후 이상 반응이 일어난 아이를 위한 예방접종 피해 국가보상제도를 시행하고 있어요. 예방접종 후 이상 반응이 발생한 경우 의사나 의료기관은 반드시 국립보건원에 신고토록 의무화하고 있으며, 전문가들로 구성된 예방접종피해보상 심의위원회의 조사를 거쳐 피해보상 신청일로부터 120일 이내에 보상하도록 한 전염병예방법 개정안도 시행되고 있습니다.

엄마표 처방전

예방접종 후 집에서 이렇게 돌봐주세요

1 아이 몸을 유심히 관찰해요

예방접종 후엔 아이의 몸에 여러 부작용이 나타날 수 있어요. 그러므로 접종 후 30분 동안은 병원에서 아이의 상태를 살펴봅니다. 몸이 축 처지거나 발진 및 발열, 두통, 호흡곤란, 오한 등의 증상을 보이는 경우도 많아요. 주사를 맞은 부위가 빨갛게 부어오르지는 않았는지도 체크해주세요.

2 고열이나 설사 등이 하루 이상 갈 때는 병원에 가요

대부분 증상은 2~4일이 지나면 사라지게 마련이지만, 고열·설사·구토 등의 증상을 하루 이상 겪는다면 다시 병원을 찾아야 합니다. 이때 앞서 기록해두었던 예방접종 수첩을 지참하세요. 담당 의사가 다를 경우, 아이가 받았던 예방접종에 관련된 사항을 알려야 할 경우도 있기 때문입니다.

3 접종 부위 응어리는 일주일 후 풀어져요

접종 부위에 응어리가 생기기도 해요. 예방주사는 병원체를 이용해 만든 것이기 때문에 간혹 접종 후 이상 반응이 생길 수도 있어요. 보통 일주일 정도 지나면 풀어집니다.

• 동시 접종 권장　거의 모든 예방접종 백신은 동시 접종이 가능합니다. 어떤 백신이든 같이 접종할 수 있다는 말이지요. 미국에서는 한 번에 4~7가지의 백신을 접종하기도 합니다. 우리나라에선 유독 백신에 대한 불신과 매스컴의 악영향으로 동시 접종을 꺼리는 경향이 높은 편이라 보건소나 병원에서도 동시 접종을 잘하지 않아요. 하지만 전문가들은 병원에 자주 와야 하는 불편함이나 접종 일정이 늦어지는 것을 고려할 때 한 번에 접종하는 것이 더 낫다고 권장합니다.

• 백신 종류가 같다면 교차 접종도 가능　국내 백신 제조 회사는 여러 곳이고, 백신 중에는 국외 수입품도 많은 편입니다. 이런 백신을 여러 번에 걸쳐 접종해야 하는 경우, 특히 접종 간격이 넓은 경우에는 같은 제품으로 접종하기가 쉽지 않아요. 가능한 한 같은 접종 백신으로 맞히는 것이 좋지만, 다른 회사의 것으로 접종하는 '교차 접종'도 가능합니다. 즉, 백신 종류가 같다면 다른 회사의 제품으로 접종해도 무방해요. 다만 2·4·6개월에 접종하는 DPT는 제약사가 다르더라도 같은 원료의 제품을 접종할 것을 권고하니 유의하세요.

• 육아수첩 활용하기　산부인과에서 아이와 함께 퇴원할 때, 혹은 소아청소년과에 처음 내원했을 때 받은 육아수첩(아이수첩)에는 예방접종표가 나와 있습니다. 이 수첩은 아이가 성인이 될 때까지 잘 보관해야 해요. 간혹 이사 때문에 다니던 소아과를 옮기면 육아수첩도 함께 바꾸는 것으로 착각하는 엄마들이 종종 있는데, 소아청소년과를 바꾼다고 육아수첩까지 바꾸지는 않아요. 육아수첩에 있는 예방접종 스케줄을 잘 점검해 기록해둬야 예방접종 시기를 잊지 않고 제때 맞힐 수 있습니다. 예방접종 시기는 만 나이로 계산해 미리 아이수첩에 표시해두면 편리해요.

종류별 예방접종의 모든 것

BCG

결핵을 예방하기 위한 기본 접종이에요

'요즘도 결핵이 있나?'라고 생각하겠지만, 우리나라는 오래전부터 결핵 환자가 많았어요. 미국에서는 거의 사라져 BCG 접종을 필수적으로 하지 않지만, 우리나라에는 단지 드러나지 않을 뿐 여전히 무척 흔한 병입니다. 질병관리본부에 의하면 2012년에 신고된 국내 감염 질환 중 환자 수가 가장 많은 질환이 결핵이었지요. 또한 OECD 국가 중에서 우리나라의 결핵 발생률·유병률·사망률이 가장 높은 것으로 나타났습니다. 결핵 환자는 지금도 전 세계 인구의 3분의 1 정도가 감염되어 있을 정도로 흔하고, 결핵균이 발견되지 않는 나라는 없습니다.

BCG를 접종한다고 해서 결핵을 100% 예방할 수는 없지만, BCG를 맞힌 아이는 치명적인 결핵에 걸릴 확률이 훨씬 줄어들어요. 특히 어린아이는 결핵성 뇌막염에 잘 걸리는데, 이는 제때 고쳐주지 않으면 평생 고생하는 질환이에요. BCG 예방접종을 하면 결핵에 걸려도 뇌나 콩팥으로 바로 퍼지지 않기 때문에 치명적인 결핵에 걸릴 확률이 훨씬 줄어듭니다. 결핵에 걸리면 오랜 기간 계속 기침이 나고, 이유 없이 열이 계속되면서 식은땀이 나요. 또한 쉽게 피곤해지며 식욕이 없어 체중이 줄어드는 증상이 나타납니다. 반면 아이들의 결핵은 어른과 다릅니다. 아이들은 결핵에 걸려도 어른에게 나타나는 증상을 별로 보이진 않아요. 특히 영유아기에 결핵에 걸리면 전신성 결핵이나 뇌수막염에 걸릴 수 있어, BCG 접종으로 예방하는 것이 필요해요.

생후 4주 이내 딱 한 번 접종해요

BCG는 보통 생후 4주 이내에 늦어도 생후 3개월 0일 이내에 맞히는 것을 권장합니다. 하지만 심한 피부 질환이나 영양 상애, 발열, 면역 기능 저하, 화상, 피부 감염 등이 있다면 이 기간 내에 맞히지 못할 수도 있어요. 간혹 깜박하거나 아이가 아파서 4주 이내에 BCG를 맞히지 못하는 경우 늦어도 5세 이전까지는 접종합니다. 예전에는 BCG 예방접종 후 10년이 지나면 효력이 떨어진다 해서, 초등학생을 대상으로 투베르쿨린 검사를 한 다음 재접종을 시행했었어요. 하지만 추가 접종을 해도 예방 효과에 변화가 없다고 알려지면서 추가 접종은 하지 않습니다.

BCG는 피내용과 경피용이 있어요

결핵 예방접종은 피내용과 경피용으로 구분됩니다. 보건소에서는 피내용 백신을, 병·의원에서는 피내용과 더불어 선택 사양으로 경피용 백신을 접종받을 수 있습니다. 전 세계적으로 효과와 관리 면에서 널리 사용되는 방법은 피내용이에요. 피내용 BCG는 주사기로 접종하는 일반 백신 형태로, 국가필수예방접종에 포함돼 접종 비용이 지원됩니다. 경피용 BCG는 도장처럼 살짝 찍어서 접종하는데, 피부에 주사액을 바른 후 여러 바늘이 달린 도구를 이용해 주사액이 들어가도록 하는 방식이라 시간이 지나면 흉터가 작게 여러 개 남습니다. 일본과 우리의 병·의원에서 많이 접종하는 방식입니다. 그렇지만 가격이 다소 비싸요. 경피용 백신을 맞힐 것인가, 피내용을 맞힐 것인가는 각각의 장단점을 파악한 후 소아청소년과 의사와 상담해 결정합니다.

닥터's advice

❓ BCG 예방접종의 흉터는 체질에 달렸어요

흉이 생기고 안 생기고는 체질적인 원인이 큽니다. 비싼 돈 들여 경피용(도장형)을 맞춘다고 해서 흉이 안 지는 건 아니에요. 경피용을 맞고도 흉이 생긴 아이는 만약 피내용을 맞혔다면 흉터가 더 크게 생겼을지도 모릅니다. BCG 예방접종을 받아 생기는 흉터는 정상적인 면역 반응이에요. 피내용 접종은 주삿바늘이 낸 1개 상처에 주사액이 집중적으로 들어가 흉터가 더 선명하고, 경피용 접종은 9개의 상처에 주사액이 분산되다 보니 조금 흐리게 흉터가 남지요. 대체로 이런 흉터는 아이가 자라면서 옅어집니다.

❓ 'BCG 접종'을 연기해야 하는 경우

BCG 예방접종을 연기하는 가장 흔한 이유 중 하나가 아토피피부염입니다. 그 밖에 아이에게 심한 피부 질환, 영양 장애, 발열, 면역 기능 저하, 화상, 피부 감염 등이 있을 때 접종을 연기하기도 해요. BCG 접종이 늦어졌을 때는 소아청소년과 의사의 판단하에 DPT 접종을 늦추기도 하는데, 너무 걱정할 필요는 없습니다. 간염 접종과 BCG 접종 날짜가 겹칠 때는 소아청소년과 의사와 상의해 가능한 한 이른 날짜에 접종하면 됩니다. BCG와 간염 접종을 같이할 수도 있어요. 우리나라에서 접종하는 예방접종은 대개 같이 접종해도 별문제가 없습니다.

접종 후 생길 수 있는 이상 반응

BCG 접종 후 부작용으로 주사 맞은 부위가 곪거나 흉터가 크게 남거나 임파선이 붓거나 해요. 드물긴 하지만, 심한 경우 BCG 접종에 사용되는 결핵균이 온몸에 퍼지기도 합니다. 그 밖에 국소 궤양이나 국소성 화농성 임파선염, 골수염 등에 걸릴 수도 있지만, 그럼에도 접종하는 편이 낫습니다. BCG 접종 후 그 부위가 곪는다고 해서 소독하는 것은 아무런 의미가 없어요. 접종 부위가 곪더라도 그냥 두면 되고, 소독이나 반창고 등을 따로 붙이지 않습니다. 몽우리에 생긴 고름은 짜지 마세요. 고름이 많으면 소독된 솜으로 깨끗이 닦아주고 통풍이 잘되게 해줍니다. 또한 겨드랑이나 목 부위에 몽우리가 만져질 수 있는데, 대부분 그냥 두면 수개월 후에 사라지는 경우가 대부분이에요. 다만 고름이 많이 찬 경우에는 병원에서 치료받아야 해요. 멍울 때문에 피부색이 변하고 고름이 차서 말랑말랑해지면 병원을 찾아 정확한 진단을 받은 후 치료받으세요. 피내용 BCG 예방접종은 국가필수예방접종에 포함되어 있어 예방접종 후 이상 반응이 있다면 국가피해보상을 신청할 수 있어요. 반면, 경피용 BCG 접종은 국가피해보상 신청에서 제외입니다.

이런 점에 주의하세요!

BCG 예방접종을 하기 전에 미리 가고자 하는 소아청소년과에 BCG 예방접종 스케줄과 가격 등을 알아보고 예약합니다. 또 육아수첩을 준비해 특별히 상담해야 할 사항이 있으면 의사에게 알리고, 그 외 궁금했던 점도 확인하세요. 예방접종을 하기 전에는 미리 체온을 재고 아이의 몸 상태를 파악합니다. 예방접종 후 이상한 점을 알아채려면 원래의 상태를 알아두는 것이 중요해요. 접종 전 미리 목욕시키고, 가능한 한 오전에 맞히는 것이 좋아요. 오전에 예방접종을 해야 만일의 사태에 재빠르게 대처할 수 있습니다. 예방접종 후에는 가능하면 약 30분 정도 병원에 머물렀다가 귀가하는 것이 좋습니다.

B형 간염

만성화가 되면 간경화·간암에 걸릴 수 있는 무서운 질환이에요

B형 간염은 B형 간염 바이러스에 의해 생기는 간의 염증입니다. 이는 간에 손상을 줄 뿐 아니라 간암을 유발하는 무서운 질환이에요. 문제는 이 바이러스를 보유한 사람 대부분이 자신이 감염된 사실을 모른다는 점이에요. 심지어 수십 년간 별문제 없이 잘 지내는 사람도 많아요. 그러다가 어느 날 간에 급성 염증이 발생하면서 간염 증상이 나타나지요. 급성 간염에 걸리면 쉽게 지치고, 잠을 자도 또 졸려 해요. 식욕이 감소하고 황달이 생기며, 메스껍고 설사하고 토하기도 합니다. 팔다리와 관절이 아프기도 해요. 만성적인 간염은 심각할 경우 간경화와 간암을 일으킬 수 있으며, 자칫 목숨을 빼앗기도 해요.

B형 간염이 전 세계에서 가장 많은 나라

우리나라는 B형 간염 바이러스 보균자가 약 250만 명에 달합니다. 그중 산모의 간염 바이러스 양성 비율은 5.9~7.4%, 성인 전체 비율은 7~10%, 소아는 약 5%입니다. B형 간염 바이러스에 감염되면 만성 보유자가 되기 쉽고, 나중에는 일부 간경화나 간암과 같은 심각한 간 질환으로 진행될 가능성이 커요. 그나마 예방접종으로 B형 간염 보유

닥터's advice

❓ 간염이란 무엇인가요?

'간염'이란 간의 염증을 뜻합니다. 간은 우리 몸에서 중요한 역할을 해요. 간에 염증이나 손상이 생기면 간 기능이 떨어지고, 그로 인해 건강이 나빠집니다. 가장 흔한 간염의 원인이 되는 바이러스는 A·B·C형 간염 바이러스입니다. 이 바이러스들의 공통점은 모두 간에 염증을 일으킨다는 거예요. A형 간염은 오염된 음식이나 물을 통해 옮겨지는데, 보통 짧은 시간 내에 인체에서 배출됩니다. C형 간염은 혈액 접촉으로 감염되며, 간 손상과 간암을 유발해요. A형 간염은 예방 백신이 있지만, C형 간염은 치료만 가능할 뿐 예방 백신은 없습니다. B형 간염은 만성화가 될 수 있는데, B형 간염이 만성화되는 사람 중 90%가 산모의 수직감염으로 걸린 아이들이에요. 만성화된 후 약 20년이 지나면 10명 중 3명 이상이 간암으로 발전할 수 있으므로 미리 예방하는 것이 좋습니다.

자가 많이 감소했지만, 미국 및 유럽에 비해 여전히 많이 발생하고 있습니다.

출산할 때 산모로부터 태아에게 전달돼요

B형 간염은 감염된 사람의 피나 체액을 통해 전염됩니다. B형 간염 바이러스는 혈액 속에 있는데, 바늘 끝에 살짝 묻은 아주 소량의 피만으로도 감염될 수 있어요. 일반적으로 오염된 혈액·주삿바늘·수혈·성 접촉 등에 의해 전파되며, 일상적인 활동(재채기, 기침, 껴안기, 음식 나눠 먹기, 모유 수유 등)으로는 감염되지 않습니다. 특히 임신부가 B형 간염에 걸리면 신생아의 70~90%가 감염된다고 볼 수 있어요. 분만 중 태반을 통과하거나 신생아가 양수나 혈액을 마셔 발생하는 것으로 여겨지는데, 감염 시기가 어리면 어릴수록 간염 보유자가 될 확률이 높아집니다. B형 간염을 예방하려면 신생아 때 예방접종 하는 것이 제일 중요해요.

B형 간염 예방접종, 안전한가요?

B형 간염 예방접종은 전 세계적으로 10억 회 이상 투여되었으며, 의학 및 과학적 연구에 따르면 안전하고 효과적입니다. 더욱 다행인 것은 아이가 어른에 비해 부작용이 적다는 사실이에요. 접종하고 난 뒤 간혹 접종 부위가 붓고 아프며 멍울이 생기기도 합니다. 때로는 열이 나거나 권태감을 느끼기도 하며, 피부 발진·관절통·구토 증상을 보이기도 하지만, 심한 부작용은 없어요. 잠시 보채거나 안 먹는 경우가 있지만 크게 문제가 되지는 않습니다. 만일 부작용이 나타나도 대개 24~48시간 이내에 사라져요.

예방접종으로 B형 간염을 예방해요!

B형 간염 예방접종은 B형 간염을 예방하기 위해 접종하는 것이에요. 특히 아이가 B형 간염에 걸리면 만성 보균자가 되기 쉽고, 나중에 간암을 비롯한 심각한 문제를 일으키는 경우가 많아 반드시 접종해야 합니다. 어른의 경우도 B형 간염 예방접종을 하지 않은 사람, 접종 후 항체가 생기지 않은 사람은 접종해야 해요. 신생아와 이전에 B형 간염 접종을 하지 않은 어린이와 어른 모두 B형 간염 예방접종을 맞으세요.

· 총 3회 맞히기 B형 간염 예방접종은 산부인과에서 아이가 태어나자마자 출생과 동시에 1차 접종을 하는 게 보통이에요. 이후 생후 1개월, 6개월에 각각 또 맞힙니다. 엄마가 간염 보균자라면 반드시 B형 간염 접종을 해야 하고, 엄마에게 항체기 없다면 아이가 간염 접종을 할 때 같이하는 것이 좋아요. 어른의 경우 항체가 없으면 시기와 상관없이 가급적 빨리 예방접종을 하는 것이 바람직합니다.

1차	2차	3차
출생~1개월 이내	생후 1개월	생후 6개월

▲ 기본 접종

엄마가 간염 보균자인지 아닌지에 따른 접종 방법

· 산모가 간염 보균자가 아니라면? 대부분 아이가 이런 경우에 해당해요. 엄마가 간염 보균자가 아니라면 생후 2개월까지 1차 접종을 할 수 있지만, 태어나자마자 신생아기에 접종할 것을 권장합니다. 2차는 첫 접종 후 1개월 뒤, 3차는 첫 접종 후 6개월 뒤에 맞힙니다.

· 산모가 간염 보균자라면? B형 간염 보균자인 산모에게서 태어난 아이는 출생 후 12시간 이내에 헤파빅(면역글로블린)과 간염 예방접종을 같이 접종합니다. 헤파빅이란 간염 예방접종에 의해 면역성이 만들어질 때까지 아이에게 미리 면역성을 주기 위한 주사예요. 1개월 후에 2차, 6개월 후에 3차를 접종하고 9~15개월 후에 항체 검사를 합니다. 이때 항체가 생기지 않았을 경우, 세 번을 다시 접종하고 1~2개월 후 항체 검사를 또다시 시행합니다. 부득이하게 다니던 병원이 아닌 곳에서 출산했을 때는 꼭 엄마가 간염 보균자라는 사실을 알려야 해요.

어떻게 접종하나요?

· 아이들은 허벅지에~ 어른과 아동은 팔에 주사를 맞고, 유아는 다리에 주사를 맞습니다. 주사는 엉덩이보다는 허벅지에 맞히는 게 좋은데, 엉덩이에 접종하면 위험성이

따르고 접종 효과도 허벅지와 차이가 나요. B형 간염으로부터 완전한 보호를 받기 위해서는 예방접종 횟수를 모두 맞혀야 해요.

• 가능한 한 같은 예방약으로~　현재 B형 간염 예방접종은 기본적으로 태어난 직후, 1개월, 6개월 또는 태어난 직후, 1개월, 2개월로 총 3회에 걸쳐 접종해요. 약품에 따라 접종 일정이 약간씩 다르므로 백신 종류별로 설명서에 제시된 방법에 따라 접종합니다. 다음 회차에 간염 접종 약이 바뀌어도 접종 효과에 차이는 없습니다. 하지만 소아청소년과 의사들은 가능하면 기존에 사용한 약과 같은 간염 약으로 접종해줄 거예요. 그러므로 예방접종 할 때는 항상 육아수첩을 가지고 다니며 접종 이력을 기록하는 습관을 들여야 합니다. B형 간염 접종 백신으로는 헤팍신과 헤파박스 등이 있는데, 육아수첩을 잃어버려 이전에 접종한 종류를 알 수 없다면 1차 접종을 한 소아청소년과나 산부인과에서 약 이름을 알아보고 가세요.

항체가 생겼는지 확인하려면 간염 항체 검사를 받아요

• B형 간염 예방접종의 효과　태어나자마자 B형 간염 접종을 하지만, 10명 중 1명은 항체가 생기지 않아요. 간염 예방접종을 한 후 간염 항체 검사를 통해 효과를 확인해봅니다. 항체 검사는 B형 간염 3회 접종 후 3개월이 지나서 혈액으로 검사합니다. 항체가 생겨야만 예방 효과가 있으며, 접종 후에도 항체가 없다면 접종을 안 한 것과 마찬가지예요. 총 3회 예방접종 후 3개월 뒤에 항체가 없으면 1~3회에 걸친 접종을 다시 할 것을 권합니다. 3개월 후 다시 항체 검사를 하고, 그래도 항체가 없으면 백신 무(無)반응자라고 하여 더는 접종을 권하지 않습니다. 대신 B형 간염 바이러스에 노출되면 빨리 병원에 방문할 것을 권합니다.

• 간염 항체 검사는 9~15개월에　출생 직후 접종한 백신의 항체는 접종 후 6~8개월간 계속됩니다. 그래서 항체가 생기지 않은 경우에도 검사상에는 항체 양성 반응이 나올 수 있어요. 또한 아이가 태어날 때 이미 간염에 걸린 경우, 12개월쯤에야 양성으로 나올 때도 있습니다. 따라서 돌 이전 아이라면 생후 6개월에 3차 접종을 한 뒤 3개월이

지난 생후 9개월 즈음에 간염 항체 검사를 하는 것이 좋습니다. 하지만 아이의 피를 뽑는 일이 쉬운 일은 아니므로 집안에 간염 환자가 없다면 12개월이나 24개월까지 또는 5세까지 검사를 연기하기도 해요. 이 시기는 각 소아청소년과 의사의 의견에 따라 다를 수 있습니다.

• **B형 간염 추가 접종 필요성** 과거에는 기본 3차 접종 후 5년이 지나면 항체의 양이 너무 적어져 면역 기능이 충분하지 않다고 보고 무조건 추가 접종을 했습니다. 하지만 간염 예방접종 후 항체가 생긴 사람은 10년 이상 효과가 지속되고 항체가 많이 떨어진 상태에서도 간염 바이러스가 들어오면 다시 항체가 만들어진다는 사실이 밝혀졌지요. 그래서 1997년 5월부터 접종 후 항체가 생긴 사람은 추가 접종을 하지 않게 되었어요. 다만 B형 간염에 노출될 위험이 많은 환경의 사람들(B형 간염 바이러스 보균자의 가족들, 혈액제제를 자주 수혈받아야 하는 환자, 혈액투석을 받는 신부전증 환자, 주사용 약물 중독자 등)은 간염 항체의 양이 충분치 않을 때 추가 접종을 권장합니다.

DPT

DPT는 디프테리아·백일해·파상풍을 예방하는 주사예요

'D'는 디프테리아, 'P'는 백일해, 'T'는 파상풍을 의미하며, 이 세 가지 감염병의 백신을 결합해놓은 것이 DPT 예방접종이에요. 우리나라를 비롯해 많은 나라에서 기본 접종으로 지정하고 있습니다. 디프테리아·백일해·파상풍은 독소를 지닌 세균에 의한 질병으로, 사망률이 높지만 현재는 예방접종 덕분에 잘 발생하지 않아요. 하지만 녹슨 못 등에 찔리는 상처를 통해 파상풍균이 언제든지 우리 몸에 침투할 수 있어서 예방접종은 꼭 필요합니다.

언제 접종하나요?

기본 접종은 2·4·6개월 3회에 걸쳐 하고, 생후 18개월에 1차 추가 접종, 만 4~6세에 2차 추가 접종을 합니다. 2차 추가 접종은 반드시 만 4세가 지나서 접종해야 하는데, 그전에 접종했다면 4세 이후에 다시 접종해야 합니다. 간혹 18개월 때 접종한 DPT

1차 추가 접종과 혼동하기 쉬우므로, 반드시 만 4~6세에 2차 추가 접종을 했는지 확인하세요. 시기를 놓쳤다면 2차 추가 접종은 늦어도 만 7세가 되기 전까지는 꼭 해야 합니다. 만 7세가 지나서 DPT를 접종하면 부작용이 증가해 DPT는 접종할 수 없고, Td라는 백신을 접종해야 합니다.

1차	2차	3차
생후 2개월~	생후 4개월~	생후 6개월~

▲ 기본 접종

4차	5차	6차
생후 15~18개월	만 4~6세	만 11~12세 (Td)

▲ 추가 접종

DPT 접종 종류는?

DPT 접종 백신은 제조회사별로 차이가 있어 1~3차 기본 접종까지는 어느 제품이든 한 가지로만 맞습니다. 그러므로 접종할 때 육아수첩에 백신 종류를 꼭 기록해둬야 해요. DPT 접종 약은 일반형 '디피티'와 '인판릭스', 폴리오 백신이 추가된 '인판릭스 콤보'인 '테트락심'이 있습니다. 보건소에서 많이 사용하는 일반형 '디피티'에 비해 소아청소년과에서 주로 사용하는 '인판릭스'와 '테트락심'은 백일해 예방 효과가 더 나은

 닥터's advice

> **❓ DPT는 무슨 병인가요?**
> • **디프테리아** 디프테리아균에 의해 발생하는 급성 호흡기 전염병이에요. 국내에서는 1987년 이후 발생한 환자가 없지만, 신체 접촉이나 호흡기를 통해 전파됩니다. 인후와 편도에 생긴 염증과 독소가 신경염 및 심근염을 일으켜 호흡곤란이나 사망에 이르게 하는 질병이에요. 인후와 편도에 흔히 발생하며 인후염, 식욕감퇴, 미열 등의 증상을 보입니다.
> • **백일해** 백일해균에 의한 호흡기 감염 질환으로, 전염성이 매우 높아 가족 내 2차 발병률이 80%에 달합니다. 초기에는 콧물, 재채기, 미열, 가벼운 기침 같은 감기 증상과 비슷해요. 1~2주 지나면 매우 심한 기침 발작이 2~6주간 계속되다가, 그 정도가 점점 줄어들면서 회복기로 들어섭니다. 신생아의 경우 심한 발작적인 기침으로 사망률이 높습니다.
> • **파상풍** 잠복기는 1일~수개월까지 다양하지만, 대개 3일~3주 내에 증상이 발생해요. 상처가 심할수록 잠복기가 짧아집니다. 전신 경직 등이 발생하고, 높은 사망률을 보입니다.

것으로 알려져 있어요. '테트락심'과 '인판릭스'는 접종 효과가 비슷해요. '테트락심'에 들어 있는 백일해는 2가, '인판릭스'는 3가 백신이며, 두 약 모두 효과가 좋습니다. 최근에는 폴리오 백신, Hib 백신이 추가된 '펜탁심'이라는 혼합백신도 널리 사용되고 있습니다.

어떻게 접종하나요?

엉덩이에 접종하는 것은 표준화된 접종 효과를 기대할 수 없고, 좌골 신경이 다칠 위험이 있어 권장하지 않습니다. 돌 이전 아이는 다리에 접종하고, 돌이 지난 아이는 팔의 삼각근에 접종해요. 작은 아이의 경우, 돌이 지나도 대퇴부에 접종하기도 합니다. DPT 접종은 근육에 주사합니다. 접종 부위에 멍울이 생기는 것을 막고 효과적으로 접종하기 위해 근육 깊숙이 주사하는 것이 중요해요.

DPT 예방접종할 때 확인하세요

• **DPT와 다른 예방접종을 같이 맞혀도 됩니다**   DPT 접종은 사백신이며, 다른 백신과 동시에 접종해도 문제가 없습니다. 보통 소아마비와 같이 접종하며, B형 간염과 뇌수막염, 로타 바이러스 접종과도 겹칠 수 있어요. 단, 동시 접종하더라도 각각 다른 주사기에 약을 넣어 다른 부위에 접종해야 합니다. 영아의 경우 다리에 접종하는데, 2개일 때는 양쪽 다리에 하나씩 맞히고, 3개 이상일 때는 한쪽 다리에 적어도 2.5cm 이상 간격을 두고 2대를 접종합니다. DPT 백신을 같은 부위를 피해 접종하

 닥터's advice

❓ **'DPT'와 'Td' 접종, 어떤 차이가 있나요?**
현재 국내에서 백일해에 걸리는 아이는 드물지만, 아직도 발생이 보고되고 있습니다. 또 일부 나라에는 백일해 발생이 드물지 않습니다. 예방접종을 안 한 상태로 외국 여행을 가면 백일해에 걸릴 수도 있지요. 그러므로 특수한 상황이 아니면 Td보다는 DPT를 접종하는 것이 좋습니다. 과거에는 DPT의 이상 반응이 심각해 일부에서 P(백일해)를 빼고 Td를 선호하기도 했어요. 하지만 지금은 접종 약을 만드는 기술이 발달해서 과거처럼 이상 반응이 많지는 않습니다.

는 이유는 DPT 백신에는 면역보강제 성분이 들어 있어 흡수되는 데 1~2개월 정도 걸리기 때문이에요.

• DPT 접종이 미뤄졌다면, 다음 접종 스케줄은? DPT 기본 접종은 2개월 간격으로, 많이 늦지 않았다면 바로 가서 접종하면 됩니다. 1차를 늦게 접종했다면 만 4개월에 2차를 맞히는 것이 아니고, 1차 접종한 날을 기준으로 만 2개월이 지난 뒤에 접종합니다. 또한 3차를 늦게 맞힌 경우에도 접종한 날로부터 적어도 6개월은 지나야 18개월에 접종하는 1차 추가 접종을 할 수 있습니다.

• 1·2차 접종 여부를 모를 때는? DPT 접종을 했는지 안 했는지 헷갈릴 때는 일단 안 했다고 생각하고 다시 접종하는 게 좋습니다. 단 DPT 접종 횟수가 7세까지 6번을 넘어서는 안 돼요. 되도록 중복해서 맞지 않도록 접종 이력을 잘 기록해두세요.

이런 점에 주의하세요!

• 아이 몸 상태 확인 DPT 접종은 다른 접종에 비해 이상 반응이 비교적 많은 편이에요. 그러므로 접종할 때 아이 몸 상태가 무엇보다 중요합니다. 병원에 가기 전 집에서 미리 열을 확인하고, 소아청소년과 의사의 진찰을 받은 후 접종해요. 목욕은 접종 전에 미리 하고, 육아수첩을 꼭 지참합니다. 요즘은 DPT 이상 반응이 줄어 크게 주의할 점은 없지만, 혹시 이상 반응이 생기면 다시 병원을 찾아야 하므로 가능한 한 오전에 방문해 예방접종 하는 것이 좋아요.

닥터's advice

❓ 몸무게가 5kg 미만이면 DPT 접종을 못 할까요?
DPT 부작용이 많던 과거에는 5kg 이하의 아기에게 DPT 접종을 안 한 적이 있었습니다. 하지만 요즘은 몸무게와 관계없이 소아청소년과 의사의 판단에 따라 접종합니다. 아주 미숙아라면 담당 의사와 상의할 필요가 있지만, 특별한 이유가 없다면 몸무게가 적게 나가도 접종합니다.

· 좀 늦어져도 괜찮아~　DPT 예방접종은 날짜에 너무 연연해 무리하게 접종하는 것보다는 아이의 몸 상태가 좋은 날 여유 있게 접종하세요. DPT는 생후 2개월에 1차 접종하고, 그다음 2개월 간격으로 접종합니다. 최초 1차 접종이 한 달 이상 늦어진 경우, 일주일 지나면 바로 2차 접종하는 것이 좋아요. DPT는 접종 날짜가 늦어졌다고 해서 크게 문제가 되지는 않습니다. 1차 접종 후 1년이 지났어도 2차부터 접종할 수 있어요. 접종하기 전에는 열이 있거나, 최근 1년 이내에 열성 경기 또는 경련이 있었거나 면역 결핍성 질환이 있는 경우 의사에게 말해야 합니다. 또한 DPT 접종 후 경련이나 고열이 있었다면 의사에게 알려주세요.

· 접종 후 이상 반응 살피기　DPT 접종 후에는 15~20분간 소아청소년과에 머물며 아이를 잘 관찰합니다. 혹시라도 이상 반응이 있으면 바로 대처하기 위해서입니다. 그런 이유로 예방접종은 오전에 하는 것이 좋습니다. 열이 심하게 나거나 계속 울고, 축 늘어지는 경우 곧바로 의사의 진료를 받아야 해요. 또 접종 부위가 빨갛게 변하면서 붓거나 아프고 뜨거워지기도 합니다. 드물게 경련을 일으키기도 해요. 멍울이 생기기도 하는데, 대개 시간이 지나면 저절로 좋아져요. 멍울을 빨리 없애려는 목적으로 자주 만지거나 비비거나 더운물로 마사지를 하면 오히려 오래가고 화농으로 상태가 더욱 심각해집니다.

소아마비

영유아 필수 예방접종이에요

소아마비를 예방하기 위한 예방책이며, 모든 영유아에게 반드시 접종해야 하는 필수 접종 항목이기도 합니다. 소아마비 질환은 1980년대 이후 국내 환자는 발생한 적 없지만, 감염 질환의 특성상 안심하기 어려우므로 예방접종이 필수입니다.

어떻게 접종하나요?

소아마비 예방접종은 먹는 약과, 주사하는 약이 있습니다. 하지만 최근 먹는 백신을 접종한 후 감염이 발생한 사례가 알려지면서부터 주사용 폴리오만 접종해요. 돌 전 아이는 다리의 대퇴부 앞쪽이나 외측에 접종하고, 돌이 지난 아이는 어깨 부위 삼각근에 접종합니다. 단, 몸무게가 덜 나가는 아이는 돌이 지나도 대퇴부 앞쪽에 접종하기도 해요.

총 4회에 걸쳐 접종해요

예방접종 시기는 생후 2·4·6개월 2개월 간격으로 세 번에 걸쳐 접종한 후, 만 4~6세에 추가 접종합니다. 생후 18개월에 하던 추가 접종은 최근 폐지되었습니다.

1차	2차	3차
생후 2개월~	생후 4개월~	생후 6개월~

▲ 기본 접종

4차
만 4~6세

▲ 추가 접종

소아마비 백신은 안전합니다

실제로 폴리오 예방접종 후 이상 반응이 생기는 일은 드뭅니다. 폴리오 사백신에는 소량의 항생제가 들어 있어 항생제에 민감한 경우 접종 후 과민반응이나 주사 부위의 발적·경결·압통 등이 나타날 수 있어요. 또 주사 부위가 발갛게 되고 딱딱해지며 통증이 발생하기도 해요. 하지만 그 외의 다른 이상 반응은 없어 비교적 안전한 예방접종입니다.

 닥터's advice

❓ **'소아마비'란 어떤 병인가요?**
폴리오 바이러스가 원인균이며, 척수까지 침범해 마비를 초래하는 전염성 질환으로, 급성 회백수염 또는 소아마비라고 합니다. 대부분 소아기에 발병해서 소아마비라는 병명이 붙었으나 청년기에 발병하는 예도 있어요. 직접 감염 특히 분변-경구 경로로 감염되며 인두, 후두 감염물로도 감염됩니다. 폴리오는 임상적으로 95% 이상이 별다른 증상 없이 감염되었다가 회복되며, 1% 미만에서 이완성 마비(근육의 긴장도가 약화되거나 상실되면서 나타나는 마비)가 옵니다.

MMR

홍역·볼거리·풍진을 방지하기 위한 접종이에요

MMR은 홍역과 볼거리, 풍진의 혼합백신을 가리킵니다. 초등학교에 입학할 때 MMR 예방접종 기록을 제출해야 하므로 접종 기록을 잘 보관해둬야 해요. 홍역 접종은 특별한 경우가 아니라면 MMR로 접종합니다. 돌이 지나면 수두 접종할 때 MMR도 함께 접종할 것을 권장해요. 만일 수두와 MMR을 따로 접종할 경우 적어도 4주 이상의 간격을 두고 접종해야 합니다.

총 2회에 걸쳐 접종해요

1차는 12~15개월에 접종하며, 2차는 4~6세에 접종합니다. 과거에는 9개월 이전에 접종하기도 했으나, 현재는 권장하지 않아요. 만약 홍역이 유행하고 있다면, 6개월 이후에 접종하기도 합니다. MMR을 접종하면 홍역은 99% 이상, 볼거리와 풍진은 95% 이상 항체를 형성해 평생 면역력을 유지합니다. 단독백신도 나와 있지만, 현재 국내에서는 단독백신을 사용하지 않아요.

만 4~6세에 하는 MMR 추가 접종을 잊지 마세요

예전에는 MMR 접종을 한 번 하면 됐어요. 하지만 15개월에만 MMR을 접종했던 아이들이 커서 해당 병에 걸리는 사례가 늘면서, 만 4~6세 때 추가 접종이 생겼습니다. 미국 같은 나라에서는 90년 초부터 홍역·볼거리·풍진 추가 접종을 하고 있지요. 나라마다 약간의 차이는 있지만 추가 접종을 하는 것이 요즘 추세입니다. 예전에 추가 접종하지 않았던 6세 넘은 아이들도 추가 접종을 해야 합니다.

1차	2차
만 12~15개월	만 4~6세
▲ 기본 접종	▲ 추가 접종

MMR 접종 후 혹시 모를 부작용, 미리 알아두세요

물론 부작용이 있을 수는 있지만, 접종하지 않아서 병에 걸려 생기는 문제에 비하면 접종하는 편이 훨씬 안전합니다. 그래도 100% 안전한 접종은 없으므로 다음과 같은 부작용을 미리 알아두세요.

· 접종 후 7~12일 사이에 열이 날 수 있고, 고열이 나는 경우가 있어요. 낮이라면 소아청소년과 의사의 진료를 받고, 밤이면 부루펜이나 타이레놀 같은 해열제를 먹입니다. 접종 때문에 나는 열은 1~2일이 지나면 떨어져요.

· 접종한 부위가 붓고 아플 수 있어요. 이럴 때는 찬 물수건으로 찜질해주면 나아집니다. 하지만 부기가 오래가고, 아이가 많이 힘들어하면 병원에 가보는 것이 좋아요.

· 접종 후 가벼운 발진이나 볼거리 증상이 나타날 수 있지만, 문제가 되는 경우는 거의 없습니다. 또한 뇌염, 뇌신경마비 등의 신경학적 부작용이 나타날 수도 있는데, 발생 빈도는 아주 희박해요. 만일 접종 후 심각한 이상 반응을 보인다면 바로 소아청소년과 의사의 진료를 받으세요.

닥터's advice

❓ MMR은 무슨 병인가요?

· **홍역** 전 세계적으로 유행하던 급성 발진성 바이러스 질환으로, 소아의 생명을 위협하는 주요 질병이었어요. 하지만 2001년대 유행한 이후로 환자가 급격히 감소했습니다. 홍역은 감염성이 강해 접촉자의 90% 이상이 발병해요. 발열·콧물·결막염과 얼굴에서 몸통으로 퍼지는 발진이 특징이며, 한 번 걸린 후 회복되면 평생 면역을 얻어 다시는 걸리지 않습니다.

· **볼거리(유행성이하선염)** 사람과 사람이 접근하여 감염되는 비말감염, 타액과의 접촉을 통해 발생합니다. 발병 초기에는 발열·두통·근육통·식욕부진·구토 등이 1~2일간 나타나다가 한쪽 또는 양쪽 볼이 붓는 증상이 일주일간 계속됩니다. 드물게 뇌수막염이나 고환염 등이 발생하기도 합니다.

· **풍진** 임신 초기의 임신부가 풍진에 걸릴 경우 태아 감염은 물론 30~60% 선천성 기형을 초래합니다. 소아는 뚜렷한 증상 없이 발진으로 시작하며, 성인은 발진이 나타나기 전 미열, 림프절 종창 및 상기도 감염 같은 증상이 1~5일간 계속될 수 있어요.

수두

수두 예방접종은 꼭 해야 합니다

수두는 몸 전체에 몹시 가려운 작은 물집이 생기는 병으로, 전염력이 매우 높아요. 수두 접종은 생백신으로, 바이러스이 독성을 없애 우리 몸에서 병을 일으키시는 않으면서 항체를 만들게 도와줍니다. 수두는 지금도 아이들에서 많이 발생하는 만큼 수두 예방접종은 꼭 해야 합니다. 예방접종을 하더라도 10명 중 1명은 수두에 걸려요. 하지만 예방접종 후 걸리는 수두는 훨씬 가볍게 지나가고, 어릴 때 걸릴수록 합병증이 적습니다. 수두는 누구나 언젠가 한 번은 걸릴 수 있는 병이므로 반드시 접종해야 합니다.

돌 이후에 한 번 접종해요

수두 접종은 13세 미만일 경우 1회 접종해요. 가급적 만 12~15개월에 접종하는 것이 좋으며, 만 13세가 지났을 때는 1개월 간격으로 2회 접종해야 합니다. 어릴 때는 한 번 접종으로 끝나지만, 만 13세 이상이 되어서는 4~8주 간격으로 두 번 접종해야 해요. 만약 돌 이전에 접종했다면 돌이 지난 후 다시 접종할 것을 권장합니다. 한편 수두 접종을 했다고 해서 수두가 유행할 때 안심할 수 있는 것은 아니에요. 수두 예방접종을 했음에도 수두에 걸리는 경우가 많으므로 주의해야 합니다.

우리나라에서 수두는 1회 접종을 권고하고 있어요. 일부 국가에서는 소아나 청소년의 경우 2회 기본 접종을 하기도 합니다. 추가 접종에 대해서는 근처 소아청소년과 의사와 상담한 후 결정하세요.

닥터's advice

❓ '풍진' 추가 접종은 왜 필요한가요?
12~15개월에 MMR 혼합백신으로 풍진을 접종하지만, 여자의 경우 약 10~15년이 지나면 효과가 떨어져 13~15세 때나 결혼 전후 또는 임신 준비하기 전 풍진을 한 번 더 접종해야 해요. 임신했을 때 풍진에 걸리면 기형아 발생 위험이 증가하기 때문이에요. 풍진 접종 후에는 3개월간 임신하면 안 되며, 현재 임신 중이라도 접종하면 안 됩니다.

1차
만 12~15개월

엄마도 맞는 게 좋은가요?

최근에는 수두 예방접종을 하지 않아 수두에 걸리는 엄마들도 간혹 있습니다. 어릴 때 수두에 걸린 적이 없는 엄마라면 수두 예방접종을 하는 것이 좋아요. 만 13세 이상은 한 달 간격으로 두 번 접종합니다.

수두 예방접종, 다른 백신과 동시에 접종해도 될까요?

수두 백신은 다른 백신과 동시에 접종할 수 있어요. 최근 MMR과 수두 백신을 혼합한 'MMRV' 백신이 개발되고, 실제로 사용되고 있습니다. 수두와 MMR 접종 시기가 겹치기 때문에 주삿바늘을 두 번 찌르는 번거로움과 수고스러움을 피할 수 있는 것이 장점이지요. 단, MMR 백신과 같은 생백신일 경우에는 최소 4주 간격을 두고 접종해야

닥터's advice

❓ 단체생활을 하는 아이라면 더욱 주의해야 할 '수두'

수두는 물집 모양의 발진을 동반하는 바이러스 질환입니다. 발진이 나타나기 하루 전쯤 열과 근육통이 나타나고, 처음에는 빨간 반점이 생겼다가 빠르게 물집으로 변해요. 수두는 전염성이 아주 강해 형제간에는 90%, 학교의 한 반에서는 30%쯤 옮습니다. 수두는 물집이 잡히기 1~2일 전부터, 물집이 잡히고 3~7일이 지나 딱지가 질 때까지 전염성이 있어요. 수두에 걸린 아이와 접촉한 뒤 수두에 걸리는 기간은 10~21일 정도로, 보통 14~16일이 지나면 수두에 걸립니다. 수두를 심하게 앓으면 흉터가 남기도 하며 피부 감염, 관절염, 뇌염 등 무서운 합병증 위험도 있어요. 특히, 나이가 들어 수두에 걸리면 증상이 훨씬 심합니다.

※ 주의가 필요한 수두 예방접종 대상자!

• 예방접종 할 때 심한 알레르기가 발생했던 경우.

• 심한 병을 앓고 있는 경우.

• 임산부는 접종할 수 없으며, 결혼 적령기 여성은 접종 후 1개월간 임신하면 안 돼요.

• 수혈했거나 면역글로불린 치료를 받은 경우에는 일정 기간이 지난 뒤에 접종할 수 있어요.

합니다. 여러 백신을 동시에 접종하더라도 접종 효과가 떨어지거나 부작용이 더 심해지는 것은 아니니 안심하세요.

접종 부위가 빨갛게 부을 수 있지만 수일 내 좋아져요

종종 접종 부위가 발갛게 부을 수 있는데, 금방 좋아집니다. 또한 접종 후 2주 이내에 수두와 비슷한 발진이 생기거나 드물게 열이 날 수도 있어요. 열이 나면 소아청소년과에서 진료를 받는 것이 좋습니다.

A형 간염

질환에 걸리면 크게 고생할 수 있어요

A형 간염은 사람을 통해 직접적으로 전파되거나 분변에 오염된 물이나 음식물을 통해 간접적으로 전파되기도 합니다. 특히 A형 간염은 대변으로 바이러스가 배출되어 가족이나 단체생활을 같이하는 다른 아이에게도 전파될 수 있어 주의가 필요해요. A형 간염은 어려서 걸리면 가볍게 앓고 지나가지만, 어른이 되어 걸리면 심각한 후유증을 남깁니다.

이제 A형 간염 예방접종도 무료로 받으세요

그동안 A형 간염 예방접종은 B형 간염과는 다르게 국가필수예방접종이 아닌 선택 접종이었어요. 그러던 것이 2015년 5월부터 모든 영유아는 전국 지정 의료기관에서 무

닥터's advice

❓ A형 간염 증상, 나이에 따라 달라요!

고열, 권태감, 식욕부진, 오심, 복통, 진한 소변, 황달이 급격히 발생하고 증상의 발병 양상은 환자 나이에 따라 조금 다릅니다. 6세 미만 소아의 약 70%는 간염 증상이 나타나지 않으며, 증상이 있어도 황달은 동반되지 않아요. 하지만 6세 이상 소아나 성인에게는 간염 증상이 대부분 동반되며 환자의 70%는 황달이 나타납니다.

료로 접종받을 수 있게 되었습니다. 6세 미만 소아는 감염 이후 큰 증상이 없는 경우가 많지만, 청소년과 성인이 A형 간염에 걸리면 황달, 고열 등 합병증이 생길 위험이 크므로 영유아 시기에 꼭 예방접종 하는 것이 좋습니다.

누가, 언제 맞아야 하나요?

A형 간염 접종은 만 1세 이상 아이, 그리고 위험 국가(미국, 유럽, 오스트레일리아, 뉴질랜드, 일본 등을 제외한 나라)에 장기간 여행할 경우, 그리고 만성 간질 환자는 A형 간염 접종이 필요합니다. A형 간염 접종은 돌이 지나 접종할 수 있으며, 6~12개월 간격으로 2회 접종해요. A형 간염은 다른 접종과 동시에 접종해도 되며, 사백신이기 때문에 면역글로불린 주사를 맞은 후 기간에 상관없이 접종할 수 있습니다. 게다가 A형 간염 접종 백신은 1차와 2차가 달라도 상관없습니다.

뇌수막염(Hib)

발병하면 상당히 위험하고 심각한 후유증을 남길 수 있어요

흔히 말하는 Hib성 뇌수막염 예방접종은 B형 헤모필루스 인플루엔자를 예방하는 접종입니다. B형 헤모필루스 인플루엔자균은 기침이나 재채기를 할 때 분비되는 호흡기 분비물이 상기도를 통해 몸속으로 침입해요. 헤모필루스 인플루엔자균에 감염되면 중이염·부비동염·후두개염·폐렴·뇌수막염 등을 앓게 됩니다. 폐렴구균이 일으키는 질환과 매우 유사한데, 발병하면 상당히 위험하고 심각한 후유증을 남길 수가 있어요.

뇌수막염 접종, 꼭 해야 할까요?

Hib성 뇌수막염은 국내에서 그리 흔하지 않아요. 하지만 이 병에 걸리면 매우 위험하므로 반드시 접종해야 합니다. 접종하면 예방 효과가 좋고, 이상 반응도 적은 안전한 접종이에요. 이전에는 국가예방접종사업에 포함되지 않아 접종비를 내야 했지만, 2013년 8월부터 뇌수막염 예방접종이 국가예방접종사업에 포함되면서 무료로 접종받을 수 있습니다.

모든 뇌수막염을 예방해주지는 않아요

많은 엄마가 뇌수막염 주사를 맞히면 뇌수막염에 걸리지 않는다고 오해합니다. 하지만 뇌수막염 백신은 'B형 헤모필루스 인플루엔자' 세균에 의해 생기는 뇌수막염만 예방해줄 뿐, 모든 뇌수막염을 예방해주지는 않아요. 다만 예방접종을 한 후에 걸리는 뇌수막염은 대부분 감기나 장 바이러스가 일으키는 질병으로, 백신을 맞지 않았을 때 걸리는 세균성 질병에 비해 심각한 증상을 보이지는 않습니다. 세균성 뇌수막염을 예방하기 위해서는 원인균에 따른 Hib, 폐렴구균, 수막구균 백신을 각각 접종해야 합니다.

생후 2·4·6 개월에 접종하고, 4차는 12~15개월에 접종합니다

Hib성 뇌수막염은 생후 6~11개월 영아에게 발생 빈도가 높으므로 접종할 아이는 생후 2개월부터 시작하는 편이 좋습니다. 15개월이 지난 아이는 1회만 접종하며, 그때부터 Hib균에 걸리는 것을 막아줍니다. Hib에 의한 병에 걸린 후에도 접종해야 하며, 접종 1~2주간은 항체 효과가 충분하지 않기 때문에 감염될 가능성이 있습니다. 2·4·6개월에 시행하는 Hib 기본 접종은 DPT 접종 시기와 겹치는데, 이때 가능하면 DPT소아마비·Hib뇌수막염·폐렴구균·로타 바이러스 접종을 같은 날 한꺼번에 하는

닥터's advice

❓ 뇌수막염은 어떤 질환인가요?

뇌수막염은 뇌와 척수를 감싸는 수막에 염증이 생기는 질병이에요. 뇌척수액 공간으로 바이러스·세균·결핵균·곰팡이균 등이 침투해 급성 무균성 뇌수막염이 발생합니다. 바이러스성 두통이 가장 흔하게 나타나며, 열과 오한 등의 증상을 동반하기도 해요. 일반적인 감기나 독감보다 강도가 심하게 나타납니다. 대부분의 바이러스성 뇌수막염은 증상을 누그러뜨리는 대증요법만으로도 7일쯤 지나면 좋아집니다.

❓ 뇌수막염 백신은 만 6주 이전에 접종해서는 안 됩니다!

뇌수막염 백신은 생후 6주(42일) 이후에 접종받을 수 있습니다. 6주 이전에 조기 접종할 경우 백신 효과가 충분히 나타날지 확신할 수 없기 때문에 반드시 6주 이후에 접종할 것을 권장해요. 조기 접종으로 부작용이 더욱 심해지는 것은 아니지만, 효과 없는 주사를 굳이 아이에게 맞힐 필요가 없기 때문입니다.

것이 좋습니다. 같은 날 동시에 접종하면 각각 따로 접종할 때보다 아이에게 아픈 기억을 줄여줄 수 있어요.

1차	2차	3차
생후 2개월~	생후 4개월~	생후 6개월~

▲ 기본 접종

4차
생후 12~15개월

▲ 추가 접종

뇌수막염 백신은 서로 교차 접종이 가능해요

접종할 때 가능하면 같은 접종 약을 사용하는 것이 좋으나, 12~15개월에 하는 추가 접종은 종류에 상관없이 접종할 수 있어요. 뇌수막염 백신은 효과를 높이기 위해 붙여 놓은 단백질 종류에 따라 몇 가지로 분류됩니다. 국내에서 사용되는 백신은 대략 5가지 정도로, 서로 교차 접종이 가능해요. 다만, 기본 접종이 2·4개월 2회로만 이뤄진 백신을 한 번이라도 맞은 적이 있다면 3회 접종은 같은 약으로 마쳐야 합니다.

폐구균

사망률이 높고 후유증이 심한 폐구균성 질환을 일으켜요

매년 전 세계에서 폐구균으로 사망하는 인구가 160만 명, 그중 절반 이상이 5세 미만의 영유아라는 통계가 있습니다. 그뿐만 아니라, 천식을 앓고 있는 만 17세 이하 어린이와 청소년의 경우, 그렇지 않은 아이보다 폐구균성 질환에 걸릴 확률이 4배 이상 높아요. 따라서 천식을 앓고 있는 아이라면 특히 폐구균성 질환에 유의해야 합니다. 폐구균은 뇌수막염, 패혈증 및 균혈증 등 치명적인 침습성 폐구균 질환과 급성 중이염을 일으켜요. 침습성 폐구균 질환에 걸리면 사망할 확률이 매우 높고, 치료가 되더라도 예후가 좋지 않습니다. 폐구균성 뇌수막염에 걸릴 경우 청력, 시각 및 행동 장애, 정신지체, 언어 습득 지연 등의 신경계 후유증을 남겨요. 따라서 폐구균 예방접종으로 폐구균성 질환을 예방하는 게 중요합니다.

2014년부터 폐구균 접종이 무료화되었습니다

그간 폐구균 백신은 1회당 접종 비용이 10~15만 원에 달하고, 총 4차까지 접종해야 해서 비용 부담이 컸어요. 하지만 2014년부터 무료로 맞힐 수 있게 되었습니다. 패혈 증의 85%, 뇌수막염이 50%, 세균성 폐렴의 66%, 세균성 중이염의 40%가 폐구균에 의해 생기므로 폐구균 예방접종을 하면 이 같은 질병을 예방할 수 있어요. 무료 접종 대상은 생후 2개월~59개월 이하의 영유아뿐 아니라 만성 질환을 앓고 있거나 면역력 이 약한 만 12세 이하 어린이까지 포함됩니다. 전국 보건소와 지정 의료기관 어디서 나 주소지와 상관없이 접종할 수 있어요.

생후 2·4·6개월, 12~15개월 등 총 4회 접종해요

생후 2개월~만 17세 미만 아이와 청소년은 폐구균 백신을 접종할 수 있어요. 만 5~17세 미만 어린이와 청소년은 1회 접종하면 됩니다. 통상적으로는 생후 2개월에 접종을 시작

닥터's advice

❓ 폐구균성 뇌수막염, 아이에게 치명적이에요!

만 5세 미만 아이들이 잘 걸리는 폐구균성 뇌수막염은 감염 질환 중 증상이 가장 심한 질환이에요. 폐구균성 뇌수막염에 걸리면 쇼크, 의식 저하 등으로 24시간 이내에 사망하기도 해요. 며칠 동안 열을 심하게 앓거나 중추신경계로까지 감염됩니다. 그로 인해 합병증이 빠르게 오고, 예후가 좋지 않아 후유증을 오래 남깁니다. 폐구균성 뇌수막염을 앓은 환자의 20~30%는 발작, 경색증, 전해질 장애가 와요. 발병 4일 후에도 증상이 계속되면 청력, 시각 장애 및 행동 장애, 정신지체, 언어 습득 지연 등의 신경계 후유증을 앓습니다.

❓ 폐구균 예방접종 종류는?

예전엔 폐구균 백신으로 23가 백신이 사용되었지만, 최근 새로 도입된 13가 및 10가 단백결합백 신은 어린아이들에게도 효과가 높아요. 아이들에게 흔한 패혈증·뇌수막염·폐렴 등을 예방하고, 일 부 축농증과 중이염도 예방해줍니다. 현재 국내에서 시판되는 폐구균은 두 종류인데, 24개월 이전 에는 13가 및 10가 단백결합백신만 효과가 있고, 2·3가 백신은 만 2세가 되어야 사용할 수 있습니 다. 제품에 대한 차이와 아이에 따라 어느 제품이 더 유용할지에 대한 판단은 소아청소년과 의사와 의논해 결정하세요.

해 2개월 간격으로 총 3회에 걸쳐 기본 접종을 하지만, 생후 6~12개월에 처음 접종하는 경우, 처음 접종한 후 2개월이 지나 2회, 12~15개월에 추가 1회를 접종해요. 그러나 12개월 이후 처음 접종하는 경우라면 1회 접종 후 추가 접종은 하지 않아도 됩니다. 이렇듯 접종을 늦게 시작할수록 접종 횟수는 줄어들 수밖에 없어요. 그러나 백신 효과를 극대화하기를 원한다면 가능한 한 생후 6개월 이전에 처음 접종을 시작하는 것이 좋습니다. 최근엔 할아버지, 할머니 등 50세가 넘는 어른들도 폐구균 백신 접종을 권고하고 있어요. 한 집에 3대가 같이 사는 집안은 상호 감염을 예방하기 위해서 할아버지, 할머니도 함께 접종받는 게 좋습니다.

1차	2차	3차
생후 2개월~	생후 4개월~	생후 6개월~

▲ 기본 접종

4차
생후 12~15개월

▲ 추가 접종

모든 폐구균을 예방하는 것은 아니에요

폐구균 예방접종은 폐구균에 의한 뇌수막염, 패혈증, 폐렴 등을 예방하는 데 효과적입니다. 폐구균에 의한 중이염 빈도를 낮출 뿐 아니라 중이염이 나빠지는 것을 줄여주는 효과도 발휘해요. 하지만 폐구균 예방접종이 모든 중이염, 부비동염, 폐렴 등에 효과가 있는 것은 아닙니다. 이런 질환은 폐구균 이외 다른 균들에 의해서도 발생하기 때문이지요. 폐구균 중에서도 가장 흔히 폐구균 질환을 일으키는 13개의 균에 대해 예방해줍니다. 즉, 폐구균 예방접종은 폐구균에 의해 생기는 질병들을 줄여주는 것이지 100% 없애주는 것은 아니에요. 그렇다고 하더라도 대부분의 폐구균 질환을 일으키는 균 위주로 백신을 놓기 때문에 폐구균 접종만으로도 상당수 예방이 됩니다.

전에 폐구균에 걸렸더라도 다시 접종해야 합니다

폐구균은 종류가 많아서 한 번 걸렸다고 해서 내성이 생기는 것은 아니에요. 다른 폐구균 감염을 예방하기 위해서라도 다시 접종해야 합니다. 다른 예방접종과 동시에 접종하는 것은 문제가 되지 않아요. 생후 2개월에 4개의 접종을 동시에 하는 것도 괜찮습니다.

폐구균 예방접종 후 생길 수 있는 이상 반응은 실제로 드뭅니다. 이상 반응으로는 통증·부종·발적·발열 등이 있어요. 접종 후 주사 부위가 발갛게 부어오르고, 열이 날 수 있지만 며칠 내로 좋아지므로 안심하세요.

일본뇌염

발생률이 많이 낮아졌지만, 아직도 일본뇌염 모기가 발견돼요

일본뇌염은 혈액 내로 전파되는 일본뇌염 바이러스에 의해 신경계 증상을 일으키는 급성 전염병이에요. 뇌염이 발생하면 사망률이 높고, 후유증 발생도 높은 질병입니다. 일본뇌염은 주로 일본, 중국, 동남아시아 등지에서 잘 발생해요. 1980년대만 하더라도 일본뇌염 환자가 매년 1,000명 정도 발생했는데, 지금은 거의 환자를 찾아볼 수 없을 정도로 줄었습니다. 하지만 매년 꾸준히 일본뇌염 모기가 발견되고 있어, 4~5월이면 일본뇌염 경보가 발령되므로 반드시 예방접종을 하는 것이 좋아요. 물론 모든 일본뇌염 매개 모기가 일본뇌염 바이러스를 가지고 있지는 않습니다. 일본뇌염 바이러스를 가진 모기에 물렸을 경우 극히 일부에서 일본뇌염이 발생하지요. 질병관리본부에서는 매년 일본뇌염 매개 모기에 일본뇌염 바이러스가 있는지를 검사하며, 일본뇌염 바이러스가 있는 일본뇌염 모기가 발견되면 일본뇌염 경보를 발령합니다.

닥터's advice

❓ 일본뇌염은 무엇인가요?

일본뇌염은 일본뇌염 바이러스에 감염된 작은 빨간집모기가 사람을 무는 과정에서 발생하는 급성 바이러스성 전염병이에요. 물린 사람의 95%는 무증상이지만, 일부에서 열을 동반하며 극히 드물게 뇌염으로 진행됩니다. 뇌염 초기에는 고열·두통·구토·복통·지각 이상, 아급성기(급성과 만성의 중간)에는 의식 장애·경련·혼수·사망에 이를 수 있고, 회복기에는 언어 장애·판단 능력 저하·사지 운동 저하 등의 후유증이 발생합니다. 과거 감염 환자의 대부분은 15세 이하 어린이와 청소년으로, 특히 어린아이는 예방접종을 통해 일본뇌염을 미리 예방해주세요.

걸리면 치명적이라 예방이 중요해요

일본뇌염에 걸리면 특별한 치료법이 없으므로 예방이 최선입니다. 95% 이상의 환자가 증상 없이 지나가며, 일부 열을 동반하는 가벼운 증상이나 바이러스성 수막염으로 이행되기도 하며 드물게 뇌염으로까지 진행됩니다. 뇌염으로 진행될 경우 5~30%의 높은 사망률을 보입니다. 일본뇌염 접종은 약간의 부작용이 있지만, 국내에서는 뇌염에 걸릴 확률이 높아 예방접종을 하는 것이 안전해요. 또한 꼭 3회는 맞혀야 효과가 제대로 나타납니다. 일본뇌염은 접종만 하면 거의 걸리지 않아요.

기본 접종 3회, 만 6·12세에 추가 1회씩

일본뇌염 접종은 돌이 지난 후 생후 12~24개월 사이에 1~2주 간격으로 2회 접종하고, 1년 후 한 번 더 접종합니다. 만 6세와 12세 때 각 1회씩 추가로 접종하는데, 연중 아무 때나 아이의 월령에 맞춰 접종할 수 있어요. 우리나라는 뇌염이 자주 발생하는 지역이므로 일본뇌염 접종을 하지 않으면 뇌염에 걸릴 가능성이 커요. 원칙대로 3회는 반드시 접종해야 효과를 제대로 볼 수 있습니다.

백신에는 '사백신'과 '생백신', 두 종류가 있어요

일본뇌염 예방접종을 하려고 병원에 가면 "생백신으로 맞힐까요? 사백신으로 맞힐까요?"라는 질문을 받습니다. 일본뇌염 접종 백신은 지금까지 사용했던 불활성화 사백신과 최근 수입되기 시작한 약독화 생백신 두 종류가 있어요. 사백신과 생백신의 차이는 살아 있는 균을 넣느냐, 죽어 있는 균을 넣느냐예요. 사백신은 세계보건기구에서 권장하는 백신으로, 오랫동안 일본과 아시아 국가에서 사용되어온 백신입니다. 생백신은 면역력이 좀 더 오래가지만 여러 나라에서 사용하는 백신은 아니에요. 또한 두 백신을 교차로 맞는 안전성에 관한 연구 결과는 아직 없습니다. 따라서 둘 중 처음 접종했던 종류의 백신으로 쭉 맞히는 것을 권장합니다.

①일본뇌염 사백신

1차	2차	3차
생후 12~24개월	1차 접종 후 7~14일	생후 36개월 (2차 접종 후 1년)

▲ 기본 접종

4차	5차
만 6세	만 12세

▲ 추가 접종

②일본뇌염 생백신

1차	2차
생후 12~24개월	생후 36개월 (1차 접종 후 1년)

▲ 기본 접종

드물지만 이상 반응이 생길 수 있어요

일본뇌염 예방접종 후에 생길 수 있는 이상 반응은 실제로 드뭅니다. 접종 후 미열이 나거나 접종 부위가 붓고, 두통이나 권태감 등이 생기기도 하지만 큰 문제는 아닙니

 닥터's advice

❓ 사백신 vs. 생백신, 그 차이가 궁금해요!

• **사백신** 죽은 균의 일부를 이용해 만든 항원을 몸속에 주입함으로써 그 균에 대한 항체를 만들어 내는 백신이에요. 아무래도 항체가 생기는 정도가 약하기 때문에 접종 횟수가 늘어날 수밖에 없습니다. 3세 미만 아이는 0.5ml, 3세 이상은 1ml를 피하조직에 주사합니다.

• **생백신** 살아 있는 균을 배양한 후 그 균이 가지고 있는 독소는 약화시키고 면역성은 유지시키는 백신입니다. 생후 12~24개월에 해당하는 모든 건강한 아이는 1회 접종 후 1년 뒤 2차 접종으로 기본 접종을 끝내고, 6세에 추가 접종하면 됩니다. 총 3회 접종으로, 사백신에 비해 접종 횟수가 적어요. 생백신은 MMR이나 수두 같은 생백신 접종과는 4~6주의 간격을 두고 접종해야 해요. 한 달 안에 다시 생백신을 접종할 경우 항체 생성 정도가 떨어지기 때문입니다. 백신 성분인 젤라틴이나 항생제인 에리스로마이신, 카나마이신, 네오마이신 등에 과민반응이 있는 경우라면 접종할 수 없고, 면역글로불린이나 스테로이드를 사용한 경우 생백신 효과에 영향을 미치기 때문에 주의합니다.

다. 아주 드물게 중추신경계 이상 반응이 발생할 수 있어요. 접종하기 전 열이 있거나 감기 기운이 있다면 혹은 과거에 뇌염 주사를 맞고 부작용이 있었던 아이라면 반드시 의사와 상의해야 합니다.

로타 바이러스

5세 미만 아이에게 흔한 감염 질환입니다

로타 바이러스는 5세 미만 아이라면 한 번쯤 감염될 정도로 흔한 질병이에요. 전 세계적으로 매년 약 50만 명의 목숨을 앗아가기 때문에 예방이 매우 중요합니다. 이 질환은 손과 구강 접촉을 통해 전염되는 것이 특징이에요. 질병관리본부 통계에 따르면, 장염 바이러스 검출률은 매년 10월 말부터 늘기 시작해 다음 해 1~3월에 절정에 달했다가 4월 말에 줄어드는 경향을 보입니다. 손에서 손으로 옮겨지는 바이러스의 특성에다, 겨울철에는 추운 날씨로 인해 손을 잘 씻지 않는 등 개인위생 관리가 소홀해진 탓이라고 생각합니다. 겨울철에 식욕이 없고 열을 동반하며 구토 증상이 나타나면 바이러스 장염을 의심해봐야 합니다.

탈수되지 않도록 하는 것이 중요해요

로타 바이러스 장염을 치료하는 약은 현재까지 없어요. 탈수를 막기 위한 수분 공급이 전부이지요. 탈수로 인해 증상이 심각해지지 않도록 하는 것이 제일 중요합니다.

닥터's advice

❓ 아이의 장염, 로타 바이러스를 조심하세요!
로타 바이러스는 전 세계 영유아에서 발생하는 급성 설사병 위장관염의 가장 흔한 바이러스예요. 대변-입으로 감염되는 것이 주요 전파 경로이며, 24~72시간의 잠복기를 거칩니다. 구토와 발열, 피가 섞이지 않은 물 설사를 초래해 탈수증을 일으킬 수 있는 질병이지요. 주로 영유아나 아동에게 발생하는데, 설사 증상으로 입원하는 5세 이하 소아의 3분의 1은 로타 바이러스 감염과 관련이 있습니다.

탈수가 심하다면 경구나 정맥을 통해 충분한 양의 수액을 보충해줘야 해요. 또한 지사제 사용은 삼가고, 항생제나 장운동 억제제도 가능한 한 먹지 않는 편이 낫습니다. 로타 바이러스 감염을 막기 위해서는 부모와 아이 모두 비누로 손을 자주 씻고 되도록 뜨거운 물로 20초 이상 씻으세요. 또 아이가 자주 사용하는 물건은 일주일에 한 번 이상 깨끗이 소독해 관리합니다. 24개월이 안 된 아이는 백화점이나 병원처럼 사람이 많이 붐비거나 감염의 우려가 있는 곳에 데려가지 않는 것이 안전해요.

로타 바이러스 장염 예방은 백신을 맞는 게 최선이에요

로타 바이러스 예방접종은 1가 백신 '로타릭스'와 5가 백신 '로타텍' 두 종류가 있습니다. 로타텍은 생후 2·4·6개월에 총 3회 접종하며, 로타릭스는 생후 2·4개월에 2회 접종해요. 하지만 아이가 8개월이 지났다면 백신 효과가 없기 때문에 맞지 않아도 됩니다. 로타 바이러스는 밀폐되고 사람이 많은 공간에서 쉽게 발생하기 때문에 어린이집에 다니는 아이라면 예방접종을 하는 편이 좋아요. 접종하면 1년 내 발생하는 심한 로타 바이러스 질환에 대해서는 85~98% 방어력이 생기고, 심한 정도와 관계없이 모든 로타 바이러스 질환에 대해 74~87% 예방 효과가 있습니다.

①로타텍

1차	2차	3차
생후 2개월	생후 4개월	생후 6개월

▲ 기본 접종

②로타릭스

1차	2차
생후 2개월	생후 4개월

▲ 기본 접종

감기

독감과 감기는 다른 병이에요

독감이라고 부르는 인플루엔자는 감기 바이러스와는 다릅니다. 감기는 일주일 이내에 별다른 치료를 하지 않더라도 부작용 없이 회복되지만, 인플루엔자는 심한 고열을 동반하며 면역이 떨어진 사람에게는 폐렴, 때에 따라 사망하는 심각한 질병이에요. 간혹 "독감 주사 맞았는데 왜 감기에 걸리나요?"라며 의문을 갖기도 하는데, 우리말로 '독감'이라고 이름이 붙여져 '독한 감기'라고 흔히들 생각하지만 감기와는 무관한 다른 질병입니다.

예방접종이 최선의 예방법이에요

독감 예방접종은 선택 예방접종이었지만 6개월 이상 12세 이하의 소아와 청소년에게는 필수 접종으로 전환되었습니다. 점차 기본 접종 대상 연령을 확대할 것으로 예상됩니다. 독감은 12월에서 3월 사이에 유행하며, 간혹 치명적인 증상을 유발하므로 어린아이일수록 접종하는 것이 안전해요. 독감 접종은 만 6개월은 지나야 맞힐 수 있어요. 처음 접종하는 경우, 4주 간격으로 2회를 이어서 맞아야 항체가 형성됩니다. 접종 첫해에 2회를 맞았다면 다음 해부터는 1회만 맞아도 됩니다.

닥터's advice

❓ 독감은 어떤 병인가요?

독감은 감기 바이러스와는 엄연히 다른 인플루엔자 바이러스가 사람의 호흡기로 들어와서 일으키는 감염병입니다. 독감에 걸리면 1~2일이 지나면서 춥고 열이 나며, 목이 아프고 팔다리가 쑤시고 아파요. 또한 기침과 콧물을 동반하는데 때로는 토하거나 배가 아프기도 합니다. 독감은 재채기나 기침을 할 때 코나 입으로 튀어나온 호흡기 분비물이 다른 사람의 눈·코·입 등으로 바로 들어가거나, 공기 중에 떠 있던 환자의 호흡기 분비물을 흡입하거나, 환자의 분비물이 묻어 있는 곳을 만진 손으로 눈·코·입을 만질 때 전염돼요. 재채기 한 번에 4만 개나 되는 분비물 방울이 튀어나오는데, 이 분비물 한 방울만 들이마셔도 독감에 걸립니다.

접종하면 보통 60~80%의 예방 효과를 기대해요

독감을 일으키는 바이러스는 A형과 B형으로 나뉘어요. A형은 다시 H와 N 등의 약자로 표기하는 바이러스 껍질에 붙어 있는 당단백질 종류에 따라 여러 종류로 나뉘는데 해마다 유행하는 종류가 조금씩 바뀝니다. 매년 독감 예방주사를 새로 맞아야 하는 것도 그 때문이지요. 독감에 걸리면 합병증이 많이 생기므로 되도록 독감 예방접종은 하는 것이 좋아요. 면역 효과는 개인에 따라 차이가 있지만, 평균 6개월가량(3~12개월) 지속되며 보통 60~80%에서 효과가 있어요.

해마다 유행하는 형태가 달라 매년 접종해야 합니다

독감 예방접종은 접종 후 예방 효과가 나타나는 데 걸리는 시간과 유행 시기를 고려해 맞힙니다. 접종 후 2주부터 항체가 생기고, 한 달 뒤 최고치에 달하기 때문에 독감이 본격적으로 유행하기 전인 9~12월경 미리 접종해야 해요. 이 기간보다 늦어지면 유행 시기에 예방 효과를 보지 못합니다. 보통 9월에 1차 접종, 한 달 후 10월에 2차 접종하면 그해 독감 유행 시기까지 충분히 효과가 이어져요. 반면, 6개월 이전 아이에게는 접종하지 않는 만큼 어린아이의 경우 부모가 예방접종을 해 최대한 아이가 걸리지 않도록 해야 합니다. 또한 해마다 유행하는 바이러스가 달라 작년에 접종했더라도 매해 새로운 백신을 맞혀야 해요.

닥터's advice

❓ 1가 백신, 3가 백신… 어떤 의미인가요?
- **1가 백신** 단일 성분이 들어 있다는 뜻으로, 작년에 유행한 신종인플루엔자인 A형(H1N1)만 예방합니다.
- **3가 백신** 복합 성분 백신으로, A형(H1N1) + 다른 A형 + B형 독감을 모두 예방합니다. 대부분의 성인, 즉 만 19~49세의 건강한 성인은 보통 1가 백신을 접종하고, 소아·55세 이상 노인·임산부 등은 3가 백신을 접종하는 게 좋습니다.

아주 심각한 알레르기가 있는 사람은 주의하세요

매우 안전한 약이지만, 과거 투약 시 신경계 부작용이나 아나필락시스나 심각한 알레르기가 있었다면 접종하지 않는 편이 나아요. 또한 과거에는 달걀 알레르기가 있어도 접종을 삼가는 것을 권장하였습니다. 백신을 제조할 때 바이러스 배양지로 달걀을 사용하기 때문에 투약 후 알레르기 반응을 보일 수 있기 때문이에요. 하지만 달걀을 먹고 가벼운 알레르기 반응이 생기는 정도라면 접종이 가능하므로 소아청소년과 의사와 상의해 결정할 수 있고 최근의 국내외 권고사항을 보면, 아나필락시스를 제외한 달걀 알레르기는 독감 접종을 권장하고 있습니다. 또한 감기에 걸렸을 때 열이 37.5℃ 이상 난다면 접종을 미루는 편이 좋아요. 하지만 가벼운 감기라면 크게 걱정하지 말고 접종해도 괜찮습니다.

알쏭달쏭! 예방접종 궁금증

Q 너무 많은 접종을 한 번에 같이 해도 될까요?

의학적으로 같은 날짜에 접종이 가능한 백신은 예방접종 스케줄에 따라 한꺼번에 접종하는 것을 권장합니다. 실제로 미국 등에서는 동시 접종이 가능한 예방접종은 반드시 한 번에 접종시키기까지 해요. 한 번에 접종하는 것이 아이에게 스트레스를 적게 주기 때문입니다. 그런 만큼 DPT, 소아마비, 홍역, MMR, BCG, 독감 등은 간염 예방접종과 같이해도 됩니다. 보통 다른 쪽 허벅지에 접종하고, 같은 쪽에 맞힐 때는 간격을 두고 접종해요. DPT의 경우 간염과 같이 맞힌다고 해서 이상 반응이 더 생기고 덜 생기는 데 영향을 주지 않습니다. 한 번에 2대의 주사를 놓기 힘들다면 같이 맞힐 주사를 며칠 연기해도 괜찮습니다.

Q 감기에 걸렸는데 예방접종을 해도 되나요?

감기에 걸려도 접종할 수 있습니다. 대체로 열이 없는 가벼운 감기는 예방접종을 하는 데 문제가 되지 않아요. 그러나 그 판단은 어디까지나 해당 아이를 진찰하는 소아청소년과 의사가 진찰한 후 판단할 문제입니다. 모유를 먹이는지, 비특이성 알레르기가 있는지, 항생제를 사용하는 중인지 등 아이에 대한 특이사항은 접종 전 의사에게 반드시 알려주세요.

Q 미숙아는 예방접종을 늦춰야 하나요?

미숙아도 태어난 날짜를 기준으로 접종하는 것이 원칙이에요. 다만, B형 간염 접종은 2kg 미만으로 태어난 아이는 면역 효과가 떨어지므로, 2kg이 될 때까지 기다리거나 혹은 아이가 안정화될 때까지 미루었다가 접종합니다.

Q 선택 예방접종, 모두 접종해야 하나요?

비용이 부담되지 않는다면 되도록 접종할 것을 권장해요. 선택 접종과 필수 접종의 구분은 우리나라 보건 예산과 연관이 있습니다. 선택 접종이라고 해서 맞히지 않아도 될 만큼 가벼운 질환이라는 뜻은 아니지요. 선택 접종 중 상당수는 꼭 맞혀야 하는 백신입니다.

Q 1차 때 접종한 간염 약과 다른 약으로 접종했는데 괜찮을까요?

B형 간염은 종류를 바꿔 접종해도 항체가 생기는 확률의 차이는 없으므로 너무 걱정할 필요는 없어요. 그래도 엄마가 불안해하는 일을 방지하기 위해 육아수첩에 정확히 기재해 약이 바뀌는 일이 없도록 신경 써주세요.

Q 백신 접종을 예약된 날보다 더 일찍 해도 되나요?

예방접종은 최소 접종 간격을 두고, 접종에 필요한 최소 월령 이후에 맞추면 됩니다. 사백신의 경우 접종 간 최소 간격은 4주이므로 두 달 뒤 맞힐 예방접종이라도 부득이 일찍 접종해야 한다면 4주 이후를 지키면 됩니다. 또한 1~2주 늦어져도 괜찮으므로, 제날짜에 맞히지 못했더라도 병원에 가서 예방접종을 합니다.

ⓠ 해외여행을 가려는데 예방접종과 상관이 있나요?

국가별로 추천되는 예방접종 스케줄이 나라마다 존재합니다. 또한 국가별로 유행하는 질환이 다르므로 유학이나 여행가는 해당 국가에 대한 정보를 미리 얻어야 해요. 질병관리본부 홈페이지에 가면 확인할 수 있으며, 출국 전 방문할 나라에 대한 예방접종 정보를 꼭 미리 확인하세요.

닥터's advice

❓ 접종 전 의사에게 반드시 말해야 하는 사항

• 아이가 미숙아로 출생했는지, 발육 상태는 어떤지 등에 대한 정보.
• 최근 1개월 이내의 병력이나 홍역, 볼거리, 수두 등의 병에 걸린 경험.
• 예방접종 부작용에 대한 가족력의 여부.
• 1개월 이내에 실시한 예방접종 유무와 종류.
• 약품, 식품에 의한 알레르기 반응.
• 1차 면역결핍증의 과거력이나 가족력.
• 과거 백신 접종 후 일어난 부작용(과거 부작용을 일으킨 백신의 첨가물을 확인해 같은 백신의 경우 예방접종 중지).
• 과거 수혈, 면역글로불린을 투여한 경험(수혈이나 면역글로불린·감마글로불린을 투여한 후 3개월, 대량의 감마글로불린의 경우 6개월 후에 접종해야 함).

영유아 건강검진

아이가 잘 자라는지 알아보는 영유아 건강검진을 놓치지 마세요.

체크 포인트

☑ 영유아 건강검진은 아이의 키, 몸무게, 머리둘레 등의 기본 신체 측정 검사를 하고, 개월 수에 맞는 발달평가 문진표를 작성해 아이의 성장 및 발달사항을 점검받습니다.

☑ 보기, 듣기, 말하기, 운동 능력, 신경, 근육, 골격 등이 정상 발달하고 있는지를 관찰해 연령별 성장 및 발달 평균치와 비교합니다. 또한 영양 과잉(비만), 영양 결핍, 영양 불균형으로 인한 성장장애가 있는지 영양 상태도 평가합니다.

☑ 영유아 건강검진은 아이를 직접 키우고 있는 부모가 직접 신체, 발달, 행동, 능력 등에 대한 설문지를 정확히 체크해야 합니다.

☑ 건강검진에서 청력이나 시력에 문제가 있다고 의심되면 정밀검사를 의뢰합니다.

잊지 말고 챙기세요

아이가 개월 수에 맞게 잘 자라는지, 특별히 아픈 곳은 없는지, 다른 아이들과 비교했을 때 많이 뒤처지진 않는지 등 아이를 키우다 보면 궁금한 것투성입니다. 특히 아이들은 한 달 한 달 성장과 발달이 급격히 이뤄지기 때문에 항상 관심 갖고 지켜봐야 해요. 이럴 때 '영유아 건강검진'이 도움이 됩니다. 매년 실시되는 성인 건강검진과 달리 영유아의 특성을 고려해 월령별로 실시되는 영유아 건강검진은 신장, 체중 등 간단한 신체 측정부터 안전사고 예방 등의 건강교육, 아이의 발달 점검 및 상담 등으로 진행됩니다.

생후 4~71개월까지 총 7차에 걸쳐 무료 검진을 받을 수 있어요

영유아 건강검진은 생후 4~71개월까지의 영유아를 대상으로 한 성장 단계별 건강검진 프로그램이에요. 총 1차부터 7차까지 아이의 개월 수에 맞게 진행됩니다. 만 6세 미만의 모든 영유아가 검사 대상이며, 검진 기관으로 지정된 가까운 병원 및 보건기관에서 건강검진 7회, 구강검진 3회를 무료로 받을 수 있어요. 또한 발달장애가 의심되는 의료급여 수급권자의 영유아는 발달장애를 정밀히 진단받을 수 있도록 진료비도 지원됩니다. 영유아 건강검진은 질병의 유무를 검사하는 것보다는 아이의 발달 이상을 확인하는 것이 목표예요. 따라서 성인의 건강검진과는 검사 항목이 조금 다릅니다. 아이의 성장 발달과 청각 및 시각 이상 등을 진찰하며, 키·몸무게·머리둘레 등 신체를 계측해요. 또한 성장 단계별 간과하기 쉬운 수면 문제, 영양, 안전사고 등에 관한 교육과 상담도 함께 이루어져 초보엄마는 유익한 육아 정보를 얻을 수 있습니다. 검진 시기는 4개월, 9개월, 18개월, 30개월, 42개월, 54개월, 66개월로 나뉘며 각 검진 시기별 검진 항목은 다음과 같습니다.

검진 시기	검진 항목	검진 방법	국가필수예방접종
1차 생후 4~6개월	문진 및 진찰 신체 계측 건강교육	문진표, 진찰, 청각 및 시각 문진, 시각 검사 키, 몸무게, 머리둘레 안전사고 예방, 영양, 수면	DPT 2·3차, 폴리오 2·3차, B형 간염 2·3차, 인플루엔자 2·3차, 뇌수막염 2·3차
2차 생후 9~12개월	문진 및 진찰 신체 계측 발달 평가 및 상담 건강교육	문진표, 진찰, 청각 및 시각 문진, 시각 검사 키, 몸무게, 머리둘레 검사 도구에 의한 평가 및 상담	MMR 1차, 수두 1회, 일본뇌 염(사백신) 1·2차(1차 1~2주 후 2차), 뇌수막염 4차
3차 생후 18~24개월	문진 및 진찰 신체 계측 발달 평가 및 상담 건강교육	문진표, 진찰, 청각 및 시각 문진, 시각 검사 키, 몸무게, 머리둘레 검사 도구에 의한 평가 및 상담 안전사고 예방, 영양, 대소변 가리기	DPT 추가 1차, 일본뇌염(사백 신) 3차(2차 후 1년 뒤), 인플루엔자
	구강검진(생후 18~29개월) 문진표, 진찰, 구강 보건교육 등		
4차 생후 30~36개월	문진 및 진찰 신체 계측 발달 평가 및 상담 건강교육	문진표, 진찰, 청각 및 시각 문진, 시 력 검사 키, 몸무게, 머리둘레, 체질량지수 검사 도구에 의한 평가 및 상담 안전사고 예방, 영양, 정서 및 사회성	일본뇌염(사백신) 3차(2차 후 1년 뒤)
5차 생후 42~48개월	문진 및 진찰 신체 계측 발달 평가 및 상담 건강교육	문진표, 진찰, 청가 및 시각 문진, 시력 검사 키, 몸무게, 머리둘레, 체질량지수 검사 도구에 의한 평가 및 상담 안전사고 예방, 영양, 개인위생	DPT 추가 2차, 폴리오 추가 1차, MMR 2차 ※ DPT, 폴리오를 DPT-IPV(디 프테리아, 파상풍, 백일해, 폴리 오) 혼합백신으로 접종 가능.
	구강검진(생후 42~53개월) 문진표, 진찰, 구강 보건교육 등		
6차 생후 54~60개월	문진 및 진찰 신체 계측 발달 평가 및 상담 건강교육	문진표, 진찰, 청각 및 시각 문진, 시력 검사 키, 몸무게, 머리둘레, 체질량지수 검사 도구에 의한 평가 및 상담 안전사고 예방, 영양, 취학 준비	
	구강검진(생후 54~65개월) 문진표, 진찰, 구강 보건교육 등		
7차 생후 66~71개월	문진 및 진찰 신체 계측 발달 평가 및 상담 건강교육	문진표, 진찰, 청각 및 시각 문진, 시력 검사 키, 몸무게, 머리둘레, 체질량지수 검사 도구에 의한 평가 및 상담 안전사고 예방, 영양, 간접흡연	

▲ 영유아 건강검진

어떤 검사를 받나요?

우선 출생력과 접종력 등을 확인한 후 키와 머리둘레, 몸무게를 측정합니다. 신체 계측을 통해 우리 아이의 키와 체중, 머리둘레가 100명 중 몇 번째에 해당하는지 알 수 있어요. 또 출생 시 체중과 미숙아 여부 등을 종합해 아이의 현재 발달 상태가 정상인지에 대한 평가가 이루어집니다. 그리고 문진표를 통해 시력, 청력, 운동 능력, 사회성 발달, 영양 상태, 안전 관리 등을 점검해요. 문진표에 의한 기본 평가에 이어 객관적인 평가를 위해 '한국형 영유아 발달검사(K-ASQ)'를 시행합니다. 이것은 공인된 여러 영유아 발달검사 방법을 한국의 영유아에게 맞게 수정해 개발한 것으로 언어, 대근육 운동, 소근육 운동, 인지 기능, 사회성 발달을 비교적 정확히 평가할 수 있습니다. K-ASQ는 월령별로 각각 다른 검사지로 사용하고, 항목별 기준 점수와 비교해 정상 발달을 하고 있는지, 아니면 발달에 문제가 있는지를 평가합니다.

영유아 건강검진, 이런 순서로 진행하세요

1. 영유아 건강검진은 예약제로 시행됩니다. 오전 10시부터 오후 4시 30분까지 30분 간격으로 예약할 수 있습니다.

2. 검사 전, 해당 월령의 사전 문진표를 작성합니다. 예약 날짜보다 먼저 문진표를 작성해두거나, 사전 방문이 어려운 경우 예약 시간보다 20~30분 일찍 도착해 문진표를 미리 작성해야 해요. 가능한 한 집에서 문진표와 K-DST(영유아발달선별검사) 평가지를 다운로드해 작성하는 게 좋습니다. 특히 K-DST 평가지는 체크 항목이 많아 제대로 쓰려면 1시간은 족히 걸려 집에서 꼼꼼히 적어 가는 편이 효과적이에요. 문진표 작성은 아이의 건강에 대해 잘 아는 보호자가 작성합니다.

3. 예약시간에 신체 계측(키, 몸무게, 머리둘레 등)을 시행하며, 30개월 이상일 때는 문진으로 시력 검진을 합니다.

4. 문진표 작성 내용과 관련해 영유아 건강검진 담당자와 1차 상담을 합니다.

5. 검진을 마친 후 검진 내용에 대한 정리 및 질의응답에 관련한 최종 건강검진 결과표와 교육자료 등을 받습니다.

아이 월령별 검진 체크 포인트

• **1차** (생후 4~6개월)   출생할 때 체중과 분만 주수, 모유·분유 수유 여부, 수유 횟수, 수유 시간, 수유량, 밤중 수유 여부가 중요한 시기예요. 이 시기에 이유식을 시작하므로 이유식 시작 시기와 현재 이유식 섭취량 등도 체크합니다.

• **2차** (생후 9~12개월)   이유식을 어떻게 진행하고 있는지에 대한 정보가 중요해요. 이유식 시작 시기, 횟수, 고기·채소·과일의 빈도와 하루 섭취량, 이유식 후 이상 반응 등을 확인합니다. 또 아이가 모유 수유를 하면서 9개월까지 고기를 잘 먹지 않는 경우 철분 결핍성 빈혈이 발생할 수 있어 빈혈 검사 및 상담도 필요해요. 이 시기에는 정상적인 발달 과정에서 보이는 낯가림이나 엄마 아빠의 애착 형성 여부를 살피는데, 발달장애나 자폐증 진단에 중요한 단서가 될 수 있으므로 이상이 의심되면 상담을 받습니다.

• **3차** (생후 18~24개월)   이 시기의 검진은 운동 및 언어 발달에 대한 평가가 중요해요. 이때는 어휘력이 빠르게 늘고 짧은 문장을 사용할 수 있어야 해요. 비슷한 개월 수의 아이들과 비교해 말이 지나치게 늦지는 않는지, 혼자 서고 잘 걷는지에 대한 관찰이 중요합니다. 애착 형성 역시 잘 살펴봐야 할 부분이에요. 또한 구강검진을 받는 시기로 양치를 제대로 하는지, 밤중 수유를 지속하는지, 치아가 갈색이나 탁한 흰색으로 변한 부분이 없는지도 체크합니다.

• **4~7차** (3~6세)   사회성 발달이 뚜렷해지는 시기로 말을 잘하는지, 또래 친구들과 잘 어울리는지 관찰합니다. 편식 여부와 영양 과잉으로 인한 과체중 및 비만에도 관심을 기울여야 해요. 또한 TV나 책을 볼 때 눈을 찌푸리거나 가까이 다가간다면 시력에 이상이 있을 가능성이 있으므로 역시 메모해 가는 것이 좋습니다.

영유아 건강검진 잘 받는 요령이 있나요?

엄마들에게 영유아 건강검진의 신뢰도는 조금 낮은 게 사실이에요. 국가에서 무료로 시행하는 서비스지만, 2012년에는 영유아 검진 대상자 320만 명 중 1회 이상 검진받은 아이가 53%에 불과합니다. 건강한 아이는 이 검진으로 아무런 이상 소견을 발견하지 못하기 때문에 검진의 필요성과 중요성을 못 느낀다는 것이 그 이유인데요. 하지만 영유아 건강검진은 어떤 질환을 진단하기 위한 것보다 질환이 의심되는 아이를 조기에 발견해 정확히 진단받게 하고, 적정 시기에 치료를 받을 수 있도록 하는 선별검사입니다. 따라서 아무런 특이점이 발견되지 않는 게 자연스러운 일이죠. 성장 단계에 맞게 발달이 잘 이루어지고 있는지 기본적인 사항을 확인하는 것이므로 가능한 한 받는 편이 좋습니다. 또 어린이집에 들어가기 위한 필수 제출 서류로 지정된 만큼 제때 검진을 받고 결과지도 잘 챙겨둡니다.

단골 병원에서 받는 게 좋아요

아이의 병력이나 발육 상황, 습관 등을 잘 아는 단골 소아청소년과에서 검진받는 것이 가장 좋습니다. 영유아 건강검진은 비교적 짧은 시간 내에 아이의 발달 상태를 평가해요. 그래서 아이에 대한 정보가 부족하면 충분한 상담이 이뤄지기 힘들지요. 게다가 낯을 가리는 2세 미만 아이들은 낯선 환경에서 진찰받기를 두려워해 울고 보채기 쉬운 만큼 가능하다면 평소 자주 다니던 병원에서 검진받는 것을 권합니다.

문진표와 K-ASQ 평가지는 집에서 꼼꼼히 작성해 갑니다

언어 능력, 운동 능력, 인지 능력, 사회성 발달을 평가하기 위한 K-ASQ 평가지는 평소 엄마가 놓치기 쉬운 부분에 대한 질문이 많아요. 갑자기 생각나지 않거나 그리기나 블록 놀이, 가위질, 뜀뛰기 등 아이에게 시켜본 후에 적는 항목도 있어서 시간적 여유를 갖고 작성하는 것이 좋아요. 아이에게 직접 시켜본 후 관찰해야 적을 수 있는 항목도 있으므로 집에서 꼼꼼히 작성해 갑니다. 문진표와 K-ASQ 평가지는 국민건강보험공단에서 운영하는 '건강in' 홈페이지에서 다운로드할 수 있습니다.

주 양육자가 반드시 함께 가세요

영유아 건강검진은 특성상 보호자가 주는 정보가 매우 중요한 검진이에요. 간혹 엄마가 일이 생겨 아빠가 대신 가거나 평소 할머니가 아이를 돌봐주시는데 엄마가 가면 의사의 질문에 정확히 답변하기 어려울 수 있어요. 평상시 아이와 밀접하게 생활하고 아이의 발달 상태를 잘 아는 주 양육자가 같이 가야 좀 더 정확한 검진을 받을 수 있습니다.

평소 궁금했던 질문이 있다면 적어 갑니다

영유아 검진을 진행하는 도중 의사가 엄마에게 특별히 궁금한 점이 있느냐고 물어봅니다. 이 순간 딱히 생각나지 않아 그냥 나올 때가 대부분이에요. 빠르게 진행되는 검사인 만큼 의사가 미처 발견하지 못한 이상 징후가 있을 수 있어요. 그러므로 엄마가 평소 궁금했던 점이나 의심 가는 부분이 있으면 미리 메모해두고 적극적으로 질문해 의사가 한 번이라도 더 아이를 살필 수 있게 하세요. 문진표에도 특별히 걱정되는 부분을 묻는 항목이 있으므로 꼼꼼하게 적어 갑니다.

알쏭달쏭! 영유아 건강검진 궁금증

Q 영유아 건강검진 기관은 어디서 확인할 수 있나요?

국민건강보험공단의 건강in 홈페이지(http://hi.nhic.or.kr/)에서 → 병원·검진 기관 안내 → 유아 검진 기관으로 검색하면 확인할 수 있어요. 현재 전국 3,397개의 병·의원에서 건강검진을 하고 있습니다.

Q 영유아 건강검진은 왜 혈액이나 소변검사가 없나요?

아이들은 채혈이 쉽지 않을뿐더러 어른에 비해 혈액으로 진단할 수 있는 질환이 적어 혈액검사의 의미가 떨어지는 편이에요. 물론 아이에게 유익한 검사를 모두 시행하면 좋겠지만 아무런 문제가 없는 아이까지 불필요한 검사로 힘들게 할 수 있기 때문입니다. 필요한 경우라면 검진을 통해 문제가 의심되는 영유아를 선별해 좀 더 정밀한 검사를 받을 수 있습니다.

Q 건강검진표를 받아야 검진받을 수 있다는데 어떻게 받아야 하나요?

영유아 건강검진표는 국민건강보험공단에서 직장 가입자 및 세대주 주민등록 주소지로 우편 발송하고 있으며, 전국 영유아 검진 기관에서 검진을 받을 수 있습니다.

Q 치과 검진만 따로 받는 것도 가능한가요?

구강검진은 소아청소년과가 아닌 영유아 건강검진 기관으로 지정된 치과에서 받습니다. 일반 건강검진을 받지 않더라도 구강검진만 별도로 받을 수 있어요. 구강검진도 일반 건강검진과 마찬가지로 문진표를 미리 꼼꼼하게 작성해 가면 아이의 구강 상태는 물론 자세한 구강 위생교육을 받을 수 있습니다.

Q 시기를 놓친 경우라면 건강검진을 받을 수 없나요?

최근 영유아 건강검진 예약이 힘들어지면서 검진 기간을 놓치는 경우가 종종 발생하고 있어요. 그러나 아쉽게도 건강검진 시기를 놓쳤다면 검진을 받을 수 없는 경우가 대부분입니다. 뒤늦게 검진을 받는다고 해도 문진표와 K-ASQ 평가지의 기준이 아이의 월령에서 벗어날 경우 정확한 검사를 기대할 수 없기 때문입니다. 6개월 후 다음 차수의 검진이 이루어지므로(2차 검진은 1차 검진을 받고 3개월 후) 이번 기회를 놓쳤다면 다음 검진은 꼭 챙깁니다.

건강을 지키는 위생관리

위생관리는 아이 건강의 첫걸음이에요.

체크 포인트

☑ 먼지는 호흡기 질환을 일으키는 주범입니다. 먼지 자체로도 해롭지만 다른 오염물질을 우리 몸에 들어오게 하는 매개체 역할을 합니다. 특히 알레르기가 있는 아이를 키운다면 주기적인 청소로 집안의 먼지를 제거해줘야 합니다.

☑ 실내 환경을 깨끗이 하는 데 환기는 필수예요. 환기를 시킬 때는 시간을 잘 고려해야 해요. 너무 이른 시간이나 늦은 시간에는 오히려 오염된 공기가 실내로 들어올 수 있으므로 오전 10시 이후나 낮 시간대를 이용하세요.

☑ 가습기는 무엇보다 관리가 중요합니다. 가습기 청소는 매일 하고, 물도 자주 갈아서 사용해요. 한 번에 3시간 이상 가동하면 자칫 체온을 빼앗아 감기에 걸리기 쉬운 만큼 사용 도중 자주 환기를 시켜주는 것도 잊지 마세요.

☑ 아이들은 면역력이 약하기 때문에 피부 자극을 최소화하는 방법으로 옷을 빨아요. 아이 옷일수록 살균에 힘써야 하지만 가능한 한 표백제나 섬유유연제를 사용하는 것은 자제해주세요. 표백제 대신 베이킹소다, 섬유유연제 대신 식초를 사용합니다.

알레르기 없는 집, 집 안 청소부터 구석구석!

거실, 먼지부터 제대로 제거하세요

눈에 보이지 않지만, 집 안 구석구석 쌓인 먼지는 알레르기를 악화시키는 주범이에요. 먼지는 호흡기 질환을 일으키거나 기존 질환을 더욱 악화시키지요. 알레르기 환자는 물론 건강한 아이의 위생까지 크게 위협하는 먼지 제거를 위해서는 대대적인 청소가 필요합니다.

• **바닥 물걸레질하기**　진공청소기는 먼지를 일으키므로 바닥의 먼지를 1차로 제거한다는 생각으로 단시간 사용합니다. 그다음 물걸레로 구석구석 닦아주는 게 좋아요. 이때 살균 효과가 있는 식초를 물과 1:3의 비율로 희석해 스프레이 통에 담아 뿌리면서 걸레질하면 더욱 좋습니다. 얼룩이 생겼다면 전용 세제로 닦은 후 물걸레질로 마무리합니다.

• **가구 위의 숨은 먼지 제거하기**　옷장, 장식장, 소파 등의 윗면 등은 먼지가 쌓이기 쉬운 장소예요. 그냥 두면 쌓인 먼지가 공기 중에 그대로 떠다니죠. 먼저 먼지를 털어내고 젖은 걸레로 닦은 후 마른걸레로 마무리합니다. 먼지떨이가 없으면 안 쓰는 스타킹을 이용하면 잘 떨어져요.

• **벽의 먼지도 빼놓지 않고 제거하기**　벽에 무슨 먼지가 있을까 싶겠지만 벽면에 붙은 먼지는 상상을 초월해요. 특히 방 안의 먼지는 이불이나 바닥에서 떨어져 나와 공기 중에 떠다니다가 벽면에 흡착되어 쌓이게 마련이에요. 이 흡착된 먼지에 습기가 생기면 곰팡이를 피우는 원인으로 작용합니다. 온 집 안의 벽면마다 돌아다니며 청소하기는 힘들겠지만 마른걸레 등으로 벽을 자주 쓸거나 진공청소기에 부착된 솔로 종종 벽을 훑어주세요.

• **패브릭, 가죽 등 소파 소재에 맞게 청소하기**　천 소파는 커버를 벗겨 세탁합니다. 얼룩

이 있을 때는 커버 뒷면에 못 쓰는 천이나 키친타월을 대고 얼룩 제거제를 바른 후 종이를 대고 두드리면 효과적이에요. 천 소파는 각종 세균이나 진드기 등이 쉽게 서식하므로 진공청소기의 침구 전용 흡입구로 먼지를 제거해주는 게 중요해요. 가죽 소파는 청소기로 먼지를 빨아들인 뒤 부드러운 천으로 마른걸레질을 해줍니다. 가죽에 생긴 곰팡이는 바셀린을 발라두었다가 4~5시간 후 문지르면 감쪽같이 없앨 수 있어요.

• 가전제품은 일주일에 두 번 수건으로 닦기   가전제품은 정전기로 인해 먼지가 특히 잘 달라붙습니다. 젖은 걸레는 물때가 남고 마른걸레는 닦는 동시에 먼지가 다시 붙으므로 먼지떨이로 가볍게 톡톡 털어내거나 먼지가 날리지 않도록 진공청소기로 먼지를 빨아들인 후 물걸레질합니다. 일주일에 두 번 정도 부드러운 수건에 물을 묻혀 중성세제를 몇 방울 떨어뜨려 닦는 것도 좋은 방법이에요. TV 화면은 뻣뻣한 면 헝겊에 유리 전용 클리너를 묻혀 닦는 등 수시로 마른걸레질을 해주세요.

 먼지, 제대로 털어야 해요

먼지떨이 대신 물걸레질을 해요
먼지를 턴다고 해서 아무 도구나 사용해서는 곤란합니다. 흔히 사용하는 대표적인 것이 깃털로 만든 먼지떨이인데요. 먼지떨이는 먼지를 없앤다기보다 먼지를 공중으로 날려 보냅니다. 이렇게 되면 먼지가 공기와 함께 우리 몸으로 흡입되거나 눈이나 코의 점막에 내려앉을 수 있습니다. 먼지는 다시 내려앉기 전까지 몇 시간 동안 공중에 떠 있으며, 그동안에 집 먼지 알레르기항원에 민감한 사람에게는 문젯거리가 되지요. 먼지떨이 대신 약간 축축한, 그러나 물이 떨어질 정도는 아닌 천을 이용해 물걸레질하는 방법이 더욱 효과적입니다.

장식품을 과감히 치워주세요
장식품이 있으면 그 위에 먼지가 쌓일 수밖에 없습니다. 그렇기에 알레르기를 줄이기 위해 취할 수 있는 가장 중요한 조치 중 하나는 집 안에 있는 장식품들을 최대한 없애는 것입니다. 정말로 아끼는 물건이 아니라면 공간을 차지하지 않게 모두 치워버리세요. 먼지가 쌓이면 쉽게 닦아낼 수 있도록 밖으로 늘어놓은 장식품을 없애고, 놔두기로 한 물건은 진열장으로 옮깁니다.

• 창문은 물에 적신 헝겊으로 닦기 황사나 먼지 때문에 잘 더러워지는 곳이 창문이에요. 먼저 극세사 걸레로 창문을 닦아 미세먼지를 없애주세요. 이때 더러움이 심한 바깥부터 청소를 시작합니다. 마른 헝겊으로 가볍게 유리창을 닦으며 흙먼지를 털어내면 됩니다. 문틈은 물에 적신 헝겊을 나무젓가락에 말아 꼼꼼히 닦아주세요.

욕실, 세균이 번식하지 않도록 관리하세요

욕실은 집 안에서 가장 습한 곳으로 조금만 방심해도 곰팡이가 쉽게 생깁니다. 평상시 남은 물기를 그때그때 닦아내야 곰팡이가 생기는 것을 막을 수 있어요. 욕실은 세면대, 욕조, 변기, 욕실 벽과 바닥 등으로 나누어 관리합니다. 평상시 욕실을 마지막으로 사용한 사람이 몸의 물기를 닦고 난 수건으로 벽, 욕조, 욕실 바닥 등에 남은 물기를 닦아내는 것을 생활화하세요.

• 욕실은 환기부터 철저하게! 욕실은 환기가 잘되지 않는 공간이에요. 특히 아이를 키우는 집이라면 더욱 주의해야 하는 곳으로, 욕실의 곰팡이균이 면역력이 약한 아이에게 해롭기 때문입니다. 그러나 이미 곰팡이가 생겼다고 해도 무턱대고 락스나 세제를 뿌려 청소하는 것은 주의가 필요해요. 환기가 잘 안 되는 공간이기 때문에 호흡기에 나쁜 영향을 미치고 곰팡이가 다른 곳으로 번질 수 있기 때문이에요. 곰팡이가 생긴 부분에 락스를 묻힌 휴지를 10~20분가량 두어 청소하는 것이 보통이지만, 아이를 키우는 가정에서는 친환경 청소 세제 등을 사용해 자주 청소하는 것을 권장합니다.

• 세제로 물때와 곰팡이 제거하기 욕실 벽과 바닥, 세면대, 욕조 등에 생기기 쉬운 물때와 곰팡이는 깨끗이 제거해야 합니다. 일주일에 한 번 세제로 닦고 곰팡이 방지용 스프레이를 뿌려주세요. 평상시 욕실 환기를 자주 시키는 것도 중요합니다.

• 타일 벽과 바닥은 중성세제로 닦기 세라믹 타일은 부드러운 스펀지에 세제를 푼 물을 묻혀 구석구석 문질러 닦습니다. 중성세제로 닦아야 타일 상태가 오래 유지돼요. 무광택 타일은 유리 전용 클리너를 사용하는 것도 방법이에요. 욕실 벽에 생긴 곰팡

이는 소독용 에탄올을 묻힌 헝겊으로 닦아줍니다. 타일 틈새에 검게 핀 곰팡이는 표백제나 식초를 희석한 물로 닦아낸 후, 타일에 휴지를 깔고 희석한 표백제나 식초를 뿌려두세요. 하룻밤 둔 뒤, 칫솔을 이용해 틈새를 꼼꼼히 문질러 씻어냅니다.

• **욕조와 세면대는 세제로 부드럽게 문지르기**　욕조와 세면대는 다목적 클리너로 부드럽게 문질러 닦으세요. 세면대에는 물때와 곰팡이가 많은데, 특히 배수구 주변에 세균이 많이 몰려 있어요. 세면대 사용 후, 식초와 물을 1:1의 비율로 섞어 세면대에 받아두었다가 30분 후 맑은 물로 헹궈냅니다.

• **자주 변기 닦기**　변기는 표백과 세정 효과를 높이기 위해 일반 세제보다 염소계 세제를 사용하는 것이 효과적이에요. 변기 청소할 때는 세제가 변기 둘레의 안쪽까지 묻을 수 있도록 위에서부터 빙 돌려서 뿌립니다. 또한 세제에 때가 충분히 불었을 때 씻어냅니다. 변기 안쪽은 소독제를 풀어 30분간 그대로 놔둔 후 변기용 솔로 안쪽까지 구석구석 닦아주세요.

• **칫솔과 비누도 청결하게 관리하기**　칫솔은 칫솔모에 커버를 씌워 놓아야 날아다니는 곰팡이 포자나 세균으로부터 안전하게 보관할 수 있어요. 비누 역시 젖은 상태로 눅눅하게 방치하면 세균을 번식시키는 요인이 됩니다. 비누 홀더를 이용해 항상 건조하게 관리하세요.

🦆 올바른 침구 관리법

침구류는 소재 선택이 중요해요

아이가 사용할 침구류라면 순면 소재를 골라야 피부에 자극이 적고 세탁도 수월합니다. 아토피나 알레르기비염이 있다면 알레르기 방지 기능의 초고밀도 극세사 침구류를 추천해요. 머리카락의 100분의 1 굵기 실을 사용해 일반 이불보다 섬유 조직이 촘

엄마표 처방전

생활 속 천연 세제 활용 세탁법

1 소금물

약간의 소금을 푼 물에 세탁물을 30분간 담갔다가 빨면 색상이 한층 선명해져요. 몇 번을 빨아도 더러운 옷은 소금물에 삶아줍니다. 물 1L당 소금 1큰술을 넣고 고루 푼 다음 20분간 삶으면 기름때로 더러워진 옷까지 말끔해집니다. 특히 물 빠질 염려가 있는 옷이라면 소금물에 30분간 담근 후 빨래하면 좋아요. 견직물이나 모직물을 세탁할 때는 물 1L당 소금 2g, 식초 1큰술을 넣어 중성세제와 함께 빨면 탈색을 방지합니다.

2 쌀뜨물

누렇게 변한 흰옷은 쌀뜨물로 세탁해보세요. 쌀뜨물을 받아 세탁물을 담근 뒤, 조물조물 비벼가며 헹구면 한결 윤이 나면서 하얘지는 효과가 납니다.

3 베이킹소다

땀으로 얼룩진 옷이나 양말은 세탁 30분 전, 베이킹소다를 푼 물에 담근 후 세탁하면 냄새와 찌든 때가 사라져요. 일반 세탁세제에 베이킹소다 1.2컵을 섞어 세탁하면 표백·살균 효과가 있습니다.

4 식초

다리미 바닥에 눌어붙은 갈색 때는 헝겊에 식초를 뿌려 닦아내주세요. 또 스타킹을 헹굴 때 식초 몇 방울을 떨어뜨린 미지근한 물에 잠시 담갔다 말리면 발 냄새가 없어지고 스타킹도 한결 부드러워져요.

5 구연산

물 1L에 구연산 40~60g을 섞은 구연산수를 만들어 섬유유연제로 활용해보세요. 진한 섬유유연제 향 없이 섬유 보호 기능을 합니다.

촘해서 아토피를 악화시키는 집먼지진드기가 섬유 속에서 살지 못하기 때문이에요. 하지만 극세사도 합성섬유이므로 심한 아토피피부염일 경우에는 극세사보다는 표백하지 않은 100% 유기농 천을 사용하는 편이 낫습니다.

햇볕에 말린 뒤 털면 집먼지진드기를 70% 이상 없앨 수 있어요

아이 피부에 직접 닿고 땀에 젖기 쉬운 베개와 이불은 적어도 일주일에 1회 뜨거운 물에 세탁한 뒤 햇볕에 바짝 말려야 합니다. 중간에 이불을 뒤집어 골고루 햇볕을 쬐어주고 속까지 완전히 말려야 해요. 세탁 후 제대로 말리지 않으면 오히려 땀 흡수가 잘 안 되고 세균이나 집먼지진드기가 번식하기 쉬운 환경이 됩니다. 침구류는 세탁을 자주 하기 어렵고, 세탁 후 말리는 것도 수월하지 않아 자칫하면 위생관리에 소홀하기 쉬워요. 하지만 아토피나 알레르기비염이 있는 아이라면 침구류 관리에 특히 신경 써야 합니다. 이불 한 장에 평균 20~70만 마리의 진드기가 서식한다고 보면 되지요. 그런데 진드기는 의외로 충격에 약해 이불을 두들기면 약 70%는 내장파열로 죽습니다. 매일 이불을 햇볕에 말리고 걷을 때 가볍게 두들겨 먼지나 진드기를 털어내면 70%는 없앨 수 있는 셈이죠. 침구류 전용 청소기를 사용하는 것도 좋은 방법입니다.

패드나 시트를 깔고 자주 교체해요

침대 매트리스는 세탁할 수 없기 때문에 평소 패드나 시트를 깔고 자주 교체합니다. 침대가 있는 방은 문을 열어 자주 환기하고, 아침에는 일어나자마자 매트리스에 밴 땀이 마르도록 해주세요. 진공청소기로 먼지를 털어낸 후 한 달에 한 번쯤은 햇볕이 좋은 날 매트리스를 베란다나 마당에 내놓아 일광소독을 시켜줍니다. 침대에 습관적으로 하는 걸레질은 습기를 가중하므로 좋지 않아요. 만약 아이가 오줌을 쌌다면 즉시 중성세제를 따뜻한 물에 풀어 수건에 묻힌 다음 톡톡 두드립니다. 그런 다음 햇볕에 내다 말리면 됩니다. 얼룩도 없어지고 살균 소독이 되어 위생상 큰 문제가 없어요.

아이 옷, 안심 클리닝하세요

엄마의 똑똑한 아이 옷 세탁법

· **빨랫감 분류하기**　빨랫감마다 취급 표시를 확인하고 손세탁인지, 세탁기에 넣을 것인지 먼저 분류합니다. 탈색 여부를 확인하는 것도 중요해요. 옷 끝자락을 흰색 면으로 적당히 감싼 뒤 따뜻한 비눗물로 비벼보아 색이 묻어나오면 탈색되는 것이니 따로 세탁해야 합니다. 아이 옷은 소재가 부드럽고 약하기 때문에 세탁기에 넣어 돌리면 손상될 우려가 크므로 첫돌까지는 손빨래하는 것이 가장 좋아요. 이때 가능한 한 어른 옷과 구분해서 세탁해주세요. 하지만 매일 나오는 빨랫거리가 부담스럽다면 아이 피부에 직접 닿는 옷이나 가제수건은 손빨래하고, 침구류 등 부피가 큰 것은 세탁기에 돌립니다. 손빨래할 때는 아이 전용 세탁세제를 따뜻한 물에 풀어 10분 정도 담가둔 뒤 조물조물 주물러 빨아줍니다. 오염이 심하다면 아이 전용 빨랫비누로 부분 빨래를 먼저 한 후에 따뜻한 물로 여러 번 헹굽니다. 헹굴 때도 5분 정도 물에 담가두면 세제 찌꺼기가 말끔히 제거돼요.

 ### 더러워지기 쉬운 아기 옷 삶는 법

소재에 따라 삶는 방법이 달라요
면 소재의 티셔츠, 속옷 등은 삶아도 상관없지만 마나 울, 합성섬유 등의 소재는 삶지 않는 것이 좋습니다. 속옷, 천 기저귀, 수건 등은 삶아서 세탁하면 좋아요. 속옷은 밴드, 레이스 장식이 있으면 삶지 않는 것이 좋고, 진한 색은 색이 바랠 수 있어 밝은색 위주로 삶아주세요. 빨래를 삶으면 표백과 살균 효과를 얻을 수 있지만, 끓는 물에 닿은 면 소재는 빨리 상하고 쉽게 늘어납니다. 또 튼튼한 면이라도 자주 삶으면 약해져 찢어지기 쉬우므로 적당히 삶는 것이 바람직합니다.

헹굴 때는 식초로 마무리하세요
조그만 자극에도 민감하게 반응하는 아이 피부를 위해 헹굴 때는 식초로 마무리하면 좋아요. 식초는 옷의 탈색을 막아주고 항균 효과까지 발휘합니다. 또 섬유유연제 같은 역할을 해 마지막 헹굼 물에 식초 1~2스푼을 넣고 3분 정도 옷을 담가두면 아이 옷에 남아 있는 세제나 암모니아 성분을 중화시켜줍니다. 옷의 손상을 막아줄 뿐 아니라 아이 피부의 자극을 줄이는 데도 효과적이에요.

• 빨랫감 무게 체크하기 세탁기로 빨래할 때 세제와 물의 양을 눈대중으로 넣는 경우가 대부분이에요. 하지만 빨랫감에 비해 물이 너무 많으면 오히려 때가 잘 빠지지 않고, 세제 양이 지나치게 많으면 세제 찌꺼기가 옷에 남습니다. 그러므로 빨랫감의 무게를 대략 알아두면 효과적으로 세탁할 수 있어요. 수건은 30g, 와이셔츠는 200g, 청바지는 500g 정도 됩니다.

• 젖은 옷은 즉시 세탁하기 젖은 빨랫감은 따로 분리해 세탁하는 게 좋아요. 진한 색 옷이라면 색이 빠져 밝은색 옷에 번질 수 있고, 자체 변색으로 입지 못할 수 있어요. 또 젖은 빨래를 공기 중에 두면 습기가 퍼져 곰팡이가 생길 수 있어요. 세탁 전 옷깃이나 소매같이 오염이 심한 부분이 겉으로 나오게 하고, 단추는 채운 후 빠는 것이 좋아요. 찌든 얼룩은 세탁 전 애벌빨래를 해줍니다. 묵은 때는 물 온도를 높이고 표백제를 세제와 같은 분량으로 넣어 빨래하면 효과적으로 제거됩니다.

• 적절한 물 온도 찾기 세탁할 때 물의 온도를 적당히 맞추지 못하면 때가 잘 빠지지 않아요. 옷에 묻은 때의 대부분을 차지하는 기름기를 없애는 데는 38~40℃의 물이 가장 알맞아요. 너무 뜨거운 물로 빨면 옷이 변형될 수 있고, 특히 진한 색 옷은 탈색이 되므로 미지근한 물로 세탁해주세요. 밝은색 옷은 때가 잘 빠질 수 있게 찬물보다 따뜻한 물을 이용하는 게 효과적입니다.

• 세제와 세탁물 따로 넣기 대부분은 세탁기에 옷을 먼저 넣고 물을 받으면서 세제를 넣습니다. 이런 경우 일반 세제를 사용하면 물에서 녹지 않는 형광증백제 알갱이가 옷 표면에 착색될 수 있어요. 그러므로 세탁기에 물을 받고 세제와 표백제를 풀어 완전히 녹인 후 빨랫감을 넣어 세탁합니다. 그리고 유아 전용 세제를 사용해주세요. 분말 세제는 헹구기 힘들고 세탁 후에도 섬유 속에 세제 찌꺼기가 남을 수 있으므로 액상 타입이 좋습니다. 제품에 표시된 정량을 꼭 지키고, 세제 찌꺼기를 완전히 없애기 위해서는 마지막 헹굼 물에 5~10분간 담가두었다가 깨끗이 헹궈냅니다.

- **무조건 삶는 건 금물!** 아이 용품 중 삶아서 세탁할 수 있는 것은 천 기저귀와 가제수 건 정도이지 아이 옷이라고 무조건 삶는 건 아니에요. 손수건은 아이 얼굴과 입을 닦는 경우가 많아 삶는 것이 좋지만, 매번 삶기보다는 3일 혹은 일주일에 한 번 정도 삶는 것이 적당합니다. 아이 옷에 묻은 이물질이나 나쁜 세균을 없앤다고 장시간 삶으면 셀룰로스라는 섬유질이 빠져나가 질감이 뻣뻣해지고, 옷의 수명도 짧아져요. 기저귀나 배냇저고리를 삶는 시간은 3~4분 정도가 적당합니다. 요즘 아이 옷은 특수 위생 처리한 고급 원단을 많이 사용해 삶으면 원단이 늘어나거나 줄어들고 탈색되는 등 옷이 망가지는 경우가 꽤 있어요. 라벨의 세탁 표시를 꼭 확인하고 순면 제품이라도 표시가 없다면 삶지 않는 것이 좋습니다.

- **물에 너무 오래 빨랫감 담가두지 않기** 세탁하기 전에 따뜻한 물에 불리면 세탁 효과가 높아요. 또 옷은 처음 구입했을 때 한두 번 드라이클리닝한 후 물세탁 해야 변색을 방지할 수 있습니다. 얼룩이 있거나 때가 많이 탔을 때는 세제를 푼 물에 무조건 오래 담가두기보다 따뜻한 물이면 10분, 찬물이면 15~20분 정도 담가두면 충분해요.

올바른 세탁기 사용법

- 곰팡이는 물이 고여 있고 습한 곳에 서식해요. 따라서 세탁하지 않을 때는 세탁기 뚜껑을 항상 열어두세요.
- 액상 세제를 사용하는 게 좋아요. 가루 세제를 사용할 때는 뜨거운 물에 입자를 완전히 녹인 후 사용하세요.
- 화장실 안에 둔 세탁기는 베란다에 둔 세탁기보다 습도가 높아서 곰팡이가 더 잘 생기게 마련이에요. 가능하면 공기가 잘 통하는 곳에 세탁기를 놓는 편이 낫습니다.
- 항상 거름망에 구멍이 나 있는지 확인하세요. 먼지 거름망에 핀 검은 곰팡이가 다른 곳으로 번질 위험이 있으니 수시로 확인해 제거해야 합니다.
- 드럼세탁기는 세제를 거르는 거름망이 없어서 좀 더 신경 써야 해요. 고무패킹 부분에 물이 고이는 경우가 많은데, 물기를 자주 제거해줘야 곰팡이가 덜 생깁니다.

• **수시로 세탁기 청소하기**　세탁조 안은 눈에 보이지 않는 세균과 곰팡이가 쉽게 번식하는 장소예요. 이를 그대로 놔두고 빨래하면 알레르기 질환이나 아이 피부 트러블을 유발하는 원인이 됩니다. 세탁조는 정기적으로 전용 클리너를 이용해 소독해주세요. 세탁한 빨래에 거뭇한 이물질이나 희끗희끗한 찌꺼기가 묻어 나온다면 세탁기 청소가 시급하다는 신호입니다. 세탁기 내부에 얼굴을 집어넣었을 때, 퀴퀴한 냄새가 나면 곰팡이나 찌꺼기가 쌓였을 가능성이 커요. 세탁기는 1년에 한 번씩 분해해 내부의 틈까지 깔끔하게 청소하는 것이 좋아요. 고장이 염려된다면 청소 전문 업체에 의뢰하는 것도 방법입니다. 또 세탁이 끝난 후에는 가급적 세탁기 뚜껑을 30분 정도 열어놓고 환기하면 세균과 곰팡이 번식을 막을 수 있습니다.

집 안 공기, '환기'가 결정해요

깨끗한 공기로 바꿔주는 환기의 법칙!

겨울이 되면 찬바람이 무서워 문을 꽁꽁 닫고 지냅니다. 하지만 찬바람보다 더 무서운 건 바로 오염된 실내 공기예요. 웬만한 공장지대나 도로변을 제외하곤 집 안의 실내 공기가 바깥 공기보다 훨씬 나쁘지요. 실내 공기는 옷, 신발 등에 묻어 있는 먼지, 생활용품과 주방에서의 가스 사용 등을 통해 오염돼요. 환기란 실내 공기를 내보내고 깨끗한 공기가 실내에 들어오게 해 오염물질을 제거하거나 희석하는 과정이에요. 집 안을 충분히 환기하지 않으면 실내 오염은 더욱 심해져요.

• **최소 하루 세 번, 집 전체 환기하기**　환기는 하루 중 오전·오후·저녁 30분씩, 오전 10시~오후 9시 이전에 합니다. 가급적 일조량과 채광량이 많은 낮 시간대에 환기하는 것이 가장 좋아요. 2~3시간 간격으로 창문을 열어 한 번 열 때마다 최소한 10~30분은 환기되게 합니다. 단, 저녁 늦은 시간이나 새벽에는 대기의 오염물질이 정체되어 있으므로 피하세요.

• **맞바람 활용하기** 한 번 환기할 때 최대한의 효과를 내려면 맞바람이 치는 문을 함께 열어두는 게 효과적이에요. 문을 모두 열기 힘들 때는 서로 가장 먼 곳에 있는 창을 열어 공기의 흐름을 만들어줍니다. 창이 위아래로 분리되어 있다면 모든 창을 열어 안팎의 공기가 순환되도록 해야 묵은 공기를 내보낼 수 있어요. 새집이라면 창문을 열 때 붙박이장이나 서랍 등을 모두 열어 환기시킵니다.

• **실내 오염 줄이기** 실내 구석구석 먼지가 쌓이지 않게 자주 청소하는 것도 환기만큼 중요한 일입니다. 특히 가스레인지의 연소로 인해 실내 공기가 크게 오염되므로 조리할 때는 반드시 창문을 열거나 환풍기를 틀어 유해물질을 바깥으로 배출시켜야 해요. 아이들이 뛰어놀 때는 진동으로 미세먼지가 공중에 떠다니므로 환기를 자주 합니다.

• **공기청정기 이용하기** 공기청정기는 오염된 공기를 팬으로 흡입해 필터로 미세한 먼지나 세균류를 걸러주며, 활성탄 필터로 각종 냄새를 제거해주는 장치입니다. 그러나 자연 환기를 시키지 않고 공기청정기 하나만으로는 집 안의 모든 오염물질을 차단하는 것은 불가능해요. 자연 환기량이 적으면 공기청정기의 효율도 떨어지므로 자연 환기를 하면서 같이 사용하는 것이 효과적입니다.

집 안 공간별, 이렇게 환기시키세요

• **침실** 낮에는 주로 거실에서 생활하기 때문에 환기에 소홀하기 쉬운 곳이 침실이에요. 의외로 공기의 오염도가 높은 공간이죠. 또한 장롱이나 서랍장처럼 통풍을 방해하는 큼직한 가구가 많아 거실에 비해 환기에 취약합니다. 사람이 자는 동안 뿜어내는 이산화탄소의 양도 상당해 아침에 일어나면 창을 활짝 열어 환기합니다.

• **주방** 집 안에서 휘발성 유기화합물이나 폼알데하이드의 농도가 가장 높은 곳이 주방이에요. 자연 환기만으로는 역부족이므로 요리할 때 또는 하고 난 후에는 주방 후드로 기계 환기를 시켜주세요. 주방이 잘 환기되지 않으면 가스레인지를 사용할 때마다 일산화탄소가 거실이나 안방까지 퍼져 나가 실내 공기를 더욱 오염시킵니다.

•**욕실** 습기가 많고 비눗물 등 유기물이 많아 악취가 나고, 곰팡이와 박테리아가 생기기 쉬워요. 무엇보다 욕실의 환기 팬 청소를 잊지 마세요. 환기 팬을 분해해 먼지를 털어내고 물로 깨끗이 닦아낸 다음, 물기를 제거해 햇볕에 말려 사용합니다. 욕실을 사용하지 않을 때는 건조한 상태여야 좋으므로 문은 항상 열어둡니다.

공기청정기, 어떻게 사용할까요?

공기청정기, 꼭 있어야 할까요?

공기청정기 광고를 보면 하나같이 미세먼지를 100% 가까이 제거할 수 있다고 설명합니다. 정말 그만큼의 효과가 있을까요? 공기청정기가 실내 오염물질을 걸러주는 것은 분명하지만, 실내에서 발생하는 많은 양의 먼지를 없애기는 어렵습니다. 특히 활동량이 많은 아이가 있는 가정이나, 좁은 공간에 사람이 많이 모이거나, 굽는 요리를 할 때 등 급격히 많은 양의 먼지가 발생할 때는 공기청정기가 제 기능을 발휘하지 못할 때가 많아요. 공기청정기를 제대로 사용하기 위해서는 환기를 병행해야 그 효과를 볼 수 있어요. 공기청정기가 처리할 수 있는 양을 넘어서는 오염물질은 밖으로 배출해야 해요. 한편, 공기청정기를 구입할 때는 집 평수와 사용 목적, 유지보수 비용 등을 종합적으로 고려해 선택합니다. 공기는 순환하기 때문에 사용 장소가 아닌 전체 면적을 고려해야 하는데, 집 평수의 1.5배에 해당하는 제품을 고르면 적당해요. 저렴한 가격보다는 장기적으로 부품, 필터 교환에 들어가는 비용을 따져봐야 합니다. 사후 필터 서비스가 제대로 이뤄지는 업체의 제품인지도 반드시 체크해보세요.

어떤 종류가 있나요?

공기청정기는 오염 제거 방식에 따라 필터식, 전기집진식, 복합식 등으로 나뉩니다. 필터식은 말 그대로 공기를 필터로 거르는 정화 방식으로 최근 가장 일반화된 공기청정기 기술입니다. 망 또는 부직포, 활성탄, 헤파(Hepa) 등의 여러 단계의 필터를 거쳐 오염물질을 걸러내죠. 그중 세계적으로 공기청정기의 주류를 이루고 있는 헤파 필터는 바이러스, 담배 연기, 석면가루 등 공기 중에 떠다니는 대부분의 부유 미세먼지를 잡아낸다고 알려져 있어요. 단, 필터 교체로 인한 지속적인 유지 비용과 적정 주기에 맞춰 청소해야 하는 번거로움이 있습니다. 이에 반해 전기집진 방식은 전기적인 방전 원리로, 공기 속 오염물질을 이온화해 강력한 집진판에 흡착시켜 공기를 정화합니다. 미세먼지, 진드기, 꽃가루 등 입자 형태의 오염물질 제거에 적합한 방법이에요. 정기적으로 집진판을 꺼내 물로 씻어주면 필터 교체 없이 반복해서 사용할 수 있는 것이 장점이지만, 오존이 과다 발생해 건강에 해롭다는 의견도 있습니다. 최근에는 이 두 가지 방식을 결합한 제품이 대거 등장했어요. 3, 4단계 정화에 그쳤던 제품이 이제는 10단계까지 정화하는 것도 이처럼 여러 방식을 합쳤기에 가능해졌습니다.

공기청정기, 이렇게 사용하세요

1. 공기청정기의 흡입구는 가전제품 쪽으로 향하게 하는 게 효과적입니다. 미세먼지

닥터's advice

❓ 우리 집에 떠다니는 유해물질 종류

• **휘발성 유기화합물** 집 안에서 휘발성 유기화합물이 발생하는 원인은 페인트, 접착제 등의 건축자재와 마감 재료가 대부분이에요. 시간이 지나면 어느 정도 줄어들지만, 일정 수치 이하로는 감소하지 않아 문제가 됩니다.

• **미세먼지** 폐에 손상을 입히고 심장 기능을 저하시키는 등 매우 위험한 물질에 속해요. 조리기구와 난방기구가 연소하는 과정, 또 흡연이나 모기향을 피울 때 발생합니다. 직경이 10마이크로미터($10\mu m$) 미만으로 크기가 매우 작아 코나 기관지를 통해 폐포(기도의 맨 끝부분에 있는 포도송이 모양의 작은 공기주머니)로 들어가면 천식 등 여러 호흡기 질환을 유발합니다.

• **폼알데하이드(HCHO)** 새집증후군의 원인 물질로 꼽히는 폼알데하이드는 강한 냄새가 나는 휘발성 유기화합물의 일종입니다. 목과 코, 눈에 자극을 주며 눈이 따가운 증상과 아토피피부염을 일으키는 원인으로 작용해요.

• **집먼지진드기** 집먼지진드기는 온도 25~30℃, 습도 75~80%의 환경에서 가장 활동성이 좋은데, 이는 집 안 환경과 거의 일치합니다. 침구·카펫·패브릭 소파·커튼 등 주로 섬유 속에 서식하며, 진드기의 배설물은 천식과 아토피피부염 등 알레르기 질환을 일으키는 주원인이 됩니다.

는 TV 등 전기가 흐르는 전자제품 주위에 많기 때문이죠. 특히 컴퓨터를 사용할 때 공기청정기를 함께 사용하면 PC에서 나오는 냄새나 먼지까지 제거할 수 있습니다.

2. 먼지나 꽃가루를 제거하려면 공기청정기를 낮은 위치에 놓고 사용하세요. 반면 수직으로 상승하는 담배 연기를 제거하려면 높은 위치에서 작동시킵니다. 특히 미세먼지는 바닥에 쉽게 가라앉지 않고 작은 움직임에도 빨리 떠올라 공기 중에 떠다녀요. 그러므로 공기청정기 위치를 가능한 한 허리 높이에 두고 사용해야 효과를 볼 수 있습니다.

3. 공기청정기를 가동하면서 창문을 열어놓는 것은 금물이에요. 신선한 공기의 자연스러운 순환을 방해하고 과다한 이물질을 흡입해 필터 수명이 단축됩니다. 요리할 때 특히 생선이나 고기를 구울 때도 마찬가지예요. 냄새를 없애려고 공기청정기를 사용하면 기름 성분이 필터를 오염시킵니다.

4. 공기청정기 필터는 꼼꼼히 살펴 사용 목적에 맞게 사용합니다. 황사 발생 시 분진 및 질소산화물, 황산화물을 제거해주는 황사 필터와 헌집증후군의 원인인 곰팡이균 등을 없애주는 헌집 전용 필터, 밀폐 공간에서 발생하는 폼알데하이드를 줄여주는 새집 전용 필터 등 용도에 따라 다양한 필터가 있습니다.

습도 조절이 중요! 가습기 제대로 사용하는 법

겨울이 되면 실내 공기가 매우 건조해집니다. 다른 계절에 비해 공기 중 수증기의 양이 20~40%로 낮아지기 때문인데요. 겨울철 바깥 기온이 영하로 떨어지면 집 안 온도는 20℃ 이상을 유지해 실내외 온도 차가 발생하고 습도가 20% 이하로 떨어집니다. 겨울철 아이들이 유난히 감기에 자주 걸리는 이유는 낮은 기온 탓보다는 건조한 공기에 있어요. 공기가 건조해지면 호흡기 점막도 건조해져 바이러스에 그대로 노출됩니다. 따라서 면역력이 약한 아이가 있는 집은 실내가 건조해지기 쉬운 겨울철, 가습기를 적절히 사용합니다. 습도 관리를 위해 젖은 빨래를 널거나 식물을 키우는 방법도 있지만 빠른 시간 안에 효과적으로 습도를 높이려면 역시 가습기만 한 게 없지요.

꼭 알고 사용해야 할 가습기 안전 사용법

1. 방바닥에서 1~1.5cm가량 높은 곳에 수평 상태로 설치해 사용합니다. 가습기의 수증기가 아이 피부에 직접 닿으면 체온을 떨어뜨리고 오히려 기관지 점막을 자극해 감기나 비염에 걸릴 확률이 높아져요. 가습기에서 분무되는 수증기를 직접 들이마시는 것은 호흡기에 해로우므로 높은 곳에 설치해 자연 낙하하는 습기를 마시도록 합니다.

2. 가습기에는 뜨거운 물을 넣지 않아요. 뜨거운 물은 물탱크 모양을 변형시킬 뿐만 아니라 항균 작용을 방해합니다. 초음파식이나 복합식 가습기를 사용하는 경우, 물을 끓이지 않기 때문에 세균 번식이 염려되지요. 이럴 때는 정수기 물을 사용하면 따로 살균할 필요가 없어 편리합니다. 물탱크 뚜껑에 필터가 달려 정수한 물을 뿜어주는 제품을 선택하는 것도 좋은 방법입니다.

3. 밀폐된 공간에서는 가습기 사용을 자제해요. 가장 안전하다는 가열식 가습기에도 세균이 존재합니다. 공기 중에는 세균이 번식할 수 있으므로 밀폐된 공간보다는 넓은 공간에 두고 사용하는 것이 좋아요. 한 번에 3시간 이상 계속 틀지 말고, 하루에 두 번 최소 10분 이상 창문을 활짝 열고 환기해주세요.

4. 물탱크 안에 물을 넣은 상태로 오랜 시간 사용하지 않으면 세균이 쉽게 번식합니다. 가습기를 자주 사용하지 않는다면 물탱크의 용량이 적은 제품을 선택해 물을 자주 갈아주는 것이 나아요. 하루에 한 번 물통의 물을 버리고 내부를 베이킹소다나 식초를 사용해 구석구석 씻은 뒤 햇볕에 바짝 말려 사용합니다. 특히 어린아이가 있는 집이라면 3시간 간격으로 물을 갈아주는 것이 좋아요. 물통뿐 아니라 내부 부속품도 이틀에 한 번씩 씻어줍니다. 또한 가습기를 청소할 때 세제를 사용하면 고장의 원인이 되므로 사용할 필요가 없어요. 특히 가습기살균제는 절대 사용하지 않습니다.

5. 가습기를 늘 사용하는 집이라면 두 대를 마련해 번갈아 사용하는 것도 방법입니다. 하나를 사용하는 동안 다른 하나는 깨끗이 세척 및 건조해두고 번갈아 사용하면 훨씬 위생적이지요. 가습기는 살균 기능을 갖춘 항균 가습기, 살균 효과가 있는 가열식 가습기 등 여러 종류가 있으니 꼼꼼히 따져보고 구입하세요.

가습기, 어떤 걸 골라야 할까요?

• **초음파 가습기** 일반적으로 가장 흔히 쓰는 가습기로 물 분자를 작은 알갱이로 쪼개어 날리는 방식이에요. 가습량이 풍부하고 관리가 편리하지만, 물속에 있는 세균이 공기 중으로 뿜어져 나올 수 있다는 게 단점입니다. 문제가 되었던 가습기살균제도 살균제의 독성이 물방울에 포함되어 밖으로 내뿜어졌지요.

• **가열식 가습기** 초음파 가습기의 단점을 보완한 제품입니다. 최근에는 저온 가열 살균, 은나노 필터 등 기능성을 갖춘 제품이 많이 출시되고 있어요. 물을 끓여 수증기를 발생시킨 뒤 순수한 수증기만을 내보내는 원리로 전문가들이 안전하다고 꼽는 가습 방식입니다. 단, 이물질이 가습기 내부에 잘 쌓여 청소하기가 번거롭고, 뜨거운 수증기를 내뿜어 어린아이가 있는 집이라면 안전사고 예방에 각별히 주의해야 합니다.

• **기화식 가습기** 기존 초음파 가습기와 가열식 가습기의 단점을 보완한 것으로, 물을 끌어 올려 부직포를 적신 뒤 팬으로 말려 수증기를 발생시킵니다. 세균이 제거된 수증기만 방출되므로 꽤 안전하지만, 가습량이 적고 필터를 자주 교체해야 해서 번거로운 단점이 있어요.

 다루기 까다로운 가습기 사용법

가습기는 시간당 분무량이 중요합니다. 가습기 크기와 관계없이 시간당 400cc가 뿜어져 나오는 제품이면 충분합니다. 가습기 수명은 진동자에 달려 있으며, 관리만 잘하면 계속해서 사용할 수 있어요. 다만 분무 상태가 이상해졌거나 너무 오래된 경우 새것으로 교체하는 것이 좋습니다. 가습기를 사용하다 보면 하얀 가루나 갈색 얼룩이 나타나기도 하는데, 이는 '백화현상'이라고 해요. 수돗물 속에 들어 있는 물질이 굳은 것인데, 물이 안개로 증발하고 남은 것입니다. 갈색이든 백색이든 건강에 이상을 끼치지는 않는 만큼 너무 걱정할 필요는 없어요.

가습기는 무엇보다 세척이 중요해요

어떤 종류의 가습기를 사용하든 깨끗이 씻어 완전히 말린 뒤 사용하는 것이 관건이에요. 가습기 종류 중 세척이 가장 쉬운 것은 초음파 가습기로 물에 포함된 각종 오염물질이 물과 함께 배출되지만, 그에 비해 가열식 가습기는 내부에 오염물질이 쌓이기 쉽죠. 그대로 방치하면 잔유물을 닦아낼 수 없을 정도로 금세 더러워지므로 매일 씻는 것이 필수입니다. 한편, 기관지가 예민한 아이라면 가습기 사용을 자제하는 편이 좋아요. 기관지가 예민한 아이나 천식을 앓는 아이에겐 차가운 습기가 증상을 악화시킬 수 있으므로 지나친 가습기 사용은 피합니다. 또는 가습기에 미지근한 물을 넣거나 70~90℃로 물을 데워 살균하는 가열식 가습기를 사용하면 조금 낫습니다. 가습기를 사용하더라도 온종일 틀어놓는 건 삼갑니다. 낮보다는 저녁에 많이 건조해지므로 밤에만 시간을 정해 틀어놓는 것도 방법이에요. 단, 가습기의 수증기가 아이 피부에 직접 닿지 않도록 아이가 자는 잠자리에서 최소 1~2m 떨어뜨려 사용하세요.

계절별 건강관리

계절별로 어떻게 아이 건강을 관리할까요?

체크 포인트

☑ 무더운 날씨 탓에 어딜 가든 냉방 환경에 노출되는 여름철, 체온 조절 능력이 미숙한 아이들은 실내외 미세한 온도 차에도 질병에 걸릴 수 있으므로 각별한 주의가 필요합니다.

☑ 여름철엔 음식이 쉽게 상해 식중독 위험이 있는 때입니다. 음식은 완전히 익혀 먹고 조금이라도 상한 음식은 절대 먹이지 말아야 해요. 식중독균은 손을 통해 감염될 확률이 높으므로 외출 후에는 손 씻기를 생활화합니다.

☑ 찬 바람이 불기 시작하는 겨울에는 어김없이 콧물, 기침, 코 막힘 등 각종 호흡기 질환은 물론 장염, 건선 등 여러 질병이 찾아듭니다. 특히 건조한 환경에서 생활하면 호흡기 질환에 쉽게 걸리므로 겨울철 실내 습도는 40~50%로 유지해요.

☑ 겨울에는 활동량이 적어지는 만큼 영양 공급에 더욱 힘써야 해요. 이때 칼로리는 낮고 비타민과 미네랄이 풍부한 식품을 먹으면 면역력 향상에 도움이 됩니다.

☑ 일교차가 크고 건조한 환절기 날씨에는 피부 각질층의 보호막 기능이 손상돼 피부 트러블이 잘 생깁니다. 환절기에 아이 피부를 관리하는 포인트는 바로 '잘 씻기'와 '보습'이에요. 매일 2회 이상 크림이나 로션을 발라주고, 제철 과일로 체내 수분을 충분히 공급해주세요.

여름철 건강관리, 어떻게 하나요?

여름철에는 무더위와 장마로 변덕스러운 날씨가 이어집니다. 덥고 습한 날씨는 아이 몸을 지치게 하고 과도한 냉방과 물놀이, 차가운 음식 등으로 아이 건강에 적신호가 켜지기 일쑤이지요. 폭염으로 잠을 설치거나 휴가 기간에 무리하게 활동하여 피로가 누적되면 면역 기능이 떨어진 상태에서 바이러스나 세균 감염 역시 쉽게 일어나요. 더운 여름을 건강하게 나려면 엄마의 세심한 관리가 필요합니다.

여름철, 이런 점에 주의하세요

• **손 씻기, 더 자주 더 깨끗하게!** 여름철에는 손을 깨끗이 씻지 않으면 각종 감염성 질병에 걸릴 위험성이 커집니다. 대부분의 세균이 손을 통해 감염되기 때문에 더욱 그렇습니다. 손만 제대로 씻어도 식중독을 90% 예방하며, 세균성 이질이나 감기 등의 발병률도 현저히 줄어들어요. 외출 후 귀가하면 손·발을 깨끗이 씻기고, 양치질도 꼼꼼히 시켜주세요. 이때 비누 거품을 충분히 내어 손가락 사이사이, 손바닥 전체, 손톱 밑까지 구석구석 씻습니다. 아이가 혼자서 제대로 씻을 수 없을 때는 엄마와 비누 거품 놀이를 하거나 물장난을 치면서 손 씻는 재미를 느끼게 해주는 것도 좋아요. 아이가 밖에서 놀다 들어왔을 때나 밥 먹기 전, 용변을 보고 난 후에는 꼭 손을 씻는 습관을 길러주는 것이 중요합니다.

• **수시로 물 마시기** 신진대사가 활발한 아이들은 성인에 비해 수분 필요량이 더욱 많을 뿐 아니라 더운 날씨에 땀을 많이 흘리면 수분이 금세 증발해 탈수가 오기 쉬워요.

닥터's advice

❓ 수분은 하루에 얼마나 섭취해야 할까요?
키와 몸무게에 따라 하루 수분 섭취량(L)이 달라지므로 흔히 '(키+몸무게)÷100'으로 계산합니다. 만약 아이의 키가 76cm, 몸무게가 9kg이라면 하루에 필요한 수분 섭취량은 850ml가 됩니다.

이런 경우 목이 마를 때마다 수분을 충분히 섭취해 몸의 균형을 맞춰줘야 합니다. 아이들에게 흔한 증상인 발열, 구토, 설사 등은 수분을 섭취하는 것만으로도 증상이 완화되는 효과가 있어요. 또한 물을 많이 마시면 몸속에 있는 해로운 노폐물과 독소가 소변과 대변으로 배출됩니다.

•음식은 반드시 익혀 먹기 여름철에는 음식을 잘못 먹어 배앓이 하는 경우가 많으므로 먹는 것에 특히 주의를 기울여야 해요. 냉장고에 보관한 음식이라도 다시 한 번 익혀 먹고, 평소 배가 자주 아프다고 하는 아이에게는 위장에 부담을 주지 않는 음식을 먹여주세요. 섬유질이 풍부한 채소와 유산균을 다량 함유한 김치, 요구르트 등은 장 건강에 도움이 되는 식품입니다.

•장마철엔 습기 제거가 관건! 장마철 실내 습도는 60%가 넘지 않도록 관리합니다. 습도가 70%를 넘으면 곰팡이가 번식하기 좋은 환경이 돼요. 실내 습도를 맞추기 위해서는 창문을 열어 환기하는 것이 효과적이에요. 창문에서 가장 먼 곳에 선풍기를 두고 창문을 향해 5분 정도 탁한 공기를 순환시켜주세요. 에어컨을 틀 때는 1시간 작동 후 10분간 환기합니다. 실내외 온도 차는 5~6℃ 이내로 맞추고, 에어컨의 차가운 공기가 직접 몸에 닿지 않도록 풍향을 천장 쪽을 향하게 하는 것이 좋아요. 습기가 차기 쉬운 곳에는 습기제거제나 허브 오일, 우려낸 찻잎 등 천연 방향제를 놓아두면 습

닥터's advice

❓ 햇빛은 최고의 살균제!

여름에 많이 쓰는 각종 제균 제품의 안전성이 걱정스럽다면, 조금 번거로워도 햇볕을 쬐는 것이 최고의 방법입니다. 볕 좋고 맑은 날 각종 필터나 주방 도구, 행주, 아이 침구를 햇빛에 널어 일광소독 해주세요. 세균이 번식하기 쉬운 칫솔도 햇빛에 소독하면 살균 효과를 볼 수 있어요. 햇빛의 자외선이 살균 작용을 하기 때문인데 특히 250nm 파장을 지닌 것이 살균력이 높아요. 1㎡당 100μW 강도의 자외선을 1분간 쬐면 대장균, 디프테리아균, 이질균 등이 99% 죽습니다.

기 제거 효과가 있습니다.

• **오전 11시~오후 3시에는 야외 활동을 피해요** 한여름 강한 자외선은 피부에 손상을 주므로 자외선 차단에 신경 써야 합니다. 외출할 때는 자외선차단제를 꼼꼼히 바르고, 선글라스·모자·양산 등을 써서 자외선 노출을 최소화합니다. 특히 자외선이 가장 강한 오전 11시~오후 3시까지는 외출을 피합니다. 물놀이 할 때는 일광화상을 입기 쉬워 SPF 15 이상의 자외선차단제를 사용하고, 물속에서 80분 이상이 지나면 차단 효과가 사라지므로 자주 발라주는 것도 잊지 마세요.

모기로부터 아이를 보호해요!

• **한여름의 불청객 모기 예방하기** 어른과 달리 아이는 모기에 물리면 심하게 부어오르고 진물이 나는 등 심하게 상처를 입기도 해요. 요즘에는 온난화 현상 때문에 겨울에도 모기를 볼 수 있을 정도로 모기에 관한 주의를 늦출 수가 없습니다. 모기는 7cm 밖에서도 색을 구별할 정도로 시력이 좋고, 진한 색을 좋아하기 때문에 원색 옷을 입었을 때 물리기 쉬워요. 또 후각이 예민해 20m 밖에서도 사람이 내뿜는 이산화탄소를 감지합니다. 땀 냄새나 아미노산 냄새, 발 냄새와 향수 등의 냄새와 밝고 습한 곳을 좋아해요. 특히 아이의 경우 체온이 높고 활동량이 많아 열 발산량과 이산화탄소 배출량이 많아서 모기에게 더 잘 물립니다. 아이는 모기에 물리면 증상이 심하기 때문에 물리지 않게 예방하는 것이 중요해요. 먼저 창문에 방충망을 달고, 모기장을 쳐서 모기가 들어오는 것을 막아요. 또 뿌리는 모기약이나 모기향보다는 훈증식 액체 전자 모기향을 쓰는 것이 효과적입니다. 만약 뿌리는 모기약이나 모기향을 사용할 경우 방충망이 달린 창으로 오랜 시간 환기를 시킨 후 아이를 데리고 들어가야 합니다.

• **모기살충제 사용설명서** 아이 키우는 집에는 '모기약' 하나쯤 가지고 있는데, 사용설명서를 제대로 숙지해야 안전합니다. 모기약 종류에 따라 효능을 200% 발휘하는 위치나 사용 방법이 따로 있으니 적재적소에 놓고 사용하세요.

① 전기 모기향 리퀴드 타입

실내 전용 제품으로 24시간 연속 사용이 가능합니다. 전기 모기향은 약효가 위로 퍼져 나가므로 바닥에서 45cm 높이의 콘센트(보통 가정용 콘센트 위치)에 꽂거나, 전선이 있다면 방바닥에 놓고 사용하는 것이 좋습니다. 머리와 떨어진 발밑에 두고, 아이가 향에 과도하게 반응하지 않는다면 창문과 방문을 모두 닫고 사용해도 괜찮습니다.

② 모기향 타입

모기향은 밀폐된 공간보다 야외에서 사용하기 적합해요. 모기향을 직접 맡지 않도록 바람이 부는 방향을 고려해 피우는 것이 중요합니다. 모기향 역시 약효가 위로 퍼져 나가기 때문에 바닥에 놓는 것이 효과적이에요. 실내에서 사용한다면 모기향을 방바닥 한가운데 피워두는데 반드시 사람이 없는 상태에서 사용해야 합니다. 모기향을 피운 뒤에는 창문을 모두 열어 20분가량 환기하는 것도 잊지 마세요. 단, 새로운 모기가 들어오지 않도록 방충망은 꼭 닫아두어야 합니다.

③ 전기 모기향 매트 타입

방 안 같은 밀폐 공간에서 사용하며, 약효가 8시간까지 갑니다. 창문과 방문을 모두 닫아두고 사용하는데, 아이가 냄새에 민감하다면 방문만 살짝 열어두는 게 좋아요. 약 효과가 위아래로 퍼져 나가므로 바닥보다는 서랍장이나 책상 위에 놓거나, 머리와 떨어진 발밑 근처에 두고 사용하세요.

④ 스프레이 타입

스프레이는 향으로 살충하는 것이 아니고 약 성분이 모기에 직접 닿아야 죽는 원리라 모기를 향해 직접 분사해야 효과가 있습니다. 숨어 있는 모기를 잡고 싶다면 밀폐된 빈방의 천장을 향해 방 안 귀퉁이부터 지그재그로 뿌려주세요. 천장 전체에 스프레이를 뿌리면 약 성분이 방바닥으로 천천히 떨어지면서 방 안에 있던 모기가 모두 죽기도 합니다. 가구와 벽 사이의 틈새에도 꼼꼼히 뿌리고 모기가 완전히 죽을 수 있도록 방문을 닫아 밀폐시킵니다. 단, 30분 후 창문과 방문을 모두 열어 환기하고, 바닥에 떨어진 살충 성분은 물걸레로 깨끗이 닦아냅니다.

여름에는 이런 질환에 걸리기 쉬워요

고온 다습한 여름에는 세균이 왕성하게 번식해 다양한 질병이 유행합니다. 특히 6월 하순부터 7월 하순까지 습도가 유독 높은 장마철에 많이 걸리지요. 식중독이나 이질과 같은 질병은 음식을 통해 전염되고, 냉방 시설 때문에 전염되는 질병은 모두 세균에 의한 질병입니다.

• **일광화상** 여름철엔 물놀이나 휴가 등 야외 활동이 잦아 일광화상이 흔히 발생해요. 통증이 심하지만, 이는 충분히 피할 수 있는 질환입니다. 피부는 햇볕에 노출되면 흑갈색의 멜라닌 색소를 만들어 피부를 보호합니다. 하지만 아이들은 아직 그 기능이 충분히 발달하지 않은 상태라 햇볕에 잠시만 노출되어도 피부가 빨갛게 달아오르며 화상을 입을 수 있지요. 일광화상은 치료보다 예방이 쉽고 효과적입니다. 일광화상을 예방하기 위해서는 외출할 때 자외선 차단이 되는 의류를 입거나 자외선차단제를 꼭 발라주는 것이 좋아요. 이때 아이의 연약한 피부를 고려해 SPF 15~20의 유아용 선크림을 선택합니다. 자외선차단제는 외출 30분 전에 바르고, 야외 활동 중에도 2~3시간에 한 번씩 덧발라주세요. 일광화상을 입었다면 우선 얼음주머니로 마사지를 해주거나 차가운 물수건으로 냉찜질을 해 빨갛게 달아오른 피부를 진정시켜야 합니다. 일광화상의 증상은 햇빛 노출 6~12시간 후에 나타나며, 첫 24시간의 통증이 제일 심해요. 통증이 심한 경우 타이레놀과 같은 진통제를 복용합니다. 심한 경우 물집이 잡히기도 하고, 드물게는 안구 통증이나 시력 저하가 생깁니다. 손상을 입은 피부는 3~10일 사이 벗겨지면서 저절로 낫습니다.

• **땀띠** 고온 다습한 환경에 장시간 노출되면 피부의 땀관이나 땀관 구멍이 막히게 돼요. 땀띠는 땀이 원활히 배출되지 못하고 축적되어 발생하는 작은 발진, 홍반입니다. 기저귀를 차는 아이에게 주로 나타나지만, 바깥 활동이 많고 한창 활동량이 많아 땀을 자주 흘리는 아이도 제때 땀을 닦아내지 않으면 잘 생겨요. 땀띠는 환경을 쾌적하게 유지하는 것이 중요하며, 땀을 잘 흡수하는 얇은 면 소재로 된 옷이나 몸에 달라붙지 않는 옷을 입히는 것이 좋습니다. 또한 땀이 날 때마다 닦아주어 피부를 깨끗하

고 시원하게 해줘야 해요. 하지만 목욕을 자주 하면서 비누와 세정제를 쓰면 피부를 더욱 건조하게 해 땀띠에는 좋지 않아요. 땀띠가 나면 가려워 긁게 되는데, 자칫 상처가 생겨 2차 세균 감염으로 이어질 수 있으니 주의합니다. 염증이 발생하기 전에 땀띠 치료용 연고를 처방받아 발라줍니다.

• **일본뇌염** 일본뇌염 바이러스가 원인인 급성 전염병으로 주로 소아에게 발생해요. 모기에 물린 후 4~14일의 잠복기를 거치며, 5~30%의 높은 치사율과 완치 후에도 20~30%가 기억상실, 판단 능력 저하, 사지 운동과 같은 후유증을 남기는 심각한 질병이지요. 대체로 7월 중순~10월 초순까지 유행하고, 특히 8월 하순~9월 중순까지가 가장 극성인 시기로 전체 발생 건수의 약 80%가 이때 발생합니다. 일본뇌염은 예방접종을 하더라도 100% 예방할 수 없어서 모기에 물리지 않도록 개인위생을 철저히 하는 것이 중요해요. 모기에 물리지 않으려면 밤 외출이나 모기 서식지(웅덩이 등)로의 외출을 삼가고, 부득이 외출할 때는 얇은 긴소매 옷을 입히는 게 좋습니다. 땀을 흘릴 때는 목욕을 자주 시켜주고 창에 방충망을 설치하며 모기약을 적절히 사용하는 것도 도움이 됩니다.

• **장염** 여름철 장염은 바이러스성과 세균성, 그리고 음식물로 인한 식중독이 있습니다. 그중 세균성 장염은 혈변이 동반된 설사·열·구토·복통 등의 증상을 보이고, 심하면 열성 경련을 일으키기도 합니다. 이와 같은 반응은 아이가 어릴수록 더욱 심하게 나타나요. 이럴 때는 수분을 충분히 공급해 탈수를 예방하는 것이 우선입니다. 바이러스가 원인인 장염 역시 물 설사로 인해 탈수가 일어날 수 있어요. 설사하는 동안은 기름진 음식과 섬유소·당분이 많은 음식은 자제하고, 미음이나 흰죽을 묽게 쑤어 조금씩 자주 먹이는 게 좋습니다. 또한 생우유·아이스크림·치즈·요구르트 등의 유제품과 두유도 가급적 피해주세요. 이런 음식은 장 점막을 자극해(장염이 생긴 뒤 일시적으로 유당불내증이 생겨서) 설사가 오래갈 수 있습니다.

• **식중독** 식중독은 음식을 먹은 후 구토와 뒤틀리는 듯한 복통·혈변·두통·고열 등이

나타나요. 이런 식중독의 80% 이상이 포도상구균, 살모넬라균, 비브리오균 등 세균에 오염된 음식을 먹어서 생기는 세균성 식중독입니다. 고온 다습한 기후의 6~9월에 집중적으로 발생해요. 아무리 적은 양이라도 일단 세균에 오염된 식품을 먹으면 식중독 증상이 나타나므로 주의해야 합니다. 식중독은 음식물 섭취 전 반드시 손을 씻는 것은 물론 야외 활동 후 집에 돌아오자마자 손을 씻는 것만으로도 충분히 예방할 수 있어요. 상하기 쉬운 음식이나 남은 음식은 반드시 냉장 보관합니다.

• **수족구병** 6개월~5세 아이에게 콕사키 바이러스로 전염되는 질환으로, 특히 2~3세 사이에 빈번히 발생합니다. 1~5일 잠복기를 지나면 발열과 함께 손과 발바닥, 입안에 팥알 크기의 발진이 생깁니다. 열은 2~3일 지나면 내려가며, 발진 또한 일주일이면 자연히 없어져요. 목 안에 발진이 심한 경우 음식을 삼키기 힘들어 탈수가 일어나므로 수분을 충분히 공급해줍니다. 충분히 휴식하면 낫지만 아이가 많이 힘들어하면 병원을 방문해 진찰을 받으세요. 바이러스성 질환이기 때문에 특별한 약은 없고 진통제나 해열제를 먹이면 아이가 편안해합니다. 탈수가 심하다면 수액 치료를 받기도 해요. 한편 수족구병은 대변, 침 또는 물집에서 나오는 진물을 통해 매우 쉽게 전염되므로 어린이집이나 유치원 등 단체생활은 쉬어야 해요.

• **벌레에 물림** 아이 피부는 저항력이 약해 모기나 빈대, 진드기, 독나방, 송충이 등 벌레에 물리면 증상이 심합니다. 가려워 칭얼대기는 하나 대개 2일 후에는 가라앉습니다. 하지만 심하게 긁으면 2차 감염이 발생할 수 있어 긁지 못하게 해야 해요. 또한 침을 바르면 침 속의 세균이 2차 감염을 일으키기도 합니다. 벌레에 물린 부위는 가장 먼저 차가운 물로 깨끗하게 씻긴 후 차가운 물수건이나 얼음으로 냉찜질해 증상을 완화해주세요. 벌레에 많이 물렸거나 간혹 과민반응으로 퉁퉁 붓는 증상이 나타나면 아이가 잠을 설칠 수도 있어요. 진물이 나거나 물집이 잡히기도 하는데, 이때는 병원을 방문해 염증을 가라앉히는 약을 바르거나 가려움을 억제하는 약을 먹이는 것이 좋습니다. 드물게 입술이나 눈이 붓고 호흡곤란 증상이 동반될 경우 즉시 병원을 방문해 주사 치료와 약을 처방받는 것이 안전합니다.

물놀이 후유증, 이렇게 관리하세요

여름철 빠지지 않고 하는 것이 바로 '물놀이'지요. 특히 아이들은 물에서 노는 것을 매우 좋아합니다. 여름에는 수영장뿐만 아니라 집 앞 분수대에서도 물놀이를 자주 하는 만큼 물을 접하며 생기는 질환에 대해 알아두세요. 또 여름휴가 후 일상으로 돌아오면 생체리듬이 깨져 피로감을 느끼거나 무기력증에 걸리기 쉽습니다. 어린아이 역시 휴가를 보낸 뒤에는 여러 후유증으로 고생하곤 하죠. 하루 종일 뜨거운 태양 아래에서 뛰어놀다 보면 일광화상을 입어 피부가 허물처럼 한 겹씩 벗겨지기도 하고, 바닷가나 수영장 등 사람들이 많이 몰리는 곳에서 놀다 보면 눈병이나 귓병에 걸리기도 합니다. 휴가를 보내고 난 뒤 생길 수 있는 후유증에 무엇이 있고, 또 증상이 나타날 땐 어떻게 돌봐줘야 할까요?

· **후유증 ① 설사**　여름휴가 후 아이에게 가장 흔하게 나타나는 증상이 바로 '설사'입니다. 물속에서 코나 입으로 물을 삼키면 세균이 몸속으로 들어와 설사를 유발해요. 야외의 위생 상태도 원인이 됩니다. 아무래도 바깥에서는 집에 있을 때보다 먹는 위생에 크게 신경 쓰지 못하기 때문에 음식 속에 세균이 침투하기 쉽고, 그로 인해 심한 설사를 하곤 합니다. 설사는 즉시 나타나거나 1~2주 후에 발생하기도 해요. 대부분 수분을 보충해주면 저절로 좋아지는 경우가 많습니다만, 소아는 의사와 상담하는 것이 좋습니다. 예방법은 물놀이 할 때 물을 삼키지 않는 것입니다. 간단하면서도 가장 효과적인 방법으로, 물놀이 할 때 아이에게 물을 삼키지 말라고 주의를 줍니다.

· **후유증 ② 눈병**　아이가 자꾸 눈을 비비거나 눈에 눈곱이 끼고 눈물을 많이 흘리며 충혈되는 증상이 나타난다면 유행 결막염 등의 눈병을 의심해볼 수 있어요. 유행 결막염은 바이러스에 의해 나타나는데, 마치 눈 속에 무엇이 들어간 듯해 자꾸 눈을 비벼서 증상이 더욱 심해지곤 합니다. 하지만 눈병은 치료만 잘하면 큰 합병증 없이 쉽게 완치되고, 가벼운 경우에는 자연스럽게 낫기도 해요. 눈병이 생겨 충혈과 통증이 있다면 냉찜질을 하는 것이 좋습니다. 식염수를 이용해 눈을 씻어내면 가려움증이나 충혈 증상 개선에 도움이 되지요. 식염수를 넣을 때는 병째 눈에 뿌려 저절로 흘러내

리게 하세요. 눈병은 전염성이 강하므로 다 나을 때까지 어린이집이나 유치원에 보내지 않아야 합니다.

• 후유증 ③ 외이도염　외이도염은 눈병과 마찬가지로 여름철 아이들에게 흔히 생기는 질병입니다. 수영장이나 바닷가에서 물놀이를 한 후 면봉으로 귀를 후비다가 귀 안의 피부나 고막이 손상되어 생기지요. 물놀이로 인한 귓병은 세균성 외이도염인 경우가 많은데, 통증과 더불어 귓속에서 진물이 흘러나오는 증상이 동반됩니다. 외이도염을 어떻게 예방할 수 있을까요? 물속에 들어갔다 나온 뒤 머리를 좌우로 기울여 살짝 뛰어서 귓속의 물을 빼냅니다. 이때 면봉을 사용하는 것은 좋지 않아요. 귓속을 깨끗이 닦기 위해 사용하는 면봉은 외이도의 보호막(귀지 포함)을 손상해 오히려 감염이 쉽게 일어나게 합니다. 그리므로 귀에 물이 들어갔다고 면봉으로 귀를 후비지 않아야 해요. 귀에 들어간 물은 시간이 지나면 저절로 마르거나 흘러나오거나 체온으로 인해 증발하니까요. 대신 수영할 때 귀마개를 하거나 수영모를 귀까지 덮어 씌웁니다. 한편 귓병이 의심될 때는 바로 병원에 가서 치료를 받는 것이 좋아요. '금방 괜찮아지겠지'라고 간과하다가는 청력을 잃거나 생명을 위협하는 합병증의 위험이 커지므로 되도록 빨리 병원에 가서 치료를 받는 것이 현명합니다.

• 후유증 ④ 피부 손상 혹은 피부 감염　야외수영장이나 바닷가에서 뜨거운 태양으로 인해 일광화상을 입은지도 모른 채 정신없이 놉니다. 일광화상이 심하면 피부가 벌겋게 달아오르고, 허물처럼 살갗이 벗겨지기도 합니다. 피부에 물집이 잡혔다면 2차 감염의 위험이 있으므로 병원을 찾아 치료를 받아야 해요. 피부가 벗겨질 정도로 증상이 심할 때는 일어난 각질을 억지로 벗겨내지 말고, 자연히 없어지도록 그대로 두는 것이 좋습니다. 샤워할 때는 되도록 피부에 자극이 가지 않게 하며, 물기를 닦을 때도 수건으로 톡톡 두드리듯 닦아냅니다. 특히 피부에 수분 공급을 충분히 해줘야 하므로 물이나 보리차를 많이 마시게 합니다. 이에 못지않게 수영을 하고 난 후에 가려움을 호소하기도 하는데요. 가려움과 화끈거림, 발적과 작은 수포가 생기는데, 물에 들어갔다 나온 뒤 바로 생기거나 2~3일 후부터 발생하기도 합니다. 세르카리아 피부라고

부르는 이 질환은 기생충이나 그 유충으로 인해 생겨요. 바닷물, 뜨거운 욕조를 통해서도 감염됩니다. 이렇듯 피부 질환이 발생했을 때 손으로 긁는 것은 병을 더욱 악화시키는 만큼 소아청소년과나 피부과에서 적절한 치료를 받는 게 필요해요.

겨울철 건강관리, 어떻게 하나요?

건조하고 추운 겨울, 찬 바람이 불기 시작하면 아이는 어김없이 콧물·기침·코 막힘 등 각종 호흡기 질환은 물론 장염에 아토피피부염 등으로 고생합니다. 면역력이 약한 아이라면 겨울철 유행하는 각종 바이러스까지 기승을 부려 한층 질병에 시달리기 쉬운 계절입니다.

겨울철, 이런 점에 주의하세요

• **너무 덥게 키우지 않기** 추운 날씨 탓에 집 안에 있는 시간이 길어지는 만큼 실내 환경을 쾌적하게 만들어주세요. 그렇다고 집 안 온도를 높이는 것만이 능사는 아닙니다. 아이에게 가장 이상적인 실내 온도는 18~20℃지만 실제로는 춥게 느껴지죠. 너무 추위도 안 되고 또 너무 온도가 높아도 면역력이 떨어질 수 있습니다. 그러므로 약간 춥게 느껴지는 22℃ 정도가 적당하며, 체온을 조절할 수 있는 기능이 미숙한 신생아에겐 22~24℃로 맞춰주세요.

• **추위보다 건조한 게 더 문제** 다른 계절에 비해 공기 중 수증기의 양이 20~40%로 낮아지는 겨울철은 습도 관리가 필수예요. 겨울철에는 단지 날씨가 추워 감기에 쉽게 걸린다고 생각하지만, 문제는 기온이 아닌 '습도'에 있습니다. 건조한 공기 탓에 호흡기 점막까지 건조해져 바이러스에 그대로 노출될 확률이 높아지기 때문이죠. 특히 아이들은 건조한 환경에서 생활하면 호흡기 질환에 쉽게 노출되므로 집 안 습도를 40~50% 정도로 유지하는 것이 중요합니다.

겨울철 습도, 이렇게 관리하세요!

1 가습기 사용하기

일반적으로 습도 관리를 위해 가장 많이 사용하는 게 바로 '가습기'예요. 건조한 실내 공기를 적절한 습도로 조절해주는 고마운 제품이지만 제대로 관리하지 않으면 오히려 세균의 온상이 되기 쉽습니다. 적어도 주 3회 이상 가습기를 깨끗이 씻어주며, 매일 아침 물통에 남은 물은 버리고 새로운 물을 넣기 전 햇볕에 말리는 게 좋아요. 특히 어린아이가 있는 집이라면 3시간마다 한 번씩 물을 갈아주는 것이 위생적입니다.

2 젖은 빨래 널기

자연스러운 가습 효과를 원한다면 집 안에 빨래를 널어놓으면 됩니다. 실내 습도도 조절되며, 빨래를 보송보송하게 말릴 수 있어요. 단, 너무 바싹 마르면 주변의 습기를 흡수해 오히려 건조해지므로 다 말랐으면 오래 두지 말고 바로 걷어야 합니다.

3 숯 가습기

천연 가습기 역할을 하는 숯을 집 안에 두는 것도 하나의 방법이에요. 흐르는 물에 숯을 살짝 씻어 먼지를 제거한 뒤, 그늘에 하루 정도 말린 다음 물 담은 그릇에 담가두세요. 습도 조절은 물론 항균 효과까지 있습니다.

• **내복 입히기**　실내 온도를 1℃ 높이는 것보다 아이에게 내복을 입히는 편이 건강에는 오히려 이롭습니다. 아이 옷은 피부에 자극이 적고 부드러운 순면 소재가 좋아요. 특히 어린아이들은 땀을 많이 흘리므로 통기성과 흡수성이 좋은 소재로 골라주세요. 땀에 젖은 내복은 수시로 갈아입힙니다.

• **찬 바람 쐬기**　날씨가 춥다고 계속 실내에서만 생활하면 아이는 기온 변화에 적응하는 능력을 기를 수 없습니다. 실내에만 계속 있는 것보다 찬 바람을 쐬어주면 심폐 기능이 좋아지고, 추위에 대한 저항력이 생겨 겨울철에도 건강하게 생활할 수 있어요. 정오를 중심으로 볕이 따뜻한 시간을 이용해 바깥 공기를 쐬게 해주는데, 바깥 기온이 10℃ 이상일 때 하면 알맞아요. 생후 2~6개월까지는 30분 정도의 외출로도 충분하며, 그 이상이어도 2시간은 넘기지 않습니다. 아직 신생아라면 실내에서 외기욕을 해줍니다. 하루 중 햇볕이 가장 따뜻한 정오를 택해 처음에는 발 부위에 햇볕을 쐬다가 허벅지, 배, 가슴, 전신 등으로 넓혀 나가는 방법으로 진행합니다. 자외선이 피부에 직접 닿는 것은 좋지 않으므로 반사광을 이용하세요.

• **피부 보습**　겨울은 피부에 세심한 관리가 필요한 시기예요. 특히, 어린아이는 피지 분비가 적어 목욕과 피부 보습에 더욱 신경 써야 합니다. 아이가 감기에 걸리지 않도록 재빨리 목욕시킨 다음 촉촉할 때 보습제를 발라줍니다. 물기를 완전히 닦아내고 3분 안에 로션이나 오일을 충분히 발라줘야 피부가 건조해지지 않아요. 특히 건조해지기 쉬운 손등이나 발등, 얼굴에는 수시로 보습제를 발라주세요.

• **사람 많은 곳 피하기**　바이러스에 감염되기 쉬운 시기인 만큼 아이 컨디션에 맞춰 사람 많은 곳은 되도록 피하는 것이 좋아요. 특히 감기가 유행할 때는 외출을 삼가야 합니다. 마트나 백화점 등은 사람이 적은 평일 오후 1~2시경에 나가고, 주말은 되도록 피하세요. 면역력이 떨어지면 바이러스에 감염될 확률이 높아지는 만큼 아이가 열이 있거나 설사, 구토 등의 증상을 보인다면 외출은 일단 미루는 편이 현명합니다. 차로 이동하더라도 외출한다는 것 자체가 아이에게는 스트레스가 될 수 있습니다.

겨울에는 이런 질환에 걸리기 쉬워요

겨울철에는 추운 날씨로 외출을 자주 하지는 않지만, 실내외 온도 차가 크고 건조해 세심한 건강관리가 필요합니다. 이를 소홀히 하면 다양한 질환에 걸리기 쉬워요.

• **독감** 겨울과 다음 해 봄까지 유행하는 감기의 일종으로 일반 감기와는 다르게 유행하는 시기가 있습니다. 초기 증상은 감기와 비슷해 구별하기 힘들지만, 감기에 비해 열도 높고 근육통이나 설사를 동반합니다. 특히 증상이 호전될 즈음 다시 열이 나고 기침과 누런 가래가 생기는 기관지염이나 폐렴, 중이염과 같은 합병증을 동반할 수 있어 주의 깊게 살펴봐야 해요. 독감도 감기처럼 증상 위주로 치료하는데, 휴식을 취하며 수분을 충분히 섭취하면 대부분 좋아집니다. 드물게 독감에 의한 합병증이 심각하다면 항바이러스제로 치료하는 경우도 있어요. 독감을 예방하기 위한 좋은 방법은 '예방접종'입니다. 가을철에 독감 예방접종을 하면 그해 유행할 독감에 대한 항체를 획득할 수 있지요. 회복 후에도 2차 감염에 의한 합병증이 생길 수 있으므로 예방접종은 필수입니다.

• **장염** 겨울철에는 로타 바이러스에 의한 장염이 주로 발생하며, 이외에도 노로 바이러스나 아데노 바이러스가 원인이 됩니다. 초가을부터 기승을 부리기 시작해 겨울로 이어져 봄까지 유행하죠. 장염에 걸리면 대개 열이 나고 구토를 하다가 설사로 이어지며, 증상이 심할 경우 복통과 설사가 2~3일간 계속되어 탈수증을 일으킵니다. 만약 아이가 힘없이 늘어져 있거나 소변량이 현저히 감소한다면 병원을 방문해 수액 치료를 받는 것이 좋습니다. 장염은 옷이나 장난감, 음식물에 묻은 바이러스로 전파되고 전염력이 강해요. 이런 장염을 예방하는 좋은 방법은 손을 자주 씻고, 주변 위생을 깨끗이 하는 것입니다. 로타 바이러스 장염의 경우 예방접종으로 예방할 수 있어요.

• **RS바이러스 감염** RS바이러스는 10월~다음 해 2월 사이에 주로 활동하고, 전파 속도가 매우 빠르고 위험한 호흡기 바이러스입니다. 특히 면역력이 약한 1세 미만 영아에게는 독감 바이러스보다 발생률과 사망률이 높은 것으로 알려져 있어요. RS바이러

스에 감염되면 기침·발열·인후통 등 감기와 비슷한 증상에서부터 심하게는 호흡곤란이 동반되는 모세기관지염, 폐렴과 같은 심각한 질환으로 진행할 가능성이 있으므로 세심한 관찰이 필요합니다. 아이에게 감기 증상과 더불어 호흡곤란이나 탈수 소견이 보이면 병원을 방문해 진료를 받으세요.

• **아토피피부염**　아토피피부염은 피부에 발생하는 만성 알레르기 염증성 질환입니다. 아토피피부염은 유아의 10~15%에서 발생하는 흔한 피부 질환으로, 날씨가 건조한 겨울에 증상이 더욱 심해져요. 아토피피부염 관리의 기본은 '보습'입니다. 매일 미지근한 물로 15~20분간 통목욕을 시키고, 목욕 후에는 타월로 문지르지 말고 톡톡 두드려 물기를 닦아주세요. 비누는 2~3일에 한 번 약산성 비누로 닦아주되, 때를 밀면 안 됩니다. 목욕 후에는 3분 이내에 보습제를 꼼꼼히 발라 보습을 해요. 또한 보습제는 최소한 하루 세 번은 사용하는 것이 좋습니다. 이외에도 면으로 된 옷을 입히고, 땀을 흘리면 바로 닦아내세요. 만약 충분한 관리에도 증상이 좋아지지 않는다면 병원에서 진료를 받습니다.

• **폐렴**　폐렴은 폐 조직에 생기는 염증성 질환으로, 특히 3세 이하 아이는 더욱 조심해야 해요. 세균과 바이러스에 의한 감염이 주원인이며, 특히 학동기 아이에게는 마이코플라즈마균에 의한 폐렴이 많이 발병합니다. 2세 미만 유아들은 처음부터 폐렴 증상이 나타나는 편이고, 소아는 유행성 감기나 독감 등을 앓은 후 2차로 잘 발생합니다. 증상은 발열과 기침 등 감기의 초기 증상과 비슷하지만 고열에 호흡곤란이 오는 것이 다른 점이에요. 이때 1분 호흡수가 50회 이상으로 빨라지고, 숨을 쉴 때마다 코를 벌름거리며, 얼굴·입·손끝·발끝이 새파랗게 질리면서 창백해지는 모습을 보이기도 해요. 때에 따라 구토·설사·경련 등이 뒤따르며, 기운이 없고 탈수 증상에 빠질 수도 있어요. 대부분의 폐렴 환아는 입원 치료를 받는데, 증상이 심해 호흡곤란이 심하면 산소 흡입 그리고 항생물질과 진해제, 진정제 등을 처방합니다. 통원 치료를 하는 경우 가정에서는 실내가 건조하지 않도록 실내 온도 24℃ 내외, 습도 60%를 유지하는 게 무엇보다 중요하고, 충분한 수분을 먹여야 합니다.

• **급성 모세기관지염** 기도와 허파꽈리로 이어지는 가느다란 기관지 가지에 바이러스성 염증이 생긴 것을 '급성 모세기관지염'이라고 해요. 생후 6개월~2세 이전의 영유아들이 많이 걸리고, 허파꽈리 염증을 동시에 일으킵니다. RS바이러스 감염이 주요 원인으로도 작용해요. 특히, 급성 모세 기관지지염을 앓은 아이 중 3분의 1에게 기관지 천식이 생기므로 조심해야 합니다. 기관지 천식이나 습진 또는 다른 알레르기성 질환이 있다면 급성 모세기관지염에 더 잘 걸리고, 상태가 악화하기도 해요. 증상은 아이의 나이와 원인 바이러스별로 다를 수 있어요. 초기에는 미열이 조금 나고 기침을 조금씩 하면서 숨이 약간 가빠지다가 차츰 콧물, 재채기, 고열, 식욕감퇴 등이 나타납니다. 이외에 구토, 설사 등도 동반하지요. 많은 부모가 감기로 혼동하기 쉬운데, 자세히 살펴보면 아이의 호흡수가 빠르고 호흡할 때마다 가르랑거리며 목과 가슴에서는 '쌕쌕' 소리를 내는 특징을 보입니다. 대부분 적절한 치료를 받으면 3~4일 후 회복되며, 폐렴과 마찬가지로 해열제와 충분한 수분 및 영양을 섭취하면 회복이 빨라요. 하지만 주의할 점은 바이러스성 폐렴이나 급성 모세기관지염에 항생제를 쓰는 것은 내성을 키우고 병을 악화시킵니다. 으레 흔한 감기로 여기고 집에 있는 항생제를 아이에게 주면 절대 안 된다는 점, 꼭 기억해두세요.

봄·가을 환절기 건강관리, 어떻게 하나요?

환절기는 일교차가 크고 날씨의 변화도 심하지요. 특히 봄에는 해마다 찾아오는 황사와 꽃가루가 면역력이 약한 아이의 코나 입으로 들어가 건강을 위협합니다. 일교차가 크고 건조한 가을 날씨 역시 피부 각질층의 보호막 기능이 손상되어 여러 가지 트러블을 일으켜요.

봄·가을 환절기, 이런 점에 주의하세요

• **충분한 영양 보충하기** 춘곤증은 낮이 길어지고 기온이 상승하는 등 환경 변화로 인해 생체리듬이 깨져 나타나는 현상이에요. 몸이 나른한 듯 피곤해지고 졸음이나 소화

불량 같은 증상이 주로 나타납니다. 아이는 평소보다 식욕을 잃고 자지 않던 낮잠을 자거나 유난히 피곤해하면서 식은땀과 코피를 흘리기도 해요. 아이가 춘곤증으로 힘들어하면 충분한 영양을 보충하는 것이 시급합니다. 음식이나 운동 등 생활습관을 조절하면 좋아져요. 각종 비타민과 무기질이 많이 든 식품들로 식단을 조절해주세요.

• 황사에 대비하기 황사에는 마그네슘·규소·알루미늄·철·칼륨·칼슘 같은 산화물이 포함되어 있어요. 또한 중국 지방의 공해 물질도 섞여 날아옵니다. 따라서 황사 현상이 심한 기간에는 기관지염이나 천식 환자, 알레르기성 결막염 환자는 특히 주의해야 해요. 천식 환자는 황사가 심한 날 외출을 삼가고, 가급적 실내에서 생활하는 것이 좋아요. 실내에서도 외부의 황사가 들어올 수 있으므로 공기청정기를 사용해 공기를 정화시킵니다. 또한 공기가 건조해지기 쉬우므로 가습기를 틀어 적정한 습도로 맞춰주세요.

• 외출할 때 마스크 착용하기 꽃가루와 황사가 기승을 부리는 시기, 바깥 외출을 할 때는 마스크를 꼭 착용해요. 특히 기관지와 호흡기가 약한 아이는 이런 외부 물질에 노출되면 갑작스레 여러 증상이 복합적으로 나타날 수 있어요. 바람이 많이 불고 건조한 날, 황사가 심하고 꽃가루가 많이 날리는 날에는 가급적 외출을 삼가고, 부득이 외출해야 한다면 마스크와 모자를 착용합니다. 수시로 아이의 손과 엄마의 손을 닦는 것도 좋아요. 집에 돌아와서는 반드시 문밖에서 옷을 털고 들어와 목욕하고 콧속까지 깨끗하게 씻어줍니다.

• 따뜻한 겉옷 준비하기 환절기에는 일교차가 큰 만큼 옷을 얇게 입어서는 안 됩니다. 갑자기 쌀쌀해지는 저녁에는 속수무책이지요. 호흡기 질환의 가장 큰 원인은 찬 공기입니다. 막바지 늦더위가 기승을 부리고, 밤낮의 일교차가 10℃ 안팎으로 커지는 가을철에는 신체가 균형을 잃고, 면역력이 떨어져 감기에 걸리기가 쉬워요. 그래서 날씨가 따뜻하면 벗고, 다시 추워지면 걸칠 수 있는 얇은 점퍼나 카디건을 들고 다니는 것이 좋습니다.

·풀숲에 눕지 않기 장마가 끝난 뒤 야외 활동이 많아지면서 쓰쓰가무시병, 렙토스피라증, 유행성출혈열과 같은 급성 발열·출혈성 질환에 걸릴 가능성이 커집니다. 이런 질환은 들쥐의 배설물이나 진드기에 의해 감염되므로 풀밭에 눕지 않고, 긴 옷을 입어 피부가 노출되지 않도록 주의합니다. 만약 고열, 두통 등 의심스러운 증상이 나타나면 즉시 병원을 찾으세요. 알레르기가 있는 아이는 가을철 많이 생기는 잡초와 같은 풀에 의해 비염·결막염·피부염·기관지염·천식과 같은 각종 알레르기 질환이 발생하거나 악화됩니다. 알레르기를 일으키는 물질을 최대한 피하는 것이 좋은 방법이긴 하지만, 그렇지 못할 때는 약물 치료나 면역 치료를 받아야 해요.

·자주 물 마시기 환절기에는 수시로 물을 마셔야 몸속에 쌓여 있는 노폐물이 원활히 배출되고, 신진대사가 활발해집니다. 또한 황사가 자주 오고, 대기 중의 미세먼지 농도가 평소보다 훨씬 높아지기 때문에 물을 많이 마셔 목을 깨끗하게 유지해요. 물은 여러 번에 나누어 마시고, 되도록 따뜻한 물을 마십니다.

·쌓인 피로는 즉시 풀어주기 몸이 힘들지 않을 정도의 가벼운 운동은 면역력을 높이고 잠이 잘 오게 합니다. 귀찮더라도 가벼운 운동을 규칙적으로 하는 것이 환절기 건강관리에 도움이 돼요. 쌓인 피로를 바로 풀어주는 것도 중요해요. 운동 후 샤워할 때는 체온의 급격한 변화를 가져오는 뜨거운 물보다는 미지근한 물로 씻는 것이 피로를 푸는 데 좋습니다.

닥터's advice

❓ 방한용 마스크 vs. 황사 전용 마스크
황사나 미세먼지를 차단하기 위해 무턱대고 마스크를 쓰는 경우가 있어요. 하지만 일반 방한용 마스크는 면 소재이기 때문에 아주 미세한 먼지까지 걸러내지는 못합니다. 특히 아이 전용 마스크의 경우 크기가 작아 틈 사이사이로 먼지가 들어옵니다. 황사나 미세먼지를 차단할 목적이라면 반드시 황사 전용 마스크라고 표기된 제품을 착용해야 효과가 있어요.

• **면역력을 높여주는 음식 골고루 먹기**   특정 음식을 많이 먹는 것보다는 여러 음식을 골고루 섭취하는 것이 면역력 향상에 훨씬 좋습니다. 비타민이 풍부한 채소와 과일은 환절기 각종 바이러스로부터 몸을 보호하는 데 효과적이에요. 특히 비타민 B와 C는 우리 몸의 면역력을 높여주고 피로를 해소하는 데 도움을 줍니다.

봄·가을 환절기에는 이런 질환에 걸리기 쉬워요

환절기에는 낮과 밤의 기온 차가 심하고, 봄에는 황사와 꽃가루가 날려 호흡기·피부 질환에 적신호가 켜집니다. 또한 외출하기 좋은 날씨여서 야외 활동 또한 잦아지는 만큼 다양한 감염성 질환에 대비해야 해요.

• **감기**   아이가 태어난 후 어떤 질환보다 자주 걸리는 것이 바로 '감기'입니다. 감기란 호흡기의 시작이라 할 수 있는 '코'와 '목구멍'에 염증이 생기는 것이에요. 바이러스가 원인이기 때문에 특별한 치료는 없고 증상에 대해 치료합니다. 만약 감기로 인해 코가 막히면 아이가 젖이나 젖병을 빨 때 힘들어해요. 이럴 때는 흡입기를 사용하거나 코안에 식염수를 1~2방울 떨어뜨리면 효과적입니다. 열이 나면 해열제를 복용해야 하는데, 아스피린은 라이증후군을 유발하므로 아세트아미노펜(타이레놀)을 쓰는 것을 추천해요. 라이증후군이란 감기 치료가 끝날 무렵 뇌압 상승과 간 기능 장애로 인해 갑자기 심한 구토와 혼수상태를 일으켜 생명이 위험한 지경까지 이르게 하는 질환입니다. 또한 감기의 합병증으로 중이염·축농증·폐렴 등이 올 수 있어요. 아이가 숨쉬기 힘들어하거나 귀에 통증을 호소하고, 기침이 일주일 이상 계속되거나 체온이 39℃ 이상일 때는 병원을 방문하는 것이 좋습니다.

• **볼거리**   볼 양측에 있는 이하선(침샘)에 염증이 생기는 것으로 늦겨울과 봄 사이에 유행합니다. 최근에는 예방접종을 하기 때문에 볼거리에 걸리는 경우는 드물어요. 그래도 한 번 걸리면 전염성이 강해 경계를 늦출 순 없습니다. 볼거리는 열이 3~5일간 계속되며, 입을 열거나 씹을 때 통증을 호소해요. 무엇보다 전염성이 무척 강해 침샘이 붓기 1~2일 전부터 부기가 빠지는 3일까지는 전염성을 갖고 있습니다. 치료는 증

상에 따라 하며 충분한 휴식과 영양을 공급합니다. 부기와 통증이 심한 경우 볼에 냉찜질을 해주는 것도 증상 완화에 도움이 됩니다. 뇌수막염·고환염·부고환염·난소염·췌장염·신경염 같은 합병증을 주의하고, 고환염·부고환염·난소염과 같은 질환은 2차로 수정 능력의 장애를 일으킬 수 있으므로 병원을 방문하는 것이 좋습니다. 볼거리를 예방하기 위해서는 12~15개월과 4~6세에 MMR 예방접종을 맞힙니다.

• **중이염** 중이염은 목감기나 감기를 앓는 과정에서 귀에 액체가 고이고 이것이 세균에 감염되는 것을 말해요. 2세 이하의 전체 아이 중 3분의 2가 앓고 지나갈 정도로 영유아에게 흔한 감염 질환입니다. 이 시기에는 바이러스성 목감기에 걸릴 가능성이 크고, 귀와 입을 연결하는 유스타키오관이 작아 액체가 고였을 때 배출을 원활히 할 수 없어 중이염에 자주 걸려요. 중이염의 주요 증상은 귀의 통증이에요. 의사 표현이 어려운 어린아이는 귀를 만지면서 울거나 수유 도중 보채는 모습을 보입니다. 이외에도 발열이나 청력 감소와 같은 증상이 있을 수 있어 아이가 잘 듣지 못하는 것 같다면 청력 검사를 받는 것이 좋아요. 치료는 항생제 치료가 기본이며, 대개 5~10일간 치료하면 낫습니다. 간혹 증상이 좋아지지 않으면 의사와 상의해 항생제를 바꿔봅니다.

• **수두** 신학기가 시작되고 날씨가 따뜻해지면 봄철 유치원·어린이집원생과 초등학생은 수두 예방에 신경 써야 합니다. 수두는 1년 중 5~6월, 12~1월 2차례에 걸쳐 유행하며, 전염력이 매우 높아요. 수두는 말하거나 재채기할 때 나오는 침, 피부병변과 접촉했을 때 감염되며, 전염력이 굉장히 높아서 집단 발병 방지를 위해 수포 발생 후 6일간 또는 딱지가 앉을 때까지 가정에서 안정을 취해야 합니다. 증상은 미열로 시작해 피부 발진이 몸통에서부터 얼굴, 어깨로 퍼져 나가요. 발진은 곧 작은 물집으로 변하고 5~6일 후에는 딱지가 앉습니다. 또한 발진 및 수포가 생기는 시기에는 매우 가려워 긁게 되는데, 2차 감염과 흉터를 방지하기 위해서는 아이가 긁지 않도록 주의시켜야 해요. 수두 예방을 위해서는 손 씻기 습관과 기침 예절, 개인위생을 철저히 합니다. 만약 수두를 앓은 적이 없거나 예방접종을 맞지 않은 소아는 예방접종을 반드시 하세요.

• **홍역** 홍역은 늦은 봄철 4~6월에 많이 발생하며, 특히 1~5세 소아의 발생률이 가장 높습니다. 볼거리와 마찬가지로 예방접종 실시 후 발병률이 많이 감소한 질병이에요. 홍역은 기침, 재채기 때 나오는 분비물로 전염되고, 수두 못지않게 전염성이 매우 강합니다. 열과 기침, 콧물 등 감기의 유사한 증상과 더불어 눈이 충혈될 때도 있어요. 증상이 시작된 후 2~3일이 지나면 어금니 맞은편 점막으로 작은 회색 점들이 나타났다가 12~18시간 후면 없어지는데, 이를 홍역의 특징적인 '코플릭 반점'이라고 해요. 열은 보통 3~5일간 지속하며 몸에 발진도 생깁니다. 발진은 목·귀 뒤·뺨의 홍반성 구진으로 시작해 점점 융합되어 전신으로 퍼져 나가요. 그러다가 3~4일이 지나면 열이 떨어지면서 회복됩니다. 홍역은 증상에 따른 치료를 하며, 열이 나면 해열제를, 먹는 양이 많이 줄면 수액 치료를 합니다. 중이염, 폐렴, 뇌수막염과 같은 합병증을 유발하기도 하는데, 이런 경우 큰 병원을 방문하는 것이 좋아요. 한 번 걸리면 평생 예방이 되지만, 12~15개월과 4~6세에 예방접종을 하는 것이 최선의 예방법입니다.

• **쓰쓰가무시병** 9~11월 사이 외부 활동이 증가하면서 발생하는 발열성 질병으로, 오리엔티아 쓰쓰가무시균(털진드기)에 의한 감염성 질환입니다. 보통은 진드기에 노출되기 쉬운 농촌에 거주하는 사람이 많이 걸리나 야외 활동을 즐기는 중에 걸리기도 합니다. 쓰쓰가무시병은 전염성이 없어서 격리나 소독은 필요하지 않아요. 진드기의 유충이 피부에 달라붙으면서 내는 상처에 딱지가 동반된 궤양이 생기는 것이 특징적입니다. 6~8일 정도의 잠복기를 거치며, 이후 발열·두통·결막 충혈·근육통·림프절종대와 같은 증상이 나타나요. 또한 짙은 적색의 반점상 구진이 몸통에서 퍼져 나갑니다. 간혹 구토와 설사 같은 위장관 증상이 동반되기도 해요. 소아가 이 병에 걸렸을 경우 록시스로마이신이나 아지스로마이신과 같은 약을 먹이고 조기에 적절한 항생제로 치료하면 빨리 낫습니다. 단순 감기로 착각해 치료가 지연되면 약 2주간 발열이 계속될 수도 있어요. 아직은 쓰쓰가무시병을 예방할 수 있는 예방접종이 없으므로 야외 활동할 때 진드기에 노출되지 않도록 주의하는 것이 최선이에요. 9~11월 사이에는 진드기가 많이 서식하는 수풀 지역은 피해 다니고, 야외 활동 후 바로 목욕과 입었던 옷을 세탁합니다.

• **화분 알레르기(꽃가루 알레르기)** 장미, 개나리, 벚나무와 같은 꽃들은 꽃가루를 날리지 않지만 오리나무, 소나무, 자작나무, 단풍나무, 버드나무, 참나무, 일본 삼나무와 같은 나무들은 꽃가루를 생산합니다. 이런 꽃가루는 천식, 알레르기 비염과 결막염 등과 같은 알레르기 질환의 원인이 되지요. 비염의 경우 재채기·콧물·코막힘 등의 증상이 심해지고, 천식은 호흡곤란이나 쌕쌕거림이 있을 수 있으며, 알레르기결막염은 눈이 가렵고 충혈됩니다. 알레르기 질환이 있는 아이라면 꽃가루가 날리는 시기에 가능한 한 외출을 자제하는 것이 좋아요. 꽃가루가 실내로 들어오지 못하도록 방문이나 창문을 닫아둡니다. 외출 후 귀가 후에는 깨끗이 목욕하고 입었던 옷은 세탁하거나 털어두세요. 만약 회피 요법으로 효과를 보지 못했다면 정확한 알레르기의 원인 물질을 찾아내 면역요법을 시행하는 방법도 있습니다.

수면과 건강

월령별 수면 교육 가이드 및 수면 트러블 대처법이에요.

체크 포인트

☑ 잠을 잘 자야 아이가 쑥쑥 잘 자랍니다. 특히 밤 10시~새벽 2시 사이에는 성장호르몬이 집중적으로 분비되는 만큼 일찍 자고 많이 자는 아이가 잘 크게 마련이에요.

☑ 규칙적인 수면 습관을 갖기 위해서는 가족이 다 함께 잠을 잡니다. 엄마가 일어난 후 1시간 이내에 아이를 깨우는 등 가족 모두 취침·기상 시각을 일정하게 유지합니다.

☑ 저녁 식사 후에는 차분한 활동을 하며, 자기 전 따뜻한 물로 목욕을 시키는 것도 아이 수면 습관 형성에 좋습니다. 잠자리에 들 때는 수면등을 켜고, 잠든 후에는 방으로 들어오는 빛을 완전히 차단해 숙면을 유도해주세요.

☑ 아이가 깊은 잠을 자게 하려면 처음부터 수면 습관을 잘 들여야 합니다. 아이가 울며 깰 때마다 안아주거나 젖병을 입에 물리면 잠이 깰 때마다 늘 그렇게 해줘야만 다시 잠을 잡니다. 그러므로 처음부터 아이가 잠에서 깨더라도 혼자 잠들 수 있게 수면 습관을 들여주세요.

잘 자는 것이 왜 중요할까요?

아이에게 '잠'은 그 무엇보다 중요해요

밤에 자는 잠과 낮잠은 뇌에 배터리를 충전시키는 것과 같아요. 마치 운동을 하면 근육이 강해지는 것처럼 잠을 자고 나면 지능이 향상되고 집중력이 높아지며 긴장한 근육이 풀어집니다. 잠을 충분히 잔 아이는 낮에 행복해하고, 부모의 요구에 잘 따라요. 특히 아이에게 '잠'은 단순한 휴식을 넘어 활발한 두뇌 활동과 성장 발달에 중요한 요소입니다. 아이는 하루 중 절반 이상의 시간을 자는데, 이 시간 동안 눈에 띄진 않지만 엄청난 성장을 하지요. 또한 집중력·기억력·의사결정력·문제해결력 등에도 영향을 줍니다. 잠은 아이의 기분까지도 좌우합니다. 잠을 충분히 못 잔 아이는 쉽게 예민해지죠. 또한 아이가 숙면을 취하지 못하면, 부모도 잠을 못 자는 만큼 아이의 잠은 가족 모두의 편안한 잠을 위해서라도 중요합니다.

제대로 못 자면 생활리듬이 깨져요

아이가 잠을 충분히 못 자거나, 질 좋은 수면을 취하지 못하면 여러 심각한 상황이 발생합니다. 아이는 성인에 비해 피로를 푸는 데 시간이 많이 필요해요. 그런데 수면 부족 현상이 계속되면 피로가 누적되어 아침에 일어나는 시간이 늦어지고 생체리듬이

 닥터's advice

❓ 수면 부족, 두뇌 발달에 치명적일 수 있어요!

아이들에게 '잠'은 먹는 것만큼이나 중요합니다. 아이의 두뇌 발달도 잠의 영향을 많이 받아요. 아이의 뇌는 깨어 있는 동안 보고 들은 것을 자는 동안 정리해 지식으로 만들기 때문입니다. 뇌 속에 있는 '해마'는 아이가 잠을 자는 동안 낮에 겪었던 경험을 재생해 지식으로 전환합니다. 눈의 망막이 어둠을 감지하면 뇌에서는 '멜라토닌'이라는 신경전달물질이 분비되는데, 이 멜라토닌은 잠을 푹 자게 해 성장호르몬의 분비를 촉진하며 해마를 활성화하는 역할을 해요. 멜라토닌이 가장 많이 분비되는 시간은 밤 10시~새벽 2시 사이로, 이 시간에 충분히 자야 성장은 물론 두뇌 발달도 활발해집니다.

깨져 낮잠에도 영향을 미칩니다. 그로 인해 낮잠을 제대로 못 자면 밤잠도 푹 자지 못해 예민하고 산만한 아이가 될 가능성이 커져요. 이런 패턴이 반복되면 집중력과 학습 수행 능력이 떨어지고, ADHD(주의력 결핍 과잉행동 장애)와 유사한 증상을 보이기도 합니다. 수면 부족의 징후가 심하면 성장호르몬 분비가 줄어 성장이 더뎌지고, 스트레스 호르몬이 늘어나 스트레스에 민감하게 반응하며, 불면증 증상이 생길 수 있어요. 또한 면역 기능 역시 떨어져 감기에 잘 걸립니다.

우리 아이, 잠을 잘 자고 있을까?

잘 자는 것은 건강한 생활의 기본

잠을 잘 자느냐 못 자느냐에 따라 신체리듬을 파악할 수 있어요. 의사들은 야경증을 진단하거나 치료할 때 보호자에게 아이가 잠을 잘 자는지를 먼저 물어봅니다. 이때 평소와 같이 잠을 잘 잤다는 것은 신체리듬이 깨지지 않고 유지되고 있기 때문에 심각한 병은 아니라는 의미예요. 반대로 잠을 잘 자지 못했다면 몸의 어딘가에 이상 반응으로 신체리듬이 깨졌다는 신호이지요. 이처럼 건강의 이상을 판단하는 데도 '잠'은 중요한 척도가 됩니다.

잠은 여러 수면 단계를 거쳐요

잠은 꿈을 꾸는 시간과 꿈을 꾸지 않는 시간으로 나뉘어요. 다음 날 기억을 하든 못하든 우리는 꿈을 꾸며, 나름의 갈등을 해결하고 감정을 정리합니다. 수면은 1·2단계의 얕은 잠과 3·4단계의 깊은 잠, 그리고 꿈을 꾸는 렘(REM)수면의 과정을 거쳐요. 이런 잠의 단계가 4~6회 반복되면 하룻밤이 지납니다. 어른은 이 수면 주기를 거치는 데 90분가량 소요되지만, 영유아기의 아이는 60분이면 한 수면 주기가 끝납니다. 다시 말해, 깊은 잠을 자는 시간보다 꿈을 꾸는 렘 수면 시간이 어른보다 길어요. 아이가 자다가 자주 움찔거리고, 몸을 뒤척이는 것, 깬 것 같지만 자고 있고, 깊이 잠든 것 같다가도 눈을 번쩍 뜨고 울기 시작하는 것은 모두 다 이런 이유 때문입니다. 특히 깊은 수면에 들어가는 3·4단계에는 성장호르몬과 면역호르몬이 왕성하게 분비되므로 이때 잠을 푹 자야 키가 크고 잔병치레가 줄어듭니다.

나이에 맞게 충분히 잠을 자야 해요

부모는 해당 나이에 필요한 수면 시간을 체크하고, 아이가 충분히 자고 있는지 확인해보세요. 신생아는 하루의 대부분을 잠으로 보내다 유아기에 접어들면 자는 시간이 점점 줄고 대신에 깊은 잠을 잡니다. 이렇게 충분히 깊은 잠을 자야 하는 아이들이 7시간 이하로 자는 경우 행동 장애를 초래할 확률이 높아져요. 최근 보고에 따르면 2세 아이가 11시간 이상을 자지 못하면 이상 행동을 보인다는 결과도 있지요. 신경질적이고 분노 발작도 많을 뿐 아니라 집중력이 떨어지며 과잉행동이 많아져 공격적으로 된다는 것입니다. 잠을 짧게 자고, 수면 습관이 불규칙하며, 혼자서 잠을 자는 방법을 터득하지 못하면 다루기 힘든 아이가 될 수 있어요.

2세	13시간 이상
4세	11시간 이상
6세	9시간 30분 이상

아무런 문제 없이 잘 자는 아이는 드물어요

아이가 새근새근 잠든 모습을 보면 세상 평화로워 보이지만, 실제 아이의 잠은 그렇지 못해요. 자다가 깨서 울거나 아무리 재우려 해도 안 자겠다며 고집을 피우곤 합니다. 한밤중에 깨어나 놀아달라고 칭얼대는 경우도 다반사지요. 이는 아이들의 잠이 얕은 수면에서 깊은 수면을 거친 다음, 다시 얕은 수면으로 진행되는 수면 주기를 밤새 몇 번이나 반복하기 때문입니다. 그래서 잠이 얕아진 상태에서 다시 깊은 잠으로 원활히 넘어가지 못하면 중간에 깨는 것이에요. 이때 완전히 깨지 않도록 하는 게 중요한데, 안거나 토닥이지 말고 아이가 스스로 다시 잠들 수 있게 시간을 줘야 해요. 아이가 깬 것 같지만 사실은 얕은 잠을 자는 거라고 생각하면 됩니다.

잠은 오래 잘수록 좋을까요?

아이마다 수면 시간에 차이가 있습니다

엄마들은 아이가 쉽게 잠들고, 자다가 깨지 않고, 잠투성이 심하지 않으면 잘 잔다고 여깁니다. 그렇다면 정말 내 아이가 아무 문제 없이 충분히, 잘 자는 걸까요? 신생아 시기에는 하루 중 16~20시간 정도 잡니다. 물론 개인차에 따라 4~5시간을 계속 자는 아이가 있는가 하면, 2~3시간마다 깨는 아이도 있습니다. 생후 4개월이면 낮에는 점차 길게 깨어 있다가 밤에 잠을 더 자기 시작해요. 이 시기부터는 밤에 주변을 어둡게 하고, 자다가 깨더라도 무조건 안아서 달래지 않습니다. 생후 6개월이 되면 낮잠 시간이 점차 줄어 3~4시간만 자고, 밤에 10~11시간을 내리 잘 수 있어요. 이때부터 밤 수유를 점차 줄여가며 끊는 것이 좋습니다. 밤에 젖을 물고 자는 습관은 유치를 썩게 하고, 아이가 깰 때마다 젖을 물어야만 잠드는 상황을 만들어요. 이때부터 '잠자리 의식'을 시작해야 수월하게 올바른 수면 습관을 들일 수 있습니다.

돌이 지나면 올바른 수면 습관을 만들어나갈 시기예요

돌이 지나면 하루 10~13시간을 잡니다. 이 시기부터 잠자기 전, 목욕하고 잠옷으로 갈아입고 책을 읽은 후 잘 자라는 인사를 이어서 하는 식의 '잠자리 의식'을 일관되게 지속합니다. 부모에게 반항하고 무엇이든 혼자 하려 하는 3~7세 아이들은 잠잘 때도 자신이 상황을 통제하려고 해요. 그래도 잠자리 의식을 꾸준히 이어나가야 올바른 수면 습관을 들일 수 있습니다. 한편 5세가 되면 보통 낮잠을 자지 않아 수면 시작 시간이 빨라지며 대략 10~12시간을 자고, 때에 따라 야경증이나 몽유병 등이 나타날 수 있어요. 유치원이나 학교에 들어간 이후에도 이따금 낮잠을 자는데, 이때 억지로 못 자게 막으면 오히려 아이가 지치게 되므로 자게 둡니다. 그래도 밤잠은 최소 10~12시간을 자야 하므로 잠들기 전 TV를 본다든지 하는 강한 자극은 피해주세요. 청소년기에는 약 9시간 충분히 잠을 자야 학업 성취도나 지능이 더 높다는 연구 결과가 있는 만큼 무조건 적게 자고 오랜 시간 공부하는 것이 높은 성적을 보장하지는 않습니다.

낮잠을 잘 자야 밤에도 잘 자요

밤에 몇 시간을 자는지는 신경 쓰면서도 정작 아이 낮잠엔 신경을 덜 쓰게 마련이에요. 하지만 낮잠이야말로 월령별 수면 스케줄을 세심히 관리해야 하는 사항입니다. 낮잠을 자지 않으면 긴장 상태가 계속되어 밤에 쉽게 잠들기 어렵거나 숙면을 취하지 못하기 때문이에요. 잘못된 시간 혹은 지나치게 낮잠을 많이 자서 밤에 깨어 있는 아이라면 낮잠 자는 시간대를 일정하게 정하거나 낮잠 시간을 달리해야 밤에 잘 자게 됩니다. 특히 하루에 두 번 이상 낮잠을 자는 아이라면 첫 번째 낮잠을 언제 재우느냐가 관건인데, 너무 일찍 또는 너무 늦게 재워서는 안 돼요. 다만 어느 때 낮잠을 자더라도 밤잠을 자는 데 문제가 없다면 아이의 수면리듬을 굳이 바꿀 필요는 없습니다.

개월 수	밤잠 시간	낮잠 시간	낮잠 횟수	총 수면 시간
1주	8시간 30분	8시간	4회	16시간 30분
1개월	8시간 30분	7시간	3회	15시간 30분
3개월	10시간	5시간	3회	15시간
6개월	11시간	3시간 15분	2회	14시간 15분
9개월	11시간	3시간	2회	14시간
12개월	11시간	2시간 45분	2회	13시간 45분
18개월	11시간	2시간 30분	1회	13시간 30분
24개월	11시간	2시간	1회	13시간
36개월	10시간 30분	1시간 30분	1회	12시간

월령별 올바른 수면 습관

0~3개월 아이의 수면 습관 들이기

· 이 시기의 수면 특징은? 흔히 말하는 먹고 자고를 반복하는 시기예요. 배가 고프면 깨서 먹고, 먹으면 잠드는 것을 번갈아 반복하며 하루에 5~6번 잠을 잡니다. 생후 처음 몇 주 동안은 하루에 18시간까지, 3개월까지는 하루 15시간 잠을 잡니다. 하지만 밤이든 낮이든 한 번에 3~4시간 이상 자지는 않아요. 아기의 수면 주기는 성인의 수

면 주기보다 훨씬 짧습니다. 아기는 렘 수면 시간이 긴데, 이는 뇌에서 일어나는 많은 변화를 위해 꼭 필요한 수면입니다. 렘 수면은 깊은 수면 상태가 아니어서 아기가 더 쉽게 잠에서 깨요. 생후 6~8주가 되면 대부분 아기는 낮보다 밤에 더 오래 자기 시작해요. 이때부터는 얕은 수면 상태인 렘 수면 주기가 짧아지고 깊은 수면을 자는 주기가 길어집니다. 하지만 밤에 젖을 먹기 위해 주기적으로 계속 깨요. 이 시기에 질 좋은 잠을 자게 하려면 먹는 양을 늘려 수유 간격을 길게 해야 합니다. 아기가 조금씩 자주 먹으면 모유량이 주는 것은 물론, 전유만 먹게 되어 영양 섭취를 고루 할 수 없어요. 또 금방 배가 고파져 밤에 오래 자지 못합니다.

• 이 시기에 생길 수 있는 수면 문제는? 영아산통으로 자주 깨서 우는 경우가 많아요. 얼굴이 까매지고 숨이 넘어갈 듯하고, 식은땀을 흘리며 배에 힘을 주면서 자지러지게 우는데, 대개 영아산통이 원인입니다. 생후 4개월이 지나면 좋아지므로 기다리는 수밖에 없어요. 요람에 태워 흔들어주거나 공갈 젖꼭지를 물리면 도움이 됩니다.

• 수면 습관은 이렇게 들이세요!

① 아기가 졸릴 때 보내는 신호 읽기

생후 첫 6~8주간은 2~3시간 이상 깨어 있지 못합니다. 만약 2~3시간 이상 재우지 않으면 너무 지쳐서 쉽게 잠들지 못할 수 있어요. 아기가 졸릴 때 어떤 행동을 보이는지 지켜보세요. 눈을 비비거나, 귀를 잡아당기거나, 힘이 없다거나 아니면 눈 밑에 다크서클이 생기기도 합니다. 아기가 잠을 자고 싶다는 신호를 보내면 바로 재우세요.

② 밤중에 수유할 때 완전히 깨우지 않기

밤중 수유 시에는 완전히 깨우지 않은 채 방 안에 작은 스탠드를 켜두고 가능한 한 짧은 시간에 보채지 않을 정도로만 먹이고 바로 재우는 게 좋아요. 아기가 최대한 깨지 않게 조용히 하는 게 중요해요.

③ 아기에게 밤낮 구별시키기

생후 약 2주가 지나면 낮과 밤을 구분시켜요. 낮에는 되도록 아기와 많이 놀아주세요. 수유하면서 아기에게 이야기도 하고 노래도 불러줍니다. 이때 집 안과 아기 방을 밝게 해주세요. 또 라디오나 세탁기 등 일상생활의 소음을 일부러 차단하지 말고 그대로 들려줍니다. 반면 밤에는 수유할 때도 조용하고 차분한 분위기를 만들어주세요. 불빛과 소음을 줄이고, 아기에게 이야기를 많이 하지 않음으로써 밤은 낮과 다르게 잠을 자는 시간이라는 것을 알려줍니다.

3~6개월 아이의 수면 습관 들이기

• 이 시기의 수면 특징은? 아기가 생후 3~4개월이 되면 하루 15시간을 자는데, 그중 10시간은 밤에 자고, 5시간은 낮 동안 세 번에 나눠서 낮잠을 잡니다. 생후 6개월부터는 낮잠을 하루에 두 번만 자요.

• 시기에 생길 수 있는 수면 문제는? 3개월에 접어들어도 초반에는 여전히 밤에 한두 번은 일어나 밤중 수유를 해야 해요. 그러다 생후 6개월쯤 되면 깨지 않고 밤새 자는 데 적응해나갑니다. 이 시기에는 밤에 깨지 않고 쭉 자는 법을 배우는 것이 중요해요. 아기가 취침 시간에 자려 하지 않거나 밤에 자꾸 깨서 울더라도 인내심을 가지세요. 아기가 잠자는 습관과 패턴을 배우는 일은 부모가 얼마나 도와주느냐에 달려 있습니다.

• 수면 습관은 이렇게 들이세요!

① 취침 시각과 낮잠 시각을 규칙적으로 정하기

취침 시각과 낮잠 시각을 규칙적으로 정하는 것이 좋습니다. 잠드는 취침 시각은 오후 7시~8시 30분이 좋으며, 그 이후 시간은 아이가 너무 피곤해져서 오히려 쉽게 잠들기 어려울 수 있어요. 간혹 늦은 밤에 아기가 오히려 피곤해하지 않고 힘이 넘치면서 흥분하는데, 이런 상태가 되면 이미 취침 시간을 지났다는 의미입니다. 또한 매일 일정한 시각에 낮잠을 재워 낮잠 시간도 규칙적으로 정하세요.

② 일정한 취침의식을 정하기 위한 최적의 시기

잠을 재울 때도 일관성이 있어야 해요. 이럴 때 아주 유용한 것이 취침의식입니다. 취침의식은 자유롭게 짜되 매일 밤 같은 과정을 반복합니다. 아기와 함께 조용한 놀이를 하거나 목욕시키기, 잠옷을 입고 이불을 펴는 등의 잠잘 준비하기, 동화책 읽어주기, 이야기 들려주기 등 아기가 원하고 부모가 잘할 수 있는 스타일로 골라 꾸준히 이어갑니다. 나이에 상관없이 아이들은 일관성을 갖고 키울 때 잘 성장합니다. 잠을 재울 때도 일관성이 있어야 한다는 것, 꼭 명심하세요.

6~9개월 아이의 수면 습관 들이기

• 이 시기의 수면 특징은? 생후 6개월이 지난 아기의 수면 패턴은 어른과 비슷한 양상으로 바뀝니다. 오전 7시쯤 일어나 2~3시간 동안 놀다 다시 잠을 자요. 하루에 총 14시간 잠을 자며, 한 번 잠들면 7시간까지도 쭉 잘 수 있어요. 이 시기까지는 낮잠을 아침과 오후로 나눠 1시간 30분~2시간씩 잡니다. 밤에는 잠자리에 눕혀 스스로 잠들게 하는 연습을 시키고, 잠자기 1~2시간 전부터 조용한 환경을 만들어 숙면을 유도해주세요.

• 이 시기에 생길 수 있는 수면 문제는? 아기의 분리불안으로 밤에 자다가 깨는 경우가 많아져요. 잠에서 깼을 때 엄마를 찾으며 엄마가 다시 돌아오지 않을까 봐 불안해합니다. 또한 이때는 앉고, 뒤집고, 기거나 일어서는 법을 열심히 연습하는 시기예요. 새로 익힌 기술을 다시 시도해보기 위해 밤에 깼다가 다시 잠들지 못하기도 합니다. 게다가 치아가 날 때라 잇몸이 간지러워서 힘들어할 수 있어요.

• 수면 습관은 이렇게 들이세요!
① 규칙적인 하루 일과
야간 취침 시간과 낮잠 시간을 규칙적으로 정한 것처럼 일상생활의 패턴을 정해두면 엄마와 아기 모두가 편해집니다. 철저하게 매일 똑같은 시간에 밥을 먹여야 한다는 의미는 아니에요. 단지 아기가 다음에 어떤 일이 일어날지 미리 짐작할 수 있도록 하루 일과의 순서를 정해 매일 지킵니다.
② 안 먹고 푹 자기
4개월경부터 밤중 수유를 줄이고, 늦어도 8개월쯤에는 밤중 수유를 끊도록 노력합니

다. 누운 채로 젖병이나 젖을 물리면 먹으면서 잠드는 습관이 생기기 쉽고, 중이염에도 잘 걸리므로 주의해야 해요. 또한 안 먹고 오랫동안 푹 자는 연습을 시작하는 시기인 만큼 잠자리에 눕힌 채 많이 토닥거리거나 놀아주지 말아야 합니다. 잠자리에 든 아기가 울 때는 10분 정도 지켜보다 울음을 그치지 않으면 가볍게 달래주며 잠들기를 기다려보세요.

③ 혼자 스스로 잠들게 하기

아기가 밤새 엄마를 깨우지 않고 잠자기를 원한다면, 스스로 잠들 수 있게 기회를 주세요. 아기가 잠들기 전 흔들어서 달래거나 젖을 먹이지 않고 잠자리에 내려놓습니다. 잠시 우는 아기를 그냥 놔두는 것도 나쁘지 않아요. 약간 울다가 스스로 다시 잠들 수도 있습니다.

9~12개월 아이의 수면 습관 들이기

• **이 시기의 수면 특징은?** 이 시기에는 밤잠은 10~12시간, 낮잠은 1시간 30분~2시간씩 하루 두 번 자야 합니다. 수면은 아기가 성장하는 데 있어 매우 중요하므로, 충분히 잠을 자는지 확인하세요.

• **이 시기에 생길 수 있는 수면 문제는?** 고집이 세지고 독립심이 커져 밤에 자지 않으려고 하거나 자다가 깨는 일이 생겨요. 아기가 성장함에 따라 하루 일과에 변화가 생기고, 낮잠 패턴이 바뀌기도 합니다. 신체 활동이 늘어나 한 번의 낮잠을 거르는 경우가 많아지므로 저녁에 일찍 재우는 데 도움이 돼요. 오후 7~8시쯤 잠들어서 오전 6~7시에 일어나는 것이 바람직한 수면 패턴이에요.

• **수면 습관은 이렇게 들이세요!**

① 어떤 이유로든 낮잠 거르지 않기

낮잠을 제대로 자지 못한 아이는 피로감을 느끼고, 각성 상태가 고조되어 밤잠을 제대로 이루지 못해요. 또 늦은 시간에 낮잠을 자면 밤잠 재우는 데 어려움을 겪게 되며, 밤에 자주 깰 수 있습니다.

② 취침의식 습관화하기

잠자리에 드는 아기에게 잠옷을 입혀주거나 잠들기 전 그림책을 읽어주고, 인형을 쥐여주는 등 일정한 취침의식을 치르면 아기는 편안한 마음으로 잠들 수 있습니다. 아직 취침의식을 시도해보지 않았다면 부모와 아기에게 알맞은 방식으로 취침의식을 정해보세요.

13~24개월 아이의 수면 습관 만들기

• **이 시기의 수면 특징은?**　많이 자랐음에도 불구하고 여전히 잠을 많이 자야 하는 시기예요. 두 돌까지는 하루 총 14시간의 수면이 필요하며, 밤에는 11시간을 자야 합니다. 돌 때까지는 하루 두 번 낮잠을 자지만, 18개월부터는 1시간 30분~3시간 동안 한 번 낮잠을 자요. 이러한 수면 습관은 4~5세가 될 때까지 계속됩니다.

• **이 시기에 생길 수 있는 수면 문제는?**　하루에 두 번 자던 낮잠 횟수가 한 번으로 줄어 체력적으로 힘들 수 있어요. 전날 밤에 얼마나 잤는지에 따라 낮잠 횟수를 조절해주세요. 낮잠을 한 번 잔 날에는 밤잠을 평소보다 일찍 재우는 것도 방법입니다. 이 시기의 아이는 자야 할 시간에도 더 놀고 싶어서 잠자기를 거부하기도 해요.

• **수면 습관은 이렇게 들이세요!**

① 잠자리 환경을 쾌적하게 유지하기

지적 호기심과 신체 활동이 늘어나 이것저것 집안일을 참견하고, 바깥 활동도 많아져 잠자리 환경에 예민해지는 시기예요. 잠자는 방의 온·습도를 일정하게 유지하고, 침구를 보송보송하게 해주세요. 아이가 잠자는 것을 좋아할 수 있는 환경을 만들어줍니다.

② 혼자 잠들 수 있게 도와주기

이 시기에는 아이를 안거나, 젖을 물리거나, 우유를 주면서 재우지 마세요. 그렇게 하면 밤중에 깰 때마다 엄마를 찾으며 울게 됩니다. 아이가 스스로 잠들기를 거부할 때 엄마를 찾으며 운다면 들어가서 안심시키되 단호하고 부드러운 말투로 잠자는 시간

임을 알려주세요. 잠자리에 든 아이에게 관심을 보이지 않는 것도 하나의 방법입니다. '밤에는 엄마가 놀아주지 않는다'라는 사실을 확실하게 인지시켜 스스로 잠들 수 있는 상황을 만들어줘야 합니다.

24~36개월 아이의 수면 습관 들이기

· **이 시기의 수면 특징은?** 대부분 아이는 오후 7시~9시 사이에 잠자리에 들고, 오전 6시 30분~8시 사이에 일어날 수 있어요. 밤에는 11시간, 낮에는 1시간 30분~2시간 정도의 낮잠을 잡니다.

· **이 시기에 생길 수 있는 수면 문제는?** 가장 흔한 수면 문제는 잠자기를 거부하는 것이에요. 또 하나의 문제는 밤중에 자주 깨는 것입니다. 아이가 혼자 잠잘 수 있을 정도로 충분히 컸는데도, 한밤중 자꾸 깰 때는 혼자 다시 잠드는 법을 배워야 해요. 특히 이 시기 아이는 어두운 밤을 무서워하는 경향이 있는데, 번개 등의 기상 변화가 있을 때는 엄마가 옆에 있어줍니다.

· **수면 습관은 이렇게 들이세요!**
① 낮잠 시간과 취침 시간 규칙적으로 정하기
오후 7~9시에 자고 아침 6시 30분~8시에 일어나는 것을 규칙으로 정해둡니다. 밤잠과 낮잠 자는 시간을 규칙적으로 지키고, 아이가 마음대로 수면 시간을 바꾸지 못하게 하세요. 3세 아이의 평균 낮잠 시간은 2~3시간이지만, 아이의 신체리듬을 체크해 밤잠과 낮잠의 균형을 맞춥니다.
② 엄마를 찾으며 울어도 일관성 있게 대하기
아이가 자다 깨서 우는 소리가 들려도 곧바로 달려가지 마세요. 계속 엄마를 찾으며 울면 10분간 기다렸다가 들어가고, 바로 침대에 다시 눕힌 후 곧장 방에서 나옵니다. 이때 아이를 꾸짖거나 벌주지 말고, 그렇다고 옆에 머무르며 놀아주어서도 안 돼요. 차분하고 일관성 있게 대하면 아이도 상황을 받아들입니다.

③ 잠자리 환경 체크하기

아이 방이 너무 덥지는 않은지, 잠옷이 너무 꽉 끼거나 불편하지는 않은지도 확인합니다. 아이가 어두운 것을 싫어하면 방문을 열어두는 것도 좋아요. 한편 어두운 밤에 혼자서 침대 아래에 괴물이나 도깨비가 있다는 상상을 하며 두려움을 느끼는 것은 아이에게 흔히 나타나는 현상이니 너무 걱정하지 마세요. 혹시 아이가 악몽을 꿔서 울면, 바로 가서 달래주고 나쁜 꿈에 관한 이야기를 들어줍니다. 꼭 악몽을 꾸지 않더라도 아이는 밤에 대한 공포로 힘들어할 수 있어요. 만약 아이가 심하게 겁에 질렸다면 잠시 부모와 같은 방에서 재웁니다.

 ## 깊은 잠을 부르는 실내 환경을 만들어요

온도·습도부터 체크합니다

계절에 따라 조금씩 달라지지만 침실 온도는 여름에는 25℃ 이하, 겨울에는 18~22℃가 적당해요. 수면에 적지 않은 영향을 주는 습도는 약 40~50%로 유지합니다.

자유롭게 뒤척일 수 있는 넓이의 침대를 준비하세요

침대를 사용한다면 매트리스가 중요해요. 몸의 압력 분포가 골고루 잘되어 허리가 편안한 매트리스가 좋고, 너무 딱딱하거나 스프링이 약한 매트리스는 피합니다. 이상적인 침대 크기는 양손을 펼친 너비 정도가 적당해요. 혼자 재우는 아이라면 떨어지지 않도록 침대 옆에 경계가 있되 너무 높지 않은 것으로 마련해주세요.

계절에 맞게 침구를 바꾸는 게 좋아요

여름엔 시원하고 겨울에는 따뜻하게 자기 위해서는 계절에 맞는 침구가 필요해요. 소재나 촉감까지 고려한 쾌적한 침구를 선택합니다. 이불은 아이의 몸을 충분히 덮고도 남을 정도로 비교적 큰 사이즈가 좋아요. 베개는 어린아이일수록 높지 않고 뒤통수 부분이 들어간 형태가 편합니다. 잠옷은 흡습성이 좋은 소재로 골라주세요.

잠잘 때는 빛을 완전히 차단합니다

형광등이나 컴퓨터·TV 등의 강한 빛은 잠을 방해합니다. 잠들기 전에는 약한 수면등만 켜고, 잠든 후에는 방으로 들어오는 빛을 차단해주세요. 그러나 아침에 빛이 스며들 수 있도록 밤사이 암막 커튼을 약간 열어두는 것이 좋습니다.

우리 아이 푹 재우는 노하우

아이의 졸음 신호를 잘 포착합니다

아이는 졸릴 때마다 나름 신호를 보냅니다. 이 순간을 잘 포착하는 게 잠을 잘 재우는 노하우예요. 보채거나 칭얼대며 하품하는 것 이외에도 눈을 비비거나 귀를 잡아당기고, 시선이 멍해지는 등의 행동을 보이지요. 평소 아이의 졸음 신호를 잘 알아두었다가 그 순간을 놓치지 않는 게 중요합니다.

하루에 한 번은 외출을 해보세요

밤에 보채지 않고 잠을 푹 자게 하려면 낮에 활동량을 늘려 적당히 피곤하게 만드는

 닥터's advice

❓ 낮잠을 잘 재우는 노하우

• **밤에 충분히 재울 것!** 밤잠이 부족한 것을 낮잠으로 보충하기 어렵듯 낮잠을 줄인다고 밤잠이 늘어나지는 않습니다. 오히려 밤잠을 충분히 자는 아이가 낮잠도 원만하게 잘 잡니다.

• **일정한 낮잠 패턴 유지하기!** 가장 좋은 방법은 아침과 오후에 시간을 정해놓고 엄마가 같이 낮잠을 자는 것입니다. 물론 아이가 잘 때 엄마 혼자만의 시간을 갖고 싶은 생각이 굴뚝이겠지만, 아이와 함께 엄마가 옆에 누워 있으면 규칙적인 낮잠 습관을 들이는 데 효과적이에요. 그뿐만 아니라 엄마 자신도 쌓인 피로를 푸는 시간이 돼요.

• **안아서 재우지 말 것!** 아이를 안거나 업어서 재우기보다는 침대에 눕힌 다음 손으로 토닥거리면서 재우는 것이 낫습니다.

게 효과적이에요. 걷거나 기지 못하는 아이는 품에 안고 바깥 경치를 보여주는 것만으로도 뇌에 신선한 자극을 주어 기분 좋은 피곤함을 느끼게 할 수 있습니다.

잠자기 1~2시간 전, 따뜻한 물에 목욕합니다

따뜻한 물에 몸을 담그면 몸속까지 따뜻함이 전해지다가, 목욕 후 욕조에서 나오면 체온이 급격히 내려갑니다. 이때 몸과 마음의 긴장이 풀어져 잠자고 싶어지는 생각이 최고조에 이르지요. 목욕 직후보다는 조금 시간이 지나 몸의 열기가 진정될 때가 잠들 수 있는 최적의 시간입니다. 바로 이 시간대를 이용해 깊이 잘 수 있게 도와주세요. 목욕을 마친 후에는 감촉이 좋은 면 소재의 잠옷을 입히고, 조도를 낮춘 방에 눕혀 잠을 자게 합니다. 이때 아이에게 바른 수면 자세를 알려주는 것이 좋아요. 얼굴이 천장을 향하도록 바로 눕고 베개를 벤 상태에서 목과 어깨, 등을 똑바로 편 자세가 좋은 수면 자세입니다. 또 다리를 골반 너비로 약간 벌리고, 팔은 몸에서 약간 떨어진 위치에 자연스럽게 두면 뒤척임이 자연스러워 수면을 방해하지 않습니다.

토닥임과 자장가를 활용해보세요

칭얼거리며 잠투정할 때 일정한 박자로 토닥이며 나지막한 자장가를 불러주면 아이는 안정감을 느낍니다. 이때 자장가는 3박자 곡보다는 사람의 심장박동과 같은 4박자 곡이 좋으며, 반복 구조와 리듬을 가진 전래 자장가가 효과적이에요. 이때 이불 속 아

 닥터's advice

❓ 악몽 꾼 아이, 편안하게 재우려면?
돌 전후 아이들은 악몽을 꾸면 무조건 울면서 엄마가 달래주기를 기다리지만, 3세 전후에는 스스로 엄마를 깨우기도 합니다. 아이가 잠에서 채 깨지 못한 상태로 흐느끼면서 무서워할 때는 일부러 아이를 깨우지 말고 그 상태에서 그대로 잠들 수 있게 엄마가 조용히 토닥여주세요. 아이가 아직 꿈과 현실을 잘 구분하지 못하는 시기에 갑자기 잠을 깨우면 오히려 더 놀라고 꿈을 현실처럼 느낄 수 있기 때문이에요.

이의 발을 가볍게 마사지하면 깊은 잠을 유도할 수 있습니다. 발 안쪽 오목한 부위를 부드럽게 쓸어주거나, 발가락과 발가락 사이를 쥐거나, 발등을 문지르는 방법이 있어요. 쇄골이나 손목뼈 부위를 부드럽게 문질러주는 것도 좋습니다.

약간의 생활 소음은 있는 편이 낫습니다

신생아는 얕은 잠을 자기 때문에 작은 소리에도 민감하게 반응해요. 그래서 간신히 재운 아이가 깨기라도 할까 노심초사하며 설거지는커녕 손님도 못 오게 하는 집이 있습니다. 하지만 지나치게 조용한 환경은 아이를 더욱 예민하게 만들 수 있어요. 특히 낮에는 물소리, 말소리 같은 생활 소음은 들려야 아이도 밤낮을 구분하고 밤에 더욱 깊게 잘 수 있습니다.

자기 전 휴대폰과 TV는 멀리!

휴대폰이나 TV 영상은 아이의 뇌를 흥분 상태로 만듭니다. 자기 직전 휴대폰 화면을 보는 것은 커피 2잔의 각성 효과가 있다는 연구 결과가 있어요. 그런 만큼 아이가 자는 시간에는 휴대폰과 TV 전원은 모두 꺼두세요. 좋아하는 TV 프로그램이 있더라도 저녁 시간에는 가급적 보여주지 않아야 합니다. 대신 아이를 재울 때 엄마도 함께 자는 게 효과적일 수 있어요. 만약 같이 잠들기가 힘들다면 일부러 숨소리를 크게 내거나 깊이 잠든 시늉을 해보세요.

잠자리 친구를 만들어주세요

잠자리 친구란 부모가 없을 때 아이의 마음을 편안하게 해주는 물건이에요. 잠들거나 한밤중에 깼을 때 중요한 역할을 합니다. 아이들은 상상력이 풍부해 잠자리 친구를 현실로 생각하며, 이를 통해 혼자라는 느낌을 떨쳐버릴 수 있어요. 잠자리 친구라고 해서 거창한 건 아니에요. 아이가 다루기 쉬울 정도로 작고, 안기에 편하면 좋습니다. 예를 들어, 꼭 안을 수 있는 부드러운 인형이나 작은 담요 등이 있어요.

아이가 밤에 우는 이유는 다양해요

아이가 밤마다 부모를 깨우는 원인을 찾아보세요

아이가 화장실에 가고 싶어 하는지, 기저귀가 젖었는지 먼저 살펴보세요. 아침마다 흠뻑 젖은 기저귀를 갈아야 하는 아이라면, 축축하고 차가운 기저귀 또는 소변이 피부를 자극해 잠에서 깰 가능성이 커요. 아이가 소변을 가리는 중이고 아침에 일어나자마자 소변을 많이 본다면, 잠깐 깼을 때 방광이 꽉 찬 느낌 때문에 다시 잠들지 못할 수 있습니다. 아이가 자면서 돌아다니거나, 잠꼬대를 심하게 하거나, 야경증이 있다면 역시 오줌이 마려운 것이 문제일 수 있어요. 이런 경우라면 잠자리에 들기 2시간 전부터는 마시는 것을 제한합니다. 기저귀를 차고 자는 아이라면 흡수력이 큰 야간용 기저귀를 채우고, 음부에 발진 방지 연고를 발라주세요. 화장실에 가는 아이라면 잠들기 전 몇 차례 화장실에 데려가고, 눕기 직전 마지막으로 한 번 더 소변을 보게 합니다. 소변을 가리는 중이라면 자면서 쉬를 할지도 모른다는 불안감에 마음 편히 푹 못 자는 경우가 많아요. 이런 경우 확실히 소변을 가리기 전까지는 기저귀나 일회용 팬티를 입히는 것이 좋습니다.

악몽을 꾸거나 야간 공포증일 수도 있어요

아이가 울면서 깨거나, 깼을 때 부모에게서 안 떨어지고 한참 안심이 된 후에야 다시 잠든다면 악몽이나 공포가 원인일 가능성이 커요. 아이들에게 자주 나타나는 렘 수면 단계에서는 꿈과 악몽을 경험합니다. 만 2~3세가 되면 자신이 꿨던 꿈과 악몽을 설명할 수도 있어요. 잠꼬대로 꿈의 내용을 중얼거리거나, 깼을 때 뭔가 무섭다고 말하는 아이도 있어요. 악몽으로 잠에서 깼다면 아이를 위로해주면서 반복적으로 악몽에 나타난 무서운 존재가 실재하는 것이 아니며, 아빠와 엄마가 지켜줄 것이라고 이야기해줍니다. 대부분의 악몽은 지속적인 정서적 갈등을 반영하는 것으로, 대부분 비정상적인 것은 없습니다. 대개 TV, 책, 우연히 들은 어른끼리의 대화, 형·누나들의 놀이를 잘못 알아들은 것 등이 원인으로 작용해요. 최근에는 영상물을 쉽게 접할 수 있는 만큼 만화, 영화, 뉴스, 광고 등 미디어를 통한 자극적이고 무서운 영상에 노출되지 않게 하는 것도 중요합니다. 아이들이 좋아하는 이야기나 영화도 어린아이들은 놀랍거나 무섭다고 생각할 수 있어요. 아이들은 사물을 어른과 다르게 바라보고 해석하므로, 아이가 무엇을 두려워하는지 알려면 주의 깊게 관찰해야 합니다.

전체적으로 수면 시간이 너무 부족한 건 아닌지 체크해보세요

아이가 잠자리에 드는 시간이 너무 늦거나, 밤에 충분히 자지 못하면 만성 수면 부족 상태가 됩니다. 수면이 부족하면 세상모르고 잘 거라 생각되지만, 오히려 편히 잠들지 못하고, 훨씬 자주 깹니다. 이런 경우 아이는 참을성이 없고, 보채며, 변덕스럽고, 쉽게 분노 발작을 일으키는 원인으로도 작용해요. 설상가상으로 악몽, 야간 공포증, 이 갈기, 불면증 등 기존의 문제가 더 악화되는 경우도 발생합니다. 낮잠 스케줄이 엉망인 경우도 마찬가지예요. 일관성 없는 낮잠 스케줄, 불충분한 낮잠, 또는 너무 길거나 너무 늦은 낮잠은 모두 아이가 밤에 자주 깨는 원인이 됩니다.

이앓이가 이유일 수 있어요

생후 6개월이 되면 이가 나기 시작합니다. 이때 아이는 잇몸이 간지러워 깊은 잠을 못 자기도 해요. 이럴 때는 치아발육기나 노리개 젖꼭지를 물리면 도움이 됩니다. 단, 너무 오랜 시간 물고 있지 않도록 시간을 제한하는 게 좋아요. 공갈 젖꼭지를 오래 사용하면 치열의 발달이나 정서 측면에서 좋지 않기 때문입니다.

알쏭달쏭! 아이의 잠버릇 궁금증

Q 젖을 물어야 자는 버릇이 있어요

아이들은 밤잠을 깊이 잘 자야 두뇌가 발달하는 법이에요. 자꾸 깨면 두뇌가 충분히 성숙하는 데 방해를 받습니다. 생후 2개월이 되면 젖을 물려 재우지 말고, 4개월쯤 되면 아이가 밤에 깼을 때 바로 젖부터 물리지 않아야 합니다. 아이 스스로 다시 잠들 수 있게 합니다. 수면 교육이 잘되면 생후 6개월경에는 아이가 밤중에 먹지 않고도 잘 잘 수 있습니다.

ℚ 매일 밤 잠을 자려고 하지 않아요

잠들기 어려워하는 아이는 대부분 예민하거나 까다로운 기질 탓일 수도 있고, 잠자리가 편하지 않기 때문일 수도 있어요. 갓난아기 때부터 잠투정이 심하고 작은 소리에도 쉽게 깨고 자주 우는 등 계속 잠자리 문제가 나타났을 가능성이 큽니다. 이런 경우 잠들기 1시간 전에 따뜻한 물로 목욕을 시켜 체온이 약간 올라갔다 떨어졌을 때 재우면 자연스럽게 잠이 듭니다. 로션을 바르면서 아이를 다독이듯 피부를 부드럽게 만져주며 심리적으로 안정감을 주는 것도 효과적이에요. 또한 방 안 온도가 너무 높거나 낮지는 않은지도 살핍니다. 베개는 너무 푹신하지 않은 것으로 하되, 목과 어깨가 나란히 놓일 정도의 높이로 선택하는 등 잠자리 환경을 점검해보세요.

ℚ 밤에 자다 깨서 우는 아이, 야경증일까요?

만 2세 이후의 아이가 밤에 자다 깨서 운다면 야경증을 의심해볼 수 있어요. 야경증은 4세 전후를 기점으로 잘 생기며, 심리적 스트레스·긴장·피로·수면 부족 등이 주원인입니다. 야경증은 대개 잠이 들고 1~2시간 뒤에 일어나고, 아이가 잠을 자다 갑자기 놀라서 깨는 모습을 보여요. 겁에 질려 비명을 지르거나 울면서 깨기도 하고 호흡이 빨라지며 식은땀을 흘리는 등 불안 증상을 동반하기도 합니다. 겉으로는 마치 악몽을 꾼 것처럼 보이나, 실제로는 다른 증상이에요. 대부분 자랄수록 횟수가 줄고, 성장에 크게 영향을 끼치지 않기 때문에 시간을 갖고 좀 더 지켜봅니다. 반복적으로 야경증을 보일 수 있지만, 성장 과정에서 저절로 없어지는 경우가 많아요. 증상이 매우 빈번하거나 수면 공포가 생긴다면 진료가 필요합니다.

ℚ 자면서 중얼중얼 잠꼬대를 해요

아이가 잠꼬대를 하면 마치 깨어 있는 것처럼 보입니다. 하지만 이때 아이는 잠에서 깬 것이 아니에요. 잠꼬대는 꿈을 꾸는 잠으로 넘어가는 수면 단계에서 나타나는 현상이기 때문에 아이를 일부러 깨우거나 너무 걱정할 필요는 없습니다. 아이가 마치 실제처럼 이야기해 걱정이 되기도 하는데, 일단은 지켜봐도 괜찮아요. 하지만 잠꼬대를 너무 자주 하고, 소리를 크게 지르며 몸을 심하게 뒤척인다면 아이를 안고 토닥이면서 잠을 깨워 안심시켜주세요.

ⓠ 자다가 갑자기 일어나 앉아요. 몽유병일까요?

몽유병은 잠자리에서 갑자기 일어나 눈동자는 멍한 상태이거나 눈을 감은 상태에서 이불자락을 끌어당기는 등의 목적 없는 행동을 반복하는 증상이에요. 때로는 잠자리에서 일어나 멍한 상태에서 소꿉장난하거나 TV를 켜서 보기도 하며, 말을 걸면 대답도 합니다. 하지만 아이는 아침에 깨면 밤사이 있었던 일에 대해 전혀 기억하지 못해요. 증상이 있을 때 억지로 깨우면 방향 감각을 잃거나 스트레스를 받을 수 있으므로 침대로 조심스럽게 유도하는 것이 좋습니다.

안전사고 및 응급처치

눈 깜짝할 사이 사고가 나요. 응급처치를 알면 든든해요.

체크 포인트

☑ 만 1~3세에 발생하는 안전사고는 대부분 1~2주 미만의 가벼운 치료가 많아요. 하지만 때에 따라 중상을 입거나 생명을 위협하기도 합니다. 이때 응급처치만 잘해도 큰 사고를 예방하는 만큼 평소 안전사고 응급처치 요령을 알아두세요.

☑ 어린아이를 침대나 기저귀 교환대에 혼자 두면 안 됩니다. 높은 곳에서 떨어지는 일은 아이에게 가장 빈번히 일어나는 사고예요. 잠시 자리를 비우더라도 아이를 함께 데리고 갑니다.

☑ 화상을 입었을 때는 반드시 응급실에 가야 합니다. 2도 이상의 화상 또는 1도 화상이라도 전신의 3분의 1 이상이 데었다면 바로 응급실로 향해야 해요. 이때 연고를 바르지 말고, 깨끗한 거즈를 살짝 덮고 급히 병원으로 이동하세요.

☑ 아이가 걸어 다니면 문을 여닫을 때 손가락이 끼는 사고가 자주 발생합니다. 아이가 다칠 염려가 있는 곳에 문 고정, 손 끼임 방지, 문 닫힘 방지 등 여러 안전장치를 미리 설치해주세요.

안전사고 60%는 가정에서 발생해요

아이들이 어디서 많이 다칠까요? 안전사고가 많이 일어나는 장소는 놀랍게도 '집'입니다. 한국소비자원에 따르면 안전사고의 60%가량이 가정에서 발생하며, 그중에서도 3세 이하 영유아가 67.9%에 해당합니다. 아이가 손에 잡히는 물건을 입에 갖다 대고 걷기 시작하는 순간부터 사고는 눈 깜짝할 새에 일어나요. 문틈 사이, 미끄러운 화장실 바닥, 가구 모서리 등 사고가 없을 것 같은 집 안에서 의외로 안전사고가 자주 발생하지요. 대부분의 시간을 집에서 보내는 어린아이는 그만큼 가정 내 안전사고 위험에 많이 노출되어 있습니다. 평소 실내외 위험 요소를 체크해두세요. 또한 엄마가 안전수칙을 제대로 알아야 아이가 갑작스러운 안전사고를 당하더라도 차분하게 대처할 수 있어요. 혹시 모를 사고에 대비해 예방법과 대처법을 숙지해두는 것은 엄마의 의무이자 아이의 안전을 지키는 최선의 길임을 명심하세요.

 ## 집 안에서 가장 위험한 곳은 어디일까요?

가정 내 안전사고 발생 현황을 장소별로 살펴보면 '방과 침실'이 28%, '거실'이 16.9% 순으로, 아이들이 주로 활동하는 공간인 거실과 방에서 자주 발생합니다. 어른의 눈높이에서 보면 전혀 위험하지 않은 생활용품이 아이의 안전을 위협합니다. 그런 만큼 가정 내의 안전사고를 예방하기 위해 먼저 해야 할 일은 아이들의 눈높이에서 집 안 구석구석을 살피고 위험 요소를 차단하는 것입니다.

1. 거실 & 방
•어른용 침대에 아이 혼자 눕히지 않기 어른용 침대에는 보호대가 없어 아이 혼자 눕혔을 때 아차 하는 순간, 낙상 사고가 일어납니다. 잠시 둔다고 해도 난간이 있는 아이 전용 침대에 눕히는 것이 안전하며, 난간이 없는 침대는 안전가드를 설치해야 합니다.

- **창문 가까이에 의자, 침대 등 가구 두지 않기** 창문 가까이에 발판이 될 만한 의자나 침대를 두면 아이가 밟고 올라가 밖으로 떨어지는 낙상 사고가 일어날 수 있어요.

- **걸려 넘어질 만한 물건 치우기** 아이가 걷기 시작했다면 바닥에 걸려 넘어질 만한 물건은 치워야 합니다.

- **가구 모서리에 보호대 설치하기** 장식장이나 책상 등 아이의 키 높이와 비슷해 모서리에 부딪힐 확률이 높은 가구에는 보호대를 씌워야 안전합니다.

- **작은 물건은 아이 손이 닿지 않는 곳에 보관하기** 어린아이는 손에 닿는 것은 뭐든지 입으로 넣으려는 습성이 있어요. 특히 삼키면 위험한 작은 크기의 동전, 건전지, 미니 블록, 구슬 등과 같은 것은 절대 아이 손에 닿는 곳에 두어선 안 됩니다. 화장품이나 약 등 독성이 강한 물품 역시 아이 손에 닿지 않는 높은 곳에 보관합니다.

- **장롱이나 서랍에 안전장치 달기** 문이나 서랍을 여닫을 때 손가락이 낄 위험이 있어요. 아이의 손이 자주 가는 서랍에는 문을 여닫을 때 일시적으로 틈이 벌어지게 하는 서랍 안전장치를 설치하세요.

2. 욕실

- **잠시라도 혼자 두지 않기** 화장실 바닥은 물기가 있어 자칫 미끄러지기 쉬워요. 아이가 욕실에 있을 땐 눈을 잠시라도 떼지 말고 혼자 두지 않습니다.

- **미끄럼 방지 용품 사용하기** 민첩성이 떨어지는 아이들은 미끄러운 바닥에서 넘어지면 크게 다칠 수 있어요. 화장실 바닥 타일에 미끄럼 방지 스티커를 붙여둡니다.

- **욕조나 대야는 항상 비워두기** 설마 하고 방심하는 사이 아이는 얕은 물에서도 익사 사고를 당할 수 있어요. 사용하고 난 뒤 욕조나 대야는 항상 비워둡니다.

- **수도꼭지는 항상 냉수 방향으로** 아이가 혼자 수도꼭지를 틀 수도 있으니 수도꼭지 방향은 항상 냉수 쪽으로 둡니다. 온수에 맞춰져 있다면 아이가 화상을 입을 수 있기 때문이에요.

3. 부엌
- **아이 혼자 부엌에 들어가지 않기** 부엌에는 가스레인지, 칼 등 조심해야 할 조리도구가 많아요. 아이가 부엌에 혼자 들어가지 않도록 주의합니다.

- **가스레인지 위의 물건 만지지 못하게!** 아이의 키가 가스레인지와 비슷해지면 조리기구에 손이 닿게 마련이에요. 아이가 호기심에 만지지 않도록 프라이팬이나 냄비 손잡이는 늘 안쪽으로 향하게 둡니다. 이왕이면 스토브 가드를 설치하면 더욱 안전해요.

- **조리도구는 높은 곳에 두기** 칼이나 가위 같은 위험한 조리도구는 아이가 만질 수 없는 높은 곳에 보관하며, 물을 끓인 주전자는 식탁 위에 올려놓지 않습니다.

- **수납장에는 잠금장치 필수** 호기심에 수납함을 열어보는 일이 비일비재합니다. 싱크대 밑 수납장에는 칼 수납함이나 무거운 냄비, 주방세제 등이 보관되어 있으므로 아이가 쉽게 열지 못하도록 잠금장치를 설치합니다.

삐뽀삐뽀! 안전사고 상황별 대처법

SOS ① 아이가 높은 곳에서 떨어졌어요
몸을 가누기 시작하는 시기의 아이들은 잠시도 가만히 있지 않아 높은 곳에서 떨어지는 사고가 자주 일어나요. 떨어지기 전 아이의 상태가 양호했는지, 떨어진 뒤에도 바로 정상적인 행동이나 상태를 보이는지, 다른 곳은 다치지 않았는지 먼저 살펴보세요.

・떨어진 후 48시간은 주의 깊게 살펴보기   침대 높이에서 바닥으로 떨어졌다면 대개 큰 문제는 없습니다. 이 시기 아이의 머리는 대천문이 아직 완전히 닫히지 않아 떨어질 때 완충 작용을 해 충격이 덜하기 때문입니다. 보통 아이들이 머리를 부딪치거나 떨어져서 뇌진탕이 생겨도 10분이면 곧 울음을 그치고 아무 일 없었다는 듯 평소대로 행동하지요. 하지만 문제는 잘못 떨어져 골절이나 뇌에 문제가 생기는 경우예요. 10분 이상 울음을 그치지 않고, 아이의 표정이 어딘가 불편해 보인다면 곧바로 병원에 가야 합니다. 또 계속 구토를 하거나 이유 없이 보채고 잘 안 먹을 때도 병원에 가야 해요. 이런 증상들은 대개 머리를 부딪친 후 48시간 안에 나타나므로 그 동안은 아이의 상태를 더욱 주의 깊게 관찰합니다.

・곧바로 병원에 가야 하는 경우   침대보다 꽤 높은 높이에서 떨어졌다면 병원으로 빨리 이동해야 합니다. 다친 아이가 의식이 없거나 등이나 목을 다쳤다고 판단되면 절대 함부로 옮겨선 안 돼요. 척추를 다친 상태에서 잘못 옮기면 뼈에 2차 손상이 갈 수 있습니다. 이때는 119 구급차를 부르고, 구급차가 올 때까지 아이 몸 양옆을 담요 등으로 받쳐 몸을 고정시켜주세요.

・병원 가기 전, 집에서 간단히 하는 응급처치

① 떨어지면서 기절했을 때

1~2초가 아닌 1~2분 기절하는 경우입니다. 우선 기도가 막히지 않게 고개를 옆으로 돌리고 호흡 상태를 확인합니다.

② 잠에서 잘 깨지 않고 오래 자는 경우

떨어진 이후 2시간 이상 잠을 자는 경우에는 아이를 깨워서 흔들어보거나 꼬집어보는 등 아이의 상태를 살피고, 3시간 간격으로 깨워 반응을 주의 깊게 봅니다.

③ 두 번 이상 토했을 때

처음 2~3회 구토는 가벼운 뇌진탕일 때도 나타나요. 하지만 이 경우는 구토가 펌프처럼 왈칵 쏟아집니다. 우선 입안의 이물질을 가제수건으로 닦아주고 남아 있는 이물질이 기도로 넘어가지 않도록 고개를 옆으로 돌려주세요.

④ 경기를 하거나 엄마를 몰라보는 경우

기도가 막히지 않도록 고개를 옆으로 돌려주고 경련이 5분 이상 계속되면 병원에 갑니다. 이때 아이의 손과 발을 잡지 말고 끝날 때까지 기다리세요. 대부분은 이상이 없지만 간혹 골절, 뇌출혈, 뇌막염 등의 합병증이 발생할 수 있어요. 아이가 놀랐을까봐 기응환이나 청심환을 먹이는 경우가 있는데, 소아청소년과 의사들은 권장하지 않습니다. 이런 약을 미리 먹여두면 진짜로 뇌출혈이 생겼을 때 늦게 발견될 수도 있기 때문이에요.

⑤ 특정 부위가 부어오르고 아이가 움직이지 못하는 경우

바닥에 떨어지면서 머리보다 팔다리가 먼저 닿았다면, 드물지만 팔다리에 골절이 생기기도 해요. 이때는 아이가 심하게 울며, 골절 부위가 보랏빛으로 변합니다. 골절이 의심된다면 움직이지 말고 그 상태로 구급차를 부르는 것이 안전합니다. 또한 해당 부위에 자, 젓가락, 나무토막 등으로 부목을 대고 아이가 아파하지 않을 정도로만 끈으로 묶어 고정해주는 게 좋습니다. 이때 뼈를 고정하려는 마음에 골절 부위를 지나치게 당기거나 뼈를 움직이면 신경이나 혈관에 손상을 입힐 수 있으니 주의하세요. 골절로 진단받으면 뼈를 다시 제자리로 맞출 때 전신마취를 할지 모르므로 되도록 음

🚑 이럴 땐 병원으로!

- ☐ 아이가 잠에서 잘 깨지 않고 평소보다 오래 잠을 자는 경우
- ☐ 두 번 이상 구토 증상을 보일 때
- ☐ 두통을 호소하고 그 강도가 점차 심해지거나 24시간 이상 계속될 때
- ☐ 경련(경기)을 일으킨 경우
- ☐ 목(뒷머리)이 아프다고 할 때
- ☐ 코 또는 귀에서 피가 나왔을 때
- ☐ 귀에서 하얀 분비물이 나올 때
- ☐ 시력·청력·언어에 이상한 증상을 보일 때
- ☐ 손발에 힘이 없거나 잘 걷지 못할 때
- ☐ 오랫동안 울고 보채는 등 평소와 다른 행동이 나타날 때

식, 음료를 먹이지 않습니다.

SOS ② 날카로운 물체에 긁히고 베였어요

• **상처에서 피가 나면** 날카로운 물건에 살이 베이거나 긁힌 상처라면 처치하기 전에 상처 부위의 크기와 깊이부터 확인합니다. 유리나 칼에 살이 베였을 때 무턱대고 반창고부터 붙이면 곪거나, 심할 경우 파상풍에 걸릴 수 있으므로 우선 상처를 흐르는 물에 잘 씻어주는 게 좋아요. 가벼운 상처라면 먼저 상처 부위의 이물질을 생리식염수나 흐르는 물에 씻어주세요. 만약 피가 멈추지 않으면 깨끗한 천으로 출혈 부위를 5분 정도 지그시 눌러 지혈해줍니다. 이때 베인 부분을 벌려보거나 찢어진 곳을 만지면 출혈을 악화시킬 수 있어요. 게다가 세균 감염의 위험이 있으므로 상처 부위에 손을 대지 않습니다. 상처를 씻었으면 물기를 살짝 닦은 다음 소독약으로 소독하고, 깨끗한 수건이나 소독한 거즈를 상처에 댑니다. 만약 출혈이 심하면 거즈 위에 붕대나 천으로 다시 한 번 조금 단단히 감아주세요. 손이나 발에 상처가 났을 때는 심장보다 높이 들어 올리면 피가 잘 멈춰요. 손이나 발처럼 더러워지기 쉬운 곳에 상처가 났다면 밴드나 깨끗한 거즈로 덮고, 그 외 다른 부위에 상처가 났다면 공기를 통하게 해주는 게 좋습니다. 낮에는 상처를 봉해 두었다가 밤에는 드레싱을 떼어내 공기를 통하게 해주는 것도 효과적이에요. 상처가 완전히 아물 때까지 수시로 드레싱을 갈아줍니다.

닥터's advice

❓ 떨어지면서 심한 피멍이 들었다면?
아이 몸에 생긴 멍 자국을 빨리 없애려면 멍든 부위를 가볍게 마사지합니다. 마사지는 몸속 혈액순환을 원활하게 도와 대식세포의 이동 속도를 빨라지게 해 멍 자국을 없애는 데 효과적입니다. 단, 과도한 마사지는 약해진 혈관을 다시 터지게 해 멍든 부위를 넓힐 수 있으니 주의해야 해요. 또한 생감자를 갈아서 천이나 기름종이에 두텁게 바른 다음 멍든 부위에 붙이면 멍 자국이 없어져요. 감자에 들어 있는 '솔라닌' 성분이 염증을 가라앉히므로 멍들고 부은 부위에 효과적이에요.

안전사고 및 응급처치

SOS ③ 유리가 박혔어요

피부에 유리가 박혔을 때는 무리하게 파편을 빼내려 하지 말고 그대로 병원에 가는 편이 낫습니다. 집에서 파편을 빼내려다 자칫 유리 끝이 부러져 피부 속에 남을 수 있기 때문이에요. 유리 조각을 살짝 털어낸 뒤 유리가 박힌 부분은 깨끗한 거즈로 덮고 상처 위쪽을 압박붕대로 감은 후 병원에 갑니다. 상처가 작더라도 깊이 찔렸다면 통증이 심할 수 있어요. 혹은 피가 뿜어져 나온다면 동맥에서 출혈이 발생한 것이므로 상처를 멸균 가제나 압박붕대로 감아 지혈한 후 신속히 병원에 갑니다. 피가 멈추지 않고 압박붕대나 가제로 감싸 눌러도 곧 피가 스며들 정도라면 즉시 병원에 가야 해요. 이때는 상처 부위에 이물질이 묻어 있더라도 의사에게 보이기 전까진 물로 닦아내지 마세요. 출혈이 심할 때는 상처 부위를 심장보다 높게 하는 게 도움이 됩니다.

SOS ④ 뾰족한 것에 찔렸어요

겉보기에는 상처가 크지 않아 보여도 깊이 찔렸다면 통증과 출혈이 심할 수 있어요. 일단 상처의 상태를 잘 살펴봅니다. 녹슨 못이나 더러운 것에 찔렸을 때는 먼저 이물질을 뽑은 다음 상처 부위를 세게 눌러 피를 빼내는 게 기본입니다. 자칫 파상풍에 걸릴 위험이 있는 만큼 응급처치 후 병원을 찾아요. 작은 가시라면 핀셋 끝을 소독해 끄

닥터's advice

❓ 올바른 습윤 밴드 사용법

상처 부위가 이물질에 오염되지 않게 신경 쓰면서 촉촉하게 관리해주면 피부 재생 속도가 빨라집니다. 이때 상처 치료 효과가 있는 습윤 밴드를 사용하는 것도 방법이에요. 흉터 없이 상처를 치료해준다는 '습윤 밴드'는 넘어지거나 긁혔을 때 빠르고 손쉽게 응급처치 하는 방법이에요. 일반 밴드는 상처 부위에 이물질이 들어가는 것을 막아주는 역할만 하지만 습윤 밴드는 여기에 치료 효과까지 더해졌습니다. 가벼운 찰과상에는 일반 밴드를 붙이고, 진물이 나고 상처가 깊어 흉터가 남을 우려가 있을 때는 습윤 밴드를 붙이는 게 효과적이에요. 밴드를 붙이고 하루쯤 지나면 삼출물이 생겨 밴드가 빵빵해지고 하얗게 부풀어 오르는데, 너무 자주 갈아주거나 상태 확인을 위해 수시로 밴드를 떼어 보면 감염 가능성이 높으므로 2~3일에 한 번만 갈아주세요.

집어내고 주위를 눌러 피를 뺀 뒤 상처를 소독하고 반창고를 붙입니다. 단, 날카로운 물건이 깊숙이 박혔다면 빼내지 말고 바로 병원을 찾는 게 나아요. 자칫 잘못 빼다가는 피가 많이 나거나 피부 조직에 손상을 줄 수 있습니다. 상처 부위가 붉게 변하거나 곪고, 다친 지 48시간이 지났는데도 아프고 붉게 부어오른다면 파상풍일 수 있으므로 반드시 진찰을 받아야 합니다.

SOS ⑤ 서랍이나 문틈에 손가락이 끼었어요

아이가 걸어 다니기 시작하면 문을 여닫을 때 손가락이 끼는 사고가 빈번히 발생합니다. 엘리베이터, 지하철 문 등 어른이 보지 못하는 사이 예상치 못한 곳에서 손이 끼이기도 하죠. 문틈에 손이 끼었을 때 그냥 당겨서 빼면 상처가 더 크게 납니다. 먼저 문을 열어 손가락을 뺄 수 있는 틈을 충분히 만들어줍니다. 손을 빼낸 후에는 상처가 생겼는지, 손가락이 잘 움직이는지를 확인합니다. 다행히 큰 상처가 나지 않고, 단지 살짝 부었다면 찬물이나 차가운 수건으로 손을 식히고 많이 움직이지 않게 해주세요. 반면 창문이나 문에 손가락·발가락이 끼었을 때는 피부 상처뿐 아니라 골절이 있는지도 확인합니다. 출혈이 있다면 서둘러 지혈하고, 뼈의 변형이나 골절이 예상되면 최대한 움직이지 않게 고정하는 것이 중요해요. 손톱이 3분의 1 이상이 벗겨졌다면 먼저 소독하고, 벗겨진 부분을 붕대로 눌러 응급처치한 후 병원에 데려갑니다. 낀 손을 빼낸 후 시간이 지나면서 부기가 심해지고 멍 부위가 커지거나, 손가락을 잘 움직

🚑 이럴 땐 병원으로!

☐ **상처가 벌어졌을 때** 봉합해야 하므로 지체하지 말고 병원에 갑니다. 상처가 나고 6~8시간 안에 봉합하는 것이 좋은데, 늦어도 24시간을 넘지 않아야 해요.

☐ **베인 부위에서 피가 계속 멎지 않을 때** 지혈하면서 급히 병원으로 향합니다. 만약 베인 상처의 혈관 손상 정도가 심하거나, 깊이 베였거나, 상처의 오염도가 높을 때는 꿰맬 수도 있어요. 치료 후에는 안정을 취하고, 통증이나 부기가 심할 때는 차가운 타월이나 얼음주머니를 대주는 것이 좋습니다.

이지 못하고, 부자연스럽게 굽고, 다친 부위의 통증이 심해 엉엉 운다면 골절이 의심되므로 즉시 병원에 갑니다. 육안으로는 괜찮아 보여도 골절 위험을 염두에 두고 함부로 상처 부위를 건드리지 않습니다.

SOS ⑥ 뜨거운 것에 데었어요

• **뜨거운 김이나 액체가 원인** 화상 사고의 85%는 집에서 발생합니다. 담뱃불, 전기, 물이나 음식 등이 화상의 주요 원인이지요. 하지만 그중 빈번한 사고는 뜨거운 물로 인한 '열탕 화상'이에요. 아이는 뜨거운 것에 대한 위험성을 인지하지 못해 전기밥솥의 열기나 정수기의 뜨거운 물 등 생활가전 주변에서도 살을 데기 쉬워요. 어른은 뜨거운 것에 데면 반사적으로 몸을 피하지만, 아이는 이런 상황에서도 재빨리 반응하지 못해 화상 정도가 심해집니다. 게다가 피부 조직이 연약해 똑같은 화상을 입더라도 어른에 비해 2차 감염이 발생하거나 상처가 오래갑니다.

• **신속한 응급처치가 중요** 화상 사고가 일어나면 가장 먼저 상처 부위의 열기를 식히는 것이 응급처치의 기본입니다. 화상 부위를 흐르는 찬물에 15~20분간 식힙니다. 흐르는 물에 대고 있기 곤란한 머리나 얼굴 부위는 얼음주머니를 이용해 열을 식힙니다. 이때 얼음을 화상 부위에 직접 대는 것은 상처를 더욱 악화시켜요. 그러므로 얼음을 가제수건에 감싸는 등 피부에 바로 닿지 않게 해주세요. 간혹 알코올의 휘발 성분이 열을 식힐 거라고 생각해 알코올로 몸을 닦아주는 경우가 있는데, 오히려 통증만

닥터's advice

❓ **민간요법에 의존하지 마세요!**
가벼운 1도 화상은 감자나 알로에 등을 붙여 상처 부위의 열기를 가라앉히기도 합니다. 혹은 된장을 바르기도 하는데, 이것은 오히려 증상을 악화시켜 흉터를 남길 수 있어요. 물집이 생기는 등 화상이 깊다면 민간요법에 의존해서는 안 돼요. 피부를 자극하고 세균에 감염되어 흉터가 생기기 쉬우므로 화상이라고 무작정 민간요법을 따라 하면 안 됩니다.

심해지고 상처를 덧나게 하므로 절대 피해야 합니다. 옷과 피부가 붙었을 때는 가위로 옷을 잘라내야 옷을 벗다 피부를 자극하는 일을 막을 수 있어요. 화상 부위가 구분이 잘 안 된다면 옷을 입힌 채 차가운 물로 열기를 낮춰주세요. 1~2도 정도의 가벼운 화상은 화기를 식힌 뒤 바셀린 거즈로 덮어두거나 아무것도 바르지 않고 그대로 놔둡니다.

안전사고 및
응급처치

• 화상 입으면 일단 병원에 가기 1도 화상일 경우 반드시 병원에 갈 필요는 없지만, 어린아이라면 진찰을 받아보세요. 그다지 뜨겁지 않은 물건에도 오래 대고 있으면 저온 화상을 입을 수 있지요. 피부가 조금 빨개진 정도라도 알고 보면 피부 깊숙이 화상을 입었을 경우도 있어요. 화상을 입었다면 응급처치 후 병원 진료를 받습니다. 욕조에 담긴 뜨거운 물에 떨어지거나 끓는 물이 쏟아져 피부 표면이 빨개지는 정도의 낮은 화상이라도 위험할 수 있어요. 한편 뜨거운 물이나 난방기에 데는 2도 화상부터는 빨갛게 부어오르고 물집이 생기며 통증도 심해져요. 피부 변색과 흉터가 남을 수 있으니 응급처치를 한 다음 즉시 병원에서 치료를 받아야 합니다.

• 일부러 물집 터트리지 않기 물집을 벗겨내면 자연적인 보호막이 없어져 세균성 감염의 위험이 커집니다. 화상에 세균성 감염이 생기면 상처가 곪고 흉터가 남을 수 있는 데다 특히 물집이 크게 생기면 염증이 생길 가능성이 더욱 커져 병원 치료를 받아야 해요. 아이들은 움직임도 많고 주의를 줘도 상처 부위를 긁기 쉬워 물집이 터지지 않게 관리하기가 힘들어요. 이왕 터질 거라는 생각에 깨끗이 소독한 바늘로 터트리기도 하는데, 물집은 일부터 터트리지 않는 것이 좋습니다. 물집이 터졌다면 물집을 그대로 드러내거나 깨끗한 천으로 가볍게 누르고 병원을 찾으세요. 이미 물집이 터졌거나 염증이 생겼을 때는 바로 응급실을 찾아 치료를 받아야 상처가 덧나지 않습니다.

• 화상 치료 후 자외선 차단에 신경 쓰기 화상 부위가 오랜 시간 공기에 노출되면 흉터가 남아요. 아이가 답답해하더라도 병원에서 감아준 거즈나 붕대는 풀지 않는 게 좋습니다. 상처를 감싸지 않으면 오히려 덧나거나 균이 들어가기 쉬워요. 1도 화상은

보습제, 화상 연고를 발라주면 증상이 완화되기도 하지만 상처 치료를 더디게 만들기도 합니다. 또한 상처 부위에 소독약을 바르면 오히려 치료에 방해되고, 염증을 일으킬 수 있으므로 깨끗한 가제수건으로 화상 부위를 감싼 후 병원에서 치료받습니다. 화상 치료 후에는 자외선 차단에 신경 써야 해요. 상처가 아문 뒤라도 자외선에 노출되면 피부색이 달라질 수 있으므로 겨울에도 자외선 차단제를 꼭 발라줍니다.

SOS ⑦ 아이가 이상한 것을 삼켰어요

한국소비자원에 따르면 아이가 뭔가를 삼키거나 질식하는 사고의 접수가 매년 증가하는 추세입니다. 엄마가 잠깐 한눈파는 사이, 손에 잡히는 것이라면 무조건 입으로

🩺 닥터's advice

❓ 1도 화상과 그 외 화상

일상생활에서 흔히 겪는 화상은 대부분 1도 화상에 속합니다. 피부 표면만 붉어지는 정도로 가벼운 화상입니다. 자외선에 오래 노출되어 피부가 발갛게 그을리거나 뜨거운 수증기에 살짝 덴 경우가 해당해요. 상처 부위가 따끔따끔하지만 물집은 생기지 않고 일주일이 지나면 저절로 낫는 것이 보통입니다. 1도 화상은 응급처치만 잘하면 흉터가 남지 않아요. 이에 반해 2도 화상은 피부의 깊숙한 부위인 진피까지 손상되어 물집이 생기고, 3도 화상은 표피와 진피가 모두 파괴되고 상처가 수축 변형되면서 치료를 받더라도 흉터가 남습니다. 때에 따라 피부 이식을 받기도 해요.

❓ 전기 화상

전기 코드를 입에 물거나 콘센트에 손가락·젓가락을 넣어 감전되는 경우, 전기 불꽃이 튀어 화상을 입는 것은 아주 심각한 화상이에요. 전기는 순식간에 몸속까지 광범위하게 심한 화상을 일으킬 수 있어 매우 위험합니다. 이때는 전류, 전압, 접촉 신체 부위, 감전되어 있던 시간 등에 따라 화상 정도가 다르게 나타나요. 먼저 신속하게 119 구조대에 전화하고, 아이를 감전된 전선이나 전원에서 멀리 떼어놓으세요. 이때 플라스틱이나 나무막대와 같이 전기가 통하지 않는 물건을 사용해야 하며 금속 물건을 사용하면 안 됩니다. 전기에 감전된 아이를 만질 경우 2차 감전이 될 수 있으므로 아이를 만지지 않고 관찰만 해요. 피부가 까매지거나 짓무르는 등 화상 흔적이 있을 때도 서둘러 병원으로 가야 합니다. 감전 화상은 피부 속 깊숙한 데까지 도달하기 때문에 흉터가 남을 때가 많지만 아이가 큰 소리로 울지 않고 화상 흔적도 없다면 큰 문제는 없어요. 1~2시간이 지난 후 아이가 평소처럼 잘 논다면 걱정하지 않아도 됩니다. 다만 치료에 도움을 주기 위해 어떤 종류의 전기에 감전되었는지, 얼마 동안 감전되었는지를 확인하세요.

가져가는 아이들. 기도가 좁아 작은 물질에 의해서도 쉽게 질식할 수 있어서 바로 신속하게 응급처치가 이루어져야 합니다. 이물질 종류에 따라 어떻게 대처해야 하는지 알아두세요.

• 무엇을 삼켰는지 입안부터 살피기 아이가 이물질을 삼켰다면 우선 아이의 손이나 입 주변을 확인해 무엇을 먹었는지부터 살펴봐야 합니다. 삼킨 물건에 따라 토해야 하는 경우와 물이나 우유를 마셔야 하는 경우, 토하게 해선 안 되는 경우 등 대처법이 달라요. 병원에 갈 때는 사고 원인이 된 물건을 꼭 챙기고 의사에게 아이가 무엇을 얼마나 먹었는지 설명해야 합니다. 응급처치 후 가능하면 토사물도 증거로 가져가는 것이 좋습니다. 간혹 억지로 아이를 토하게 하려고 손가락을 넣거나 함부로 물을 먹이기도 하는데, 자칫 위험해질 수 있어요. 잘못하면 점막의 손상이나 오히려 독물의 흡수를 돕는 역효과를 초래하므로 가급적 119에 연락해 병원으로 이송하는 것이 가장 안전한 방법입니다.

• 이물질이 기도로 넘어갔다면 위급상황! 아이가 화장품, 모래, 동전, 비눗물 등 이물질을 삼켰을 때 기도가 아닌 식도로 넘어갔다면 1~2일 안에 대변으로 배출되기 때문에 큰 문제가 일어나진 않습니다. 하지만 드물게 딱딱한 음식이나 이물질이 기도를 막으면 아이가 숨을 못 쉬고 울거나 소리를 내지도 못하죠. 1~2분 안에 이를 제거하지 못하면 의식을 잃고, 생명이 위험해지므로 즉시 119에 연락하고 응급처치를 해야 합니다. 이 같은 상황에서 등을 두드리거나 인공호흡을 하는 것은 별 도움이 안 되는 응급처치예요. 기도가 막혔다면 숨도 쉬지 못하고, 기침이 멎은 상태에서 얼굴이 파랗게 질립니다. 기도가 막혀 있는데 인공호흡을 실시하면 이물질을 더 깊숙이 들어가게만 할 뿐입니다.

• 이물질을 빼내는 응급처치, 하임리히법 하임리히법은 영아의 기도에 이물질이 들어가 기도가 막혔을 때 하는 응급처치법입니다. 어른의 하임리히법은 양팔로 환자를 뒤로 안듯이 잡고, 검상돌기(앞가슴 아래쪽에 툭 불거진 돌기)와 배꼽 사이의 공간을 주먹

으로 세게 밀어 올리거나 등을 세게 칩니다. 반면, 영아 하임리히법은 1세 미만 영아를 45도 각도로 들어 올려 머리를 아래쪽으로 엎드리게 한 후 시행해요. 한 손으로는 아이의 턱을 지지하고, 다른 한 손으로 견갑골 사이를 손바닥으로 5회 이상 두드려줍니다. 이물질이 안 나오면 다시 똑바로 돌려 하늘을 보게 한 뒤 아이 가슴을 5회 압박한 후 다시 엎드리게 해 시도해봅니다.

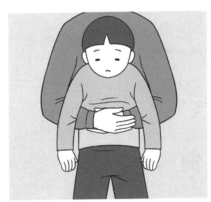

❶ 아이 뒤에서 안듯이 잡고 배를 위로 당겨 올린다.

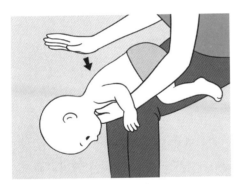

❷ 영아는 등 부분을 두드려준다.

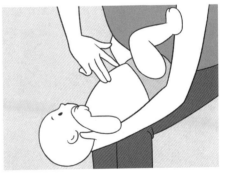

❸ 손가락으로 영아 가슴 중앙을 눌러준다.

▲ 하임리히법 응급처치

・질식사고 응급처치 요령: 돌 이전 아이

① 아이를 팔에 올려놓고 머리와 목을 고정한 다음 아이의 몸을 60도 아래로 향하게 합니다.

② 손바닥으로 등 뒤 어깨의 양쪽 견갑골 사이를 4차례 세게, 아주 빠르게 때립니다.

③ 그래도 숨을 쉬지 못하면 엄지와 검지로 입을 벌린 다음 혀를 잡아 기도를 막지 않게 하는 '턱혀거상법'을 실시합니다. 이때 이물질이 보이고 쉽게 꺼낼 수 있으면 제거해도 되지만 억지로 손을 넣어서는 안 됩니다.

④ 아이가 계속해서 숨을 쉬지 못하면 인공호흡을 하고 즉시 병원으로 향합니다.

・질식사고 응급처치 요령: 돌 이후 아이

① 아이를 똑바로 눕힌 다음 배꼽과 가슴을 둘러싸고 있는 흉곽 사이의 한가운데에 한쪽 손바닥을 올리고 그 위에 다른 손을 포갠 다음 복부를 쳐올리듯이 압박합니다.

② 이때 잘못하면 아이의 간이나 뼈가 손상될 수 있으므로 부드럽게 압박해주세요.

③ 그래도 이물질이 제거되지 않으면 '턱혀거상법'을 실시합니다. 아이가 숨을 쉬지 않는다면 인공호흡과 복부 압박을 6~10차례 반복한 다음 인공호흡을 하면서 병원으로 옮깁니다.

・삼킨 물건에 따른 응급처치법

① 건전지를 삼켰을 때

TV 리모컨이나 장난감에 넣는 동전만 한 크기의 리튬 건전지를 무심코 삼키는 경우가 종종 발생합니다. 건전지를 빨기만 하면 큰 문제가 없지만, 아이가 건전지를 먹었다면 위험합니다. 건전지를 삼켜 응급실을 찾으면 대부분 식도에 걸린 채 도착해 내시경으로 제거할 수 있지만, 4시간 이내에 제거하지 않으면 몸 안에서 누전이 발생해 전기적인 화상을 입을 수 있습니다. 또한 식도나 위장계에 들어가면 화학 반응을 일으켜 성대와 식도, 혈관 등에 손상을 줄 위험도 있지요. 특히 납작한 동전 모양의 리튬 건전지는 식도를 막을 위험이 커 절대 아이의 손이 닿지 않는 곳에 치우거나 정리해둬야 합니다. 건전지를 먹은 게 확실하다면 바로 병원으로 가서 의사의 진찰을 받으세요. 특히 아이가 복통을 호소하거나 기침, 헛구역질한다면 바로 응급실을 찾아야 합니다.

② 세제를 삼켰을 때

아이가 세제를 먹었다면 응급처치로 우유나 소금물을 먹여 토하게 한 뒤 바로 병원을 찾아야 합니다. 일반적인 세탁용 가루비누는 독성이 강하지 않아 토해도 괜찮지만 표백제, 제초제 등 부식성이 있는 약제를 먹었을 때는 오히려 토하는 게 해가 됩니다. 토하는 과정에서 약제가 역류하면서 식도에 무리를 주기 때문이에요. 먹은 양에 따라 위험 정도가 다르다는 것도 명심하세요. 맛을 본 정도라면 우유나 물을 마시게 하고 상황을 지켜볼 수 있지만, 많은 양을 먹었다면 우유나 물을 마시게 한 후, 토하게 하지 말고 바로 응급실에 갑니다.

③ 담배꽁초를 삼켰을 때

아이가 담배를 삼켰다면 우선 얼마나 삼켰는지 확인해보세요. 삼킨 양이 많지 않다면 입안의 담배를 없애고 수건으로 닦아준 뒤 우유나 물, 달걀 등을 먹여 토하게 합니다. 그러나 2cm 이상 길이의 담배 한 개비를 모두 삼켰을 때는 즉시 병원으로 갑니다. 이런 경우 침을 많이 흘리고 토하는 증상이 나타날 수 있어요. 담배의 니코틴은 물에 녹으면 흡수가 빨라지므로 아이가 자칫 니코틴에 중독될 위험이 큰 만큼 최대한 빨리 병원을 찾는 게 좋습니다.

④ 동전이나 작은 장난감을 삼켰을 때

아이 키울 때 가장 흔하게 일어나는 응급상황이 바로 동전을 삼키는 것이에요. 아이가 동전을 먹고 캑캑거린다면 아이를 안아 옆구리에 끼고 손바닥으로 등을 세게 두드려 동전을 빼내야 합니다. 이물질이 제거되지 않거나 제거된 후에도 숨이 트이지 않으면 서둘러 병원에 가야 해요. 자석의 경우 1개 정도 삼켰다면 대변으로 배출되는 것을 기다려도 좋지만 동시에 2개 이상 삼켰을 때는 반드시 병원에서 제거해야 합니다. 지름 2cm 이상이거나 길이 3cm 이상인 이물질을 삼켰을 때는 이물질이 유문을 잘 통과하지 못해 내시경으로 이물질을 제거해야 하는 경우가 많아요. 그나마 이물질이 식도를 통과해 변으로 나오면 다행이지만 상황에 따라 인공호흡이 필요할 때도 있으므로 미리 알아두세요. 일단 아이가 숨을 쉬는지 확인한 뒤 숨을 쉬고 정상생활을 하면 1~2일 지나서 변으로 나옵니다. 하지만 크기가 클 경우 식도나 위, 장에 걸려 변으로 나오지 않으면 병원에서 엑스레이 촬영을 통해 배 속에 남아 있는 이물질을 확인하고 내시경으로 빼내야 합니다.

 ## 야외 활동할 때 빈번히 일어나는 안전사고

SOS ① 넘어져서 심한 찰과상을 입었어요

찰과상 난 부분에 2차로 세균 감염이 되지 않게 주의하세요. 지저분한 상처를 깨끗한 물로 씻어주는 것이 중요합니다. 간혹 물이 들어가면 안 된다고 생각해 씻지 않고 약만 발라주는데, 이는 잘못된 대처입니다. 깨끗하게 씻었다 할지라도, 세균이 남아 있을 확률이 대단히 높아서 소독 역시 필수예요. 과산화수소나 알코올, 베타딘 용액 등으로 소독해줍니다. 약국에서 모두 살 수 있는 것들이므로 집에 상비약으로 준비해놓으세요. 소독까지 마쳤다면 항생제 연고를 발라줍니다. 시중에 나와 있는 항생제 연고는 무엇이든 상관없으며, 얇고 넓게 발라줍니다. 하루에 1~2회 발라주며, 상처에 딱지가 앉을 때까지 잘 발라줍니다. 딱지는 아이가 손으로 뜯어내지 않도록 주의시켜요. 단순 찰과상을 입었다고 생각되더라도 아이가 잘 움직이지 못하고, 부기가 심하고, 혹은 부어오르는 속도가 빠르며, 상처 부위의 색깔 변화가 있는 경우라면 종합병원에 내원해 정밀검사를 받아봅니다. 심한 충격을 받아 내부의 손상 및 출혈이 있을 수 있기 때문입니다.

SOS ② 미끄럼틀에서 떨어졌어요

이때는 어떻게 떨어졌느냐가 중요한 사항입니다. 머리로 떨어졌다면 바로 종합병원에서 엑스레이 및 CT 촬영을 통해 골절이나 출혈이 있는지를 즉시 판단해야 합니다. 두개골 내 출혈이 있다면 빠른 발견 및 조치가 추후 예후와 밀접한 관련이 있으므로 가능한 한 빨리 병원에 가야 해요. 머리 외에 다른 부위로 떨어졌을 때는 증상을 주의 깊게 살펴봅니다. 어린아이는 정확한 의사 표현을 못 하므로 부모의 자세한 관찰이 매우 중요해요. 평소와 다르게 움직이지는 않는지, 이유 없이 칭얼대지는 않는지, 잦은 구토를 하는지 등을 세심히 관찰하세요. 평소와 다른 이상한 점이 발견된다면 즉시 병원을 내원해 검사를 받습니다.

SOS ③ 벌에 쏘였어요

벌에 쏘였을 때 가장 위험한 것은 '아나필락시스'라 불리는 일종의 알레르기 반응입니다. 이는 갑작스러운 호흡곤란, 입술과 눈 주위를 포함한 얼굴 부기, 의식 저하 등을 불러옵니다. 매우 위험한 응급상황이므로 즉시 병원을 찾아 적절한 처치를 받아야 해요. 아나필락시스로 의심되는 증상이 없다면 일단은 급한 응급상황은 아니에요. 찰과상을 입었을 때와 마찬가지로 물린 부위에 세균이 감염되지 않도록 깨끗하게 씻은 후 소독하고 항생제 연고를 발라줍니다. 응급처치를 했음에도 불구하고 부기가 계속되고, 고름이 흘러나오면 항생제 치료가 일정 기간 필요하므로 병원에 갑니다.

SOS ④ 벌레에 물려 가려워해요

벌레에 물려 '아나필락시스' 알레르기 반응을 보이는 경우는 드물지만, 혹시 모를 가능성을 생각해 잘 관찰해야 합니다. 가려움은 시간이 지나면 저절로 좋아지지만, 아이가 많이 힘들어하면 항히스타민 연고 및 스테로이드 로션을 처방받아 발라주면 완화됩니다. 가려움이 심할 경우, 먹는 항히스타민제를 처방받아 먹이면 도움이 돼요.

SOS ⑤ 개나 고양이에게 물렸어요

포유류의 입안에는 무수히 많은 세균이 번식합니다. 적절한 조치와 소독을 하지 않고 방치하면 2차로 세균에 감염될 확률이 높아요. 우선 물린 부위를 물로 깨끗이 씻고, 소독한 후 항생제 연고를 발라줍니다. 무엇보다 중요한 것은 물린 개나 고양이의 예방접종 여부예요. 특히 개의 경우 광견병 주사를 맞았는지가 중요한데, 요즘은 안 맞히는 경우가 거의 없으므로 크게 걱정하지 않아도 됩니다. 하지만 접종하지 않은 개에게 물렸거나, 아니면 접종력을 확인할 수 없다면 병원에 내원해 적절한 처치를 받는 게 좋습니다.

SOS ⑥ 모서리에 부딪혀 머리에서 피가 나요

초기에 지혈하고 소독하는 것이 중요해요. 깨끗한 거즈로 피나는 부분을 5분 이상 눌러 지혈해주고, 상처 부위를 소독해주세요. 간단한 외상이 대부분이지만, 모서리에 부딪혔을 때 살갗이 찢어지는 '열상'이 발생하기도 합니다. 열상은 그냥 두면 흉터가 남을 수 있으므로 병원을 내원해 봉합해야 할지에 관한 진료를 받습니다.

SOS ⑦ 달리는 자전거와 부딪혔어요

상처 부위를 깨끗이 닦아내고 소독한 후 항생제 연고를 발라줍니다. 움직임이나 겉보기에 이상이 없다면 큰 문제 없이 좋아집니다. 하지만 움직이기 힘들어하거나 갑작스럽게 부기가 심해지는 경우, 피부 색깔의 변화가 있는 경우, 내부 손상 및 출혈이 있을 수 있으므로 종합병원을 내원해 정밀검사를 받습니다.

가정에서 꼭 지켜야 할 삼킴 사고 예방법

1 주변에 작은 물건을 두지 마세요

알약, 담배꽁초, 장난감 총알 같은 물건은 삼켰을 때 아주 위험해요. 이런 작은 물건이 집 안에 아무렇게나 놓여 있으면 곤란해요. 아이가 쉽게 삼킬 수 있어 주의가 필요합니다. 평소 자잘한 물건들을 잘 정리해두는 것만으로도 안전사고를 예방할 수 있어요.

2 아이 나이에 맞는 장난감을 구입하세요

1~3세 아이의 장난감을 구입할 때는 발달 단계를 고려하되 최소 크기가 부모의 입 크기와 비슷한 정도가 적당합니다. 아이가 좋아한다고 권장 나이를 무시한 채 작은 부속품이 포함된 로봇이나 퍼즐 등의 장난감을 사주는 것은 안전사고를 일으키는 원인이 됩니다.

3 목에 걸릴 수 있는 음식은 피하세요

땅콩, 사탕, 생채소처럼 아이 목에 잘 걸릴 수 있는 음식은 4세 이전에는 가급적 주지 않는 것이 좋아요. 또 밥을 잘 먹지 않는 아이에게 급하게 먹이려다 음식물이 걸릴 수도 있으니 주의하세요.

4 4세 이전 아이는 씹는 능력이 약합니다

떡, 콩, 땅콩 등 목에 걸리기 쉬운 음식을 먹이고자 한다면 더욱 주의를 기울여야 해요. 특히 땅콩, 호두 등의 견과류가 호흡기로 들어가면 쉽게 배출되지 않고 호흡기 내부에서 썩을 수도 있으므로 신경 써서 먹여야 합니다.

나이별 주의해야 할 안전사고와 예방법

연령	안전사고	예방법
0~3개월	**질식** 수유할 때 엄마의 유방에 코가 눌리거나, 우유병 젖꼭지 구멍이 너무 크거나, 젖의 양이 많을 때, 이불이 아이의 얼굴을 덮거나, 엄마의 젖가슴이나 몸에 눌렸을 때, 구토한 후에 토사물 때문에 질식이 일어날 수 있어요. 형제 또는 자매가 아이 위로 뛰어내리거나 물건이 아이에게 떨어질 때도 질식이 일어나요.	• 너무 푹신한 베개니 이불을 사용하지 않아요. • 젖을 먹인 후 트림을 시켜요. 누워 있을 때 젖을 토해 질식이 일어나지 않게 합니다. • 아이에게 물건이 떨어지지 않도록 늘 주변을 정리해요.
4~6개월	**낙상, 충돌, 질식, 중독, 화상, 이물질 흡입** 이 시기에는 아이들이 뒤집고 기어 다니면서 침대나 의자에서 떨어지거나, 계단에서 굴러떨어지는 사고가 자주 일어나요. 또 가구 모서리에 부딪히는 경우도 다반사예요. 여기저기 다니면서 주변에 있는 것들을 무조건 입으로 가져가기 때문에 위장관이나 기도 내에 들어가면 안 되는 것들이 들어가기도 하고 선풍기에 손을 넣어 다치거나 전열 기구를 만져 화상을 입기도 합니다.	• 침대나 계단에서 떨어지는 것에 대비해 보호대가 있는 침대를 사용합니다. 침대나 의자 주변에 푹신한 매트를 깔아두세요. • 높은 곳에 혼자 두지 않습니다. • 탁자나 화장대 등 가구 모서리를 부드러운 보호막으로 감싸둡니다. • 뜨거운 음식, 전열기 근처에 아이를 혼자 두지 않고 손이 닿지 않게 합니다. • 비닐봉지, 끝이 뾰족하거나 조각나기 쉬운 장난감, 동전, 팝콘이나 콩 등을 치웁니다. • 자동차에 태울 때는 영아용 안전의자를 사용하세요.
7~12개월	**추락, 낙상, 충돌, 익수, 화상, 질식, 이물질 흡입, 외상(발가락이나 손가락의 끼임, 넘어짐)** 아이들의 활동이 조금씩 많아지고 걷기 시작하면서 우발적인 사고가 자주 일어나요. 높은 곳에 올라가서 떨어지거나 혼자 여기저기 다니면서 다양한 위험에 노출됩니다.	• 높은 창이나 베란다에서 떨어지는 사고에 대비해 안전 창을 설치하고 문단속에 특별히 신경 씁니다. 베란다나 창가 주변에 아이가 올라설 만한 발판을 없앱니다. • 약품, 독성 물질, 동전, 핀, 구슬 등을 아이 손이 닿지 않는 곳에 보관하세요. • 실내에서 놀게 하고, 밖으로 나갈 때는 주의 깊게 관찰합니다. • 식탁보를 당겨 식탁의 음식이나 그릇이 쏟아지는 일이 없도록 식탁보는 늘어지는 것보다 식탁 크기에 딱 맞는 것으로 사용하세요. • 욕조나 세탁기에 올라서지 못하도록 발판이 될 만한 것들을 옆에 두지 않습니다. • 화장실 등 미끄러운 곳에서 넘어지지 않도록 발판을 마련합니다. • 목욕할 때 물이 얕더라도 아이를 혼자 욕조에 두지 않습니다.

연령	안전사고	예방법
1~3세	**낙상, 추락, 화상, 익수, 중독(유독물질), 외상, 교통사고** 이 시기 아이들은 걷고 움직일 수 있지만 아직 판단력이 미숙하고 호기심이 많아 영유아 안전사고가 가장 자주 발생합니다. 일상적으로 넘어지고, 부딪히고, 떨어지는 크고 작은 사고가 발생하며 화상, 익수도 종종 발생해요. 세제나 방충제, 소독제 같은 유독물질을 삼키거나 동전이나 단추, 콩 같은 작은 물건을 삼키다가 작은 물건이 목에 걸려 질식하는 일도 있어요.	• 길에서 자동차를 주의하도록 가르칩니다. • 가스레인지나 전기밥솥 뚜껑 같은 뜨거운 물건은 아이의 손이 닿을 정도가 되면 뜨거운 것이 위험하다는 사실을 계속 가르쳐주세요. 냄비, 프라이팬 손잡이 등은 아이의 손이 닿지 않도록 안쪽으로 돌려놓는 것을 습관화합니다. • 모든 화기는 잠그고, 가스레인지는 밸브까지 잠급니다. • 서랍이나 문틈, 엘리베이터나 에스컬레이터에 손이 끼지 않도록 주의하고 무거운 문은 천천히 닫힐 수 있도록 장치를 해놓습니다. • 놀이터에서 그네나 미끄럼틀에서 떨어지지 않도록 놀이기구 사용법을 확실히 가르쳐주세요. 아이가 직접 몸에 익힐 때까지 반복해줍니다. • 칼이나 가위 같은 위험한 물건을 조심하라고 일러두고, 아이의 손이 닿지 않는 곳에 보관합니다. • 약품이나 세제, 독성 물질은 아이의 손이 닿지 않도록 합니다. • 아이가 울거나 걷거나 달릴 때는 음식을 주지 말고, 사탕이나 땅콩 등 딱딱한 것을 주는 일은 삼가세요. • 영유아 안전사고의 가장 큰 원인은 부모의 부주의예요. 외출할 때 특히 아이에게 신경을 씁니다. • 차에 태울 때는 어린이용 안전의자를 사용합니다.

영양제 먹이기

어떤 영양제를 언제 어떻게 먹이는 것이 좋을까.

체크 포인트

☑ 영양제를 먹는다고 영양소가 충분히 보충되는 건 아닙니다. 영양제에 의존하기보다 아이가 잘 먹지 않는 근본적인 원인을 찾아 잘 먹게 하는 것이 먼저입니다.

☑ 아이에겐 성장 단계에 따라 특별히 필요한 영양소가 있어요. 그렇다고 여러 영양제를 같이 먹이면 영양 성분이 중복되어 과잉 섭취할 수 있습니다. 또한 서로 흡수를 방해하기도 해 신중히 선택해서 먹여야 해요.

☑ 영양제의 흡수율을 높이기 위해서는 공복 상태보다 식사와 함께 먹거나 식후에 먹는 것이 좋습니다. 다만 비타민 C는 수용성이므로 식후에 시간을 두고 먹이거나 식전에 먹여야 흡수가 잘 돼요.

☑ 어린이용 비타민제는 달콤한 사탕이나 젤리 형태가 많아 하루 권장량을 초과해 섭취하기 쉬워요. 비타민제라 많이 먹어도 괜찮다는 생각에 아이가 원할 때마다 습관적으로 주다 보면 과다 복용으로 오히려 아이의 건강을 해칠 수 있으므로 주의하세요.

영양제, 꼭 먹여야 할까요?

아이가 이유식에서 일반식으로 넘어가는 시기에 먹는 게 부실하고 고기, 채소 등을 안 먹고 편식할 때 영양제를 떠올립니다. 음식을 통해 영양을 섭취하면 좋겠지만 밥을 잘 안 먹는 아이에게 영양제라도 먹이고 싶은 게 엄마의 마음이지요. 또한 아이가 갑자기 아프거나 환절기 때마다 감기에 걸려 비실비실한 모습을 보면 아이에게 영양제를 먹여야 하나 고민합니다. 과연 아이에게 영양제를 꼭 먹여야 할까요?

꼭 먹일 필요는 없습니다

결론부터 말하자면 정상적인 식습관을 유지하는 건강한 아이라면 특별히 영양제를 추가로 먹일 필요는 없습니다. 물론 아이의 영양 상태가 고르지 못하다고 생각되거나 영양 부족 증상이 나타난다면 영양제나 비타민제로 보충하는 것이 도움이 될 수 있어요. 특히 빈혈, 구루병 등 특정 질병에는 아이용 철분제나 종합비타민제를 복용하면 증상이 개선되며, 아이 건강에 도움이 됩니다. 다만 아이가 먹는 영양제임에도 안전성과 효용이 입증되지 않은 제품이 꽤 많아 무턱대고 먹여서는 안 됩니다. 말 그대로 영양제는 아이에게 부족할 수 있는 영양분을 보충하기 위한 것이지 영양제를 먹는다고 더 건강해지는 것은 아니에요. 소아청소년과 의사도 영양제 섭취를 군이 권장하지 않습니다. 밥·고기·채소·과일·유제품 등 다섯 가지 식품군을 고루 먹으면 군이 영양제로 보충할 필요는 없어요. 좀 더 건강한 식사를 통해 필요한 영양소와 열량을 공급하는 것이 중요합니다.

아이가 먹는 영양제 바로 알기

영양제란 부족한 영양분을 보충해주는 약제로 영양 권장량을 고려해 만든 각종 비타민과 무기질, 성장인자, 식이섬유, 유산균, 식품 추출물 등을 포함합니다. 시중에 수많은 영양제가 판매되는 만큼 종류별로 꼼꼼히 따져보고 선택합니다.

- **정장제·유산균** 태어나서 가장 먼저 고려하게 되는 약물이에요. 정장제는 장 내 해로운 균의 성장을 억제하고 영양분의 흡수를 도울 뿐 아니라 장 내 독소를 해결해 소화불량, 설사, 변비 등을 예방해요. 약물이라고 표현했듯 영양 보충을 위한 것은 아니에요. 큰 부작용은 없는 것으로 알려져 있지만, 무분별하게 사용해서는 안 되며 의사와 상담한 후 먹는 것이 좋습니다.

- **철분제** 미숙아로 태어나 엄마로부터 충분한 양의 철분을 받지 못한 아이, 적절한 이유식 보충 없이 모유만으로 영양을 공급해온 아이, 너무 일찍 생우유를 많이 마신 아이, 이유식은 시작했지만 쇠고기 등 철분이 많이 든 식품을 제대로 섭취하지 못한 아이는 철분 결핍의 위험군으로 분류돼요. 하지만 이런 경우에 해당한다고 해도 소아청소년과 진료를 받은 후 필요하면 보충합니다. 철분제는 소화기 트러블을 자주 일으키며, 변의 색깔도 변해 복용할 때 주의가 필요합니다.

 닥터's advice

❓ 영양제에도 궁합이 있다는데요?
엄마들이 궁금해하는 것 중 하나가 '영양제를 여러 개 한꺼번에 먹여도 되는가?' 하는 점입니다. 영양소 혹은 영양 성분마다 같이 먹었을 때 좋은 영양제가 있고 도리어 방해가 되는 영양제가 있으니 잘 살펴봐야 합니다.

- **궁합이 잘 맞는 영양제?**
철분제 + 비타민 C = 비타민 C는 철분 흡수를 도와주는 것은 물론 산화도 막아줍니다.
비타민E + 비타민 C = 두 비타민은 체내에서 같은 항산화 작용을 합니다. 다만 비타민 C는 수용성, 비타민E는 지용성이어서 다른 장소에서 작용하기 때문에 효과를 높여줍니다.
아연 + 비타민 A = 간은 비타민 A를 저장해두었다가 필요할 때 사용하는데, 이때 효소의 도움이 필요합니다. 이 효소가 작용하는 데 필요한 미네랄이 바로 아연이에요.

- **궁합이 안 좋은 영양제?**
철분제 + 칼슘제 = 철분제와 칼슘제는 흡수되는 통로가 유사해 같이 먹으면 두 성분이 서로 충돌을 일으켜서 흡수율이 떨어집니다. 따라서 시간을 두고 먹는 것이 좋습니다.
칼슘제 + 아미노산 = 칼슘을 섭취할 때 아미노산이나 클로렐라 같은 고단백 성분을 동시에 섭취하면 칼슘이 소변으로 더 많이 배출되어서 좋지 않습니다.

• **종합비타민** 특수한 경우를 제외하곤 종합비타민을 보충해줄 필요는 없어요. 또한 일부 부모들은 종합비타민을 먹음으로써 아이에게 충분한 영양 공급이 됐다고 안심하기도 하는데, 절대 그렇지 않습니다. 비타민을 추가로 공급해주는 것보다는 균형 잡힌 식사를 하는 것이 비타민뿐 아니라 열량, 섬유질, 미량 원소 등 모든 영양소를 완벽하게 제공하는 방법이에요.

• **비타민 D** 비타민 D의 효과나 역할은 아직도 많은 연구가 진행되고 있어요. 그만큼 비타민 D 공급에 대해서는 논란이 많습니다. 일부에서는 모든 소아에게 비타민 D를 보충해주는 것이 좋다고 주장하지만, 반대되는 주장도 있습니다. 하지만 의외로 비타민 D가 부족한 아이가 흔하고, 특히 모유에는 비타민 D가 부족할 수 있으므로 의사와 상의 후 아이의 상태에 맞춰 보충해줍니다.

• **칼슘제** 칼슘은 식품으로 섭취하는 것으로도 충분해요. 무분별한 칼슘제 남용은 오히려 약물로 인한 부작용이 생길 수 있습니다. 칼슘 영양제를 고를 때는 성분표에 주원료의 유래성분을 확인할 수 있어야 해요. 그리고 제조과정에서 이산화규소, 스테아린산 마그네슘, HPMC 등 화학물질이 들어갔는지 살펴보세요. 이러한 화학물질은 인체에 나쁜 영향을 미치고 각종 부작용을 일으킬 수 있어요. 마지막으로 인공감미료나 착색료 등이 들어가지 않은 제품을 고릅니다. 만약 아이의 식단에 칼슘이 부족하다고 판단된다면 소아청소년과 의사와 상의 후 먹여야 해요.

• **영양보충제** 시중에 분유처럼 물에 타 먹는 다양한 종류의 소아용 영양보충제가 나와 있습니다. 영양 공급이 적당한 아이에게 추가로 먹이면 오히려 비만이 생길 수 있어요. 반면 밥을 잘 먹지 않거나 체중이 잘 늘지 않은 아이에 한해서 소아청소년과 의사의 지시에 따라 적절히 사용하면 도움이 되기도 합니다.

영양제는 언제부터 먹나요?

어린이 종합영양제를 언제, 어떻게, 얼마나 먹여야 한다는 명확한 기준은 없습니다. 모든 아이는 태어날 때 모체로부터 면역 성분과 필요한 영양분을 얻고, 영양은 음식을 통해 스스로 합성하는 것이 가장 좋기 때문이에요. 균형 잡힌 식사를 하는 아이에게 굳이 영양제를 먹일 필요는 없습니다. 다만, 만성적인 질병 또는 지나친 편식으로 인해 영양 섭취에 문제가 있다면 그에 적합한 영양 보충을 해주는 것이 좋을 수도 있습니다. 음식 섭취량이 적거나 장이 약하고 잦은 설사 등으로 영양소의 흡수가 제대로 이루어지지 않는다면 나이에 상관없이 섭취를 권장할 수 있어요. 돌 전의 어린아이도 분말이나 과립, 시럽 형태로 나온 영양제를 선택해 물이나 분유, 이유식 등과 함께 섭취할 수 있습니다. 영양제를 먹일 때는 이왕이면 엄마가 임의로 판단하기보다는 소아청소년과 의사의 진찰과 간단한 혈액검사를 통해 부족한 영양소를 확인한 후 가장 필요한 것부터 선택해서 먹이는 것이 좋습니다.

 영양제 먹이기 전, 알아두세요

영양제와 고른 음식 섭취가 함께 이뤄져야 해요

요즘 아이들은 잘 먹어서 영양 과잉이 문제라고 하지만 편중된 경향이 있고, 과거에 비해 토양이 오염되면서 식품에 함유된 영양소가 많이 감소한 것도 사실입니다. 게다가 가공식품을 많이 먹어 단순히 적정 체중이라고 해서 영양소 섭취가 충분하다고 보기는 힘들어요. 모유만 먹는 영아는 모체의 영양 부실로 비타민 D나 철분이 부족할 수 있고, 이유식을 제대로 먹지 않는데다 편식까지 하면 고른 영양소 섭취에 신경 써야 합니다. 잘 안 크는 아이들은 철분, 칼슘, 비타민 D, 아연 등이 부족한 경우로 일정 기간 부족한 영양소를 보충해주면 식욕이 좋아지고 피곤한 증상 등이 개선돼요. 단, 음식을 통해 영양을 보충하는 게 우선입니다. 영양제를 반드시 먹여야 하는 것은 아니므로 채소나 고기 등 음식을 골고루 먹이는 것만으로도 아이의 영양 보충에 전혀 문제가 없습니다. 예를 들면 비타민 C는 바나나, 파인애플, 오렌지, 토마토 등에 많으며, 철분은 붉은 고기에 많이 함유되어 있고, 칼슘은 두부, 멸치, 해조류나 우유에 많아요. 또한 비타민 D는 햇빛에 의해 체내에서 생성됩니다. 영양제는 그야말로 아이에게 부족할 수 있는 영양분을 보충하기 위한 것임을 잊지 마세요.

부족한 영양소가 무엇인지 제대로 알고 먹여요

몸에 좋다고 이것저것 무분별하게 먹일 게 아니라 아이에게 확실히 부족하다고 진단된 영양소를 보충해주는 영양제를 선택적으로 먹입니다. 복용 기간도 3~6개월을 넘지 않도록 하세요. 특히 종합비타민은 비교적 간에 부담을 주지는 않지만, 몸에 좋다는 이유로 1년 내내 먹일 필요는 없습니다.

과잉이 결핍보다 더 위험해요

비타민제를 습관적으로 오랫동안 과다 복용하면 오히려 아이 건강을 해칠 수 있어요. 영양제 성분이 몸에 들어가면 분해되어 대사가 이루어져야 하는데, 아이는 외부 물질에 대한 간과 신장 대사 기능이 아직 미숙해요. 그래서 과잉 복용하면 미숙한 간과 신장에 나쁜 영향을 줄 수 있습니다. 실제 아미노산이나 수용성 비타민 B·C는 몸에서

닥터's advice

❓ 영양제 과잉 섭취는 문제가 될 수 있어요!

몸에 좋은 영양제도 지나치게 먹으면 큰 문제가 되기 마련이에요. 지용성 비타민인 A·D·K는 많이 먹으면 간에 축적되어 독성을 일으킬 수 있어요. 특히 비타민 D의 과잉 섭취는 유아들에게 치명적인 영향을 미치며 전신 발달장애, 혈관 수축, 신장 손상 등을 가져올 수 있습니다. 또한 키를 키워준다는 칼슘제도 대표적인 요주의 영양제인데, 칼슘을 과잉 섭취하면 소변에 피가 섞여 나올 수 있고 소변 줄에 돌이 생기기도 하며 신장 결석이 생기기도 해요. 철분제 역시 지나치면 구토·식욕 부진 등 위장 장애를 일으킵니다. 또한 두뇌 발달을 위해 어린아이에게 오메가-3 지방산을 먹이는 경우가 있는데, 원료인 생선 기름이 산패될 우려가 있고 혈액 내에서 염증을 일으킬 수도 있어 반드시 의사의 처방을 받아야 합니다.

요구하는 용량 이상을 섭취하면 소변으로 빠져나가지만, 몸에 오래 남는 지용성 비타민 A·D·E 등은 몸에 축적되므로 부작용이 생길 우려가 있어요. 이렇게 우리 몸속에 남으면 다른 영양 성분의 흡수를 방해하거나 몸에 쌓여 독성이 생기기도 하지요. 따라서 아이에게 영양제를 줄 거라면 하루 복용량을 지키고, 두 종류 이상의 영양제를 먹일 때는 같이 복용해도 되는지 반드시 의사에게 확인을 받습니다.

 ## 나이에 따라 영양제도 골라 먹여요

수유 중인 신생아라면?

신생아도 소화기가 약한 아이는 백일 전후로 소화력에 무리가 생기고, 설사나 식욕 부진 등의 증상이 나타나기도 합니다. 이때 분유나 물에 타 먹이는 유산균 등으로 장 운동을 도와주는 것이 좋아요. 5~6개월이면 엄마로부터 받아 몸속에 저장된 철분이 바닥나면서 빈혈이 쉽게 일어나지만, 빈혈 증상이 없는 아이에게 예방적 차원에서 영양제를 먹이는 것은 득보다 실이 많으니 주의하세요. 철분제를 소화할 만큼 소화력이 좋지 않을 수 있기 때문이에요. 또한 모유 수유만 하는 경우 생후 1년까지는 비타민 D를 하루 400U 정도 보충해주는 것이 좋습니다. 비타민 D는 가루 타입과 오일 타입이 있는데, 가루 타입은 물에 녹여 아이 입안에 조금씩 묻혀서 먹이고, 오일 타입은 수유할 때 엄마의 유두에 묻혀 먹입니다. 단, 비타민 D는 지용성 비타민이므로 과잉 섭취하면 해가 된다는 사실을 명심하세요. 비타민 D는 하루 30분 햇볕을 쬐어도 필요한 양이 저절로 생성되므로 신생아기를 벗어난 아이는 적당히 햇볕을 쬐어 비타민 D를 보충합니다.

돌 이후 유아식을 먹는 아이라면?

돌 전후로 아이가 걷기 시작하면서 활동 범위가 넓어져 잔병치레가 많아지거나 성장이 더뎌지는 시기예요. 주식이 모유나 분유에서 밥으로 바뀌면서 소화불량, 변비 등이 잘 생깁니다. 이럴 땐 면역력과 소화기를 강화해주는 건강보조제가 도움이 돼요.

또한 철분이 부족해지기 쉬운 시기이므로 밥을 잘 안 먹거나 혈색이 안 좋은 아이는 소아청소년과에서 혈액검사를 받아봅니다. 더불어 본격적으로 세 끼 식사를 통해 아이에게 필요한 영양을 충분히 공급해주는 것이 중요해요. 아이의 식단에 신경을 써 고르게 영양소를 섭취할 수 있게 합니다.

3세 이상의 급식을 먹는 아이라면?

아이가 어린이집, 유치원 등 단체생활을 하면서부터는 감기가 끊이질 않지요. 병에 걸린 아이에게 옮는 경우가 많아서이지만, 또 한편으로는 면역력이 약해져 있기 때문입니다. 영양제 대신 규칙적인 생활리듬은 아이의 면역력 향상에 도움이 돼요. 또 일찍 자고 일찍 일어나는 생활과 더불어 평소 야외 활동을 많이 하면 심폐 기능도 향상되고, 피부를 단련할 수 있으며 비타민 D도 생성됩니다. 굳이 영양제를 먹이려 한다면 체력 소모가 많은 시기인 만큼 감기 예방과 빠른 회복을 위해 비타민 C, E 등 항산화제를 먹이면 도움이 됩니다.

 영양제 먹일 때 이런 점에 주의하세요

섭취 방법을 확인한 다음 그대로 지켜요

영양제는 씹어 먹거나 물과 함께 삼키는 등 섭취 방법과 하루 섭취량 역시 종류별로 다릅니다. 섭취 방법과 섭취할 때 주의사항 등을 미리 꼼꼼하게 숙지하고 먹이세요. 또한 한 번에 많은 양의 영양제를 먹여서는 안 됩니다. 특히 어린이 영양제는 대체로 단맛이 강해 아이가 더 먹으려고 하는데, 과잉 섭취할 우려가 있으니 주의하세요.

어른 영양제를 아이에게 먹여서는 안 됩니다

어린아이에게 청소년인 형이나 누나, 혹은 부모의 영양제를 함께 먹이기도 하는데, 이는 금물입니다. 예를 들어 아이에게 엄마가 먹는 여성호르몬제를 먹일 경우엔 자칫 성조숙증을 유발할 수 있기 때문이지요. 아이의 성장을 위한 영양제라면 칼슘이나 아연 등 아이에게 맞는 함량을 확인합니다.

사탕이나 젤리 형태의 영양제는 식후에 먹이고 반드시 이를 닦게 하세요

단맛이 가미된 영양제를 먹인다고 단맛에 중독되거나 성장에 장애가 될 정도로 문제가 되지는 않아요. 하지만 단것을 좋아하는 아이라면 식습관까지 단맛에 익숙해지지 않게 교육이 필요합니다. 또한 영양제 속 단맛이 입맛을 떨어뜨릴 수 있어 식후에 먹여야 해요. 특히 젤리 형태 영양제를 먹고 나면 이빨을 닦도록 해 충치를 예방합니다.

식약청 인증마크를 확인합니다

영양제는 대체로 약국에서 사다 보니 '약'으로 오해하기 쉽지만 '건강기능식품'이 정확한 표현이에요. 원칙적으로 국내에 정식 수입되는 제품들은 인증마크와 문구, 광고 심의 필 마크를 의무적으로 표기하므로 수입 영양제를 고를 때 확인합니다. 식약청이 인증한 건강기능식품 마크가 없다면 대개 캔디류로 표기하며, 캔디류는 아이에게 도움이 되는 영양 성분이 거의 없어요. 유명 캐릭터 포장이나 특정 성분이 많이 들어 있다는 광고에 현혹되지 마세요.

천연비타민제가 꼭 좋지만은 않아요

엄마 생각에 '이왕이면 천연비타민이 좋겠지'란 생각으로 무턱대고 천연비타민을 맹신하는 경향이 있어요. 하지만 천연비타민제도 합성비타민제와 마찬가지로 화학 공정을 거치기 때문에 효과 측면에서 별 차이가 없다는 견해도 존재합니다. 분명 천연 성분 자체는 더 안전하다고 여겨지지만 원료가 농약이나 중금속 등에 오염됐을 가능성도 있는 만큼 무조건 안전하다는 생각은 버려야 해요. 또한 일반적으로 천연비타민제는 영양소 함량이 매우 낮은 편이에요. 제품명에 '천연'이라는 문구에 현혹되기 쉬운데, 실제로 천연 물질은 천연비타민이라고 해도 소량만 함유된 경우가 많습니다. 비타민 C가 소량 함유된 캔디가 영양제로 둔갑해 판매되기도 하지요. 판매처와 제조사만 보고 영양제를 고를 것이 아니라 제품 뒷면에 기재된 주의사항과 제품의 원재료명 및 함량이 광고 문구와 같은지 확인합니다.

영양소마다 언제 먹는 것이 좋은지 꼭 확인하세요

철분제는 배부른 상태보다 공복일 때 흡수가 빠르므로 식전에 먹이는 게 좋아요. 또한 유산균제도 공복에 먹이는 게 효과적입니다. 이런 영양제를 제외하고 대부분 영양제는 공복 상태보다 식사와 함께 먹어야 흡수율이 좋습니다.

우리 아이 약 사용설명서

엄마가 꼭 알아야 할 아이 약에 관한 모든 것.

체크 포인트

☑ 아이가 먹는 약은 어른과 다릅니다. 증상이 비슷하다고 어른용 약을 쪼개어 먹여서는 안 됩니다.

☑ 증상이 심하다고 해서 설명서에 적힌 것보다 복용량이나 횟수를 늘려 먹이는 건 위험해요. 자칫 과다 복용으로 심각한 부작용을 불러올 수 있어 신중해야 합니다. 약을 많이 먹는다고 효과가 더 좋아지는 것은 아니에요.

☑ 항생제를 먹을 때는 증상이 좋아졌다고 임의로 중단하면 안 됩니다. 완치되지 않은 상태에서 복용을 중지하면 약에 대한 내성만 기르는 결과를 초래하지요. 의사가 처방한 항생제는 끝까지 다 먹이는 게 원칙입니다.

☑ 응급 상황에서 상비약을 먹일 때는 보호자가 약에 대한 특징을 정확히 파악하고 있는 것이 중요해요.

☑ 약은 햇빛이 비치지 않고 통풍이 잘되는 상온에 보관합니다. 개봉하지 않은 약은 직사광선을 피해 서늘한 곳에서 2~3년 보관할 수 있지만, 오래된 약이라면 반드시 색깔이나 냄새를 먼저 확인해보세요. 단, 개봉 후 1개월이 지난 것은 버립니다.

아이 약은 어른 약과 달라요

아이 있는 집이라면 구급약 상자는 필수품이에요. 콜록거리고 훌쩍이고, 넘어지고 잘 긁히는 아이들! 적절한 때 알맞은 약을 쓰면 증상을 완화하는 데 매우 효과적이지만, 오용하게 되면 오히려 증상을 악화시켜 문제를 일으킬 수도 있어요. 많은 엄마가 아이에게 사용하는 약에 대해 정확한 사용법이나 유효기간을 제대로 알지 못해요. 처방받은 약에 대한 기본 정보부터 아이 있는 가정이라면 꼭 갖춰야 할 상비약 리스트까지, 엄마가 알아야 할 약에 대한 모든 것을 알아봅니다.

꼭 복용량을 지키세요

신생아나 유아는 성인에 비해 약물 흡수율이 높습니다. 월령이 어릴수록 혈액 속의 단백질 성분이 적어 단백질과 결합하는 약물이 상대적으로 체내 조직에 많이 남지요. 즉, 약물이 몸에 미치는 영향이 어른과 아이는 다르므로 아이에게 약을 먹일 때는 적정 '복용량'부터 확인하세요. 또 아이는 약 성분의 주된 대사가 이뤄지는 간이나 신장 기능이 완전하지 않기 때문에 더욱 신경 써야 합니다. 자칫 과다 복용하면 심각한 부작용을 가져오고, 부족하면 효과를 볼 수 없기 때문이에요. 만약 아이가 이미 복용 중인 약이 있다면 성분이 중복되거나 과다한 처방을 방지하기 위해 의사에게 반드시 미리 말해야 하고, 아이가 약을 토했을 때도 임의로 같은 분량을 더 먹여서는 안 됩니다. 특히, 아이들이 많이 처방받는 시럽제의 경우 간편하게 복용할 수 있는 의약품이지만, 반드시 용량을 정확하게 측정할 수 있는 컵, 스푼, 경구용 주사기 등 계량 기구를 사용해요. 종종 숟가락이나 요리용 계량스푼을 사용할 때도 있는데, 제품에 따라 용량 차이가 있으므로 사용하지 않습니다. 최근 미국 소아과학회에 따르면, 미국에서 한 해 7만여 명의 아이가 의사 지시를 초과한 약을 먹어 응급실을 찾는 것으로 나타났어요. 아직 아이는 장기가 미성숙해 약을 흡수·분해하고 배설하는 기능이 떨어져, 적은 양이라도 아이에게는 치명적인 만큼 주의가 필요합니다.

무조건 약을 먹이지 않고 버티는 것은 병을 키우는 것과 같아요

열이 펄펄 끓거나 기침을 심하게 해도 항생제가 몸에 나쁘다며 약 먹이기를 유난히 꺼리는 엄마들이 있습니다. 정도는 다르지만 약에는 물론 부작용이 있게 마련이에요. 하지만 적절한 시기에 약을 잘 먹이면 가볍게 앓고 지나갈 수 있는 병도 약을 피하다가 심각해질 수 있어요. 약에 대한 막연한 거부감으로 아이에게 약을 먹이지 않고 버티는 것은 병을 키우는 것과 같습니다. 감기약을 먹이지 않으면 폐렴, 축농증 등으로 병이 진전될 수 있고, 중이염 초기에는 항생제를 2주만 먹이면 될 텐데, 만성으로 진행되면 2개월이나 먹여야 하죠. 약을 먹일 때는 정확한 복용량과 시간을 지켜 끝까지 제대로 먹입니다.

식전·식후의 차이점을 정확히 알고 있어야 해요

약 먹는 시간은 식사시간을 기준으로 정합니다. 식전·식후의 복용 방법은 약의 흡수 정도나 부작용을 고려한 것이에요. 보통 약 복용 시간은 식전 30분, 식후 30분, 식후 2시간으로 나뉩니다. 아이용 약은 식전과 식후 상관없이 먹이는 것도 많지만, 식전과 식후가 정확히 명시된 약은 이를 잘 지켜야 해요. 식전에 먹는 약은 주로 구토를 억제하거나 식욕을 증진시켜요. 위 점막에는 자극을 주지만 약물 흡수가 빠르다는 장점이 있습니다. 반면 식후에 복용하는 약은 약물의 흡수는 늦지만 위 점막에 자극이 적어요. 약의 부작용을 덜기 위해서는 식후 곧바로 복용합니다. 소화제, 그 외의 가루약은 식후 곧바로 또는 식후 30분에 복용하고, 위 점막에 지장을 주는 약도 식후 곧바로 먹입니다. 약의 효력을 언제나 일정하게 유지할 필요가 있는 약제는 식전과 식후를 따지지 않고 1일 몇 회, 일정 시간에 복용합니다. 평소 유산균제를 먹이고 있었다면 항생제 복용 시 2시간 이상 간격을 두고 먹이세요. 항생제 성분이 유산균의 영양소를 파괴하기 때문입니다. 비타민이나 미네랄 영양제는 약과 큰 충돌을 일으키지는 않지만, 약사에게 먹이고 있는 영양제를 미리 밝히고 안전한 복용 지침을 듣는 것이 좋습니다.

일부러 깨워서까지 먹일 필요는 없어요

약 먹이는 시간을 지키는 것이 중요하지만 자는 아이를 일부러 깨워서까지 먹일 필요는 없어요. 이럴 땐 아이의 수면리듬을 고려해 약 먹이는 간격을 계획해두는 게 현명합니다. 식전·식후에 상관없이 먹이는 약은 식후보다 식전에 먹이는 것이 효과적이에요. 배가 부르면 약을 먹을 때 토하기 쉽기 때문이죠. 아이의 컨디션이 좋을 때를 틈타 먹이는 것도 요령입니다. 복용 시간은 아이의 컨디션에 따라 이처럼 조금씩 늦어도 괜찮지만 처방받은 하루 치 양은 정확하게 지켜서 먹입니다.

약의 종류를 알아볼까요

처방약 vs. 시판약, 어떻게 다를까요?

처방약은 개개인 증상에 따른 맞춤 약이에요. 언뜻 보기에는 같은 약을 처방하는 것 같지만 환자의 증상이나 생활습관, 성별 및 나이 등 개인의 특징을 종합해 약 종류를 다르게 처방합니다. 증상이 비슷하다 해도 그 증상이 일어난 원인은 다르니까요. 그런 만큼 내가 처방받은 약이 다른 사람에게는 부작용을 일으킬 수 있으므로 처방약을 나눠 먹어서는 안 됩니다. 간혹 복용하고 남은 처방약 겉면에 병명을 적어놓고 아이가 비슷한 증상을 보일 때 먹이는 경우가 더러 있어요. 하지만 증상이 비슷해 보여도 아이가 아픈 이유가 매번 같지 않으므로, 엄마가 임의로 약을 먹이는 것 역시 금물입니다. 시판약이라고도 불리는 일반의약품은 최근 편의점에서 살 수도 있어요. 일반의약품이라도 정확한 용량과 용법으로 사용하면 도움이 됩니다. 하지만 여러 종류의 약을 한꺼번에 먹이거나 효과가 작다고 느껴 과량 복용하면 부작용을 일으킬 수 있으므로 유의해야 해요.

여러 타입의 약이 있어요

약은 우리 몸의 여러 경로를 통해 체내에 흡수되므로 질환·효능 등에 따라 형태가 다릅니다.

- **경구약** 입으로 먹는 약을 뜻하며, 흔히 '약'이라고 하면 경구약을 칭합니다. 입을 통해 약이 들어가면 위장관의 점막을 통해 흡수되고 혈액을 통해 순환하며 전신에 작용하지요. 가정에서 쉽게 복용하는 약 형태입니다.

- **주사약** 액체 형태의 약으로 정맥, 근육, 피하 등으로 체내에 주입되어 작용합니다. 가정에서는 사용이 어려워 주로 병원에서 사용됩니다.

- **외용제** 신체 외부에 붙이거나 바르는 약으로 연고·파스·패치·안약·소독약 등이 있습니다. 종류에 따라 국소적으로 작용하거나, 붙이는 멀미약처럼 전신에 작용하는 약이 있습니다.

- **좌약** 항문에 삽입하는 약으로 항문의 점막을 통해 약이 흡수됩니다. 주로 영유아용 좌약 해열제가 대표적입니다.

- **흡입제** 흡입하는 형태로 코점막이나 기관지, 폐를 통해 약이 흡수됩니다, 천식에 사용하는 기관지확장제나 흡입용 스테로이드 등이 있습니다.

닥터's advice

❓ 약 정보 사이트

판 형태로 포장된 알약은 포장 용기를 잃어버리면 약 이름만으로 무슨 약인지 분별이 안 될 때가 있지요. 이때는 약에 대한 정보를 알려주는 웹 사이트에서 확인할 수 있습니다. 대한민국의약정보센터에는 온갖 약에 대한 정보는 물론 약 이름을 모르더라도 모양과 색, 약에 새겨진 글자만으로도 약의 이름과 효능에 대한 정보, 복약 지도, 약과 식품의 상호작용, 연령별 가이드, 함께 사용해서는 안 되는 약에 대한 상세한 정보를 얻을 수 있습니다.

- **대한민국의약정보센터** www.kimsonline.co.kr
- **국가건강정보포털** health.mw.go.kr

약 종류에 따른 올바른 복용과 사용법

먹는 약은 시럽제·가루약·알약으로 구분돼요

• **시럽제** 영유아가 먹기 쉽게 만든 형태예요. 투약 스푼이나 계량컵 또는 약병 등을 이용해 정확한 용량을 먹입니다. 약국에서 구할 수 있는 약병을 사용하면 시럽제와 가루약을 쉽게 섞을 수 있고, 아이 입에 넣어주기도 간편해요. 하지만 아이가 약 먹기를 강하게 거부하거나 용량을 정확히 재고 싶다면 주사기를 이용하는 것도 방법입니다. 주사기에 약을 넣고 아이 혓바닥을 누르면서 옆 부분으로 흘려 넣으면 정확한 용량을 손쉽게 먹일 수 있어요. 그래도 먹지 않을 때는 기관지에 들어가지 않도록 주의하면서 머리를 뒤로 젖히고 코를 쥐고 입으로 흘러 들어가게 해서 먹입니다.

• **가루약** 가루약을 잘 먹는 아이에게는 그대로 먹여도 되지만 거부하는 아이에게는 물에 녹이거나 아주 소량의 물, 미지근한 물, 꿀 등에 1회분씩 섞어 먹입니다. 어린아이의 경우 약을 갠 후 깨끗이 씻은 엄마 손가락 끝에 묻혀 입 안쪽에 문질러 바르고, 즉시 미지근한 물이나 주스 등을 먹이는 것도 방법입니다. 하지만 약을 분유에 타서

닥터's advice

❓ 가루약, 미리 시럽에 타놓지 마세요!
가루약은 대부분 시럽제와 함께 섞어 먹이도록 처방합니다. 이때 반드시 1회 분량씩 섞어 5분 안에 먹여야 해요. 간혹 하루 분량을 미리 섞어두고 나누어 먹이기도 하는데, 가루약과 시럽제는 섞은 후 바로 먹이지 않으면 성분 변화가 일어나므로 주의합니다.

❓ 아이가 약을 토했다면?
엄마는 처방받은 약을 어떻게든 먹이려고 애쓰지만, 약을 억지로 먹이면 토할 수 있어요. 아이가 약을 먹다 토했어도 다시 바로 먹이는 것이 좋습니다. 우리 몸은 구토하고 나면 구토 중추가 피로해져 잠시 구토 반응을 일으키지 않아요. 아이가 어느 정도 안정을 찾으면 따뜻한 물을 조금 마시게 한 다음, 다시 약을 먹입니다. 하지만 아이가 약을 먹고 10~20분이 지나서 토했다면 약은 이미 흡수되었을 가능성이 크므로 다시 먹이지 않아도 돼요.

먹이는 것은 좋지 않아요. 약을 타면 분유 맛이 변하는데, 나중에 약을 타지 않은 분유까지 거부할 수 있습니다. 또한 젖병 밑에 약이 남아 젖꼭지가 막히기도 해요.

• **알약** 6~7세 아이는 알약을 삼킬 수 있어요. 알약을 먹을 때는 바른 자세로 앉아 고개를 약간 든 상태에서 복용하고, 캡슐제는 물에 뜨기 때문에 고개를 약간 숙인 상태에서 약을 먹입니다. 아이가 약을 삼킨 뒤에는 혹시 입속에 넘어가지 않은 정제나 캡슐이 붙어 있는지 확인해주세요. 알약을 아이에게 무리하게 먹이면 질식할 염려가 있어요. 하지만 3~4세가 되면 복용하는 약의 양도 증가하므로 가능한 한 정제나 캡슐제를 먹을 수 있게 습관을 들입니다. 목으로 넘기기 어려운 정제는 갈아서 투약하는 방법도 있지만, 특별히 정제로 만든 약 중 입에 쓴 것도 있으므로 갈아 먹여도 좋을지는 약사에게 문의하세요.

흡입약은 잘 흔든 후 사용합니다

흡입약은 사용 전 뚜껑을 열고 충분히 흔듭니다. 천천히 숨을 내쉰 후 즉시 용기를 잡고 입에 흡입기를 물고 검지와 엄지손가락으로 세게 누르면서 신속하고 깊게 숨을 들이마시게 해요. 그다음 입에서 흡입기를 떼고 약 10초간 숨을 멈추었다가 천천히 내쉽니다. 한 번 더 흡입해야 할 경우 1~2분 간격을 두고 반복합니다. 흡입제는 정해진

닥터's advice

❓ 안전 상비의약품
우리나라에서는 2012년부터 개정된 약사법에 따라 의약품을 편리하게 구입할 수 있도록 24시간 연중무휴로 운영하는 지정된 곳에서 안전 상비의약품을 판매하고 있습니다. 안전 상비의약품은 일반의약품 중 주로 가벼운 증상에 환자 스스로 판단하여 시급할 때 사용할 수 있는 약입니다. 성분, 부작용, 함량, 제형, 인지도, 구매의 편의성 등을 고려하여 보건복지부 장관이 정하여 고시하는 의약품을 말합니다. 비교적 안전성이 높은 일반의약품 중 일부(예: 해열진통제, 종합감기약, 소화제, 파스류)가 판매되고 있으나 모든 약물은 오남용의 위험성이 있으므로 의약품 복용 시 항상 가까운 약국의 약사와 상의한 다음 사용하는 편이 안전합니다.

용량과 횟수만큼만 사용해야 해요. 또한 사용 전 가래 등을 뱉어내면 충분한 효과를 발휘합니다. 코로 흡입할 때는 먼저 코를 가볍게 푼 후 고개를 약간 뒤로 젖힙니다. 그런 다음 흡입구를 한쪽 비공에 넣은 다음 다른 쪽 비공은 한 손가락으로 막아줘요. 엄지손가락으로 누르면서 신속하고 가볍게 숨을 들이마시다가 2~3초간 숨을 멈춘 후 입으로 천천히 내쉽니다. 다른 쪽 비공도 같은 방법으로 반복합니다. 흡입약을 사용한 후에는 약 15분 동안은 코를 풀지 않게 해주세요.

좌약은 절대 어린이 손에 닿지 않게 주의하세요

좌약은 입으로 약을 먹을 수 없는 영유아, 위액으로 분해되기 쉬운 약, 위장 장애가 있는 약 등을 항문에 넣도록 만든 약입니다. 그러므로 아이가 입안에 절대 넣지 않도록 주의해야 해요. 아이에게 자주 쓰는 좌약으로는 열을 내릴 때 쓰는 약이 대표적입니다. 38.4℃ 이상의 고열이 있을 때 사용합니다. 한 번 넣고 열이 떨어지지 않는다고 시간 간격 없이 연속으로 넣어선 안 되며, 적어도 4~6시간 간격을 두고 사용해요. 좌약은 배변 후, 목욕 후, 혹은 취침 전에 사용하는 것이 효과적입니다. 깨끗한 손으로 좌약을 잡은 후 앞의 뾰족한 쪽으로부터 항문 내에 깊이 넣고 잠시 4~5초 정도 눌러주세요. 삽입이 어려울 때는 물에 묻혀 사용합니다. 좌약이 단단하지 않을 때는 포장 그대로 냉장고에 넣어 어느 정도 굳으면 사용하세요.

두 종류 이상의 안약은, 3분 간격을 두고 사용해요

안약은 아이를 먼저 옆으로 누이고 머리를 누르면서 눈을 위로 향하게 한 후, 순간적으로 아래 눈꺼풀에 지시된 방울만큼 정확하게 점안합니다. 이때 용기의 끝부분이 눈에 직접 닿지 않아야 해요. 눈물샘으로 안약이 흘러들어 가지 않도록 손가락으로 눈가 안쪽을 약 1분간 눌러줍니다. 그런 다음 눈을 깜빡거려 안약이 눈에 골고루 퍼지게 해주세요. 안약을 넣은 후에는 눈물에 안약이 씻겨 나갈 수 있으므로 울거나 눈을 너무 꼭 감거나 비비지 않게 주의시켜야 해요. 또한 두 종류 이상의 안약을 점안해야 할 때는 첫 번째 약을 넣고 3~5분 후에 다른 약을 넣어야 합니다. 안연고를 넣은 후 일시적으로 잘 안 보일 수가 있으나 곧 괜찮아지므로 걱정할 필요는 없어요.

연고를 바른 후, 바로 옷이나 기저귀를 입히면 안 됩니다

연고를 사용할 때는 손을 깨끗이 씻고 면봉에 적당량을 덜어 발라줍니다. 면봉으로 얇게 펴 발라 문지르거나, 손끝으로 톡톡 두드리며 문질러줘도 좋아요. 연고를 잘 흡수시키겠다고 지나치게 많이 문지르기보다, 연고가 투명하게 피부에 도포될 정도로 바른 다음 충분히 흡수되도록 기다립니다. 특히 바르는 연고는 피부에 바른 후 옷이나 기저귀를 바로 채우면 체내 흡수율을 높여 과량 흡수될 위험이 있어요. 연고를 바르고 시간이 지나면 옷을 입히거나 기저귀를 채워주세요.

귀에 약을 넣은 후에는 흘러나오지 않게 머리를 옆으로 기울입니다

먼저 귀 주위를 면봉으로 깨끗이 닦은 다음, 머리를 옆으로 기울여 귀를 위쪽으로 향하게 한 후 약을 2~3방울 떨어뜨립니다. 약을 넣은 후에는 흘러나오지 않도록 약 2~5분 동안은 머리를 옆으로 기울인 채 움직이지 않게 해요. 귀에 갑자기 차가운 약이 들어가면 어지러울 수도 있으므로, 사용 전 약병을 손으로 쥐어 체온과 비슷한 온도가 되었을 때 넣는 것이 좋습니다.

 닥터's advice

❓ 온도별 열나는 원인을 알아두세요!

• **36.5~37.5℃: 정상 체온** 나이가 어릴수록 평균 체온이 0.5℃가량 높습니다. 아이의 체질에 따라서도 정상 체온이 1℃가량 차이가 나기 때문에 아이의 평상시 체온을 체크해둘 필요가 있어요. 겨드랑이 37.2℃, 구강 37.8℃, 항문 38℃ 이상인 경우, 정상 체온을 벗어나 열이 있는 상태입니다.

• **38℃ 이상: 열이 비정상적으로 오른 상태** 아이가 열이 나는 가장 큰 원인은 호흡기 감염성 질환이므로 급성 인두염, 중이염, 폐렴, 폐결핵 등을 의심해볼 수 있어요. 쉽게 열이 떨어지지 않고 38℃에서 체온이 계속 올라가면 해열제를 먹입니다.

• **40℃ 이상: 응급 상황!** 즉시 해열제를 먹이고 병원으로 옮겨야 합니다. 일반적인 감기나 감염성 질환으로 인해 40℃ 이상 열이 나는 경우는 흔하지 않아요. 뇌염 같은 중추신경계 감염, 패혈증 같은 심한 감염, 중추신경계 출혈 등이 있으면 41.5℃ 이상의 심한 고열이 나타나므로 반드시 병원으로 가서 정밀한 진찰을 받아야 합니다.

아이들이 흔히 먹는 약 바로 알기

해열제: 열을 내리거나 통증을 가라앉혀요

해열제는 병원균 자체를 죽이지 않고 증상을 완화하는 역할만 해요. 고열로 잠을 이루지 못하거나 수분 보충을 못 할 때 일시적으로 열을 낮추고 통증을 줄이는 데 효과가 있습니다. 감기에 걸리면 열이 날 뿐 아니라 머리가 아프고, 팔다리가 쑤시고 아프며, 목도 붓는데, 해열진통소염제는 이 모든 증상을 줄여줍니다. 그러나 잘못 사용하면 부작용을 일으킬 수 있어 아이에게 지나치게 사용해서는 안 됩니다. 열은 몸의 방어 반응으로 일어나는 만큼 기력이 있고 밥을 잘 먹으며 잠을 잘 자는 정도면 굳이 해열제를 먹일 필요는 없어요. 정량을 먹이면 안전하지만 초과하지 않도록 주의해 먹입니다.

• 처방전 없이 살 수 있는 타이레놀과 부루펜 시럽　집에서 먹일 수 있는 대표적인 해열제로는 '아세트아미노펜'과 '이부프로펜'이 있습니다. 아세트아미노펜은 약국에서 판매하는 '타이레놀'이에요. 타이레놀은 생후 6개월 이하 영아에게 권장하는 해열제로, 4~6시간 효과가 지속하므로 최소 4시간 이상 간격을 두고 먹이고, 하루 5회를 초과해서는 안 됩니다. 체중에 맞는 용량을 먹이면 통증과 열을 가라앉히는 데 효과가 좋아요. 하지만 타이레놀을 과량 복용하면 간에 손상을 줄 수 있어 꼭 정해진 용량을 넘지 않게 먹여야 합니다. 이부프로펜은 약국에서 판매하는 '부루펜'이라는 시럽형 해열제로, 타이레놀에 비해 지속 시간이 길고, 더 많은 항염증 작용을 하며, 약을 먹고 1시간 후에 효과가 나타나요. 부루펜은 6개월 미만 아이나 탈수가 계속되고 구토가 심한 아이에게는 먹이지 않습니다. 밤새 통증이 있거나 고열에 시달리는 경우에 먹이면 효과가 있어요.

• 처방받은 해열제를 먹이다가 열이 떨어져도 바로 끊지 않기　병원에서 약을 처방받아 먹이다가 열이 떨어지면 해열제를 빼고 먹여야 하는지 궁금해하는 경우가 있어요. 결론부터 말하자면 병원에서 처방한 정량의 해열제는 열이 떨어졌다고 해서 바로 끊어

야 하는 것은 아닙니다. 해열제는 비교적 안전한 약으로 해열 효과뿐 아니라 소염 효과도 있어 열을 발생시키는 염증을 가라앉히는 데 도움이 됩니다. 따라서 열이 일시적으로 내려도 해열제를 바로 끊지 말고 처방받은 대로 계속 먹입니다.

타이레놀 vs. 부루펜

타이레놀(아세트아미노펜)

1회에 몸무게 1kg당 0.3~0.5cc(10~15ml)의 용량을 기준으로 먹입니다. 약 4~6시간 효과가 있으며, 하루 최대 5회까지 먹일 수 있어요.

1회 용량(1cc=32mg)

체중	1회 용량
6~8kg	2.5cc
9~11kg	3.75cc
12~17kg	5.5cc
18~22kg	7.5cc

부루펜(이부프로펜)

1회에 몸무게 1kg당 0.25~0.5cc(5~10ml)를 기준으로 먹입니다. 약 6~8시간 효과가 있으며, 하루 최대 4회까지 먹일 수 있어요.

1회 용량(1cc=20mg)

체중	1회 용량
6~8kg	2cc
9~11kg	2.75cc
12~17kg	4.25cc
18~22kg	5.5cc

항생제: 병원균을 죽이거나 증식을 억제시켜요

항균제는 병의 원인이 되는 세균·곰팡이·기생충 등의 활동을 억제하거나 죽이기 위해 사용하는 의료용 제제입니다. 우리가 흔히 부르는 '항생제'는 그중에서도 특히 세균과 일부 곰팡이를 없애기 위해 쓰이지요. 단, 바이러스에는 효과가 없어 바이러스를 물리치기 위해서는 항바이러스제가 필요합니다.

• 마지막까지 먹일 것 항생제를 처방받으면 지시된 용법과 용량을 지켜 마지막까지 모두 복용하는 것이 매우 중요합니다. 항생제를 1회 복용할 때 세균의 50~60% 정도를 없앨 수 있다고 가정하고, 항생제를 복용할 때마다 남은 세균을 없앤다는 목표로 복용하는 것이 항생제 치료입니다. 이렇게 여러 회에 걸쳐 세균을 줄여 없애는 것이 올바른 항생제 복용 방법이에요. 물론 항생제를 몇 번만 복용해도 세균이 많이 없어

지기 때문에 증상이 한결 좋아진 것을 느낍니다. 그렇다고 해서 처방된 용량보다 적게 먹거나, 복용 기간이 남은 약을 끊거나, 일부러 하루씩 걸러 먹으면 약을 먹은 효과도 없을뿐더러 세균이 항생제에 내성이 생길 수 있어요.

• **항생제 내성** 항생제뿐만 아니라 인위적으로 만들어진 모든 약에는 어느 정도 부작용이 있게 마련이에요. 항생제가 해롭다는 지나친 걱정으로 항생제를 꼭 먹여야 하는 상황에도 꺼린다면, 아픈 아이를 위험한 세균 감염으로 내모는 셈입니다. 또 아이가 예전과 비슷한 증상으로 아프다고 해서 전에 먹다 남은 항생제를 주는 것도 금물이에요. 전에 효과가 있었다고 해서 이번에도 효과가 있으리라는 보장은 없으며, 그 항생제에 대한 내성이 세균에 이미 생겼을지도 모르기 때문입니다. 이처럼 항생제의 가장 큰 부작용은 다름 아닌 '내성'이에요. 세균이 항생제에 저항할 수 있는 능력을 갖추는 것을 항생제 내성이라고 합니다. 내성을 갖춘 세균은 항생제의 효력을 떨어뜨릴 뿐만 아니라 이런 내성균들이 계속 생존하고 번식하면서 이전보다 더 강력한 세균으로 번식하지요. 내성을 예방하는 확실한 방법은 처방대로 복용하는 것입니다.

약과 섞어 먹어도 되는 식품 vs. 안 되는 식품

약과 같이 먹여도 괜찮아요!

• **설탕·올리고당·꿀** 가루약의 쓴맛 때문에 약 먹기를 거부한다면 단맛이 나는 것과 함께 먹입니다. 투약 스푼에 1회분의 약을 미지근한 물에 녹인 다음 설탕이나 올리고당, 꿀을 섞어 먹여요. 단, 돌 이전 아이에게 꿀을 먹이면 알레르기를 일으킬 수 있으므로 약을 타서 먹이는 것은 물론 조리할 때도 사용하지 않아요. 보툴리눔 독소에 의한 중독이 나타날 수 있기 때문이에요.

• **아이스크림** 달고 찬 아이스크림에 약을 섞으면 특유의 쓴맛이 많이 희석되므로 아이가 거부하지 않는 편이에요. 특히 목감기에 걸렸을 때 효과가 좋습니다. 단, 감기,

배탈, 설사 증상이 있을 때는 삼가는 편이 낫습니다.

• **요구르트** 부드럽고 단맛이 강한 요구르트나 플레인 요구르트에 약을 섞으면 거부감 없이 먹어요. 하지만 따뜻한 상태에서 약을 섞으면 자칫 성분이 변할 수도 있으므로 요구르트나 요거트를 차갑게 해서 섞습니다. 농도와 비율은 관계없이 한 번에 먹일 수 있는 양이면 충분해요.

• **잼** 시럽제나 가루약에 달콤한 잼을 조금 섞어 먹이는 것은 괜찮습니다. 하지만 약을 잼과 섞어 빵에 발라 먹이는 것은 금물이에요. 특히 해열제는 빵과 국수 등 탄수화물 식품과 섞이면 서로 강하게 끌어당겨 약물의 체내 흡수를 방해하므로 반드시 피해주세요.

약과 같이 먹이면 곤란해요!

• **분유·우유** 우유나 분유에 함유된 칼슘 성분은 감기약, 소화제, 변비약의 체내 흡수를 방해합니다. 특히나 분유에 약을 타 먹이는 것은 안 좋아요. 아이가 분유를 다 먹지 않으면 약을 얼마나 투약했는지 알 수 없을뿐더러 아이가 쓴맛을 느끼면 나중에 분유 수유 자체를 거부할 수 있습니다.

• **과일주스** 콧물이나 감기, 알레르기 증상에 처방되는 항히스타민제는 자몽이나 오렌지 등 감귤류 과일과 함께 복용하면 간 대사를 방해해 혈압을 떨어뜨릴 위험이 발생해요. 따라서 과일주스와 약을 함께 먹이는 것은 되도록 피하는 것이 좋습니다.

약은 어떻게 보관하나요?

약에도 유통기한이 있어요

약도 유통기한이 지나면 성분이 변합니다. 약의 사용 기간이란 처음 약의 효과를

100%라고 할 때, 점점 그 효과가 소실돼 90%까지 유지되는 기간을 말해요. 음식마다 적절한 보관법이 있듯이 약도 각 특성에 맞는 보관법이 따로 있어요. 포장을 벗긴 알약, 뚜껑을 딴 시럽은 일주일 이상 지나면 약효가 떨어지고, 연고는 개봉한 지 6개월이 지나면 사용하지 않는 것이 좋습니다. 특히 아이들이 먹는 시럽형 감기약은 공기와 접촉하면 변해서 효능이 떨어지므로 냉장 보관하지 않고 3일이 지났다면 버려야 해요. 약의 종류는 무척 다양하고 그 보관법과 유통기한도 천차만별입니다. 가장 정확한 방법은 약을 처방받거나 살 때 약사에게 정확한 복약 지도를 받아 기록해놓는 것입니다.

약은 햇빛을 피해 건조한 곳에 보관하는 것이 원칙!

약은 가정에서 어떻게 보관해야 좋을까요? 무조건 냉장 보관하는 것이 안전하다고 생각할 수 있어요. 약에 따라 시원한 곳에 보관해야 하기도 하지만, 대부분의 약은 냉장고에 넣으면 세균·곰팡이에 오염될 가능성이 있어 상온에 보관하는 것이 가장 좋습니다. 또한 습기가 있거나 빛에 노출되면 약 성분의 분해가 촉진되어 성분이 변합니다. 그러므로 직사광선을 피해 서늘하고 건조한 곳에 보관합니다. 그렇다면 제형별로 약을 어떻게 보관할까요?

• **알약** 알약을 담은 병이 햇빛에 노출되면 병 안쪽으로 습기가 차고 곰팡이가 생겨 변할 우려가 있어요. 직사광선을 피해 건조하고 서늘한 곳에 보관합니다. 약장에 보관할 때는 약병의 솜을 빼는 것이 좋습니다. 자칫 약병을 막고 있는 솜 때문에 습기가 찰 수 있어요.

• **가루약** 가루약은 대부분 병원이나 약국에서 조제된 것이므로 알약보다 유효기간이 짧습니다. 약을 3일 치 처방받았다면 유통기한도 3일이라고 보면 돼요. 가루약은 습기에 약하므로 반드시 건조한 곳에 보관해야 하는데, 특히 종이 포장된 가루약은 싱크대·식탁·욕실 등 물기가 많은 곳은 반드시 피해야 합니다. 만일 색깔이 변하거나 굳었다면 미련 없이 버리세요. 또한 병원에서 조제한 가루약은 처방받은 환자의

체중·나이·질병 상태에 따라 필요한 약과 용량을 의사가 정해준 것이에요. 다른 가족이 무심코 먹으면 부작용이 생길 수 있으므로 먹다 남은 약 역시 버리는 것이 좋습니다.

• **좌약** 개봉하지 않았다면 3년까지, 개봉 후에는 1개월까지 보관할 수 있어요. 좌약은 실온에서 녹기 쉽게 만들어졌기 때문에 15℃ 이하 서늘한 곳에서 보관합니다. 개봉했을 때 약이 녹았다면 냉장고에 넣어두었다가 꺼내어 사용하세요.

• **연고** 피부에 바르는 연고는 개봉한 지 6개월 이내, 또 안약은 방부제가 들어 있지 않거나 눈에 약을 넣는 과정에서 오염될 수 있으므로 개봉 후 1개월 내로 사용해야 안전합니다.

• **시럽제** 상온에서 1개월까지 보관할 수 있어요. 약을 먹일 때 반드시 깨끗한 플라스

닥터's advice

❓ 약품 평균 유통기한(유효기간) 및 보관법
- **일반 의약품(알약)** 2~3년(병원 조제 및 처방약은 3일 치의 경우 3일이 유효기간)
- **시럽과 가루약** 2년 내외, 상온 보관(냉장 보관 시 습기에 의한 변질 우려)
- **항생제 시럽** 물을 섞고 난 후부터 7일, 냉장 보관
- **해열제** 개봉 후 1개월 이내
- **영양제** 3년 이내, 상온 보관(오래 복용 시 최대한 밀폐하여 약효 유지)

❓ 약은 약국에 버려주세요!
먹다 남은 의약품을 쓰레기통이나 싱크대, 하수구나 변기 등에 버리는 경우가 의외로 많습니다. 이는 약물 성분이 하천과 토양으로 흘러들어 가 환경을 오염시키고 오염된 환경에서 자란 동식물을 우리가 섭취하게 되므로 면역 기능이 약한 사람에게 건강상 해를 끼치게 됩니다. 잘못 폐기한 약으로 인한 환경오염을 막고 건강을 지키기 위해서는 사용하지 않거나 유효기간이 지난 약은 약국의 폐의약품 수거함에 분리해 버려야 해요. 약국에서 모은 폐의약품은 보건소로 전달되고 안전하게 소각됩니다.

틱 계량컵이나 스푼에 덜어 먹여서 침에 의한 변질을 막아야 해요. 개봉하지 않은 채 직사광선을 피해 서늘한 곳에 보관하면 1~2년까진 괜찮지만, 오랫동안 사용하지 않았다면 먹기 전에 반드시 색깔이나 냄새를 확인해 변질 여부를 확인합니다. 항생제 시럽도 개봉 후 1~2주가 지나면 약효가 떨어집니다. 특별한 지시사항이 없으면 실온에 보관하되, 냉장 보관이 필요한 항생제도 있으므로 의사나 약사에게 확인하세요. 냉장 보관하는 경우 역시 일주일을 넘기지 않도록 합니다.

• **소독약**   에탄올이나 과산화수소 등의 소독약은 뚜껑을 열어두거나 직사광선에 오래 두면 산화되어 효과가 없어져요. 사용 후에는 반드시 뚜껑을 꼭 닫아 그늘지고 서늘한 곳에 보관하며 1년 이내에 사용하는 것이 바람직합니다.

우리 집 구급약 상자를 점검해요

상비약, 언제 어떻게 준비해야 하나요?

가정상비약이란 갑작스러운 질병이나 상처가 났을 때 응급처치 하는 의약품이에요. 심야나 휴일, 그리고 인근에 약국·병원이 없어 응급처치를 못 하거나 지연된다면 작은 병도 크게 번질 수 있으므로 만일의 경우를 대비해 가정에 상비약을 미리 준비합니다. 상비약을 준비할 때는 유효기간을 확인해 복용할 수 있는 날짜가 넉넉한 제품으로 갖춰요. 또 예상치 못한 증상이 일어나는 경우가 많으므로 약품에 동봉된 설명서를 한번 읽어보고 필요한 내용은 제품 포장에 표기해둡니다. 전문의약품은 의사의 처방을 받아야 하지만 발열, 가벼운 상처, 소화 장애 등에 쓰이는 약품은 대부분 일반의약품이므로 약사와 상의한 뒤 약국에서 구입할 수 있습니다. 기본적인 가정상비약은 최소한으로 준비하고, 사용하는 대로 부족한 것을 채워가는 방식으로 준비합니다. 상비약을 구입할 때는 아이의 성향을 제대로 파악하고, 약으로 인해 어떤 부작용이 발생하는지도 미리 확인합니다. 아이의 평소 건강 상태는 어떤지, 어떤 약이 필요할지를 꼼꼼히 살펴보세요.

아이 있는 집에 꼭 갖춰야 할 기본 상비약

기본적인 가정상비약 말고도 가족 구성원의 나이, 건강 상태 등에 따라 적절한 약을 구비해놓습니다. 아이 키우는 집에는 소아용 해열제, 시럽 소화제, 정장제 등은 기본적으로 필요해요. 갓난아기기 있다면 한밤중에 갑자기 열이 나거나, 열이 나면 토하기 쉬우므로 좌약식 해열제를 준비해두는 것이 좋아요. 활동적인 아이는 넘어져서 상처가 나거나 벌레에 물리는 일 역시 많아 소독제, 항생 연고, 물파스, 모기 기피제, 일회용 소독밴드 등도 구비해둡니다. 또한 약품 외에도 핀셋, 가위, 면봉 같은 기구도 필요합니다.

해열진통제	감기·고열 증상을 보일 때 필요해요. 좌약보다 시럽제가 먹이기 편합니다.
정장제	설사, 변비가 있을 때 사용합니다.
항히스타민 시럽	알레르기로 인한 두드러기, 심한 가려움, 콧물 증상에 쓰여요.
생리식염수	코가 막혔을 때 사용해요.
스테로이드 제제	피부에 염증이 생겼을 때 치료해주는 피부 질환 치료제예요.
기저귀 발진 연고	아이가 기저귀를 사용하는 시기에 구비해놓습니다.
항생제 연고	다치거나 감염됐을 때를 대비합니다.
습식 거즈	상처에 효과가 좋으며, 시중에서 구하기 쉬운 제품이에요.
구충제	무공해 채소로 인한 기생충 감염 및 단체생활 할 때 필요해요.
소독용 에탄올	상처 소독에 사용하며, 휘발성 액체이므로 반드시 밀봉해 상온 보관합니다.
손 세정제	바깥 외출 후나 아이 똥 기저귀를 갈아주고 나서 손을 씻을 때 사용해요.
거즈	반드시 멸균소독이 된 제품으로 고릅니다.
반창고	부직포 반창고는 잘 떨어지지 않으면서 방수 효과가 있어요.
압박붕대	신축성이 좋은 것으로 선택하세요.
기타	끝이 뭉툭한 소독 가위, 끝이 날카롭지 않은 핀셋, 체온계 등을 구비해요.

▲ 아이를 위한 상비약 리스트

상비약, 아무 때나 마음 놓고 사용해도 되나요?

상비약은 어디까지나 상비약일 뿐이에요. 해열제를 제외한 다른 약은 함부로 사용하면 결코 안 됩니다. 상비약은 임시 조치용으로, 단지 병에 걸렸을 때 잠시나마 회복을 도와주고 병원에 갈 때까지 임시 조치를 하기 위한 것이에요. 질병을 치료하기 위한 것이 아니라는 사실을 꼭 명심해야 합니다. 상비약을 살 때는 반드시 유효기간을 먼저 살펴보고, 구입한 후에는 약봉지에 유효기간을 크게 적어두세요. 특히 소독약은 단순히 상처 난 곳에 바르는 것인지, 염증을 치료할 정도로 소독 효과가 있는 것인지도 확인합니다.

 구급약 상자 속 약 관리법

① 효율적으로 약을 관리하기 위해서는 상비약 리스트를 만들어놓는 게 좋아요. 최소 6개월에 1회씩 정기적으로 관리해줍니다.

② 햇볕이 닿지 않는 곳에 보관하세요. 약은 구급약 상자에 넣어 보관하고, 아이 손이 닿지 않는 부엌 찬장이나 옷장 높은 곳에 둡니다. 특히 단맛이 강한 시럽제, 맛있는 씹어 먹는 비타민제나 알약은 꼭 아이 손이 닿지 않는 곳에 보관해요.

③ 처방약의 경우 복용 기간이 끝나면 버리는 게 제일 좋아요. 처방, 조제된 물약은 이미 개봉되어 다른 용기에 담겼기 때문에 1~2주 이내, 조제된 연고는 6개월 안에 사용해야 합니다. 처방된 가루약도 개봉 전에는 약 2개월 동안 보관할 수 있지만 변질의 우려가 있으므로 개봉한 가루약은 2주가 지나면 복용하지 않습니다.

병원 사용설명서

보건소, 소아청소년과, 응급실 등 자주 찾는 병원 진료에 관해 궁금한 점!

체크 포인트

☑ 최근에는 기본 예방접종은 물론 간단한 진료를 할 수 있는 보건소가 생겨나고 있어요. 가벼운 감기 증상 등은 병원 대신 보건소를 이용하면 비용이 절감됩니다.

☑ 궁금한 점에 대해 잘 설명해주고, 아이를 이해해주는 의사가 있는 곳이 좋은 병원이에요. 그런 면에서 규모는 다소 작아도 믿을 수 있는 동네 병원이나 보건소를 찾는 편이 현명합니다.

☑ 아이를 병원에 데려갈 때는 되도록 아침 시간에 방문하는 게 좋습니다. 점심 이후에는 낮잠으로 인해 몸이 처지고 졸릴 수 있어요. 비교적 사람이 덜 붐비고 아이의 컨디션이 좋은 아침나절에 병원을 방문하세요.

☑ 응급실 대기 중일 때 아이의 증상이 나빠지면 간호사에게 빨리 말해야 합니다. 긴급히 의사가 와야 하는 상황임을 알리고 아이의 상태 변화를 설명하세요.

어떤 병원으로 데려가야 할까요?

아이를 키우다 보면 병원 갈 일이 의외로 많습니다. 놀다가 크게 다치기도 하고, 먹지 말아야 할 것을 삼키기도 하고, 한밤중에 열이 펄펄 끓어오르기도 하죠. 당장 병원부터 데려가야 할 것 같은데 병원 종류가 많다 보니 헷갈립니다. 똑같은 질환이라도 원인이 다르고 병원마다 접근 방식이 달라 치료법 또한 다를 수 있습니다. 어떤 병원을 선택하느냐에 따라 똑같은 진단명을 가진 병이라도 며칠 만에 낫기도 하지만 몇 달씩 계속되기도 해요. 아이에게 이상 증상이 나타났을 때는 먼저 아이를 세심히 관찰해 증상에 따라 적절한 병원을 방문합니다. 그러기 위해서는 병원마다 어떤 질환을 다루는지, 어떤 장단점이 있는지 부모가 먼저 알아야 합니다.

병원은 1차, 2차, 3차 의료기관으로 구분됩니다

1차 의료기관은 동네에 있는 의원이라고 생각하면 됩니다. 동네에서 쉽게 찾아갈 수 있는 내과, 안과 등이 1차 진료기관이에요. 2차 진료기관은 30병상 이상 500병상 미만의 종합병원을 뜻합니다. 진료 의뢰서 없이 진료를 볼 수 있어요. 3차 진료기관은 흔히 서울에 있는 대학병원으로, 500병상 이상의 종합병원이에요. 1·2차 의료기관은 언제든 병원 진료가 가능하지만, 3차 의료기관은 기본적으로 1·2차 의료기관에서 발행한 진료 의뢰서가 있어야 합니다. 물론 진료 의뢰서 없이도 3차 병원에서 초진을

1차 의료기관	• 의원, 보건소, 보건지소, 보건진료소, 모자보건센터, 조산소 등. • 환자의 초기 접촉을 통해 예방과 치료가 통합된 포괄적인 보건 의료 서비스 제공.
2차 의료기관	• 기본 4개 이상의 진료 과목과 전문의를 갖춤. • 외래 및 입원 환자 진료를 위한 시설과 보조 인력이 필요. • 30병상 이상의 병원, 500병상 미만의 종합병원, 병원화 보건소, 2개 이상 전문 과목의 30병상 이상의 전문과 의원.
3차 의료기관	• 모든 진료 과목과 전문의를 갖춤. • 특수 분야별 전문의 수준의 진료와 의학교육, 의학연구, 개업의 및 의료 인력의 훈련 기능을 수행할 수 있는 시설과 인력. • 500병상 이상의 의과대학 부속병원 또는 종합병원이어야 함. • 원칙적으로 소속 대진료권 내의 2차 의료기관에서 후송 의뢰된 환자의 진료와 당해 기관이 소재한 중진료권 지역에서 발생한 응급 및 입원 환자의 진료를 담당해야 함.

받을 수 있어요. 하지만 진료 예약 등에서 불이익이 있을 수 있고, 국민건강보험공단의 의료보험 혜택을 받을 수 없어 진료비가 올라갑니다.

 # 보건소

임신, 출산, 육아를 돕는 다양한 프로그램과 사업을 진행해요

보건소는 지역의 공중보건 향상을 위해 국가에서 설립한 기관이에요. 보건소에서는 전염병 예방 및 관리, 학교 보건, 모자보건, 가족계획, 의업에 대한 지도 등을 담당합니다. 아이가 있는 가정에서 주로 예방접종을 할 때 보건소를 이용해요. 또한 대부분의 보건소에서 영유아 건강검진도 하며, 모자보건에 대한 교육 사업을 하는 곳이 많아 상담 및 지원을 받을 수 있습니다. 그러나 특성상 소아청소년과 전문의가 상주하지 않거나, 근무 자체를 하지 않는 경우가 많아 예방 목적이 아닌 진료 목적으로 이용하기에는 현실적으로 어려움이 있었어요. 하지만 최근엔 기본 예방접종은 물론 간단한 진료도 가능한 곳이 생겨나고 있어요. 또한 아이들의 발육 상태 체크나 기념사진 촬영, 아이 마사지 강좌, 식습관 개선 같은 다양한 프로그램을 진행합니다. 집 근처 보건소를 방문하거나 홈페이지를 참조해 어떤 혜택이 있는지 꼼꼼히 알아두세요.

보건소에서 예방접종을 받는다면?

예방접종을 하기 위해 보건소를 방문할 때는 아이가 태어날 때 산부인과에서 발급받은 아기수첩을 챙겨 갑니다. 처음 보건소를 방문해 예방접종을 하면 수첩을 발급해주는데, 이것을 가져가도 상관없어요. 생후 1주 이내에 실시하는 간염 예방접종을 할 때 등록해두는 것도 잊지 마세요. 아이의 예방접종 시기에 맞춰 미리 알려주는 예방접종일 알림 서비스도 제공합니다. 보건소는 소아청소년과와 병행해 다니면서, 일반적인 육아 상담은 적어두었다가 보건소 갈 때마다 시시콜콜 물어봅니다.

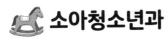 ## 소아청소년과

아이가 아프면 일단 소아청소년과를 찾는 것이 원칙이에요

아이에게 가벼운 발열(1~2일), 기침, 콧물, 구토, 복통 등의 증상이 있을 때 가장 먼저 찾는 곳이 바로 소아청소년과, 즉 '소아과'입니다. 아이들의 질환은 대개 바이러스 감염에 의한 것으로, 증상에 대한 대증 치료만 필요할 때가 많아요. 그래서 평소 아이가 아플 때 소아청소년과를 내원하면 대부분 해결됩니다. 요즘은 호흡기 치료 시설도 대부분 갖추고 있으며, 간단한 혈액검사나 소변검사, 흉부나 복부의 단순 촬영(X-ray)이 가능한 소아청소년과도 많이 생겨나는 추세예요. 그런 만큼 일반적인 경증 질환의 경우, 처음부터 진료 절차가 복잡한 대형 대학병원보다 동네 소아청소년과를 찾는 것이 더욱 효율적입니다.

소아 질환에 대한 파악이 빨라요

소아청소년과에서는 모든 종류의 예방접종이 가능합니다. 보건소와는 다르게 로타바이러스, 수막구균 등의 선택 접종까지, 원하는 예방접종을 모두 받을 수 있어요. 또한 영유아 건강검진 지정 병원이 많아, 인터넷 등으로 검색한 뒤 예약하여 영유아 건강검진을 받으면 편리해요. 대부분 병원에서 구토나 발열이 심한 아이들을 위해 수액 치료 시설을 갖추고 있으므로, 굳이 대학병원 응급실에 가지 않아도 간단한 수액 치료를 받을 수 있습니다. 특히 소아청소년과 의사는 소아만을 대상으로 진료하기 때문에 소아 질환에 대한 파악이 빠르며, 적절한 치료를 손쉽게 받을 수 있어 체계적인 치료가 가능합니다.

 ## 대학병원

오래 꾸준히 치료해야 할 때

대학병원은 진료 영역이 '분과'의 개념으로 나뉩니다. 신생아, 혈액종양, 신경, 심장,

신장, 내분비, 위 장관, 호흡기 알레르기, 면역감염, 임상유전 등의 분과가 있으며, 대학병원에 따라 분과의 수는 차이가 있습니다. 대부분은 동네의 소아청소년과를 다니다가 증상이 악화하거나 입원 치료가 필요한 경우 많이 찾지요. 그 밖에도 심한 감염증, 출생 시부터 존재하는 선천성 질환, 백혈병 등의 종양, 뇌전증, 소아 당뇨, 선천성 심질환 등의 장기적이고 꾸준한 치료와 관리가 필요한 아이들이 치료를 받습니다.

 ## 건강검진센터

말 그대로 '검진'을 하는 기관입니다

많은 수의 지역 의료기관 및 대학병원에서 건강검진센터를 운영하고 있어요. 이는 직장인 검진, 암 검진 등 성인을 대상으로 하며, 소아는 단지 영유아 건강검진만을 하는 경우가 대부분입니다. 소아는 성인과 달리 만성 질환 및 악성 종양의 빈도가 매우 낮은 편이라 혈액·영상 검사를 했을 때 이상 소견이 나오는 경우가 매우 드물어요. 단, 영유아 건강검진을 통해 이상 소견이 있을 때만 대학병원 등의 상위 기관에 의뢰해 정밀검사를 받을 수 있습니다.

 ## 병원 진료 1단계

소아청소년과를 먼저 방문합니다

• **소아과 전문의가 있는 곳인지 먼저 확인해보세요** 집과 가까운 거리에 있어 아이가 아플 때마다 손쉽게 방문할 수 있고, 아이의 건강 상태를 친절하고 꼼꼼하게 상담해주는 의사가 있는 곳이 좋습니다. 또한 아이를 치료해본 경험이 많은 소아청소년과 의사는 그만큼 다양한 문제에 좀 더 현명하게 대처하고, 아이를 다루는 데도 능숙해 믿을 수 있습니다. 소아청소년과 중에는 간혹 소아청소년과라는 이름이 붙어 있더라도

내과와 이비인후과 등 다양한 과를 한꺼번에 진료하는 병원이 있는데, 이런 경우 담당 의사가 소아청소년과 전문의가 아닐 확률이 높아요. 소아청소년과 전문의는 의과대학과 인턴 기간을 거친 뒤에도 소아청소년과만 4년 이상 공부하고 관련 시험을 통과한 의사를 지칭합니다. 반면 자신의 성이나 이름, 지명을 따서 소아청소년과 의원이라는 간판을 달아놓았다면 대부분 소아청소년과 전문의가 운영하는 병원입니다. 또 소아청소년과 전문의가 운영하는 병원은 현관에 예방접종 전문 의료기관임을 표시한 스티커가 부착되어 있거나 병원 내부에 대한소아청소년과학회 로고, 소아청소년과 전문의 동판을 붙여놓으니 참고하세요.

아이를 병원에 데려갈 때는 되도록 아침 시간에!

아이가 아파 병원에 가야 한다면 가능한 한 아침 시간이 좋습니다. 점심 이후에는 아이가 낮잠으로 인해 몸이 처지고 졸려 할 가능성이 커 진료하는 데 어려움이 있어요. 의사의 마음이 바쁜 점심시간 직전이나 퇴근 시간 직전 역시 피하는 게 좋습니다. 또한 예방접종을 한 날에는 반나절쯤 지나서 열이 나거나 토하는 등의 부작용이 나타날 수 있어요. 이런 경우 오전에 병원을 방문해야 그날 안에 다시 병원을 찾을 수 있다는 점도 염두에 두세요. 병원에 갈 때는 궁금한 내용을 미리 메모해 의사와 상담할 때 빠

 닥터's advice

❓ 병원에 갈 때 기록해야 할 것들

- 증상 시작 시기와 진행 상태(기침의 정도, 열이 나는 정도, 변 상태 등)
- 동반되는 다른 증상
- 현재 먹이고 있는 다른 약
- 증상 전 마지막으로 먹은 음식
- 다른 전문의에게 진료를 받았을 경우 소견과 처방
- 예방접종으로 방문한 경우 최근 1~2일간 아이의 상태
- 신생아의 경우 수유 시간과 수유 간격, 먹는 양, 변의 횟수와 상태, 분유 탈 때의 비율, 잠잘 때의 모습, 목욕 횟수와 방법

트리지 않고 물어봅니다. 아이의 상태를 파악할 수 있는 객관적인 정보를 의사에게 알려주면 정확한 진단을 내리는 데 큰 도움이 돼요.

병원에서의 감염에 신경 쓰세요

"병 고치러 갔다가 병 얻어 온다"는 말이 있습니다. 아이는 어른보다 면역력이 약하기 때문에 각별한 주의가 필요해요. 특히 전염성 질환은 주변 사물을 통해서도 쉽게 옮을 수 있는 만큼 병원의 물품은 가급적 이용하지 않습니다. 병원에 비치된 장난감·물티슈·책 등은 되도록 만지지 못하게 하고, 필요한 물품은 따로 챙겨 가세요. 또 아이를 안고 병원 이곳저곳을 돌아다니는 것 또한 병균이 침투할 위험이 있으므로 병원에서 머무는 시간은 되도록 최소화합니다. 병원에 다녀온 후에는 양치질을 한 뒤 옷을 갈아입혀 병원에서 묻어온 균을 없애는 게 현명해요. 특히 바이러스의 경우 아이의 손을 통해 감염되므로 손발을 자주 씻기고 개인위생을 청결히 합니다.

 ## 병원 진료 2단계

삐뽀삐뽀! 응급실로 갑니다

응급실을 찾는 이유는 무척이나 다양합니다. 갑자기 열이 펄펄 끓고 뼈가 부러지거나 혹은 장난감 조각을 잘못 삼켜서 가기도 합니다. 아무리 조심한다고 해도 모든 것을 예방할 수는 없고, 꼭 병원이 문을 연 시간에 사고가 생기라는 법도 없지요. 한밤중 아이가 아플 때 가장 먼저 생각나는 응급실, 막상 가자니 망설여지고 그냥 지켜보자니 불안하기만 합니다. 그런 만큼 이런 난처한 상황에 닥치면 어떻게 대처할지 미리 알아두는 것이 최선이에요.

언제 응급실을 찾아야 할까?

판단하기 정말 어려울 때가 있습니다. 아침에 병원이 문을 열 때까지 기다려야 할까? 아니면 당장 응급실로 가야 할까? 동네 의원이 문을 열지 않는 밤이나 정말 아이가 응급한 상황이라면 2차 병원급 이상의 응급실을 찾습니다. 대형병원의 응급실에는 정말 중한 환자들이 내원하는 경우가 많고, 대기 시간도 길어요. 따라서 낮이거나 정말 위중한 상태가 아니라면 일단 집에서 가까운 1차 의료기관에서 진료를 받습니다. 그리고 응급실 진료를 받을 시에는 '응급 관리료'가 붙습니다. 이는 많은 사람이 큰 질환이 아닌데도 대학병원 응급실을 자주 찾아 대학병원에 환자가 집중되는 문제 때문에 만들어진 제도예요. 자칫 응급 질환이 아니라면 본인 부담금이 그만큼 많아집니다.

🚨 이럴 땐 꼭 응급실로!

- ☐ 아이가 이물질을 기도로 삼켰을 때
- ☐ 피부가 찢어져 압박붕대나 거즈로 감싸고 눌러도 피가 금세 스며들 때
- ☐ 화상을 입어 피부가 빨갛게 부어오르고 물집이 생겼을 때
- ☐ 외상이 심할 때
- ☐ 한 번에 연속해서 3~4회 정도 토하고 탈수 증상이 심할 경우
- ☐ 15분이 지나도 코피가 멎지 않을 때
- ☐ 경련 증상이 5분 이상 멈추지 않을 때
- ☐ 높은 곳에서 떨어진 부위가 보랏빛으로 변했을 때
- ☐ 머리를 바닥에 심하게 부딪쳤을 때

위급한 상황에만 이용하세요

아이를 데리고 응급실을 많이 찾는 이유는 '고열'입니다. 하지만 응급실을 찾았다 해도 받는 치료는 정해져 있어요. 제일 먼저 체온을 잰 다음, 열이 내리도록 물수건으로 온몸을 닦아주고 해열제를 처방하는 것까지가 응급실에서 받을 수 있는 처치입니다. 해열제를 먹인 후에도 38.5℃ 이상 고열이 계속되면 원인을 파악하기 위해 흉부 엑스레이, 혈액검사 등을 하는데 검사비와 진료비가 10만 원대로 비용 역시 만만치 않아요. 무조건 응급실을 찾기보다 일단 집에서 해열제를 먹이고 경과를 지켜보는 것도 한 방법입니다. 면역력이 떨어진 아이가 응급실에 있으면 또 다른 질병에 걸릴 가능성이 크고, 구급차 또한 세균 덩어리라는 보고가 있어요. 위급한 상황이 아니라면 오

전에 전문의를 찾아 진료받는 것이 여러모로 나은 방법입니다.

응급실에 가기로 했다면!

• **여벌 옷 등 필요한 물품 챙기기** 아이의 상태가 심상치 않고 위급하다면 가까운 병원 응급실로 당장 가야 합니다. 응급실에 가기로 했다면 당황하지 말고 필요한 물품을 먼저 챙겨야 해요. 응급실에 장시간 머물 경우를 대비해 아이의 여벌 옷, 아이가 좋아하는 장난감도 가져갑니다. 병원 실내 온도나 대기실 상황에 따라 담요가 필요할 수 있는데 몸에 직접 닿는 만큼 아이가 평소 쓰던 것을 가져가는 게 위생상 좋습니다. 구토, 설사 등의 증상으로 응급실을 찾은 경우라면 토사물이나 변이 묻은 기저귀 등을 챙겨 가 의료진에게 보여주면 원인을 파악하는 데 도움이 돼요. 예방접종 기록을 확인할 수 있는 예방접종 기록 수첩이나 이물질이나 약물을 삼켰을 때는 삼킨 물건이나 약을 가져가 보여주는 것도 잊지 마세요. 이 밖에 현재 아이가 앓고 있는 질환이나 먹고 있는 약이 어떤 것인지 확인할 수 있는 복용 약이나 처방전, 병원 기록 등도 챙겨가는 게 정확한 진료에 도움이 됩니다.

• **응급실로 향할 때도 주의 기울이기** 응급실로 이동하는 동안 담당 소아청소년과 의사와 연락할 수 있으면 전화하세요. 담당 의사가 응급실에 미리 전화해 상황을 설명하면 더욱 신속하게 진료받을 수 있어요. 대기실에 도착한 다음 아이에게 음식이나 음료수를 주면 안 됩니다. 수술이 필요한 경우 음식 때문에 마취에 문제가 생길 수 있기 때문이죠. 또한 응급실에서 대기하는 도중 아이의 증상이 심해지면 간호사에게 빨리 말해야 합니다. 마냥 대기해야 하는 응급실 사정상 치료 시기를 놓치지 않도록 의사가 와야 하는 상황임을 알리고 아이의 상태 변화를 설명하세요.

응급실에서 진료받을 때!

대형병원의 응급실에서는 응급실 당직의가 초진을 본 뒤, 증상에 따라 각 해당 과에 의뢰합니다. 따라서 초진 시에 원래 가지고 있던 질병, 복용하던 약, 나타나는 증상에 따라 의심되는 원인, 증상이 나타난 시기, 주요 증상 등에 대한 자세한 정보를 제공해야 합니다. 또한 신속한 응급처치와 약물 투여를 위해서는 평소 아이의 키와 체중을 정확히 알고 있어야 해요. 알레르기 반응을 보이는 약품이나 식품 등은 미리 의사에게 이야기하고, 아이의 증상이 시작된 시점부터 응급실에 도착 전까지의 상황을 차례차례 자세히 전달하는 것도 잊지 마세요. 정확한 수치와 정보로 증상을 설명하는 것이 훨씬 도움이 됩니다.

 응급실에서 받을 수 있는 검사 및 치료

- 기본적인 혈액검사
- 각종 엑스레이 검사
- 각종 초음파 검사
- 각종 CT 및 MRI 검사
- 심전도 검사
- 각종 수액 및 주사약

위와 같은 검사를 통해 환자 상태에 대한 정보를 수집하고, 필요하면 입원해서 정밀검사를 할 수도 있어요. 응급실에서 응급 치료 후 귀가 여부는 해당 전문의가 진찰 및 검사 결과를 보고 결정합니다.

 # 병원 진료 3단계

입원 치료가 필요할 수도 있어요!

병원에 입원하는 경우는 외래 진료를 통해, 응급실을 통해, 외래에서 검사를 위해 응급실에 의뢰하고 검사 후 입원이 필요하다 판단될 때로 나뉩니다. 외래나 응급실에서 입원장을 받더라도 병실이 부족하면 병실이 아닌 응급실에 입원한 상태로 경과를 관찰할 수도 있어요. 입원하면 해당 주치의가 생기고, 보통은 오전·오후 회진을 돕니다. 의사마다 회진 도는 시간이 대부분 일정하므로 그 시간에는 병실에 있어야 주치의와 면담할 수 있습니다. 주치의 외에도 각 해당 과 전공의와 인턴이 있으며, 환자를 전담하는 담당 간호사도 따로 있어요.

병원은 되도록 집에서 가까운 곳이 편합니다

아이가 입원하면 가장 바빠지는 건 엄마일 수밖에 없어요. 다른 식구도 신경 써야 하고, 집에 다녀와야 할 일도 생기게 마련입니다. 그러므로 병원은 엄마의 입장을 고려해 집에서 되도록 가까운 곳을 택하는 편이 낫습니다.

 닥터's advice

❓ 아이가 입원할 병실, 어떻게 선택할까?

아이가 입원해야 하면 먼저 입원 수속을 하는데, 이때 결정하는 것이 '병실'이에요. 병실은 아이의 성향이나 아이를 돌봐야 하는 상황에 따라 적절히 선택하는 게 바람직합니다. 예를 들어 아이 나이가 만 3세 이상이거나 친구들과 어울리기를 좋아한다면 1인실이나 2인실은 아이가 답답해하고 심심해할 수 있습니다. 처음부터 다인실을 쓰는 것을 추천해요. 다만 다인실은 병실 비용이 저렴하다는 장점이 있지만 감염 우려가 있는 데다 기침 소리, 코 고는 소리, 이 가는 소리 등으로 깊은 잠을 자기가 어려운 단점도 있어요. 아이가 너무 어리거나 함께 돌봐야 할 형제가 있어 피치 못하게 병원에서 같이 생활해야 한다면 1인실이 적당합니다. 가족끼리 지낼 수 있어 비교적 쾌적한 병원 생활이 가능하고, 조용한 환경에서 잠잘 수 있으며, 다른 환자에 의한 감염 우려도 적어요. 다만 비용이 많이 들어 부담이 될 수 있습니다. 건강보험은 다인실 기준으로 병실 요금을 지불하기 때문이에요. 하지만 격리 치료가 필요한 전염성 질병은 1인실을 쓰더라도 3일까지는 건강보험에서 지원해 주므로 이런 사항을 꼼꼼히 참고해 병실을 선택합니다.

❓ 입원 준비물

- **가제수건과 타월** 다용도로 요긴하게 쓰이므로 많이 챙겨 갑니다. 링거를 꽂은 상태라 세수하기 힘들 때는 간단하게 얼굴을 닦아주기에도 좋아요.
- **슬리퍼** 병동에서 편하게 신을 슬리퍼는 필수예요. 엄마의 피로를 덜어줄 슬리퍼도 따로 챙깁니다.
- **종이컵** 손님을 접대할 때마다 일일이 컵을 닦기 힘든 만큼 일회용 종이컵으로 대신합니다.
- **무릎 담요** 바깥바람을 쐬일 때, 잠깐 눈을 붙일 때 등 여러모로 유용합니다.
- **양치 티슈** 양치질할 여건이 되지 않을 때 아이의 치아 관리를 도와줍니다.
- **목 받침 쿠션** 아이가 휠체어를 탄다면 필수로 챙기세요. 아이용 휠체어라도 크기가 커서 잘 미끄러지기 때문에 목을 꼭 받쳐줘야 편해요.
- **엄마를 위한 용품** 아이가 입원해 있는 동안 엄마도 함께 병실 신세를 질 수밖에 없어요. 간단한 세면도구는 물론 잠깐 짬 날 때 읽을 수 있는 책이나 기분 전환을 위한 차 등도 챙깁니다.

책과 장난감을 챙겨 가세요

병원에 있다 보면 엄마도 아이도 할 일이 없어 많은 시간 TV를 보며 보냅니다. 마냥 TV만 틀어놓기 싫다면 집에서 아이가 즐겨 보던 책과 장난감을 챙겨 가면 유용해요. 단, 책은 한쪽 손에 링거 맞을 것을 생각해 쉽게 넘길 수 있는 두꺼운 하드보드지로 된 것을 챙기는 게 좋아요. 장난감 역시 한 손으로도 충분히 놀 수 있는 장난감을 고르고, 시끄러운 소리가 나는 장난감은 피합니다. 큰 아이라면 보드게임을 가져가면 꽤 긴 시간을 즐길 수 있고 부모와 형제가 함께할 수 있어 좋습니다.

올바른 성교육

영유아기, 성에 대한 올바른 생각을 키워요.

체크 포인트

☑ 아이가 4세쯤 되면 생명 탄생에 대한 궁금증과 나의 몸, 나와 다른 몸에 대한 호기심이 생겨나요. 이때 아이의 질문에 아이 눈높이에 맞춰 설명해줍니다.

☑ 성교육할 때 중요한 것은 '부모의 태도'예요. 아이에게 성교육을 시작하기 전, 부모 스스로 성에 대한 가치관이나 태도가 편안한지 점검해봐야 합니다. 비록 성에 대한 지식이 부족해 정확하고 명확한 대답은 할 수 없을지라도 아이와 함께 익히며 배우는 마음으로 소통하려고 노력해야 합니다.

☑ 아이의 나이나 눈높이에 맞게 답해주는 것이 중요해요. 정확히 설명해줘야 한다는 생각에 지나치게 구체적으로 성교육을 하다 보면 공연히 아이의 성 호기심만 일깨워 자극할 수 있어요. 아이 눈높이에 맞는 답을 과장되지 않게 전달하는 정도로 충분합니다.

"엄마, 이게 뭐야?" 생식기 질문에서 시작해요

만 2~3세 유아들이 가장 많이, 자주 하는 말을 꼽으라면 아마도 "엄마, 이게 뭐야?"일 겁니다. 이 시기에는 호기심이 왕성해지고, 궁금증이 폭발하는 때입니다. '성'에 있어서도 마찬가지예요. 다른 사물에 대해 질문하는 것과 똑같이 생식기 명칭에 대해 "이게 뭐야?"라고 물어봅니다. 아이가 이런 질문을 하면 많은 부모가 고추, 고치, 찌찌 등등 유아적인 언어로 알려주는데, 정확한 용어라고 할 수 없어요. 또한 "엄마, 난 어디서 나왔어?"라는 질문도 합니다. 흔히 아이들이 최초로 성에 대한 호기심을 표현하는 질문이 바로 이것인데, 이런 질문을 듣는 부모는 대부분 긴장해서 "다리 밑에서 주워왔지"라며 얼버무리곤 해요. 이런 반응은 부모가 이미 성에 대해 부끄럽고 감춰야 할 것이라는 올바르지 못한 가치관이 있어서 나타나는 반응이에요. 먼저 부모 스스로 성에 대한 가치관을 정리해보고 부정적인 시각을 갖고 있지는 않은지, 성에 대한 기준과 원칙은 명확한지 진지하게 고민해보는 자세가 필요합니다.

유아기의 성교육이 평생의 '성' 의식을 좌우해요

초등학교에도 입학하지 않은 아이가 성 관련 질문을 하면 많은 부모가 "아직 어린데, 성에 대해 뭘 알겠어?"라고 생각합니다. 하지만 이는 큰 착각일 수 있어요. 유아기 때의 성에 대한 인식이 평생의 성 의식과 성생활을 좌우한다고 해도 과언이 아닙니다. 유아기 때 하는 성교육은 복잡한 성 지식의 전달이 아니라 자신과 타인의 몸을 소중히 여기고, 성에 대한 평등한 인식과 태도를 기르는 것입니다. 성을 대하는 자세와 태도에 따라 건강한 성 의식을 키울 수 있고, 그렇지 않을 수도 있습니다. 예컨대 성에 대해 은밀하게 대하는지, 장난스럽게 대하는지, 혹은 더럽다고 느끼는지, 밝고 건강하게 느끼는지가 바로 어릴 때 형성됩니다. 그러므로 아이의 돌발적인 성 관련 질문에 대답할 때 혹은 아이가 자위행위를 할 때 이를 대하는 부모의 자세와 태도가 대단히 중요합니다.

유아기 성교육, 지금 과연 필요한가요?

일상생활에서 알게 모르게 시작되고 있어요

과연 '이 시기에 성교육이 필요할까?' 하는 의구심이 들겠지만, 결론부터 말하자면 유아기 성교육은 꼭 필요합니다. 성교육은 나이별로 필요한 교육이고, 엄마 배 속에 있을 때부터 성교육은 이미 시작된다고 할 수 있어요. 어릴 때부터 아이에게 성을 어떻게 봐야 할지, 어떻게 대해야 할지 자연스럽게 가르쳐줘야 합니다. 아이가 태어나서 부모로부터 돌봄을 받는 그 자체가 성교육의 시작이에요. 넘어져 우는 남자아이에게 "남자니까 씩씩해야지. 울지 말고 일어나렴"이라고 하거나 "여자는 그렇게 하는 거 아니야"라고 말하는 것처럼 일상생활 중 의도치 않게 성과 관련된 발언을 하고 성교육이 이루어지는 셈이죠.

어리게만 보았던 아이가 어느 날 성적인 놀이나 질문을 하면 부모로서는 당황스럽고 불편할 수밖에 없습니다. 하지만 일찍부터 아이와 함께 신체와 성에 대해 자연스럽게 이야기하다 보면 아이가 성장하면서 부모와 지속적인 대화를 나누게 되지만, 반대로 부모가 올바른 성교육을 하지 않고 무관심하면 아이는 자라면서 성에 대한 무지로 인해 위험한 상황을 겪을 수 있어요. 아이가 성장해 한 아이의 아빠, 엄마가 되고 다양한 사회 구성원과 함께 어우러져 살아가기 위해서 지금부터 올바른 성교육은 필수입니다.

가능한 한 빨리 아이와 성에 관한 이야기를 나누세요

쑥스럽고 어색한 마음에 아이의 성교육을 차일피일 미루는 사이, 아이는 어느새 성충동이 높아지고 성적 관심이 커지는 청소년 시기로 훌쩍 접어들지요. 그제야 성에 대한 지식을 알려주는 건 너무 늦습니다. 늦어도 초등학교 입학 전에는 성교육을 시작해야 해요. 아이가 주변이나 매스컴 등을 통해 잘못된 정보와 정화되지 않은 성인 문화를 흡수하기 전에 올바른 성 가치관을 확립해야 합니다. 성폭력 피해자 중 아동의 비율이 해마다 증가하고, 성폭력 피해 아동 10명 중 1명은 6세 이하라는 통계는 더 이상 남의 일이라고만 생각할 수 없는 현실이에요. 특히 학령기 이전 아이들은 자기 방어 능력이 부족해 성적 학대의 위험 상황에 놓였을 경우 피해를 보기 쉬운 만큼 조기 성교육에 대한 필요성은 더욱 높아집니다. 단, 그렇다고 아이가 관심도 없는데 다가가 일부러 호기심을 일깨워주라는 말은 아니에요. '우리 아이는 왜 질문하지 않을까?' 미리부터 고민할 필요도 없어요. 놀이에도 집중하지 못하는 아이를 따로 앉혀놓고 "이제부터 너도 성에 대해 알아야 해"라며 가르치는 것은 신생아에게 "왜 말을 하지 않느냐"고 말하기를 가르치는 것과 다를 바가 없습니다. 아이의 성 관련 질문은 성장이 빠르고 더딘 문제가 아닌 지극히 자연스러운 현상이에요. 어느 날 갑자기 "엄마, 아이는 어디서 와?"라는 질문을 한다면 성교육을 시작할 때라는 신호입니다.

무엇부터 가르쳐야 할까요?

정확한 생식기의 명칭을 바른 자세와 태도로 알려주세요

아이들은 만 2~3세가 되면 자신의 몸에 관심을 보이기 시작합니다. 남녀의 차이를 인식하고, 아이가 어떻게 생기는지도 궁금해하죠. 이 시기에는 목욕한 뒤 거울을 보며 신체 이름을 하나씩 정확하게 알려주는 것이 좋아요. 굳이 일부러 공부하는 것처럼

닥터's advice

❓ 아직 성에 대한 구분이 없는 2~3세경에도 성교육이 필요한가요?
부모는 이른 성교육에 대해 아직 성을 잘 알지도 못하는 아이에게 오히려 성에 관한 관심을 부추기는 결과가 되지 않을까 우려하기도 합니다. 하지만 그런 우려 뒤에는 "성=성적인 행동=섹스"라는 인식이 뿌리 깊이 숨어 있는 것도 사실이에요. '성'이라고 하는 것은 섹스가 전부가 아니듯, 아이들의 성은 더욱 그렇습니다. 유아기의 성은 한마디로 가치관 교육이며, 예절 교육이에요. 어릴 때부터 자기 자신을 소중히 생각하고 남을 배려하도록 배운 아이는, 절대 함부로 자기 몸을 허락하거나 다른 사람을 괴롭히는 행동을 하지 않습니다. 또 남녀가 평등하다고 배운 아이는 약한 사람을 무시하거나 성 우월주의에 젖지 않지요. 그런 의미에서 볼 때 성교육은 시기가 아무리 빨라도 상관없고 오히려 빠르면 빠를수록 좋습니다.

올바른 성교육

육아 상식 **1219**

따로 시간을 내 가르치라는 말은 아니에요. 아이가 아직 어리다면 유아적 언어를 사용하는 것이 무방하다고 해도, 늦어도 6~7세 무렵에는 올바른 명칭을 가르쳐줍니다. 무난하게 접근할 수 있는 생식기 용어로는 음경, 고환, 음순, 질, 자궁 등인데, 몇 번 반복하다 보면 아이도 자연스럽게 정확한 명칭을 사용합니다.

그림을 그리며 알려주거나 비디오를 활용하는 것도 좋아요

성교육에 대해 살아 있는 실제 교육을 한다고 엄마의 벗은 몸을 보여주며 가르치는 부모가 간혹 있습니다. 그러나 이는 옳은 방법이 아니에요. 잘못된 '보여주기 문화'가 가득한 요즘과 같은 현실에서 오히려 호기심만 부추기는 역효과를 가져올 수도 있어요. 식물과 동물의 성장이나 그림책을 통해 자연스럽게 사랑과 탄생에 관해 이야기하는 것으로 시작하세요. '아이가 어떻게 태어날까?'는 '기린이 왜 목이 길까?'와 같은 연장선상에 있는 질문이라고 생각하면 쉽습니다. 아이가 궁금해하는 내용을 동물이나 식물의 예를 들어 쉽게 풀어서 설명해줍니다. 이 역시 아이의 수준에 맞춰 지나치지 않도록 주의하면서 거짓 없이 사실대로 일러줘야 해요. 부모가 평소 아이의 성에 대한 질문을 자연스럽고 친절하게 대답하는 것은 아이가 자신의 감정이나 느낌을 솔직하게 표현하는 감정 표현의 기회가 됩니다.

닥터's advice

❓ 성교육 관련 그림책, 어떻게 고를까요?

3세 아이에게 우리 몸과 관련된 그림책을 읽어주세요. 만 3세 무렵은 자신의 몸에 관심이 커지는 시기이므로 흥미를 끌 만한 그림책으로 자아 인식과 자존감 형성을 도와주세요. 성기 모양이나 남녀 차이를 설명할 때 그림을 보여주면 아이가 이해하기 쉬워요.

5세 이상이면 성별에 따른 성 역할을 알려주는 책이 좋아요. 5세 이상 아이는 사람이 남자와 여자로 구분된다는 사실을 잘 알고 있어요. 엄마는 여자고, 아빠는 남자라는 걸 깨닫습니다. 이때는 이성보다 동성 친구를 더 선호하는 경향이 있어요. 남자와 여자를 구분 짓는 시기로 다양한 성 역할이 가능하다는 것을 알려줍니다.

올바른 성교육

생식기를 만지거나 성행위를 흉내 내는 놀이를 하더라도 야단치지 마세요

성교육과 관련하여 부모들이 가장 많이 상담하는 내용 중 하나가 아이의 '자위행위'입니다. 유아기의 자위행위는 과거보다 증가 추세인 것도 사실이고, 그 정도가 심할 때는 소아정신과 진료가 필요하기도 합니다. 그러나 일반적인 수준에서는 아이의 관심을 다른 곳으로 돌려주는 대처만으로도 해결돼요. 아이라 하더라도 음경이나 음핵은 감각이 예민한 부분이기 때문에 의도치 않게 자극을 받으면 이상한 느낌을 받습니다. 그 느낌을 잊지 않고 집착하면서 계속 만지다 보면 부모의 눈에 띄는 것이지요. 이런 아이의 행동을 목격했다면 한 달 정도 아이가 심심해하지 않도록 관심을 다른 데로 돌려주면 고쳐집니다. 대신 부모가 아이의 자위행위를 이상하게 생각하지 않는 게 중요해요. 아이는 어른같이 성 의식이 있어서 하는 행동이 아닌 만큼 평상시와 똑같이 대하면서 너무 만지지 말라고 하거나 성행위는 나중에 결혼해서 하는 것이라고 웃으며 말해주는 것으로 충분합니다. 아이들은 부모의 태도와 자세를 보고 그대로 받아들이므로 이상하게 대하면 대할수록 더욱 자위행위에 집착하게 됩니다.

성교육은 생활하면서 자연스럽게 시작합니다

아이의 성교육은 교과서적인 답변보다 가정환경 혹은 일상생활 속에서 자연스럽게

 닥터's advice

> ❓ **성교육을 할 때는 이렇게!**
> • 아이가 지루해하지 않도록 재미있게 이야기해줍니다.
> • 성에 대해 있는 그대로, 아는 그대로 이야기한다고 생각하세요.
> • 과학적이고 생물학적인 사실만 강조하지 말고, 정서적인 면도 함께 다루는 게 좋아요.
> • 생식기의 명칭은 정확한 용어를 써서 설명합니다.
> • 어린아이에게도 성폭력에 대비하는 교육을 해주어야 합니다.
> • 사춘기가 되면 나타나는 몸의 변화에 대해 미리 일러주세요.
> • 성에 대해 자유롭게 물어볼 수 있는 분위기를 만들어주는 것도 중요해요.
> • 부모가 모르는 것이 있을 때는 전문가의 도움을 받습니다.

이루어져야 합니다. 목욕을 하거나 혹은 갓난쟁이 동생의 생김새 또는 부모의 애정 표현 등을 통해 일상에서 성 지식을 쌓게 되지요. 7세 미만 아이에게는 복잡한 성 지식을 가르치기보다 성에 대해 좋은 느낌을 전하는 것이 중요해요. 아이가 성에 대한 난처한 질문을 하더라도 기꺼이 대답해주고, 이해하지 못할 성적 행동을 보이더라도 따뜻하게 감싸준다면 아이는 성을 자연스럽고 아름다운 것으로 받아들입니다.

아이에게 꼭 알려줘야 할 성 지식

우리 몸에 있는 성기의 정확한 명칭

아직 어린아이에게 정확한 성기의 명칭을 가르쳐줄 필요가 있나 싶기도 하고 꺼려지기 마련입니다. 그러나 성기에 대해 유독 궁금해하는 아이라면 '음경', '질'처럼 정확한 성기의 명칭을 알려주세요. 남자와 여자의 생물학적 차이에 대해 정확히 알려주고, 생명과 관계된 소중한 몸의 일부라는 점을 이해시킵니다. 정확한 성기의 명칭을 알려주는 것은 성별에 따른 신체 구조의 차이를 가르치고 이해시키는 데 의미가 있습니다. "잠지", "찌찌" 같은 유아적인 언어로 설명하거나 회피하지 말고 "그래, 좋은 질문이구나", "그게 궁금했었니?" 하고 질문한 것을 칭찬하고 아이 나이에 맞게 명칭을 알려줍니다. 3~4세 아이에겐 "응, 쉬하는 곳이지", 5~6세에게 "이건 음경이라고 부르는데, 고추라고 해도 돼", 7~9세에게 "이건 음경이라고 하는데, 고환에서 아기씨를 만들고 아기씨가 음경을 통해서 나오는 데야. 중요한 곳이니까 더러운 손으로 만지면 안 돼" 정도의 설명이 적당합니다.

남녀의 평등한 성 차이

"밥 짓는 일은 엄마처럼 여자가 하는 거야", "남자는 아파도 울면 안 돼" 등 이 시기에 그릇된 성 역할을 강요받은 아이는 커서도 융통성 없고, 고정된 사고를 하게 됩니다. 아이 나이가 어릴수록 부모는 아이에게 건강한 성 역할 모델이 되어야 해요. 성이 비밀스럽거나 장난스러운 것이 아니라 소중하고 아름다운 것이며, 성기는 생명을 잉태

하는 소중한 곳이라는 사실도 알게 해주세요. 또한 남자와 여자는 성 역할에 있어 차이가 있을 뿐, 모두 존중받아야 할 소중한 사람이라는 사실을 자연스럽게 깨닫게 하는 것도 필요합니다.

성에 관한 밝고 긍정적인 인식

어린 시절 성에 대해 건강하고 행복한 느낌과 생각을 하게 되면 삶은 더욱 풍요롭고 행복해질 겁니다. 하지만 아이가 성에 대한 어두운 기억이나 경험이 있다면 그 상처는 평생 가요. 만 2세 전후에 결정된 성에 대한 느낌이나 태도는 그만큼 중요합니다. 이 시기에는 성에 대한 질문도 훨씬 구체적이고 다양한 편이에요. 아이의 갑작스러운 질문에 당황하거나 어물쩍 넘겨버리지 말고 정확히 답해줍니다. 그렇다고 무조건 자세히 설명하기보다 아이의 생각을 먼저 들어보고 질문의 핵심을 파악한 뒤 아이 눈높이에 맞게 대답해주세요. 이때 부모가 난감하다는 이유로 답하기를 꺼리면 아이는 성을 부정적인 것, 불편한 것으로 받아들이기 쉬워요.

아이의 성 관련 질문과 행동에 대한 대처법

"엄마, 아기는 어떻게 태어나요?"라고 묻는다면

아이가 성에 대해 구체적인 질문을 해올 때, 가장 좋은 방법은 '필요한 만큼'의 대화를 하는 것입니다. "엄마와 아빠가 서로 사랑할 때, 때로 아기가 생길 수 있단다" 정도로 대답한 다음, 아이가 다시 "어떻게?"라고 물으면 "너는 어떻게 생각하니?" 하고 되물어 아이가 무슨 말을 들었는지 어떤 일이 있었는지 사전 지식 수준을 파악해 질문의 배경을 알아보는 게 좋습니다. 그런 후 "함께 생각해보자"라고 대답하고, 수준에 맞는 얘기를 나눠보세요.

TV나 광고의 성적인 장면을 유심히 보고 "왜 저러는 거야?"라고 물어본다면

아이가 미디어를 통한 선정적인 장면에 최대한 노출되지 않도록 주의합니다. 대중매체의 영상물로 접한 것을 아이들이 놀이를 통해 직접 따라 하기도 하지만, 잠재의식 속에 성에 대한 정보로서 입력되기도 합니다. 예를 들어 노출이 심한 옷차림이나 성적인 것을 암시하는 모습을 봤다면 섹시함이 최고라는 생각을 자연스럽게 하게 되지요. 아이와 TV를 보다가 야한 장면이 나오면 어리니까 아무것도 모를 거라고 단정해 그냥 넘어가지 말고, 아이의 생각이나 느낌을 물어보고 그때그때 알맞은 이야기로 정리해주세요.

"왜 오빠는 서서 쉬해요?"라고 물어본다면

사람마다 생김새가 다르듯 남자와 여자도 다르다는 것을 알려줍니다. 여자와 남자는 몸의 모양이 달라서 소변보는 모습도 다르다고 설명해줍니다. 남녀가 서로 '다른' 존재이며, 다른 것은 자연스러운 것일 뿐 '틀린' 것이 아님을 이해시켜주세요. 굳이 쉬하는 모습을 자세히 관찰하라고 알려줄 필요는 없지만, '쉬하는 것은 매우 중요한 일이니까 다른 사람이 방해하면 안 된다'고 찬찬히 알려줍니다.

방구·똥·젖꼭지·배꼽·똥구멍 같은 단어를 장난스럽게 사용한다면

아이들이 입 밖에 내서 말하는 성에 대한 은어나 욕은 어느 정도 용납하고 허용하는 것이 정서 발달에 도움이 될 수 있어요. 그러나 여기에도 엄연히 제한이 존재합니다. 아무리 장난이라 해도 생식기를 노출하는 행동과 함께 사용할 때이지요. 이럴 땐 단호하게 타일러야 합니다. 서로 소변보는 것을 신기하게 들여다보거나 생식기를 내놓고 자랑하고, 소변 멀리 보내기 등을 시합하며 은어를 사용한다면 "성기는 대단히 중요하니까 함부로 내놓고 장난치면 안 돼. 부모님도 선생님도 모두 다 내놓지 않잖아" 하고 설명해줘야 합니다.

여자 친구들만 보면 똥침을 놓으려고 한다면

먼저 이런 장난을 하고 놀다가 다칠 수 있다는 사실부터 설명한 후 함부로 장난치지 않는 마음을 갖게 합니다. 특히 여자는 남자와 몸의 구조가 다르고, 왜 함부로 장난치면 안 되는지를 이해하기 쉽게 설명해주세요. "여자 친구들 몸에는 아기 궁전이 있어서 나중에 크면 엄마처럼 결혼해서 예쁜 아기를 낳아야 하는데, 똥침을 잘못하면 아기 궁전을 다치게 할지 몰라. 아기 궁전은 따뜻한 것을 좋아하기 때문에 몸 깊숙이 있는데 자꾸 치마를 들춰서 차갑게 하면 좋지 않겠지?" 이런 식으로 설명해줍니다.

아이가 자꾸 성기를 만지려 한다면

아이가 자신의 성기를 만지는 행위는 자연스러운 행동이에요. 아이가 아무 생각 없이 자기 성기를 만지는 것에 민감하게 반응할 필요는 없습니다. 아이에게 그런 행동을 하지 못하게 막을수록 그 행동에 집착하게 되는 만큼 무심히 넘기는 것이 좋아요. "그건 나쁜 짓이야, 하지 마!"라고 한다거나 "자꾸 그러면 벌레가 나온다" 등으로 위협해서는 절대 고쳐지지 않습니다. 습관적일 경우 "고추가 너무 아프겠다. 그곳은 소중하니까 조심조심 다뤄야 해"라고 지나가듯 말해주는 것으로 끝내세요. 아이가 예민하게 받아들이지 않게 아이 행동에 반응하지 않거나 아이의 관심을 다른 곳으로 돌리는 것이 도움이 됩니다. 자연스럽게 성기에 대한 소중함을 알려주고 자꾸 만지면 아플 수 있다는 사실을 알려주세요.

부모가 성관계하는 모습을 아이가 우연히 봤다면

대부분의 유아는 성관계하는 모습을 보았을 때 아빠가 엄마를 아프게 하거나 뭔가 위협을 가하는 것으로 느낄 수 있어요. "엄마 아빠가 너무 사랑해서 꼭 껴안다 보니 이상하게 보였겠구나. 걱정하지 않아도 돼"라고 안심시키고, 엄마와 아빠 사이에서 자려고 하면 당분간은 그냥 둡니다. 애써 그 장면을 끄집어내어 얘기하며 상기시키지는 말고, 단지 아이가 굳이 엄마 아빠 사이에서 자려고 하는 나름의 이유를 충분히 들어주세요.

월령별 체크리스트

발육 표준치 표와 비교해가며 아이의 성장 발달이 제대로 이루어지고 있는지
확인해보세요. 기준보다 현저히 떨어져 있다면 병원을 찾아 점검해보는 것이
좋습니다. 표와 정확하게 일치하지 않는다고 걱정하지 마세요. 아이마다 성장
발달에는 차이가 있으니까요.

2017년 한국 소아 청소년 신체 발육 표준치

(질병관리본부, 대한소아과학회 제정)

대한소아과학회에서 기준으로 제시한 소아 발육 표준치를 수록했습니다. 정기적으로 아이의 체중, 신장, 체질량지수, 머리둘레 등을 잰 뒤 이 도표들과 비교해보세요. 아이가 연령에 맞게 제대로 크고 있는지 확인할 수 있습니다.

소아 발육 표준치

남아				연령	여아			
체중 (kg)	신장 (cm)	체질량지수 (kg/m²)	머리둘레 (cm)		체중 (kg)	신장 (cm)	체질량지수 (kg/m²)	머리둘레 (cm)
3.41	50.12		34.70	출생시	3.29	49.35		34.05
5.68	57.70		38.30	1~2개월*	5.37	56.65		37.52
6.45	60.90		39.85	2~3개월	6.08	59.76		39.02
7.04	63.47		41.05	3~4개월	6.64	62.28		40.18
7.54	65.65		42.02	4~5개월	7.10	64.42		41.12
7.97	67.56		42.83	5~6개월	7.51	66.31		41.90
8.36	69.27		43.51	6~7개월	7.88	68.01		42.57
8.71	70.83		44.11	7~8개월	8.21	69.56		43.15
9.04	72.26		44.63	8~9개월	8.52	70.99		43.66
9.34	73.60		45.09	9~10개월	8.81	72.33		44.12
9.63	74.85		45.51	10~11개월	9.09	73.58		44.53
9.90	76.03		45.88	11~12개월	9.35	74.76		44.89
10.41	78.22		46.53	12~15개월	9.84	76.96		45.54
11.10	81.15		47.32	15~18개월	10.51	79.91		46.32
11.74	83.77		47.94	18~21개월	11.13	82.55		46.95
12.33	86.15		48.45	21~24개월	11.70	84.97		47.46
13.14	89.38	16.71	49.06	2~2.5세	12.50	88.21	16.34	48.08
14.04	93.13	16.29	49.66	2.5~3세	13.42	91.93	16.01	48.71
14.92	96.70	15.97	50.10	3~3.5세	14.32	95.56	15.76	49.18
15.91	100.30	15.75	50.43	3.5~4세	15.28	99.20	15.59	49.54
16.97	103.80	15.63	50.68	4~4.5세	16.30	102.73	15.48	49.82

18.07	107.20	15.59	50.86	**4.5~5세**	17.35	106.14	15.43	50.04
19.22	110.47	15.63	51.00	**5~5.5세**	18.44	109.40	15.44	50.21
20.39	113.62	15.72	51.10	**5.5~6세**	19.57	112.51	15.50	50.34
21.60	116.64	15.87	51.17	**6~6.5세**	20.73	115.47	15.61	50.44
22.85	119.54	16.06	51.21	**6.5~7세**	21.95	118.31	15.75	50.51
24.84	123.71	16.41		**7~8세**	23.92	122.39	16.04	
27.81	129.05	16.97		**8~9세**	26.93	127.76	16.51	
31.32	134.21	17.58		**9~10세**	30.52	133.49	17.06	
35.50	139.43	18.22		**10~11세**	34.69	139.90	17.65	
40.30	145.26	18.86		**11~12세**	39.24	146.71	18.27	
45.48	151.81	19.45		**12~13세**	43.79	152.67	18.88	
50.66	159.03	20.00		**13~14세**	47.84	156.60	19.45	
55.42	165.48	20.49		**14~15세**	50.93	158.52	19.97	
59.40	169.69	20.90		**15~16세**	52.82	159.42	20.42	
62.41	171.81	21.26		**16~17세**	53.64	159.98	20.77	
64.46	172.80	21.55		**17~18세**	53.87	160.42	21.01	
65.76	173.35	21.81		**18~19세**	54.12	160.74	21.13	

*1~2개월은 1개월부터 2개월 미만에 해당하며 다른 연령에도 동일하게 적용됨.

신장별 표준 체중

신장(㎝)	남아	여아	신장(㎝)	남아	여아	신장(㎝)	남아	여아	신장(㎝)	남아	여아
44~45*	2.64	2.47	80~81	11.14	10.79	116~117	21.40	20.99	152~153	45.92	45.71
45~46	2.71	2.62	81~82	11.37	11.03	117~118	21.85	21.40	153~154	46.80	46.64
46~47	2.81	2.80	82~83	11.60	11.27	118~119	22.31	21.83	154~155	47.68	47.57
47~48	2.94	2.99	83~84	11.83	11.51	119~120	22.79	22.27	155~156	48.57	48.50
48~49	3.10	3.19	84~85	12.05	11.76	120~121	23.28	22.72	156~157	49.46	49.42
49~50	3.27	3.39	85~86	12.28	12.00	121~122	23.78	23.19	157~158	50.36	50.33
50~51	3.46	3.60	86~87	12.50	12.24	122~123	24.30	23.67	158~159	51.26	51.23
51~52	3.67	3.81	87~88	12.73	12.48	123~124	24.83	24.16	159~160	52.16	52.12
52~53	3.89	4.03	88~89	12.96	12.73	124~125	25.38	24.68	160~161	53.06	52.99
53~54	4.12	4.25	89~90	13.18	12.97	125~126	25.93	25.20	161~162	53.97	53.85
54~55	4.37	4.48	90~91	13.41	13.22	126~127	26.51	25.75	162~163	54.87	54.68
55~56	4.62	4.71	91~92	13.64	13.46	127~128	27.10	26.31	163~164	55.77	55.48
56~57	4.87	4.94	92~93	13.87	13.71	128~129	27.70	26.89	164~165	56.67	56.25
57~58	5.14	5.17	93~94	14.10	13.96	129~130	28.32	27.48	165~166	57.57	56.98
58~59	5.40	5.41	94~95	14.34	14.21	130~131	28.95	28.09	166~167	58.47	57.67
59~60	5.67	5.64	95~96	14.58	14.46	131~132	29.59	28.72	167~168	59.36	58.32
60~61	5.95	5.88	96~97	14.82	14.71	132~133	30.25	29.37	168~169	60.25	58.93
61~62	6.22	6.12	97~98	15.07	14.97	133~134	30.92	30.04	169~170	61.14	59.47
62~63	6.50	6.36	98~99	15.33	15.23	134~135	31.61	30.72	170~171	62.02	59.96
63~64	6.77	6.60	99~100	15.59	15.49	135~136	32.31	31.42	171~172	62.90	60.39
64~65	7.05	6.85	100~101	15.85	15.76	136~137	33.02	32.14	172~173	63.77	60.74
65~66	7.33	7.09	101~102	16.13	16.03	137~138	33.74	32.88	173~174	64.63	61.02
66~67	7.60	7.34	102~103	16.41	16.31	138~139	34.48	33.63	174~175	65.49	
67~68	7.87	7.58	103~104	16.70	16.59	139~140	35.23	34.40	175~176	66.33	
68~69	8.14	7.83	104~105	16.99	16.88	140~141	35.99	35.19	176~177	67.18	
69~70	8.41	8.08	105~106	17.30	17.17	141~142	36.76	36.00	177~178	68.01	
70~71	8.67	8.33	106~107	17.62	17.47	142~143	37.55	36.82	178~179	68.83	
71~72	8.93	8.57	107~108	17.94	17.78	143~144	38.35	37.66	179~180	69.65	
72~73	9.19	8.82	108~109	18.28	18.10	144~145	39.15	38.51	180~181	70.45	
73~74	9.44	9.07	109~110	18.63	18.42	145~146	39.97	39.37	181~182	71.25	
74~75	9.70	9.31	110~111	18.99	18.76	146~147	40.79	40.25	182~183	72.04	
75~76	9.94	9.56	111~112	19.36	19.10	147~148	41.63	41.14	183~184	72.82	
76~77	10.19	9.81	112~113	19.74	19.46	148~149	42.47	42.04	184~185	73.59	
77~78	10.43	10.05	113~114	20.14	19.82	149~150	43.32	42.95	185~186	74.35	
78~79	10.67	10.30	114~115	20.55	20.20	150~151	44.18	43.86			
79~80	10.90	10.54	115~116	20.97	20.59	151~152	45.05	44.79			

*44~45는 신장 44㎝부터 45㎝미만에 해당히며, 다른 신장구분에도 동일하게 적용됨.

이런 경우라면, 병원을 찾아야 해요!

월령마다 해내야 하는 발달사항이 있어요. 아이마다 정도의 차이는 있지만, 다음의 운동 발달이 나타나지 않는다면 병원 진료를 받아봐야 합니다. 질환의 증상일 수 있으므로 '때 되면 하겠지' 하는 생각으로 지나쳐서는 안 됩니다. 큰 병이 아이 몸속에 숨어 있을지 몰라요.

출생~1개월	• 잘 빨지 못해요. • 밝은 빛에 눈을 깜박이지 않아요. • 팔다리에 힘이 들어간 것 같아요(부드럽게 움직이지 않아요). • 팔다리가 축 늘어져요. • 큰 소리에 반응이 없어요.
1~3개월	• 모로 반사가 4개월 이후에도 계속 보여요. • 큰 소리에 반응이 없어요. • 3개월 이후 사람을 알아보고 미소를 짓지 않아요. • 3개월 이후 손으로 물건을 집거나 잡지 않아요. • 4개월이 되어도 손을 입으로 가져가지 못해요. • 눈의 초점이 항상 맞지 않아요.
4~7개월	• 뻣뻣해 보이거나, 축 늘어져 있어요. • 목 가누기가 안 돼요. • 한 손만 사용해요. • 눈 마주침이 없고 부모한테 관심이 없어요. • 붙잡아줘도 앉지 못해요. • 6개월이 지나도 말을 하거나 소리를 내지 않아요.
8~12개월	• 기지 못해요. • 기어갈 때 다리가 끌려요. • 붙잡고 서지 못해요. • '엄마, 아빠'를 말하지 못해요.
1~2세	• 18개월인데 걷지를 못해요. • 발끝으로 이상하게 걸어요. • 두 살인데 두 단어 문장을 말하지 못해요. • 모방 행동, 모방 언어가 없어요. • 간단한 지시를 따라 하지 못해요.
2~3세	• 계속 침을 흘리거나 말을 잘하지 못해요. • 간단한 블록 쌓기나 작은 물체를 다루지 못해요. • 간단한 지시를 따라 하지 못해요. • 다른 또래 친구들이나 역할 놀이에 관심이 없어요.
3~5세	• 연필을 쥐지 못해요. • 뛰거나 점프하지 못해요. • 다른 친구들에게 관심이 없어요. • 세 단어 문장을 말하지 못해요. • 머리 빗기, 세수하기, 옷 입기 등 간단한 일상생활을 전혀 따라 하지 못해요.

찾아보기

출동! 우리 아기 홈닥터

펴낸날 초판 1쇄 2020년 1월 20일

지은이 세브란스 어린이병원

펴낸이 임호준
본부장 김소중
책임 편집 박햇님 ┃ **편집** 고영아 이한결 이상미 현유민
디자인 김효숙 정윤경 ┃ **마케팅** 정영주 길보민 김혜민
경영지원 나은혜 박석호 ┃ **IT 운영팀** 표형원 이용직 김준홍 권지선

인쇄 (주)웰컴피앤피
표지 및 본문 일러스트 박만희, 오수진

펴낸곳 비타북스 ┃ **발행처** (주)헬스조선 ┃ **출판등록** 제2-4324호 2006년 1월 12일
주소 서울특별시 중구 세종대로 21길 30 ┃ **전화** (02) 724-7633 ┃ **팩스** (02) 722-9339
포스트 post.naver.com/vita_books ┃ **블로그** blog.naver.com/vita_books ┃ **인스타그램** @vitabooks_official

ISBN 979-11-5846-315-1 13590

• 이 도서의 국립중앙도서관 출판예정도서목록(CIP)은 서지정보유통지원시스템 홈페이지(http://seoji.nl.go.kr)와
  국가자료공동목록시스템(http://www.nl.go.kr/kolisnet)에서 이용하실 수 있습니다. (CIP제어번호:CIP2019052106)

• 비타북스는 독자 여러분의 책에 대한 아이디어와 원고 투고를 기다리고 있습니다.
  책 출간을 원하시는 분은 이메일 vbook@chosun.com으로 간단한 개요와 취지, 연락처 등을 보내주세요.

비타북스는 건강한 몸과 아름다운 삶을 생각하는 (주)헬스조선의 출판 브랜드입니다.